U0182384

中国鸟类多样性观测

徐海根　伊剑锋　刘　威 等　编著

科 学 出 版 社

北　京

内 容 简 介

鸟类多样性观测是在一定区域内对鸟类多样性的定期测量，是通过获取生态系统的格局与质量、物种组成与分布及环境要素等数据，掌握数据变化趋势及其驱动因素，协助保护决策和成效评估的重要基础性工作。2011 年以来，在生态环境部的大力支持下，生态环境部南京环境科学研究所联合全国有关高校、科研院所、保护机构和民间团体，开展了鸟类多样性观测。本书在介绍中国鸟类多样性状况、国内外鸟类多样性观测现状的基础上，从原则、方法、建设流程等方面阐述了中国鸟类多样性观测的总体情况。同时，基于 10 年观测数据详细介绍了全国及 7 个动物地理区中鸟类多样性的时空格局、珍稀濒危鸟类物种状况、典型生境鸟类群落特征及受威胁与保护现状；基于长期的鸟类多样性观测实践，总结经验，为更好地实施生物多样性观测网络建设提出了建议。

本书可供生态学和生物多样性保护等相关领域的读者阅读参考，可为研究人员提供值得深入思考和关注的科学资料，为政府机关的政策、方案制定提供重要的数据支撑和理论支持，为不同尺度下观测网络的建设提供实践指导。

审图号：GS 京（2022）0818 号

图书在版编目(CIP)数据

中国鸟类多样性观测/徐海根等编著. —北京：科学出版社，2022.9
ISBN 978-7-03-072657-5

Ⅰ. ①中… Ⅱ. ①徐… Ⅲ. ①鸟类–生物多样性–观测–中国
Ⅳ. ①Q959.7

中国版本图书馆 CIP 数据核字（2022）第 109654 号

责任编辑：马 俊 侯彩霞 / 责任校对：郑金红
责任印制：肖 兴 / 封面设计：无极书装

科学出版社 出版
北京东黄城根北街 16 号
邮政编码: 100717
http://www. sciencep. com
北京九天鸿程印刷有限责任公司 印刷
科学出版社发行 各地新华书店经销
*
2022 年 9 月第 一 版 开本：889×1194 1/16
2022 年 9 月第一次印刷 印张：33 1/4
字数：1 101 000

定价：498.00 元

(如有印装质量问题，我社负责调换)

《中国鸟类多样性观测》
编著委员会

序

生物多样性与人类密切相关，是人类赖以生存的基础，是社会经济可持续发展的战略资源，是生态安全和粮食安全的重要保障，而生物多样性观测是在一定区域内对生物多样性的定期测量。在全球生物多样性丧失的大背景下，如何更好地掌握生物多样性变化的趋势及其驱动因素，成为摆在世界面前的一个难题。鸟类，作为一类分布范围广、研究资料齐全和对环境敏感的生物，常作为生物多样性的重要指示类群。因此，开展鸟类多样性观测是现阶段掌握我国生物多样性状况的一项重要基础性工作。

国际上对鸟类的大尺度长期观测最早始于 19 世纪初，欧美国家对陆地鸟类的调查，如美国圣诞鸟类调查（Christmas Bird Census，CBC）、英国常见鸟类调查（the Common Birds Census，CBC）等，主要涉及鸟类物种和种群数量动态。中国地处亚欧大陆东部，同时跨越古北界和东洋界两大动物地理区系，拥有鸟类达 1400 多种，仅 20 世纪 90 年代至今的 30 多年间，中国鸟类物种数就增加了 200 多种。相较于丰富多样的鸟类资源，大尺度、长期的鸟类观测工作此前一直是我国生物多样性观测的薄弱之处。中国鸟类多样性观测网络（China BON-Birds）的建立，一定程度上弥补了这一不足。

从 2011 年至今的 10 年间，生态环境部南京环境科学研究所联合国内众多高校、科研院所、保护机构和民间团体，通过组织试点、标准制定和顶层设计等，探索建立了全国范围的生物多样性观测网络（China Biodiversity Observation Network，China BON）。中国鸟类多样性观测网络是其重要组成部分，包括繁殖期鸟类观测和越冬水鸟观测。不论网络的覆盖范围、持续时间还是参与人数在国内外都属于领先水平，为全面评估全国鸟类多样性状况、绘制生物多样性分布图、研提生物多样性保护与管理建议等积累了宝贵的一手数据。

该书的作者都是长期参与鸟类多样性观测的研究人员，拥有扎实的基本功，确保了整个网络的持续运行和该书编著工作的顺利开展。该书在全面介绍我国鸟类多样性状况、国内外鸟类观测现状、观测网络建设情况的基础上，基于 10 年观测数据详细阐述了全国及 7 个动物地理区中鸟类多样性的时空格局、珍稀濒危物种状况、典型生境鸟类群落特征及受威胁与保护现状。同时，结合长期野外观测实践经验，提出了进一步完善生物多样性观测网络的建议。

作为一本内容丰富的高水平学术著作，该书的出版不仅系统总结了中国鸟类多样性观测 10 年来的成果，更是为实现更好地保护生物多样性、推进美丽中国建设助力，以及为不断完善生物多样性观测网络建设提供了指引。

马建章

2021 年 9 月 3 日

前　　言

随着全球气候变化、生物多样性丧失等环境问题越来越受到关注，许多国际机构和国家陆续建设了全球、区域或国家层次的长期野外生态观测和研究网络。全球尺度上，有联合国环境规划署等组织机构建立的全球环境监测系统（GEMS）、全球陆地观测系统（GTOS）、全球海洋观测系统（GOOS），以及地球观测组织试图建立的全球生物多样性观测网络（GEO BON）。区域尺度上，有南非等 8 个国家开展的非洲生物多样性监测断面分析计划（BIOTA AFRICA）等。国家尺度上，开展时间较长的包括英国、美国、瑞士等。

在我国，生物多样性观测尚处在初级阶段，相关部门建立了一些定位观测网络，包括中国科学院 1988 年开始建设的中国生态系统研究网络（CERN）、2003 年国家林业局设立的中国森林生态系统定位研究网络（CFERN）、科技部牵头整合建设的国家生态系统观测研究网络（CNERN）及 2011 年生态环境部（原环境保护部）建设的全国生物多样性观测网络（China BON）等。

中国作为世界上生物多样性最为丰富的国家之一，也是鸟类多样性最丰富的国家之一。生物多样性的长期动态观测是生物多样性研究的热点之一，其不仅可以提供观测对象变化信息，也是评估保护成效的有效途径，从而为制定保护行动计划及管理措施提供依据。鸟类作为一种对环境变化敏感的指示类群，已经有 100 多年的观测历史，甚至已经成为欧美等一些国家的官方指标之一。

我国也开展了一些鸟类监测项目，但总体处于起步阶段。早期的一些工作侧重于对区域鸟类概况的了解，覆盖范围小、延续性差、人员数量有限、缺乏统一规划等，对于鸟类种类和数量在时空上的变化则无法掌握。

综合以上情况，探索建立全国尺度的、规范化的、持续的生物多样性观测网络具有重要意义，既满足科学了解全国生物多样性状况的要求，也满足提高我国生物多样性监测、预警能力等建设的国家管理需求，是一项重要的基础性工作。从 2011 年开始，由生态环境部牵头，生态环境部南京环境科学研究所联合国内相关高校、科研院所、保护机构和民间团体，探索建立了中国鸟类多样性观测网络（China BON-Birds）。

2011 年全国共设置鸟类观测样区 136 个，经逐年完善，形成了涵盖全国代表性生态系统的观测网络。最多时建立 380 个观测样区，包括 2516 条样线、1830 个样点（繁殖期观测样点 322 个、越冬观测样点 1508 个），初步形成了具有一定影响力的观测网络。观测样区涵盖森林、草原、荒漠、湿地、农田和城市等典型生态系统，大部分位于全国重点生态功能保护区、生物多样性保护优先区域和国家级自然保护区等重点区域。经过 10 余年的探索，有 184 家高校、研究所、保护机构和民间团体的 17 924 人次参与，积累了一定规模的数据，共记录到鸟类 1146 种、2 501 281 只，其中国家一级重点保护野生鸟类 66 种，国家二级重点保护野生鸟类 229 种。

时值中国鸟类多样性观测 10 周年之际，生态环境部南京环境科学研究所联合观测网络内的专家，系统分析了 10 年来积累的观测数据，从全国和局域尺度阐述了鸟类多样性的时空变化，将研究成果整理编著成本书，为更好地开展生物多样性保护与管理提供支撑。

在观测网络建设之初，使用的鸟类分类系统是《中国鸟类分类与分布名录》（第二版），而至本书编著时，国内主流鸟类分类系统已变为《中国鸟类分类与分布名录》（第三版），其中不少物种中文名或拉丁名发生了变化。在本书中涉及各区域鸟类新记录时，为保持最初发表时的物种信息，故而全文对于相关物种均保留其发表时的中文名和拉丁名。当相关记录出现在正文时，在文中加脚注说明其在最新分类系统中的信息。文中有参考文献标注的，仍沿用文献中的中文名和拉丁名，并在正文中加脚注以说明在最新分类系统中的信息；文中没有参考文献标注的，统一采用《中国鸟类分类与分布名录》（第三版）中的中文名和拉丁名。

本书描述了中国鸟类多样性观测网络的建设现状，展示了10年鸟类长期观测的结果，阐述了中国广袤国土上丰富的鸟类多样性及特征显著的鸟类时空格局。观测网络大量的数据具有非常高的科研价值和保护指导意义，欢迎读者长期支持、参与该网络的建设。正如开头所述，本书重点描述的是随着环境的改变，国家尺度下鸟类多样性的动态变化和保护管理建议，希望能够为“美丽中国”建设提供依据。

本书是在编著委员会全体同仁共同努力下完成的，各具体章节的主编及编委均已在各章节首页页脚处加以说明。历年来，在整个鸟类多样性观测项目实施过程中，先后参与野外工作的有 100 多家单位的 2000 多人。各参与观测人员和单位已在本书贡献者中列出，书中精美图片的作者也列入本书贡献者，生态环境部南京环境科学研究所项目管理人员一并列出，以体现以上人员对本项工作的辛勤付出。

鸟类多样性观测项目实施过程得到了生态环境部（原环境保护部）有关领导的关心和支持。

本书的出版，得到了国家重点研发计划项目“生物多样性保护目标的设计与评估技术”（2018YFC0507206）、生态环境部生物多样性调查评估项目“鸟类生物多样性观测与评估”的资金资助。

作者谨向上述组织、部门、单位和个人一并致以诚挚的谢意！

还要特别感谢马建章院士在百忙之中为本书作序。

由于编著者水平有限，不足之处在所难免，恳切希望有关专家和广大读者予以批评指正。

《中国鸟类多样性观测》编著委员会

2021 年 9 月 1 日

目　　录

第 1 章　中国鸟类多样性状况

1.1　物种多样性状况

中国地处亚欧大陆东部，地势西高东低，拥有高原、山地、丘陵、平原等多种地形和森林、灌丛、草甸、草原、荒漠、农田、湿地、海洋等多种生态系统，横跨热带、亚热带、温带等多个气候带，孕育了丰富而又独特的生物多样性（中华人民共和国生态环境部，2019）。中国地跨东洋界和古北界两大动物地理区系，是同时拥有两个不同动物地理界的国家，同时还处于“东亚—澳大利西亚迁徙路线”“东非—西亚迁徙路线”和“中亚迁徙路线”上，在中国分布的鸟类有 1445 种*（郑光美，2017），约占世界现存 10 787 种鸟类（Gill *et al.*，2020）的 13.40%，这也造就中国成为鸟类资源最为丰富的国家之一。

1.1.1　鸟类种数普查沿革与变化

1. 鸟类种数普查沿革

在古代，我国劳动人民在长期的生产实践中对鸟类物种就有了记述。《诗经》（距今约 3000 年）记载鸟类 77 种，明朝李时珍的《本草纲目》（1578 年）共计记载鸟类 77 种，王圻和王思义的《三才图会》（1607 年）一书列鸟类 113 种（郑作新，1994a）。我国现代鸟类学研究起步较晚，早期多由国外学者开展，都尝试回答“中国有多少种鸟类”这一问题。自郇和（Robert Swinhoe）于 1863 年首次发表了《中国鸟类名录及其主要地理分布》（*Catalogue of the Birds of China，with Remarks Principally on Their Geographical Distribution*，记载 454 种）后，国内外学者对我国鸟类进行了大量研究（张正旺等，2004；刘阳等，2013）。祁天锡（Nathaniel Gist Gee）是继郇和之后对中国鸟类进行较为系统整理的国外学者，于 1925～1927 年完成了《中国鸟类目录试编》（*A Tentative List of Chinese Birds*，收录 1025 种），其后，在 1931 年和 1948 年，又相继发表了修订本，最终收录 1028 种（Gee *et al.*，1948）。

20 世纪上半叶鸟类学研究进行了一场学科引进并使之本土化的运动，以常麟定、傅桐生、任国荣、寿振黄、郑作新等为代表的中国鸟类学者开始对中国各地的鸟类区系组成进行研究。任国荣先生是中国鸟类学系统分类研究和地理分布研究的开创者。寿振黄先生于 1927 年发表了中国人撰写的第一篇鸟类学论文，并于 1936 年发表了中国第一部地方性鸟类志。郑作新先生于 1947 年发表了中国人撰写的第一部全国性鸟类名录（*Checklist of Chinese Birds*），记载 1087 种鸟类；《中国鸟类分布目录》记载我国鸟类 1099 种（郑作新，1955，1958a）；1964 年发表的《中国鸟类系统检索》收录我国鸟类 1140 种（郑作新，1964）；《中国鸟类分布名录》（第二版）记载我国鸟类 1166 种（郑作新，1976）；《中国鸟类区系纲要》（*A Synopsis of the Avifauna of China*）记载我国鸟类 1186 种（郑作新，1987）；《中国鸟类种和亚种分类名录大全》记录我国鸟类 1244 种（郑作新，1994b）。进入新千年，再版的《中国鸟类种和亚种分类名录大全》（第二

本章主编：伊剑锋；编委（按姓氏笔画排序）：于丹丹、伊剑锋、刘威、陈萌萌、徐海根等。

* 由于中国鸟类多样性观测开始之初所用分类系统为《中国鸟类分类与分布名录》（第二版）（郑光美，2011），收录鸟类 1371 种。全文中除有列明参考文献处外，其余涉及全国鸟类种类数量的均以 1371 计。

版）记录我国鸟类 1253 种（郑作新，2000）；约翰·马敬能等（2000）编撰的《中国鸟类野外手册》记录了可能分布于我国的鸟类 1329 种；赵正阶教授（2001）的《中国鸟类志》全面介绍了 1288 种鸟类；郑光美教授编著的《世界鸟类分类与分布名录》收录我国鸟类 1294 种（郑光美，2002），2002 年的《中国鸟类系统检索》（第三版）记载了我国鸟类 1319 种（郑作新，2002），《中国鸟类分类与分布名录》记录了我国鸟类 1331 种（郑光美，2005），《中国鸟类分类与分布名录》（第二版）收录了我国鸟类 1371 种（郑光美，2011），《中国鸟类分类与分布名录》（第三版）记载了我国鸟类 1445 种（郑光美，2017）。2020 年，在全国观鸟团体观鸟数据的基础上，以全球鸟类名录 10.1 版和 10.2 版（IOC10.1 和 IOC10.2）为讨论基础，编辑出版的《中国观鸟年报：中国鸟类名录 8.0》，共记录 1480 种鸟类（中国观鸟年报编辑部，2020）。目前，我国最新的鸟类种类数是 2021 年《中国鸟类观察手册》记录的 1491 种（刘阳和陈水华，2021）（图 1-1）。

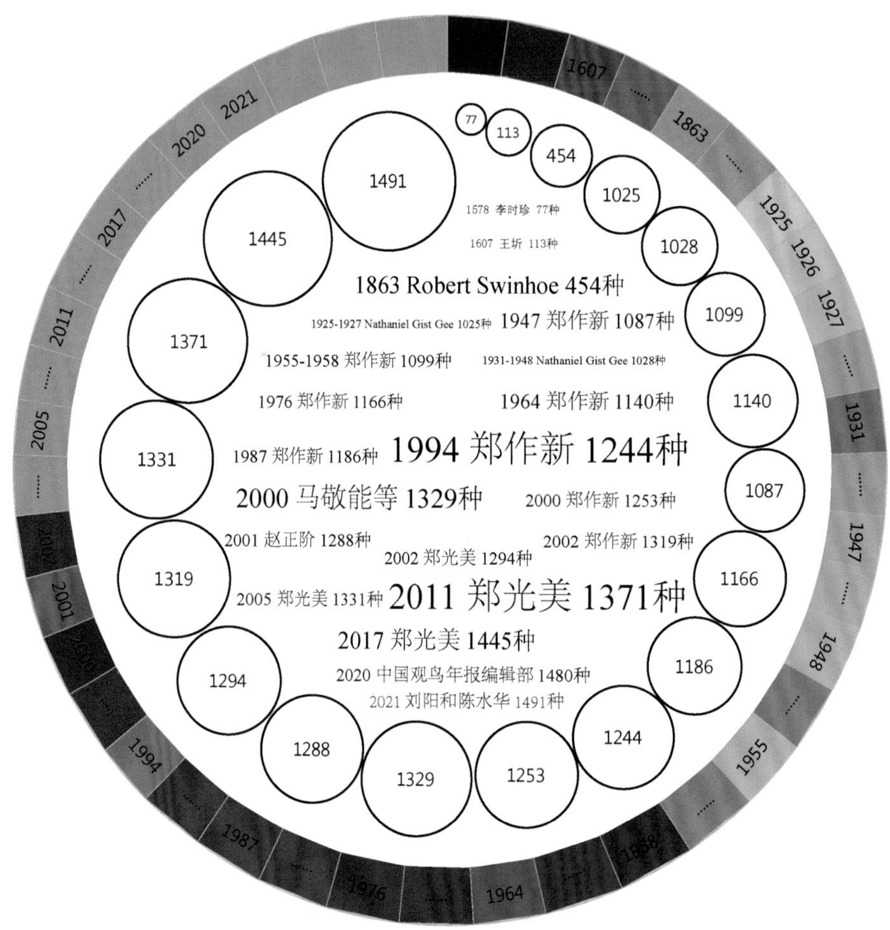

图 1-1　文献记载的中国鸟类物种数

2. 鸟类种数的变化

1946～2017 年的约 70 年内，中国鸟类的种类记录增加了 358 种，其中 20 世纪 50～90 年代的 40 年间增加了 100 多种。而从 20 世纪 90 年代至今的 30 多年间，中国鸟类记录增加了 200 多种。我国鸟类种类记录的变化，其主要原因有 3 个方面：①由于研究的不断深入，分布于我国境内的一些新鸟种相继被发现和描述，如金额雀鹛（*Pseudominla variegaticeps*）*（Yen，1932）、四川旋木雀（*Certhia tianquanensis*）（李桂垣，1995）、弄岗穗鹛（*Stachyris nonggangensis*）（Zhou and Jiang，2008）、四川短翅蝗莺（*Locustella*

* 在《中国鸟类分类与分布名录》（第三版）中该物种的拉丁名为 *Schoeniparus variegaticeps*。

chengi）（Alström *et al.*，2015）等；②随着调查工作的不断开展和中国观鸟活动的普及，一些中国鸟类新分布记录被发现，如大红鹳（*Phoenicopterus roseus*）、阿尔泰雪鸡（*Tetraogallus altaicus*）、印度池鹭（*Ardeola grayii*）等；③随着鸟类系统分类方法的发展，一些以往通过形态分类列为亚种的种类，经鸣声、分子、行为和演化历史等证据综合分析，被提升为种，如东方白鹳（*Ciconia boyciana*）、霍氏旋木雀（*Certhia hodgsoni*）、藏马鸡（*Crossoptilon harmani*）等。

同时，继《中国鸟类分类与分布名录》（第三版）（郑光美，2017）出版后，又有一些中国鸟类新记录被发现，如新疆玛纳斯河流域发现的侏鸬鹚（*Phalacrocorax pygmaeus*）*（马鸣，2018）、上海滴水湖发现的丝绒海番鸭†（*Melanitta fusca*）（何鑫等，2021）、新疆阿克陶县发现的草鹭指名亚种（*Ardea purpurea purpurea*）（王瑞等，2019）、云南勐腊县发现的白眉黄臀鹎（*Pycnonotus goiavier*）（董江天等，2020），等等，说明我国鸟类种类记录仍处于变化之中。根据这些新记录出现的时间和地点，可以将其出现的原因分为三类：①其原有分布区距离中国较远，新记录出现在非繁殖季节，可能是由于气候等不确定因素漂泊到中国境内，如加拿大雁（*Branta canadensis*）、白尾麦鸡（*Vanellus leucurus*）等，具有较强的迁徙和扩散能力；②原有分布区邻近中国，已确定或者有可能在中国繁殖、越冬或迁徙过境，主要为雀形目种类，如白顶鹀（*Emberiza stewarti*）等；③种群扩张或其他原因导致其在中国分布，如钳嘴鹳（*Anastomus oscitans*）、彩虹蜂虎（*Merops ornatus*）、休氏白喉林莺（*Sylvia althaea*）等。新记录分布的热点地区主要是中国与其他国家交界的省区（云南、新疆、西藏、广西等）和沿海省份（台湾、福建、天津、河北、香港等），而出现在这些地区的原因包括：①鸟类多样性高且区系复杂的边境地区，如西藏、云南、新疆等省区，与这些省区相邻的国家有分布，在中国尚未有记录的鸟种可能在此出现；②沿海地区处于鸟类迁徙通道上，且常出现台风、热带风暴等灾害性气候，出现迷鸟的可能性比较大；③上述区域是观鸟者和鸟类摄影爱好者集中的地区，他们在野外的观察增加了中国新记录鸟种被发现的可能性。随着研究的深入和观鸟活动的日益普及，中国（尤其在广阔的海域内）的鸟类种类记录仍有继续提升的潜力（刘阳等，2013）。

1.1.2　特有鸟类

特有现象是相对于世界广泛分布现象而言的，任何不属于世界性分布的物种，都可以称为其分布区内的特有种，其形成与地质、气候和生物进化的进程有关，是用来表示某一区域生物多样性的重要指标（雷富民等，2002a）。

关于中国特有鸟类的划分，有两种不同的观点：一类标准较为宽泛，将“主要分布区”和“主要繁殖区”在中国的定义为中国特有种（谭耀匡，1985；雷富民等，2002a，2002b；雷富民和卢汰春，2006）；一类标准则较严格，认为“地理分布上只局限于某一特定地区，而不见于其他地区的物种”，且“除考虑该物种在起源中心和自然地理分布上的独特性，还必须考虑其在邻国有无分布”（张雁云，2004；郑光美，2011，2017）。

依据《中国鸟类分类与分布名录》（第三版），确认中国鸟类特有种共 93 种，隶属于 5 目 25 科 55 属，占全国鸟类种数（1445 种）的 6.44%（郑光美，2017）。与《中国鸟类分类与分布名录》（第二版）的 76 种相比（郑光美，2011），增加了 17 种，产生变化的原因如下：①因亚种提升为种，且其分布区范围仅为中国的物种，包括 14 种，如台湾竹鸡（*Bambusicola sonorivox*）就是由灰胸竹鸡（*B. thoracica sonorivox*）亚种提升为种；②中国境内新发现的物种，仅四川短翅蝗莺 1 种；③新列入的中国特有鸟种 2 种：蓝冠噪鹛（*Garrulax courtoisi*）和斑翅朱雀（*Carpodacus trifasciatus*）（表 1-1）。

* 在《中国鸟类观察手册》中该物种的拉丁名为 *Microcarbo pygmeus*。

† 在《中国鸟类观察手册》中该物种的中文名为绒海番鸭。

表 1-1 中国特有鸟类变化情况

变化原因	《中国鸟类分类与分布名录》(第二版)	《中国鸟类分类与分布名录》(第三版)
由亚种提升为种	灰胸竹鸡(*Bambusicola thoracica sonorivox*)	台湾竹鸡(*B. sonorivox*)
	杂色山雀(*Sittiparus varius castaneoventris*)	台湾杂色山雀(*S. castaneoventris*)
	褐头山雀(*Poecile montanus weigoldicus*)	四川褐头山雀(*P. weigoldicus*)
	鳞胸鹪鹛(*Pnoepyga albiventer formosana*)	台湾鹪鹛(*P. formosana*)
	北长尾山雀(*Aegithalos caudatus glaucogularis*)	银喉长尾山雀(*A. glaucogularis*)
	斑胸钩嘴鹛(*Erythrogenys gravivox swinhoei*)	华南斑胸钩嘴鹛(*E. swinhoei*)
	斑胸钩嘴鹛(*Erythrogenys gravivox erythrocnemis*)	台湾斑胸钩嘴鹛(*E. erythrocnemis*)
	棕颈钩嘴鹛(*Pomatorhinus ruficollis musicus*)	台湾棕颈钩嘴鹛(*P. musicus*)
	画眉(*Garrulax canorus owstoni*)	海南画眉(*G. owstoni*)
	白喉噪鹛(*Garrulax albogularis ruficeps*)	台湾白喉噪鹛(*G. ruficeps*)
	棕噪鹛(*Garrulax poecilorhynchus poecilorhynchus*)	台湾棕噪鹛(*G. poecilorhynchus*)
	乌鸫(*Turdus merula mandarinus*)	乌鸫(*T. mandarinus*)
	红眉朱雀(*Carpodacus pulcherrimus davidianus*)	中华朱雀(*C. davidianus*)
	酒红朱雀(*Carpodacus vinaceus formosanus*)	台湾酒红朱雀(*C. formosanus*)
新发现的物种		四川短翅蝗莺(*Locustella chengi*)
新列入的物种		蓝冠噪鹛(*Garrulax courtoisi*)和斑翅朱雀(*Carpodacus trifasciatus*)

在特有鸟类中，雉科(Phasianidae)和噪鹛科(Leiothrichidae)的特有鸟种最多，分别有 22 种和 19 种，占特有种的 40%以上。雉科马鸡属(*Crossoptilon* sp.)的 4 种鸟类和雉鹑属(*Tetraophasis* sp.)的 2 种鸟类均仅分布于我国，是我国特有的属。朱鹀科(Urocynchramidae)的唯一种朱鹀(*Urocynchramus pylzowi*)生活在青藏高原，是我国鸟类的特有科。

1.1.3 鸟类受威胁状况

伴随着社会发展，由于资源过度利用、栖息地丧失和片段化、环境污染等，我国的鸟类多样性保护面临严峻的挑战，如湿地围垦、食用野生鸟类和鸟蛋、投毒、非法捕猎、走私、基因污染等(张雁云等，2016)。

为保护我国鸟类资源，1989 年国务院批准颁布了《国家重点保护野生动物名录》，将短尾信天翁(*Phoebastria albatrus*)等 41 种鸟类(或类群)列为国家一级重点保护野生鸟类，角䴙䴘(*Podiceps auritus*)等 184 种鸟类(或类群)列为国家二级重点保护野生鸟类(国家林业和草原局政府网，1989)。2021 年批准发布的《国家重点保护野生动物名录》，在原有名录的基础上，又新增了黄喉雉鹑(*Tetraophasis szechenyii*)等国家一级重点保护野生鸟类 20 种，环颈山鹧鸪(*Arborophila torqueola*)等国家二级重点保护野生鸟类 130 种。同时，有黑琴鸡(*Lyrurus tetrix*)等 31 种鸟类保护等级升至一级(表 1-2)。目前，共有 92 种鸟类属于国家一级重点保护野生动物，302 种鸟类属于国家二级重点保护野生动物(国家林业和草原局政府网，2021)。

1998年出版的《中国濒危动物红皮书：鸟类》依据世界自然保护联盟(International Union for Conservation of Nature，IUCN)的标准，并结合中国实际，将中国183种鸟类划分为野生灭绝(Extinct，Ex)、国内绝迹(Extirpated，Et)、濒危(Endangered，EN)、易危(Vulnerable，VU)、稀有(Rare，R)、未定(Indeterminate，I)等类别(郑光美和王岐山，1998)。2009年的《中国物种红色名录 第二卷 脊椎动物卷》依照 IUCN 标准确定了204种中国受威胁鸟类(汪松和解焱，2009)。

表 1-2 2021 年发布的《国家重点保护野生动物名录》中的一级重点保护鸟类

中文名	学名	状态	中文名	学名	状态
四川山鹧鸪	*Arborophila rufipectus*		白鹳	*Ciconia ciconia*	
海南山鹧鸪	*Arborophila ardens*		东方白鹳	*Ciconia boyciana*	N
斑尾榛鸡	*Tetrastes sewerzowi*		白腹军舰鸟	*Fregata andrewsi*	
黑嘴松鸡[1]	*Tetrao urogalloides*		黑头白鹮[8]	*Threskiornis melanocephalus*	U
黑琴鸡	*Lyrurus tetrix*	U	白肩黑鹮[9]	*Pseudibis davisoni*	U
红喉雉鹑[2]	*Tetraophasis obscurus*		朱鹮	*Nipponia nippon*	
黄喉雉鹑	*Tetraophasis szechenyii*	N	彩鹮	*Plegadis falcinellus*	U
黑头角雉	*Tragopan melanocephalus*		黑脸琵鹭	*Platalea minor*	U
红胸角雉	*Tragopan satyra*		海南鳽[10]	*Gorsachius magnificus*	U
灰腹角雉	*Tragopan blythii*		白腹鹭	*Ardea insignis*	N
黄腹角雉	*Tragopan caboti*		黄嘴白鹭	*Egretta eulophotes*	U
棕尾虹雉	*Lophophorus impejanus*		白鹈鹕	*Pelecanus onocrotalus*	U
白尾梢虹雉	*Lophophorus sclateri*		斑嘴鹈鹕	*Pelecanus philippensis*	U
绿尾虹雉	*Lophophorus lhuysii*		卷羽鹈鹕	*Pelecanus crispus*	U
蓝腹鹇[3]	*Lophura swinhoii*		胡兀鹫	*Gypaetus barbatus*	
褐马鸡	*Crossoptilon mantchuricum*		白背兀鹫[11]	*Gyps bengalensis*	
白颈长尾雉	*Syrmaticus ellioti*		黑兀鹫	*Sarcogyps calvus*	U
黑颈长尾雉	*Syrmaticus humiae*		秃鹫	*Aegypius monachus*	U
黑长尾雉	*Syrmaticus mikado*		乌雕	*Clanga clanga*	U
白冠长尾雉	*Syrmaticus reevesii*	U	草原雕	*Aquila nipalensis*	U
灰孔雀雉[4]	*Polyplectron bicalcaratum*		白肩雕	*Aquila heliaca*	
海南孔雀雉	*Polyplectron katsumatae*	N	金雕	*Aquila chrysaetos*	
绿孔雀	*Pavo muticus*		白腹海雕	*Haliaeetus leucogaster*	U
青头潜鸭	*Aythya baeri*	N	玉带海雕	*Haliaeetus leucoryphus*	
中华秋沙鸭	*Mergus squamatus*		白尾海雕	*Haliaeetus albicilla*	
白头硬尾鸭	*Oxyura leucocephala*	N	虎头海雕	*Haliaeetus pelagicus*	
小鹃鸠[5]	*Macropygia ruficeps*	U	毛腿雕鸮	*Bubo blakistoni*	U
大鸨	*Otis tarda*		四川林鸮	*Strix davidi*	U
波斑鸨	*Chlamydotis macqueenii*		白喉犀鸟	*Anorrhinus austeni*	U
小鸨	*Tetrax tetrax*		冠斑犀鸟	*Anthracoceros albirostris*	U
白鹤	*Grus leucogeranus*		双角犀鸟	*Buceros bicornis*	U
白枕鹤	*Grus vipio*	U	棕颈犀鸟	*Aceros nipalensis*	U
赤颈鹤	*Grus antigone*		花冠皱盔犀鸟	*Rhyticeros undulatus*	U
丹顶鹤	*Grus japonensis*		猎隼	*Falco cherrug*	U
白头鹤	*Grus monacha*		矛隼	*Falco rusticolus*	U
黑颈鹤	*Grus nigricollis*		黑头噪鸦	*Perisoreus internigrans*	N
小青脚鹬	*Tringa guttifer*	U	灰冠鸦雀	*Sinosuthora przewalskii*	N
勺嘴鹬	*Calidris pygmeus*	N	金额雀鹛	*Schoeniparus variegaticeps*	N
黑嘴鸥	*Saundersilarus saundersi*	N	黑额山噪鹛	*Garrulax sukatschewi*	N
遗鸥	*Ichthyaetus relictus*		白点噪鹛	*Garrulax bieti*	N
中华凤头燕鸥[6]	*Thalasseus bernsteini*	U	蓝冠噪鹛	*Garrulax courtoisi*	N
河燕鸥[7]	*Sterna aurantia*	U	黑冠薮鹛	*Liocichla bugunorum*	N
黑脚信天翁	*Phoebastria nigripes*	N	灰胸薮鹛	*Liocichla omeiensis*	N
短尾信天翁	*Phoebastria albatrus*		棕头歌鸲	*Larvivora ruficeps*	N
彩鹳	*Mycteria leucocephala*	U	栗斑腹鹀	*Emberiza jankowskii*	N
黑鹳	*Ciconia nigra*		黄胸鹀	*Emberiza aureola*	N

注：状态中 U 表示升级，N 表示新增。1 在 1989 年《国家重点保护野生动物名录》中的中文名为细嘴松鸡（本表上标数字所代表的均为 1989 年名录中的中文名）；2 为雉鹑；3 为蓝鹇；4 为孔雀雉；5 为棕头鹃鸠；6 为黑嘴端凤头燕鸥；7 为黄嘴河燕鸥；8 为白鹮；9 为黑鹮；10 为海南虎斑鳽；11 为拟兀鹫。名录所用分类系统参照郑光美（2017）。

2015 年，在环境保护部支持下，联合国内 27 位鸟类学家，以《中国鸟类分类与分布名录》（第二版）（郑光美，2011）所记录物种为基础，依据 IUCN 的标准，完成了对中国 1372 种鸟类受威胁状况的评估。总体评估结果表明：区域灭绝（Regional Extinct，RE）3 种［即白鹳（*Ciconia ciconia*）、镰翅鸡（*Falcipennis falcipennis*）和赤颈鹤（*Ardea antigone*）*］，极危（Critically Endangered，CR）15 种，濒危（EN）51 种，易危（VU）80 种，近危（Near Threatened，NT）190 种，无危（Least Concern，LC）876 种，数据缺乏（Data Deficient，DD）157 种。依照世界自然保护联盟濒危物种红色名录（以下简称 IUCN 红色名录）标准，列入极危、濒危、易危等级的受威胁鸟类合计 146 种，约占全国鸟类种数的 10.6%（146/1372），低于 IUCN 红色名录评估的全球鸟类受威胁比例（13.7%）（张雁云等，2016）。

我国鸟类中受威胁程度最高的是鹈鹕科和犀鸟科，这 2 个科中的鸟类均处于受威胁状态。对于不同的生态类群来说，受威胁程度从高至低依次为陆禽（25.2%）、猛禽（23.2%）、涉禽（16.0%）、游禽（11.3%）、攀禽（10.0%）和鸣禽（6.1%）。其中，尽管鸣禽中受威胁的种数有 47 种，是各生态类群中最多的，但由于鸣禽种类多，因此其受威胁比例较低（张雁云等，2016）。

由于鸟类分布的地域性，在不同省份分布的鸟类差异较大，受威胁种类也相差较大。云南（76 种）、四川（53 种）、福建（52 种）、广东（51 种）和广西（49 种）是受威胁鸟类比例较高的前 5 位（张雁云等，2016）。

77 种中国特有鸟类中，有 29 种被列入受威胁等级，约占 37.7%，远超全国受威胁鸟类比例。其中，极危 2 种［即蓝冠噪鹛和海南孔雀雉（*Polyplectron katsumatae*）］，濒危 8 种，易危 19 种，近危 17 种，无危 29 种，数据缺乏 2 种［即中亚夜鹰（*Caprimulgus centralasicus*）和褐头岭雀†（*Carpodacus sillemi*）］。其中受威胁程度最高的 5 个科是鸱鸮科（1 种，100%）、鹎科（1 种，100%）、旋木雀科（1 种，100%）、鸸科（1 种，100%）、鸦科（3 种，67%）（张雁云等，2016）。

分析受威胁因子发现，首先，森林砍伐和替代种植经济林、湿地围垦等是引起栖息地退化和丧失的主要原因。其次，食用、贸易、笼鸟饲养等从野外捕捉鸟类，建坝、旅游等人类其他活动，以及疫病、自然灾害、气候变化、生物入侵也对鸟类造成严重影响。总之，目前中国鸟类的濒危主要是各种人类活动造成的（张雁云等，2016）。虽然目前评估结果显示我国受威胁鸟类比例约为 10.6%，但仍有 100 多种鸟类由于种群数量、分布区面积、种群波动情况、受威胁信息等资料不清、生存状况不明等而被列为“数据缺乏”，未进行濒危状况评估，其实际生存状况可能很差，需引起高度关注。另外，列为“近危”的物种也处于受威胁边缘。实际上，中国的 1372 种鸟类中有 400 多种（约 35.9%）需要关注（张雁云等，2016）。体型大和捕猎敏感度高的物种更应该受到优先保护（王彦平等，2017）。

1.2 鸟类分布状况

我国自然区（带）的分异，对陆栖脊椎动物分布的影响具有共同性。我国可分为三大基本自然区，即青藏高寒区（青藏高原）、西北干旱区（蒙新高原）和东部季风区，分别表现为以高寒条件、湿润-干旱度和温度为主的作用，并呈地带性（分别以纬向、经向与垂直为主的）特征（张荣祖，2011）。

青藏高寒区，即青藏高原，被称为“世界屋脊”，海拔高、气候寒冷是这个区域的主要特点。分布于此的鸟类以耐寒种类为主，大多数是夏候鸟，夏天在高原繁殖，秋天迁徙到其他地方越冬。代表性鸟类有西藏毛腿沙鸡（*Syrrhaptes tibetanus*）、高原山鹑（*Perdix hodgsoniae*）、黑颈鹤（*Grus nigricollis*）、高山兀鹫（*Gyps himalayensis*），以及其他猛禽和雁、鸭（韩联宪，2002）。

西北干旱区，即蒙新高原，是欧亚内陆荒漠草原的东端。此处典型的自然景观是戈壁、沙漠、雪山、

* 在《中国鸟类分类与分布名录》（第三版）中该物种的拉丁名为 *Grus antigone*。

† 在《中国鸟类分类与分布名录》（第三版）中该物种的中文名为褐头朱雀。

草原，在有水的地方常常形成生机盎然的绿洲。鸟类多是耐干旱的种类，以种子为食。在湖泊水域，有涉禽和游禽。代表种类有毛腿沙鸡（*Syrrhaptes paradoxus*）、石鸡（*Alectoris chukar*），各种百灵、鹆、鹬和鸭（韩联宪，2002）。

东部季风区，即除上述两区域外的其他地方，受太平洋东南季风影响，夏天南北温差小，雨热同期，冬季南北温差大。原始生境开发强度大，仅在边远山区保留部分天然林。此区域内的南北耐湿鸟类互相渗透，如南方的黑枕黄鹂（*Oriolus chinensis*）可以向北分布到黑龙江流域，而北方的普通鳾（*Sitta europaea*）可以沿季风区向南延伸到两广和云南南部，形成古北界和东洋界鸟类分布上最宽广的过渡带。同时，该区域的鸟类有很多农田、草地、灌丛种类，雁鸭和涉禽也不少。很多候鸟在北部繁殖，在南部越冬（韩联宪，2002）。

季风区对耐旱种类分布具有明显的屏障作用，但在东北西部及华北湿度条件相对较低地区形成明显的“缺口”。一些干旱、半干旱地区的鸟类如百灵、大石鸡（*Alectoris magna*）等，可通过此缺口向季风区渗透。而耐湿的种类则主要沿山地河谷湿地向蒙新高原渗透，如某些鹦鹉、山椒鸟等（韩联宪，2002）。

在各自然区内，鸟类多样性的分布都是由随机因素引起的，这可能与部分鸟类的扩散能力及迁徙的生活习性有关。在自然状态下，影响鸟类扩散与分布的因素有很多，种群密度的增加、偶然的天气影响和许多随机因素都可能导致鸟类出现在此前没有分布的地区（丁晶晶等，2012）。

1.2.1 鸟类地理区划

我国疆域广大，而地貌、土壤、气候、植被等自然条件的差异也十分显著，综合历史发展、生态适应、兼顾动物区系和生物群落类型特点，将全国划分为 2 界、3 亚界、7 区和 19 亚区，其中 10 个亚区在古北界、9 个亚区在东洋界，各自拥有典型的生境类型和代表性物种（表 1-3）（郑作新，1976；张荣祖，

表 1-3 中国鸟类地理区划

界	亚界	区	亚区	生境类型	代表性鸟类	亚区物种数
古北界	东北亚界	Ⅰ 东北区	I_{A} 大兴安岭亚区	寒温带针叶林	雉类、星鸦、渡鸦、啄木鸟、戴菊等	231
			I_{B} 长白山亚区	温带森林-森林草原、农田	褐马鸡、长尾雉、山鸦、灰喜鹊、山雀、伯劳、麻雀、燕等	340
			I_{C} 松辽平原亚区			342
		Ⅱ 华北区	II_{A} 黄淮平原亚区			443
			II_{B} 黄土高原亚区			526
	中亚亚界	Ⅲ 蒙新区	III_{A} 东部草原亚区	温带草原	大鸨、沙鸡、鹤、百灵、鵖、麦鸡等	332
			III_{B} 西部荒漠亚区	温带荒漠与半荒漠	沙鸡、漠鵖、角百灵、麻雀、沙雀、鸠鸽等	451
			III_{C} 天山山地亚区	高山森林草原-草甸草原、寒漠	秃鹫、雪鸮、雪鸡、沙鸡、藏雀、岭雀、马鸡、山鹑、雪鹑、虹雉、雪雀、山鸦等	261
		Ⅳ 青藏区	IV_{A} 羌塘高原亚区			260
			IV_{B} 青海藏南亚区			513
东洋界	中印亚界	Ⅴ 西南区	V_{A} 西南山地亚区	亚热带森林、林灌、草地、农田	白鹇、竹鸡、猛禽、鹃类、黄鹂、山雀、鹎类、鸠鸽、鹛类、鹟类、鸦类等	722
			V_{B} 喜马拉雅亚区			295
		Ⅵ 华中区	VI_{A} 东部丘陵平原亚区			526
			VI_{B} 西部山地高原亚区			554
		Ⅶ 华南区	VII_{A} 闽广沿海亚区	热带森林、林灌、草地、农田	鹦鹉、鹎类、鹛类、犀鸟、咬鹃、和平鸟、太阳鸟、啄花鸟、绿孔雀等	630
			VII_{B} 滇南山地亚区			568
			VII_{C} 海南岛亚区			201
			VII_{D} 台湾亚区			331
			VII_{E} 南海诸岛亚区			112

2011）。王开锋等（2010）在分析了中国动物地理亚区繁殖鸟类的地理分布格局和时空变化后认为，尽管各亚区的鸟类物种丰富度随时间变化较大，且在空间格局上也不均匀，但是鸟类物种丰富度格局基本稳定，鸟类动物地理区划的分布格局在“30年前后”（1976年和2005年）没有明显的差异，和前人研究的动物地理区划结果一致，反映了鸟类区系演化的长期稳定性。然而，近年来不断出现物种向外扩散（北扩、南扩、东扩和西扩）的情况，鸟类分布范围在发生变化，其各亚区的物种丰富度也随之发生变化，其区系的演化格局是否会发生变化、如何变化等，仍需要长期的观测和深入研究。

东北区，森林面积较大，野生动物资源比较丰富，此处的丹顶鹤（*Grus japonensis*）等鹤类、天鹅、黑琴鸡和雉类是需要重点保护的鸟类。华北区，开发历史久，森林较少，退耕还林及植树造林之后，野生动物栖息地有一定改善。我国特有种褐马鸡（*Crossoptilon mantchuricum*）经过保护，种群已逐步恢复，但数量仍较少。丹顶鹤等鹤类、鸳鸯（*Aix galericulata*）、天鹅等迁徙时经过本区，近年来数量有所增加。西南区，森林面积大，珍稀濒危种类多。区域内的横断山是受国家关注的生物多样性保护热点区域。本区的角雉、虹雉、藏马鸡、黑颈鹤、白腹锦鸡（*Chrysolophus amherstiae*）等均属保护对象。华中区，拥有广大山地、丘陵、次生林、灌丛。角雉、虹雉属于重点保护对象，红腹锦鸡（*Chrysolophus pictus*）、长尾雉、白鹇（*Lophura nycthemera*）等属亟需保护的珍稀濒危物种，在此处越冬的鹤类、鸳鸯和天鹅也需加强保护。华南区，偏僻山区尚有一定面积的森林，是热带动物优越的栖息地。次生林、灌丛环境较华中区多。本区资源动物种类在全国最多，如红原鸡（*Gallus gallus*）等，蓝腹鹇（*Lophura swinhoii*）、黑长尾雉（*Syrmaticus mikado*）均属重点保护对象，绿孔雀（*Pavo muticus*）、犀鸟、白鹇等亟需加强保护。以上 5 个区均属东部季风区，区域内人口比例大，其中地域宽阔的亚热带条件优越，保留了许多珍稀濒危物种；同时，也面临较大的保护压力（张荣祖，2011）。

蒙新区属三大自然区中的西北干旱区，整体上由中亚型成分鸟类所组成，而东、西部有一定的区域分化，东部有一些适应于相对湿润环境的种类，西部则具有更多的适应于干旱环境的种类。区内森林环境和“绿洲”，包括湿地，对某些非干旱区成分鸟类，特别是候鸟具有吸引力，在这些生境中种类丰富。同时，本区还是我国重要的农牧业区，放牧活动影响整个区域。山鹑、石鸡、沙鸡、雉鸡等均为野生动物中常见种类，现除几种鸟类外，均属保护种类（张荣祖，2011）。

青藏区属三大自然区中的青藏高寒区，生存条件严酷，其中高原腹地是广袤的高寒荒漠-草原，景观单一，有大面积无人区。黑颈鹤、雪鸡、蓝马鸡（*Crossoptilon auritum*）等是重要的保护对象。高原上湖泊沼泽众多，夏季水禽于湖沼中岛滩繁殖，数量很多（张荣祖，2011）。

1.2.2 鸟类分布格局

1. 物种丰富度的分布格局

中国鸟类物种丰富度大体呈现东部高、西部低，湿地高、山地次之、平原最低的空间分布特征（徐海根等，2013a）。地理分布格局随纬度由高到底，存在一定的增加趋势，但这种趋势不明显，在同一纬度带内也存在着物种丰富度较低的区域，亚区水平的分布格局就更加复杂（张荣祖，2011；刘澈等，2014）。

鸟类丰富度分布的热点区域包括：大兴安岭北端-呼伦湖、小兴安岭-三江平原、大兴安岭南端及周边、太湖-天目山-长江入海口、武夷山、秦岭-汉江上游、西双版纳、喜马拉雅山脉东南麓至横断山脉一带、天山山脉西部-伊犁河流域和台湾地区等（图 1-2）。这些区域兼有大山、大河或湖泊，具有较高的生物多样性（刘澈等，2014）。只针对留鸟来说，总体上南方的物种丰富度高于北方，山区高于平原和高原。留鸟物种丰富度高的区域包括喜马拉雅山东南部、横断山、大凉山、高黎贡山、西双版纳和广西西南部边境（Xu *et al.*，2015）。

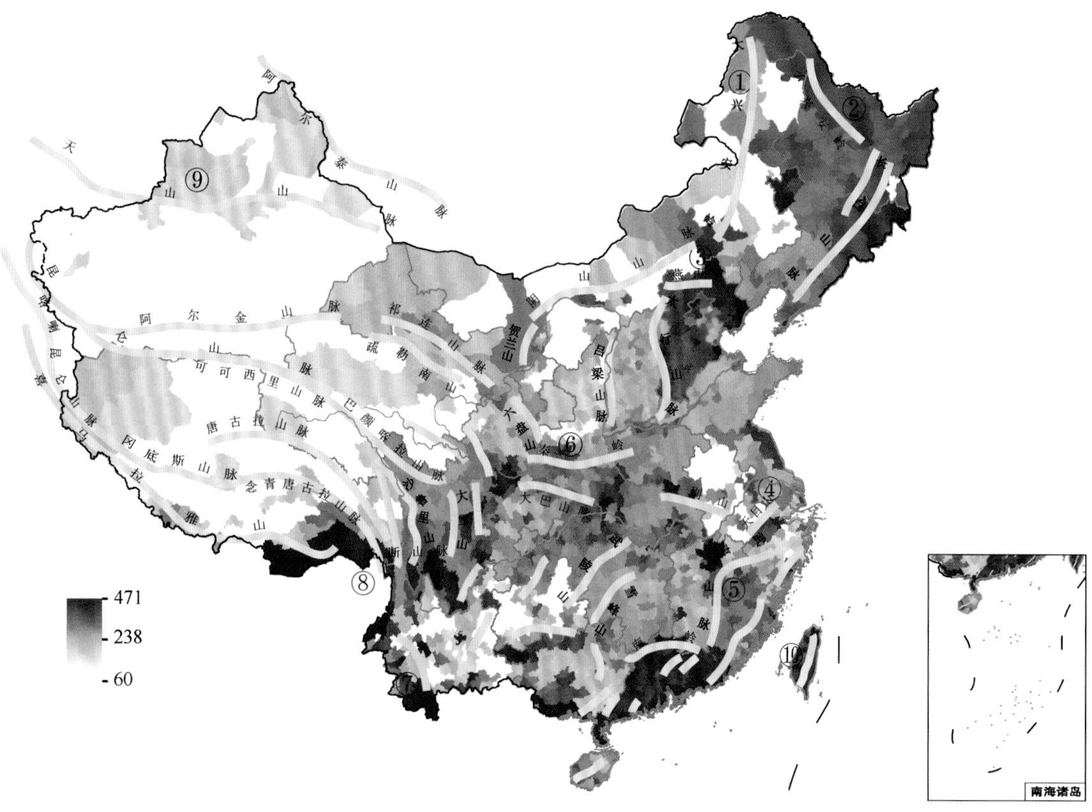

图 1-2　中国鸟类物种丰富度热点

①大兴安岭北端-呼伦湖地区；②小兴安岭-三江平原地区；③大兴安岭南端及周边地区；④太湖-天目山-长江入海口地区；⑤武夷山地区；⑥秦岭-汉江上游地区；⑦西双版纳地区；⑧喜马拉雅山脉东南麓至横断山脉一带地区；⑨天山山脉西部-伊犁河流域地区；⑩台湾地区。仿自刘澈等（2014）

此外，对于不同目的鸟类来说，其地理格局不尽相同。鹱形目、鹈形目、隼形目、鸮形目、鸻形目、鹃形目、佛法僧目（郑光美，2011）等具有明显的地理梯度，但趋势有所区别：鹱形目、鹈形目在东南沿海物种丰富度最高，向内陆递减；隼形目在东北、西北和两广至云贵一带物种丰富度高，在中国中部地区逐渐减少；鸮形目趋势为物种丰富度随纬度增加而减少，而鸻形目则相反，在北方地区物种丰富度较高；鹃形目、佛法僧目在长江中下游地区存在热点，物种丰富度向周边辐射减少。其他各目地理梯度不明显：雁形目、雨燕目、鹳形目在全国各地物种丰富度较为均一，鹳形目、鸡形目、鹤形目、鸽形目及种类最多的雀形目的热点较为分散，物种丰富度呈“斑块化分布”（张成安和丁长青，2008；刘澈等，2014）。其中，鸡形目鸟类在垂直分布上主要分布于 1100～2900 m 的中高海拔地区，包括两个分布中心，即喜马拉雅-横断山和滇南山地（张成安和丁长青，2008）。

2. 不同生境鸟类的分布格局

我国南北跨越热带-亚热带-温带三个温度带，东西跨越三个阶梯。丰富的地形和气候组合形成各种不同类型的生境，其中森林、湿地和草原生境是我国生态系统重要的组成部分。

（1）森林鸟类

基于 2376 个县域的鸟类分布数据分析表明，我国森林鸟类物种分布呈现南高北低的纬度梯度趋势，热点区域包括喜马拉雅山脉东南部-横断山、岷山-邛崃山、西双版纳、桂西南、桂西-黔南地区、巫山及南岭地区。其中，西藏错那县物种丰富度最高，而西部地区因缺少森林生境，故森林鸟类丰富度较低（雍凡，2015；雍凡等，2015）。

繁殖季森林鸟类的物种丰富度普遍高于越冬季，但繁殖季和越冬季森林鸟类的丰富度分布格局基本一致，而在小兴安岭、长白山和太行山等北方区域，以及山东和江苏沿海地区繁殖季鸟类较越冬季增加；相反，广东及云南南部区域越冬季较繁殖季有显著增加（雍凡，2015；雍凡等，2015）。

森林鸟类多为留鸟，其分布主要集中在我国东洋界及其与古北界的交界处，繁殖季和越冬季的分布格局差异较小（雍凡，2015）。

（2）湿地鸟类

我国湿地鸟类的分布显示出一定的经度梯度，即东高西低的格局。热点区域包括环渤海沿岸、鄱阳湖、洞庭湖、北部湾沿海、长江入海口、珠江入海口、福建沿海和台湾等。另外，在三江平原、大兴安岭南端、黄河流域及东部沿海亦有较多的湿地鸟类分布（雍凡，2015）。

湿地鸟类在繁殖季和越冬季呈现明显的差异，繁殖季主要聚集分布在我国东部地区，且分布范围广泛；越冬季主要集中分布在鄱阳湖、洞庭湖、北部湾沿海、广东和福建沿海及台湾地区。繁殖季和越冬季的丰富度在东部地区分别呈现北高南低和南高北低的分布格局，两个季节的鸟类平均丰富度相当（雍凡，2015）。

湿地鸟类中候鸟占比较高，其分布主要集中在我国东部地区，包括东北区、东部丘陵平原亚区、闽广沿海亚区及台湾亚区，具有显著的季节性分布格局（雍凡，2015）。

（3）草原鸟类

我国草原鸟类分布的热点区域包括东北部的大兴安岭部分地区、河北北部及邻近的内蒙古地区、青藏高原东部地区、西藏的藏北和藏南地区，呈现西北高东南低的趋势（雍凡，2015）。

繁殖季和越冬季的草原鸟类丰富度较高区域主要集中在青藏高原及邻近的川西、青海东南部地区。除此之外，繁殖季节内蒙古东北部及东北各地的丰富度明显高于南方，越冬季在东北的分布范围减小，向南分布增加，包括中部的大巴山区、鄱阳湖、广东和台湾（雍凡，2015）。

草原鸟类中，留鸟和候鸟的比例大致相当，其分布集中在我国西北及东北地区，主要包括羌塘高原亚区、青海藏南亚区和东部草原亚区，季节性分布格局差异介于湿地与森林之间（雍凡，2015）。

3. 不同生态类群的分布格局*

陆禽包括鸡形目、鸽形目和沙鸡目所有种，在我国分布较广，物种丰富度整体上呈现南部高、北部低，山地高、平原低的分布格局。热点区域包括岷山、邛崃山、横断山、喜马拉雅山东南段、高黎贡山南段、无量山、西双版纳和两广丘陵等地。除此之外，秦岭、大巴山、祁连山、南岭、武夷山、五指山、台湾山区等地也较为丰富，而长江中下游平原、蒙新高原荒漠、青藏高原的大部分地区则较低（徐海根等，2013a）。

猛禽包括隼形目和鸮形目的所有种，均为国家二级及以上重点保护野生动物，物种丰富度整体上呈现东部高、西部低，山区高、平原和高原低的分布特征。热点区域包括南岭、十万大山、西双版纳、巫山、大别山、鄱阳湖、环渤海、太行山、长白山和小兴安岭等地。除上述区域外，岷山、喜马拉雅山脉东南段、伏牛山等地也较为丰富，而长江中下游平原和青藏高原则较低（徐海根等，2013a）。

鸣禽均为雀形目鸟类，种类繁多，分布较广，物种丰富度整体上呈现南部高、西北部偏低，山地高、平原和高原低的分布特征。热带区域包括喜马拉雅山脉东南段、横断山、岷山、邛崃山、大雪山、大凉山、高黎贡山、西双版纳、无量山、桂西南边境和南岭等地。除上述区域外，两广丘陵、台湾山脉、武夷山、鄱阳湖区、浙皖山地、太行山、环渤海地区和长白山等地也较为丰富，而西北大部分地区（包括

* 各生态类群涉及的鸟类各个目所用分类系统为郑光美（2011）。

青藏高原、塔里木盆地等）鸣禽物种丰富度较低（徐海根等，2013a）。

攀禽包括鹃形目、夜鹰目、咬鹃目、雨燕目、戴胜目、佛法僧目、鹦形目、犀鸟目、䴕形目的所有种，物种丰富度整体上呈现南部高、北部低，东部高、西部低的分布特征。热点区域包括喜马拉雅山脉东南段、高黎贡山南段、无量山、西双版纳、十万大山、大明山、两广丘陵、南岭和五指山等地。除上述区域外，岷山、邛崃山、大凉山、秦岭、巫山、大娄山、大别山、武夷山等地也较为丰富，而西部（包括西藏、青海、新疆等地）大部分地区则较低（徐海根等，2013a）。

涉禽包括鸻形目、鹳形目、红鹳目和鹤形目的所有种，物种丰富度整体上呈现沿海地区高、西北内陆低的分布特征。热点区域主要分布在我国海岸线一带，以及东部重要湿地（包括鄱阳湖区、洞庭湖区等）。除上述区域外，东北地区的三江平原、兴凯湖、呼伦湖等，以及黄河中下游湿地等也较为丰富，而西部广大内陆地区则较低（徐海根等，2013a）。

游禽包括雁形目、潜鸟目、鹱鹈目、鲣形目和鹈形目的所有种，物种丰富度整体呈现东部高、西部低的分布特征。热点区域主要分布在长江中下游湿地、环渤海地区、兴凯湖区、扎龙湿地、三江平原湿地、太行山、贺兰山及台湾等地。除上述地区外，喜马拉雅山脉东南段、福建及两广沿海、江苏沿海、呼伦湖区等也较为丰富，而西北和华南大部分地区较低（徐海根等，2013a）。

1.2.3　珍稀濒危鸟类分布格局

1. 特有种

虽然特有种的定义在学术上还有一定的争议，但对于其在中国的分布格局基本没有太大的影响。在特有种的水平分布格局上，省级层次上四川最多，并由此向各个方向逐渐减少。在各动物地理区划中，西南山地亚区、西部山地高原亚区、青海藏南亚区的物种丰富度明显高于其他亚区。而具体到特定区域，横断山区、川北-秦岭-陇南山地、台湾岛是特有种分布最多、最集中的，其中横断山区拥有较多的雉类、鹛类特有种，并以此为中心向周边地区递减；川北-秦岭-陇南拥有较多的鹛类特有种，并同样以此为中心向周围递减；台湾岛拥有的特有种大多为仅分布在台湾的地方性特有种。上述 3 个区域是中国特有鸟类分布的多样性中心（雷富民等，2002a；武美香，2011；徐海根等，2013a）。东北地区、内蒙古高原、青藏高原、华北平原、黄淮平原、华南地区及新疆等地基本没有中国特有鸟类的分布（徐海根等，2013a）。

在特有种的垂直分布格局中，我国鸟类特有种在中高山、亚高山和高原地带分布最多。一些特有种的垂直分布范围较广，可跨越几百米甚至上千米，如橙翅噪鹛（*Trochalopteron elliotii*）、斑翅朱雀、凤头雀莺（*Leptopoecile elegans*）等。有些鸟类有随季节性垂直迁移的习性，如绿尾虹雉（*Lophophorus lhuysii*）、台湾斑翅鹛（*Sibia morrisoniana*）、褐头凤鹛（*Yuhina brunneiceps*）等，夏季在较高海拔栖息，而冬季则迁至较低海拔处。在垂直分布上，特有种数与海拔的关系基本上呈正态分布特征，以 1800～2900 m 的中、高海拔有最高的特有种多样性（雷富民等，2002a）。

由于特有种的分布往往在某一区域相对集中，由此我国鸟类特有种的分布型主要涉及高地型、喜马拉雅-横断山型和岛屿型三种。其中高地型主要限于青藏高原，属古北界种类，是青藏区的代表成分，如藏雪雀（*Montifringilla henrici*）、地山雀（*Pseudopodoces humilis*）、黑头噪鸦（*Perisoreus internigrans*）等。喜马拉雅-横断山型主要指分布于横断山脉中、低山或延伸至喜马拉雅南坡森林带的特有种，属东洋界种类，是西南区的代表成分，如宝兴歌鸫（*Turdus mupinensis*）、斑尾榛鸡（*Tetrastes sewerzowi*）、滇䴓（*Sitta yunnanensis*）等。岛屿型主要指分布于台湾与海南岛的种类，由于岛屿特殊的环境，形成许多岛屿特有种，如台湾山鹧鸪（*Arborophila crudigularis*）、海南山鹧鸪（*A. ardens*）、台湾戴菊（*Regulus goodfellowi*）

等（雷富民等，2002a）。

鸟类特有种中有不少是局限性分布的，即该特有种仅分布于某一小的特定地区。例如，宁夏的贺兰山红尾鸲（*Phoenicurus alaschanicus*）、新疆的白尾地鸦（*Podoces biddulphi*）、西藏的藏马鸡，以及海南和台湾较多的地方性特有种等。陆缘性的岛屿有利于特有种的形成与保存，与其生存面积比，特有种较附近大陆丰富。而台湾比海南的特有种多，可能与其同大陆地理隔离开始更早有关，也可能与台湾的山地垂直幅度较大、环境复杂有关（张荣祖，1999）。一些地方性特有种的分布限于狭小范围，存在局部分布。同时，也存在间断分布的现象，例如，马鸡属的 3 个种见于横断山区，而褐马鸡则间断分布于河北、山西、陕西（雷富民等，2002a；武美香，2011）。

2. 受威胁鸟类

受威胁鸟类包括 2021 年发布的《国家重点保护野生动物名录》中的鸟类、2015 年环境保护部和中国科学院联合发布的《中国生物多样性红色名录——脊椎动物卷》和 IUCN 红色名录最新版（https://www.iucnredlist.org/）中的濒危等级为极危（CR）、濒危（EN）和易危（VU）的鸟类。

我国鸟类的分布并不均匀，西南地区和东南地区是鸟类多样性最高的地区，受威胁鸟类的分布也是如此，与物种丰富度格局一致（赵洪峰等，2005；徐海根等，2013a）。珍稀濒危鸟类分布最多、最集中的区域包括西藏东南部、喜马拉雅山地、云南西部和西南部、海南岛中部山地，地理区划则包括西南山地亚区、滇南山地亚区、东部丘陵平原亚区等（赵洪峰等，2005；武美香，2011）。我国留鸟的分布特点是在南方以热带-亚热带西部地区最高，在北方以暖温带黄土高原最高（张荣祖，1999），受威胁鸟类中留鸟的分布特点与此基本一致。南方受威胁鸟类主要分布于我国西南地区，即西南山地亚区、青海藏南亚区和滇南山地亚区，表明山地环境有利于鸟类居留。而北方则以黄土高原亚区最多（赵洪峰等，2005）。迁徙鸟类在我国东部比西部分布相对集中，受威胁迁徙鸟类的分布与我国迁徙鸟类的整体分布格局一致，即在我国东部、北部，候鸟的种数明显超过留鸟的种数，东北地区的夏候鸟多于冬候鸟，而东南沿海地区则相反（张荣祖，1999）。

从鸟类分布的栖息地来看，森林、湿地和灌丛栖息地对于鸟类保护至关重要，同时，人工生境（主要是农田）也可以为一部分受威胁鸟类提供栖息条件（赵洪峰等，2005）。为了更好地保护受威胁鸟类，国际鸟盟（2004）根据鸟类受威胁等级，在亚洲确定了 9 个关键森林栖息地、3 个关键草原栖息地和 20 个关键湿地栖息地，并把海鸟关键栖息地单独列出。涉及我国的关键栖息地有 14 个，其中关键森林栖息地 4 个、关键草原栖息地 1 个、关键湿地栖息地 7 个、海鸟关键栖息地 2 个（表 1-4）。目前我国共有重要鸟区 501 个（其中大陆 445 个、台湾 53 个、香港 2 个、澳门 1 个）（国际鸟盟，2009），58 个为显著重要鸟区，其中有 36 个在关键湿地栖息地中（关键草原栖息地中的一部分归入此中），有 20 个在关键森林栖息地中，显著重要海鸟区 2 个（国际鸟盟，2004；赵洪峰等，2005）。

森林是大多数陆栖鸟类的重要栖息地，而我国湿地是东半球水鸟的主要越冬地，也是世界水鸟的主要繁殖地，是亚太地区鸟类迁徙路径上的重要组成部分，保护森林和湿地是保护受威胁鸟类的前提。西南山地亚区是我国受威胁鸟类集中分布的地区之一，也是受威胁留鸟集中分布的区域，同时也是全球 25 个生物多样性热点地区之一（Myers *et al.*，2000）；台湾和海南是典型的热带岛屿，单位面积鸟类多样性最高（张荣祖，1999），也是单位面积受威胁鸟类最多的地区之一（赵洪峰等，2005），还拥有仅分布于这些地区的特有鸟类；羌塘高原虽然鸟类丰富度和受威胁物种最少（张荣祖，1999），但此地动物区系独特，是我国特有的生态系统，以上几个区域对于受威胁鸟类的保护至关重要。

表 1-4 国际鸟盟划定的中国关键栖息地和显著重要鸟区*

关键栖息地	栖息地类型/所在地	显著重要鸟区		代表性珍稀濒危鸟类
		数量	名称	
关键森林栖息地	寒带森林和北部温带森林	1	向海	栗斑腹鹀、中华秋沙鸭、乌雕、白头鹤
	中国东南部森林	12	屏山五指山、董寨、古田山、乌岩岭、武夷山、官山、猫儿山、大瑶山、大明山、南岭、车八岭、垦丁	四川山鹧鸪、白冠长尾雉、白颈长尾雉、黄腹角雉、鹊色鹂、海南鳽、台湾鹎
	中国喜马拉雅山地森林	5	庞泉沟、九寨沟、卧龙、木里康坞、高黎贡山	褐马鸡、褐头鸫、黑颈长尾雉、巨䴓、丽䴓、绿尾虹雉
	热带雨林季雨林	2	霸王岭、尖峰岭	海南鳽、海南山鹧鸪、海南柳莺
关键草原栖息地	欧亚草原和沙漠	0		白肩雕、黄爪隼、大鸨、中亚鸽、白喉石䳭
关键湿地栖息地	草原湿地	3	达赉湖（呼伦湖）、辉河、鄂尔多斯	鸿雁、青头潜鸭、白枕鹤、丹顶鹤、遗鸥、远东苇莺
	黄渤海沿岸	6	双台河口、长山列岛、北戴河、黄河三角洲、盐城、崇明岛	黑嘴鸥、黄嘴白鹭、黑脸琵鹭、丹顶鹤、东方白鹳、白头鹤、小青脚鹬、卷羽鹈鹕、勺嘴鹬
	华中湿地	3	洋县、豫北黄河故道、三门峡市	朱鹮、鸿雁、小白额雁、青头潜鸭
	长江中下游	5	沉湖、菜子湖、升金湖、鄱阳湖、洞庭湖	东方白鹳、鹤类、鸿雁、小白额雁、青头潜鸭、中华秋沙鸭、斑背大尾莺
	青藏高原	7	申扎、雅鲁藏布江流域、青海湖、若尔盖、大山包、会泽县、威宁县草海	黑颈鹤、玉带海雕
	东北三江流域	7	兴凯湖、三江、红河、七星河和长林岛、扎龙、莫莫格、科尔沁	东方白鹳、鹤类、鸿雁、小白额雁、花脸鸭、青头潜鸭、中华秋沙鸭
	东海、南海沿海	5	温州湾、闽江河口、米铺和后海湾（深圳湾）、氹仔-路环湿地、曾文溪口	卷羽鹈鹕、黑嘴鸥、黑脸琵鹭、鸿雁、小青脚鹬、勺嘴鹬
海鸟关键栖息地	马祖岛、钓鱼岛	2	马祖岛、钓鱼岛	中华凤头燕鸥、短尾信天翁、黑脚信天翁

注：*数据来源自国际鸟盟（2004，2009）。

1.2.4 影响鸟类分布的因素

1. 地理因素

中国地形地貌复杂，地势西高东低，呈三级阶梯分布，海拔范围从 4000 m 以上到海平面，其间有高原、盆地、山地、丘陵、平原等多种地形。这种从西到东巨大的高差，造成中国东西不同区域之间的巨大自然环境差异，也形成了自然植被和生态系统在不同区域上空间分布的巨大差异，从而影响或控制着中国不同生物类群的空间分布格局（徐海根等，2013a）。

同时，我国因南北跨的纬度多，热量条件相差大；东西跨的经度多、海陆兼备，降水条件差异大；地形复杂多样、地势高低悬殊，使得气候也复杂多样。气候条件的巨大差异对中国的维管植物、哺乳动物和留鸟多样性的主体空间分布格局产生较大影响（徐海根等，2013a）。

从局域尺度来看，影响不同区域分布格局的主要地理因素有所差别。青藏高原区，海拔高差仍然是影响留鸟物种丰富度分布格局的最重要因素；而在东部季风区和西北干旱区，海拔高差降为第二或第三重要的因素，最湿季节降水量和气温季节性变化分别成为这两个区域的最重要因素（徐海根等，2013a）。

物种丰富度的分布格局依赖于所研究的对象和尺度。不同类群的分布格局及其影响因素会有所不同；即使是同一生物类群，如果考虑不同的功能群，其分布格局和影响因素可能也会发生变化。在全国尺度上呈现的分布规律，到区域尺度上可能会发生变化；不同区域之间，由于地形、气候、地质历史的不同，分布格局也会发生变化。因此，在制定生物多样性保护战略和政策时要因地制宜，针对不同生物类群和区域，制定适合当地特点的保护措施（徐海根等，2013a）。

2. 气候变化

许多证据表明，目前全球变暖正在对陆地生态系统产生强烈影响，中国的各植物带都在不同程度地向北移动或发生群落结构的改变，从而导致一些鸟类的分布范围可能随着植被的变化而改变（孙全辉和张正旺，2000；杜寅等，2009）。气候变化对鸟类分布的影响，除了温度升高而使其受到直接的温度胁迫外，大多数都是由温度升高而引起其他环境因子改变，而使其重新分布（孙全辉和张正旺，2000；Parmesan and Yohe，2003）。中国鸟类在气候变暖的背景下向北或者向高海拔地区扩展其分布区是对气候变化的一种适应性改变，是为了寻求更适合生存的气候条件、栖息地环境、食物资源等，以获得更好的生存环境（杜寅等，2009；李雪艳等，2012）。但对于那些分布在高纬度和高海拔地区的物种，几乎没有可供生存的栖息地去扩展（吴伟伟等，2012）。

从地理区系看，气候变化会导致鸟类区系成分的改变。我国除东洋界和古北界过渡地带鸟类组成较混杂外，每个界都有自己相对稳定和集中的鸟类组成，而气候变化正悄然引起鸟类区系的自然变化。且气候变暖对东洋界鸟类的影响要超过古北界和广布种。自然状况下，某一区域的鸟类区系组成是动态的，且在不断变化之中，在全球气候变化背景下，这种变化的速率可能更快（孙全辉和张正旺，2000；杜寅等，2009）。

气候变化对鸟类越冬地选择的影响常和鸟类分布区的变化密切相关。食物因素是影响鸟类迁徙的一个重要原因，同时，水禽生活还要有不结冰的水面。因此气候变暖对水禽的影响更为明显。如斑嘴鸭（*Anas zonorhyncha*）20 世纪 90 年代在渤海湾属夏候鸟，目前已事实上成为了该地区的留鸟。对越冬鸟类另外一个重要的影响就是改变鸟类迁徙时间、路线，并可缩短迁徙的距离。如灰鹤（*Grus grus*）在此前不是越冬地的黄河三角洲、辽宁瓦房店等地发现了其越冬种群。同时，对于山地居留鸟类的垂直迁移也产生影响（孙全辉和张正旺，2000；吴伟伟等，2012）。

鸟类分布的变化会对鸟类遗传多样性产生影响。亚种作为种下的分类阶元，是一个物种的地方性种群。长期的进化使它们对于某种地理环境已经产生了高度适应性，亚种对于其所处的生境来说具有一定的特殊性，气候变化可能导致亚种原来适应的栖息地气候、植被类型、食物资源等发生变化，从而致使某一亚种在原分布地区消失，或者这种改变吸引了该种下其他亚种鸟类的到来，使得在亚种水平上鸟类地理分布区的相互渗透，可能导致原有亚种之间性状差别的逐步消失。如白头鹎（*Pycnonotus sinensis*）的 *hainanus* 亚种原分布于广东南部、广西南部和海南，现已在广西中北部和 *sinensis* 亚种重叠分布，并出现居间类型。在突破原有地理分布上的隔离后，使得它们存在分布上的重叠，进而发生基因交流，从而使得原有的种内遗传多样性下降或发生较大变化（孙全辉和张正旺，2000；吴伟伟等，2012）。

3. 城市化

城市化使适于鸟类生存的自然生境逐渐减少，同时，其导致的生境片段化和人类干扰均会对鸟类的生存产生影响。许多研究表明，鸟类的物种丰富度会随城市化程度增加而减少。城市化会使得环境中的优势种逐渐转变为适应城市的物种，且不同程度的城市化会明显改变这些物种的种群数量，甚至产生不利影响。同时，城市化过程中局域尺度和景观尺度的环境结构特征对于不同类型的鸟类来说作用不同，是影响鸟类分布的更主要因素（陆祎玮，2007；张淑萍，2008）。

由城市化而产生的片段化绿地景观，可作为鸟类的“避难所”，而这些位于城市中的绿地斑块的结构特征对于鸟类分布影响深远。绿地面积是影响鸟类物种数的重要因素，鸟类物种数随绿地面积增大而增加（陆祎玮，2007；张淑萍，2008）。不同生活史特征的鸟类对绿地面积的敏感程度不一致，林冠层活动的鸟类和洞巢鸟与绿地面积关系不大，但在灌丛和地面营巢的种类则十分敏感。同时，小斑块中鸟类群落的时间变动性较大，而大斑块则相对稳定（陆祎玮，2007；张淑萍，2008）。绿地的年龄也与鸟类分布密切相关，老绿地由于植被组成多样且具有更复杂的栖息地结构，能满足不同鸟类的需要，而较新绿地拥有更多的物种，增加绿地之间的连通性能在一定程度上加强物种迁移。绿地内的捕食风险和人为干扰强度会对鸟类的分布产生影响（陆祎玮，2007；张淑萍，2008）。

4. 土地利用类型

土地利用是人类改造自然的活动，会改变地表生境类型，会引起依赖于某类生境的物种产生相应的变化，如森林-灌丛依赖的物种决定了整个维管植物和脊椎动物的物种丰富度空间分布格局（Xu *et al.*, 2017a），若将森林生境转变为其他生境，则会对生物多样性产生重大影响。

土地利用方式变化会导致植被类型的改变，不仅会向土壤形成明显不同的物质和能量输入，而且会导致土壤动物栖息的土壤理化环境改变，正是这些改变引起了不同的土地利用方式下土壤中蚯蚓的密度及其垂直分布的显著变化（王邵军等，2017），而这也会在一定程度上影响以蚯蚓为食的鸟类分布。除间接影响外，土地利用类型变化造成的栖息地破碎化，生境类型变化及鸟类可获得的栖息地环境、食物资源等的不同，也会直接影响鸟类分布（邓文洪，2009；李朝，2013；苏晓庆，2018）。

不同湿地利用类型的变化也会改变鸟类群落组成、分布状况，湿地重构有助于鸟类资源恢复和保护（刘广全等，2018）。20 世纪 80 年代到 2015 年，苏北土地利用情况发生了较大变化：沼泽地、湖岸滩地、水田等湿地面积大幅缩减，而建设用地、养殖塘、盐田等却大幅扩张。这些变化使得在此越冬的丹顶鹤栖息地面积和结构发生改变，原有栖息地面积减少且破碎化，连通性逐渐降低（刘伶，2018）。受围垦影响，长江口南汇东滩滩涂大面积减少及破碎化，而养殖塘和芦苇塘增加，导致依赖滩涂的鸻鹬类数量下降，雁鸭类和鹭类则数量增加（张斌，2012）。

1.3　挑战与机遇

1.3.1　面临的挑战

1. 资源破坏与不合理利用

由于具有药用、食用、观赏等多方面的经济价值，野生动植物往往成为盗猎、偷采、非法经营的对象（中华人民共和国生态环境部，2019）。人类为了获取食物及其他鸟类产品，每年要捕捉和猎杀大量的鸟类。每年我国捕捉活鸟估计可达数百万只，浙江省 1978 年达 50 万只，其中以红嘴相思鸟（*Leiothrix lutea*）、画眉（*Garrulax canorus*）、绣眼鸟等数量最多（郑光美，2012）。由于大量捕捉野生黄胸鹀（*Emberiza aureola*）食用，13 年间使得其 IUCN 红色名录濒危等级从无危升至极危（屈畅，2017）。同时，例如，2014 年河南大学生非法捕猎并买卖国家二级重点保护野生动物燕隼（*Falco subbuteo*）、凤头鹰（*Accipiter trivirgatus*）（观察者网，2015），2018 年“天津连发两起特大非法猎捕鸟类案件”（澎湃新闻，2018），2018 年黑龙江齐齐哈尔市“9.3 非法收售贩运野生鸟类”（齐齐哈尔新闻网，2019）等，对濒危野生鸟类资源造成严重破坏。而我国鸟类濒危指数在增加，濒危等级高的鸟类丧失速率加快，鸟类物种的状况仍不容乐观（徐海根等，2013a）。

2. 自然生境的破坏与丧失

森林、草原、湿地等自然生境是鸟类赖以生存的栖息地，而自然生境正面临着严峻的挑战。第二次全国湿地资源调查（2009～2013 年）显示，与第一次相比，全国湿地面积减少 339.63 万 hm^2，减少了 8.82%，其中滨海湿地面积更是减少 136.12 万 hm^2，减少了 22.91%（中华人民共和国生态环境部，2019）。如黑龙江三江平原的沼泽面积就从 1975 年的 217 万 hm^2 下降到 1995 年的 104 万 hm^2，使得丹顶鹤等珍稀濒危鸟类的繁殖栖息地逐渐萎缩和破碎化（徐海根等，2013a）。草原开垦、虫鼠危害及过度放牧等破坏了草原植被，使得全国 90%的草原存在不同程度的退化和沙化（徐海根等，2013a；中华人民共和国生态环境部，2019）。天然森林是生物多样性最丰富的生态系统之一，虽然我国历史上的过度砍伐使得栖息地丧失率达 60%以上，但是自 1998 年国家实施天然林保护工程以来，森林覆盖率和蓄积量持续上升，主要是人工林增长较快（徐海根等，2013a）。自然生境一旦被破坏，再恢复需要一个漫长的过程，严重威胁了栖息于其中的鸟类及其他生物类群。

3. 环境污染

快速的经济发展带来了比较严重的环境污染问题，而其对于生物多样性的影响比较大，主要通过以下几种方式影响鸟类：①改变或破坏生态环境。如大气污染改变鸟类栖息地的群落结构，主要改变生物多样性，使得食虫鸟倾向于避开污染地区，因而鸟的种类多样性及数量都相对减少，使得位于食物链顶端的鸟类减少，生态系统稳定性被破坏，各种虫害相继发生。②污染物在生态系统中的富集和积累作用，通过食物链逐级放大，使食物链高层的生物难以存活或繁殖。研究发现持久性有机污染物（如 DDT 等农药）会通过食物链在鸟类体内累积，从而造成鸟类死亡或者难以繁殖等，并且会通过迁徙路线定向传输。③污染物的直接毒害作用，阻碍生物的正常生长发育，使生物丧失生存或繁衍的能力（郑光美，2012；徐海根等，2013a）。所有这些当中，最重要和最深远的影响是对鸟类栖息地的破坏。环境污染不仅严重威胁鸟类生存，也影响其他生物的生存，最终影响到人类自身。

4. 研究与保护力度不够

任何一种鸟类的灭绝都是灾难性的、不可换回的损失，尽管我国生物多样性保护工作取得了显著成就，尤其是珍稀濒危鸟类保护，如朱鹮（*Nipponia nippon*）曾一度认为已经灭绝，自 1981 年重新发现以来，经过多年研究及保护，现已开展野外种群重引入工作，并且其野生种群数量也从最初的 7 只稳步回升到 600 只左右（丁长青和刘冬平，2007）。但是，目前仍然存在研究与保护力度不够的问题，主要表现在以下几个方面：①就地保护存在较大空缺。通过对我国目前的自然保护区格局进行分析后发现，其覆盖率偏低，一些具有重要保护价值的地区没有得到应有的保护，尤其是狭域分布的物种，存在较大的保护空缺（徐海根等，2013a）。②基础性研究比较薄弱。目前各地的生物多样性本底资料均是 20 世纪 80 年代的工作，截至目前，各地尤其是西部经济欠发达的地区，科研基础薄弱，资料缺乏，无法反映真实状况（徐海根等，2013a）。③科技支撑能力不足。虽然在国家支持下，如生态系统功能维持等研究初见成效，生物多样性编目也已取得阶段性进展，但仍存在空白和薄弱环节，如生物多样性本底仍不清楚、基因资源开发利用水平低等，不足以支撑我国的生物多样性保护工作（中华人民共和国生态环境部，2019）。④全社会保护意识和参与能力有待提高。⑤资金管理仍需加强。⑥法律法规有待进一步完善。

5. 全球气候变化

气候变化对中国的自然生态系统和生物多样性产生了显著影响，主要包括造成生境退化或丧失、物种灭绝速率上升、物种分布转移、生物物候和繁殖时间改变、种间关系变化等，给中国生物多样性保护带来新的问题与挑战（中华人民共和国生态环境部，2019）。强度趋于增大的极端气候事件对生物多样性也产生了直接的胁迫作用，如 2008 年初南方罕见的低温雨雪冰冻灾害就造成了大量野生动物死亡（徐海根等，2013a）。20 世纪 50 年代至 21 世纪初，中国沿海地区海平面呈上升趋势，已经对海洋及海岸带生物多样性产生影响（中华人民共和国生态环境部，2019）。

1.3.2　蕴含的机遇

1. 法律法规不断完善，构筑资源保护管理制度

近年来，我国先后修订了多部涉及生物多样性保护的法律法规，如《中华人民共和国环境保护法》《中华人民共和国野生动物保护法》《中华人民共和国海洋环境保护法》《中华人民共和国陆生野生动物保护实施条例》《中华人民共和国自然保护区条例》等。中国正从生物安全、遗传资源、就地保护等各个方面不断完善立法，最终覆盖涉及生物多样性的物种、遗传基因、生态系统三个层次，逐步建立起系统完备、科学合理的生物多样性保护法律法规体系，为构筑起最严格的资源保护管理制度提供依据。健全自然资源资产产权制度和用途管制制度，实行最严格的源头保护制度、损害赔偿制度和生态环境损害责任终身追究制度。完善生物多样性保护和持续利用的标准体系。加强执法能力建设，提升执法水平，加大对破坏生物多样性违法活动的打击力度，加大对生物资源出入境的执法检查力度。

2. 深化生态文明建设，促进人与自然和谐共生

建设生态文明是事关中华民族永续发展的千年大计，树立尊重自然、顺应自然、保护自然的生态文明理念，融入社会生活的各方面和全过程。党的十八大以来，以习近平同志为核心的党中央对生态文明建设和生态环境保护提出了一系列新思想、新论断、新要求，先后出台了《关于加快推进生态文明建设的意见》《生态文明体制改革总体方案》等一系列与生物多样性保护相关的政策，对全国生态文明建设和生物多样性保护进行顶层设计和总体部署。这些政策的出台，为进一步开展生态文明建设，促进人与自然和谐共生提供了方向。国家的重视，让各级政府和民众逐步认识到生态文明的真正含义，理解生物多样性的重要性，转变思维方式，践行绿色发展。

3. 污染防治攻坚克难，守住自然生态安全边界

在 2018 年的全国生态环境保护大会上，习近平总书记强调要坚决打好污染防治攻坚战，推动生态文明建设迈上新台阶。为打好污染防治攻坚战，相继出台了《大气污染防治行动计划》《水污染防治行动计划》《土壤污染防治行动计划》，持续开展大气、水和土壤污染防治行动，攻坚克难，从源头开展污染防治。在国家大力开展污染防治攻坚战的同时，也为生态系统保护与修复提供了契机，已经开展的一批重大的生态系统保护与修复工程，如天然林资源保护、退耕还林还草、退牧还草、防护林体系建设、河湖与湿地保护修复、防沙治沙、水土保持、石漠化治理、野生动植物保护及自然保护区建设等，为生物多样性的保护与恢复做出了巨大贡献，确保天蓝、水清、地绿，守住自然生态安全边界。

4. 多项举措促进研究，全民参与推动系统保护

国家通过颁布实施一系列与生物多样性保护相关的规划和计划，如《中国生物多样性保护战略与行动计划》（2011—2030 年）等，全面促进了我国生物多样性保护在物种、遗传基因、生态系统三个层次上的研究与探索。其中，在生态系统修复、高寒退化草地治理、荒漠化防治等方面取得重要进展，为提升我国生物多样性保护与监管能力做出重大贡献。各部委也通过设立专项、安排专门资金来促进生物多样性保护（中华人民共和国生态环境部，2019）。国家的大力投入，为实现我国生物多样性保护与管理能力的现代化打下了基础。同时，国家积极组织开展生物多样性保护相关的宣传、教育活动，在政府主导下，推动公众和企业积极参与生物多样性保护工作，逐步提高全民生物多样性保护意识，探索建立社会监督

生物多样性保护的机制和政策，推动生物多样性的系统保护体系建立。

5. 国际合作日趋深入，让共同体意识逐步加强

生物多样性保护是一个国际性课题，需要世界各国共同努力。我国陆续加入了《生物多样性公约》、《名古屋议定书》、《全球植物保护战略》等国际公约，加强了与国际社会的交流与合作。与此同时，我国还通过多边或双边的国际合作，加强了与有关国家和地区在生物多样性、生态环境领域的交流与合作，建立了多元化的生物多样性保护伙伴关系，共同引领全球生物多样性保护事业向前发展。随着《生物多样性公约》第十五次缔约方大会在我国的顺利召开，将会掀起新一轮的生物多样性保护高潮，与国际社会一道交流和共享“生态文明”理念，加深对于“地球生命共同体”的认识。大会的召开，将进一步凝聚共识，增强国内外对于生物多样性的理解，让共同体意识逐步加强，为全球生物多样性保护提供契机。

第 2 章　鸟类多样性观测的意义及国内外进展

2.1　生物多样性观测的意义

我国是世界上生物多样性最丰富的国家之一，也是北半球生物多样性最丰富的国家，拥有高等植物 34 500 多种，居世界第三位；脊椎动物 6400 多种，占世界总种数的 13.7%。同时，我国也是生物多样性受威胁最严重的国家之一。近几十年来，栖息地丧失和破碎化、资源过度利用、环境污染、外来物种入侵、气候变化等因素，使生物多样性丧失的程度不断加剧。我国各级政府和部门采取了积极的应对措施，但生物多样性丧失的总体趋势尚未得到有效遏制。

生物多样性观测通过获取生态系统的格局与质量、物种组成与分布及环境要素等方面数据，开展分析及保护成效评估，掌握生物多样性变化趋势及其驱动因素，从而提出针对性的保护对策建议，是推动生物多样性保护和管理的基础性工作和重要手段（李佳琦等，2018；马方舟等，2018；徐海根等，2018）。开展生物多样性观测既是国家重大战略，也是履行国际义务的重要行动。《生物多样性公约》第 7 条要求各缔约方对生物多样性重要组成部分开展观测，查明对生物多样性产生不利影响的过程和各类活动。联合国 2020 年生物多样性目标（爱知目标）有 20 个，评估这些目标的进展情况需要建立全球、区域和国家水平的生物多样性观测网络。2010 年 9 月，国务院批准发布的《中国生物多样性保护战略与行动计划》（2011—2030 年）将建立生物多样性观测网络列为优先行动之一。2015 年，国务院批准了《生物多样性保护重大工程实施方案（2015—2020 年）》，其中全国生物多样性观测网络建设是该重大工程的重点任务之一。因此，建设生物多样性观测网络具有重要的现实意义。

2.2　国外观测概况

2.2.1　国外生物多样性观测概况

随着全球气候变化、生物多样性丧失等环境问题越来越受关注，许多国际机构和国家陆续建设了全球、区域或国家层次的野外生态长期观测和研究网络。目前，在全球尺度最具有影响力的观测网络有：全球陆地观测系统（Global Terrestrial Observing System，GTOS）、全球环境观测系统（Global Environment Monitoring System，GEMS）、全球海洋观测系统（Global Ocean Observing System，GOOS）等（Heal *et al.*，1992；WHO，1995；Malone，2003）。GTOS 是全球观测系统下的一个分支系统，建立于 1996 年，其目的是对陆地生态系统进行观测、预警、定量化研究，了解全球变化对陆地生态系统可持续性的影响，为决策者、资源管理者和研究人员提供所需的数据。GTOS 主要关注 5 个全球性问题：土地质量变化、淡水资源减少、生物多样性丧失、气候变化、污染物质迁移及其毒性（赵士洞，1997）。GEMS 建立的最初目的是增强国家对环境的观测和评估能力，增加环境数据信息的有效性和可比性，在选定领域进行全球或区域性的评估，并在全球水平上编报环境信息（钮式如和陈昌杰，

本章主编：刘威；编委（按姓氏笔画排序）：于丹丹、伊剑锋、刘威、张文文、徐海根、崔鹏、雍凡等。

1982）。GEMS 主要集中在陆地生态系统观测和环境污染观测，具体分为大气、食物、热量和水分等方面的观测。

国家尺度上最具有代表性的观测网络有美国长期生态学研究网络（US Long Term Ecological Research Network，US LTER）、美国国家生态观测站网络（National Ecological Observatory Network，NEON）、英国环境变化观测网络（UK Environmental Change Network，UK ECN）、日本长期生态学研究网络（Japan Long Term Ecological Research Network，JaLTER）和欧洲长期生态系统研究网络（European Long Term Ecosystem Research Network，LTER-Europe）（牛栋等，2008；Michael *et al.*，2008；斯幸峰和丁平，2011；Kristin and Evelyn，2017）。其中，US LTER 是世界上建立最早的长期生态学研究网络，其目的是为科学团体、政策制定者及社会公众提供生态系统状态、服务及生物多样性保护与管理方面的支撑。从 2004 年开始，US LTER 的研究方向发生了重大改变，把台站联网研究及网络层面的综合科学研究作为未来 10 年的优先发展方向，主要围绕 4 个重大科学问题开展综合研究，即生物多样性变化、多种空间尺度的生物地球化学循环变化、生态系统对气候变化及气候波动的响应、人类-自然耦合生态系统研究。UK ECN、JaLTER、LTER-Europe 和加拿大生态监测评估网络（Ecological Monitoring and Assessment Network，EMAN）等观测网络都非常重视观测工作，制定了严格的观测标准和方法，研究生态系统、生物多样性和社会之间的复杂关系，促进长期生态系统研究者和研究网络在地方、区域和全球尺度上的合作与协调。

对于海洋生态系统观测而言，随着现今的研究不断地走进海洋，人们在对海洋的不断探索中积累了许多新的发现，但海洋中各时空尺度的过程变化需要更细致的研究。因此，全球海洋观测网的建立有利于全球海洋观测力量的整合，共同认识海洋。政府间海洋学委员会等国际组织在 1992 年提出全球海洋观测系统（GOOS，https://www.goosocean.org/）计划，对全球沿海和大洋要素进行长期观测并建立模型，是分析海洋变化的大型国际海洋观测计划，它鼓励各国合作使用各种技术手段，获取一定时空覆盖率的海洋数据，建立信息系统使各自获取的海洋数据能快速集中汇总发布，促进决策部门制定海洋管理策略和公众加深对海洋变化的了解（阎季惠和李景光，1999）。在热带海洋和全球大气（Tropical Ocean-Global Atmosphere，TOGA）国际合作计划支持下，浮标阵列系统（Tropical Atmosphere Ocean / Triangle Trans Ocean Buoy Network，TAO / TRITON）1985～1994 年被布设在从亚洲到美洲，沿赤道太平洋约有 70 套锚系浮标（唐启升，1993）。这套系统主要测量海表面的气象条件和海洋 500 m 以浅的剖面水温。依靠这套浮标系统提供的数据，人们解释了厄尔尼诺这一气候现象，推进了海气相互作用理论的发展。为了解特定区域或国家的海洋特征，部分区域的海洋观测工作得到开展。如夏威夷海洋时间序列（Hawaii Ocean Time Series，HOT）项目自 1988 年开始，每月一次前往夏威夷瓦胡岛以北 100 km 处进行观测，项目包括水动力、化学、生物等各种指标。目前，该研究已持续了 26 年，航次超过 260 次。根据观测得到的数据可以看出，近 20 多年来，海洋中的二氧化碳持续上升，pH 持续下降，说明了海洋酸化的不断恶化。这些认识如果没有 HOT 站的观测数据支持是没法得出的，因此长时间序列的观测十分重要。

总之，在全球范围内，已经形成了覆盖面积广大、观测类型多样的综合生态观测系统，大部分观测系统具有明确的观测目标和内容，其中与生物多样性观测系统相关的网络包括 GTOS 和 GEMS。但是这两个观测系统无法获得详细的生物多样性状况信息。US LTER 建立早、观测体系较完善，但观测站点相对较少。UK ECN 具有严格的数据质量控制体系，但由于其观测指标并不覆盖所有生态系统，且缺少动植物种群方面的观测指标，无法全面掌握生物多样性的状况。JaLTER 虽然成立时间较短，但功能较全，结构合理，覆盖日本全部生态系统类型。

为了更好地了解生物多样性的现状和变化规律，生物多样性观测方式从以往的单点观测逐渐转变为联网观测。在联合国《生物多样性公约》的推动下，生物多样性观测网络的建设在近年来得到了快速发展，生物多样性观测工作从全球到区域以及国家尺度上都得到显著加强。许多国际机构和国家陆续建设了全球、区域或国家层次的野外生态系统和生物多样性长期观测和研究网络。地球观测组织生物多样性观测网络（Group on Earth Observations Biodiversity Observation Network，GEO BON）试图建立全球生物多样性观测网络（Pereira *et al.*，2010）。区域尺度上已在南非等 8 个国家开展非洲生物多样性观测断面分析计划（BIOTA AFRICA），以及 GEO BON 鼓励国家和地区成立不同水平的子网络，如欧盟成立了 EU BON，亚太地区成立了 AP BON 等。瑞士、英国、法国、加拿大、日本等国也陆续建立了全国尺度的生物多样性观测计划，用于观测整个国家的生物多样性动态变化。除国家区域尺度观测网络外，还存在针对特定类群和生态系统的观测专题网，如淡水生物多样性观测网和海洋生物多样性观测网。

2.2.2　国外鸟类多样性观测概况

有关鸟类种类组成、数量与分布调查及其动态的长期观测工作在欧美地区已有 100 多年的历史，先后实施了许多具有国际性影响的长期观测计划（Gregory *et al.*，2005；Jonathan，2005；John and William，2011）。这些计划的主要目的是在大尺度上了解鸟类物种多样性、种群分布与数量动态，分析鸟类与栖息地的关系和估算鸟类多样性与数量的变化趋势，为研究和保护鸟类及其栖息地提供数据，并在鸟类受威胁等级的划分、保护措施的制定等方面发挥了重要的作用（Brown *et al.*，2001；Williams *et al.*，2002）。在中国，鸟类生态学研究起步较晚（郑光美，1981），虽然近几十年来中国学者在鸟类学领域开展了大量的研究工作，但却缺乏对某一对象进行长期的观测与研究（丁平，2002），有关鸟类种类组成与数量的观测工作亦开展不多，更缺乏长期的大尺度的陆地鸟类观测工作。

北美地区鸟类观测项目开展较早，美国鸟类学家弗兰克·查普曼（Frank Chapman）提出了“在每年圣诞节期间人们应以计数鸟类的数量来代替猎杀鸟类”的建议，并于 1900 年圣诞节开始了世界最早的鸟类观测计划，即圣诞鸟类调查（Christmas Bird Count，CBC）（Erica *et al.*，2005；Meehan *et al.*，2019）。该计划至今已不间断地持续了 100 多年，包括至少 2124 条观测样线和 2126 个物种。

1962 年，英国鸟类学基金会（British Trust for Ornithology，BTO）启动了首个具有统一标准、大规模的陆生鸟类观测计划——常见鸟类调查（Common Birds Census，CBC），旨在通过长期观测鸟类数量来反映环境质量的变化（Marchant *et al.*，1990），分析农田生境退化、河流湖泊水质恶化和有毒杀虫剂等环境恶化对生物链、生物多样性的影响（Dubos，1964；Zaret and Paine，1973）。1994 年，常见鸟类调查项目被 BTO、联合自然保护委员会（Joint Nature Conservation Committee，JNCC）和皇家鸟类保护协会（Royal Society for the Protection of Birds，RSPB）合办的繁殖鸟类调查（Breeding Bird Survey，BBS）计划逐步取代，并于 2000 年结束。继英国 CBC 计划之后，美国帕图克森特野生动物研究中心（Patuxent Wildlife Research Center）和加拿大国家野生动物研究中心（National Wildlife Research Center）于 1966 年合作启动了北美繁殖鸟类调查（North American Breeding Bird Survey，BBS）计划。该计划是一个长期的、大尺度的、多国合作的鸟类观测项目，主要跟踪调查北美繁殖鸟类种群的数量状态和变化趋势（Sauer *et al.*，2008）。随着 20 世纪 60 年代英国 CBC 计划和北美 BBS 计划的实施，瑞典、芬兰和丹麦等欧洲国家亦相继开始实施一些全国性陆地鸟类观测计划，至 2007 年共有 35 个欧洲国家开展了 50 多个鸟类观测项目（Klvaňová and Voříšek，2007）。在此基础上，2002 年 1 月欧洲鸟类同步调查委员会（European Bird Census Council，EBCC）启动了包含欧洲主要繁殖鸟类观测项目的泛欧洲常见鸟类观测计划（Pan-European Common Bird Monitoring Scheme，PECBMS），已有 37 个国家参加（斯幸峰和丁平，2011）。该计划旨在联合欧洲所有的鸟类学家来共同关注鸟类种群的数量和分布区域，并以常见鸟类为指示物种进行繁殖期的鸟类数量观测，以此反映欧洲自然环境的变化。1989 年，澳大利亚皇家鸟类学联合会（Royal Australasian Ornithologists

Union，RAOU）启动了澳大利亚鸟类调查计划（Australian Bird Count，ABC）（Loyn，1985；Clarke *et al.*，1999）。为了观测北美地区鸟类繁殖状况，美国鸟类种群研究所（Institute for Bird Populations，IBP）于 1989 年启动了北美鸟类繁殖力和存活力的观测项目（North American Monitoring Avian Productivity and Survivorship Program）。目前，该计划在美国和加拿大已经建有近 450 个观测站，每年持续开展鸟类环志工作（DeSante *et al.*，2009），旨在获得并分享鸟类种群数量的变化趋势和有关繁殖能力与存活力方面的数据，为决策者提供资料并确定需要保护的鸟类。由此可见，目前在全球范围内已有众多的陆地鸟类观测项目，其观测范围大小不一，观测时间各有长短。不过这些已经开展的陆地鸟类长期观测项目主要集中在北美洲和欧洲。此外，在北美洲和欧洲还有不少相对较小尺度（跨州或省）的观测项目，如始于 1992 年的意大利伦巴第地区常见繁殖鸟类调查（Common Breeding Bird Count in Lombardy）（Bani *et al.*，2009），始于 1993 年的美国五大湖区鸣禽数量观测（Monitoring Songbird Populations in the Great Lakes Region）（Howe *et al.*，1997），始于 2000 年的科罗拉多鸟类观测（Monitoring Colorado's Birds）（Leukering *et al.*，2000），以及 2003 年开始的内华达鸟类调查（Nevada Bird Count）（http://www.gbbo.org/ projects_nbc.html）等。在国际上具有较大影响力的英国和北美的繁殖鸟类调查均始于 20 世纪 60 年代，各自形成了相对成熟的观测方案（表 2-1）。

表 2-1　部分国内外鸟类多样性观测项目

序号	国家/地区	项目名称	起始年份	调查方法	参考文献
1	芬兰	芬兰繁殖鸟类年度观测	1975	样点法、样线法	Väisänen，2006
2	瑞典	瑞典繁殖鸟类调查	1975	样点法	Ottvall *et al.*，2008
3	丹麦	繁殖与越冬鸟类样点法普查	1976	样点法	Heldbjerg and Eskildsen，2010
4	捷克	繁殖鸟类普查计划	1981	样点法	Reif *et al.*，2006
5	爱沙尼亚	样点法普查计划	1983	样点法	Leito and Kuresoo，2004
6	荷兰	常见繁殖鸟类调查计划	1984	样点法	Turnhout *et al.*，2008
7	法国	常见鸟类调查	1989	样点法	Jiguet，2009
8	德国	德国鸟类学家联合会常见繁殖鸟类观测计划	1989	样点法、样线法、标图法	Mitschke *et al.*，2005
9	比利时	瓦隆尼亚常见繁殖鸟类调查	1990	样点法	Paquet *et al.*，2010
10	立陶宛	立陶宛繁殖鸟类观测计划	1991	样点法	Kurlavicius，2004
11	英国	繁殖鸟类调查	1994	样线法	Risely *et al.*，2010
12	挪威	挪威繁殖鸟类普查	1995	样点法	Husby，2003
13	西班牙	常见繁殖鸟类观测计划	1996	样点法	Escandell，1996
14	奥地利	奥地利繁殖鸟类调查	1998	样点法	Teufelbauer，2010
15	爱尔兰	乡村鸟类调查	1998	样线法	Coombes *et al.*，2009
16	匈牙利	常见鸟类调查	1999	样点法	Szép and Gibbons，2000
17	瑞士	繁殖鸟类数量观测	1999	标图法	Kéry and Schmid，2004
18	意大利	意大利鸟类观测	2000	样点法	Fornasari and de Carli，2002
19	波兰	常见繁殖鸟类观测计划	2000	样线法	Chylarecki *et al.*，2006

续表

序号	国家/地区	项目名称	起始年份	调查方法	参考文献
20	保加利亚	常见鸟类观测计划	2004	样线法	Spasov，2008
21	葡萄牙	常见鸟类普查	2004	样点法	Hilton *et al.*，2006
22	欧洲	泛欧洲常见鸟类观测计划	2013	网格法	Keller *et al.*，2020
23	北美	北美鸟类繁殖力和存活力的观测项目	1989	样点法、样线法、标图法	DeSante *et al.*，2009
24	澳大利亚	澳大利亚鸟类调查计划	1989	样点法、样线法、标图法	Loyn，1985
25	美洲	美洲陆地鸟类观测网络	2000	样线法	Ralph and Elizondo，2010
26	乌干达	常见鸟类观测计划	2009	样线法	Nalwanga *et al.*，2012
27	英国	捕食鸟类观测计划	1980	样点法、样线法、标图法	Walker *et al.*，2016
28	印度尼西亚	水鸟公众科学观测网络	2015	公众科学	Gumilang *et al.*，2020
29	中国	全国鸟类多样性观测网络	2011	样线法、样点法	徐海根等，2018
30	中国	长江中下游越冬水鸟调查	2005	样点法	陶旭东等，2017
31	中国	全国沿海水鸟同步调查	2005	样点法	Bai *et al.*，2015

2.3　国内观测进展

生物多样性观测既可以提供观测对象的变化信息，又是评估保护成效的有效途径，并且能够为制定与生物多样性保护相关的行动计划和管理措施提供重要依据（李延梅等，2009；马克平，2011）。鸟类分布生境多样，对环境变化较敏感，数据收集程序相对简单，且分类和分布的资料比其他动植物类群更加齐全，因此鸟类是生物多样性观测的重要指示类群（Gregory *et al.*，2003）。鸟类观测在欧美地区已有 100 多年的历史。在英国，鸟类多样性指数已成为生物多样性观测的官方指标（Gregory *et al.*，2005）。我国也开展了大量鸟类的观测工作，但主要集中于对一个地区的鸟类种类、数量和分布的研究，侧重于了解区域鸟类概况（涂业苟等，2009），而真正意义上的鸟类观测应侧重于对鸟类种类和数量的重复测度，从而了解一个地区鸟类种类和数量在时间序列上的动态变化。我国已在全国尺度下开展了繁殖鸟类和越冬鸟类观测工作，建立鸟类观测网络，关注珍稀濒危鸟类现状和生物多样性热点区域鸟类多样性变化，评估国家和区域尺度下鸟类多样性水平动态。

2.3.1　国内生物多样性观测概况

在我国，生物多样性观测尚处在初级阶段，始于 20 世纪 80 年代，相关部门建立了一些定位观测网络，包括中国科学院 1988 年开始建设的中国生态系统研究网络（Chinese Ecosystem Research Network，CERN）、2003 年国家林业局设立的中国森林生态系统定位研究网络（Chinese Forest Ecosystem Research Network，CFERN）、2004 年中国科学院生物多样性委员会组织相关单位建设中国森林生物多样性观测网络（Chinese Forest Biodiversity Monitoring Network，CForBio），且于“十二五”期间进一步拓展为中国生物多样性监测与研究网络（Sino BON）、科技部牵头整合已有基础建设的国家生态系统观测研究网络（Chinese National Ecosystem Research Network，CNERN）、2011 年生态环境部（原环境保护部）开始建设的全国生物多样性观测网络（China Biodiversity Observation Network，China BON）等。

中国科学院于 1987 年在国内率先实行野外台站开放制度，采用国家重点开放实验室的建设和管理规范对中国科学院的 15 个野外试验站进行建设和管理。野外试验站的建设和试验观测的标准化，促进了生态与环境科学向定量化和过程机制研究的方向发展。中国科学院于 1988 年开始筹建 CERN，其目标是以地面网络式观测、试验为主，结合遥感、地理信息系统和数学模型等手段，实现对我国主要类型生态系统和环境状况长期全面的观测和研究，为改善我国的生态系统管理状况和生存环境提供科学依据和示范样板（吴冬秀和张彤，2005）。CERN 的建立克服了单站观测和研究的局限，使得在我国开展生态学对比研究成为可能，可为国家宏观决策提供更全面系统的科学数据。它的主要任务是：对我国主要农田、森林、草地、湖泊和海洋生态系统的重要生态过程进行长期观测研究，深入地研究我国主要生态系统的结构、功能和动态特征及管理的途径与方法，为政府决策提供科学依据。目前 CERN 包括 16 个农田生态系统试验站、11 个森林生态系统试验站、3 个草地生态系统试验站、3 个沙漠生态系统试验站、1 个沼泽生态系统试验站、2 个湖泊生态系统试验站、3 个海洋生态系统试验站、1 个城市生态系统试验站，以及水分、土壤、大气、生物、水域生态系统 5 个学科分中心和 1 个综合研究中心，成为我国重要的野外长期科学观测和试验研究平台，以及国际公认的世界上三大国家级长期生态研究网络之一。

1978 年，原国家林业局首次组织编制了全国森林生态站发展规划草案。随后，在林业生态工程区、荒漠化地区等典型区域陆续补充建立了多个生态站。1992 年修订了规划草案，成立了生态站工作专家组，初步提出了生态站联网观测的构想，为建立生态站网奠定了基础。1998 年起，国家林业局逐步加快了生态站网建设进程，新建了一批生态站，形成了初具规模的生态站网络布局。2003 年 3 月，正式研究成立 CFERN，标志着森林生态站网络建设进入了加速发展、全面推进的关键时期。截至目前，已基本形成横跨 30 个纬度的全国性森林生态系统观测研究网络，包括 33 个森林生态站、5 个湿地生态站和 4 个荒漠生态站，形成了由南向北以热量驱动和由东向西以水分驱动的生态梯度十字网。

CNERN 是在现有分属不同部门野外台站的基础上整合建立的，其建设目的是建成跨部门、跨行业、跨地域的国家生态系统观测与研究野外基地平台，有效组织国家生态系统网络的联网观测与试验，实现数据资源共享。目前，由 18 个国家农田生态站、17 个国家森林生态站、9 个国家草地与荒漠生态站、7 个国家水体与实地生态站及国家土壤肥力站网、国家种质资源圃网和国家生态系统综合研究中心共同组成了 CNERN。

为了在国家层面客观了解生物多样性现状和变化、评估管理成效、制定保护政策措施，在生态环境部（原环境保护部）自然生态保护司领导下，南京环境科学研究所于 2011 年开始，联合相关科研院所、高等院校、保护区管理机构和民间团体，开展了 China BON 建设，探索建立全国生物多样性观测标准体系及网络（李佳琦等，2020）。经过 10 年的发展，试点工作建立起一套生物多样性观测标准体系，由生态环境部发布了多项《生物多样性观测技术导则》。

我国现有生态观测网络属于不同部门管理，根据各部门的需要承担相应的观测任务，基本上处于各自独立的状态。我国生态观测网络虽然有一定的规模，但布局尚不完全合理，覆盖面有限，部分重要生态系统没有得到应有的考虑；观测指标主要侧重于生态系统结构与功能的观测和研究，缺少重要动植物种群及其生存状况、生境质量等方面的信息；观测指标和方法也不完全相同，观测数据共享和管理存在较大难度。因此，迫切需要在国家层次，系统设计全国生物多样性观测网络，逐步建成覆盖所有生物地理单元、主要生物类群及绝大部分受威胁物种的全国生物多样性观测网络，为我国生物多样性保护与研究提供连续可靠的数据。

2.3.2 国内鸟类多样性观测进展

大尺度的鸟类种类与数量动态观测是了解人类活动对生物多样性和生境影响及其动态变化的重要手段。欧美地区许多大尺度鸟类观测计划已经开展，其取样策略、调查方法和数据管理与分析等方面都已逐步完善（Jonathan，2005）。国内鸟类观测体系尚处于发展阶段，工作包括鸟类环志、珍稀濒危鸟类观测和重点区域鸟类观测，而系统、标准的全国尺度鸟类多样性观测较少（郑光美，1981），如对重点物种朱鹮、白鹤（*Grus leucogeranus*）、丹顶鹤和黑脸琵鹭（*Platalea minor*）等的长期系统观测（Ji *et al.*，2007；丁长青，2010；Li *et al.*，2020）。在原国家林业局和世界自然基金会（World Wide Fund for Nature or World Wildlife Fund，WWF）的支持下，我国开展了长江中下游"五省一市"的水鸟同步调查项目。截至目前，分别于 2004 年、2005 年、2011 年和 2015 年开展了 4 次同步调查工作，初步掌握了我国长江中下游越冬水禽的分布与种群数量状况（陶旭东等，2017）。此外，我国观鸟爱好者参与了黑脸琵鹭全球同步调查项目，开始于 1993 年，调查时间一般为 1 月，韩国、日本、越南、柬埔寨及中国沿海各省的志愿者同期开展调查工作，掌握越冬黑脸琵鹭的数量和分布区域（Yu，2005；Liu *et al.*，2015）。鄱阳湖作为雁鸭类和鹤类等众多水鸟的重要越冬地，自 1999 年起越冬水鸟同步调查每年开展一次（涂业苟等，2009）。自 2005 年开始，我国东部沿海开展的"全国沿海水鸟同步调查"覆盖沿海众多关键的滨海湿地，关注迁徙水鸟迁徙节律、珍稀濒危水鸟数量和空间分布格局等（Bai *et al.*，2015）。部分国家级自然保护区组织开展了系统性的鸟类观测项目，并制定观测技术规范（蒋宏等，2008）。例如，江苏盐城国家级珍禽自然保护区自 1999 年开始开展越冬鸟类调查，重点关注丹顶鹤的种群现状（马志军等，2000；吕士成，2008）。青海湖国家级自然保护区自 2006 年开始，在保护区内固定的 23 个观测点开展逐月的水鸟种群观测（侯元生等，2009）。在国家尺度上，1996～2000 年，我国在全国范围内开展了陆生野生动物资源调查，亦制定了《全国陆生野生动物资源调查与监测技术规程》。但该调查只关注保护和受威胁物种、调查目标设定上只关注资源量。2011 年，由生态环境部牵头的中国鸟类多样性观测网络（China BON-Birds）是 China BON 的重要组成部分，至今已积累连续 10 年的鸟类多样性观测数据，包括繁殖期鸟类观测和越冬水鸟观测（徐海根等，2018；李佳琦等，2020），由此拉开了建设全国尺度上标准化、系统化的鸟类多样性观测体系序幕（表 2-1）。

2.4　重要观测项目介绍

2.4.1　重要生物多样性观测项目介绍

1. 地球观测组织生物多样性观测网络（GEO BON）

GEO BON 的目的是建立一种新的全球伙伴关系，以帮助收集、管理、分析和报道有关世界生物多样性数据的状况。国际地球观测组织（Group on Earth Observations，GEO）是 73 个国家政府和 46 个参加组织建立的一种自愿的伙伴关系。它提供了能使这些合作伙伴在进行对地观测时可以协调它们的战略和投资的一个框架。GEO 成员正在建立一个全球对地观测系统（GEOSS），GEOSS 通过一个基于 WEB 的 GEO 门户网站（www.geobon.org），提供获取数据、服务、分析工具和建模的功能。GEOSS 已在其第一个十年确定 9 个优先"社会效益领域"。生物多样性是其中之一。美国国家航空航天局（National Aeronautics and Space Administration，NASA）和国际生物多样性科学研究规划（DIVERSITAS），接受了 GEO BON 在规划阶段的领导任务。

许多地方、国家和国际组织记录了多样化的基因、物种和生态系统等方面的数据，以及他们给社会所提供的服务。GEO BON 旨在通过连接和支持这些组织在一个科学框架内的工作，建立一个全球的网络。例如，GEO BON 将促进自上而下测量与自下而上测量的结合，自上而下测量来自于卫星观测，测量生态系统的完整性，而自下而上的测量，出现在最新领域和基于分子调查的方法，以测量生态系统过程、关键生物种群发展趋势、生物遗传资源。GEO BON 的作用是指导数据收集、使数据标准化和交换信息。参与组织可保留其职权范围和数据所有权，但应承诺合作制作的信息能易使他人获取。GEO BON 在 2008 年 4 月形成，当时有 60 多个科学组织和政府间组织的约 100 名生物多样性专家代表在德国波茨坦与会完成了概念文件（concept document）。7 个工作组在 2008 年末形成实施计划的初步草案，把不同类型和众多来源的数据收集到一起，以满足信息共享。主要数据不仅包括植物标本馆和博物馆中标本集的历史和未来记录，也包括通过研究者、保护和自然资源管理机构、专家的实地观察数据。GEO 门户网站的生物多样性网关，给用户提供他们需要了解的数据和工具。

2008 年 5 月的《生物多样性公约》缔约方大会注意到了 GEO BON 的行动，大会请求秘书处“继续与生物多样性观测网络合作，以期促进生物多样性观测在数据结构、数据规模、数据标准、观测网络规划，以及战略规划实施方面进行统一”。为驱动适应和减缓气候变化，如扩大可用于生物燃料的作物种植，公约强调可靠的生物多样性信息在其他国际公约对话中的重要性。GEO BON 的行动要求各国政府和非政府组织之间、数据提供者和资料使用者之间开展新的合作。根据比较先进的全球气候观测系统推算，GEO BON 最后的总成本可能在每年 3.09 亿～7.72 亿美元。

2. 全国生物多样性观测网络（China BON）

2011 年以来，生态环境部（原环境保护部）自然生态保护司组织全国相关高等院校、科研院所、保护机构和民间团体，以鸟类、两栖动物、哺乳动物、蝴蝶和植物为观测对象，开展生物多样性观测试点工作。通过制定统一的观测方案，规定样地设置、野外观测、数据采集、数据分析和质量控制等方面技术要求，在全国逐步建立了 749 个观测样区，初步形成了在国际上具有一定影响的全国生物多样性观测网络（China BON）。并由此发布了 13 项生物多样性观测技术导则标准，规范我国生物多样性观测工作，规定了生物多样性观测的主要内容、技术要求和方法。该观测网络以掌握全国生物多样性现状与变化趋势为目标，以主要生物类群及绝大部分受威胁物种为对象，涵盖森林、草地、荒漠、湿地、农田和城市等代表性生态系统，开展长期观测，采集物种种类、个体数量、分布范围和生境类型及人为干扰类型与强度等数据，为生物多样性保护和管理提供丰富的第一手数据。全国生物多样性观测网络在 31 个省（自治区、直辖市）建立鸟类、两栖动物、哺乳动物和蝴蝶 4 大子网络。其中，鸟类网络设立 380 个观测样区，包括 2516 条样线和 1830 个样点（其中繁殖期鸟类样点 322 个、越冬鸟类样点 1508 个）；两栖动物网络设立 159 个观测样区，包括 2076 条样线、310 组围栏陷阱、121 个样方、45 处人工覆盖物和 47 处人工庇护所；哺乳动物网络设立 70 个观测样区，包括 210 个样地和 4200 余台红外相机；蝴蝶网络设立 140 个观测样区，包括 721 条样线和 21 个样点，样线累计里程超过 7000 km。开发了观测数据信息管理平台，并积累大量观测数据。截至 2019 年，获得鸟类观测记录超过 80 万条，观测到鸟类 981 种；获得两栖动物观测记录超过 50 万条，观测到两栖动物 244 种；获得哺乳动物原始照片约 200 万张，其中有效照片约占 15%，观测到哺乳动物 139 种；获得蝴蝶观测记录约 60 万条，观测到蝴蝶 1088 种。

2.4.2 重要鸟类多样性观测项目介绍

1. 英国繁殖鸟类调查计划（BBS）

1962 年英国启动了常见鸟类调查（CBC）项目，该项目采用标图法（territory mapping）在预先选定的样方中开展繁殖期鸟类调查。由于该项目是由观鸟志愿者自由选择调查样方，导致了调查区域主要集中在居住点的周围，无法包含英国的大部分区域。此外，由于志愿者人数不足和缺少后续数据的处理等问题又限制了该项目的实施和扩展（Noble，2008）。1994 年启动的 BBS 通过比较样点法和标图法、样线法和样点法等不同的取样策略，确定采用分层随机抽样的取样策略，并逐渐替代了 CBC 项目（Gregory and

Baillie，1994；Gregory *et al.*，2004）。BBS 计划按照地方行政区划将英国分成 83 个地区，总共选取了 1565 个 1 km×1 km 的调查样方，安排志愿者到指定的样方中开展鸟类调查。同时，BBS 计划网站（http://www.bto.org/volunteer-surveys/bbs/latest-results）会定期更新调查范围、鸟类分布区域和相对数量及调查报告等相关数据，BBS 年度报告会对当年和总的鸟类数量变化趋势予以总结和分析（Risely *et al.*，2010）。人们又进一步开发了 TRIM（Trends and Indices for Monitoring data）软件，以便对缺失数值的数据进行时序分析（the analysis of time series），并对 BBS 的观测设计、取样策略和调查方法等一系列方法学上的问题予以详细概括。随着该计划实施，参加鸟类调查的志愿者和调查样方数亦不断增加。目前，每年有 3000 多名志愿者参加 BBS 计划的鸟类调查工作，调查样方数达到 3500 个左右。例如，2009 年，BBS 计划共调查了 3243 个样方，记录到 217 种鸟类。该计划的实施为研究鸟类数量和种群趋势分析等科学问题提供了大量的基础数据。

2. 中国鸟类多样性观测网络（China BON-Birds）

为推动我国鸟类观测工作，由生态环境部牵头，南京环境科学研究所组织开展了生物多样性（鸟类）示范观测，通过开展试点研究，探索形成中国鸟类多样性观测网络（China BON-Birds），成为 China BON 的重要组成部分。China BON-Birds 开始于 2011 年，至今已积累连续 10 年的鸟类多样性观测数据，包括繁殖期鸟类观测和越冬水鸟观测（徐海根等，2018；李佳琦等，2020）。该观测网络采集的数据包括鸟类物种数、个体数量和分布点、生境类型和植被状况、天气状况、人为干扰类型和强度等。基于这些数据，可以计算鸟类的物种丰富度、丰度、分布、生境构成和质量、物候变化等指标。中国鸟类多样性观测网络的建设遵循了 5 个原则，即科学性原则、可操作性原则、可持续性原则、保护性原则和安全性原则。其主要目标是掌握鸟类种群现状及其动态变化信息，评估鸟类及其生境面临的威胁和保护成效，提出有针对性的保护对策建议。

以分层随机抽样法为基础，考虑重要生态系统和物种分布及两者间的互补性分析，设置观测样区。首先，以各省（直辖市、自治区）为分层的单元，根据鸟类生态学背景和互补性分析，确定在一定观测目标条件下每一层的样本量，根据各层内重要物种分布规律，确定观测样区的分布。其次，在每一样区中，根据鸟类多样性分布特点，分别在森林、草原、农田、湖泊、河流、滨海湿地等自然生境和城郊、城市公园等城市生境设置样地。2011 年全国共设置鸟类观测样区 136 个，经逐年完善，形成涵盖横断山南段区、岷山-横断山北段区、黄渤海保护区域等陆域和海域生物多样性保护优先区的观测网络。经过近 10 年的探索，有 184 家高校、研究所、保护区管理机构和地方自然保护组织参与到中国鸟类多样性观测网络，参与人次 17 924 次，积累了一定规模的数据，共记录到鸟类 1146 种，其中国家一级重点保护野生鸟类 66 种，国家二级重点保护野生鸟类 229 种。目前，该网络已经初步建立起基于全国鸟类观测的数据库。同时，建立了数据统计分析模型和处理系统，以深度挖掘鸟类多样性观测数据。

第 3 章　中国鸟类多样性观测网络总体设计

3.1　观测目标与设计原则

3.1.1　观测目标

观测目标是掌握鸟类多样性现状及其动态变化信息，评估鸟类及其生境面临的威胁和保护成效，提出有针对性的保护对策建议。

3.1.2　设计原则

中国鸟类多样性观测网络的设计，遵循以下原则。

1. 统一规划，分步实施

在网络布局方面，注重对鸟类分布和活动规律的研究，统一规划观测区域和观测样地的空间布局，使其覆盖所有生物地理单元、鸟类重要分布区、重要鸟种和绝大部分受威胁鸟类，提高网络的系统性和整体性。在统一规划的基础上，从管理需求、重要性、成本等方面综合考虑，确定样区和样地建设的优先程度，分步建设观测样区和样地。

2. 客观反映实际，指导保护工作

在系统调查的基础上，充分考虑鸟类资源现状、保护状况和观测目标，选择合适的观测区域、观测样地和观测对象，全面反映区域鸟类多样性的整体状况。观测工作应满足生物多样性保护和管理的需要，并能对保护和管理起到指导作用。观测样地的选择充分考虑所拥有的人力、资金和后勤保障等条件。在保证可靠性的前提下，采用效率高、成本相对低廉的观测方法。

3. 充分利用现有资源，新改和扩建相结合

强调鸟类多样性观测的公益性质和开放性，将其作为一项保障国家生态安全和促进生态文明建设的重大基础工程来抓。生态环境部门充分发挥综合协调作用，同时充分利用现有观测力量，避免重复建设造成资源浪费，增强鸟类多样性观测的协调性和包容性。

4. 统一标准，规范运行

把技术标准体系的建设作为优先工作来抓。将样地建设技术、观测指标和方法及时形成标准规范，在观测工作开展之前首先进行观测技术标准的培训，并贯穿观测工作的始终，不断提高观测工作的标准化水平。采用统一、标准化的观测方法，对鸟类多样性动态变化进行长期观测。观测样地、指标、方法、

本章主编：徐海根；编委（按姓氏笔画排序）：于丹丹、伊剑锋、刘威、张文文、徐海根、崔鹏、雍凡等。

时间和频次一经确定，长期保持固定，不得随意变动。若要扩大观测范围和强度，应在原有基础上扩大观测范围和样地数量。

3.2　观测网络设计

3.2.1　观测区域遴选

采用“两步法”设计中国鸟类多样性观测网络（徐海根等，2013b）。首先根据一定的观测目标，在全国尺度上以县级行政区域为单元，遴选观测区域（观测样区）。然后，在所选择的县级行政区域内，设置观测样地和样线。

以分层随机抽样方法为基础，综合考虑重要生态系统和鸟类重要分布区，设置观测样区。以省级行政区分层，确定在一定观测目标条件下每一层的样本量。样本量取决于观测目标、数据的变异程度、数据精度、投入的资金和人力等因素。最优的抽样设计是在一定的管理目标、预算条件下，使统计效率最大，或使所花费的成本最小（徐海根等，2013b，2013c）。根据各层内重要生态系统和鸟类分布特征，确定各层内观测样区的分布。

3.2.2　野外观测方法

1. 样地设置

在选定的观测样区内，采用分层抽样的方式设置样地。可依据生境类型、海拔、人为干扰程度等因素分层（徐海根等，2018）。样地是在县级行政区域中开展鸟类观测的所在地，样地应覆盖样区内森林、草原、荒漠、农田、湿地或城市等典型生境。应根据鸟类群落特征和分布特点，选择具有代表性的观测样地。样地应选在相对均质的地段。

在样地内设置样线或样点等。繁殖期鸟类观测主要采用可变距离样线法（表 3-1），越冬水鸟观测采用分区直数法（表 3-2）。样线设置时应遵循代表性、有效性、可行性和固定性原则，确保样线能够代表该地区的不同生境特点、鸟类资源现状，能够有效地开展长期观测。

2. 繁殖期鸟类观测

在选定的样区内，选择 3～10 个有代表性的样地，每个样地设置 1 条或多条样线。同一样区的不同样线尽量涵盖不同海拔下的不同生境；样区内如有自然保护区则在自然保护区内、外均设置样线。样线之间至少间隔 500 m。样线长度 1～3 km。繁殖期鸟类观测时间为 3～7 月，对每条样线每年开展 2 次观测，繁殖前期进行第 1 次观测，繁殖后期进行第 2 次观测（徐海根等，2018）。两次观测之间的时间间隔不小于 20 d。观测时段为鸟类最为活跃的时间，清晨为 05:30～09:30，傍晚为 16:00～20:00。观测时以 1.5～3.0 km/h 的速度沿样线行进，记录样线上 3 个距离（0～25 m、25～100 m、100 m 以上）范围内及飞行鸟类的种类和个体数量。

对集群繁殖水鸟的观测可采用分区直数法，具体可参考越冬水鸟的分区直数法。

3. 越冬水鸟观测

对越冬水鸟的观测采用分区直数法（徐海根等，2018）。在样区内，选择水鸟集中分布的代表性湿地，如内陆湖泊和河流，作为观测样地。根据地貌、地形和鸟类分布情况，对整个样地进行分区，各个分区

表 3-1　可变距离样线法记录表

日　期		天　气			温　度		
观 测 者		记 录 者			样线编号		
地　点					海　拔		
起点经纬度坐标	经度	纬度		开始时间			
终点经纬度坐标	经度	纬度		结束时间			
生境类型			样线长度/km				
人为干扰类型			人为干扰强度				
备注							
中文名	学名	与样线的垂直距离/m	数量			个体总数	群体编号
			雌	雄	幼体		

注：摘自国家环境保护标准《生物多样性观测技术导则　鸟类》（HJ 710.4—2014）。

表 3-2　分区直数法记录表

日　期			天　气		温　度		
观 测 者			记 录 者		样点编号		
地　点					海　拔		
经纬度坐标	经度		纬度	开始时间			
生境类型				结束时间			
人为干扰活动类型			人为干扰活动强度				
潮汐状况				备注			
总种数				个体总数			
中文名	学名	数量		中文名	学名	数量	
		成体	幼体			成体	幼体

注：摘自国家环境保护标准《生物多样性观测技术导则　鸟类》（HJ 710.4—2014）。

间有明显的景观界限。记录各个分区中的鸟类种类、数量和生境信息，不同分区间的水鸟计数不可重复，最后汇总得到整个样地内的水鸟信息。越冬水鸟观测常在种群数量比较稳定的时期进行，即每年的 12 月初至次年的 1 月底，主要集中在 12 月下旬，选择风力不大、能见度较高的晴朗天气，对越冬水鸟每年开展 1 次观测。

3.2.3　观测指标

观测指标应满足以下原则：有科学基础，定义清晰且易于理解，可测量，能揭示鸟类多样性的变化趋势，低成本、高效益。应尽量选取能直接反映鸟类多样性特征和变化的指标，避免选取间接指标。观测指标包括鸟类种类、个体数量、珍稀濒危鸟类种类与数量及生存状况、生境类型（表 3-3）、人类干扰活动类型和强度（表 3-4）、观测样线的地理位置及温度、降水、风速等环境参数。

表 3-3　生境类型表

A. 乔木林	B. 灌木林及采伐迹地
1. 雨林	1. 灌丛
2. 季雨林	2. <5 m 天然幼林地（再生的自然或半自然林地）
3. 常绿阔叶林	3. <5 m 人工幼林地
4. 常绿、落叶阔叶混交林	4. 采伐迹地（有新树苗种植）
5. 落叶阔叶林	5. 采伐迹地（无新树苗种植）
6. 常绿针叶林	6. 竹林
7. 落叶针叶林	7. 其他
8. 针阔叶混交林	
9. 成熟人工林（高度>10 m，盖度大）	
10. 幼龄人工林（高度 5～10 m，盖度小）	
C. 农田	D. 草原
1. 水田	1. 草甸草原
2. 旱田	2. 典型草原
3. 果园	3. 荒漠草原
4. 其他农业用地	4. 高寒草原
E. 荒漠/戈壁	F. 居住点
1. 戈壁	1. 城镇
2. 沙漠	2. 郊区
3. 绿洲	3. 公园
4. 盐漠	4. 乡村
G. 内陆水体	H. 沿海
1. 池塘（<200 m^2）	1. 河口
2. 小型湖泊（200～450 m^2）	2. 沿海滩涂
3. 大型湖泊（>450 m^2）	3. 外海
4. 小溪（宽度<3 m）	4. 咸水潟湖
5. 河流（宽度≥3 m）	5. 红树林
6. 人工水渠	
I. 沼泽	
1. 木本沼泽	
2. 草本沼泽	
3. 泥炭藓沼泽	

注：第一层次分为 A～I，第一层次下设若干第二层次生境类型。对第一、二层次生境类型分别选一项。摘自国家环境保护标准《生物多样性观测技术导则　鸟类》（HJ 710.4—2014）。

表 3-4 人为干扰活动类型与强度

干扰类型		干扰强度
A. 开发建设	1. 房地产开发	分为强、中、弱、无四个等级
	2. 公路建设	□ 强：生境受到严重干扰；植被基本消失；野生动物难以栖息繁衍
	3. 铁路建设	□ 中：生境受到干扰；植被部分消失，但干扰消失后，植被仍可恢复；野生动物栖息繁衍受到一定程度影响，但仍然可以栖息繁衍
	4. 矿产资源开发（含采石、挖沙等）	□ 弱：生境受到一定干扰；植被基本保持原样；对野生动物栖息繁衍影响不大
	5. 旅游开发	□ 无：生境没有受到干扰；植被保持原始状态；对野生动物栖息繁衍没有影响
	6. 管线、风电、水电、火电、光伏发电、河道整治等开发建设活动	
B. 农牧渔业活动	1. 围湖造田	
	2. 围湖造林	
	3. 围滩养殖	
	4. 填海造地	
	5. 草原围栏	
	6. 毁草开垦	
	7. 毁林开垦	
C. 环境污染	1. 水污染	
	2. 大气污染	
	3. 土壤污染	
	4. 固体废弃物排放	
	5. 噪声污染	
D. 其他	1. 放牧	
	2. 砍伐	
	3. 采集	
	4. 捕捞	
	5. 狩猎	
	6. 火烧	
	7. 道路交通等	

注：摘自国家环境保护标准《生物多样性观测技术导则　鸟类》（HJ 710.4—2014）。

3.2.4 质量控制

1. 采取统一的鸟类名录和野外观测方法

鸟类名录采用生态环境部和中国科学院联合发布的《中国生物多样性红色名录——脊椎动物卷》中的鸟类名录（此名录中鸟类分类系统参照郑光美，2011）。严格按抽样调查的代表性、可行性和固定性等原则设置观测样地，保证足够的样本数量。对样地布局、选取依据与过程、样地的本底数据（地理位置、生境条件等）进行详细记录并归档。观测人员严格按观测标准规范详细认真地进行观察和记录，并签字确认。及时把原始记录数据转为电子文档，不定期地对数据进行抽查和检查。

2. 遴选有能力的专业技术人员和志愿者

鸟类多样性观测工作技术性强、工作强度大，需要熟练掌握鸟类的识别知识和技能，掌握野外观测方法和规程。全国从事鸟类学研究的科研院所、高等院校及保护区管理机构和一些民间组织，拥有一批高素质的专业技术人员。把他们团结起来，开展鸟类多样性观测工作，既能满足观测工作需要大量高素质人员的需求，同时也能解决生物分类人才流失和断档的问题。基于工作基础、专业背景和地理位置，生态环境部南京环境科学研究所邀请相关科研院所、高等院校、自然保护区管理机构和民间团体参与鸟类观测工作，与合格的承担单位签订长期合作协议，并根据其工作表现每年签订观测合同，吸引了大量鸟类专业技术人员和志愿者投入到鸟类多样性观测工作中。各观测单位组建观测队伍，参与观测工作培训，通过专业培训和野外实践，系统掌握鸟类识别、野外距离估算等观测技能和方法。

3. 充分发挥专家组的作用

成立鸟类多样性观测专家组，由长期从事鸟类学研究的知名专家组成。专家组为观测工作提供咨询，制定野外观测技术方案，开展技术培训，指导观测样区建设，解决观测中出现的技术问题。专家组起到了十分重要的作用，使鸟类多样性观测工作一开始就站在高起点上，观测数据质量有了保障。生态环境部南京环境科学研究所还组织专家对观测单位的工作情况进行检查，进一步提高观测工作的水平。

生态环境部南京环境科学研究所开发了数据上传与审校软件，对各观测单位报送的数据进行审核，对有差错的数据进行自动提示，请观测单位进行审核，对符合验收条件的数据导入观测数据库。

4. 安全管理

在开展观测工作前，购买必要的防护用品和应急药品，进行必要的防护准备工作。作业期间，在确保人员和操作安全的情况下方可进行观测；禁止在雷雨等影响观察结果和人身安全的天气条件下进行观测，尽量避免单人作业。

3.3 观测网络现状

根据《中国生物多样性保护战略与行动计划》（2011—2030 年）和《生物多样性公约》的有关要求，原环境保护部于 2011 年发布了《关于开展生物多样性试点监测工作的通知》（环办函〔2011〕375 号），决定于 2011 年开展生物多样性观测试点工作。鸟类多样性观测试点工作同期启动（徐海根等，2018），并在随后的几年中得到不断发展。2011 年，原环境保护部自然生态保护司以南京环境科学研究所为主要技术支持单位，组织全国相关高等院校、科研院所、保护机构和民间团体，开展了鸟类多样性观测试点工作，得到相关部门和科研人员的大力支持。相继编制了《生物多样性保护重大工程观测工作方案》和《生物多样性观测技术导则　鸟类》国家环境保护标准。2011 年观测样区的数量达到 136 个，2014 年增加到 199 个（表 3-5）。2015 年，国务院批准实施“生物多样性保护重大工程”，全国生物多样性观测网络建设被列为重大工程的七项重点任务之一，鸟类多样性观测试点工作被列入原环境保护部生态保护司重点支持计划。2016 年，进一步完善中国鸟类多样性观测网络，观测样区数量达到 338 个。2018 年，在全国 31 个省（自治区、直辖市）建立了 380 个观测样区（图 3-1），包括 2516 条样线、1830 个样点（繁殖期鸟类样点 322 个、越冬鸟类样点 1508 个），初步形成了在国际上具有一定影响的中国鸟类多样性观测网络（China BON-Birds）。这些观测样区涵盖森林、草原、荒漠、湿地、农田和城市等代表性生态系统，大部分位于全国重点生态功能保护区、生物多样性保护优先区和国家级自然保护区等重点区域，包括 100 余个国家级自然保护区。

通过鸟类多样性观测，记录到鸟类 24 目 98 科 1146 种，占中国鸟类总种数（1371 种）的 83.59%，鸟类观测记录超过 100 万条。在这些鸟类中，不同级别的受威胁物种就多达 231 种，例如，观测到列入 IUCN 红色名录的极危物种有朱鹮、白鹤、黄胸鹀、青头潜鸭、蓝冠噪鹛、中华凤头燕鸥（*Thalasseus bernsteini*）6 种，和包括东方白鹳、丹顶鹤、中华秋沙鸭（*Mergus squamatus*）在内的濒危物种 15 种，以及包括黑颈鹤、仙八色鸫（*Pitta nympha*）、弄岗穗鹛在内的易危物种 50 种。此外，还记录到国家一级重点保护野生动物 66 种，国家二级重点保护野生动物 229 种。中国科学院动物研究所、中国科学院成都生物研

表 3-5 中国鸟类多样性观测网络的观测样区数量

年份	鸟类观测样区数量
2011	136
2012	136
2013	140
2014	199
2015	199
2016	338
2017	346
2018	380
2019	287
2020	172

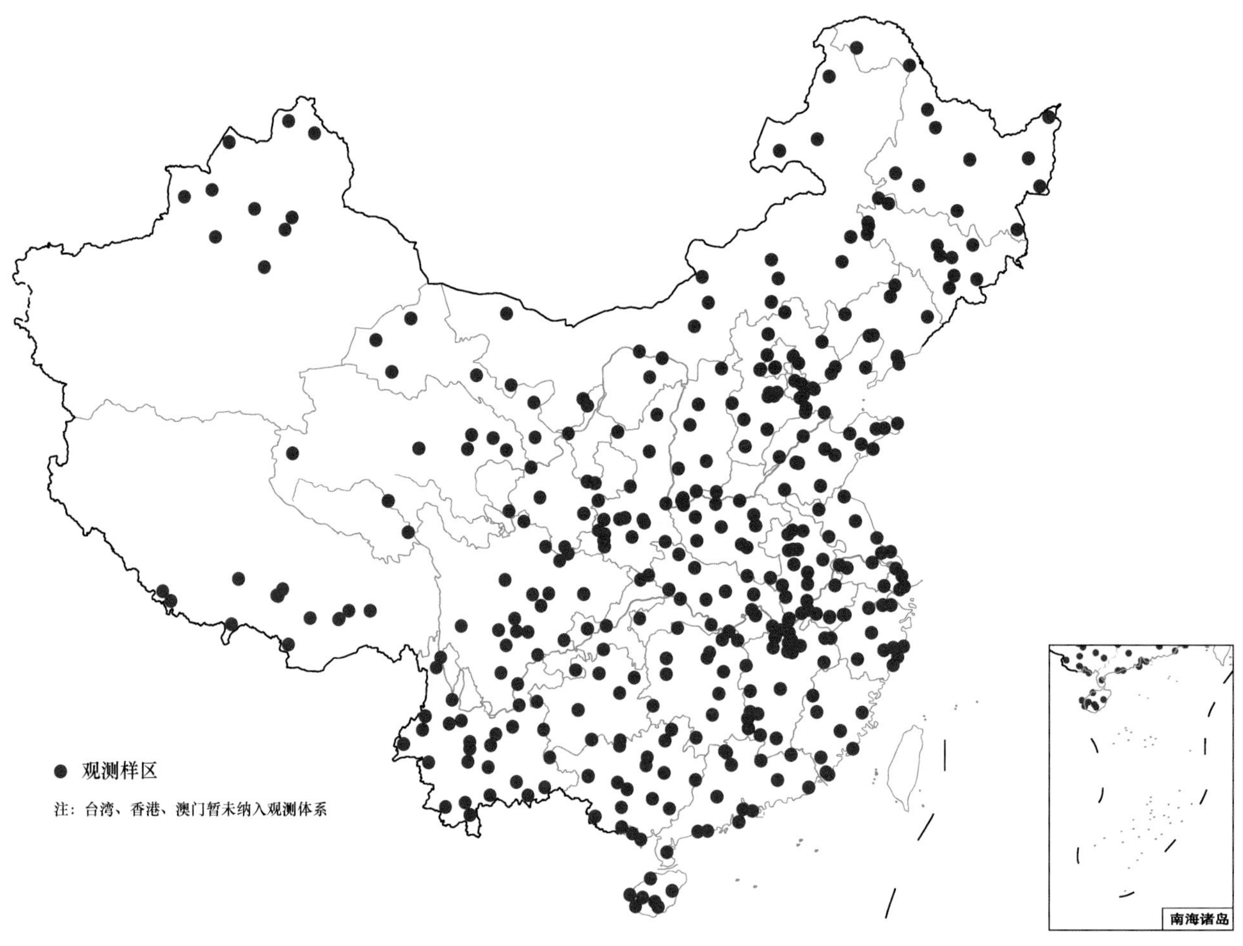

图 3-1 2018 年全国 380 个鸟类观测样区分布示意图

究所、中国科学院昆明动物研究所、北京师范大学、东北林业大学、陕西师范大学、广西大学、鄱阳湖国家级自然保护区管理局等 184 家单位负责鸟类多样性观测工作。参与野外观测的人员达 2000 多人，其中拥有副高以上职称的人员占到 20%以上，拥有博士学历的达到 26%。

中国鸟类多样性观测网络（China BON-Birds）是全国生物多样性观测网络（China BON）的重要组

成部分。中国鸟类多样性观测网络及时获取典型生态系统和重要区域的鸟类种类组成与分布、种群数量及其生境变化等方面的第一手数据，可用于分析全国各地鸟类多样性变化，有针对性地评估开发建设活动对鸟类多样性造成的影响，为保护成效评估提供依据（李佳琦等，2020）。国家重点生态功能区县域生态环境质量考核中，生物丰度指数是用森林、水体、草原等面积计算的，数据主要来源于遥感，缺乏物种丰富度和种群数量的内容。中国鸟类多样性观测网络中，大量观测样区位于全国重点生态功能区。这些观测样区采集的物种组成与分布、种群动态和生境质量等地面数据，能更直接、准确地表征国家重点生态功能区县域生态环境质量。鸟类多样性指数可以纳入全国重点生态功能区转移支付评估。中国鸟类多样性观测网络将是生态保护红线综合观测网络体系的重要组成部分，将为生态保护红线的监管提供直接、精细的第一手科学数据。中国鸟类多样性观测网络涵盖了我国陆地生物多样性保护优先区（以下简称优先区），大部分位于重大工程区或其影响范围内。通过鸟类多样性观测能够掌握重点区域鸟类分布、迁移和动态变化情况，能够发现新的重要物种分布地，将为优先区的监管、重大工程生态评估和长江经济带生态保护等提供重要的科技支撑。

中国鸟类多样性观测网络采集的数据包括鸟类物种数、个体数量和分布点、生境类型和植被状况、天气状况、人为干扰类型和强度等。基于这些数据，可以计算鸟类的物种丰富度、丰度、分布、生境构成和质量、物候变化等指标。地球观测组织生物多样性观测网络（GEO BON）提出了生物多样性重要变量（Essential Biodiversity Variables，EBV）的概念，包括基因组成、物种种群动态、物种特性、群落组成、生态系统结构和生态系统功能等重要变量（Pereira *et al.*，2013）。EBV 能够揭示多个地点的物种变化趋势，反映生物多样性变化，因此用来描述物种和生态系统中生物多样性变化的多个关键变量。中国鸟类多样性观测网络能够提供丰富度、多度和分布、生境结构和质量及物候等生物多样性重要变量（Xu *et al.*，2017b），对于绘制全球生物多样性变量分布图具有重要的意义。

中国鸟类多样性观测网络建立以来，在科学研究方面也取得了重要的成果。一是更新了区域鸟类资源本底。例如，对江苏南京紫金山（张啸然等，2018）、安徽鹞落坪（李莉等，2017）、四川贡嘎山（吴永杰等，2017）、西藏北部典型湖盆区（刘善思等，2019）、新疆巴音布鲁克（童玉平等，2017）等区域鸟类多样性观测，提供了当地鸟类资源数据，为加强保护与管理提供了基础资料。二是发现物种新记录。通过观测，在山西（宋刚等，2016）、江苏（王玄等，2019）、安徽（侯银续等，2013a）、江西（郭洪兴等，2018）、山东（雷威等，2018；伊剑锋等，2019）、湖北（杨晓菁等，2017，2019）、湖南（康祖杰等，2012；潘丹等，2018）、海南（吴健华和梁斌，2019；梁斌等，2020）、西藏（杨乐等，2018a；范丽卿等，2019）、甘肃（包新康等，2019）、宁夏（宋景舒等，2018）、贵州（匡中帆等，2015；张海波等，2018）等地不断记录新的鸟类分布，出版了部分鸟类图鉴、图谱（孙虎山等，2019；侯银续，2019）和保护区鸟类研究专著（匡中帆和牛克锋，2016；匡中帆和姚正明，2020），既掌握了各地鸟类资源的动态，也充实和丰富了各地的鸟类物种资料，更新鸟类分布范围。三是开展了鸟类行为学研究。例如，研究了白鹇的活动节律、时间分配及集群行为（刘佳等，2019），探讨并验证了黑颈鹤在繁殖和越冬期间警戒行为的随机性（Li *et al.*，2018），对鸟类保护具有重要的意义。四是研究鸟类群落结构。利用观测网络积累的数据，研究了四川唐家河、湖南常德河洑、河北白洋淀、山东烟台夹河流域等鸟类群落结构（谌利民等，2017；康祖杰等，2018；王义弘等，2018；许翠萍等，2018），为区域鸟类资源管理和保护提供了参考。五是研究鸟类分布模式。例如，对高黎贡山鸟类物种丰富度的升降模式及其成因进行了研究，加深了对生物多样性模式的认识，为保护生物学家提供了新的见解（Pan *et al.*，2019）。六是发现了珍稀濒危鸟类。例如，在湖北武汉发现了世界极危物种青头潜鸭繁殖种群（杨晓菁等，2017），在山东滨州发现了极危物种勺嘴鹬（*Calidris pygmeus*）（雷威等，2018）等，为分析珍稀濒危鸟类的种群分布、评估种群状况及栖息地保护管理等提供了重要参考。

第 4 章　全国鸟类多样性的时空变化

4.1　全国鸟类介绍

4.1.1　全国鸟类观测样区设置

2011～2020 年，累计在全国建立了 407 个鸟类观测样区，包括 315 个繁殖期鸟类观测样区（含样线共计 2675 条、样点共计 434 个），92 个越冬期水鸟观测样区（含样点共计 1742 个），形成了完善的中国鸟类多样性观测网络（图 4-1）。此外，407 个鸟类观测样区中有 63 个样区同时开展了繁殖期鸟类与越冬水鸟观测。

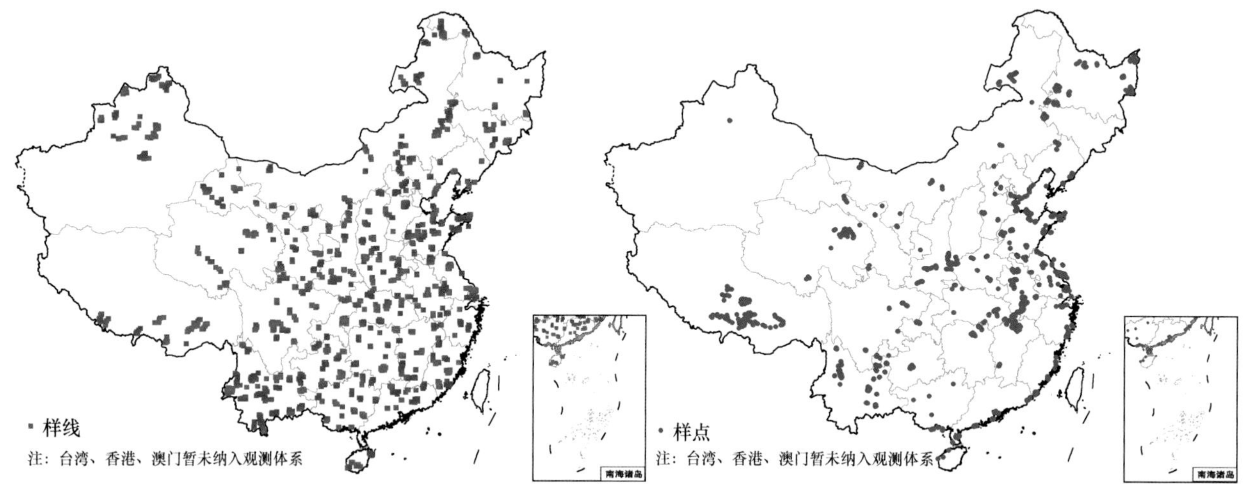

图 4-1　全国鸟类观测样区设置（样线、样点）

从全国省级行政区上看，鸟类观测样区设置由高到低依次如下：云南 38 个、安徽 24 个、内蒙古 19 个、四川 19 个、江西 18 个、广西 17 个、河北 17 个、陕西 17 个、湖北 16 个、山东 16 个、甘肃 15 个、黑龙江 14 个、西藏 14 个、湖南 13 个、浙江 13 个、广东 12 个、贵州 12 个、河南 12 个、辽宁 12 个、福建 11 个、吉林 10 个、江苏 10 个、新疆 10 个、青海 8 个、山西 8 个、北京 7 个、海南 7 个、上海 6 个、天津 5 个、重庆 4 个、宁夏 3 个。台湾及香港、澳门未设置观测样区。

从全国动物地理区划上看，鸟类观测样区设置由高到低依次如下：华中区 128 个、华北区 86 个、华南区 54 个、西南区 48 个、蒙新区 40 个、东北区 32 个、青藏区 19 个。在动物地理亚区水平已设置样区看，$Ⅵ_A$ 东部丘陵平原亚区最多（84 个）；而有 5 个动物地理亚区的鸟类样区设置少于 10 个，包含 $Ⅰ_A$ 大兴安岭亚区（6 个）、$Ⅲ_C$ 天山山地亚区（6 个）、$Ⅳ_A$ 羌塘高原亚区（4 个）、$Ⅴ_B$ 喜马拉雅亚区（5 个）及 $Ⅶ_C$ 海南岛亚区（7 个）。此外，本观测体系未包含 $Ⅶ_D$ 台湾亚区和 $Ⅶ_E$ 南海诸岛亚区（表 4-1）。

本章主编：张强；编委（按姓氏笔画排序）：车先丽、伊剑锋、刘威、张敏、张强、陈道剑、徐海根等。

表 4-1　各鸟类观测样区在中国动物地理区划中的分布（括号内数量代表实际设置样区数量）

界	亚界	区	亚区	生态地理动物群
古北界	东北亚界	Ⅰ东北区（32 个）	I_{A} 大兴安岭亚区（6 个）	寒温带针叶林动物群
			I_{B} 长白山亚区（18 个） I_{C} 松辽平原亚区（8 个）	温带森林、森林草原、农田动物群
		Ⅱ华北区（86 个）	II_{A} 黄淮平原亚区（54 个） II_{B} 黄土高原亚区（32 个）	
	中亚亚界	Ⅲ蒙新区（40 个）	$\mathrm{III}_{\mathrm{A}}$ 东部草原亚区（17 个）	温带草原动物群
			$\mathrm{III}_{\mathrm{B}}$ 西部荒漠亚区（17 个）	温带荒漠与半荒漠动物群
			$\mathrm{III}_{\mathrm{C}}$ 天山山地亚区（6 个）	高山森林草原-草甸草原、寒漠动物群
		Ⅳ青藏区（19 个）	IV_{A} 羌塘高原亚区（4 个） IV_{B} 青海藏南亚区（15 个）	
东洋界	中印亚界	Ⅴ西南区（48 个）	V_{A} 西南山地亚区（43 个）	亚热带森林、林灌、草地、农田动物群
			V_{B} 喜马拉雅亚区（5 个）	
		Ⅵ华中区（128 个）	VI_{A} 东部丘陵平原亚区（84 个） VI_{B} 西部山地高原亚区（44 个）	
		Ⅶ华南区（54 个）	$\mathrm{VII}_{\mathrm{A}}$ 闽广沿海亚区（30 个） $\mathrm{VII}_{\mathrm{B}}$ 滇南山地亚区（17 个） $\mathrm{VII}_{\mathrm{C}}$ 海南岛亚区（7 个） $\mathrm{VII}_{\mathrm{D}}$ 台湾亚区（无） $\mathrm{VII}_{\mathrm{E}}$ 南海诸岛亚区（无）	热带森林、林灌、草地-农田动物群

注：区系划分依照张荣祖（2011）。

4.1.2　全国鸟类多样性与分布概况

2011～2020 年，共记录鸟类 1146 种，隶属 24 目 98 科，占全国鸟类种数（1371 种）的 83.59%（物种分类系统参照郑光美，2011）。物种组成方面，按目分类雀形目鸟类为主要类群（685 种，59.77%，图 4-2a），按科分类画眉科（110 种，9.60%）、莺科（93 种，8.12%）和鹟科（84 种，7.33%）比例较高（图 4-2b）。在最为优势的雀形目鸟类中，画眉科、莺科、鹟科、燕雀科、鹀科和鸦科鸟类比例较高（图 4-2c）。

a

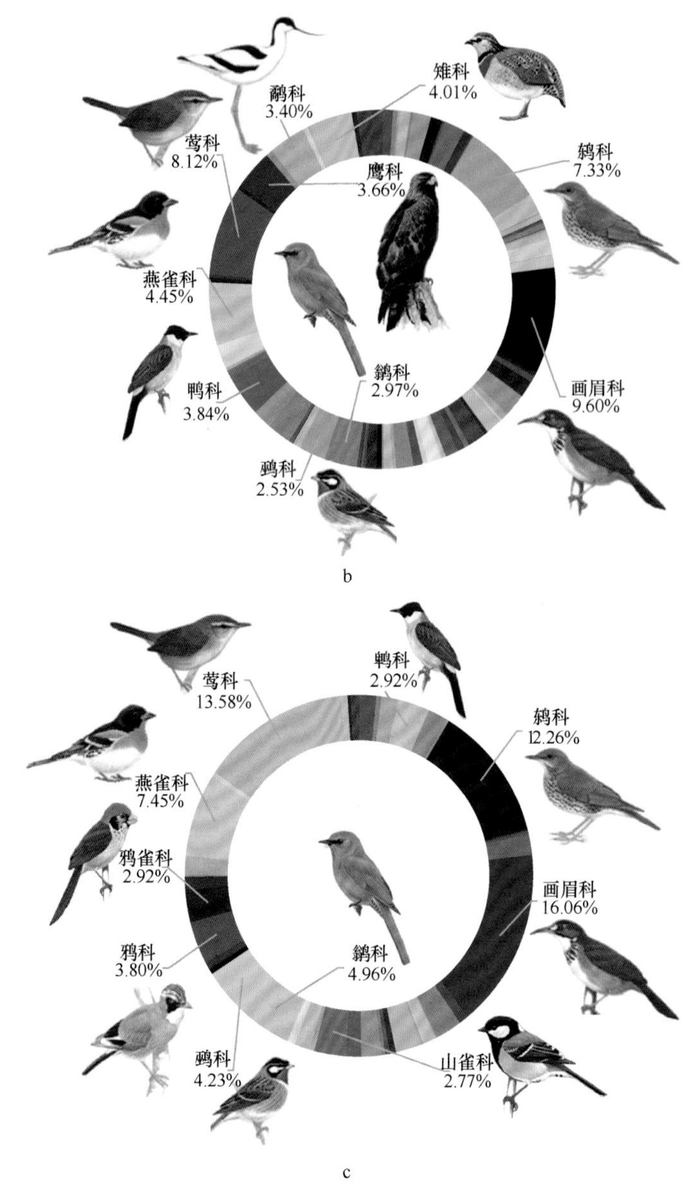

图 4-2　全国鸟类种类组成

a. 按目分类；b. 按科分类；c. 雀形目鸟类按科分类；为鸟类图像更加形象且准确，本章中列出了一些代表性物种的手绘图，这些手绘图均来自于《中国鸟类野外手册》（约翰・马敬能等，2000）

观测期间所记录到 1146 种鸟类中 295 种见于《国家重点保护野生动物名录》，其中国家一级重点保护野生鸟类 66 种，国家二级重点保护野生鸟类 229 种。83 种见于 IUCN 红色名录易危及以上级别，其中极危（CR）的有 6 种：白鹤、黄胸鹀、蓝冠噪鹛、青头潜鸭、勺嘴鹬、中华凤头燕鸥；濒危（EN）的有东方白鹳、海南鳽（*Gorsachius magnificus*）、黑脸琵鹭、中华秋沙鸭、朱鹮等 22 种；易危（VU）的有黄腹角雉（*Tragopan caboti*）、弄岗穗鹛、白冠长尾雉（*Syrmaticus reevesii*）、波斑鸨（*Chlamydotis macqueenii*）、大鸨（*Otis tarda*）等 55 种。此外，115 种鸟类见于《中国物种红色名录》易危及以上级别，其中极危（CR）9 种，濒危（EN）47 种，易危（VU）59 种。综合看来，上述 3 个名录或附录共涉及 319 种珍稀濒危鸟类，详见第 5 章。

观测期间共录入鸟类记录条数 1 020 473 条（其中繁殖期样线 922 400 条，繁殖期水鸟样点 42 081 条；越冬水鸟样点 55 992 条），记录到鸟类个体 13 041 517 只。其中记录个体数量最多的为白骨顶（*Fulica atra*），共有 1 100 304 只；记录数量在 10 万～100 万只内的鸟种有 30 种：红嘴鸥（*Chroicocephalus ridibundus*）、豆雁（*Anser fabalis*）、斑头雁（*A. indicus*）、鸿雁（*A. cygnoid*）、白额雁（*A. albifrons*）、灰雁（*A. anser*）、绿头鸭（*Anas platyrhynchos*）、绿翅鸭（*A. crecca*）、斑嘴鸭、赤麻鸭（*Tadorna ferruginea*）、罗纹鸭（*Mareca falcata*）、赤颈鸭（*M. penelope*）、赤膀鸭（*M. strepera*）、红头潜鸭（*Aythya ferina*）、凤头潜鸭（*A. fuligula*）、赤嘴潜鸭（*Netta rufina*）、小天鹅（*Cygnus columbianus*）、麻雀（*Passer montanus*）、家燕（*Hirundo rustica*）、黑腹滨鹬（*Calidris alpina*）、反嘴鹬（*Recurvirostra avosetta*）、普通鸬鹚（*Phalacrocorax carbo*）、凤头鸊鷉（*Podiceps cristatus*）、白琵鹭（*Platalea leucorodia*）、苍鹭（*Ardea cinerea*）、白鹭（*Egretta garzetta*）、黑嘴鸥（*Saundersilarus saundersi*）、渔鸥（*Ichthyaetus ichthyaetus*）、普通燕鸥（*Sterna hirundo*）、灰翅浮鸥（*Chlidonias hybrida*）。记录个体总数量小于等于 10 只的有 157 种，而只记录到 1 只个体的有 32 种：白尾鹲（*Phaethon lepturus*）、斑头大翠鸟（*Alcedo hercules*）、鬼鸮（*Aegolius funereus*）、褐翅燕鸥（*Onychoprion anaethetus*）、黑顶蛙口夜鹰（*Batrachostomus hodgsoni*）、黑雁（*Branta bernicla*）、黑枕燕鸥（*Sterna sumatrana*）、红腹咬鹃（*Harpactes wardi*）、红梅花雀（*Amandava amandava*）、虎头海雕（*Haliaeetus pelagicus*）、花田鸡（*Coturnicops exquisitus*）、黄脚三趾鹑（*Turnix tanki*）、黄纹拟啄木鸟（*Psilopogon faiostrictus*）、黄腰响蜜䴕（*Indicator xanthonotus*）、灰腹角雉（*Tragopan blythii*）、灰山鹑（*Perdix perdix*）、灰鹀（*Emberiza variabilis*）、栗鸮（*Phodilus badius*）、林雕鸮（*Bubo nipalensis*）、鳞腹绿啄木鸟（*Picus squamatus*）、纹喉绿啄木鸟（*P. xanthopygaeus*）、硫黄鹀（*Emberiza sulphurata*）、绿背鸬鹚（*Phalacrocorax capillatus*）、绿孔雀、日本歌鸲（*Larvivora akahige*）、日本鹰鸮（*Ninox japonica*）、萨岛柳莺（*Phylloscopus borealoides*）、四川林鸮（*Strix davidi*）、塔尾树鹊（*Temnurus temnurus*）、长嘴鹩鹛（*Rimator malacoptilus*）、棕背田鸡（*Zapornia bicolor*）、棕腹鵙鹛（*Pteruthius rufiventer*）。

从全国动物地理区划上看，鸟类物种丰富度较高的观测样区主要集中在Ⅶ$_{B}$滇南山地亚区，其中最高为云南盈江县，共记录鸟类 377 种。Ⅶ$_{B}$滇南山地亚区中观测鸟种数超过 200 种的样区还有云南景洪市、保山市隆阳区、勐腊县、普洱市思茅区、楚雄市、新平县、双柏县和永德县。其次Ⅴ$_{A}$西南山地亚区各单个样区也具有较高的物种丰富度，如云南香格里拉市、四川泸定县和四川峨眉山市等（图 4-3）。

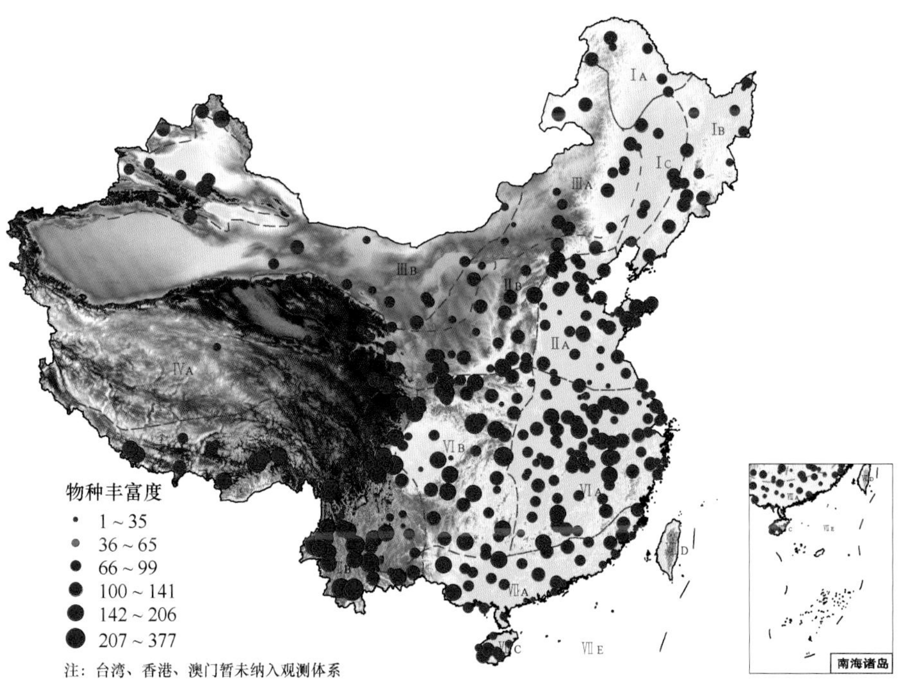

图 4-3　全国鸟类观测样区物种丰富度示意图

从各个动物地理亚区所包含的总鸟种数来看，鸟种数最多的依次为Ⅵ$_{B}$西部山地高原亚区（687 种）、Ⅴ$_{A}$西南山地亚区（652 种）、Ⅶ$_{B}$滇南山地亚区（598 种）和Ⅵ$_{A}$东部丘陵平原亚区（548 种）。而记录鸟种数最少的为Ⅳ$_{A}$羌塘高原亚区（77 种）（图 4-4）。

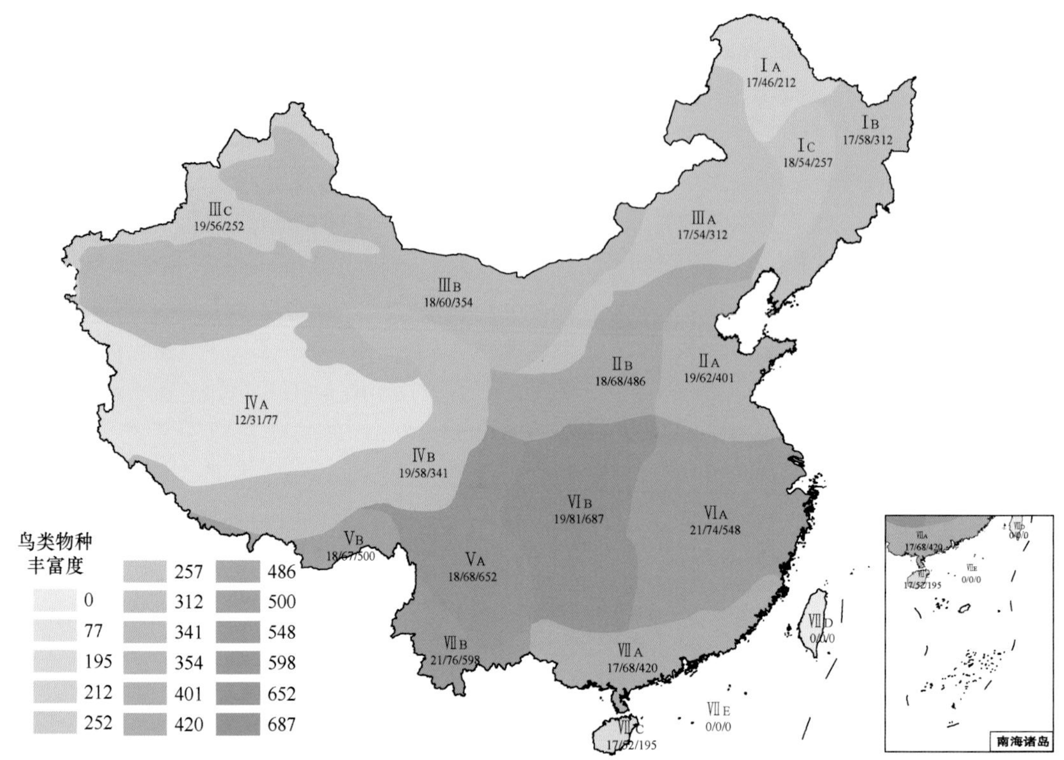

图 4-4　各动物地理区中鸟类物种丰富度示意图

4.2　繁殖期鸟类的时空变化

4.2.1　繁殖期鸟类总体概况

2011～2020 年，繁殖期内记录到的鸟类为 24 目 96 科 1135 种，占全国鸟类种数（1371 种）的 82.79%，其中陆鸟 15 目 67 科 929 种，水鸟 10 目 29 科 206 种（佛法僧目中的佛法僧科、蜂虎科的鸟类为陆鸟，翠鸟科的鸟类为水鸟。下文涉及陆鸟和水鸟统计的，与此一致）。繁殖期内雀形目鸟类种类数最高，共 44 科 685 种，占繁殖期鸟类物种数的 60.4%，其中画眉科有 110 种，莺科 93 种，鹟科 84 种，为繁殖期鸟类物种数前 3 的科，其次鸻形目有 12 科 89 种，隼形目 3 科 55 种，鸡形目 2 科 52 种。

繁殖期鸟类记录共 964 480 条（其中繁殖期样线 922 399 条，繁殖期水鸟样点 42 081 条），记录到鸟类个体 4 704 253 只，其中陆鸟 852 952 条记录共 2 526 382 只，平均每条记录 3.0 只陆鸟，水鸟 111 313 条记录共 2 166 509 只，平均每条记录 19.5 只水鸟，其他的为未确定识别的鸟类记录 215 条，共 11 362 只，主要为雁鸭类 7062 只，鸥类 2214 只和鸻鹬类 2078 只，其他鸟类 8 只。其中记录个体数量最多的为雀形目雀科的麻雀，共有 330 041 只，其次为鹈形目鸬鹚科的普通鸬鹚（183 242 只）；记录数量在 10 万只以上的繁殖期鸟种还有斑头雁、黑嘴鸥、普通燕鸥、渔鸥和家燕 5 种。记录个体数量低于 10 只的有 155 种，而繁殖期只记录到 1 只个体的有 36 种：棕腹鵙鹛、棕背田鸡、长嘴鹬鹛、长尾鸭（*Clangula hyemalis*）、细嘴鸥（*Chroicocephalus genei*）、塔尾树鹊、四川林鸮、萨岛柳莺、日本鹰鸮、日本歌鸲、绿孔雀、硫黄鹀、纹喉绿啄木鸟、鳞腹绿啄木鸟、林雕鸮、栗鸮、卷羽鹈鹕（*Pelecanus crispus*）、灰鹀、灰山鹑、灰腹角雉、黄腰响蜜䴕、黄纹拟啄木鸟、黄脚三趾鹑、花田鸡、虎头海雕、红梅花雀、红喉潜鸟（*Gavia stellata*）、黑喉潜鸟（*G. arctica*）、红腹咬鹃、黑枕燕鸥、褐翅燕鸥、黑顶蛙口夜鹰、鬼鸮、大红鹳、斑头大翠鸟和白尾鹲。

繁殖期内记录次数最高的为麻雀（40 034 次），其次为白头鹎（27 934 次）、喜鹊（*Pica pica*）（25 004 次）、大山雀（*Parus cinereus*）（23 332 次）、家燕（20 507 次），记录次数在 1 万条以上的鸟类还有白鹡鸰（*Motacilla alba*）、山斑鸠（*Streptopelia orientalis*）、强脚树莺（*Horornis fortipes*）、环颈雉（*Phasianus colchicus*）、冠纹柳莺（*Phylloscopus claudiae*）、珠颈斑鸠（*Streptopelia chinensis*）、领雀嘴鹎（*Spizixos semitorques*）、大杜鹃（*Cuculus canorus*）、红嘴蓝鹊（*Urocissa erythroryncha*），记录仅 1 次的鸟类有 64 种，除上述仅记录到 1 只个体的 36 种鸟类外，还有棕颈鸭（*Anas luzonica*）、紫金鹃（*Chrysococcyx xanthorhynchus*）、中亚鸽（*Columba eversmanni*）、中华凤头燕鸥、烟柳莺（*Phylloscopus fuligiventer*）、楔嘴穗鹛（*Stachyris roberti*）、漂鹬（*Tringa incana*）、拟游隼（*Falco peregrinus peregrinus*）、路氏雀鹛（*Fulvetta ludlowi*）、阔嘴鹬（*Calidris falcinellus*）、黄胸山雀（*Cyanistes cyanus berezowskii*）、黄脚绿鸠（*Treron phoenicopterus*）、黑头噪鸦、黑眉鸦雀（*Chleuasicus atrosuperciliaris*）、黑腹燕鸥（*Sterna acuticauda*）、黑腹沙鸡（*Pterocles orientalis*）、黑背信天翁（*Phoebastria immutabilis*）、褐头凤鹛、褐喉食蜜鸟（*Anthreptes malacensis*）、贺兰山红尾鸲、粉红腹岭雀（*Leucosticte arctoa*）、丑鸭（*Histrionicus histrionicus*）、藏雪雀、藏鹀（*Emberiza koslowi*）、白腰叉尾海燕（*Hydrobates leucorhous*）、白颈噪鹛（*Garrulax strepitans*）、白肩雕（*Aquila heliaca*）、白翅百灵（*Alauda leucoptera*）这 28 种。

4.2.2 繁殖期鸟类空间格局

315 个样区平均每个样区在繁殖期观测到 173 种、14 934 只鸟类，云南盈江县样区繁殖期记录到的鸟类最多，有 377 种，同时是最高陆鸟物种数的样区，有 337 种，其中雀形目有 233 种；河北安新县样区共记录繁殖期鸟类个体数 117 564 只，其中陆鸟 102 029 只，为陆鸟个体数记录最高的样区，主要为东方大苇莺（*Acrocephalus orientalis*）（54 981 只）和麻雀（25 900 只）；内蒙古新巴尔虎右旗和天津滨海新区的水鸟均有 84 种，为水鸟物种数最高的样区，合计记录水鸟个体数量最高的为青海青海湖样区，共记录到 510 518 只水鸟，也是合计鸟类个体数量最多的样区，有 515 864 只，主要为普通鸬鹚（144 884 只）、渔鸥（125 516 只）、斑头雁（98 736 只）等水鸟。

对繁殖期鸟类观测的数据的样方所属动物地理区划进行合并分析，我国的繁殖期鸟类各区域的分布情况如下（图 4-5，图 4-6，图 4-7，图 4-8）。

1. 古北界

东北区（Ⅰ）有 31 个观测样区，繁殖期鸟类 20 目 64 科 382 种，含陆鸟 12 目 44 科 251 种（其中雀形目 29 科 173 种）、水鸟 9 目 20 科 131 种，为陆鸟种类数最少的区域。大兴安岭亚区（$Ⅰ_A$）17 目 46 科 212 种；长白山亚区（$Ⅰ_B$）17 目 58 科 309 种；松辽平原亚区（$Ⅰ_C$）18 目 54 科 256 种，共记录到 515 154 只鸟，其中水鸟 448 960 只，占 81.2%，为繁殖期水鸟记录数量第 2 高的亚区，其中黑嘴鸥个体数最高，为 137 479 只，其他记录个体数在 1 万～5 万只的也均为水鸟，数量由高至低有灰翅浮鸥、白翅浮鸥（*Chlidonias leucopterus*）、红嘴鸥、鸥嘴噪鸥（*Gelochelidon nilotica*）、红头潜鸭、普通燕鸻（*Glareola maldivarum*）、黑翅长脚鹬（*Himantopus himantopus*）、绿头鸭、斑嘴鸭，主要记录地为辽宁盘锦市大洼区样区（总计 88 种 184 655 只），10 年的观测均有记录到黑嘴鸥，共 136 973 只，最多于 2019 年记录 21 194 只，2011 年最少仅记录到 6404 只，推测为黑嘴鸥的重要繁殖地，内蒙古扎赉特旗样区有 110 种 169 569 只，红嘴鸥、普通燕鸻、白翅浮鸥、红头潜鸭、绿头鸭 5 种累计记录 1 万只以上。

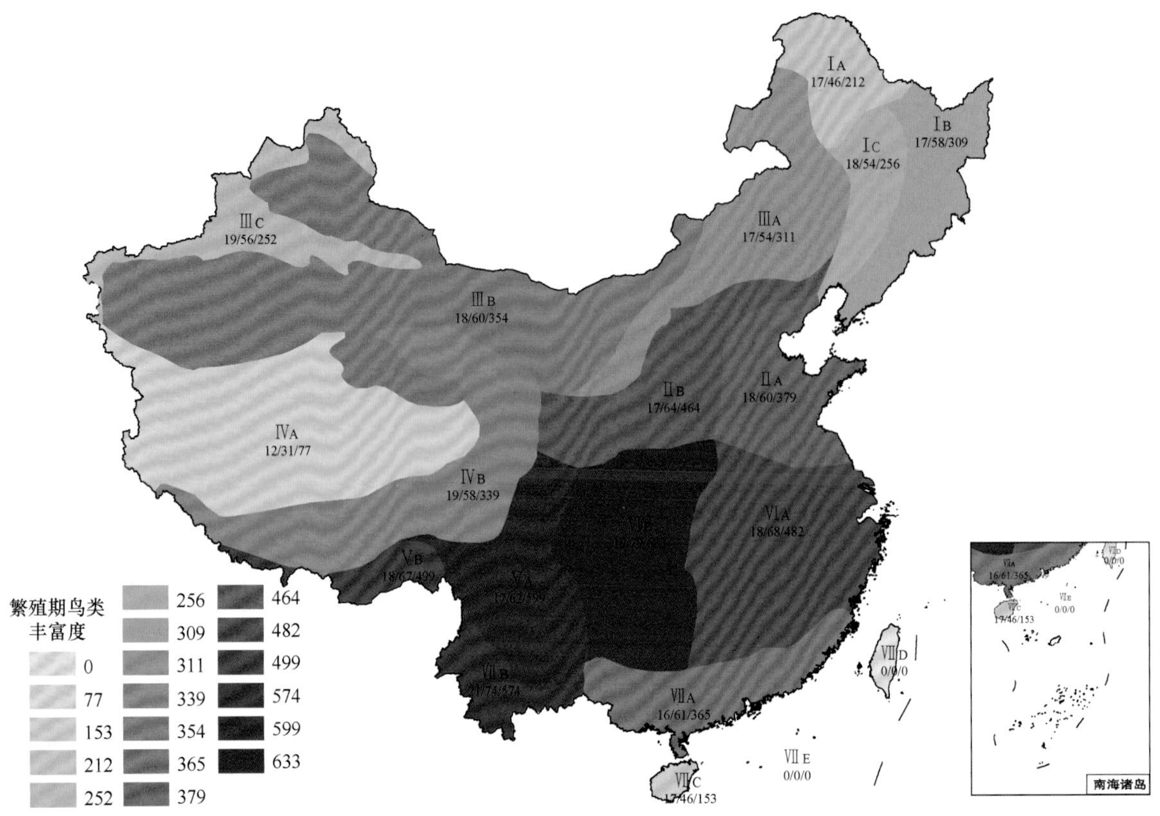

图 4-5　全国繁殖期鸟类各地理区系合计物种丰富度分布图

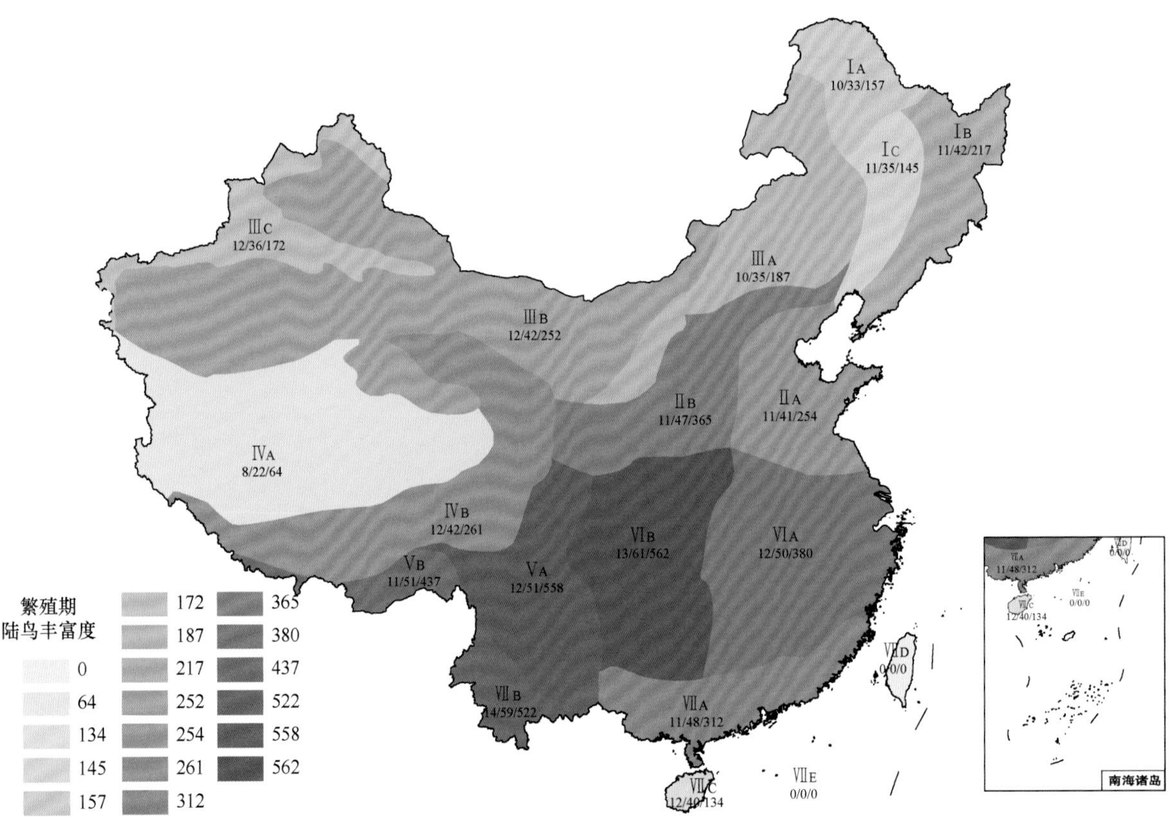

图 4-6　全国繁殖期鸟类各地理区系陆鸟物种丰富度分布图

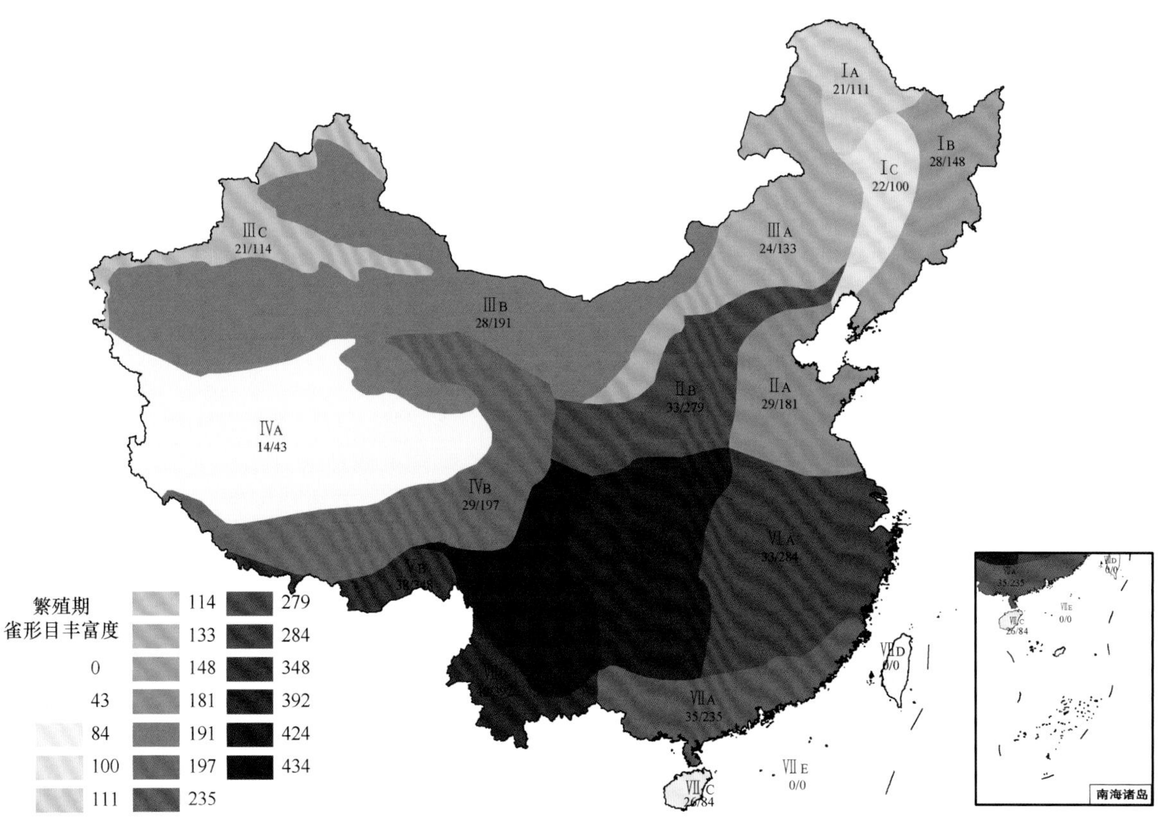

图 4-7　全国繁殖期雀形目鸟类各地理区系物种丰富度分布图

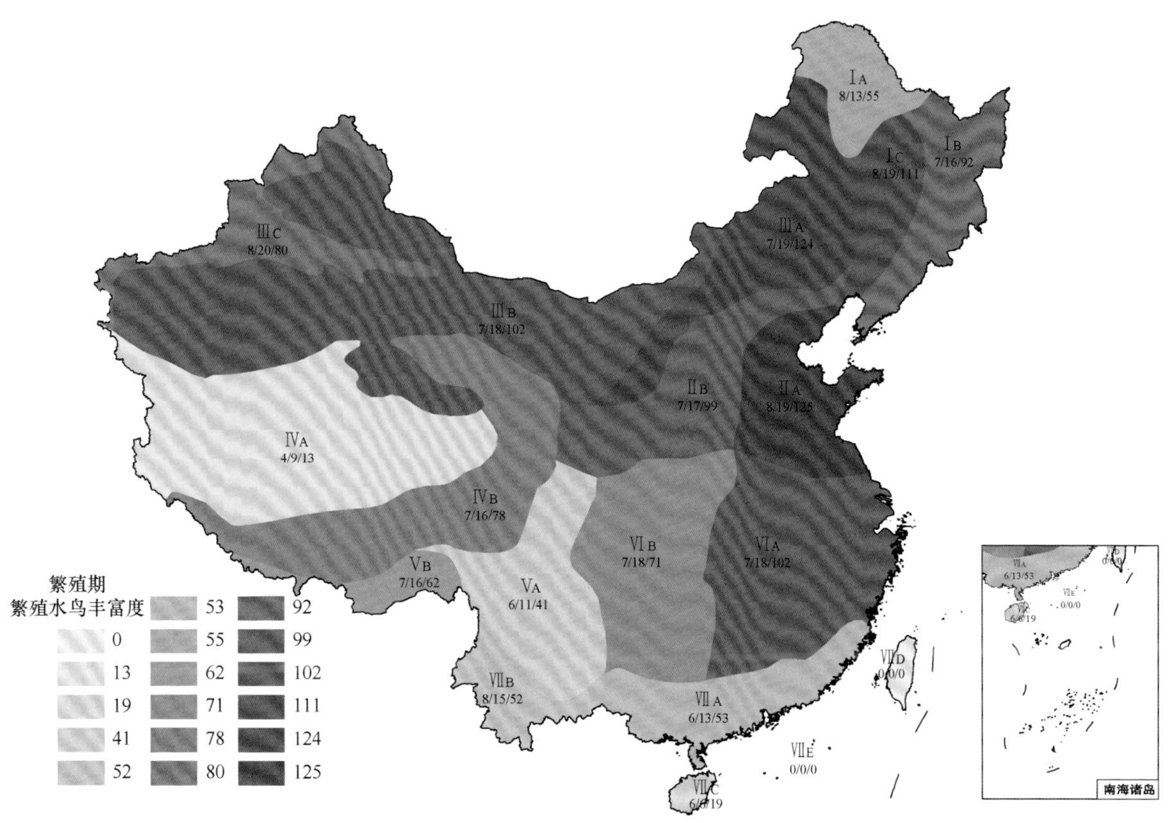

图 4-8　全国繁殖期鸟类各地理区系水鸟物种丰富度分布图

华北区（Ⅱ）64 个样区，繁殖期鸟类 18 目 68 科 528 种，含陆鸟 11 目 48 科 394 种（其中雀形目 33 科 293 种），水鸟 8 目 20 科 134 种。黄淮平原亚区（Ⅱ$_A$）18 目 60 科 379 种，合计记录最高的鸟类个体数 762 624 只，也是水鸟物种数最高的亚区，有 8 目 19 科 125 种，天津宁河县样区、天津滨海新区样区、河北安新县样区记录个体数均达 10 万只以上。天津宁河县样区在每年繁殖期都有大量普通燕鸥，合计记录 95 212 只；天津滨海新区样区有水鸟 8 目 16 科 84 种，为水鸟物种数最高的样区之一，主要记录为红嘴鸥（19 957 只）、灰翅浮鸥（14 067 只）、黑翅长脚鹬（13 909 只）、黑尾塍鹬（*Limosa limosa*）（11 212 只）；河北安新县样区仅有 2016～2019 年的 4 年记录，记录了所有样区中最高的陆鸟个体数，共 102 029 只，主要为麻雀（25 900 只）和东方大苇莺（54 981 只），东方大苇莺单次记录最高可达 1000 只。黄土高原亚区（Ⅱ$_B$）17 目 64 科 464 种。

蒙新区（Ⅲ）40 个样区，繁殖期鸟类 19 目 66 科 475 种，含陆鸟 12 目 45 科 334 种（其中雀形目 30 科 245 种），水鸟 8 目 21 科 141 种，为水鸟最为丰富的区域。东部草原亚区（Ⅲ$_A$）17 目 54 科 311 种，水鸟有 7 目 19 科 124 种，为水鸟物种数第 2 高的亚区，内蒙古新巴尔虎右旗样区有水鸟 7 目 15 科 84 种，为水鸟物种数最高的样区之一，主要为鸿雁（45 822 只），其他 1 万只以上个体数的还有普通鸬鹚（17 560 只）、黑尾塍鹬（13 620 只）、灰雁（11 945 只）、崖沙燕（*Riparia riparia*）（10 244 只）和凤头麦鸡（*Vanellus vanellus*）（10 073 只）。西部荒漠亚区（Ⅲ$_B$）18 目 60 科 354 种，天山山地亚区（Ⅲ$_C$）19 目 56 科 252 种。

青藏区（Ⅳ）14 个样区，繁殖期鸟类 19 目 58 科 342 种，含陆鸟 12 目 42 科 264 种（其中雀形目 29 科 198 种），水鸟 7 目 16 科 78 种，其中羌塘高原亚区（Ⅳ$_A$）12 目 31 科 77 种，为物种数最少的亚区，陆鸟 8 目 22 科 64 种（其中雀形目 14 科 43 种），水鸟 4 目 9 科 13 种，青海藏南亚区（Ⅳ$_B$）19 目 58 科 339 种，在青海湖样区记录了所有样区中最高的水鸟个体数（510 518 只），其中普通鸬鹚记录到 144 884 只，渔鸥记录到 125 516 只，单次最高记录均可达 1 万只以上，其他合计个体数 1 万只以上的还有斑头雁（98 736 只）、棕头鸥（*Chroicocephalus brunnicephalus*）（34 838 只）、赤嘴潜鸭（23 663 只）、凤头潜鸭（17 626 只）、凤头䴙䴘（13 687 只）和红头潜鸭（13 261 只）。

2. 东洋界

西南区（Ⅴ）34 个样区，繁殖期鸟类 19 目 71 科 701 种，含陆鸟 13 目 55 科 627 种（其中雀形目 39 科 489 种），水鸟 7 目 16 科 74 种，该区域陆鸟种类最为丰富，雀形目最丰富，水鸟种类最低，麻雀合计个体数最高，达 25 448 只，冠纹柳莺合计个体数也达 10 390 只。其中西南山地亚区（Ⅴ$_A$）17 目 62 科 599 种，该亚区陆鸟种类和雀形目种类数最高，陆鸟有 12 目 51 科 558 种，雀形目有 37 科 434 种，黄嘴朱顶雀（*Linaria flavirostris*）合计记录个体数最高，有 399 只。喜马拉雅亚区（Ⅴ$_B$）18 目 67 科 499 种。

华中区（Ⅵ）包含四川盆地以东的长江流域，具有最多的观测样区，有 91 个，繁殖期鸟类 19 目 82 科 726，科数和种数也是最丰富的，含陆鸟 13 目 63 科 611 种（其中雀形目 44 科 458 种），水鸟 7 目 19 科 115 种，东部丘陵平原亚区（Ⅵ$_A$）18 目 68 科 482 种，西部山地高原亚区（Ⅵ$_B$）种类最丰富，有 19 目 79 科 633 种，繁殖期陆鸟有 13 目 61 科 562 种，也为繁殖期陆鸟种类最多的亚区，雀形目种类数仅次于西南山地亚区（Ⅴ$_A$）。

华南区（Ⅶ）39 个样区，繁殖期鸟类 21 目 77 科 638 种，具有最多的鸟类目数，陆鸟 14 目 60 科 563 种（其中雀形目 41 科 426 种），水鸟 8 目 17 科 75 种，其中闽广沿海亚区（Ⅶ$_A$）16 目 61 科 365 种，滇南山地亚区（Ⅶ$_B$）21 目 74 科 574 种，云南盈江县样区在繁殖期有鸟类 20 目 68 科 377 种，其中陆鸟 14 目 56 科 337 种，雀形目 37 科 233 种，为合计鸟种数、陆鸟及雀形目鸟类最丰富的样区，记录个体数最高的为黑喉红臀鹎（*Pycnonotus cafer*）（806 条记录 2416 只），海南岛亚区（Ⅶ$_C$）17 目 46 科 153 种，台湾亚区（Ⅶ$_D$）和南海诸岛亚区（Ⅶ$_E$）未开展观测。

4.2.3 繁殖期鸟类时间动态

1. 繁殖期鸟类的丰富度变化

各动物地理区系每年记录的繁殖期鸟类种数近十年来大体上在持续稳定增长，在 2019 年略微下降，2020 年受新型冠状病毒肺炎影响，全国的鸟类观测受阻，导致所有区系的繁殖期鸟类丰富度均较低，南部的繁殖鸟种类大体上多于北部。华中区（Ⅵ）的繁殖期鸟类丰富度在一开始就显著高于其他区系，青藏区（Ⅳ）一直为最低的丰富度，2015 年样区调整增加了观测样线与样点之后，在 2016 年各亚区的繁殖鸟类种数有显著增加，西南区（Ⅴ）增长幅度最大，并略微超过了华中区（Ⅵ）（图 4-9）。

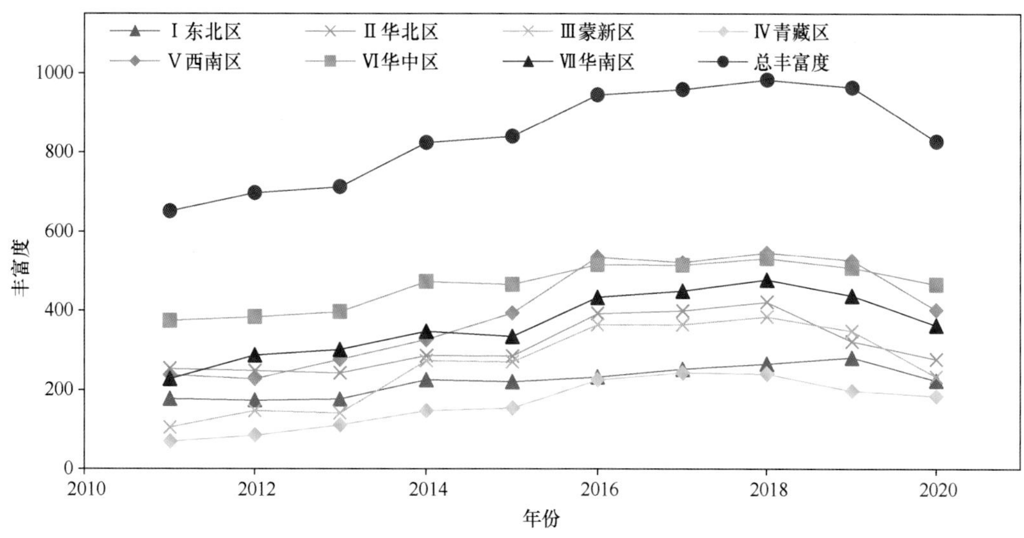

图 4-9　繁殖期鸟类地理区系丰富度年度变化

近 10 年来各区系每年繁殖期均有新的鸟类种类记录，物种累积曲线在稳定上升，其中在 2014 年蒙新区（Ⅲ）增加了 113 种，2016 年西南区（Ⅴ）新增了 119 种，在 2020 年也有 4～16 种的新物种数（图 4-10）。

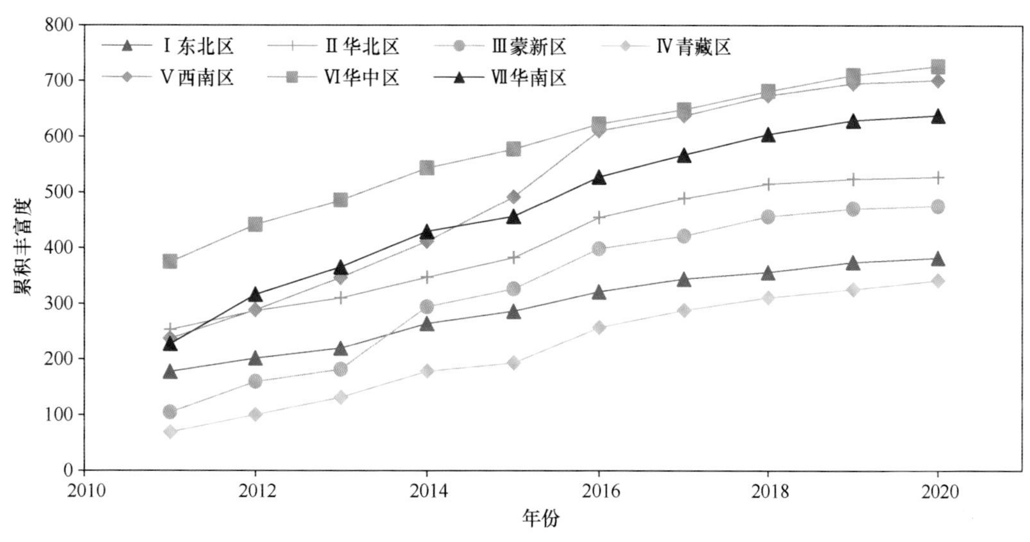

图 4-10　繁殖期鸟类地理区系累积丰富度

2. 繁殖期鸟类的数量变化

样线每笔记录的鸟类个体数平均 3.2 只，以雀形目鸟类为主，繁殖样点每笔记录平均 41.5 只，主要以繁殖的水鸟为主，总体上样点记录的个体数会显著高于样线。每个区系每年观测的样线与样点波动较大，尤其是 2015 年针对观测的样线与样点进行过调整，有大量的改动尤其是样线、样点数量的增加，这对观测最终记录的鸟类数量影响最大（表 4-2）。

表 4-2 全国繁殖期鸟类各区系样线样点数量情况

	2011	2012	2013	2014	2015	2016	2017	2018	2019
					繁殖样点数				
Ⅰ	67	65	67	129	145	49	88	135	122
Ⅱ	14	14	14	13	13	29	42	42	35
Ⅲ	12	24	20	51	51	97	101	99	67
Ⅳ	25	22	21	27	25	61	64	71	40
Ⅴ	0	0	0	0	0	0	0	0	0
Ⅵ	1	1	1	1	1	1	1	3	1
Ⅶ	0	0	0	0	0	0	0	0	0
					样线数				
Ⅰ	47	39	39	89	95	123	135	155	137
Ⅱ	67	66	66	98	121	347	406	511	302
Ⅲ	19	26	28	139	139	333	334	344	271
Ⅳ	7	8	13	33	30	69	71	96	41
Ⅴ	42	33	38	77	100	281	286	344	253
Ⅵ	111	124	130	308	312	549	564	761	529
Ⅶ	30	36	39	99	109	209	210	319	184
合计样线、样点数	442	458	476	1064	1141	2148	2302	2880	1982
					样区数				
Ⅰ	17	17	17	22	22	19	24	30	26
Ⅱ	22	22	22	24	26	48	56	63	41
Ⅲ	8	9	9	20	20	39	39	40	32
Ⅳ	5	6	6	8	8	12	11	13	7
Ⅴ	9	8	9	13	13	27	27	32	24
Ⅵ	34	36	37	48	49	70	70	88	65
Ⅶ	12	13	13	17	18	26	26	36	22
合计样区数	107	111	113	152	156	241	253	302	217

繁殖样点共 42 081 条，记录鸟类个体数 1 747 035 只，记录数量最高的为普通鸬鹚(710 条记录 174 798 只)，其次为黑嘴鸥（137 181 只）、渔鸥（132 645 只）、斑头雁（126 778 只）、普通燕鸥（117 501 只）。鸻形目的个体数量占总记录的 50.1%。

繁殖期样线共9 223 999条，记录鸟类个体数2 957 218只，记录数量最高的为麻雀(39 486条记录321 131只)，个体记录数占总记录数的10.9%，其次为家燕（115 786只）、白头鹎（85 234只）、东方大苇莺（76 322只）、喜鹊（62 255只），均为雀形目鸟类。雀形目鸟类的记录数一共707 091条，占7.7%，个体数量合计2 162 794只，占总记录的73.1%。繁殖期样线中水鸟有80 665条记录（0.9%）共543 807只（18.4%）。

（1）繁殖样点

东北区（Ⅰ）繁殖点的记录以黑嘴鸥、白翅浮鸥、灰翅浮鸥、红嘴鸥等鸥类和其他鸭类为主，黑嘴鸥每年记录的数量占总体数量的15.3%～40.0%，除2012年，均为记录数量远超其他鸟类的物种，2012年的繁殖样点共记录到12 185只灰翅浮鸥、10 701只黑嘴鸥，白翅浮鸥、凤头䴙䴘、白骨顶等水鸟的记录也有增多，导致2012年的平均样点记录数量增加，2014年和2015年的繁殖样点分别有129个和145个，2016年则锐减至49个，记录的个体总数略有下降，平均值再次增加（图4-11），而其样线数量从2014年的89条和2015年的95条增至2016年的123条，为观测调整，保留了以往观测中主要的繁殖样点，增加了样线观测的数量。2016年之后繁殖样点平均的鸟类数量下降，几个重要的水鸟繁殖点或许需要加强关注与保护。

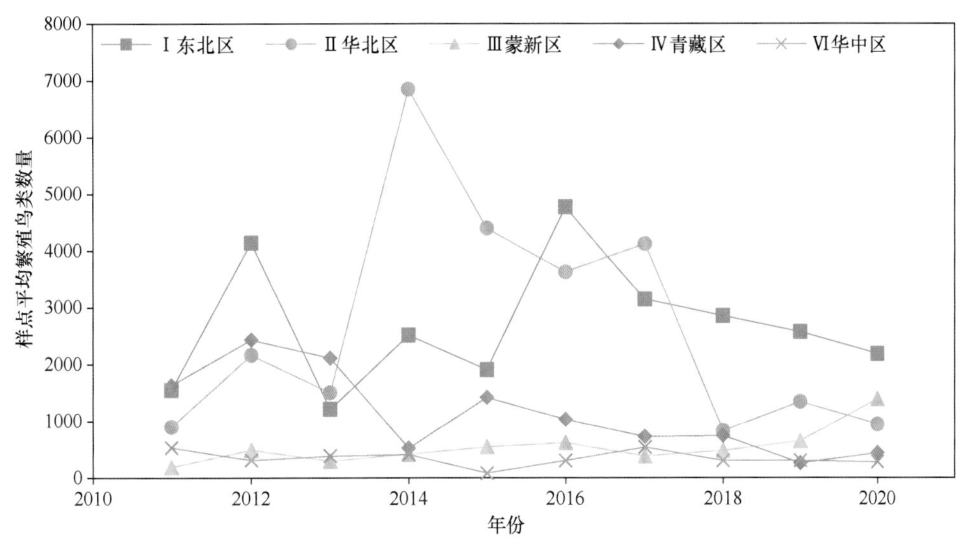

图 4-11　繁殖期鸟类繁殖样点年度平均数量变化

华北区（Ⅱ）繁殖期鸟类共记录267 130只，主要为普通燕鸥（97 006只）、红嘴鸥（21 339只）、黑翅长脚鹬（17 927只）、灰翅浮鸥（17 920只）、黑尾塍鹬（11 450只）等，2014～2017年的记录以普通燕鸥为主，2014年13个样点共记录到24 072只普通燕鸥，2017年有26 375只，繁殖样点数增加至42个，导致平均值略低，2018年普通燕鸥的数量在相同的样点数下骤降至1305只，2020年为26个样点982只。

蒙新区（Ⅲ）2011年和2013年最多的记录为红嘴鸥，其余年份均为鸿雁。

青藏区（Ⅳ）主要记录为普通鸬鹚（144 951只）、渔鸥（131 865只）、斑头雁（126 759只）、棕头鸥（44 954只）、凤头䴙䴘（27 028只），其中普通鸬鹚2019年仅记录8只，2020年14只，凤头䴙䴘每年的数量在149～7294只，波动也较大。

其中西南区（Ⅴ）和华南区（Ⅶ）两个区系没有设置专门的繁殖观测样点，华中区（Ⅵ）10年来持续观测的样点仅安徽合肥市内1个，2018年1年增加了河南宝丰县内2个样点，主要记录为绿翅鸭、黑水鸡（*Gallinula chloropus*）、棕头鸦雀（*Sinosuthora webbiana*）等，记录的数量不多，2018 年最高共记录了 704 只鸟类。

（2）繁殖期样线

蒙新区（Ⅲ）在繁殖期主要的记录为麻雀（51 652 只）、家燕（19 670 只）、红嘴鸥（14 680 只）、黑翅长脚鹬（11 811 只），记录了许多水鸟，共 21 165 条记录 167 423 只，占繁殖期样线所有水鸟记录的 26.2%（记录数）和 30.8%（个体数），记录的平均个体数显著高于其他区系（图 4-12）。在 2014 年增加了 100 多条样线至 139 条，2016～2018 年有 300 多条样线，增加的大量样线使样线的平均数量偏低。麻雀的样线平均数量整体上在增加，2011 年平均 3.2 只/样线增长为 2020 年 41.2 只/样线；家燕年均 11.2 只/样线，2011 年最低，为 3.2 只/样线，2015 年最高，为 27.9 只/样线。

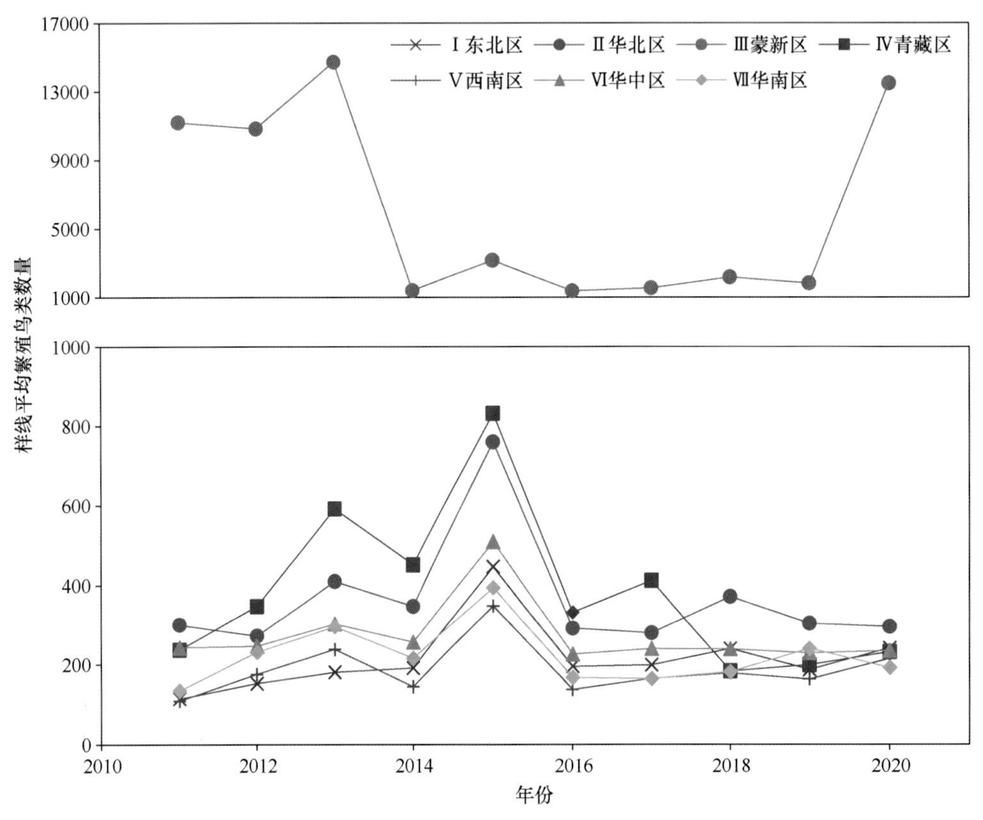

图 4-12　繁殖期鸟类样线年度平均数量变化

其他区系 10 年来观测的繁殖鸟类数量变化趋势相近，2011～2015 年平均数量逐渐上升，均在 2015 达到最高值，之后增加的样线数量均值均有回落。青藏区（Ⅳ）最高的个体数量记录为斑头雁，2013 年样线由 8 条增加至 13 条，观测到了更多的斑头雁、棕头鸥、绿头鸭、赤麻鸭、红脚鹬（*Tringa totanus*）等水鸟，共计 8708 只，样线平均数量增多，2014 年鸟类样线数量再增加至 33 条共计 13 419 只，2015 年 30 条样线 23 758 只，2016 年 69 条样线 17 241 只，观测的鸟类的数量并未随着样线的增加而大幅增长，有时反而降低了平均样线观测数量的平均值。华南区（Ⅶ）最高的个体数量记录为家燕，其他区系均为麻雀。华北区（Ⅱ）在 2018 年有 511 条样线，记录了最高的鸟类总个体数（235 977 只），平均数量仅次于蒙新区（Ⅲ）。华中区（Ⅵ）在 2018 年有最高的样线数（761 条），记录了 172 620 只繁殖鸟。

4.2.4　繁殖期鸟类与环境因子的关系

根据《生物多样性观测技术导则　鸟类》（HJ 710.4—2014）中划分的 9 类生境，繁殖期鸟类物种数最丰富的为乔木林，共记录到 20 目 83 科 944 种，记录数也最高，有 425 373 条，其中大山雀最多（15 748 条记录），其次为白头鹎（12 050 条记录），个体数最高的为麻雀（56 777 只），其次为白头鹎（36 614 只）、大山雀（32 497 只）；物种数最少的为沿海生境，有 16 目 50 科 199 种；记录个体数最高的生境为内陆水体，共记录了 1 694 374 只鸟类，其中普通鸬鹚数量最高，有 176 110 只，其次为斑头雁（134 754 只）、渔鸥（133 005 只）（表 4-3）。

表 4-3　繁殖期各生境鸟类物种数

生境	草原	灌木林及采伐迹地	荒漠/戈壁	居住点	内陆水体	农田	乔木林	沿海	沼泽	空白	合计
目	18	19	17	18	22	19	20	16	18	21	24
科	63	79	52	68	80	75	83	50	56	86	96
种	463	786	215	554	651	631	944	199	333	841	1 135
记录数	35 617	87 499	32 79	68 359	96 743	93 348	425 373	5 535	24 258	124 254	964 265
个体数	168 042	214 148	15 147	276 838	1 694 374	319 806	1 062 579	91 342	358 877	491 738	4 692 891

9 类生境中均有记录的鸟类有 14 目 34 科 64 种，有鸮形目、䴙䴘目、戴胜目、佛法僧目、鸽形目、鹳形目、鹤形目、鸻形目、鸡形目、鹃形目、雀形目、隼形目、鸮形目和雁形目；仅在 1 类生境中有记录的有 23 目 68 科 193 种。

在内陆水体生境中，鸻形目鸟类个体数占 41.1%，主要为黑嘴鸥、渔鸥和普通燕鸥；雁形目占 25.2%，主要为斑头雁、鸿雁、赤麻鸭、赤嘴潜鸭等；雀形目占 12.8%，主要为东方大苇莺、麻雀、崖沙燕和家燕；鹈形目占 10.4%，主要为普通鸬鹚。记录数雀形目最高，占 40.3%，主要为红尾水鸲（*Rhyacornis fuliginosa*）、白鹡鸰、麻雀、喜鹊等；鸻形目占 16.8%，主要为黑翅长脚鹬、普通燕鸥、红脚鹬和金眶鸻（*Charadrius dubius*）；雁形目占 13.2%，主要为赤麻鸭、绿头鸭和斑嘴鸭。

沿海生境中鸻形目个体数最高，占 79.7%，主要为黑尾鸥（*Larus crassirostris*）、黑腹滨鹬、黑嘴鸥、灰鸻（*Pluvialis squatarola*）等；雀形目占 11.0%，主要为麻雀和东方大苇莺；鹳形目占 6.0%，主要为白鹭。记录数则雀形目最高，占 34.0%，主要为麻雀、喜鹊、东方大苇莺等；鸻形目占 33.6%，主要为黑尾鸥、环颈鸻（*Charadrius alexandrinus*）、黑翅长脚鹬、青脚鹬（*Tringa nebularia*）、反嘴鹬等；鹳形目占 16.3%，主要为白鹭和池鹭（*Ardeola bacchus*）。

沼泽生境中的繁殖鸟类个体数鸻形目占 48.3%，主要为白翅浮鸥、灰翅浮鸥、红嘴鸥等；雁形目占 23.1%，主要为绿头鸭、红头潜鸭、斑嘴鸭等；雀形目占 12.9%，主要为东方大苇莺、麻雀、家燕、崖沙燕等；鹳形目占 8.0%，主要为苍鹭、大白鹭（*Ardea alba*）、白琵鹭等；鹤形目占 4.0%，主要为白骨顶、黑水鸡、丹顶鹤等。记录数雀形目占 34.1%，主要为东方大苇莺、大苇莺（*Acrocephalus arundinaceus*）、麻雀等；鸻形目占 25.3%，主要为黑翅长脚鹬、红脚鹬、灰翅浮鸥等；鹳形目占 12.6%，主要为苍鹭和大白鹭；雁形目占 9.8%，主要为绿头鸭、斑嘴鸭等；鹤形目占 5.7%，主要为白骨顶、丹顶鹤、黑水鸡、白枕鹤（*Grus vipio*）等。

其余生境无论是个体数还是记录数，均为雀形目最高，个体数占比在 65.9%～89.9%，记录数占比在 72.6%～87.3%。鸻形目在草原生境中个体数占比为 21.0%，主要为黑嘴鸥，居住点生境个体数占 12.7%，主要为红嘴鸥和普通燕鸥；荒漠/戈壁生境中个体数占 7.2%，主要为环颈鸻、白翅浮鸥、灰翅浮鸥、金眶鸻等，记录数占 5.4%，其他生境占比均在 5.0%以下（图 4-13）。

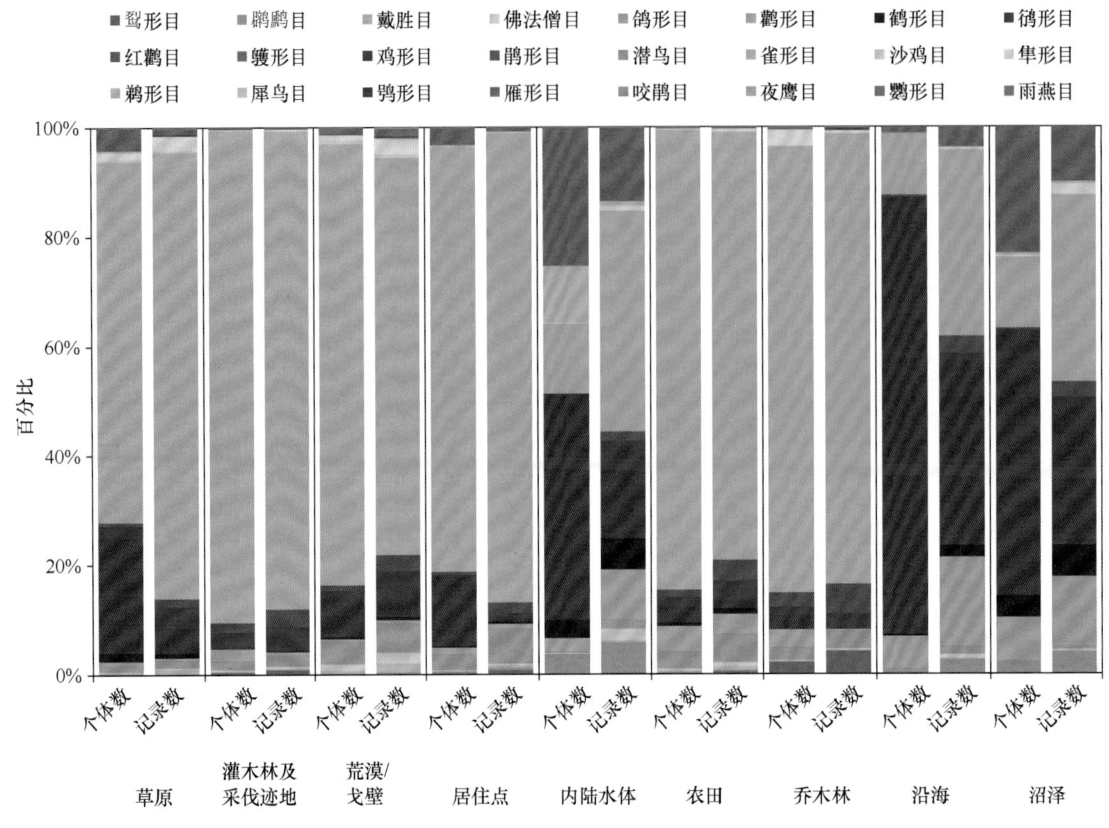

图 4-13 各类群繁殖鸟的数量和记录数在各生境中的分布比例

4.3 越冬水鸟的时空变化

4.3.1 全国水鸟总体概况

本书依据丁平和陈水华（2008）编撰的《中国湿地水鸟》，定义“水鸟”为生态上依赖于湿地，即某一生活史阶段依赖于湿地，且在形态和行为上对湿地形成适应特征的鸟类。它包括潜鸟目、䴙䴘目、鹳形目、红鹳目、雁形目和鸻形目（海雀等远洋性鸟类除外）的所有种类，以及鹈形目、鹤形目和佛法僧目的部分种类。

根据《中国鸟类分类与分布名录》（第二版）（郑光美，2011）的记录，全国水鸟共计 9 目 26 科 272 种，本项目共观测到水鸟 9 目 25 科 211 种，占全国水鸟种类数的 77.57%。其中，以鸻形目种类最多，有 90 种，占全部观测到水鸟种类数的 42.65%；其次为雁形目，有 44 种，占 20.85%，种类较多的还有鹳形目和鹤形目（图 4-14）。科分类上种类最多的为鸭科，有 44 种，占 20.85%；其次为鹬科，有 39 种，占 18.48%（图 4-15）。

从动物地理分区上看，各分区记录到的种类从 13～166 种不等，记录种类最多的在华中区VI_A（10 目 24 科 166 种），其次为华北区II_A（9 目 21 科 144 种），随后是蒙新区III_A（7 目 19 科 125 种）、华中区VI_B（7 目 20 科 125 种）、华北区II_B（8 目 21 科 121 种）、东北区I_C（8 目 19 科 112 种）（图 4-16）。

按样区分，记录种类最多的是山东青岛市，有 91 种，其次为天津滨海新区和江苏盐城市大丰区，各有 90 种，其中山东青岛市和天津滨海新区是繁殖季和越冬季均有观测记录，而江苏盐城市大丰区则仅有越冬季记录，此外种类较多的还有福建福州市和山东东营市，这两处样区均仅有越冬观测，但物种数也分别达到 87 种和 86 种。记录种数超过 60 种的还有 18 个样区，其中包括 6 个繁殖样区、11 个越冬样区和 1 个繁殖越冬均有观测的样区。从图 4-17 可以看出种类丰富的样区主要集中在沿海地区，其次为内陆中部和北部的大型湿地与湖泊，如内蒙古乌兰诺尔湿地、江西鄱阳湖、青海青海湖等。

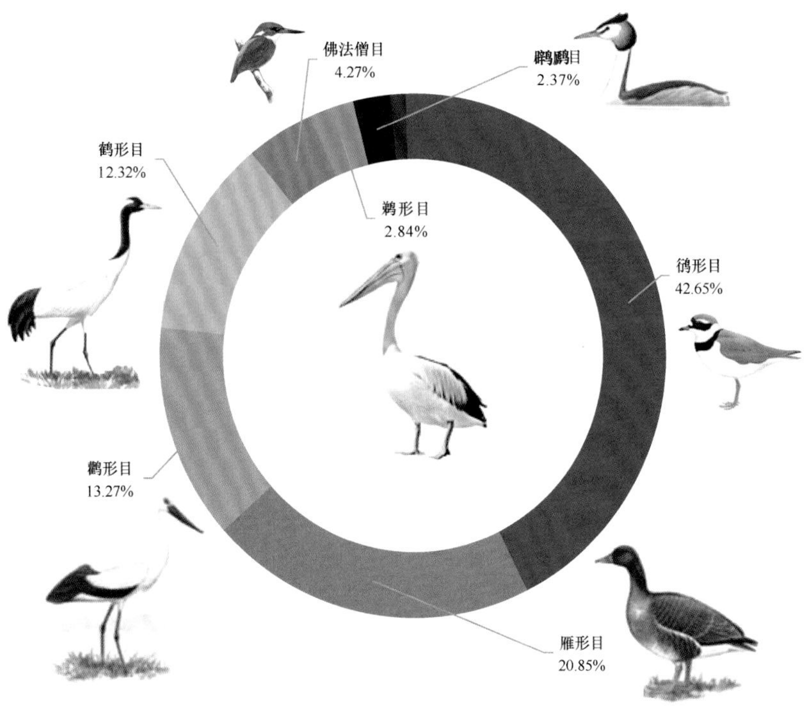

图 4-14　水鸟种类组成（按目分类）

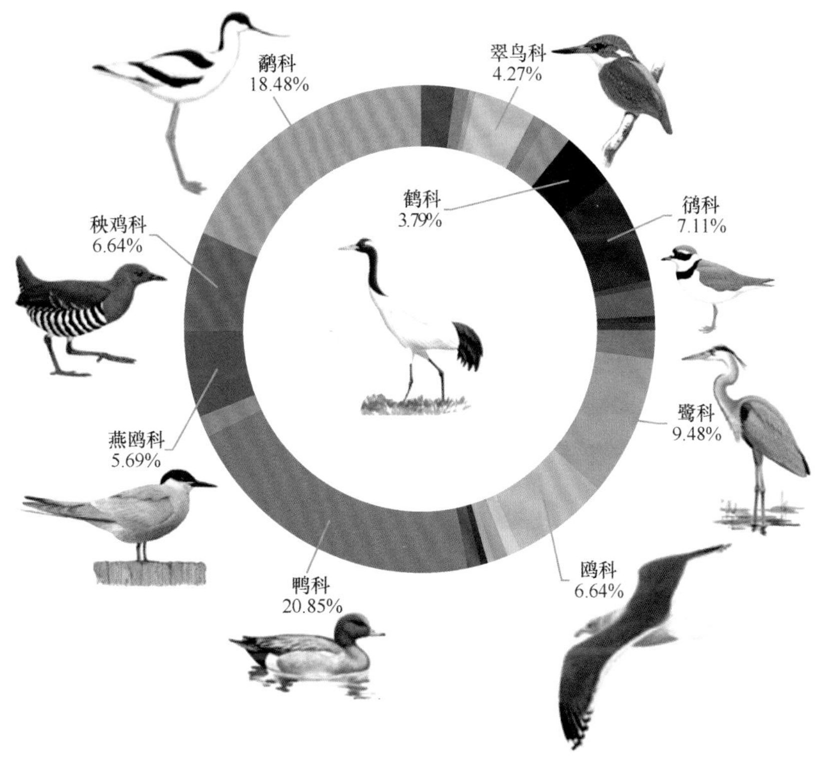

图 4-15　水鸟种类组成（按科分类）

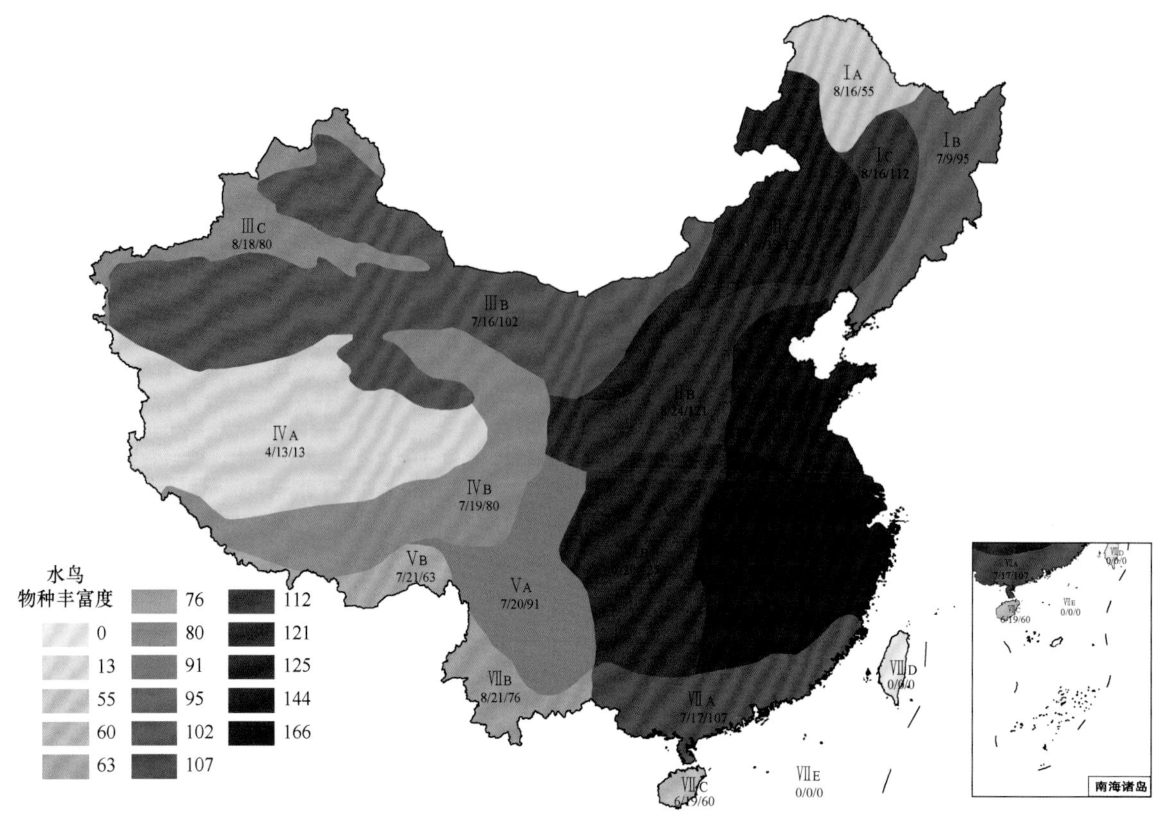

图 4-16　全国水鸟各地理区系合计物种丰富度

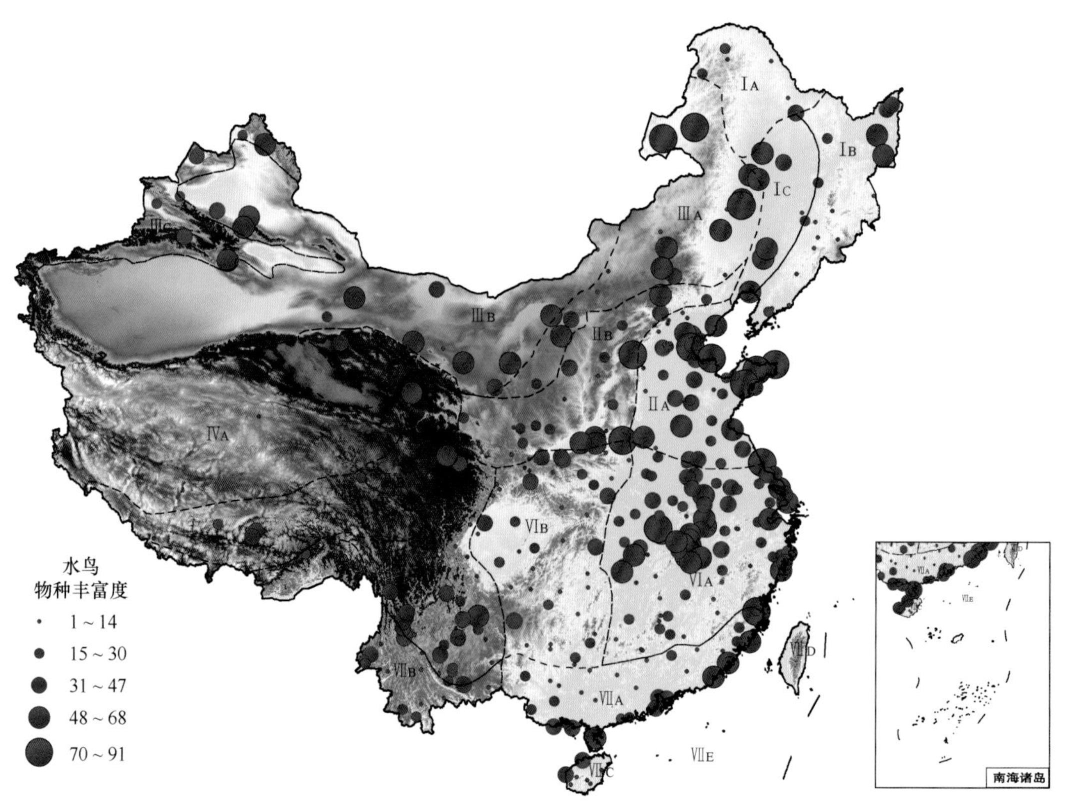

图 4-17　全国水鸟观测样区物种丰富度

4.3.2　越冬水鸟空间格局

越冬水鸟观测从 2011 年末开始，到 2020 年初共记录了 9 个冬季，171 种水鸟，隶属 9 目 24 科。共计有 134 个样区、1723 个样点、54 955 条记录。我国共有 34 个省级行政区（含香港和澳门），全域分为 14 大河流水系，本次观测范围覆盖了其中的 25 个省（自治区、直辖市），涉及其中 10 大水系，基本上能反映全国越冬水鸟分布近十年的状况。

样区按省份空间分布统计，各省样区分布从 1～18 个不等，多数为 4～9 个，以西南部的云南样区最多，共有 18 个，中东部的安徽、江苏、山东的样区分布较多，均有 9 个，而西北部的青海、陕西和西南部的重庆样区则分别仅有 1 个样区。从物种组成看，沿海省份的物种最丰富，如山东、江苏、浙江、福建、广东等，其次主要是长江流经的省份，如安徽、湖北、江西等，西南部以云南物种最为丰富。从单年最大记录数量上看，数量最多的依次是江西、云南、安徽、西藏等，均超过 20 万只，记录最少的是我国北部辽宁省，共计记录到 11 种水鸟，最多一次记录数量为 775 只。

流域内所有河流、湖泊等各种水体组成的水网系统，称作水系。中国河流湖泊众多，是世界上河流最多的国家之一。这些河流、湖泊蕴藏着丰富的自然资源。按照河流径流的循环形式，中国的河流分为注入海洋的外流河和与海洋不相沟通的内流河。中国内流河区域与外流河区域的界线大致是：北段沿着大兴安岭—阴山—贺兰山—祁连山（东部）线，南段为巴颜喀拉山—冈底斯山线，这条线的东南部是外流区域，约占全国河流总面积的 2/3，河流水量占全国河流总水量的 95%以上，内流区域约占全国总面积的 1/3，但是河流总水量不足全国河流总水量的 5%。境内河流主要流向太平洋，其次为印度洋，少量流入北冰洋。

中国大陆地区由于地域的宽广，气候和地形差异极大，不同水系的地理环境特征差异明显，以下根据中国河流水系分布图的主要流域水系划分，描述各流域的水鸟分布和物种组成特征（图 4-18）。

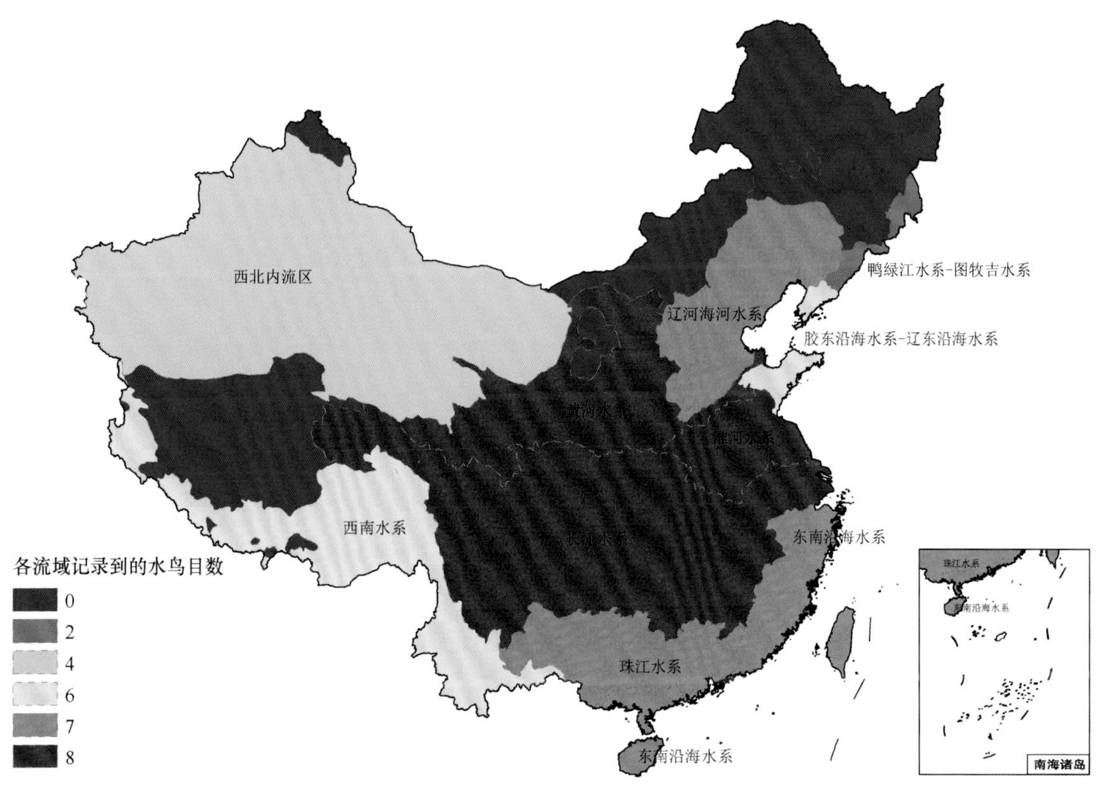

图 4-18　全国各流域记录到的水鸟目的个数

1. 黑龙江水系

基本没有越冬水鸟，没有样区分布。

2. 鸭绿江水系-图们江水系

鸭绿江原为中国内河，现为中国和朝鲜之间的界河。江中的朝方岛屿——绸缎岛和薪岛等与中国陆地接壤。目前河口为双方共用。鸭绿江全长 795 km，流域面积 6.19 万 km^2（中国境内流域面积 3.25 万 km^2）。

图们江，亚洲东北部河流，发源自中朝边境长白山山脉主峰东麓，江水由南向北流经中国的和龙市、龙井市、图们市、珲春市四市，朝鲜两江道、咸镜北道，俄罗斯的滨海边疆区的哈桑区，在俄朝边界处注入日本海。

越冬水鸟观测在鸭绿江口设置了 1 个样区 15 个样点，从 2019 年底开始记录，共记录 2 目 3 科 7 种水鸟，主要为鸥类和鸭类。

3. 辽河海河水系

辽河全长 1430 km，流域面积 22.94 万 km^2，地跨内蒙古、辽宁二省区。东、西辽河在辽宁昌图县福德店附近汇合后始称辽河。辽河干流河谷开阔，河道迂回曲折，沿途分别接纳了招苏台河、清河、秀水河，经新民市至沈阳市辽中区的六间房附近分为两股，一股向南称外辽河，在接纳了辽河最大支流——浑河后又称大辽河，最后在营口市入海；另一股向西流，称双台子河，在盘山湾入海。

海河是中国华北地区最大水系。海河干流起自天津金钢桥附近的三岔河口，东至大沽口入渤海，其长度仅为 73 km。但是，它却接纳了上游北运河、永定河、大清河、子牙河、南运河五大支流和 300 多条较大支流，构成了华北最大的水系——海河水系。这些支流像一把巨扇铺在华北平原上。它与东北部的滦河、南部的徒骇河与马颊河水系共同组成了海河流域，流域面积 31.8 万 km^2，地跨北京、天津、河北、山西、河南、山东、内蒙古等 7 省（自治区、直辖市）。

越冬水鸟观测在辽河海河水系设置的样区涉及北京、天津、河北和山东 4 省（直辖市）共计 17 个样区，83 个样点。其中有 11 个样区从 2011 年起就开始展开观测，是项目开展最早的流域之一。该区域共计记录水鸟 7 目 15 科 88 种，以雁形目、鸻形目的种类最多，分别为 31 种和 29 种，数量上以雁形目占优，其次为鸻形目和鹤形目。记录次数最多的物种为斑嘴鸭、小䴙䴘（*Tachybaptus ruficollis*）、绿头鸭、苍鹭、普通秋沙鸭（*Mergus merganser*）、凤头䴙䴘等；记录个体数最多的为白骨顶、豆雁、白腰杓鹬（*Numenius arquata*）、斑嘴鸭、绿头鸭、遗鸥（*Ichthyaetus relictus*）等 6 种，单年度记录均超过 10 000 只。

4. 长江水系

长江是我国第一大河，全长超过 6300 km。长江从唐古拉山主峰——各拉丹冬雪山发源，干流流经青海、西藏、四川、云南、重庆、湖北、湖南、江西、安徽、江苏、上海等 11 个省（自治区、直辖市），支流延至甘肃、陕西、贵州、河南、浙江、广西、福建、广东等 8 省（自治区）。长江水系庞大，总流域面积 180 余万平方千米，占中国总面积的 18.8%。长江流域大部分处于亚热带季风气候区，温暖湿润，多年平均降水量 1100 mm，多年平均入海水量近 1 万亿 m^3，占中国河川径流总量的 36%左右。

越冬水鸟观测在长江水系设置的样区涉及从云南到上海沿途 12 个省（市）47 个样区，736 个样点，涵盖了升金湖、巢湖、草海、洞庭湖、鄱阳湖等几大湖泊，以及杭州湾、崇明东滩等出海口，是我国水鸟资源最丰富的区域。该区域共计记录水鸟 8 目 20 科 135 种，以鸻形目种类最多，有 54 种，其次为雁形目，有 38 种。数量上则雁形目显著占优，其次为鸻形目、鹤形目和鹳形目。记录数较多的种类有苍鹭、小䴙䴘、斑嘴鸭、普通鸬鹚、白鹭、凤头䴙䴘、绿头鸭等；多个物种记录到集大群记录，其中单年度记录超过 10 000 只的有豆雁、白额雁、白骨顶、鸿雁、小天鹅、红嘴鸥、罗纹鸭等 20 种。

5. 胶东沿海水系-辽东沿海水系

胶东半岛和辽东半岛是我国三大半岛之二，两岛隔渤海相望。沿海地带是平原，海中有很多岛屿。胶东半岛海岸蜿蜒曲折，港湾岬角交错，岛屿罗列，是华北沿海良港集中地区。辽东半岛海岸线包括岛屿长达 900 km，多港湾和岛屿，海涂广阔。两个半岛的气候均属暖温带半湿润季风气候，受海洋调节，气候温和，夏无酷暑、冬无严寒，气温变幅较小，夏季极端最高气温很少超过 35℃，年降水量 650～950 mm。

越冬水鸟观测在胶东沿海水系-辽东沿海水系设置的样区涉及辽宁和山东两省共 5 个样区，105 个样点，多数样点设在山东沿海。该区域共计记录水鸟 6 目 13 科 102 种，以雁形目和鸻形目种类最多，分别有 25 种和 23 种，数量上也是雁形目与鸻形目占优。记录数较多的种类有绿头鸭、大天鹅（*Cygnus cygnus*）、斑嘴鸭、翘鼻麻鸭（*Tadorna tadorna*）、黑尾鸥、红嘴鸥、苍鹭等；单年度记录超过 10 000 只的有黑腹滨鹬和翘鼻麻鸭 2 种。

6. 黄河水系

黄河全长约 5464 km，为中国第二长河。黄河含沙量极大，年输沙量 16 亿 t，是举世闻名的多沙河流。黄河发源于青藏高原巴颜喀拉山北麓的约古宗列盆地，流经青海、四川、甘肃、宁夏、内蒙古、山西、陕西、河南、山东等 9 省（自治区），在山东东营市垦利区注入渤海。黄河流域汇集了 40 多条主要支流和 1000 多条溪川，流域面积达 75 万 km^2。黄河流域幅员辽阔，地形复杂，各地气候差异较大，从南到北属湿润、半湿润、半干旱和干旱气候。

越冬水鸟观测在黄河水系设置的样区涉及河南、山西和陕西 3 省共 7 个样区，104 个样点，其中山西样点集中在运城市，多达 41 处。该区域共计记录水鸟 8 目 18 科 86 种，以雁形目和鸻形目种类最多，分别有 32 种和 28 种，但数量上则是雁形目占优，其次为鹤形目。记录数较多的种类有苍鹭、绿头鸭、大白鹭、斑嘴鸭、普通鸬鹚、小䴙䴘等；单年度记录超过 10 000 只的有红头潜鸭和绿头鸭 2 种，其中红头潜鸭单年度记录接近 4 万只。

7. 淮河水系

淮河位于长江与黄河两条大河之间，是中国中部的一条重要河流，由淮河水系和沂沭泗水系两大水系组成，流域面积 26 万 km^2，干支流斜铺密布在河南、安徽、江苏、山东 4 省。流域范围西起伏牛山，东临黄海，北屏黄河南堤和沂蒙山脉。淮河发源于河南与湖北交界处的桐柏山太白顶（又称大复峰），自西向东，流经河南、安徽和江苏，干流全长 1000 km。淮河是中国地理上的一条重要界线，是中国亚热带湿润区和暖温带半湿润区的分界线；中国平均 950 mm 的等雨量线也基本沿淮河干流。

越冬水鸟观测在淮河水系设置的样区涉及河南、安徽、江苏、山东 4 省共 16 个样区，175 个样点，包括瓦埠湖、宿鸭湖、太白湖等湖泊库塘湿地，以及江苏盐城市大丰区、如东县、连云港市等沿海滩涂湿地。该区域共计记录水鸟 8 目 17 科 98 种，以鸻形目种类最丰富，有 40 种，其次为雁形目，有 29 种；数量上则雁形目较多，其次为鸻形目和鹤形目，两者数量接近。记录数较多的种类有小䴙䴘、苍鹭、白骨顶、斑嘴鸭、黑水鸡、绿头鸭、凤头䴙䴘等；单年度记录超过 10 000 只的有白骨顶、豆雁、红头潜鸭、鸿雁、反嘴鹬等 5 种，其中白骨顶单年度记录超过 4 万只。

8. 额尔齐斯河水系

基本没有越冬水鸟，没有样区分布。

9. 珠江水系

珠江位于中国南部，按流量为中国第二大河流，境内第三长河流，干流总长 2215.8 km，流域面积为

45.26 万 km^2（其中极小部分在越南境内），地跨云南、贵州、广西、广东、湖南、江西、香港、澳门 8 省（自治区、特别行政区）。珠江之名，始于宋代，原指流溪河流至广州白鹅潭至虎门一段 70 多千米的河段。珠江是个水系的概念，它由西江、北江、东江和三角洲河网组成，河流众多，干支流河道呈扇形分布。珠江流域为亚热带气候，多年平均气温在 14～22℃。年际变化不大，但地区差异大。

越冬水鸟观测在珠江水系设置的样区涉及广东、广西和云南 3 省（自治区）共 10 个样区，95 个样点，包括云南与广西境内多个湖泊和河流湿地，以及广东珠江口的滩涂湿地。该区域共计记录水鸟 7 目 15 科 80 种，以鸻形目种类最丰富，有 31 种，其次为雁形目，有 20 种；数量上也是鸻形目占优，其次为雁形目和鹤形目。记录数较多的种类有白鹭、小䴙䴘、苍鹭、白骨顶、红嘴鸥、池鹭等；单年度记录超过 10 000 只的有红嘴鸥和白骨顶 2 种。

10. 东南沿海水系

东南沿海河流是除中国东南部的长江和珠江以外独立进入海域的中小型河流的总称。因为中国东南部的地形主要由平原和丘陵组成，缺少孕育大江大河的条件，所以该地区的河流短小急促，以中小河流为主，从北到南包括浙江、福建、台湾、广东、广西、海南东南沿海 6 省（自治区）的河流。钱塘江、闽江、韩江是其中主要三大河流。东南沿海水系所在区域主要属于亚热带季风性气候，其特点是夏季高温多雨，冬季低温少雨，雨热同期。

越冬水鸟观测在珠江水系设置的样区涉及广东、广西和云南 3 省（自治区）共 10 个样区，95 个样点，包括浙江乐清湾和温州湾、福建东山湾和泉州湾、广东韩江口和雷州湾、广西防城港和钦州湾、海南北黎湾和后水湾等多个重要候鸟栖息地。该区域共计记录水鸟 7 目 17 科 120 种，其中鸻形目种类极为丰富，达到 60 种，其次为雁形目，有 29 种；数量上也是鸻形目占绝对优势，其次雁形目也较多。记录数较多的种类有白鹭、苍鹭、青脚鹬、大白鹭、池鹭、环颈鸻、红嘴鸥等；单年度记录超过 10 000 只的有黑腹滨鹬、红嘴鸥和环颈鸻 3 种。

11. 西南水系

西南水系有 5 个分支，包括恒河、雅鲁藏布江、怒江、澜沧江和印度河，均注入印度洋。其中雅鲁藏布江支流众多，流域宽广，这些外流河流程长、水量大，其流经地的两岸，常因为堆积、侵蚀而形成大小不一的冲积平原或台地。

越冬水鸟观测在西南水系设置的样区涉及西藏和云南 2 省（自治区）共 12 个样区，272 个样点，其中部分样区基本覆盖县域范围内的湿地，如云南大理州样区的样点多达 93 个，西藏雅鲁藏布江中游样区的样点也有 58 个，能充分反映区域越冬水鸟分布。该区域共计记录水鸟 6 目 15 科 69 种，其中雁形目和鸻形目种类最多，分别有 23 种和 20 种；数量上则是雁形目最多，其次是鹤形目和鸻形目。记录数较多的种类有赤麻鸭、白骨顶、小䴙䴘、凤头䴙䴘、红嘴鸥、赤膀鸭、绿头鸭、斑头雁等；单年度记录超过 10 000 只的有白骨顶、斑头雁、红嘴鸥、凤头潜鸭、赤麻鸭、赤嘴潜鸭等 6 种，其中白骨顶单年度记录接近 12 万只，斑头雁、红嘴鸥的单年度记录也接近 10 万只。

12. 内蒙古内流区

基本没有越冬水鸟，没有样区分布。

13. 西北内流区

西北内流区的河流在山区支流比较多，流出山区后支流减少；河流流程比较短，最后消失在沙漠里。多数河流水来自高山冰雪融化水，夏季形成汛期，冬季形成枯水期或者断流。因此湿地面积和状态不稳定是该区域的主要特征。

越冬水鸟观测在西北内流区设置的样区涉及青海青海湖 1 个样区，15 个样点。该区域共计记录水鸟 4 目 5 科 16 种，主要为雁形目鸭科鸟类。记录数较多的种类有大天鹅、凤头潜鸭、赤麻鸭、渔鸥等；数量较多的有赤麻鸭和大天鹅。

14. 藏北高原内流区

基本没有越冬水鸟，没有样区分布。

将各流域的物种组成按目分类，可以看出虽然大部分地区以雁形目和鸻形目的种类占优，但受地理区特征的影响仍有一定差异，如位于北部区域的鸭绿江水系-图们江水系、西北内流区等区域冬季寒冷，雁形目种类占主要优势，其次鸻形目也以鸥类为主，总物种数较少。所在区域纬度越低，雁形目种类及数量所占比例越少，鸻形目种类和数量则有所增加，东南沿海水系是鸻形目种类最丰富的地区（图 4-19）。长江水系是众多水系中拥有最多水鸟集群越冬地的区域，主要以大型湖泊为主，因此雁鸭类的数量尤为丰富，因为包含杭州湾和崇明东滩等出海口的滩涂湿地，鸻鹬类种类也十分丰富，但数量不及雁鸭类集中（图 4-20）。

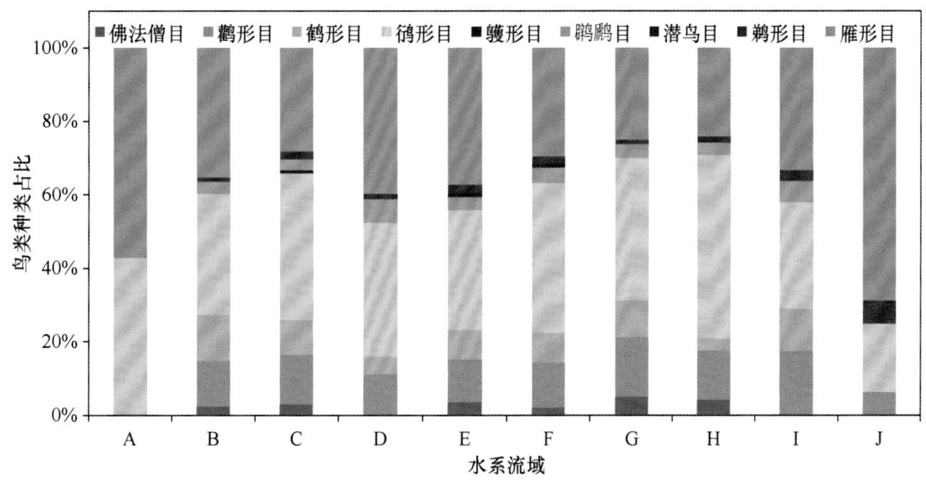

图 4-19　不同水系流域水鸟种类组成

各字母所代表水系如下：A. 鸭绿江水系-图们江水系；B. 辽河海河水系；C. 长江水系；D. 胶东沿海水系-辽东沿海水系；E. 黄河水系；F. 淮河水系；G. 珠江水系；H. 东南沿海水系；I. 西南水系；J. 西北内流区

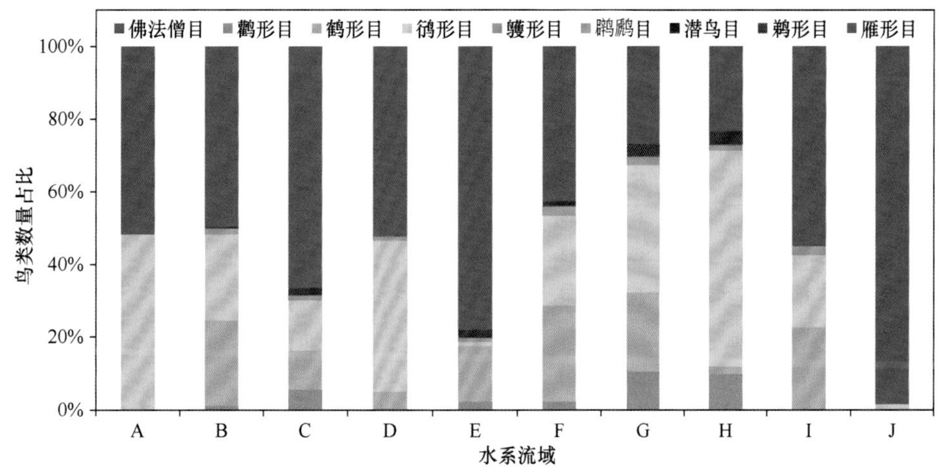

图 4-20　不同水系流域水鸟数量比例

各字母所代表水系如下：A. 鸭绿江水系-图们江水系；B. 辽河海河水系；C. 长江水系；D. 胶东沿海水系-辽东沿海水系；E. 黄河水系；F. 淮河水系；G. 珠江水系；H. 东南沿海水系；I. 西南水系；J. 西北内流区

4.3.3 越冬水鸟时间动态

项目从2011年开始，先在53个样区274个样点内开展观测，获得2419条观测记录，共计113种水鸟，数量超过45万只。随后设置的样区样点数逐年增加，记录条数随之逐年递增，记录的水鸟数量也相应增加，物种数虽然有所增加但总体较平稳。与此不同的是样点平均数量的变化趋势，随着样点的增加而略有下降，说明项目在展开之初设置的样点多是水鸟集大群分布的栖息地，后期补充的样点不一定是水鸟集群分布的地点，但涵盖了更多罕见物种分布的区域（图4-21）。

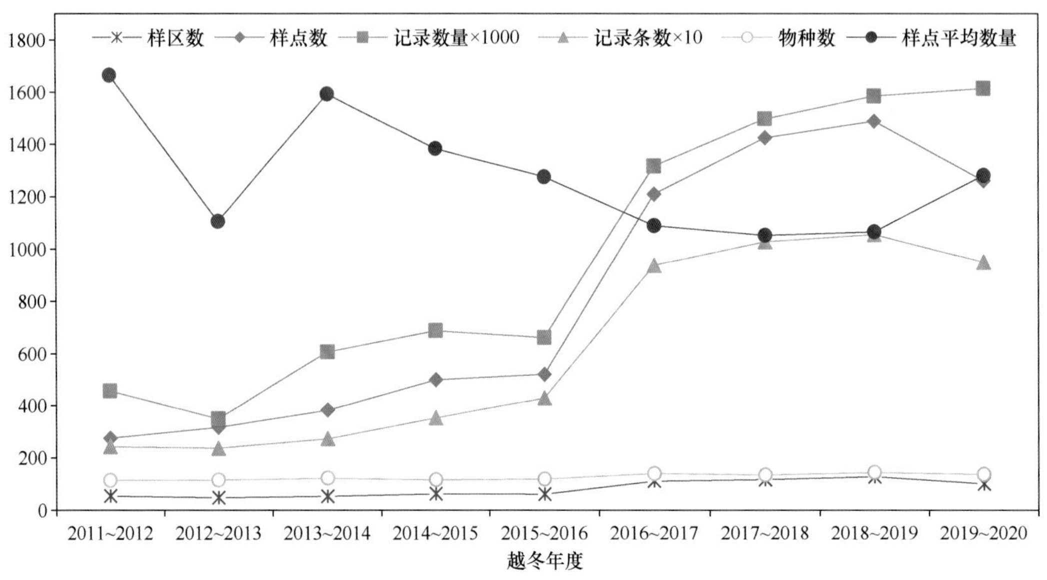

图4-21 越冬水鸟观测样地和物种数量特征年度动态变化

按省份划分，有19个省从2011年开始有记录。按流域划分，除鸭绿江水系-图们江水系仅有1年记录外，其余地区均从2011年开始记录。随着观测样地的增加，各个水系的物种数均有一定程度的增加。淮河水系的物种数量波动较大，西南水系物种数量较平稳，长江水系和东南沿海水系的物种数一直保持在全国领先地位（图4-22）。而数量上同样受观测样地的变化影响，从2016～2017年冬季起出现明显的增长，其中长江水系依然是水鸟数量最多的流域，尤其在项目开展之初，大部分记录均在长江水系记录到。数量第二多的是西南水系的水鸟记录，到2020年已记录到超过40万只水鸟。东南沿海水系的越冬水鸟则呈现种类多但数量分散的特征（图4-23）。

统计单个物种单次记录最大值出现的年份，发现在2016～2017年和2017～2018年冬季是记录到最多最大记录的年份，主要是鸻形目和雁形目的种类，而鹳形目和鹤形目的记录高峰在2015～2016年，反映出不同类群鸟类在不同年份的种群状况有差异，但总体上随着观测范围的扩展和观测经验的积累，更多的水鸟集群栖息地被发现，或者说水鸟集群的情况有所增加。

对照全球水鸟1%种群的标准，本次观测的171种水鸟中有61种在至少一个观测点有最少一次超过了其迁飞区1%的数量（表4-4），部分水鸟甚至刷新在本区域的种群估计，如黑鹳（*Ciconia nigra*），观测记录单次最多有214只，记录地在云南，超过了黑鹳在东亚估计的全部越冬种群（100只），这有可能是因为云南的记录来自于南亚的越冬种群。

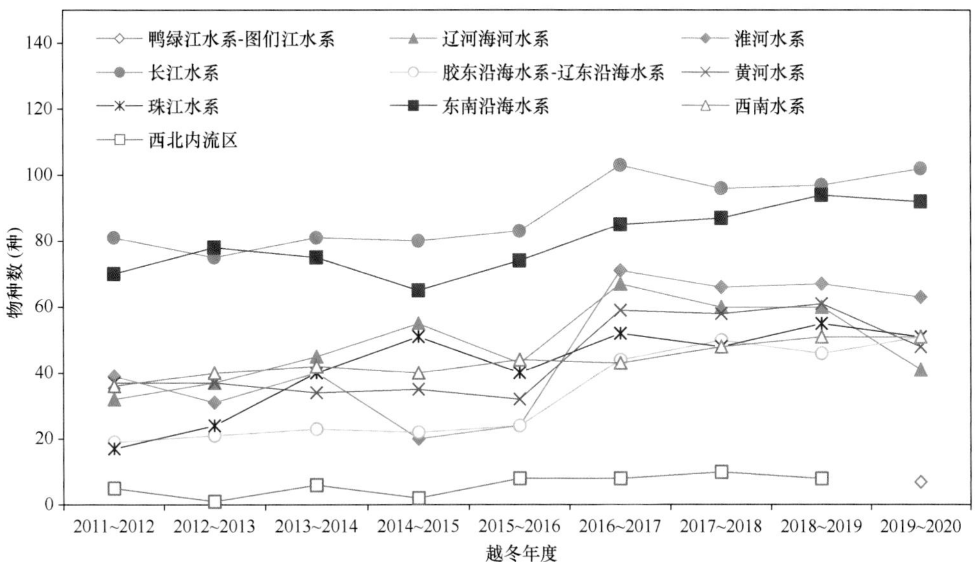

图 4-22　不同流域越冬水鸟种类数年度动态变化

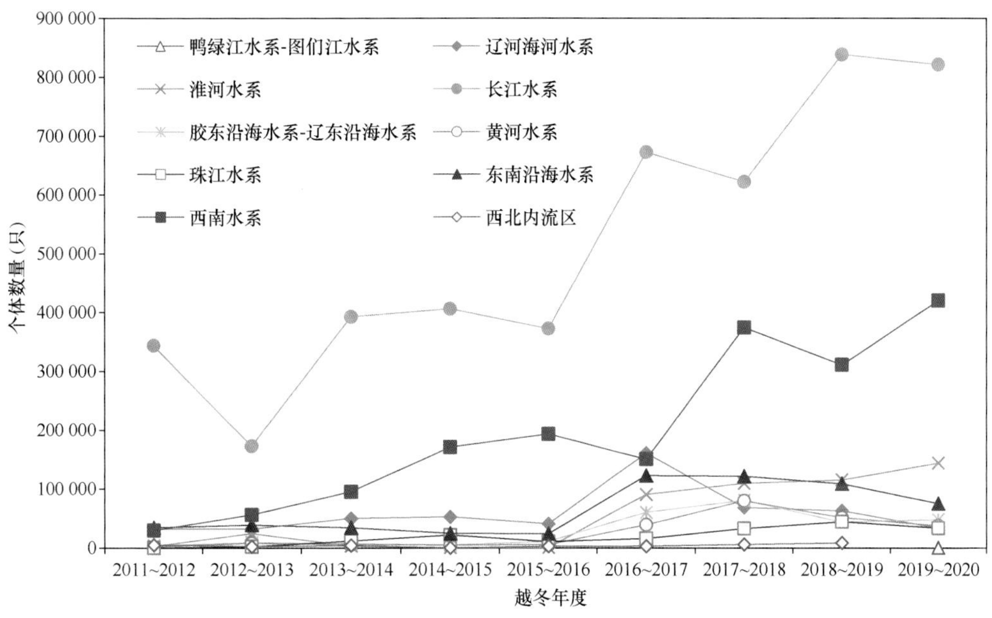

图 4-23　不同流域越冬水鸟数量年度动态变化

表 4-4　单次记录水鸟出现年份统计

越冬年度	佛法僧目	鹳形目	鹤形目	鸻形目	鹱形目	䴙䴘目	潜鸟目	鹈形目	雁形目	总计
2011～2012	1		1	3				1	2	8
2012～2013			1	5					3	9
2013～2014		5	1	5				1	4	16
2014～2015	1		2	6					3	12
2015～2016		5	4	4		1			1	15
2016～2017	2	2	3	15	1				8	31
2017～2018	1	2	3	14		2		1	8	31
2018～2019		3	3	14		1	1	1	6	29
2019～2020		4		7		1	1		7	20
总计	5	21	18	73	1	5	2	4	42	171

4.3.4 越冬水鸟与环境因子的关系

鸟类所处生境类型反映了其主要栖息环境，通过对鸟类记录的生境参数统计，判断越冬水鸟在生境选择方面的主要偏好。

根据《生物多样性观测技术导则 鸟类》（HJ 710.4—2014）中的生境划分，大致分为 9 类，包括乔木林、灌木林及采伐迹地、农田、草原、荒漠/戈壁、居住点、内陆水体、沿海和沼泽。所观测到的 171 种水鸟中，以内陆水体记录的水鸟物种最多，有 157 种，记录条数达 42 254 条，其次为沿海湿地，记录到 135 种水鸟，记录条数有 11 184 条。此外，沼泽和农田也是重要的越冬水鸟栖息地，分别记录到 70 种和 64 种水鸟，各有 442 条和 773 条记录（表 4-5）。

表 4-5 各类生境记录鸟类种类和记录条数

分析项	乔木林	灌木林及采伐迹地	农田	草原	荒漠/戈壁	居住点	内陆水体	沿海	沼泽	合计
种类	16	3	64	15	36	57	157	135	70	171
记录条数	34	3	773	29	59	177	42 254	11 184	442	54 955

而从物种角度看，雁鸭类是分布最广泛的鸟类，在各类生境中均有物种分布，其中赤麻鸭是生境适应性最强的鸟类，从沙漠戈壁到森林河海均有记录；共有 20 种鸭科鸟类在 5 类生境以上均有记录，占鸭科种类接近一半。其次分布较广泛的为鹳形目和鹤形目的物种。鸻形目虽然有部分物种在各类生境中广泛分布，但也有多个物种仅出现在两类甚至一类生境中，这些依赖某一类生境栖息的鸟类，会更容易面临栖息地丧失的风险。仅出现在一类生境的种类中，21 种仅分布在内陆淡水湿地，13 种仅分布在沿海湿地，1 种仅分布在沼泽湿地［即孤沙锥（*Gallinago solitaria*）］（图 4-24）。

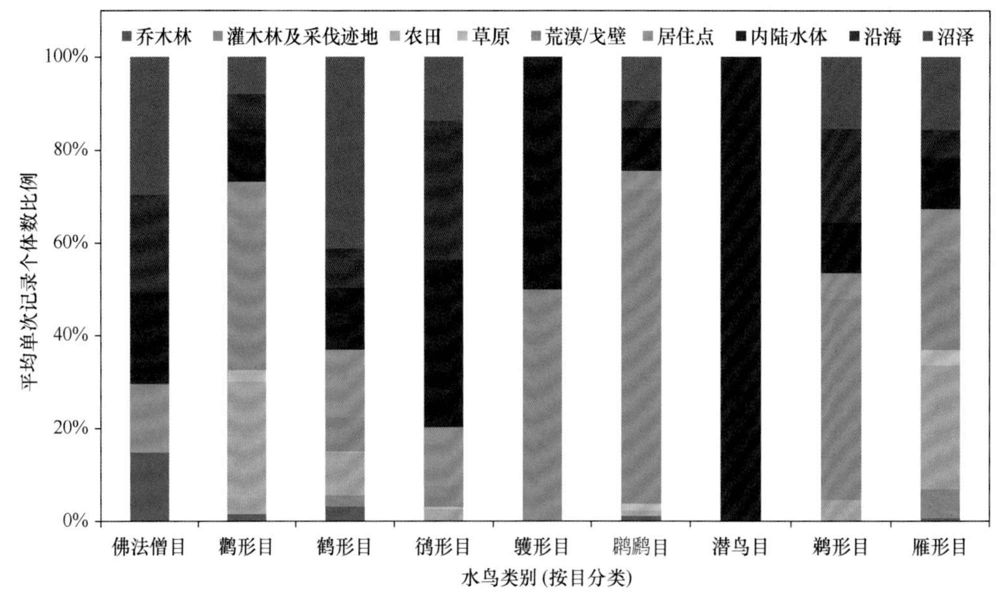

图 4-24 各类群水鸟平均每次记录数量在各生境的分布比例

在乔木林中共记录到 16 种水鸟，主要为雁鸭类、鹭类、秧鸡类和䴙䴘类等，主要是在林中小型湿地栖息时飞过林地被记录到。属于灌木林及采伐迹地的记录仅有 3 条，包括斑头雁、赤麻鸭和黑颈鹤 3 种，均在西藏记录。在农田记录的 64 种鸟类中，以鸻形目和雁形目的种类最多，分别有 23 种和 21 种，但多数鸻形目鸟类仅被记录到 1 次，鹤形目的黑颈鹤、雁形目的斑头雁和赤麻鸭，是在农田记录到次数最多的种类。草原生境记录到的种类大部分个体较大，如苍鹭、东方白鹳、白头鹤（*Grus monacha*）、斑头雁等，其中斑头雁和鸿雁记录的数量较多。在荒漠/戈壁记录到的种类以雁形目鸟类为主，其次为鸻形目和鹤形目鸟类，其中雁形目中的鸿雁、豆雁、绿翅鸭、白额雁等是数量较多的物种。居住点也记录到多种水鸟，包括 22 种雁类、17 种鸻形目鸟类和 8 种鹭类，其中记录数量较大的有赤嘴潜鸭、白骨顶、赤麻鸭等，均是在西藏区域的记录，虽然属于居住点，但人为干扰较轻。内陆水体是拥有水鸟数量最丰富、种类最多的一类生境，其中的大型湖泊水库是多种雁鸭类、鹳鹤类的主要越冬地。在 171 种水鸟中，仅有 15 种在内陆水体没有记录，主要为仅分布在沿海湿地和热带亚热带地区的白额燕鸥（*Sternula albifrons*）、黄嘴白鹭（*Egretta eulophotes*）、栗树鸭（*Dendrocygna javanica*）、阔嘴鹬等。在沿海湿地分布的种类以鸻形目鸟类占绝对优势，其次为雁形目鸟类。而在沿海湿地没有分布的种类有 36 种，以鹳鹤类和雁鸭类为主，还有多种海洋性鸟类，如白额圆尾鹱（*Pterodroma hypoleuca*）、扁嘴海雀（*Synthliboramphus antiquus*）、黑喉潜鸟等，但能在内陆淡水观测到。沼泽湿地中仍以雁鸭类为主要组成物种，但明显地鹳鹤类的种类也较多，包括秧鸡类，尤其是白骨顶和灰鹤，鸻形目鸟类中仅红嘴鸥数量较多（图 4-25）。

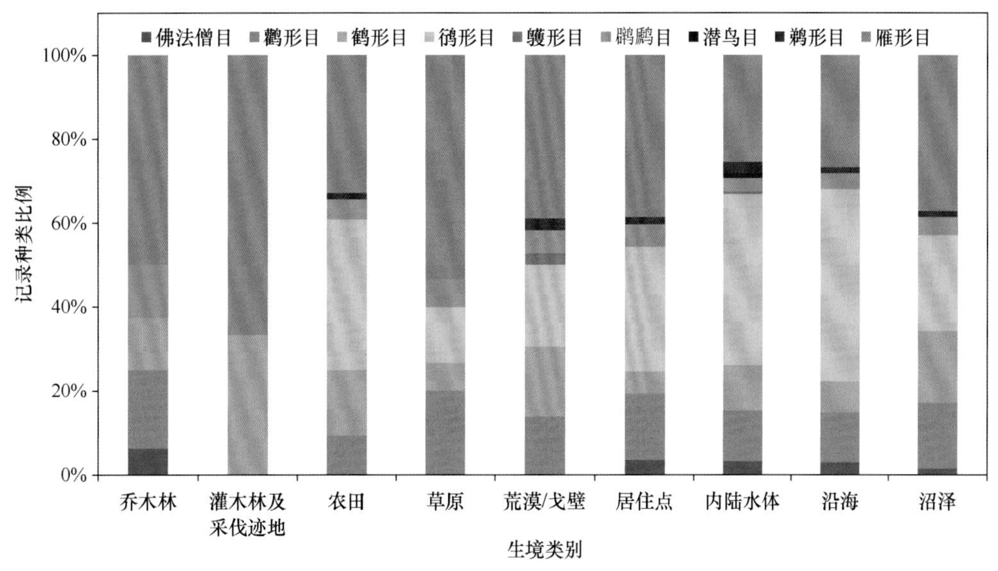

图 4-25　各类群水鸟在各生境的分布种类比例

4.4　五大国家经济发展战略区鸟类多样性

在 2019 年 5 月江西南昌市举行的国际生物多样性日宣传活动上，生态环境部部长表示，我国将加强生物多样性调查、观测和评估，优先完成长江经济带、京津冀等区域的生物多样性观测与评估。结合本次生物多样性观测的数据，本节总结了我国五大经济发展战略区域的鸟类多样性现状，具体包括黄河流域、长江经济带、京津冀、长江三角洲和粤港澳大湾区五大国家经济发展战略区（图 4-26）。

4.4.1　地理位置介绍

1. 黄河流域

黄河全长约 5464 km，为我国第二长河，自西而东，流经青海、四川、甘肃、宁夏、内蒙古、山西、陕西、河南、山东等 9 个省（自治区）。由于流经地形复杂，黄河流域气候差异化明显，源头陕甘宁以温

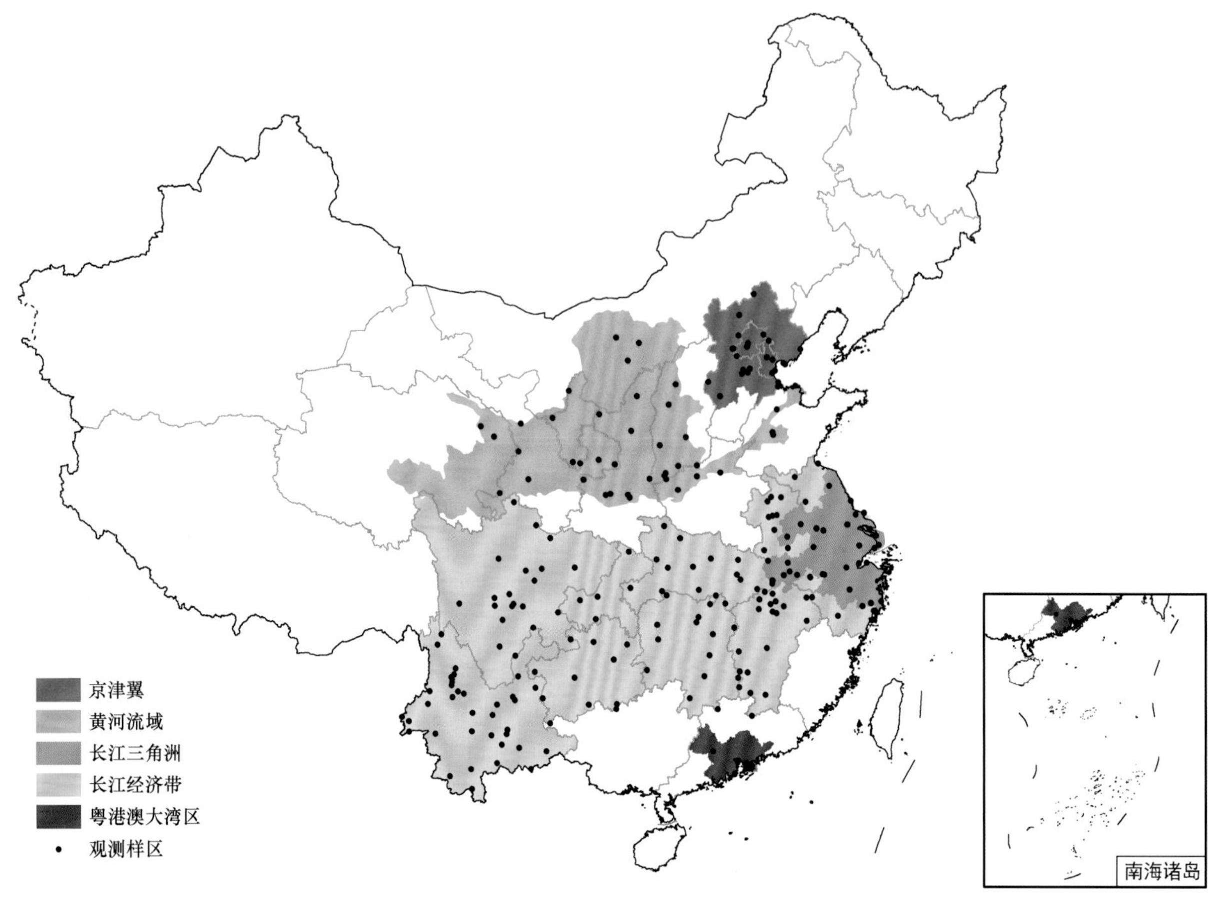

图 4-26　五大国家经济发展战略区

带季风气候为主，在流经中部内陆地区时，气候类型为温带大陆性气候，中间还流经由于地形复杂而无法确定气候类型的区域。黄河流域植被类型丰富，具有区域代表性和典型性，主要包括 4 种类型：农作物、草地、林地和灌木，占整个黄河流域植被总量的 97%。

2. 长江经济带

长江经济带横跨我国东中西三大区域，覆盖上海、江苏、浙江、安徽、江西、湖北、湖南、重庆、四川、云南、贵州等 11 个省（直辖市），面积约 205 万 km^2，约占全国的 21%，人口和经济总量均超过全国的 40%。长江经济带土地利用类型以林地为主，约占整个区域的 46%，其次为耕地、草地、水域、建设用地和未利用地。长江经济带上游主要是海拔较高的西南山地，中下游主要是平原。西南山地的主要植被类型有干热河谷灌丛、亚热带低山常绿阔叶林、暖温带中山针阔混交林、寒温带亚高山针叶林、亚寒带高山灌丛草甸、河流湖泊沼泽湿地和村寨农田环境等。长江中下游受到亚热带季风气候的影响，雨量充沛，湿地星罗棋布。

3. 京津冀

京津冀主要包括北京市、天津市和河北省大部分地区（保定市、沧州市、承德市、廊坊市、秦皇岛市、石家庄市、唐山市和张家口市）。京津冀属于温带半湿润、半干旱大陆性季风气候区，一年内四季分明。区内森林包括落叶针叶林、常绿针叶林、针叶与阔叶混交林、落叶阔叶林等植被型。京津冀的农田、森林、草地、水体与湿地生态系统面积约占该区域面积分别为 49.7%、20.7%、16.2%、3.4%。

4. 长江三角洲

长江三角洲包括江苏、浙江、上海、安徽，以 27 个城市为中心区，辐射带动长江三角洲地区高质量发展。长江三角洲区域位于我国华东地区东部，是亚热带和暖温带的季风气候，区域内水系发达，以平原和丘陵为主，面积为 35.8 万 km^2。长江三角洲林地面积占 39.48%，耕地面积占 37.31%，建设用地面积占 12.19%，水域面积占 10.07%，其余为少量草地和未利用地面积。

5. 粤港澳大湾区

粤港澳大湾区包括广州、深圳、惠州、东莞、佛山、珠海、中山、肇庆、江门 9 个城市，以及香港特别行政区和澳门特别行政区。粤港澳大湾区位于我国华南地区，是一个以港深都市圈、广佛都市圈及珠澳都市圈为顶点构成的三角形区域核心区。粤港澳大湾区属于亚热带季风气候，常年气候温和，地带性植被为南亚热带常绿阔叶季雨林。粤港澳大湾区土地利用类型主要有林地、耕地、草地、水域、建设用地和未利用地，其中林地占 54.5%，耕地占 22.1%，是该区最主要的景观类型。

4.4.2 鸟类多样性

1. 各战略区鸟类多样性

（1）黄河流域

自 2011 年起，黄河流域总共设立了 41 个样区，共记录鸟类 535 种，分属 18 目 70 科（图 4-27）。历年来，黄河流域观测记录到鸟类的总数量是 92.5 万只。其中优势目为雁形目（32.3 万只）、雀形目（31.7 万只）、鹤形目（12.8 万只）、鸻形目（5.6 万只）、鹳形目（3.2 万只）；优势科为鸭科（32.3 万只）、秧鸡科（10.1 万只）、雀科（8.7 万只）、燕科（4.5 万只）、鸦科（4.0 万只）、鹭科（3.0 万只）、鹤科（2.7 万只）、莺科（2.4 万只）、鹡鸰科（1.9 万只）、燕鸥科（1.8 万只）；优势种为白骨顶（9.9 万只）、麻雀（8.0 万只）、红头潜鸭（7.3 万只）、豆雁（5.7 万只）、绿头鸭（3.8 万只）、斑嘴鸭（3.3 万只）、大天鹅（3.2 万只）、灰鹤（2.6 万只）、家燕（1.9 万只）、喜鹊（1.7 万只）。

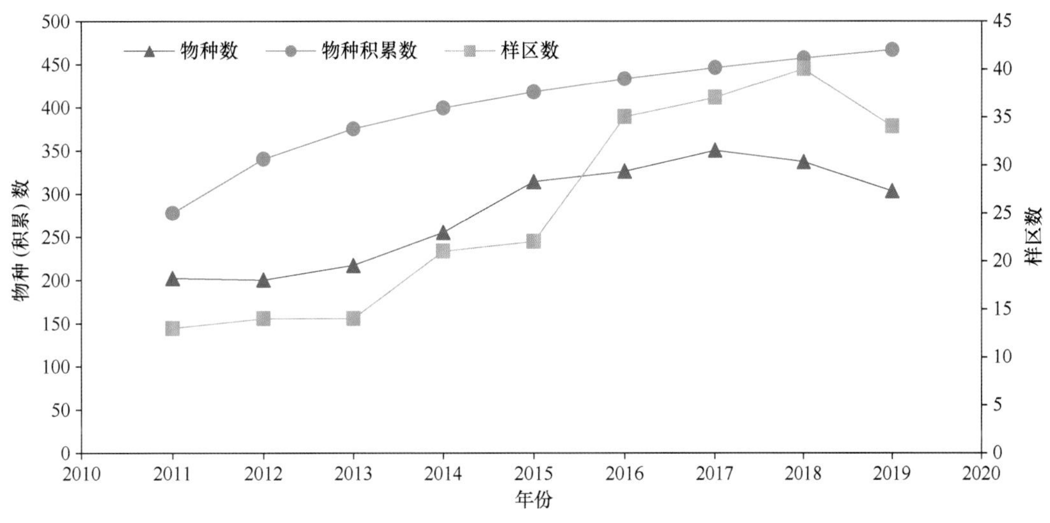

图 4-27　2011～2019 年黄河流域鸟类观测数据年际变化

黄河流域共记录中国家一级重点保护野生动物 14 种，分别是黑鹳、中华秋沙鸭、胡兀鹫（*Gypaetus*

barbatus)、斑尾榛鸡、褐马鸡、绿尾虹雉、红喉雉鹑(*Tetraophasis obscurus*)、丹顶鹤、白鹤、白头鹤、黑颈鹤、白枕鹤、大鸨和遗鸥;国家二级重点保护野生动物有角䴙䴘、卷羽鹈鹕、鸳鸯、金雕(*Aquila chrysaetos*)、红腹锦鸡、蓑羽鹤(*Grus virgo*)、小鸥(*Hydrocoloeus minutus*)等57种。黄河流域共记录到IUCN红色名录评级为“受威胁”的物种28种,其中极危物种3种,分别是白鹤、青头潜鸭和黄胸鹀;濒危6种,分别是中华秋沙鸭、丹顶鹤、猎隼(*Falco cherrug*)、小青脚鹬(*Tringa guttifer*)、东方白鹳和大杓鹬(*Numenius madagascariensis*);易危物种19种,如震旦鸦雀(*Paradoxornis heudei*)、黑嘴鸥和黑额山噪鹛(*Garrulax sukatschewi*)等;另有IUCN红色名录评级为近危的物种21种,如白眼潜鸭(*Aythya nyroca*)、弯嘴滨鹬(*Calidris ferruginea*)、斑背大尾莺(*Locustella pryeri*)等。

(2)长江经济带

自2011年起,长江经济带总共设立了171个样区,共记录到鸟类948种,分属23目90科(图4-28)。历年来,长江经济带观测记录到总数量是696.1万只。其中优势目为雁形目(334.8万只)、鸻形目(113.7万只)、鹤形目(92.0万只)、雀形目(90.8万只)、鹳形目(31.5万只);优势科为鸭科(334.8万只)、秧鸡科(85.6万只)、鸥科(62.6万只)、鹬科(26.1只)、鹭科(18.0只)、反嘴鹬科(15.5万只)、画眉科(14.9万只)、鹎科(13.4万只)、䴙䴘科(12.2万只)、鹮科(10.8万只);优势种为白骨顶(83.3万只)、豆雁(76.1万只)、红嘴鸥(60.4万只)、鸿雁(37.5万只)、小天鹅(30.5万只)、白额雁(30.1万只)、罗纹鸭(25.6万只)、绿翅鸭(23.3万只)、斑嘴鸭(20.9万只)、绿头鸭(19.5万只)。

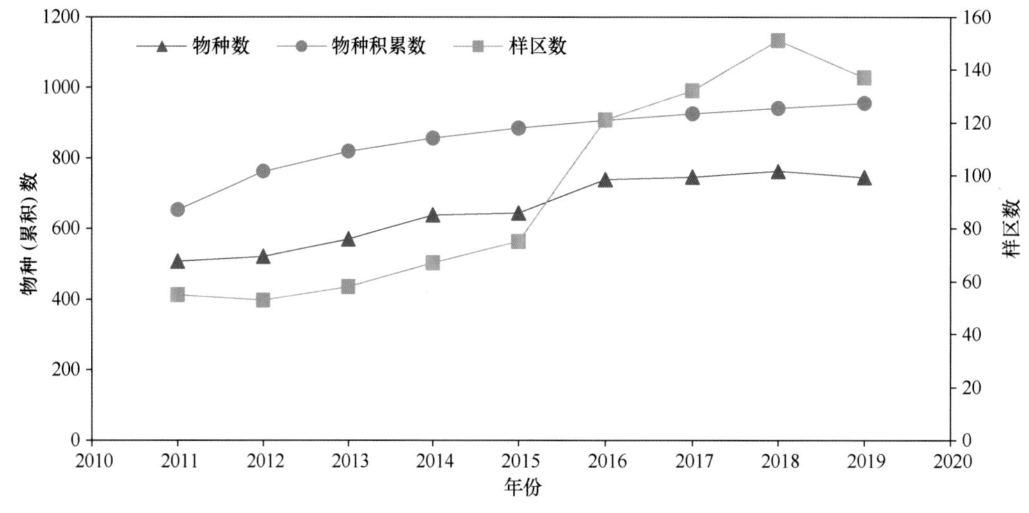

图4-28 2011~2019年长江经济带鸟类观测数据年际变化

长江经济带共记录国家一级重点保护野生动物22种,分别是东方白鹳、黑鹳、朱鹮、中华秋沙鸭、白肩雕、胡兀鹫、白尾海雕(*Haliaeetus albicilla*)、斑尾榛鸡、四川山鹧鸪(*Arborophila rufipectus*)、绿孔雀、灰孔雀雉(*Polyplectron bicalcaratum*)、白颈长尾雉(*Syrmaticus ellioti*)、黑颈长尾雉(*S. humiae*)、红喉雉鹑、灰腹角雉、黄腹角雉、丹顶鹤、白鹤、白头鹤、黑颈鹤、白枕鹤和遗鸥;国家二级重点保护野生动物117种,如角䴙䴘、黄嘴白鹭、海南鳽、金雕、血雉(*Ithaginis cruentus*)、白冠长尾雉、棕背田鸡、绯胸鹦鹉(*Psittacula alexandri*)、冠斑犀鸟(*Anthracoceros albirostris*)、花冠皱盔犀鸟(*Rhyticeros undulatus*)、蓝翅八色鸫(*Pitta moluccensis*)和仙八色鸫等。长江经济带共记录到IUCN红色名录评级为“受威胁”的物种64种,其中极危4种,分别是青头潜鸭、白鹤、黄胸鹀和蓝冠噪鹛;濒危18种,分别是海南鳽、东方白鹳、朱鹮、黑脸琵鹭、中华秋沙鸭、白头硬尾鸭(*Oxyura leucocephala*)、草原雕(*Aquila nipalensis*)、猎隼、四川山鹧鸪、绿孔雀、丹顶鹤、大滨鹬(*Calidris tenuirostris*)、大杓鹬、小青脚鹬、鹊鹂（*Oriolus mellianus*）、巨䴓（*Sitta magna*）、细纹苇莺（*Acrocephalus sorghophilus*）和棕头歌鸲（*Larvivora ruficeps*）；易危物种 42 种，如白腰叉尾海燕、小白额雁（*Anser erythropus*）、长尾鸭、棕颈鸭、乌雕（*Clanga clanga*）、白冠长尾雉、遗鸥、黑头噪鸦、白喉林鹟（*Cyornis brunneatus*）、丽䴓（*Sitta formosa*）、远东苇莺（*Acrocephalus tangorum*）、日本冕柳莺（*Phylloscopus ijimae*）、斑胸鸦雀（*Paradoxornis flavirostris*）、硫黄鹀和黑喉歌鸲（*Calliope obscura*）等；另有红色名录 IUCN 评级为近危的物种 43 种，如罗纹鸭、斑尾榛鸡、白颊山鹧鸪（*Arborophila atrogularis*）、黑颈长尾雉、距翅麦鸡（*Vanellus duvaucelii*）、黑尾塍鹬、红腹咬鹃、斑头大翠鸟、滇䴓、四川旋木雀和震旦鸦雀等。

（3）京津冀

自 2011 年起，京津冀总共设立了 27 个样区，共记录鸟类 351 种，分属 18 目 59 科（图 4-29）。历年来，京津冀总共记录到鸟类 79.0 万只。其中优势目为鸻形目（35.6 万只）、雀形目（23.1 万只）、雁形目（14.0 万只）、鹤形目（2.4 万只）、鹳形目（1.4 万只）；优势科为鸭科（14.0 万只）、燕鸥科（13.1 万只）、鹬科（8.9 万只）、鸥科（8.0 万只）、莺科（7.8 万只）、雀科（7.1 万只）、反嘴鹬科（2.7 万只）、鸦科（2.6 万只）、秧鸡科（2.4 万只）、鸻科（2.3 万只）；优势种为普通燕鸥（9.8 万只）、麻雀（7.0 万只）、东方大苇莺（6.2 万只）、红嘴鸥（4.1 万只）、绿头鸭（3.6 万只）、白腰杓鹬（3.4 万只）、灰翅浮鸥（2.8 万只）、遗鸥（2.5 万只）、斑嘴鸭（2.4 万只）、黑腹滨鹬（2.3 万只）。

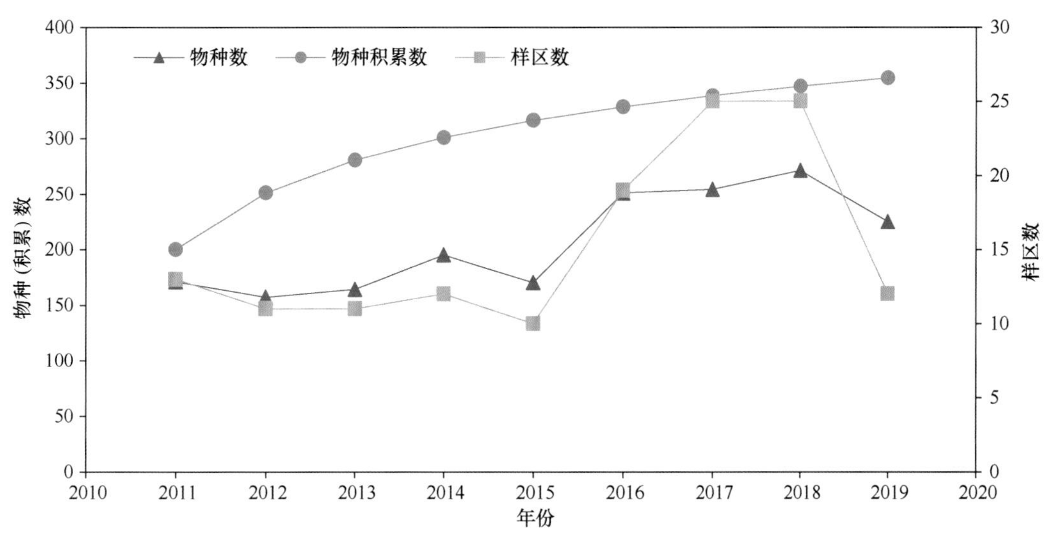

图 4-29　2011～2019 年京津冀鸟类观测数据年际变化

京津冀共记录到国家一级重点保护野生动物 7 种，分别是黑鹳、白尾海雕、褐马鸡、白头鹤、白枕鹤、大鸨和遗鸥；国家二级重点保护野生动物 44 种，如疣鼻天鹅（*Cygnus olor*）、短趾雕（*Circaetus gallicus*）、靴隼雕（*Hieraaetus pennatus*）、黄爪隼（*Falco naumanni*）、灰头绿鸠（*Treron pompadora*）等。京津冀共记录到 IUCN 红色名录评级为“受威胁”的物种 21 种，其中评级为极危的 1 种，为青头潜鸭；濒危物种 7 种，分别是东方白鹳、黑脸琵鹭、草原雕、猎隼、大滨鹬、大杓鹬和细纹苇莺；易危物种 13 种，如黄嘴白鹭、乌雕、褐马鸡、大鸨、远东苇莺、褐头鸫（*Turdus feae*）等；另记录到 IUCN 红色名录近危物种 18 种，如斑胁田鸡（*Zapornia paykullii*）、蛎鹬（*Haematopus ostralegus*）、弯嘴滨鹬、黑尾塍鹬、斑背大尾莺、震旦鸦雀等。

（4）长江三角洲

自 2011 年起，长江三角洲总共设立了 33 个样区，长江三角洲总共记录到鸟类 432 种，分属 20 目 66

种（图 4-30）。历年来，长江三角洲总共记录到鸟类 139.0 万只。其中优势目为雁形目（75.7 万只）、雀形目（18.3 万只）、鸻形目（18.0 万只）、鹳形目（10.7 万只）、鹤形目（8.2 万只）；优势科为鸭科（75.6 万只）、鹭科（8.6 万只）、秧鸡科（7.5 万只）、鹬科（7.3 万只）、鸥科（5.4 万只）、鸻科（3.3 万只）、鹡鸰科（3.3 万只）、鹎科（2.8 万只）、䴙䴘科（2.8 万只）、雀科（2.1 万只）；优势种为豆雁（29.0 万只）、斑嘴鸭（8.7 万只）、白额雁（7.6 万只）、罗纹鸭（7.2 万只）、白骨顶（7.0 万只）、绿头鸭（5.6 万只）、黑腹滨鹬（5.0 万只）、红嘴鸥（4.4 万只）、小天鹅（4.0 万只）、绿翅鸭（3.9 万只）。

长江三角洲共记录国家一级重点保护野生动物 8 种，分别是黑鹳、中华秋沙鸭、白颈长尾雉、丹顶鹤、白鹤、白头鹤、白枕鹤和遗鸥；国家二级重点保护野生动物 56 种，如黑脸琵鹭、彩鹮（*Plegadis falcinellus*）、白额雁、乌雕、白腹隼雕（*Aquila fasciata*）、白冠长尾雉、小杓鹬（*Numenius minutus*）、小青脚鹬、仙八色鸫等。长江三角洲共记录到 IUCN 红色名录受威胁物种 32 种，其中极危（CR）3 种，分别是青头潜鸭、白鹤和黄胸鹀；濒危（EN）8 种，分别是东方白鹳、黑脸琵鹭、中华秋沙鸭、猎隼、丹顶鹤、大滨鹬、大杓鹬和小青脚鹬；易危（VU）19 种，如小白额雁、红胸黑雁（*Branta ruficollis*）、长尾鸭、白冠长尾雉、白头鹤、黑嘴鸥、白喉林鹟和田鹀（*Emberiza rustica*）等；另记录到 IUCN 红色名录近危（NT）物种 16 种，如卷羽鹈鹕、罗纹鸭、白眼潜鸭、红腹滨鹬（*Calidris canutus*）、红颈滨鹬（*Calidris ruficollis*）、斑背大尾莺、震旦鸦雀和紫寿带（*Terpsiphone atrocaudata*）等。

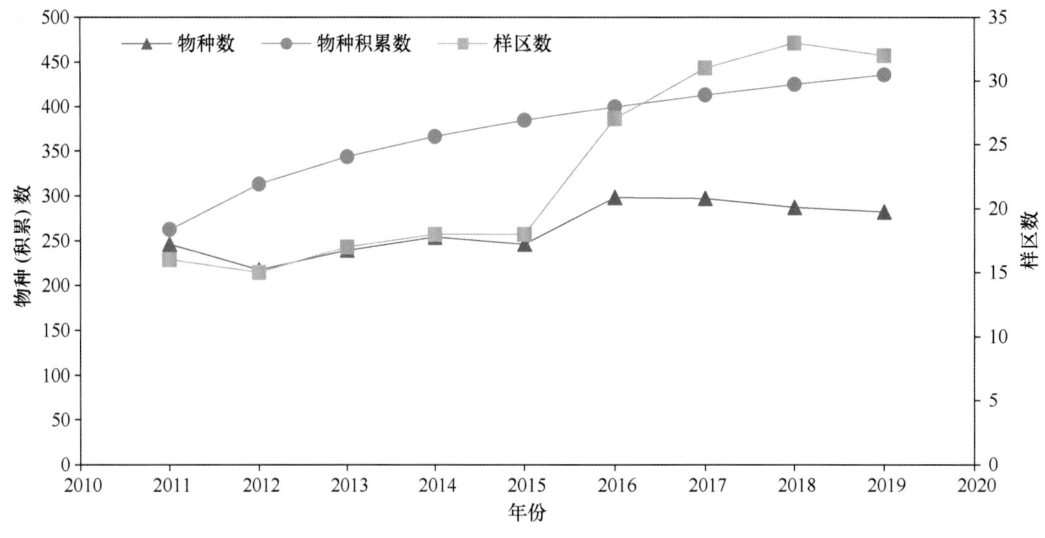

图 4-30　2011～2019 年长江三角洲鸟类观测数据年际变化

（5）粤港澳大湾区

自 2014 年起，粤港澳大湾区总共设立了 4 个样区，共记录到鸟类 189 种，分属 17 目 50 科（图 4-31）。历年来，粤港澳大湾区总共记录到鸟类 11.1 万只。其中优势目为鸻形目（3.9 万只）、雁形目（3.3 万只）、雀形目（1.9 万只）、鹳形目（1.2 万只）、鹈形目（0.6 万只）；优势科为鸭科（3.3 万只）、反嘴鹬科（2.1 万只）、鹭科（1.1 万只）、鹬科（1.1 万只）、䴙䴘科（0.6 万只）、鹎科（0.6 万只）、鸻科（0.5 万只）、画眉科（0.4 万只）、鸥科（0.2 万只）、燕科（0.2 万只）；优势种为反嘴鹬（2.0 万只）、赤颈鸭（1.3 万只）、琵嘴鸭（*Spatula clypeata*）（1.0 万只）、白鹭（0.6 万只）、普通䴙䴘（0.6 万只）、黑腹滨鹬（0.6 万只）、凤头潜鸭（0.5 万只）、环颈鸻（0.4 万只）、针尾鸭（*Anas acuta*）（0.4 万只）、灰眶雀鹛（*Alcippe morrisonia*）（0.2 万只）。

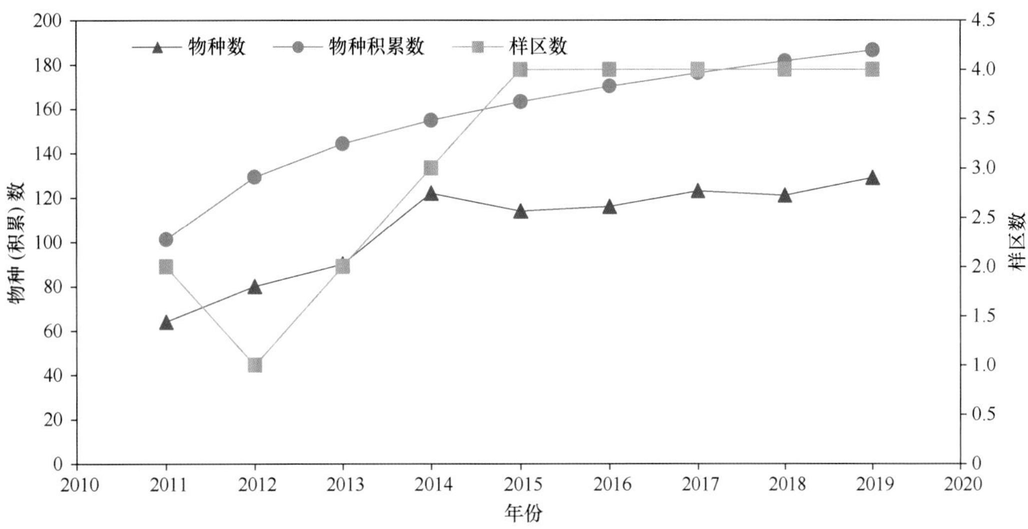

图 4-31 2011～2019 年粤港澳大湾区鸟类观测数据年际变化

粤港澳大湾区共记录到国家二级重点保护野生动物 19 种，如黑脸琵鹭、鸳鸯、鹰雕（*Nisaetus nipalensis*）、白鹇、领鸺鹠（*Glaucidium brodiei*）、斑头鸺鹠（*G. cuculoides*）、领角鸮（*Otus lettia*）等。共记录到 IUCN 红色名录受威胁物种 7 种，其中濒危（EN）物种 4 种，分别是黑脸琵鹭、大滨鹬、大杓鹬和鹊鹂；易危（VU）物种 3 种，分别是鸿雁、棕颈鸭和白喉林鹟。另外记录到 IUCN 红色名录评为级近危（NT）的物种 7 种，分别是西伯利亚银鸥（*Larus smithsonianus*）、罗纹鸭、凤头麦鸡、弯嘴滨鹬、红颈滨鹬、黑尾塍鹬和白腰杓鹬。

2. 五大经济发展战略区鸟类多样性对比

（1）优势目科种对比

黄河流域优势目为雁形目、雀形目和鹤形目等；长江经济带优势目为雁形目、鸻形目和鹤形目等；京津冀优势目为鸻形目、雀形目和雁形目等；长江三角洲优势目为雁形目、雀形目和鸻形目等；粤港澳大湾区优势目为鸻形目、雁形目和雀形目等（图 4-32）。

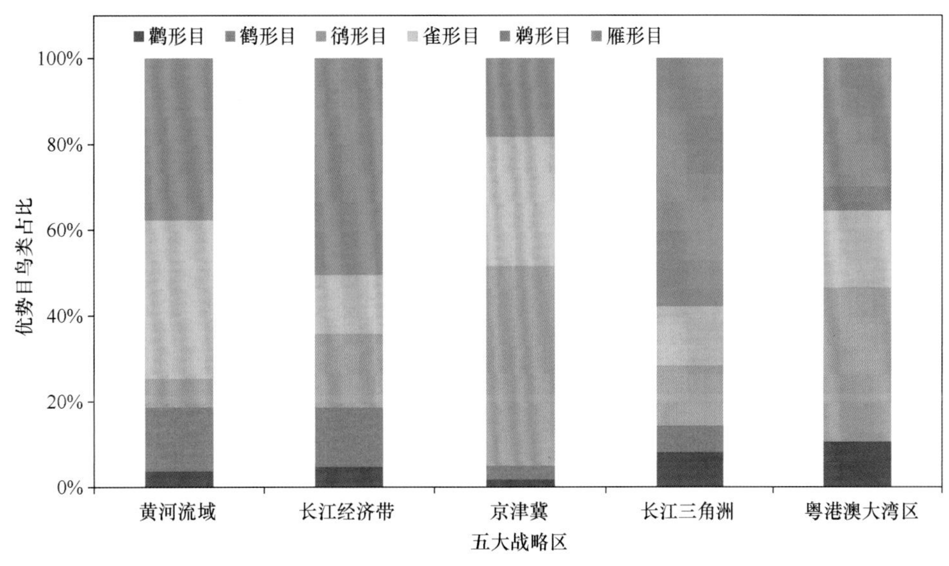

图 4-32 五大经济发展战略区各优势目鸟类占比

黄河流域优势科为鸭科、秧鸡科和雀科等；长江经济带优势科为鸭科、秧鸡科和鸥科等；京津冀优势科为鸭科、燕鸥科和鹬科等；长江三角洲优势科为鸭科、鹭科和秧鸡科等；粤港澳大湾区优势科为鸭科、反嘴鹬科和鹭科等（图 4-33）。

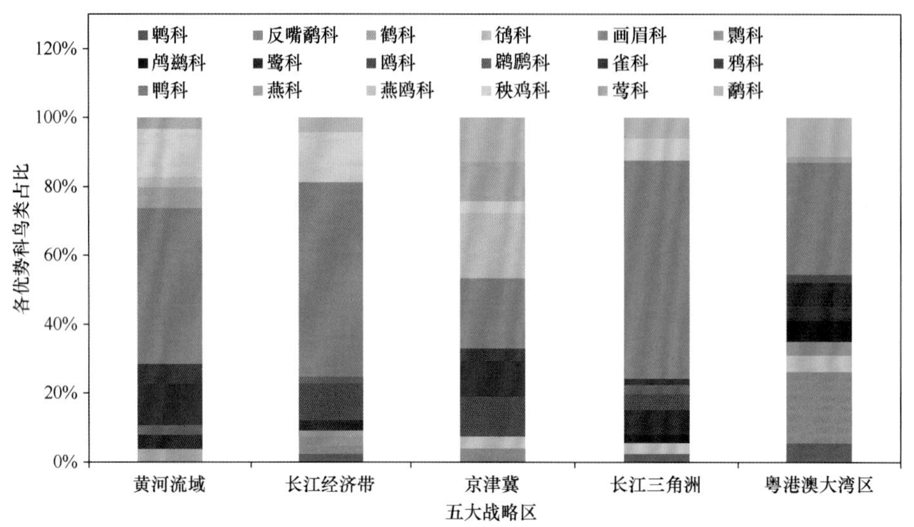

图 4-33　五大经济发展战略区各优势科鸟类占比

黄河流域优势种为白骨顶、麻雀和红头潜鸭等；长江经济带优势种为白骨顶、豆雁和红嘴鸥等；京津冀优势种为普通燕鸥、麻雀和东方大苇莺等；长江三角洲优势种为豆雁、斑嘴鸭和白额雁等；粤港澳大湾区总共记录到鸟类 11.1 万只，优势种为反嘴鹬、赤颈鸭和琵嘴鸭等（图 4-34）。

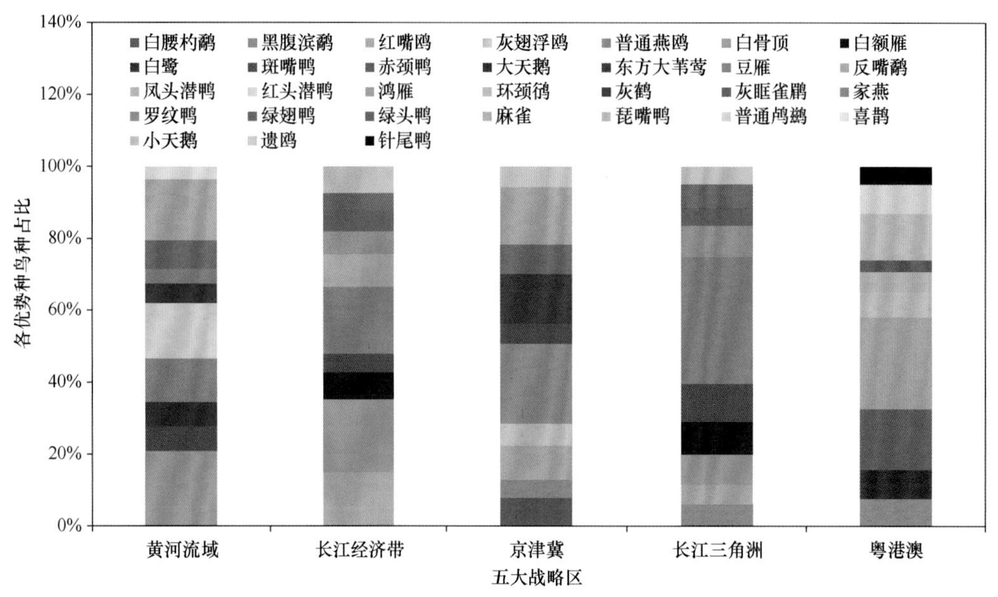

图 4-34　五大经济发展战略区各优势种占比

（2）各生境鸟类多样性对比

从生境分类来看，五大经济发展战略区繁殖鸟类的物种数和个体数不尽相同。物种数方面，黄河流域占比最大的 3 类生境分别是乔木林（15.1%）、沿海（14.0%）和内陆水体（13.9%），长江经济带占比最大的 3 类生境分别是乔木林（19.6%）、灌木林及采伐迹地（17.5%）和内陆水体（16.9%），京津冀占比最大的 3 类生境分别是乔木林（17.3%）、内陆水体（15.5%）和灌木林及采伐迹地（14.5%），长江三角洲地区占比最大的 3 类生境分别是乔木林（19.5%）、内陆水体（17.6%）和农田（16.5%），粤港澳大湾区占比最大的 3 类生境分别是乔木林（24.1%）、内陆水体（20.9%）和灌木林及采伐迹地（20.2%）。综上，在五大经济发展战略区内，均是乔木林和内陆水体为繁殖鸟物种数占比较大的生境，另外黄河流域的沿海生境、长江三角洲的农田生境分别有较大的占比（图 4-35）。

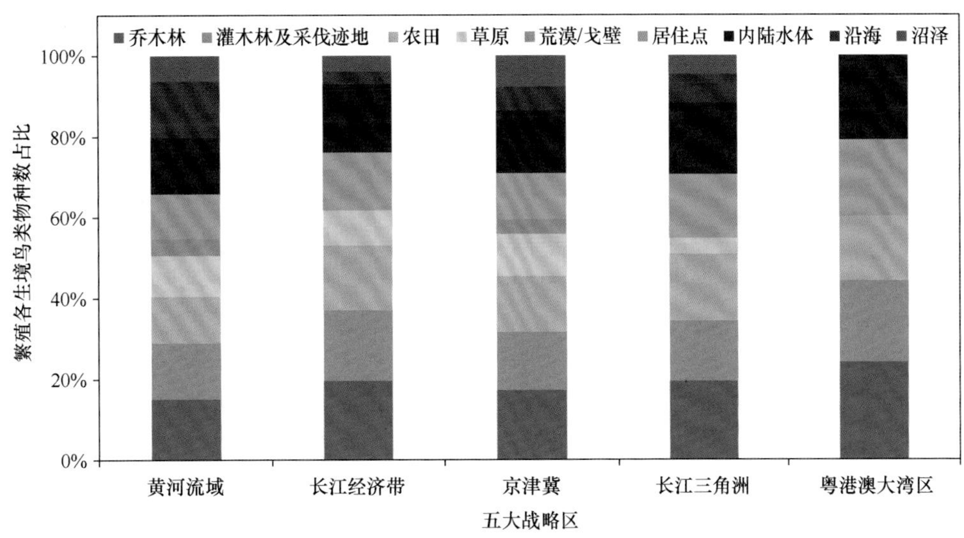

图 4-35　五大经济发展战略区繁殖鸟物种数生境占比

个体数方面，黄河流域占比最大的 3 类生境分别是沿海（21.7%）、内陆水体（19.2%）和乔木林（18.6%），长江经济带占比最大的 3 类生境分别是乔木林（31.2%）、内陆水体（18.1%）和农田（18.1%），京津冀占比最大的 3 类生境分别是内陆水体（32.2%）、农田（23.0%）和乔木林（20.6%），长江三角洲地区占比最大的 3 类生境分别是乔木林（29.4%）、内陆水体（24.4%）和农田（17.6%），粤港澳大湾区占比最大的 3 类生境分别是乔木林（36.8%）、灌木林及采伐迹地（20.0%）和内陆水体（17.7%）。综上，在五大经济发展战略区内繁殖鸟数量占比较多的均为乔木林和内陆水体，另外黄河流域的沿海、粤港澳大湾区的灌木林及采伐迹地，以及长江经济带、京津冀和长江三角洲的农田生境有较大占比（图 4-36）。

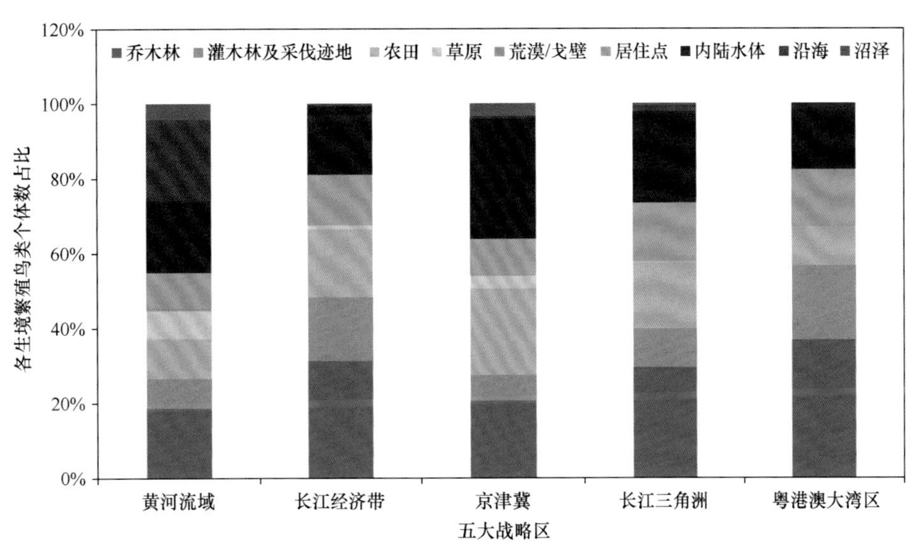

图 4-36　五大经济发展战略区繁殖鸟个体数生境占比

（3）各战略区整体鸟类多样性对比

以样区为统计单元，从经济战略区的整体考虑，历年来样区物种数最高的是长江经济带，最低的是粤港澳大湾区（图 4-37），这主要是由于各战略区内的样区数量差异造成的，长江经济带内有 171 个样区，而粤港澳大湾区内只有 4 个样区（图 4-38）。长江经济带样区跨越我国三级地理阶梯，地形地貌复杂，从四川、云南的西南山地到安徽、上海的长江中下游平原，容纳了适宜各类生境的鸟类。例如，西南山地在气候干燥少雨时，植被以耐旱灌丛为主的干热河谷灌丛带，鸟类则以东洋界成分为主，如棕胸佛法僧（*Coracias benghalensis*）、红耳鹎（*Pycnonotus jocosus*）等；在气候炎热湿润时，植被以高大乔木为主的亚热带低山常绿阔叶林带，鸟类则以东洋界成分为主，如褐林鸮（*Strix leptogrammica*）、针尾绿鸠（*Treron apicauda*）等；在气候温凉湿润时，植被以高大乔木为主的暖温带中山针阔混交林带，鸟类中东洋界成分优势已不明显，特有种较多，如环颈山鹧鸪、宝兴歌鸫和黄嘴蓝鹊（*Urocissa flavirostris*）等；在气候依然温凉湿润，但气温普遍较针阔混交林带低时，植被主要为寒温带亚高山针叶林带，东洋界鸟类少，特有种和古北界种类多，如红腹角雉（*Tragopan temminckii*）、黄额鸦雀（*Suthora fulvifrons*）和黑头噪鸦等；在气候寒冷严苛时，植被以高寒草甸灌丛为主的亚寒带高山灌丛草甸带，古北界鸟种占绝对优势，如绿尾虹雉、长嘴百灵（*Melanocorypha maxima*）和地山雀等；另外，区内河流、湖泊众多，孕育了众多河流、湖泊、沼泽、湿地，主要见于四川甘孜州和阿坝州境内，鸟类多以迁徙经过的旅鸟和冬候鸟为主，如大天鹅、黑颈鹤等；区内中低海拔地势较平坦、水热条件较好的地方，多已被人类生活占据，属于村寨农田环境，鸟类以东洋界成分和非繁殖鸟为主，如黑翅鸢（*Elanus caeruleus*）、金腰燕（*Cecropis daurica*）、麻雀等。长江以宜昌市为分界，源头至宜昌市为上游，宜昌市至湖口县为中游，湖口县至出海口市为下游。长江中下游地势低洼、气候适宜、水网纵横，众多湿地湖泊分布在长江干、支流流域，是我国浅水湖泊密度最高的地区，也是同纬度地区湿地分布最为集中的区域，自然湿地总面积将近 5.8 万 km^2，占全国湿地面积的 15%，占长江湿地面积的 60%。五大淡水湖——鄱阳湖、洞庭湖、太湖、巢湖和洪泽湖，分布在该区域。长江中下游受到亚热带季风气候的影响，夏季丰沛的降水和径流迅速汇集到流域湿地中，并带来大量的沉积物和营养盐；而冬季随着降水的减少，湿地中的水位逐渐消退。年度“干-湿”交替的气候塑造了长江中下游湿地独特的水文过程，不仅为人类社会提供了诸多生态服务功能，也为众多水鸟提供了重要的越冬场所，如鸿雁、豆雁、小天鹅、绿头鸭、灰鹤、东方白鹳等，是我国湿地生物多样性的关键地区之一。

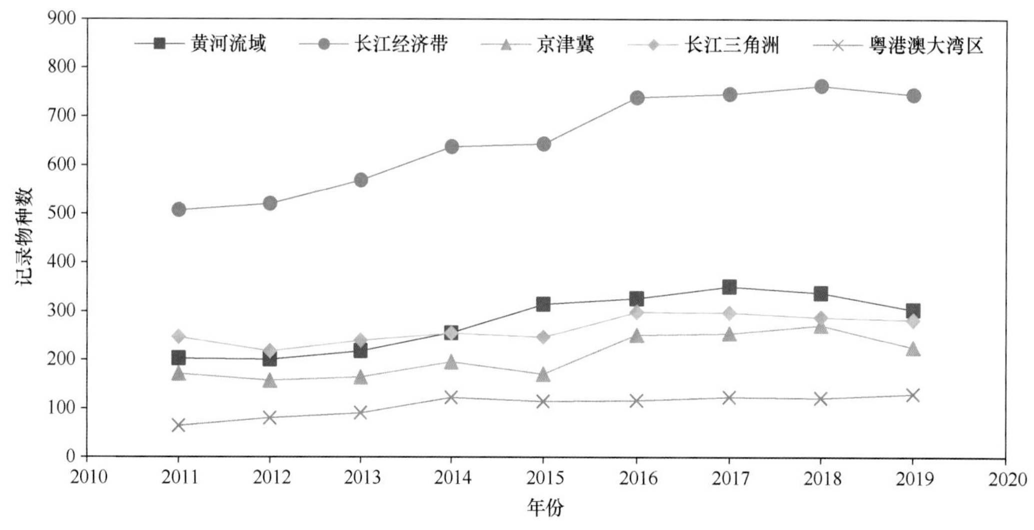

图 4-37　2011～2019 年五大经济发展战略区记录物种数

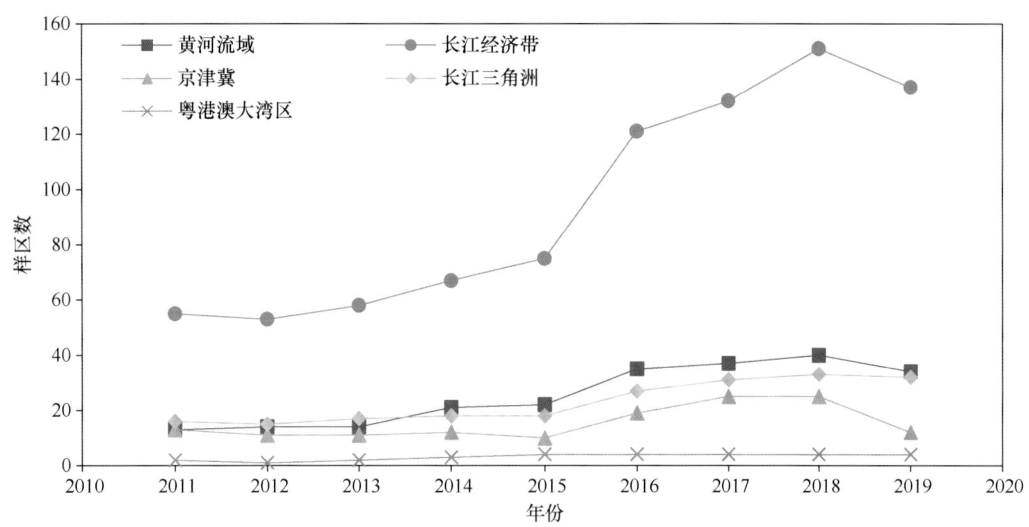

图 4-38　2011～2019 年五大经济发展战略区内样区数

粤港澳大湾区内只有 4 个样区，其中 2 个包含以山林为主的夏季繁殖鸟观测，3 个包含以滨海湿地为主的冬季越冬水鸟观测。由于范围小、海拔高差小，区内环境条件较长江经济带单一，其中一个林鸟样区在鼎湖山，其主要植被类型为季风常绿阔叶林、针阔叶混交林和马尾松林，另一个样区在白云山，主要植被类型为常绿针叶林、常绿阔叶林和南亚热带竹林，两样区生境条件相似，所在地水热条件相似，代表鸟类均为灰眶雀鹛、叉尾太阳鸟（*Aethopyga christinae*）、暗绿绣眼鸟（*Zosterops simplex*）等亚热带典型鸟类。水鸟观测样区有 3 个，均位于珠江口沿海湿地，代表种类为琵嘴鸭、赤颈鸭、白鹭、反嘴鹬等。

黄河流域跨青海、四川、甘肃、宁夏、内蒙古、陕西、山西、河南和山东 9 省（自治区）。黄河干流通常以内蒙古的河口镇和河南郑州市的桃花峪为分界点，划分为上、中、下游。黄河流域内地势西高东低，高差悬殊，形成自西而东、由高及低的三级阶梯，包括南温带、中温带和高原气候区，属于干旱、半干旱和半湿润地带，主要植被类型包括荒漠、草原、灌木、森林等。区内具有荒漠草原景观的典型代表鸟种，如荒漠伯劳（*Lanius isabellinus*）、角百灵（*Eremophila alpestris*）、漠白喉林莺（*Sylvia minula*）等。黄河下游由于大量的泥沙冲积形成宽阔的三角洲湿地，形成以大天鹅、灰鹤、红头潜鸭等主要代表的湿地鸟类群落。

京津冀战略区内亦包含夏季繁殖鸟类观测和冬季越冬水鸟观测，其中区内渤海湾位于我国最大内海——渤海的西部，该地区河流众多，湖泊、池塘、水库、洼淀、河口星罗棋布，再加上大面积的浅海滩涂，构成了复杂的湿地景观，加上独特的地理位置，使得渤海湾成为我国东部湿地水鸟的重要分布区。除了雁鸭类，本区记录到大量的燕鸥科水鸟，如普通燕鸥、红嘴鸥、灰翅浮鸥和遗鸥等。

长江三角洲位于东部丘陵平原地带，主要是沿江冲积平原和湿地，其中湿地主要包括近海与海岸湿地、河流湿地、湖泊湿地、沼泽湿地等自然湿地与水稻田和库塘等人工湿地。长江三角洲经济发展快速、城市化程度高，鸟类以适应农田及丘陵、灌丛的林鸟和适应湿地的水鸟为主，代表性鸟类有白头鹎、麻雀、乌鸫（*Turdus mandarinus*）、八哥（*Acridotheres cristatellus*）等，还有著名的湿地苇丛鸟类震旦鸦雀，水鸟主要有适宜内陆湿地的雁鸭类和适宜滨海湿地的鸻鹬类组成。

4.4.3　鸟类面临的威胁与保护对策

黄河流域覆盖地理范围较宽，受人类活动的干扰较多，包括开发建设（房地产开发、公路建设、铁路建设、矿产资源开发和旅游开发等）、农牧渔业开发（围湖造林、围湖造田、围滩养殖、毁草开垦和毁林开垦等）、环境污染（水污染、大气污染、固体废弃物排放等）和其他（放牧、砍伐、采集和捕捞等），对繁殖期鸟类影响最强的是旅游开发、房地产开发和毁草开垦，对越冬期鸟类影响最强的是房地产开发、旅游开发和公路建设。

长江经济带覆盖地理范围较宽，受人类活动的干扰较多，包括开发建设（房地产开发、公路建设、铁路建设、矿产资源开发和旅游开发等）、农牧渔业开发（围湖造田、围滩养殖、填海造地、毁草开垦和毁林开垦等）、环境污染（水污染、大气污染和固体废弃物排放）和其他（放牧、采集、捕捞、砍伐和火烧等），其中对繁殖期鸟类影响最强的是公路建设、房地产开发和旅游开发，对越冬期鸟类影响最强的是捕捞、围滩养殖和填海造地。

京津冀受到的人为干扰主要是开发建设（公路建设、铁路建设、矿产资源开发和旅游开发）、农牧渔业开发（围滩养殖、填海造地和毁草开垦）和其他，其中对繁殖期鸟类影响最强的是旅游开发和公路建设，对越冬期鸟类影响最强的是旅游开发、铁路建设和公路建设。

长江三角洲城市群受到的人为干扰主要是开发建设（房地产开发、公路建设、矿产资源开发和旅游开发）、农牧渔业开发（围湖造田、围滩养殖和填海造地）、环境污染（水污染、大气污染）和其他（放牧、砍伐、采集、捕捞和火烧），其中对繁殖期鸟类影响最强的是房地产开发、旅游开发和公路建设，对越冬期鸟类影响最强的是捕捞、填海造地和围滩养殖。

粤港澳大湾区受到的人类干扰主要是开发建设（公路建设和旅游开发）和农牧渔业开发（围滩养殖），其中对繁殖期鸟类影响最强的是公路建设和旅游开发。对越冬期鸟类影响最强的是围滩养殖。

综上所述，旅游开发对繁殖期鸟类的影响具有普遍性，而在越冬期，北方（黄河流域、京津冀）鸟类受旅游开发和公路建设的影响较普遍，南方（长江经济带、长江三角洲和粤港澳大湾区）则受围滩养殖的影响较普遍。

旅游业迅速发展带来对生态环境的干扰，使得依赖环境生存的野生动物首当其冲，受到极大的影响。针对旅游开发对鸟类产生的人为干扰，提出以下保护建议：①管理者应树立“保护优先，开发第二”的理念，有的地方官员为了迅速提高经济效益，无视旅游开发对野生动物的影响，盲目开发旅游资源，给当地的野生动物带来了很大的负担。地方施政者必须从思想观念上着手，改变传统的“开发优先、保护第二”的思想观念，加强对当地野生动植物的保护，避免大兴土木对野生动物生境造成的破坏。②加强旅游景区管理，提高游客管理水平，如利用游客预定系统限制游客数量，限制使用如火种、刀斧等工具，设置游览规定，设定游览区域，对公众进行自然教育和培训，利用纸质材料、移动设备等进行游览推荐，在游览区设置提醒标志。③完善旅游服务配置，关闭人为干扰较严重的野生动物栖息区域，或者限制游憩区、实行严格管理，根据季节和天气开放相应露营区、徒步道等，根据动物、植被等生态系统的抗干扰和恢复能力选择游憩开放区。

当前，公路建设呈现高速发展态势的同时，各种环境问题也随之产生，生境破碎、环境污染等问题使野生动物的生存受到威胁，严重影响了生物多样性。针对公路建设中对野生动物造成的影响，提出以下保护建议：①设置野生动物通道。野生动物通道不仅可以有效减少地面行走的野生动物交通事故的发生，还可以连接破碎的栖息地从而使种群交流受阻等问题得以缓解，满足野生动物的基本生理需求，如觅食、求偶、迁移和扩散等。②路径选择。在公路选线时，首先对所经区域进行野生动物观测和环境影响评估。减少重要野生动物栖息地的征用，同时远离野生动物活动比较频繁的场所，尽量避开对野生动物的影响。③施工管理。做好野生动物栖息地保护工作，不砍伐征地范围外的林木，加强施工期间的噪声等环境观测，尽量减少施工时噪声等的影响。④设置防护网和边沟。为防止野生动物在公路及其侧道活动，设置高约 2 m 的防护栏，以防野生动物，如鸟类，低飞发生交通死亡事故。同时设置能供鸟类及其他小动物栖息的侧沟等。⑤对野生动物实施长期的动态观测，以便为公路建设中野生动物保护措施提供参考和依据，同时也起到保护监督作用。

与繁殖鸟不同，越冬期鸟类主要受到围滩养殖的影响，这是因为繁殖期观测的主要是林鸟，越冬期观测的主要是水鸟，水鸟依靠湿地生存，所以对湿地的干扰及破坏对水鸟的影响最大。针对围滩养殖对鸟类产生的人为干扰，提出以下保护建议：①适当限制围滩的范围。越冬水鸟分布密集的地方，限制围滩面积，给水鸟留出足够的觅食和停歇空间。②适当限制围滩季节。在越冬水鸟到达的主要时间段适当减少围滩面积，而在水鸟较少的繁殖地可适当放宽围滩管制。③普及野生动物保护宣传教育，让沿海居民意识到水鸟保护的意义，在采收海产品时尽量减少干扰周围鸟类觅食、停栖的行为。④出台相应的生态补偿措施。在水鸟因觅食或停栖导致沿海居民鱼苗或其他海产品损失时有获得相应赔偿的渠道。⑤继续加强越冬水鸟的观测工作，尤其是粤港澳大湾区（包括林鸟和水鸟），样区总共只有 4 个，观测强度远远低于其他几个经济战略区，大湾区建设正在如火如荼开展，期间难免对生物多样性造成难以恢复的影响，亟需加强观测工作。

第 5 章　珍稀濒危鸟类状况

“珍稀濒危鸟类”为国家 2021 年发布的《国家重点保护野生动物名录》中的一级和二级重点保护野生鸟类，2015 年环境保护部和中国科学院联合发布的《中国生物多样性红色名录——脊椎动物卷》中的极危（CR）、濒危（EN）、易危（VU）鸟类，IUCN 红色名录最新版（https://www.iucnredlist.org/）中的极危（CR）、濒危（EN）和易危（VU）鸟类。

2011～2020 年，共记录到珍稀濒危鸟类 21 目 54 科 319 种，其中水鸟 8 目 18 科 76 种、陆鸟 14 目 36 科 243 种，佛法僧目同时有陆鸟蜂虎科和水鸟翠鸟科。其中 295 种见于《国家重点保护野生动物名录》，83 种见于 IUCN 红色名录易危及以上级别，115 种见于《中国生物多样性红色名录》易危及以上级别。雀形目物种最多，有 19 科 84 种，占所有珍稀濒危鸟类物种数的 26.33%，其中画眉科有 22 种、鹎科 11 种。其次为隼形目，有 3 科 55 种，占 17.24%，其中鹰科有 42 种，是珍稀濒危鸟类种数最多的科，占所有珍稀濒危鸟类的 13.17%，另外还有隼科 12 种（3.76%）、鹗科 1 种（0.31%）。鸡形目有 2 科 42 种，占

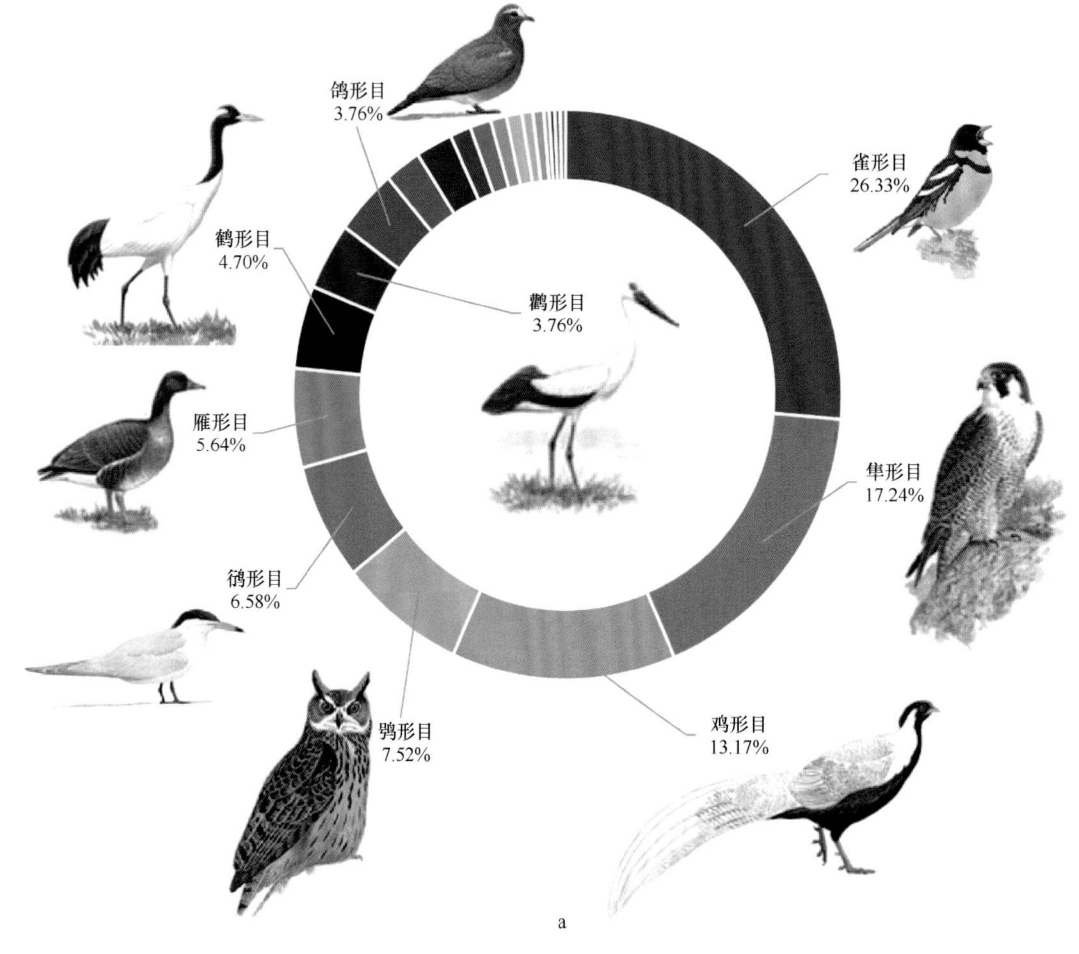

a

本章主编：张强；编委（按姓氏笔画排序）：权擎、伊剑锋、刘威、张强、陈道剑、徐海根等。

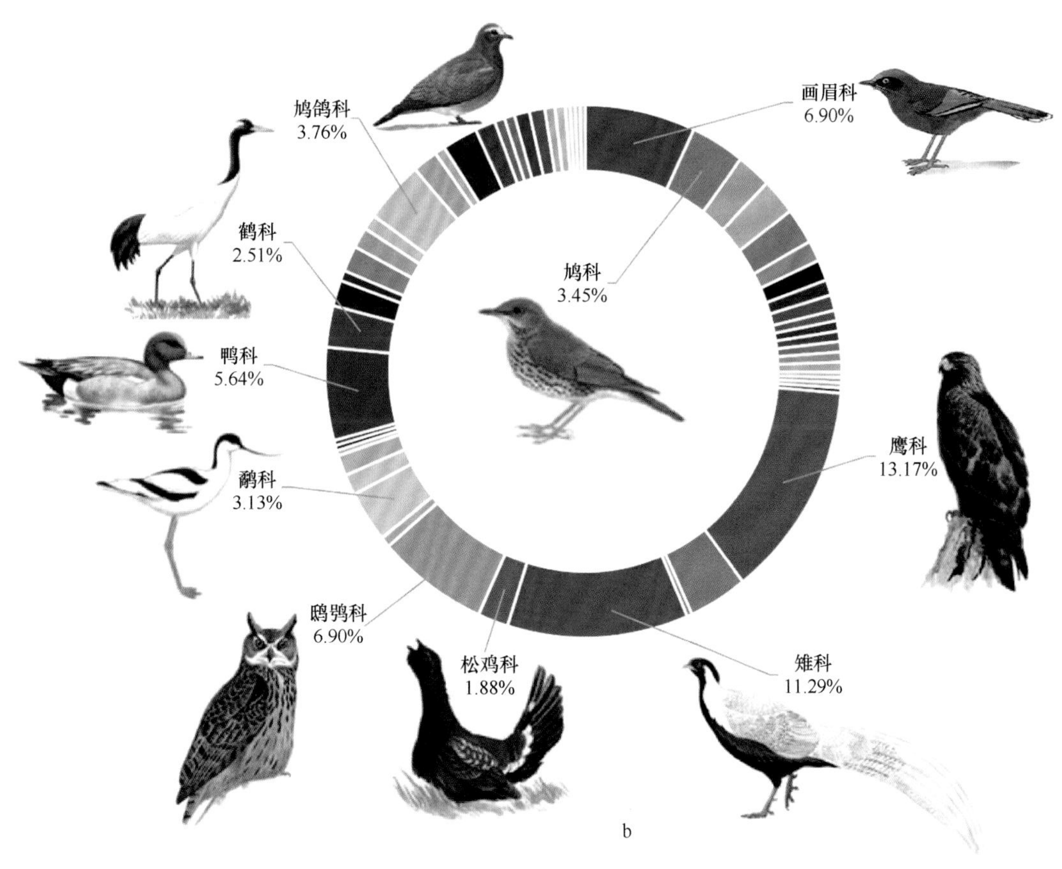

图 5-1　全国观测到的珍稀濒危鸟类占比图

a. 按目分类；b. 按科分类

13.17%，雉科种数仅次于鹰科，有 36 种（11.29%），还有松鸡科 6 种（1.88%）；鸮形目有 2 科 24 种，占 7.52%，其中鸱鸮科 22 种（6.90%）、草鸮科 2 种（图 5-1，表 5-1）。

表 5-1　珍稀濒危鸟类物种组成

目	科	物种数	目	科	物种数	目	科	物种数
雀形目		84		百灵科	2	鸻形目		21
	画眉科	22		旋木雀科	1		鹬科	10
	鸫科	11		绣眼鸟科	1		燕鸥科	4
	鸦雀科	7		黄鹂科	1		鸥科	4
	鸦科	7		伯劳科	1		燕鸻科	1
	鹟科	7	隼形目		55		水雉科	1
	莺科	4		鹰科	42		鹮嘴鹬科	1
	鹡科	4		隼科	12	雁形目		18
	鳾科	3		鹗科	1		鸭科	18
	八色鸫科	3	鸡形目		42	鹤形目		15
	燕雀科	2		雉科	36		鹤科	8
	山雀科	2		松鸡科	6		秧鸡科	5
	椋鸟科	2	鸮形目		24		鸨科	2
	阔嘴鸟科	2		鸱鸮科	22	鹳形目		12
	卷尾科	2		草鸮科	2		鹭科	5

续表

目	科	物种数	目	科	物种数	目	科	物种数
	鹮科	4		鹦鹉科	4	鹃形目		2
	鹳科	3	鹈形目		4		杜鹃科	2
鸽形目		12		鹈鹕科	2	雨燕目		1
	鸠鸽科	12		鸬鹚科	2		凤头雨燕科	1
佛法僧目		7	犀鸟目		3	夜鹰目		1
	蜂虎科	5		犀鸟科	3		蛙口夜鹰科	1
	翠鸟科	2	鹧鹛目		3	沙鸡目		1
䴕形目		7		鹧鹛科	3		沙鸡科	1
	啄木鸟科	7	咬鹃目		2	鹱形目		1
鹦形目		4		咬鹃科	2		海燕科	1

IUCN 红色名录中极危（CR）的有 6 种：白鹤、黄胸鹀、蓝冠噪鹛、青头潜鸭、勺嘴鹬、中华凤头燕鸥；濒危（EN）的有东方白鹳、海南鳽、黑脸琵鹭、中华秋沙鸭、朱鹮等 22 种，易危（VU）的有黄腹角雉、弄岗穗鹛、白冠长尾雉、波斑鸨、大鸨等 55 种。《中国生物多样性红色名录》中极危（CR）9 种，濒危（EN）47 种，易危（VU）59 种。国家一级重点保护野生鸟类 66 种，国家二级重点保护野生鸟类 229 种。

5.1 珍稀濒危鸟类的空间分布

5.1.1 珍稀濒危鸟类的样区分布

2011～2020 年，样线观测的 295 个样区 922 399 条数据中全部样区均有记录到珍稀濒危鸟类共 63 906 条数据，样点的 175 个样区 98 073 条数据中有 163 个样区 13 542 条数据，合计 407 个样区 1 020 472 条数据中有 402 个样区 77 448 条数据记录到珍稀濒危鸟类，占 98.8%样区，数据占 7.6%。

白腰叉尾海燕、斑头大翠鸟、藏鹀、鬼鸮、贺兰山红尾鸲、黑顶蛙口夜鹰、黑腹沙鸡、黑腹燕鸥、黑头噪鸦、红腹咬鹃、虎头海雕、花田鸡、黄脚绿鸠、灰腹角雉、栗鸮、林雕鸮、硫黄鹀、绿孔雀、拟游隼、日本鹰鸮、四川林鸮、中华凤头燕鸥、中亚鸽、棕背田鸡这 24 种珍稀濒危鸟类在 10 年内仅记录到 1 条记录，有 97 种珍稀濒危鸟类记录数在 10 条及以下。

珍稀濒危鸟类物种数最高的为云南盈江县样区，共 79 种，其中 74 种陆鸟、5 种水鸟，均为样线观测的记录，也是珍稀濒危陆鸟最多的样区，记录数量最多的鸟类为银耳相思鸟（*Leiothrix argentauris*）（609 只），占记录的 19.7%，其次为栗头蜂虎（*Merops leschenaulti*）（274 只）、山皇鸠（*Ducula badia*）（182 只）、楔尾绿鸠（*Treron sphenurus*）（182 只）、褐翅鸦鹃（*Centropus sinensis*）（180 只）等；其次为湖南石门县样区，有 47 种，其中陆鸟 44 种，为珍稀濒危陆鸟物种数第二高的样区，水鸟 3 种，记录最多的为红嘴相思鸟，有 1582 只；山东东营市和内蒙古新巴尔虎右旗均记录到 23 种珍稀濒危水鸟，为珍稀濒危水鸟最多的样区之一，山东东营市主要为样点观测记录的灰鹤，10 年共记录到 13 063 只，占珍稀濒危鸟类记录的 76.9%，其次为大天鹅（948 只）、红头潜鸭（825 只）、东方白鹳（380 只）等。内蒙古新巴尔虎右旗主要记录为鸿雁（45 822 只）、白琵鹭（7065 只）、红头潜鸭（4687 只）、白腰杓鹬（4111 只）等。

珍稀濒危陆鸟物种数记录少于云南盈江县样区（74 种）和湖南石门县样区（44 种）的为云南景洪市（43 种）、云南勐腊县（41 种）、云南保山市隆阳区（39 种）、云南普洱市思茅区（39 种）、重庆城口县（36 种）、广西龙州县（31 种）和云南新平县（31 种），其中云南的样区占大多数。

内蒙古新巴尔虎右旗的珍稀濒危水鸟物种数记录同山东东营市样区为 23 种，其次为黑龙江齐齐哈尔市和吉林通榆县的 21 种，江西鄱阳湖、福建福州市和江苏盐城市大丰区的 19 种。水鸟的物种数虽然相比陆鸟较少，但是水鸟的数量非常庞大，记录多为样区内设置的样点，其中以江西鄱阳湖记录的珍稀濒危水鸟数量最多，共记录了 764 651 只珍稀濒危水鸟，其中鸿雁一共记录到 277 865 只，白额雁 192 708 只，小天鹅 177 519 只，其次为共记录 140 010 只水鸟的辽宁盘锦市大洼区主要记录为黑嘴鸥（136 973 只），记录 108 379 只水鸟的安徽东至县主要记录为白额雁（74 379 只）（图 5-2）。

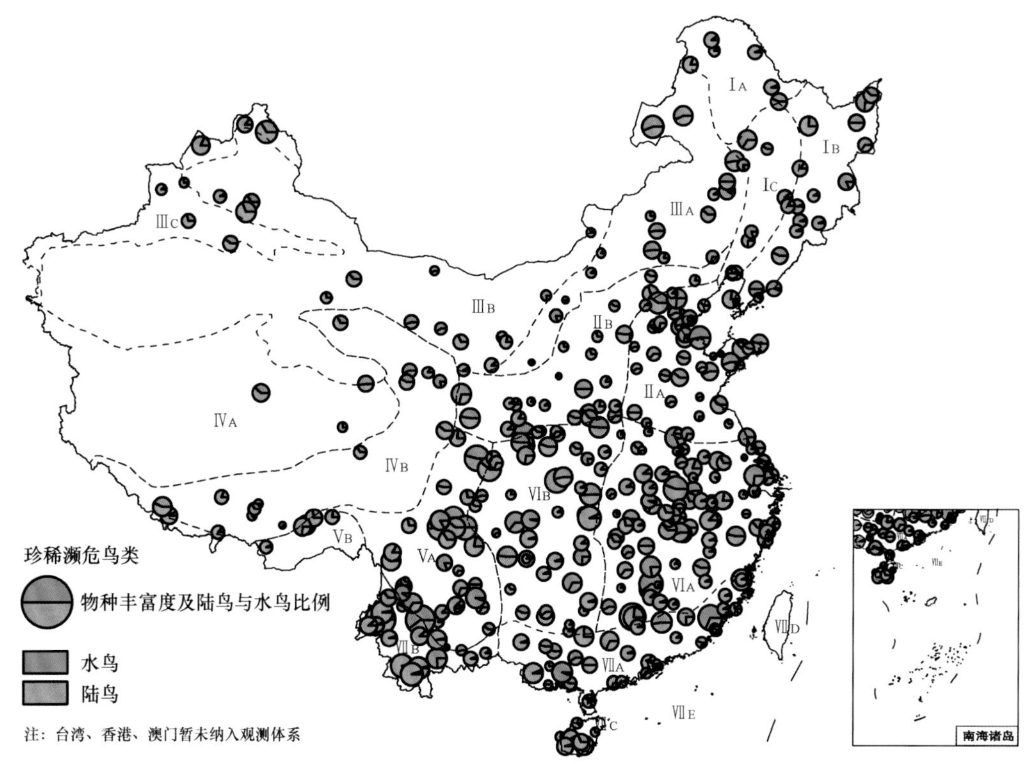

图 5-2　全国观测样区珍稀濒危鸟类物种丰富度分布图

5.1.2　珍稀濒危鸟类的地理区域分布

对全国观测的数据的样方所属动物地理区划进行合并分析，我国珍稀濒危鸟类各区域的分布情况如下（图 5-3，图 5-4，图 5-5）。

1. 古北界

东北区（Ⅰ）有 32 个样区，一共有珍稀濒危鸟类 12 目 29 科 104 种，含陆鸟 6 目 17 科 62 种，水鸟 6 目 12 科 42 种。其中大兴安岭亚区（$Ⅰ_A$）10 目 18 科 46 种，长白山亚区（$Ⅰ_B$）12 目 23 科 74 种，松辽平原亚区（$Ⅰ_C$）10 目 22 科 66 种。

华北区（Ⅱ）86 个样区，一共有珍稀濒危鸟类 14 目 34 科 130 种，含陆鸟 8 目 21 科 88 种，水鸟 6 目 13 科 42 种。其中黄淮平原亚区（$Ⅱ_A$）11 目 26 科 91 种，黄土高原亚区（$Ⅱ_B$）13 目 30 科 99 种。

蒙新区（Ⅲ）40 个样区，一共有珍稀濒危鸟类 13 目 30 科 109 种，含陆鸟 7 目 18 科 70 种，水鸟 6 目 12 科 39 种。其中东部草原亚区（$Ⅲ_A$）10 目 19 科 69 种，西部荒漠亚区（$Ⅲ_B$）11 目 24 科 66 种，天山山地亚区（$Ⅲ_C$）13 目 25 科 57 种。

青藏区（Ⅳ）19 个样区，一共有珍稀濒危鸟类 11 目 20 科 65 种，含陆鸟 6 目 13 科 50 种，水鸟 5 目

7 科 15 种。其中羌塘高原亚区（Ⅳ$_A$）6 目 8 科 18 种，其中珍稀濒危水鸟 2 目 2 科 2 种，有黑颈鹤和鹮嘴鹬（*Ibidorhyncha struthersii*）；青海藏南亚区（Ⅳ$_B$）11 目 19 科 62 种。

2. 东洋界

西南区（Ⅴ）48 个样区，共有珍稀濒危鸟类 16 目 36 科 156 种，含陆鸟 10 目 24 科 132 种，水鸟 7 目 12 科 24 种。西南山地亚区（Ⅴ$_A$）15 目 32 科 140 种，为种类第二丰富的亚区，其中珍稀濒危陆鸟 9 目 22 科 122 种，为珍稀濒危陆鸟最多的亚区；喜马拉雅亚区（Ⅴ$_B$）14 目 24 科 71 种。

华中区（Ⅵ）包含四川盆地以东的长江流域，具有最多的观测样区（128 个），珍稀濒危鸟类（17 目 42 科 191 种）、陆鸟（11 目 28 科 138 种）和水鸟（7 目 14 科 53 种）最为丰富。其中东部丘陵平原亚区（Ⅵ$_A$）包含鄱阳湖、洞庭湖等长江流域中的大型湖泊，有 15 目 34 科 136 种，拥有最多的珍稀濒危水鸟（共 7 目 11 科 49 种）；西部山地高原亚区（Ⅵ$_B$）16 目 37 科 141 种，为珍稀濒危鸟类最多的亚区，珍稀濒危陆鸟有 11 目 25 科 115 种，数量仅次于西南山地亚区（Ⅴ$_A$）。

华南区（Ⅶ）54 个样区，共有珍稀濒危鸟类 20 目 44 科 151 种，含陆鸟 13 目 29 科 117 种，水鸟 8 目 15 科 34 种。其中闽广沿海亚区（Ⅶ$_A$）14 目 30 科 86 种，滇南山地亚区（Ⅶ$_B$）20 目 36 科 115 种，海南岛亚区（Ⅶ$_C$）13 目 20 科 44 种，台湾亚区（Ⅶ$_D$）和南海诸岛亚区（Ⅶ$_E$）未观测。

总体上，中国的珍稀濒危鸟类在长江流域最为丰富，自西向东陆鸟的种类略有减少，而水鸟的种类显著增加，其中黄淮平原亚区（Ⅱ$_A$）和东部丘陵平原亚区（Ⅵ$_A$）分别包括黄河和长江的下游区域，是冬季水鸟的主要越冬区域，珍稀濒危的水鸟种类丰富，南部的闽广沿海亚区（Ⅶ$_A$）、海南岛亚区（Ⅶ$_C$）水鸟种类显著较少。闽广沿海亚区（Ⅶ$_A$）、滇南山地亚区（Ⅶ$_B$）和海南岛亚区（Ⅶ$_C$）这 3 个亚区合计面积较小，陆鸟种类均不是最高的亚区，海南岛亚区（Ⅶ$_C$）更是只有 44 种，但是 3 个亚区合计的陆鸟种类较为丰富，说明华南区（Ⅶ）各亚区之间的珍稀濒危鸟类组成差异较大。

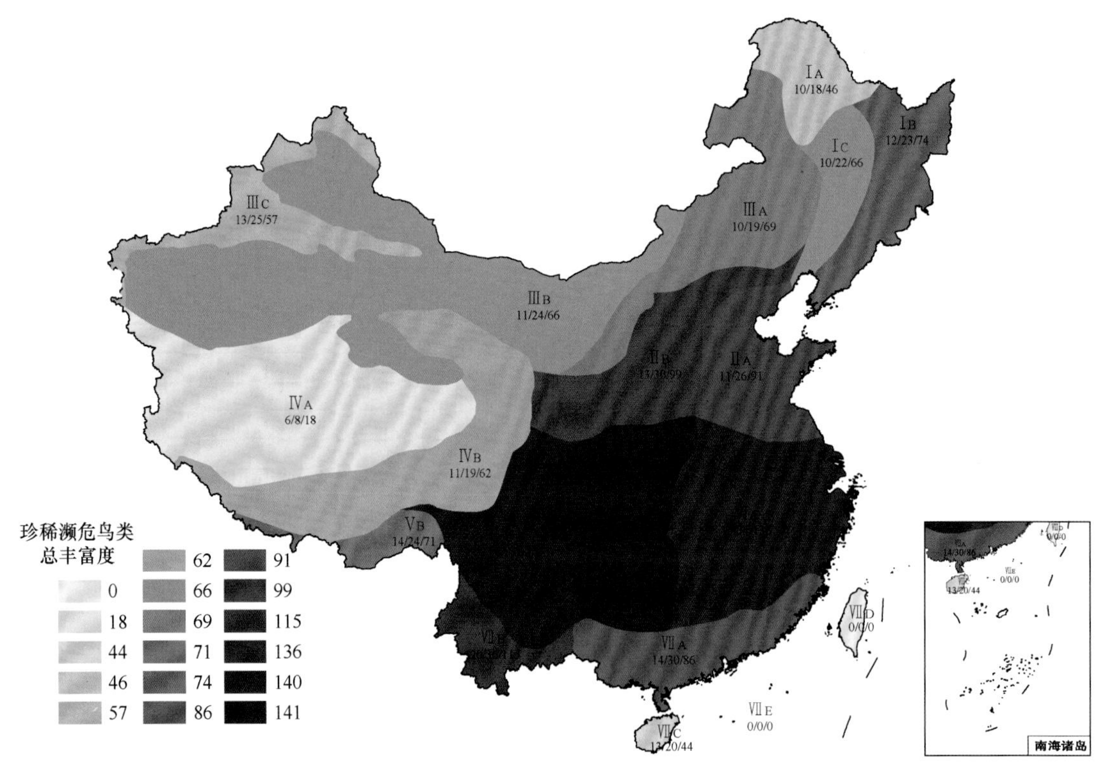

图 5-3　全国珍稀濒危鸟类各地理区系合计物种丰富度分布图（目/科/种）

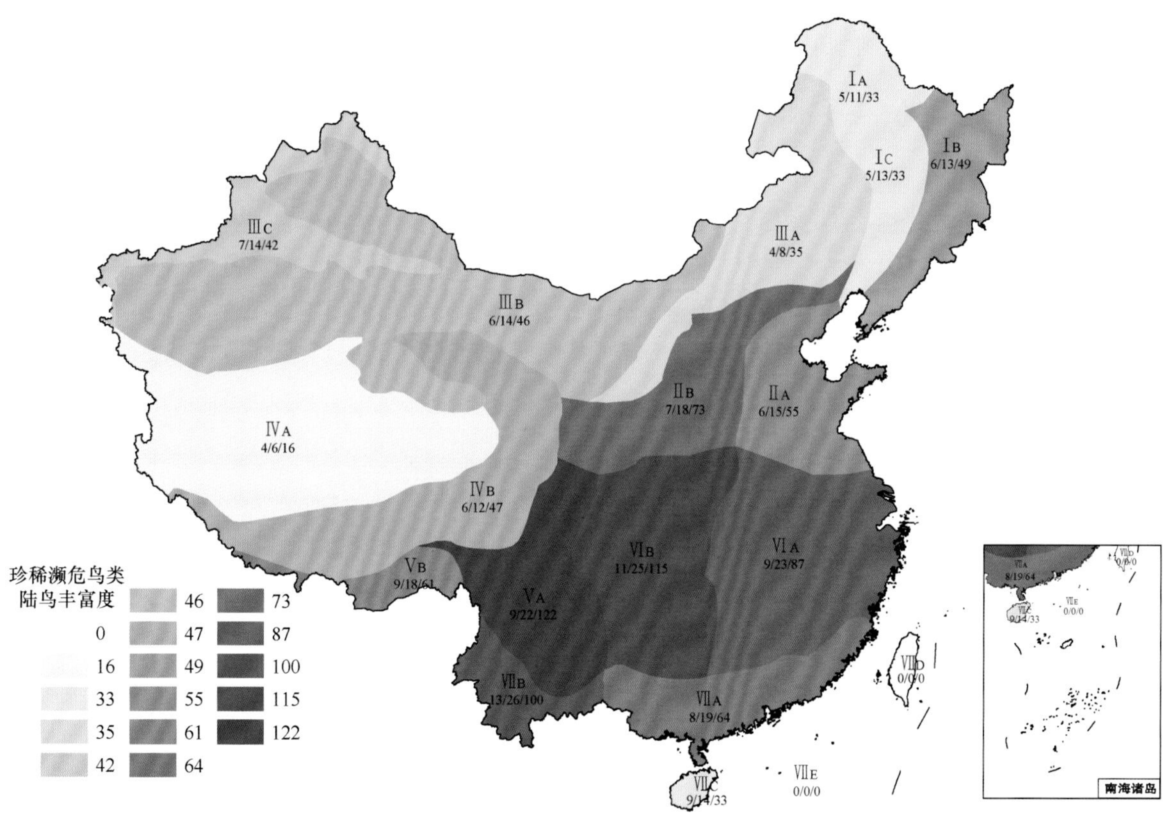

图 5-4 全国珍稀濒危鸟类各地理区系陆鸟物种丰富度分布图（目/科/种）

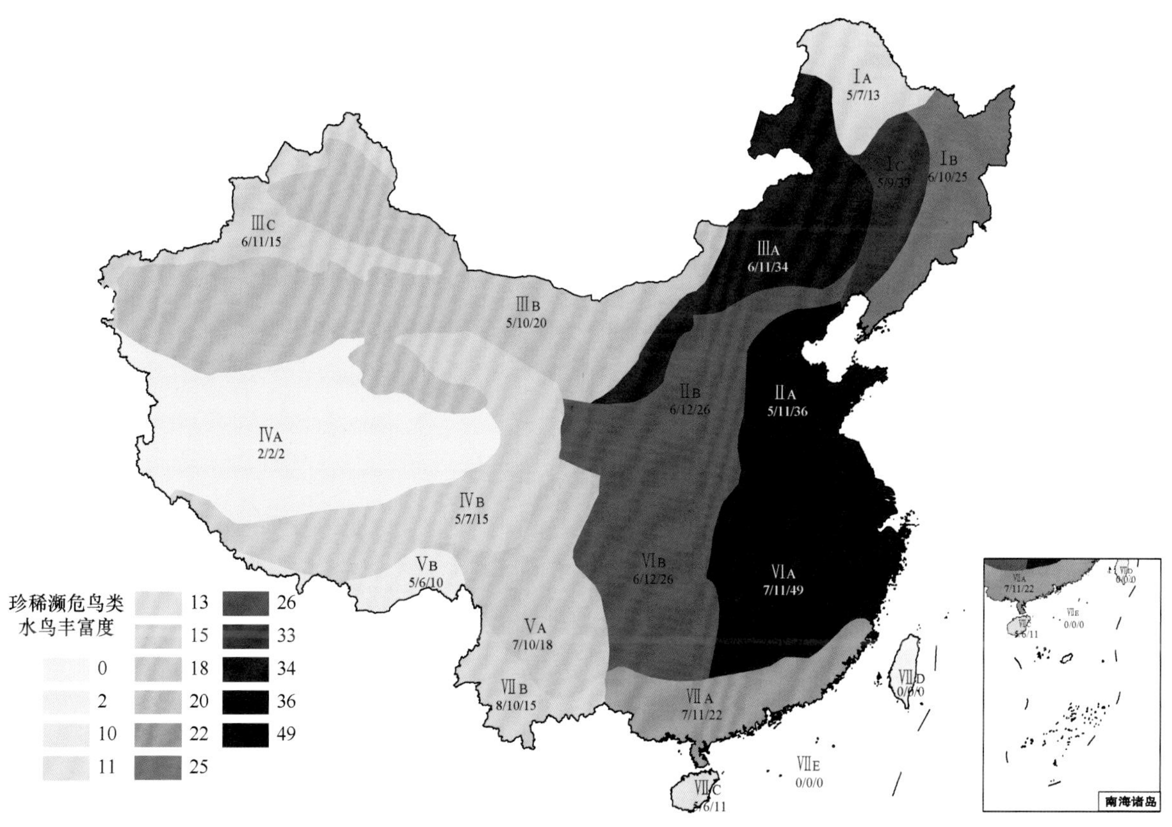

图 5-5 全国珍稀濒危鸟类各地理区系水鸟物种丰富度分布图（目/科/种）

5.2 珍稀濒危鸟类的时间动态

5.2.1 珍稀濒危鸟类丰富度变化

各动物地理区系每年记录的珍稀濒危鸟类近十年来大体上在持续增长，华中区（Ⅵ）一直拥有高于其他区系的珍稀濒危鸟类丰富度，青藏区（Ⅳ）则最低。2015 年由于样区调整，增加了观测样线与样点，2015～2016 年各地理区系的年度珍稀濒危鸟类记录显著增加，之后略有回落。其中华北区（Ⅱ）2018～2019 年的下降幅度最大，2018 年有 95 种，2019 年仅 58 种。2020 年受疫情影响，全国的鸟类观测受阻，导致所有区系的珍稀濒危鸟类丰富度均较低（图 5-6）。

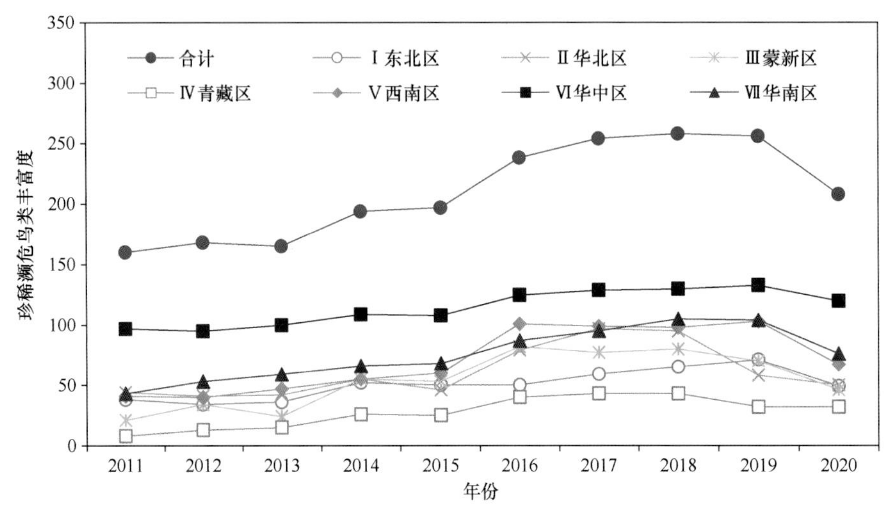

图 5-6 珍稀濒危鸟类地理区系丰富度年度变化

从这 10 年中的物种累积曲线来看，近 10 年来各区系每年均有新的珍稀濒危鸟类记录，甚至在 2020 年，每个区系均有 1～6 种新的珍稀濒危鸟类记录，物种累积曲线除了 2015～2016 年增长相对较快，各区系其他年份增长均较平缓但仍有略微增长的趋势，在累积曲线有略微增长的情况下，各区系每年记录的珍稀濒危鸟类丰富度在 2015 年调整样区前后均较为稳定，可能部分珍稀濒危鸟类的分布范围正在发生偏移（图 5-7）。

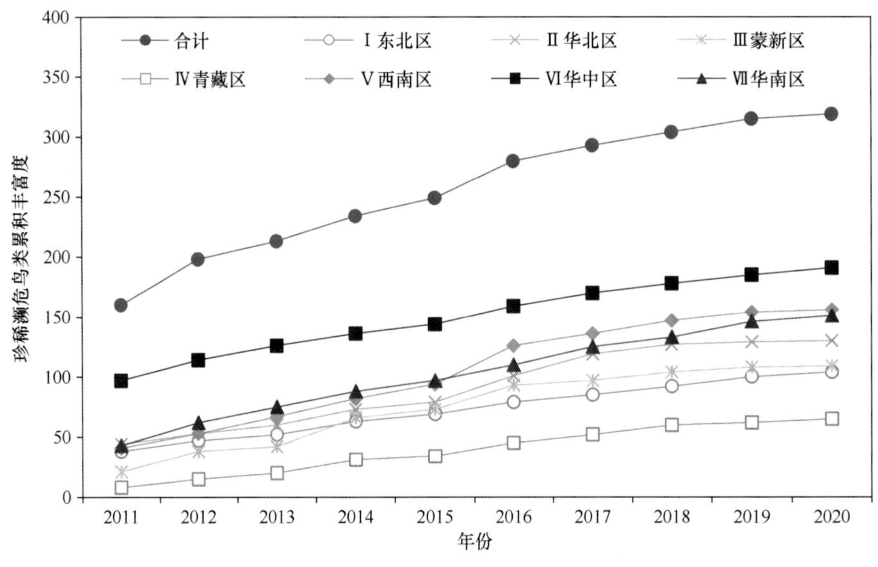

图 5-7 珍稀濒危鸟类地理区系累积丰富度

5.2.2 珍稀濒危鸟类多度变化

在设计的观测方案中，针对水鸟的繁殖和越冬设置的观测样点平均记录到 148 只鸟类，样线观测平均记录到 14 只水鸟，样点针对聚集的水鸟繁殖群比样线能记录到更多鸟类数量，包含黄河与长江流域的华北区（Ⅱ）和华中区（Ⅵ）10 年样点记录的平均鸟类数量波动剧烈。其中华中区（Ⅵ）鄱阳湖的繁殖观测点会记录到大量的鸿雁、白额雁、小天鹅等水鸟，使其每年珍稀濒危鸟类平均数量较大，2014～2019 年繁殖水鸟合计数量有 15 万～27 万只，但 2016～2019 年样点较多，平均值较低，2013 年和 2020 年由于缺少鄱阳湖的观测，鸟类数量也很低。华北区（Ⅱ）由于 2013 年在河北滦南县—丰南区的几个越冬样点共记录到 9399 只遗鸥和 5800 只白腰杓鹬，2017 年在山西运城市湿地样区和山东青岛市、济宁市样区共记录到 18 400 只红头潜鸭，2018 年 17 个样区共记录到越冬红头潜鸭 52 377 只，其中河南三门峡市黄河滩有 32 250 只红头潜鸭，另外还有 8415 只大天鹅，导致这段时间的观测记录数量显著增加（图 5-8）。

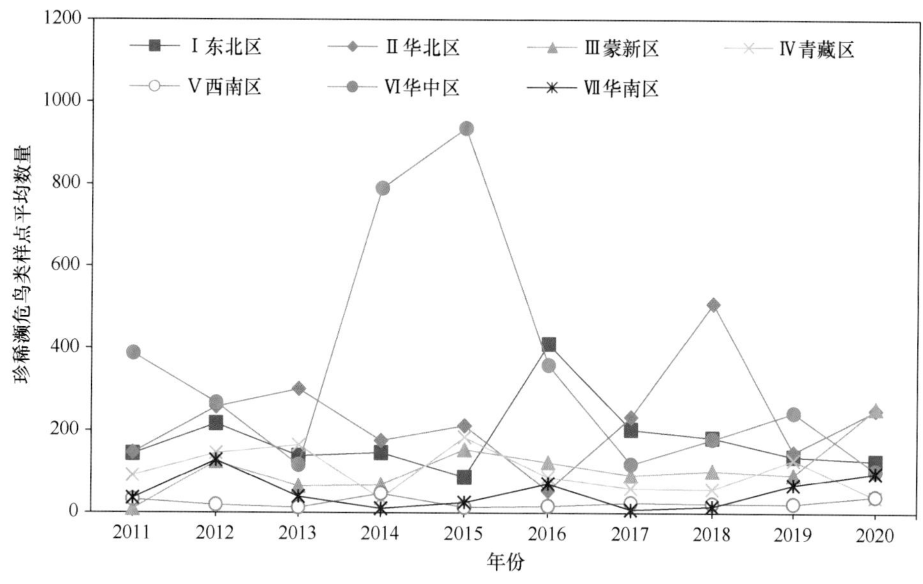

图 5-8 珍稀濒危鸟类样点年度平均数量变化

各区系样线的平均珍稀濒危鸟类数量每年较为稳定，其中蒙新区（Ⅲ）在 2015 年的样线观测中记录到大量的蒙古百灵（*Melanocorypha mongolica*）、红头潜鸭、鸿雁，2016 年数量总数回落加之大量调整增加的样线，使其平均数量波动较大；2018 年的样线记录到 1228 只遗鸥；2019 年记录到黑颈䴙䴘（*Podiceps nigricollis*）2333 只、红头潜鸭 1207 只；2020 年记录到遗鸥 1764 只。这些样线记录到的大量繁殖水鸟是蒙新区（Ⅲ）平均珍稀濒危鸟类数量波动的主要原因。华南区（Ⅶ）2015 年共记录有 636 只红嘴相思鸟、381 只褐翅鸦鹃和 211 只画眉，其他年份也均占大多数鸟类记录；银耳相思鸟在 2011～2019 年记录总数从 44 只持续缓慢增长至 420 只；绯胸鹦鹉 2017 年开始仅记录有 5 只，2018 年记录有 80 只，均在云南盈江县，2019 年的 8130 只则均在云南瑞丽市记录。青藏区（Ⅳ）2013 年及之前样线数不多，主要记录为黑颈鹤和黑鹳，2014 年开始记录到云雀（*Alauda arvensis*），有 454 只，之后记录到的数量持续减少，2019 年仅记录到 9 只（图 5-9）。

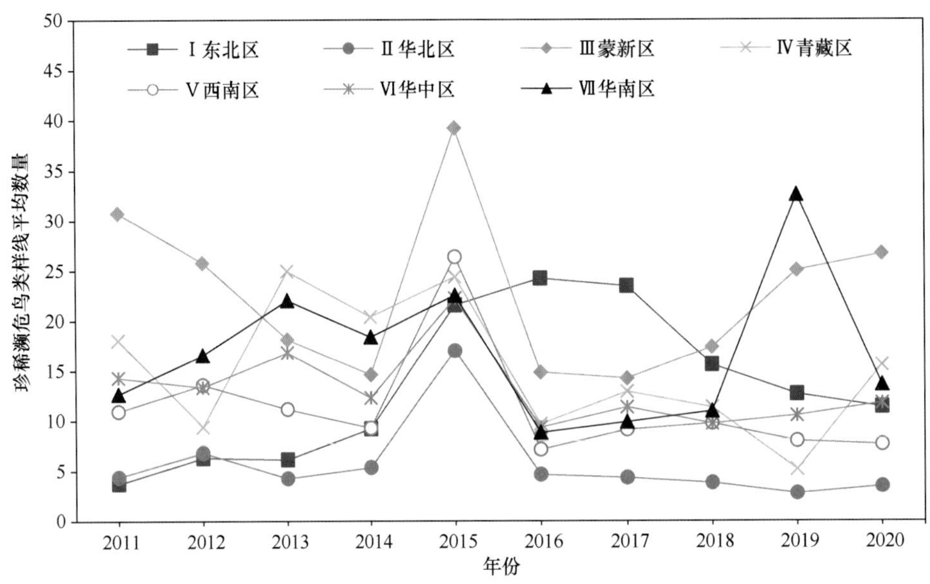

图 5-9　珍稀濒危鸟类样线年度平均数量变化

5.3　代表性鸟类状况

中国目前有特有种 5 目 25 科 55 属 93 种（郑光美，2017），鸟类观测记录的中国特有鸟类有 20 972 条记录，3 目 15 科 56 种，共 47 940 只，其中珍稀濒危的特有鸟类 3 目 12 科 43 种，一共 10 229 条记录 21 288 只，记录数量最多的为橙翅噪鹛，共记录到 9386 只；其次为红腹锦鸡，共记录到 3430 只；滇䴓 1476 只。10 年间均只记录到 1 次的珍稀濒危鸟类有四川林鸮、黑头噪鸦、藏鹀、贺兰山红尾鸲（表 5-2）。

表 5-2　记录到的中国特有种珍稀濒危鸟类记录数

物种名	学名	目	科	数量	记录数	稀释后记录数（10 km）
斑尾榛鸡	*Tetrastes sewerzowi*	鸡形目	松鸡科	44	25	4
海南山鹧鸪	*Arborophila ardens*	鸡形目	雉科	22	20	5
白眉山鹧鸪	*Arborophila gingica*	鸡形目	雉科	359	262	30
四川山鹧鸪	*Arborophila rufipectus*	鸡形目	雉科	135	113	1
红腹锦鸡	*Chrysolophus pictus*	鸡形目	雉科	3430	2045	70
大石鸡	*Alectoris magna*	鸡形目	雉科	220	88	9
蓝马鸡	*Crossoptilon auritum*	鸡形目	雉科	242	124	7
藏马鸡	*Crossoptilon harmani*	鸡形目	雉科	42	23	4
褐马鸡	*Crossoptilon mantchuricum*	鸡形目	雉科	38	29	10
白马鸡	*Crossoptilon crossoptilon*	鸡形目	雉科	83	26	6
绿尾虹雉	*Lophophorus lhuysii*	鸡形目	雉科	2	2	1
白颈长尾雉	*Syrmaticus ellioti*	鸡形目	雉科	44	20	10
白冠长尾雉	*Syrmaticus reevesii*	鸡形目	雉科	94	65	10
红喉雉鹑	*Tetraophasis obscurus*	鸡形目	雉科	11	3	3
黄喉雉鹑	*Tetraophasis szechenyii*	鸡形目	雉科	53	23	4
黄腹角雉	*Tragopan caboti*	鸡形目	雉科	107	68	9
四川林鸮	*Strix davidi*	鸮形目	鸱鸮科	1	1	1
黑头噪鸦	*Perisoreus internigrans*	雀形目	鸦科	2	1	1
白尾地鸦	*Podoces biddulphi*	雀形目	鸦科	7	5	3
滇䴓	*Sitta yunnanensis*	雀形目	䴓科	1476	703	14

续表

物种名	学名	目	科	数量	记录数	稀释后记录数（10 km）
四川旋木雀	*Certhia tianquanensis*	雀形目	旋木雀科	85	61	10
海南柳莺	*Phylloscopus hainanus*	雀形目	莺科	219	66	5
白眶鸦雀	*Paradoxornis conspicillatus*	雀形目	鸦雀科	133	50	13
三趾鸦雀	*Paradoxornis paradoxus*	雀形目	鸦雀科	43	18	6
暗色鸦雀	*Paradoxornis zappeyi*	雀形目	鸦雀科	50	11	4
灰冠鸦雀	*Sinosuthora przewalskii*	雀形目	鸦雀科	3	2	2
藏鹀	*Emberiza koslowi*	雀形目	鹀科	2	1	1
蓝鹀	*Latoucheornis siemsseni*	雀形目	鹀科	788	546	44
朱鹀	*Urocynchramus pylzowi*	雀形目	鹀科	20	15	4
橙翅噪鹛	*Trochalopteron elliotii*	雀形目	画眉科	9386	4150	112
大噪鹛	*Garrulax maximus*	雀形目	画眉科	1457	847	39
棕噪鹛	*Garrulax berthemyi*	雀形目	画眉科	1138	374	34
斑背噪鹛	*Garrulax lunulatus*	雀形目	画眉科	187	120	11
蓝冠噪鹛	*Garrulax courtoisi*	雀形目	画眉科	952	71	6
黑额山噪鹛	*Garrulax sukatschewi*	雀形目	画眉科	37	14	6
灰胸薮鹛	*Liocichla omeiensis*	雀形目	画眉科	161	135	5
宝兴鹛雀	*Moupinia poecilotis*	雀形目	画眉科	23	20	7
金额雀鹛	*Schoeniparus variegaticeps*	雀形目	画眉科	16	4	3
中华雀鹛	*Alcippe striaticollis*	雀形目	画眉科	33	17	7
弄岗穗鹛	*Stachyris nonggangensis*	雀形目	画眉科	31	11	1
白眉山雀	*Parus superciliosus*	雀形目	山雀科	81	33	14
红腹山雀	*Parus davidi*	雀形目	山雀科	28	16	5
贺兰山红尾鸲	*Phoenicurus alaschanicus*	雀形目	鸫科	3	1	1

通过这些记录使用 Maxent 模型对中国特有种鸟类的分布情况进行预测，将特有种鸟类的经纬度坐标数据汇总导入 ArcMap 10.2 软件中，为了减少由于鸟类记录的空间集群而引起的模型过度拟合，夸大模型的性能值，使用 SDM Toolbox v2.4（http://www.sdmtoolbox.org/）中的“空间稀疏发生数据工具（spatially rarefy occurrence data tool）”在 10 km 分辨率处进行空间自相关处理减少每种鸟类集聚的分布点，最终导出 CSV 格式文件。四川山鹧鸪于 2011～2019 年均有记录，共 113 条记录 135 只，但是 10 km 的距离稀释后仅 1 条记录，占原记录数的 0.88%，说明四川山鹧鸪长年记录仅限制在四川屏山县 10 km 的小范围内。此外，稀释后记录数占原记录数 5%以下的还有滇䴓、橙翅噪鹛、红腹锦鸡、灰胸薮鹛（*Liocichla omeiensis*）和大噪鹛（*Garrulax maximus*）（表 5-2）。

本研究中，19 种生物气候变量数据（bioclimatic variables）和海拔数据下载自 WorldClim（http://www.worldclim.org），土地覆盖类型数据 GlobCover2009_V2.3 来自欧洲航天局（European Space Agency）（http://due.esrin. esa.int/page_globcover.php），其中 GlobCover 为分类环境变量，其余数据均为连续变量。在 ArcMap 10.2 中使用中国地图的范围对 22 种环境数据进行裁剪，并对边界、坐标系和空间分辨率（分辨率 30″，赤道处约 1 km）进行统一。环境变量太多也会导致结果过度拟合，特别是分布点的样本量较小时，利用 SDM Toolbox v2.4 中的“Explore Climate Data：Remove highly correlated variables”对环境数据之间的相关性进行分析，排除相关性大于 0.8 的环境数据，最终保留 GlobCover、BIO01、BIO02、BIO03、BIO07、BIO09、BIO10、BIO15、BIO18、BIO19 这 10 种环境数据，导出的 ASC 文件在 Maxent 模型中对鸟类潜在分布进行预测，预测中设置随机 25%的分布点数据进行测试，其余为默认设置。

预测的结果使用最大训练敏感性和特异性（maximum training sensitivity plus specificity）作为分布预测的逻辑阈值，即低于阈值的非适生区在 ArcMap 10.2 中标为蓝色，高于阈值的平均划分为 3 个等级：黄色的低适生区、橙色的中适生区和红色的高适生区，并与 IUCN 红色名录的分布记录进行对比。

以下对几种记录点经过 10 km 稀释后仍有较多分布点、Maxent 模型的预测结果较为准确的特有种进行分析描述如下。

其中记录数最多，同时用于模型预测的分布点也是最多的红腹锦鸡，其记录主要集中在西部山地高原亚区（$Ⅵ_B$），有 1512 条记录，其次为黄土高原亚区（$Ⅱ_B$），有 414 条记录，相比 IUCN 红色名录的分布范围，实际记录和预测的适生区是更偏东北的区域，西南区域适生区有空白，红腹锦鸡的高适生区更集中在黄土高原亚区（$Ⅱ_B$）和西部山地高原亚区（$Ⅵ_B$）的交界处附近（图 5-10）。

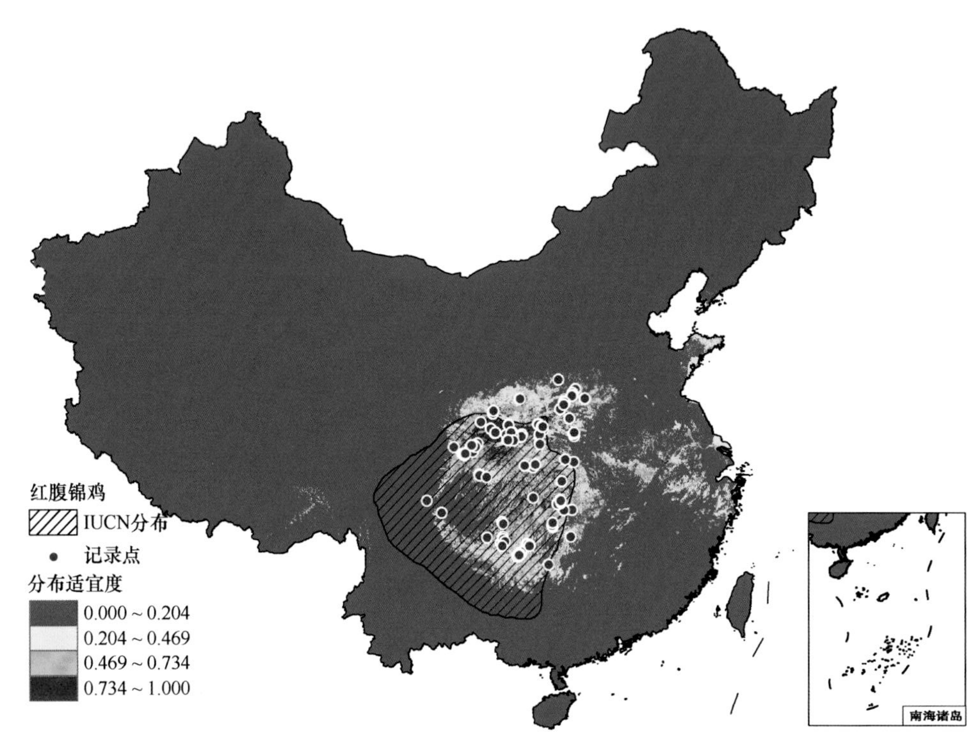

图 5-10　红腹锦鸡分布图

白眉山鹧鸪（*Arborophila gingica*）的 262 条记录主要分布于东部丘陵平原亚区（$Ⅵ_A$），有 197 条，闽广沿海亚区（$Ⅶ_A$）有 63 条，滇南山地亚区（$Ⅶ_B$）仅有 2 条记录，筛选后 10 km 的分布点有 31 个，仅次于红腹锦鸡。白眉山鹧鸪的观测记录点分布、IUCN 红色名录分布区域和预测的分布三者相差不大，主要集中在东部丘陵平原亚区（$Ⅵ_A$）和闽广沿海亚区（$Ⅶ_A$）的交界处，预测的适生区较为分散且总体面积并不大，白眉山鹧鸪适宜的生境可能较为破碎化，不过也有可能是由于该物种鸣声特殊且悠远，在样线观测中更容易以鸣叫为依据记录，记录的经纬度和实际分布点有偏差，导致 Maxent 模型的预测准确性降低（图 5-11）。

滇䴓的记录有西南山地亚区（$Ⅴ_A$）的 695 条和滇南山地亚区（$Ⅶ_B$）的 8 条，均为云南的记录，其中主要集中在云南的楚雄市（338 条记录）和香格里拉市（337 条记录），经过 10 km 稀释后用于模型预测分布的仅仅有 15 个分布点，为小范围内的区域常见物种，其实际分布点集中在 IUCN 红色名录分布范围略西南的区域（图 5-12）。

白冠长尾雉共 65 条记录，东部丘陵平原亚区（$Ⅵ_A$）有 63 条记录，主要位于河南、湖北和安徽三省交界处附近，西部山地高原亚区（$Ⅵ_B$）有 2 条，位于广西兴安县，各记录点均在 IUCN 红色名录的分布范围之外，IUCN 红色名录原本西部的分布区域均未记录到白冠长尾雉，Maxent 模型预测的高适生区也更集中在东部记录点聚集的区域，并在现有的记录点向东南方向延伸，结合 IUCN 红色名录该处原本更为偏北的分布区域，近年来白冠长尾雉种群可能有向东南方向迁移的趋势。由于广西的记录点，Maxent 模型预测的潜在分布生境在东部丘陵平原亚区（VI_A）西部至西部山地高原亚区（VI_B）偏向乐观，实际观测中并未记录到白冠长尾雉，其分布范围存在地理上的远距离隔断（图 5-13）。

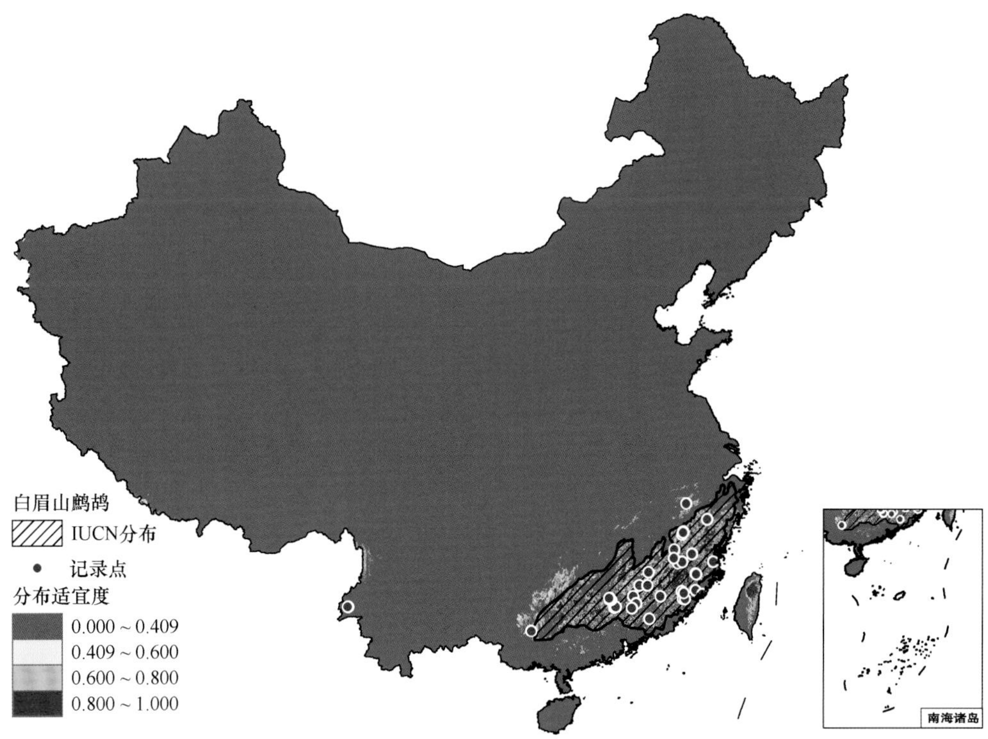

图 5-11　白眉山鹧鸪分布图

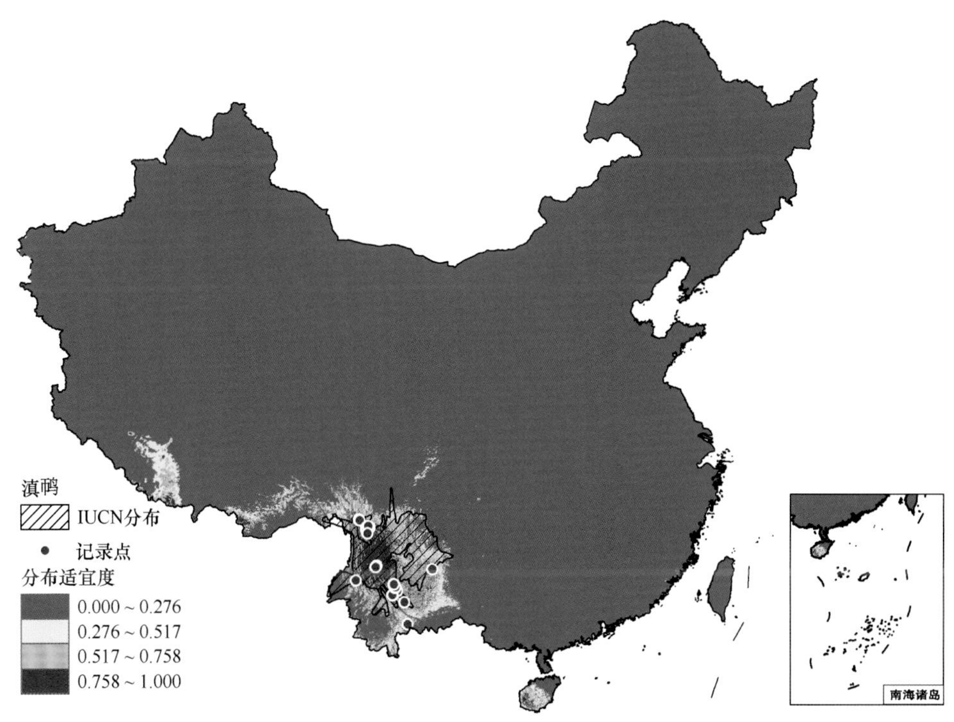

图 5-12　滇鹀分布图

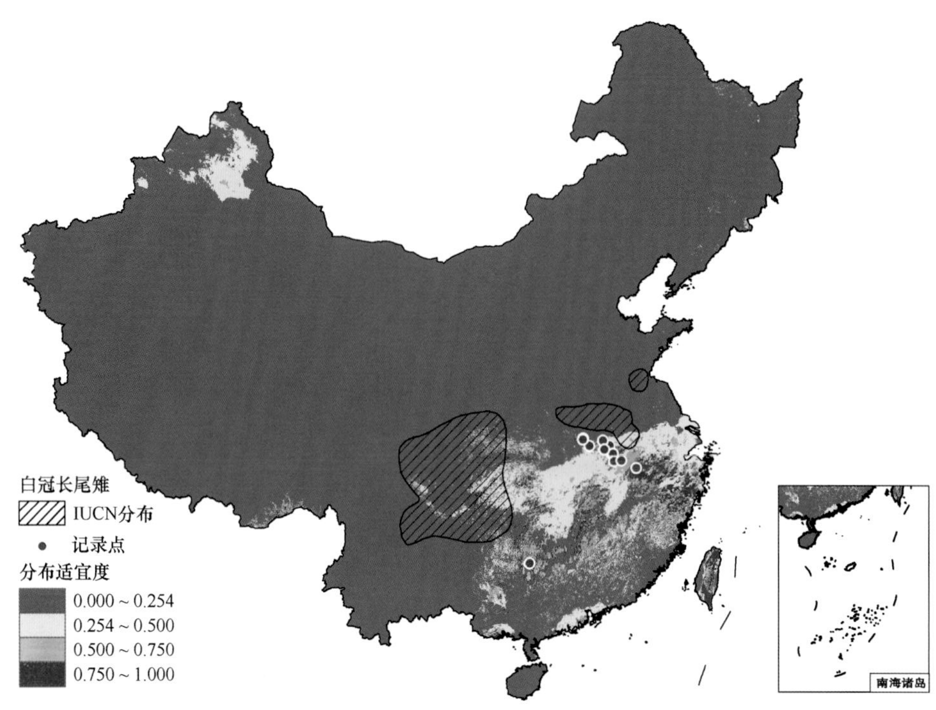

图 5-13　白冠长尾雉分布图

黄腹角雉一共 68 条记录，均为样线观测的记录，记录点聚集于东部丘陵平原亚区（Ⅵ$_A$）的南部，横跨浙江、福建、江西、广东 4 省，在福建泰宁县记录数最多，有 29 条。IUCN 红色名录中黄腹角雉的分布区域与白眉山鹧鸪相同，观测的记录点集中在分布区域的北部，Maxent 模型预测的适宜生境分布在围绕记录点偏北的连续区域（图 5-14）。

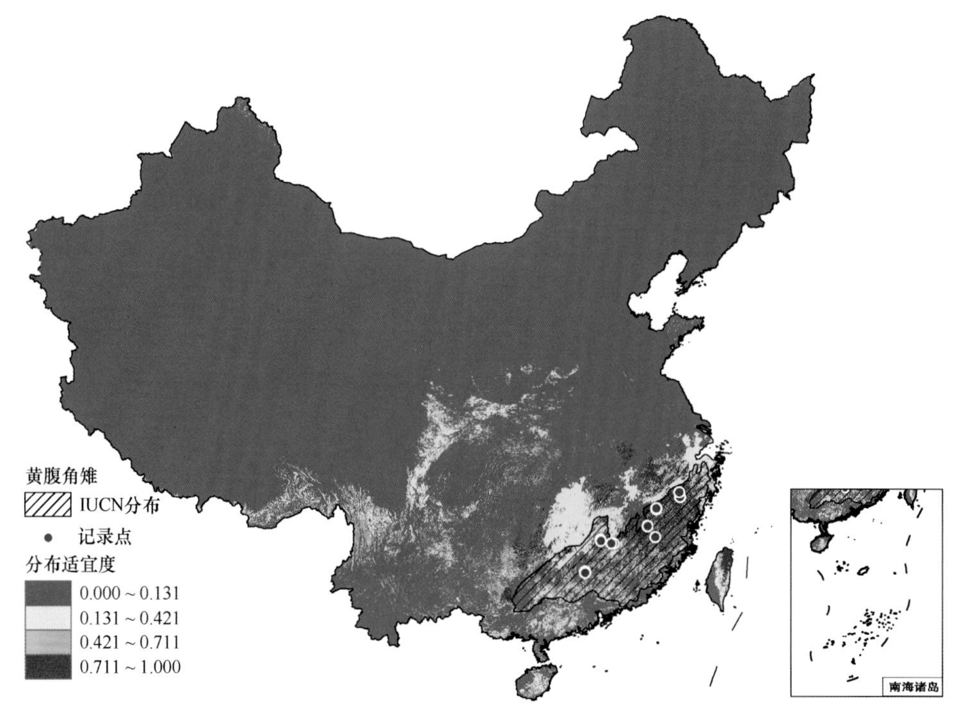

图 5-14　黄腹角雉分布图

5.4 保护空缺分析

珍稀濒危物种的丰富度是衡量一个地区在保护价值上的重要指标。按照记录到的全部 319 种珍稀濒危鸟类统计，国内濒危物种丰富度较高的样区集中在黑龙江-松花江流域、天山-阿尔泰山、渤海及黄海沿岸地区、秦岭、长江流域下游（河南、安徽、湖北、江西 4 省交界处）和云贵高原至南岭一线（图 5-15），国家重点保护野生动物名录和中国物种红色名录与总的丰富度趋势相同。按照 IUCN 红色名录统计，高丰富度的样区集中在黑龙江-松花江流域、渤海-黄海-东海沿岸地区、长江流域下游、海南岛和青藏高原腹地。不同名录的样区濒危物种丰富度都表明黑龙江-松花江流域、长江流域下游和黄渤海沿海地区集中分布着大量的珍稀濒危鸟类。

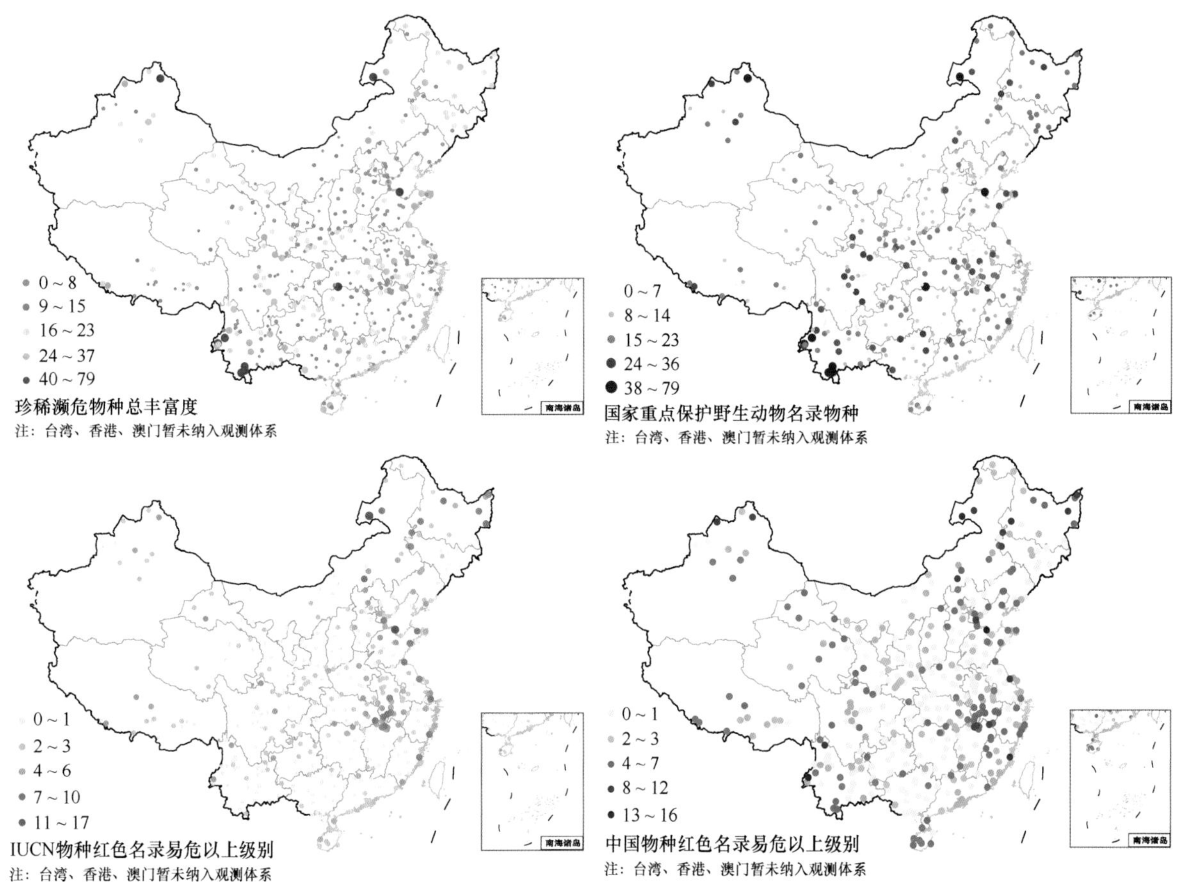

图 5-15 各样区珍稀濒危鸟类物种丰富度（《中国物种红色名录》和 IUCN 红色名录均统计易危及以上级别的物种）

根据珍稀濒危物种的丰富度可以为各样区划分保护优先度等级（表 5-3）。总濒危物种丰富度高（前 25%，下同）且在 3 个名录中均有较高物种丰富度（国家重点保护野生动物名录前 25%、IUCN 红色名录和《中国物种红色名录》5 种以上，下同）的样区为一级优先保护样区，总濒危物种丰富度高且在 2 个名录中物种丰富度高的为二级优先保护样区，总濒危物种丰富度高和 1 个名录物种丰富度高为三级优先保护样区，在 2 个名录中物种丰富度高为四级优先保护样区，仅 1 个名录中物种丰富度高为五级优先保护样区。

407 个样区中，共有 30 个一级优先保护样区，这些样区主要分布于黑龙江-松花江流域、黄渤海沿海和长江流域下游（图 5-16）。二级和三级优先保护样区分别有 23 个和 34 个，主要分布于中部和西南地区的省份。四级和五级优先保护样区别有 22 个和 25 个，主要分布于东北部、中部和东部的省份。内蒙古、云南

表 5-3　各样区保护优先等级划分条件及各等级样区数量

保护优先等级（样区数量）	满足条件			
	总濒危物种丰富度（前 25%）	国家重点保护野生动物名录丰富度（前 25%）	IUCN 红色名录物种丰富度（5 种以上）	中国物种红色名录物种丰富度（5 种以上）
一级（30）	√	√	√	√
二级（23）	√	√	√	
	√	√		√
	√		√	√
三级（34）	√	√		
	√		√	
	√			√
四级（22）		√	√	
		√		√
			√	√
五级（25）		√		
			√	
				√

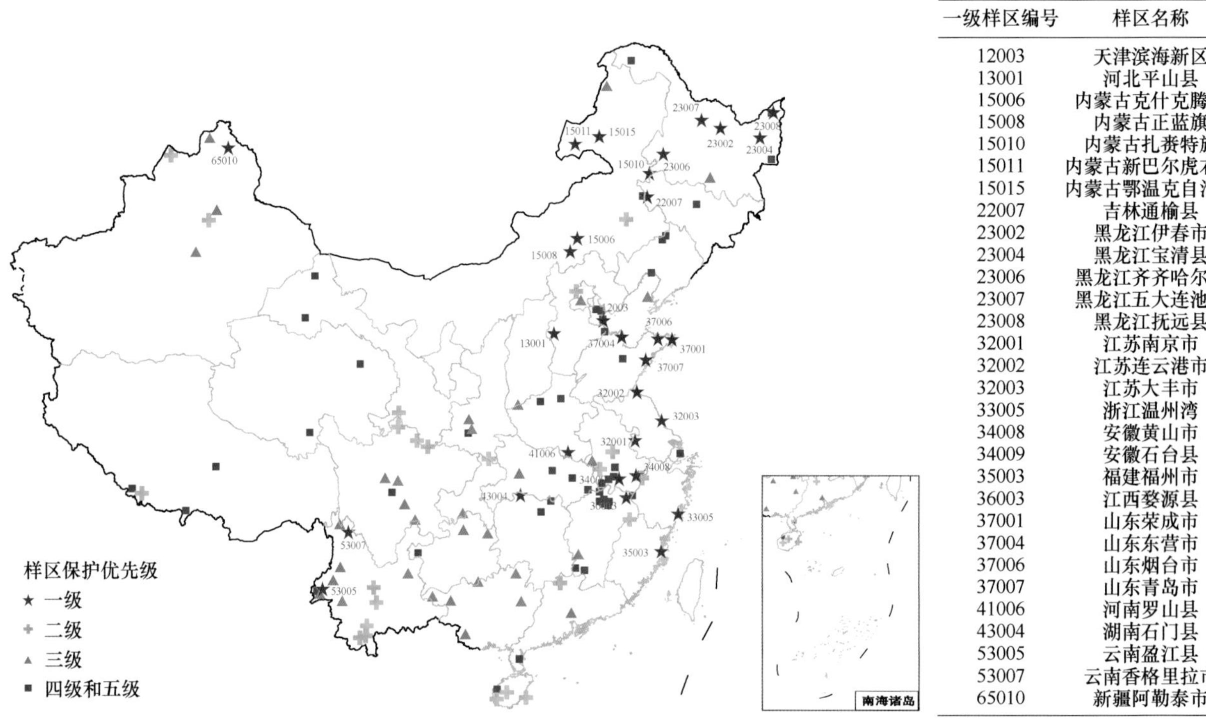

一级样区编号	样区名称
12003	天津滨海新区
13001	河北平山县
15006	内蒙古克什克腾旗
15008	内蒙古正蓝旗
15010	内蒙古扎赉特旗
15011	内蒙古新巴尔虎右旗
15015	内蒙古鄂温克自治旗
22007	吉林通榆县
23002	黑龙江伊春市
23004	黑龙江宝清县
23006	黑龙江齐齐哈尔市
23007	黑龙江五大连池市
23008	黑龙江抚远县
32001	江苏南京市
32002	江苏连云港市
32003	江苏大丰市
33005	浙江温州湾
34008	安徽黄山市
34009	安徽石台县
35003	福建福州市
36003	江西婺源县
37001	山东荣成市
37004	山东东营市
37006	山东烟台市
37007	山东青岛市
41006	河南罗山县
43004	湖南石门县
53005	云南盈江县
53007	云南香格里拉市
65010	新疆阿勒泰市

图 5-16　优先保护样区（一至五级）的分布

和广西三省（自治区）内的样区都在三级以上。

黑龙江-松花江流域、黄渤海沿岸的一级优先保护样区内种群规模较大的珍稀濒危鸟类以雁鸭类和鹤类为主，如红头潜鸭、鸿雁、丹顶鹤和灰鹤，另外黄渤海沿海还观测到大量的东方白鹳，云南的一级优先保护样区也有大量的红头潜鸭、黑颈鹤等迁徙水鸟。新疆一级优先保护样区的珍稀物种也以迁徙鸟类为主，但占优的类群是猛禽，包括黑鸢（*Milvus migrans*）、红隼（*Falco tinnunculus*）、西红脚隼（*F. vespertinus*）、白头鹞（*Circus aeruginosus*）、燕隼等。观测结果显示出以上 4 个区域在水鸟迁徙路线上的重要性。长江流域下游主要的珍稀鸟类有蓝冠噪鹛和黑嘴鸥，猛禽也多有记录，如黑鸢、赤腹鹰（*Accipiter soloensis*）和林雕（*Ictinaetus malaiensis*），整体上此处数量较多的珍稀物种是留鸟或者短距离迁徙的物种。

将各等级的优先保护样区与现存国家级、省级保护区或者《中国生物多样性保护战略与行动计划》（2011—2030 年）中划定的生物多样性保护优先区（以下简称优先区）相叠加，可以发现无论是保护区还是优先区对样区所代表的区域都存在相当的保护空缺。整体来看，被保护区或优先区覆盖的优先保护样区分别占全部优先保护样区的 31%和 48%，距离保护区或者优先区 20 km 以上的优先样区分别占全部优先保护样区的 24%和 38%。30 个一级优先保护样区中，分别有 6 个和 13 个样区距离最近的保护区/优先区有 20 km 以上的距离（表 5-4），23 个二级优先保护样区分别有 11 个和 13 个样区完全在保护区或优先区内，但仍分别有 4 个样区距离在 20 km 以上。一二级优先保护样区中，还有一些是保护区和优先区双重的保护空缺（图 5-17），如黄渤海沿海的一系列样区、云南中部及新疆北部的样区，不论是距离保护区还是优先区都有一定的距离。考虑到西北部与东部沿海是中亚和东亚鸟类迁徙路线上的重要节点，这两处的样区观测到了许多受保护的迁徙鸟类，因此需要进一步调整规划和政策，促进这两处鸟类的栖息地能有效地被保护网络覆盖。

表 5-4　保护区/优先区不同距离范围内各优先保护样区个数

保护优先等级	与最近保护区距离（km）				与最近优先区距离（km）			
	区内	0～20	20～50	>50	区内	0～20	20～50	>50
一级	7	17	5	1	13	4	4	9
二级	11	8	2	2	13	6	0	4
三级	9	18	5	2	18	6	2	8
四级	5	8	7	2	10	1	3	8
五级	10	9	4	2	10	2	1	12
总计	42	60	23	9	64	19	10	41

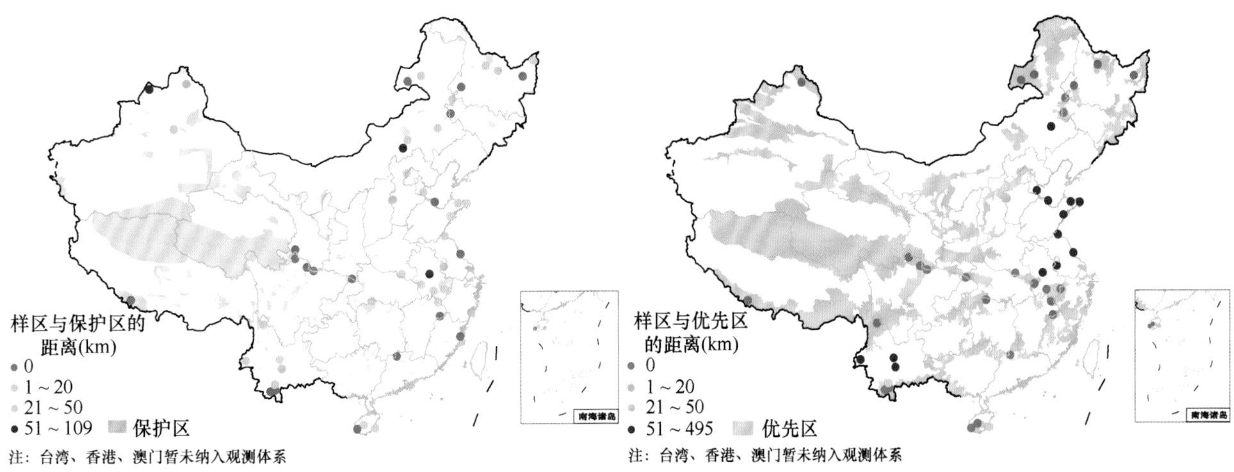

图 5-17　一二级优先保护样区与最近保护区/优先区的距离

第 6 章　东北区鸟类多样性观测

6.1　环 境 概 况

6.1.1　行政区范围

东北区包括东北的黑龙江、吉林、辽宁及内蒙古东部和北部的呼伦贝尔市、通辽市、兴安盟的部分区域。该区域位于欧亚大陆的东部，东临日本海，南接渤海、黄海，西临蒙新区的东部草原亚区和华北区的黄土高原亚区。该区是我国纬度最北、经度最东的区域，整个自然地理区划较为完整。该区域地形特征为东部、北部、西部三面环山，最高峰为长白山，海拔 2744 m，中部为低海拔的丘陵和广阔的平原，向南敞开。

依据该区地形和生境特点，张荣祖（2011）将东北区进一步分为三个亚区，即大兴安岭亚区、松辽平原亚区和长白山亚区（图 6-1）。

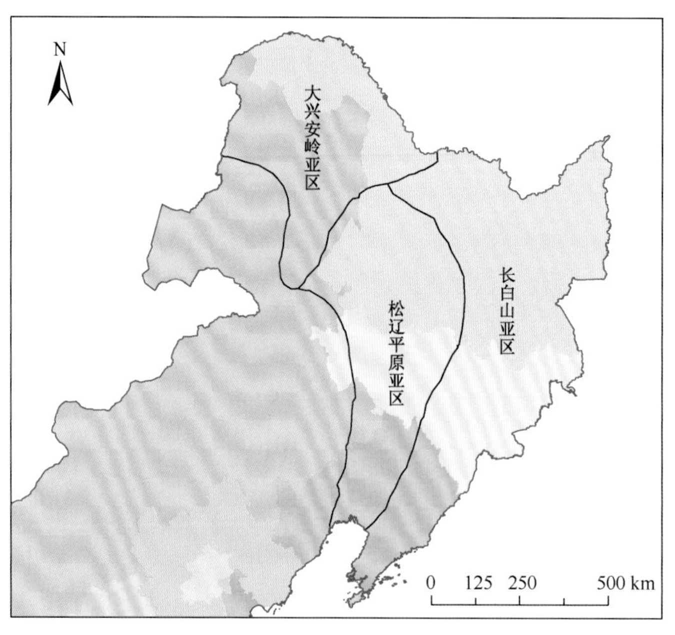

图 6-1　东北区及各亚区分布图

大兴安岭亚区：位于东北区西侧山地，是内蒙古东北部和黑龙江西北部的交界地带，西部与南部同内蒙古相邻，北部隔黑龙江与俄罗斯相望，东部与黑河市、齐齐哈尔市接壤。该区生长有目前我国保存较完好且面积最大的原始森林，山峦起伏、河流纵横，森林葱郁，野生动物资源极其丰富。大兴安岭亚区包括大兴安岭北部山地省和大兴安岭南部省（表 6-1）。

本章主编：王海涛；编委（按姓氏笔画排序）：万冬梅、王海涛、伊剑锋、许青、李林、张雷、周景英、高智晟、雷威等。

表 6-1　东北区的亚区和动物省划分及所跨省份

省份	亚区	动物省
黑龙江	大兴安岭亚区	大兴安岭北部山地省
	长白山亚区	小兴安岭山地省 东北部沿江平原省 东部山地省
	松辽平原亚区	中部波状平原省 松嫩平原省
吉林	长白山亚区	长白山地针阔混交林动物省 吉林哈达岭落叶阔叶林动物省
	松辽平原亚区	长白山前台地疏林草地、农田动物省 松嫩平原草甸草原动物省 西辽河平原风沙灌木草原动物省
辽宁	长白山亚区	辽东山地省
	松辽平原亚区	辽河平原省
内蒙古	大兴安岭亚区	大兴安岭北部山地省 大兴安岭南部省
	松辽平原亚区	松嫩平原草甸草原动物省

松辽平原亚区：位于该区中部平原地带，由三江平原、松嫩平原、辽河平原组成，是我国面积最大的平原，地跨黑龙江西南部、吉林西部、辽宁中部和内蒙古东部少部分地区，是人口分布较密集区域。松辽平原亚区包括中部波状平原省，松嫩平原省，长白山前台地疏林草地、农田动物省，松嫩平原草甸草原动物省，西辽河平原风沙灌木草原动物省，辽河平原省。

长白山亚区：位于该区东部山地，由黑龙江东北部的小兴安岭向南延伸经吉林东部直至辽宁东部的千山。该区北隔黑龙江、东隔乌苏里江与俄罗斯相望，东南隔鸭绿江与朝鲜接壤，南部与渤海和黄海相接。生境以林地为主，是东北区面积最大的一个亚区。长白山亚区包括小兴安岭山地省、东北部沿江平原省、东部山地省、长白山地针阔混交林动物省、吉林哈达岭落叶阔叶林动物省、辽东山地省。

6.1.2　气候

东北区位于欧亚大陆的东岸，东部、南部与日本海、黄海和渤海相邻，北部紧靠俄罗斯远东地区，因此受大陆性季风气候和海洋性季风气候的双重作用，属温带季风气候区。冬季主要受来自高纬度陆地的大陆气团影响，盛行西北风，南下的冷空气寒冷而干燥，导致整个地区的冬季寒冷而漫长，风力强劲，天气晴寒，雨雪稀少，冬季降水以降雪为主，囤积地表并在次年春季融化，最后通过地表径流进入河流。春季温度逐渐上升使蒙古高压减弱，南方暖气流北上与北方冷气流融合，这使得该地区多风而少雨，该特征在西部干旱地区最为典型，物燥干旱，易发生森林火灾。夏季由于来自大陆方向的气压降低，该地区主要受海洋气团影响，携带有大量水汽的夏季风北上与北方冷气流交汇，形成降雨，雨热同季，且降雨量自东南向西北逐步减少。秋季高压来自西方，盛行西南风，降雨较少，以晴朗天气为主，另因降温急剧，常有早霜和冻害发生。从整体来看，该区春、秋季短而夏、冬季长，与同纬度地区相比，冬冷夏热，气温年差较大，大陆性气候特点明显。全年日照时数在 2000～3000 h，大部分区域可满足农作物一年一熟的需要。夏季长的日照、大的光强度和高的日温差对植物糖分储备极为有利。

东北地区南北跨度较大，自北向南可分为寒温带、温带和暖温带三个气候带。其中大兴安岭以北为寒温带，冬季受北部西伯利亚季风影响显著，气温寒冷，地面冰冻时间可达半年以上，夏季较短。暖温带主要位于辽东半岛，气温相对较高，年均温在6～10℃，无霜期长达180～200 d，降雨量较高，受海洋气候影响，与其他同纬度地区相比，夏季凉爽而冬季温暖。中间的大部分区域处于温带气候区，气候特点为冬季寒冷漫长，无霜期为120～140 d，又因距海洋较近，空气湿度较大，降雨相对丰富。

东北地区整体纬度较高，使得冻土在该区十分常见。依据冻土时间可分为季节冻土和多年冻土，其中季节冻土在冬季普遍存在，时长一般在4～6个月，厚度除南部区域外均可达到1 m以上。而多年冻土主要出现在北部的大、小兴安岭地区，厚度在几米至几十米不等，最高可达100 m。

6.1.3 地形地貌

东北地区横跨中朝地台和天山—兴安地槽两个大地构造单元，以赤峰—开原断裂为界，北部的天山—兴安地槽自西向东可分为大兴安岭华力西褶皱带、内蒙古华力西褶皱带、松辽拗陷和吉黑华力西褶皱带；南部的中朝地台自西向东可分为内蒙地轴燕山台褶带、华北断拗和胶辽台隆（崔瀚文，2010）。东北地区早在华西褶皱运动时期就基本结束了海侵状态，中生代剧烈的燕山运动奠定了今日地形和地质的基础。第三纪中期喜马拉雅运动开始后，大兴安岭随内蒙古高原一起抬升，组成内蒙古高原的东侧边界。东部山地的上升形成了广义上的长白山山地。而中部的平原地区则继续下陷。隆起、抬升、断裂等构造运动一直持续到现在，火山、地震等现象仍继续存在，对整个地区的地理环境起着很大作用。

受新构造运动的影响，东北地区形成了北部、西部和东部被中、低山所环绕，中间是向南部敞开的大平原地貌格局。北部是伊勒呼里山和小兴安岭，西部是辽西山地和大兴安岭山脉，东部是老爷岭、长白山脉、千山山脉；在这三面群山的外部，环绕着高平原、谷地、低地、海滩等地貌类型。山脉走向以北北东为主，大部分山地海拔在1000～1500 m，缺乏高海拔的山地，只有长白山的最高峰白头山海拔在2600 m以上。区内分布的长白山和大、小兴安岭是东北生态系统的重要天然屏障；三江平原、松嫩平原、辽河平原三大平原土壤肥沃、土层深厚，是商品粮产量的重要保障；松花江、东辽河、西辽河、鸭绿江等主要河流流经于此，为湿地的形成与发育提供了丰富的水源（图6-2）。

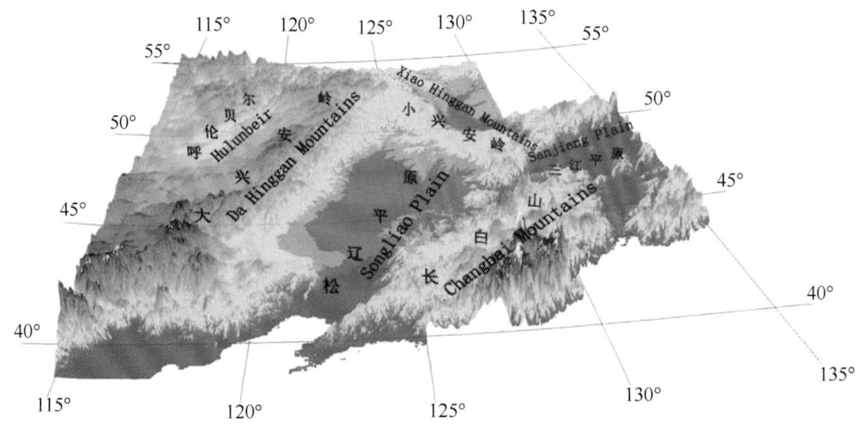

图6-2 东北及周边地势（引自周道玮等，2010）

大兴安岭山地是一条北北东走向的山地，海拔多在1000 m左右，东西两侧地形不对称性明显，西侧较为平缓，山势缓慢地没入内蒙古高原，多为波状丘陵；东侧则节节下降，相对高差大。在大地构造上属大兴安岭褶皱带，是古老的褶皱断块山，由于长期剥蚀、侵蚀，呈现老年期地貌。

小兴安岭是一道新兴的山地，地壳活动比较活跃且持续至今，如西侧五大连池火山群中的老黑山和火烧山在1720年还在喷发。小兴安岭和大兴安岭垂直相连，山势走向为西北到东南走向，海拔一般在400～700 m，最高峰上甘岭海拔1422 m。地势南高北低，北部为切割轻微的丘陵台地，谷宽坡缓，在大地构造上属海西褶皱带的一部分；南部为侵蚀、剥蚀的低山丘陵，山脊明显，起伏显著，在构造上属老爷岭台背斜次一级构造单位。

东部长白山山地是中国与朝鲜的交界处，山势为东北走向，最高峰白头山海拔 2744 m，为东北地区最高峰。在长白山和小兴安岭之间为一系列北北东走向平行的中低山和丘陵，由东向西依次为完达山、老爷岭、张广才岭、那丹哈达岭、威虎岭、大黑山等，海拔在 1000 m 左右。该地区在第三纪的夷平作用后一直在间歇性抬升。近期还有大规模的火山熔岩活动，著名的长白山就是多次火山喷发形成的，长白山火山锥顶有一火山湖便是著名的天池。

被上述山岭围绕的是东北大平原，由北向南依次为三江平原、松嫩平原和辽河平原，松嫩平原和辽河平原又常统称为松辽平原。东北大平原地势平坦，海拔在 0～250 m，南北长约 1000 km，东西最宽处约 400 km。土层深厚，土质肥美，适宜耕种。其中三江平原位于东北区的东北端，由黑龙江、松花江和乌苏里江冲击形成，海拔为 40～80 m，地貌类型有 12 种，有低山丘陵、残山残丘、玄武岩台地等。松嫩平原位于东北区的中部，由松花江和嫩江冲击形成，海拔为 110～300 m，可分为山前台地区和冲积平原区，山前台地区地面波状起伏，岗凹相间，形态复杂，多冲沟，水土流失明显；冲积平原地形平坦开阔，但微地形复杂，沟谷稀少，排水不畅，多盐碱湖泡、沼泽凹地，沙丘、沙岗分布广泛。辽河平原位于东北区的南部，狭义的辽河平原单指下辽河平原，位于辽东丘陵与辽西丘陵之间，主要由辽河水系冲击而成；广义的辽河平原还包括西辽河平原，位于内蒙古东部，大兴安岭南段山地与冀北、辽西山地之间，是由西辽河及其支流形成的冲积平原和残留的沙质古老冲积平原组成。辽河平原地势低平，海拔一般在 50 m 以下，沈阳以北较高，辽河三角洲近海部分仅 2～10 m。辽河携带丰富沉积物，因此下游河漫滩宽阔，河流输沙量大，形成了很厚的黄土状沉积物，并使河口逐渐向外延伸，最终形成冲积海积平原。

南部的辽东半岛以山地丘陵为主，海拔在 600～800 m，只有少数山峰超过 1000 m，如千山北部的步云山海拔为 1131 m。在晚更新世，由于气候变冷，该区域曾发生冰川作用，至今仍存留多处冰川遗迹。

东北地区土壤肥沃，腐殖质丰富，是世界三大肥沃黑土地之一。土壤类型复杂，既呈现地带性分布，又具有明显的垂直分布特点。以寒温带针叶林土、温带暗棕壤、黑土、黑钙土为主体，复合有草甸土、沼泽土和白浆土等。其中分布较广的有棕色针叶林土，主要分布在大兴安岭北段，小兴安岭南坡海拔 500 m 以上的山地，以及长白山海拔 1100～1800 m 的山地；暗棕色森林土主要分布在大兴安岭东坡海拔 800 m 以下、小兴安岭海拔 900 m 以下的山地，以及张广才岭和长白山海拔 1100 m 以下的山地。灰色森林土主要分布在大兴安岭西坡海拔 300～1100 m、南坡海拔 1200～1400 m 的一些地段；棕色森林土主要分布于辽南、辽东湿润地区和辽西山地；褐土分布于辽西半湿润丘陵地区；黑土主要分布于松嫩平原及山前台地；白浆土主要分布于吉林东部、黑龙江东部和北部的山间盆地及河谷阶地；黑钙土主要分布于松嫩平原、大兴安岭东西两侧和松辽分水岭地区；栗钙土主要分布于大兴安岭东南麓的丘陵平原；草甸土主要分布于三江平原、松嫩平原、辽河平原及河流两岸低阶地；沼泽土主要分布于大兴安岭、小兴安岭、长白山等地的河谷，三江平原、松嫩平原、辽河平原的湖滨及河边等低洼地区。

6.1.4 水文

东北地区自南向北跨越中温带与寒温带，属温带季风气候，四季分明，夏季温热多雨，冬季寒冷干燥。自东南向西北，年降水量自 1000 mm 降至 300 mm 以下，从湿润区、半湿润区过渡到半干旱区。另外东北地区东部、北部、西部三面环山，被长白山、小兴安岭和大兴安岭群山环抱，森林覆盖率高，可有效涵养水源、缓解降水地面径流效率、拉长森林贮雪消融时间。

气候和地形因素使得东北地区江河纵横交错，湖泊泡沼星罗棋布。同相邻的华北、西部地区相比，水量较多，水资源丰富。该区有大小河流约 2300 条，其中以黑龙江、松花江、乌苏里江、鸭绿江、图们江、辽河、嫩江等水系的水资源最为丰富。其中黑龙江与长江、黄河、珠江并称为中国四大水系，同时也是世界十大河流之一。

黑龙江水系主要位于东北北部，是我国与俄罗斯之间的界河，全长4370 km，是东北地区北部的主要水系。其上游为额尔古纳河，黑龙江由西向东流，蜿蜒曲折，最后在俄罗斯境内注入鄂霍茨克海。黑龙江在我国境内的主要支流是松花江，它也是黑龙江最大的支流，松花江的最大支流是嫩江，黑龙江另一主要支流是乌苏里江，它是我国黑龙江在东部边境与俄罗斯的边界河流，由东南流向东北，在黑龙江东北部三江平原与黑龙江汇合。黑龙江流域及其两大支流松花江和乌苏里江，以及许多大小河川，形成了密集水网，而三江汇合处的三江平原，正是此水网的核心，也是我国最大的沼泽湿地分布区。黑龙江水系冲积形成了三江平原和松嫩平原两大平原。

东北的东南部主要是鸭绿江和图们江水系，两江均发源于长白山，均是中朝两国间的界河。其中鸭绿江自东北流向西南，在辽宁丹东市的鸭绿江口汇入黄海，图们江由东南流向东北，流经图们市后又折向东南，最终在图们江口流入日本海。

辽河水系主要位于东北区西南部，与松花江水系的分水岭在长春和公主岭之间。辽河是该水系最大的河流，由东、西辽河汇合而成，西辽河起源于河北、内蒙古交界处的七老图山，上游为老哈河，东辽河发源于吉林哈达岭，东、西辽河在辽宁北部的古榆树汇合称为辽河，全长1430 km。辽河下游平原地势低洼，水道交错，主要支流有浑河、柳河、秀水河、太子河等，最后注入辽东湾。辽河冲积形成的平原即东北第三大平原——辽河平原。

除纵横交错的水系外，沿河、沿江平原上还分布有大量的芦苇沼泽和湿地，其中以三江平原、松嫩平原和辽河平原一带的河流、湖泊、沼泽最多，东北地区的内陆湿地中有不少著名的大型湖泊和水库，如大兴凯湖、小兴凯湖、呼伦湖、镜泊湖、五大连池、查干湖、松花湖、月亮泡、三角龙湾、卧龙湖、珍珠湖等，还有广阔的湿地沼泽，其中扎龙、向海为该地区典型的内陆湿地，其成因是地势平坦而海拔较低，降水逐渐汇集，再加上土壤黏性大、透水性差、排水不畅等，最终形成了广布的沼泽湿地。由于地理和地质的差异，三江平原内陆湿地是典型的淡水沼泽湿地，松嫩平原内陆湿地则是典型的盐碱泡沼湿地，吉林乾安县的大布苏泡是松嫩平原最大的内陆盐碱湖，周围分布有碱蓬盐沼。辽河下游地势平坦，河道弯曲，淤积了大量泥沙，河床不断抬高后形成大片沼泽湿地和盐碱地。该区水系整体的水量补给以夏季降水补给为主，另外因纬度较高，冰雪融水补给也占一定比例，因此年径流量在春季和夏季具有明显的双峰特点，这为沿岸工业和城市提供了充足的水源，也为周边农业提供充足的灌溉用水。上述东北大平原上的内陆湿地沼泽除在涵养水源、调节气候等方面起到重要作用外，还为许多珍稀濒危鸟类提供了优质的繁殖地和栖息地。

除此之外，东北区的南部毗邻黄海和渤海，拥有河口和河海淤泥质海岸、基岩质海岸、沙砾质海岸、岛礁型基岩海岸等多种海岸类型。同时，沿海岸线有大凌河、小凌河、双台子河、辽河、碧流河、大洋河、鸭绿江等30多条较大河流分别注入黄海和渤海，滋育了数目众多的河口湾湿地，蕴藏着丰富多样的滨海湿地资源。平原海岸湿地多为潮间带滩涂湿地，广阔的潮间带滩涂孕育了极其丰富的生物区系，为各种水禽提供了优质的栖息、取食场所，是水鸟南北迁徙的重要驿站，也是东亚—澳大利西亚水鸟迁徙路线的重要组成部分。其中比较重要的滨海湿地有丹东鸭绿江滨海湿地、盘锦辽河口滨海湿地、大连庄河口滨海湿地、锦州凌河口滨海湿地等（王永洁，2010）。

6.1.5 土地利用现状

土地利用是人类为满足经济或社会目的，对土地从事的开发与经营活动，是一种建立在自然条件基础上的社会现象，土地覆盖是最直观反映和表现土地利用情况的指标。东北地区自然资源丰富、自然条件良好，近代以前被开发程度较弱，但近代以来经过 100 多年高强度的无序开发、人口数量的急剧膨胀及不合理的土地利用，区内的自然环境和土地利用情况发生了翻天覆地的变化。清代后期清政府对东北地区全面开禁，关内巨大的人口压力和部分地区连年的灾荒导致大量人口流入东北，大片原始森林被砍伐，耕地面积大幅增长；民国时期关内频繁的自然灾害和连年的军阀混战又导致大量人口移民东北，森林和草地面积迅速下降；伪满时期日本侵占东北后对各类资源进行掠夺式开发，森林面积再次大量减少，环境迅速恶化；新中国成立后至改革开放阶段又有大量人口迁入，大量草地、林地和湿地被开发为农田，资源和环境问题开始显现。截至 2000 年，东北地区林地面积为 5000 万 hm^2，占比 40.26%；耕地面积为 3697 万 hm^2，占比 29.77%；草地面积为 2409 万 hm^2，占比 19.40%；水域面积为 314 万 hm^2，占比 2.53%；建筑用地面积为 300 万 hm^2，占比 2.42%；未利用土地面积为 699 万 hm^2，占比 5.62%。整个地区土地利用特征仍以大面积林地为主，耕地和草地次之。就开发情况来看自北向南逐渐增强，以辽宁开发最为严重（张树文等，2006）。土地利用存在的问题主要有以下几方面（孙晓东，2006）。

1. 土地利用结构不合理，耕地面积不断扩大

由于人口的增加和农业的发展，本区的耕地面积不断扩大，而林地、草地的面积相应减少。吉林西部地区草原辽阔，牧草茂盛，原是我国的优良牧场之一，但因实行以农为主，逐步陷入了毁草开荒、广种薄收、越薄收越广种的恶性循环中。

2. 土地沙化日趋严重，对商品粮基地构成重大威胁

近几十年来，东北干旱、半干旱气候区有温度升高、干旱加剧的趋势。如松嫩平原齐齐哈尔观测站，50～80 年代春季平均气温分别为−0.93℃、0.36℃、0.40℃、1.30℃，80 年代比 50 年代高出 2.23℃，气候的变化加剧了本区沙漠化的进程。除气候因素外，人为干扰也是沙漠化加剧的主导因素。如松嫩沙地，20 世纪中叶以前，古沙地上多为茂密的榆树、山杏，流沙较少，但由于 60～70 年代人口迅速增加，自然植被破坏严重，人为因子与同一时期的环境变差相叠加产生共振波谷，明显加速了沙漠化的进程。

3. 土地盐碱化程度不断加深，范围日趋扩大

土地盐碱化包括草地盐碱化、耕地盐碱化和沼泽湿地盐碱化。东北松辽平原是我国盐碱化土重点分布区之一，本区盐碱化土地面积达 604.3 万 hm^2，占全国盐碱化土地面积的 1/4，且盐碱化面积还在逐年增加。土地盐碱化导致土地功能下降甚至丧失，造成生态环境恶化，威胁农牧业的生产和人类生存环境安全。

4. 草场退化严重，牧业进退两难

由于草场的过度放牧和滥樵，草地退化、盐渍化和沙化面积逐渐增加。50 年代松嫩平原的白城市和松原市可利用草场面积为 213 万 hm^2，羊草（*Leymus chinensis*）群落遍布全地区草场，每公顷产干草 1.5～3.0 t，草本植物茂盛，草质优良；到 1985 年，该区草原减少到 188 万 hm^2，到 1999 年，该区草原面积减少到 136.03 万 hm^2，减少速度明显加快。不仅面积减少，而且退化程度也在不断加剧，重度、中度退化草场明显增加，10%～80%的植被覆盖率也明显低于 1985 年。

5. 湿地面积不断萎缩

由于本区气候干燥，降水量较少，加之不合理的开发利用，造成本区地表水资源严重不足，河流流量减少，泡沼干涸，如洮儿河、霍林河、音河、柳河等河流常出现断流。50 年代初期，松嫩平原西部沼

泽连片，泡沼星罗棋布，至 90 年代，至少有 100 多万亩*盐沼被疏干，沼泽湿地、湖泡面积大幅度萎缩，湿地的经济效益和生态效益也迅速下降。

6.1.6 动植物现状

东北区植被可分为 4 个植被区，分别为寒温带针叶林区、温带针阔叶混交林区、暖温带落叶阔叶林区和温带森林草原区（董厚德，2011）。

1. 寒温带针叶林区

寒温带针叶林区区包括大兴安岭北部山地和呼伦贝尔市林区的北部，是我国最北部的森林区，又称北方针叶林区，为俄罗斯东西伯利亚明亮针叶林向南延伸部分。该区气候寒冷，植物种类贫乏，主要由耐寒的常绿或落叶针叶树种所组成，如云杉属（*Picea* sp.）、冷杉属（*Abies* sp.）、落叶松属（*Larix* sp.）及一些耐寒的松属（*Pinus* sp.）和圆柏属（*Sabina* sp.）。主要树种有兴安落叶松（*Larix gmelini*）、樟子松（*Pinus sylvestris* var. *mongolica*）、红皮云杉（*Picea koraiensis*）、白桦（*Betula platyphylla*）、黑桦（*B. dahurica*）、蒙古栎（*Quercus mongolica*）、山杨（*Populus davidiana*）、钻天柳（*Salix arbutifolia*）等。该区为东西伯利亚、东亚、蒙古植物区系过渡地带，植物具耐寒特征。其中东西伯利亚植物成分有兴安落叶松、白桦、狭叶杜香（*Ledum palustr*）、越橘（*Vaccinium vitis-idaea*）等；东亚植物成分主要分布于海拔 400 m 以下地区，如红皮云杉、黑桦、黄檗（*Phellodendron amurense*）等；内蒙古植物成分包括樟子松、蒙古栎等。密厚的针叶树冠阻碍了阳光的射入，导致林冠下的草本植物很少。

兴安落叶松分布较广，但以海拔 500～1000 m 的山地中部、土壤较肥沃而湿润的阴坡生长最好，树高可达 30 m 左右，常形成纯林，为大兴安岭地区的代表性植被类型。在海拔 600 m 以下的山麓和地势较低的东南部地区，由于受温带针阔叶混交林的影响，在兴安落叶松林内常常混生有蒙古栎、黑桦、白桦、山杨、黄檗、紫椴（*Tilia amurensis*）等；樟子松主要分布在海拔 300～500 m 的西北部山顶、山包或阳坡干燥地段；红皮云杉分布较少，多限于河流沿岸低坡上。林下植物主要有兴安杜鹃（*Rhododendron davuricum*）、迎红杜鹃（*R. mucronulatum*）、越橘、胡枝子（*Lespedeza bicolor*）、兴安胡枝子（*L. davurica*）等。草本植物主要有大叶章（*Deyeuxia purpurea*）、拂子茅（*Calamagrostis epigejos*）、铃兰（*Convallaria majalis*）等。

2. 温带针阔叶混交林区

温带针阔叶混交林区包括松嫩平原以东，南至鸭绿江、图们江，北至黑河以南的小兴安岭、完达山、张广才岭、老爷岭和长白山及辽宁东部山地，是东北地区面积最大、最复杂的地带性植被类型。本区植被仍以森林植被为主，属长白山植物区系，地带性植被为针阔叶混交林，树种较多，层次结构也比较复杂，通常有发达的乔木层、下木层、草本层和苔藓层。针叶树主要有红松（*Pinus koraiensis*）、鱼鳞云杉（*Picea ezoensis var. microsperma*）、新疆云杉（*P. bovata*）、红皮云杉、黄花落叶松（*Larix olgensis*）、臭冷杉（*Abies nephrolepis*）、杉松（*A. holophylla*）、东北红豆杉（*Taxus cuspidata*）等；阔叶树主要有蒙古栎、紫椴、白桦、山杨、大青杨（*Populus ussuriensis*）、水曲柳（*Fraxinus andshurica*）、花曲柳（*F. rhynchophylla*）、青楷槭（*Acer tegmentosum*）、花楷槭（*A. ukurunduense*）、拧筋槭（*A. triflorum*）、白牛槭（*A. mandshuricum*）、糠椴（*Tilia mandshurica*）、蒙古椴（*T. mongolica*）、榆（*Ulmus pumila*）、裂叶榆（*U. laciniata*）、春榆（*U. propinqua*）、千金榆（*Carpinus cordata*）、黄檗、胡桃楸（*Juglans mandshurica*）、怀槐（*Maackia amurensis*）等。

---

* 1 亩≈666.7 m^2。

该区植被的垂直性分布较明显。海拔 400～800 m 低山丘陵为阔叶林带，但大多数的原始森林已经被阔叶次生林或人工林取代，山谷、缓坡地带多被垦殖为农田，仅在距村屯较远的低山区还保存有蒙古栎、山杨、白桦、糠椴、黑桦等次生阔叶林。海拔 800～1100 m 为针阔叶混交林带，针叶林的代表树种为红松，另有黄花落叶松、长白松（美人松）（*Pinus sylvestris*）、东北红豆杉等在部分地带有混生现象；阔叶树种主要有蒙古栎、黄檗、水曲柳、色木槭（*Acer mono*）、胡桃楸、山杨、白桦、春榆、紫锻、鼠李（*Rhamnus davurica*）等；林下植物发达，常常形成茂密的林下层，常见的有毛榛（*Corylus mandshurica*）、山梅花（*Philadelphus incanus*）、刺五加（*Acanthopanax senticosus*）、珍珠梅（*Sorbaria sorbifolia*）、金花忍冬（*Lonicera chrysantha*）、石蚕叶绣线菊（*Spiraea chamaedryfolia*）、卫矛（*Euonymus alatus*）、胡枝子等，还有软枣猕猴桃（*Actinidia arguta*）、五味子（*Schisandra chinensis*）等藤本植物。海拔 1100～1800 m 为针叶林带，主要为云冷杉组成的暗针叶林，分布高度由北向南逐渐增高，主要树种有鱼鳞云杉、红皮云杉、臭冷杉和黄花落叶松等，红松较为少见，偶尔混生有少量岳桦（*Betula ermanii*）；林下灌木层不发达。海拔 1800～2100 m 为岳桦林带，林木稀疏，矮曲丛生，林分组成单纯，仅有适应性强的岳桦在这里形成纯林或与偃松（*Pinus pumila*）混生，在背风处有少量鱼鳞云杉、臭冷杉和黄花落叶松分布；灌木主要有牛皮杜鹃（*Rhododendron aureum*）、高山笃斯越橘（*Vaccinium uliginosum*）、仙女木（*Dryas octopetala*）等。海拔 2100 m 以上为苔原带，植物低矮，呈匍匐状或垫状生长，主要种类有牛皮杜鹃、苞叶杜鹃（*Rhododendron redowskianum*）、高山杜鹃（*R. lapponicum*）、松毛翠（*Phyllodoce caerwlea*）、长白棘豆（*Oxytropis anertii*）、砂藓（*Racomitrium canescens*）、珠芽蓼（*Polygonum viviparum*）、高山龙胆（*Gentiana algida*）、长白虎耳草（*Saxifraga laciniata*）等，裸露的岩石上生有种类繁多的地衣。

3. 暖温带落叶阔叶林区

暖温带落叶阔叶林区是华北阔叶林向北延伸的部分，只分布在辽东半岛。本区土地多已被开垦，原始植被基本荡然无存。天然植被主要为次生阔叶林，主要树种有槲树（*Quercus dentata*）、麻栎（*Q. acutissima*）、辽东栎（*Q. liaotungensis*）、栓皮栎（*Q. variabilis*）、蒙古栎、赤松（*Pinus deusiflora*）等。此外还有桦木科、杨柳科、榆科和槭树科等多种阔叶树组成的落叶阔叶林。其中在千山顶部主要为油松（*Pinus tabulaeformis*），灌木除兴安杜鹃外，还有溲疏（*Deulzia amurensis*）等，草本植物主要为薹草（*Carex reventa*）。山的中下部主要为油松栎树组成的落叶阔叶混交林。组成树种除油松和栎树外，还伴生有糠椴、花曲柳和散生的赤杨（*Alnus mandshurica*）等。此外还有人工栽培的大量果树，一些亚热带植物成分，如海州常山（*Clerodendrum trichotomum*）、盐肤木（*Rhus chinensis*）、漆树（*Toxicodendron vernicifluum*）和三椏乌药（*Lindera obtusiloba*）等在此区有分布（徐文铎等，2008）。

4. 温带森林草原区

温带森林草原区包括三江平原、松嫩平原和山前台地，植被主要为森林草原植被和沼泽植被，属长白植物区系。在平原向东部山地过渡的山前台地，植被主要为森林草原，森林多呈斑块状分布，组成以东亚阔叶林成分为主，主要树种为蒙古栎，伴生有黑桦、紫椴、糠椴、白桦、山杨等，灌木主要为胡枝子和榛。草本植物以多年生禾本科、菊科、豆科为主，常见种类有贝加尔针茅（*Stipa baicalensis*）、线叶菊（*Filifolium sibiricum*）、羊草等，是草原上重要的建群种。

三江平原以沼泽化草甸和沼泽植被为主，多沼生、湿生植物和少数的中生植物，常见种有薹草、沼柳（*Salixrosmarini folia* var. *brachypoda*）、柴桦（*Betula fruficosa*）等；在地势低洼的地方，多常年或不定期的积水，主要植物群落有碱蓬（*Suaeda glauca*）群落、芦苇（*Phragmites australis*）群落、碱蒿（*Artemisia anethifolia*）和羊草群落等，在大大小小的泡沼中，还分布有芦苇、香蒲（*Typha orientalis*）、黑三棱（*Sparganium stoloniferum*）等挺水植物和金鱼藻（*Ceratophyllum demersum*）等沉水植物，以及睡莲

(*Nymphaea tetragona*)、荇菜(*Nymphoides peltata*)等浮水植物。

松嫩平原绝大多数的土地都被开垦为农田，仅西部还保留有典型的草甸草原景观，地带性植被为羊草草甸草原和杂草草甸草原，组成种类主要为多年生草本植物，尤以禾本科植物为主。主要植物为羊草、大针茅(*Stipa grandis*)、贝加尔针茅、线叶菊、野古草(*Arundinella hirta*)等，在大面积的羊草群落中广泛镶嵌着中生植物，如牛鞭草(*Hemarthria japonica*)、鸡儿肠(*Kalimeris integrifolia*)、蔓委陵菜(*Potentilla flagellaris*)、地榆(*Sanguisorba officinalis*)、五脉山藜豆(*Lathyrus quinqernervius*)、箭头唐松草(*Thalictrum simplex*)、狼尾巴花(*Lysimochia barystachys*)、旋覆花(*Inula linariaefolia*)等，甚至还有湿生植物针蔺(*Heleocharis interbita*)、水稗草(*Echinochloa phyllopogon*)等(周道玮等，2010)。松嫩平原西南部沙丘广布、甸子纵横，主要植被为沙蒿(*Artemisia desertorum*)半灌木群落，其间伴生有草本植物，其次为农耕地和防护林。

东北区有大兴安岭、小兴安岭和长白山浩瀚的原始森林，辽阔的三江平原、松嫩平原、辽河平原和呼伦贝尔大草原，以及分布其上星罗棋布的芦苇沼泽湿地，为各类野生动物提供了适宜的栖息环境，陆栖脊椎动物种类丰富，占全国物种数的1/4还多，其中鸟类最多，其次为兽类，两栖爬行类种数较少(马逸清，1981)。东北陆栖脊椎动物与全国其他地区相比有以下特点。

(1)在种类上，大型种类占优势。东北兽类共有100多种，其中食肉类约占全国总种数的44%，且多为名贵的毛皮兽，有些则是东北区的特有种类，如东北虎(*Panthera tigris*)、紫貂(*Martes zibellina*)、白鼬(*Mustela erminea*)、貂熊(*Gulo gulo*)等。鸟类中非雀形目种类约占全国总种数的46%，有许多为国内仅见，如黑嘴松鸡(*Tetrao urogalloides*)、柳雷鸟(*Lagopus lagopus*)、花尾榛鸡(*Tetrastes bonasia*)、镰翅鸡等。两栖爬行类动物种类虽较少，但亦有特有种类，如东北小鲵(*Hynobius leechii*)、爪鲵(*Onychodactylus fischeri*)、东北雨蛙(*Hyla japonica*)、粗皮蛙(*Glandirana emeljanovi*)、黑龙江林蛙(*Rana amurensis*)、极北蝰(*Vipera berus*)、蛇岛蝮(*Gloydius shedaoensis*)等。

(2)在动物地理上，为独立的东北区。特点为耐寒的林栖种类占优势，有些环北极类型的动物如驼鹿(*Alces alces*)、雪兔(*Lepus timidus*)、貂熊等分布于此。很多候鸟在此繁殖，如丹顶鹤、灰鹤、白枕鹤、鸳鸯、白琵鹭、苍鹭、草鹭(*Ardea purpurea*)等。另外，东北区的西部与蒙新区、西南部与华北区相邻接，还分布有一些两区共有的种类，如蒙古兔(*Lepus tolai*)、五趾跳鼠(*Allactaga sibirica*)、毛腿沙鸡等。

(3)在生态上，具有明显的季节性和耐寒适应。东北为我国的“寒极”，气候寒冷，冬季积雪。动物为了适应寒冷气候，除毛长绒厚外，还会相对增大体积，同一种动物分布于东北的明显比国内其他地方的大，如东北虎，不仅毛长被称为长毛虎，个体也是虎中最大者。有些种类为了适应雪地环境，冬季毛被会变白，如雪兔、白鼬、伶鼬(*Mustela nivalis*)等，鸟类中有雪鸮(*Bubo scandiacus*)、雪鹀(*Plectrophenax nivalis*)、柳雷鸟等。有些种类则通过冬眠度过寒冬，如普通刺猬(*Erinaceus europaeus*)、花鼠(*Eutamias sibiricus*)、达乌尔黄鼠(*Citellus dauricus*)、狗獾(*Meles meles*)、貉(*Nyctereutes procyonoides*)、黑熊(*Selenarctos thibetanus*)等。许多鸟类冬季则长途迁徙到南方去越冬，由于冬季江河封冻，许多动物还具有国际间自由往来的特点。

野生动物的分布与植被密切相关，在不同的植被带中栖息的动物也有所差异。

高海拔寒温带针叶林区常见兽类有普通鼩鼱(*Sorex araneus*)、普通田鼠(*Microtus arvalis*)、小飞鼠(*Pteromys volans*)、雪兔、驼鹿、伶鼬、白鼬、猞猁(*Lynx lynx*)、棕熊(*Ursus arctos*)等。鸟类有红交嘴雀(*Loxia curvirostra*)、松雀(*Pinicola enucleator*)、欧亚旋木雀(*Certhia familiaris*)、褐头山雀(*Poecile montanus*)、沼泽山雀(*P. palustris*)、大山雀、极北柳莺(*Phylloscopus borealis*)、暗绿柳莺(*P. trochiloides*)、黄雀(*Spinus spinus*)、北红尾鸲(*Phoenicurus auroreus*)等小型鸟类，大型鸟类则有渡鸦(*Corvus corax*)、大嘴乌鸦(*C. macrorhynchos*)、小嘴乌鸦(*C. corone*)、北噪鸦(*Perisoreus infaustus*)、黑嘴松鸡、花尾

榛鸡、柳雷鸟、花头鸺鹠（*Glaucidium passerinum*）等。两栖类、爬行类种类非常少，常见物种有东北林蛙（*Rana dybowskii*）、极北鲵（*Salamandrella keyserlingii*）、中华蟾蜍（*Bufo gargarizans*）、胎生蜥（*Zootoca vivipara*）、黑龙江草蜥（*Takydromus amurensis*）、乌苏里蝮（*Gloydius ussuriensis*）、中介蝮（*G. intermedius*）等。

在温带针阔叶混交林和暖温带落叶阔叶林区，植物种类较为丰富，乔、灌木树种在各个时期盛产各类果实和种子，多年生草本和早春植物也为植食性动物提供了丰富的食物，大量有花植物所吸引的种类多样的昆虫为食虫物种提供了丰富的食物，广泛存在的枯木、树洞、灌木丛和厚草被为动物提供了良好的隐蔽所，因此该区野生动物种类十分丰富。典型和常见的代表动物有狍（*Capreolus capreolus*）、野猪（*Sus scrofa*）、原麝（*Moschus moschiferus*）、斑羚（*Naemorhedus goral*）、马鹿（*Cevrus elaphus*）、青鼬（*Martes flavigula*）、伶鼬、黄鼬（*Mustela sibirica*）、松鼠（*Sciurus vulgaris*）、花鼠、东北鼢鼠（*Myospalax psilurus*）、大林姬鼠（*Apodemus speciosus*）、缺齿鼹（*Mogera robusta*）等。国家一级重点保护野生动物梅花鹿（*Cervus nippon*）在本区尚有少数野生种群存在。鸟类种类也非常多，如斑翅山鹑（*Perdix dauurica*）、大斑啄木鸟（*Dendrocopos major*）、普通䴓、北长尾山雀（*Aegithalos caudatus*）、大山雀、沼泽山雀、松鸦（*Garrulus glandarius*）、灰喜鹊（*Cyanopica cyanus*）、红胁蓝尾鸲（*Tarsiger cyanurus*）、黄喉鹀（*Emberiza elegans*）、灰背鸫（*Turdus hortulorum*）、山斑鸠、大杜鹃、四声杜鹃（*Cuculus micropterus*）、远东树莺（*Horornis canturians*）、黄眉柳莺（*Phylloscopus inornatus*）、长尾林鸮（*Strix uralensis*）、长尾雀（*Carpodacus sibiricus*）、雀鹰（*Accipiter nisus*）等。林缘沼泽地带则分布有大天鹅、鸳鸯、丹顶鹤等稀有鸟类，另外鸿雁、豆雁、绿头鸭、绿翅鸭等也较为常见。爬行类代表物种有黑龙江草蜥、胎生蜥、棕黑锦蛇（*Elaphe schrenckii*）、东亚腹链蛇（*Amphiesma vibakari*）、乌苏里蝮等。两栖类有东北雨蛙、花背蟾蜍（*Bufo raddei*）、黑斑蛙（*Rana nigromaculata*）、东北林蛙、东方铃蟾（*Bombina orientalis*）等。

温带森林草原区则主要栖息着三趾跳鼠（*Dipus sagitta*）、黄鼠（*Citellus* spp.）、长爪沙鼠（*Meriones unguiculatus*）、黑线仓鼠（*Cricetulus barabensis*）、普通田鼠、草原鼢鼠（*Myospalax aspalax*）等小型啮齿类，以及毛腿沙鸡、云雀、大鸨等一些善于在开阔地活动的鸟类。在一些地势低洼的水泡及沼泽地带，则栖息着大量的水鸟和沼泽草甸鸟类，如雁鸭类、鸥类、麦鸡、鸻鹬类等。爬行类以丽斑麻蜥（*Eremias argus*）、白条锦蛇（*Elaphe dione*）、黄脊游蛇（*Coluber spinalis*）、虎斑颈槽蛇（*Rhabdophis tigrinus*）、赤链蛇（*Dinodon rufozonatum*）等比较常见。两栖类种类贫乏，黑斑蛙、中华蟾蜍分布较普遍，数量多。

东北大平原分布着广大的农田区，因人类干扰较大，很难见到较大型的兽类，小型啮齿类动物数量占有绝对优势。常见的种类有普通田鼠、小家鼠（*Mus musculus*）、褐家鼠（*Rattus norvegicus*）、黑线姬鼠（*Apodemus agrarius*）、黑线仓鼠、巢鼠（*Miccromys minutus*）、达乌尔黄鼠、鼢鼠等。食虫类以麝鼹（*Scaptochirus moschatus*）、小麝鼩（*Crocidura suaveolens*）较常见。食肉类主要是黄鼬。常见鸟类有云雀、白鹡鸰、鹌鹑（*Coturnix japonica*）、长耳鸮（*Asio otus*）、短耳鸮（*A. flammeus*）、麻雀、戴胜（*Upupa epops*）、喜鹊、灰椋鸟（*Spodiopsar cineraceus*）、山斑鸠、红尾伯劳（*Lanius cristatus*）等。猛禽中常见的有红脚隼（*Falco amurensis*）、红隼、大鵟（*Buteo hemilasius*）、普通鵟（*B. japonicus*）、白尾鹞（*Circus cyaneus*）等。爬行类有黑龙江草蜥、白条草蜥（*Takydromus wolteri*）、丽斑麻蜥、虎斑颈槽蛇、红点锦蛇（*Elaphe rufodorsata*）、赤链蛇等。两栖类有花背蟾蜍、中华蟾蜍、黑斑蛙、黑龙江林蛙等。

野生动物资源是一种可更新资源，如果保护利用合理，则能取之不尽用之不竭，反之数量便会逐渐减少，分布区亦会逐步缩小，甚至种群无法恢复以至灭绝。曾经的东北是一个地广人稀、野生动物资源极为丰富的地方，素有“棒打狍子瓢舀鱼”的说法。东北地区很早便开始了对野生动物的利用，有些少数民族甚至主要以狩猎为生，但他们在狩猎时一直遵守“打公不打母，打大不打小，一群不打光，一个地方不打绝”的祖训，因此并未对东北地区野生动物资源的消长造成大的影响。但帝国主义入侵中国时，曾大肆掠夺我国自然资源，砍伐森林，导致野生动物资源遭到严重破坏。新中国成立后，由于人口急速增加和发展生产的需要，对耕地和木材的需求量逐年增加，森林继续被大量砍伐，草原、沼泽、湿地被逐渐开垦，野生动物的生存空间逐渐缩小，栖息环境质量也逐渐恶化，使野生动物资源继续遭到破坏，数量日趋减少，甚至濒临灭绝。如分布在大兴安岭和黑龙江流域的镰翅鸡、柳雷鸟，驰名中外的东北虎等曾一度濒临灭绝的边缘，原来极为普遍的狍、野猪的数量也在逐渐减少。后来随着保护区的建立和人们保护意识的增强，很多物种的种群数量正在慢慢恢复。

6.1.7 社会经济

东北地区是我国开发历史最短的地区之一，其种植业开发的历史不到 300 年，现代工业的发展历史也只有一个多世纪。从历史上看，东北地区以前一直是地广人稀，是我国北方少数民族繁衍生息的地区。直至清朝，东北地区开始涌入大量移民，到 20 世纪三四十年代，东北地区人口数量已接近全国人口的十分之一。作为一个经济地域系统，东北区的形成发展可分为 3 个阶段：1860 年以前为自然经济阶段；从 1860 年到第二个五年计划结束的近一个世纪为资源开发阶段；从 20 世纪 60 年代初东北工业体系基本建成至今，开始了由资源开发向加工工业过渡的阶段。东北区的现代工业是在帝国主义、封建主义和官僚资本主义反动统治的废墟上发展起来的。新中国成立后，国家对东北区的工业建设投入了大量的资金，经过几十年的建设，东北工业基本建成以机械、石油、化学、冶金等工业部门为主，包括建材、森工、电力、煤炭和轻纺等部门在内的比较完整的工业体系，重工业在东北区整个工业体系中占有重要地位，是东北区工业的主体，其重工业的比例一度占全国的 98%，主要有沈大工业带、长吉工业带、哈大齐工业带三个重要的工业带，在新中国成立初期至 20 世纪 90 年代，为中国以耗竭大量自然资源和严重生态赤字为代价的外延型经济发展做出了巨大贡献，强有力地支援了全国各地的经济建设，被誉为新中国的“工业摇篮”。

东北工业主要集中在辽宁，其工业产值占全区工业总产值的 52.6%，黑龙江占 27.8%，吉林占 17.0%。目前东北地区的经济在我国未来的现代化建设中仍具有十分重要的战略地位。例如，东北地区原油产量占全国的 40%，木材产量占全国的 50%，汽车产量占全国的 25%，重型卡车产量占全国的 50%，造船产量和农业商品粮占全国的 1/3，另外重型装备制造业和重要军工产品生产地位也十分突出。但同时我们也应该看到，由于长期的掠夺式资源开发，到 20 世纪 90 年代前后，已出现包括能源、水、有色金属和森林等工业原料在内的多方面的资源短缺。除铁矿外，主要金属矿产的产、储量濒临枯竭；森林资源长期过伐，已不得不大幅度调减采伐指标；煤炭、石油等基本矿种由于长期高强度开发，采储比显著下降，资源消耗加快（齐殿伟和尹豪，2005）。

东北地区多种多样的地貌类型，给农业的综合化发展奠定了基础，以山地、平原为主的广大地形使得农业大规模经营成为可能。东北肥沃的黑土地使黑龙江、吉林成为我国重要的农业大省，每年的粮食产量和品质基本都遥遥领先于全国其他省份。主要种植作物有水稻（*Oryza sativa*）、玉米（*Zea mays*）、大豆、马铃薯、甜菜、高粱及温带瓜果蔬菜等。另外，辽宁沿海地区还盛产海参、鲍鱼、牡蛎、对虾及鱼类等海鲜。东北的黑土地虽然富饶，但并不是每处都适合农垦。锡林郭勒盟、哲里木盟、呼伦贝尔市及松嫩平原西部的黑土层之下为巨厚的沙层，具有潜在荒漠化的危险。虽然这些黑土地富含腐殖质而具有天然肥力，耕作初期的收成会很好，但两三年之后，则会加速黑土地的剥蚀，并最终导致下伏沙层的活化，土地也因此被撂荒。如今的土地荒漠化现状是由长期以来以农垦为特征的人类活动带来的黑土地流失和“古砂翻新”所致（齐殿伟和尹豪，2005）。

东北地区人口分布不平衡，省区间人口数量相差悬殊。人口主要集中在城市及其周围、交通沿线与平原河谷地带，而山区、林区和草原区人口较为稀少；东北地区南部、中部人口较稠密，东部、北部和西部人口则呈稀疏分布的状态，大兴安岭一带人口最为稀少，辽宁人口最密集。由于近些年东北地区经济增长相对滞后，人口流失愈演愈烈，出生率极低且还在不断下降，东北三省总生育率远远低于 1.5%，人口负增长的现象越来越突出，同时段内吉林和黑龙江人口自然增长率更是低于 1%，自然增长率严重低于全国自然增长率。截至 2010 年，东北地区老龄人口的比例达到 9.34%，远远超过全国平均水平。其中，辽宁老龄人口的比例高达 10.42%（齐殿伟和尹豪，2005）。

文化方面，东北多年的移民历史造就了多元的关东文化，具有多民族融和、多元文化共存的特点，同时还具有兼容性、包容性和开放性。移民也是该地区少数民族多样的主要原因，其中满族、朝鲜族、赫哲族和俄罗斯族主要分布于东北地区，除此之外还有蒙古族、回族、锡伯族、鄂温克族、鄂伦春族等少数民族（孙晓东，2006）。

6.2 鸟类组成

6.2.1 鸟类研究历史

对东北鸟类最早的记载见于 1443 年（明正统八年）毕恭所撰写的《辽东志》，记载鸟类 38 种。1565 年（明嘉靖四十四年）李辅编撰了《全辽志》，其中记载鸟类 35 种。《盛京通志》最早成书于 1684 年（清康熙二十三年），后经四次撰修完善，共记载鸟类 70 余种。早在 1677 年（清康熙十六年）清宫大臣觉罗武木纳率队对吉林省长白山的生物资源包括鸟类资源做过调查。1861 年，郇和（Swinhoe）把采自大连湾的凤头百灵定名为辽东云雀，在伦敦发表，为辽宁鸟类进行首次国际报道。1891 年（清光绪十七年），长顺修、李桂林纂的地方志《吉林通志》记载描述了雕和海东青等，但多摘自《辽史》《柳边记略》《秕言》和《盛京通志》。

20 世纪初，东北鸟类研究报道多为外国人。1902 年俄国研究人员发表了《满洲的鸟类》，1909 年英国研究人员发表了《满洲鸟类》，对营口、铁岭等地的部分鸟类进行过报道。至 20 世纪 30 年代前后，英国人 Sowerby（1923）撰写了 *The Naturalist in Manshuria*（*Vol. III. Birds*），Seys（1933）发表了《热河鸟类考察录》，水野馨 1934 年发表了《满洲鸟类分布名录》、1940 年发表了《满洲鸟类原色大图鉴》，德国人 Meise（1934）发表了《满洲鸟类区系》，日本的山阶芳磨（1939）发表了《满洲之鸟》《满洲鸟类的食性》等，山县深雪 1942 年出版的《满洲的野生鸟》等（东北保护野生动物联合委员会，1988）。

新中国成立后，东北鸟类学研究逐渐发展起来，尤其是东北师范大学生物系傅桐生教授等，自 20 世纪 50 年代末开始在吉林开展鸟类研究工作。继傅桐生教授之后，东北从事鸟类研究的专门人员逐渐增加。辽宁主要有苏造文、顾文学、范忠民、刘梦非、孙士德、黄沐朋、刘明玉等，发表了《沈阳地区的鹀属鸟类》《辽宁草河口林区鸟类调查初报》等论文（苏造文，1959；范忠民和徐进生，1963）。吉林除傅桐生教授外，高岫、陈鹏、高玮、赵正阶、宋榆钧、杨学明、王魁颐、童墉昌、袁守城、何敬杰、张兴禄等也在 20 世纪 50 年代末和 60 年代初开始从事鸟类研究，发表了《吉林省鸟类地理区划》《吉林省动物地理区划》《长白山鸟类志》《中国东北地区珍稀濒危动物志》等论文及著作（陈鹏，1978；傅桐生等，1981；赵正阶，1985；赵正阶等，1999）；虽然 20 世纪 50 年代末也开始了在黑龙江的鸟类学研究，但专门从事鸟类研究的人员不多，周福章、张孟闻对榛鸡开展了研究，发表了《榛鸡的生态》等论文（东北保护野生动物联合委员会，1988）。此时期东北地区鸟类研究以考察、地理分布与区系、繁殖生态等为主。20 世纪 70 年代末 80 年代初，东北鸟类研究进入快速发展阶段，研究队伍不断壮大，尤其黑龙江，马国恩、高中信、费殿金、李金禄、冯科民、朴仁珠等分别研究了丹顶鹤、黑琴鸡、细嘴松鸡和白鹳等珍稀鸟类，从事兽类研究的马逸清、马建章、李佩珣等也做了许多鸟类研究工作（马逸清，1989）。此阶段东北鸟类研究内容不仅包括区系和个体繁殖生态，也包括种群生态、群落生态和鸟类在森林生态系统中的作用，以及珍稀濒危鸟类保护和经济鸟类研究。90 年代至今，东北鸟类生态学研究步入成熟，研究内容深入而广泛，汲取交叉学科的理论和方法，研究论文数量快速增加，质量也不断提升，在国际权威杂志和著名鸟类学杂志都有论文发表。

经过几代人的不懈努力研究，东北鸟类研究取得了可喜的成果，相关著作陆续问世，积累了宝贵的资料。1984 年，傅桐生、高玮、宋榆钧发表了《长白山鸟类》一书，该书为吉林省第一本鸟类学专著。1985 年，赵正阶主编了《长白山鸟类志》；1987 年，吉林省野生动物保护协会发表了《吉林省野生动物图鉴（鸟类）》；1987 年，傅桐生、高玮、宋榆钧发表了《鸟类分类及生态学》；1988 年，由东北保护野生动物联合委员会主持，赵正阶任主编发表了《东北鸟类》；1989 年，黄沐朋等发表了《辽宁动物志：鸟类》；1992 年，黑龙江省野生动物研究所发表了《黑龙江省鸟类志》，高玮（1992）发表了《鸟类分类学》；1993 年，高玮发表了《鸟类生态学》；1995 年，常家传、桂千惠子、刘伯文、张鹏发表了《东北鸟类图鉴》；1998 年，傅桐生、高玮、宋榆钧主编了《中国动物志　鸟纲　第十四卷　雀形目　文鸟科　雀科》；2001 年，赵正阶发表了《中国鸟类志》；2002 年，高玮发表了《中国隼形目鸟类生态学》和《栗斑腹鹀生态学》，马逸清、李晓民发表了《丹顶鹤研究》；2004 年，高玮等发表了《中国东北地区洞巢鸟类生态学》；2006 年，高玮等发表了《中国东北地区鸟类及其生态学研究》；2007 年，李庆伟、马飞发表了《鸟类分子进化与分子系统学》；2009 年，李庆伟、张凤江发表了《东北鸟类大图鉴》；2012 年，王海涛、姜云垒、高玮发表了《吉林省鸟类》；2019 年，马逸清、李晓民、马国良、李淑玲发表了《中国丹顶鹤》等。

6.2.2　鸟类物种组成

东北区包括东北三省的大部分地区和内蒙古阿尔山市以北的大兴安岭北部山地及蒙吉黑交界地区。吉林和辽宁西部的小部分地区属蒙新区的东部草原亚区，辽宁西南部的小部分地区属华北区的黄淮平原亚区和黄土高原亚区。因此，东北地区的鸟类区系组成不仅具有东北区特征，也有蒙新区和华北区成分。

黑龙江省野生动物研究所（1992）发表的《黑龙江省鸟类志》记载黑龙江分布鸟类 19 目 57 科 343 种；邢晓莹等（2017）查阅了 1990～2016 年发表的文献，并对比了《中国鸟类分类与分布名录》（第二版）（郑光美，2011），对黑龙江鸟类进行了修订，发表了《近 27 年黑龙江省鸟种变化的初步修订》一文（邢晓莹等，2017），另外，2020 年，增加一新记录种（李显达等，2020），确认黑龙江分布的鸟类为 20 目 64 科 385 种。其中，国家一级重点保护野生鸟类 23 种，国家二级重点保护野生鸟类 71 种；脊椎动物红色名录中地区性绝灭（RE）1 种，极危种（CR）5 种，濒危种（EN）13 种，易危种（VU）16 种，近危种（NT）53 种，无危种（LC）285 种，缺乏数据种（DD）12 种；IUCN 红色名录中野外绝灭（EW）1 种，极危种（CR）3 种，濒危种（EN）8 种，易危种（VU）13 种，近危种（NT）8 种，无危种（LC）352 种。

高玮等（2005）发表的《吉林省鸟类多样性研究》记录了吉林分布有鸟类 19 目 55 科 350 种，王海涛等（2012）发表的《吉林省鸟类》记载吉林分布有鸟类 19 目 63 科 171 属 359 种；作者在此基础上，查阅了吉林 2012 年以来鸟类分布新记录文献，并结合野外观测记录，确认吉林分布有鸟类 19 目 67 科 373 种。其中，国家一级重点保护野生鸟类 24 种，国家二级重点保护野生鸟类 71 种；脊椎动物红色名录中极危种（CR）4 种，濒危种（EN）14 种，易危种（VU）19 种，近危种（NT）48 种，无危种（LC）278 种，缺乏数据种（DD）10 种；IUCN 红色名录中极危种（CR）3 种，濒危种（EN）9 种，易危种（VU）13 种，近危种（NT）10 种，无危种（LC）338 种。

李壮威（1983）发表的《辽宁省鸟类资源的生态概况》记载辽宁分布有鸟类 20 目 59 科 404 种；黄沐朋等（1989）发表的《辽宁动物志：鸟类》记载辽宁分布有鸟类 19 目 57 科 365 种；根据辽宁鸟类研究中心张凤江提供的资料，查阅了近些年辽宁鸟类新记录，并对比了《中国鸟类分类与分布名录》（第二版）（郑光美，2011），初步确定辽宁现有鸟类 20 目 75 科 455 种。其中，国家一级重点保护野生鸟类 32 种，国家二级重点保护野生鸟类 82 种；脊椎动物红色名录中极危种（CR）5 种，濒危种（EN）20 种，易危种（VU）19 种，近危种（NT）60 种，无危种（LC）323 种，缺乏数据种（DD）22 种；IUCN 红色名录中极危种（CR）

3 种，濒危种（EN）11 种，易危种（VU）18 种，近危种（NT）10 种，无危种（LC）407 种。

凤凌飞（1984）统计的内蒙古鸟类总数为 333 种；杨贵生和邢莲莲（1998）发表的《内蒙古脊椎动物分布及名录》记录鸟类 17 目 61 科 435 种；旭日干发表的《内蒙古动物志（第三卷）：鸟纲 非雀形目》（旭日干，2013）和《内蒙古动物志（第四卷）：鸟纲 雀形目》（旭日干，2015）共记录鸟类 19 目 66 科 467 种。吴佳媛和杨贵生（2017）在前人研究的基础上，整理了 2016 年前内蒙古鸟类记录，发表了《近年来内蒙古鸟类新纪录的解析》，确认内蒙古共有鸟类 19 目 68 科 494 种。内蒙古 2011 年以来文献报道新记录种 13 种，其中 2017 年以后新记录种为 4 种，因此，内蒙古鸟类应为 19 目 69 科 498 种。其中，国家一级重点保护野生鸟类 30 种，国家二级重点保护野生鸟类 84 种；脊椎动物红色名录中地区性绝灭（RE）1 种，极危种（CR）4 种，濒危种（EN）22 种，易危种（VU）23 种，近危种（NT）61 种，无危种（LC）374 种，缺乏数据种（DD）13 种；IUCN 红色名录中极危种（CR）3 种，濒危种（EN）10 种，易危种（VU）16 种，近危种（NT）16 种，无危种（LC）453 种。内蒙古的图牧吉国家级自然保护区属东北区松辽平原亚区，记载鸟类 20 目 57 科 276 种。

经过 10 年的观测，并结合文献，整理得到东北区有鸟类 468 种，隶属 23 目 76 科（附表 I）。这其中有国家重点保护野生动物 120 种，包括黑嘴松鸡、青头潜鸭、勺嘴鹬等国家一级重点保护野生动物 32 种，花尾榛鸡、白额雁、角䴙䴘等国家二级重点保护野生动物 88 种。中国生物多样性红色名录受威胁物种 48 种，包括区域灭绝的镰翅鸡 1 种，极危的青头潜鸭、白鹤、勺嘴鹬、中华凤头燕鸥和黑头白鹮（*Threskiornis melanocephalus*）5 种，濒危的有 19 种，易危的有 23 种。列入 IUCN 红色名录中受威胁的有 39 种，包括极危的青头潜鸭、中华凤头燕鸥和黄胸鹀 3 种，濒危的 12 种，易危的 24 种。

6.2.3 鸟类新记录

黑龙江 2011 年以来文献报道新记录鸟种为 9 种，为斑头雁（毛兰文等，2014）、蛇雕（*Spilornis cheela*）（黄建等，2011）、田鸫（*Turdus pilaris*）（刘志远等，2012）、长嘴半蹼鹬（*Limnodromus scolopaceus*）（李显达和董义，2014）、红翅凤头鹃（*Clamator coromandus*）（阳艳岚等，2013）、家八哥（*Acridotheres tristis*）（柳郁滨和赵文阁，2013）、黄腹柳莺（*Phylloscopus affinis*）（李显达等，2011）、灰眉岩鹀（*Emberiza cia*）（方思远等，2016）、赤腹鹰（李显达等，2020）。吉林自 2012 年以来记录到新分布鸟种 18 种，文献报道了大滨鹬（于国海等，2011a）、阔嘴鹬（于国海等，2011b）、白颊黑雁（*Branta leucopsis*）（朱井丽等，2018）、黄眉姬鹟（*Ficedula narcissina*）（李连山等，2018）、黄嘴潜鸟（*Gavia adamsii*）（米红旭等，2012）、白眼潜鸭（孙鹏等，2012）、鬼鸮（邓秋香等，2011）、沙丘鹤（*Grus canadensis*）（于国海等，2011c）、灰背椋鸟（*Sturnia sinensis*）（李连山等，2018）、红腹红尾鸲（*Phoenicurus erythrogastrus*）（李连山等，2018）、白头鹎（李连山等，2018）等，个人观察记录种包括红胸鸻（*Charadrius asiaticus*）、灰尾漂鹬（*Tringa brevipes*）、珠颈斑鸠、紫翅椋鸟（*Sturnus vulgaris*）。辽宁 2011 年以来报道新记录鸟种为 15 种：沙丘鹤（程雅畅等，2014）、栗头鳽（*Gorsachius goisagi*）（何芬奇等，2014）、白头鹎（万冬梅等，2017）、雪雁（*Anser caerulescens*）（曾娅杰等，2018）、暗灰鹃䴗（*Coracina melaschistos*）（白清泉，2014）、丝光椋鸟（*Sturnus sericeus*）（白清泉，2014）、渔鸥（白清泉，2014）、噪鹃（*Eudynamys scolopacea*）（张雷等，2018）、小滨鹬（*Calidris minuta*）（白清泉等，2019）、长嘴半蹼鹬（白清泉等，2019）、斑胸滨鹬（*Calidris melanotos*）（白清泉等，2019）、流苏鹬（*Philomachus pugnax*）（白清泉等，2019）。吴佳媛和杨贵生（2017）在前人研究的基础上，整理了 2016 年前内蒙古鸟类记录，发表了《近年来内蒙古鸟类新纪录的解析》，确认内蒙古共有鸟类 19 目 68 科 494 种，其中报道内蒙古 2011 年以来文献报道新记录种 12 种。2017 年以后新记录种为 5 种，为山麻雀（*Passer rutilans*）（冯桂林等，2017）、大红鹳（方海涛和冯桂林，2017）、欧鸽（*Columba oenas*）（方海涛等，2017）、灰翅鸥（*Larus glaucescens*）（何晓萍等，2018）、短尾贼鸥（*Stercorarius parasiticus*）（赵格日乐图等，2019），其中位于东北区内的有白冠带鹀（*Zonotrichia leucophrys*）和短尾贼鸥 2 种（表 6-2）。

表 6-2　2011 年以来东北区省级及以上鸟类新记录

新记录鸟种*	时间	位置或地理坐标	生境类型	参考文献
斑头雁 *Anser indicus*	2013.6	黑龙江大兴安岭加格达奇甘河	湿地	毛兰文等，2014
蛇雕 *Spilornis cheela*	2010.1	黑龙江林甸县小黑山	雪地	黄建等，2011
田鸫 *Turdus pilaris*	2010.10	黑龙江大兴安岭伊勒呼里山南麓	草甸灌木林结合处	刘志远等，2012
长嘴半蹼鹬 *Limnodromus scolopaceus*	2012.5；2010.5	黑龙江大庆市；辽宁鸭绿江口	湿地	李显达和董义，2014；白清泉等，2019
红翅凤头鹃 *Clamator coromandus*	2012.9	黑龙江青峰鸟类环志站	森林	阳艳岚等，2013
家八哥 *Acridotheres tristis*	2010.12	黑龙江哈尔滨市	市区	柳郁滨和赵文阁，2013
黄腹柳莺 *Phylloscopus affinis*	2010.8	黑龙江嫩江县高峰鸟类环志站	农田、人工林	李显达等，2011
灰眉岩鹀 *Emberiza cia*	2015.10	黑龙江嫩江县高峰鸟类环志站	森林与草本沼泽湿地交汇处	方思远等，2016
赤腹鹰 *Accipiter soloensis*	2018.5	黑龙江嫩江县高峰鸟类环志站	森林	李显达等，2020
大滨鹬 *Calidris tenuirostris*	2010.8	吉林白城市镇赉县大岗	泡沼	于国海等，2011a
阔嘴鹬 *Limicola falcinellus*	2010.8	吉林白城市镇赉县大岗、莫莫格	湿地、泡沼	于国海等，2011b
白颊黑雁 *Branta leucopsis*	2018.5	吉林白城市通榆县向海	湿地	朱井丽等，2018
黄眉姬鹟 *Ficedula narcissina*	2014.4	吉林白城市通榆县向海		李连山等，2018
黄嘴潜鸟 *Gavia adamsii*	2011.5	吉林白山市抚松县	水域	米红旭等，2012
白眼潜鸭 *Aythya nyroca*	2010.4	吉林白城市镇赉县	湿地	孙鹏等，2012
鬼鸮 *Aegolius funereus*	2010.10	吉林吉林市	森林	邓秋香等，2011
沙丘鹤 *Grus canadensis*	2010.5；2013.3	吉林白城市镇赉县莫莫格；辽宁獾子洞	湿地	于国海等，2011c；程雅畅等，2014
灰背椋鸟 *Sturnia sinensis*	2006.5	吉林白城市通榆县向海		李连山等，2018
红腹红尾鸲 *Phoenicurus erythrogastrus*	2000.4	吉林白城市通榆县向海		李连山等，2018
白头鹎 *Pycnonotus sinensis*	2010.10	吉林白城市通榆县向海		李连山等，2018
紫翅椋鸟 *Sturnus vulgaris*	2003.9	吉林白城市通榆县向海	农田	李连山等，2018
红胸鸻 *Charadrius asiaticus*	2012.8	吉林白城市镇赉县大岗	草原	观测记录，未发表
灰尾漂鹬 *Tringa brevipes*	2013.11	吉林白城市镇赉县莫莫格	湿地	观测记录，未发表
珠颈斑鸠 *Streptopelia chinensis*	2019.9	吉林长春市	市区	观测记录，未发表
黄腹山雀 *Parus venustulus*	2010.5	吉林白城市镇赉县莫莫格国家级自然保护区		张冬娜等，2012
仙八色鸫 *Pitta nympha*	2019.7	吉林左家自然保护区		徐源新和王海涛，2020
栗头鳽 *Gorsachius goisagi*	2012.4	辽宁丹东市鸭绿江口		何芬奇等，2014
白头鹎 *Pycnonotus sinensis*	2015.12	辽宁北票市马友营蒙古族乡	居民区	万冬梅等，2017
雪雁 *Anser caerulescens*	2017.12	辽宁营口市对辽河湿地	湿地	曾娅杰等，2018
暗灰鹃鵙 *Coracina melaschistos*	2012.5	辽宁东港市	湿地	白清泉，2014
丝光椋鸟 *Sturnus sericeus*	2007.6	辽宁东港市前阳镇石桥村	林缘、居民区	白清泉，2014
渔鸥 *Larus ichthyaetus*	2010.2	辽宁大连市金州区	海滩	白清泉，2014
噪鹃 *Eudynamys scolopacea*	2017.5	辽宁朝阳市和大连市庄河	人工林	张雷等，2018
小滨鹬 *Calidris minuta*	2010.5、9	辽宁丹东鸭绿江口；吉林白城市镇赉县莫莫格	湿地	于国海和邹畅林，2012；白清泉等，2019
斑胸滨鹬 *Calidris melanotos*	2010.5	辽宁丹东市鸭绿江口	湿地	白清泉等，2019
流苏鹬 *Philomachus pugnax*	2011.3	辽宁丹东市鸭绿江口	湿地	白清泉等，2019
白腹隼雕 *Aquila fasciata*	2015.9	辽宁大连市老铁山		王小平等，2021
凤头鹰 *Accipiter trivirgatus*	2017.10	辽宁大连市老铁山		王小平等，2021
黑翅鸢 *Elanus caeruleus*	2019.10	辽宁大连市老铁山		王小平等，2021
白冠带鹀 *Zonotrichia leucophrys*	2012.10	内蒙古呼伦贝尔市乌尔旗汗		王沁和王瑞卿，2013
短尾贼鸥 *Stercorarius parasiticus*	2017.10	内蒙古扎赉特旗图牧吉	湿地	赵格日乐图等，2019

注：为保持原记录信息，标*号处的新记录鸟种中文名和拉丁名保持原文献中的名称。

6.3　观测样区设置

2012～2020 年，鸟类多样性观测示范项目在古北界东北区共设置 32 个样区（图 6-3）。其中，寒温带针叶林生境观测样区 4 个，分别为内蒙古额尔古纳，黑龙江漠河的呼中、呼玛和阿穆尔，布设观测样线 16 条；温带生境观测样区 12 个，分别为黑龙江的黑河、尚志和东宁，吉林的安图、敦化、桦甸、辉南、吉林、蛟河、永吉，辽宁的庄河和桓仁，共布设观测样线 72 条。内陆湿地生境中布设了 13 个观测样区，分别为黑龙江的安达县（东湖湿地）、伊春市（新青湿地）、五大连池市（大沾河湿地）、抚远市（三江湿地）、同江市（三江湿地）、齐齐哈尔市（扎龙湿地）、密山市（兴凯湖湿地）、宝清县（七星河湿地），吉林的镇赉县（莫莫格湿地）、通榆县（向海湿地），辽宁的康平县（卧龙湖湿地）、法库县（獾子洞湿地），以及内蒙古的扎赉特旗（图牧吉湿地）。每年观测样区数最少 5 个，最多 12 个，样点数最少 59 个，最多 116 个。辽宁滨海湿地共布设观测样区 4 个，分别为鸭绿江口湿地、庄河滨海湿地、盘锦滨海湿地和锦州滨海湿地，布设越冬鸟类观测样点 25 个，繁殖鸟类观测样线 13 条，繁殖鸟类观测样点 1 个。

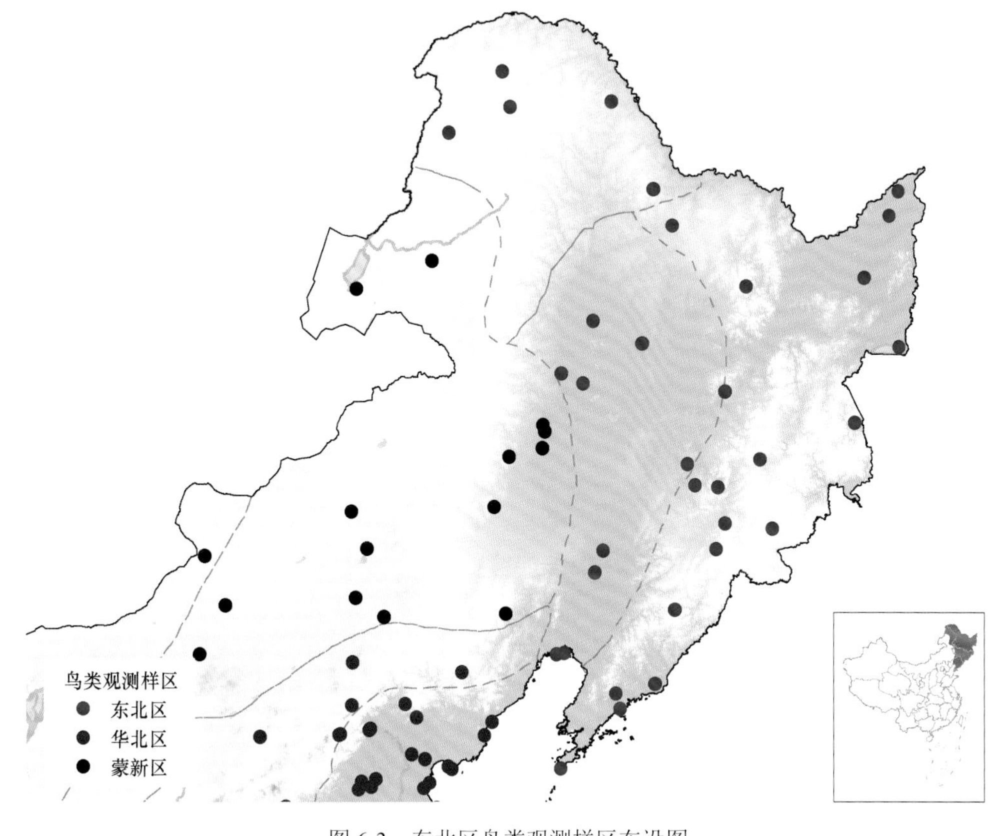

图 6-3　东北区鸟类观测样区布设图

6.4　典型生境中的鸟类多样性及动态变化

6.4.1　寒温带森林

1. 生境特点

东北区的大兴安岭亚区的大兴安岭北部山地省的典型植被为寒温带针叶林，是西伯利亚寒温带针叶林带（泰加林）南延部分，大兴安岭北部山地省位于北纬47°以北的大兴安岭北部山地，南至内蒙古阿尔山市北部，东西界线为大兴安岭东西两山麓，向东与黑龙江黑河市嫩江县接壤，北部隔黑龙江与俄罗斯相望。

大兴安岭北部山地省的山势平缓，河谷宽阔，海拔 700～1100 m。该区域是我国的冷湿中心，冬季酷寒而漫长，年均气温－2～5.6℃，最低气温可达 50℃，号称为我国的"寒极"，动物生活条件严酷；生长期短，无霜期 90～100 d，无明显的夏季，日照长达 16～17 h，温暖（6～8 月）季节气候温和；降雨集中，年均降水量 450～550 mm；冬季冻土层约 2 m，地面覆盖厚雪。优势树种为兴安落叶松，伴生有杜鹃（*Rhododendron* sp.）、杜香、蒙古栎、樟子松、沙地云杉、赤杨和白桦，林间分布有草甸灌丛。大兴安岭的生境类型可划分为 7 种：山地落叶松林、沼泽落叶松林、白桦落叶松林、樟子松林、沼泽灌丛、水域及沿河、住宅及农田。

2. 样区布设

2012～2019 年，陆续在寒温带针叶林生境类型中布设 4 个观测样区，分别为内蒙古额尔古纳，黑龙江漠河的呼中、呼玛和阿穆尔，布设样线 16 条。

3. 物种组成

共观测记录鸟类 121 种，隶属 13 目 32 科（附表Ⅱ）。其中，留鸟 36 种、夏候鸟 72 种、旅鸟 43 种、越冬鸟类 7 种，有些鸟种既为夏候鸟繁殖又为旅鸟，有些既为冬候鸟又为旅鸟，也有的种类既为夏候鸟又为留鸟。国家一级重点保护野生鸟类 1 种，为黑嘴松鸡；国家二级重点保护野生鸟类 17 种，为普通鵟、游隼（*Falco peregrinus*）、红隼、黑鸢、凤头蜂鹰（*Pernis ptilorhynchus*）、花尾榛鸡、黑琴鸡、长尾林鸮、斑胁田鸡、大杓鹬、黑啄木鸟（*Dryocopus martius*）、三趾啄木鸟（*Picoides tridactylus*）、云雀、北朱雀（*Carpodacus roseus*）、红喉歌鸲（*Calliope calliope*）、蓝喉歌鸲（*Luscinia svecica*）、白喉石䳭（*Saxicola insignis*）；脊椎动物红色名录中濒危种（EN）1 种，易危种（VU）3 种，近危种（NT）8 种，无危种（LC）108 种；IUCN 红色名录中濒危种（EN）1 种，为大杓鹬；近危种（NT）2 种，为斑胁田鸡和红颈苇鹀（*Emberiza yessoensis*）；无危种（LC）117 种。

4. 动态变化及多样性分析

2012～2015 年，布设样区数量少，记录的种类也较少，年际间的总数量差异也较大，随着观测样区和观测样线增加，记录到的鸟种和数量呈逐年增加趋势（图 6-4）。其中，优势种为沼泽山雀、灰头鹀（*Emberiza spodocephala*）、大山雀等，褐头山雀、大斑啄木鸟、大杜鹃、北红尾鸲、普通䴓、银喉长尾山雀（*Aegithalos caudatus caudatus*）*等较为常见，记录的寒温带特有的种类为黑嘴松鸡和渡鸦，也可见到黑琴鸡，但种群数量较小。寒温带鸟类多样性指数随年份变化的差异不显著（图 6-5）。

5. 代表性物种

寒温带森林生态系统中的鸟类区系组成及分布有其特殊性，森林鸟类较多，冬季鸟类种类少，松鸡科鸟类丰富；由于全区山势较平缓，鸟类垂直分布不明显。大兴安岭北部山地省的鸟类区系主要由古北型和东北型组成，少数种类为东洋型。据统计，该地理省分布有鸟类 237 种另 18 亚种，其中非雀形目鸟类 130 种及亚种，雀形目鸟类 125 种及亚种。由于冬季寒冷，且日照时间较短，留鸟和冬候鸟种类较少，共 54 种。鸟类区系中，古北界成分共 163 种，东洋界仅 4 种；其他种类为跨两界分布或尚未明确归属的广布种。另外，该地理省的湿地水域较少，水鸟较少，共 72 种。

* 郑光美（2017）将 *glaucogularis* 亚种单列为一个种，称银喉长尾山雀，而将主要分布于东北地区的 *caudatus* 亚种单列为另一个种，称北长尾山雀。

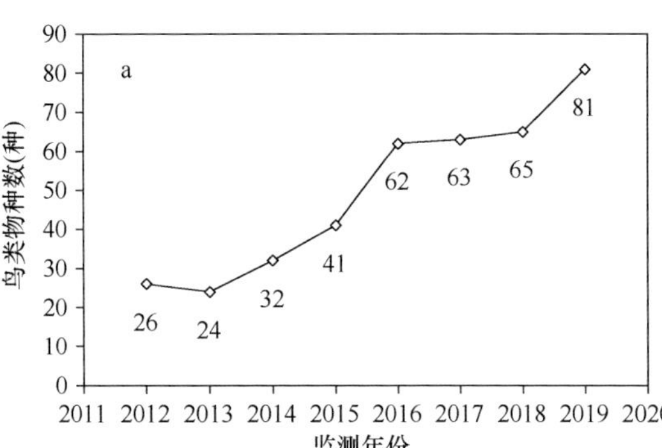

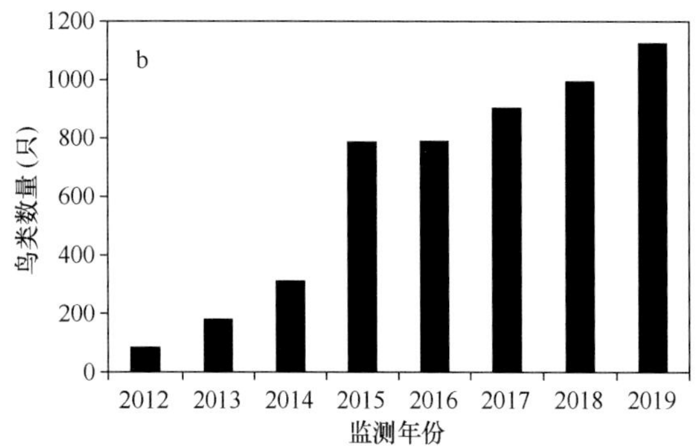

图 6-4 2012～2019 年寒温带针叶林记录的物种数量（a）和个体数量（b）

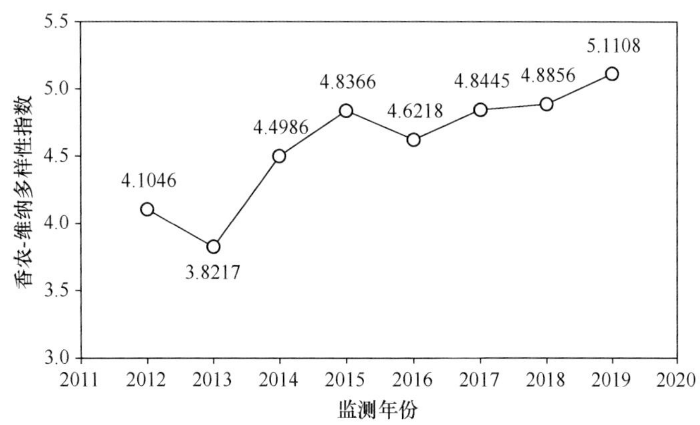

图 6-5 2012～2019 年寒温带鸟类香农-维纳多样性指数

大兴安岭北部山地省的寒温带针叶林鸟类具有明显的北方型特点，例如，松鸡科的黑嘴松鸡、黑琴鸡、镰翅鸡和柳雷鸟等为典型的寒温带鸟类，但镰翅鸡可能在我国已绝迹；鸮类的乌林鸮（*Strix nebulosa*）、雪鸮、猛鸮（*Surnia ulula*）、鬼鸮等；鸦科的渡鸦、北噪鸦、星鸦（*Nucifraga caryocatactes*）、松鸦等；雀形目的白翅交嘴雀（*Loxia leucoptera*）、松雀、白头鹀（*Emberiza leucocephalos*）、苇鹀（*Emberiza pallasi*）、雪鹀和粉红腹岭雀等。其中在本地理省繁殖的主要鸟类有：鹊鸭（*Bucephala clangula*）、斑头秋沙鸭（*Mergellus albellus*）、红胸秋沙鸭（*Mergus serrator*）、北噪鸦、渡鸦、极北柳莺、红喉姬鹟（*Ficedula albicilla*）、燕雀（*Fringilla montifringilla*）、白腰朱顶雀（*Acanthis flammea*）、白翅交嘴雀、小鹀（*Emberiza pusilla*）、栗鹀（*E. rutila*）等。而分布区北界止于该区的鸟类有东方白鹳、鸳鸯、松雀鹰（*Accipiter virgatus*）、乌雕、斑翅山鹑、环颈雉、白翅浮鸥、红角鸮（*Otus sunia*）、普通夜鹰（*Caprimulgus indicus*）、普通翠鸟（*Alcedo atthis*）、灰头绿啄木鸟（*Picus canus*）、灰山椒鸟（*Pericrocotus divaricatus*）、灰椋鸟、灰喜鹊、北红尾鸲、蓝矶鸫（*Monticola solitarius*）、东方大苇莺、黑眉苇莺（*Acrocephalus bistrigiceps*）、芦莺（*A. scirpaceus*）、巨嘴柳莺（*Phylloscopus schwarzi*）、白眉姬鹟（*Ficedula zanthopygia*）、沼泽山雀、金翅雀（*Chloris sinica*）、长尾雀、黑尾蜡嘴雀（*Eophona migratoria*）、锡嘴雀（*Coccothraustes coccothraustes*）、栗耳鹀（*Emberiza fucata*）等。另外，由于毗邻于蒙新区，一些主要分布在蒙新区的种类也延伸至大兴安岭，如赤麻鸭和角百灵等。此外，一些多型种在本地理省存在不同的亚种分化，如普通鳾、灰喜鹊、大山雀、长尾雀和小斑啄木鸟（*Dendrocopos minor*）等。

6.4.2 东北温带森林

1. 生境特点

东北区的温带森林分布于长白山亚区，范围为黑河至嫩江达松花江为界以东的山地，自张广才岭南至千山及小兴安岭，包括小兴安岭山地省、东北部沿江平原省、东部山地省、长白山地针阔混交林动物省、吉林哈达岭落叶阔叶林动物省、辽东山地省。

小兴安岭山地省位于黑龙江以南、松花江及松嫩平原以北，以伊春林区为中心，包括嫩江县、黑河市，沿黑龙江冬至鹤岗，南部包括木兰、铁力等县市的山地森林地区，该地区海拔 300～1100 m，平均气温－0.3～7.2℃，无霜期 100～130 d；年降水量平均 550～650 mm。典型植被为针阔混交林，针叶树以红松为主，针叶树的成分愈往北愈多。

东部沿江平原省位于黑龙江的东北部，小兴安岭以东，黑龙江以南、乌苏里江以西、兴凯湖以北。完达山横贯其中部，全境地势低而平坦，海拔仅 50～60 m；年均气温 1.9℃，无霜期 114～150 d。林中林木稀疏，构成树种有山杨、白桦和蒙古栎等。

东部山地省位于松花江及三江平原以南，主要由张广才岭、老爷岭和完达山山地组成，包括尚志、延寿、依兰、双鸭山、密山、穆棱、东宁和五常等 20 多个市县的全部或部分；山地海拔 500～1000 m；年均气温 2～4℃，无霜期 120～140 d；典型的原始植被为针阔混交林，由于过度采伐，大部分已成为次生阔叶林及人工林。

长白山地针阔混交林动物省位于张广才岭、龙岗山一线以东的广大山地。地势包括中山、低山和间盆谷地，相对海拔超过 500 m，中山和低山区海拔多在 800～1000 m；气候比较冷湿，最热月平均温度 20℃左右，最冷月平均温度－16～－14℃；年降水量一般为 700～800 mm；典型植被类型属温带针阔混交林及阔叶落叶林；长白山随山地海拔高度变化，气候、植被和土壤等的垂直变化极其明显，大体上从海拔 800～1200 m，为山地针阔混交林带；海拔 1200～1800 m，为山地针叶林带；海拔 1800～2100 m，为山地岳桦林带；海拔 2100 m 以上，为山地苔原带。

哈达岭落叶阔叶林动物省是吉林东部山区向西部平原过渡地带，包括威虎岭向西南经富尔岭到龙岗山脉以西，大黑山山脉以东的低山丘陵地带，即榆树、长春、四平一线以东地区。主要地形为低山、丘陵和河谷平原；海拔多在 800 m 以下；年降水量一般在 700 mm 左右；气候比较温暖湿润，最热月平均温度多在 22℃以上，最冷月平均温度－20～－15℃；生境主要为次生落叶阔叶林，植被类型以温带夏绿阔叶林为主。

辽东山地省是由长白山支脉吉林哈达岭的延续部分和龙岗山、千山山脉为主干构成的中低山山地，主要包括新宾、桓仁、本溪、宽甸、凤城和庄河等市县；海拔多在 500 m 以上，个别山峰海拔达 1000 m 以上，山地两侧为海拔 400 m 以下的丘陵。海拔 500 m 以上的山地多为针阔混交林，针叶树以红松、沙冷杉（*Abies holophylla*）为主，阔叶树有硕桦（*Betula costata*）、裂叶榆、胡桃楸（*Juglans mandshurica*）等。海拔 400 m 以下地区针叶树仅零星存在，阳坡多是以辽东栎、蒙古栎林为主的夏绿林，阴坡通常为阔叶杂木林，树种通常有水曲柳、色木槭、紫椴和糠椴等，林下灌木以胡枝子为主。

2. 样区布设

2012～2020 年，在该生境类型中布设 12 个观测样区，分别为黑龙江的黑河、尚志和东宁，吉林的安图、敦化、桦甸、辉南、吉林、蛟河、永吉，辽宁的庄河和桓仁，共布设观测样线 72 条。

3. 物种组成

共观测记录鸟类 183 种，隶属 16 目 47 科（附表Ⅱ），其中，留鸟 53 种、夏候鸟 114 种、旅鸟 47 种、越冬鸟类 11 种，有些鸟种既为夏候鸟繁殖又为旅鸟，有些既为冬候鸟又为旅鸟，也有的种类既为夏候鸟又为留鸟。国家一级重点保护野生鸟类 1 种，为黄胸鹀；国家二级重点保护野生鸟类 29 种，为鸳鸯、苍鹰（*Accipiter gentilis*）、日本松雀鹰（*A. gularis*）、雀鹰、赤腹鹰、松雀鹰、灰脸𫛭鹰（*Butastur indicus*）、普通𫛭、大𫛭、白尾鹞、红脚隼、燕隼、红隼、花尾榛鸡、黑琴鸡、短耳鸮、长耳鸮、雕鸮（*Bubo bubo*）、领角鸮、红角鸮、乌林鸮、长尾林鸮、白腰杓鹬、黑啄木鸟、三趾啄木鸟、红胁绣眼鸟（*Zosterops erythropleurus*）、北朱雀、红交嘴雀、红喉歌鸲；脊椎动物红色名录中濒危种（EN）1 种，为黄胸鹀，易危种（VU）1 种，为大𫛭，近危种（NT）19 种，包括鸳鸯、苍鹰、灰脸𫛭鹰、白尾鹞、红脚隼、黑琴鸡、红胸田鸡（*Zapornia fusca*）、白腰杓鹬、短耳鸮、雕鸮、乌林鸮、长尾林鸮、杂色山雀（*Sittiparus varius*）、黑头䴓（*Sitta villosa*）、矛斑蝗莺（*Locustella lanceolata*）、黑头蜡嘴雀（*Eophona personata*）、白眉鹀（*Emberiza tristrami*）、红颈苇鹀和寿带（*Terpsiphone incei*），无危种（LC）161 种，缺乏数据种（DD）1 种，为赤翡翠（*Halcyon coromanda*）；IUCN 红色名录中极危种（CR）1 种，为黄胸鹀，易危种（VU）2 种，为欧斑鸠（*Streptopelia turtur*）和田鹀，近危种（NT）4 种，为白腰杓鹬、小太平鸟（*Bombycilla japonica*）、红颈苇鹀和鹌鹑，无危种（LC）170 种。

4. 动态变化及多样性分析

温带森林观测记录的年际间鸟种类数量稍有差异，主要原因是 2012～2015 年和 2020 年，观测样区为 9 个，2016～2019 年观测样区为 12 个；随着观测样区数量变化，鸟类个体的总数量差异也较大（图 6-6）。温带森林优势种为沼泽山雀、灰头鹀、大山雀等，褐头山雀、大斑啄木鸟、大杜鹃、北红尾鸲、普通䴓、银喉长尾山雀等较为常见，记录的寒温带特有的种类为黑嘴松鸡和渡鸦，偶尔可见黑琴鸡，但种群数量均较小。温带森林鸟类多样性指数受样区数量变化不明显，年际间存在一定的差异（图 6-7）。

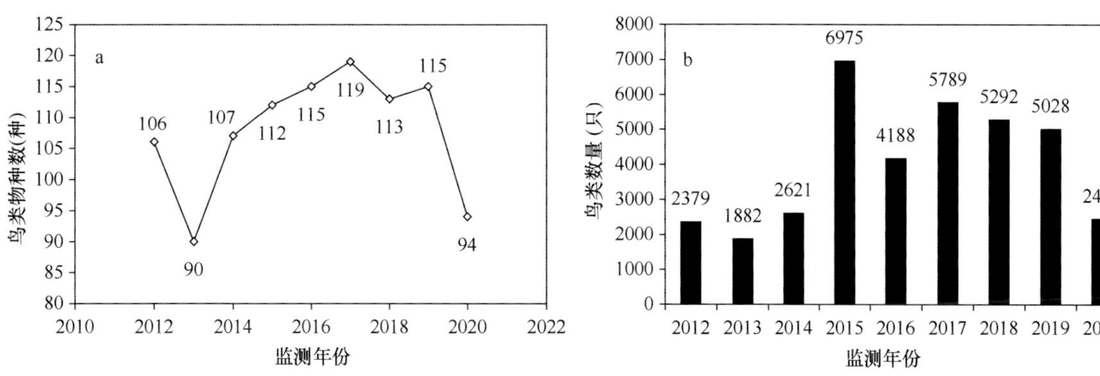

图 6-6 2012～2020 年温带森林记录的物种数（a）和个体数量（b）

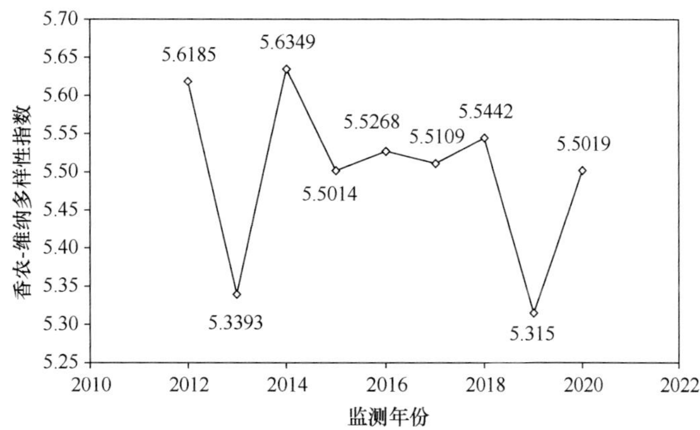

图 6-7 2012～2020 年温带森林鸟类香农-维纳多样性指数

5. 代表性物种

小兴安岭山地省是以红松为主的针阔混交林动物群，鸟类区系具有长白山亚区向大兴安岭亚区过渡的特点，如黑嘴松鸡、黑琴鸡等在小兴安岭也有分布；另外，一些耐寒种类，如巨嘴柳莺、乌鹟（*Muscicapa sibirica*）、北灰鹟（*Muscicapa dauurica*）、鸲姬鹟（*Ficedula mugimaki*）、白眉姬鹟等在小兴安岭的数量却有增加。小兴安岭山地省鸟类总计 184 种，另 5 个亚种，其中非雀形目鸟类 83 种，雀形目鸟类 106 种和亚种。越冬鸟类（留鸟、冬候鸟）约 47 种。鸟类区系中，古北种 127 种，东洋种 8 种。

东部沿江平原省虽属长白山亚区，但有许多分布于大、小兴安岭的北方型鸟类，如黑琴鸡、小太平鸟、鬼鸮、雪鸮；沼泽岗地的阔叶林分布有典型的林栖鸟类，如黑头蜡嘴雀、灰山椒鸟、锡嘴雀、红胁绣眼鸟等；另外，与长白山亚区其他地理省比较，东北型水禽的种类和数量都比较多，如丹顶鹤、赤颈䴙䴘（*Podiceps grisegena*）、大天鹅等。东部沿江平原省分布有鸟类 184 种另 2 亚种，其中非雀形目鸟类 105 种，雀形目 81 种和亚种。其中，留鸟和冬候鸟 46 种；区系成分中属于古北界的有 117 种，东洋界 6 种，广布种 61 种。另外，水域鸟类较多，共计 60 种。

东部山地省邻近长白山亚区腹地，分布有许多典型东北型代表种类，如灰背鸫、灰椋鸟、蓝头矶鸫（*Monticola cinclorhyncha*）、戴菊（*Regulus regulus*）、寿带等；由于远离大兴安岭及俄罗斯境内的外兴安岭和锡霍特山，北方型鸟种类和数量明显减少。本地理省分布有鸟类 210 种另 4 亚种，其中非雀形目鸟类 100 种，雀形目鸟类 110 种。其中，留鸟和冬候鸟 48 种；古北界成分 142 种，东洋界成分 12 种，广布种 53 种。

长白山地针阔混交林动物省位于东部季风区耐湿动物群的北部，具有典型的森林喜湿类型，并多具耐寒性种类。阔叶林带共记载 211 种鸟类，常见种类包括灰背鸫、黄喉鹀、白眉姬鹟、大山雀、黄眉鹀（*Emberiza chrysophrys*）、沼泽山雀、冕柳莺（*Phylloscopus coronatus*）、灰鹀等；针阔混交林带共记载鸟类 219 种；针叶林带记载鸟类 91 种，常见种为星鸦、红胁蓝尾鸲、鸲姬鹟、黑头䴓、普通䴓、褐头山雀、蓝歌鸲（*Larvivora cyane*）、巨嘴柳莺、煤山雀（*Periparus ater*）、北灰鹟、鹪鹩（*Troglodytes troglodytes*）、花尾榛鸡等；岳桦林带共 14 种鸟类，优势种为树鹨（*Anthus hodgsoni*）、红胁蓝尾鸲等，常见种有鹪鹩、大嘴乌鸦等；苔原带共 13 种，树鹨数量最多，其次是领岩鹨（*Prunella collaris*）、白腰雨燕（*Apus pacificus*）和红胁蓝尾鸲等。

哈达岭落叶阔叶林动物省主要代表鸟类以阔叶杂木林和次生林鸟类为主，如黑尾蜡嘴雀、黑枕黄鹂、灰喜鹊、冕柳莺、山斑鸠、短翅树莺（*Horornis diphone*）、三道眉草鹀（*Emberiza cioides*）、红尾伯劳和环颈雉等，河谷水域区种类丰富，如斑嘴鸭、矶鹬（*Actitis hypoleucos*）、金眶鸻、白鹡鸰和灰鹡鸰（*Motacilla cinerea*）等。

6.4.3 东北内陆湿地

1. 生境特点

东北地区约有大小河流 2300 余条，拥有黑龙江、松花江、乌苏里江、鸭绿江、图们江、辽河、嫩江等中国著名水系，平原区河流众多，水网交错纵横，孕育了大片湿地，是我国湿地最多的地区之一，1995～2003 年我国首次进行的湿地资源调查结果显示，东北地区湿地面积达 673 178 万 hm^2，占中国湿地面积的 17.15%。

东北内陆天然湿地包括江河、湖泊、沼泽三大类，具有永久性河流、季节性或间歇性河流、洪泛平原湿地、永久性淡（咸）水湖、季节性淡（咸）水湖、藓类沼泽、草本沼泽、灌丛沼泽、森林沼泽、内陆盐沼、水库等 14 种湿地类型。主要湿地类型有三类：沼泽、湖泊和河流湿地，遍及三江平原、松嫩平原、辽河下游平原、大小兴安岭、长白山地等地，其中以淡水沼泽和湖泊为主，尤其是沼泽湿地类型最为丰富，是我国沼泽类型最复杂的区域之一。东北平原地区与山区有面积 1 km^2 以上的湖泊 140 个，总面积 3955 km^2，约占全国湖泊总面积的 4.4%，主要的大型湖泊有呼伦湖、五大连池、镜泊湖、兴凯湖、查干湖、长白山火山口湖、三角龙湾、卧龙湖等，这些湖泊 6～9 月汛期水位高涨，冬季水位低枯，封冻期长。

大小兴安岭、长白山地为我国山地沼泽、森林沼泽的主要分布区，其中大小兴安岭沼泽分布广而集中，区域沼泽类型复杂，泥炭藓沼泽发育，以森林沼泽化、草甸沼泽化为主，是中国泥炭藓沼泽资源丰富地区之一。森林沼泽湿地一般由乔木与沼生草本植物、喜湿灌木及藓类植物等共同构成植被，多分布于山缓坡、平坦分水岭及部分河谷沼泽中，群落结构分为乔木层、小灌木层、草本层和泥炭藓地被层。该类湿地通常地表常年积水、树木生长发育不良，呈“小老树”或孤立死亡的“站杆”，树高在 1.5～8 m，草本层以薹草为优势种，土壤一般为沼泽土和泥炭藓沼泽土。

松嫩平原和三江平原是东北地区乃至中国的湖泊、草本沼泽、内陆盐沼的主要分布区。松嫩平原内陆湿地是典型的盐碱泡沼湿地，吉林乾安县的大布苏泡是松嫩平原最大的内陆盐碱湖，周围分布有碱蓬盐沼。三江平原内陆湿地是典型的淡水沼泽湿地，也是中国面积最大的淡水沼泽分布区，该区以无泥炭积累的潜育沼泽为主，泥炭藓沼泽较少，自然植被以沼泽化草甸为主，沼泽普遍有明显的草根层，呈海绵状，孔隙度大，保水能力强。沼泽化草甸湿地即通常所说的“踏头甸子”，为常年或季节性积水的湿草甸，湿生和沼生植物主要有小叶章、沼柳、薹草和芦苇等，其中以薹草沼泽分布最广，占沼泽总面积的 85%左右，其次是芦苇沼泽。土壤类型主要有黑土、白浆土、草甸土、沼泽土等，而以草甸土和沼泽土分布最广。辽河下游地势平坦，河道弯曲，淤积了大量泥沙，河床不断抬高后形成大片沼泽湿地和盐碱地。此外，在大大小小的永久性和季节性河流两岸分布有大量的泛洪平原湿地，包括河漫滩、泛滥的河谷和季节性泛滥的草地。

东北地区共有 11 个湿地自然保护区被列入国际重要湿地名录，如黑龙江扎龙国家级自然保护区、黑龙江洪河国家级自然保护区、黑龙江三江国家级自然保护区、黑龙江兴凯湖国家级自然保护区、吉林向海国家级自然保护区、辽宁辽河口国家级自然保护区、内蒙古达赉湖国家级自然保护区。这些湿地为鸟类提供了不可缺少的生存环境，成为众多水鸟尤其是珍稀濒危水鸟的重要栖息地。

2. 样区布设

2011～2020 年，陆续在东北区内陆湿地生境中布设了 13 个观测样区，分别为黑龙江的安达县（东湖湿地）、伊春市（新青湿地）、五大连池市（大沾河湿地）、抚远市（三江湿地）、同江市（三江湿地）、齐齐哈尔市（扎龙湿地）、密山市（兴凯湖湿地）、宝清县（七星河湿地），吉林的镇赉县（莫莫格湿地）、通榆县（向海湿地），辽宁的康平县（卧龙湖湿地）、法库县（獾子洞湿地），以及内蒙古的扎赉特旗（图牧吉湿地）。每年观测样区数不完全均衡，最少年 5 个样区，最多年 12 个样区（表 6-3）。布设样点数 59～116 个（部分样区的观测样点数年度间会有一些微调）。

3. 物种组成

2011～2020 年连续 10 个繁殖季对东北内陆湿地的鸟类进行了观测，共记录鸟类 227 种 385 671 只，隶属 21 目 53 科 227 种（附表Ⅱ）。以水鸟种类最多，达 105 种，其中鸻形目 54 种，雁形目 30 种，鹳形目 13 种，鹤形目 8 种，主要类群为鸥类、雁鸭类、鸊鷉类、鸻鹬类、鹭类和鹤鹳类。此外，雀形目种类也不少，达 73 种之多。优势种为白翅浮鸥和灰翅浮鸥 2 种鸥类，总数量分别达到 55 684 只和 55 001 只；常见种 17 种，分别为红嘴鸥、红头潜鸭、绿头鸭、黑翅长脚鹬、斑嘴鸭、白骨顶、赤膀鸭、苍鹭、普通燕鸻、大白鹭、凤头麦鸡、普通燕鸥、凤头鸊鷉、白琵鹭、家燕、普通鸬鹚和绿翅鸭，种群数量较为庞

表 6-3　2011～2020 年东北区内陆湿地观测样区统计表

年份	黑龙江								吉林		辽宁		内蒙古	总计
	安达县	伊春市	五大连池市	抚远市	同江市	齐齐哈尔市	密山市	宝清县	镇赉县	通榆县	康平县	法库县	扎赉特旗	
2011					√	√	√	√			√	√		6
2012					√	√	√	√			√	√		6
2013					√	√	√	√			√	√		6
2014		√	√	√	√	√	√	√	√	√	√	√	√	12
2015		√	√	√	√	√	√	√	√	√	√	√	√	12
2016									√	√	√	√	√	5
2017		√	√						√	√	√	√	√	7
2018	√	√	√	√		√	√	√	√	√	√	√	√	12
2019		√	√	√		√	√	√	√	√	√	√	√	11
2020		√	√	√		√	√	√			√	√	√	9

大，均在 4000 只以上。此外还有一些猛禽在湿地上空活动，常见的如白尾鹞、鹊鹞（*Circus melanoleucos*）、红脚隼、红隼等。在湿地附近还分布一些喜近水活动的雀形目鸟类，如白鹡鸰、中华攀雀（*Remiz consobrinus*）、东方大苇莺、黑眉苇莺、灰头鹀等，在周边草地、芦苇沼泽、林地等生境中则分布有家燕、金腰燕、麻雀、喜鹊、大杜鹃、环颈雉、秃鼻乌鸦（*Corvus frugilegus*）、小嘴乌鸦、山斑鸠等其他类群。

从居留型来看，留鸟 35 种、夏候鸟 82 种、旅鸟 39 种、冬候鸟 2 种、迷鸟 4 种；此外因东北区南北跨度较大，鸟类兼性居留型较多，包括夏候鸟兼旅鸟 54 种、夏候鸟兼留鸟 3 种、夏候鸟兼冬候鸟 2 种、夏候鸟兼冬候鸟兼旅鸟 1 种、冬候鸟兼旅鸟 4 种、冬候鸟兼留鸟 2 种。

国家一级重点保护野生鸟类 13 种，分别为黄嘴白鹭、东方白鹳、青头潜鸭、白尾海雕、金雕、虎头海雕、白鹤、白枕鹤、白头鹤、丹顶鹤、小青脚鹬、黑嘴鸥、黄胸鹀；国家二级重点保护野生鸟类 42 种，分别为赤颈䴙䴘、黑颈䴙䴘、白琵鹭、疣鼻天鹅、大天鹅、小天鹅、鸿雁、白额雁、小白额雁、鸳鸯、花脸鸭（*Sibirionetta formosa*）、斑头秋沙鸭、黑鸢、白腹鹞（*Circus spilonotus*）、白尾鹞、鹊鹞、松雀鹰、雀鹰、苍鹰、普通鵟、大鵟、红隼、红脚隼、燕隼、黑琴鸡、花尾榛鸡、蓑羽鹤、灰鹤、半蹼鹬（*Limnodromus semipalmatus*）、白腰草鹬（*Tringa ochropus*）、大杓鹬、小杓鹬、翻石鹬（*Arenaria interpres*）、小鸥、黑浮鸥（*Chlidonias niger*）、长尾林鸮、乌林鸮、短耳鸮、长耳鸮、黑啄木鸟、云雀、震旦鸦雀；脊椎动物红色名录中濒危种（EN）8 种，易危种（VU）10 种，近危种（NT）29 种，无危种（LC）165 种，其中濒危种类为长尾鸭、白头鹤、白枕鹤、丹顶鹤、小青脚鹬、东方白鹳、虎头海雕、黄胸鹀；IUCN 红色名录中濒危种（EN）4 种，易危种（VU）8 种，近危种（NT）6 种，极危种（CR）4 种，无危种（LC）206 种，其中濒危种类为丹顶鹤、大杓鹬、小青脚鹬、东方白鹳。

鸟类区系以跨越古北界和东洋界的广布种为主，古北种鸟类共 10 种，分别为黑琴鸡、花尾榛鸡、鹌鹑、长尾林鸮、小斑啄木鸟、灰伯劳（*Lanius excubitor*）、松鸦、文须雀（*Panurus biarmicus*）、北长尾山雀、白翅交嘴雀；东洋种鸟类 3 种，分别为白颊黑雁、白尾鹲、黑背信天翁。

4. 动态变化及多样性分析

2011～2020 年连续 10 年的观测数据显示，东北区内陆湿地鸟类物种数呈现明显上升趋势，但这个数据跟观测样区数量呈显著相关性，观测样区少的年份，鸟类物种数也少。例如，2011～2013 年是 6 个观测样区，记录到的鸟类物种数只有 50 余种，明显少于其他年份；自 2014 年始，观测样区增至 12 个，鸟类物种数也迅速升至 88 种，并在 2015 年继续上升；2016 年因某些特殊原因只观测了 5 个样区，所记录到的鸟类物种数再次下降至 67 种；2017 年、2019 年、2020 年三年虽观测样区降为 7 个、11 个、9 个，但观测到的物种种类数却不降反升，并在 2019 年达到 10 年来的最高峰 166 种，说明东北区内陆湿地环境正在改善，吸引了更多的鸟类在此栖息繁殖（图 6-8）。

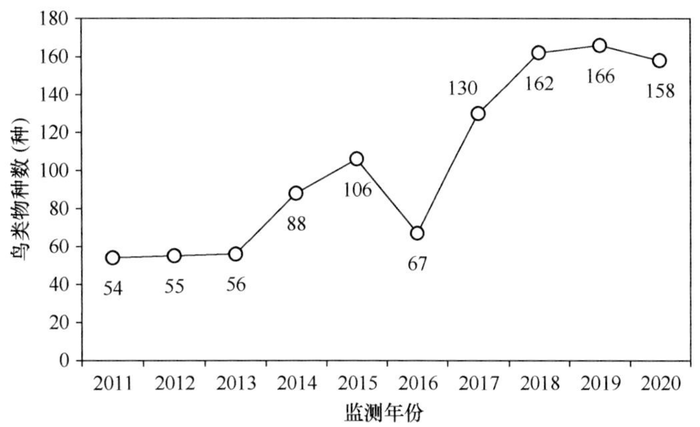

图 6-8　2011～2020 年东北区内陆湿地记录的鸟类物种数

鸟类数量在历年观测中波动较大，这是由于内陆湿地较其他类型生境波动较大，易受降水量、上游补给量等各种自然、非自然因素的影响，在水量充沛时期以大面积深水面为主，而水量匮乏期则以草本沼泽为主，生境类型的改变除改变了水鸟分布类型外，对优势种的种群数量也影响很大。例如，2015 年和 2019 年，东北区整体降水量充沛，除白翅浮鸥、灰翅浮鸥、普通燕鸥等鸥类数量显著增加外，红头潜鸭、斑嘴鸭、赤膀鸭、绿头鸭等喜深水面活动的雁鸭类种群数量也大幅度上涨，导致这两年观测到的种群数量大幅度上升。但整体来看，在排除异常数据后历年观测到的种群数量在小幅波动中缓慢上升（图 6-9）。

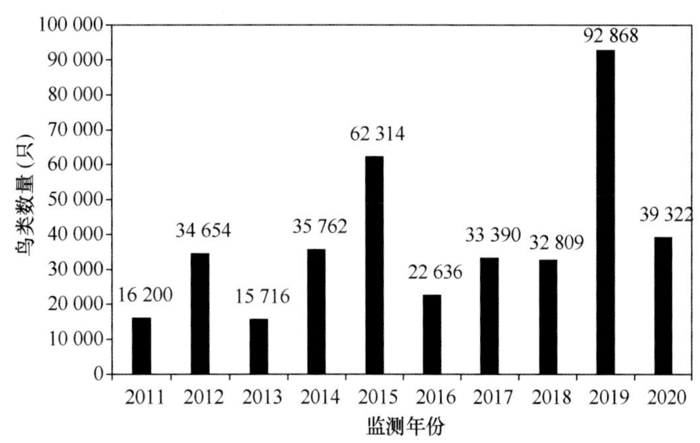

图 6-9　2011～2020 年东北区内陆湿地记录的鸟类数量

从多样性指数上来看，最小值出现在 2012 年，最大值出现在 2018 年，但差异并不显著，呈现较为稳定且缓慢上升趋势，而 2019 年出现的波动式下降推测与该年观测中优势种种群数量上升较大，各物种种群数量间波动增大所导致（图 6-10）。

5. 代表性物种

东北内陆天然湿地以沼泽、湖泊和河流湿地为主，是许多湿地鸟类的主要繁殖地，如雁形目、鹤形目、鹳形目和鸻形目等，其中以鹤类最为出名，丹顶鹤、白枕鹤、灰鹤、白头鹤都在该地区的沼泽湿地

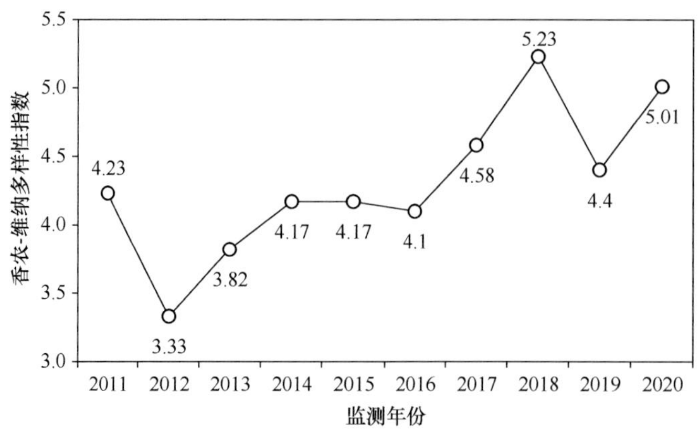

图 6-10　2011～2020 年东北区内陆湿地鸟类香农-维纳多样性指数

中营巢繁殖。同时也是鸭类在中国的主要繁殖区，如绿头鸭、斑嘴鸭、潜鸭等在湖泊或河流湿地的水面或水边草丛、芦苇丛中营巢，一些森林湿地中的河流、湖泊也是秋沙鸭、鹊鸭、鸳鸯等水鸟的繁殖场所。由于东北地区冬季寒冷，该地区的湿地鸟类多为夏候鸟，冬季飞到南方越冬。繁殖季节代表性物种可大体分为 6 类：鸥类、鸊鷉类、雁鸭类、鹭类、鸻鹬类、鹤鹳类。其中鸥类以灰翅浮鸥、白翅浮鸥、红嘴鸥、普通燕鸥、白额燕鸥、西伯利亚银鸥、黑嘴鸥最为常见；鸊鷉类以凤头鸊鷉、小鸊鷉居多；雁鸭类主要有红头潜鸭、绿头鸭、斑嘴鸭、赤膀鸭、绿翅鸭、鸳鸯、灰雁、鸿雁等；鹭类以苍鹭、大白鹭、草鹭、白琵鹭、大麻鳽（*Botaurus stellaris*）等多见；鸻鹬类则以金眶鸻、普通燕鸻、环颈鸻、黑翅长脚鹬、反嘴鹬、黑尾塍鹬、红脚鹬、凤头麦鸡、灰头麦鸡（*Vanellus cinereus*）居多；鹤鹳类主要有丹顶鹤、白枕鹤、灰鹤、白头鹤、白鹤和东方白鹳。此外，还有其他类群如普通鸬鹚和秧鸡科鸟类中的白骨顶和黑水鸡数量也非常多。除水鸟外，在湿地周边的草地、林地、农田等生境中常见的有家燕、麻雀、金腰燕、东方大苇莺、喜鹊、环颈雉、黑眉苇莺、秃鼻乌鸦等其他鸟类。

6.4.4　辽宁滨海湿地

1. 生境特点

根据《辽宁野生动植物和湿地资源》（金连成等，2004），辽宁滨海湿地总面积为 738 097 hm^2，主要分布在丹东、大连、营口、盘锦、锦州、葫芦岛 6 个沿海城市，面积依次为 82 073 hm^2、279 440 hm^2、82 130 hm^2、16 380 hm^2、68 290 hm^2、62 784 hm^2。其中，重点滨海湿地包括鸭绿江滨海沼泽湿地、庄河滨海沼泽湿地、四湾滨海沼泽湿地、双台河口沼泽湿地、凌海滨海沼泽湿地、六股河滨海沼泽湿地（金连成等，2004）。

滨海湿地鸟类是近岸海洋生态系统的重要组成，是近岸海洋生态系统生物多样性观测的重要对象。作为近岸海洋生态系统的顶极消费者，滨海湿地鸟类对环境变化非常敏感，因此对海洋生态平衡和环境质量能起到很好的指示作用。滨海湿地鸟类资源调查观测是生物多样性观测的重要指标和内容，也是鸟类生态学和野生动物管理学的重要内容之一，它不仅与鸟类的受威胁状况评价、资源保护利用及鸟类在生态系统中的功能有密切关系，而且结果还可以作为评价生态环境质量的重要指标参数（雷威等，2019a）。我国广袤的滨海湿地是数以千万只鸟类南北迁徙的关键驿站，在全球鸟类生物多样性保护方面具有重要区位意义（关道明，2012；Xia *et al.*，2017；雷威等，2019b）。

辽宁丹东、庄河、盘锦、锦州等滨海湿地处于全球鸟类九大迁徙通道的东亚—澳大利西亚迁飞路线，其中，丹东鸭绿江口湿地是重要的迁徙鸟类聚集区，也是丹顶鹤、白鹤、白枕鹤、东方白鹳、黑嘴鸥、大天鹅、白额雁等珍稀濒危鸟类主要越冬栖息地；庄河入海口是重要的迁徙鸟类聚集区，也是黑脸琵鹭和黄嘴白鹭等珍稀濒危鸟类主要觅食地，是鸥类、海鸬鹚（*Phalacrocorax pelagicus*）等珍稀濒危鸟类主要越冬栖息地；石城岛及行人坨沿岸湿地则是珍稀濒危鸟类重要繁殖栖息地；盘锦辽河口（也称双台河口）和锦州大凌河口是重要的迁徙鸟类聚集区，也是丹顶鹤、白鹤、东方白鹳和黑嘴鸥等珍稀濒危鸟类主要觅食地、越冬栖息地、重要繁殖栖息地；对于黑脸琵鹭、黄嘴白鹭、黑嘴鸥、遗鸥、丹顶鹤等珍稀濒危鸟类保护具有极其重要的地理区位意义。几十万只迁徙鸟类每年在辽宁滨海湿地停歇觅食、繁衍生息。然而随着人类开发活动的不断加强，天然滨海湿地严重退化和丧失，迁徙鸟类正面临着前所未有的生存威胁（关道明，2012；Ma *et al.*，2014；Xia *et al.*，2017；雷威等，2019a）。为使滨海湿地鸟类尽快脱离所面临的困境，对其开展系统且深入的调查观测，进而制定合理的保护管理策略显得格外重要和紧迫。

2. 样区布设

辽宁滨海湿地共布设 4 个观测样区，鸭绿江口湿地鸟类观测样区设置 15 个越冬鸟类观测样点，样点均设置在鸭绿江入海口及毗邻滨海湿地；庄河滨海湿地鸟类观测样区设置 10 条繁殖鸟类观测样线，其中在庄河入海口设置 7 条，在石城岛及行人坨设置 3 条，设置 10 个越冬鸟类观测样点，样点均设置在入海口滨海湿地；盘锦滨海湿地观测区域共设置 2 条繁殖鸟类观测样线，均设置在芦苇沼泽湿地，设置 1 个繁殖鸟类观测样点，设置在黑嘴鸥繁殖地；锦州滨海湿地观测样区设置 1 条繁殖鸟类观测样线，设置在芦苇沼泽湿地。

3. 物种组成

在丹东、庄河、盘锦、锦州滨海湿地一共观测到鸟类 7 目 13 科 42 种（附表Ⅱ）。其中，留鸟 1 种、夏候鸟 26 种、冬候鸟 2 种、旅鸟 20 种，有些鸟种既为夏候鸟又为旅鸟，也有的种类既为冬候鸟又为旅鸟。

（1）丹东滨海湿地

共观测到鸟类 2 目 3 科 7 种 280 只。在记录到的 7 种滨海湿地鸟类中，属于 IUCN 红色名录中濒危等级（野生种群在不久的将来面临绝灭的概率很高）的有 1 种（大杓鹬）；有 1 种鸟类（大杓鹬）被列入《中华人民共和国政府和澳大利亚政府保护候鸟及其栖息环境的协定》，占 14.3%；5 种（绿头鸭、普通秋沙鸭、红胸秋沙鸭、大杓鹬、银鸥）被列入《中华人民共和国政府和日本国政府保护候鸟及其栖息环境协定》，占 71.4%；属于国家二级重点保护野生动物（数量稀少、分布区狭窄、有灭绝危险的物种）的有 1 种（大杓鹬）；全部属于《国家保护的有益的或者有重要经济、科学研究价值的陆生野生动物名录》物种，占比为 100%。此外，在鸭绿江口滨海湿地越冬鸟类结束后的第 4 天，根据鸟友记录情况得知，有一定种群规模的青头潜鸭（IUCN 红色名录极危物种、《野生动物迁徙的物种保护公约》（*The Convention on the Conservation of Migratory Species of Wild Animals*，简称 CMS）附录Ⅰ物种、亚太地区受威胁鸟类物种、国家一级重点保护野生动物）在鸭绿江入海口区域越冬。在鸭绿江口滨海湿地被记录到的鸟类多数被列入国内外有关物种保护法规条例，体现了鸭绿江口滨海湿地鸟类的珍稀濒危性以及鸭绿江口滨海湿地在全球候鸟停歇、越冬、迁徙过程中的地理重要性。《关于特别是作为水禽栖息地的国际重要湿地公约》（简称《湿地公约》）国际重要湿地认定标准规定：如果一块湿地支持着易受攻击、易危、濒危物种或者受威胁的生态群落，那么就应该考虑其国际重要性（标准 2）。由此可见，鸭绿江口滨海湿地对于青头潜鸭的生存繁衍具有国际重要意义。群落的基础生物结构一般以多样性指数、均匀度指数、丰富度指数等来反映。滨海湿地鸟类群落物种多样性水平对近岸海域生态平衡和环境质量能起到很好的指示作用（Hitchcock and Gratto-Trevor，1997；雷威等，2019b）。基于鸭绿江口湿地越冬鸟类观测记录数据，计算得出鸭绿江口湿地越冬鸟类多样性指数为 2.19、均匀度指数为 0.78、丰富度指数为 0.74。根据《滨海湿地生态监测技术规程》（HY/T 080—2005）多样性评价分级标准，鸭绿江口湿地越冬鸟类多样性指数水平处于“中”级别。鸭绿江口湿地越冬鸟类丰富度指数水平明显低于黄河口湿地越冬鸟类丰富度指数水平（黄河三角洲湿地为 3.02、滨州贝壳堤岛湿地为 1.90）（孙孝平等，2015；雷威等，2019c），这可能与鸭绿江口湿地所处地理位置更偏北、同期环境温度更低有关。有研究结果表明越冬鸟类数量与环境温度变化显著相关，如鄱阳湖白鹤越冬种群数量与当地气温呈显著正相关（李言阔等，2014）。每年 12 月，鸭绿江口湿地水温降至极低，近岸海域封冰，一方面造成大面积滩涂被冰层覆盖，另一方面过低的水温导致底栖动物显著减少。栖息地面积和食物的减少直接导致鸟类环境适宜程度下降，因此在此期间记录到的鸟类丰富度水平低下。

（2）庄河滨海湿地

2018 年繁殖季第一次观测到鸟类 19 种；第二次观测到鸟类 13 种；两次共观测到鸟类 21 种。在记录到的 21 种滨海湿地鸟类中，属于 IUCN 红色名录濒危等级的有 2 种（黑脸琵鹭、大杓鹬），易危等级（野生种群在未来一段时间后面临绝灭的概率较高）的有 1 种（黄嘴白鹭）；属于 CMS 附录 I（濒危的迁徙物种）的有 2 种（黑脸琵鹭、黄嘴白鹭）；4 种水鸟被列入《中华人民共和国政府和澳大利亚政府保护候鸟及其栖息环境的协定》，占 19.05%；12 种被列入《中华人民共和国政府和日本国政府保护候鸟及其栖息环境协定》，占 60%；属于国家一级重点保护野生动物（特产稀有或濒临灭绝的物种）的有 2 种（黑脸琵鹭、黄嘴白鹭）；属于国家二级重点保护野生动物的有 3 种（白腰杓鹬、大杓鹬、海鸬鹚）；属于《中国濒危动物红皮书》濒危等级（野生种群已经降低到濒临灭绝或绝迹的临界程度，且致危因素仍在继续）的有 2 种（黑脸琵鹭、黄嘴白鹭）；属于《国家保护的有益的或者有重要经济、科学研究价值的陆生野生动物名录》的物种多达 18 种，占 90%。在庄河滨海湿地被记录到的鸟类多数被列入国内外有关物种保护法规条例，体现了庄河滨海湿地鸟类的珍稀濒危性以及庄河滨海湿地在全球候鸟停歇、繁殖、迁徙过程中的地理重要性。第一次观测到鸟类 3015 只；其中黑脸琵鹭 134 只，占该物种国际种群评估总个体数量的比例达 6.7%；黄嘴白鹭 246 只，占该物种国际种群评估总个体数量的比例达 7%。第二次观测到鸟类 3746 只，其中黑脸琵鹭 182 只，占该物种国际种群评估总个体数量的比例高达 9.1%；黄嘴白鹭 406 只，占该物种国际种群评估总个体数量的比例高达 11.6%。2018 年两次共观测到鸟类 6761 只。《湿地公约》国际重要湿地认定标准规定：如果一块湿地支持着易受攻击、易危、濒危物种或者受威胁的生态群落（标准 2），或者支持着一个水禽物种或亚种种群 1%的个体的生存（标准 6），那么就应该考虑其国际重要性。由此可见，庄河滨海湿地对于黑脸琵鹭、黄嘴白鹭的生存繁衍具有国际重要意义。2018 年越冬季共观测到鸟类 9 种 775 只。在记录到的 9 种滨海湿地鸟类中，有 1 种鸟类被列入《中华人民共和国政府和澳大利亚政府保护候鸟及其栖息环境协定》，占 11.1%；6 种被列入《中华人民共和国政府和日本国政府保护候鸟及其栖息环境的协定》，占 66.7%；属于国家二级重点保护野生动物的有 2 种（白腰杓鹬、海鸬鹚）；属于《国家保护的有益的或者有重要经济、科学研究价值的陆生野生动物名录》的物种多达 8 种，占 88.9%。此外，在此次辽宁庄河滨海湿地越冬鸟类观测结束后的第二天（2018 年 12 月 9 日），根据同事观测情况得知，有大群遗鸥（IUCN 易危物种、CITES 附录 I 物种、亚太地区受威胁鸟类物种、《中国濒危动物红皮书》易危物种、国家一级重点保护野生动物）在庄河滨海湿地越冬。在庄河滨海湿地被记录到的鸟类多数被列入国内外有关物种保护法规条例，体现了庄河滨海湿地鸟类的珍稀濒危性及庄河滨海湿地在全球候鸟停歇、越冬、迁徙过程中的地理重要性。由此可见，庄河滨海湿地对于遗鸥的生存繁衍具有国际重要意义。

（3）盘锦滨海湿地

2012 年繁殖季第 1 次样线观测到鸟类 4 种 8 只，第 2 次观测到鸟类 6 种 11 只；2013 年繁殖季第 1 次样线观测到鸟类 4 种 60 只，第 2 次观测到鸟类 3 种 8 只；2013 年繁殖季第 1 次样点观测到鸟类 10 种 5943 只，第 2 次观测到鸟类 10 种 1122 只；2014 年繁殖季样线观测到鸟类 6 种 390 只；7 次共观测到鸟类 21 种。

（4）锦州滨海湿地

2012 年繁殖季观测到鸟类 9 种 32 只；2013 年繁殖季第 1 次观测到鸟类 4 种 11 只，第 2 次观测到鸟类 1 种 6 只；2014 年繁殖季第 1 次观测到鸟类 7 种 89 只，第 2 次观测到鸟类 8 种 48 只；5 次共观测到鸟类 12 种。

4. 代表性物种

（1）黑脸琵鹭

喙黑色且先端扁平成匙状，脚黑色；繁殖期头及胸黄色且具冠羽；非繁殖期全身白色（图 6-11）。是 IUCN 红色名录濒危物种（EN）、CMS 附录Ⅰ物种、国家一级重点保护野生动物、《中国濒危动物红皮书》濒危物种（E）。在庄河滨海湿地，2018 年繁殖季第 1 次观测到黑脸琵鹭 134 只，占该物种国际种群评估总个体数量的比例达 6.7%；第 2 次观测到黑脸琵鹭 182 只，占该物种国际种群评估总个体数量的比例高达 9.1%。

图 6-11 黑脸琵鹭

（2）黄嘴白鹭

喙色多变，眼黄色，体羽全白色，趾黄绿色；繁殖期喙橙黄色，冠羽长而密且向后呈丛状，有细长的饰羽，下颈饰羽呈长尖形且覆盖胸部，肩羽延伸至尾但末端平直，脚黑色；非繁殖期喙黑色，下喙基部黄色，脚及趾黄绿色（图 6-12）。是 IUCN 红色名录易危物种（VU）、CMS 附录Ⅰ物种、国家一级重点保护野生动物、《中国濒危动物红皮书》濒危物种（E）。在庄河滨海湿地，2018 年繁殖季第 1 次观测到黄嘴白鹭 246 只，占该物种国际种群评估总个体数量的比例达 7%；第 2 次观测到黄嘴白鹭 406 只，占该物种国际种群评估总个体数量的比例高达 11.6%。

图 6-12　黄嘴白鹭

6.5　威胁与保护对策

6.5.1　威胁

1. 寒温带针叶林

在对寒温带针叶林观测过程中发现，偷猎现象时有发生，如利用盗猎工具猎捕黑嘴松鸡、黑琴鸡、环颈雉和花尾榛鸡等中大型鸟类，利用雾网等捕捉小型鸟类；栖息地因放牧和盗伐而在一定程度上受到干扰和破坏。

2. 温带森林

在对温带森林观测过程中发现，偷猎现象时有发生，如利用盗猎工具猎捕环颈雉和花尾榛鸡等鸟类，利用雾网等捕捉小型鸟类现象较多；栖息地因放牧干扰相对于寒温带森林严重，部分样区盗伐木材现象严重；部分样区观测样线因修路干扰而被迫更换；另外，森林病虫害防治喷洒化学杀虫剂可能对夏季繁殖的食虫鸟类影响较大。

3. 东北内陆湿地

（1）湿地丧失

湿地鸟类依赖于湿地生活，人类活动或自然因素所导致的湿地丧失是湿地鸟类面临的最大威胁。1976～2007 年的遥感影像数据显示，东北区天然湿地面积大幅减少，特别是沼泽湿地面积减少量最大，人工湿地面积迅速增加，尤其是人工养殖、种植面积增速最快（邢宇等，2011）。造成东北湿地面积大幅度萎缩退化的因素中，人为因素占主导，主要是泥炭开发和农用地开垦，并抽取地下水灌溉，使周边湿地萎缩退化。三江平原是中国最大的平原沼泽分布区，20世纪50年代大规模开垦前，素以“北大荒”著称，草甸、沼泽茫茫无际，亦有成片森林，野生动物繁多。开垦后建有许多大型国营农场，“北大荒”已变成了“北大仓”，成为国家重要的商品粮基地，目前已有 30 000 km^2 的沼泽湿地被开发成农田，现存的湿地大部分是相对比较低洼地带，才被保留下来，周边也多被农田包围，湿地处于孤岛状态，“棒打狍子瓢舀鱼”的景象已不复存在。

（2）湿地质量下降

污染物和营养盐的排放以及外来物种入侵等因素使得湿地质量下降，也影响到湿地鸟类的生存。水污染是湿地面临的主要威胁之一。特别是从 20 世纪 80 年代以来，随着工农业的快速发展和城市扩张，许多湖泊和河流成为工农业废水、生活污水的承泄区，湿地污染的问题越来越严重。此外，河流、湖泊受氮磷等营养盐的污染而致的富营养化，不仅使作为鸟类食物的水生生物资源下降，还造成污染物通过食物链进入鸟类体内而直接影响鸟类生存。近年来，外来生物也成为影响湿地质量的因素之一，它们通过影响鸟类栖息地或食物资源而间接影响湿地鸟类的生活。例如，外来动物红耳龟被人为释放到湖泊或河流中，通过捕食水体中的无脊椎动物和低等脊椎动物，而影响湿地鸟类的食物资源。

（3）非法捕猎

对鸟和鸟卵的捕猎也是湿地鸟类面临的严峻威胁。虽然近年来政府打击力度很大，但目前利用网具、毒饵、脚盘夹子等捕捉迁徙过境水鸟的现象在某些湿地还存在，食野味的惯性在某些地区也尚未完全杜绝，在繁殖季节捡拾鸟卵、对繁殖鸟类造成毁灭性影响的现象还时有发生，非法猎捕行为对一些大型水鸟的影响尤甚。

（4）气候变化

全球气候变化也对湿地鸟类的生存带来影响。通过长期的适应和进化，鸟类的生命活动周期与其生活环境的气候节律相匹配，如在食物最丰富的季节进行繁殖，从而能获得充足的食物喂养雏鸟，以获得最大的繁殖成活率。气候变化对不同生物的节律造成不同的影响，可能导致鸟类与其生活环境的节律无法匹配，而导致适合度下降。全球气候变化还导致极端天气频发，对鸟类的繁殖带来不利影响。如 1998 年的一场洪水和之后持续数年的干旱，使得吉林莫莫格湿地的主要水源补给河流——洮儿河和二龙涛河开始干涸，加上上游水库的修建，切断了嫩江的洪流，使湿地失去了补水源泉，导致莫莫格湿地面积显著减少，加之油田开采、农田开垦等人为因素影响，湿地的鸟类种类和数量急剧下降。

（5）水土流失和泥沙淤积

水土流失的成因有气候、地形、植被、土壤等自然因素，但滥砍盗伐森林、滥垦、滥牧和多种经营生产等人为因素也不容忽视。尤其是处于干旱多风沙带上的湿地，更易受不当生产经营活动的影响。例如，位于辽宁的柳河是辽河下游右岸的多泥沙支流，发源于内蒙古哲里木盟奈曼旗境内，流经库伦旗、科左后旗及辽宁的阜新市、彰武县，于新民市汇入辽河，柳河是一条典型的多沙河流，水土流失十分严重，产沙区多分布在奈曼、库伦两旗境内，泥沙经闹德海水库下泄后进入辽河，绝大部分淤积在柳河河口及辽河干流的中下游河道内，使河床不断淤高，使辽河新民段成为地上悬河，导致河流湿地功能大打折扣，这也必然会影响在湿地活动的鸟类，导致鸟类适宜栖息地面积的减少。

（6）观鸟和摄影干扰

观鸟作为一种爱好和户外休闲运动，近年来在我国得到了长足发展。尽管从人数上来说仍然有些小众，但却已经成为颇为时尚的自然活动，随着数码相机的普及，越来越多的观鸟爱好者在观鸟的同时会进行拍摄。鸟与其他野生动物相比，离我们的生活更近、更容易观察，而且有着丰富的种类和有别于其他野生动物的习性，是自然生态摄影里最受欢迎的拍摄对象之一，以鸟类为主题的拍摄人群日益多样化。拍鸟者不尊重鸟类活动规律、违背生态摄影的不规范行为时有发生，如拍摄者为了展示湿地水鸟群飞的场面，常使用无人机在湿地上空近距离低空追逐鸟群拍摄，导致鸟类不断被惊飞；还有人为拍到精美照片甚至会采取诱拍、棚拍甚至修巢、驱赶等方式干扰鸟的正常活动，其结果常会导致鸟类非正常死亡或繁殖失败等。

4. 辽宁滨海湿地

在对辽宁滨海湿地鸟类观测过程中发现，庄河、丹东、盘锦、锦州等滨海湿地主要存在“保护空缺”“人鸟争食”“水体污染”等方面生态环境问题，对该区域滨海湿地鸟类多样性造成潜在威胁。

“保护空缺”管理迫在眉睫。滨海湿地对于鸟类生存繁衍具有重要生态意义，然而由于种种原因，长期以来我国某些重要滨海湿地（如庄河入海口滨海湿地）未受到应有的关注，一直处于保护空缺状态。《国务院关于加强滨海湿地保护严格管控围填海的通知》（国发〔2018〕24 号）、《渤海综合治理攻坚战行动计划》（环海洋〔2018〕158 号）等政策法规明确要求全面强化现有沿海各类自然保护地的管理，将亟需保护的重要滨海湿地和重要物种栖息地纳入保护范围，将一些重要生态系统选划为自然保护地。

为更好地保护黑脸琵鹭、黄嘴白鹭等多种珍稀濒危鸟类，2006 年 1 月 18 日，大连市政府大政〔2006〕12 号文件正式批准建立大连市石城乡黑脸琵鹭市级自然保护区。大连市人民政府办公厅于 2010 年 7 月 30 日发文大政〔2010〕106 号，对黑脸琵鹭自然保护区进行了区划范围调整。调整后自然保护区总面积为 1284.3 hm^2，由栖息繁殖区和觅食区两部分组成。繁殖区面积为 628.3 hm^2。其中：核心区面积 0.34 hm^2，缓冲区面积 17.74 hm^2，实验区面积 99.02 hm^2；海域面积为岛屿海边处外延 1000 m 范围，面积为 511.2 hm^2。觅食区面积为 656 hm^2（图 6-13）。然而，在对庄河滨海湿地鸟类观测过程中发现，黑脸琵鹭、黄嘴白鹭等除了在栖息繁殖区和觅食区活动，还有一定数量的种群频繁地出现在庄河入海口滨海湿地活动，且存在较严重的人类干扰行为（图 6-14）。此外，根据有关资料报道，在庄河入海口滨海湿地还有大群珍稀濒危物种遗鸥活动。

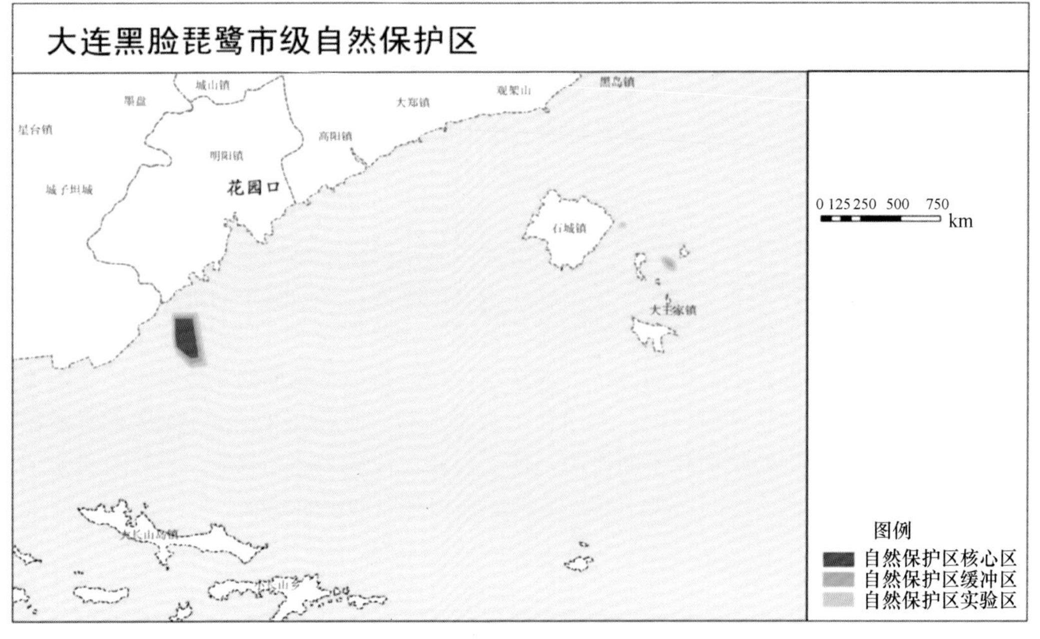

图 6-13 大连市石城乡黑脸琵鹭市级自然保护区范围

图 6-14　庄河入海口滨海湿地存在“保护空缺”

为更好地保护丹顶鹤等多种珍稀濒危鸟类，1987 年成立鸭绿江口湿地县级自然保护区，1992 年晋升为市级自然保护区，1995 年晋升为省级自然保护区，1997 年晋升为国家级自然保护区。辽宁鸭绿江口滨海湿地国家级自然保护区核心区面积 14 642 hm^2，缓冲区面积 71 057 hm^2，实验区面积 22 358 hm^2；主要保护对象为近海海岸湿地及珍稀濒危野生动植物。然而，在对丹东滨海湿地鸟类观测过程中发现，鸟类除了在保护区范围内栖息，还有一定数量的种群频繁地出现在鸭绿江入海口活动，且存在较严重的人类干扰行为（图 6-15）。此外，根据有关资料报道，在鸭绿江入海口还有一定种群规模的全球极危物种青头潜鸭活动。另据资料记载，与保护区内部的情况相比，保护区之外迁徙鸟类的情况不容乐观，在保护区范围之外，随着湿地开发、开垦的日益加剧，湿地面积正逐年减少，生境面积的缩小、片段化乃至消失对多数鸟类的栖息影响很大，同 10 年前相比，丹顶鹤、大天鹅、鸳鸯等已很少见到。

图 6-15　鸭绿江口滨海湿地存在较严重的人类干扰行为

“人鸟争食”窘境亟待改善。庄河、丹东、盘锦沿岸滩涂、养殖池塘等是鸻鹬类、鸥类、鹤类、雁鸭类的主要觅食场所。然而，当地农渔养殖户为了确保收成，采取各种手段驱赶（甚至是捕杀）前往觅食栖息的鸟类。此外，大规模的赶海活动也直接影响着在滩涂觅食的鸟类（图 6-16，图 6-17）。庄河、丹东、盘锦沿岸鸟类觅食地受到的人类干扰严重影响着东亚—澳大利西亚迁飞路线上大批鸟类的生存。

“水体污染”治理有待加强。大量文献资料显示，工业、农渔业、生活产生的“三废”排海给鸟类赖以生存的滨海湿地产生巨大影响。庄河、丹东沿岸是我国“三废”排海现象较为严重的区域，各级管理部门也采取了一系列措施治理入海污染物排放。然而，某些企业采取“零星排放”“游击战”等“小规模”形式进行偷排，造成水体污染（图 6-18）。

图 6-16　庄河入海口滨海湿地存在“人鸟争食”

图 6-17　鸭绿江口滨海湿地存在“人鸟争食”

图 6-18　庄河沿岸排污渠道“水体污染”

6.5.2　保护对策

1. 寒温带针叶林和温带森林

（1）加大对偷猎的监管力度

加大野生动物保护的宣传力度，提高野生动物保护意识；建议林业主管部门加大对涉及野生动物保护的违法行为惩罚力度，清除非法猎捕工具，尤其要严厉打击采用网捕、投毒等方式乱捕滥猎鸟类的行为。

（2）加强森林鸟类栖息地保护

寒温带针叶林和温带森林鸟类栖息地因放牧和盗伐而在一定程度上受到干扰和破坏，放牧对地面繁殖的鸟类影响较大，盗伐改变了栖息地生境的郁闭度和可利用的巢址资源等，从而影响森林鸟类的繁殖和多样性组成。

（3）减少化学杀虫在森林病虫害防治中的应用

化学杀虫剂对野生的动物，尤其是食虫和食肉鸟类危害较大。一方面，使鸟类的可获得食物资源减少；另一方面，廉价高效的杀虫剂，不仅可使鸟类直接中毒致死，而且会影响其繁殖，使鸟类卵壳结构发生变薄等改变，影响胚胎发育，导致后代数量减少等。

2. 东北内陆湿地

（1）加强湿地鸟类的栖息地保护

湿地鸟类受威胁的主要原因是栖息地的破坏与丧失。由于湿地周边人口增多，森林被大面积采伐和围垦，使得湿地旱季水源枯竭，雨季洪水泛滥，当湿地被农田和裸地取代后，接踵而至的是严重的土壤侵蚀，造成河流淤塞，湿地面积减少；同时，围湖造田和挖沟排水造田等人为活动，也会造成湿地面积减少，使湿地鸟类受到威胁。因此要保护好湿地水鸟，首先要保护好流域内现存的森林，禁止滥砍滥伐，大力开展植树造林，退耕还草、还林，还要着力改变农民传统的广种薄收的观念及耕作方式，提倡精耕细作，提高农业产量，同时禁止围湖造田及挖沟排水造田等人为的经济活动，才能有效保护湿地生态系统。

（2）加强湿地自然保护区的建设和管理

科学评估已有的湿地保护区，查找湿地保护空缺，将一些有重要生态价值的湿地增设为保护区，有效保护湿地内的植物资源，尤其是芦苇资源，控制芦苇收割方式，为湿地鸟类营巢提供重要的环境和隐蔽所。

（3）加大湿地污染源的治理力度，提高湿地质量

在湿地周边农田提倡使用高效低残毒农药，并对工业和生活污水进行净化处理后排放，可以有效减少工业、农业和生活排水对湿地质量的威胁。科学规范佛教放生行为，杜绝外来生物入侵而致的湿地质量下降。

（4）杜绝在湿地捡拾鸟卵及偷猎行为的发生

继续加大宣传教育力度，提高全民野生动物保护意识，加大对违法行为的惩罚力度，确保湿地鸟类有一个安静、安全的栖息生存环境。同时各地要加强对本区域鸟类主要分布区、越冬地、繁殖地、迁飞停歇地及集群活动区等地的野外巡护和看守，清除非法猎捕工具，尤其要严厉打击使用网捕、毒药、踩盘夹子等恶劣手段乱捕滥猎鸟类的行为。

（5）合理配置水资源，加强重要湿地的恢复和重建

对于一些重要湿地，当因为各种自然或人为因素导致湿地面积严重减少，湿地功能近乎丧失时，在可能的情况下，要通过跨流域调水工程，进行较大范围内的水量调配，来满足受损湿地生态环境需水要求，再次恢复湿地功能，从而保证湿地内鸟类的生存、繁衍需求。例如，吉林莫莫格湿地曾因连续多年大旱等因素导致湿地近乎干涸，湿地生态功能严重退化，后期通过“河湖连通”“引嫩入莫”等湿地补水工程，每年向莫莫格引水 3000 万 m^3，使退化的湿地得以修复，从而抢救性地恢复了鹤、鹳等珍稀濒危鸟类栖息地，并进一步改善了湿地周边草地、盐碱地的状况，植被覆盖率也得到明显提高，扩大了小型鸟类的栖息繁殖地。

（6）规范鸟类摄影行为

大力宣传和倡导鸟类摄影爱好者遵守由中国野生动物保护协会、中国林业生态摄影协会、中国观鸟会等协会联合发布的《中国野生鸟类摄影行为规范倡议》，严禁使用无人机低空拍鸟；不得以拍鸟名义捕捉野生鸟类进行棚拍；不驱赶鸟群，保持适当观赏和拍摄距离；当摄影需求会导致鸟类受伤、弃巢、影响育雏等情形时，应立刻终止摄影；禁止使用活物诱拍猛禽；对濒危鸟种或筑巢地内的鸟类禁止使用声诱；育雏期不移动、剪切鸟巢周围的遮挡物，避免干扰其正常繁殖活动等。

3. 滨海湿地

有研究结果表明潮间带滩涂、近岸海域等自然生境对鸟类栖息非常重要，对鸟类群落多样性保护具有重要意义。在辽宁滨海湿地后续保护管理工作中，应进一步重点健全保护地管理体系，开展滨海湿地生态修复，强化对近岸海域、河流入海口等自然生境的保护管理。

为进一步强化对鸟类赖以生存的滨海湿地保护管理，亟待通过新建（扩建）自然保护地、纳入生态保护红线等形式对“保护空缺”加以妥善保护管理。鉴于庄河入海口滨海湿地并未纳入保护体系，且存在较严重的人类干扰行为，建议有关部门按照规定申请对大连市石城乡黑脸琵鹭市级自然保护区进行区

划范围调整，将庄河入海口滨海湿地纳入现有保护地体系，同时申请提升黑脸琵鹭自然保护区的保护级别，今后也应争取尽早将庄河有关滨海湿地申报列入《国际重要湿地名录》。若条件暂时不允许，则考虑先在庄河入海口滨海湿地新建保护地（如自然公园）或纳入生态保护红线。鉴于鸭绿江入海口部分滨海湿地并未纳入保护体系，且存在较严重的人类干扰行为，建议有关部门按照规定申请对辽宁鸭绿江口滨海湿地国家级自然保护区进行区划范围调整，将鸭绿江入海口滨海湿地纳入到现有保护地体系，同时争取尽早将鸭绿江有关滨海湿地申报列入《国际重要湿地名录》及世界自然遗产地[中国黄（渤）海候鸟栖息地（第二期）]。若条件暂时不允许，则考虑先在鸭绿江入海口滨海湿地新建保护地（如自然公园）或纳入生态保护红线。

针对“人鸟争食”现象，建议相关部门尽快制定实际可行的生态效益保护补偿措施，如通过给予农渔养殖户适当经济补偿，确保迁徙鸟类觅食地不受严重干扰。

针对“水体污染”现象，一方面应深入贯彻落实《国务院关于加强滨海湿地保护严格管控围填海的通知》（国发〔2018〕24 号）、《渤海综合治理攻坚战行动计划》（环海洋〔2018〕158 号）等政策法规，充分发挥环保督查、“绿盾”行动等机制效能，加强水体污染行为查处力度；另一方面，应加强相关法律法规的宣贯，结合“世界环境日”“世界湿地日”“世界海洋日”“爱鸟周”等活动有效开展各种以环保为主题的公众教育。

第 7 章　华北区鸟类多样性观测

7.1　环 境 概 况

7.1.1　行政区范围

华北区位于北纬 32°～43°，北接蒙新区和东北区，南临秦岭—淮河一线，西起西倾山，东至黄海和渤海。从行政区划上，华北区涉及 13 个省市，包括北京、天津、山东、山西 4 个省（市）全部区域，河北、河南、陕西的大部分区域，宁夏、甘肃、安徽、江苏、内蒙古、辽宁的一部分区域。

7.1.2　气候

华北地区幅员辽阔，纬度和海拔范围跨度大，气候、水文、地形、植被等条件复杂多样。华北区的气候类型属于大陆季风性暖温带半湿润气候。冬季寒冷干燥，多北风，1 月气温靠北部的沈阳为－13℃，靠南的徐州为－0.6℃；夏季酷暑而多雨，多南风，7 月气温由西安的 28.1℃，向西北减至兰州的 22.8℃，向东减至青岛的 25.1℃（中华地理志编辑部，1957）。华北区平均年降水量约为 500 mm，区域差异较大（最小不足 100 mm，最大超过 1200 mm），降水量的空间分布具有准纬向分布特征，且存在显著的年内变率和季节变率（荣艳淑，2013）。从季节性来看，夏季平均降水量最多为 332 mm，其次为秋季 96 mm，春季 72 mm，占全年的 14%；冬季最少为 12 mm（1961～2011 年的平均值）（郝立生等，2018）。

7.1.3　地形地貌

华北区主要有三大地貌带：第一带为黄土高原和冀热山地，平均海拔超过 1000 m（有些高山如六盘山、五台山、小五台山等海拔超过 3000 m）；第二带是华北平原和辽河平原，大部分海拔不足 50 m；第三带是山东丘陵和辽东丘陵，海拔平均不到 500 m（个别山岭超过 1000 m，如泰山）。其中，第一带的黄土高原和冀热山地在地貌构造区别显著，第二带与第三带因渤海把平原和丘陵分隔开（中华地理志编辑部，1957）。华北区的地貌上有 3 个特点：断层地貌普遍而显著、特殊的黄土地貌覆盖广、冲刷与堆积特别旺盛。

7.1.4　水文

华北区河流包括四大河系，由北至南分别为辽河系（含绕阳河）、海河系（含滦河）、黄河系、淮河系（含沂河和沭河），这些河流径流量和含沙量大；夏有夏汛，冬有冰期。一般，每年有两次汛峰，两次枯水期，3～4 月因上游积雪消融和河冰解冻形成春汛期；6～9 月因降雨量大，径流系数 5%～20%，出

本章主编：李东明；编委（按姓氏笔画排序）：王凤琴、牛俊英、吕艳、伊剑锋、刘亚洲、刘威、孙砚峰、李东明、殷源、赛道建、魏巍等。

现夏汛期；春汛期与夏汛期间有明显的枯水期，有些河流甚至断流，造成春季严重缺水现象。黄河、海河、黄河及淮河北侧各支流流入渤海，后者流入东海（中华地理志编辑部，1957）。华北区因人口密度大、农耕面积广，导致地下水超采，地下水资源严重缺乏。

7.1.5　土地利用现状

华北区东临渤海和黄海，为典型的冲击平原；区内地势平坦、土层深厚，农耕历史悠久，也是我国主要粮食生产基地（赵晓丽等，2002）。从人口密度上看，华北区涉及的 13 个省市人口密度较大（如北京市和天津市人口密度最高，河南和山东也是人口大省），约有 2.5 亿人，占全国总人口数量的 22.1%。从土地利用现状来看，华北区主要由耕地（38%）、林地（23%）和草地（15%）组成。

7.1.6　动植物现状

从植被种类来看，华北区可分为寒温性针叶林、温性针叶林、落叶阔叶林、落叶阔叶灌丛、灌草丛、草原、草甸和沼泽等植被型（吴征镒等，1980）。华北区（未包括秦岭）共有野生种子植物 3925 种（3465 种和 460 变种），隶属 151 科和 914 属，其中裸子植物 5 科 11 属 32 种（包括变种），被子植物 146 科 903 属 3893 种（包括变种）（王荷生，1997）。华北区的植物区系属泛北极植物区中国—日本森林植物亚区的一部分。华北区的植被覆盖度呈南高北低、中部高四周低的分布特点，最低为内蒙古高原草原生态区的 0.61，最高为淮阳丘陵地区的 0.84（荣艳淑，2013）。

从动物地理区划上看，华北区北邻蒙新区和东北区，南接华中区，西临西南区和青藏区，所以本区既是东洋界和古北界动物，又是季风区不同温度带动物相互混杂的区域；华北区的动物区系中东北型的广布种占主导，全北型和古北型的种类占有一定比例，特有种类少。从动物类型来看，既包括适应次级林灌和田野生活的森林动物，适应草地和草甸生活的草原动物，还包括适应农耕环境的穴居动物和伴人动物（张荣祖，1999）。

7.1.7　社会经济

从社会经济发展上看，华北区涉及的 13 个省市包括环首都经济圈、环渤海经济带、黄河中下游经济区及内蒙古中西部开发区。区域经济相对发达，国内生产总值达到 444 060.92 亿元，占全国的 45%。然而，各省市的经济发展状况分布极为不均，东部沿海地区的江苏和山东总产值相对较高、西部的甘肃和宁夏相对较低；北京、天津和江苏的人均可支配收入均超过 4 万元，内蒙古、辽宁、山东的人均可支配收入均超过 3 万元，除甘肃外（不足 2 万元）其余省份的人均可支配收入超过 2 万元。

7.2　鸟类组成

7.2.1　鸟类研究历史

华北区东临渤海和黄海，滨海地区的海岸线类型多样，是我国鸟类迁徙路线的东部通道、东亚—澳大利西亚鸟类迁徙通道的重要组成部分。例如，北戴河湿地为“国家重要湿地”，有鸟类 450 余种，约占全国鸟类总种数的 1/3（其中近 70 种为国家级重点保护野生鸟类），为我国重要的滨海鸟类观测地。曹妃甸南堡湿地是红腹滨鹬、黑尾塍鹬、黑腹滨鹬等的重要停歇和觅食地，也是黑嘴鸥、遗鸥、翘鼻麻鸭、白腰杓鹬等的重要越冬地。以往一些关于黄渤海沿海地区鸟类多样性的调查发现山东庙岛群岛有 18 目 34

科 88 种鸟类（纪加义和于新建，1990），有 25 种猛禽从辽东半岛及河北海岸向南飞抵山东（张荫荪等，1985）；河北滨海有 30 种雁鸭类鸟类（陶宇等，1991）。

华北区北部是黄土高原和森林草原景观向蒙古高原草原的过渡带，南部是以秦岭-淮河为界与华中区相隔；以往本区的鸟类调查主要以山地鸟类为主，报道了山地森林鸟类多样性与海拔、植物群落的关系（郑作新等，1973；姚建初和郑永烈，1986；李春秋等，1996），区域鸟类多样性特征（唐蟾珠等，1965；李东明等，2003）等，这些结果发现有一些鸟类广泛分布于本区，成为优势种或常见种，如麻雀、大山雀、三道眉草鹀、喜鹊、灰喜鹊等。

华北区以往报道了一些区域的鸟类多样性特征，如陕西（方荣盛等，1979）、河北（孙立汉和庄永年，1992）、北京（傅必谦等，1996）、天津（王凤琴，2008）、宁夏贺兰山（袁力，2005；李元刚等，2012）和沙坡头（黄族豪等，2003）、辽宁（张雷等，2020）等。同时，也有一些关于不同生境鸟类多样性的报道，如山地森林环境（郭冷和阎宏，1986；侯建华等，1997；岳建兵等，2006；李晓京，2008；罗磊等，2012；范俊功等，2020a）、滨海湿地环境（闫理钦等，1998；王凤琴和覃雪波，2007；孟德荣和王保志，2008；梅玫等，2010；张玉峰等，2010；李巨勇等，2013）、内陆湿地环境（胡伟和陆健健，2001；王凤琴等，2006；王开锋等，2007；赵振斌等，2007；时良等，2009；李元刚和李志刚，2011；孙砚峰等，2012，2014；刘琪琪等，2020）、城市公园鸟类多样性（武宇红和吴跃峰，2005；鲍大珩等，2015）和农田环境（范喜顺等，2008）。除上述很多相关区域鸟类多样性和特定生境鸟类多样性研究外，还有一些以行政单位为主的鸟类志或动物志，如最早的《河北鸟类志》（寿振黄，1936）、《秦岭鸟类志》（郑作新等，1973）、《辽宁动物志：鸟类》（黄沐朋等，1989）、《甘肃脊椎动物志》（王香亭，1991）、《内蒙古动物志（第三卷）：鸟纲　非雀形目》（旭日干，2013）、《内蒙古动物志（第四卷）：鸟纲　雀形目》（旭日干，2015）、《山东鸟类志》（赛道建，2017）等，然而缺少以华北区鸟类多样性为整体的相关研究。

7.2.2　鸟类物种组成

本项目历经 10 年的观测，在华北区共记录鸟类 586 种，数量为 2 313 177 只（其中包含未识别鸥类、鸻鹬类和雁鸭类共 49 173 只）。同时结合历史文献，整理出华北区有鸟类 688 种，隶属 23 目 88 科（附表 Ⅰ）。在观测记录到的鸟类中，雀形目有 344 种，占总种数的 50.96%；非雀形目 331 种，占总种数的 49.04%。在非雀形目中，鸻形目的种类最多为 93 种，占总种数的 13.78%，其次为雁形目和鹰形目，分别为 48 种和 39 种，占总数的 7.11%和 5.78%。依据《中国湿地水鸟》的标准（丁平和陈水华，2008），共包括 155 种水鸟。华北区观测到的古北种鸟类共 310 种，占总种数的 52.9%；东洋种鸟类共 204 种，占总种数的 34.8%；广布种共 72 种，占总种数的 12.3%。依据《中国鸟类特有种》（雷富民和卢汰春，2006），在华北区内观测到的中国特有种 25 种，占总种数的 4.3%，包括斑尾榛鸡、褐马鸡、宝兴歌鸫、山噪鹛、黄腹山雀（*Pardaliparus venustulus*）等。

根据《生物多样性观测技术导则　鸟类》（HJ 710.4—2014）（环境保护部，2014）的生境分类标准，在华北区的乔木林生境中共有 423 种，占总种数的 72.2%；灌木林及采伐迹地生境中共有 305 种，占总种数的 52.0%；农田生境中共有 295 种，占总种数的 50.3%；草原生境中共有 165 种，占总种数的 28.2%；荒漠/戈壁生境中共 33 种，占总种数的 5.6%；居住点生境中共有 283 种，占总种数的 48.3%；内陆水体生境中共有 343 种，占总种数的 58.5%；滨海湿地生境中共有 194 种，占总种数的 33.1%；沼泽生境中共有 178 种，占总种数的 30.4%。

在华北区记录到的 586 种鸟类中，国家一级重点保护野生动物 30 种，占总种数的 5.1%，包括黑鹳、朱鹮、中华秋沙鸭、白尾海雕、斑尾榛鸡、褐马鸡、绿尾虹雉、红喉雉鹑、丹顶鹤、白鹤、白头鹤、大鸨和遗鸥等。国家二级重点保护野生动物 101 种，占总种数的 17.2%，包括角鸊鷉、卷羽鹈鹕、黄嘴白鹭、红腹锦鸡、白琵鹭、鸳鸯、小天鹅、大天鹅、金雕等。根据 IUCN 红色名录中极危、濒危、易危、近危的分级标准，华北区共有极危物种 3 种，分别为青头潜鸭、白鹤和黄胸鹀；濒危物种 9 种，包括朱鹮、东方白鹳、黑脸琵鹭、中华秋沙鸭、棉凫（*Nettapus coromandelianus*）、丹顶鹤、大杓鹬、棕头歌鸲、栗斑腹鹀（*Emberiza jankowskii*）；易危物种 19 种，包括卷羽鹈鹕、黄嘴白鹭、鸿雁、小白额雁等；近危物种 13 种，包括罗纹鸭、白眼潜鸭、秃鹫（*Aegypius monachus*）、斑尾榛鸡、大石鸡、银脸长尾山雀（*Aegithalos fuliginosus*）、斑胁田鸡、半蹼鹬、白腰杓鹬、小太平鸟、山鹛（*Rhopophilus pekinensis*）、红颈苇鹀和震旦鸦雀；无危物种 542 种。根据 CITES 标准，华北区共有属于 CITES 附录Ⅰ的物种 13 种，包括卷羽鹈鹕、东方白鹳、朱鹮、游隼、藏雪鸡（*Tetraogallus tibetanus*）、白枕鹤、小杓鹬、绿尾虹雉、白尾海雕、丹顶鹤、白鹤、白头鹤和遗鸥；属于 CITES 附录Ⅱ中的物种 53 种，包括黑鹳、白琵鹭、花脸鸭等。

7.2.3 鸟类新记录

2011 年以来，在华北区共发现省级鸟类新记录 104 种，其中山东记录到 37 种；河南属华北区的区域记录到 15 种；河北记录到 11 种；山西记录到 6 种；宁夏记录到 5 种；陕西属华北区的区域记录到 19 种；安徽属华北区的区域记录到 4 种；江苏属华北区的区域记录到 4 种；北京记录到 12 种；天津记录到 5 种；甘肃属华北区的区域记录到 4 种（表 7-1）。

表 7-1 2011 年以来华北区鸟类省级及以上新记录

新记录鸟种*	时间	位置或地理坐标	生境类型	参考文献
栗耳短脚鹎 *Microscelis amaurots*	2011.4	山东黄河三角洲	森林、农耕林园	单凯和于君宝，2013
宝兴歌鸫 *Turdus mupinensis*	2011.5	山东东营市五号桩；安徽怀远县	近海林下灌丛	单凯和于君宝，2013；侯银续等，2014
紫啸鸫 *Myophonus caeruleus*	2011.9	山东东营市仙河镇	人工刺槐林	单凯和于君宝，2013
灰眉岩鹀 *Emberiza godlewskii*	2012.3	山东东营市黄河岸边	灌丛、草地及农田	单凯和于君宝，2013
北灰鹟 *Muscicapa dauurica*	2012.3	山东黄河三角洲	树林	单凯和于君宝，2013
棕头鸦雀 *Paradoxornis webbianus*	2012.4	山东黄河三角洲	灌丛、低矮树	单凯和于君宝，2013
松雀鹰 *Accipiter virgatus*	2012.4	山东黄河三角洲	刺槐林、人工林	单凯和于君宝，2013
远东树莺 *Cettia canturians*	2012.4；2015.6	山东黄河三角洲；河北平山驼梁保护区	次生灌丛	单凯和于君宝，2013；孙砚峰等，2017
乌灰鸫 *Turdus cardis*	2012.4；2019.4；2013.10	山东黄河三角洲；陕西西安世博园；北京北大未名湖	落叶林	单凯和于君宝，2013；胡若成等，2014；夏川广和罗磊，2019
文须雀 *Panurus biarmicus*	2012.4	山东黄河三角洲	芦苇沼泽	单凯和于君宝，2013
乌鹟 *Muscicapa sibirica*	2012.4	山东黄河三角洲	树林	单凯和于君宝，2013
钝翅苇莺 *Acrocephalus concinens*	2012.4	山东黄河三角洲	芦苇沼泽	单凯和于君宝，2013
金眶鹟莺 *Seicercus burkii*	2012.4	山东黄河三角洲	公园、灌丛、林缘	单凯和于君宝，2013
中华短翅莺 *Bradypterus tacsanowskius*	2012.6	山东东营市六户镇林场	稠密灌丛	单凯和于君宝，2013
黄腿银鸥 *Larus cachinnans*	2012.10	山东黄河三角洲	近海滩涂、池塘	单凯和于君宝，2013
小嘴乌鸦 *Corvus corone*	2012.11	山东黄河三角洲	树林	单凯和于君宝，2013
海鸬鹚 *Phalacrocorax pelagicus*	2008.10	山东黄河三角洲	沿海滩涂	单凯和于君宝，2013
大红鹳 *Phoenicopterus roseus*	2014.11；2015.11、12	山东东营市河口区；北京南海子；宁夏固原	湿地	张月侠等，2016；陈颀等，2016；张大治等，2016
孤沙锥 *Gallinago solitaria*	2010.4	山东黄河三角洲	刺槐林、芦苇沼泽、稻田	单凯和于君宝，2013
斑姬啄木鸟 *Picumnus innominatus*	2015.11	山东泰安桃花源景区	柏 树 林	苗秀莲等，2017a
黑冠鳽 *Gorsachius melanolophus*	2018.4；2019.3	山东青州南阳湖景区；江苏连云港海滨公园	内陆湿地	伊剑锋等，2019；张帅等，2020

续表

新记录鸟种*	时间	位置或地理坐标	生境类型	参考文献
白喉红尾鸲 *Phoenicuropsis schisticeps*	2019.2	山东泰山岱顶	山地森林	高晓冬等，2020
高原岩鹨 *Prunella himalayana*	2019.2	山东泰山岱顶	高山岩石	高晓冬等，2020
红腹灰雀 *Pyrrhula pyrrhula*	2012.12	山东黄河三角洲	公园、果园及林缘	单凯和于君宝，2013
棕头鸥 *Larus brunnicephalus*	2010.4	山东刁口河河口	河口滩涂	单凯和于君宝，2013
灰伯劳 *Lanius excubitor*	2009.2	山东黄河三角洲	开阔林野	单凯和于君宝，2013
丝光椋鸟 *Sturnus sericeus*	2010	山东黄河三角洲	公园及树林	单凯和于君宝，2013
方尾鹟 *Culicicapa ceylonensis*	2010.4	山东东营市天鹅湖	行道树、人工林	单凯和于君宝，2013
白头鹀 *Emberiza leucocephalos*	2010.11；2012.11	山东黄河三角洲；安徽太和县旧县镇	林缘、林间空地和农耕地	单凯和于君宝，2013；刘子祥等，2013
蒙古百灵 *Melanocorypha mongolica*	2014.12	山东黄河三角洲	滩涂湿地	王立冬等，2015
褐翅燕鸥 *Onychoprion anaethetus*	2018.7	山东青岛市小公岛附近海域		胡骞等，2019
白腰燕鸥 *Onychoprion aleuticus*	2018.9	山东青岛市马儿岛附近海域		胡骞等，2019
橙头地鸫 *Zoothera citrina*	2011.6	山东五莲县	乔木	苗秀莲等，2017b
蓝额红尾鸲 *Phoenicurus frontalis*	2017.1；2017.3	山东曲阜市；江苏句容市	灌丛	孙风菲等，2017
长尾鸭 *Clangula hyemalis*	2013.11	山东济南市黄河北岸	河流	张月侠等，2014
黑雁 *Branta bernicla*	2018.12	河南孟津县黄海湿地保护区	内陆湿地	郭准等，2020
白喉林莺 *Sylvia curruca*	2012.2	河南洛阳市洛浦公园	城市公园	牛俊英等，2014
红头穗鹛 *Stachyris ruficeps*	2012.3	河南三门峡市小秦岭保护区	灌丛	牛俊英等，2014
白斑军舰鸟 *Fregata ariel*	2011.8；2007.4	河南三门峡市天鹅湖；北京沙河水库	水库	朱雷等，2011；牛俊英等，2014
阔嘴鹬 *Limicola falcinellus*	2011.9；2014.8	河南洛阳市伊河；陕西蒲城县卤阳湖	晒碱池	牛俊英等，2014；刘博野等，2021
黄腿渔鸮 *Ketupa flavips*	2013.5	河南三门峡市店子乡	溪流	牛俊英等，2014
彩鹮 *Plegadie falcinellus*	2013.7	河南范县陈庄乡	稻田	牛俊英等，2014
蓝鹀 *Latoucheornis siemsseni*	2011.5	河南洛阳市伏牛山保护区	落叶松林	牛俊英等，2014
酒红朱雀 *Carpodacus vinaceus*	2013.5	河南三门峡市小秦岭保护区	灌丛	牛俊英等，2014
白腹短翅鸲 *Hodgsonius phaenicuroides*	2013.6	河南洛阳市栾川抱犊寨	森林	牛俊英等，2014
黑眉柳莺 *Phylloscopus ricketti*	2016.4	河南洛阳市吉利区	城市公园	马朝红等，2016
靴隼雕 *Hieraaetus pennatus*	2011.10	河南洛阳市洛河		李飏和于晓平，2012
红耳鹎 *Pycnonotus jocosus*	2010.1	河南郑州市人民公园	乔木	赵海鹏等，2013
斑头雁 *Anser indicus*	2019.3	河南三门峡市天鹅湖	湖泊	茹文东等，2019
灰背伯劳 *Lanius tephronotus*	2018.5	河北乐亭县	乔木	李兆楠等，2019
栗头鹟莺 *Seicercus castaniceps*	2012.5；2014.4	河北平山县驼梁保护区；河南洛阳市国花园	落叶阔叶林；城市公园	Li *et al.*，2012；牛俊英等，2014
噪鹃 *Eudynamys scolopacea*	2016.6；2017	河北秦皇岛市青龙县；山东泰山区；山西垣曲县、沁水县	落叶阔叶林	苗秀莲等，2017c；Sun *et al.*，2018；杨向明和，2020
小凤头燕鸥 *Thalasseus bengalensis*	2017.7	河北唐山市海港开发区	季节性水塘	王宇琪等，2018
领雀嘴鹎 *Spizixos semitorques*	2019.5；2011	河北邢台市浆水镇；山东	乔木	苗秀莲和赛道建，2017；范俊功等，2020b
彩鹮 *Plegadis falcinellus*	2010.5	河北衡水湖	芦苇丛	韩九皋等，2011
红脚鲣鸟 *Sula sula*	2017.8	河北故城县辛庄乡	农田	侯建华等，2018
锈胸蓝姬鹟 *Ficedula hodgsonii*	2015.6	河北平山县驼梁保护区	华北落叶松林	李剑平等，2016
短尾鹱 *Puffinus tenuirostris*	2013.7	河北乐亭县马头营镇		常雅婧等，2014
北极鸥 *Larus hyperboreus*	2019.4	山西交城县庞泉沟镇	水塘	杨向明等，2020
中华仙鹟 *Cyornis glaucicomans*	2019.5	山西垣曲县历山保护区	阔叶林	杨向明等，2020
灰头鸫 *Turdus rubrocanus*	2016.12	山西芦芽山保护区		陆帅等，2018
白枕鹤 *Grus vipio*	2018.10	山西娄烦县		郝珏等，2019
银脸长尾山雀 *Aegithalos fuliginosus*	2016.4	山西夏县太宽河保护区	乔木林	宋刚等，2016
斑背噪鹛 *Garrulax lunulatus*	2017-2018	宁夏泾源县六盘山保护区	乔木林	宋景舒等，2018
灰翅鸫 *Turdus boulboul*	2018.6	宁夏泾源县耳聋河林场	乔木林	王双贵等，2019

续表

新记录鸟种*	时间	位置或地理坐标	生境类型	参考文献
黄臀鹎 *Pycnonotus xanthorrhous*	2019.3	宁夏泾源县六盘山保护区	乔木	王双贵等，2019
灰背椋鸟 *Sturnia sinensis*	2018.6	江苏阜宁县	农田	王玄等，2019
长嘴海雀 *Brachyramphus perdix*	2016.1	江苏连云港市	海域	熊天石等，2016
白鹈鹕 *Pelecanus onocrotalus*	2005.5	安徽灵璧县灵西运河	河流	侯银续等，2013a
赤嘴潜鸭 *Netta rufina*	2016.1	安徽五河天岗湖	湖泊	杨森等，2017
灰瓣蹼鹬 *Phalaropus fulicaria*	2010.11	北京昌平区沙河水库	水库	方扬等，2011
强脚树莺 *Cettia fortipes*	2013.7	北京房山区蒲洼保护区	乔木	叶航等，2015
丑鸭 *Histrionicus histrionicus*	2017.2	北京元大都公园护城河	河流	吴海峰等，2017
凤头鹰 *Accipiter trivirgatus*	2013.5	北京百望山	森林	闻丞等，2013
淡尾鹟莺 *Seicercus soror*	2011.6	北京小龙门林场	阔叶林	王代平等，2013
斑鱼狗 *Ceryle rudis*	2005.10	北京沙河水库		朱雷等，2011
棕背伯劳 *Lanius schach schach*	2009.12	北京丰台区永定河河滩	灌丛	朱雷等，2011
乌鸫 *Turdus merula*	2007～2010；2011.5	北京多地；宁夏六盘山	乔木	朱雷等，2011；柳鹏飞等，2021
水雉 *Hydrophasianus chirurgus*	2014.6	天津大黄堡保护区	湿地	莫训强等，2015
北长尾山雀 *Aegithalos caudatus*	2016.2	天津七里海	湿地	莫训强等，2020
灰林鵖 *Saxicola ferreus*	2019.4	天津滨海新区	绿化带	孙敬文和莫训强，2019
白额鹱 *Calonectris leucomelas*	2017.11	天津北大港万亩鱼塘	湿地	娄方洲和莫训强，2019
铜蓝鹟 *Eumyias thalassinus*	2018.4	天津滨海新区绿化带	灌丛	莫训强和王崇义，2018
流苏鹬 *Philomachus pugnax*	2011.3	陕西渭河杨凌段	河岸边	张征恺等，2011
紫翅椋鸟 *Sturnus vulgaris*	2012.11	陕西蒲城县原任乡	晒碱池	罗磊等，2013
黄颈拟蜡嘴雀 *Mycerobas affinis*	2014.7	陕西太白山保护区	乔木	罗磊等，2014
紫背苇鳽 *Ixobrychus eurhythmus*	2014.9	陕西咸阳机场	草地	
中华攀雀 *Remiz consobrinus*	2015.4	陕西蒲城县荆姚镇	灌木林	罗磊等，2015
红颈瓣蹼鹬 *Phalaropus lobatus*	2014.8	陕西蒲城县卤阳湖	晒碱池	罗磊等，2016
尖尾滨鹬 *Calidris acuminata*	2015.8	陕西蒲城县卤阳湖	晒碱池	罗磊等，2016
疣鼻天鹅 *Cygnus olor*	2015.12	陕西宝鸡市渭河	河流	申苗苗等，2016
黑翅鸢 *Elanus caeruleus*	2016.1；2013.4	陕西西安市渭河；北京百望山	人工林	闻丞等，2013；廖小凤等，2016
红胸秋沙鸭 *Mergus serrator*	2016.10	陕西蓝田县灞河	河流	陈建鹏等，2017
黑喉潜鸟 *Gavia arctica*	2017.12	陕西西安市临潼	河流	王靖等，2018
棕顶树莺 *Cettia brunnifrons*	2018.6	陕西太白山小文庙	乔木	
白头硬尾鸭 *Oxyura leucocephala*	2018.11	陕西渭南市卤阳湖	湖泊	杨亚桥等，2019
长嘴半蹼鹬 *Limnodromus scolopaceus*	2018.12	陕西大荔黄河湿地	河流泥滩	臧晓博等，2019
半蹼鹬 *Limnodromus semipalmatus*	2019.8	陕西蒲城县荆姚镇	晒碱池	臧晓博和杨亚桥，2020
靴隼雕 *Hieraaetus pennatus*	2020.5	陕西西安市世博园	城市公园	夏川广和罗磊，2021
蒙古沙鸻 *Charadrius mongolus*	2019.5	陕西西安市渭河河道	晒碱池	刘博野等，2021
小太平鸟 *Bombycilla japonica*	2019.3	甘肃兰州大学榆中校区	乔木	赵力强等，2019
黑冠鹃隼 *Aviceda leuphotes*	2018.5	甘肃陇南市、天水市麦积山	落叶阔叶林	包新康等，2019
罗纹鸭 *Mareca falcate*	2018.3	甘肃永登县秦王川湿地	湖泊	马涛等，2019
槲鸫 *Turdus viscivorus*	2018.11；2019.2	甘肃兰州大学榆中校区	村庄	李晓军等，2019

注：为保持原记录信息，标*号处的新记录鸟种中文名和拉丁名保持原文献中的名称。

7.3 观测样区设置

2011～2020 年，鸟类多样性示范观测项目组织 42 个参与单位在华北区设置的 86 个观测样区、906 条（个）样线或样点，涵盖了区内的 13 个省市境内包括森林、农田、草地、城镇、内陆湿地和滨海湿地 6 种主要生境类型（图 7-1）。

2011年开始在北京、天津、河北、河南、山东、陕西、甘肃、辽宁8个省（市）布设26个观测样区、177条（个）样线或样点。2014年，增加山西的7个观测样区、81条（个）样线或样点（对已有样区的样线和样点进行加密设置）；2015年，增加了1个观测样区、17条（个）样线或样点；2016年，新增了安徽、辽宁、宁夏合计42个观测样区、475条（个）样线或样点，加强了对森林生态系统和内陆湿地生态系统鸟类多样性的观测力度；2017年，增加了6个观测样区、57条（个）样线或样点；2018年，增加了8个观测样区，99条（个）样线或样点，加强了对农田和城镇的生态系统的鸟类多样性观测力度。在所有的样线或样点中，最多的生境为内陆湿地生态系统，达到总样线或样点数的 43.2%，其次分别为森林生态系统（26.8%）、滨海湿地生态系统（12.8%）、农田生态系统（11.1%）、城镇生态系统（5%）和草地生态系统（1.1%）。

从行政区域来看，在河北设置17个观测样区、125条（个）样线或样点，其中森林生态系统37条（个），农田生态系统14条（个），草地生态系统4条（个），城镇生态系统2条（个），内陆湿地生态系统39条（个），滨海湿地生态系统29条（个）；在山东设置16个观测样区、296条（个）样线或样点，其中森林生态系统50条（个），农田生态系统18条（个），城镇生态系统11条（个），内陆湿地生态系统145条（个），滨海湿地生态系统72条（个）；在陕西设置11个观测样区、125条（个）样线或样点，其中森林生态系统25条（个），农田生态系统21条（个），草地生态系统2条（个），城镇生态系统15条（个），内陆湿地生态系统62条（个）；在山西设置8个观测样区、105条（个）样线或样点，其中森林生态系统36条（个），农田生态系统19条（个），草地生态系统3条（个），城镇生态系统1条（个），内陆湿地生态系统46条（个）；在河南设置7个观测样区、40条（个）样线或样点，其中森林生态系统14个，农田生态系统9条（个），内陆湿地生态系统17条（个）；在北京、天津、安徽、甘肃、江苏分别设置5个观测样区，样线或样点分别为18条（个）、23条（个）、54条（个）、50条（个）、50条（个）；在辽宁和宁夏分别设置1个观测样区，样线或样点均为10条（个）。

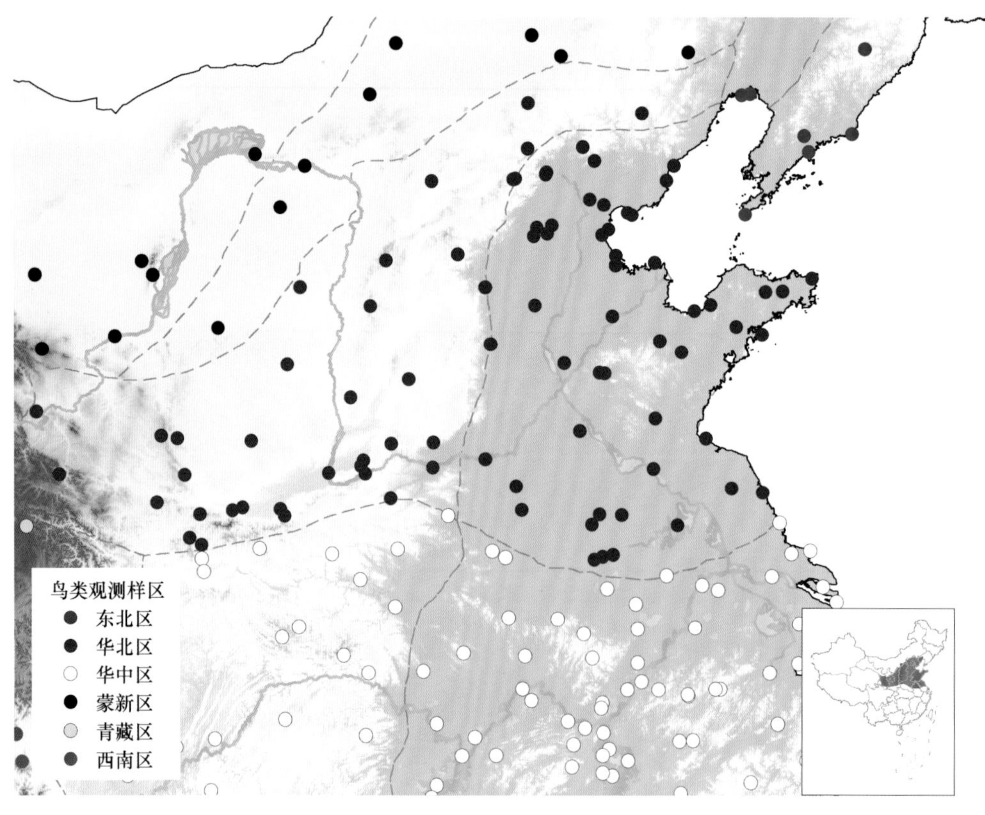

图7-1 华北区观测样区设置

7.4　典型生境中的鸟类多样性

7.4.1　黄渤海滨海湿地

1. 生境特点

华北区滨海湿地包括渤海和黄海两大海域。辽宁旅顺老铁山与山东蓬莱田横山之间的连线构成了渤海与黄海的天然分界线。黄海的西北部与渤海相连，东部与济州海峡与朝鲜海峡相通，南以长江口东北岸与东海分界。黄渤海滨海湿地主要类型包括河口、沿海滩涂、湖泊、河流、水库、草木沼泽等多种类型。华北区内一些主要河流如淮河系（北侧）、黄河系、海河系、滦河系等汇入黄海和渤海，形成很多独特的海陆生态交错区，这些河口湿地环境形成了高生物多样性的复杂系统和功能多样的生态边缘区。除辽东半岛和山东半岛属基岩海岸外，绝大部分为具潮间带滩涂湿地的平原海岸，这些广阔的潮间带滩涂孕育了极其丰富的生物区系，使黄渤海湿地成为很多鸟类南北迁徙的重要驿站，也是东亚—澳大利西亚水鸟迁徙路线的重要组成部分。

2. 样区布设

（1）繁殖鸟类观测样区布设

在华北区滨海湿地环境中，本项目共设置 8 个样区、22 条样线、31 个样点观测繁殖鸟类的组成和多样性特征。从行政区划上来看，观测区涉及天津、河北和山东 3 个省、直辖市（表 7-2）。

表 7-2　黄渤海滨海湿地繁殖鸟类观测样区设置

省、直辖市、自治区	样区数量	样线（点）数量	样区名称
天津	1	0（8）	滨海新区
河北	1	4（0）	秦皇岛市
山东	6	18（22）	威海市、荣成市、青岛市、烟台市、海阳市、莱州市
合计	8	22（31）	

（2）越冬水鸟观测样区布设

在华北区滨海湿地环境中，本项目共设置 27 个观测样区、92 个观测样点观测越冬鸟类的组成和多样性特征。从行政区划上来看，观测区涉及天津、河北和山东 3 个省、直辖市（表 7-3）。

表 7-3　黄渤海滨海湿地越冬水鸟观测样区设置

省、直辖市、自治区	样区数量	样点数量	样区名称
天津	1	8	滨海新区
河北	11	25	秦皇岛市、曹妃甸区、黄骅市、海兴县
山东	15	65	荣成市、烟台市、东营市、莱州市、潍坊市、威海市、青岛市、海阳市
合计	27	92	

3. 物种组成

本项目从 2011～2020 年，在华北区滨海湿地生境观测共记录到鸟类 20 目 56 科 284 种。其中雀形目鸟类目28科118种；非雀形目科166种（附表Ⅱ）。在这些鸟类中，国家一级重点保护野生动物有13种，分别为青头潜鸭、大鸨、白鹤、白枕鹤、丹顶鹤、白头鹤、黑嘴鸥、遗鸥、黑鹳、东方白鹳、黄嘴白鹭、猎隼和黄胸鹀；国家二级重点保护野生动物有48种，包括白琵鹭、大天鹅、小天鹅、鸳鸯、小杓鹬等。根据IUCN红色名录，青头潜鸭、白鹤和黄胸鹀3种属于极危物种，丹顶鹤、大杓鹬、大滨鹬、东方白鹳和猎隼5种属于濒危物种，鸿雁、红头潜鸭、长尾鸭、大鸨、白枕鹤、白头鹤、黑嘴鸥、黄嘴白鹭、远东苇莺和田鹀10种属于易危物种，罗纹鸭、白眼潜鸭、半蹼鹬、白腰杓鹬、山鹛、红颈苇鹀和震旦鸦雀16种属于近危物种。东方白鹳、游隼、丹顶鹤、白鹤、白头鹤、白枕鹤、小杓鹬、遗鸥8种被列入CITES附录Ⅰ，黑鹳、白琵鹭、花脸鸭、苍鹰、雀鹰、赤腹鹰等30种被列入CITES附录Ⅱ。

（1）繁殖鸟类组成

2011～2020年，共记录繁殖鸟类16目52科281种，共298 870只个体；其中，水鸟7目16科112种，209 466只个体；非水鸟10目36科169种，89 404只个体。从种群数量上看，黑尾鸥、红嘴鸥、黑翅长脚鹬、灰翅浮鸥、黑尾塍鹬和麻雀为优势种。在这些繁殖鸟类中，国家一级重点保护野生动物有9种，分别为黑鹳、黄嘴白鹭、东方白鹳、青头潜鸭、猎隼、黑嘴鸥、黄胸鹀、白头鹤和遗鸥；国家二级重点保护野生动物有28种，包括白琵鹭、大天鹅、小天鹅、鸳鸯、小杓鹬等。根据IUCN物种红色名录，青头潜鸭和黄胸鹀2种属于极危物种，东方白鹳、大杓鹬和大滨鹬3种属于濒危物种，黄嘴白鹭、鸿雁、红头潜鸭、白头鹤、黑嘴鸥、遗鸥、远东苇莺和田鹀8种属于易危物种。东方白鹳、游隼、白头鹤和遗鸥4种被列入CITES附录Ⅰ，黑鹳、白琵鹭、大红鹳、花脸鸭等27种被列入CITES附录Ⅱ。

（2）越冬水鸟组成

2012～2020年每年12月至次年1月，在华北区滨海湿地环境中共记录越冬鸟类14目35科122种，690 382只个体；其中，水鸟有83种，689 087只个体，隶属7目15科；非水鸟类39种，1295只个体，隶属7目20科。其中，雁形目和鸻形目的种类和数量上都占绝对优势，包括雁形目1科29种311 535只个体（占全部鸟类数量的45.13%），鸻形目5科30种235 331只个体（占全部鸟类数量的34.09%）。从不同滨海地域来看，山东物种数和数量最多，为113种，423 959只个体；其次为河北59种188 940只个体，天津物种数最少，为55种，数量为7748只个体。从种群数量上看，白骨顶、黑腹滨鹬、翘鼻麻鸭、绿头鸭和白腰杓鹬为优势种。在这些越冬鸟类中，国家一级重点保护野生动物有8种，分别为黑鹳、东方白鹳、白头鹤、白枕鹤、白鹤、丹顶鹤、大鸨和遗鸥；国家二级重点保护野生动物有角䴙䴘、白琵鹭、疣鼻天鹅、大天鹅、小天鹅、鹗（*Pandion haliaetus*）、沙丘鹤、灰鹤、小杓鹬等15种。有青头潜鸭和白鹤2种属于IUCN红色名录极危物种；东方白鹳、猎隼、丹顶鹤和大杓鹬4种属于濒危物种；角䴙䴘、鸿雁、红头潜鸭、长尾鸭、白枕鹤、白头鹤、大鸨、黑嘴鸥和遗鸥9种属于易危物种。东方白鹳、游隼、白鹤、白枕鹤、白头鹤、丹顶鹤和遗鸥7种被列入CITES附录Ⅰ，白琵鹭、大红鹳、花脸鸭、黑翅鸢等16种被列入附录Ⅱ。

4. 动态变化及多样性分析

（1）繁殖鸟类动态变化及多样性

现以天津塘沽区和山东东营市样区为例，对华北区典型的滨海湿地繁殖鸟类从2011～2020年的观测种类、数量及多样性的动态变化特征进行分析。

1）天津塘沽区样区

2011～2020年，本项目在天津塘沽区样区3个样点共观测到鸟类41种13 424只个体。从种群数量上看，优势种类有黑腹滨鹬、灰鸻、红腹滨鹬、环颈鸻、白额燕鸥、斑尾塍鹬（*Limosa lapponica*）等。从种类和数量的年际动态变化上看，2019年观测的种数最多，为27种；2011年和2018年观测的种数较少，分别为 4 种和 5 种；2019 年观测的鸟类数量最多，共计 4918 只；2012 年和 2018 年观测的数量相对较少，分别为 52 只和 32 只。从多样性指数的年际动态变化来看，2011 年、2012 年、2017 年和 2018 年的香农-维纳多样性指数相对较低（分别为 1.18、1.41、1.23 和 1.36），2013 年的香农-维纳多样性指数最高，为 2.14（图 7-2a）。

2）山东东营市样区

2015～2019 年，本项目在山东东营市样区设置 14 个观测样点，共观测到鸟类 138 种 41 578 只个体。从种群数量上看，优势种类有鹤鹬（*Tringa erythropus*）、黑翅长脚鹬、灰翅浮鸥、环颈鸻、黑尾塍鹬等。从种类和数量的年际动态变化上看，2017 年观测的种数最多，为 103 种，2019 年观测的种数最少，为 18 种；2015 年观测的鸟类数量最多，共计 12 198 只，2019 年观测的数量最少，为 618 只。从多样性指数的年际动态变化来看，2015 年的香农-维纳多样性指数最高，为 3.30，2019 年的香农-维纳多样性指数最低，为 2.26（图 7-2b）。

（2）越冬水鸟动态变化及多样性

现以河北曹妃甸区、河北海兴县、山东荣成市 3 个观测样区为例，对华北区典型的滨海湿地鸟类从 2011～2019 年的观测种类、数量及多样性的动态变化特征进行分析。

1）河北曹妃甸区样区

2011～2019 年，本项目在河北曹妃甸区样区 4 个样点观测到鸟类 28 种，共 74 996 只个体。从种群数量上看，优势种类有白腰杓鹬、遗鸥、黑尾鸥、黑腹滨鹬、绿头鸭、翘鼻麻鸭、银鸥等。从种类和数量的年际动态变化上看，2015 观测的种数最多，为 15 种，2016 年和 2019 年观测的种数较少，分别为 6 种和 5 种；2012 年观测的鸟类数量最多，共计 23 936 只，2018 年观测的数量最少，为 1212 只。从多样性指数的年际动态变化来看，2018 年的香农-维纳多样性指数最高，为 1.98，2011 年的香农-维纳多样性指数最低，为 1.01（图 7-2c）。

2）河北海兴县样区

2011～2019 年，本项目在河北海兴县样区 5 个样点观测到鸟类 45 种，共 46 500 只个体。从种群数量上看，优势种类有赤麻鸭、斑嘴鸭、绿头鸭、苍鹭等。从种类和数量的年际动态变化上看，2014 年和 2017 年观测的种数较多，分别为 27 种和 28 种，2011 年和 2012 年观测的种数较少，分别为 7 种和 5 种；2015 年观测的鸟类数量最多，共计 17 646 只，2012 年观测的数量相对最少，为 327 只。从多样性指数的年际动态变化来看，2016 年和 2017 年的香农-维纳多样性指数较高，分别为 2.17 和 2.04，2011 年和 2012 年的香农-维纳多样性指数较低，分别为 0.76 和 0.53（图 7-2d）。

3）山东荣成市样区

2011～2019 年，本项目在山东荣成市样区的 14 个样点观测到鸟类 58 种，共 73 160 只个体（另有 2300 只未识别雁鸭类）。从种群数量上看，优势种类有大天鹅、绿头鸭、翘鼻麻鸭、黑尾鸥、白骨顶、斑嘴鸭、红嘴鸥等。从种类和数量的年际动态变化上看，2011 年观测的种数最少，为 19 种，2016 年观测的种数最多，为 44 种；2017 年观测的鸟类数量最多，共计 19 698 只，2011 年观测的数量最少，为 4388 只。从多样性指数的年际动态变化来看，2018 年的香农-维纳多样性指数较高，为 2.45，2012 年和 2015 年的香农-维纳多样性指数较低，分别为 1.91 和 1.98（图 7-2e）。

5. 代表性物种

（1）遗鸥

遗鸥为鸻形目鸥科鸟类，属于国家一级重点保护野生动物、IUCN 红色名录的易危物种、CITES 附录Ⅰ收录物种。在本项目 2011～2020 年的观测数据中，共记录 25 342 只次，除繁殖鸟类观测中，2015 年

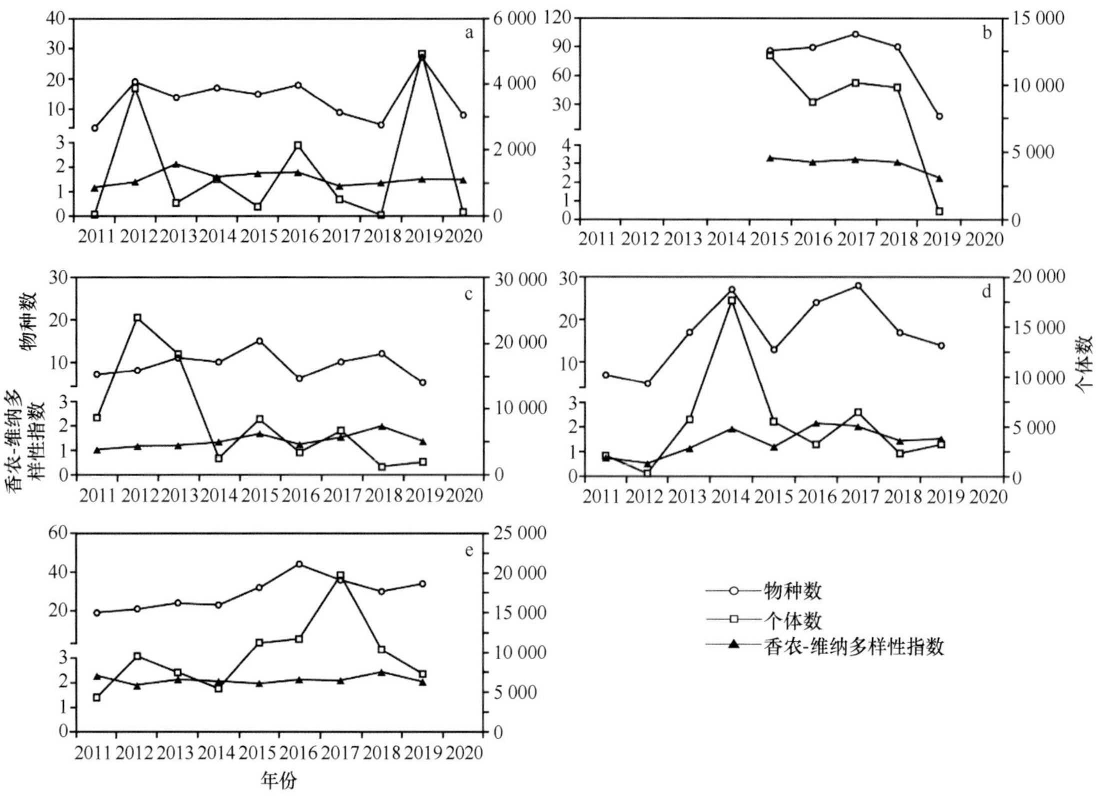

图 7-2 黄渤海滨海湿地生境代表性观测样区的繁殖（a，b）和越冬（c，d，e）鸟类种数、数量和香农-维纳多样性指数在 2011～2020 年间的动态变化

a. 天津塘沽区；b. 山东东营市；c. 河北曹妃甸区；d. 河北海兴县；e. 山东荣成市

在天津塘沽区观测到 1 只个体和 2017 年在河北沽源县观测到 5 只外；其余均为在滨海湿地出现的越冬种群（在 2011～2020 年均有记录），2011～2014 年仅出现在河北曹妃甸区和天津塘沽区两个样区，种群数量大；2014 年后，种群数量变小而分布范围扩大，除上述地区外，在天津滨海新区、河北海兴县、山东东营市、山东聊城市、山东青岛市和山东潍坊市样区均有发现（表 7-4）。

表 7-4 遗鸥 2011～2020 年在繁殖期和越冬期的观测数据

观测年份	样区名称	类别	数量
2011	天津滨海新区（塘沽）	越冬	2300
2011	河北曹妃甸区	越冬	3470
2012	天津滨海新区（塘沽）	越冬	6
2012	河北曹妃甸区	越冬	6854
2013	天津滨海新区（塘沽）	越冬	1400
2013	河北曹妃甸区	越冬	9399
2014	天津滨海新区（塘沽）	越冬	270
2016	天津滨海新区（塘沽）	越冬	210
2016	河北曹妃甸区	越冬	200
2017	天津滨海新区（塘沽）	越冬	4
2017	河北曹妃甸区	越冬	144
2017	河北海兴县	越冬	7
2017	河北黄骅市	越冬	40

续表

观测年份	样区名称	类别	数量
2017	山东东营市	越冬	18
2018	天津滨海新区	越冬	1
2018	天津滨海新区（塘沽）	越冬	80
2018	河北曹妃甸区	越冬	570
2018	山东青岛市	越冬	40
2019	天津滨海新区（塘沽）	越冬	180
2019	山东青岛市	越冬	10
2019	山东潍坊市	越冬	7
2019	山东青岛市	越冬	4
2020	河北曹妃甸区	越冬	120
2020	山东聊城市	越冬	1
2015	天津滨海新区（塘沽）	繁殖	1
2017	河北沽源县	繁殖	4
2017	河北沽源县	繁殖	1
2019	天津滨海新区（塘沽）	繁殖	1

7.4.2　华北内陆湿地

1. 生境特点

华北区地势西高东低，境内包括辽河系、海河系、黄河系、淮河系四大河系，这些河流径流大，在华北区形成广阔的冲积扇平原，同时形成了很多自然的内陆湿地景观。例如，位于河南洛阳市的孟津国家级黄河湿地自然保护区和新乡市的河南黄河湿地国家级自然保护区拥有广阔滩涂湿地，境内野生动植物资源丰富，鸟类种类多；河北衡水湖国家级自然保护区是华北平原保持沼泽、水域、滩涂、草甸和森林等完整淡水湿地生态系统的保护区之一，区内生物多样性十分丰富。另外，由于华北区地势平坦，人口众多和农业发达，新中国成立以来修建了很多水电站、人工水库、蓄水池等为农业和生活提供水资源，这些人工湿地也给很多湿地鸟类提供了广阔的栖息和觅食环境。

2. 样区布设

（1）繁殖鸟类观测样区布设

在华北区黄河中下游内陆湿地环境中，项目组共设置 44 个样区、238 条样线（样点）观测繁殖鸟类的组成和多样性特征。从行政区划上来看，观测区涉及北京、天津、河北、河南、山东、山西、江苏、辽宁、宁夏、陕西和甘肃 11 个省、直辖市和自治区（表 7-5）。

（2）越冬水鸟观测样区布设

在华北区黄河中下游内陆湿地环境中，项目组共设置 23 个观测样区、222 个样点观测越冬鸟类的组成和多样性特征。从行政区划上来看，观测区涉及北京、天津、河北、河南、山东、山西、安徽、江苏和陕西 9 个省、直辖市（表 7-6）。

表 7-5 华北内陆湿地繁殖鸟类观测样区设置

省、直辖市、自治区	样区数量	样线（点）数量	样区名称
北京	1	7	延庆区
天津	2	5	宁河区、武清区
河北	9	72	平山县、石家庄市、涿鹿县、安新县、沽源县、兴隆县、任丘市、容城县、雄县
河南	6	21	洛宁县、孟津县、三门峡市、中牟县、淮阳县、杞县
辽宁	1	2	凌源县
山东	7	50	泰安市、济南市、济宁市、聊城市、泰山区、青州市、沂南县
山西	6	25	交城县、宁武县、沁水县、沁源县、夏县、大同县
江苏	2	20	阜宁县、邳州市
陕西	4	24	西安市、眉县、陇县、安塞县
甘肃	5	11	兰州市、康乐县、崆峒区、麦积区、正宁县
宁夏	1	1	隆德县
合计	**44**	**238**	

表 7-6 华北内陆湿地越冬水鸟观测样区设置

省、直辖市、自治区	样区数量	样线（点）数量	样区名称
安徽	5	66	凤台县、宿州市、濉溪县、潘集区、颍上县
北京	3	3	昌平区、房山区、延庆区
河北	1	11	平山县
河南	3	7	孟津县、三门峡市、中牟县
山东	4	31	济南市、济宁市、聊城市、沂南县
江苏	1	5	阜宁县
山西	1	38	运城市
陕西	3	56	西安市、宝鸡市和咸阳市、合阳县和大荔县
天津	2	5	武清区、宁河区
合计	**23**	**222**	

3. 物种组成

2011～2020 年，在华北区内陆湿地环境中共记录鸟类 314 种，隶属 21 目 62 科；其中，雀形目鸟类 31 科 146 种，非雀形目鸟类 31 科 168 种（附表Ⅱ）。在这些鸟类中，包括 11 种国家一级重点保护野生动物，分别为黑鹳、中华秋沙鸭、白尾海雕、白头鹤、大鸨、卷羽鹈鹕、东方白鹳、青头潜鸭、黄胸鹀、遗鸥和黄嘴白鹭，白琵鹭、鸳鸯、白额雁、小天鹅、大天鹅等 46 种为国家二级重点保护野生动物。青头潜鸭和黄胸鹀 2 种属于 IUCN 红色名录极危物种；东方白鹳、中华秋沙鸭、细纹苇莺和大杓鹬 4 种属于濒危物种；鸿雁、小白额雁、红头潜鸭、大鸨、白头鹤、三趾鸥、黄嘴白鹭、白颈鸦、远东苇莺和田鹀 10 种属于易危物种；罗纹鸭、白眼潜鸭、斑胁田鸡、半蹼鹬、白腰杓鹬和震旦鸦雀等 12 种属于近危物种。卷羽鹈鹕、东方白鹳、白尾海雕、白头鹤和遗鸥 5 种被列入 CITES 附录Ⅰ，黑鹳、白琵鹭、花脸鸭、苍鹰、雀鹰等 23 种被列入 CITES 附录Ⅱ。红腹锦鸡、山噪鹛、橙翅噪鹛、黄腹山雀和甘肃柳莺（*Phylloscopus kansuensis*）5 种为中国特有种。

（1）繁殖鸟类组成

2011～2020 年，在华北区内陆湿地环境中共记录繁殖鸟类 18 目 61 科 318 种（占 99.38%的华北区内陆湿地鸟类），28 533 只个体。其中，雀形目鸟类 28 科 147 种，非雀形目鸟类 33 科 171 种。从区系类型分析，古北种190种，占总种数的59.75%；东洋种78种，占总种数的24.53%；广布种50种，占总种数的15.72%。

（2）越冬水鸟组成

2011～2020年，在华北区内陆湿地环境中共记录越冬鸟类9目20科57属共105种；从区系类型分析，古北种76种，占总种数的72.38%；东洋种1种，占总种数的0.95%，广布种28种，占总种数的26.67%。在这些越冬鸟类中，有10种被列入国家一级重点保护野生动物，分别为黑鹳、中华秋沙鸭、白头鹤、卷羽鹈鹕、青头潜鸭、东方白鹳、白枕鹤、猎隼、大鸨和遗鸥，28种被列入国家二级重点保护野生动物，分别为白琵鹭、鸳鸯、白额雁、小天鹅、大天鹅、棉凫、鸿雁、小白额雁、疣鼻天鹅、灰鹤等。青头潜鸭属于IUCN红色名录的极危物种；东方白鹳、中华秋沙鸭和大杓鹬3种属于濒危物种；鸿雁、小白额雁、白头鹤、大鸨和遗鸥5种属于易危物种；罗纹鸭、白眼潜鸭和半蹼鹬3种属于近危物种。

4. 动态变化及多样性分析

（1）繁殖鸟类动态变化及多样性

现以河南孟津县样区、河南三门峡市、山东泰安市、河北平山县、天津宁河县、山西宁武县和陕西眉县7个观测样区为例，对华北区典型的内陆湿地生境繁殖鸟类从2011～2020年的观测种类、数量及多样性的动态变化特征进行分析。

1）河南孟津县样区

2011～2020年，本项目在河南孟津县样区设置2条观测样线，共记录鸟类113种，11 119只个体。从种群数量上看，优势种类有崖沙燕、淡色崖沙燕（*Riparia diluta*）、家燕。从种类和数量的年际动态变化上看，2014年和2015年观测的种数最多，均为74种，2017年种数最少，为50种；2013年观测的鸟类数量最多，共计3542只，2019年数量最少，为644只。从多样性指数的年际动态变化来看，2012年和2015年的香农-维纳多样性指数较高，分别为2.47和2.49，2013年的香农-维纳多样性指数最低，为0.95（图7-3a）。

2）河南三门峡市样区

2012～2019年，本项目在河南三门峡市样区设置2条观测样线，共记录鸟类116种，4024只个体。从种群数量上看，优势种类有东方大苇莺、麻雀、斑嘴鸭。从种类和数量的年际动态变化上看，2014年观测的种数最多，为66种，2012年种数最少，为22种；2019年观测的鸟类数量最多，共计584只，2012年和2015年数量较少，分别为171只和144只。从多样性指数的年际动态变化来看，除2012年的香农-维纳多样性指数最低外（2.34），其余年份均稳定在较高水平（香农-维纳多样性指数≥3），其中以2018年的香农-维纳多样性指数最高，为3.65（图7-3b）。

3）山东泰安市样区

2012～2020年，本项目在山东泰安市内陆湿地样区设置5条观测样线，共记录鸟类66种，3067只个体。从种群数量上看，优势种类有麻雀、东方大苇莺、灰翅浮鸥。从种类和数量的年际动态变化上看，2013年观测的种数最多，为41种，2012年种数最少，为18种；2013年观测的鸟类数量最多，共计182只，2012年数量最少，为53只。从多样性指数的年际动态变化来看，2012年、2014年和2019年的香农-维纳多样性指数较低，分别为2.61、2.23和2.75，其余年份均稳定在较高水平（香农-维纳多样性指数≥3），其中以2013年的香农-维纳多样性指数最高，为3.37（图7-3c）。

4）河北平山县样区

2013～2020年，本项目在河北平山县的内陆湿地设置10条观测样线，共记录鸟类118种，11 853只个体。从种群数量上看，优势种类有黑翅长脚鹬、普通燕鸻、灰翅浮鸥。从种类和数量的年际动态变化上看，2015 年观测的种数最多，为 63 种，2013 年和 2019 年种数较少，分别为 36 种和 35 种；2016 年观测的鸟类数量最多，共计 2954 只，2019 年数量最少，为 191 只。从多样性指数的年际动态变化来看，2016 年的香农-维纳多样性指数较低，为 2.27，2014 年和 2019 年的香农-维纳多样性指数较高，分别为 3.26 和 3.05（图 7-3d）。

5）天津宁河县样区

2014～2020 年，本项目在天津宁河县的内陆湿地设置 1 条观测样线，共记录鸟类 57 种，64 674 只个体。从种群数量上看，优势种类有普通燕鸥、黑翅长脚鹬等。从种类和数量的年际动态变化上看，2019 年观测的种数最多，为 41 种，2014 年和 2015 年种数较少，分别为 7 种和 8 种；2014 年和 2017 年观测的鸟类数量较多，分别为 18 574 只和 18 426 只，2018 年和 2020 年数量较少，分别为 1156 只和 941 只。从多样性指数的年际动态变化来看，2014～2017 年的香农-维纳多样性指数较低，分别为 0.15、0.25、0.33 和 0.16，2020 年的香农-维纳多样性指数最高，为 2.19（图 73e）。

6）山西宁武县样区

2014～2020 年，本项目在山西宁武县样区内陆湿地设置 7 条观测样线，共记录鸟类 44 种，618 只个体。从种群数量上看，优势种类有白鹡鸰、家燕、喜鹊、红尾水鸲、麻雀。从种类和数量的年际动态变化上看，2017 年观测的种数最多，为 36 种，2018～2020 年种数较少，分别为 15 种、17 种和 16 种；2014 年和 2016 年观测的鸟类数量较多，分别为 146 只和 139 只，2018 年和 2019 年数量较少，均为 42 只。从多样性指数的年际动态变化来看，2017 年的香农-维纳多样性指数最高，为 3.26，2018 年的香农-维纳多样性指数最低，为 2.37（图 7-3f）。

7）陕西眉县样区

2012～2020 年，本项目在陕西眉县样区内陆湿地设置 3 条观测样线，共记录鸟类 43 种，537 只个体。从种群数量上看，优势种类有红尾水鸲、灰鹡鸰、黑喉石䳭（*Saxicola maurus*）等。从种类和数量的年际动态变化上看，2018 年观测的种数最多，为 21 种，2012 年和 2015 年种数较少，分别为 11 种和 10 种；2018 年观测的鸟类数量较多，为 67 只，2014 年和 2015 年数量较少，分别为 23 只和 20 只。从多样性指数的年际动态变化来看，2017 年和 2018 年的香农-维纳多样性指数较高，分别为 2.69 和 2.72，2012 年和 2013 年的香农-维纳多样性指数最低，均为 2.08（图 7-3g）。

（2）越冬水鸟动态变化及多样性

现以天津武清区，山东济南市，河北平山县，河南中牟县、孟津县和三门峡市 6 个观测样区为例，对华北区典型的内陆湿地生境越冬鸟类从 2011～2019 年的观测种类、数量及多样性指数的动态变化特征进行分析。

1）天津武清区样区

本项目自 2011 年在天津武清区样区共设置 3 个观测样点，2011～2019 年共记录鸟类 40 种，15 552 只个体。从种群数量上看，优势种类有普通秋沙鸭、绿头鸭、斑头秋沙鸭。从种类和数量的年际动态变化上看，2018 年和 2019 年观测的种数较多，分别为 21 种和 25 种，2012 年和 2015 年种数较少，分别为 1 种和 6 种；2011 年观测的鸟类数量最多，为 4616 只，2012 年数量最少，为 7 只。从多样性指数的年际动态变化来看，2017 年和 2019 年的香农-维纳多样性指数较高，分别为 2.12 和 2.22，2012 年的香农-维纳多样性指数最低（图 7-4a）。

2）山东济南市样区

本项目自 2011 年在山东济南市样区共设置 12 个观测样点，2011～2019 年共记录鸟类 67 种，38 944 只个体。从种群数量上看，优势种类有豆雁、斑嘴鸭、绿头鸭。从种类和数量的年际动态变化上看，2019 年观测的种数最多，为 44 种，2014 年种数最少，为 3 种；2018 年观测的鸟类数量最多，为 8980 只，2011

年和 2014 年数量较少，分别为 71 只和 72 只。从多样性指数的年际动态变化来看，2017 年的香农-维纳多样性指数最高，为 2.42，2011 年和 2014 年的香农-维纳多样性指数较低，分别为 0.40 和 0.41（图 7-4b）。

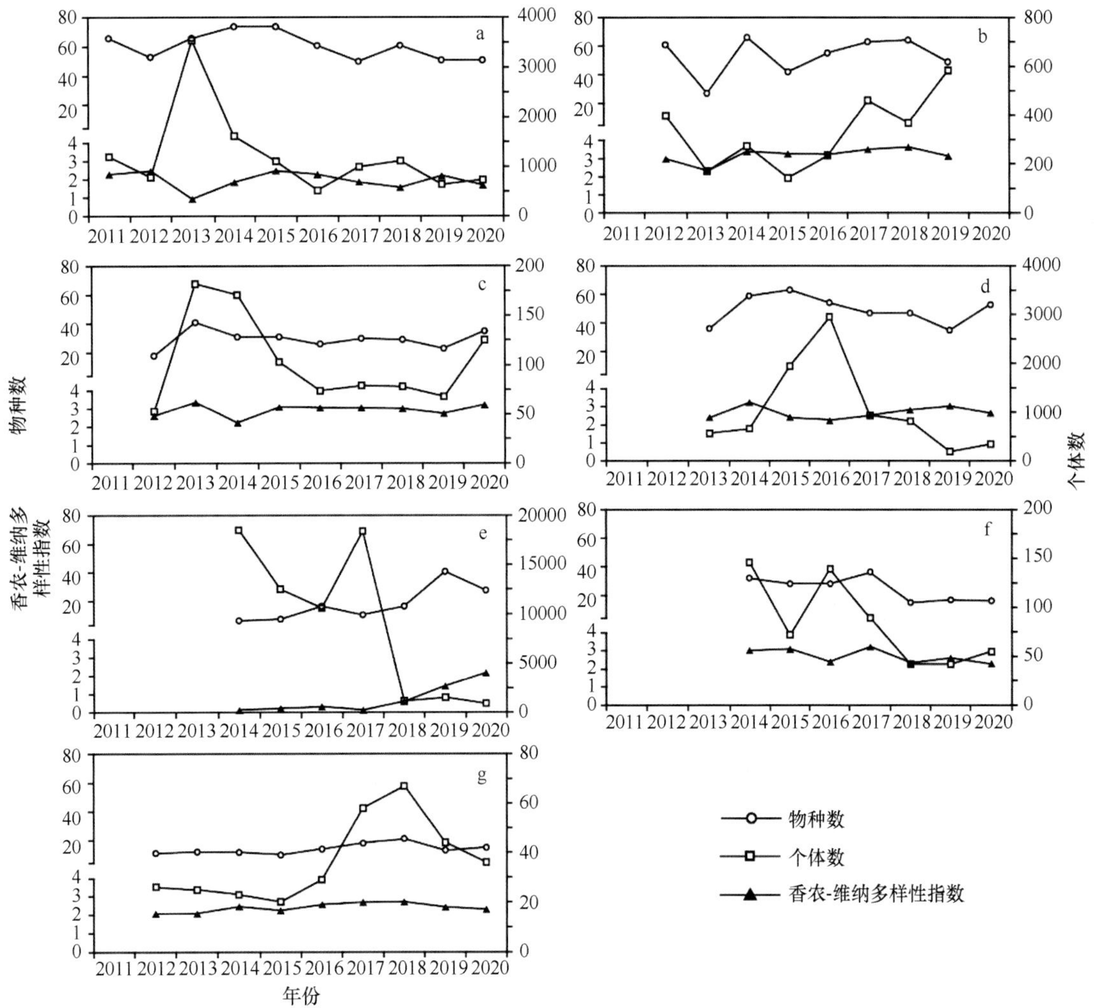

图 7-3　华北内陆湿地代表性样区繁殖鸟类种数、数量和香农-维纳多样性指数在 2011～2020 年的动态变化

a. 河南孟津县样区；b. 河南三门峡市；c. 山东泰安市；d. 河北平山县；e. 天津宁河县；f. 山西宁武县；g. 陕西眉县

3）河北平山县样区

本项目自 2011 年在河北平山县样区共设置 11 个观测样点，2011～2019 年共记录鸟类 45 种，18 403 只个体。从种群数量上看，优势种类有红嘴鸥、黑水鸡、普通秋沙鸭、绿头鸭、赤麻鸭、小䴙䴘。从种类和数量的年际动态变化上看，2014 年观测的种数最多，为 29 种，2015 年种数最少，为 11 种；2014 年观测的鸟类数量最多，共计 6436 只，2015 年数量最少，为 377 只。从多样性指数的年际动态变化来看，2013 年、2015 年和 2016 年的香农-维纳多样性指数较低，分别为 1.66、1.55 和 1.67，2017 年和 2018 年的香农-维纳多样性指数较高，分别为 2.30 和 2.22（图 7-4c）。

4）河南中牟县样区

本项目自 2011 年在河南中牟县样区共设置 3 个观测样点，2011～2019 年共记录鸟类 44 种，共 11 739 只个体。从种群数量上看，优势种类有灰鹤、豆雁、白骨顶、绿头鸭等。从种类和数量的年际动态变化上看，2016 年和 2019 年观测的种数最多，均为 24 种，2011 年和 2012 年种数较少，分别为 12 种和 13 种；2013 年观测的鸟类数量最多，为 3600 只，2011 年数量最少，为 171 只。从多样性指数的年际动态变化来看，2016

年的香农-维纳多样性指数最高，为2.24，2013年的香农-维纳多样性指数最低，为0.89（图7-4d）。

5）河南孟津县样区

本项目自2011年在河南孟津县样区共设置2个观测样点，2011～2019年共记录鸟类57种，15 453只个体。从种群数量上看，优势种类有豆雁、绿头鸭、鹊鸭、斑嘴鸭、普通鸬鹚、绿翅鸭、赤麻鸭等。从种类和数量的年际动态变化上看，2017年观测的种数最多，为33种，2016年种数最少，为13种；2013年和2017年观测的鸟类数量较多，分别为2365只和2422只，2016年数量最少，为407只。从多样性指数的年际动态变化来看，2016年的香农-维纳多样性指数最低，为1.10，2013年、2014年和2017年的香农-维纳多样性指数较高，分别为2.26、2.25和2.39（图7-4e）。

6）河南三门峡市样区

本项目自2011年在河南三门峡市样区共设置2个观测样点，2011～2019年共记录鸟类40种，68 888只个体。从种群数量上看，优势种类有红头潜鸭、大天鹅、白骨顶等。从种类和数量的年际动态变化上看，2017年观测的种数最多，为27种，2014年种数最少，为15种；2017年观测的鸟类数量最多，为34 714只，2011年数量最少，为438只。从多样性指数的年际动态变化来看，2016年和2018年的香农-维纳多样性指数较低，分别为1.05和1.08，2011年和2012年的香农-维纳多样性指数较高，分别为2.23和2.07（图7-4f）。

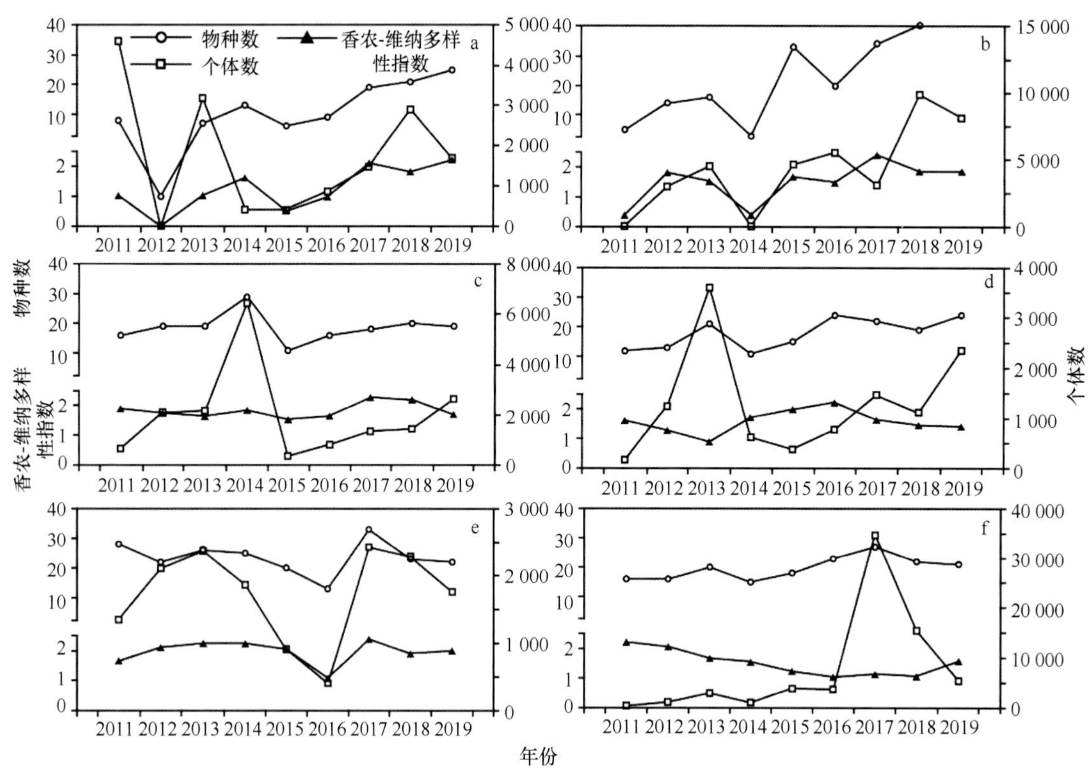

图7-4 华北内陆湿地生境代表性观测样区的越冬鸟类种数、数量和香农-维纳多样性指数在2011～2019年的动态变化

a. 天津武清区；b. 山东济南市；c. 河北平山县；d. 河南中牟县；e. 河南孟津县；f. 河南三门峡市

5. 代表性物种

（1）黑鹳

黑鹳为鹳形目鹳科的大型涉禽，属于国家一级重点保护野生动物、CITES附录Ⅱ物种。本项目自2011～2020年共在内陆湿地、滨海湿地和森林环境记录388只次。其中，在内陆湿地最多，记录279只

次，包括繁殖期共记录 109 只次，出现于甘肃崆峒区、河北平山县、河北涿鹿县、辽宁凌源县、山西大同市、山西交城县样区，越冬期共记录 170 只次，出现在河北平山县、河南孟津县、山西运城市、陕西宝鸡市和咸阳市、陕西合阳县和大荔县、天津宁河县样区（表 7-7）。

表 7-7　黑鹳 2011～2020 年在繁殖期和越冬期的观测数据

年份	样区名称	数量	类型	年份	样区名称	数量	类型
2014	山西交城县	3	繁殖	2011	河北平山县	1	越冬
2014	河北平山县	5	繁殖	2011	河南孟津县	9	越冬
2015	山西交城县	4	繁殖	2014	天津宁河县	1	越冬
2016	山西交城县	6	繁殖	2014	河北平山县	3	越冬
2016	甘肃崆峒区	1	繁殖	2014	河南孟津县	24	越冬
2017	山西交城县	10	繁殖	2016	陕西宝鸡市和咸阳市	7	越冬
2017	河北平山县	1	繁殖	2017	河南孟津县	4	越冬
2017	辽宁凌源县	1	繁殖	2017	陕西合阳县和大荔县	1	越冬
2017	山西交城县	2	繁殖	2017	陕西宝鸡市和咸阳市	13	越冬
2017	河北平山县	14	繁殖	2018	河北平山县	2	越冬
2018	山西交城县	5	繁殖	2018	山西运城市	20	越冬
2018	山西大同市	1	繁殖	2018	山西运城市	1	越冬
2018	河北平山县	18	繁殖	2018	陕西合阳县和大荔县	3	越冬
2018	山西交城县	1	繁殖	2018	陕西宝鸡市和咸阳市	8	越冬
2018	甘肃崆峒区	1	繁殖	2019	山西运城市	4	越冬
2018	河北涿鹿县	3	繁殖	2019	陕西合阳县和大荔县	57	越冬
2019	河北平山县	13	繁殖	2019	陕西合阳县和大荔县	5	越冬
2020	河北平山县	13	繁殖	2019	陕西宝鸡市和咸阳市	7	越冬
2020	山西交城县	7	繁殖				
总计		109		总计		170	

7.4.3　华北山地森林

1. 生境特点

华北植物区系属于泛北极植物区，中国-日本森林植物亚区的一部分，位于 32°30′N～42°30′N、103°30′E～124°10′E，全地区东临黄海、西进黄土高原，东部宽阔而西部狭窄，略呈三角形。华北地区的森林植被可划分为寒温性针叶林、温性针叶林、落叶阔叶林、落叶阔叶灌丛等类型。从地域上，华北区包括山东半岛森林区、黄淮海平原森林区、华北山地森林区、黄淮高原森林区、渭汾谷地森林区。这些不同类型和地域的森林环境，为很多鸟类尤其是雀形目鸟类提供了重要的栖息环境。

2. 样区布设

在华北区山地森林环境中，项目组设置 57 个观测样区，共包括 393 条观测样线、1 个观测样点观测繁殖鸟类的组成和多样性特征。从行政区划上来看，观测区涉及北京、天津、河北、辽宁、河南、山东、山西、江苏、陕西、甘肃和宁夏 11 个省、直辖市和自治区（表 7-8）。

表 7-8 华北山地森林繁殖鸟类观测样区设置

省、直辖市、自治区	样区数量	样线（点）数量	样区名称
北京	5	17（1）	延庆区、门头沟区、海淀区、朝阳区、百望山
天津	1	10	蓟州区
河北	12	72	石家庄市、邢台市、秦皇岛市、安新县、沽源县、平山县、任丘市、容城县、秦皇岛市、兴隆县、雄县、涿鹿县
辽宁	1	10	凌源市
河南	5	22	三门峡市、沁阳市、淮阳市、洛宁县、杞县
山东	15	115	济南市、泰安市、海阳市、济宁市、莱州市、聊城市、青岛市、青州市、荣成市、东营市、潍坊市、烟台市、文登市、沂南县、泰山市
山西	7	65	宁武县、交城县、大同市、蒲县、沁水县、沁源县、夏县
江苏	2	22	阜宁县、邳州市
陕西	3	17	西安市、眉县、陇县
甘肃	5	37	兰州市、康乐县、天水市、平凉市、正宁县
宁夏	1	6	隆德县
合计	**57**	**393（1）**	

3. 物种组成

2012～2020 年，在华北区山地森林环境中共记录鸟类 18 目 65 科 423 种，87 803 只个体；其中，雀形目鸟类 40 科 279 种，非雀形目鸟类 25 科 144 种（附表Ⅱ）。

在这些繁殖鸟类中，有 12 种被列入国家一级重点保护野生动物，分别为黄嘴白鹭、东方白鹳、黑鹳、秃鹫、金雕、乌雕、猎隼、斑尾榛鸡、褐马鸡、红喉雉鹑、黑额山噪鹛和栗斑腹鹀；68 种被列入国家二级重点保护野生动物，有鸳鸯、红隼、蓝马鸡、雕鸮、长耳鸮等。东方白鹳、猎隼和栗斑腹鹀 3 种属于 IUCN 红色名录的濒危物种；褐马鸡、鸿雁、角䴙䴘、黄嘴白鹭、乌雕、白颈鸦、远东苇莺、黑额山噪鹛、褐头鸫、黑喉歌鸲和田鹀 11 种属于易危物种；斑尾榛鸡、鹌鹑、凤头麦鸡、黑尾塍鹬、白腰杓鹬、秃鹫、震旦鸦雀和小太平鸟 8 种属于近危物种。东方白鹳和游隼 2 种被列入 CITES 附录Ⅰ，黑鹳、苍鹰、白尾鹞、赤腹鹰等 41 种被列入 CITES 附录Ⅱ。斑尾榛鸡、褐马鸡、红腹锦鸡、宝兴歌鸫等 24 种为中国特有种。

4. 动态变化及多样性分析

现以河北平山县、河南洛宁县、山东荣成市和山西宁武县 4 个观测样区为例，对华北区典型的森林生境繁殖鸟类从 2012～2020 年的观测种类、数量及多样性的动态变化特征进行分析。

（1）河北平山县样区

本项目在河北平山县样区共设置 9 条观测样线（2012～2013 年为 3 条），2012～2020 年共记录鸟类 109 种，共 7070 只个体。从种群数量上看，优势种类有麻雀、棕头鸦雀、黄腹山雀、喜鹊、灰椋鸟等。从种类和数量的年际动态变化上看，2018 年观测的种数最多，为 61 种；2012 年种数最少，为 28 种（3 条样线）；2015 年观测的鸟类数量最多，共计 1212 只；2012 年数量最少，为 287 只（3 条样线）。从多样性指数的年际动态变化来看，除 2012 年和 2013 年的香农-维纳多样性指数较低外，其余年份均稳定在较高水平（香农-维纳多样性指数＞3），其中以 2015 年的香农-维纳多样性指数最高，为 3.47（图 7-5a）。

（2）河南洛宁县样区

本项目在河南洛宁县样区共设置 3 条观测样线，2012～2020 年共记录鸟类 106 种，共计 4236 只个体。从种群数量上看，优势种类有红头长尾山雀（*Aegithalos concinnus*）、棕头鸦雀、黄腹山雀、大山雀、红胁绣眼鸟等。从种类和数量的年际动态变化上看，2013 年观测到的种数最多，为 68 种，2019 年种数最少，为 29 种；2015 年观测到的鸟类数量最多，共计 830 只，2020 年观测到的数量最少，仅 112 只。从多样性指数的年际动态变化来看，2015 年和 2016 年的香农-维纳多样性指数较低，分别为 2.88 和 2.74；其余年份均稳定在较高水平（香农-维纳多样性指数＞3），其中以 2013 年的香农-维纳多样性指数最高，为 3.40（图 7-5b）。

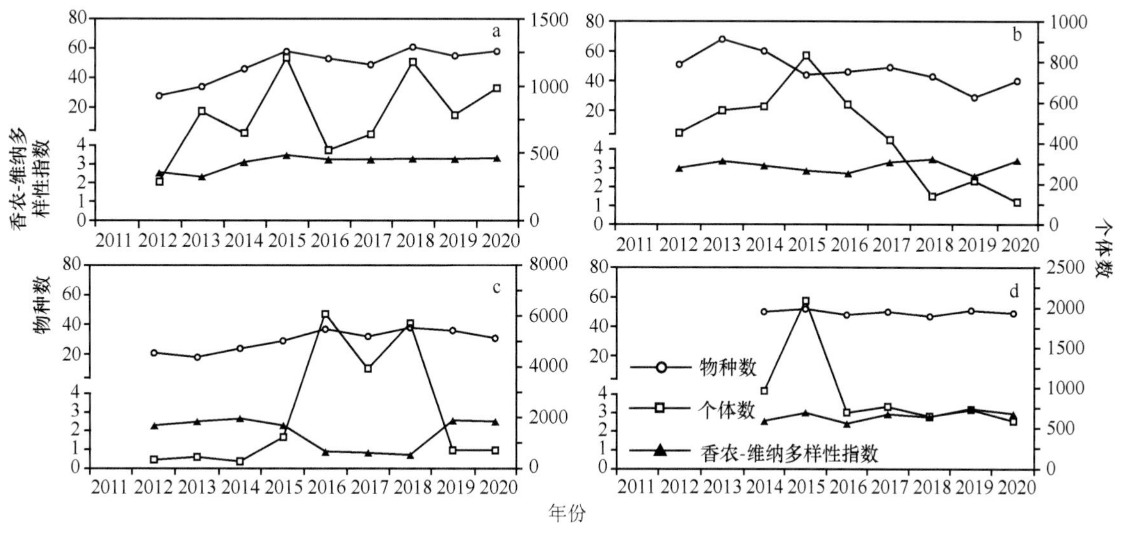

图 7-5　华北山地森林生境代表性观测样区的繁殖鸟类种数、数量和香农-维纳多样性指数在 2012～2020 年的动态变化
a. 河北平山县；b. 河南洛宁县；c. 山东荣成市；d. 山西宁武县

（3）山东荣成市样区

本项目在山东荣成市样区共设置 10 条观测样线，2012～2020 年共记录鸟类 72 种，计 19 504 只个体。从种群数量上看，优势种类有黑尾鸥、麻雀、金翅雀、白头鹎、喜鹊等。从种类和数量的年际动态变化上看，2018 年观测到的种数最多，为 38 种，2013 年种数最少，仅有 18 种；2015～2018 年观测到的鸟类数量分别为 1232 只、6093 只、3939 只和 5717 只（与湿地鸟类如黑尾鸥的记录有关），其余年份均不超过 1000 只（2014 年数量最少，仅为 279 只）。从多样性指数的年际动态变化来看，2016～2018 年的香农-维纳多样性指数较低，分别为 0.91、0.84、0.73，2019 年的香农-维纳多样性指数最高，为 2.56（图 7-5c）。

（4）山西宁武县样区

本项目在山西宁武县样区共设置 10 条观测样线，2014～2020 年共记录鸟类 93 种，计 6494 只个体。从种群数量上看，优势种类有黄眉柳莺、褐头山雀、褐柳莺（*Phylloscopus fuscatus*）、银喉长尾山雀（*Aegithalos glaucogularis*）等。从种类和数量的年际动态变化上看，鸟类种数和数量均波动不大，2015 年观测到的种数最多，为 52 种，鸟类数量也最多，为 2086 只，明显高于其他年份；2018 年观测到的种数最少，为 47 种，2020 年观测到的个体数量最少，为 595 只。从多样性指数的年际动态变化来看，2019 年的香农-维纳多样性指数最高，为 3.23，2016 年的香农-维纳多样性指数最低，为 2.43，其他年份的香农-维纳多样性指数介于二者之间（图 7-5d）。

5. 代表性物种

（1）褐马鸡

褐马鸡为大型森林鸟类，隶属鸡形目雉科，为国家一级重点保护野生动物，世界易危物种，中国特有鸟类。2014～2020 年，本项目在繁殖鸟类观测中，共记录到褐马鸡 38 只次，主要分布在北京门头沟区、河北涿鹿县、山西交城县、山西宁武县、山西蒲县、山西沁源县样区（表 7-9）。

表 7-9　褐马鸡 2014～2020 年在繁殖期的观测数据

年份	样区名称	数量	年份	样区名称	数量	年份	样区名称	数量
2014	山西交城县	2	2017	北京门头沟区	1	2019	山西交城县	4
2014	河北涿鹿县	2	2017	山西蒲县	3	2019	山西沁源县	5
2015	山西宁武县	2	2017	河北涿鹿县	1	2020	山西宁武县	1
2015	山西交城县	6	2018	北京门头沟区	1	合计		38
2016	山西蒲县	6	2018	河北涿鹿县	1			
2016	河北涿鹿县	2	2019	河北涿鹿县	1			

7.4.4　华北农田

1. 生境特点

华北区由黄河、海河、淮河冲积而成的华北平原，面积辽阔、地势平坦、土壤肥沃、土层深厚，这些为农业提供了有利的条件，使华北区成为我国重要的农耕区之一。华北区农业发达，具有的悠久农耕历史，农作物和经济作物以旱作物为主，主要包括小麦（*Triticum aestivum*）（春小麦、冬小麦）、玉米、谷子（黄土高原）、高粱（*Sorghum bicolor*）、大豆（*Glycine max*）、棉花（*Gossypium* sp.）、落花生（*Arachis hypogaea*）等。华北区广袤和多样的农田环境为很多鸟类（尤其是伴人鸟类和食谷、食虫和食果鸟类）提供了良好的栖息和觅食环境。

2. 样区布设

本项目在华北区农田生境共设置 48 个观测样区 253 条样线和 3 个样点（山东青岛市），行政区划涉及北京、天津、河北、河南、山东、山西、江苏、陕西、辽宁、甘肃、宁夏 11 省、直辖市和自治区（表 7-10）。

表 7-10　华北农田繁殖鸟类观测样区设置

省、直辖市、自治区	样区数量	样线（点）数量	样区名称
北京	1	3	延庆区
甘肃	5	18	平凉市、康乐市、兰州市、天水市、正宁县
河北	10	63	平山县、安新县、沽源县、任丘市、容城县、秦皇岛市、邢台市、兴隆县、雄县、涿鹿县
河南	4	19	淮阳市、杞县、三门峡市、中牟县
江苏	2	21	邳州市、阜宁县
山东	12	67（3）	海阳市、济南市、济宁市、莱州市、聊城市、荣成市、东营市、泰安市、潍坊市、沂南县、文登市、青岛市
山西	7	38	夏县、交城县、沁水县、宁武县、蒲县、沁源县、大同市
陕西	4	10	安塞县、陇县、眉县、西安市
天津	1	3	蓟州区
辽宁	1	8	凌源县
宁夏	1	3	隆德县
合计	**48**	**253（3）**	

3. 物种组成

共记录繁殖鸟类 18 目 56 科 271 种，共 109 181 只个体。其中，雀形目 160 种，占总种数的 59.04%；非雀形目鸟类 111 种，占总种数的 40.96%（附表Ⅱ）。从数量上看，麻雀为唯一优势种（占总数量的 44.4%），珠颈斑鸠、山斑鸠、环颈雉、喜鹊、黑翅长脚鹬、黑腹滨鹬、金翅雀、灰椋鸟、白头鹎、东方大苇莺、家燕、棕头鸦雀和棕扇尾莺（*Cisticola juncidis*）13 种为常见种。朱鹮、乌雕、游隼、赤翡翠、小斑啄木鸟、黑额山噪鹛、蓝额红尾鸲（*Phoenicuropsis frontalis*）、白眉朱雀（*Carpodacus dubius*）等 69 种鸟类为局域分布种（仅在 1 个省内被记录）。

在华北区农田生境的鸟类中，国家一级重点保护野生动物 6 种，包括黄嘴白鹭、东方白鹳、朱鹮、乌雕、黑额山噪鹛、黄胸鹀，另有红腹锦鸡、乌雕、凤头蜂鹰、赤腹鹰、普通鵟、黑翅鸢、鹊鹞、白尾鹞、红脚隼、红隼、燕隼、游隼、斑头鸺鹠、红角鸮、领角鸮和纵纹腹小鸮（*Athene noctua*）等 28 种为国家二级重点保护野生动物。黄胸鹀 1 种为 IUCN 红色名录的极危物种；朱鹮、东方白鹳和大杓鹬 3 种为濒危物种；红头潜鸭、黄嘴白鹭、乌雕、白颈鸦、黑额山噪鹛和田鹀 6 种为易危物种；鹌鹑、震旦鸦雀、凤头麦鸡等 5 种为近危物种。东方白鹳、朱鹮、游隼 3 种被列入 CITE 附录Ⅰ，赤腹鹰、乌雕、白尾鹞、鹊鹞等 15 种被列入 CITES 附录Ⅱ。红腹锦鸡、灰胸竹鸡、宝兴歌鸫、橙翅噪鹛、大噪鹛、黑额山噪鹛、斑背噪鹛（*Garrulax lunulatus*）、山噪鹛、甘肃柳莺、银脸长尾山雀、白眉山雀（*Poecile superciliosus*）和黄腹山雀 12 种鸟类为中国特有种。

4. 动态变化及多样性分析

现以河北平山县、河南中牟县、北京延庆区、山东荣成市、陕西眉县、甘肃兰州市 6 个观测样区为例，对华北区典型的农田生境繁殖鸟类从 2012～2020 年的观测种类、数量及多样性的动态变化特征进行分析。

（1）河北平山县样区

2012～2020 年，本项目在河北平山县样区设置 7 条观测样线，共记录鸟类 63 种，2632 只个体。从种群数量上看，麻雀和黄鹡鸰（*Motacilla tschutschensis*）为优势种，喜鹊、家燕、普通燕鸻、灰椋鸟等为常见种。从种类和数量的年际动态变化上看，2014 年观测的种数最多，为 29 种，2019 年和 2020 年种数最少，分别为 8 种和 9 种；2014 年观测的鸟类数量最多，共计 762 只，2019 年和 2020 年的数量最少，分别为 43 只和 48 只。从多样性指数的年际动态变化来看，2012 年的香农-维纳多样性指数最高，为 2.51，2019 年和 2020 年的香农-维纳多样性指数较低，分别为 1.37 和 1.41（图 7-6a）。

（2）河南中牟县样区

2012～2020 年，本项目在河南中牟县样区设置 1 条观测样线（中牟县狼城岗农耕区），共记录鸟类 52 种，1573 只个体。从种群数量上看，麻雀、黑喉石䳭、喜鹊为优势种，环颈雉、红脚隼、普通燕鸻、山斑鸠、喜鹊、黄鹡鸰等为常见种。从种类和数量的年际动态变化上看，2019 年观测的种数最多，为 34 种，2014 年和 2020 年种数最少，均为 12 种；2012 年观测的鸟类数量最多，共计 512 只，2013 年和 2018 年的数量较少，分别为 74 只和 81 只。从多样性指数的年际动态变化来看，2019 年的香农-维纳多样性指数最高，为 3.19，2017 年和 2020 年的香农-维纳多样性指数较低，分别为 1.81 和 1.83（图 7-6b）。

（3）北京延庆区样区

2013～2018 年，本项目在北京延庆区样区设置 3 条观测样线，共记录鸟类 25 种，517 只个体。从种群数量上看，麻雀为优势种，棕头鸦雀、黄腹山雀为常见种。从种类和数量的年际动态变化上看，2018 年观测的种数最多，为 20 种，2013 年和 2015 年观测的种数最少，分别为 2 种和 1 种；2014 年和 2016 年观测的鸟类数量较多，分别为 167 只和 174 只，2013 年的数量最少，为 6 只。从多样性指数的年际动态变化来看，2018 年的香农-维纳多样性指数最高，为 2.71，2015 年的香农-维纳多样性指数最低（图 7-6c）。

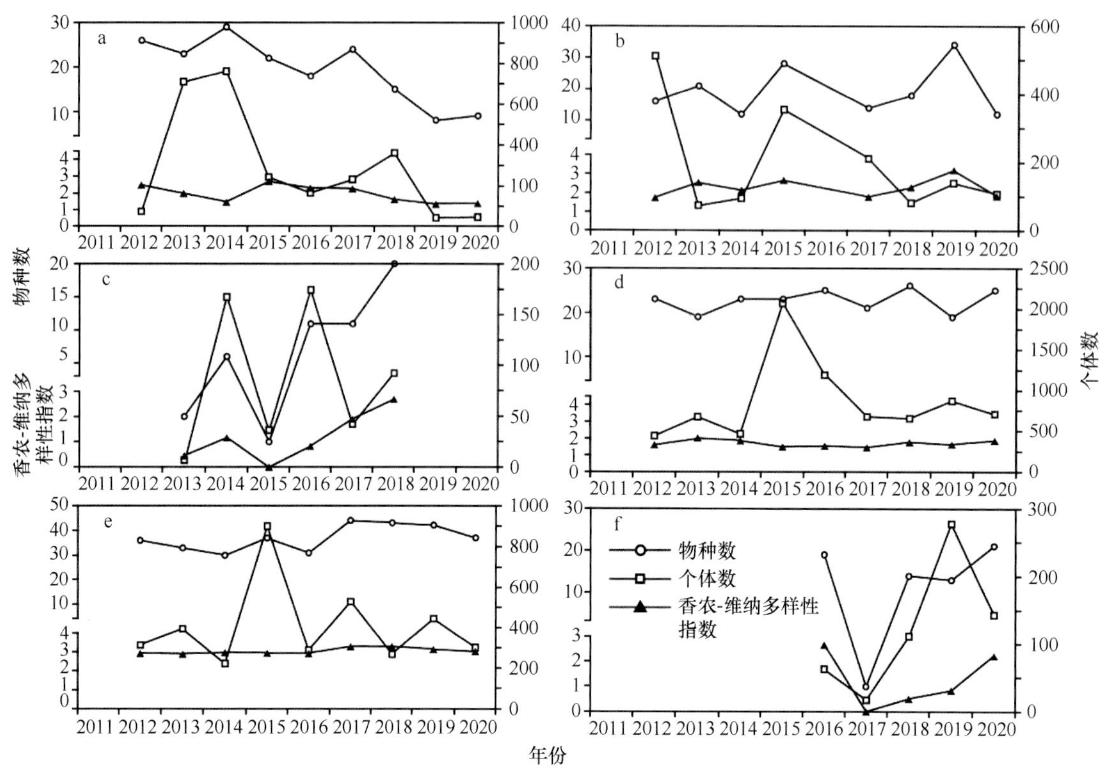

图 7-6　华北区农田生境代表性观测样区的繁殖鸟类种数、数量和香农-维纳多样性指数在 2012～2020 年的动态变化

a. 河北省平山县；b. 河南省中牟县；c. 北京市延庆区；d. 山东省荣成市；e. 陕西省眉县；f. 甘肃省兰州市

（4）山东荣成市样区

2012～2020 年，本项目在山东荣成市样区设置 7 条观测样线，共记录鸟类 63 种，7759 只个体。从种群数量上看，麻雀为优势种，环颈雉、家燕、喜鹊、白头鹎、棕头鸦雀、金翅雀等 9 种为常见种。从种类和数量的年际动态变化上看，2018 年观测的种数最多，为 26 种，2013 年和 2019 年观测的种数最少，均为 19 种；2015 年观测的鸟类数量最多，共计 2070 只，2012 年和 2014 年的数量最少，分别为 442 只和 466 只。从多样性指数的年际动态变化来看，2013 年的香农-维纳多样性指数最高，为 2.01，2015 年和 2017 年的香农-维纳多样性指数较低，分别为 1.50 和 1.47（图 7-6d）。

（5）陕西眉县样区

2012～2019 年，本项目在陕西眉县样区设置 2 条观测样线，共记录鸟类 67 种，3656 只个体。从种群数量上看，麻雀为优势种，大杜鹃、环颈雉、珠颈斑鸠、白头鹎等为常见种。从种类和数量的年际动态变化上看，2017 年观测的种数最多，为 44 种，2014 年观测的种数最少，为 30 种；2015 年观测的鸟类数量最多，共计 900 只，2014 年的数量最少，为 220 只。从多样性指数的年际动态变化来看，2017 年和 2018 年的香农-维纳多样性指数最高，均为 3.31，2013 年的香农-维纳多样性指数最低，为 2.90（图 7-6e）。

（6）甘肃兰州市样区

2016～2020 年，本项目在甘肃兰州市样区设置 3 条观测样线，共记录鸟类 33 种，610 只个体。从种群数量上看，麻雀和金翅雀为优势种，珠颈斑鸠、环颈雉、北红尾鸲、黑头䴓、赭红尾鸲（*Phoenicurus ochruros*）、灰背伯劳（*Lanius tephronotus*）等为常见种。从种类和数量的年际动态变化上看，2020 年观测的种数最多，为 21 种，2017 年观测的种类最少，仅 1 种；2019 年观测的鸟类数量最多，共计 277 只，2017 年的数量最少，为 17 只。从多样性指数的年际动态变化来看，2016 年的香农-维纳多样性指数最高，为 2.68，2017 年的香农-维纳多样性指数最低（图 7-6f）。

5. 代表性物种

（1）环颈雉

环颈雉为鸡形目雉科常见鸟类，广泛分布于农田、森林和灌丛生境。本项目自 2011～2020 年共观测到环颈雉 12 051 只次，其中在农田环境共记录 2652 只次，广泛分布于北京（延庆区）、天津（蓟州区）、河北（安新县、沽源县、平山县、秦皇岛市、任丘市、容城县、邢台市、雄县、涿鹿县）、河南（淮阳区、杞县、三门峡市、中牟县）、山东（东营市、海阳市、济南市、济宁市、莱州市、聊城市、青州市、荣成市、泰安市、威海市、潍坊市、沂南县）、山西（大同市、交城县、宁武县、蒲县、沁水县、沁源县、夏县）、陕西（安塞县、陇县、眉县、西安市）、江苏（阜宁县、邳州县）、辽宁（凌源县）、宁夏（隆德县）、甘肃（康乐县、崆峒区、兰州市、麦积区、正宁县）样区。

7.5 威胁与保护对策

7.5.1 面临的威胁

华北区滨海湿地水鸟主要由鸻鹬类、雁鸭类、鸥类、鹳形目鸟类组成，因为近些年来很多黄渤海滨海的自然湿地被开垦利用导致鸟类栖息地破碎化或丧失。本项目近 10 年的观测结果也同样表明栖息地和觅食地片段化对很多湿地鸟类生存和繁衍造成很大威胁。尤其是，自然的滨海湿地和泥质潮间带滩涂是很多湿地鸟类的重要觅食地，而生物入侵、围海造地、海防堤建设等严重破坏了滩涂环境，导致鸟类种群数量减少、多样性降低。同时，这些天然的栖息地和觅食地的生境改变会导致水位变化，使区域内生物多样性减少，导致很多鸟类的可利用食物资源供应不足，进一步影响繁殖和迁徙鸟类的食物补给，这是制约湿地水鸟种群增加的最主要因素（Sun *et al.*，2020）。然而，在经济利益的驱动下，近年来大面积的滨海湿地被人工改造，如港口建设、围海造地、大量滩涂被开发成工业区、潮上带被改造成养殖池等滨海城市化建设、养殖业发展均加速了鸟类栖息地片段化和栖息地质量进一步下降。

华北区内陆湿地鸟类多样性所面临的威胁主要是直接的生境破坏和间接的人为活动干扰，其中包括环境污染、农牧渔业活动、开发建设等人类活动干扰。对鸟类直接干扰活动有森林砍伐、采集和放牧活动，间接干扰有公路和铁路建设、矿产和能源开发（风电、水电、火电和光伏发电）、旅游开发、房地产开发、养殖业及人类活动导致的环境污染（噪声污染、水污染、微塑料污染、空气污染和土壤污染等）。

华北区森林鸟类物种多样性最高，从不同年份的观测结果来看，除个别地区的种类和数量有下降的趋势外，其他样区的物种数和多样性较为稳定。从野外观测所记录的干扰情况来看，人为活动直接或间接干扰仍是影响鸟类种群数量、分布及多样性水平的最重要因素。当前，自然保护区是物种多样性和生态系统保护的最重要中坚力量，森林公园、风景名胜区等在为大众提供休闲娱乐的同时，还会发挥一定生物多样性保护功能和相关科普知识的宣传功能。然而，华北区的一些自然保护区同时也是风景名胜区或森林公园，导致旅游开发现象普遍和人为干扰强度较大，导致自然保护区的生物多样性保护功能受损，直接威胁到当地的鸟类多样性。

华北区是重要的平原农作区和人口密度较大的城市市区，野生植被几乎全被人工植被代替，很多农田的农作物成为很多鸟类的重要觅食地（如冬小麦地是大鸨和灰鹤的越冬觅食地）。然而，近年来随着很多耕地的种植类型发生变化，如耕地变成林地、中药材和蔬菜大棚等，使一些鸟类觅食地减少。此外，各种类型农药和塑料制品的过度使用也给农田鸟类带来了巨大影响。

7.5.2 保护对策

为合理保护华北区鸟类多样性，首先，需要做好鸟类原生栖息地和觅食地的保护，同时在鸟类多样性高而未被保护的区域建立保护区、森林公园、湿地公园和保护小区等，加强森林和湿地类型生境的保护与管理，杜绝捕杀野生鸟类的行为，并避免农林牧渔业等人类活动对鸟类的直接或间接干扰；其次，要严格控制各种类型生境的破坏、开发和利用，包括森林砍伐、围海造地、房地产开发、旅游等人类直接或间接的干扰行为；再次，重视各种类型的环境污染对鸟类的各种不利影响，并对破坏或已经破碎化或片段化的生境进行修复或恢复，确保这些生境能为更多鸟类提供栖息和觅食环境；最后，彻底解决这一问题应制定合理化方案，并有效落实和推进生态补偿机制，避免人类直接或间接活动对鸟类觅食地或重要栖息地的影响，以防止“人鸟冲突”现象发生（Sun *et al.*，2020）。

此外，栖息地保护是鸟类多样性保育的基础，除制定科学合理的保护策略及相应的政策法规外，应协调好人类经济活动与栖息地保护之间关系，确保做到野生动物生境保护优先、并积极进行生境修复与恢复，保证鸟类栖息地的完整性和连续性，实现“环境-鸟类-人类”共存的可持续发展目标。

第8章 蒙新区鸟类多样性观测

8.1 环境概况

8.1.1 行政区范围

蒙新区鸟类多样性观测，主要在我国的西北干旱区内进行。中国是世界上干旱区分布最多的国家之一，中国的西北干旱区与东部季风区、青藏高原区并列为三大自然地理区，其独特的地理位置，造就了我国干旱区特有的地貌、植被与土壤类型（赵松乔，1983）。这个地区的面积约 306 万 km^2，约占全国土地面积的 30%，它连绵 2500 km 以上，横跨 30 个经度（朱震达和陈广庭，1994）。在行政区划上包括新疆的全部区域、甘肃河西走廊和内蒙古的阿拉善盟及宁夏贺兰山以西的广大区域（赵松乔等，1990）。

8.1.2 气候

蒙新区的年平均气温南部高北部低，盆地高山区低。这里春季白昼长；夏季南北部接受的太阳光热几乎相等，南北温差小；秋季气温迅速下降、南北温差大；冬季整个区域温度都较低。全年中，7 月气温最高，除山区外蒙新区绝大部分地区极端最高温均在 40℃以上，其中吐鲁番盆地 7 月的平均气温可达 47.7℃；1 月气温最低，且南北温差大，新疆可可托海 1 月最低气温记录为−51.5℃，是中国最冷的地区之一（胡汝骥，2004）。

蒙新区的年平均降水量不足 150 mm，且分布极不均匀，北部降水量多于南部，西部多于东部，山区多于盆地和平原。塔克拉玛干沙漠和吐鲁番盆地是这个地区降水量最少的地区，其中托克逊县的年均降水最低记录仅有 7.6 mm（陈曦，2010）。

8.1.3 地形地貌

蒙新区的地貌以大型的盆地（平原）和高大宏伟的山系为主，其中盆地地貌类型反映出强烈的干旱区地貌特征（程维明等，2009）。山系主要有阿尔泰山、天山、昆仑山（包括帕米尔高原、阿尔金山）及祁连山系等（陈曦，2010）。大型盆地主要有昆仑山系与天山山系之间的塔里木盆地，天山山系与阿尔泰山系之间的准噶尔盆地，祁连山系与北山、阿拉善高原之间的河西走廊，而吐鲁番-哈密盆地则是天山山系中一个典型的大山间盆地（胡汝骥，2004）。

在蒙新区的干旱自然环境背景下，这个地区的地貌是风沙作用和干燥风化剥蚀作用的产物，以大面积的沙漠和戈壁最为典型（陈曦，2010）。山地地貌随着海拔升高、外营力急剧变化形成不同的地貌类型，又因山地处于不同的地理位置和相邻地区的环境不同，呈现具有明显差异的地貌组合（胡汝骥，2004）。山地地貌主要有黄土地貌、干燥风化剥蚀地貌、河流地貌、冰缘地貌、冰川地貌 5 种类型。

本章主编：马鸣；编委（按姓氏笔画排序）：丁鹏、马鸣、伊剑锋、刘威、杨贵生、宋森、陈莹、金梦娇、徐峰等。

8.1.4 水文

水系与湖泊是干旱区生态环境及国民经济可持续发展的基础，这里也是许多鸟类的分布地。蒙新区内共分布着大小河流近 700 条，其中 10 亿 m^3 以上的河流只有 19 条，而 1 亿 m^3 以上的河流有 503 条，这些河流每年以近 1000 亿 m^3 的地表径流，供给干旱区内的动物和人类生存（秦大河，2003）。

蒙新区深居内陆，位于中纬度欧亚大陆的中心，并且四周有一系列巨大的山脉环绕，因此海洋湿润水汽很难到达，气候干旱。蒙新区内平原区的年降水量在 200 mm 以下，基本不能产生地表径流，山区有较丰富的降水，最多的可达 1000 mm 以上，且从平原到高山，降水呈现明显的垂直递增趋势。蒙新区的山地具有季节积雪，在暖季冰雪消融，形成大量的径流，因而发育了众多的内陆河流与湖泊，为干旱区绿洲提供了较为丰富的地表水资源（叶笃正等，2001）。

8.1.5 土地利用现状

蒙新区位于我国西北干旱区内，全年降水量少，蒸发量大，除山区外，盆地和平原大部分地区都是干旱荒漠地区。由于这里发育着天山、昆仑山、阿尔泰山等巨大的山系和冰川，这里的水资源供应主要靠积雪等融化形成的河流，而河流沿线则形成绿洲（陈曦，2010）。

蒙新区的高原和山区分布着我国面积最广袤的草原，这些区域以牧业为主，但同时也存在着过度放牧和荒漠化的风险。蒙新区的绿洲和平原地区则以农业为主，在冰雪消融形成的内陆河流支撑下，绿洲的土地利用以农业为主（陈曦，2010）。以新疆为例，这里具有我国最大的棉花产区，棉花也是新疆的支柱产业。此外，蒙新区还是我国许多矿产的主要分布地，这里有许多在全国范围内都比较突出的矿产基地，如新疆塔里木盆地的油田、内蒙古包头的世界最大稀土矿等，都是我国矿产的主要组成部分，因此矿产挖掘和开发也是蒙新区土地利用的主要特点之一（陈曦，2010）。

8.1.6 动植物现状

我国干旱区地处中亚、西伯利亚、蒙古高原和青藏高原的结合部，位于亚洲荒漠带的东段（赵松乔，1983）。干旱区植被表现出强烈的旱生性和明显的温带性质，植物区系差异悬殊，且分布不均，结构简化但坡向分异明显（叶笃正等，2001）。其中有不少独特的盐生、旱生及短命植物等。这些植物构成的环境，也决定了当地分布鸟类的构成和特点（邢莲莲等，2020）。

我国的干旱区在动物区划上属于古北界，包括 2 个亚界 4 个区 7 个亚区 17 个省（张荣祖，2011）。干旱区内的动物按分布型划分，主要有全北型、古北型、中亚型、高地型、东北型 5 个类型。按分布的生态地理景观，可分为寒温带针叶林景观、温带荒漠半荒漠景观、温带山地森林草原及草甸草原景观、高原寒漠景观、河流湖沼湿地景观、绿洲景观 6 种类型（马鸣，2011；郑光美，2017）。其中寒温带针叶林景观中的鸟类以山地鸟类为主，代表性物种有黑琴鸡、岩雷鸟（*Lagopus muta*）、阿尔泰雪鸡等。温带荒漠半荒漠景观的代表性鸟类有毛腿沙鸡、白尾地鸦、黑尾地鸦（*Podoces hendersoni*）、波斑鸨等。温带山地森林草原及草甸草原景观的代表性鸟类有大鸨、雪鹑、大斑啄木鸟等。高原寒漠景观的代表性鸟类有藏雪鸡、高山兀鹫、胡兀鹫等。河流湖沼湿地景观的代表性鸟类有普通鸬鹚、大白鹭、苍鹭、黑鹳等。绿洲景观的代表性鸟类有大杜鹃、家燕、戴胜、环颈雉等（马鸣，2011；郑光美，2017）。

8.1.7 社会经济

蒙新区大部都位于我国的西北干旱区内，这个地区占全国陆地总面积的约 1/3，这里有我国干旱区最典型的区域，自然环境相对恶劣，人口较少，是我国除青藏高原地区外，野生动物最具有代表性、物种多样性较高的地区之一（张荣祖，2011）。

由于自然环境恶劣，蒙新区的人口较少，社会经济的发展较我国中东部地区也较为落后。该地区总人口约 7000 万人，相比全国而言该地区人口密度较低，该地区的地区生产总值也不高（陈曦，2010）。以新疆为例，它总面积 160 万 km^2，约占蒙新区总面积的一半左右，截至 2019 年底常住人口仅 2523 万人，地区生产总值 13 597 亿元（新疆维吾尔自治区统计局，2020）。内蒙古也是蒙新区的主要组成部分，其中约有一半面积属于蒙新区，截至 2019 年底该地区常住人口 2539 万人，地区生产总值 17 212 亿元，但是其中位于蒙新区区域内的常住人口数和地区生产总值不到该地区总数的一半（内蒙古自治区统计局，2020）。宁夏面积较小，也位于蒙新区内，至 2019 年底常住人口共 694 万人，地区生产总值 3705 亿元。该地区的经济主要以农牧业、矿产、旅游业为主（宁夏回族自治区统计局，2020）。较低的人口密度和较大的区域面积，使蒙新区分布的鸟类有相对我国中东部地区而言更多更适宜的生存空间，并且其中有不少是国家级珍稀濒危物种和代表性物种，在该地区开展鸟类多样性的调查不仅具有代表性，而且也有重要意义（邢莲莲等，2020）。

8.2 鸟类组成

8.2.1 鸟类研究历史

蒙新区包括内蒙古和鄂尔多斯高原、阿拉善盟（包括河西走廊）、塔里木盆地、柴达木盆地、准噶尔盆地和天山山脉等（张荣祖，2011）。境内大部分为典型的大陆性气候，寒暑变化剧烈，夏季昼夜温差达 30～40℃。雨量稀少，为全国最干旱的地区，东部雨量较多，年降雨量约 250 mm，为草原地带；西部年降雨量不足 100 mm，为荒漠和半荒漠地带（张荣祖，2011）。本区干旱的气候，荒漠和草原为主的植被条件，对动物区系的组成和生态特征都有显著的影响。动物种类贫乏，缺乏生活于潮湿地区的种类，主要是适应于荒漠和草原种类，尤其是以啮齿类和有蹄类最为繁盛，具有不少仅为本区所特有的种类。鸟类方面也以适应荒漠生活为其特征，典型代表有鸨科的大鸨、沙鸡科的毛腿沙鸡、百灵科的沙百灵（*Calandrella* sp.）等（张荣祖，2011）。

1. 蒙新区鸟类早期研究

19 世纪末，随着西方各国对亚州中部大规模的探查活动，国外探险家先后多次到我国的内蒙古、甘肃、新疆等地区。规模较大的有俄国的普热瓦尔斯基率领的中亚探险队，曾先后 4 次踏入亚州中部。其中，1876～1877 年，从罗布泊西部穿越塔克拉玛干沙漠；1879～1880 年，由哈密前往青藏高原；1883～1885 年，沿塔里木南缘至和田，然后沿和田河穿过塔克拉玛干沙漠到阿克苏，最后翻越天山回到伊塞克湖，共采集动物标本 85 000 余号，计 685 种，大多收藏在列宁格勒（现圣彼得堡）（索柯洛夫，1959；钱燕文等，1965；郑作新，1997）。1889～1890 年，彼夫措夫等也曾穿过塔克拉玛干沙漠抵昆仑山，又向东经罗布泊回到俄国的斋桑。1893 年，俄国的科兹洛夫等由罗布泊西部穿过塔克拉玛干沙漠到青藏高原，此次着重对鸟类进行了调查与采集（谷景和和高行宜，1991）。1894 年始，瑞典探险家斯文·赫定也率队多次对我国新疆进行探察活动，记录和收集了大量动物资料和标本（斯文·赫定，1984，1992）。此外，还有其他西方国家的探险家也参与到对内蒙古、甘肃、新疆等地动物的调查与采集活动中（Bangs and Peters，1928；Riley，1930）。

2. 新中国成立初期对蒙新区鸟类的研究

新中国成立后，没有专门针对蒙新区鸟类的整体调查。但早自 1948 年，兰州大学常麟定先生指导其研究生王香亭就开始对甘肃兰州市及其附近鸟类进行调查，记录到兰州市及其附近地区鸟类 198 种，隶属 19 目 43 属（常麟定和王香亭，1965）。1958～1960 年，中国科学院新疆综合考察队对新疆动物区系做了较系统的研究，其成果汇集于由钱燕文等（1965）编著的《新疆南部的鸟兽》一书，书中收录鸟类 241 种（附 38 亚种）和兽类 73 种（附 13 亚种），并对新疆动物区系特征和动物地理区划做了研究。另外，还对新疆北部的鸟类进行调查，采集标本 569 号，收录鸟类 127 种（附 6 亚种）。1956～1963 年，陕西师范大学生物系王廷正和方荣盛对陕北地区进行了 4 次脊椎动物调查，结合西北农学院（现西北农林科技大学）禹瀚 1956～1957 年在陕北的调查，整理发表了《陕北及宁夏东部鸟类调查》，报道陕北及宁夏东部鸟类 127 种和亚种，并对居留型和地理区系进行了简单分析（方荣盛等，1979）。1963 年始，兰州大学王香亭先生带学生在宁夏进行动物调查，并于 1977 年发表宁夏有史以来关于脊椎动物的第 1 次较为完整的记录——《宁夏地区脊椎动物调查报告》，其中记录鸟类 153 种（王香亭等，1977）。

以上主要由我国科学工作者组织的考察活动，使之对蒙新区各自然区域的陆栖和水栖脊椎动物的种类、分布、资源状况有了概括的了解，出版的论著中，除对采集的标本进行分类研究外，还系统地收集了以往的文献资料并对物种分类作了订正，为以后的分类区系工作奠定了坚实的基础。

3. 20 世纪 80 年代以来对蒙新区鸟类的研究

1980～1981 年，中国科学院新疆分院罗布泊地区考察，谷景和、高行宜等对其动物区系和动物资源进行了研究，记录鸟类 96 种；1982 年中国科学院新疆生物土壤沙漠研究所等单位合作对塔什库尔干地区的动物作了考察，录得鸟类 89 种和亚种，其中雪鸽（*Columba leuconota*）为新疆新记录；1982～1984 年，中国科学院新疆生物土壤沙漠研究所等单位组织了对东昆仑阿尔金山的 3 次科学考察，为建立当时国内面积最大的阿尔金山自然保护区提供了自然本底资料，对该地动物区系与动物地理区划作了进一步研究，记录到鸟类 92 种；1984～1986 年，新疆林业厅组织中国科学院新疆生物土壤沙漠研究所、新疆大学、塔里木大学（原八一农垦学院）等对新疆鸟类资源进行调查；1987～1992 年，中国科学院昆仑山综合考察，采集鸟兽标本千余号并对其区系作了进一步研究；1987～1992 年，中国科学院新疆生物土壤沙漠研究所和中国科学院兰州沙漠研究所等承担塔克拉玛干沙漠综合考察的动物考察中，对该区动物区系与动物地理分布格局作了进一步研究；1992～1993 年，中国科学院新疆生物土壤沙漠研究所等单位对巴音布鲁克湿地天鹅的种群生态进行了研究，由马鸣等（1993）编写发表了《野生天鹅》；袁国映等在 1991 年编著的《新疆脊椎动物简志》中对新疆分布的脊椎动物种类作了初步整理，书中收录鸟类 387 种（袁国映，1991）；近十几年来，以马鸣研究员为代表的新疆科技工作者对新疆的鸟类学研究作出了巨大贡献，发现了一批新疆及中国的鸟类新记录，如棕眉山岩鹨（*Prunella montanella*）（马鸣和李维东，2008）、斑姬鹟（*Ficedula hypoleuca*）（马鸣等，2008a）等，对黑颈鹤、猎隼等国家重点保护鸟类的繁殖生物学进行了研究（马鸣等，2007），同时对新疆鸟类分类与分布情况进行了总结，发表了《新疆鸟类分布名录》（马鸣，2011）。

在甘肃和宁夏，以王香亭和刘迺发两位先生为代表的一批鸟类学家对两省区的鸟类进行了广泛、深入的研究。1981 年，王香亭等根据甘肃几家单位 1946～1979 年采集的鸟类标本，发表《甘肃鸟类区系研究》，文中记录了隶属 17 目 51 科 208 属的 500 种和亚种的鸟类（王香亭等，1981）。王香亭先生先后组织发表了《宁夏脊椎动物志》（王香亭，1990）和《甘肃脊椎动物志》（王香亭，1991），对两省区的脊椎动物进行了系统性的梳理。王香亭和刘迺发两位先生在自然保护区建设方面倾注了很多心血，先后主持过 7 个自然保护区如宁夏六盘山、沙坡头，甘肃尕海-则岔、盐池湾、张掖黑河等的综合科学考察（王香亭，1989；刘迺发等，1997，2005，2010，2013；刘迺发和杨曾武，2006），在这些保护区的规划、建立和升级为国家级保护区的过程中做了大量工作。尤其是对沙坡头保护区进行科考时，张迎梅采得 130 余年前由外国人定名而国内尚无标本的贺兰山岩鹨（*Prunella koslowi*）（张迎梅和王香亭，1990）。通过对我国石鸡属鸟类长期深入的研究，刘迺发先生确认了大石鸡的分类地位（刘迺发，1984），命名了大石鸡新亚种——兰州亚种（刘迺发等，2004），结束了大石鸡单型种的分类地位，发表了《中国石鸡生物学》一书，对石鸡属鸟类的研究进行系统性总结（刘迺发等，2007）。

在旭日干先生、邢莲莲先生和杨贵生教授等的不懈努力下，内蒙古鸟类学研究有了长足的发展。先后出版《内蒙古动物志（第三卷）：鸟纲 非雀形目》（旭日干，2013）、《内蒙古动物志（第四卷）：鸟纲 雀形目》（旭日干，2015）、《内蒙古脊椎动物名录及分布》（杨贵生和邢莲莲，1998）、《内蒙古乌梁素海鸟类志》（邢莲莲，1996）等专著和一批保护区科考报告，基本摸清内蒙古鸟类的种类与分布等情况。发表了一大批的科研成果，采用宏观与微观相结合的手段，探索鸟类学中一些有争论和急待解决的学术问题，重点研究鸟类分类、鸟类区系特征及演替、鸟类生态特征与环境的关系、鸟类生理特性及机制等方面的内容。

8.2.2 鸟类物种组成

2011～2020 年通过观测共记录到鸟类 429 种，隶属 21 目 66 科。其中国家一级重点保护野生鸟类 19 种：黑鹳、大鸨、波斑鸨、白鹤、丹顶鹤、白枕鹤、白头鹤、遗鸥、东方白鹳、卷羽鹈鹕、胡兀鹫、白肩雕、草原雕、金雕、玉带海雕（*Haliaeetus leucoryphus*）、白尾海雕、猎隼、栗斑腹鹀、黄胸鹀，国家二级重点保护野生鸟类 71 种：大石鸡、岩雷鸟、暗腹雪鸡（*Tetraogallus himalayensis*）、藏雪鸡、蓝马鸡、斑头秋沙鸭、鸿雁、疣鼻天鹅、小天鹅、大天鹅、鸳鸯、赤颈䴙䴘、角䴙䴘、斑尾林鸽（*Columba palumbus*）、黑颈䴙䴘、蓑羽鹤、灰鹤、小杓鹬、白腰杓鹬、大杓鹬、小青脚鹬、鹮嘴鹬、翻石鹬、阔嘴鹬、小鸥、黑浮鸥、白琵鹭、小苇鳽（*Ixobrychus minutus*）、高山兀鹫、乌雕、靴隼雕、松雀鹰、雀鹰、苍鹰、白头鹞、白腹鹞、白尾鹞、鹊鹞、乌灰鹞（*Circus pygargus*）、黑鸢、毛脚鵟（*Buteo lagopus*）、大鵟、普通鵟、棕尾鵟（*Buteo rufinus*）、纵纹角鸮（*Otus brucei*）、西红角鸮（*O. scops*）、雕鸮、长尾林鸮、纵纹腹小鸮、长耳鸮、短耳鸮、黄爪隼、红隼、西红脚隼、红脚隼、灰背隼（*Falco columbarius*）、燕隼、游隼、黑啄木鸟、白翅啄木鸟（*Dendrocopos leucopterus*）、黑尾地鸦、白尾地鸦、白眉山雀、蒙古百灵、云雀、震旦鸦雀、褐头鸫、红喉歌鸲、蓝喉歌鸲、新疆歌鸲（*Luscinia megarhynchos*）、红交嘴雀。

根据《新疆鸟类分布名录》（马鸣，2011）、《内蒙古动物志（第三卷）：鸟纲 非雀形目》（旭日干，2013）、《内蒙古动物志（第四卷）：鸟纲 雀形目》（旭日干，2015）、《宁夏脊椎动物志》（王香亭，1990）、《甘肃脊椎动物志》（王香亭，1991）和《中国鸟类分类与分布名录》（第三版）（郑光美，2017），结合观测记录，整理出蒙新区分布鸟类共 657 种，隶属 22 目 75 科（附表 I）。其中国家一级重点保护野生鸟类 39 种，文献资料有记录但尚未观测到的还有：斑尾榛鸡、中华秋沙鸭、小鸨（*Tetrax tetrax*）、黑颈鹤、白鹳、黑头白鹮、白鹈鹕（*Pelecanus onocrotalus*）、白腹海雕（*Haliaeetus leucogaster*）、矛隼（*Falco rusticolus*）；国家二级重点保护野生鸟类 122 种，文献资料有记录但未观测到的有 47 种：花尾榛鸡、血雉、勺鸡（*Pucrasia macrolopha*）、白冠长尾雉、白额雁、小白额雁、花脸鸭、中亚鸽、黑腹沙鸡、花田鸡、长脚秧鸡（*Crex crex*）、姬田鸡（*Porzana parva*）、斑胁田鸡、黄颊麦鸡（*Vanellus gregarius*）、黑嘴鸥、黄嘴白鹭、白兀鹫（*Neophron percnopterus*）、鹃头蜂鹰（*Pernis apivorus*）、凤头蜂鹰、兀鹫（*Gyps fulvus*）、秃鹫、蛇雕、褐耳鹰（*Accipiter badius*）、赤腹鹰、日本松雀鹰、草原鹞（*Circus macrourus*）、灰脸鵟鹰、欧亚鵟（*Buteo buteo*）、北领角鸮（*Otus semitorques*）、红角鸮、雪鸮、毛腿雕鸮（*Bubo blakistoni*）、乌林鸮、猛鸮、花头鸺鹠、领鸺鹠、斑头鸺鹠、鬼鸮、鹰鸮（*Ninox scutulata*）、日本鹰鸮、三趾啄木鸟、红胁绣眼鸟、橙翅噪鹛、贺兰山红尾鸲、白喉石䳭、贺兰山岩鹨、北朱雀。

观测记录到的鸟类列入中国生物多样性红色名录中极危等级的 3 种：白鹤、白头硬尾鸭、青头潜鸭；濒危等级 13 种：白枕鹤、丹顶鹤、白头鹤、小青脚鹬、遗鸥、东方白鹳、卷羽鹈鹕、乌雕、白肩雕、玉带海雕、猎隼、栗斑腹鹀、黄胸鹀；易危等级 18 种：鸿雁、长尾鸭、大鸨、波斑鸨、大杓鹬、红腹滨鹬、黑鹳、靴隼雕、草原雕、金雕、白尾海雕、大鵟、黄爪隼、黑尾地鸦、白尾地鸦、褐头鹀、田鹀、蒙古百灵，近危等级 53 种：岩雷鸟、暗腹雪鸡、大石鸡、鹌鹑、蓝马鸡、疣鼻天鹅、小天鹅、大天鹅、鸳鸯、罗纹鸭、白眼潜鸭、斑脸海番鸭（*Melanitta deglandi*）、赤颈䴙䴘、角䴙䴘、灰鹤、鹮嘴鹬、长嘴剑鸻（*Charadrius placidus*）、小杓鹬、白腰杓鹬、黑尾塍鹬、斑尾塍鹬、弯嘴滨鹬、红颈滨鹬、半蹼鹬、灰尾漂鹬、白琵鹭、小苇鳽、鹗、胡兀鹫、高山兀鹫、苍鹰、白头鹞、白腹鹞、白尾鹞、鹊鹞、乌灰鹞、毛脚鵟、棕尾鵟、雕鸮、长尾林鸮、短耳鸮、黄喉蜂虎（*Merops apiaster*）、蓝胸佛法僧（*Coracias garrulus*）、白翅啄木鸟、西红脚隼、红脚隼、灰背隼、游隼、白眉山雀、草原百灵（*Melanocorypha calandra*）、矛斑蝗莺、震旦鸦雀、白眉鹀，其余鸟类都是无危（LC）或缺乏数据（DD）等级。

其中，从科的数量上来看，雀形目最多，达 31 科，占总科数的 46.97%；鸻形目次之，9 科，占总科数的 13.64%；鹈形目和佛法僧目各 3 科，均占总科数的 4.55%；夜鹰目、鹤形目、鹰形目均为 2 科，占总科数的 3.03%；其余各目均仅有 1 科，占总科数的 1.52%（表 8-1）。观测到的物种种类上，雀形目鸟类最多，有 218 种，占总物种数的 50.82%；鸻形目次之，有 68 种，占总物种数的 15.85%；雁形目有 33 种，占总物种数的 7.69%；沙鸡目、潜鸟目、鲣鸟目、犀鸟目均仅有 1 种，占总物种数的 0.23%（表 8-1）。

表 8-1　蒙新区观测到的鸟类科种多样性

目	科数	比例（%）	种数	比例（%）	目	科数	比例（%）	种数	比例（%）
鸡形目	1	1.52	8	1.86	鹳形目	1	1.52	2	0.47
雁形目	1	1.52	33	7.69	鲣鸟目	1	1.52	1	0.23
䴙䴘目	1	1.52	5	1.17	鹈形目	3	4.55	15	3.50
鸽形目	1	1.52	8	1.86	鹰形目	2	3.03	23	5.36
沙鸡目	1	1.52	1	0.23	鸮形目	1	1.52	7	1.63
夜鹰目	2	3.03	4	0.93	犀鸟目	1	1.52	1	0.23
鹃形目	1	1.52	5	1.17	佛法僧目	3	4.55	3	0.70
鸨形目	1	1.52	2	0.47	啄木鸟目	1	1.52	6	1.40
鹤形目	2	3.03	10	2.33	隼形目	1	1.52	8	1.86
鸻形目	9	13.64	68	15.85	雀形目	31	46.97	218	50.82
潜鸟目	1	1.52	1	0.23	总计	66	100.00	429	100.00

注：此处按《中国鸟类分类与分布名录（第三版）》（郑光美，2017）统计。

1. 居留型和区系特征

从居留型来看，留鸟 124 种，占鸟类物种数的 28.90%；夏候鸟 231 种，占 53.85%；旅鸟 67 种，占 15.62%；冬候鸟 9 种，占 2.10%；繁殖鸟（留鸟和夏候鸟）共计 355 种，占 82.75%，是构成蒙新区鸟类群落的主体。这也充分说明繁殖鸟类观测的数据客观与真实。

从区系特征来看，观测到的蒙新区鸟类中古北种、广布种成分占绝对优势。蒙新区鸟类的分布型由不易归类型、华北型、全北型、古北型、东北型、东北-华北型、季风区型、中亚型、东洋型、高地型、喜马拉雅-横断山区型、南中国型共 12 种组成。其中古北型鸟类居多，有 103 种，占鸟类物种总数的 24.01%；其次为不易归类型，92 种，占 21.45%；全北型 64 种，占 14.92%；东北型 56 种，占 13.05%；中亚型 39 种，占 9.09%；东洋型 25 种，占 5.83%；东北-华北型有 25 种，占 5.83%；高地型和喜马拉雅-横断山区型均为 19 种，占 4.43%；南中国型和季风区型各 5 种，均占 1.17%；华北型仅 1 种，山噪鹛，仅占 0.23%。

2. 年间鸟类多样性变化

2011 年记录到鸟类 16 目 49 科 142 种 7959 只次；2012 年记录到鸟类 17 目 43 科 179 种 26 994 只次；

2013 年记录到鸟类 18 目 43 科 166 种 14 236 只次；2014 年记录到鸟类 19 目 53 科 274 种 51 593 只次；2015 年记录到鸟类 18 目 52 科 271 种 98 579 只次；2016 年记录到鸟类 19 目 57 科 365 种 137 829 只次；2017 年记录到鸟类 19 目 58 科 365 种 115 963 只次；2018 年记录到鸟类 20 目 63 科 386 种 135 449 只次；2019 年记录到鸟类 19 目 60 科 348 种 116 466 只次；2020 年记录到鸟类 19 目 51 科 233 种 102 003 只次（图 8-1）。

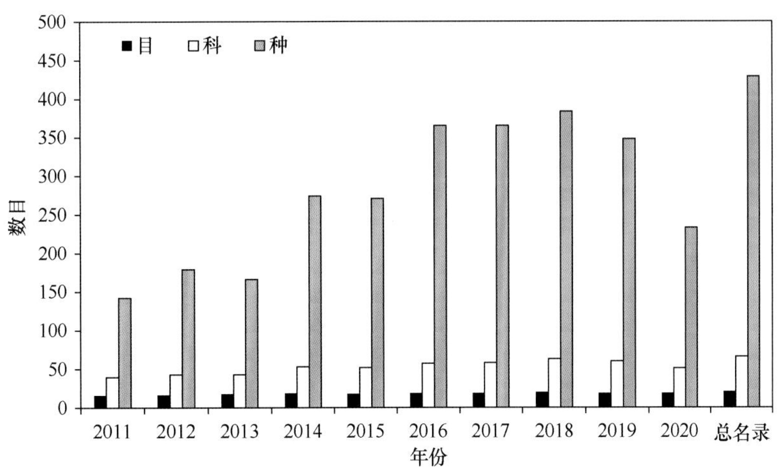

图 8-1　蒙新区历年鸟类多样性

鸟类年间变化主要是由于观测样样区和样线（样点）的增减引起的。2011 年仅有 8 个样区，2012 年增加 1 个样区：内蒙古新巴尔虎右旗样区，2014 年新增 11 个样区，2016 年增加 19 个样区，2018 年再次增加 1 个样区（陕西定边县）。因此 2014 年和 2015 年观测到鸟类种类数明显较 2011～2013 年多，2018 年观测样区最多，达到 40 个，因此观测到的鸟类种类也最多，386 种（图 8-1）。2019 年减少 8 个观测样区，观测到的鸟类种类相应减少到 348 种；2020 年进行的观测样区数仅 19 个，观测到的鸟类种类数急剧下降至 233 种（图 8-1）。

不同年份的香农-维纳多样性指数、辛普森（Simpson）优势度指数和皮卢（Pielou）均匀度指数，香农-维纳多样性指数以 2011 年的最高，为 5.837 66，2020 年的最低，为 4.895 82；Simpson 优势度指数以 2018 年的最高，为 0.978 48，2016 年的最低，为 0.917 93；均匀度指数以 2011 年的最高，达 1.029 13，2020 年的最低，为 0.863 09（表 8-2）。

表 8-2　蒙新区鸟类历年多样性指数

年份	香农-维纳多样性指数（H'）	Simpson 优势度指数（D）	Pielou 均匀度指数（J）
2011	5.837 66	0.970 31	1.029 13
2012	5.370 97	0.949 40	0.946 86
2013	5.744 06	0.970 99	1.012 63
2014	5.175 56	0.968 26	0.912 41
2015	5.124 71	0.975 54	0.903 44
2016	5.190 66	0.917 93	0.915 07
2017	5.177 13	0.974 81	0.912 68
2018	4.997 43	0.978 48	0.881 00
2019	5.033 45	0.976 71	0.887 35
2020	4.895 82	0.953 00	0.863 09
总计	3.882 20	0.984 78	0.684 40

3. 各地理亚区鸟类多样性

2011～2020 年，草原亚区共观测到鸟类 17 目 54 科 283 种，其中国家一级重点保护野生动物 12 种：大鸨、白鹤、丹顶鹤、白头鹤、白枕鹤、遗鸥、东方白鹳、卷羽鹈鹕、草原雕、猎隼、栗斑腹鹀、黄胸鹀；国家二级重点保护野生动物 45 种：疣鼻天鹅、鸿雁、小天鹅、大天鹅、鸳鸯、赤颈䴙䴘、斑头秋沙鸭、角䴙䴘、黑颈䴙䴘、蓑羽鹤、灰鹤、鹮嘴鹬、小杓鹬、白腰杓鹬、大杓鹬、翻石鹬、阔嘴鹬、小青脚鹬、小鸥、黑浮鸥、白琵鹭、乌雕、松雀鹰、雀鹰、白头鹞、白腹鹞、白尾鹞、鹊鹞、黑鸢、毛脚鵟、大鵟、普通鵟、雕鸮、长尾林鸮、纵纹腹小鸮、长耳鸮、短耳鸮、红隼、西红脚隼、红脚隼、灰背隼、燕隼、蒙古百灵、震旦鸦雀、红喉歌鸲。《中国脊椎动物红色名录》中，极危（CR）等级 2 种：白鹤、青头潜鸭；濒危（EN）等级 7 种：东方白鹳、小青脚鹬、草原雕、猎隼、大杓鹬、栗斑腹鹀、黄胸鹀；易危（VU）等级 11 种：大鸨、白头鹤、遗鸥、角䴙䴘、白枕鹤、卷羽鹈鹕、乌雕、鸿雁、红头潜鸭、长尾鸭、田鹀；近危（NT）等级 15 种：西红脚隼、鹌鹑、罗纹鸭、白眼潜鸭、蛎鹬、凤头麦鸡、白腰杓鹬、黑尾塍鹬、斑尾塍鹬、红腹滨鹬、弯嘴滨鹬、红颈滨鹬、半蹼鹬、震旦鸦雀、草地鹨（*Anthus pratensis*）。

荒漠区亚区共观测到鸟类 19 目 58 科 275 种，其中国家一级重点保护野生鸟类 7 种：黑鹳、草原雕、胡兀鹫、遗鸥、玉带海雕、白尾海雕、黄胸鹀；国家二级重点保护野生鸟类 40 种：大石鸡、暗腹雪鸡、蓝马鸡、疣鼻天鹅、大天鹅、鸳鸯、蓑羽鹤、灰鹤、斑头秋沙鸭、黑颈䴙䴘、小杓鹬、大杓鹬、白腰杓鹬、白琵鹭、小苇鳽、靴隼雕、雀鹰、白尾鹞、黑鸢、毛脚鵟、大鵟、普通鵟、棕尾鵟、纵纹腹小鸮、长耳鸮、黄爪隼、红隼、红脚隼、灰背隼、燕隼、游隼、高山兀鹫、黑啄木鸟、黑尾地鸦、白眉山雀、蒙古百灵、云雀、红喉歌鸲、蓝喉歌鸲、红交嘴雀。在《中国脊椎动物红色名录》中，濒危（EN）等级 3 种：大杓鹬、草原雕、黄胸鹀；易危（VU）等级 5 种：红头潜鸭、欧斑鸠、遗鸥、玉带海雕、白尾海雕；近危（NT）等级 8 种：罗纹鸭、凤头麦鸡、白腰杓鹬、黑尾塍鹬、半蹼鹬、灰尾漂鹬、高山兀鹫、草地鹨。

天山山地亚区共观测到鸟类 21 目 55 科 242 种，其中国家一级重点保护野生鸟类 7 种：大鸨、波斑鸨、黑鹳、胡兀鹫、白肩雕、金雕、白尾海雕；国家二级重点保护野生鸟类 41 种：岩雷鸟、暗腹雪鸡、大天鹅、斑尾林鸽、蓑羽鹤、灰鹤、黑浮鸥、黑颈䴙䴘、白腰杓鹬、翻石鹬、白琵鹭、小苇鳽、鹗、高山兀鹫、雀鹰、苍鹰、白头鹞、白尾鹞、乌灰鹞、黑鸢、大鵟、棕尾鵟、纵纹角鸮、西红角鸮、纵纹腹小鸮、长耳鸮、黄爪隼、红隼、西红脚隼、红脚隼、灰背隼、燕隼、游隼、白翅啄木鸟、黑尾地鸦、白尾地鸦、云雀、褐头鸫、蓝喉歌鸲、新疆歌鸲、红交嘴雀。在《中国脊椎动物红色名录》中，濒危（EN）等级 1 种：白头硬尾鸭；易危（VU）等级 6 种：红头潜鸭、欧斑鸠、大鸨、波斑鸨、白肩雕、褐头鸫；近危（NT）等级 11 种：鹌鹑、罗纹鸭、白眼潜鸭、蛎鹬、凤头麦鸡、黑尾塍鹬、胡兀鹫、高山兀鹫、西红脚隼、白尾地鸦、草地鹨。

8.2.3　鸟类新记录

2011 年以来，共在蒙新区发现鸟类省级及以上新记录 39 种。其中新疆有 10 种，白尾麦鸡、肉垂麦鸡（*Vanellus indicus indicus*）、侏鸬鹚、印度池鹭、鹃头蜂鹰、蓝颊蜂虎（*Merops persicus*）、须苇莺（*Acrocephalus melanopogon*）、黑顶林莺（*Sylvia atricapilla*）、白顶鹀、北灰鹟；甘肃 10 种，槲鸫（*Turdus viscivorus*）、罗纹鸭、棕斑鸠（*Streptopelia senegalensis*）、靴隼雕、白喉石䳭、钳嘴鹳、角䴙䴘、红背红尾鸲（*Phoenicuropsis erythronotus*）、小苇鳽、白兀鹫；陕西 2 种，小滨鹬、文须雀；内蒙古 17 种（表 8-3）。

表 8-3　2011 年以来蒙新区省级及以上鸟类新记录

新记录鸟种*	时间	位置或地理坐标	生境类型	参考文献
槲鸫 *Turdus viscivorus*	2018.11；2019.2	甘肃酒泉市、兰州大学榆中校区	村庄	李晓军等，2019
罗纹鸭 *Mareca falcata*	2018.3	甘肃永登县、高台县	湿地	马涛等，2019
棕斑鸠 *Streptopelia senegalensis*	2020.6	甘肃玉门市	村庄	观测记录，未发表
靴隼雕 *Hieraaetus pennatus*	2013.9	甘肃敦煌市阳关镇	湿地	王小炯等，2014
白喉石䳭 *Saxicola insignis*	2010.5	甘肃肃北县马鬃山镇	岩石地面	靳铁治等，2015
钳嘴鹳 *Anastomus oscitans*	2019.8	甘肃张掖市黑河湿地	湖泊	张汉军和张立勋，2020
角䴙䴘 *Podiceps auritus*	2020.1	甘肃张掖市湿地	湖泊	谢宗平和刘钊，2021
红背红尾鸲 *Phoenicuropsis erythronotus*	2019.2	甘肃酒泉市肃州区	人工湖旁	殷大文等，2020
小苇鳽 *Ixobrychus minutus*	2019.7	甘肃酒泉市泉湖镇四坝海子	芦苇湿地	殷大文等，2020
白兀鹫 *Neophron percnopterus*	2019.6	甘肃敦煌市		薛佳等，2020
白尾麦鸡 *Vanellus leucurus*	2012.8	新疆莎车县	湿地，滩地	丁进清马鸣，2012
肉垂麦鸡 *Vanellus indicus indicus*	2016.7	新疆塔什库尔干县	高原湿地草原	邢莲莲等，2020
侏鸬鹚 *Microcarbo pygmeus*	2018.11	新疆玛纳斯县	农区河道苇丛	邢莲莲等，2020
印度池鹭 *Ardeola grayii*	2014.9	新疆阿克陶县	高原湿地草地	彭银星等，2014
鹃头蜂鹰 *Pernis apivorus*	2014.8	新疆伊犁州		杨庭松等，2015
蓝颊蜂虎 *Merops persicus*	2014.6	新疆若羌县等地	高原荒漠绿洲	李维东和张燕伶，2014
须苇莺 *Acrocephalus melanopogon*	2016.4	新疆乌鲁木齐市	芦苇丛	Xu *et al.*，2017c
黑顶林莺 *Sylvia atricapilla*	2012.12	新疆喀什市	园林	郭宏和马鸣，2013
白顶鹀 *Emberiza stewarti*	2013.5	新疆喀什市	荒漠草原	田少宣等，2013
北灰鹟 *Muscicapa dauurica*	2010.5	新疆卡拉麦里保护区		朱成立等，2011
太平洋潜鸟 *Gavia pacifica*	2012.7	内蒙古赤峰市		吴佳媛等，2017
丑鸭 *Histrionicus histrionicus*	2014.6	内蒙古赛罕乌拉保护区	湿地	宋景良等，2014
山麻雀 *Passer rutilans*	2017.6	内蒙古赤峰市宁城县	居民区	冯桂林等，2017
长尾鸭 *Clangula hyemalis*	2012.7	内蒙古赤峰市达里诺尔保护区		吴佳媛和杨贵生，2017
白胸苦恶鸟 *Amaurornis phoenicurus*	2013.6	内蒙古鄂尔多斯市		吴佳媛和杨贵生，2017
斑胸滨鹬 *Calidris melanotos*	2011.8	内蒙古赤峰市达里诺尔		吴佳媛和杨贵生，2017
冠鱼狗 *Megaceryle lugubris*	2014.8	内蒙古赤峰市克什克腾旗	湿地	张帆等，2015
长尾山椒鸟 *Pericrocotus ethologus*	2013.9	内蒙古乌兰察布市	森林	梁晨霞等，2014
丝光椋鸟 *Sturnus sericeus*	2011.5	内蒙古锡林郭勒盟二连浩特		吴佳媛和杨贵生，2017
黑喉岩鹨 *Prunella atrogularis*	2011	内蒙古赤峰市等		旭日干，2015
白额燕尾 *Enicurus leschenaulti*	2014.12	内蒙古鄂尔多斯市鄂托克前旗	居民区	赵格日乐图和尚育国，2015
黑胸麻雀 *Passer hispaniolensis*	2014.12	内蒙古鄂尔多斯市鄂托克前旗	居民区	赵格日乐图和尚育国，2015
大红鹳 *Phoenicopterus ruber*	2015.10	内蒙古阿拉善盟额济纳旗居延海	湿地	方海涛和冯桂林，2017
欧鸽 *Columba oenas*	2014.12	内蒙古阿拉善盟额济纳旗	农田	方海涛等，2017
灰翅鸥 *Larus glaucescens*	2016.11	内蒙古乌兰察布市凉城	湿地	何晓萍等，2018
彩鹮 *Plegadis falcinellus*	2011.8	内蒙古阿巴嘎旗查干诺尔湖	沼泽	陈丽霞等，2012
青头潜鸭 *Aythya baeri*	2017.5	内蒙古土默特左旗袄太湿地	湖泊	汪青雄和肖红，2017
小滨鹬 *Calidris minuta*	2017.10	陕西定边县苟池	湖泊	臧晓博等，2018
文须雀 *Panurus biarmicus*	2018.5	陕西红碱淖保护区	芦苇丛	汪青雄和肖红，2020

注：为保持原记录信息，标*号处的新记录鸟种中文名和拉丁名保持原文献中的名称。

8.3 观测样区设置

蒙新区位于帕米尔高原以东，昆仑山脉、阿尔金山和祁连山脉以北的广大干旱区。区内地貌复杂多变，包括塔里木、柴达木和准噶尔等盆地的沙漠景观，内蒙古和鄂尔多斯高原，以及天山、阿尔泰山、贺兰山、阴山等山地结构。区内大部分属于典型的大陆性气候，由于降雨量引起的湿度带的分布，区内四分之一为草原带，其余为荒漠带（张荣祖，2011）。

本区又分为 3 个亚区：东部草原亚区、中西部荒漠亚区和西部天山山地亚区。东部草原亚区自大兴安岭南端至内蒙古高原东部边缘为界，主要为半干旱区，草原亚区的自然环境比较单纯，植被以针茅（*Stipa* spp.）、羊草、赖草（*Leymus secalinus*）、芨芨草（*Achnatherum splendens*）等为主；中西部荒漠亚区包括阴山北部的戈壁、鄂尔多斯高原西部、阿拉善、塔里木盆地、柴达木盆地及准噶尔盆地等地，区内为大片沙丘、砾漠和盐碱滩形成的沙漠戈壁景观，植被类型主要为荒漠植被，在沿河及山麓等有高山冰雪融水长期灌溉的地段会形成部分绿洲；西部天山山地亚区主要为新疆的天山山系，向北达塔尔巴哈台山地，包括阿尔泰山在我国新疆区内的部分，环境相对比较湿润（张荣祖，2011）。

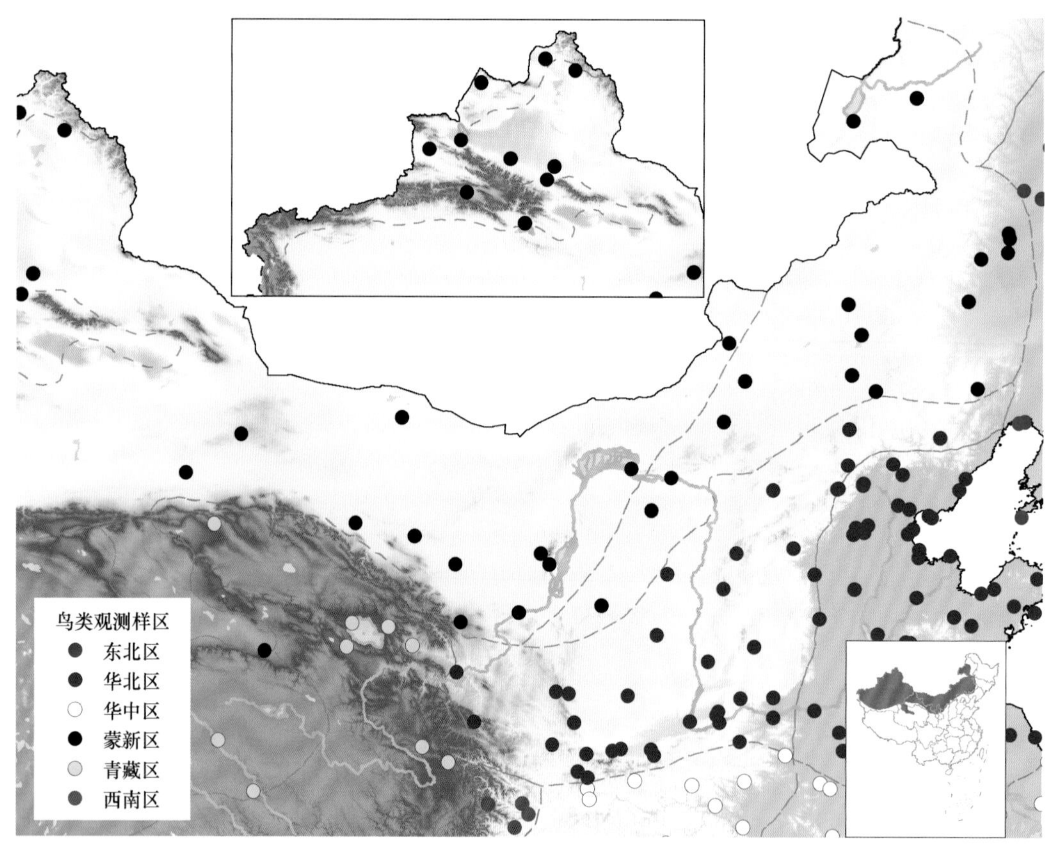

图 8-2 蒙新区样区设置示意

作为我国七大动物地理区系之一的蒙新区自 2011 年起就已加入全国生物多样性观测网络的建设。2011 年开展了生物多样性观测试点工作时，生态环境部南京环境科学研究所根据互补性抽样的方法，结合专家知识，选择互补性高、代表性强的抽样点作为观测样区。观测样区涵盖全国所有的鸟类物种，该方法保证了在项目开展初期资金较少，观测人员缺乏的情况下，最大化地提高了观测盖度，其中内蒙古的四子王旗、苏尼特右旗、锡林浩特市、包头市、乌拉特前旗、克什克腾旗、二连浩特市，甘肃的玉门市和新疆的阜康市做为蒙新区的抽样代表成为中国鸟类多样性观测网络的节点。随着国家对生态环境保护力度的加大，生物多样性观测越来越被支持。全国鸟类生物多样性观测网络于 2014 年和 2016 年对观测样区进行了较大范围的增补，增补后，蒙新区共有 40 个观测样区加入到中国鸟类多样性观测网络（图 8-2）。其中东部草原亚区设置 17 个观测样区，布设 140 条样线和 61 个样点；中西部荒漠亚区设置 25 个观测样区，布设 131 条样线和 41 个样点；西部天山山地亚区设置 8 个观测样区，布设 83 条样线。蒙新区 40 个观测样区共设置 354 条样线和 102 个样点，样线长度达 760.85 km。繁殖期鸟类观测时间为每年的 5～7 月，对每条样线每年开展 2 次观测，两次观测之间的时间间隔不小于 20 d。

8.4 典型生境中的鸟类多样性

8.4.1 草原

草原是指干旱、半干旱到半湿润气候条件下形成的，植被以多年生草本植物为主的生态系统。草原可以分为温带草原和热带草原。温带草原在北半球的温带地区呈带状分布，几乎连续地展布于欧亚大陆和北美大陆。热带草原则分布于非洲、澳大利亚、南美洲热带和亚热带的干旱与半干旱地区。

欧亚草原西自欧洲多瑙河上游，呈带状向东延伸，经哈萨克草原，中国新疆北部中山草原，蒙古国北部至中国的东北平原。受东南季风和蒙古高压双重交互作用及大地貌条件制约，东西走向的欧亚大陆草原带在中国境内发生了偏转，成为东北—西南走向。在中国境内，草原的分布北起松辽平原和呼伦贝尔高原，经内蒙古高原、鄂尔多斯高原、陕甘宁黄土高原，直达青藏高原青海湖东北部，呈连续的带状向西南延展，绵延 4500 km。此外，在西北荒漠地区和森林地区的山地垂直带中，分布着从哈萨克斯坦和蒙古国西南部伸入中国新疆阿尔泰山山地的小面积草原，与中国广袤连片的大草原相距甚远，成为欧亚草原在中国西北部的飞地。内蒙古草原多为水平分布，新疆的草原垂直分布较多。

分布于蒙新区的草原是温带草原，为欧亚草原在中国的延伸带。内蒙古高原的草原植被由中温型丛生禾草草原和灌丛草原组成；黄土高原的地形以黄土丘陵为主，其中的草原植被为暖温型草原，多以喜温的本氏针矛和短花针矛为建群种。

草原是鸟与人类共同的家园。随着草原环境的出现和演替，各种生物遵循自然法则，生生死死，不断演化。鸟类以自身的存在参与草原生态系统的物质循环和能量流动，并以各自的对策组合在一起，构成独特的草原鸟类群落。

草原的指示性鸟类为百灵，只要是草原生境就有百灵生存。中国共分布有百灵科鸟类 14 种，除歌百灵分布于华南的丘陵山地草地外，蒙新区草原分布有 13 种百灵。

1. 生境特点

蒙新区的草原为目前世界上保持最完整的草原之一，为多种鸟类提供了适宜栖息的环境。根据植被生态特征，蒙新区的草原可以分为草甸草原、典型草原和荒漠草原。蒙新区草原区虽然大部分地区处于干旱、半干旱地带，但是由于自然历史和现代地貌等，其中的湿地面积很大。河流、湖泊及沼泽等各种湿地为多种水鸟提供了优越的栖息和繁殖场所，其中珍稀濒危鸟类较多。

（1）草甸草原

草甸草原分布于东北松嫩平原、呼伦贝尔至锡林郭勒高原东部、黄土高原东南部的低山丘陵阴坡和宽谷中，并沿着东北—西南走向海拔逐渐升高，由 200 m 上升到 2000 m 以上。发育在半湿润气候区域内，年平均降水量为 350～540 mm，湿润度达 0.6～1.0，土壤为黑土、黑钙土、黑垆土和部分暗栗钙土，植被以中旱生和广旱生禾草为主，并伴生比较丰富的旱中生、中生杂草类，是草原向森林过渡的类型，常常与森林镶嵌，形成森林草原景观。草甸草原的土层较厚，腐殖质含量高，非常适合植物生长，因此草群密度大，物种多样性高，1 m^2面积上可共居生长15～25种及以上的高等植物，投影盖度55%～75%，最高可达85%～90%。草甸草原蕴藏着大量的药用植物、野生花卉和优质牧草，是珍贵的生物基因材料。

在森林草原，植被分为乔木、灌木、草本3个层谱，森林鸟类、灌丛鸟类、草原鸟类占有各自的生态位，代表性鸟类有适于在林中栖息的啄木鸟、䴓、交嘴雀、花尾榛鸡、黑琴鸡、大𫛭 、金雕、长耳鸮等，适于在草原栖息的有蒙古百灵、云雀、毛腿沙鸡、大鸨、沙䳭（*Oenanthe isabellina*）等，以及适于在灌丛栖息的伯劳、柳莺、树莺、红胁蓝尾鸲、红尾水鸲等。

（2）典型草原

典型草原又称为干草原或真草原，分布于内蒙古高原中部、东北平原东南部（西辽河中上游）、鄂尔多斯高原中东部、黄土高原中西部。以阴山山脉分水岭为界，以北为中温型丛生禾草典型草原分布区，以南为暖温型禾草典型草原分布区。此外，在新疆、甘肃、宁夏和内蒙古西部的荒漠区山地植被垂直带谱中典型草原也占有一定的生态层位，其分布的高度及层带的宽度随山地气候的干燥度的变化而变化。典型草原被誉为草群结构发育最完善、生态功能最稳定的草原，是草原植被的模式类型。发育在半干旱气候区内，年降水量为250～350 mm，湿润度为0.3～0.6，旱生丛生禾草占绝对优势，中生双子叶杂类草明显减少，生物多样性较草甸草原单调。空间上，典型草原位于草原地带的中心，呈带状连续的分布格局，在湿润度较高的地区被草甸草原替代，在湿润度较低的区域则被更耐旱的荒漠草原替代。

在典型草原上，最具代表性的草原鸟类有草原雕、金雕、大𫛭、普通𫛭、大鸨、蓑羽鹤、毛腿沙鸡、百灵科和鹟科䳭属鸟类等，它们成为优势物种。

（3）荒漠草原

在中国，荒漠草原分布于内蒙古乌兰察布层状高平原上、黄土高原西北部石质低山丘陵及西部荒漠区山地垂直带上山地典型草原的下方。荒漠草原为最干旱、生产力最低的草原类型，发育在严酷的强大陆性干旱气候条件下，年降水量仅150～250 mm，湿润度低达0.12～0.24，土壤为棕钙土或灰钙土，植被由多年生旱生丛生矮禾草和强旱生矮半灌木、灌木参与构成，是草原向荒漠过渡的类型，分布于温带典型草原亚带和温带草原化荒漠亚带之间。荒漠草原的草群低矮，平均高度仅10～15 cm，植被稀疏，投影盖度不及25%～30%，地面半裸露、半郁闭，地形开阔坦荡，景观单调。

荒漠草原栖息着更为适应干旱环境的鸟类，如大鸨、毛腿沙鸡、大石鸡、草原雕、大𫛭、荒漠伯劳、白喉林莺（*Sylvia curruca*）、蒙古百灵、短趾百灵（*Alaudala cheleensis*）、角百灵和䳭属鸟类等，还有从荒漠地区扩展而来的灌丛草原鸟类，如长嘴百灵、细嘴短趾百灵（*Calandrella acutirostris*）、小云雀（*Alauda gulgula*）、灰白喉林莺（*Sylvia communis*）、绿背山雀、乌嘴柳莺、黄腹柳莺、赭红尾鸲、欧夜鹰（*Caprimulgus europaeus*）、原鸽（*Columba livia*）、红头长尾山雀、巨嘴沙雀（*Rhodospiza obsoleta*）等。

（4）湿地

中生代开始，从内蒙古东部的呼伦贝尔直到鄂尔多斯均处于凹陷带，地貌为大型湖盆。经第四纪喜马拉雅造山运动、火山喷发及冰期与间冰期气候交替变化导致古湖泊扩大或萎缩，形成很多构造湖、堰塞湖及由古湖泊萎缩而成的盐碱湖，如呼伦湖、达里诺尔湖、岱海等。同时，草原地带多以坦荡辽阔的高原为主体的地貌，谷底及河床开阔，河曲发育，形成很多牛轭湖、尾闾湖和沼泽，如乌梁素海、图牧吉泡子、科尔沁湿地，以及高原上众多的小型草原湖泡。蒙新高原地区，面积 1 km^2 以上的湖泊有 724个，总面积达19 545 km^2，约占全国湖泊总面积的21.5%；拥有大小河流1000多条，如黄河、额尔古纳河、西辽河、滦河、永定河、乌拉盖河、锡林河、艾不盖河等，其中流域面积大于 300 km^2 的河流就有

200 多条。各支流源头及河道周围形成很多河漫滩和低湿地。

蒙新区草原地带，湿地面积大、类型多，为雁鸭类、鹤类、鸻鹬类、鸥类等水鸟提供了特殊的湿地生存环境。如发源于大兴安岭的甘河、诺敏河、雅鲁河、绰尔河、洮尔河等，向东南进入丘陵、河谷、平原相间的复合地形区域后，河滩宽阔，流速减慢，在内蒙古东南部形成众多的湖泊和沼泽湿地，是东方白鹳、丹顶鹤、白枕鹤、灰鹤等珍禽的重要繁殖地；发源于霍林河、突泉河、绰尔河或其支流在沙质的低洼地形成河流型湿地、湖泡及湖滨湿地，仅科尔沁自然保护区范围内就有约 40 个大小水泡，芦苇（*Phragmites australis*）、香蒲（*Typha orientalis*）、水葱（*Schoenoplectus tabernaemontani*）等挺水植物浅水沼泽遍布，为多种珍稀水鸟提供了适宜繁殖地；发源于大兴安岭岭南西北丘陵带宝格达山的乌拉盖河，蜿蜒于东乌珠穆沁旗境内的高平原上，最后进入乌拉盖盆地，流程达 537 km，沿途形成 90 多个大小湖泡和沼泽地，1998 年 5 月 25～28 日笔者在此考察，记录到大鸨、丹顶鹤、蓑羽鹤、白琵鹭、鸿雁、罗纹鸭、白眉鸭、大天鹅、鹤鹬、半蹼鹬、斑尾塍鹬、青脚鹬、尖尾滨鹬（*Calidris acuminata*）、红颈滨鹬等水鸟 46 种；位于锡林浩特市南部的白银库伦，是一个丘陵、台地间面积仅为 14.1 km^2 的小型构造湖，湖区南部有成片芦苇沼泽，湖中间有几个小的湖心岛，有丹顶鹤、遗鸥、白枕鹤、鸿雁、银鸥、白翅浮鸥等在此繁殖，1998 年 5 月在湖心岛上发现了 201 个遗鸥巢。

此外，草原上的沙地中湿地众多，如位于鄂尔多斯高原的毛乌素沙地就有敖拜诺尔、红碱诺尔、神海子等大小湖泡 100 多个；在浑善达克沙地，仅正蓝旗境内就有 40 多个湖泡。由于沙地下伏的基底不同，有的是丘陵覆沙，有的是高平原覆沙，因而有的沙湖还有地下裂隙水或孔隙水补水，水质较好，湖中高大挺水植物繁茂，更适合水鸟生存。

2. 样区布设

（1）样线布设

在草原区布设鸟类观测样区 32 个，样线 161 条（表 8-4）。

表 8-4　蒙新区草原区域鸟类多样性观测样线统计表

样区	观测年度	样线数	样区	观测年度	样线数
内蒙古锡林浩特市	2011～2020	4	内蒙古伊金霍洛旗	2016～2020	3
内蒙古克什克腾旗	2011～2020	5	内蒙古扎鲁特旗	2016～2019	8
内蒙古苏尼特右旗	2014～2020	2	内蒙古正蓝旗	2014～2020	6
内蒙古四子王旗	2011～2020	2	宁夏沙坡头区	2016	4
内蒙古二连浩特市	2016～2019	10	宁夏西夏区	2014～2020	5
河北围场县	2016～2019	5	青海省乌兰县	2016～2018	10
甘肃天祝县	2014～2020	5	陕西省定边县	2018	1
甘肃玉门市	2015～2020	3	新疆阿勒泰市	2016～2019	7
吉林洮南县	2017	1	新疆博湖县	2014～2019	1
内蒙古阿拉善右旗	2016～2018	4	新疆阜康市	2014～2019	7
内蒙古阿拉善左旗	2016～2018	3	新疆哈巴河县	2014～2020	4
内蒙古阿鲁科尔沁旗	2014～2020	3	新疆和静县	2014～2020	9
内蒙古额济纳旗	2016	1	新疆沙湾县	2014～2019	3
内蒙古鄂温克自治旗	2016～2019	1	新疆塔城市	2016～2019	7
内蒙古科尔沁右翼中旗	2014～2020	3	新疆乌鲁木齐市	2016～2019	5
内蒙古新巴尔虎右旗	2014～2020	26	新疆伊宁市	2016～2019	3

1）典型草原区样线布设

观测区域位于内蒙古锡林郭勒盟锡林浩特市毛登牧场、白银库伦牧场和赤峰市克什克腾旗达里诺尔国家级自然保护区内。在毛登牧场和白银库伦牧场内各布设样线 2 条，克什克腾旗样线 5 条。该地区属于中温带半干旱大陆性季风气候。植被类型为大针茅+羊草草原，是我国境内最有代表性的丛生禾草、根茎禾草温性典型草原。

2）荒漠草原样线布设

观测区域位于内蒙古锡林郭勒盟苏尼特右旗、二连浩特市和乌兰察布市四子王旗。在苏尼特右旗布设样线 2 条、四子王旗 2 条、二连浩特市 10 条。该区域属于中温带干旱大陆性季风气候。

二连浩特观测样区年平均气温 4.7℃，年平均降水量 142 mm，蒸发量 27.5 mm，年平均风速 4.2 m/s，年平均日照率 69%。太阳辐射强烈，日照丰富，蒸发量大，风大沙多。由于干旱气候的强烈作用，植被较为贫乏单一，主要有沙葱、沙生针茅、短花针茅（*Stipa breviflora*）、骆驼蓬、戈壁天门冬、拟叉枝鸦葱、蓍状亚菊、刺叶柄棘豆等。这些荒漠化草原植被中多伴生有草原化荒漠的常见成分，如珍珠猪毛菜、驼绒藜、红沙、条叶车前等，呈现出草原化荒漠的特点。

苏尼特右旗观测样区年平均气温 4.3℃，年平均降水量 170～190 mm。植被类型为小针茅+无芒隐子草（*Cleistogenes mutica*）荒漠草原，植物群落种类组成十分贫乏，1 m^2 上植物种的饱和度仅仅 10 种左右，但是种类组成比较稳定。建群种为小针茅（*Stipa klemenzii*），优势种为无芒隐子草、沙葱（*Allium mongolicum*）、多根葱（*A. polyrrhizum*）等，主要伴生种有荒漠丝石竹（*Gypsophila desetorum*）、大苞鸢尾（*Iris bungei*）、栉叶蒿（*Neopallosia pectinata*）等。

四子王旗观测区年平均气温 2.9℃，年降水量 170～190 mm。植被类型为短花针茅+冷蒿（*Artemisia frigida*）+无芒隐子草荒漠草原，植被低矮且稀疏，植物群落主要由 20 多种植物组成。建群种为短花针茅，优势种为冷蒿、无芒隐子草等，主要伴生种有银灰旋花（*Convolvulus ammannii*）、木地肤（*Kochia prostrata*）、细叶葱（*Allium tanuissmum*）等。

（2）样点布设

在草原区湿地布设鸟类观测样区 14 个，样点 76 个（表 8-5）。

表 8-5　蒙新区草原区湿地鸟类多样性观测样点统计表

样区	观测年度	样点数	样区	观测年度	样点数
甘肃高台县	2016～2018	13	内蒙古鄂温克自治旗	2016～2019	1
甘肃民勤县	2016～2018	10	内蒙古科尔沁右翼中旗	2014～2020	5
甘肃庆阳县	2011～2013	1	内蒙古克什克腾旗	2011～2020	5
吉林通榆县	2014～2019	17	内蒙古乌拉特前旗	2011～2020	2
内蒙古阿拉善左旗	2016～2018	1	内蒙古新巴尔虎右旗	2012～2020	11
内蒙古包头市	2011～2020	2	宁夏沙坡头区	2014～2020	3
内蒙古额济纳旗	2016～2018	2	新疆沙湾县	2014～2019	3

在巴彦淖尔市乌拉特前旗乌梁素海湿地自然保护区内布设观测样点 5 个。乌梁素海湿地是 19 世纪 50 年代由黄河改道而形成的河迹湖。该地区属于中温带干旱大陆性季风气候，年平均气温 8.4℃，年平均降水量 216 mm。受自然和人为因素影响，湖泊面积有较大变化，明水面积逐年变小，芦苇沼泽地不断扩大。乌梁素海是我国西北部地区重要湿地之一，是地球上同纬度最大的自然湿地。由于地理位置的独特和生态环境的多样化，鸟类资源很丰富，是我国北方也是世界上著名的鸟类迁徙地和繁殖地。

在包头市东河区的南海子自治区级湿地自然保护区内布设观测样点 2 个。该地区属于中温带半干旱大陆性季风气候，年平均气温 6.5℃，年平均降水量 310 mm。该湿地为黄河变迁遗留下的故道，由历史时期黄河改道和凌期、汛期的规律性变化自然形成，是黄河沿岸生态系统的缩影。

在赤峰市克什克腾旗达里诺尔国家级自然保护区内布设观测样点 5 个。该地区属于中温带半干旱大陆性季风气候，年平均气温 2～4℃，年平均降水量 350 mm。达里诺尔湖群、河流及其周边沼泽地共同组成的湿地生态系统，是内蒙古高原东部半干旱草原地区的重要湿地资源，它在候鸟繁殖、迁徙等方面具有重要意义，既是我国候鸟南北迁徙的重要通道，又是众多水禽的繁殖地。

3. 物种组成

（1）种类组成

结合历史数据（郑光美，2017）和历年观测记录，草原区域共有鸟类 20 目 54 科 282 种（附表Ⅱ）。2011～2020 年，在内蒙古草原和湿地记录到鸟类 142 种，隶属 18 目 35 科，其中夏候鸟 90 种，留鸟 17 种，旅鸟 36 种。在草原区（不包括湿地）记录到鸟类 72 种，隶属 15 目 27 科，其中夏候鸟 42 种，留鸟 13 种，旅鸟 17 种。

典型草原记录到鸟类 53 种，隶属 13 目 23 科，其中夏候鸟 33 种，留鸟 10 种，旅鸟 10 种；荒漠草原记录到鸟类 58 种，隶属 14 目 25 科，其中夏候鸟 35 种，留鸟 13 种，旅鸟 10 种；湿地记录到鸟类 116 种，隶属 14 目 31 科，其中夏候鸟 75 种，留鸟 13 种，旅鸟 28 种。

（2）区系特征

2011～2020 年，在内蒙古草原和湿地记录到的 142 种鸟类中，古北界鸟类有 124 种，占观测区鸟类总数的 87.32%。其中古北型 64 种，占古北界鸟类总数的 51.61%；全北型 24 种，占 19.35%；中亚型 13 种，占 10.48%；东北型 17 种，占 13.71%；地中海-中亚型 3 种，占 2.42%；东北-华北型 2 种，占 1.61%，高地型 1 种，占 0.81%。环球温带-热带型 5 种，占观测区鸟类总数的 3.52%。环球热带-温带型 2 种，占鸟类总数的 1.41%。东半球温带-热带型 2 种，占 1.41%。东洋界鸟类 9 种，占观测区鸟类总数的 6.34%。由此可见，蒙新区鸟类区系组成中古北界成分占有非常明显的优势。

（3）珍稀鸟类

共记录到国家级重点保护野生动物 20 种。其中国家一级重点保护野生鸟类有白枕鹤、遗鸥、草原雕 3 种，国家二级重点保护野生鸟类有鸿雁、疣鼻天鹅、大天鹅、纵纹腹小鸮、角䴙䴘、黑颈䴙䴘、蓑羽鹤、灰鹤、白琵鹭、雀鹰、白尾鹞、大鵟、红隼、红脚隼、燕隼、蒙古百灵、云雀等 17 种。

4. 动态变化及多样性分析

在 2011～2020 年观测期间，典型草原（毛登牧场、白银库伦）记录到鸟类 41 种，5966 只；荒漠草原（格根塔拉、赛汗塔拉）记录到鸟类 50 种，3984 只；湿地记录到鸟类 116 种，36 562 只。3 类生境中鸟类种类及数量的年际变化见表 8-6。

（1）典型草原鸟类组成的年度变化

2011～2020 年，在典型草原（毛登牧场、白银库伦牧场）记录到鸟类 41 种，数量 5966 只（表 8-6，图 8-3）。

（2）荒漠草原鸟类组成的年度变化

2011～2020 年，在荒漠草原（四子王旗、苏尼特右旗）记录到鸟类 50 种，数量 3984 只（表 8-6，图 8-4）。

表 8-6　蒙新区草原生境不同年度鸟类物种和数量组成统计表

年份	典型草原		荒漠草原		湿地	
	种类	数量	种类	数量	种类	数量
2011	13	999	19	425	51	2 622
2012	15	687	24	402	60	2 996
2013	8	691	28	384	58	2 998
2014	18	590	26	469	69	4 449
2015	24	561	23	326	73	1 892
2016	21	438	23	367	70	5 032
2017	21	438	23	367	59	3 011
2018	22	564	22	373	64	3 004
2019	13	469	23	382	60	5 849
2020	18	529	18	489	52	3 877
合计	41	5 966	50	3 984	116	36 562

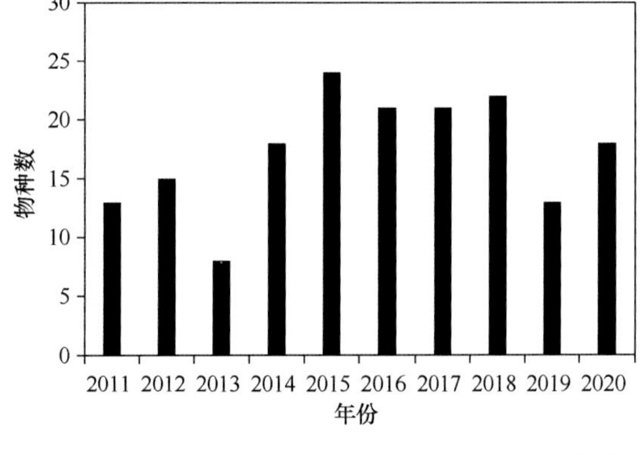

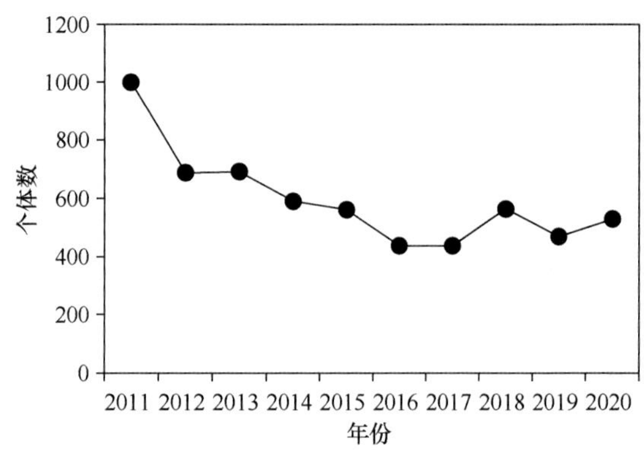

图 8-3　蒙新区典型草原不同年度鸟类种类和数量组成变化

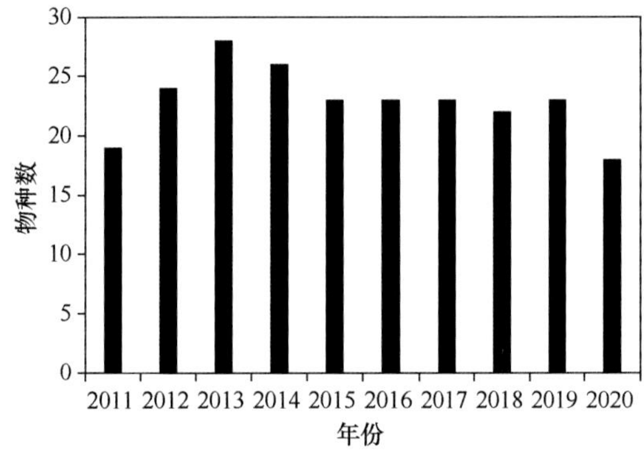

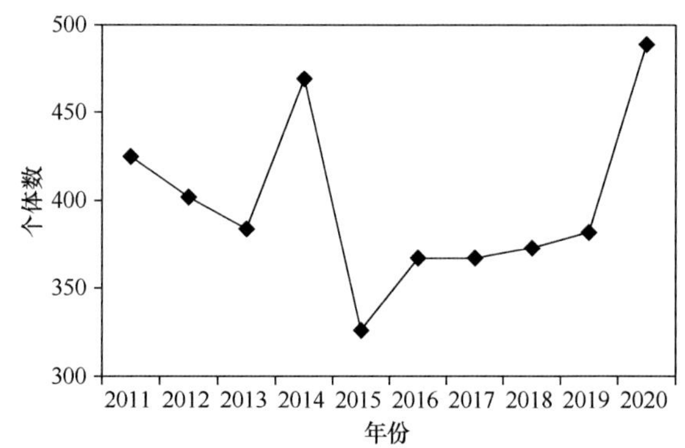

图 8-4　蒙新区荒漠草原不同年度鸟类种类和数量组成变化

（3）湿地鸟类组成的年度变化

2011～2020 年，在湿地（乌梁素海、包头、达里诺尔）记录到鸟类 116 种，数量 36 562 只（表 8-6，图 8-5）。

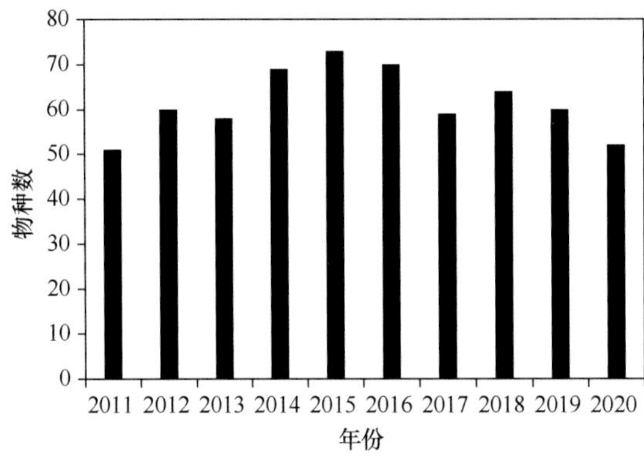

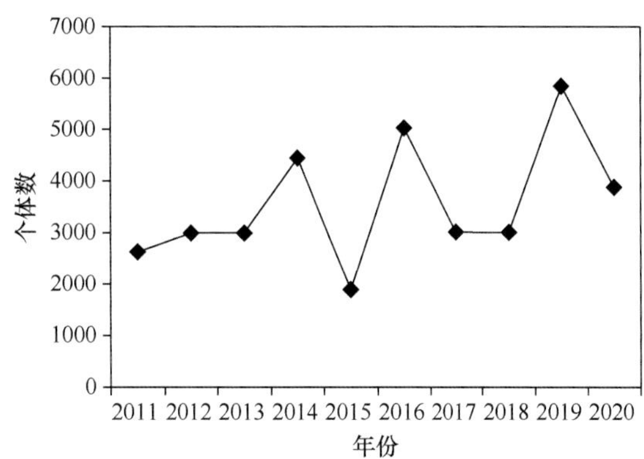

图 8-5　蒙新区湿地不同年度鸟类种类和数量组成变化

5. 代表性物种

（1）草原代表性物种

1）蒙古百灵

英文名 Mongolian Lark

形态　体长约 18 cm，体重 50～60 g。虹膜褐色。嘴铅色。跗蹠肉色，爪褐色。雄鸟头顶中部棕黄色，四周栗红色。眉纹棕白色，向后延伸至枕部。颊和耳羽土黄色，背和腰栗褐色，羽缘沙黄色。下体白色，上胸两侧具有显著的黑色块斑，胁部缀不明显的栗色细纵纹。内侧初级飞羽和次级飞羽白色，飞翔时非常显眼。翅上大、中、小覆羽均栗红色。中央尾羽栗褐色，其余尾羽黑褐色，羽端白色。雄鸟冬羽羽色浅淡。雌鸟似雄鸟冬羽，上体羽色较淡，上胸两侧黑色块斑较小。幼鸟前额、头顶黑褐色，眉纹棕黄色，眼先、颊及耳羽棕白色；下体近白色，喉部具暗色斑，胸和两胁棕黄色。

生态习性　繁殖期常单独或成对活动，非繁殖期则喜成群，有时集群个体多达数百甚至上千只。在地面奔跑迅速。亦善飞翔，能从地面直冲而上，飞入高空，在空中边飞边鸣，和云雀很相似。鸣声清脆婉转，是一种动听的颤音。脚强健、善奔走，受惊扰时常藏匿不动，因有保护色而不易被发觉。常于地面行走或振翼作柔弱的波状飞行。于地面，或于飞行时，或在空中振翼同时缓慢垂直下降时鸣唱。常站高土岗或沙丘上鸣啭不休，鸣声尖细而优美。

主要以草籽、嫩芽等为食，也捕食少量昆虫，如蚱蜢、蝗虫等。越冬期间的食物几乎全部是禾本科植物的种子。夜间栖息于有一定坡度的干燥的、细沙质的荒草地或农田，在整个越冬期间夜晚与小沙百灵栖息于同一片夜栖地。

分布　中亚型。分布于蒙新区草原，是典型草原代表种。国外分布于蒙古国东部、俄罗斯外贝加尔地区及朝鲜。

与人类的关系　蒙古百灵鸣声清脆悦耳，观赏价值高。效鸣堪称一绝。经过学习，它们能模仿猫、狗、鸡等动物的语言，生动逼真，惟妙惟肖。

种群状态与保护　属于国家二级重点保护野生动物。种群数量为罕见但局部常见。主要由于人类的捕捉，蒙古百灵种群数量呈急剧减少的趋势。21 世纪以来，蒙古百灵主要分布区森林公安加强了管理和保护的力度，使其种群数量显著增加。2013 年 5～7 月，笔者在内蒙古四子王旗格根塔拉和苏尼特右旗赛汉塔拉（属荒漠草原）、锡林浩特市毛登牧场和白银库伦牧场（属典型草原），采用固定样线法进行了观测（8 条样线），记录到蒙古百灵 224 只，荒漠草原的平均密度为 0.75 只/20 hm^2，典型草原的平均密度为 27.25 只/20 hm^2。

2）大短趾百灵 *Calandrella brachydactyla*

英文名 Greater Short-toed Lark

形态 前 3 枚，翅覆羽沙棕色。尾羽黑褐色，具白色端斑，最外侧尾羽白色。

分布 分布于蒙新区草原和荒漠中的草地。分布于新疆、西藏、青海北部、甘肃东南部、宁夏、内蒙古、山西、陕西、河北、北京、天津、河南、江苏、云南、四川、上海和台湾。国外分布于欧洲南部、蒙古国北部和东北部、非洲，越冬于非洲、印度和缅甸北部。

生态习性 栖息于具有稀疏植物和矮小灌丛的草原、荒漠及半荒漠地带。喜结群，有时成百只以上的大群活动。秋季由北向南集群迁移。主要以杂草种子和昆虫为食。繁殖期 5～7 月。雌雄共同筑巢。营巢于地面凹坑，巢材主要是草茎和草叶，巢内垫以少许马尾、羊毛和羽毛。巢具有明显的出入口，一般在巢口方向的地面上可见由约 1 cm^2 大小土块铺成的露出沙土的“走道”，其他方向则不见。窝卵数 3～4 枚。每日产 1 枚卵，卵黄褐色或淡白色，缀以灰色或褐色斑，钝端斑点密集，形成环带。卵平均大小 21.5 mm×14.8 mm。在内蒙古草原一年繁殖 1～2 次。雌鸟孵卵，孵化期约 13 d。幼鸟为晚成鸟。雌雄共同育雏，巢雏期约为 9～10 d，刚孵出的雏鸟双眼紧闭，听到声音或被触动则张开口接食，全身几乎裸露，仅头顶、颈侧、翅后缘及腹面龙骨突起至泄殖孔有少许黑灰色长绒毛。

种群状态与保护 被列入《内蒙古自治区重点保护陆生野生动物名录》。种群数量为常见或局部丰富。20 世纪 90 年代早期，种群数量有 220 万～260 万对。在乌克兰 7000～1.1 万对；俄罗斯 10 万～100 万对。在我国很常见，种群数量较多。2013 年 5～7 月，笔者对四子王旗格根塔拉和苏尼特右旗赛汉塔拉（属荒漠草原），锡林浩特市毛登牧场和白银库伦牧场（典型草原），进行了数量统计，共记录到大短趾百灵 80 只，荒漠草原的平均密度为 9 只/20 hm^2，典型草原的平均密度为 8.38 只/20 hm^2。

3）短趾百灵

英文名 Asian Short-toed Lark

形态 体长约 16 cm，体重 20～24 g。嘴黄褐色。跗蹠和趾肉色。雌雄羽色相似。眉纹、眼周棕白色，颊部棕栗色。上体羽浅沙棕色，略沾粉红色，尾上覆羽浅红棕色，各羽均具黑褐色纵纹，多而密，甚显著。下体羽在颏喉部污灰白色，前胸灰白色，缀栗褐色纵纹，腹部和尾下覆羽白色，腹侧和两胁具栗褐色纵纹和浅棕色羽缘。飞羽淡黑褐色，羽缘棕白色。尾羽黑褐色，最外侧一对尾羽几乎全白色。与大短趾百灵的主要区别是上胸两侧不具黑斑。

分布 中亚型。分布于蒙新区草原和荒漠。分布于新疆、西藏东北部、甘肃、青海、宁夏、内蒙古、陕西、山西、河北、北京、天津、东北、山东、江苏、四川和台湾。国外分布于从大西洋加那利群岛至地中海、伊朗、俄罗斯南部、高加索、哈萨克斯坦到蒙古国，迁徙到埃及、苏丹、伊拉克南部、伊朗、阿富汗东南部及印度越冬。

生态习性 栖息于开阔的草原和荒漠及半荒漠地带。常成十几只小群活动于芨芨草沙地和白刺沙地。喜鸣叫，鸣声婉转动听，边飞边鸣。若在鸟类繁殖季节置身于大草原，常能听到一阵阵清脆委婉的鸟鸣就在头顶萦回，仰望高空，却只有蓝天白云，凝神细看，或许在几十米、上百米处隐约可见一小小褐色点，那就是短趾百灵居高临下正在高唱情歌。它们能从地面拔地而起、直冲云霄，在空中保持着力的平衡，悬翔于一点鸣唱，凭此绝技表演极易被识别。当然，他们有时也呈波浪形往前飞。

主要以杂草种子为食，有时也吃少量昆虫。1987 年剖检 3 胃观察，均为杂草籽。繁殖期 5～7 月。营巢于草丛中地面上或庄稼地。巢呈碗状，内垫以杂草。每窝产卵 3～4 枚。卵呈椭圆形。卵灰白色，具有黑褐色斑点。

灵鸣声动听，在美化环境方面有一定意义。可在野外观赏。

种群状态与保护 被列入《内蒙古自治区重点保护陆生野生动物名录》。分布广泛，种群数量为常见。广泛分布于许多国家的草原和半荒漠。适宜的栖息地密度高。在亚洲，从常见到部分地区丰富，俄罗斯的许多地区为常见。在我国为常见种。2013 年 5～7 月，笔者对内蒙古四子王旗格根塔拉和苏尼特右旗赛汉塔拉（属荒漠草原），锡林浩特市毛登牧场和白银库伦牧场（属典型草原），采用样带法进行了统计，记录到短趾百灵 324 只，荒漠草原的平均密度为 6.88 只/20 hm^2，典型草原的平均密度为 26.25 只/20 hm^2。

4）沙䳭

英文名 Isabelline Wheatear

形态　体长约 16 cm。眉纹及眼圈苍白。嘴黑色。上体沙褐色，眼先黑色，具白色眉纹，腰和尾上覆羽白色，尾端黑色成“凸”形。外侧尾羽基部白色。下体沙灰褐色，胸微缀橙色。脚黑色。雌雄羽色相似，但雄鸟眼先较黑。

分布　中亚型。分布于蒙新区草原和荒漠。国内繁殖于内蒙古，甘肃西北部，陕西北部，青海东部、南部及东南部，新疆地区。国外分布于欧洲东南部经中东至喜马拉雅山脉西北部、俄罗斯东南部、蒙古国。越冬于印度西北部及非洲中部。

生态习性　栖息于植被稀疏的草原、荒漠、半荒漠及沙丘地带，活动于农田附近的草地、路边。单独或成对活动，也集 4～5 只的小群。常停栖于土坡上、石头上、灌丛枝头。主要以昆虫为食。繁殖期 5～7 月。营巢于开阔地的废弃鼠洞中，沟谷悬崖岩石缝中，也有在沙崖掘洞营巢的。巢呈浅碟状。巢材有细草茎、细根须、羊毛、马毛、羽毛等。窝卵数 4～7 枚。卵淡蓝色，钝端有少许褐色点斑。孵卵由雌鸟承担，孵化期 12～15 d。雏鸟晚成性，雌雄亲鸟共同育雏。育雏期 13～17 d。

种群状态与保护　在新疆、青海、内蒙古地区较常见。种群数量较稳定，应加强保护。

5）草原雕

英文名 Steppe Eagle

形态　大型猛禽，体长 72～81 cm。雄鸟上体浓褐色，飞羽黑褐色，布有淡色横斑，外侧飞羽黑色，内翈基部具有褐色和污白色相间的横斑，内侧飞羽和次级飞羽尖端具三角形棕白色斑。尾羽黑褐色，最长的尾上覆羽呈白色，尾下覆羽淡棕色，杂褐色斑。雌雄羽色相似，雌鸟呈深褐色，体型较大。幼鸟及亚成体近黑色，次级飞羽、大覆羽及尾羽具宽的棕色端斑，在翅背面形成二条宽带。

分布　中亚型。分布于蒙新区草原和荒漠。中国境内繁殖于新疆、青海、内蒙古、河北、黑龙江、喜马拉雅山脉；迁徙或越冬于江苏、湖南、福建、甘肃、四川、西藏、云南和海南。国外繁殖于欧洲东南部，直到外贝加尔地区；越冬于非洲、印度、缅甸、泰国和越南。

生态习性　栖息于开阔草原、荒漠和低山丘陵地带，有时长时间栖息在电线杆上、孤立的树上或地上，有时在荒地或草原的上空翱翔，翱翔时两翅平伸，微向上举。主要食鼠类、野兔、沙蜥、鸟等小型脊椎动物和昆虫，有时也吃尸体和腐肉。发现猎物时从栖息地或正在盘旋的空中俯冲向猎物。也在地面上行走四处搜寻猎物。有时也从其他食肉鸟类处夺取食物。

繁殖期为 4～5 月。巢筑在悬岩、小丘上的岩石堆中、地面上、土堆上、干草堆中或小山坡上。巢材主要是枯枝，内垫枯草茎、草叶、羊毛和鸟羽等。巢结构较大，直径为 70～100 cm，呈浅盘状。每窝产卵 1～3 枚，少数 4 枚，甚至 5 枚。卵白色，无斑或有黄褐色斑点。卵大小为 67～73 mm×54～57 mm。孵卵由雌雄亲鸟共同承担。孵化期约为 45 d，雏鸟晚成性，由雌雄亲鸟共同喂养，55～65 d 后离巢。人工饲养下的最长寿命为 41 年。

种群状态与保护　在俄罗斯约有 2 万对。由于草原雕巢位开阔，卵和幼雏损失率较高。在中国种群数量较少。已被列入 CITES 附录Ⅱ，IUCN 红色名录（2020）评估为濒危（EN），《中国濒危动物红皮书》2016 年评估为易危种（VU），属国家一级重点保护野生动物。

6）东方鸻

英文名 Oriental Plover

形态　中小型涉禽，体长约 25 cm。嘴狭短，黑色。夏羽额、眉纹、颏、喉及头两侧白色，贯眼纹细，褐色，耳羽灰白色。头顶、背沙褐色，前颈至胸栗色，雄性栗色后缘有一条黑色胸带，腹及尾下覆羽白色。冬羽贯眼纹与耳羽连成一块，沙褐色，胸两侧为浅沙褐色，栗色褪去，无黑色胸带。翅尖长，尾短圆。腿黄色或橙黄色，跗蹠修长，胫下部裸出。后趾小或退化。幼鸟嘴黑褐色，头枕、后颈至背沙黄色，布有黑色斑块，颏、喉、胸、腹乳白色。

分布 古北型。分布于蒙新区草原；繁殖于内蒙古中东部，辽宁、吉林、黑龙江、华北和华东各省，迁徙季节见于内蒙古中西部，东部沿海各省、长江流域和广西、广东、福建和香港。国外繁殖于西伯利亚的南部，经过蒙古国的西部、北部和东部；在巽他群岛至澳大利亚过冬。

生态习性 栖息于干旱的草原、砾石荒地、耕地、浅水沼泽和水域的岸边。在草地、耕地、河流两岸及沼泽地带取食。常边走边觅食，奔走速度快，飞行迅速。主要以昆虫及其幼虫为食。

繁殖期 4～7 月。营巢于湿地附近的草地，巢十分简陋，常利用地面凹坑为巢，巢内垫有植物碎片。窝卵数 2 枚，雌鸟孵卵、抚育后代，危险来临时，亲鸟以拟伤吸引天敌，给雏鸟赢得逃生的机会。

种群现状及保护 种群数量为常见。列入《国家保护的有益的或者有重要经济、科学研究价值的陆生野生动物名录》。

（2）草原区湿地代表性物种

1）遗鸥

英文名 Relict Gull

形态 体长 46 cm，体重 510～570 g。嘴和脚暗红色。夏羽头和颈上部黑色。眼后缘上下各有一半月形白斑。后颈及上背白色，稍沾浅灰色，下背灰色，腰、尾上覆羽及尾羽白色。下体灰白色。翅灰色，外侧 6 枚初级飞羽具黑色斑或纵形斑块。冬羽头、颈部白色，在头顶、眼后杂有黑褐色斑块。雏鸟嘴黑色，端部银灰色。脚灰稍沾紫色。身被淡灰色绒羽，背腰部有暗灰色小斑。幼鸟第一年冬羽似成鸟冬羽，但耳覆羽无暗色斑，眼前有新月形暗色斑，后颈的暗色纵纹形成宽阔的带，尾端具一黑色横带。嘴黑色或灰褐色，脚灰褐色。

分布 中亚型。分布于蒙新区草原和荒漠。仅分布在亚洲中东部，是一个狭栖性种。迄今发现的遗鸥繁殖地只有俄罗斯外贝加尔的托瑞湖、蒙古国的塔沁查干淖尔、哈萨克斯坦的阿拉湖和巴尔喀什湖，以及我国内蒙古鄂尔多斯高原上的桃力庙—阿拉善湾海子、敖拜诺尔、奥肯淖尔、红碱淖尔、锡林浩特市白银库伦淖尔、呼和浩特市土默特左旗祆太湿地、河北康保县。在繁殖季节还见于内蒙古阿拉善盟的额济纳旗，巴彦淖尔市的乌梁素海，赤峰市的达里诺尔自然保护区，乌兰察布市的黄旗海及鄂尔多斯库布齐沙漠和毛乌素沙地中的湖泊中，但未见他们的营巢地；迁徙季节见于乌兰察布市的商都、赤峰市的阿鲁科尔沁旗、包头市的达尔罕茂明安联合旗、呼伦贝尔市的呼伦湖湿地、陕西北部、河北康保县和北戴河区、山西、江苏和新疆。

生态习性 栖息于内陆沙漠或沙地湖泊。湖区生态环境单调而严酷，多为荒漠、半荒漠景观，或干草原中的沙地。湖水盐碱度较高，pH 达 8.5～10.0，湖中水生植物甚少。以动物性食物为主，主要吃甲壳类、线形动物、摇蚊科幼虫、甲虫等，也吃藻类及柠条和白刺等的嫩枝叶等植物性食物。白天多在湖边拣食被风浪推在岸上的水生昆虫，或在沙丘上觅食甲虫，黄昏前后在湖中啄食浮于水面的水生昆虫。繁殖于干旱地区的湖泊。遗鸥对营巢地的选择甚为严格，人畜难至的湖心岛是必需条件。迄今在地球上发现的遗鸥巢无一不在湖中之岛上。5～6 月间集群营巢于湖心岛上。巢材有锦鸡儿、白刺、禾草类、篙类和羽毛。成群营巢繁殖。雌雄亲鸟共同筑巢。窝卵数 2～3 枚，通常隔日产 1 枚卵。卵长 59 mm，卵宽 43 mm，卵重 48 g，卵色灰绿色，上缀不均匀的大小不等的黑色、棕色或淡褐色斑。产下第 1 枚卵即坐巢孵卵，孵化期 24～26 d。雌雄性共同孵卵。雏鸟为半早成鸟。

种群状态与保护 由于遗鸥的数量少而分布范围小，被列入 CITES 附录Ⅰ和 CMS 附录Ⅰ，IUCN 2020 年评估为易危（VU）；为我国国家一级重点保护野生动物，《中国脊椎动物红色名录》2016 年评估为濒危（EN）。遗鸥种群数量少而不稳定，主要与其主要繁殖地湖心岛面积有关，而位于荒漠和半荒漠地带湖心岛的面积主要与降水相关。荒漠地区的降水量是相当不稳定的，可见保护遗鸥繁殖地湖心岛是保护遗鸥的关键。

2）疣鼻天鹅

英文名 Mute Swan

形态　体长 130～155 cm。虹膜棕褐色。跗蹠、蹼、爪黑色。通体雪白。头顶至枕略沾淡棕黄色，前额具黑色疣突，眼先裸露，亦为黑色，并和黑色的上下嘴缘、嘴基相连，嘴甲暗色，嘴的其余部分红色。雌雄同色，雌体略小，前额疣突小而不大显著。亚成体体羽白色，颈、背部稍沾灰黄色，和成体明显的区别是嘴为肉红色。雏鸟头、颈灰色。上体和两胁淡褐色沾乳黄色，下体余部灰黄色沾棕色。幼鸟（个体约为成鸟的一半时）头顶、枕、后颈及上体余部淡棕灰色。两翅和尾羽棕灰色。颏、喉灰白色，稍沾棕色。下体余部白色，略沾灰色。嘴黄色，前端巧克力色，嘴甲灰黄色。额前无疣突。

分布　古北型。分布于蒙新区草原和荒漠的湖泊湿地。国内主要繁殖于新疆、青海及内蒙古乌梁素海，繁殖季节也见于内蒙古呼伦贝尔市、锡林郭勒盟、鄂尔多斯市、阿拉善盟居延海，迁徙时途经河北、辽宁、山东等地，越冬于长江中下游。国外分布于日本。

生态习性　栖息于淡水湖泊、沼泽、江河等水域。常在开阔水面觅食。主要以水生植物的叶和谷物为食，有时也食小型两栖类动物、水生动物。主要在水面取食或倒立探取挺水植物的茎、根。

营巢于芦苇丛中，巢呈圆盆形，由蒲苇的茎、叶搭成，外围较松散，中央是细嫩的枝叶，结构紧密而下凹，里面铺有水草、蒲苇叶和少量绒羽。巢由“走道”通向水面，“走道”是疣鼻天鹅将蒲苇踏倒或咬断根部而形成，或利用天然水道。窝卵数 4～9 枚。卵苍绿色，具污白色细斑。雌鸟孵卵，雄鸟警卫。孵化期 35～36 d，雏鸟留巢 1 d 左右。幼鸟 4 年达性成熟。

种群状态与保护　被列为国家二级重点保护野生动物。IUCN 2020 年评估为近危（NT）。

3）白枕鹤

英文名 White-naped Crane

形态　体长 120～150 cm，体重 4750～6500 g。虹膜暗褐色。嘴黄绿色。脚粉红色。雌雄体色相似，眼周红色，外围有一黑圈，头和后颈白色，前颈、胸腹部黑灰色，背、腰和尾上覆羽石板灰色。

分布　东北型。分布于蒙新区草原地区。国内繁殖于内蒙古锡林郭勒盟以东地区、黑龙江、吉林，越冬于江西、江苏、安徽等地。国外分布于亚洲。

生态习性　栖息于湖泊、河流等附近的沼泽地、草地和农田。主要以植物为食，也食鱼、蛙及昆虫等。繁殖期 5～7 月。营巢于沼泽地。巢由枯草堆积而成。窝卵数 2 枚。孵卵以雌鸟为主。孵化期 28～32 d。幼鸟为早成鸟。

种群状态与保护　被列为国家一级重点保护野生动物。被列入 CITES 附录 I，IUCN 2020 年评估为易危（VU），《中国脊椎动物红色名录》2016 年评估为濒危（EN）。

4）蓑羽鹤

英文名 Demoiselle Crane

形态　体长 68～92 cm，体重 1985～2750 g。虹膜红色。嘴黑色，前端渐变为棕褐色。脚黑色。体羽蓝灰色，眼先、头侧、喉及前颈黑色，眼后有一簇白色延长的耳簇羽，前颈黑色尖形长羽垂于胸部。

分布　中亚型。分布于蒙新区草原和荒漠。国内繁殖于内蒙古各地及黑龙江、宁夏、新疆，迁徙时途经河北、河南、青海等地，越冬于西藏南部。国外分布于欧亚大陆。

生态习性　栖息于草甸草原、典型草原和荒漠草原。在迁徙季节和越冬地常集大群，有时与灰鹤混群在河滩、农田及干燥的湿地觅食。取食时，缓慢行走。

主要以植物的种子、根、茎、叶为食，也食野鼠、蜥蜴、软体动物和昆虫。营巢于人烟稀少的草地上、农田或一些植物的堆积物上。通常每窝产卵 2 枚。卵呈淡紫色，具有深紫色或褐色不规则斑点，钝端斑点密且较大，卵大小 85 mm×56 mm。雌雄轮流孵卵。孵化期 29～31 d。幼鸟为早成鸟。第二年达性成熟。

种群状态与保护 列为国家二级重点保护野生动物，被列入 CITES 附录Ⅱ。

5）鸿雁

英文名 Swan Goose

形态 体长 90 cm，体重雄性 2850～4250 g、雌性 2800～3450 g。雌雄羽色相似，但雌鸟略小于雄鸟。虹膜栗色。嘴黑色。嘴基部疣突不明显。跗蹠、脚橙色。额、头顶、后颈暗褐色，额基部与嘴间有一条白色细纹，将嘴和额明显分开。前颈几乎白色。背部、翼上覆羽铅灰色。飞羽近黑色，具白色羽缘。尾羽近黑色，羽端白色。下腹、尾上覆羽白色。

分布 东北型。分布于蒙新区草原湿地。国内繁殖于内蒙古东部和北部及黑龙江、吉林，迁徙时途经华北、青海和新疆，越冬于长江中下游、山东至福建等沿海地区及台湾。国外分布于亚洲。

生态习性 栖息于湖泊、河流、沼泽及其近岸草地。有时也栖息于山地的河谷。换羽或幼鸟没有飞行能力时，多在河、湖、水库的水域或芦苇丛中活动，遇惊扰时向深水或芦苇地游去。喜群居。觅食和休息时有“哨鸟”站岗。起飞缓慢笨拙，飞行时排列成“一”形或“人”形。

主要吃植物的叶、芽，也吃少量甲壳类和软体动物。冬季也食农作物。多在晨昏觅食。繁殖期 4～6 月。巢多筑在芦苇丛或河、湖小岛上。巢材以芦苇为主，内垫干草和绒毛。每窝产卵 4～8 枚。卵重 126～142 g，卵大小 83 mm×53 mm。雌鸟孵卵，雄鸟担任警戒。孵化期 28～30 d。幼鸟早成性，羽毛干后即随亲鸟游水，2～3 年性成熟。

种群状态与保护 被列为国家二级重点保护野生动物。IUCN 2020 年评估为易危（VU），《中国脊椎动物红色名录》2016 年评估为易危（VU）。

6）翘鼻麻鸭

英文名 Common Shelduck

形态 体长约 60 cm。嘴向上翘，红色。脚肉红色。头、肩黑色具绿色光泽，上背到胸具棕色环带，体余部为白色。繁殖季节雄鸭额前有 1 红色皮质瘤。雌鸟头和颈不具有绿色光泽。飞行时翅外侧黑色，内侧前缘白色。虹膜棕褐色。

分布 古北型。分布于蒙新区草原和荒漠。国内分布于黑龙江、吉林、内蒙古、甘肃、青海和新疆，在长江以南越冬。

生态习性 主要栖息于湖泊、沿岸泥滩和港口，繁殖季节成对活动在岸边泥滩、沙丘。飞行高度为 0～40 m。常成小群活动，也喜欢与其他野鸭混群活动。性胆小而机警，距人百米就起飞，但往往不远去，飞一段落下，人在靠近，又向远处飞一段。

以动物性食物为主，吃小鱼、软体动物、昆虫，也吃杂草及其种子。繁殖期 5～7 月。营巢于树洞、狐狸废弃洞、野兔洞或其他洞中。内垫柔软的杂草和绒羽。窝卵数 3～12 枚，卵为卵圆形，呈奶油色。雏鸟早成性。

种群现状及保护 种群数量为常见。被列入《国家保护的有益的或者有重要经济、科学研究价值的陆生野生动物名录》。

8.4.2 荒漠

在中国，对西部荒漠或沙漠的认识及记载已有漫长的历史。早在 2000 多年前的《禹贡》一书中，就有“西被流沙”的记载。嗣后，在《山海经》《汉书》等著作中，也有多次记载。如在《汉书·地理志》中就有“白龙堆，乏水草，沙形如卧龙”的记述。白龙堆即今新疆罗布泊的风蚀雅丹地貌，属于极端干旱地区。对流沙的描述在《汉书·西域传》中提及“在鄯善西北有流沙数百里……”。当时的鄯善位于昆仑山、阿尔金山北麓，现在的若羌、米兰附近，而流沙显然是指塔克拉玛干沙漠。由此可知古人早已注意到沙漠，但由于历史条件所限，不可能对沙漠的自然现象作出十分科学的叙述。

1. 生境特点

过去人们常常将沙漠和荒漠混为一谈，搞不清楚沙漠与荒漠之间的关系。其实，沙漠是荒漠景观中的一种，只是比较独特而已。

众所周知，历史上有一条“胡焕庸线”，几乎将大半个中国划入了荒漠地区。一般来说，荒漠包括极端干旱地区、干旱地区和半干旱地区。荒漠的特点，如气候干燥、多变、降水稀少、植被稀疏或者低矮等，是土地贫瘠的自然地带，或被释为“荒凉之地”。生态学上将荒漠定义为“由旱生、强旱生低矮木本植物，包括半乔木、灌木、半灌木和小半灌木为主组成的稀疏不郁闭的群落”。在生物学上，因干旱或人为原因造成的不毛之地，概名荒漠，作为植被类型的一种，有别于森林和草原（竺可桢，1979）。

简单的荒漠分类，依照地面的基质，有石质、砾质、盐渍和沙质之分。近年来习惯称石质和砾质荒漠为“戈壁”，泛盐碱的谓之“盐漠”（如罗布荒漠），而只有沙质的荒漠才被称为沙漠。沙漠应该是众多荒漠景观之中最为极致的一种，“沙漠化”被认为是地球环境恶化的标志之一。

此外，在荒漠地带以外的干旱草原、高原、海滩或内陆湖沼地带也有不少地方被沙丘或沙山所覆盖，就是通常所说的“沙地”（面积≤125 km^2）。但因其性质尤其是在地貌上与沙质荒漠类似，一般习惯上亦称为“沙漠”。如毛乌素沙漠、科尔沁沙地、伊犁图开沙漠、阿尔金山高海拔新月状沙丘等（吴正，2009）。

2. 样区布设

蒙新区的荒漠带在中国的西部和北部，形成了一个巨大的弧形荒漠地带，南北宽 600～800 km，东西断续延伸长达 4000 km，其中沙漠的面积有 71 万～81 万 km^2（朱震达等，1980；吴正，1982；钟德才，1998）。我们说的荒漠包括沙漠、戈壁、盐漠和荒漠草原等，主要分布在新疆、甘肃、青海、西藏、宁夏、内蒙古、陕西北部等地。在辽宁、吉林和黑龙江三省的西部等地亦有少量荒漠分布。人类活动，如砍伐、过度放牧、垦荒、水利工程（造成下游断流）、围海造田或围湖造田等制造的荒漠——也是一种荒漠，这在各个省区多多少少都有分布。

从新疆、甘肃、宁夏、内蒙古等约 41 个地区布设的 460 多条样线或样点中，我们很难厘清草原与荒漠的严格界线。更何况大部分样区选择在湿地、农区、绿洲附近布设，在真正的荒漠里样线数量仅占 30%左右。以新疆博斯腾湖样区为例，环绕大湖共计有 10 条样线，除一条胡杨林样线和一条戈壁滩样线外，其余的都在芦苇荡、大湖边及河道附近。当然，大的背景依然是沙漠或荒漠。我们之所以选择这样布设样线，也是考虑到物种的多样性及相互渗透，兼顾了荒漠边缘物种的遇见率。

3. 物种组成

结合历史数据（郑光美，2017）和历年观测记录，荒漠区域共有鸟类 19 目 58 科 276 种（附表Ⅱ）。广袤的沙漠，常年干旱，植被稀少，通常被人类形容为“生命的禁区”“死亡之海”等人类难以涉足的地方。可是动物们却不这么认为，它们通过自己的生存策略，实现了一个又一个荒漠里的奇迹。其中一些特有物种，如沙鸡、沙雀、地鸦、棕尾鵟、猎隼等就是沙漠里生存的佼佼者。以古尔班通古特沙漠南缘阜康北沙窝样区为例，泛北方型和中亚型占据绝对优势，只有少量的东洋型和高地型物种（图 8-6）。

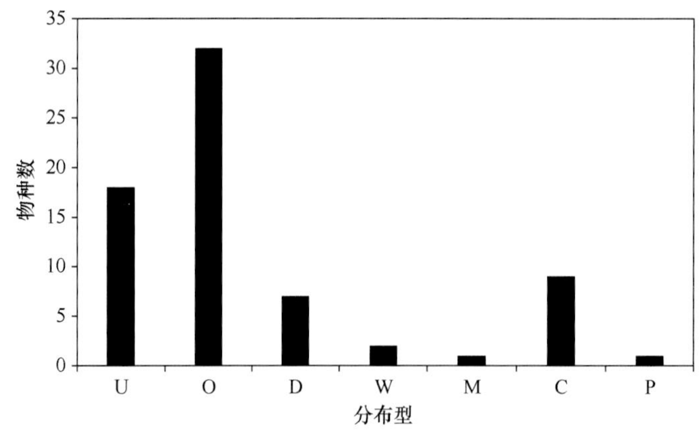

图 8-6 荒漠地区鸟类组成（以新疆阜康北沙窝鸟类分布型为例）

分布型：U. 古北型；O. 北方广布种；D. 中亚型；W. 东洋型；M. 东北型；C. 全北型；P. 高地型

其实，所有的鸟类都是耐旱的，这是它们长期进化的结果。如鸟类的皮肤被满羽毛，体表比较干燥，缺少汗腺和气孔，不会因为出汗而脱水。鸟类为了长距离飞行，而没有膀胱，属于固体（尿酸）排尿，整个排泄或排毒过程几乎不消耗水分，它们对水分的利用和保存，循环往复，可以说达到淋漓尽致的地步。还有鸟类的双重呼吸系统，可以尽可能吸收气体里的水分，减少身体内水分的流失。除了结构上、生理上的特殊进化，在干旱地区，鸟类在行为上也有积极对策，如喜欢晨昏出没活动、多在灌丛下营巢、幼鸟早成性、通常提前或缩短繁殖周期等。

居留情况分析，我们以新疆阜康北沙窝为例，候鸟占据了绝对优势（≥80%），而留鸟的种数不到 1/5（图 8-7）。所谓“候鸟”包括夏候鸟、冬候鸟和旅鸟，一些漂泊种类和迷鸟亦应该是候鸟。在中国的荒漠地区，其所处的纬度带正好位于候鸟的越冬地和繁殖地之间，旅鸟的数量比较大。

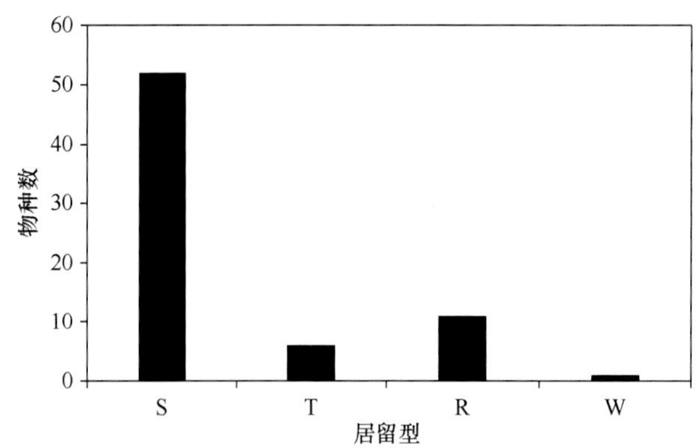

图 8-7 荒漠地区鸟类居留型分析（以新疆阜康市北沙窝为例）

居留型：S. 夏候鸟；T. 旅鸟；R. 留鸟；W. 冬候鸟

如果按照生境分析，物种的数量组成可能会发生一些时空变化。这非常有意思，特别是在繁殖季的五六月份，留鸟的比例反而会比较大。因为，这时候大部分候鸟已经离开，特别是在数量上候鸟并不占优势（图 8-8）。这可能是荒漠地区鸟类居留状况的一个特点，大部分候鸟都是匆匆过客。

4. 动态变化及多样性分析

鸟类是荒漠生态系统中的一个重要组成部分，属于初级或次级消费者，在维持生态系统平衡中的作用不可忽视。优势度反映群落的稳定性，还是以新疆阜康北沙窝为例（表 8-7），湖沼区的香农-维纳多样性指数最高（3.363），物种数目亦最多（103 种），而优势度最低（0.059），是所有生境类型中最稳定的系统。胡杨交错区的优势度最高（0.171），具明显的边缘效应，却是最不稳定和脆弱的系统。农田生境与梭梭荒漠各项指标居中，柽柳荒漠以最高的均匀度（0.451）获得仅次于湖沼区的香农-维纳多样性指数（2.67）。

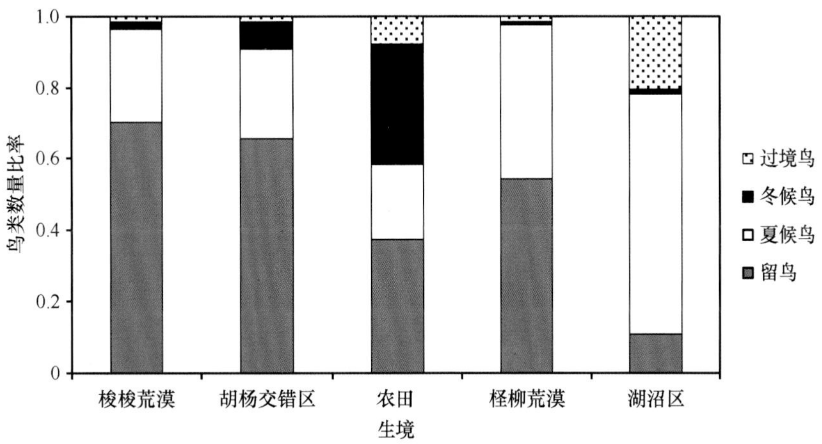

图 8-8　不同生境鸟类群落的居留型数量比率（以新疆阜康北沙窝为例）

表 8-7　不同生境鸟类群落的结构参数，以新疆阜康北沙窝为例

生境	香农-维纳多样性指数	优势度	均匀度	物种数目
梭梭荒漠	2.322	0.157	0.221	46
胡杨交错区	2.412	0.171	0.196	57
农田生境	2.525	0.132	0.250	50
柽柳荒漠	2.670	0.097	0.451	32
湖沼区	3.363	0.059	0.280	103

还是以新疆阜康北沙窝为例，分析各典型生境相似性指数及其关系（图 8-9）。以莫里斯塔（Morisita）相似性指数 0.5 为界，新疆阜康北沙窝区域鸟类群落可分为湖沼区、荒漠区及农田区三大类。显而易见，湖沼区拥有狭域分布的大量水鸟，与其他生境的相似性最低（Morisita 相似性指数<0.5）。而梭梭荒漠与胡杨林过渡区更为接近，尽管胡杨林过渡区位于农田和梭梭荒漠之间，其鸟类组成却与梭梭荒漠更为接近（Morisita 相似性指数>0.75）。

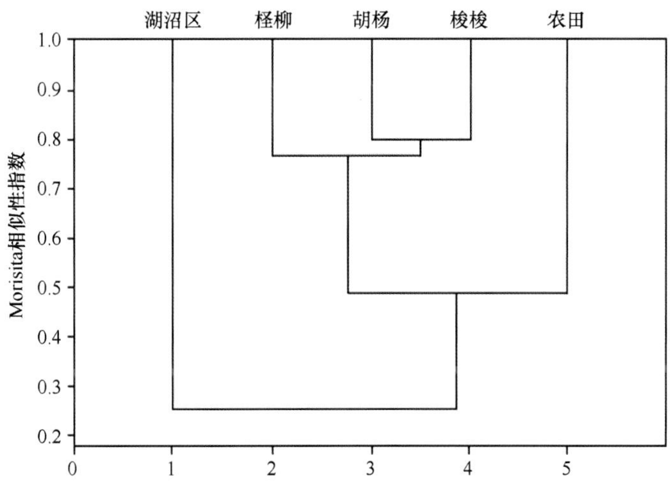

图 8-9　鸟类群落在不同生境的聚类分析（以新疆阜康北沙窝为例）

如果按照自然荒漠植被带的鸟类多样性进行比较，蒿属荒漠＞梭梭荒漠＞琵琶柴荒漠。还是以新疆阜康北沙窝样区为例（图 8-10），湖沼区的鸟类多样性是该区域中最高的生境类型。除开湖沼区，团部居民区和农田等人工生境的鸟类多样性较自然荒漠生境略高。其中，农田春夏季的耕作生产，包括喷洒农药等人为干扰，降低其对繁殖鸟类的吸引力。而秋季小麦等粮食作物丰收，农田四周的沙枣林结实，为冬候鸟提供了丰富的食源和栖息场所。说明适度的人为干扰，如增加水源和食源，能提高荒漠区的鸟类多样性。

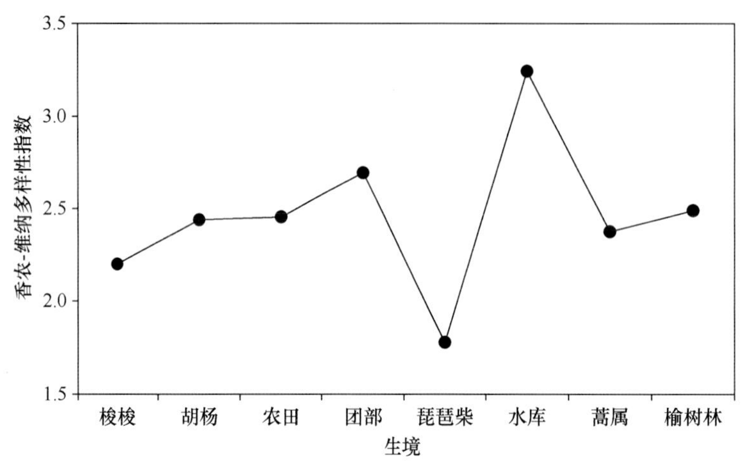

图 8-10　阜康区域不同生境的鸟类香农-维纳多样性指数

在中国的荒漠地区，夏季炎热，冬季寒冷，四季分明，鸟类种群的年度变化存在明显的双凸型（图 8-11）。如前所述，中国的荒漠带正好位于候鸟的北方繁殖地（西伯利亚）与南方越冬地（南亚）之间，是鸟类的迁徙路过地段，无法回避。每年的 4～5 月是候鸟春季迁徙期的一个高峰，数量和种类最多。9～10 月是秋季的一个迁徙高峰，因为候鸟返回路线的不同，显示出与春季不一样的峰值。按理秋季应该高于春季，特别是在繁殖期后种群数量成倍增加，迁徙时可能会有一个更高的峰值。但是，实际情况与人们想象的不一样，这也许是荒漠地区鸟类波动的另一个特点。元月为最低点，冰天雪地、万物枯竭，鸟类多样性指数锐减，这是所处地理位置与环境条件的真实反映。

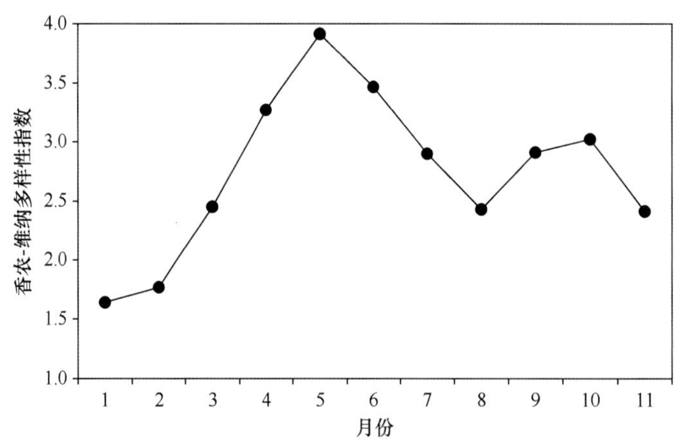

图 8-11　荒漠区域鸟类香农-维纳多样性指数的月度变化（以新疆阜康北沙窝为例）

5. 代表性物种

出现在荒漠区的鸟类，形形色色，比较典型的可以分成约 18 个大类群，属于不同的科或目。依照郑光美（2017）的分类体系，精选一些，依次介绍如下。

（1）石鸡（包括环颈雉、斑翅山鹑、西鹌鹑等）

石鸡属于鸡形目雉科的物种，同域分布的还有雉鸡、斑翅山鹑、西鹌鹑等。石鸡体长 27～37 cm，为中型雉类。其头顶至后颈红褐色，额部、头顶两侧浅灰色，眼上眉纹白色。有一宽的围绕喉部的完整黑圈；眼先、两颊和喉部皮黄色、黄棕色至深棕色；耳羽栗褐色，后颈两侧灰橄榄色，上背紫棕褐色或棕红色；下背、腰、尾上覆羽和中央尾羽灰橄榄色。颏黑色，下颌后端两侧各具一簇黑羽；上胸灰色，微沾棕褐色；下胸深棕色，腹浅棕色；尾下覆羽亦为深棕色；两胁浅棕色或皮黄色，具 10 多条黑色和栗色并列的横斑。嘴和脚红色。

石鸡栖息于低山丘陵地带的岩石坡和沙石坡上，亚高山地区也有分布，以及平原、草原、荒漠等地区。食性以草本植物和灌木的嫩芽、嫩叶、浆果、种子、苔藓、地衣和昆虫为食。繁殖期 4 月末至 6 月中旬。通常营巢于干燥的阳坡、石堆处或山坡灌丛与草丛中，也有营巢于悬岩基部、山边石板下或山和沟谷间的灌丛与草丛中。巢极简陋，也甚隐蔽，主要为地面的凹坑，内垫以枯草即成。当地的俗名为“呱嗒鸡”，拟其叫声“呱嗒—，呱嗒—，呱嗒—”，性喜喧闹。

（2）棕斑鸠（包括灰斑鸠、山斑鸠等）

棕斑鸠属于鸽形目鸠鸽科，是形态较小的一种斑鸠，体长 24～26 cm。尾羽修长，通体红褐色，颈侧有黑色斑点。腹部及尾下白色，雌雄相似，幼鸟没有黑色颈斑。分布可从其拉丁学名（塞内加尔斑鸠）得知其原来的模式产地在非洲，这可能伴随着宗教和移民的传播，逐渐在中东地区和中亚地区扩散、繁衍、定居。国内仅见于新疆（留鸟）。其栖息环境经常见于新疆南部的小城市、县城、乡村、农场，是典型的“荒漠绿洲鸟”。一般栖息于塔克拉玛干沙漠边缘的胡杨林、半沙漠灌丛、绿洲矮树丛、干旱的农田和园林中。食性与食物分析，棕斑鸠一般在地面觅食，以植物性食物为主，如果实、种子、嫩芽等。也喜欢农田中的谷物和昆虫，如蚂蚁和甲虫等。

繁殖期雄性的求偶和鸣唱行为比较特殊，表现为点头、折翅、转圈、低吟等。营巢于树上、灌木丛、荆棘丛、人工林等，亦经常营巢于房屋的阳台、墙壁上的洞穴里或房檐下的缝隙中。巢比较简陋，由干树枝搭建而成，巢底可以透亮。窝卵数 2 枚，卵壳洁白色。双亲参与整个繁殖过程，孵化期 13～15 d。雏鸟晚成性，育雏期 14～16 d。棕斑鸠鸣声常会发出类似于“咯—咯—咯—”的笑声，故英文名为“笑鸽”（Laughing Dove）。平时的声音为低沉的“咕库—咕—噜—、咕库—咕—噜—”，反复滚动或震荡，回味无穷。

在荒漠中还可能出现的鸽形目鸠鸽科种类还有灰斑鸠、山斑鸠、岩鸽（*Columba rupestris*）、中亚鸽等。

（3）毛腿沙鸡（包括黑腹沙鸡）

毛腿沙鸡形态似鸽子，隶属沙鸡目沙鸡科，体长 37～43 cm。中央尾羽甚长而尖，翅亦尖长。通体大都呈沙灰褐色，背部密被黑色横斑。头部锈黄色，腹部具一大形黑斑，就如同斑翅山鹑一样。脚短小，缺后趾（退化）。跗蹠被羽至趾。由于其具有游荡的习性，广泛分布于中亚荒漠地区。栖息环境同其他沙鸡目种类相似，与黑腹沙鸡、西藏毛腿沙鸡相比，毛腿沙鸡更喜欢海拔 200～1500 m 的低山丘陵、荒漠草原、戈壁沙滩、弃耕地等。食物以植物的嫩叶、花朵、种子、浆果等为主，当然繁殖期也食昆虫。在冬季食性分析过程中发现沙鸡的食量很大，一次食入量占体重的 13%～19%，最多的一只胃中食量可达 55 g（陈彬，1985）。

（4）欧夜鹰

欧夜鹰隶属夜鹰目夜鹰科，体长 24～28 cm，翼展达 55 cm。通体沙褐色，多黑色条纹及黑或白色杂斑。雄性的飞羽和尾羽上有圆白斑，而雌性无。嘴短而宽阔，口裂甚大，嘴须发达，如同捕虫网。生活于干旱的沙漠边缘，包括旱田、绿洲、原始胡杨林、红柳灌丛、梭梭林荒漠等。海拔从吐鲁番的−96 m左右到塔里木盆地1100 m都有分布。

欧夜鹰属于夜行性鸟类，白天栖卧于树根部或灌丛间的空旷地上。常单独或成对活动，为夏候鸟。春季于4～5月迁来，秋季于9～10月迁走，迁徙期间常呈小群。在国内繁殖于新疆、甘肃等地，国外分布于欧洲、亚洲和非洲。夜鹰主要以飞虫为食，善于在夜空里飞行捕食，食物包括鞘翅目小甲虫、直翅目蝗虫、鳞翅目飞蛾、双翅目蝇和虻等。在新疆的荒漠样区内，我们首次发现欧夜鹰有独特的移巢行为，欧夜鹰在裸露的地面营巢，移巢一是为了躲避日晒，以避免幼鸟被阳光灼伤；二是为了避开干扰，如躲避天敌、牧群、洪水及人类活动等。

欧夜鹰的繁殖期一般为5～7月，营巢于开阔的荒地上或灌木丛之下，直接产卵于裸露的地面，无任何内垫物（马鸣等，2008b）。每窝产卵 2 枚，卵灰白色具有模糊的暗色斑点。雌雄亲鸟轮流孵卵，孵化期17～19 d。雏鸟晚成性，经过亲鸟16～18 d的喂养才能离开窝（图8-12，图8-13）。

图8-12　欧夜鹰的一窝2只幼鸟，伪装色极佳（马鸣 摄）

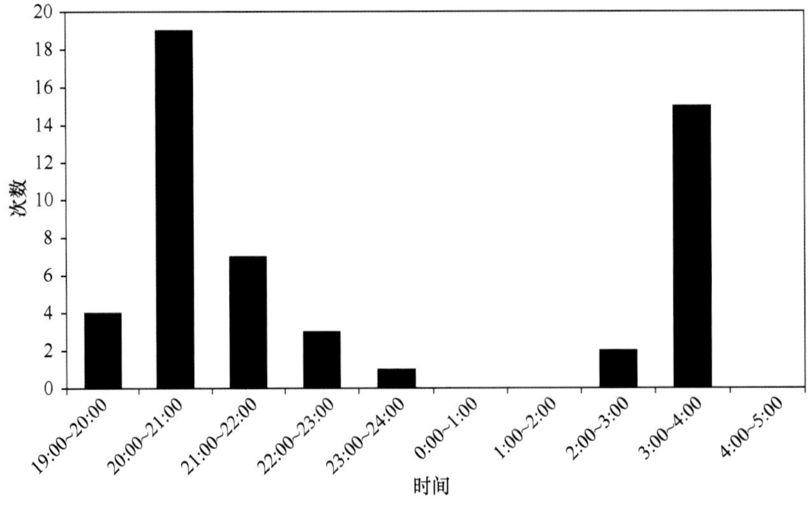

图8-13　红外相机记录的欧夜鹰孵卵期离巢觅食频次及分布（两个活动高峰）

（5）普通雨燕（楼燕）

普通雨燕亦叫楼燕（*Apus apus*），隶属夜鹰目雨燕科，全长约 18 cm，翼展达 40～44 cm。通体黑褐色，头顶和背羽色较深暗，并略具光泽。颏、喉灰白色，微具淡褐色纤细羽干纹。两翅狭长，呈镰刀状，初级飞羽外侧和尾羽表面微具铜绿色光泽。尾呈叉状。胸、腹和尾下覆羽黑褐色，腹微具窄的灰白色羽缘。飞行能力极强，通常飞往非洲越冬，迁徙距离数千千米。普通雨燕分布极其广泛，在荒漠地区也有发现，栖息于胡杨树的裂隙中。主要以昆虫为食，特别是飞行性昆虫。

在新疆塔克拉玛干沙漠，发现其在胡杨树洞里筑巢。繁殖期 5～7 月。常成群在一起营巢繁殖，比较喧闹。巢由枯草茎、叶、麻纤维、破布、纸屑等混合而成。内垫有绒羽、羽毛和昆虫的毛等柔软物。窝卵数 2～3 枚，卵壳白色。孵化期 20～23 d，育雏期需要 1 个月。其鸣声独特，边飞边叫，互相追逐，呼啸而过，如“嘘—嘘—咻—、嘘—嘘—咻—、嘘—嘘—咻—”尖叫哨音。

雨燕的拉丁名或有“无足鸟”之意，就是说它从来不会落地（直接飞进窝里）。一旦落地，就无法起飞，其双足非常弱。观测表明，楼燕在非繁殖期（有 9～10 个月），可以一直保持飞行状态（图 8-14）。

图 8-14　飞行中的普通雨燕（马鸣 摄）

（6）欧石鸻（包括金眶鸻、环颈鸻等）

欧石鸻（*Burhinus oedicnemus*）体长 38～45 cm，是鸻形目中体型比较大的种类。通体沙褐色，多伏于沙地上，伪装色极佳。黄色的眼睛大而凝神，在夜间和晨昏活动。善于行走，栖息环境包括道路边的沙地，附近主要植被为红柳与梭梭。连续几年在新疆阜康北沙窝都能够遇见它，叫声很大。我们首先是在夜间发现欧石鸻活动，之后发现简陋的地面巢穴及 2 枚卵（图 8-15）。

（7）棕尾鵟（包括褐耳鹰、雀鹰、黑鸢、大鵟、金雕等）

棕尾鵟是隶属鹰形目鹰科的中等体型猛禽，全长 50～65 cm。体色变异较大，通常有两种色型：淡色型和暗色型，一般以淡色型居多。通体沙褐色，或较其他鵟淡。上体淡褐色到淡沙褐色，具暗色羽轴斑；喉和上胸皮黄白色，下胸白色，腹和覆腿羽暗褐色。尾为淡桂皮红色或浅棕色，或具暗褐色横带。

图 8-15　新疆北沙窝的欧石鸻及其窝和卵（马鸣 摄）

棕尾鵟栖息于荒漠、草原、山地平原（夷平面），垂直分布于海拔可达 3900 m 的高原地区。单独或成对活动在开阔、干燥的荒野。常站立在岩石、地面高处、电线柱上，偶尔也站立在树上。主要以野兔、啮齿动物、蛙、蜥蜴、蛇、雉鸡、石鸡和其他鸟类及鸟卵为食，有时也吃死鱼和其他动物尸体。繁殖期主要以啮齿类、小型哺乳类为食。繁殖期 4～7 月，营巢于悬岩上、胡杨树上或电线杆上。巢主要由枯枝构成，内放有枯草（图 8-16）。

在新疆准噶尔盆地的研究表明，巢材以巢周围低矮灌木为主，多由梭梭、沙拐枣、麻黄等的粗大枯枝组成，巢内的铺垫物有羊毛、布片、破碎编织袋及衣物等（吴逸群等，2006）。在西部荒漠样区，还有各种鹰形目猛禽分布和繁殖，如鹗、褐耳鹰、雀鹰、黑鸢、白尾鹞、大鵟、草原雕、金雕、靴隼雕等。

图 8-16　在新疆博斯腾湖南部的沙漠里，棕尾鵟一窝至少 3 只幼鸟（马鸣 摄）

（8）纵纹腹小鸮（包括长耳鸮、雕鸮、纵纹角鸮等）

纵纹腹小鸮为鸮形目鸱鸮科的小型鸮类，体长 20～27 cm。通体沙褐色，面盘和皱翎不明显，头圆无耳簇羽。眼先白色，具黑色羽干纹。眼上白色，形成两道眉纹并在前额联结成“V”形斑。头部稍暗有浅黄白色羽干纹，后颈和上背处斑点较大。颏、喉白色。前颈白色具褐色横带，形成半颈环状。上体大致为暗沙褐色，翅上同背具白色斑点。下体棕白色，胸和两肋具显著褐色纵纹，腹中央至肛周白色。尾暗沙褐色。跗蹠和趾被羽。栖息于低山丘陵、林缘灌丛和平原森林地带，也出现在农田、荒漠、绿洲和村屯附近的树林。主要在晚间活动，常栖息在荒坡或农田地边的大树顶或电线杆上。

广泛分布于西部荒漠地区，主要以鼠类和鞘翅目昆虫为食，也捕食小鸟、蜥蜴、蛙和其他小型动物。国内研究表明，在西北地区，繁殖期以昆虫为主；越冬期以鼠类为主（雷富民和郑作新，1995）。繁殖期 5～7 月，通常营巢于悬崖缝隙、岩洞、树洞、坎儿井内及废弃建筑物洞穴等各种天然洞穴，有时也在自己挖掘洞穴内营巢。在西部荒漠地区，还有短耳鸮、长耳鸮、雕鸮、纵纹角鸮等分布，种类达 10 余种。

（9）黄喉蜂虎（包括蓝颊蜂虎）

黄喉蜂虎隶属佛法僧目蜂虎科，身体细长，全长 23～29 cm。羽色艳丽，喉部黄色，其下有一窄的黑色领带。胸部以下的整个下体蓝色。头顶至上背栗色，肩部黄棕色。具有细长的中央尾羽。广布于南欧、北非、中亚和西亚。在中国只分布于新疆西北部（夏候鸟）。栖息于沙漠、绿洲、农田、河谷，特别是季节性洪水冲出的干河沟、台地及有稀疏林木的荒地里。顾名思义，喜食蜂类，又名食蜂鸟（Bee-eater）。边飞边捕食飞虫（主要是膜翅目），育雏期每天的捕获量约 260 只，可谓食虫能手。

繁殖期 5～7 月，集群在沙质土崖壁上打洞筑巢。与崖沙燕一样，善于挖掘隧洞，用嘴掏洞（1～2 m 深）。窝卵数 5～8 枚，卵壳白色。孵化期大约 20 d（3 周）。雏鸟晚成性，雌雄亲鸟共同育雏。在繁殖季会发出喧闹的声音，如流畅的“唔—喔唔—唔—”，或类似于吹口哨“嘟噜—嘟噜—嘟噜—”及“嘀溜—嘀溜—嘀溜—”的声音，喜欢大家一起集群活动，边飞边叫，异常热闹。为了消除各种毒蜂的刺痛和威胁，黄喉蜂虎会用坚硬有力的喙，反复猛夹蜂头，致其很快丧失战斗力（图 8-17）。

在新疆伊犁等地区，近年还多次记录到蓝颊蜂虎（*Merops persicus*），属于中国新记录。蜂虎是农林牧副渔业的益鸟，在中国属于狭域分布的物种，数量有限，亟需保护。蜂虎天生嗜食蜂类，但对蜂农来说“危害”并不算大。因为它们食谱非常多样化，更喜欢体型大一些的野蜂（如黄蜂、马蜂、熊峰等），捕食的工蜂不到其食物量的 1%。

图 8-17　新疆荒漠地区的特殊物种——黄喉蜂虎（马鸣 摄）

（10）白翅啄木鸟

白翅啄木鸟隶属啄木鸟目啄木鸟科，体长 22～24 cm。黑、白、红三色鸟，外形和大斑啄木鸟非常相似，但白色的翅斑更大一些。其初级飞羽主要为白色，具黑色亚端斑和尖端。雄鸟的显著特点是腹中央和尾下覆羽玫瑰红色，头顶和背部黑色，枕部有 1 个红色斑。4 对中央尾羽黑色，外侧两对白色，具黑色横斑。白翅啄木鸟分布于中亚荒漠地区，栖息于胡杨林中。为林中益鸟，主食昆虫。繁殖期 3～5 月，营巢于树洞中。洞口距地高 3～9 m，洞中垫有树木屑和树的韧皮。每窝产卵 4～7 枚。卵白色，光滑无斑。雌雄轮流孵卵。孵化期 16～17 d，雏鸟晚成性。雌雄亲鸟共同育雏，经过 23～24 d 的喂养，雏鸟即可离巢。

在中亚极度干旱的沙漠和绿洲之中，唯一能够生活的啄木鸟就是白翅啄木鸟。主要以昆虫为食，也吃蜘蛛、蠕虫等其他小型无脊椎动物。在冬季食物不足时，偶然也吃植物的果实和种子。会发出粗粝的“驾—驾—”或“呵哦—呵—”大叫声，或单调的“克哟—，克哟—，克哟—”声音，并伴随有敲击木头的声音，很远都能够听到。在野外，我们很少见到白翅啄木鸟饮水，在干旱地区或无雨的季节，白翅啄木鸟依靠吃昆虫获取水分。

（11）黄爪隼（包括拟游隼、红脚隼、猎隼、红隼等）

黄爪隼为隼形目体型较小的猛禽，体长 29～32 cm。雄鸟头顶、后颈、颈侧、头侧均为淡蓝灰色，前额、眼先棕黄色，耳羽具棕黄色羽干纹；背、肩砖红色或棕黄色，无斑；颏、喉粉红白色或皮黄色，胸、腹和两肋棕黄色或肉桂粉黄色，两侧具黑褐色圆形斑点；胸和腹中部几乎无斑；翅上小覆羽、中覆羽砖红色，外侧羽缘、大覆羽蓝灰色；飞羽黑褐色；腰和尾淡蓝灰色，无斑；尾具一道宽阔的黑色次端斑和窄的白色端斑。广泛分布于欧洲南部至中亚，越冬地在非洲南部。

栖息于开阔的荒山、旷野、荒漠、草地、林缘、河谷和村庄附近及农田边缘的丛林地带。虽然在新疆可上到海拔 2100 m 的山地，但常见于起伏的低海拔地区及人类建筑区域。特别喜欢在荒山岩石地带和有稀疏树木的荒原地区活动。主要以蝗虫、蚱蜢、甲虫、蟋蟀、金龟子等大型昆虫为食，也捕食啮齿动物、蜥蜴、蛙、小型鸟类等脊椎动物。通常在空中捕食昆虫，有时也在地上捕食。繁殖期 5～7 月。营巢于山区河谷悬崖峭壁上的凹陷处或岩石顶端岩洞或采石场的石洞中，也有在大树洞中营巢的。在国外，主要营巢于城镇或郊外的人类建筑，如大型的旧建筑、房子或废墟等，多在房檐下或凹陷处筑巢。集群繁殖。我们在新疆发现 7 个巢，集中于准噶尔荒漠一处不足 100 m 长的孤立山石上，最近巢间距 3～9 m。

（12）荒漠伯劳（包括红尾伯劳、棕尾伯劳、灰伯劳、黑额伯劳等）

荒漠伯劳隶属雀形目伯劳科小型鸟类，体长 17～20 cm。通体沙褐色，上体偏灰沙褐色，下体比较淡。过眼纹黑色，腰至尾上覆羽染以锈红棕色（似红尾伯劳）。飞羽为暗褐色，或有白色翼斑。喉部白色；胸、胁、腹部污白色。喙端具有像猛禽一样的弯钩，脚爪强劲。繁殖期见于哈萨克斯坦、蒙古国等中亚国家，越冬至东北非及南亚。在中国，分布于西北干旱地区，如新疆、甘肃、青海等（夏候鸟）。出没于荒漠地区的各种环境，包括疏林地带（胡杨林、梭梭林）、红柳灌木丛、沙漠绿洲、村落附近。因为身居生态位高端（肉食动物），胆子比较大，喜欢栖落在枝头或路边的电线上。肉食性鸟类，俗称雀类中的“猛禽”。善于捕捉小型动物，如昆虫、蜥蜴、鼠类、小雀等。可在飞行中捕获昆虫，并将猎物挂在刺头上肢解、分享或者储存起来。

建巢于树上或灌木丛中，窝卵数 4～7 枚。卵壳粉色或白色，有暗褐斑。孵化需要 15～16 d。双亲共同育雏，幼鸟晚成性，需 13～15 d 巢内抚育。荒漠伯劳会模仿其他小鸟的叫声，如窃窃私语、惟妙惟肖。在繁殖期发出刺耳的“嘁呵—嘁呵—”尖叫声，或者“叽啊—叽啊—”的大叫声，以警示或驱赶入侵者。荒漠伯劳为大杜鹃的巢寄生宿主，在新疆的古尔班通古特沙漠地区被大杜鹃寄生频率比较高（10%～30%），对荒漠伯劳种群的繁衍有一定的控制作用。

（13）黑尾地鸦（包括白尾地鸦）

黑尾地鸦隶属于雀形目鸦科体型较小的鸟类，体长 26～30 cm，体重 104～128 g。通体沙土褐色，背及腰红褐色略浓重，头冠黑色具蓝色光泽。两翼及尾亦黑色，且闪耀辉蓝色金属光泽。飞行时初级飞羽的白色大块斑比较明显。黑尾地鸦属于狭域分布的物种，仅见于蒙古国和中国西部（新疆、青海、甘肃、内蒙古等），偶然分布至与我国新疆相邻的俄罗斯和哈萨克斯坦。黑尾地鸦是典型的内陆干旱地区荒漠物种，栖息于荒漠和半荒漠地区，包括植被稀疏的戈壁、多砾石的沙漠、极度干旱的盐漠等。海拔 300～3800 m 区域都有分布记录。

分布于南疆沙漠中的另外一种地鸦，叫白尾地鸦，二者极为相似。它们都喜欢在地面觅食，杂食性，采食植物的叶、果实、多汁的茎和根。繁殖期亦食甲虫、飞蝗、蚂蚁、蜜蜂、麻蜥、沙蜥等。喜欢在公路附近的垃圾场寻找人们丢弃的食物，包括剩饭、麦粒和玉米粒等。

在新疆北部的准噶尔盆地，4 月下旬即见到黑尾地鸦出壳的雏鸟。通常产卵在 4 月上旬，窝卵数 3～4 枚。卵椭圆形，卵壳灰色或灰蓝色，具暗褐斑，钝端的褐斑比较大而且密集。我们曾经测量一黑尾地鸦窝，为 3 枚卵，卵的重量、长径和短径分别为 9 g，31.3 mm×22.5 mm；8 g，30.6 mm×22.2 mm；9 g，30.9 mm×22.3 mm。其巢位于低矮的灌木中，如梭梭、红柳等，环境干旱，地势平坦，植被稀疏，缺地表水。巢由致密的细枝构成，内垫兽毛、羽毛、树皮纤维和叶片等。巢高于地面 50～70 cm，巢外径 20～25 cm，内径 10 cm。才出壳的雏鸟双眼紧闭，皮肤裸露，在头顶、背、翅缘、眼眶上方有白色细绒毛。亲鸟十分恋巢，相距 3～4 m 不惧怕人。

遇到敌情，地鸦会发出类似拨浪鼓“呵啦—呵啦—”串音，或招呼同伴的粗哑哨声。地鸦很少长距离飞行，也飞不高，多喜欢在地上奔跑。俗话说“天下乌鸦一般黑”，其实不都是这样。鸦科有近半数不是纯黑色，如北噪鸦、松鸦、喜鹊、地鸦等。黑尾地鸦是一个行为特殊的物种，其应对极度干旱环境的本领和生理适应性都值得人类去研究与学习（仿生学），在维持生态平衡及物种多样性方面亦有明显价值。

（14）短趾百灵（包括蒙古百灵、凤头百灵、角百灵、云雀等）

短趾百灵属于雀形目百灵科，是体型较小的雀类，体长 13～15 cm。通体沙土色，眉纹苍白色，冠羽不明显。上体各羽具近黑色纵纹，下体苍白而无条纹。外侧尾羽具白色边缘，嘴短而尖。见于中亚及中国西部干旱地区，包括新疆、甘肃、宁夏、内蒙古等。栖息于地势开阔的荒漠、沙漠、盐碱地、弃耕地、杂草丛生及斑驳陆离的荒地。短趾百灵以植物性食物为主，如植物的嫩芽、叶片、花朵、种子等。夏季（繁殖季）兼食昆虫，如蝗虫、蟋蟀等。喜欢成对或集小群活动，营巢于有稀疏植被的地面。每年的 4～6 月是繁殖期，产卵 3～4 枚，卵壳灰白色，具褐色点斑。

草原与荒漠是百灵鸟的天堂，百灵鸟种类繁多，如草原百灵、双斑百灵、蒙古百灵、黑百灵、凤头百灵、白翅百灵、云雀、角百灵等。

（15）崖沙燕（包括毛脚燕、家燕、金腰燕等）

崖沙燕又名灰沙燕，是一种小型雀类，体长 11～13 cm，体重 12～16 g。上体从头顶至背部的颜色均为灰褐色，下背、腰和尾上覆羽稍淡，呈灰褐色具不甚明显的白色羽缘。颏与喉呈污白色，上胸部具有一灰褐色环状带斑，下体余部白色。两翅尖锐，为黑褐色。尾羽暗褐灰色，具浅叉状。崖沙燕分布极其广泛，在沙漠里亦可遇见其大群翻飞。常成群生活，群体大小多为 30～50 只，有时亦见数百只的大群。

繁殖期 5～6 月，通常集群在沙质台地掏洞营巢，洞口密集，一个挨着一个。在新疆阜康北沙窝测量到上千个巢洞，集中分布在百米多长的沙墙上。2017 年的夏天，我们测量了几个崖沙燕洞穴，洞口直径

6～8 cm，深 1～2 m，挖这么深的洞需要 1～2 周完成（图 8-18）。期间，各地都多次发生过填埋洞穴事件，简单统计一下，如果每个窝按照 4～6 枚卵计算，平均有 4 只雏鸟，那么至少是 4000 只雏鸟被活埋了！

图 8-18　在新疆阜康北沙窝有上千个崖沙燕的洞穴（马鸣　摄）

（16）棕薮鸲（包括新疆歌鸲、蓝喉歌鸲等）

棕薮鸲（*Cercotrichas galactotes*）体长 15～17 cm，隶属雀形目鹟科，国内仅记录于新疆阜康县北沙窝样区。棕薮鸲通体沙褐色，雄鸟头顶、头侧、颈、背及肩浅赭褐色。具显著宽的白色眉纹，自嘴基延伸至耳羽。眼下亦具白色宽纹。腰至尾上覆羽渐转至棕黄色；翅褐色，缀淡色羽缘，内侧飞羽的淡色羽缘逐渐增宽。中央尾羽沾褐色的棕黄色，基部纯棕黄色，其余尾羽纯棕黄色，具黑褐色次端斑和白色端斑，白色端斑愈往外侧愈大，次中央 1 对尾羽的白色端斑几乎不可见。颏、喉白色，胸及两胁浅灰褐色，腹中央及尾下覆羽污白色。

在北沙窝样线中，原本有很多的棕薮鸲繁殖。但是大批量的观鸟爱好者蜂拥而至，进行引诱拍摄、蹲点拍摄、守窝拍摄，对其造成过大的干扰，种群数量正在减少（图 8-19）。

在荒漠中，还有沙鵰、漠鵰、白顶鵰、白喉林莺、横斑林莺（*Sylvia nisoria*）、荒漠林莺、新疆歌鸲、蓝喉歌鸲及多种红尾鸲等鹟科和林莺科的物种，它们共同组成了莺歌燕舞的世界。

（17）黑顶麻雀（包括家麻雀、麻雀、黑胸麻雀等）

黑顶麻雀亦叫西域麻雀（*Passer ammodendri*），属于雀形目雀科的小型雀类，体长 14～16 cm，体重 24～32 g。雄鸟头顶中央黑色，头顶两侧和后颈两侧有明亮的黄褐色（赤褐色）斑块。脸颊浅灰色或浅黄色，其下部是近白色，两侧是浅灰色或浅黄色。背部呈灰色或暖棕色，具有黑色条纹。雌性羽毛颜色较淡，通体为沙土色。生活在中亚干旱地区，如土库曼斯坦、乌兹别克斯坦、哈萨克斯坦、蒙古国及中国的西北地区（新疆、甘肃、内蒙古、宁夏等）。栖息于沙漠地区植被稀疏的绿洲及河流附近，海拔 200～1400 m。喜欢在一些胡杨树、梭梭和柽柳等乔灌木丛周围出没，有时活动于居民点和食物丰富的垦荒地区。杂食性，繁殖期以昆虫为食。其他时间以植物种子、果实为主食。

繁殖期 4～7 月。一般喜成对活动，但在繁殖期喜结小群活动。通常营巢于胡杨树洞、岩壁中，也会

在闲置的建筑物、墙壁洞穴、电塔和人造巢箱中筑巢。巢由枯草茎、草根、罗布麻及其他植物材料构成，内垫有绒羽、羽毛和植物性柔软物。黑顶麻雀又名“梭梭雀”，是中亚内陆干旱地区特有物种，具有极强的适应性。过去几十年大量砍伐梭梭柴，繁殖地受到破坏，使其种群数量锐减。从物种多样性的角度，无论是梭梭还是梭梭雀都值得我们保护。

图 8-19 古尔班通古特沙漠，红柳与梭梭灌丛，5 月 28 日北沙窝的棕薮鸲还在鸣唱（马鸣 摄）

（18）巨嘴沙雀（包括蒙古沙雀、赤翅沙雀等）

巨嘴沙雀属于雀形目燕雀科的小型雀类，体长 13～16 cm，翼展可达 26 cm，体重 21～28 g。通体沙褐色，嘴及眼先黑色，翅上沾染粉红色（♂）。生活在欧亚大陆的腹地，主要集中在中亚地区。在中国见于西北地区，如新疆、甘肃、青海、内蒙古等（留鸟）。是干旱地区常见种类，更喜欢生活于沙漠边缘的绿洲、农业垦区、果园和村落等。通常在地面觅食，以植物性为主，也食昆虫。营巢于树上，窝卵数 4～5 枚（或 3～7 枚）。鸣声如卷舌的颤音“叽—咿呀—”，或是发自喉咙的“啼咿哟—啼咿哟—”圆滑哨音。巨嘴沙雀在荒漠绿洲之中，是仅次于麻雀的地区性常见雀类，与人类关系密切。

（19）灰颈鹀（包括褐头鹀、黄胸鹀、芦鹀和苇鹀等）

灰颈鹀（*Emberiza buchanani*）属于雀形目鹀科的小型雀类，体长 14～17 cm，体重 20～24 g。头部灰色，眼圈白色，嘴峰橘红色。头部除眼先、眼周及颊纹苍白外，余部和颈部灰色，背至尾上覆羽似麻雀淡灰褐。颏及上喉污白色沾褐色，下喉及胸淡红褐色。腹部转淡，至尾下覆羽几近白色。胸侧橄榄灰色，腋及翼下覆羽污白色。见于中亚及西亚内陆干旱地区，在中国仅分布于西北部，如新疆、青海等。

见于山地灌丛、山坡草地、赤色丘陵、荒漠草原、多砾石戈壁和具崖壁的干旱荒野。偶有出现于耕地、村落、绿洲附近。以野生植物种子、谷物、幼芽等为食。繁殖期则以昆虫为主，尤喜象甲、甲虫、蚂蚁、蝗虫、蜗牛等。繁殖期 4～6 月，雌性营巢于石堆下方或斜坡灌木丛的地面凹处。巢大而疏松，由草茎和草叶构成，内垫小草，偶有些兽毛和头发。

8.5 威胁与保护对策

8.5.1 具体威胁

1. 无序开发

部分地区进行旅游经济开发、修路、房屋建设，占用了一定比例的自然生境。由于经济问题，部分建筑形成“烂尾”工程，长期影响当地生态质量。例如，新疆阜北沙漠梧桐沟保护区拟投资几个亿的旅游项目，现在人去屋空，丢下一片林立的水泥墩（图 8-20）。

图 8-20 肆意破坏环境，这在新疆阜康样区与博湖样区都面临同样的问题（马鸣 摄）

2. 滥用农药

在新疆阜康北沙窝（阜北农场）样线单一的农垦林带，鸟类本来就比较少，一旦遇上喷洒毒药（敌敌畏、六六六等）杀虫灭鼠的季节，顷刻变成了寂静的北沙窝。在很多团场，鸟类都面临被灭绝的境地。

3. 路杀

路杀（Road-kill）是各地野生动物面临的新问题。在新疆的一些保护区内，封闭的高速路，均没有预留动物通道。在我们的荒漠样区，如新建的博湖长堤（大道）和阜北大道，路杀比较严重，车速不受控制，危害极大。两个样区都有路杀发生，遇害种类有角鸮、红嘴鸥、欧夜鹰、荒漠伯劳和麻雀等达 30 多种（图 8-21）。

不仅仅是陆生动物，公路建设还切断了幼鸟的迁移路线。如博斯腾湖的长堤公路才通车不久，封闭的公路将大湖两侧湿地隔断了，幼鸟无法穿越（图 8-22）。

4. 过度开发与污染

随着西部建设速度加快，在保护区内过度放牧、开垦、烧荒、修路、旅游工程、移民（定居）和污染越来越严重。观测还发现，新疆的博湖苇场污水横流，臭气熏天。一些企业还在往湖区排放酱油一样的污水，把湿地当做“净化器”。因此，保护北沙窝，保护博斯腾湖湿地，刻不容缓！

图 8-21　遭遇路杀的鸟类（马鸣，周博，李军伟 摄）

图 8-22　在所有的保护区内，公路设计与环评都有缺陷，如没有预留动物通道、路边的排水槽太深、无限速标识及行车速度过快等（马鸣 摄）

图 8-23　在鸟类的繁殖期烧荒，危害极大（马鸣 摄）

5. 环境保护意识不够

注重经济发展，环境保护意识有待提高。在新疆的阜康样区，施工队严重威胁着北沙窝几千个崖沙燕的巢。初步统计，约有上千个正在育雏的巢洞被掩埋，如果按照每窝 4～5 枚卵或幼雏，一次施工造成的死亡数字就达到四五千只。

6. 有法不依，执法不严

执法、守法意识不严，对生物多样性保护措施执行不到位。在新疆阜康样区，北沙窝的梧桐沟就是胡杨沟，当地人喜欢将胡杨称为"梧桐"。而阜康市在梧桐沟建立了一个市级保护区，由于部门间协调不力，保护区被垦区和旅游基地包围蚕食着，未起到应有的保护作用。

7. 非法野禽养殖与销售

野禽饲养与销售，与现行法律冲突。2020 年夏天，研究团队在新疆各地调查野生动物捕捉、运输、饲养、买卖、烹调等，发现较多违法野生动物养殖问题。如 2020 年 7 月，海关查没数千只羚羊角和马鹿角；南疆布依鲁克乡，饲养黑水鸡，圈养超过 190 只（图 8-24）；恰尔巴格乡存在各种水禽养殖，数量庞大，如赤麻鸭约 150 只、绿头鸭 60 只、杂交鸿雁和灰雁 30 来只。

图 8-24　非法野禽养殖（马鸣　摄）

a. 黑水鸡养殖场；b. 石鸡养殖场，存栏数几千只；c. 新疆巴楚县赤麻鸭与灰雁；d. 新疆昌吉州养殖的上千只环颈雉幼鸟

8.5.2　保护对策

在以习近平总书记为核心的党中央领导下，各地狠抓生态环境保护，环境状况已经大有起色。但各地保护措施的落实各不相同。蒙新区以荒漠为主，生态环境十分脆弱，亟待保护，执行更加严格有效的措施。荒漠地区大部分是无人区，植被覆盖度低，往往被认为保护价值不大，受重视程度较低。

要想从根本上解决鸟类保护问题，首先要从思想意识入手，让各级领导牢记习近平总书记的教诲，凡是破坏环境的事情，不能做、不敢做、不会做。其次才是全民教育，提高法律意识，保护好环境就是保护自己，就是保护我们赖以生存的地球。最后，建议把物种观测工作坚持下去，只有通过科学研究，才能够更好地服务国民经济建设。

第 9 章　青藏区鸟类多样性观测

9.1　环 境 概 况

青藏高原位于中国的西南端，地处横断山西面，喜马拉雅山脉北面，昆仑山、阿尔金山和祁连山南面，东西距离 2800 km 左右，南北距离 300～1500 km，面积大约为 240 万 km^2（张宪洲等，2015），是当今世界上平均海拔最高、地质最年轻的高原，同时也被认为是当今地球上生态最独特的地理单元之一（邓涛等，2020）。青藏高原是中国三大自然阶梯中最高一级，平均海拔超过 4000 m，因而具有“世界屋脊”之称，被视为除南北极之外的“地球第三极”，同时也是亚洲诸多大河的发源地（郑度和赵东升，2017）。

青藏高原由于地壳运动而显著隆起上升，高亢的地势，辽阔的地域，中低的纬度，这些地理条件直接决定了青藏高原拥有独特的自然环境气候特点，明显区别于东部季风区和西北干旱区（冯海英，2015）。作为地球上独特地理单位的青藏高原，由一系列高山和山脉组成，高原周边遍布大断裂带。喜马拉雅山脉从西北到东南，呈向南凸出的弧状耸立，青藏高原南部毗邻印度、尼泊尔和不丹，俯瞰印度次大陆恒河和阿萨姆平原地区。高原北部的昆仑山、阿尔金山、祁连山和亚洲中部塔里木盆地与河西走廊连接在一起（张克信等，2013）。高原的西部是喀喇昆仑山和帕米尔高原，毗邻西喜马拉雅山、巴基斯坦、阿富汗和塔吉克斯坦。高原东南经横断山与云贵高原、四川盆地相连。高原的东部和东北地区与秦岭山脉的西段、黄土高原衔接在一起。

青藏高原是世界上最大的分水岭之一，长江、黄河、澜沧江、怒江和雅鲁藏布江都发源于这里，是亚洲许多大江大河的发源地。青藏高原面积辽阔，不同地区之间的自然环境差别显著，具有鲜明的区域分异特点，高原生物区系地理组成复杂，特有种类丰富，珍稀濒危物种繁多，物种的分布呈现明显的区域差异（张宪洲等，2015）。从东南到西北，海拔不断升高的同时纬度也逐渐增加，在风和热量、水分的共同驱动下，高原植被生态系统类型已经发生了很大的变化，分布有森林、灌丛、草甸、草原和荒漠等多个生态系统。

9.1.1　行政区范围

青藏高原地势高耸，区域辽阔，在行政区划中主要有西藏和青海两个省级行政区，以及四川西部、甘肃西南部、云南西北部及新疆南部边缘。面积占全国总面积的 25%，人口仅占全国的 1%左右（国务院人口普查办公室等，2012）。

西藏地处我国西南边疆，总面积约 122.7 万 km^2，占全国总面积的 1/8，其中 85.1%的地区平均海拔超过 4000 m。西藏东部与四川以金沙江为界，东南部与云南相接，北部的昆仑山和新疆、青海相连，南部抵达喜马拉雅山，同时也是我国藏族同胞的主要聚居地。西藏下辖：拉萨市、昌都市、日喀则市、林芝市、山南市、那曲市 6 个地级市，阿里地区 1 个地区，又包括 8 个市辖区和 66 个县。

青海地处中国青藏高原东北部，北面和东面都毗邻甘肃，东南部毗邻四川，西南部与西藏接壤，西

本章主编：杨乐；编委（按姓氏笔画排序）：王爱真、王稳、伊剑锋、刘善思、刘雷雷、杨乐、杨永炳、范丽卿、周生灵、胡军华、钟茂君、徐爱春、章书声等。

北部毗邻新疆。青海东西距离 1200 km，南北距离 800 km，总面积 72.23 万 km^2，占我国总面积的 7.5% 左右，平均海拔超过 3000 m（魏乐德，2020）。青海下辖：西宁市、海东市两个地级市，海南藏族自治州、海西藏族蒙古族自治州、海北藏族自治州、玉树藏族自治州、黄南藏族自治州、果洛藏族自治州 6 个自治州，5 个市辖区、3 个县级市、29 个县、7 个自治县（青海省统计局等，2019）。

四川西部是中国青藏高原东南部的延伸地区，主要包括阿坝藏族羌族自治州和甘孜藏族自治州，位于四川西部和青海、西藏交界处的一个典型高海拔高原地区。甘肃西南部主要包括甘肃甘南藏族自治州，是中国 10 个藏族自治州之一，下辖合作市及 7 个县。位于青藏高原、黄土高原两个高原的过渡性地带，海拔多在 3000 m 以上，是典型的高原地区。云南西北部包括迪庆藏族自治州，是地处青藏高原、云贵高原两个高原之间的过渡地区。新疆南缘包括伊宁市巴音郭楞蒙古自治州地区，这也是中国国土面积最大的地级行政区。

9.1.2 气候

青藏高原的剧烈隆起，迫使原本的大气环流变化了方向，建立了季风气候系统，包括东南、西南和高原的季风。因为海拔高，造成相对较低的温度和明显的寒冷，随着海拔逐渐增加，气温和气压迅速下降，一般海拔每升高 100 m，气温下降约 0.6℃，气压下降约 1.0 kPa，导致青藏地区的平均温度和平均气压都比平原低，成为同纬度地球上最寒冷的区域（杨春艳等，2014）。青藏高原的地表温度远低于同纬度的平原地区，高原的平均气温在－10～10℃。高原的日温差是同纬度的低海拔地区日温差的一倍，具有明显的山地和高山气候特点。由于受到大陆性气候的强烈影响，年温差大，接近中国同纬度的低海拔地区，表明高原温度特点与热带高山完全不同。高原位于相对较低的纬度，高海拔，空气稀薄，大气干燥，多晴天，太阳辐射强，日照充足，水分蒸发快速，日温差大，部分地区正负温差交替天数超过 180 d（何锐等，2020）。青藏地区太阳能资源十分丰富，是全国接受太阳辐射最多的地区，总太阳辐射量超过 8500 mJ/m^2。

总体而言，青藏高原辐射强，日照多，气温低，积温少。大部分地区最暖月的均温在 15℃以下，1～7 月的平均温度与同纬度的低海拔地区相比低 15～20℃。高原每年降水量从藏东南大于 4000 mm 向西北逐渐减少，到柴达木盆地冷湖时仅为 17.5 mm。青藏高原分为喜马拉雅山南翼热带山地湿润气候地区、喜马拉雅山南翼亚热带湿润气候地区、藏东南温带湿润高原季风气候地区、雅鲁藏布江中游（即三江河谷、喜马拉雅山南翼部分地区）温带半湿润高原季风气候地区、藏南温带半干旱高原季风气候地区、那曲亚寒带半湿润高原季风气候地区、羌塘亚寒带半干旱高原气候地区、阿里温带干旱高原季风气候地区、阿里亚寒带干旱气候地区及昆仑寒带干旱高原气候地区等 13 个气候区（张玉波等，2017）。

9.1.3 地形地貌

青藏地区是目前世界上海拔最高、面积最大的造山成因高原，其形成过程与地球最近的一次大规模、剧烈的地壳运动密切相关，也就是喜马拉雅造山运动。青藏高原大面积、大规模地被造山抬升，成为目前世界上唯一平均海拔达到 4000 m 的造山高原（郑度和赵东升，2017）。

青藏高原是由高大山脉和高原面构成的一个庞大的山脉系统。由于高原在形成它的过程中受重力及地球万有引力影响，因此高原面有不同程度的变形，使整个高原面的地势从西北到东南呈现倾斜趋势。高原大面积的边缘地区被强烈切割，形成了青藏高原低海拔的地区，在这些地区，山、谷和河流相互交错，地形多样（李炳元等，2013）。高原面及其四周有一系列大型高山山脉，根据其走向分为东西走向和南北走向两大类。东西走向的山脉占据了青藏高原大部分区域，从北向南有阿尔金山—祁连山、昆仑山、巴颜喀拉山、喀喇昆仑山、唐古拉山、冈底斯山、念青唐古拉山、喜马拉雅山，除祁连山的顶部海拔 4500～

5500 m 之外，其余的山脉海拔均超过 6000 m；南北走向的山脉分布在高原东南部横断山区，自西至东依次为伯舒拉岭、他念他翁山、芒康山、大雪山、龙门—夹金山—大凉山。东西走向、南北走向两组山脉成为青藏高原地区地貌的骨架，决定了高原地区的基本形态格局。

在这些平行山脉中，分别镶嵌着金沙江、澜沧江和怒江等深切峡谷，构成了世界著名的平行岭谷地貌。在东西走向和南北走向的山脉之间，还有很多次一级的山脉、高原、宽谷和盆地。高原主要是青海省南部的青南高原，范围涵盖昆仑山以南广大的地区，青南高原有众多湖泊，沼泽面积辽阔，长江、黄河和澜沧江都发源于此，因而有“江河源”之称。川西北高原以丘状高原和山地地貌占主导，西为康巴高原，东为阿坝高原。青南高原东部和川西北高原比较湿润，为青藏地区高寒草甸分布的重要地区。青藏高原的主体羌塘高原，包括冈底斯山，念青唐古拉山北面和西边广大区域，气候干寒，湖泊以碱湖或盐湖为主，河流较短。

高原盆地主要是指柴达木盆地，青海湖盆地、藏南高山湖盆地和河湟谷地。柴达木盆地在昆仑山与阿尔金山和祁连山之间，是我国最高海拔的内陆盆地，其气候干燥、风蚀及风积效应显著，从盆地的边缘到中心依次分布有戈壁、丘陵、平原、盐沼和盐湖。青海湖盆地，位于青海东北部，其中的青海湖是中国内陆最大的咸水湖，青海湖区四周植被良好。藏南高山湖盆地，位于雅鲁藏布江南部，喜马拉雅山北部广阔的湖盆及宽谷地区，该地区有多处次一级较小的盆地，海拔较低、降水量少，温度高，因此形成了温带干旱气候区。河湟谷地地处青藏高原大坂山和积石山之间，位于黄河和湟水流域的三角地带，是青藏高原东北与黄土高原的交界地带（韩海辉，2009）。

9.1.4 水文

青藏高原冰川和冻土分布广泛，河流众多，湖泊密布，水资源十分丰富，是亚洲诸多河流发源地，也被称为“亚洲水塔”（王宁练等，2019）。冰川、积雪是亚洲水塔的重要组成成分，气候变化对其影响极大。近几十年来，全球变暖导致青藏高原大部分冰川的溶解速度加快（汤秋鸿等，2019）。作为拥有众多江河湖泊的青藏高原，同时也是我国重要的湿地分布地区之一，湿地以高寒沼泽、高寒沼泽化草甸为主，主要分布区域为西藏和青海，在维护区域生态平衡、保持生物多样性等方面发挥了重要作用（冯璐和陈志，2014；赵志刚和史小明，2020）。

1. 冰川

由于全球气候变化的影响，青藏高原的年均气温也逐年上升。一系列气候变化对高原产生冰川缩减、积雪覆盖减少、冻土退化、活动层增厚等不利影响，并对青藏高原水资源产生直接或间接的影响。

冰川是地球上淡水资源的重要储存形式，青藏高原冰川是世界第三大天然冰川群，是除南北极以外地球上最大的淡水资源存储库（王宁练等，2019）。冰川融水是青藏高原地区河川的重要补给水源，占青藏高原地区河流径流的 6%～45%。全球气候变暖致使冰川的自然融化速度加快，影响较大的地区有帕米尔高原和喜马拉雅山。冰川的缩减对青藏地区的河川径流的季节分配特征产生了直接影响，导致河流洪峰起点提前。发源于青藏高原的河流，主要有降水、冰川融水和地下补给 3 种径流补给方式。青藏高原的北部、东部和东南方地区，河川的径流以降水为主；中部和西部地区，河川的径流主要来源于冰川融水或地下的补给，或者两者都是主要来源（中国科学院青藏高原综合科学考察队，1983a）。

2. 河流

高原河流被划分为内、外两大体系。高原的河流主要以喀喇昆仑山、拉达克山、冈底斯山和念青唐古拉山西段、头二九山、唐古拉山中段、昆仑山中段、布尔汗布达山、日月山、大通山、托来山、冷龙岭一线为界，西北属内流区系，东南为外流区系（汤秋鸿等，2019）。面积 145 万 km^2 的外流区，包括黄河、长江、澜沧江、怒江、雅鲁藏布江、伊洛瓦底江、恒河、印度河八大流域；内流区总面积 153 万 km^2，包括河西走廊、塔里木盆地、柴达木-青海湖盆地、羌塘和玛旁雍错 5 个区域。高原的内部为内流区系，外源为外流区系。外流区系的干流均源于青藏高原腹地，从西北到东南均呈幅射状分布，其不同等级的支流呈树枝状分布。各干流源地地形平缓，多雨雪，蒸发力较弱，多湖泊和沼泽。内流区系以湖泊或盆地为中心，呈向心状分布，最终流入湖泊或消失于沙漠。重要的内流水系和一级内流水系源区大部分都有大量冰雪覆盖，水源十分丰富。内流区系的河西走廊，塔里木盆地，柴达木-青海湖盆地的内流河进入盆地后断水或转为时令河。

3. 湖泊

青藏高原湖泊与河流密切相关，在外流区大部分湖泊会存在于在河道中，属于外流湖；在内流区湖泊都是内流河的下流区和河流汇聚中心，湖泊多是内陆湖。由此，以青藏高原河流地理分区为基础，将青藏高原湖泊划分为 6 个地理分区，即河西走廊-塔里木盆地湖泊分区、柴达木-青海湖盆地湖泊分区、羌塘湖泊分区、黄河流域湖泊分区、三江流域湖泊分区、藏南谷地湖泊分区。据统计，柴达木-青海湖盆地湖泊分区、羌塘湖泊分区是青藏高原天然湖泊最集中的两大湖群区（中国科学院青藏高原综合科学考察队，1983a）。

以我国湖泊之乡羌塘高原为例，此地区湖泊总面积约为 2139.58 km^2，占西藏湖泊面积的 88.6%，约占我国湖泊总面积的 1/4，是我国同时也是世界上湖泊面积最大、最集中的地区（柳林等，2019）。羌塘四面被高大山体环绕，高大的山体拦截了大量的外来水汽，水汽在峰顶聚集形成了大量的冰川，再加上羌塘四周山体较陡、山谷纵横，这些环境都是此地区湖泊形成的关键。其中最著名的有纳木错、色林错。

青藏高原著名湖泊有青海湖：其位于青海省境内，是中国最大的湖泊，也是中国最大的咸水湖、内流湖。为构造断陷湖，面积为 4456 km^2，高出海平面 3175 m，最大水深可达 38 m。纳木错：纳木错是西藏第二大湖泊，也是中国第三大的咸水湖，位于拉萨市当雄县和那曲地区班戈县之间。湖面海拔超过 4600 m，从东岸到西岸全长 70 多千米，由南岸到北岸总宽 30 多千米，总面积超过 1900 km^2。它靠念青唐古拉山的冰雪融水补给，湖水澄澈，湖面呈天蓝色。色林错：位于西藏那曲地区，曾是西藏第二大咸水湖，现在已超过纳木错，成为西藏第一大咸水湖。湖面海拔为 4530 m，湖面形状不规整，长约 77 km、宽约 21 km，总面积约 1628 km^2（陈传友和关志华，1989）。

4. 沼泽、湿地

冰川发达、河流众多、湖泊遍布使青藏高原成为中国湿地最为集中的地区，总面积约为 13.2×10^4 km^2。青藏高原湿地的平均海拔超过 4000 m，这种生态系统独具特色，在世界范围内是独一无二的。青藏高原的湿地主要有 5 种：湖泊水体、湖泊湿地、沼泽湿地、泥炭湿地和河流湿地（卢欣，2018）。其中，湖泊水体和它周围的湖泊湿地是占据总湿地面积最大的湿地类型，占比达到 60%。其次便是河流湿地，主体是湖泊的内流河。

沼泽的特征是土地表面长年或经常保持湿润状态，常常分布在山沟谷或平原区的低洼地，主要靠冰川融水、河流和泉水保持水分充足。在一些湿地中，由于植物残枝的长期堆积，被土壤覆盖碳化，逐渐形成了所谓的泥炭层，这些泥炭层较厚的可达 10 m 以上，它们就像是海绵一样，吸收了沼泽里大量的水分。青藏高原面积最大的泥炭湿地是若尔盖湿地。沼泽植被通过光合作用固定大气中的 CO_2，通过一系列化学反应将 CO_2 转化成有机物，使大气中的 CO_2 浓度降低，对于保持气候平稳起到非常重要的作用。青藏高原大部分湿地集中在羌塘地区和三江源地区，这两地的湿地约占高原湿地的 70%。其他的高原湿地主要分布在雅鲁藏布江、怒江和森格藏布流域，以及若尔盖、柴达木盆地，湖泊的萎缩与柴达木盆地的湿形成密切相关。

青藏高原作为全球气候变暖的大趋势之中最受关注的地区之一，从 20 世纪 80 年代至今气温抬升大约 1℃，是全球气温平均升高速率的两倍。受到气温升高的影响，青藏高原的冰川融化加剧，流域内的水量均衡直接受此影响，以河流与湖泊的变化最为显著（柳林等，2019）。

9.1.5 土地利用现状

青藏高原的土地利用包括农作物用地、林地、草地、湿地与水体、建筑用地、裸地、冰川与雪被等类型。在整个青藏高原区，面积较大的土地类型是草地、林地和裸地，这 3 种土地类型的总面积达到高原总面积的 93%～96%，其次是湿地、冰川与雪被，它们的面积占高原的 2%～5%，而农作物用地和建筑用地面积占比都在 1%以下。高原土地利用与土地覆盖变化（land use and land cover change，LUCC）空间分布从东南到西北依次为林地、草地、裸地。草地为青藏高原的主体，青藏高原南缘和东缘的高山峡谷区是林地的集中区域，高原北部环境恶劣，此地区是裸地的主要分布区，湿地和水体广泛分布在高原中西部，“一江两河”、河湟谷地等地区是农作物用地和建筑用地的集中区（张镱锂等，2019）。

青藏高原虽然拥有广阔的土地面积，但土地利用率（60.6%）明显低于全国平均水平（73.1%）；青藏高原区耕地面积约 6.53×10^5 hm^2，占全区土地总面积的 0.4%左右，在全国范围是耕地面积最小、耕地面积比例最低的区域。但由于巨大的土地面积和较少的人口，虽然耕地面积比例不高，但人均耕地面积在全国区域内相对较高。受环境影响此地区耕地的利用类型单一，主要用地类型为水浇和旱地，占耕地总面积的比例高达 99.9%。因低温影响，青藏高原地区的大部分耕田为一年一熟，农作物主要种植可以耐寒的青稞、小麦、豌豆和油菜（*Brassica napus*）。青藏高原有林地约 4.76×10^6 hm^2，约占全国总林地面积的 2.1%。青藏区的林地主要分布在高原东南湿润或半湿润的地区，主要集中在江河上游或江河源头地区。例如，藏东、藏东南及雅鲁藏布江中游地区，有云杉林、冷杉林与铁杉林等暗针叶林。

青藏高原地区土地利用中，牧草地在其中占据了极大优势。青藏高原区现有牧草地约 9.34×10^7 hm^2。青藏区拥有天然草地占比高达 99.8%的牧草地，天然草地占据绝对优势。该区草地分布海拔较高，天然草地主要分布在海拔 3500～4000 m 的地方，以山地和滩地为主要分布地，天然草地主要的类型是高山草甸、高山灌丛草甸、高山草原、山地草原、高山山地荒漠草地、高山沼泽草甸等。其中非农用地（居民工矿和交通等），现有面积约 1.89×10^5 hm^2，约占全区总面积的 1%，低于全国平均水平。青藏高原区内现有水域面积约 724.64×10^4 hm^2，占全国的 17.8%。在藏北、青南为水系的集中分布区。其他未利用地面积约 6.92×10^7 hm^2，主要在藏北那曲和阿里、青东、甘南地区。未利用土地包括荒草地、盐碱地、沼泽地、沙地、裸土地、裸岩和田坎等类型（张镱锂等，2019；刘子川等，2019）。

牦牛、绵羊、山羊是高原上草场广泛存在的 3 种牲畜。草场主要存在于高原湖泊四周和江河源头地区，这些地区比较宽广，雨水充足，土地肥沃，是主要的农业分布区域。因柴达木盆地低部区域地势平坦广阔，祁连山、昆仑山的冰雪融水使此地水分充足，为土地开垦和耕作提供了便利。喜马拉雅山的南坡受西南季风的影响，此地降雨丰富，使得此地可以拥有典型的亚热带和热带气候，对农作物的生长极为有利。青藏高原的气候以高寒和干旱为主，受此气候影响产生以高寒草甸、草原及荒漠这三大生态系统为主的自然生态，这些生态环境表现出脆弱性和不稳定性。高原生态系统由于发育的时间不够长，尤其是年轻的土壤、瘠薄的土地，导致植被无法快速生长，森林覆盖率低，再受寒旱的大气环境影响，高原生态系统表现为低生产力、高脆弱性，生态一旦被破坏就很难恢复，并且极易演变为荒漠、戈壁（张雪芹和葛全胜，2002）。

9.1.6 动植物现状

青藏高原极端环境多种多样，如温度较低、氧含量低、低大气压、紫外线强烈、风雪较多、温差大、干旱和土壤地力不足等。这些极端生境中孕育了丰富且独特的生命形式，是世界上极端环境中物种种类最丰富的地区，是一个极为理想的研究和发展生物资源的天然实验室。地质地貌的复杂多样，气候类型的多样与反差，使青藏高原在高海拔区还能孕育丰富多样的动植物资源。从东南到西北，伴随着海拔增高和纬度的提升，在充足的光照和降雨的影响下，青藏高原生态系统类型也受到影响而产生了极大的改变，高原上广泛地分布着森林、灌木丛、各种草甸、大面积的草原和漫无边际的荒漠等多样的生态系统（张宪洲等，2015）。中国的西南山区、喜马拉雅东部、中亚山地等青藏高原地区及其相邻地区被列在保护国际（Conservation International）确定的全球36个生物多样性热点之中，由此说明青藏区其生物多样性拥有相当高度的水准（樊杰，2000；邓涛等，2020）。

超高的海拔、独特的气候、特殊的地形条件孕育了独特的物种、生态系统和自然生物区，使青藏高原地区成为目前世界上自然生物资源最丰富的低寒高海拔高原地区，特有野生物种丰富，珍稀种和濒危野生物种种类多样（张玉波等，2017）。

1. *动物*

青藏高原生物长期适应自然，具有强烈的天然选择，遗传性较强，因此青藏高原生物资源十分丰富。青藏高原东南部拥有繁茂的原始森林，北半球亚热带气候、温带气候、寒带气候等广阔区域的多种气候在此都可以看到，同时拥有这些气候下的生物群落分布，是众多野生动物的庇护所（邓涛等，2020）。其中，东喜马拉雅被认定为全球生物多样性十大热点之一，此地区还是全球25个最优先保护生物多样性热点之一。仅以低等动物来说，西藏就拥有458种水生原生动物，208种轮虫，59种鳃足类甲壳动物。据不完全统计，拥有昆虫20目173科1160属2340种。除此之外，青藏高原还有鱼类3目5科45属152种；陆栖脊椎动物343属1047种，数量约占全国陆栖脊椎动物的43.7%。青藏高原现有的陆生脊椎动物，青藏高原特有种有281种，比例为43.7%，其中哺乳类有59种，达总种数的41.3%；鸟类141种，占总种数的54.5%；爬行类32种，占总种数的22.1%；两栖类49种，占总种数的28.7%，都具有较高的特有种占比（Myers *et al.*，2000）。

自1998年开始，各国科学家花费10年的时间对青藏高原进行科考，在此10年期间，在喜马拉雅山脉东段累计发现新物种353种，其中包含植物242种、无脊椎动物61种、鱼类14种、两栖动物16种、爬行动物16种，还有鸟类2种和哺乳动物2种（世界自然基金会，2009）。2008年调查结束之后，自2009～2014的6年间，在东喜马拉雅地区科研工作者又有了新的发现，此次共记录了211个新物种，包含植物133种、无脊椎动物39种、鱼类26种、两栖类10种、爬行类1种、鸟类1种和哺乳类1种（世界自然基金会，2015）。

在喜马拉雅山脉东段区域内，据不完全统计，有淡水鱼类269种，两栖类约105种，爬行类1766种左右，鸟类可达977种，哺乳类300种。复杂的高原、山地自然环境条件，造就了我国横断山脉山地丰富的生物资源，同时具有广泛的生态特点。此地区的动物成分多种多样，同时拥有东洋界西南区、古北界青藏高原区和华北区等多地区的动物种类，各个脊椎动物门类的物种数，都占中国的50%以上。

青藏高原的西北部虽然草原物种不够多，但物种极为丰富，存在数量可观的特有种。在这里栖息的29种哺乳动物中，高原特有种11种，包括许多世界上独有的大型有蹄动物，如野牦牛（*Bos mutus*）、藏羚（*Pantholops hodgsonii*）和藏野驴（*Equus hemionus*）。为了应对空气稀薄、气候寒冷、食物贫乏的恶劣条件，这些动物进化出特殊的策略。以藏羚为例，因为体型较大，为了适应高原气候，获取足够的氧气，在长期的进化中产生了宽大的鼻腔。鼠兔也是这一地区的代表，它们掘洞而居，其洞穴是许多动物的庇护所；鼠兔也是许多动物包括猛禽和食肉兽的食物来源。目前，在高原西北部国家建立了羌塘、可可西里、阿尔金山、三江源等国家级自然保护区，以保护栖息在这里的野生动物和它们赖以生存的生态家园。

青藏高原还保护了多种珍稀动物，为全球多种濒危物种提供栖息场所，其中有许多是我国的国家一、二级重点保护野生动物，如藏羚、雪豹（*Panthera uncia*）、黑颈鹤、普氏原羚（*Procapra przewalskii*）、藏野驴、野牦牛、金雕等是国家一级重点保护野生动物；盘羊（*Ovis ammon*）、马鹿（*Cervus elaphus*）、猞猁（*Lynx lynx*）、蓝马鸡、血雉、玉带海雕等是国家二级重点保护野生动物。

2. 植物

青藏高原地区具有复杂独特的高海拔山地自然气候条件，野生植物资源丰富，是一个巨大的植物乐园和植物王国，植物类型主要为森林、各类灌丛、高寒草甸、草原等。青藏高原区的植物种类，据粗略估计，总数可达 10 000 种之多。

青藏高原上最广泛分布的森林是针叶林，其中针叶林包括常绿针叶林和落叶针叶林。常绿针叶林有松林、铁杉林、云杉林、冷杉林等；落叶针叶林有落叶松林。灌丛在青藏区各地都有分布，灌丛的类型众多，但所占面积不大。既有常绿革叶灌丛和常绿针叶灌丛，它们在东南部分布广泛；也有落叶阔叶灌丛，它在高原各地拥有着不同的类型，如浆质刺灌丛生存在干旱谷地中和盐生灌丛生存在荒漠地区。高寒草原、高原腹地的自然条件更适合它的生长分布，在藏南、羌塘、青南高原、青海湖盆地和祁连山一带都存在它的分布（郑度和赵东升，2017）。

虽然我国青藏高原野生植物物种资源丰富，但青藏高原内部生态条件仍然差异悬殊，植物不同种类的分布区域结构变化也十分显著。如青藏高原东南部的横断山区，不仅动物物种丰富，同时也是目前世界上各类高山植物区系最丰富的高原地区，高等植物种类有 5000 多种（丁明军等，2011）。

而高原腹地，因受到大陆性寒旱化的高原气候影响，植物种类减少明显，例如，羌塘高原只存在不到 400 种的高等种子植物，再延伸到高原西北地区，如昆仑山区，自然生态条件更为恶劣，也只存在百余种的植物种类。高原北部柴达木盆地，虽然海拔低于 3000 m，但气候非常干旱，存在种子植物约 300 种，在新疆和西藏交界的阿克赛钦和青海柴达木盆地西北方向甚至出现大面积的无植被地区。可以看出，整个高原地区植物种类的数量有一定的分布趋势，总体来说是东南多、西北少，出现了明显的减少趋势（张宪洲等，2015）。

青藏高原植物种类丰富，并形成了独具特色的植物藏药资源。丰富多样的种类让青藏高原成为我国医药植物的宝库，经初步统计，就有千余种可以入药的野生植物，其中有 16 属为中国特有的，如黄三七属（*Souliea* sp.）、羌活属（*Notopterygium* sp.）等。

9.1.7 社会经济

2015 年，青海、西藏两省区地区生产总值分别为 2417.05 亿元和 1027.43 亿元，在全国 GDP 总量中分别达到 0.33%和 0.14%的比例（青海省统计局等，2019；西藏自治区统计局等，2019）。2015～2019 年，青藏区的总体经济运行平稳，发展质量保持稳步上升，经济结构进一步优化。到 2019 年，青海、西藏两省区地区生产总值分别为 2965.95 亿元、1697.82 亿元，分别达到全国 GDP 总量的 0.31%和 0.17%，并且 2019 年全区生产总值超过 5000 亿。

第一产业占全区生产总值 10%左右，第二产业约占总产值的 8%，第三产业在总体社会经济中占比超过 50%。新的产业结构开始形成，社会摆脱了单一经济模式向多方位经济方式发展（冯雨雪和李广东，

2020）。如因电商平台兴起而越发繁荣的交通运输业、仓储业务，大力进行人才引进发展信息传输、计算机服务和软件业等高新技术产业，同时批发和零售业，住宿业和餐饮行业、金融服务产业和房地产开发行业正在蓬勃发展。

尽管青藏区经济迅速发展，但总产值仍未达到全国 1%，区域经济发展程度远低于全国平均水平，青藏区各地区间的经济发展程度也极为不平衡。城镇化程度较低，这表明青藏地区亟需以较快的增长速度实现跨越式发展。青藏经济内部结构不协调，产业和就业结构的分布不合理，产业和就业结构升级与就业结构相比要远远落后。在就业结构上，虽然第三产业的就业基本达到理想水平，但第一产业和第二产业的就业比例远远落后于它所处的经济发展阶段（冯雨雪和李广东，2020）。

9.2 鸟 类 组 成

9.2.1 鸟类研究历史

在中国古代著述中，就有鸟类的相关描述，科学性以明朝李时珍的《本草纲目》为甚。清朝《西宁志物产》和《大通县志》等地方志中记载有“鹰、鹞、马鸡、野鸡、松鸡、沙鸡、鹘、鹳、鹭鸶、天鹅”等数十种鸟类。近代，自 1840 年鸦片战争后到新中国成立前，许多资本主义国家先后以各种名义和目的来西藏及青海考察。在西藏可追溯到 1845～1858 年，霍奇森在印度大吉岭采集了大量的西藏动物标本，其中也包括鸟类。随后有英、俄、美、德、意、日、法、瑞典等国上百人次进入西藏，组织“科学考察团”“探险队”，或以旅行家和传教士的身份，到西藏进行考察。在青海的考察时间最长、规模最大、专业最全、次数最多的要算俄国人普尔热瓦尔斯基率领的考察队，他们于 1876～1877 年、1879～1880 年、1883～1885 年，先后多次进入青海，随后又有波丹宁等或沿普尔热瓦尔斯基的调查路线或取新的路线断续时间达 33 年的调查。新中国成立前，外国人包揽了我国的动物调查工作，新中国成立以后，在中国科学院的领导下，陆续进行了大规模的动植物综合调查，其中就包括青藏高原多学科的综合考察，产生了多部重要鸟兽区系著作，如《青海省的鸟类区系》（冼耀华等，1964）、《西藏鸟类志》（中国科学院青藏高原综合科学考察队，1983b）、《青海经济鸟兽》（上海自然博物馆等，1983）、《青海经济动物志》（中国科学院西北高原生物研究所，1989）等。随着观鸟和鸟类科研工作的持续进行和多种技术在鸟类分类学中的应用，青藏高原鸟类的分类和分布研究也在不断推进。《青藏高原鸟类分类与分布》收录了青藏高原鸟类 817 种，隶属 21 目 74 科 237 属（刘迺发等，2013）；2018 年出版的《中国青藏高原鸟类》则汇聚了近年青藏高原鸟类在分类、适应、行为等多方面的研究进展（卢欣，2018）。随着记录鸟类的增多，2020 年出版的《青海鸟类图鉴》记录和分布的青海鸟类已达 494 种（陈振宁等，2020）。2017 年 8 月，我国第二次青藏高原综合考察研究启动，对揭示青藏高原环境变化机制，优化生态安全屏障体系，对推动青藏高原可持续发展、推进国家生态文明建设、促进全球生态环境保护将产生十分重要的影响。

9.2.2 鸟类物种组成

2011 年开始，青藏区鸟类的多样性观测在不同县区逐渐展开。经多年的观测，共记录到鸟类 444 种，数量达 151 万只。其中 39 种为《青藏高原鸟类分类与分布》（刘迺发等，2013）和《中国青藏高原鸟类》（卢欣，2018）名录中所不包含的。根据《青海鸟类图鉴》（陈振宁等，2020）进一步补充后，整理青藏区鸟类有 910 种，隶属 23 目 92 科（附表Ⅰ）。其中有国家重点保护野生动物 210 种，包括国家一级重点保护野生动物 38 种，国家二级重点保护野生动物 172 种。列入中国生物多样性红色名录中受威胁的物种有 66 种，列入 IUCN 红色名录受威胁等级的有 37 种。青藏区两个主要省区青海和西藏样线和样点观测共记录到鸟类 17 目 58 科 394 种。394 种鸟类中，雀形目鸟类最多，为 248 种，占 62.9%，其次为鸻形目鸟类 32 种，占总数的 8.1%。国家一级重点保护野生动物 14 种，分别是黑鹳、彩鹮、玉带海雕、白尾海雕、胡兀鹫、秃鹫、金雕、猎隼、血雉、红胸角雉（*Tragopan satyra*）、红腹角雉、棕尾虹雉（*Lophophorus impejanus*）、黑颈鹤和小青脚鹬。国家二级重点保护野生动物 53 种。分布型以喜马拉雅-横断山区型种类为最多，占记录鸟类的 25.4%，其次所占比例依次为东洋型 18.8%、古北型 11.9%、广布型 8.4%、全北型 9.4%、高地型 8.4%、中亚型 4.6%、东北型 4.6%、南中国型 2.0%、华北型 0.3%。

9.2.3 鸟类新记录

从 2011 年开始，在青藏区共记录到省级及以上鸟类新记录 102 种，包括《青海鸟类图鉴》（陈振宁等，2020）中记录的 47 种及其他文献记录的 54 种（表 9-1），其中稀树草鹀（*Passerculus sandwichensis*）、东歌林莺（*Sylvia crassirostris*）、灰头钩嘴鹛（*Pomatorhinus schisticeps*）、红眉金翅雀（*Callacanthis burtoni*）、褐额啄木鸟（*Dendrocopos auriceps*）为中国新记录，其他鸟类新记录为省级新记录。记载于《青海鸟类图鉴》（陈振宁等，2020）的白额雁、斑背潜鸭（*Aythya marila*）、欧鸽、斑尾林鸽、棕斑鸠、四声杜鹃、西滨鹬（*Calidris mauri*）、黑尾鸥、西伯利亚银鸥、黄腿银鸥（*Larus cachinnans*）、彩鹮、小苇鳽、紫背苇鳽（*Ixobrychus eurhythmus*）、绿鹭（*Butorides striata*）、白头鹞、毛脚鵟、星头啄木鸟（*Dendrocopos canicapillus*）、黑枕黄鹂、暗灰鹃鵙、灰伯劳、比氏鹟莺（*Seicercus valentini*）、强脚树莺、黄腹树莺（*Cettia acanthizoides*）、横斑林莺、灰白喉林莺、白颊噪鹛（*Garrulax sannio*）、北椋鸟（*Sturnia sturnina*）、粉红椋鸟（*Pastor roseus*）、乌鸫、槲鸫、欧亚鸲（*Erithacus rubecula*）、红背红尾鸲、蓝头红尾鸲（*Phoenicurus caeruleocephala*）、栗腹矶鸫（*Monticola rufiventris*）、斑鹟（*Muscicapa striata*）、北灰鹟、橙胸姬鹟（*Ficdula strophiata*）、蓝喉太阳鸟（*Aethopyga gouldiae*）、黑顶麻雀、黑胸麻雀（*Passer hispaniolensis*）、红喉鹨（*Anthus cervinus*）、黄腹鹨（*Anthus rubescens*）、黑尾蜡嘴雀、黑头蜡嘴雀、铁爪鹀（*Calcarius lapponicus*）、田鹀、苇鹀等 47 种青海鸟类新记录未列出具体的发现时间和地点，其中的绿鹭和北椋鸟亦是 2011 年以来西藏的鸟类新记录。

表 9-1　2011 年以来青藏区省级及以上鸟类新记录

新记录鸟种*	时间	位置或地理坐标	生境类型	参考文献
红眉金翅雀 *Callacanthis burtoni*	2015.3	西藏聂拉木县	原始针叶林地面	林植和何芬奇，2015
白胸翡翠 *Halcyon smyrnensis smyrnensis*	2016.10	西藏吉隆县宗嘎镇	河边电线	阙品甲等，2017
黑冠山雀 *Periparus rubidiventris rubidiventris*	2016.10	西藏吉隆县吉隆镇	乔木林	阙品甲等，2017
蒙古沙雀 *Rhodopechys mongolicus*	2012.7	西藏札达县	地面	王宁和邓涛，2014
夜鹭 *Nycticorax nycticorax*	2014.1	西藏贡嘎县	江边灌丛	张国钢等，2014
细嘴钩嘴鹛 *Pomatorhinus superciliaris superciliaris*	2019.4	西藏亚东县、聂拉木县	乔木林下	王宁等，2020a
灰翅鸫 *Turdus boulboul*	2019.4	西藏错那县、亚东县	针阔混交林	王宁等，2020a
褐额啄木鸟 *Dendrocopos auriceps*	2012.5	西藏吉隆沟	针阔混交林	李晶晶等，2012
黑颈䴙䴘 *Podiceps nigricollis*	2013.11	西藏芒康县	内陆湿地	刘子祥等，2014
白领凤鹛 *Yuhina diademata*	2013.10	西藏左贡县	森林	刘子祥等，2014
小鹀 *Emberiza pusilla*	2013.10	西藏左贡县	苔原、森林	刘子祥等，2014
白鹭 *Egretta garzetta*	2013.9	西藏昌都市	湿地	赵冬冬等，2015
豆雁 *Anser fabalis*	2016.1	西藏乃东县	森林河谷、苔原地带	李炳章等，2016
北极鸥 *Larus hyperboreus*	2015.4	西藏墨竹工卡县	苔原、海岸	吴建普等，2015
黑腹滨鹬 *Calidris alpina*	2019.1	西藏林周县	河边滩涂	陈越等，2019a
红腹咬鹃 *Harpactes wardi*	2019.4	西藏亚东县	常绿阔叶林	王宁等，2020b

续表

新记录鸟种*	时间	位置或地理坐标	生境类型	参考文献
北椋鸟 *Agropsar sturninus*	2020.5	西藏林芝市	次生阔叶林、林缘疏林	范丽卿等，2021
灰椋鸟 *Sturnus cineraceus*	2016.12	西藏拉萨市达孜区	疏林草甸	杨乐等，2018a
东歌林莺 *Sylvia crassirostris*	2015.6	西藏普兰县	河谷树林	米小其等，2016a
红脚隼 *Falco amurensis*	2014.5	西藏贡觉县		石胜超等，2015a
印度寿带 *Terpsiphone paradisi leucogaster*	2015.6	西藏札达县底雅乡	阔叶林	米小其等，2016b
彩鹮 *Plegadis falcinellus*	2018.6	西藏申扎县木纠错	挺水植被	杨乐等，2019a
小黑背银鸥 *Larus fuscus*	2017.12	西藏林周县虎头山	水库	杨乐等，2018b
噪鹃 *Eudynamys scolopaceus*	2015.6	西藏札达县、米林县		米小其等，2016c
鸦嘴卷尾 *Dicrurus annectans*	2014.10	西藏波密县易贡错	落叶阔叶林	石胜超等，2015b
栗苇鳽 *Ixobrychus cinnamomeus*	2018.6	青海西宁市	芦苇沼泽、溪流	张志法等，2019
三趾鸥 *Rissa tridactyla*	2018.11	青海西宁市	海洋、海洋岸边	张志法等，2019
大红鹳 *Phoenicopterus roseus*	2013.11	青海海西州	盐水湖泊、沼泽	张毓等，2014
靴隼雕 *Hieraaetus pennatus*	2013.10；2012.6	青海海西州；西藏吉隆县	森林、林缘地带	曹宏芬等，2016；席文静等，2017
黄喉鹀 *Emberiza elegans*	2014.5	青海循化县	林地、林缘灌丛	席文静等，2017
灰颈鹀 *Emberiza buchanani*	2014.5	青海海西州	荒山、荒漠	席文静等，2017
黄鹀 *Emberiza citrinella*	2016.12	青海海西州	疏林、林缘和林间空地	席文静等，2017
蓝鹀 *Latoucheornis siemsseni*	2016.11	青海西宁市	林地、沟谷、林缘地带	席文静等，2017
苍头燕雀 *Fringilla coelebs*	2016.3	青海门源县	各类森林地带	席文静等，2017
金黄鹂 *Oriolus oriolus*	2015.6	青海海西州	阔叶林、硬木林、混交林	席文静等，2017
极北朱顶雀 *Carduelis hornemanni*	2013.9	青海大通县	落叶松林	席文静等，2015
白腰朱顶雀 *Carduelis flammea*	2014.3	青海平安县	人工林	席文静等，2015
白胸苦恶鸟 *Amaurornis phoenicurus*	2013.4	青海玛可河	沼泽地带、芦苇、草丛	陈振宁等，2015a
发冠卷尾 *Dicrurus hottentottus*	2013.6	青海青海湖	低山丘陵、山脚沟谷	陈振宁等，2015a
冠鱼狗 *Megaceryle lugubris*	2017.10	青海海东市	溪流、河流、水塘岸边	马存新等，2019
蓝矶鸫 *Monticola solitaries*	2017.7	青海循化县	水域附近的岩石山地	马存新等，2019
灰蓝姬鹟 *Ficedula tricolor*	2017. 5	青海循化县	乔木林	马存新等，2019
铜蓝鹟 *Eumyias thalassina thalassina*	2017. 5	青海共和县	山地森林	马存新等，2019
红胁绣眼鸟 *Zosterops erythropleurus*	2017.5	青海循化县	阔叶林和次生林	马存新等，2019
红额金翅雀 *Carduelis carduelis paraponisi*	2016.6	青海海南州	高山针叶林、针阔叶混交林	马存新等，2019
棕腹啄木鸟 *Dendrocopos hyperythrus*	2013.4	青海三江源	针阔混交林	陈振宁等，2015b
黑眉长尾山雀 *Aegithalos bonvalotis*	2015.8	青海三江源	针阔叶混交林	马存新，2018
斑翅朱雀 *Carpodacus trifasciatus*	2016.6	青海三江源	乔木林	马存新，2018
黄腹山雀 *Parus venustulus*	2013.5	青海循化县	乔木林	张营等，2014a
高山旋木雀 *Certhia himalayana*	2013.4	青海三江源	乔木林	张营等，2014b
稀树草鹀 *Passerculus sandwichensis*	2017.4	青海玛沁县	灌木丛	陈振宁等，2021
小太平鸟 *Bombycilla japonica*	2014.1	青海西宁市海棠公园	乔木	陈振宁等，2014
白胸苦恶鸟 *Amaurornis phoenicurus*	2013.4	青海三江源	山溪边	陈振宁等，2015a
发冠卷尾 *Dicrurus hottentottus*	2013.6	青海青海湖种羊场	乔木	陈振宁等，2015a

注：为保持原记录信息，标*号处的新记录鸟种中文名和拉丁名保持原文献中的名称。

鸟类观测项目青藏区样区青海和西藏及邻近省区的记录中，尚有草鹭、中白鹭（*Egretta intermedia*）、鸳鸯、白眼潜鸭、红胸秋沙鸭、兀鹫、白头鹞、凤头鹰雕（*Spizaetus cirrhatus*）、大沙锥（*Gallinago megala*）、中杓鹬（*Numenius phaeopus*）、小青脚鹬、黑腹燕鸥、灰翅浮鸥、黄鹡鸰、布氏鹨（*Anthus godlewskii*）、虎纹伯劳（*Lanius tigrinus*）、红胁蓝尾鸲、红喉姬鹟、栗头树莺（*Cettia castaneocoronata*）、中华短翅蝗莺（*Bradypterus tacsanowskius*）、四川柳莺（*Phylloscopus forresti*）、黄眉柳莺、灰头柳莺（*Phylloscopus xanthoschistos*）、戴菊、黑顶麻雀、白斑翅拟蜡嘴雀（*Mycerobas carnipes*）、黄眉鹀、黑头鹀（*Emberiza melanocephala*）等鸟类未被已有的青藏高原鸟类专著所记载。相信鸟类的新记录和物种数目将随着各类观测和观鸟活动的开展仍将继续增加。

9.3 观测样区设置

从2011年开展鸟类观测以来，青藏区共设置19个样区、313条样线与样点，开展鸟类观测工作。覆盖了森林、农田、草地、荒漠、城镇、湿地等诸多生境类型（图9-1）。2011年，选取青海的青海湖，甘肃的肃北县和碌曲县作为青藏区的首批试点样区，开展鸟类多样性观测。紧接着2012年，将西宁市作为高原城市代表，新增为鸟类观测样区。随着国家对生态环境保护投入力度加大，全国鸟类生物多样性观测网络于2014年和2016年对观测样区进行了较大范围的增补，青藏区新增9个观测样区加入到中国鸟类多样性观测网络。其中，2014年增补四川若尔盖县，西藏雅鲁藏布江中游、纳木错、申扎县，青海门源县为观测样区。2016年增补西藏拉萨市、雅鲁藏布江下游、尼洋河、林芝县，青海都兰县、天峻县为观测样区。2018年，青藏区再次增补西藏米林县，青海玉树市、曲麻莱县3个观测样区。所有观测样区繁殖期鸟类观测时间为每年的5～7月，对每条样线每年开展2次观测，两次观测之间的时间间隔不小于20 d。

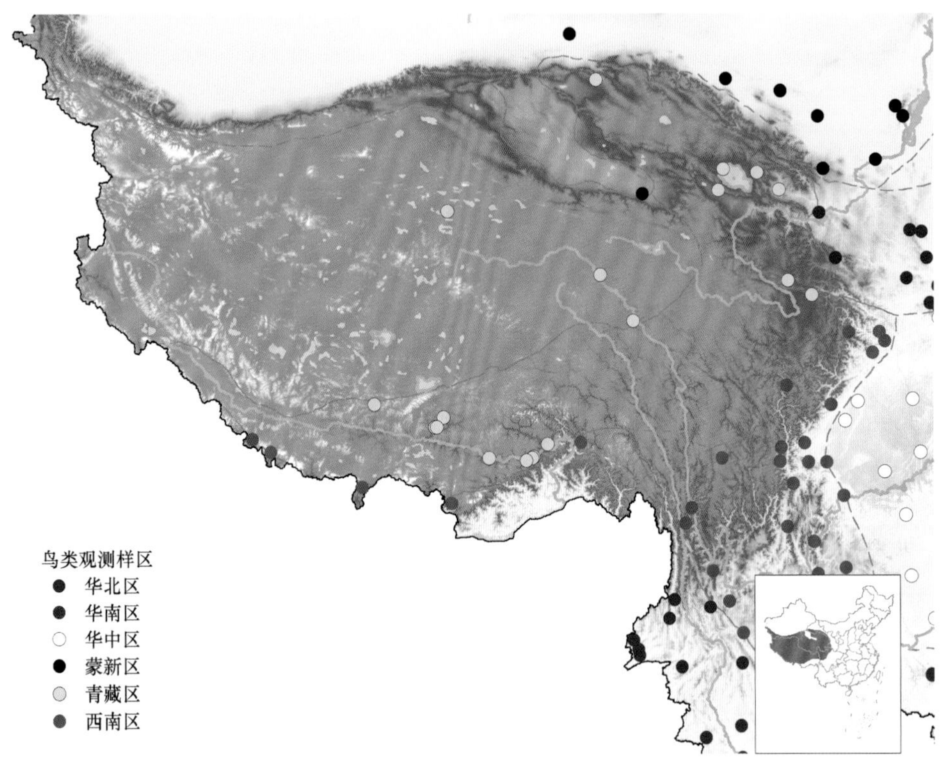

图9-1 青藏区鸟类观测样区

9.4 典型生境中的鸟类多样性

9.4.1 高寒草甸

1. 生境特点

高寒草甸是青藏高原或高山地区海拔高、气候寒冷特定气候特征的产物，是由寒冷中生多年生草本植物为建群种所构成的群落类型（周兴民等，1986）。高寒草甸广泛分布于青藏高原东部及其周围山地，是青藏高原等高山地区具有水平地带性及周围山地垂直地带性特征的独特植被类型，面积约 70 万 km^2，为青藏高原分布面积最大、类型最多的生态系统，占可利用草场的近 50%（夏武平，1986；赵新全，2009）。高寒草甸又可以分为典型高寒草甸、高寒草原化草甸和高寒沼泽化草甸 3 个植被亚型（周兴民等，1986）。

在气候变化和人类活动加剧的背景下，青藏高原高寒草地的生态系统服务功能受到广泛关注（杨正礼和杨改河，2000；李清源，2006；祁明祥和陈季贵，2007；牟雪洁和饶胜，2015；张江等，2020；Bai *et al.*，2020）。全球变暖、超载过牧、鼠虫害、矿产开采等导致了草地退化，水土流失加剧，水分涵养功能下降。最近的研究表明：随着全球气候变暖，青藏高原生长季平均气温与降水量整体增加，气候呈现“暖湿化”趋势，青藏高原高寒草地生长季归一化植被指数（normalized difference vegetation index，NDVI，反映植被覆盖程度和生长状况）总体呈增长趋势，同时放牧强度的持续增加则导致草地 NDVI 的减少，草地植被生长状态呈现“整体改善、局部退化”趋势（张江等，2020；Bai *et al.*，2020）。随着一系列防治措施的推进，有学者认为青藏高原生态系统的生态服务功能得到了一定的提升（牟雪洁和饶胜，2015），但也有人通过相同时段（2000～2010 年）的青藏高原植被与生态系统服务功能一致性分析得到，高寒草甸生态系统的服务功能和植被的整体改善情况并不一致，生态系统服务功能非显著减少样本明显多于非显著增加样本，没能得到生态服务功能提升的结论（程琳琳等，2018）。鸟类是高寒草甸生态系统的重要组成部分，由于鸟类对环境的敏感性，其数量和多样性受其生境的影响，而鸟类群落结构的变化又反过来影响当地生态系统的功能。

2. 样区布设

高寒草甸生境鸟类的观测样区布设在青海海北藏族自治州门源县，海西蒙古族藏族自治州都兰县、天峻县。

门源县样区 2014～2020 年持续观测 8 条样线和 1 个样点，都兰县和天峻县样区 2016～2019 年各持续观测 10 条样线和 1 个样点（表 9-2）。样线的亚生境类型包括典型的高寒草甸、高寒草甸景观中的农田、水体、村庄等不同斑块。

表 9-2　高海草甸生态系统观测样线设置

样区	样线名称	样线编号	起点/终点海拔（m）	样线长度（km）
门源县	浩门农场	6300321001	3018/3093	3.1
	菜子湾	6300321002	3196/3213	3.2
	春圈窝	6300321003	3176/3178	3.5
	大梁高铁	6300321004	3458/3570	2.7
	海北站	6300321005	3195/3176	4.1
	永安河	6300321006	3094/3113	2.3
	红牙合村	6300321008	2964/3008	2.7
	达坂山	6300321009	3818/3947	3.2
都兰县	和支龙 1	6300521001	4425/4232	3.1
	和支龙 2	6300521002	4143/4003	2
	和支龙 3	6300521003	3921/3812	2
	德龙沟 1	6300521004	3841/3899	2
	德龙沟 2	6300521005	3927/3980	2
	热龙沟 1	6300521006	3772/3821	2
	热龙沟 2	6300521007	3898/4001	2

续表

样区	样线名称	样线编号	起点/终点海拔（m）	样线长度（km）
都兰县	热龙沟 3	6300521008	3972/4106	2
	达日吾勒河 1	6300521009	3763/3782	2
	达日吾勒河 2	6300521010	3821/3726	2
天峻县	泽日克切 1	6300721001	3740/3836	2
	泽日克切 2	6300721002	3657/3713	2
	纳周-西王母 1	6300721003	3570/3685	2
	纳周-西王母 2	6300721004	3737/3966	2
	恰霍日	6300721005	3579/3657	2
	尕日登 1	6300721006	3571/3689	2
	尕日登 2	6300721007	3636/3651	2
	达尔其荀图	6300721008	3567/3507	2
	纳周 1	6300721009	3522/3569	2
	纳州 2	6300721010	3644/3809	2

3. 物种组成

青海门源县、都兰县和天峻县三县高寒草甸样区样线和样点观测中共记录到 14 目 39 科 120 种鸟类（附表 II），其中有国家重点保护鸟类 23 种，包括国家一级重点保护野生动物黑颈鹤、胡兀鹫、金雕和猎隼 4 种，国家二级重点保护野生动物暗腹雪鸡、藏雪鸡、大石鸡等 19 种；有中国生物多样性红色名录受威胁物种 5 种，包括濒危的猎隼和贺兰山红尾鸲 2 种，易危的黑颈鹤、金雕和大鵟3 种；IUCN 红色名录受威胁物种 1 种，即濒危的猎隼。

4. 动态变化及多样性分析

（1）物种及种群数量的年间变化

基于门源县样区高寒草甸 2014～2020 年持续 7 年 8 条样线鸟类观测的数据，样线观测记录到的鸟类物种数目、数量和生物多样性指数总体较为稳定，稳中有升（图 9-2）。2019 年和 2020 年记录到疏林生境鸟类金翅雀在门源县的分布，可能源于本地区苗圃培育及树木种植力度的加大。

（2）不同样线间种群数量及生物多样性的差异

1）海拔与鸟类数量

以门源县高寒草甸生态系统为例，高海拔生境中鸟类的物种数量远低于较低海拔（图 9-3）。青海门源县样线属达坂山样线的海拔最高，样线海拔为 3818～3947 m（表 9-2），该样线 7 年 14 次观测共记录

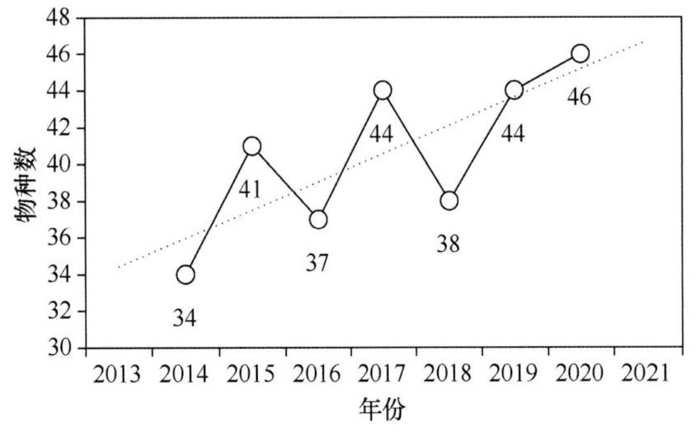

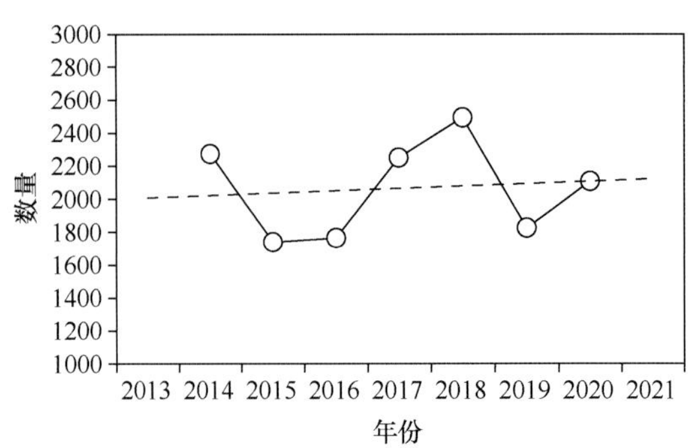

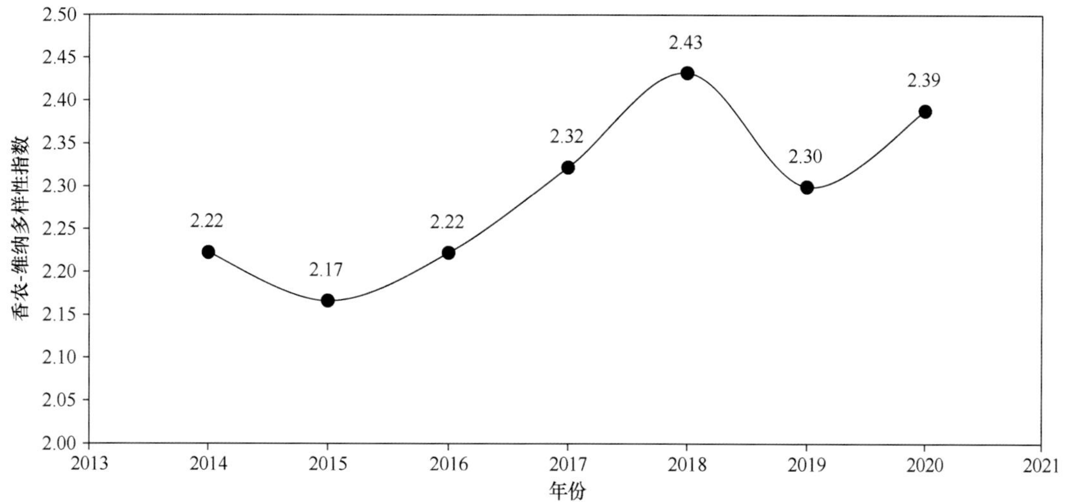

图 9-2 门源县样区鸟类物种数、数量和多样性变化

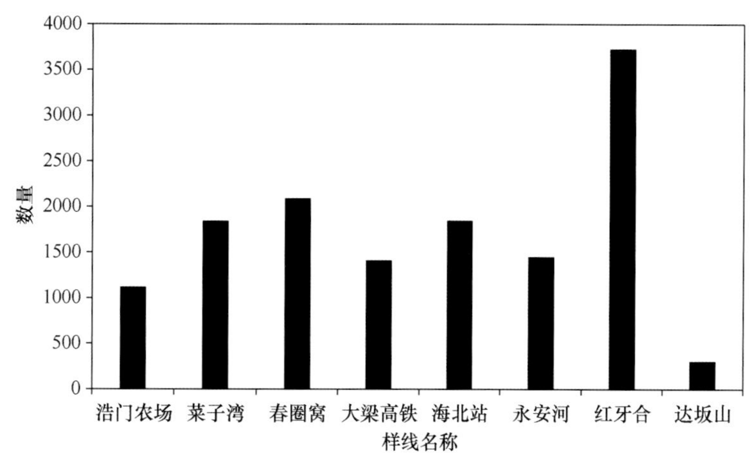

图 9-3 门源县不同样线观测到的鸟类数量

到鸟类 307 只，12 种鸟类，低于其他样线鸟类数量（按照样线长度为 3.0 km）。高海拔样线达坂山样线记录的 12 种鸟类，包括领岩鹨、金雕、大鵟、岩鸽、红嘴山鸦（*Pyrrhocorax pyrrhocorax*）、粉红胸鹨（*Anthusroseatus*）、鸲岩鹨（*Prunella rubeculoides*）、赭红尾鸲、角百灵、林岭雀（*Leucosticte nemoricola*）、黄头鹡鸰（*Motacilla citreola*）和红腹红尾鸲。其中粉红胸鹨为优势种类。较低海拔高寒草甸的优势种小云雀在高海拔的达坂山样线未见分布。

2）生境类型与鸟类数量

相同海拔下不同生境类型的样线间鸟类数量存在差异。青海门源县浩门农场、菜子湾、春圈窝、海北站、永安河和红牙合 6 条样线海拔相同，分布临近，其中浩门农场为农田，种植作物为油菜和青稞，菜子湾、春圈窝、海北站为典型高寒草地，永安河为水体及其河岸生境，红牙合为房屋较密集的村庄。在此 6 条样线中浩门农场鸟类数量最少，应源于生境的单调；同为典型高寒草甸生境的菜子湾、春圈窝和海北站数量接近，高于农田；村庄的鸟类数量最多，麻雀为其优势物种，村庄生境中数量最多是因为密集的村舍和饲养牛羊的圈舍为大量的麻雀提供了充足的栖息环境和食物。

3）生境类型与鸟类多样性

和不同样线间呈现的鸟类数量差异的不同，比较近 3 年（2018～2020 年）不同生境样线生物多样性指数均值，鸟类个体数量最多的红牙合村庄鸟种多样性最低，分析其原因是栖息地麻雀的数量占了绝对优势。多样性最高的生境类型为永安河的水体河岸生境、海北站的典型草甸生境及大梁地点高寒灌丛草甸生境。分析 3 个地点的生境特点，水体河岸样线中包含了水体，河流一侧有悬崖，另一侧邻接典型高寒草甸，其中又分布有一定的灌丛；海北站样线一侧亦有溪流穿过，有小面积的稀疏灌丛；大梁样线的生境主要为高寒灌丛及其间的草地，所以这 3 条样线较高的生物多样性源于其内部环境的多样性（图 9-4）。

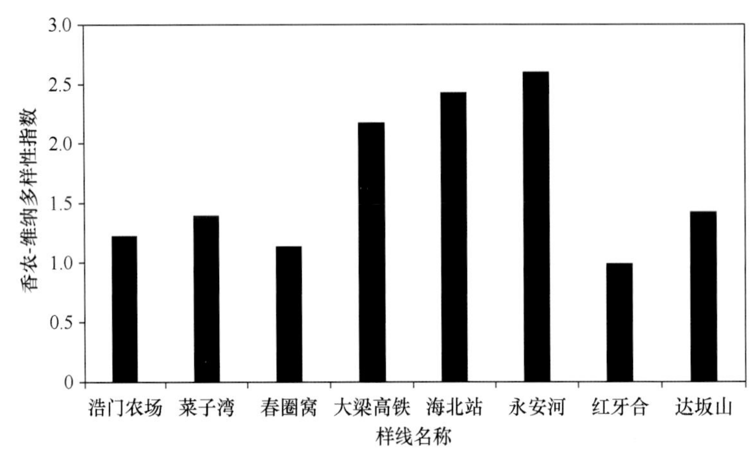

图 9-4　门源县不同样线的鸟类多样性

5. 代表性物种

高寒草甸生境的常见鸟类有鸡形目的环颈雉，雁形目的赤麻鸭、斑头雁、绿头鸭，鹰形目的大鵟、高山兀鹫、金雕，鸻形目的红脚鹬，雀形目的小云雀、黄嘴朱顶雀、角百灵、赭红尾鸲、粉红胸鹨、鸲岩鹨、高山岭雀（*Leucosticte brandti*）、白腰雪雀（*Onychostruthus taczanowskii*）、棕颈雪雀（*Pyrgilauda ruficollis*）、褐翅雪雀（*Montifringilla adamsi*）、白鹡鸰、黄头鹡鸰、地山雀、红嘴山鸦，鸽形目的岩鸽，雨燕目的白腰雨燕等。

9.4.2　青海湖

1. 生境特点

青海湖是国际重要湿地，是国家级自然保护区，是我国面积最大的内陆湖泊，是国际上重要水鸟繁殖地，繁殖种群数量大，有些种类占到全球的 10%。因而，实时掌握水鸟繁殖期动态、繁殖期种群数量及分布状况，是十分必要的，通过生物多样性观测示范项目实施，近一步规范青海湖的水鸟观测工作，明晰青海湖水鸟动态及变化趋势，为保护工作提供必要的数据支撑，对于青海湖湿地生态保护工作具有十分重要的意义。

青海湖国家级自然保护区位于青藏高原东北部，祁连山系南麓。介于 99°36′E～100°46′E，36°32′N～37°25′N，属湿地生态系统和野生动物类型的自然保护区。保护区除水域外，由 5 个小岛和大小泉湾及沿湖沼泽湿地组成，湖中有海心山、三块石、海西皮、鸟岛和沙岛。沼泽湿地环湖分布。青海湖地区具有高原大陆性气候，光照充足，干湿季分明。年均温在 0.3～1.1℃。湖区全年降水量偏少，蒸发量远远超过降水量。湖区降水量季节变化大，降水多集中在 5～9 月，雨热同季。每年从 11 月中旬开始，到翌年 1 月气温为最低，全湖形成稳定的冰盖，封冰期年平均为 108～116 d。青海湖水补给来源是河水、雨水、地下水，青海湖每年获得径流补给主要是布哈河、沙柳河、乌哈阿兰河和哈尔盖河。

青海湖是我国西部重要的水源涵养地和水汽循环通道，是维系青藏高原生态安全的重要水体，是阻止西部荒漠化向东蔓延的天然屏障。2008 年，青海启动实施为期 10 年、总投资 15.67 亿元的青海湖流域生态环境保护与综合治理工程，主要在青海湖流域天峻、刚察、海晏、共和等县和 4 个国有农牧场的 2.96 万 km^2 区域内实施人工增雨、湿地保护、退化草地治理、生态林建设、河道整治、陆生生物多样性保护等工程。通过不懈努力，青海湖蓄水量逐年增加，青海湖流域植被、湿地恢复明显，湿地面积累计增加 1.35 万 hm^2，高密度植被覆盖率累计增大 21.33 hm^2，保护区沙地、裸地、盐碱化土地面积累计减少 3960 hm^2，青海湖整体生态功能持续增强。

青海湖流域持续向好的生态环境也带来了生物种类的多元化，截至 2018 年，青海湖区域鸟类由 1996 年的 164 种增加到 225 种，约占全国鸟类种数的 17%，每年有近 30 万只鸟在这里栖息繁殖。其中哺乳动物有 41 种，两栖爬行类有 5 种，鱼类有 8 种，属国家一级重点保护野生动物的有 8 种，属国家二级重点保护野生动物的有 29 种。濒危物种普氏原羚数量由 2004 年的 257 只增加到 2018 年的 2793 只，青海湖裸鲤（*Gymnocypris przewalskii przewalskii*）资源量由 2002 年的 2592 t 增长到 2018 年的 8.8 万 t，连续开展青海湖裸鲤增殖放流活动，人工增殖放流对青海湖裸鲤资源增加的贡献率超过 20%。青海湖旗舰物种、湿地指示性物种得到有效保护，野外种群数量实现增长，整体水环境重要指标多年来保持稳定，生态持续向好的青海湖生态平衡系统已初步形成。

2. 样区布设

（1）夏季繁殖水鸟观测样区布设

2011～2018 年，在青海湖环湖区域共设置 22 个观测样点，这些样点都是青海湖水鸟集中分布的地点，包括 17 个水鸟栖息地、5 个夏候鸟集中繁殖地。5 个夏候鸟集中繁殖地：海心山、三块石、蛋岛、鸬鹚岛、棕头鸥新巢区（沙尖），17 个水鸟栖息地：布哈河口、生河口、铁卜加河口、泉湾湿地、尕日拉湿地、哈达滩、达赖泉、泉吉河口、仙女湾湿地、沙柳河口、那仁湿地、甘子河湿地、沙岛、小泊湖、倒淌河湿地、洱海、黑马河湿地（表 9-3）。

表 9-3　青海湖样区夏季繁殖水鸟观测样点分布表

样点编号	样点名称	样点编号	样点名称
630012201001	生河口	630012212001	青海湖农场
630012202001	铁卜加河口	630012213001	沙柳河口
630012203001	泉湾湿地	630012214001	那仁湿地
630012204001	尕日拉湿地	630012215001	甘子河湿地
630012205001	黑马河湿地	630012216001	沙岛
630012206001	布哈河口	630012217001	小泊湖
630012207001	蛋岛	630012218001	倒淌河湿地
630012208001	鸬鹚岛	630012219001	洱海
630012209001	五世达赖泉	630012220001	三块石岛
630012210001	哈达滩	630012221001	海心山岛
630012211001	泉吉河口	630012222001	棕头鸥新巢区

青海湖样区夏季繁殖水鸟观测从每年 5 月下旬开始至 7 月初结束，这一时间段内共开展观测 2 次，此时青海湖繁殖水鸟正处在孵化期和育雏期，是水鸟繁殖期最为集中的时间段。

（2）鸣禽观测样区布设

2014～2018 年，在青海湖西岸鸟岛地区共设置 6 条草原鸣禽样线，行政区划范围包括刚察县泉吉乡年乃索麻村，共和县石尕亥镇向公村，地理范围介于 99°36′E～99°53′E，37°03′N～36°50′N，面积约为

230 km^2。6 条观测样线中有 5 条观测样线主要生境类型为草甸草原，1 条为山谷灌丛；2 条样线位于保护区内，4 条样线位于保护区外（表 9-4）。

表 9-4　青海湖样区草原鸣禽样线表

样线编号	样线名称	样线长度（km）	主要生境类型
6300121001	刚察县金吉乡乃索麻村	1.2	
6300121002	蛋岛至鸬鹚岛	1.4	
6300121003	南点村	1.25	草甸草原
6300121004	石尕亥镇	12	
6300121005	刚察县泉吉乡	1.2	
6300121006	共和县黑马河	2	山谷灌丛

（3）越冬水鸟观测样区

2011～2018 年，在青海湖环湖周边的河口及湿地中设置 15 个越冬水鸟观测样点，这些样点均是越冬水鸟分布较为集中的区域，其中洱海、沙柳河口、青海湖农场、泉吉河口、生河口、沙柳河口、布哈河口、黑马河湿地、尕日拉湿地 9 个样点没有观测到水鸟分布（表 9-5）。

表 9-5　青海湖样区越冬水鸟观测样点表

样点编号	样点名称	样点编号	样点名称
630012401001	泉湾	630012409001	泉吉河口
630012402001	铁卜加河口	630012410001	青海湖农场湿地
630012403001	洱海	630012411001	沙柳河口
630012404001	江西沟	630012411002	那仁湿地
630012405001	布哈河口	630012412001	生河口
630012406001	蛋岛	630012413001	鸬鹚岛
630012407001	甘子河湿地	630012414001	尕日拉湿地
630012408001	黑马河湿地		

青海湖越冬水鸟观测样区，生境类型属于内陆大型湖泊，冬季处于冰封期，在 15 个水鸟观测样点大部分有轻度放牧，其中蛋岛、鸬鹚岛属于保护区核心区无人为干扰，泉湾湿地、那仁湿地、鸬鹚岛、蛋岛有部分水域没有结冰，为水鸟提供了越冬栖息地，江西沟水鸟主要在耕地中栖息。

3. 物种组成

青海湖共记录到鸟类 117 种（附表Ⅱ），隶属 13 目 33 科，包括国家重点保护野生动物 17 种，其中国家一级重点保护野生动物有黑颈鹤、黑鹳 2 种，国家二级重点保护野生动物有大天鹅、角䴙䴘、黑颈䴙䴘等 15 种；中国生物多样性红色名录受威胁物种 6 种，即易危的黑颈鹤、黑鹳、大鵟、白尾地鸦、黑尾地鸦和蒙古百灵；IUCN 红色名录受威胁物种 2 种，即易危的红头潜鸭和角䴙䴘。CITES 附录Ⅰ有黑颈鹤 1 种，附录Ⅱ9 种。列入《中华人民共和国政府和日本国政府保护候鸟及其栖息环境协定》39 种；列入《中华人民共和国政府和澳大利亚政府保护候鸟及其栖息环境的协定》16 种。

（1）繁殖鸟类组成

2011～2018 年，青海湖样区共记录到繁殖鸟类 69 种，分属 10 目 19 科。其中鸻形目燕鸥科 3 种，燕鸻科 1 种，反嘴鹬科 2 种，鸻科 6 种，鹬科 7 种，鸥科 3 种；鹳形目鹳科 1 种，鹭科 6 种，鹮科 1 种；鹤形目鹤科 3 种，秧鸡科 3 种；隼形目鹰科 3 种；雁形目鸭科 20 种；雀形目燕科 1 种，鹡鸰科 2 种；鹟鹏目鹳鹏科 4 种；鹈形目鸬鹚科 1 种；鸽形目鸠鸽科 1 种；鸮形目鸱鸮科 1 种。国家一级重点保护野生动物 2 种，分别是黑鹳、黑颈鹤，国家二级重点保护野生动物 11 种；《中国濒危动物红皮书》易危（VU）3 种，近危（NT）6 种；CITES 名录（濒危野生动植物种国际贸易公约）附录Ⅰ 1 种，是黑颈鹤，附录Ⅱ 8 种；IUCN 红色名录易危（VU）1 种，是黑鹳，近危（NT）2 种，分别是白腰杓鹬、白眼潜鸭；列入《中华人民共和国政府和日本国政府保护候鸟和栖息环境协定》39 种；列入《中华人民共和国和澳大利亚政府保护候鸟及其栖息环境的协定》16 种。

（2）草原鸣禽组成

2014～2018 年，在青海湖繁殖期草原鸣禽样线共记录到鸟类 51 种，隶属 5 目 18 科。其中雀形目鹟科 7 种，雀科 7 种，鸦科 3 种，鹡鸰科 5 种，山雀科 2 种，百灵科 7 种，燕雀科 3 种，河乌科 1 种，旋壁雀科 1 种，莺科 1 种，伯劳科 3 种，燕科 3 种，鹪鹩科 1 种，岩鹨科 3 种；雨燕目雨燕科 1 种；隼形目鹰科 1 种；戴胜目戴胜科 1 种；鸽形目鸠鸽科 1 种。国家二级重点保护野生动物 5 种，分别是大鵟、白尾地鸦、黑尾地鸦、蒙古百灵、云雀；《中国濒危动物红皮书》易危 4 种；CITES 附录Ⅱ 1 种；IUCN 红色名录近危 2 种，分别是白尾地鸦、黑尾地鸦；列入《中华人民共和国和日本国政府保护候鸟和栖息环境的协定》6 种；列入《中华人民共和国和澳大利亚政府保护候鸟及其栖息环境的协定》4 种。

（3）越冬水鸟组成

2011～2018 年，在青海湖样区共记录到越冬水鸟 16 种，隶属 4 目 5 科。其中雁形目鸭科 11 种；鸻形目燕鸥科 1 种，鸥科 2 种；鹳形目鹭科 1 种；鹈形目鸬鹚科 1 种。国家二级重点保护野生动物 1 种，是大天鹅；《中国濒危动物红皮书》近危（NT）1 种；列入《中华人民共和国和日本国政府保护候鸟和栖息环境的协定》10 种；列入《中华人民共和国和澳大利亚政府保护候鸟及其栖息环境的协定》2 种。

4. 动态变化及多样性分析

（1）繁殖鸟类

1）种群构成

2011～2018 年在青海湖样区共观测记录到繁殖鸟类 69 种，分属 10 目 19 科，总计 51 万余只。在 69 种水鸟中鸻形目水鸟 22 种，约 16.9 万余只，占鸟类总数的 33.1%；隼形目 3 种，仅 23 只；雀形目 3 种，仅 94 只；雁形目鸭科 20 种，约 17 万余只，占鸟类总数的 33.3%；鹈形目 1 种，约 14.48 万余只，占鸟类总数的 28.4%；鹳鹏目 4 种，约 1.5 万余只，占鸟类总数的 2.9%；鹤形目 6 种，约 1.08 万余只，占鸟类总数的 2.1%；鹳形目 8 种，259 只；鸽形目 1 种，仅 32 只；鸮形目 1 种，仅 2 只（表 9-6）。

表 9-6 2011～2018 年青海湖样区繁殖水鸟种群构成

目	科	种	数量（只）	目	科	种	数量（只）
鸻形目	燕鸥科	3	2 394	鹤形目	秧鸡科	3	9 355
	燕鸻科	1	49	隼形目	鹰科	3	23
	反嘴鹬科	2	432	雁形目	鸭科	20	170 460
	鸻科	6	1 134	雀形目	燕科	1	81
	鹬科	7	4 684		鹡鸰科	2	13
	鸥科	3	160 358	鹳鹏目	鹳鹏科	4	15 006
鹳形目	鹳科	1	9	鹈形目	鸬鹚科	1	144 884
	鹭科	6	248	鸽形目	鸠鸽科	1	32
	鹮科	1	2	鸮形目	鸱鸮科	1	2
鹤形目	鹤科	3	1 503				

由此可以看出在青海湖夏季繁殖期，鸟类主要由鸻形目鸥科、雁形目鸭科、鹳鹛目鸊鷉科、鹈形目鸬鹚科的水鸟构成，青海湖主要夏候鸟渔鸥、棕头鸥、斑头雁、普通鸬鹚的繁殖种群数量在36.9万余只，占有绝对优势。

2）动态变化

2011年繁殖期观测记录鸟类38种，近6.1万余只；2012年繁殖期观测记录鸟类36种，5.3万余只；2013年繁殖期观测记录鸟类38种，4.4万余只；2014年繁殖期观测记录鸟类43种，3.1万余只；2015年繁殖期观测记录鸟类43种，近7.9万余只；2016年观测记录鸟类46种，6.4万余只；2017年观测记录鸟类49种，8.6万余只；2018年繁殖期观测记录鸟类41种，9万余只。通过8年同期观测数据的对比显示，8年来鸟类种类从2012年最少的36种到2017年最多的49种，鸟类种类变化不明显。但鸟类种群数量的变化较大，2011年后水鸟种群数量有明显下降，2015年鸟类种群数量逐渐回升，直到2018年的最高峰，这种变化直观地反映在青海湖主要4种集群繁殖鸟类的变化上，2012～2014年青海湖4种集群繁殖水鸟的种群数量都有不同程度的减少，这与青海湖湿地面积有一定的关联性（图9-5）。

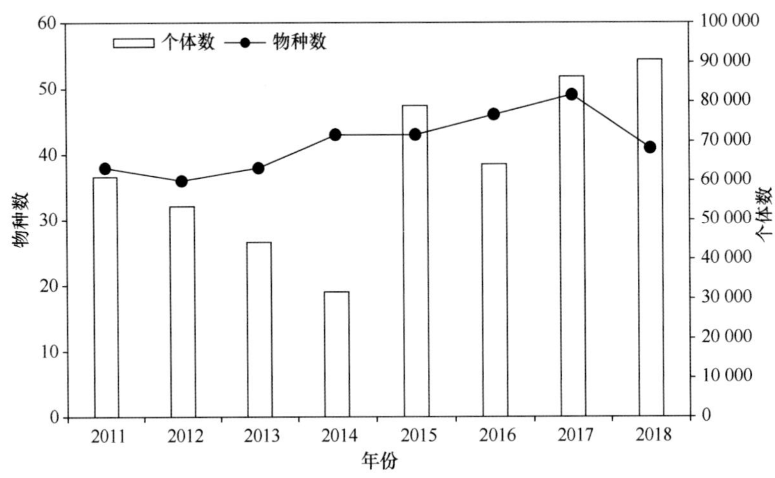

图9-5　2011～2018年青海湖夏季繁殖鸟类物种数和个体数

3）多样性分析

从多样性指数的年际动态变化来看，2014年和2017年的香农-维纳多样性指数较高，分别为2.14和2.12，2011年、2012年和2016年较低，分别为1.82、1.84和1.83（图9-6）。

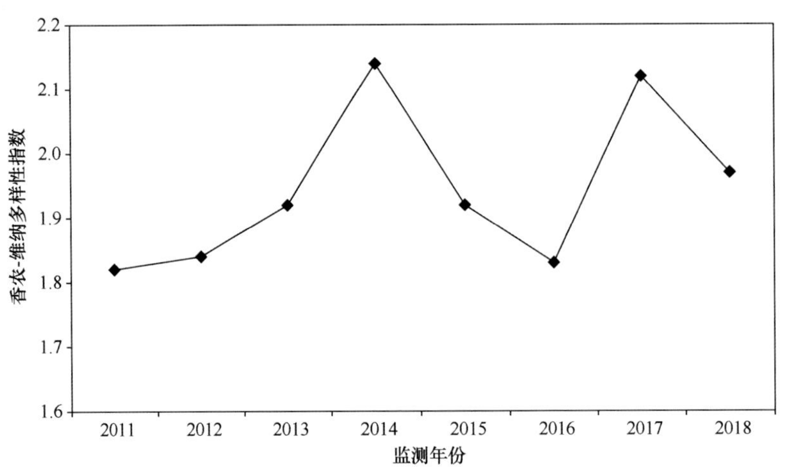

图9-6　2011～2018年青海湖夏季繁殖水鸟多样性指数

（2）草原鸣禽

1）种群构成

2014～2018 年，青海湖繁殖期草原鸣禽样线共记录到鸣禽 51 种，隶属 5 目 18 科，总计 1771 只。在 51 种鸣禽中雀形目鸣禽 47 种 1745 只，占比为 98.5%，占有绝对优势；雨燕目鸣禽 1 种，仅 6 只；隼形目鸣禽 1 种，仅 2 只；戴胜目鸣禽 1 种，16 只；鸽形目鸣禽 1 种，仅 2 只（表 9-7）。

由此可以看出在青海湖夏季繁殖期鸣禽主要由雀形目雀科、百灵科构成，青海湖主要鸣禽角百灵、地山雀、云雀的种群数量在 761 只，占有绝对优势。

表 9-7　2014～2018 年青海湖样区鸣禽种群构成

目	科	种	数量（只）	目	科	种	数量（只）
雀形目	鹡科	7	135	雀形目	莺科	1	4
	雀科	7	265		伯劳科	3	5
	鸦科	3	3		燕科	3	101
	鹟鸲科	5	25		鹪鹩科	1	7
	山雀科	2	185		岩鹨科	3	15
	百灵科	7	862	雨燕目	雨燕科	1	6
	燕雀科	3	134	隼形目	鹰科	1	2
	河乌科	1	2	戴胜目	戴胜科	1	16
	旋壁雀科	1	2	鸽形目	鸠鸽科	1	2

2）动态变化

2014 年青海湖繁殖期草原鸣禽样线共记录到鸣禽 27 种 658 只，2015 年青海湖繁殖期草原鸣禽样线共记录到鸣禽 36 种 348 只，2016 年青海湖繁殖期草原鸣禽样线共记录到鸣禽 29 种 270 只，2017 年青海湖繁殖期草原鸣禽样线共记录到鸣禽 28 种 277 只，2018 年青海湖繁殖期草原鸣禽样线共记录到鸣禽 28 种 218 只。通过 5 年同期观测数据的对比显示，5 年来鸣禽种类从 2014 年的 27 种到 2015 年最多的 36 种，鸣禽种类变化不明显。但鸣禽种群数量的变化较大，呈现直线下降的趋势，从 2014 年 658 只一直下降到 2018 年的 218 只。这与鸣禽观测时间一直集中在 7 月中旬鸟类繁殖后期，繁殖前期没有观测有关，这会导致繁殖期观测的鸣禽种类和数量较少，不够全面（图 9-7）。

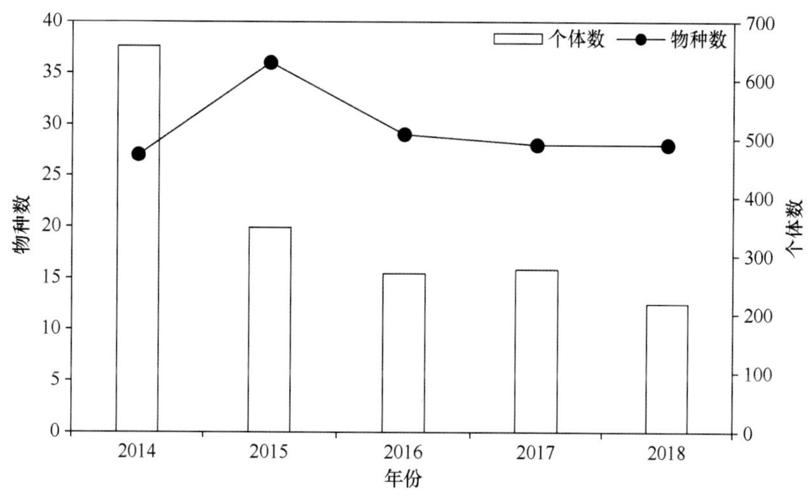

图 9-7　2014～2018 年青海湖鸣禽的物种数和个体数量

3）多样性分析

从多样性指数的年际动态变化来看，各年香农-维纳多样性指数差异不显著，2015 年的香农-维纳多样性指数最高，为 2.92，2014 年的香农-维纳多样性指数最低，为 2.28（图 9-8）。

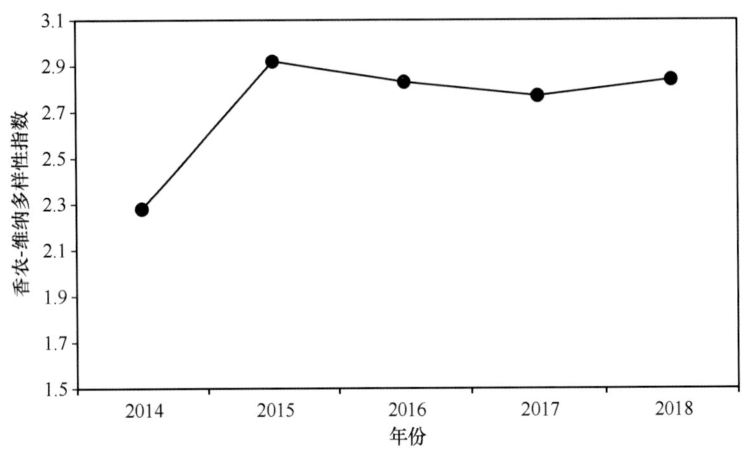

图 9-8　2014～2018 年青海湖鸣禽香农-维纳多样性指数

（3）越冬水鸟

1）种群构成

2011～2018 年在青海湖样区共记录到越冬水鸟 16 种，隶属 4 目 5 科，总计近 3.1 万只。在 16 种水鸟中雁形目水鸟 11 种，3 万余只，占比为 98.5%；鸻形目水鸟 3 种，456 只；鹳形目水鸟 1 种，仅 5 只；鹈形目水鸟 1 种，仅 10 只（表 9-8）。

表 9-8　2011～2018 年青海湖样区越冬水鸟种群构成

目	科	种	数量（只）
雁形目	鸭科	11	30 522
鸻形目	燕鸥科	1	1
	鸥科	2	455
鹳形目	鹭科	1	5
鹈形目	鸬鹚科	1	10

由此可以看出在青海湖越冬水鸟构成较为单一，主要以鸭科水鸟为主，其中赤麻鸭、大天鹅这两种数量在 2.5 万余只，为绝对优势种群。

2）动态变化

2011 年观测记录越冬水鸟 5 种，2771 只；2012 年观测记录水鸟 1 种，2778 只；2013 年观测记录水鸟 6 种，4419 只；2014 年观测记录水鸟 2 种，93 只；2015 年观测记录水鸟 8 种，2945 只；2016 年观测记录水鸟 8 种，3245 只；2017 年观测记录水鸟 10 种，6170 只；2018 年观测记录水鸟 8 种，8572 只。通过 8 年同期观测数据的对比显示，8 年来观测到的越冬水鸟种类较少，最多就 10 种。越冬水鸟种群数量的变化较大，2011 年后水鸟种群数量逐渐上升，2014 年水鸟种群数量明显下降，降到最少，2014 年后水鸟种群数量逐渐回升，直到 2018 年的最高峰。造成这种变化的原因是随着近年来青海湖湖面水位的上升，有些区域的地下水为湖水淹没，能够为越冬水鸟提供栖息地的区域正在逐年减少（图 9-9）。

3）多样性分析

从多样性指数上来看，最小值出现在 2012 年，最大值出现在 2017 年，差异非常显著，总体呈现较

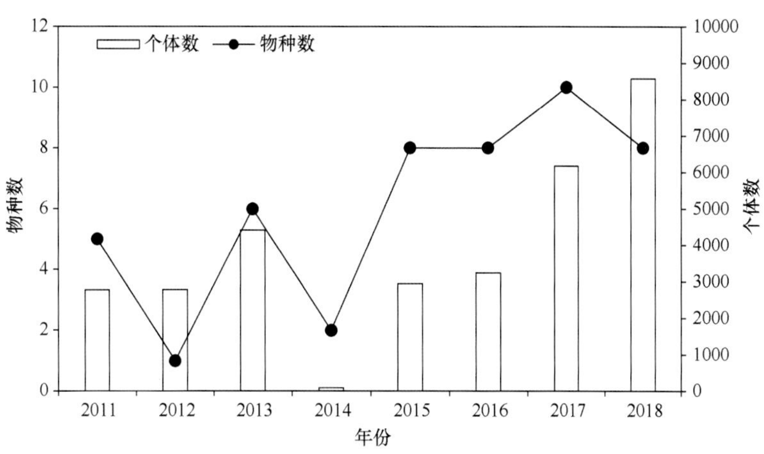

图 9-9　2011～2018 年青海湖越冬水鸟的物种数量

为稳定且缓慢上升趋势（图 9-10）。而 2012 年和 2014 年出现断崖式下降，这与该年观测到的越冬水鸟种类数量较少有关，2012 年仅观测到 1 种，2014 年仅观测到 2 种。

由于本次观测到的样本量较小，因此会产生较大程度的偏差，这说明样本量的大小对多样性指数的估计起着重要的作用，为获得尽可能精确的结果，我们应尽量增大观测的样本量，持续对青海湖的生物多样性进行跟踪观测，以获得更具代表性的观测结果。

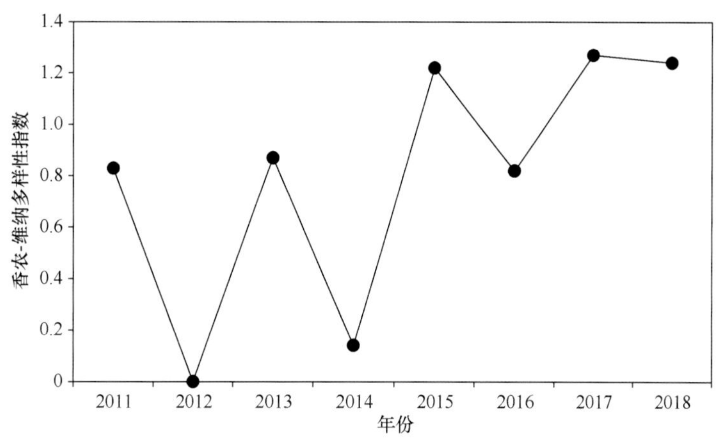

图 9-10　2011～2018 年青海湖越冬水鸟香农-维纳多样性指数

5. 代表性物种

（1）黑鹳——鹳科代表

识别特征　黑鹳的嘴长而粗壮，头、颈、脚均甚长，嘴和脚红色。身上的羽毛除胸腹部为纯白色外，其余都是黑色，在不同角度的光线下，可以映出变幻多种颜色。在高树或岩石上筑大型的巢，飞时头颈伸直。成鸟的体长 1～1.2 m，体重 2～3 kg。

生态分布与迁徙　黑鹳繁殖期间栖息在偏僻而无干扰的开阔森林及森林河谷与森林沼泽地带，也常出现在荒原和荒山附近的湖泊、水库、水渠、溪流、水塘及其沼泽地带，冬季主要栖息于开阔的湖泊、河岸和沼泽地带，有时也出现在农田和草地。繁殖期 4～7 月，营巢于偏僻和人类干扰小的地方。在我国主要繁殖于新疆塔里木河流域、天山山地、阿尔泰山地、准噶尔盆地和东部盆地、青海西宁、祁连山、甘肃东北部和中部、祁连山西南部、张掖西北部、酒泉、敦煌，内蒙古西北部、伊克昭盟中部、东胜、乌梁素海、呼和浩特、巴林东北部、赤峰、阿伦河，黑龙江哈尔滨、山河屯、牡丹江，吉林长白山，辽宁熊岳、朝阳、鞍山，河北北部燕山，河南伏牛山，山西北部，陕西北部延安等地；越冬于山西、河南、陕西南部、四川、云南、广西、广东、湖南、湖北、江西、长江中下游和台湾。黑鹳大多数是迁徙鸟类，只有在西班牙为留鸟，仅有少数经过直布罗陀海峡到非洲西部越冬，此外在南非繁殖的种群也不迁徙，仅在繁殖期后向周围地区扩散游荡。是白俄罗斯的国鸟。

保护 黑鹳为鹳形目鹳科的大型涉禽，属于国家一级重点保护野生动物、CITES 附录Ⅱ物种。

（2）其他代表性物种

斑头雁：雁形目鸭科雁属鸟类，体长 75 cm 左右，成鸟头顶污白色，具棕黄色羽缘，头后两侧具 2 道黑色横斑，头、脸、喉部均有宽阔的白色横斑，背部淡灰褐色，尾上覆羽及腰白色，脚、趾深黄色，雌雄同色；主要以植物的叶、茎、嫩芽及种子为食，繁殖季也捕食软体动物、昆虫、鱼虾类。为 IUCN 红色名录无危物种。

赤麻鸭：雁形目鸭科麻鸭属鸟类，体长 66 cm 左右，体型比家鸭稍大；全身赤黄褐色，翅上有明显的白色翅斑和铜绿色翼镜；嘴、脚、尾为黑色，雄鸟有黑色颈环。喜栖息于开阔草原、湖泊、农田等环境中，以各种谷物、昆虫、甲壳动物、蛙、虾、水生植物为食。IUCN 红色名录无危物种。

赤嘴潜鸭：大型鸭类，体长 45～55 cm。雄鸟头浓栗色，具淡棕黄色羽冠，上体暗褐色，翼镜白色，下体黑色，两胁白色，嘴赤红色。雌鸟通体褐色，头的两侧、颈侧及颏和喉灰白色，飞翔时翼上和翼下大型白斑极为醒目。喜栖息在开阔的淡水湖泊、水流较缓的江河、河流与河口地区，主要通过潜水取食，也常尾朝上、头朝下在浅水觅食，食物主要为水藻、眼子菜和其他水生植物的嫩芽、茎及种子，有时也到岸上觅食青草和其他一些禾本科植物种子或草子。为 IUCN 红色名录无危物种。

9.4.3 青藏高原东部湿地

1. 生境特点

玉树市位于青海的西南部，玉树藏族自治州最东部，与西藏昌都市接壤、四川甘孜州相望。2013 年 10 月经国务院批准，玉树县撤县设市，玉树市正式挂牌成立。玉树市共辖 4 个街道办事处，2 个镇，6 个乡。2015 年末玉树市常住人口总户数为 32 188 户，总人数为 11.21 万人。年均气温 2.9℃，平均最低气温（1 月）−7.8℃，平均最高气温（7 月）12.5℃。境内平均海拔 4493.4 m，地形以山地高原为主，涵盖了森林、草原、灌木、高山裸岩等多种生态系统类型。整个地形西北和中部高，东南和东北低，境内海拔 5000 m 以上的山峰有 951 座，大部分终年积雪。玉树市森林主要分布在海拔 3360～4800 m，垂直分布明显，依次是高山峡谷灌丛、针叶林、混交林、高山草甸灌丛。全市有种子植物 63 科 340 余属 1440 种左右，约占青海种子植物的 40%，植物区系成分以北温带植物为主、热带和亚热带植物极少。主要树种有细叶小檗（*Berberis poiretii*）、高山绣线菊（*Spiraea alpina*）、茶藨子（*Ribes* sp.）、锦鸡儿（*Caragana sinica*）、白桦（*Betula platyphylla*）、川西云杉（*Picea likiangensis* var. *balfouriana*）、大果圆柏（*Juniperus tibetica*）、银露梅（*Dasiphora glabra*）、金露梅（*D. fruticosa*）、山生柳（*Salix oritrepha*）等。植物分布由东南至西北按森林-灌丛-草甸-草原的顺序更迭。植物组成简单，群落一般低矮，多镶嵌和重叠，生长缓慢。境内名贵药材种类繁多，有各类中药资源 913 种，著名的有冬虫夏草（*Ophiocordyceps sinensis*）、藏茵陈（龙胆科植物）、鹿茸、麝香、知母（*Anemarrhena asphodeloides*）、贝母（*Fritillaria taipaiensis*）、大黄（蓼科植物）、雪莲（*Saussurea involucrata*）、黄芪（*Astragalus* sp.）等。同时还生产蕨麻（*Argentina anserina*）、蘑菇等营养价值较高的野生植物和菌类。玉树市位于通天河和澜沧江两大流域的上游地段，唐古拉山的余脉格群尕牙——格拉山是分水岭。境内河流密布，水源丰富且水质良好。其中流域面积在 50 km^2 以上的河流有 100 多条。主要由内流河和外流河组成。外流河分为长江和澜沧江两大水系。境内长江水系主要由结曲河、治曲河、扎曲、益曲、尕河、折涌等小支流和支沟组成；澜沧江水系主要由孜曲、盖曲、草曲、江西沟、隆曲、觉曲等组成。内流水系极少，河流短而多注入小湖泊。境内各河沟径流主要来源于降水、冰雪融水及地下水。境内较大的湖泊有年吉错、晒阴错、隆宝湖、白马海等，还有一些零星小内陆湖泊，均为淡水湖泊。

曲麻莱县位于青海西南部，地处三江源核心区，是我国南北两大水系的重要水源涵养区，也是黄河源头第一个藏族聚居的牧业县。东南与玉树州称多县为邻，东北与果洛州玛多县接壤，西接青藏线与可可西里相连，北以昆仑山脉与海西州格尔木市和都兰县分界，南依通天河与玉树州玉树市、治多县隔江相望。全县土地总面积为 52 446 km^2，辖 5 乡 1 镇 19 个行政村（牧委会）65 个牧业社（牧民小组），总人口为 45 300 人，其中藏族人口占 98%以上。全县整个地势由东南向西北呈上升之势，平均海拔 4550 m 以上，是青海乃至全国海拔最高的县份之一。境内山峦叠障，河流纵横，湖泊星罗棋布。北有茫茫昆仑山，南有巍巍唐古拉山，西有缓坡漫岭的可可西里，东有婉蜒峻峭的巴颜喀拉山。在群山耸立中，长江水系的通天河、曲麻河、色吾河、代曲河、勒玛河等，黄河水系的卡日曲、约古列宗曲、扎曲等，形成了独特的“高原水塔”自然景观。长江水系年平均流量 215.73 m^3/s，年总流量达 69.03 亿 m^3。黄河水系境内流程 29.5 km，年平均流量 13.1 m^3/s，年总流量 4.13 亿 m^3。水利资源极为丰富。该县已查明的各类中药材 121 种。

若尔盖湿地地处青藏高原东缘，位于四川阿坝藏族羌族自治州，这是一个海拔 3400 m 以上、被高山环抱的山原，中部地势低平，谷地宽阔，河曲发育，湖泊众多，排水不畅。同时气候寒冷湿润，年平均气温在 0℃左右，多年平均降水量 500～600 mm，蒸发量小于降水量，地表经常处于过湿状态，有利于沼泽的发育。部分沼泽是由湖泊沼泽化形成的，如山原宽谷中的江错湖和夏曼大海子，湖泊退化后，湖中长满沼生植物，湖底有泥炭积累，平均厚约 1 m。湿地沼泽面积曾达 3000 km^2，是世界上面积最大、保存最完好的高原泥炭藓沼泽湿地。这里分布着国家一级重点保护野生动物 9 种，国家二级重点保护野生动物 41 种，饲用植物 1208 种，隶属 131 科 573 属，其中湿地植物约 200 种，脊椎动物 251 种，隶属 29 目 65 科，许多具有重要的经济意义和科学研究价值。其主要保护对象是黑颈鹤、白尾海雕、玉带海雕、胡兀鹫等世界濒危野生动物及高原沼泽湿地生态系统。该区域还是重要的水源涵养区，黑河和白河两条黄河上游的支流纵贯全区，但该区域气候寒冷湿润，泥炭藓沼泽得以广泛发育，沼泽植被发育良好，生境极其复杂，生态系统结构完整，生态系统较为脆弱，一旦破坏后很难恢复。同时生物多样性丰富，特有种多，对于保护高寒湿地生态系统和黑颈鹤等珍稀动物，研究自然环境变迁，古老生物物种保存、繁衍、分化具有重要的国际意义。

2. 样区布设

依据玉树市地形特点、水系分布特征、动物地理区划和鸟类分布格局，选择了 10 条样线和 8 个样点，开展玉树市繁殖鸟类多样性的观测工作。涉及的生境类型包括：灌丛、高山裸岩、旱田、草甸草原、荒漠草原、高寒草原、公园、乡村、小型湖泊、河流及草本沼泽。

依据曲麻莱县地形特点、水系分布特征、动物地理区划和鸟类分布格局，选择了 9 条样线，开展曲麻莱县繁殖鸟类多样性的观测工作。涉及的生境类型包括：灌丛、高山裸岩、草甸草原、荒漠草原、河流及草本沼泽。

依据若尔盖地形特点、水系分布特征及鸟类分布格局，整个若尔盖 10 条样线分别设在花湖、县城、唐克、辖曼及巴西。花湖 2 条样线分别设在道路管理局旁（高寒草地、湿地生态系统）、花湖海子旁（高寒湿地生态系统），县城样线 1 条经过烈士墓（森林、高寒草地、河流生态系统），另 1 条在令嘎村附近黑河流域（河流、高寒草地生态系统），唐克 2 条样线分在镇上南北两边，均靠近白河边（河流、高山灌丛、高寒草地生态系统），辖曼样线设置在若尔盖湿地管理局两侧（沙漠、高寒草地生态系统），巴西主要为森林生态系统，2 条样线分别设在塘恩村（夹杂着耕地生态系统）与阿俄村附近。

3. 物种组成

（1）区域鸟类研究历史

总体而言，三江源地区鸟类的本底调查最早可追溯到20世纪60年代。1963年，中国科学院西北高原生物研究所李德浩等老一辈鸟类学家历时半年，对青海玉树地区鸟类进行了野外考察。共计发现鸟类119种，隶属12目30科，并且发现了18种玉树地区鸟类新记录（李德浩等，1965）。1987年，中国科学院西北高原生物研究所王祖祥等老一辈鸟类学家进行了青海玉树、果洛地区鸟类考察。其中在托索湖和白扎林场地区共记录到鸟类86种，隶属12目27科（王祖祥和叶晓堤，1990）。2001年，在中国林业科学院组建的三江源科考队对三江源的科考中，共记录到鸟类 103 种。再结合历史资料分析，科学考察报告中统计出三江源地区鸟类237种，隶属16目41科（李迪强等，2002）。科考中发现13个新记录种，2个新记录亚种，中国特有种16种，近40年来考察报道未见到的有11种（马强等，2003）。

（2）鸟类群落组成

2012～2014年，青海师范大学陈振宁教授团队对三江源地区不同保护分区的鸟类进行了细致调查：在通天河保护分区，发现鸟类12目25科104种（张营等，2014c）；在索加-曲麻河保护分区，发现鸟类14目28科93种（段培等，2014）；在麦秀、中铁-军功、玛可河、扎陵湖-鄂陵湖、昂赛和江西共6个保护分区，共计发现鸟类15目44科153种（张营等，2014d；张营，2015）。2017年，梁健超等对三江源保护区麦秀分区鸟类资源进行了全面调查，并提供了 89 种鸟类名录（梁健超等，2017）。中国科学院西北高原生物研究所张同作研究员团队，2015～2017年，对三江源国家公园区域进行了长期的野外调查，结合文献资料，发现三江源国家公园内共分布野生鸟类196种，隶属18目45科121属（高红梅等，2019）。其中，国家一级重点保护野生鸟类8种，国家二级重点保护野生鸟类27种，青海省级保护鸟类24种，中国特有鸟类15种。在地理分布型上，三江源国家公园古北界物种有145种，东洋界物种有37种，广布种有 14 种。三江源国家公园中分布的鸟类以留鸟为主，有 93 种，占公园鸟类总种数的 47.4%，良好的生态环境也为鸟类提供了繁殖和栖息的适宜场所，夏候鸟 66 种，占公园鸟类总种数的 33.7%，旅鸟 34 种，占公园鸟类总数的17.3%，成为三江源国家公园鸟类物种多样性组成的重要部分（高红梅等，2019）。冬候鸟3种，均为鸭科鸟类（高红梅等，2019）。2018年12月，在青海三江源国家级自然保护区管理局的资助下，青海师范大学陈振宁教授团队编撰的《三江源鸟类》一书出版发行（陈振宁和李若凡，2019）。该书统计出分布于三江源的野生鸟类273种，隶属17目54科148属，为三江源区提供了鸟类分布的基础资料。

综上，基于这些三江源地区鸟类的野外调查文献与数据，目前认为，三江源地区有鸟类 273 种，约占青海省鸟类总种数（354种）的77.12%（张雁云等，2016），约占全国鸟类总种数（1445种）的18.89%（郑光美，2011）。

经过近 7 年的实地观测，笔者在若尔盖地区总共记录到鸟类 153 种，隶属 17 目 40 科，约占四川鸟类总数的20.21%（阙品甲等，2020），占全国鸟类种总数的10.59%（郑光美，2011）。其中国家一级重点保护野生动物有 5 种，分别是中华秋沙鸭、黑颈鹤、胡兀鹫、秃鹫和猎隼；国家二级重点保护野生动物13种，分别是血雉、大天鹅、高山兀鹫、黑鸢、大鵟、普通鵟、斑头鸺鹠、纵纹腹小鸮、红隼、大噪鹛、橙翅噪鹛、红喉歌鸲和红交嘴雀。若尔盖湿地位于东洋界和古北界的过渡区，鸟类以古北界和东洋界共有物种为主，有 138 种，其中，广布种有 69 种；仅分布于东洋界物种较少，有 10 种，仅分布于古北界的物种最少，仅有4种。同时若尔盖鸟类中大多属于留鸟，有77种，此外候鸟数量也特别多，达71种。由此可见，若尔盖湿地是重要的留鸟栖息地，以及迁徙鸟类繁殖场。

综合三江源和若尔盖区域的鸟类观测情况，在青藏高原东部湿地共记录到鸟类298种（附表Ⅱ），隶属19目54科，包括国家重点保护野生动物62种，其中国家一级重点保护野生动物有斑尾榛鸡、红喉雉鹑、黄喉雉鹑等 15 种，国家二级重点保护野生动物有藏雪鸡、大石鸡、血雉等 47 种；中国生物多样性红色名录受威胁物种 18 种，包括中华秋沙鸭、白肩雕、玉带海雕、猎隼、贺兰山红尾鸲和白喉石䳭6 种濒危物种，红喉雉鹑、黑鹳、藏鹀等 12 种易危物种；IUCN 红色名录受威胁物种 8 种。

4. 动态变化与多样性分析

2018 年，对玉树市样区的 10 条样线和 8 个样点进行观测，共记录到鸟类 9589 只，隶属 13 目 33 科 73 种。其中国家一级重点保护野生鸟类有 4 种，包括黑颈鹤、胡兀鹫、金雕和猎隼。国家二级重点保护野生鸟类有 6 种，包括灰鹤、高山兀鹫、黑鸢、大鵟、纵纹腹小鸮和橙翅噪鹛。青海省级保护鸟类有 9 种，包括斑头雁、赤麻鸭、环颈雉、渔鸥、棕头鸥、戴胜、大短趾百灵、角百灵和小云雀。①从种群数量来看，玉树市样区种群数量最高的鸟类是斑头雁，占到全部鸟类数量的 57.9%。数量最高的前 5 种鸟类分别是斑头雁、赤麻鸭、崖沙燕、棕颈雪雀和白腰雨燕，占到全部鸟类数量的 76.2%。②从分类角度来看，鸟类以雀形目最多，发现 37 种；其次为鸻形目，9 种；雁形目鸟类 7 种；鹰形目鸟类 5 种。③从观测地域来看，样点法观测的两个湖泊湿地（隆宝湖和年吉错）鸟类数量（7503 只）是样线法观测的 10 个区域鸟类数量（2086 只）的 3.6 倍。④从保护角度来看，玉树市样区内的鸟类保护现状良好。

2018 年，对青海省曲麻莱县样区的 9 条样线进行观测，共记录到鸟类 779 只，隶属 12 目 27 科 40 种。其中国家一级重点保护野生鸟类有 3 种，包括黑颈鹤、猎隼和胡兀鹫。国家二级重点保护野生鸟类有 4 种，包括高山兀鹫、大鵟、纵纹腹小鸮和红隼。青海省级保护鸟类有 3 种，包括斑头雁、戴胜和赤麻鸭。①从种群数量来看，曲麻莱县样区种群数量最高的鸟类是地山雀，占到全部鸟类数量的 12.20%。数量最高的前 5 种鸟类分别是地山雀、白腰雪雀、棕颈雪雀、斑头雁和大鵟；占到全部鸟类数量的 50.19%。②从分类角度来看，鸟类以雀形目最多，发现 20 种；其次为鸻形目，4 种；雁形目鸟类 3 种；鹰形目鸟类 3 种。③从观测地域来看，从曲麻莱县城至曲麻河乡的 3 条样线发现的鸟类数量最多，占到整个样区鸟类数量的 51.60%，这一段区域发现的猎隼最多。曲麻莱县城至巴干乡的 3 条样线发现的鸟类数量排第二位，占到整个样区鸟类数量的 34.40%，这一段区域，发现的大鵟和红隼最多。④从保护角度来看，曲麻莱县样区内的鸟类保护现状良好。

从 2014 年开始若尔盖鸟类观测，到 2019 年共观测记录到鸟类 9026 只，其中 2015 年观测记录到鸟类种类和数量最多，共计 85 种，2999 只；种类记录最少是 2018 年，仅有 66 种，数量最少为 2017 年，共计 868 只（图 9-11）。

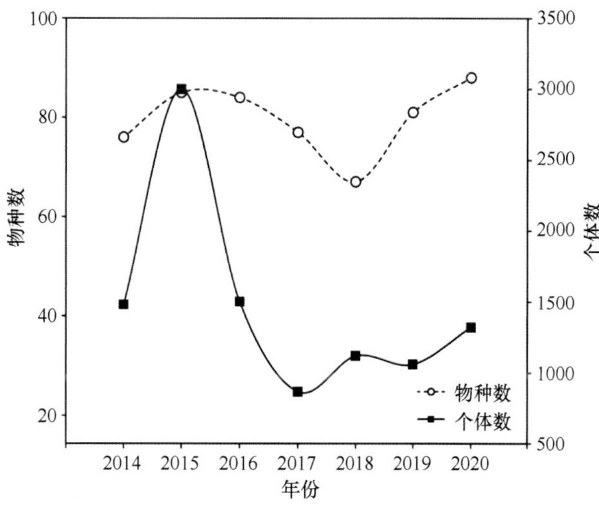

图 9-11　若尔盖湿地近 7 年鸟类观测变化情况

在 4 种典型生境中（图 9-12），草地观测到鸟类的物种数和个体数都在减少，特别是从 2016 年到 2017 年，个体数下降 42%，物种数下降 7%。观测结果下降的原因除了观测人员造成的误差，还有由于地区的发展，样线分布的地区多地都有铺路工程，对样线上的鸟类有着较大的干扰。由于铺路的影响，一些原本有记录的鸟巢或者猛禽营巢点被摧毁，当然也有一些新的营巢点生成，但是受到惊扰的鸟类并不会马上适应新的环境，所以在短时间内造成鸟类的数量下降；而在 2015 年每类生境鸟类观测数量都有较大增幅，这可能与自然条件变化及观测人员野外观测技术提高有关。

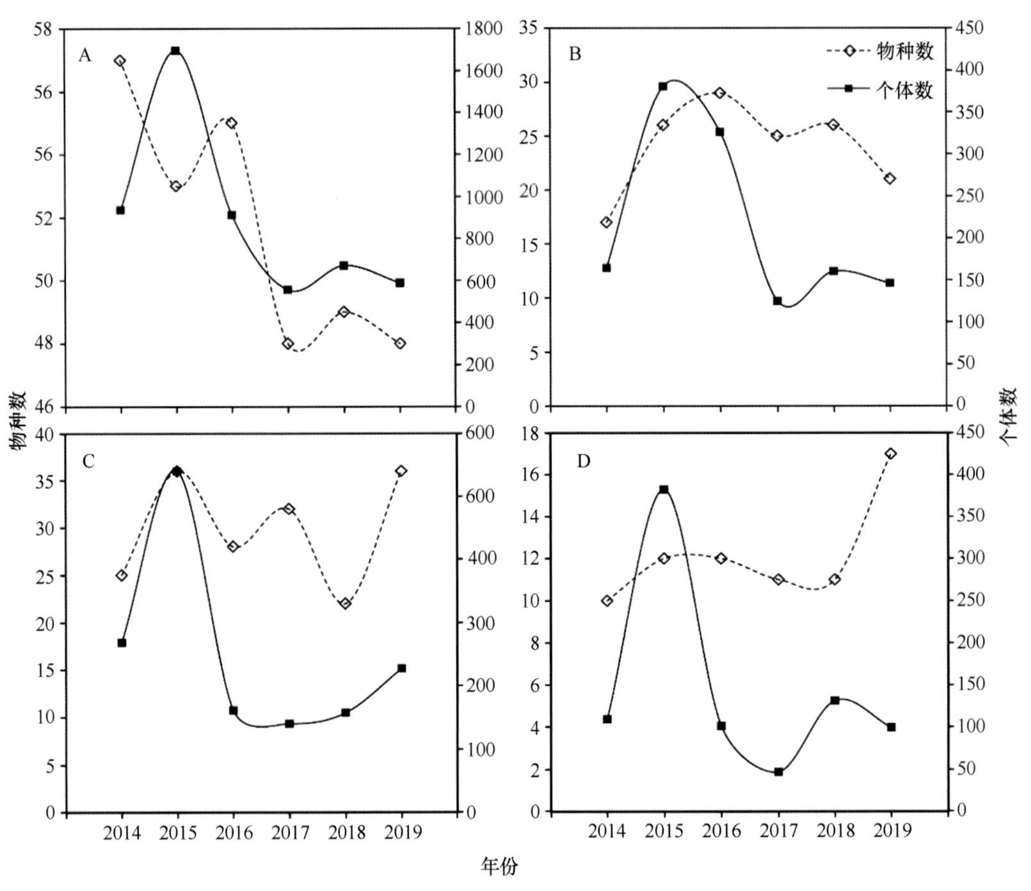

图 9-12　若尔盖湿地 4 类生境类型近 7 年鸟类观测变化情况

A. 草地；B. 村庄；C. 林地；D. 湿地

5. 代表性物种

从国家重点保护的角度而言，三江源地区分布的鸟类中，国家一级重点保护野生鸟类有 16 种，分别是：金雕、玉带海雕、白尾海雕、胡兀鹫、草原雕、乌雕、秃鹫、猎隼、黑颈鹤、白鹈鹕、黑鹳、黑头噪鸦、斑尾榛鸡、红喉雉鹑、黄喉雉鹑、绿尾虹雉。国家二级重点保护野生鸟类有 36 种，分别是：大天鹅、疣鼻天鹅、黑鸢、雀鹰、松雀鹰、棕尾鵟、大鵟、普通鵟、林雕、高山兀鹫、鹊鹞、白头鹞、鹗、红隼、燕隼、游隼、藏雪鸡、血雉、白马鸡（*Crossoptilon crossoptilon*）、蓝马鸡、红腹锦鸡、大石鸡、灰鹤、蓑羽鹤、雕鸮、纵纹腹小鸮、长尾林鸮、短耳鸮、白眉山雀、棕草鹛（*Babax koslowi*）、大噪鹛、橙翅噪鹛、贺兰山红尾鸲、朱鹀、藏雀（*Carpodacus roborowskii*）、藏鹀。这些国家级重点保护野生鸟类分布在鹰形目（18 种）、鸡形目（10 种）、雀形目（9 种）、隼形目（4 种）、鸮形目（4 种）、鹤形目（3 种）、雁形目（2 种）、鹈形目（1 种）、鹳形目（1 种），占到三江源地区鸟类总种数的 19.05%。以猛禽类、鸡形目和雀形目鸟类占主导（表 9-9）。

从中国鸟类特有种的角度而言，与中国 93 种鸟类特有种进行比较（郑光美，2017），统计出三江源地区分布的 22 种中国特有鸟种，占到中国特有鸟种的 23.66%。以雀形目和鸡形目鸟类居多（表 9-9）。

表 9-9　三江源地区分布的国家级保护及特有鸟类

序号	目	科	中文名	拉丁名	保护等级	特有种
1	鹰形目（Accipitriformes）	鹗科（Pandionidae）	鹗	*Pandion haliaetus*	II	
2		鹰科（Accipitridae）	金雕	*Aquila chrysaetos*	I	
3			玉带海雕	*Haliaeetus leucoryphus*	I	
4			白尾海雕	*Haliaeetus albicilla*	I	
5			胡兀鹫	*Gypaetus barbatus*	I	
6			黑鸢	*Milvus migrans*	II	
7			雀鹰	*Accipiter nisus*	II	
8			松雀鹰	*Accipiter virgatus*	II	
9			棕尾鵟	*Buteo rufinus*	II	
10			大鵟	*Buteo hemilasius*	II	
11			普通鵟	*Buteo japonicus*	II	
12			草原雕	*Aquila nipalensis*	I	
13			乌雕	*Clanga clanga*	I	
14			林雕	*Ictinaetus malayensis*	II	
15			秃鹫	*Aegypius monachus*	I	
16			高山兀鹫	*Gyps himalayensis*	II	
17			鹊鹞	*Circus melanoleucos*	II	
18			白头鹞	*Circus aeruginosus*	II	
19	鸮形目（Strigiformes）	鸱鸮科（Strigidae）	雕鸮	*Bubo bubo*	II	
20			纵纹腹小鸮	*Athene noctua*	II	
21			长尾林鸮	*Strix uralensis*	II	
22			短耳鸮	*Asio flammeus*	II	
23	隼形目（Falconiformes）	隼科（Falconidae）	猎隼	*Falco cherrug*	I	
24			红隼	*Falco tinnunculus*	II	
25			燕隼	*Falco subbuteo*	II	
26			游隼	*Falco peregrinus*	II	
27	鸡形目（Galliformes）	雉科（Phasianidae）	斑尾榛鸡	*Tetrastes sewerzowi*	I	√
28			红喉雉鹑	*Tetraophasis obscurus*	I	√
29			黄喉雉鹑	*Tetraophasis szechenyii*	I	√
30			绿尾虹雉	*Lophophorus lhuysii*	I	√
31			藏雪鸡	*Tetraogallus tibetanus*	II	
32			血雉	*Ithaginis cruentus*	II	
33			白马鸡	*Crossoptilon crossoptilon*	II	√
34			蓝马鸡	*Crossoptilon auritum*	II	√
35			红腹锦鸡	*Chrysolophus pictus*	II	√
36			大石鸡	*Alectoris magna*	II	√
37	鹤形目（Gruiformes）	鹤科（Gruidae）	黑颈鹤	*Grus nigricollis*	I	
38			灰鹤	*Grus grus*	II	
39			蓑羽鹤	*Grus virgo*	II	
40	雁形目（Anseriformes）	鸭科（Anatidae）	大天鹅	*Cygnus cygnus*	II	
41			疣鼻天鹅	*Cygnus olor*	II	
42	鹈形目（Pelecaniformes）	鹈鹕科（Pelecanidae）	白鹈鹕	*Pelecanus onocrotalus*	I	
43	鹳形目（Ciconiiformes）	鹳科（Ciconiidae）	黑鹳	*Ciconia nigra*	I	
44	雀形目（Passeriformes）	鸦科（Corvidae）	黑头噪鸦	*Perisoreus internigrans*	I	√
45		山雀科（Paridae）	白眉山雀	*Parus superciliosus*	II	√
46			四川褐头山雀	*Poecile weigoldicus*		√

续表

序号	目	科	中文名	拉丁名	保护等级	特有种
47	雀形目（Passeriformes）	山雀科（Paridae）	地山雀	*Pseudopodoces humilis*		√
48		噪鹛科（Leiothrichidae）	棕草鹛	*Babax koslowi*	II	√
49			大噪鹛	*Garrulax maximus*	II	√
50			山噪鹛	*Garrulax davidi*		√
51			橙翅噪鹛	*Trochalopteron elliotii*	II	√
52		鸫科（Turdidae）	乌鸫	*Turdus mandarinus*		√
53		鹟科（Muscicapidae）	贺兰山红尾鸲	*Phoenicurus alaschanicus*	II	√
54		朱鹀科（Urocynchramidae）	朱鹀	*Urocynchramus pylzowi*	II	√
55		雀科（Passeridae）	藏雪雀	*Montifringilla henrici*		√
56		燕雀科（Fringillidae）	藏雀	*Carpodacus roborowskii*	II	√
57		鹀科（Emberizidae）	藏鹀	*Emberiza koslowi*	II	√

注：分类系统参照《中国鸟类分类与分布名录》（第三版）（郑光美，2017）。保护等级中的 I 表示国家一级重点保护野生动物；II 表示国家二级重点保护野生动物。

从特色鸟种的角度而言，三江源地区鸟类资源具有森林灌丛与湿地鸟类种类较多，垂直分布明显，青藏高原特有种类少但数量丰富等特点。以猛禽类、雀形目和鸡形目鸟类居多。

在若尔盖湿地鸟类中的典型代表是黑颈鹤，黑颈鹤是国家一级重点保护野生鸟类，青藏高原的特有物种，世界现存 15 种鹤类中唯一的高原鹤类。若尔盖高原沼泽湿地是我国黑颈鹤繁殖数量最多，最集中的地区。在我们的观测中，每年都能记录到黑颈鹤。

现将代表性的 8 个鸟种简述如下。

（1）黑颈鹤——鹤科代表

识别特征 黑颈鹤的头、枕及颈部为黑色羽毛，其头顶是裸露的红色粗糙皮肤，着生稀疏的黑色短羽。眼后有一灰白色块斑。初级飞羽与次级飞羽为黑色，尾羽黑色沾棕黄色，其余体羽为灰白色。胫和足为黑色。虹膜黄色。雌雄羽色相同。身高 1.2 m，体重 7 kg 左右。

生态分布与迁徙 黑颈鹤一般生活在海拔 3000～5000 m 的高原湖泊沼泽湿地。作为鹤科（Gruidae）的典型代表，黑颈鹤是青藏高原十分珍稀的鸟类。是世界 15 种鹤类中唯一生活在高原的鹤类，同时也是世界 15 种鹤类中科学上发现最晚的鹤类。从全球分布来看，黑颈鹤主要分布在我国的青藏高原，国外分布主要在不丹，另有少量在印度。从三江源分布来看，黑颈鹤主要集中分布于青海湖、隆宝湖、嘉塘草原等区域。三江源其他沼泽，湖泊等湿地零星分布一对或数对不等的黑颈鹤。基于环志和卫星跟踪研究的结果，目前推断黑颈鹤为 3 个种群（李凤山和刘广惠，2018）：①西部种群繁殖于新疆东南部、青海西部、西藏中西部，到西藏中南部的雅鲁藏布江河谷地带越冬，少部分飞越喜马拉雅山到不丹越冬；②中部种群繁殖于青海南部和四川西部，越冬于云南西北部的横断山区；③东部种群繁殖于四川、甘肃和青海三省交界的若尔盖湿地，越冬于云南东北部和贵州西北部。基于越冬地的黑颈鹤数量统计，目前全球黑颈鹤总数量大约为 10 000 只。

保护 在保护等级上，黑颈鹤属于国家一级重点保护野生动物。截至 2015 年底，以黑颈鹤为主要保护对象的省级和国家级自然保护区达 27 处，保护区总面积为约 25.5 万 km^2。例如，玉树隆宝国家级自然保护区，是青海建立的第一个自然保护区，也是我国 20 世纪 80 年代建立的第一个以黑颈鹤及其繁殖地为主要保护对象的自然保护区。

（2）高山兀鹫——鹫类优势种的代表

识别特征 头和颈上部有污黄色羽毛，到下颈羽毛逐渐变白和变成绒羽，颈基部有长而呈披针形的簇羽形成领翎围绕在颈部。背和翅上覆羽淡黄褐色，羽毛中央形成一些不规则的褐斑，外侧大覆羽、飞羽和尾羽暗褐色，内侧次级飞羽具淡色尖端。虹膜暗黄色、乳黄色或淡褐色，嘴角绿色或暗黄色，蜡膜淡褐色或绿褐色，脚和趾绿灰色或白色。

生态分布与迁徙　高山兀鹫多栖息于海拔 2500～4500 m 的高山、草原及河谷地区。在漫长的进化过程中，高山兀鹫作为猛禽，放弃了捕食野生动物的凶猛习性，转而以野生动物及家畜的尸体为食。作为自然界的“清洁工”，高山兀鹫既能降低细菌和疾病的传播，如鼠疫和狂犬病等，还能减少尸体散发的有害气体（毒气）的排放，进而维持生态系统的平衡。在地理分布上，集中分布于我国的西部高山、高原地区，可谓是中亚及青藏高原特有物种（马鸣等，2017）。三江源地区的玉树市、曲麻莱县、治多县、囊谦县及河南县等地分布着大量的高山兀鹫。在种群数量上，国际鸟类联盟（BirdLife International）给出的全球种群数量预估数字为 66 000～334 000 只（BirdLife International，2017）。我国鸟类学者卢欣教授则估计高山兀鹫的全球种群数量约为 286 749（±50 559）只，同时估计了我国青藏高原的种群数量为 229 339（±40 447）只，最大容纳量可达 507 996 只（Lu *et al.*，2009）。而马鸣研究员认为上述估计过高，根据其课题组野外观察，估计中国高山兀鹫种群数量为 20 000～23 000 只（徐国华等，2016）。高山兀鹫多为留鸟，无迁徙习性。

保护　在保护等级上，高山兀鹫为国家二级重点保护野生鸟类，受到法律保护。也被列入 CITES 附录Ⅱ，限制贸易。IUCN 在 2014 年将其列入濒危物种红色名录，保护等级为近危（NT）。目前已知的高山兀鹫受威胁因素，包括食物缺乏、栖息地破坏、环境污染、捕抓、贩卖、标本制作、兽药滥用（如双氯芬酸钠）、电网威胁等。

（3）大鵟——猛禽类优势种的代表

识别特征　体长 57～71 cm，体重 1320～2100 g。体色变化较大，分暗型、淡型两种色型。暗型上体暗褐色，肩和翼上覆羽缘淡褐色，头和颈部羽色稍淡，羽缘棕黄色，眉纹黑色，尾淡褐色。下体淡棕色，具暗色羽干纹及横纹。覆腿羽暗褐色。淡型头顶、后颈几为纯白色，具暗色羽干纹。眼先灰黑色，耳羽暗褐色，背、肩、腹暗褐色，具棕白色纵纹的羽缘。下体白色淡棕，胸侧、下腹及两胁具褐色斑，尾下腹羽白色，覆腿羽暗褐色。

生态分布与迁徙　大鵟是三江源地区最为常见的猛禽。广泛栖息于草原与高山寒漠地带。在草甸草原上常停落在电线杆或人工鹰架上。多单个或结成 4～5 只小群活动。主要以高原鼠、兔为食。筑巢于悬崖或人工鹰架上，一窝产卵 4 枚。三江源地区的玉树市、曲麻莱县、治多县、杂多县、称多县、囊谦县及玛多县等地分布着大量的大鵟。多为留鸟，部分迁往繁殖地南部越冬。

保护　在保护等级上，大鵟属于国家二级重点保护野生鸟类。三江源地区由于海拔高，草原上缺少树木，就使得大鵟无法筑巢。近 20 年来，三江源地区投放大量人工鹰架，吸引大量的大鵟筑巢其上，人工鹰架的利用率非常高（杨生明和曼曼，1996）。

（4）藏雪鸡——雪鸡属典型代表

识别特征　雪鸡是鸡形目雉科中体型较大的一种，体长 60 cm，重 1.5 kg 左右。头、胸及枕部灰色，喉白色，眉苍白色，白色耳羽有时染皮黄色，胸两侧具白色圆形斑块。眼周裸露皮肤橘黄色。两翼具灰色及白色细纹，尾灰且羽缘赤褐色。

生态分布与迁徙　雪鸡属是世界上海拔分布最高的鸟类之一。藏雪鸡主要分布于青藏高原及其毗邻地区。藏雪鸡一般栖息在海拔 3000 m 以上至 6000 m 左右的森林上线至雪线之间的高山灌丛、苔原和裸岩地带。平时多 10～20 只小群活动。食性以植食性为主，亦啄食昆虫及小型无脊椎动物，食物包括莎草、针茅、早熟禾、雪莲、蒲公英等高山植物。藏雪鸡有季节性迁徙特性，夏季活动区域海拔较高，冬季可以下降到 2000 m，甚至 1200～1500 m 处越冬。每年 6～7 月繁殖，每窝产卵 6～7 枚。三江源地区的玉树市、曲麻莱县、治多县、杂多县、称多县、囊谦县、玛多县及久治县等地分布着大量的藏雪鸡。

保护 在保护等级上，藏雪鸡属于国家二级重点保护野生鸟类。由于藏雪鸡秋冬集群，便于捕取，在过去属于著名的狩猎禽类之一。再加之其较高的药用价值及经济价值，过去的滥捕乱猎现象严重。随着保护力度加大，目前藏雪鸡种群数量得到明显提高（武秀云，2002）。

（5）蓝马鸡——马鸡属典型代表

识别特征 具黑色天鹅绒式头盖，猩红色眼周裸皮及白色髭须延长成耳羽簇。枕后有一近白色横斑。尾羽弯曲，丝状中心尾羽灰色，与紫蓝色外侧尾羽成对比。尾羽 24 枚，中央尾羽特别延长，高翘于其他尾羽之上，羽支分散下垂，先端沾金属绿色和暗紫蓝色。虹膜金黄色；嘴淡红色；腿、脚珊瑚红色。

生态分布与迁徙 蓝马鸡属古北界青藏区的特产鸟类，仅分布于青海高原及其毗邻地区。一般栖息在海拔 2000～4000 m 的高山森林灌丛地带。平时常 10～20 只结群活动。繁殖期则成对散居分布。主要分布在三江源地区的林区，如囊谦县、称多县、玉树市、班玛县等地。作为植食性鸟类，其食物以高山蓼种籽、山柳叶、薹草等为主。有随季节不同，进行垂直迁徙的习性（吴逸群和刘迺发，2011）。

保护 在保护等级上，蓝马鸡属于国家二级重点保护野生鸟类。鸦类和猛禽对繁殖期蓝马鸡的卵和雏鸟危害较大。由于蓝马鸡具有较高的观赏价值及经济价值，可作为野生动物资源在法律允许的范围内进行适度开发利用。

（6）大石鸡——石鸡属典型代表

识别特征 大石鸡是鸡形目雉科石鸡属的中等体型的鸟类。下脸部、颏及喉上的白色块外缘有一黑线，且另有一特征性栗色线。尾下覆羽多沾黄色。眼周裸皮绯红色。

生态分布与迁徙 大石鸡栖息于低山丘陵、荒漠、半荒漠及高山峡谷和裸岩区域。为广食性鸟类，以植物性食物为主，包括花、果实、种子、叶子、根茎和嫩芽等。动物性食物很少，主要为各类昆虫。大石鸡没有迁徙习性，但在青海高原随季节变动，有垂直迁徙的习性。春、夏随天气变暖，高山积雪融化，其分布区则向上迁徙，直达雪线附近。秋、冬随气温下降，则逐渐降到山底。作为我国西部特有鸟种，大石鸡的分布区域较为狭窄，三江源地区的东部有少量分布。

保护 在保护等级上，大石鸡于 1995 年列入青海省级重点保护动物名录。2000 年被列入《国家保护的有益的或者有重要经济、科学研究价值的陆生野生动物名录》。2021 年 2 月 5 日，国家林业和草原局、农业农村部联合发布新调整的《国家重点保护野生动物名录》中，大石鸡新增为国家二级重点保护野生鸟类。

（7）绿尾虹雉——中国特有种

识别特征 绿尾虹雉体羽具紫色金属光泽，头绿色，枕部金色；下体黑色带绿色金属光泽；长冠羽绛紫色后垂，尾部蓝绿色，背部白色。雌鸟背为白色。

生态分布与迁徙 绿尾虹雉主要分布在海拔 3000～4200 m 的亚高山针叶林上缘及林线以上的高山灌丛。主要以植物的嫩叶、花蕾、嫩枝、幼芽、嫩茎、细根、球茎、果实和种子等为食。作为中国特有种，数量稀少，仅分布于云南西北部、四川西部、西藏东北部、青海东南部及甘肃东南部。有垂直迁徙习性，冬季常下到 3000 m 左右的林缘灌丛地带活动。

保护 在保护等级上，绿尾虹雉属于国家一级重点保护野生鸟类。研究资料表明，绿尾虹雉作为全球性易危物种，最大的威胁来自人类活动，尤其是放牧及药材采挖造成其栖息地环境的破坏。

（8）斑尾榛鸡——中国特有种

识别特征 上体栗色，具显著的黑色横斑；颏、喉黑色，周边围有白边；胸栗色，向后近白色；各羽均具黑色横斑，外侧尾羽黑褐色，具若干白色横斑和端斑。

生态分布与迁徙　主要栖息于海拔 2500～3500 m 的山地森林草原和散生有少许针叶树的金露梅、山柳和杜鹃灌丛地区。以柳树、桦树的芽胞、嫩叶、嫩枝、花絮、云杉种子，以及忍冬、枸子、小檗、蓼、向荆等植物的嫩枝、嫩叶、花絮、浆果和种子等植物性食物为食，也吃鳞翅目幼虫、鞘翅目昆虫和其他小型无脊椎动物。具有季节性的垂直迁徙现象，冬季常迁到低海拔的云杉林或云杉混交林和灌丛地带，春夏季则往山上部森林草原和灌丛地带迁徙。作为中国中部特有物种，分布于青海、甘肃、四川三省。三江源地区的东南部有少量种群。

保护　在保护等级上，斑尾榛鸡属于国家一级重点保护野生鸟类。目前，分布区域狭窄，种群数量稀少，处于濒危状态。种群衰减主要受到生境破坏、狩猎、天敌、寄生虫等多种因素的影响。

9.4.4　藏南河谷湿地

1. 生境特点

（1）藏南河谷在青藏高原的重要地理位置

青藏高原是世界上仅有的海拔最高、面积最大的高原，常被誉为世界“第三极”或“世界屋脊”，平均海拔在 4000 m 以上，其总面积近 300 万 km^2，我国境内面积为 257 万 km^2，其中西藏自治区为青藏高原的主要分布区域（卢欣，2018）；这里高峰云集，峡谷纵横，冰川、雪山皑皑，大江、大河奔流；海拔高、气候寒冷、空气稀薄、辐射量大是青藏高原的主要气候特征。但在西藏自治区内有一个区域受西南季风影响，相较与青藏高原整体来说海拔相对较低、气候温暖，具有大量的河流、湖泊、农田、湿地等生境，这就是藏南河谷。藏南河谷特殊的地理位置和气候条件使这里不仅为越冬鸟类提供了良好的栖息地，并且分布有大量的农田及沼泽湿地，可为越冬鸟类提供丰富的食物来源，是青藏高原众多水鸟迁徙的重要停歇地和越冬地（扎桑和王先明，1992；张金燕，2006），也是全世界候鸟迁徙路线中，中亚迁徙路线的最重要组成部分之一。同时，藏南河谷作为西藏区内的国家层面重点开发区，是西藏政治、经济与文化中心区域（西藏自治区主体功能区规划编制领导小组办公室，2010），更是国家生态安全屏障建设的重点区域（唐柳等，2014）。

（2）地形地貌特征

藏南河谷是指在喜马拉雅山以北，冈底斯山-念青唐古拉山以南，相对低洼的宽谷冲积平原区；西起日喀则市萨嘎县，东临林芝市米林县，北接冈底斯山，南连喜马拉雅山北坡，南北宽约 300 km，东西长达 1200 km（卢欣，2018）。地形上呈狭窄的长条状，土质类型包括：潮土、山地灌丛草原土、新积土、草甸土、风沙土，是西藏的主要农业区（张金燕，2006）。地势以雅鲁藏布江中游谷地最低，宽谷中河流分叉多且曲折，河谷两侧的洪积扇因受到切割而形成洪积台。雅鲁藏布江北侧支流除拉萨河以外，大多短小狭窄，只在干流交汇的地方较宽，形成较大的冲积扇；河道漫滩多被开发成了农田。以羊卓雍错为代表的湖盆区，谷地开阔，盆地周围山势较缓。藏南河谷地形的主要特点是：宽谷和峡谷相间呈串珠状，以宽谷为主（三大宽谷：拉孜-仁布宽谷、曲水-泽当宽谷、米林宽谷），宽谷区河谷较宽阔，水流平缓（刘务林等，2013）。

（3）气候特征及水文信息

藏南河谷位于西藏中南部，在拉孜县海拔最高为 4000 m 左右，泽当以东海拔均低于 3500 m（中国科学院青藏高原综合科学考察队，1982）。受西南季风影响，河谷地带的气温相对温暖，属高原季风半干旱气候区，年平均气温为 4.7～8.3℃，最暖月（6～7 月）平均气温为 10～16℃，最冷月（1 月）平均气温为－12～0℃，极端最高气温为 26～29℃，极端最低气温为－25～－16℃（扎桑和王先明，1992）。日照时间长，年日照时数 2800～3300 h，无霜期 69～120 d，太阳总辐射大，对发展高寒农业具有良好的气候条件，同时也为鸟类的越冬创造了优越的气候条件。

雅鲁藏布江是西藏重要的外流水系之一，发源于喜马拉雅山北麓的杰玛央宗冰川，水流自西向东，流域面积约为 24 万 km^2，约占西藏外流水系的 40.8%（刘务林等，2013）。藏南河谷主要包括雅鲁藏布江中下游干流及其支流——年楚河中下游、拉萨河中下游及尼洋河流域（简称“一江三河”流域），有着极其复杂的气候、下垫面条件及地形特征，其径流受降水、融水及地下水补给的影响（姬海娟等，2018）。年楚河位于雅鲁藏布江中游右岸，流向自东南向西北，于日喀则市附近汇入雅鲁藏布江，是雅鲁藏布江的主要支流之一，流域面积为 11 130 km^2；地势东南高西北低，江孜以上除河源段外，河谷狭长，属于峡谷山地，江孜以下河谷宽阔，地势平坦，形成低山、丘陵宽谷；下游地区沼泽湿地分布较多，典型代表为白朗国家湿地公园（刘务林等，2013）。拉萨河位于雅鲁藏布江左岸，流向为东北向西南，于雅鲁藏布江曲水大桥下游约 4 km 处汇入，是雅鲁藏布江最大的一条支流，流域面积为 32 471 km^2，约占雅鲁藏布江流域面积的 13.5%；流域内地形起伏，大部分为山地所盘居，在流域南部分布有盆地、河谷平原及沼泽湿地，在墨竹工卡以下为典型的宽谷河段，分布有雅鲁藏布江中游河谷黑颈鹤自然保护区和拉鲁湿地国家级自然保护区（刘务林等，2013）。尼洋河位于雅鲁藏布江中下游，是雅鲁藏布江重要的支流，流域面积约为 17 732 km^2，水量仅小于帕隆藏布，居雅鲁藏布江支流的第二位，流向自西向东，在米林县鲁定村附近汇入雅江，汇入区为米林宽谷，流域内分布有朱拉河国家湿地公园。羊卓雍错湖区及周边湿地都为雅鲁藏布江国家级自然保护区南部的重要组成部分，是喜马拉雅山北麓的最大内陆湖泊，流域面积约为 6100 km^2，东西长 130 km，南北宽 70 km，湖水容积达 151 亿 m^3，湖水的补给水为降水、冰川融水和地下水。周边分布有一些封闭的湖泊，如东边的哲古错、南边的普姆拥错、巴纠错及西南面的沉错，与羊卓雍错一同构成了藏南湖泊最集中的湖泊群。

（4）土地利用情况

藏南河谷是西藏的重要农业生产地，行政上隶属于日喀则市、山南市、拉萨市和林芝市的部分区域，流域内耕地面积占西藏耕地总面积的 80%，其地形宽阔平坦、水资源丰富、灌溉方便、土层深厚，适宜多种作物生长，享有“西藏粮仓”的美誉（Gregory *et al.*，2003），年楚河谷、拉萨河谷与雅鲁藏布江山南地区的干流谷地并称为西藏的“三大粮仓”，其中种植业是流域农业生产中最重要的传统方式之一，主要作物植被有青稞（*Hordeum vulgare*）、小麦、豌豆（*Pisum sativum*）、油菜等（李惠莲，2016）。该区域分布有多个自然保护区或国家公园，如雅鲁藏布江中游河谷黑颈鹤自然保护区、工布自然保护区、拉鲁湿地国家级自然保护区、年楚河国家湿地公园、姐德秀国家森林公园、朱拉河国家湿地公园、雅尼国家湿地公园等（西藏林业信息网，2021）。

（5）植被情况

植被类型包括河谷灌丛、草原、沼泽化草甸、农田杂草等。雅鲁藏布江中游谷地阶地、洪积扇及低山上的砂生槐（西藏狼牙刺 *Sophora moorcroftiana*）灌丛与三刺草（*Aristida triseta*）草原构成典型的灌丛草原植被类型；藏南湖盆区中的西藏锦鸡儿（*Caragana spinifera*）和变色锦鸡儿（*C. versicolor*）分布较广；湖盆周围及周边山坡上以紫花针茅（*Stipa purpurea*）草原和各类蒿属草原占优势；其中在墨竹工卡附近沿河谷分布有大片的沙棘林和其他灌木（中国科学院青藏高原综合科学考察队，1982）。植被主要为巨柏（*Cupressus gigantea*）、微毛樱草杜鹃（*Rhododendron primuliflorum*）、砂生槐（*Sophora moorcroftiana*）、小角柱花（*Ceratostigmn minus*）、三刺草（*Aristida triseta*）、固沙草（*Orinus thoroldii*）、白草（*Pennisetum centrasiaticum*）、紫花针茅和蒿属种类（中国科学院植物研究所等，1988），地表植被稀疏低矮，生态环境相对脆弱。

2. 样区布设

根据藏南河谷的地形地貌特征，将其分为 5 个部分：①雅鲁藏布江干流部分，自拉孜县贯穿日喀则市谢通门县、南木林县、仁布县，再到拉萨曲水县与拉萨河汇入处，继续向东，沿山南贡嘎县、山南市乃东区、桑日县、曲松县进入林芝市境内，最后从林芝市朗县到米林尼洋河汇入处，其中日喀则市聂日雄乡、南木林县艾玛乡、拉孜镇、扎西岗乡、彭措林乡、朗杰学乡江雄水库、贡嘎县杰德秀镇及桑日县均分布有黑颈鹤的重要夜宿地。②雅鲁藏布江中游-年楚河流域，这部分重点观测了江孜县城、重孜乡-热索乡段、白朗县城周边及甲措雄乡。③雅鲁藏布江-拉萨河流域，该区域自西向东，从曲水县到拉萨市达孜区唐嘎乡均有观测，该区域的生境类型较复杂，即包括卡孜水库和虎头山水库两大黑颈鹤夜宿地，又包括大片的农田、河流及湿地生境，典型湿地的为拉鲁湿地。④雅鲁藏布江中游-羊卓雍错流域，由于羊卓雍错流域面积较大，因此采用分区直数法，将该湖泊划分成若干区域，并在各区域设置若干计数位点，以确保计数范围覆盖全湖，该样区的观测还包括羊卓雍错周边的小湖泊（空姆错、沉错、普姆雍错等）及湿地部分。⑤雅鲁藏布江下游-尼洋河流域，该样区包括林芝市工布江达县-林芝县和桑日县-朗县段。藏南河谷的样线布设基本涵括了西藏中南部以河谷为主要地貌的传统农耕区域，对藏南河谷越冬水鸟主要分布区域进行系统化观测，使整个西藏农区的鸟类观测体系基本成型，有助于对西藏中南部峡谷区进行整体上的考察评估，具有良好的科研价值和指示意义。

将藏南河谷分布的生境类型划分为 9 种：水田（含灌水旱田；样点 n=8）、旱田（n=18）、其他农用地（n=7）、高寒草原（n=1）、大型湖泊（面积＞450 m^2；n=31）、小溪（宽度＜3 m；n=2）、河流（宽度≥3 m；n=47）、草本沼泽（n=28）和泥炭藓沼泽（n=1）（表 9-10）。

表 9-10 不同生境样点数及鸟类种类统计表

生境类型	样点数	百分比（%）	种类	百分比（%）	数量	百分比（%）
C1 水田（含灌水旱田）	8	5.59	11	39.29	10 133	8.05
C2 旱田	18	12.59	8	28.57	12 084	9.60
C4 其他农用地	7	4.90	5	17.86	11 734	1.38
D4 高寒草原	1	0.70	5	17.86	342	0.27
G3 大型湖泊	31	21.68	21	75.00	28 924	22.96
G4 小溪	2	1.40	7	25.00	140	0.11
G5 河流	47	32.87	21	75.00	31 736	25.20
I2 草本沼泽	28	19.58	15	53.57	37 510	29.78
I3 泥炭藓沼泽	1	0.70	4	14.29	3 337	2.65

3. 物种组成

（1）鸟类研究进展

西藏“一江三河”流域是藏南河谷鸟类资源重要分布区，自 20 世纪 50 年代起就对其鸟类资源进行调查研究，中国科学院青藏高原综合科学考察队（1983b）开展了 13 次科学考察，共记录到水鸟 72 种；仓决卓玛等（仓曲卓玛等，1994；仓决卓玛等，2005）对零散片区的鸟类资源进行调查研究；2006～2010 年杨乐等对区域鸟类资源进行了较为细致的调查，记录到国家一级重点保护野生动物 5 种，包括白尾海雕、游隼、藏马鸡、藏雪鸡及黑颈鹤，国家二级重点保护野生动物 14 种（杨乐等，2011）；2010～2015 年杨乐等对“一江两河”流域的黑颈鹤的种群数量及分布情况进行了摸底，基本确定了黑颈鹤在雅鲁藏布江流域的越冬栖息地和主要分布区域，通过对研究期间黑颈鹤种群数量的分析，发现黑颈鹤的种群数量呈逐年递增的趋势（杨乐等，2016）；2014 年张国钢等对西藏雅鲁藏布江流域越冬水鸟资源进行调查研究。据西藏自治区高原生物研究所的杨乐科研团队对2014～2018年调查的“一江三河”流域越冬水鸟的多样性分析，发现该流域的越冬水鸟主要以雁鸭类为主，优势种为赤麻鸭、斑头雁和黑颈鹤，常常在农田、河滩发现以大群分布，并在雅江流域分布有普通鸬鹚、普通秋沙鸭等鸟类，在湖泊生境中主要分布有赤嘴潜鸭、红头潜鸭、白骨顶、绿头鸭、凤头䴙䴘等（周生灵等，2020a）；同时杨乐等在2014～2015年，采用样线法对拉鲁湿地鸟类多样性进行了观测，发现5月物种数最丰富，1月鸟类种群数量最大，鹭科鸟类记录到了5种，包括牛背鹭（*Bubulcus ibis*）、大白鹭、池鹭、苍鹭及夜鹭（*Nycticorax nycticorax*），并发现了稳定的夜鹭越冬种群分布（周生灵等，2020b）。2017年次仁等专家再次对拉鲁湿地冬季鸟类资源进行了观测，共记录到鸟类43种，其中以雁形目和鹤形目占据绝对优势，并记录到了白鹭、小白腰雨燕（*Apus affinis*）、红嘴山鸦等鸟类，但遇见率较低（次仁等，2019）。

（2）鸟类群落组成

自2014～2018年共记录到越冬水鸟7目11科37种（表9-11，附表Ⅱ），占西藏鸟类物种总数的7.52%。观测到的鸟类以古北界物种为主，共28种（75.68%），广布物种8种，占21.62%，东洋界物种仅有苍鹭1种；居留型以冬候鸟为主，共25种，占67.57%，其次为留鸟12种（32.43%）。共记录到国家一级重点保护野生动物1种，为黑颈鹤；国家二级重点保护野生动物3种，包括灰鹤、蓑羽鹤和黑颈䴙䴘。列入IUCN红色名录的易危物种有黑颈鹤和红头潜鸭；近危物种有凤头麦鸡、白眼潜鸭和斑嘴鸭。《国家保护的有益的或者有重要经济、科学研究价值的陆生野生动物名录》鸟类32种，包括苍鹭、黑颈䴙䴘、鹊鸭等。

表9-11　西藏雅鲁藏布江中下游流域越冬水鸟资源名录

分类	数量	居留型	地理区系	保护级别
一、䴙䴘目 Podicipediformes				
1. 䴙䴘科 Podicipedidae				
1）小䴙䴘*Tachybaptus ruficollis*	+	R	W	√
2）凤头䴙䴘*Podiceps cristatus*	+	W	P	√
3）黑颈䴙䴘*Podiceps nigricollis*	+	W	W	II
二、鹈形目 Pelecaniformes				
2. 鸬鹚科 Phalacrocoracidae				
4）普通鸬鹚 *Phalacrocorax carbo*	+	R	W	√
三、鹳形目 Ciconiiformes				
3. 鹭科 Ardeidae				
5）苍鹭 *Ardea cinerea*	+	R	O	√
6）夜鹭 *Nycticorax nycticorax*	++	R	W	√
四、雁形目 Anseriformes				
4. 鸭科 Anatidae				
7）灰雁 *Anser anser*	+	R	P	√
8）斑头雁 *Anser indicus*	+++	W	P	√
9）赤麻鸭 *Tadorna ferruginea*	+++	W	P	√
10）翘鼻麻鸭 *Tadorna tadorna*	+	W	P	√
11）赤膀鸭 *Anas strepera*	++	W	W	
12）绿翅鸭 *Anas crecca*	++	W	W	√
13）绿头鸭 *Anas platyrhynchos*	++	W	W	√
14）斑嘴鸭 *Anas poecilorhyncha*	+	W	P	NT，√
15）针尾鸭 *Anas acuta*	++	W	P	√
16）琵嘴鸭 *Anas clypeata*	+	W	W	√
17）赤颈鸭 *Anas penelope*	+	W	P	√
18）赤嘴潜鸭 *Rhodonessa rufina*	+++	W	P	√
19）红头潜鸭 *Aythya ferina*	++	W	P	VU，√

续表

分类	数量	居留型	地理区系	保护级别
20）凤头潜鸭 *Aythya fuligula*	++	W	P	√
21）普通秋沙鸭 *Mergus merganser*	++	R	P	√
22）鹊鸭 *Bucephala clangula*	+	W	P	√
23）白眼潜鸭 *Aythya nyroca*	+	W	P	NT，√
五、鹤形目 Gruiformes				
5. 鹤科 Gruidae				
24）黑颈鹤 *Grus nigricollis*	+++	W	P	I，VU
25）蓑羽鹤 *Anthropoides virgo*	+	R	P	II
26）灰鹤 *Grus grus*	+	W	P	II
6. 秧鸡科 Rallidae				
27）骨顶鸡 *Fulica caribaea*	+++	W	P	√
六、鸻形目 Charadriiformes				
7. 鹮嘴鹬科 Ibidorhynchidae				
28）鹮嘴鹬 *Ibidorhyncha struthersii*	+	R	P	√
8. 鹬科 Scolopacidae				
29）矶鹬 *Actitis hypoleucos*	+	W	P	
30）红脚鹬 *Tringa totanus*	+	R	P	√
31）青脚鹬 *Tringa nebularia*	+	W	P	√
32）白腰草鹬 *Tringa ochropus*	+	R	P	√
33）孤沙锥 *Gallinago solitaria*	+	R	P	√
七、鸥形目 Lariformes				
9. 鸥科 Laridae				
34）棕头鸥 *Larus brunnicephalus*	+	R	P	√
35）渔鸥 *Larus ichthyaetus*	++	W	P	√
10. 燕鸥科 Sternidae				
36）普通燕鸥 *Sterna hirundo*	+	W	P	√
11. 鸻科 Charadriidae				
37）凤头麦鸡 *Vanellus vanellus*	+	W	P	NT，√

注：数量：+++为较多，++为有一定数量，+为较少。居留型：S 为夏候鸟，W 为冬候鸟，R 为留鸟。地理区系：P 为古北界种类，O 为东洋界种类，W 为广布界物种。保护级别：VU 为易危，NT 为近危，为 IUCN 红色名录中的濒危等级；I 为国家一级重点保护野生动物，II 为国家二级重点保护野生动物；√为列入《国家保护的有益的或者有重要经济、科学研究价值的陆生野生动物名录》的物种。

（3）区域内的分布新记录

1）灰雁，2009 年首次发现于拉萨市达孜区塔杰湿地（次仁多吉等，2009）。

2）夜鹭，张国钢等于 2014 年在贡嘎县索刚村雅鲁藏布江边记录到了 4 只夜鹭（张国钢等，2014）；但根据杨乐等的观测，早在 2010 年就在拉鲁湿地发现了夜鹭种群，并有稳定的越冬种群。

3）北极鸥（*Larus hyperboreus*），2015 年发现于墨竹工卡县直孔电站水库（吴建普等，2015）。

4）豆雁，2016 年李炳章等在乃东县泽当镇羌哉村记录到了 2 只豆雁。

5）灰椋鸟，2016 年首次在拉萨市达孜区唐嘎乡湿地发现了 2 只灰椋鸟（杨乐等，2018a）。

6）八哥，2017 年在拉鲁湿地发现八哥，为拉萨典型的外来物种（杨乐等，2017）。

7）黑腹滨鹬，2019 年首次在西藏林周县卡孜乡卡孜水库记录到了 2 只黑腹滨鹬（陈越等，2019a）。

4. 动态变化及多样性分析

（1）鸟类群落的变化情况及趋势

2014～2018 年研究区越冬水鸟物种数处于递增状态（F=9.818，P=0.048），其中雁鸭类（F=36.750，

P=0.009）物种数增加极为显著，但种群数量在 2018 年呈回降趋势（F=2.959，P=0.184）。2014～2018 年研究区越冬水鸟种群数量以雁鸭类及黑颈鹤为主，占 91.9%，尤其赤麻鸭和斑头雁占绝对优势（图 9-13）。

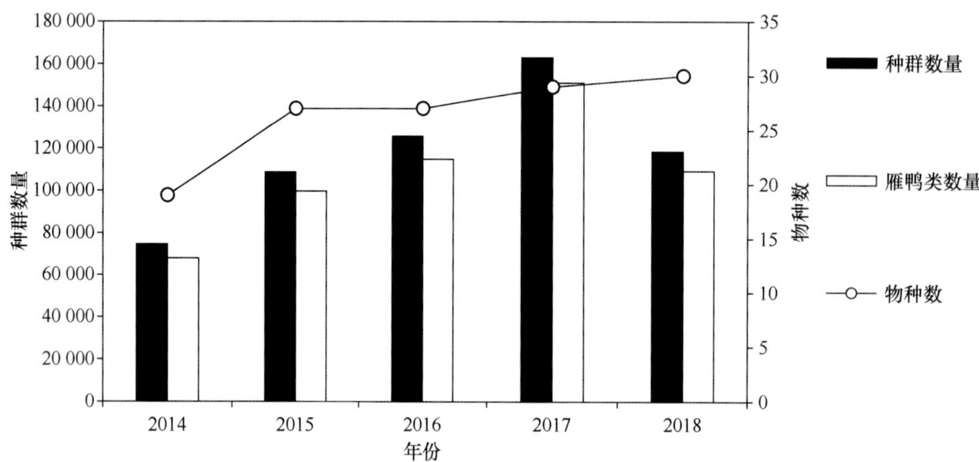

图 9-13　藏南河谷物种数及种群数量年际变化

（2）不同生境类型鸟类多样性比较

由图 9-14 可以看出，大型湖泊、草本沼泽、河流和泥炭藓沼泽 4 种生境鸟类多样性指数较高，主要是因为这些生境既可以为越冬水鸟提供良好的栖息环境，又可以提供丰富的食物供给，主要分布的物种有赤嘴潜鸭、针尾鸭、红头潜鸭、白骨顶和绿头鸭等；而其优势度指数较低，表明每个物种的种群数量相对较小。其他农用地中分布有大量斑头雁、赤麻鸭及黑颈鹤，除偶尔混群的少量灰鹤外，几乎没有其他物种分布，所以该生境物种多样性最低，而优势度较高。

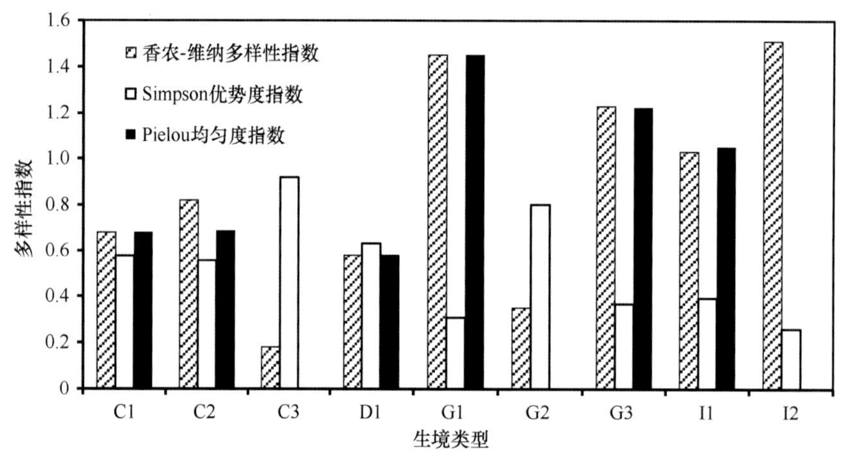

图 9-14　藏南河谷不同生境下越冬水鸟多样性

（3）不同年份鸟类相似性分析

2018 年与其他年份鸟类群落相似性较低，经对比发现物种分布的差别主要体现在鸻鹬类。其他年份鸟类群落相似性均较高，这表明研究区越冬水鸟种类基本稳定（表 9-12）。

（4）主要生境类型及鸟类

藏南河谷的主要生境类型可分为河流、湖泊、农田、沼泽 4 种。河流主要指“一江三河”流域，包

表 9-12　藏南河谷不同年份鸟类群落相似性

年份	2014	2015	2016	2017	2018
2014		0.78	0.82	0.75	0.65
2015	18		0.81	0.89	0.74
2016	19	22		0.82	0.70
2017	18	25	23		0.88
2018	16	21	20	26	

括雅鲁藏布江中游和下游上段、拉萨河中下游、年楚河中下游、尼洋河中下游，该生境是雁鸭类和鸥类越冬时觅食和栖息的主要生境，该生境的优势种鸟类：赤麻鸭、斑头雁、渔鸥、棕头鸥，其他常见鸟类还包括绿头鸭、赤膀鸭、普通鸬鹚、普通秋沙鸭、白鹡鸰等；其次是以羊卓雍错为主的湖泊，羊卓雍错周围环绕了空姆错、沉错、普姆雍错等湖泊，该生境分布的主要鸟类为潜鸭类，包括赤嘴潜鸭、红头潜鸭、凤头潜鸭、针尾鸭、白骨顶等；再次是农田生境，该生境可以为越冬鸟类提供丰富的食物资源，因此常常吸引大量的斑头雁、赤麻鸭、黑颈鹤等鸟类在其中觅食；最后是沼泽，以拉鲁湿地为代表的泥炭藓沼泽和草本沼泽，不仅可以为越冬水鸟提供良好的栖息场所，而且有丰富的食物资源可供越冬鸟类取食，常见的鸟类包括黑颈鹤、夜鹭、普通鸬鹚、红脚鹬、白骨顶等。

5. 代表性物种

（1）旗舰物种黑颈鹤

根据杨乐等的历史调查数据，2011 年的调查（西藏自治区林业厅和西藏自治区高原生物研究所联合组织）结果为 6300 只左右；2014 年达到 6500 多只；2015～2016 年的调查达到 7918 只；2016～2017 年的调查数量为 8516 只，为历次调查之冠；2017～2018 年的调查数据低于 2015 年冬季和 2016 年冬季的调查数据，但仍连续第三年超过 2007 年调查（国际鹤类基金会、西藏自治区高原生物研究所）发现的 6940 只的水平。

黑颈鹤越冬种群的分布大体上保持相对稳定的格局，林周县卡孜乡、达孜区唐嘎乡、贡嘎县甲竹林乡、日喀则市聂日雄乡、南木林县艾玛乡、拉孜镇、扎西岗乡和彭措林乡是西藏黑颈鹤分布的主要区域，夜宿地生境多是河畔沙洲或是水库边缘滩涂，觅食地生境多为旱田。继 2014 年考察在桑日县和拉孜县发现 2 处新的黑颈鹤夜宿地之外，2015 年在雅鲁藏布江山南市乃东区泽当镇段、朗杰学乡江雄水库、雅鲁藏布江贡嘎县杰德秀镇发现了多处新的夜宿地。之后黑颈鹤的夜宿地相对比较稳定。

（2）其他代表性物种

灰鹤：鹤形目鹤属大型涉禽，灰鹤体长 100～120 cm，颈、脚均甚长，全身羽毛大都灰色，头顶裸出皮肤鲜红色，眼后至颈侧有一灰白色纵带，脚黑色，虹膜红褐色，嘴黑绿色，端部沾黄色。为杂食性动物，但以植物为主。为 IUCN 红色名录低危动物，国家二级重点保护野生动物。

斑头雁：雁形目鸭科雁属鸟类，体长 75 cm 左右，成鸟头顶污白色，具棕黄色羽缘，头后两侧具 2 道黑色横斑，头、脸、喉部均有宽阔的白色横斑，背部淡灰褐色，尾上覆羽及腰白色，脚、趾深黄色，雌雄同色；主要以植物的叶、茎、嫩芽及种子为食，繁殖季也捕食软体动物、昆虫、鱼虾类。为 IUCN 红色名录无危物种。

赤麻鸭：雁形目鸭科麻鸭属鸟类，体长 66 cm 左右，体型比家鸭稍大；全身赤黄褐色，翅上有明显的白色翅斑和铜绿色翼镜；嘴、脚、尾为黑色，雄鸟有黑色颈环。喜栖息于开阔草原、湖泊、农田等环境中，以各种谷物、昆虫、甲壳动物、蛙、虾、水生植物为食。为 IUCN 红色名录无危物种。

赤嘴潜鸭：大型鸭类，体长 45～55 cm。雄鸟头浓栗色，具淡棕黄色羽冠，上体暗褐色，翼镜白色，下体黑色，两胁白色，嘴赤红色。雌鸟通体褐色，头的两侧、颈侧及颏和喉灰白色，飞翔时翼上和翼下大型白斑极为醒目。喜栖息于开阔的淡水湖泊、水流较缓的江河、河流与河口地区，主要通过潜水取食，也常尾朝上、头朝下在浅水觅食，食物主要为水藻、眼子菜和其他水生植物的嫩芽、茎和种子，有时也到岸上觅食青草和其他一些禾本科植物种子或草子。为 IUCN 红色名录无危物种。

9.5 威胁与保护对策

青藏高原位于我国西南部，平均海拔超过 4000 m，素有“世界屋脊”和“地球第三极”之称，是我国和东南亚地区的“江河源”和“生态源”，被誉为亚洲乃至北半球气候变化的“启动器”和“调节器”，对我国乃至亚洲生态安全具有非常重要的屏障作用。国务院新闻办公室 2018 年 7 月发布的《青藏高原生态文明建设状况》白皮书中提到：“青藏高原被誉为‘世界屋脊’‘地球第三极’‘亚洲水塔’，是珍稀野生动物的天然栖息地和高原物种基因库，是中国乃至亚洲重要的生态安全屏障，是中国生态文明建设的重点地区之一”（国务院新闻办公室，2019）。

青藏高原有着独特的地理位置和地势地貌，高寒、干旱、缺氧的气候特征使得高原生态环境极为脆弱、敏感，且自我调节和修复能力差，一旦破坏，极难恢复。也正因为高海拔空气稀薄、缺氧、干燥等严酷的生存环境，使得青藏高原长久以来人类活动相对较少，经济落后，社会发展缓慢。进入新时期，青藏高原在国家整体发展战略中的地位日益突出，其生态环境安全、边疆政治稳定、民族关系和谐、统筹协调发展等都是事关国家稳定与发展的重大战略问题（索端智，2013）。社会经济的发展得益于现代科技的飞速发展，在青藏高原经济社会和生态文明建设中，科技的支撑作用日益显现，但是社会经济的快速发展给青藏高原脆弱的生态环境带来了严峻的考验。面对日益加剧的气候变化和人类活动，高原冰川退缩、生物多样性受到威胁、草场退化、自然灾害增加等生态与环境问题日益突出（孙鸿烈等，2012）。

9.5.1 主要干扰类型

1. 开发建设

（1）房地产开发

因为发展需要，易地搬迁安置、城市建设、厂房建设、旅游房屋建设及其他房屋工程建设等，房地产开发建设活动日益频繁。各区域基础建设会影响鸟类栖息地，尤其是城乡结合部的改造非常迅速，如西藏拉萨市周边县区的房地产开发。拉萨市周边区域是西藏目前经济发展最为迅速、人口较密集的区域，这一区域的基础建设强度、土地利用类型的改变速率都非常高，环境变化对鸟类多样性的组成会带来哪些干扰，值得长期观测和关注。各大著名景点附近区域均有开发建设，如青海湖、若尔盖所在的花湖地区等。房地产的开发建设导致生境破碎化的速度非常快，地表景观的迅速改变对鸟类会形成较大的冲击。

（2）道路交通建设

道路交通建设发展迅速，主要为铁路、公路的修建。西藏交通的投建力度非常大，交通面貌日新月异，如拉日铁路、拉林铁路建设；拉林高速、拉萨到泽当高速、京藏高速（那曲-拉萨段）等高速公路建设。青海相关区域内如青藏公路、铁路的修建等。道路开发建设造成了周边部分植被的丧失，不同范围或程度上导致栖息地破碎化或丧失，同时建设施工中的机器噪声及人为活动会干扰鸟类的活动，道路建成后对沿线鸟类的影响也是有的。道路顺畅和便利，机动车的数量会增多，行使速度也大大提升，在行使途中经常可以看到沿途鸟儿因车辆到来而飞走，甚至导致“路杀”的发生，这是可眼见的最直观的影响（Herrera-Montes and Aide，2011）。

（3）矿产资源开发

矿产资源在开发过程中容易导致生态环境破坏问题，如带来的大气、土壤和水体的污染；周边植被的破坏、森林的砍伐、草地的破坏易引起草地的退化；固体废弃物的堆放和丢弃；采矿时的爆破、机器的运作、运输系统等，有着严重的噪声污染等。矿区作业严重破坏生态环境，原有的生态环境将很难恢复，对栖息于该地区的野生动物形成了严重的威胁。在若尔盖样区内，辖曼镇的料场，矿产资源开发（含采石、挖沙等）现象比较严重。

（4）旅游开发

青藏高原因特殊的地理位置和地理地貌造就的独特的自然与人文景观，是广大旅游者向往的胜地，为旅游业发展提供了丰富资源。旅游发展带动了餐饮、住宿、交通、文化娱乐等产业的发展，促进了文化遗产保护、传统手艺传承和特色产品开发。旅游业已成为青藏高原实现绿色增长和农牧民增收致富的重要途径。青藏高原随着各大交通越来越便利，游客人数逐渐递增，旅游业的发展也给本地生态系统带来了一定的负担。很多旅游地缺少合理的整体规划、管控和引导，随着外来人口的增多，外来车辆的频繁进入，部分山庄、酒店及观光廊道开发建设，人为干扰越来越大。

随着旅游人数的增多，景区内固体废弃物丢弃现象也在增多。固体废弃物的增加，会带来不同程度的环境污染，如水体污染、土壤污染等，这对环境质量要求很高的鸟类来说存在一定的威胁。在西藏纳木错景区，游客和当地居民的环保意识不足，经常能在路边见到随意丢弃的塑料水瓶、零食的包装袋等，其他景区或多或少都存在类似的问题。

因旅游业的发展，过往车辆和游客人数随之递增，对景区道路沿线鸟类的干扰程度也会加大，景区内部游客增多，对周边鸟类的干扰程度也加大。旅游者的活动对鸟类的影响，国外的研究主要集中在鸟类的惊飞反应、取食、能量消耗、繁殖等方面。游客对鸟类的投喂现象也时有发生，在野生动物保护中投喂是不被提倡的行为，首先游客所投喂的食物不一定适合鸟类的食谱，可能会引发鸟类健康问题；其次如果鸟类长期“不劳而获”，会让鸟儿产生“乞食”等非自然的行为，慢慢会丧失一定的本能。在拉萨市龙王潭公园就出现了不及时迁徙的鸟类，如斑头雁、赤麻鸭和棕头鸥等，因为在龙王潭公园，民众的投喂行为很多，它们可以不劳而获，不为食物而“奔波”。在纳木错扎西半岛景区的棕头鸥，不畏游客来往而飞走，反而看到游客就聚集在前。在拉萨市雄色寺，游客停车在寺庙盘山路边时，就会有从山坡上飞冲下来的藏马鸡，围绕在游客身边期盼着食物。

若尔盖有较为发达的交通网，且因花湖近几年已被打造成著名的旅游景点，游客量逐年递增，其中观测到黑颈鹤的花湖样线，影响最大的就是旅游开发。西藏班戈县在纳木错北岸规划圣象天门景区，对利用沿岸滩涂的水鸟产生了一定影响。

（5）管线铺设、光伏发电等

管线铺设包含给水、污水、燃气、电力、路灯、电信、有线电视、工业管道、热力等的施工，在施工中会伴随着地表植被破坏、废弃物污染、噪声污染等各种环境问题。各项交通工程集中开工建设，城市道路及建筑物建设，相应的光缆电线、管道铺设工程较多，对沿途鸟类生存环境产生了较大的影响。随着西部电网的发展，鸟类遭到电击死亡率极大提高，尤其以猛禽类为多，在青藏区，杆塔是猛禽类筑巢、猎食、栖息的重要平台（马鸣等，2007）。鸟类除了有被高压线电死的风险，还面临着飞行中撞击电线而引起伤亡。在西藏纳木错环湖观测中，曾在电线杆下发现两只被电死的渡鸦尸体。在西藏拉萨市林周县越冬水鸟观测中，从当地野保员口中了解到他们在巡查中有发现撞到电线而死的斑头雁、赤麻鸭等，也救助过被电线折翼的黑颈鹤。电力线路造成的鸟类伤亡现象是长期存在也需加强研究的鸟类保护问题。

青藏高原上阳光照射强、时间久，太阳能的利用较为普遍，光伏电板使用较多。光伏电板的安装，占地面积较大，且多安装在向阳的坡度较缓、开阔的斜坡上，这对山坡上的灌木丛、草原等植被影响较大，原本灌丛鸟类可利用生境逐渐丧失。大面积的光伏电板对周边气候的影响也有待观测。在西藏样区的观测中可见多处占地较大的光伏电板区域。

2. 放牧

草原过度放牧现象较严重。根据生态环境部和中国科学院联合开展的全国生态环境调查评估，青藏高原生态系统以草地为主，草地生态系统面积约为 153.0 万 km^2，占青藏高原总面积的近 60%（高吉喜等，2018）。而对于生活在青藏高原的人们来说，得益于高原上分布广袤的草原，放牧是由来已久的生存方式。但随着经济发展及道路交通的便利，使得放牧带来的经济效益也提高了，牧民们放牧数量增大，草原过度放牧现象越来越严重，是各调查区域普遍存在的问题。过度放牧使得草原上植物群落覆盖率降低，植物种类减少，容易导致草原沙化、退化，加之草原上成群的马牛羊的活动也会干扰到鸟类的活动，草原上的鸟类种群构成和数量可能会受到影响。在西藏藏北样区繁殖季的调查中，藏北草原广布，水草丰茂，随处可见放牧干扰，如色林错南岸、错鄂湖东南湿地、罗布错、越恰错等，湖边放牧干扰较大；四川若尔盖样区覆盖大面积的草原生态系统，放牧是最主要的影响因素。

3. 农林牧渔开发

（1）农业土地利用类型的转变

现代农业生产方式对传统生产方式的替代，使得土地利用类型发生了较大的转变。在西藏，耕地主要分布在“一江两河”流域的河谷地区，即雅鲁藏布江、拉萨河和年楚河，该区域地势开阔平坦、水热条件优越，土壤条件相对肥沃，有利于农业的开发（邹利林等，2011）。但是近年来该区域原本传统的耕地面积逐渐缩小，土地利用类型发生改变，有的被征用为拆迁安置、工业发展，以及城镇化交通道路建设、农村公路畅通建设等基础设施建设，有的改建温室大棚种植经济作物，有的直接占用耕地建造苗圃，有的被退耕还林等，这些现象都在不断地压缩耕地面积。西藏“一江两河”区域的耕地是在此越冬的雁鸭类、鹤类的主要食物来源，土地利用类型的转变及土地平整、翻耕等，使得鸟类可利用生境越来越破碎化，也会减少越冬水鸟的食物来源。青藏高原旗舰物种黑颈鹤，在该区域是越冬种群数量最多的，但是近年来却呈现了增长速度放缓的趋势，值得重视。

（2）围湖造林、围滩养殖、河道整治等

湖泊、河流、湿地等面临的主要问题有围湖造林、河道整治、围滩养殖等。这些依靠湿地而发生的人类活动，改变了江河湖等湿地原先的生境，甚至是一种破坏，导致湖水水位下降、河流流量减少、滩涂面积减少，使得原本依托于这些生境的水鸟丧失栖息地或觅食地。在青海西宁市、门源县观测中，河流生境样线先是河沙采挖后进行植被恢复治理，但种植植被为人工针叶林，与原生生境不同，将对鸟类的群落结构产生较大影响。2014 年起，西藏开启了“两江四河”流域（雅鲁藏布江、怒江、拉萨河、年楚河、雅砻河、狮泉河）造林绿化工程，树林虽然有防风固沙、净化空气等作用，但是也相应地占用了湿地面积，在部分地区也使得原先水鸟可利用的生境丧失，如在西藏日喀则市桑珠孜区聂日雄乡和东嘎

乡、南木林县艾玛乡等区域的调查中发现有河道造林的现象，该区域是黑颈鹤重要的越冬地之一，河流沿岸有在此栖息和觅食的黑颈鹤，造林使得部分栖息地丧失。在西藏拉萨河流域拉萨段，因滨河公园的开发修建，河道整治活动频繁且范围较大，河流中的雁鸭类、鸻鹬类水鸟受到较大的干扰。

（3）草原围栏

草原围栏是青藏区普遍存在的现象，围栏建设对牧民生产、生活有一定的作用，但是由于不合理的过度使用围栏也带来严重的生态后果，如对野生动物栖息地的隔断，对其迁徙的阻碍和行为的限制。草原围栏对大型鸟类的起飞降落产生了一定的威胁，如被围栏困住，造成伤亡。在西藏那曲地区围栏建设较多，在色林错南岸的观测沿途随处可见。四川若尔盖的草原生态系统中，草原围栏也是主要的影响因素。

4. 其他

（1）城市化发展对鸟类多样性的影响

在经济迅速发展下，城市化进程不断加快，原先的自然景观发生了很大的变化，逐渐被各类建筑物、道路、园林等所取代，人类活动频繁，人为干扰加剧，鸟类在城市的生境不断发生着变化。城市鸟类多样性的威胁因素有城市化建设、园林植物的种植及放生等问题。城市化建设造成城市化程度的提高，园林植物大规模取代原生灌丛，这样极有可能导致依托灌丛生活鸟类的种类、数量都有所下降，而宽适合度的常见鸟可能扩张的局面。生活质量的提高使家养鸟类不断增多，且受宗教信仰的影响，藏区普遍存在放生思想，有些人会购买一些外地的鸟类进行放生，造成生物入侵，一旦扩散到城市环境中可能对现有群落结构造成影响。对城市的观测，主要以公园为主，关注在藏区常见的放生问题，如在对拉萨样区的观测中已在相应区域陆续发现山噪鹛、八哥等鸟类，疑为放生鸟种。

（2）流浪狗、流浪猫的威胁

流浪狗、流浪猫在西藏地区的鸟类多样性观测途中各地区均可见到，在野外流浪狗分布非常广泛，在城市的街道里也常能见到。相对来说，流浪猫在城市里分布较多，各地区野外均有观测到，但数量上不如城市多见。流浪狗、流浪猫繁殖能力强，人类如果不采取有效措施任由其无节制繁殖的话，不仅会给人类安全及其他动物的安全带来很大的威胁，也会给生态环境、整个生态系统和食物链带来一定的负面影响，对于高原脆弱的生态系统来说可能面临更大的挑战（杨乐等，2019b）。据相关研究，流浪狗对黑颈鹤的干扰很大，经常引起黑颈鹤的警戒行为，受影响的鸟类主要是在地面取食鸟类如雁鸭类、鸠鸽类，还有飞行能力较差的鸡形目鸟类等（杨乐等，2019b）。流浪猫对小型鸟类的威胁较大，在观测中有看到流浪猫捕食白鹡鸰。

（3）全球气候变化带来的环境变化

全球气候变化是全人类面临的一种环境风险，其中气候变暖是最严重的问题。气候变暖带来的灾害在青藏高原上已有目共睹，如高原冰川退化、雪线上升、湖泊消长、部分地区降水量增多等。近年来气候变化加剧及极端恶劣天气的增多，造成部分地区的水体和植被出现了不同程度的退化，如已经干涸的多情湖，水域面积缩减的佩枯错。气候变化也对物种的分布与数量有一定的影响。如黑颈鹤越冬夜宿地多依托大型湖泊，在西藏“一江三河”样区越冬水鸟观测中发现大型湖泊结冰现象较往年严重，全面或大面积的结冰，导致黑颈鹤明显减少。在西藏藏北区域繁殖季的观测中，每年集中在六七月份观测，发现降水量增大，草原更加丰茂。但是，在全球气候变暖的趋势下，对各区域鸟类构成及其群落构成的影响究竟有何变化，尚需加强观测。

9.5.2 保护对策建议

1. 加强青藏高原生态文明建设，逐步健全高原生态文明制度体系

加快生态文明制度体系建设，是建设美丽中国的必然选择，也是坚持和完善中国特色社会主义制度的题中之意，习近平总书记指出："生态环境是关系党的使命宗旨的重大政治问题，也是关系民生的重大社会问题。"新时代青藏高原生态文明建设，是建设美丽中国的重要内容。青藏高原生态文明建设，对推动高原的可持续发展及促进中国和全球生态环境保护都有着十分重要的影响。

2. 加强自然保护地体系的建立和管理

党的十九大报告提出了要"建立以国家公园为主体的自然保护地体系"的决策，启动了自然保护领域的重大改革。随着生态文明体制改革的深入推进，中国政府适时提出建立以国家公园为主体的自然保护地体系。自然保护地体系是保护生物多样性、维护自然资本和生态系统服务、保障国家乃至全球民众福祉的重要管理手段（国务院新闻办公室，2019）。目前，青藏区业已建立了多个国家级自然保护区，如四川的若尔盖国家级自然保护区，青海的青海湖国家级自然保护区和青海三江源国家级自然保护区，西藏的色林错国家级自然保护区、珠穆朗玛峰国家级自然保护区、西藏拉鲁湿地国家级自然保护区和雅鲁藏布江中游河谷黑颈鹤国家级自然保护区等。保护区的设立为鸟类多样性的研究和保护提供了良好的基础条件。青藏高原自然保护地体系正在由以自然保护区为主体向以国家公园为主体转变，相关部门应该结合青藏高原实际生态环境情况及环境保护需求进行梳理、科学分类，逐步形成以国家公园为主体、自然保护区为基础、各类自然公园为补充的自然保护地体系。

3. 制定和完善相关政策与法律法规，加强立法宣传

贯彻《野生动物保护法》，坚决打击捕猎、破坏动物栖息地等违法行为，相关部门在加强管理的同时也应不断增强宣传力度，通过各种方式向当地居民宣传野生动物保护的相关法律法规，如报纸、广播、宣传栏等。同时监管和执法机构要加强监督，针对破坏林地与草场等野生动物重要栖息地的行为给予大力打击和严格执法。青藏区相关地方政府部门应针对当地实际情况，结合国家相关政策，制定严格的林地保护与管理政策、措施，保证野生动物栖息地的完整性。针对矿产资源开发，应依据《环境保护法》，制定切实相关的法律法规，协调矿产资源开发与生态环境保护，在开发前、开发中和开发后 3 个阶段同时做好环境保护：开发前，做好资源勘查、环境评估等前期工作，了解好本地的动植物资源情况；在开发时做到尽量少占已有的耕地、农田、植被等，按照规定及时处理好生产中的废弃物；开发后做好破坏区域的土地资源、植被的恢复工作。各种交通道路施工、旅游开发建设等同样应该做好前期环境评估工作，根据《环境保护法》和《自然保护区条例》等，降低对野生动物栖息地的破坏程度，按照相关规定做好环境保护工作。

4. 实施生态保护修复和环境保护重大工程

对以往已遭受环境破坏的各类生态系统进行修复，如草原保护与修复、湿地保护与修复、重点流域环境综合治理、耕地保护与修复等，降低各种环境问题给鸟类带来的伤害，加强对鸟类多样性的保护。

5. 针对牧区实施保护性放牧政策

青藏区普遍存在着草原过度放牧问题，应对高海拔草地草场按照保护性放牧的原则对当地牧民的放牧活动进行管理，并提供退牧还草的补偿措施，通过多种手段控制草场的畜牧量，以保证高海拔草场生

境不因过度利用而遭到破坏。

6. 将藏传佛教生态保护教义和科学生态观相结合

积极宣传藏传佛教文化中“尊重生命、慈悲为怀”“不杀生”等教义，并结合生态环境保护、人与自然和谐相处的科学生态观，在藏区农牧民群众中加强科学宣传，促进自然保护。由于当地居民受宗教信仰的影响，绝大多数居民对野生动物保持敬畏与保护的态度，这也有利于野生动物保护与研究工作的开展，但同时也应在科学生态观方面加强宣传教育和引导。

7. 与脱贫等政策相结合，因地制宜壮大当地野保员队伍

从当地贫困群众中发展野保员，给予一定的经济补贴，使待脱贫人员通过培训获得工作技能后上岗，并安排在本村及其周围就近对保护区进行巡逻和保护，这样在本地可以发挥实时监督和保护宣传的作用。

当今中国正处于大力提倡生态文明建设和可持续发展的关头，青藏区的政府部门应紧跟生态文明建设步伐，做好基础工作，积极引导本地群众，加强生物多样性宣传和保护。

第 10 章　西南区鸟类多样性观测

10.1　环 境 概 况

10.1.1　行政区范围

中国动物地理区划的西南区，省级行政区划包括西藏东南部，四川西南部，云南西北部、中部和东北部，贵州西南部。

动物地理区划的西南区，学者将其划分为西南山地亚区和喜马拉雅亚区。其中西南山地亚区包括 3 个动物地理省和 24 个生态地理单元。地理空间范围包括中国西南部从西向东著名的横断山系 7 条呈南北走向的高大山脉。行政区域包括四川西南部，云南西北部、中部和东北部，贵州西南部。

喜马拉雅亚区包括 2 个动物地理省和 4 个生态地理单元，地理空间范围包括喜马拉雅山脉东段南坡地区。行政区域包括西藏东南部林芝市的墨脱县和察隅县，云南西北部的贡山县。

10.1.2　气候

西南区整个区域属于中亚热带季风湿润气候。但是由于该区域西部南北走向的高山峡谷海拔垂直高差巨大，气候的垂直地带性十分明显，从低海拔河谷到高海拔山脊，依次拥有南亚热带、中亚热带、北亚热带、暖温带、寒温带、亚寒带和寒带 7 个类型的气候。年均降水量从北到南逐步增多，通常为 460～1350 mm，年均气温－10.4～23.8℃，极端高温 33.4℃，极端低温－25.8℃，≥0℃年积温 0～7900℃。西南区是中亚热带季风气候向大陆性高原气候过渡的地区。

西南区的西南山地亚区气候属亚热带高原季风气候类型，其中云南境内季风气候十分明显。冬季盛行干燥的大陆季风，夏季为湿润的海洋季风所控制，造成冬半年干燥，夏半年湿润，干湿两季气候分明的特点。滇中和滇东高原，气候温暖，具有“四季如春，一雨成冬”的气候特点。滇西北和滇东北高寒山区，长冬无夏，春秋两季较短。各地气候普遍具有年温差小，日温差大的特点。年平均气温在 4.7～23.7℃，最热月平均气温在 11.7～28.4℃，最冷月平均气温在－3～16.5℃。各地霜期长短不一，南部全年无霜，北部霜日较多。年均降水量在 1100 mm 左右。

由于冬夏两季受不同大气环流的控制和影响，降水量在季节和地域的分配极不均匀。85%的雨量集中在 5～10 月的雨季，尤其以 6 月、7 月、8 月 3 个月降水量最多，约占全年降水量的 60%。11 月至次年 4 月冬春季为旱季，此时天晴日暖，风高物燥，雨雪很少，其降水量只占全年的 15%。

由于水平方向上的纬度增加，与垂直方向上的海拔增加相吻合，使得西南区垂直方向上 1 km 的气温变化，相当于全国水平方向上 1400～2500 km 的变化，相当于从海南岛至东北长春之间的年均温差，从山顶到河谷呈现寒、温、热三带气候。同时，因河床受侵蚀不断加深，不少地区山高谷深，垂直高差显著，域内任何一地从河谷到山顶，都存在着因高度上升而产生的气候类型差异。高度每上升 100 m，温度即降低

本章主编：韩联宪；编委（按姓氏笔画排序）：王杰、匡中帆、伍和启、伊剑锋、杨乐、杨亚非、吴永杰、吴忠荣、汪晓意、胡军华、翁仕洋、高建云、韩奔、韩联宪等。

0.6℃左右。“四季如春”的气候主要在海拔 1500～2000 m 的地带。“立体气候”的特点至为鲜明，“一山分四季，十里不同天”“山腰百花山顶雪，河谷炎热穿单衣”，成为西南区垂直气候类型的生动写照。

位于西南区东部的云南昆明市、玉溪市、楚雄市等地，无霜期约 250 d，位于云南北部比较寒冷的昭通市和丽江市，无霜期为 210～220 d。

喜马拉雅亚区自南向北，自低海拔到高海拔跨南亚热带季风雨林气候，中亚热带季风常绿阔叶林气候，北亚热带季风常绿-落叶阔叶林和温带落叶阔叶林气候 4 个气候类型带。年降水量 350～3800 mm，年均气温－6.5～24.6℃，极端高温 32.5℃，极端低温－22.6℃，≥0℃年积温 0～9500℃。

10.1.3 地形地貌

西南区地处中国三大阶梯地形的第一级与第二级阶梯地带，主要部分在第二阶梯地带，属青藏高原东南延伸部分，西北部与第一阶梯青藏高原的过渡部分相接。由西北向东南呈阶梯状逐级递降，江河顺着地势，成扇形分别向东、向东南、向南流淌。西南区位于青藏高原东南缘，地貌以山地高原为主。数列南北走向的山脉齐聚西南地区，阻隔东西交通，被学者称为横断山系。横断山系从西向东，依次为伯舒拉岭-高黎贡山，他念他翁山-怒山（碧罗雪山），芒康山（宁静山）-云岭，沙鲁里山，大雪山，邛崃山，岷山七列山脉。横断山地区北部以昌都—甘孜—马尔康一线与昆仑山、唐古拉山为界，向南主体部分为青藏高原东南缘区域，广义的横断山则延伸至云南西南部国界附近。

西南区西部高大狭长的山脉和江河，形成了气势极为雄伟的山川南北骈列，高山峡谷相间的地貌。西南区的山岭和峡谷相对高差幅度为 1000～3500 m。云南西北部的梅里雪山卡瓦格博峰（海拔 6740 m）与澜沧江边的西当铁索桥（海拔 1980 m），从河谷到山顶直线距离只有 12 km，高差竟达 4760 m，在 10 余千米的狭小范围内，呈现亚热带干热河谷到冰雪世界的奇异景观。

西南区拥有众多连绵不绝的高山和极高山，很多山峰永久积雪，形成奇异雄伟的山岳冰川地貌。西藏东南部的最高峰南迦巴瓦峰（海拔 7782 m）、四川最高峰贡嘎山（海拔 7556 m）和云南省最高峰卡瓦格博峰（海拔 6740 m），都在西南区。西南区山高谷深，江河奔腾，地形起伏极大，风光壮美，著名的雅鲁藏布江大峡谷、梅里雪山、怒江大峡谷、普达措国家公园、虎跳峡、贡嘎山、四姑娘山、亚丁三神山、大渡河峡谷、九寨沟、黄龙、若尔盖等著名景区都聚集于西南山地。

西南区因为自然景观丰富，山峰资源众多，一百多年前的欧洲探险家金敦·沃德、华特·古格里和当代日本登山家中村保等，又将横断山地区称为“中国的阿尔卑斯”。

在西南区起伏纵横的高原山地之中，盆地和高原台地星罗棋布，山间盆地和高原台地在西南地区方言中称“坝子”，由于坝子地势平坦连片，常有河流蜿蜒其中，成为城镇所在地及农业生产的主要基地。盆地的面积大小各异，小型盆地面积仅几平方千米，大型盆地面积可达数百平方千米。

西南区东部是云贵高原的主体，平均海拔 2000 m 左右，主要是波状起伏的低山和浑圆丘陵，发育着各种类型的岩溶地貌，其中云南有著名的石林、丘北普者黑、罗平多依河、宜良九乡溶洞、建水燕子洞、泸西阿庐古洞等风景区。贵州有兴义马岭河、万峰湖等风景区。西南区东部云贵高原的高原面保存比较完整，尤其在云南楚雄市中部、昆明市、玉溪市北部和东部、曲靖市东部和南部，主要为起伏不大的山地及残丘，在断陷盆地附近出现相对高度较大的中山山地。重要的山脉有轿子山、五莲峰、乌蒙山及其支脉拱王山、梁王山、牛首山、六诏山等。

10.1.4 水文

西南区境内河流众多，多为入海河流的上游。比较著名的河流从西到东依次有雅鲁藏布江、尼洋河、帕隆藏布江、独龙江、怒江、澜沧江、金沙江、大渡河、岷江、嘉陵江、红河、南盘江、北盘江等河流。分别属于雅鲁藏布江—恒河水系，独龙江、大盈江、瑞丽江—伊洛瓦底江水系，怒江—萨尔温江水系，澜沧江—湄公河水系，金沙江—大渡河—岷江—长江水系，元江—红河水系，南盘江—珠江水系。金沙江—长江水系、南盘江—珠江水系为国内河流，其余为国际河流。西南区的江河一大特点是很多河流的流向由北向南，与国内多数江河由西向东流淌的流向不同。长江和珠江上游先向南流淌，至中游后转向向东流淌。

西南区高原湖泊众多，是中国湖泊最多的区域之一。云南境内 1 km^2 以上的天然湖泊有 40 多个，面积较大的湖泊有纳帕海、碧塔海、拉市海、泸沽湖、程海、剑湖、茈碧湖、洱海、滇池、抚仙湖、阳宗海、杞麓湖、星云湖等，依据其所在地理位置，分别属于怒江、澜沧江、长江、珠江水系。云南湖泊总面积 1066 km^2，集水面积 9000 km^2，总蓄水量 300 亿 m^3。四川西南部湖泊不多，以西昌邛海和松潘迭溪海面积较大，在高山冰川地区有面积大小不等的冰蚀湖。西南区贵州境内湖泊很少，主要是沙石堵塞岩溶盆地底部落水洞形成的堰塞湖，贵州西南部最大的湖泊是威宁县草海，面积 45 km^2。西南区的湖泊有的位于崇山峻岭的盆地中间，有的位于高山之巅。山环水映，景色秀美，风光如画，是西南区壮丽的自然景观的重要组成部分。

10.1.5 土地利用现状

由于复杂的垂直立体气候条件和茂密的原始森林，西南山地亚区的土壤形成受诸多成土因素影响，其分布和属性均极具特色，表现为显著的垂直地带性，从低海拔到高海拔地区，依次分布有红壤、黄棕壤、棕壤、暗棕色森林土、棕色暗针叶林土、亚高山草甸土、高原寒漠土等土类。

西南地区较大的城市均位于大型的盆地或者相对宽阔的河谷，稻田多位于盆地与河谷之中，近年来因城市扩建，占用了盆地中的大量农田。旱地分布于低山和中山地带，通常海拔 2500～2800 m 为农耕和半农半牧区的分界带，海拔 2500～2800 m 以下为农耕区和半农半牧区。茶叶、核桃、板栗、柑橘等经济林木多种植于低山和中山地区，商品林以云南松（*Pinus yunnanensis*）、思茅松、桉树种植比较普遍。海拔 3500 m 以上区域，通常很少有人居住，以天然森林和牧区为主。

10.1.6 动植物现状

西南区的植被类型丰富多样，从南到北，从低到高，分布有亚热带常绿阔叶林，云南松针叶林、中山湿性常绿阔叶林、针阔混交林、亚高山硬叶常绿阔叶林灌丛[草原杜鹃灌丛+雪层杜鹃、髯花杜鹃灌丛+腋花杜鹃（*Rhododendron racemosum*）灌丛]、亚热带热带山地针叶林[川西云杉林+高山松（*Pinus densata*）林]和亚热带针叶林（云南松林+冷杉林+华山松林）、高山暗针叶林等类型。亚热带常绿阔叶林分布范围较广，遍及西南区大部分中山地带，原始植被破坏之后，多演替为松林或稀树灌丛草地。

全国有高等植物 3 万多种，西南区约有 2 万多种，是全国植物种类最多的区域之一。西南区还有天然花园的美誉。全区范围有 2100 多种观赏植物，花卉有 1500 种以上，其中以杜鹃花种类最为繁多，高达 800 多种，在国内外享有很高声誉。其他著名的观赏花卉有各种茶花（*Camellia* sp.）、报春花（*Primula* sp.）、龙胆花（*Gentiana* sp.）、百合（*Lilium* sp.）、玉兰（*Yulania denudata*）、兰花（*Cymbidium* sp.）、绿绒蒿（*Meconopsis* sp.）等。

西南区动物种类也十分丰富，而且特有种类多，被学界列为全球 34 个生物多样性热点地区之一。

西南地区复杂的气候类型，高差悬殊的地形和植被条件，为动物提供了多样化的栖息生境。横断山系南北纵向的平行岭谷及高海拔山脊，成为良好的相对隔离环境，无论从地质历史还是生态观点对动物的保存和分化都是有利的（张荣祖，2011）。西南山地地理亚区的动物区系具有如下特点。

1）缺乏世界性分布的种，如缺乏褐家鼠和小家鼠等世界性分布的物种，仍以当地土著种大足鼠为主，动物区系保持相对原生的状态。

2）中国特有种多，如两栖类中的高山鲵类；爬行类中的高原蝮（*Gloydius strauchii*）、美姑脊蛇（*Achalinus meiguensis*）；鸟类中的大噪鹛、白点噪鹛（*Garrulax bieti*）、橙翅噪鹛、灰胸薮鹛、中华雀鹛（*Fulvetta striaticollis*）、藏马鸡、绿尾虹雉、红腹锦鸡；兽类中的滇金丝猴（*Rhinopithecus bieti*）、大熊猫（*Ailuropoda melanoleuca*）、羚牛（*Budorcas taxicolor*）、四川林跳鼠（*Eozapus setchuanus*）。

3）本亚区是亚洲南部东西南北动物交汇地和过渡带。

4）具有明显的垂直地带性分布，是很多物种的分化和分布中心（张荣祖，2011）。例如，角蟾科为两栖类中较原始的类群，食虫类中若干种在分类学上属于单型种或少种属，它们的分布中心均在本亚区。鹿属多数种的中心亦在本亚区；姬鼠属的大部分种类可见于本亚区。一些种类在本亚区及其周边地区亚种分化甚多，说明本亚区不但是原始类型保存较多的中心，也是一些物种的现代分化中心。

动物区系主要由喜马拉雅-横断山区型和高地型组成。该亚区垂直地带性显著，从低海拔山谷到高海拔山脊呈现从热带雨林到冰川的完整带谱。张荣祖（2011）认为：本亚区是喜马拉雅山系与横断山系的交汇地带，又与印度半岛和中南半岛毗连，因而动物区系组成与这些地区有密切关系。还有不少迄今所知仅分布或主要分布于这一交汇地带的种类，如兽类中的孟加拉虎（*Panthera tigris tigris*）、黑麝（*Moschus fuscus*）、喜马拉雅麝（*M. leucogaster*）、赤斑羚（*Naemorhedus cranbrooki*）、小泡巨鼠（*Leopoldamys edwardsi*）；鸟类中的黄嘴蓝鹊、纹胸斑翅鹛（*Sibia waldeni*）、白眉雀鹛（*Fulvetta vinipectus*）、血雀（*Carpodacus sipahi*）、金枕黑雀（*Pyrrhoplectes epauletta*）；爬行类中的墨脱竹叶青（*Trimeresurus medoensis*）、喜山小头蛇（*Oligodon albocinctus*）、卡西腹链蛇（*Amphiesma khasiensis*）；两栖类中的几种角蟾、几种泛树蛙和小树蛙。

西南区拥有脊椎动物 1737 种，占全国总种数的 58.9%。拥有众多珍稀濒危动物，如印支虎（*Panthera tigris corbetti*）、滇金丝猴、蜂猴（*Nycticebus coucang*）、长臂猿、大熊猫、羚牛、林麝（*Moschus berezovskii*）、马麝（*M. chrysogaster*）、小熊猫（*Ailurus fulgens*）、中华穿山甲（*Manis pentadactyla*）、绿孔雀、黑颈长尾雉、白尾梢虹雉（*Lophophorus sclateri*）、绿尾虹雉、棕尾虹雉（*Lophophorus impejanus*）、黑颈鹤、黑鹳、多种猛禽等。

10.1.7　社会经济

行政概念上的西南地区与动物地理概念上的西南区略有差异，包括云南、四川、重庆、贵州和西藏 5 个省级行政区，总面积达 234.06 万 km^2，占中国陆地国土面积的 24.5%（张志斌等，2014）。2019 年末，该区域人口约 2 亿人，占西部地区总人口的 53.3%，占全国总人口的 14.08%。该区域是我国少数民族最多的地区（吴明永，2012）。西南地区是“西部大开发战略”的重要发展区域之一，也是我国有色金属工业和战略储备的重要基地（刘增铁等，2010）。2019 年该区域实现生产总值超 11 万亿元，占全国国民生产总值的 11%以上。总体上，西南地区第一产业比例较高，在实施西部大开发之后，产业架构水平逐步跟上了全国产业结构水平（安中轩等，2008）。

10.2 鸟类组成

10.2.1 鸟类研究历史

1. 新中国成立前西南区鸟类研究情况

西南区现代意义的鸟类学调查研究，可追溯到1840年的中英鸦片战争之后，随着中国门户的开放，西方的博物学家和探险队接踵而至，在西南区采集了大量鸟类标本，收藏保存于英、美、法等国的自然历史博物馆中。依据文献资料统计，1949年以前欧美发达国家到中国西南地区从事鸟类区系调查采集的有30余人次。

最早进入西南区云南境内的博物学家是英国驻印度加尔各答博物馆的负责人约翰·安德森博士（Dr. John Anderson），他率领的探险队1868年和1875年两次从缅甸八莫进入云南西部的盈江、梁河和腾冲等地，进行鸟类标本采集，共获鸟类皮张标本233号，经鉴定描记为120种和亚种（杨岚等，2004）。

1889～1890年，德国亨利亲王亚洲考察队一行，自伊犁越天山经罗布泊、阿尔金山、纳木湖、念青唐古拉山、川西巴塘、理塘进入云南德钦，然后经昆明、蒙自到越南。在云南境内采集鸟类标本，后经奥斯塔勒特（Oustalet）教授描记为101种和亚种，在法国《巴黎自然历史博物馆会刊》1896～1898年发表。

英国人温盖特（Wingate）1899年采集110号鸟类标本，经奥盖尔维-格兰特（Ogilvie-Grant）整理鉴定为87种，于1900年在英国鸟类学杂志*Ibis*上发表。

1901～1932年英国人乔治·福雷斯特（George Forrest）先后在云南西部和西北部进行了7次考察，采集了大量的鸟类标本。1918～1924年和1925年所采标本由罗思柴尔德爵士（Lord Rothschild）整理发表。

1921～1925年英国驻华南海关官员拉图什（La Touche）在云南东南部滇越铁路沿线采集了大量鸟类标本。他的采集考察发表在《英国鸟类学会刊》（*Bull. Brit. Orn. Cl.*）43卷。1923～1924年，在英国鸟类学杂志*Ibis*发表了《云南东南部的鸟类》调查报告。

最早较为系统的研究云南鸟类的学者是英国人罗思柴尔德爵士，他于1926年12月在*Novitates Zoologicae*第33卷3期上发表了“云南的鸟类区系及其评论记述”，共收录云南鸟类666种和亚种。对1926年以前所采集和发表的云南鸟类进行了全面的修订整理，是云南鸟类区系调查研究工作中早期较为完整的很有参考价值的文献。

1931年3月至1932年1月，美国费拉德尔菲亚的布鲁克·多兰（Brooke Dolan）带领的中国西部探险队，在云南西北部和四川西部采集了975号鸟类标本，由威特默·斯通（Witmer Stone）整理记录为309种（杨岚等，2004）。

1920～1928年，美国人约瑟夫·洛克（Joseph Rock）受美国农业部及美国国家地理学会的派遣，从泰国、缅甸进入云南。1923年3月在云南西部腾越（即腾冲）至中缅交界地带采集，4～9月到丽江玉龙雪山及周围地区采集，10～11月转至滇西北澜沧江和金沙江之间的山地进行采集，随后北上到四川西部、甘肃、青海等省区。他在云南西部、西北部和四川西部调查采集的鸟类标本，由美国国家博物馆的赖利（Riley）整理，于1926年发表244种和亚种，1931年又发表254种和亚种（杨岚等，2004）。

据不完全统计，1869～1958年的近百年间，先后有37名外国学者发表云南鸟类的文章或专著100多篇，提出鸟类新种、新亚种194个，经多次订正，现今仍为大家承认者约86个。

中国学者最早对西南地区鸟类进行科学考察和鉴定记述的为常麟定先生，1933～1934年，他在大理、蒙化（现巍山）、景东、镇源、普洱、思茅、元江、石屏、建水、剑川、晋宁、昆明、威信、盐津等县调查，采集鸟类标本 1675 号，经整理鉴定为 96 种和亚种，隶属 9 科 58 属，描记 1 新亚种。1937 年用英文发表于《国立中央研究院动植物研究所丛刊》第 8 卷的 3～4 期。

任国荣先生于 1931 年在《国立中山大学自然科学》第 3 卷 2 期上发表了《记云南东南部之鸟类》；1931～1934 年在《国立武汉大学理科季刊》第 2 卷 2 期和第 4 卷 4 期上发表了《云南中部之西及西北部采鸟记》。

在国外发表的贵州鸟类记录，最早为 1870 年 Swinhoe 发表的黄喉鹀新种，但其所依据的模式标本产地应为湖北西部，不在贵州境内。1899 年，斯蒂恩（Styan）根据采自绥阳的标本，发表褐胁雀鹛（*Schoeniparus variegatus*）一新种，实为褐胁雀鹛西南亚种（*Alcippe dubia genestieri*）的同物异名。1900 年奥盖尔维-格兰特（Ogilvie-Grant）依据普安的标本发表棕腹柳莺（*Phylloscopus subaffimis*）一新种，1925 年赖利（Riley）根据黄草坝（今兴义县城关）的标本发表乌鸫（*Turdus wulsini*）一新种，其实为乌鸫普通亚种（*Turdus merula mandarinus*）的异名。1933 年任国荣依据采自斗篷山（贵定、都匀、麻江三县交界处）及云雾山（贵定）的标本发表褐河乌新亚种（*Cinclus pallasii sini*），应为褐河乌指名亚种（*C. p. pallasii*）的异名。1934 年，他又把 1931 年采自都匀、贵阳、贵定（包括云雾山）及斗篷山的鸟类标本，作了较为系统的分类记述，共计 135 种，包括一新亚种，即棕头鸦雀贵州亚种（*Paradoxornis webbianus stresemanni*）。但由于朱雀两个亚种 *roseatus* 及 *murati* 为同物异名，所以实际上只有 134 种（包括亚种）（吴至康等，1986）。

2. 新中国成立后西南区鸟类研究情况

新中国成立前，中国鸟类区系调查研究的学者为数甚少，涉足交通闭塞的西南边陲地区的学者屈指可数。1949 年中华人民共和国成立后，随着国家对国土生物资源调查研究的重视，西南地区的鸟类学调查研究逐步增加。1954 年云南大学生物系组织了滇东南河口地区的脊椎动物标本采集，1955 年冬至 1956 年夏初，云南大学又与有关单位协作，赴思茅和西双版纳等地进行考察和标本采集。

1955～1958 年，中国科学院和苏联科学院联合组成云南热带生物资源综合考察队，对滇南和滇西南地区进行了生物资源的综合考察。鸟类调查由中国科学院动物研究所郑作新和苏联科学院动物研究所的伊万诺夫主持，考察结果在 1959～1962 年的《动物学报》发表。

1952 年，戴格南（Deignan）对白颊噪鹛的地理变异进行了研究，认为贵州的白颊噪鹛应属于四川亚种（*Garrulax sannio oblecfans*）。

1954 年，有国外研究人员指出贵州的棕颈钩嘴鹛（*Pomatorhinus ruficollis*）标本（黔南和黔北的）在形态上介于东南亚种 *stridulus* 及长江亚种 *styani* 之间。

1959～1961 年，中国科学院西部地区南水北调综合考察队动物专业组由中国科学院动物研究所的鸟类学家郑作新教授和中国科学院昆明动物研究所的兽类学家彭鸿绶教授带队，在滇西北和川西地区进行了鸟兽资源的调查。调查结果由郑作新等在 1962～1964 年的《动物学报》上发表。

1959 年，中国科学院昆明动物研究所成立之后，在潘清华所长和脊椎动物分类区系研究室主任彭鸿绶教授的主持下，于 1959～1960 年，邀请北京自然历史博物馆、北京大学生物系、武汉大学生物系和云南大学生物系等单位合作，组织了滇西南地区鸟兽资源调查队。赴西双版纳州、思茅地区、临沧地区和德宏州等地进行了鸟兽标本的采集调查，收采了数千号鸟类标本，为中国科学院昆明动物研究所的云南鸟类分类区系研究奠定了良好的基础。

1962～1965 年，中国科学院昆明动物研究所自行组织或与中国科学院动物研究所合作，先后组织了孟连、澜沧、潞西（芒市）、龙陵的鸟兽资源考察，临沧地区、德宏州和保山地区考察，滇中地区景东无量山考察。1972～1975 年，中国科学院昆明动物研究所组织了滇南地区绿春黄连山和江城考察，高黎贡山泸水县以北地区的脊椎动物资源调查。

1963 年 6～11 月，彭燕章、王婉瑜在贵州的兴义、安龙、榕江、雷山、江口、松桃、金沙、罗甸、习水、大方及威宁等 11 县采获鸟类标本共 1156 号，经鉴定计有 232 种，但其中小嘴乌鸦的两个亚种 *Corvus corone orientalis* 及 *C. c. yunnanensis* 实际上是同一个普通亚种，所以只有 231 种和亚种，隶属 15 目 39 科 19 属。8～9 月，周宇垣等在黔南兴仁县三道沟一带采得鸟类标本 344 号，经鉴定有 64 种和亚种，隶属 6 目 22 科 48 属。

1965 年，郑作新、谭耀匡等在《我国西南鸟类新纪录》一文中，发表采自罗甸、遵义、绥阳、惠水、习水、印江等地的鸟类新记录 6 种（郑作新等，1965）。1967 年，特雷洛（Traylor M. A.）发表 1931 年采自习水县温水及兴隆坝的鸟类共 39 种。

1981～1985 年，中国科学院青藏高原综合科学考察队，对四川西部、云南西北部和西藏东南部的横断山地区进行了考察，中国科学院动物研究所与中国科学院昆明动物研究所合作，进行该地区鸟兽资源的调查，编写出版了《横断山区鸟类》。

1983～1985 年，中国科学院昆明动物研究所组织进行了云南高原湖泊水禽资源调查。因要建立自然保护区，林业系统对拟建自然保护区的区域，邀请大学和科研院所，进行了包括鸟类在内的生物资源综合考察。

1978～1979 年，武汉大学的胡鸿兴、贵州省博物馆的吴至康等先后对贵州所采集标本进行了报道（胡鸿兴等，1978；吴至康等，1979）。

1986 年，在贵州省科学技术委员会支持下，由贵州省博物馆吴至康先生牵头负责，历时 10 年有余，对包括 30 多个县、市，采集的数万号标本进行了分类分析，编写出版了《贵州鸟类志》，记录了贵州省鸟类 403 种和 50 亚种（吴至康等，1986）。

2005 年，贵州省生物研究所李筑眉与国际鹤类基金会的李凤山，在总结多年的黑颈鹤野外研究成果和参与推进黑颈鹤自然保护等工作的基础上，进一步参阅、整理了国内外有关黑颈鹤研究的成果和最新资料，编写了《黑颈鹤研究》（李筑眉等，2005）。

2010～2020 年，生态环境部南京环境科学研究所、中国环境科学研究院在西南地区组织多家大学和研究院所，联合开展了滇西北地区县域鸟类多样性调查与评估，横断山南段县域鸟类多样性调查和评估。国家林业和草原局组织全国第二次陆生脊椎动物资源调查，也在西南区对部分鸟类开展了调查。

除较大规模的鸟类调查研究活动之外，中国科学院昆明动物研究所、云南大学、中国科学院西双版纳热带植物园、云南师范大学、西南林业大学等单位，对云南省各地的鸟类区系及其资源现状还进行了多次不同规模的调查，调查范围几乎遍及云南全省。

西南区的鸟类生态学研究，起步较晚。20 世纪 80 年代以前，多随着鸟类区系调查采集鸟类标本的同时，做些观察记录，记录鸟类栖息生境，海拔，营巢和觅食场所，遇见的相对种群数量，收集巢、卵标本，收集鸟胃和嗉囊进食性分析等工作。所收集的资料比较零散，除在鸟类区系调查或分类报告中有简短记述之外，很少有专题研究的报道。

20 世纪 80 年代以后，随着国家改革开放，经济实力持续增长，中国鸟类学研究工作者与国际同行的学术交流与日俱增。学者开始对鸟类生态学及其他生物学方面的内容进行专题研究，研究类群以鹤类、雉类和猛禽中的珍稀濒危物种为主，研究内容涉及繁殖生物学、换羽、行为学、鸣声声谱分析、营养与能量代谢、染色体组型和线粒体 DNA 等内容。

综上所述，西南区云南境内的鸟类分类和区系调查研究起步较早，已有一百多年的历史。多次较大规模的以查清本底资源和区系成分为目的调查研究，使云南鸟类资源的本底及其区系组成比较清楚。而生态生物学方面的研究，虽然涉及面较广，但都不够深入。保护鸟类的种群生态学研究，开展较少，种群数量的消长情况总体不甚清楚。

10.2.2 鸟类物种组成

依据《西藏鸟类志》《云南鸟类志》《四川鸟类原色图鉴》《贵州鸟类志》《重庆鸟类名录》《甘肃脊椎动物志》等专著、名录和中国鸟类观测网络 10 年来记录的鸟种数据，经整理，西南区共记录鸟类 23 目 89 科 866 种（附表 I），包括国家重点保护野生动物 212 种，其中国家一级重点保护野生动物有四川山鹧鸪、斑尾榛鸡、红喉雉鹑等 47 种，国家二级重点保护野生动物有环颈山鹧鸪、针尾绿鸠、小鸦鹃（*Centropus bengalensis*）等 165 种；依据中国脊椎动物红色名录，受威胁物种 71 种，包括区域灭绝的赤颈鹤 1 种，极危的绿孔雀、青头潜鸭、白鹤、黑头白鹮、冠斑犀鸟和棕颈犀鸟（*Aceros nipalensis*）6 种，濒危的四川山鹧鸪、白尾梢虹雉、绿尾虹雉等 28 种，易危的黄喉雉鹑、红胸角雉和黑颈长尾雉等 36 种；IUCN 红色名录受威胁物种 46 种。

10.2.3 鸟类新记录

2011 年以来在西南区共记录省级及以上鸟类新记录 73 种（表 10-1）。

表 10-1　2011 年以来西南区省级及以上鸟类新记录

新记录鸟种*	时间	位置或地理坐标	生境类型	参考文献
白颈鹳 *Ciconia episcopus*	2011.10	云南香格里拉市纳帕海	湿地	韩联宪等，2011
高原山鹑 *Perdix hodgsoniae*	2011.10	云南香格里拉市格咱乡	高山暗针叶林、灌丛	韩联宪等，2013
白鹤 *Grus leucogeranus*	2012.11	云南会泽县大桥保护区	农耕地	韩联宪等，2013
角百灵 *Eremophila alpestris*	2018.7	云南德钦县白马雪山说拉拉卡垭口	地面	观测记录，未发表
凤头雀莺 *Leptopoecile elegans*	2010.1	云南德钦县梅里雪山	乔木	王剑等，2011
小天鹅 *Cygnus columbianus*	2010.12	云南鹤庆县母屯海保护区	湖泊	张淑霞等，2011
黑腹滨鹬 *Calidris alpine*	2010.11	云南昆明市关山水库	水库	赵雪冰等，2013a
彩鹮 *Plegadis falcinellus*	2012.6；2014.4	云南玉溪市玉泉公园；贵州草海	农田	赵雪冰等，2013a；王汝斌，2014
中杓鹬 *Numenius phaeopus*	2012.9	云南昆明市晋宁县滇池	湖泊	赵雪冰等，2013b
蒙古沙鸻 *Charadrius mongolus*	2012.9	云南开远市三角海水库	鱼塘	李飏，2013
斑尾塍鹬 *Limosa lapponica*	2013.9	云南晋宁县昆阳镇	有草积水空地	李继明和王荣兴，2013
大滨鹬 *Calidris tenuirostris*	2015.5	云南晋宁县滇池	湖滨湿地	王荣兴和杨晓君，2015
斑胸滨鹬 *Calidris melanotos*	2015.5	云南呈贡区斗南湿地	湿地	王智斌等，2017
三趾滨鹬 *Calidris alba*	2016.9	云南官渡区福保村	积水洼地	王智斌等，2017
长尾鸭 *Clangula hyemalis*	2018.1	云南大理州洱海	湖泊	李冬梅等，2018
小鸥 *Hydrocoloeus minutus*	2019.4	云南大理州洱海月湿地	湖泊	张琦和李杉，2020
剑鸻 *Charadrius hiaticula*	2021.1	云南开远市三角海	水域	李飏，2021
斑翅凤头鹃 *Clamator jacobinus*	2019.7	云南大理州洱海月湿地	乔木林	张琦等，2021
楔尾伯劳 *Lanius sphenocercus*	2017.12	云南寻甸县、开远市		黄光旭等，2019
猎隼 *Falco cherrug*	2016.12	云南剑川县剑湖	湿地木桩	罗旭和曲聪，2018
白眉田鸡 *Porzana cinerea*	2016.11	云南鹤庆县草海	湖泊湿地	白皓天等，2017
红胸秋沙鸭 *Mergus serrator*	2016.11	云南开远市三角海	水库	李飏，2017
印度池鹭 *Ardeola grayii*	2015.5	云南昆明市滇池草海湖	湖泊	王荣兴等，2016
小滨鹬 *Calidris minuta*	2013.4	云南昆明市福保湾湿地	泥滩	白皓天等，2013
猛隼 *Falco severus*	2013.10	西藏墨脱县德兴乡	乔木	梁丹等，2014
白胸翡翠 *Halcyon smyrnensis perpulchra*	2013.11	西藏墨脱县县城附近	农田	梁丹等，2014
黑胸楔嘴鹩鹛 *Sphenocichla humei*	2014.11	西藏墨脱县墨脱公路 1437 m 处	灌丛	赵超等，2015
灰头钩嘴鹛 *Pomatorhinus schisticeps*	2015.10	西藏墨脱县巴日村	灌丛	林植和何芬奇，2016
林八哥 *Acridotheres grandis*	2013.11	西藏墨脱县格挡乡兴凯村	乔木	罗伟雄等，2016a

续表

新记录鸟种*	时间	位置或地理坐标	生境类型	参考文献
长尾阔嘴鸟 *Psarisomus dalhousiae dalhousiae*	2015.10	西藏墨脱县德兴乡	乔木林	王渊等，2016a
栗腹䴓 *Sitta cinnamoventris cinnamoventris*	2016.10	西藏墨脱县背崩乡	乔木林	阙品甲等，2017
斑尾鹃鸠 *Macropygia unchall*	2016.9	西藏墨脱县达木乡	乔木林	阙品甲等，2017
红喉姬鹟 *Ficedula albicilla*	2016.9	西藏墨脱县背崩乡	乔木林下	阙品甲等，2017
黄胸柳莺 *Phylloscopus cantator cantator*	2016.9	西藏墨脱县达木乡和背崩乡	乔木林	阙品甲等，2017
棕脸鹟莺 *Abroscopus albogularis albogularis*	2016.10	西藏墨脱县背崩乡	乔木林	阙品甲等，2017
田鹨 *Anthus richardi*	2016.9	西藏墨脱县达木乡	电线	阙品甲等，2017
冠鱼狗 *Megaceryle lugubris*	2019.2	西藏墨脱县亚让村	河边石头上	阙品甲等，2019
黄冠啄木鸟 *Picus chlorolophus*	2019.2	西藏墨脱县巴日村	常绿阔叶林	阙品甲等，2019
白腹凤鹛 *Erpornis zantholeuca*	2019.2	西藏墨脱县仁钦崩寺附近	常绿阔叶林	阙品甲等，2019
棕腹䴗鹛 *Pteruthius rufiventer*	2019.2	西藏墨脱县亚让村附近	常绿阔叶林	阙品甲等，2019
小盘尾 *Dicrurus remifer*	2019.2	西藏墨脱县仁钦崩寺附近	常绿阔叶林	阙品甲等，2019
冕雀 *Melanochlora sultanea*	2019.2	西藏墨脱县亚让村附近	常绿阔叶林	阙品甲等，2019
丽䴓 *Sitta formosa*	2019.2	西藏墨脱县巴仁村附近	常绿阔叶林	阙品甲等，2019
丽星鹩鹛 *Elachura formosa*	2019.2	西藏德兴乡附近	林下	阙品甲等，2019
棕腹隼雕 *Lophotriorchis kienerii*	2019.4	西藏墨脱县墨崩公路	飞行	范丽卿等，2019
家八哥 *Acridotheres tristis tristis*	2019.10	西藏墨脱县达木乡	居民屋顶	刘锋等，2020
绿鹭 *Butorides striata*	2016.6	西藏察隅县	河流岸边	陈越等，2019b
灰头麦鸡 *Vanellus cinereus*	2016.6	西藏察隅县	草地等	陈越等，2017
大长嘴地鸫 *Zoothera monticola monticola*	2019.4-7	西藏错那县	针阔林下灌丛	王宁等，2020b
灰翅鸫 *Turdus boulboul*	2019.4-7	西藏错那县	针阔林下灌丛	王宁等，2020b
栗苇鳽 *Ixobrychus cinnamomeus*	2016.5	西藏墨脱县	溪流等水域	刘锋等，2021
灰喉山椒鸟 *Pericrocotus solaris*	2016.3	西藏墨脱县德兴乡	乔木	王渊等，2016b
蓝翡翠 *Halcyon pileata*	2017.5	西藏察隅县	电线	杨乐等，2018b
白腰文鸟 *Lonchura striata*	2009.3	甘肃文县城关镇	路边绿化树	滕继荣等，2011
丝光椋鸟 *Sturnus sericeus*	2015.3	甘肃裕河保护区	乔木	白永兴等，2015
灰冠鹟莺 *Seicercus tephrocephalus*	2016.4	甘肃裕河保护区	乔木	蒋震等，2016
绿翅短脚鹎 *Hypsipetes mcclellandii*	2016.3	甘肃裕河保护区	盐肤木	刘建军等，2016
大拟啄木鸟 *Megalaima virens*	2016.12	甘肃裕河保护区	乔木林	白永兴等，2017
黑颏凤鹛 *Yuhina nigrimenta*	2016.12	甘肃裕河保护区	乔木林	白永兴等，2017
灰瓣蹼鹬 *Phalaropus fulicarius*	2011.10	四川天全县城厢镇	水库	刘祯祥和殷后盛，2012
漠䳭 *Oenanthe deserti*	2012.3	四川天全县沙坝村		殷后盛等，2012
白喉矶鸫 *Monticola gularis*	2011.7	四川青川县唐家河国家级自然保护区	次生阔叶林	胡杰等，2013
灰尾漂鹬 *Heteroscelus brevipes*	2013.9	四川天全县向阳村	水塘	殷后盛等，2014
蒙古沙雀 *Rhodopechys mongolicus*	2014.11	四川天全县向阳村	地面	殷后盛等，2015
黑翅鸢 *Elanus caeruleus*	2015.3	四川盐边县红格镇	电线	王疆评等，2016
林夜鹰 *Caprimulgus affinis*	2017.4	四川米易第一小学		芦琦等，2017
黑胸麻雀 *Passer hispaniolensis*	2016.3	四川汶川县卧龙保护区	灌木丛	何晓安等，2019
栗背伯劳 *Lanius collurioides*	2014.4	四川攀枝花市	灌丛	巫嘉伟等，2017
斑喉希鹛 *Chrysominla strigula*	2018.4	贵州盘县	针阔混交林	观测记录，未报道
大鵟 *Buteo hemilasius*	2017.12	贵州威宁县	湖泊	观测记录，未报道
紫水鸡 *Porphyrio porphyrio*	2016.12	贵州威宁县	湖泊	观测记录，未报道
苇鹀 *Emberiza pallasi*	2014.4	贵州威宁县草海	湖泊岸边	米小其等，2015
钳嘴鹳 *Anastomus oscitans*	2012.5	贵州威宁县草海		罗祖奎等，2013

注：为保持原记录信息，标*号处的新记录鸟种中文名和拉丁名保持原文献中的名称。

西藏藏南地区 2011 年以来鸟类新分布报道，先后有猛隼（*Falco severus*）（西藏区新记录）、白胸翡翠（*Halcyon smyrnensis*）（西藏区新记录）（梁丹等，2014）；黑胸楔嘴鹩鹛（*Sphenocichla humei*）（中国新记录）（赵超等，2015）；灰头钩嘴鹛（中国新记录）（林植和何芬奇，2016）；林八哥（*Acridotheres grandis*）（西藏区新记录）（罗伟雄等，2016a）；长尾阔嘴鸟（*Psarisomus dalhousiae dalhousiae*）（王渊等，2016a）；栗腹䴓指名亚种（*Sitta cinnamoventris cinnamoventris*）（西藏区新记录）、斑尾鹃鸠（*Macropygia unchall*）（西藏区新记录）、红喉姬鹟（西藏区新记录）、黄胸柳莺（*Phylloscopus cantator cantator*）（西藏区新记录）、棕脸鹟莺（*Abroscopus albogularis albogularis*）（西藏区新记录）、田鹨（*Anthus richardi*）（西藏区新记录）（阙品甲等，2017）；冠鱼狗（*Megaceryle lugubris*）（西藏区新记录）、黄冠啄木鸟（*Picus chlorolophus*）（西藏区新记录）、白腹凤鹛（*Erpornis zantholeuca*）（西藏区新记录）、棕腹鵙鹛（西藏区新记录）、小盘尾（*Dicrurus remifer*）（西藏区新记录）、冕雀（*Melanochlora sultanea*）（西藏区新记录）、丽䴓（西藏区新记录）、丽星鹩鹛（*Elachura formosa*）（西藏区新记录）（阙品甲等，2019）；棕腹隼雕（*Lophotriorchis kienerii*）（西藏区新记录）（范丽卿等，2019）；家八哥（刘锋等，2020）等，总计 29 种。

云南滇西北地区 2011 年以来鸟类新分布报道和观察记录，先后有白颈鹳（*Ciconia episcopus*）（中国新记录）（韩联宪等，2011）、高原山鹑（云南新记录）、白鹤（云南新记录）（韩联宪等，2013）、角百灵（云南新记录，未报道）等 24 种。

四川西部自 2011 年以来共记录了灰瓣蹼鹬（*Phalaropus fulicarius*）、漠䳭（*Oenanthe deserti*）、白喉矶鸫（*Monticola gularis*）等 9 种新记录。

贵州西部地区鸟类新记录包括斑喉希鹛（*Chrysominla strigula*）、大鵟、紫水鸡（*Porphyrio porphyrio*）、苇鳽、钳嘴鹳等 5 种，均为贵州新记录。

甘肃位于西南区的范围内自 2011 年以来共有白腰文鸟（*Lonchura striata*）、丝光椋鸟、灰冠鹟莺（*Seicercus tephrocephalus*）等 6 种省级新记录。

10.3　观测样区设置

西南区鸟类观测始于 2011 年，当年共设置 13 个观测样区，其中云南 5 个，分别为昆明市、楚雄市、香格里拉市、大理市和鹤庆县；四川 4 个，分别为泸定县、平武县、屏山县和洪雅县；贵州 1 个，为威宁县；甘肃 1 个，为陇南市武都区；西藏 2 个，分别为吉隆县、聂拉木县。其中四川洪雅县因地理条件等客观原因无法继续观测，仅开展了 2011 年的观测，其余 12 个样区观测工作持续到 2020 年。

2012 年，西南区新增云南沾益县 1 个观测样区，1 个样区停止观测，观测样区保持 11 个。2013 年，新增云南红河州湿地越冬观测样区，样区增加到 12 个。2014 年，西南区新增样区 6 个，分别为云南新增 3 个，为昭通市、会泽县和新平县；四川新增 3 个，为青川县、天全县和峨眉山市，西南鸟类观测样区达到 18 个。2015 年未调整观测样区。

2016 年，新增 12 个观测样区，分别为云南 4 个，为禄劝县、大理市、宾川县和德钦县；四川新增 4 个，为荥经县、都江堰市、西昌市和石棉县；甘肃新增 1 个样区，为文县；西藏新增 3 个，分别为亚东县、错那县和墨脱县，西南鸟类观测样区 2016 年达到 30 个。2017 年，西南鸟类观测区样区与 2016 年相比，无变化。

2018 年，西南鸟类观测样区明显增多，新增 14 个观测样区，分别为云南新增 10 个，为洱源县、剑川县、丽江市、石屏县、寻甸县、宣威市、通海县、江川县、剑川县玉华水库和洱源海西海；贵州新增 2 个，为兴义市和盘州市；四川新增 2 个，为马尔康市和理塘县，观测样区达到 43 个。2019 年，西南区鸟类观测样区停止了 2018 年新增的 14 个样区和 2016 年新增的云南宾川县、德钦县和甘肃文县 3 个样区的观测工作，保留样区 26 个，减少样区 17 个。

2020年，西南片区开展了15个鸟类观测样区的工作（表10-2）。15个样区分别是云南昆明市、楚雄市、香格里拉市、沾益县、大理市、昭通市、会泽县、新平县和鹤庆县，四川泸定县、平武县、屏山县和峨眉山市，贵州威宁县，甘肃陇南市武都区。

综上所述，从2011～2020年，西南片区鸟类观测样区持续开展10年观测的有12个样区，开展了9年观测的有1个样区，开展了7年观测的有5个样区，开展了6年观测的有2个样区，开展了4年观测的有8个样区，开展了3年观测的有4个样区，仅开展1年观测的有16个样区。整个西南片区共观测了48个样区（图10-1）。

表10-2　西南鸟类观测样区变化统计表

年份	样区个数（个）					
	云南省	贵州省	四川省	甘肃省	西藏自治区	合计
2011	5	1	4	1	2	13
2012	6	1	3	1	0	11
2013	7	1	3	1	0	12
2014	10	1	6	1	0	18
2015	10	1	6	1	0	18
2016	14	1	10	2	3	30
2017	14	1	10	2	2	29
2018	24	3	12	2	2	43
2019	11	1	11	1	2	26
2020	9	1	4	1	0	15

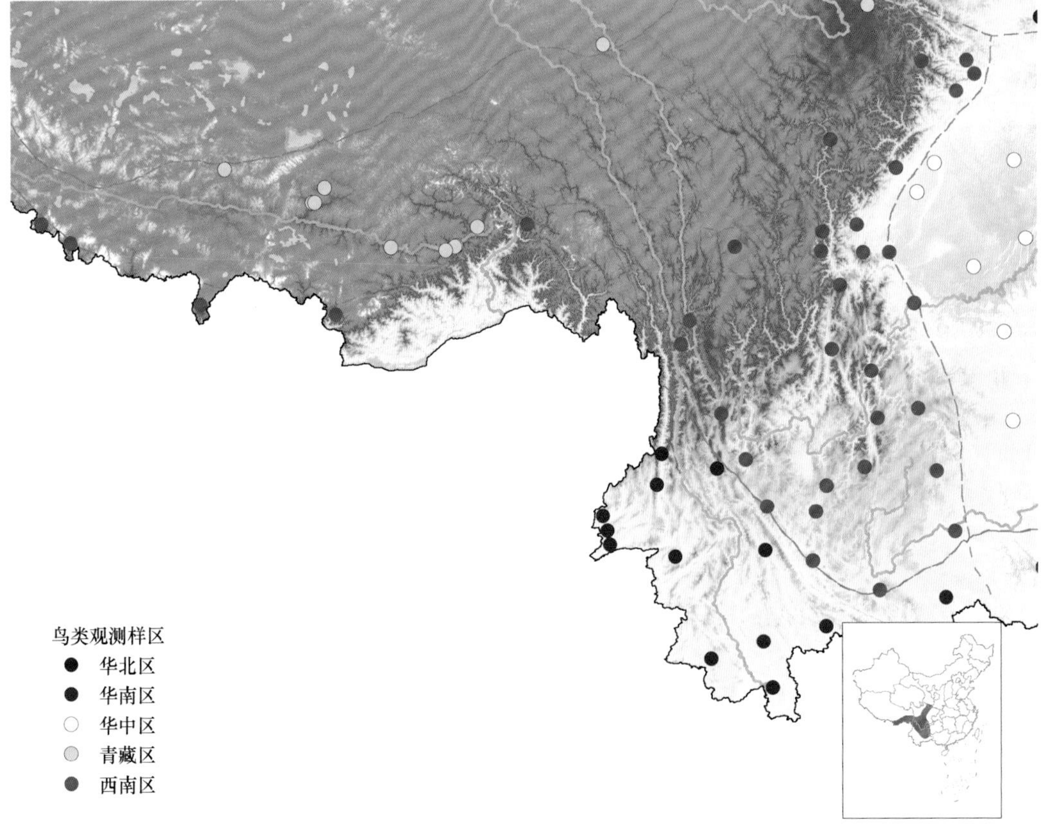

图10-1　西南区样区设置情况

10.4 典型生境中的鸟类多样性

10.4.1 横断山地

1. 生境特点

横断山地的区域为西藏东南部、云南西北部及西部和四川西部组成，因川西高原山地和藏南森林分别单独列出，故本节的横断山地特指云南西北部，行政区域包括云南迪庆州、怒江州、丽江市和大理市北部。

横断山地从西向东，依次有担当力卡山脉、独龙江、高黎贡山山脉、怒江、怒山山脉、澜沧江、云岭山脉、金沙江相间。高山深谷和高原山地为横断山地的主要地貌形态。山岳高耸，江河深切是横断山地的主要地形特点。位于德钦县境内的梅里雪山主峰卡瓦格博，海拔 6740 m，为云南最高点，而山下澜沧江河谷西当桥下的澜沧江江面海拔为 1486 m，相对高差达 5254 m。两者之间的直线距离仅 12 km。

横断山地有众多海拔 5000～6000 m 的雪山，形成典型的立体气候特点。以香格里拉市为例，依据海拔分为 4 个气候带。海拔 1500～2300 m，平均气温 17～11.2℃，＞10℃积温 4249.5℃，属南温带；海拔 2300～2800 m 地段，平均气温 11.2～10℃，＞10℃积温 3736.2℃，属中温带；海拔 2800～4200 m 地段，平均气温 5～10℃，＞10℃积温 2328℃，属北温带；海拔 4200～6740 m 地段，平均气温－5.6℃以下，＞10℃积温 1023℃，属寒温带。从低海拔到高海拔，依次形成河谷北亚热带、山地暖温带、山地温带、山地寒冷温带、高山亚寒带及高山寒带 6 个气候带，形成“一山分四季”的典型立体气候。横断山地被学者和环保机构确定为中国生物多样性保护的热点地区之一。

河谷森林灌丛：横断山地的河流分属伊洛瓦底江、怒江、澜沧江。金沙江水系，河流沿岸的生境以常绿阔叶林、针阔叶混交林、落叶林及落叶灌丛为主。河岸森林有滇杨（*Populus yunnanensis*）林、大果臭椿（*Ailanthus altissima* var. *sutchuenensis*）林，灌丛植被有苦刺花（*Sophora flavescens*）灌丛、白背柳（*Salix balfouriana*）灌丛、柽柳-柳灌丛。低海拔河谷因大量人类居住，受当地居民生产生活干扰，农田村落所占面积较大。

中山针叶林：依据海拔，有云南松林、华山松林和高山松林。

其中云南松林分布于海拔 2500～3200 m，属于耐寒、耐旱的森林类型。云南松林内常生长硬叶高山栎类，如长穗高山栎（*Quercus longispica*）、灰背栎（*Q. senescens*）、帽斗栎（*Q. guyavifolia*）、黄背栎（*Q. pannosa*）、矮高山栎（*Q. monimotricha*），大白花杜鹃（*Rhododendron decorum*）也为常见种，杨树偶有出现。在海拔 2900 m 左右的半阴与半阳的山坡则会有华山松。林下灌丛一般高 0.3～5 m，以大白花杜鹃、栎类、乌鸦果（*Vaccinium fragile*）、云南越橘（*Vaccinium duclouxii*）、马桑（*Coriaria napalensis*）、野拔子（*Elsholtzia rugulosa*）、水麻（*Debregeasia orientalis*）为主。

华山松林分布于海拔 2600～3200 m，生长于阴坡、半阴与半阳坡，湿度较大的地段，林下大部分较低或没有苔藓覆盖，常与云南松林交错分布。

高山松林分布于海拔 3000～3600 m 地带，林冠高 16 m 左右，偶有青榨槭（*Acer davidii*）、大果红杉（*Larix potaninii* var. *australis*）零星少量分布。灌木层中高灌木层高 2～6 m，物种有黄背栎、五角枫（*Acer pictum* subsp. *mono*）、山育杜鹃（*Rhododendron oreotrephes*）、亮叶杜鹃（*R. vernicosum*）、米饭花、马桑。中等灌木层高 1～2 m，物种有大白花杜鹃、橙花瑞香（*Daphne aurantiaca*）、腋花杜鹃。矮灌木层平均高 0.3 m，物种有矮高山栎、花楸（*Sorbus dacica*）、栒子（*Cotoneaster* sp.）、腹毛柳（*Salix delavayana*）、高山柏（*Juniperus squamata*）、乌鸦果（*Vaccinium fragile*）等。

常绿阔叶林：以黄背栎林为主，分布于海拔 2900～3800 m，多见于石灰岩山地的半阳坡至阳坡，与云杉、冷杉在不同坡向交互分布。林下混生有少量杜鹃、大果红杉、冷杉、云杉。灌木层可以分为高、中、低三层。其中高灌木层平均高 2～5 m，物种有大花卫矛（*Euonymus grandiflorus*）、多对花楸（*Sorbus multijuga*）、亮叶杜鹃、绣线菊、云南杜鹃（*Rhododendron yunnanense*）、唐古特忍冬（*Lonicera tangutica*）。中等灌木层平均高 0.5～1.5 m，物种有茶藨子属（*Ribes* sp.）、灰背杜鹃（*Rhododendron hippophaeoides*）、亮叶杜鹃、腋花杜鹃、栒子、冷杉幼苗、箭竹（*Fargesia spathacea*）等。矮灌木层平均高 0.3 m，物种有高山柏、川西蔷薇（*Rosa sikangensis*）、山育杜鹃、尼泊尔黄花木（*Piptanthus nepalensis*）、侏儒花楸（*Sorbus poteriifolia*）。各层多以杜鹃为主要物种。经过漫长岁月的生长，杜鹃可长成乔木亚层物种。藤本植物少，种类有绣球藤（*Clematis montana*）、托柄菝葜（*Smilax discotis*）。附生植物以苔藓、地衣为主，在阴湿的地区有松萝（*Usnea diffracta*）悬挂于树枝上。

落叶阔叶林主要有白桦林、红桦（*Betula albosinensis*）林、清溪杨（*Populus rotundifolia* var. *duclouxiana*）林三类。白桦林出现于林芝云杉（*Picea likiangensis* var. *linzhiensis*）林与高山松林中，海拔 3300～3700 m，成斑块状分布生长于阔叶落叶林及针叶阔叶林中。红桦林分布于海拔 3500～3900 m，多见于阴坡与半阴坡。通常混生于针阔混交林中，如林芝云杉、大果红杉与槭树（*Acer miyabei*）的混交林。清溪杨林分布于海拔 2500～3700 m，生于山坡、山脊的半阴或半阳坡和沟谷地带，形成小面积纯林或与其他树种形成混交林，在山坡常呈斑块状分布，3 种落叶阔叶林均为高山松与云南松砍伐后，形成的次生林。

高山暗针叶林：林芝云杉林分布于海拔 3000～3600 m。林冠高 30～45 m，郁闭度很高，林中混杂生长苞冷杉、高山栎、少量白桦。林芝云杉林多分布在阴坡、半阴坡，上方常接冷杉林，下方常接高山松林。林芝云杉林林下草本层物种较为丰富，多为喜湿耐阴物种，地表苔藓发育较好，覆盖度较高，附生植物以长茎松萝为主。

长苞冷杉林分布于海拔 3400～4300 m，多分布于阴坡、半阴坡，有时也出现于半阳坡。林冠层高 30 m 左右，郁闭度达 95%左右的基本为原始森林。林下植物种有箭竹、花楸。气候寒冷潮湿，上接高山杜鹃灌丛或草甸，下连云杉林。林下草本层不发达，物种简单。地表苔藓发达，覆盖度高，盖度在 60～90%，附生植物以苔藓、地衣与长茎松萝为主。

大果红杉林分布于海拔 3400～4000 m，为寒温性落叶针叶林，与我国北方的落叶松林相似。阴坡至阳坡均有分布，与长苞冷杉林分布范围重叠。往往是长苞冷杉林受到适度的火灾或人工扰动后，形成的一种群落类型。在土层较薄，环境较为干燥的山坡上，常发育出较大面积的大果红杉林。

高山灌丛：分布于海拔 3400～4000 m，类型有柳灌丛、矮高山栎灌丛、灰被杜鹃（*Rhododendron tephropeplum*）灌丛、寒温性小叶杜鹃灌丛、常绿阔叶杜鹃灌丛。灰被杜鹃灌丛分布于海拔 3400～4000 m。多呈带状或斑块状分布，草本植物较多。地表苔藓层因地段而异，高可达 95%左右，低可至 3%。受放牧影响明显。草原杜鹃灌丛分布海拔 3900 m 左右，分布于高山上部或高山牧场边缘，该群落为低矮的铺地状灌丛，多呈斑块状分布。柳灌丛分布于高山树线以上。在沟边和山谷土壤相对良好的地方，高度 1～2 m。若在迎风坡，海拔更高，土壤贫瘠的地段，高度不足 50 cm。

亚高山草甸以不同种类杂草占优势，为寒温草甸中分布最为普遍的类型，但面积一般不大，属于分布在森林中的“林间草地”，分布海拔 3000～4000 m，为主要放牧地。

沼泽化草甸以不同种类禾草与非禾草构成，主要分布于湖边、水沟附近，如高山、亚高山湖泊，山间宽谷盆地，海拔 3400～4200 m。该类生境为主要放牧地，受放牧影响严重。

2. 样区布设

横断山地布设了香格里拉市、德钦县、大理市和宾川县 4 个样区。香格里拉市鸟类观测年限为 2011～2020 年，其中 2011～2015 年有样线 6 条，全长 12.64 km；2016～2020 年有样线 15 条，全长 33 km。覆盖的植被类型有：高山松针叶林和杜鹃、高山栎灌丛，灌丛草甸、常绿阔叶林、落叶阔叶林、针阔混交林，高山暗针叶林、高山箭竹灌丛类型；海拔 3200～3700 m。

德钦县观测年限 2016～2018 年，布设样线 15 条，全长 42.3 km。样线均布设于云岭山脉的白马雪山东坡，13 条样线位于白马雪山国家级自然保护区。2 条样线的生境为金沙江干暖河谷稀疏灌丛，其余样线从高海拔到中海拔依次为高山灌丛、草甸和暗针叶林，中山高山松针叶林，样线分布海拔在 2000～4100 m。

大理市样区在洱海西岸的苍山布设 10 条观测样线，全长 22.5 km。在自然保护区内 4 条，保护区外 6 条。生境类型有农耕区、苗木/苗圃地、灌丛、云南松、华山松、白穗石栎（*Lithocarpus leucostachyus*）-杜鹃灌丛、苍山冷杉（*Abies delavayi*）-杜鹃等植被类型。

宾川县样区在洱海东岸的鸡足山及其周边地区布设 10 条观测样线，全长 22 km。在鸡足山宗教保护地有样线 3 条，保护地以外有样线 7 条，生境类型有农耕区、经济林、干热河谷灌丛、云南松、针阔混交林、半湿润常绿阔叶林等植被类型。大理市、宾川县鸟类观测样线分布海拔有近 2000 m 的跨度。

3. 物种组成

横断山地的德钦县和香格里拉市共记录到鸟类 170 种，隶属 13 目 45 科（附表Ⅱ），占迪庆记录鸟类 360 种的 47.2%。记录的鸟类以隼形目、鸡形目、鸽形目、鸮形目、雀形目的种类相对较多，雀形目种类和数量所占比例最高。在雀形目鸟类中，以鸦科、鹟科、画眉科、莺科、山雀科、燕雀科的种类观察记录最多。其中国家重点保护野生动物 25 种，包括国家一级重点保护野生鸟类红喉雉鹑、黄喉雉鹑、胡兀鹫、金雕和猎隼 5 种，国家二级重点保护野生鸟类藏雪鸡、血雉、白马鸡等 20 种；中国生物多样性红色名录受威胁物种 7 种，包括濒危物种猎隼，易危物种红喉雉鹑、黄喉雉鹑、金雕、大鵟、大紫胸鹦鹉（*Psittacula derbiana*）和滇䴓6 种；IUCN 红色名录受威胁物种 1 种，即濒危物种猎隼。

4. 动态变化及多样性分析

德钦县样区 2016～2018 年 3 个春季样线记录鸟类物种数和个体数见表 10-3。香格里拉市 2011～2020 年 10 个春季样线记录鸟类物种和个体数见表 10-4。香格里拉市样区由于观测后期较观测前期的样线数增加较多，采用每千米样线记录鸟种和个体数量分析鸟类多样性动态变化。

表 10-3　德钦县 2016～2018 年春季观察数据

年份	物种数/种	个体数/只	样线数	样线总长/km	每千米鸟种数/种	每千米鸟数量/只
2016	102	2145	17	43	2.37	49.88
2017	100	2625	17	43	2.33	61.05
2018	111	3244	17	43	2.58	75.44

表 10-4　香格里拉市 10 个春季观察数据

年份	物种数/种	个体数/只	样线数	样线总长/km	每千米鸟种数/种	每千米鸟数量/只
2011	56	989	6	12.64	4.43	78.24
2012	62	798	6	12.64	4.91	63.13
2013	66	1144	6	12.64	5.22	90.51
2014	63	973	6	12.64	4.98	76.98
2015	58	1956	6	12.64	4.59	154.75
2016	93	2574	15	33	2.82	78.00
2017	85	3277	15	33	2.58	99.30
2018	97	3434	15	33	2.94	104.06
2019	100	3599	15	33	3.03	109.06
2020	104	3871	15	33	3.15	117.30

德钦县样区平均每千米样线平均记录鸟种 2.33～2.58 种，平均为 2.43 种，每千米样线平均记录鸟类个体数 49.88～75.44 只，平均为 62.12 只。德钦县样区 3 个春季观测，鸟类种数和个体数波动变化不大。可能与观测日期相对固定，样区相对集中于白马雪山东坡有关。

香格里拉市样区平均每千米样线记录鸟种最低年份（2017 年）为 2.58 种，最高年份（2013 年）为 5.22 种，平均为 3.87 种；每千米样线平均记录鸟类个体数最低年份（2012 年）为 63.13 只，最高年份（2015 年）为 154.75 只，平均为 97.14 只。鸟类种数和个体数波动变化接近 50%。推测原因可能为香格里拉市 4 个观测小区相距较远，春季观测月份固定性较德钦县样区稍差，受观测时天气变化影响较大。

德钦县样线每千米记录鸟种平均为 2.44 种，每千米样线记录鸟类个体数平均为 62.33 只。香格里拉市样线每千米记录鸟种平均为 3.55 种；每千米样线平均记录鸟类个体为 97.14 只。香格里拉市样区鸟类多样性和个体数量高于德钦县样区，与德钦县样区部分样线位于 3800～4100 m 的高海拔地区有关。高海拔地区生物多样性低，生物量同样偏低，这个特点在鸟类观测数据上有所体现。

5. 代表性物种

（1）淡腹雪鸡（*Tetraogallsus tibetanus*）分布于青藏高原及邻近地区，横断山地为其分布区南缘。栖息于海拔 3800～4500 m 的高山裸岩、流石滩、草甸灌丛，多单个、成对或 3～5 只结小群活动。

（2）黄喉雉鹑为中国特有种，分布于横断山地区。栖息于海拔 3800～4500 m 的高山森林灌丛，多单个、成对或 10 多只结小群活动。

（3）白马鸡为中国特有种，分布于横断山地区。栖息于海拔 3200～4200 m 的高山森林灌丛草地，繁殖季节外常结大群活动。

（4）血雉主要分布于喜马拉雅-横断山地区。栖息于海拔 3100～4100 m 的森林、灌丛，繁殖季节外常结大群活动。血雉为鸟类观测在野外遇见率最高的雉科鸟种。

（5）大紫胸鹦鹉在中国主要分布于西南山地，横断山地为其夏季繁殖地。栖息于海拔 3300～4100 m 的高山松、云杉冷杉林。大紫胸鹦鹉结群活动，觅食各种野果、种子，近年来随着保护力度加大，种群数量逐步增长。在春秋迁徙季节，在德钦县、香格里拉市样区可观察到数百只的集群。

（6）大噪鹛为中国特有种，主要分布于西南区的横断山地。栖息于海拔 3000～4100 m 的中山和高山森林、灌丛，繁殖季节经常发出响亮的鸣唱。

（7）橙翅噪鹛为中国特有种，广泛分布于中国中部和西南部，在横断山地为优势留鸟。为鸟类观测在德钦县、香格里拉市样区记录数量最大的噪鹛种类。

（8）白眉朱雀在中国主要分布于西南山地，在横断山地为优势留鸟。栖息于海拔 2800～4000 m 的森林、林缘、灌丛、草地。白眉朱雀叫声独特，形态特征突出，野外辨识度高，是横断山地鸟类观察记录数量最多的朱雀种类。

（9）红交嘴雀在中国分布于东部和西南部，横断山地是其主要分布区域，栖息于海拔 2500～3800 m 的云南松、高山松、云杉、冷杉等不同类型的针叶林。

（10）灰头灰雀（*Pyrrhula erythaca*）在中国主要分布于中部和西南山地。在横断山地为常见物种，栖息于海拔 2500～3800 m 的森林和灌丛。

（11）白斑翅拟蜡嘴雀在中国主要分布于西南山地，栖息于海拔 2800～3800 m 的针叶林。

（12）黄颈拟蜡嘴雀（*Mycerobas affinis*）在中国主要分布于西南山地，横断山地是其主要分布区域。栖息于海拔 2800～3800 m 的森林、灌丛。

10.4.2 藏南森林

1. 生境特点

藏南地区位于喜马拉雅山脉东段南侧，行政地域涵盖了山南市错那县、隆子县及林芝市墨脱县和察隅县大部分地区，地形复杂，海拔跨度较大，海拔从 150 m 到 5000 m 不等，面积约为 60 000 km^2，属于亚热带、热带季风气候。动植物区系分别为东洋界和中国喜马拉雅区。由于受印度洋的西南季风影响，藏南地区温暖且多雨，年平均降水量较高，是世界上降水量最大的地区之一。土壤肥沃，物种丰富，有西藏的“江南”之称。区内墨脱县和错那县有着显著的气候垂直带，涵盖植被类型丰富，生境异质性高，具有宽泛的垂直生态系统，是藏南地区气候、植被类型、地形地貌的典型代表，是进行鸟类多样性及其分布格局研究的理想场所。

墨脱县隶属西藏林芝市，在我国西藏东南偏远的雅鲁藏布大峡谷的腹地、喜马拉雅山的东段。境内东西有加拉白垒峰和南迦巴瓦峰两座高山耸立，雅鲁藏布江从中穿流而过，形成纵深达 6000 m 的险峻峡谷——雅鲁藏布大峡谷（刘冰，2016）。西、北、东三面被喜马拉雅山与岗日嘎布山阻隔，南面与印度相邻，雅鲁藏布大峡谷和帕隆藏布峡谷从一侧分割（庞政伟，2005）。由于墨脱县处在喜马拉雅山脉东端，地壳的剧烈运动形成了高山峡谷为主的地貌地形（唐玉霞等，2018）。墨脱县地势北高南低，四面环山，形似莲花（王挺和扎西索郎，2020）。印度洋的暖湿气流经雅鲁藏布大峡谷北上（刘冰，2016）。墨脱县受印度洋海洋性季风影响，属喜马拉雅山东侧亚热带湿润气候区。墨脱县面积为 34 000 km^2，平均海拔 1100 m，年均气温在 16℃左右，墨脱县境内≥10℃年积温为 5340℃以上，年降雨量 2000～3500 mm，年日照 2300 h 以上。其中分布于海拔 600～1200 m 的雅鲁藏布江谷地，包括背崩、地东等乡镇是西藏最温暖湿润的地区，年平均气温 16～18℃，≥10℃年积温为 6250℃以上，全年气温几乎都在 10℃以上（杨杰等，2019）。四季如春，雨量充沛，墨脱县森林覆盖率达到 90%以上（唐玉霞等，2020），森林植被垂直带是墨脱县森林资源的独特性，海拔在 500～7780 m。由于境内自北向南海拔变化大，气候及物种具有明显垂直分带性，小气候特征突出（白玛乔等，2019）。受印度洋暖湿气流和地势海拔高差悬殊的影响，墨脱县形成了垂直分布的 5 个气候带和 9 种森林植被，5 个气候带包括热带北缘湿润气候带、山地亚热带湿润气候带、亚高山温带湿润气候带、高山寒冷湿润气候带、高山寒带冰雪气候带。9 种森林植被为山地热带雨林、季雨林，山地亚热带常绿阔叶林，常绿、落叶阔叶混交林带，亚热带、温带松林带，山地温暖带、温带针阔混交林带，亚高山寒温带暗针叶林带，高山寒温带疏林、灌丛带，高山寒带草甸、草原带，高山寒带砾石滩植被带（唐玉霞等，2020）。

错那县是西藏重要的边境县，地处西藏中南部，喜马拉雅山脉北部地带，为波状起伏的高原，有西藏南大门之称。区内地势北高南低，海拔高差大，相对高差达 6800 m 以上，其特殊的地理位置和显著的气候垂直带造就了丰富的植物多样性和植被差异性，其北部多为草场，中部的高山峡谷和南部的低山区是森林的集中分布区，特别是南部山地是错那县生物多样性最为集中的地区。错那县位于西藏首府拉萨市的南部、喜马拉雅山脉东南，境内山脉纵横，多呈南北向纵列，大致以西山口至康格多山一线为界，北西侧为错那高原高山地貌区，南东侧为门隅高山深谷地貌区，平均海拔约 4500 m，相对海拔高差达 6800 m 以上，最高海拔为 7060 m 的康格多山。区内气候复杂，由低海拔湿润的亚热带季风气候和半湿润的暖温带季风气候逐渐过渡到半干旱的温带、寒带高原气候，气温年较差大，年均温−5.7℃，降水分布不均，年均降水量 389.5 mm，干湿季明显。由于海拔高差大，气候条件多样，错那县植被类型丰富，从南到北呈现出明显的过渡特征，可分为南部喜马拉雅南麓热带雨林山地常绿阔叶林区和北部藏南山地森林、灌丛、草原区，主要植被类型包括山地常绿阔叶林、山地针阔混交林、亚高山针叶林、山地暗针叶林及高山草原草甸、亚高山灌丛草甸等。物种分布极不均匀，木本种类主要集中于南部山地常绿阔叶林和针阔混交林区，而北部的高山草原草甸和灌丛物种相对较少，主要以草本和灌木为主（陈林等，2016）。

2. 样区布设

采用样线法，考虑到该区域经山地亚热带、山地温带一直到高山寒带的完整的立体气候类型，形成由低山热带季风雨林、山地亚热带常绿半常绿阔叶林、中山暖温带常绿针叶林、亚高山寒温带常绿针叶林、高山亚寒带灌丛草甸、高山亚寒带冰缘和极高山寒带冰雪等山地生态系统，样线的布设涵盖基本藏南地区各类生境和典型区域，共在墨脱县和错那县 2 个样区布设样线 21 条，包括季雨林（1 条），常绿阔叶林（8 条），常绿、落叶阔叶混交林（1 条），常绿针叶林（2 条），针阔叶混交林（5 条），灌丛（4 条），竹林（1 条），水田（1 条），草甸草原（1 条），高寒草原（2 条），郊区（1 条），乡村（1 条），大型湖泊（2 条），小溪（1 条），河流（4 条），草本沼泽（2 条），存在部分样线涵盖了多类生境的情况。

各海拔段样线布设情况，墨脱县区域：600～1100 m 有 4 条；1100～1600 m 有 2 条；1600～2100 m 有 1 条；2100～2600 m 有 1 条；2600～3100 m 有 1 条；大于 3100 m 有 1 条。

错那县区域：2400～3000 m 有 2 条；3000～3600 m 有 2 条；3600～4200 m 有 2 条；4200～4800 m 有 5 条。

3. 物种组成

以典型西南区类群为主，兼有少数青藏区种类。经过实地观测，记录到鸟类 264 种（附表Ⅱ），隶属 16 目 58 科，占西藏鸟类总数（492 种）*的 53.66%。主要以雀形目为主，共有 207 种（78.41%），鹃形目次之（3.0%）。其中，有东洋界物种 171 种（64.77%），古北界物种 66 种（25.00%），广布种 27 种（10.2%）。

在所记录的鸟类中，国家一级重点保护野生鸟类 3 种，占记录种数的 1.14%，分别是黑颈鹤、红胸角雉、棕尾虹雉，国家二级重点保护野生鸟类 13 种，占记录种数的 4.91%，分别是白尾鹞、斑头鸺鹠、大鵟、凤头蜂鹰、高山兀鹫、黑鸢、红隼、雀鹰、蛇雕、乌林鸮、血雉、燕隼、纵纹腹小鸮。列入 IUCN 红色名录易危 3 种，分别是黑颈鹤、红胸角雉、锈腹短翅鸫（*Brachypteryx hyperythra*），近危 2 种，即白眼潜鸭和楔嘴穗鹛。列入 CITES 附录Ⅰ鸟类 2 种，分别是黑颈鹤和棕尾虹雉，附录Ⅱ有 14 种。列入《中国脊椎动物红色名录》近危 1 种，即大鵟，易危有 7 种，分别是白尾鹞、凤头蜂鹰、高山兀鹫、蛇雕、银耳相思鸟、乌林鸮和血雉。

按生态类型划分，有游禽 5 种，涉禽 11 种，猛禽 12 种，陆禽 9 种，攀禽 19 种，鸣禽 208 种（图 10-2）。结果显示，鸣禽的物种丰富度和多度相较其他占有显著优势（分别为 78.79%和 78.06%），这与鸣禽为雀形目鸟类，多喜森林生境有关。

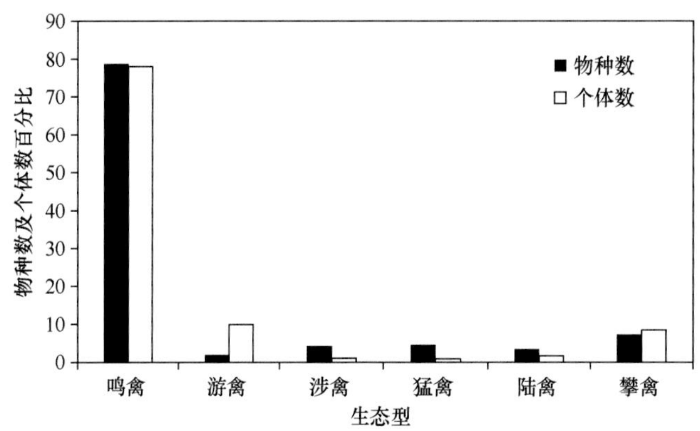

图 10-2　藏南森林观测到的鸟类各生态类型种数及个体数百分比

* 此处西藏鸟类种数为个人统计数据。

按数量等级分，优势种 1 种，占记录物种数的 0.38%，个体数占总个体数的 7.83%；常见种 57 种，占记录物种数的 21.59%，个体数占总个体数的 67.71%；偶见种 206 种，占记录物种数的 78.03%，个体数占总个体数的 24.76%。根据优势种数据测算，仅有斑头雁 1 种，其主要生境为大型湖泊，草本沼泽次之，也有记录在高寒草原。

在藏南墨脱县背崩乡格林村、地东村有记录过棕颈犀鸟，该鸟在墨脱县当地俗称“吼鸟”，主要栖息于热带雨林地区海拔 1500 m 以下的干燥树林地区。随着各国热带雨林地区广泛种植经济作物，使其栖地息减少，但依托观测工作，在 2020 年 1 月正式拍摄到棕颈犀鸟的照片。

4. 动态变化及多样性分析

（1）各生境中的鸟类多样性

从鸟类生境上看，常绿阔叶林和常绿、落叶阔叶混交林 2 类生境类型的鸟类物种数最多（分别为 131 种、106 种），常绿阔叶林鸟类多样性最高（香农-维纳多样性指数为 4.01），季雨林的鸟类 Pielou 均匀度指数（0.88）最高（图 10-3）；通过对鸟类主要生境类型间的群落结构相似性分析表明：相似性最高的是常绿阔叶林与常绿、落叶阔叶混交林，为 34.72%，针阔混交林与灌丛相似性（31.43%）次之（表 10-5）。

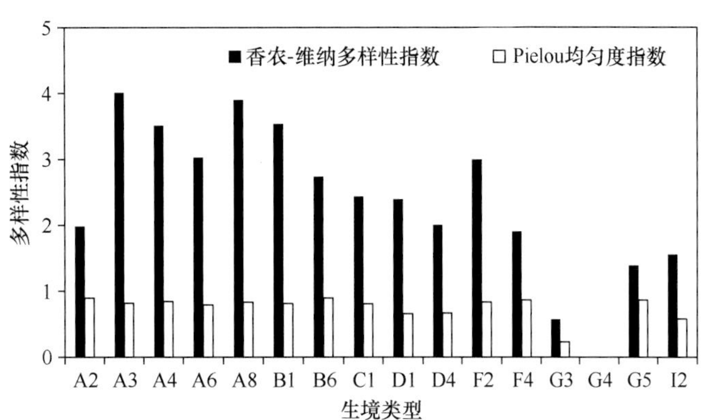

图 10-3　藏南森林各生境多样性指数

各生境类型代码含义如下：A2. 季雨林；A3. 常绿阔叶林；A4. 常绿、落叶阔叶混交林；A6. 常绿针叶林；A8. 针阔叶混交林；B1. 灌丛；B6. 竹林；C1. 水田；D1. 草甸草原；D4. 高寒草原；F2. 郊区；F4. 乡村；G3. 大型湖泊；G4. 小溪（宽度＜3 m）；G5. 河流（宽度＞3 m）；I2. 草本沼泽

表 10-5　藏南森林各生境鸟类群落结构相似性比较

生境类型	A2	A3	A4	A6	A8	B1	B6	C1	D1	D4	F2	F4	G3	G4	G5	I2
A2		6.87	9.09	1.85	24.55	29.41	0.00	7.41	2.17	0.00	18.42	5.88	0.00	0.00	7.69	0.00
A3	9		**34.72**	15.25	26.23	21.51	10.14	11.03	3.05	0.67	22.79	5.26	0.00	0.76	3.82	1.39
A4	6	50		22.94	24.26	18.44	16.67	7.23	1.00	0.00	16.47	2.86	0.00	0.00	6.25	1.30
A6	1	27	25		29.91	27.84	34.00	6.45	1.20	0.00	6.49	3.77	0.00	2.17	4.08	0.00
A8	5	48	41	35		**31.43**	14.41	5.88	5.11	0.80	10.94	4.55	0.00	0.94	3.74	2.54
B1	2	37	26	27	44		16.47	7.69	13.73	4.26	7.55	6.10	3.45	1.28	3.75	4.49
B6	0	14	14	17	16	14		2.50	0.00	0.00	0.00	0.00	0.00	0.00	0.00	0.00
C1	2	15	6	4	7	7	1		9.43	2.56	21.74	16.00	0.00	0.00	4.17	2.94
D1	1	5	1	1	7	14	0	5		28.89	5.71	9.30	11.11	0.00	0.00	12.77
D4	0	1	0	0	1	4	0	1	13		0.00	0.00	28.00	0.00	0.00	20.69
F2	7	31	14	5	14	8	0	10	4	0		15.38	0.00	0.00	5.13	0.00
F4	1	7	2	2	5	5	0	4	4	0	6		0.00	11.11	7.69	0.00
G3	0	0	0	0	0	3	0	0	5	7	0	0		0.00	0.00	28.57
G4	0	1	0	1	1	1	0	0	0	0	0	1	0		20.00	0.00
G5	1	5	4	2	4	3	0	1	0	0	2	1	0	1		5.26
I2	0	2	1	0	3	4	0	1	6	6	0	0	6	0	1	

注：左下三角表示对应 2 个生境中均存在的鸟种数；右上三角表示对应 2 个生境的雅卡尔（Jaccard）相似性指数。各生境类型代码含义如下：A2. 季雨林；A3. 常绿阔叶林；A4. 常绿、落叶阔叶混交林；A6. 常绿针叶林；A8. 针阔叶混交林；B1. 灌丛；B6. 竹林；C1. 水田；D1. 草甸草原；D4. 高寒草原；F2. 郊区；F4. 乡村；G3. 大型湖泊；G4. 小溪（宽度＜3 m）；G5. 河流（宽度＞3 m）；I2. 草本沼泽。

藏南地区海拔跨度大且生境多样，可以为鸟类提供丰富的栖息地和食物。鸟类群落是栖息于某类环境的鸟类总和，与气候、生境、植被类型等相关，即生态系统多样性决定鸟类群落多样性。从物种数看，阔叶林鸟类数量最多，这是因为阔叶林分布范围广、空间大，有较高的生产力，可以为鸟类提供更加多元的生活环境及更加丰富的食物。同时，结果也显示常绿阔叶林与常绿、落叶阔叶混交林鸟类组成相似性最高，这是因为这 2 类生境在地理分布上往往是相邻的，甚至是交错分布的，并且它们的植被类型有较高的相似性。

（2）鸟类多样性垂直分布格局

依据实际观测数据分析，结果表明墨脱县鸟类在海拔段 600～1100 m 的物种丰富度最高，在海拔段 3100 m 以上的物种丰富度最低。鸟类垂直分布整体呈单调递减模式（图 10-4）。错那县鸟类在海拔段 3000～3600 m 的物种丰富度最高，在海拔段 3600～4200 m 的物种丰富度最低，目前数据分析表明，鸟类在垂直分布上未呈现规律性的分布格局（图 10-5）。

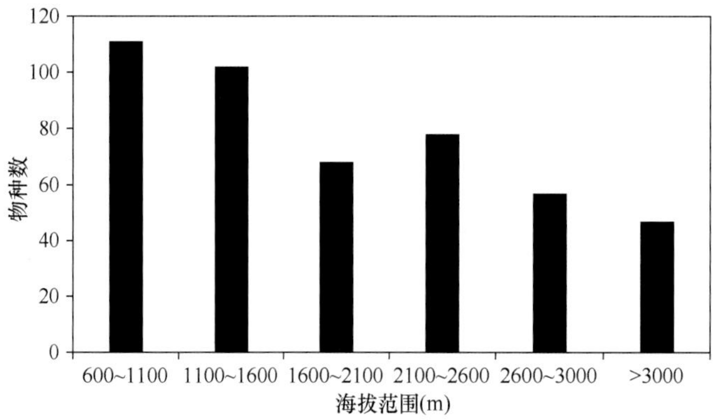

图 10-4　墨脱县鸟类丰富度垂直分布格局

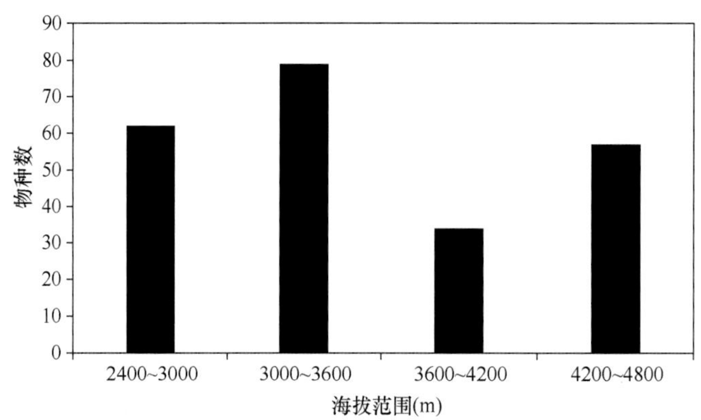

图 10-5　错那县鸟类丰富度垂直分布格局

5. 代表性物种

（1）灰腹角雉

灰腹角雉隶属鸡形目雉科角雉属，栖息于海拔 1500～3000 m 的常绿阔叶林或杜鹃林，喜在溪流附近、林下植被丰富的地方活动，冬季下到海拔 2000 m 或 1500 m 左右的低山地带越冬。雄性有求偶行为，杂食性，在树上和地面取食，典型的角雉式求偶炫耀，*molesworthi* 亚种见于西藏南部，*blythii* 亚种见于云南怒江以西的山地（赵正阶，2001）。该物种分布区狭窄、种群数量稀少，为国家一级重点保护野生动物

（赵正阶，2001），IUCN 红色名录易危种（刘阳和陈水华，2021）。

（2）棕尾虹雉

棕尾虹雉是隶属鸡形目雉科的大型鸟类，该物种主要分布于喜马拉雅山脉南麓的墨脱县、察隅县、错那县、隆子县、洛扎县、聂拉木县、定结县、岗巴县和亚东县，其中最西端的分布地为聂拉木县，分布海拔范围夏季 3800～4300 m，冬季 3200～3500 m，随季节表现出明显的垂直分布变化。马小春等在西藏南部对该物种进行了初步调查，结果显示棕尾虹雉在洛扎县拉康镇卡久寺周围活动的棕尾虹雉数量 36～37 只，其中雄性 8～10 只，雌性 16～20 只，亚成体 7～8 只。主要栖息于海拔 3800～4000 m 的针阔混交林、灌丛、草甸和裸岩地带。卡久寺周围该物种的种群密度为 2.03 只/km^2，明显高于亚东县和错那县的 0.052 只/km^2（马小春等，2011；刘阳和陈水华，2021）。目前国内关于此物种的了解仍然很少，后期仍需投入人力物力，开展该物种的分布、种群数量、栖息地状况等基础生活史的研究。

10.4.3 喜马拉雅山中段南麓

1. 生境特点

喜马拉雅山是世界最年轻、海拔最高的山脉，其由西北向东南延伸，长近 2500 km，宽 50～90 km（郑度，2019）。不同于北坡的地势平缓、气候干寒、植被稀疏，喜马拉雅山南麓十分陡峻，连绵的高山抵挡了来自印度洋的湿润气流，降水丰富，植被茂盛，海拔高差大，垂直变化极为明显。

喜马拉雅南麓在自然区划上属于青藏高原温带半干旱地区的藏南山地（张荣祖，2011），在动物地理区划上属东洋界西南区喜马拉雅亚区喜马拉雅省之下的喜马拉雅南翼山地生态地理单元，生态地理动物群为西部热带山地森林动物群（张荣祖，2011；何杰坤等，2018）。依据地形特点、水系分布特征、动物地理区划和鸟类多样性及分布格局，分别选取喜马拉雅山中段南麓 5 条大峡谷（亚东沟、陈塘沟、嘎玛沟、樟木沟、吉隆沟）中的 3 条代表性沟谷（樟木沟、吉隆沟、亚东沟），于每年 6 月开展繁殖鸟类观测工作。

（1）樟木沟

樟木沟位于西藏日喀则市聂拉木县的希夏邦马峰东南侧，由海拔 5200 m 的通拉山口南下至樟木镇，行政范围包括聂拉木县聂拉木镇和樟木镇两镇。聂拉木镇为县城驻地，位于樟木沟北段，属高原温带半湿润气候区，气温偏低，冬季寒冷。南部温暖湿润，北部干冷。年降水量 600 mm 左右，主要集中在夏秋两季。聂拉木镇辖 7 个行政村 12 个自然村，均分布在 318 国道两侧，有边境公路 2 条，边境通道 5 个，边境线总长 73 km。镇域面积为 1256 km^2，耕地面积 0.51 km^2，森林覆盖面积 32.2 km^2，草场面积 367.13 km^2。

樟木镇位于聂拉木县南部，东、西、南三面与邻国尼泊尔山水相连、隔河相望，面积约 334 km^2，沟谷高差悬殊，最高海拔 8012 m，最低海拔 1440 m，平均海拔 2300 m。樟木镇为亚热带湿润性山地气候，温暖湿润，年均温 10～20℃，降水充沛，年降水量 2000 mm 以上。草场面积 189.73 km^2；林地面积 68.52 km^2，主要林木有川白桦（*Betula platyphylla*）、糙皮桦（*B. utilis*）、高山烁（*Quercus semecarpifolia*）、乔松（*Pinus wallichiana*）、樟树（*Cinnamomum camphora*）等。樟木镇辖 4 个行政村，2017 年的总人口为 2184 人，以夏尔巴人为主。

（2）吉隆沟

吉隆沟是珠穆朗玛峰国家自然保护区内五条大峡谷之一，地处中喜马拉雅南坡，行政划分上属于日喀则地区吉隆县。林区以下为亚热带山地季风气候区，年平均气温可达 10～13℃，最暖月气温为 18℃以上，年降水量达 1000 mm 左右，年无霜冻日数在 200 d 以上。海拔 3900 m 以上以至马拉山等喜马拉雅山系最高峰的山脊线一带属于温湿半干旱的大陆性气候区，山顶自 10 月开始下雪至次年 5 月都有积雪覆盖。吉隆藏布贯穿整个沟谷。

吉隆沟受印度洋暖湿气流和海拔的影响，峡谷内形成了独具特色的垂直生态系统组合体系，从最低的亚热带生态系统一直延续到高山的高寒生态系统，共跨越了 6 大生态系统体系。①海拔 1700～2700 m：山地亚热带常绿、半常绿阔叶林和常绿针叶林生态系统。②海拔 2500～3300 m：山地暖湿带常绿针叶林、硬叶常绿阔叶林生态系统。③海拔 3100～3900 m：亚高山寒温带常绿落叶针叶林、落叶阔叶林生态系统。④海拔 3700～4700 m：高山亚寒带灌丛、草甸生态系统。⑤海拔 4500～5700 m：高山亚寒带冰缘生态系统。⑥海拔 5700 m 以上：高山寒带冰雪生态系统。

（3）亚东沟

亚东沟位于亚东县境内，从海拔高于 4700 m 的帕里镇下行，经上亚东、下司马镇、下亚东，四面环山，东与不丹接壤，南与印度交界，海拔 2800 m。受印度洋暖流的影响，与北来的寒流交汇，形成亚东沟多雨湿润的气候；近 2000 m 的海拔落差形成的垂直气候带，使得亚东沟植被异常丰富、动物种类繁多。

2. 样区布设

根据样区内海拔垂直变化情况设置样线，并分为 4 个海拔梯度：①低于 2800 m：常绿阔叶林、针阔混交林生态系统，共 7 条样线，总长 19.3 km；②2800～3600 m：常绿针叶林、落叶阔叶林生态系统，共 6 条样线，总长 15.9 km；③3600～4400 m：灌丛、草甸草原生态系统，共 7 条样线，总长 18.2 km；④4400～5060 m：灌丛、荒漠草原生态系统、高寒草原生态系统，共 5 条样线，总长 12.9 km。在 3 个样区内的各个海拔梯度至少设置 2 条样线，共 25 条样线，每条样线长度为 2～3 km，共 66.16 km。其中，吉隆沟和樟木沟的观测年份为 2011～2014 年、2016～2020 年，亚东沟的观测年份为 2016～2019 年。观测于每年 6 月进行，每条样线每年观测 1 次。

（1）吉隆沟

吉隆沟共设置样线 8 条，总长度为 21.5 km。基本涵盖整个沟谷的生境，包括针阔混交林、针叶林、灌丛、农田、草甸草原、荒漠草原、高寒草原 7 种生态系统。

第一海拔梯度（＜2800 m）：主要生境为以针叶为主的山地针阔混交林生态系统，包括江村和木拉错 2 条样线，样线总长度为 5.1 km。第二海拔梯度（2800～3600 m）：主要生境为山地针阔混交林生态系统，包括热玛村和扎村 2 条样线，样线总长度为 5.2 km。第三海拔梯度（3600～4400 m）：主要生境为灌丛、农田和草甸草原生态系统，包括叉沟（灌丛）和吉隆县城（农田及草甸）2 条样线，样线总长度为 5.1 km。第四海拔梯度（＞4400 m）：主要生境为草甸草原和荒漠草原，包括孔唐拉姆山河谷和马拉山口 2 条样线，样线总长度为 5.1 km。

（2）樟木沟

樟木沟共设置样线 8 条，总长度为 21.8 km，涵盖针阔混交林、针叶林、灌丛、农田、草甸草原、荒漠草原 6 种生态系统。

第一海拔梯度（＜2800 m）：主要生境为山地针阔混交林生态系统，包括立新村和立新村检查站 2 条样线，样线总长度为 5.8 km。第二海拔梯度（2800～3600 m）：主要生境为以针叶为主的山地针阔混交林生态系统，包括德庆堂和樟木公路 2 条样线，样线总长度为 5.7 km。第三海拔梯度（3600～4400 m）：主要生境为灌丛和农田生态系统，包括酸奶湖和塔杰林村 2 条样线，样线总长度为 5.1 km。第四海拔梯度（＞4400 m）：主要生境为草甸草原和荒漠草原，包括土龙村和通拉山口 2 条样线，样线总长度为 5.2 km。

（3）亚东沟

亚东沟共设置样线 8 条，总长度为 20.7 km，包括针阔叶混交林、针叶林、灌丛、草甸草原、荒漠草原 5 种生态系统。

第一海拔梯度（＜2800 m）：主要生境为山地针阔混交林生态系统，包括原始森林景区和斯帝 2 条样线，样线总长度为 5.2 km。第二海拔梯度（2800～3600 m）：主要生境为山地针阔混交林和常绿针叶林生态系统，包括清代海关遗址（针叶林）和唐嘎普曲 2 条样线，样线总长度为 5 km。第三海拔梯度（3600～4400 m）：主要生境为灌丛生态系统，包括边贸市场和乃堆拉山口的 2 条样线，样线总长度为 5.4 km。第四海拔梯度（＞4400 m）：主要生境为草甸草原生态系统，包括帕里镇周边的 2 条样线，样线总长度为 5.1 km。

3. 物种组成

在喜马拉雅南麓的 3 个沟谷共观测到 14 目 49 科 118 属 227 种鸟类（附表Ⅱ），以雀形目为主，共有隶属 32 科 81 属的 178 种鸟类，占所有鸟种的 78.4%。该地区珍稀保护鸟类资源丰富，共观测到 9 种雉类，包括暗腹雪鸡、藏雪鸡、高原山鹑、环颈山鹧鸪、血雉、红胸角雉、红腹角雉、棕尾虹雉和黑鹇（*Lophura leucomelanos*）；9 种鹰形目鸟类，包括胡兀鹫、高山兀鹫、林雕、靴隼雕、金雕、雀鹰、黑鸢、大鵟和普通鵟。此外，观测到隼形目鸟类 3 种：红隼、猎隼和游隼。

国家一级重点保护野生鸟类有棕尾虹雉、红胸角雉、胡兀鹫、金雕、猎隼和黑颈鹤 6 种；国家二级重点保护野生鸟类 17 种，分别为暗腹雪鸡、藏雪鸡、血雉、红腹角雉、黑鹇、高山兀鹫、林雕、靴隼雕、雀鹰、黑鸢、大鵟、普通鵟、红隼、游隼、楔尾绿鸠、雕鸮和领鸺鹠。

在分布型上，喜马拉雅南麓的鸟类以喜马拉雅-横断山区型为主，共有 83 种，超过总种数的 1/3。其中不少为喜马拉雅山区特有的鸟类，如红胸角雉、棕尾虹雉、白颈鸫（*Turdus albocinctus*）、灰腹噪鹛（*Trochalopteron henrici*）、杂色噪鹛（*T. variegatum*）、细纹噪鹛（*T. lineatum*）、黑顶奇鹛（*Heterophasia capistrata*）、黄嘴蓝鹊、灰头柳莺、纹头斑翅鹛（*Sibia nipalensis*）、红腹旋木雀（*Certhia nipalensis*）、粉眉朱雀（*Carpodacus rodochroa*）、喜山白眉朱雀（*Carpodacus thura*）、点翅朱雀（*C. rodopeplus*）、红眉朱雀（*C. pulcherrimus*）等。东洋型的鸟类也是该地区鸟类区系的主要组成，共有 53 种，包括黑鹇、白喉扇尾鹟（*Rhipidura albicollis*）、橙胸姬鹟、铜蓝鹟（*Eumyias thalassinus*）、卷尾（*Dicrurus* sp.）、高山金翅雀（*Chloris spinoides*）、黄腰响蜜䴕、绿背山雀、黄颊山雀（*Machlolophus spilonotus*）、红头长尾山雀、朱鹂（*Oriolus traillii*）、栗头雀鹛（*Schoeniparus castaneceps*）、蓝翅希鹛（*Siva cyanouroptera*）、栗喉鵙鹛（*Pteruthius melanotis*）、红嘴相思鸟等。其次，约 15%的鸟类为古北型，如赤麻鸭、雕鸮、黑鸢、普通鵟、岩鸽、松鸦、星鸦、红嘴山鸦、暗绿柳莺、白鹡鸰、领岩鹨、煤山雀、麻雀、黄嘴朱顶雀、普通朱雀（*Carpodacus erythrinus*）。此外，近 10%的鸟类为以青藏高原为中心的高地型，包括暗腹雪鸡、藏雪鸡、黑颈鹤、鹮嘴鹬、白斑翅拟蜡嘴雀、高山岭雀、棕背雪雀、棕颈雪雀、白腰雪雀、褐翅雪雀、粉红胸鹨、林岭雀、拟大朱雀（*Carpodacus rubicilloides*）、鸲岩鹨等。

喜马拉雅南麓海拔落差大，垂直变化十分明显，其鸟类区系随着海拔变化，古北界和东洋界的成分作相应的变化。在海拔 2800 m 以下的阔叶林及针阔混交林，动物区系几乎全为东洋界成分，如楔尾绿鸠、大拟啄木鸟（*Psilopogon virens*）、绣眼鸟（*Zosterops* spp.）、噪鹛（*Trochalopteron* spp.）、太阳鸟（*Aethopyga* spp.）等。而在 4400 m 以上的高海拔地区，则主要由古北界鸟类组成，如暗腹雪鸡、角百灵、地山雀、雪雀、高山岭雀等。

4. 动态变化与多样性分析

吉隆沟、樟木沟和亚东沟样区的样线长度分别为 21.5 km、21.8 km 和 20.7 km，依次观测到 178 种、

162 种、116 种鸟类。3 条沟谷中，吉隆沟记录的物种数和密度最高（图 10-6），这可能与吉隆沟样线的海拔落差最大（2000～5000 m）、生境类型丰富有关。亚东样区的鸟类物种数和密度最低，这是由于亚东沟样线涵盖的生境类型最少，生态系统相对单一（低海拔以针叶林为主，高海拔草甸退化较为严重）。此外，亚东沟虽未遭受严重的自然灾害影响，但人为干扰相对较大，如道路建设、放牧、快速发展的旅游开发建设等。樟木沟的鸟类丰富度也较高，其在 2015 年尼泊尔地震后，撤离了全部村，目前原始森林植被恢复较好，人为干扰最少。

不同年份之间，观测区内的繁殖鸟的物种数和密度略有波动，但变化不大。

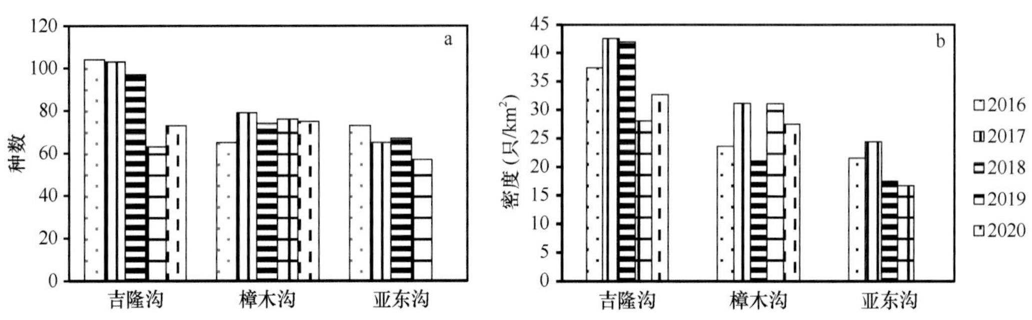

图 10-6　2016～2020 年吉隆沟、樟木沟、亚东沟样区观测的鸟类种数（a）和密度（b）

整体上，中低海拔的物种丰富度高于高海拔地区。分别在第一海拔梯度（<2800 m）、第二海拔梯度（2800～3600 m）、第三海拔梯度（3600～4400 m）和第四海拔梯度（>4400 m）观测到鸟类 140 种、130 种、89 种和 51 种。根据观测结果，鸟类物种在海拔 2500 m 左右（吉隆沟的友谊桥、樟木沟的立新村样线）最为丰富，其次为海拔 3000～3300 m 处（亚东沟的唐嘎普曲、樟木沟的樟木公路和德庆塘样线）（图 10-7）。这些海拔段的生境为原始森林，环境适宜、人为干扰小，因此物种丰富度较高。

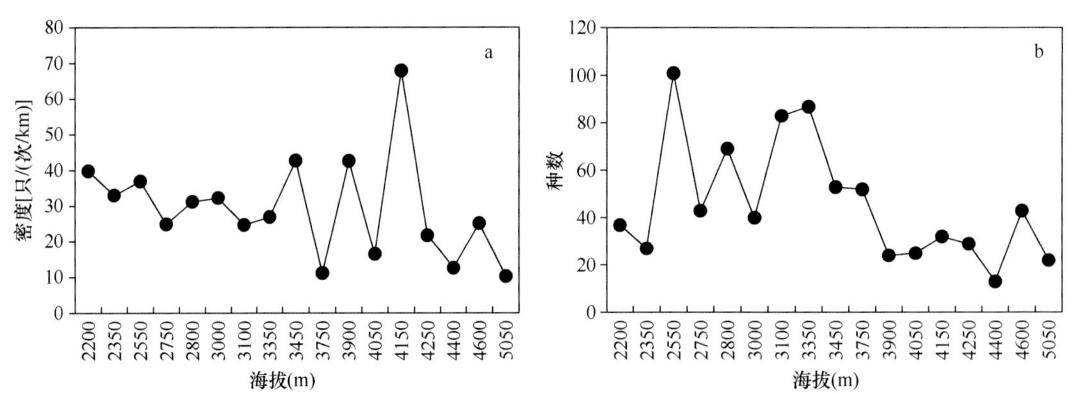

图 10-7　吉隆沟、樟木沟、亚东沟样区鸟类密度（a）、物种数（b）与海拔的关系

在优势种方面，海拔 2000～2400 m 为黑顶奇鹛、红头长尾山雀、烟腹毛脚燕（*Delichon dasypus*）和西南冠纹柳莺（*Phylloscopus reguloides*）。海拔 2400～2800 m 为黑顶奇鹛、西南冠纹柳莺、烟腹毛脚燕和斑林鸽（*Columba hodgsonii*）。海拔 2800～3600 m 为暗绿柳莺、西南冠纹柳莺、橙斑翅柳莺（*Phylloscopus pulcher*）、黑顶噪鹛和血雉，其中扎村为黑鹇、棕尾虹雉和血雉等雉鸡类物种的重要繁殖地。海拔 3600～4000 m 为黄嘴山鸦、岩鸽、灰背伯劳和杂色噪鹛。海拔 4150 m 为黄嘴山鸦、岩鸽、黄嘴山鸦和小云雀，该海拔的物种丰富度虽然不高，但密度却是所有样线中最高的。海拔 4250 m 为红嘴山鸦、林岭雀、岩鸽和白顶溪鸲（*Chaimarrornis leucocephalus*）。海拔 4400 m 的优势种为棕颈雪雀和白腰雪雀。海拔 4600 m 为褐翅雪雀、赭红尾鸲、普通朱雀和红嘴山鸦。海拔 5050 m 为角百灵、褐翅雪雀、棕背雪雀、棕颈雪雀

和褐岩鹨（*Prunella fulvescens*）。

5. 代表性物种

（1）暗腹雪鸡

典型的高山耐寒物种，栖息于海拔 2500～5500 m、近雪线的高山裸岩地带及高山草甸和高山灌丛附近，冬季下迁，喜集群。在中国主要分布于西藏喜马拉雅山西段，新疆天山、阿尔泰山、帕米尔高原和青海、甘肃的祁连山等地。

在喜马拉雅南麓分布于吉隆沟，观测中见于海拔 5000 m 左右的马拉山西坡。此外，在西藏还分布于阿里地区日土县、改则县。

（2）鳞腹绿啄木鸟

分布于喜马拉雅山脉和巴基斯坦、印度北部等地。生活在海拔 2500 m 以下的山地阔叶林和针阔混交林。在吉隆县常见于海拔 2500～2900 m 的混交林中。取食于树上，也下至林中的土壁或地面上刨土寻找昆虫，常成对活动。

（3）尼泊尔鹪鹛 ***Pnoepyga immaculata***

分布于印度次大陆及喜马拉雅山脉。国内见于西藏樟木镇和吉隆县。为罕见留鸟。在樟木镇分布于海拔 1800～2200 m（张国郎等，2010）。

（4）白颊鹎 ***Pycnonotus leucogenis***

分布于印度西北部及喜马拉雅山脉。国内见于西藏樟木镇和吉隆县。观测中见于吉隆县的热索村和江村，分布海拔 2000～2300 m，数量较少。

（5）杂色噪鹛

在中国主要分布于喜马拉雅西部，分布海拔 2200～4200 m。在国外还分布于阿富汗、克什米尔、巴基斯坦、尼泊尔和印度西北部。成对或结小群活动。在本区域主要分布于樟木镇和吉隆县，数量较多，常见于海拔 2500～4050 m 的针阔混交林和针叶林样线中，冬季可结十几至二十几只的群。

（6）细纹噪鹛

分布于喜马拉雅山脉和中亚，国外见于阿富汗、印度、尼泊尔、巴基斯坦、塔吉克斯坦、乌兹别克斯坦和克什米尔等地，国内见于西藏南部的樟木镇、吉隆县、错那县和绒辖河谷等地。

在观测区域分布于海拔 2300～3200 m 的林缘疏林灌丛及村庄附近，包括吉隆县的友谊桥、热玛村、木拉错和樟木镇的立新村样线。

（7）粉眉朱雀

分布于喜马拉雅山脉，国内见于西藏南部，分布于海拔 2250～4500 m 亚高山的林下灌丛、林缘及高山草地，秋冬季下迁。在观测区的 3 条沟谷中都有分布，数量较少。观测中见于乃堆拉山口、德庆塘和樟木公路样线，海拔 3000～4100 m。

（8）点翅朱雀

分布于喜马拉雅山脉。观测中见于樟木镇、吉隆县的德庆塘、樟木公路和扎村样线，海拔 3000～3600 m，有一定数量。夏季栖于林线灌丛、高山草甸和裸岩，冬季下迁。

10.4.4 川西山地

1. 生境特点

川西山地位于全球 34 个生物多样性热点地区——西南山地的北半部分，北接我国南北气候的分界线——秦岭，东临农业发达、人口密集的四川盆地和汉中盆地，南接凉山山脉，西接青藏高原。地处我国第一级阶梯向第二级阶梯的过渡地带，隶属东洋界西北区，位于东洋界向古北界过渡的地带，同时也位于鸟类南北物种迁徙的重要生物通道上，具有独特的地理、气候和动物区系特征（Wu *et al.*，2017）。

甘肃陇南市样区位于甘肃最南端，其中白水江保护区的主要任务是保护大熊猫、珙桐（*Davidia involucrata*）等多种珍稀濒危野生动植物及其赖以生存的自然生态环境和生物多样性。裕河国家级自然保护区于 2002 成立，位于陇南市武都区境内，地处秦岭和岷山的交汇地带，属我国生物多样性优先保护区域，是大熊猫、川金丝猴（*Rhinopithecus roxellana*）等珍稀濒危野生动物在岷山和秦岭山系间扩散交流的主要通道。

四川岷山山脉分布有唐家河、平武两个样区，从动物地理区划看，我国西南区、华中区和青藏区都在此交汇重叠。唐家河于 1978 年被列为省级自然保护区，1986 年晋升为国家级自然保护区，主要保护对象为大熊猫、川金丝猴、四川羚牛（*Budorcas taxicolor tibetana*）等珍稀野生动物及森林生态系统。保护区海拔落差较大（1150～3864 m），生境梯度变化明显，从低到高依次分布着常绿、落叶阔叶混交林，针阔混交林，亚高山针叶林，高山灌丛与高山草甸。独特的地理环境造成物种的野外遇见率高，物种多样性极其丰富。目前保护区非常重视旅游开发，虽以生态旅游为主，但人为干扰相当大。平武的王朗国家级自然保护区，随海拔呈现暖温带、温带、寒温带、亚寒带、冰冻带的带谱类型。该保护区是中国最早建立的、以大熊猫等珍稀野生动植物及其栖息地为主要保护对象的保护区。因此对兽类资源情况调查比较系统，但该区域鸟类资源的数据缺失，无系统长期的跟踪调查。王朗国家级自然保护区目前存在的主要问题是放牧比较严重，人类干扰较大，对当地周边社区居民应加强引导，改变不可持续的经济发展模式，利用靠近九寨沟的地理优势，在保护区外开展相关的生态旅游。

四川邛崃山脉设置有都江堰、成都市、喇叭河、峨眉山 4 个样区。都江堰处于太平洋的东南季风和青藏高原高空西风环流的交汇区，受四面高山的阻挡，年均降水量为 1200～1800 mm，是著名的“华西雨屏带”的重要区域。云雾多、日照少，可分为 5 个主要的生态系统类型：森林、高寒、河流、城镇、农业。在动物地理上属西南山地亚区、西部山地高原亚区、青海藏南亚区几个动物地理区系的过渡地带，是中国一个重要的复合性生态过渡带与多方来源物种的交汇处，生物物种极为丰富。成都市样区地处四川盆地西部的成都平原腹地，地处亚热带湿润地区，由于地表海拔差异显著，直接造成水、热等气候要素在空间分布上的不同，不仅西部山地气温、水温、地温大大低于东部平原，而且山地上下还呈现明显的不同热量差异的垂直气候带。据统计，成都市境内鸟类超过 500 种。青头潜鸭的全球数量只有约 1000 只，是成都濒危鸟类中最为珍贵的一种。天全喇叭河保护区垂直海拔高差大（1050～4862 m），属亚热带气候，具有垂直变化的山地气候特征。作为西南地区较好的鸟类资源分布点，具有较高的研究价值。但目前存在以下几个问题，保护区是省级自然保护区，管理上存在不足，旅游开发严重、人为景观较多，如相关的漂流、高山索道等，人类干扰较大，造成部分样线的鸟类密度和多样性下降严重。峨眉山为邛崃山南段余脉，山体近南北走向，西坡较缓而东坡陡峭。主峰万佛顶海拔 3099 m，相对高差近 2600 m。峨眉山位于四川盆地边缘亚热带季风气候区域，受到地形地势、亚洲季风、大气环流、太阳辐射等的影响，区域内气候相差很大。低海拔属于中亚热带季风型湿润气候，山顶属于山地寒温带湿润气候。全年温差明显，气候呈明显的垂直分布。据报道，峨眉山每升高 100 m，气温下降约 0.55℃。雨季集中在 5～9 月，年平均降水量为 1922.8 mm。峨眉山动植物物种极其丰富，特有种繁多，物种组成和群落类型多样复杂，被誉为“巨大的植物宝库”和“天然的野生动物园”。1996 年被联合国教科文组织列入《世界遗产名录》，具有独特的自然与文化，是一个集自然景观与宗教文化为一体的国家级风景名胜区。

四川大雪山山系设海螺沟、康定 2 个样区。泸定样区位于四川最高峰—贡嘎山东坡海螺沟景区内外。从下往上分为干热河谷稀树灌草丛，农林复合区，山地亚热带常绿阔叶林，山地暖温带常绿、落叶阔叶混交林，山地暖温带针阔叶混交林，山地温带，寒温带暗针叶林，亚高山亚寒带灌丛草甸，高山寒带流石滩植被，极高山永久冰雪带。2014 年初，周华明整理发表《贡嘎山保护区鸟类》，第一次全面系统介绍了贡嘎山保护区 19 目 60 科 203 属 372 种鸟类，国家重点保护野生鸟类 33 种，其中国家一级重点保护野生鸟类 7 种（周华明，2014）。2017 年，吴永杰等调查探明贡嘎山东坡（海螺沟、燕子沟、湾东沟、雅家梗等地区）分布有鸟类 336 种，鸟类的丰富度呈中峰模式，在中海拔（1800～2800 m）的落叶阔叶混交林和针阔叶混交林最高，高海拔和低海拔物种丰富度较低（吴永杰等，2017）。夏万才等（2020）为贡嘎山保护区增添鸟类新记录 11 种，发现贡嘎山西坡鸟类多样性低于东坡，古北界鸟种在西坡的占比高于东坡。康定样区样线海拔跨度从 2553 m 到 4085 m。分别覆盖了亚热带常绿阔叶林、亚热带常绿落叶阔叶林、针阔混交叶林、针叶林、乡村、河流、农耕地等生境。

荥经县属大相岭山系，属季风气候，同时具有山地气候特征，气温垂直差异明显，植被带谱在海拔梯度上分为 6 个区：以耐旱寒的灌丛和草木为主的寒带亚高山灌丛、草木区，以冷杉等建材树种为主的寒温带针叶林区，植被茂盛的温带针阔叶混交林区，植被生长较快的北亚热带软、硬阔叶林区，自然肥力较高、适宜封山育林的山地亚热带常绿阔叶林区，还有少量的农耕区，多位于海拔 1400 m 以下。

四川栗子坪属小相岭山系，保护区于 2001 年建立，是以大熊猫、红豆杉（*Taxus wallichiana* var. *chinensis*）等珍稀野生动植物及栖息环境为保护对象的野生动物类型自然保护区。地貌以中高山为主，兼有低山和河谷阶地。为山地亚热带季风气候，气温年较差和日较差均不大，年均温 11.7～14.4℃。保护区内植被垂直带谱保存完整，是小相岭地区现今保存最为完整的一块亚热带森林生态系统，森林覆盖率达 93.5%。

四川老君山国家级自然保护区属亚热带湿润季风气候，雨量充沛，年均降水量＞1500 m，年均温 12～14.7℃，平均相对湿度＞85%。生境类型包括原生林、次生林和人工林，其中原生林和次生林主要由常绿阔叶林和常绿、落叶阔叶混交林构成。保护区内无固定村民居住，但周边居民较多，与保护区毗邻的有 4 个乡镇 13 个自然村，约 10 000 名村民，保护区内非法偷猎事件时有发生。于 2000 年成立县级自然保护区，2002 年升为省级自然保护区，2011 年晋升为国家级自然保护区，以国家一级重点保护野生鸟类四川山鹧鸪等珍稀雉科鸟类及其栖息地为主要保护对象。

马尔康市样区，北起梭磨河谷的卓克基镇（2019 年 12 月已撤销），南至梦笔山垭口。梦笔山海拔高，垂直落差大，植被随海拔梯度的变化明显，是马尔康市样区的重点调查区域。梦笔山距马尔康市县城 30 km，位于卓克基镇南部与小金县交界处，呈东西走向，山势陡峭，最高峰海拔 4470 m。样区内的气候特征从总体上看，降雨随海拔的增加而增加，气温随海拔的增加而降低，形成明显的垂直气候分布。整个样区内植被类型由低海拔到高海拔分别为：干旱河谷灌丛带，常绿、落叶阔叶混交林带，亚高山针叶林带，高山灌丛草甸带，高山流石滩植被带。

2. 样区布设

本区域共设置 14 个样区（县市），其中甘肃 2 个，四川 12 个（表 10-6）。有 3 个样区（甘肃陇南市武都区，四川平武县、泸定县）观测达 10 年，有 3 个样区仅观测 1 年（四川康定市、洪雅县、马尔康市），平均观测年限为 5.2 年。每个样区内因为海拔落差较大，往往有显著的垂直气候带，涵盖的植被类型丰富，生境异质性高，具有多层次的垂直植被带谱和多样化的生态系统，是进行鸟类多样性及其分布格局研究的理想场所。

表 10-6 川西高原山地样区设置情况

样区编号	样区名称	依托保护区	所属山系	观测年限/年	样线(样点)数量[条(个)]
51001	四川泸定县	贡嘎山-海螺沟	大雪山	10	11
51002	四川平武县	王朗	岷山	10	10
51005	四川洪雅县	瓦屋山	邛崃	1	3
51006	四川青川县	唐家河	岷山	6	10
51007	四川天全县	喇叭河	邛崃	6	11
51009	四川峨眉山市	峨眉山	邛崃	7	10
51010	四川荥经县	大相岭	大相岭	4	10
51011	四川都江堰市	龙溪-虹口	岷山	4	10
51014	四川西昌市		牦牛山	3	13
51015	四川石棉县	栗子坪	小相岭	4	10
51016	四川马尔康市	梦笔山		1	12
51019	四川康定市	贡嘎山	大雪山	1	10
62005	甘肃陇南市	白水江、裕河	岷山-秦岭	10	10
62013	甘肃文县	白水江	岷山	3	10

繁殖鸟类观测均采用样线法，考虑到各样区的海拔落差比较大，多形成从亚热带到寒带的垂直气候带，因此样线的布设尽可能多地覆盖不同海拔和植被带，同时因为多依托保护区，故样线的布设以保护区内为主，而以保护区外为辅，共设置样线 127 条、样点 13 个。

3. 物种组成

10 年间 14 个样区共观测到鸟类 18 目 59 科 211 属 447 种、59 312 只鸟（表 10-7，附表Ⅱ），目、科、属、种占全国鸟类的比例依次为 66.2%、54.1%、42.5%、30.9%。观测到鸟类种数最多的样区是四川峨眉山市，达 231 种。其次是四川泸定县、平武县，均为 206 种。观测鸟类种数介于 150～200 种的有四川青川县（199 种）、天全县（185 种）、都江堰市（154 种）、荥经县（153 种）、石棉县（151 种）。50～150 种的有甘肃陇南市（130 种）、甘肃文县（83 种）、四川马尔康市（83 种）；四川康定市和洪雅县都低于 50 种，因为只观测了一年。另有西昌市越冬观测到 31 种。

表 10-7 川西高原 14 个样区观测到的鸟类目科属种数

目	科	属	种	目	科	属	种
鸡形目	1	10	12	鲣鸟目	1	1	1
雁形目	1	5	12	鹈形目	1	5	7
䴙䴘目	1	2	3	鹰形目	1	9	16
鸽形目	1	3	9	犀鸟目	1	1	1
夜鹰目	2	4	6	佛法僧目	1	4	5
鹃形目	1	6	10	啄木鸟目	2	8	15
鹤形目	1	4	4	隼形目	1	1	5
鸻形目	2	6	7	雀形目	39	133	323
鸮形目	1	8	10	合计	59	211	447
鹳形目	1	1	1				

注：分类系统参照《中国鸟类分类与分布名录》（第三版）（郑光美，2017）。

观测到的国家一、二级重点保护野生鸟类总数为 81 种，占全国的 20.61%。观测到国家重点保护野生鸟类数最多的是四川平武县（29 种），其次是青川县（28 种）、峨眉山市（28 种）和泸定县（27 种）（表 10-8）。

表 10-8 川西高原各样区观测到的鸟类目科属种数及国家一、二级重点保护野生鸟类的数量

样区编号	样区名称	目数	科数	属数	种数	保护鸟种数
51001	四川泸定县	10	44	118	206	27
51002	四川平武县	14	48	116	206	29
51005	四川洪雅县	3	17	34	43	5
51006	四川青川县	12	48	110	199	28
51007	四川天全县	11	47	104	185	19
51009	四川峨眉山市	14	49	131	231	28
51010	四川荥经县	7	38	96	153	20
51011	四川都江堰市	11	47	101	154	13
51014	四川西昌市	8	8	21	31	3
51015	四川石棉县	9	39	84	151	17
51016	四川马尔康市	7	31	58	83	9
51019	四川康定市	6	21	33	45	5
62005	甘肃陇南市	11	37	82	130	11
62013	甘肃文县	11	35	65	83	5
合计		18	59	211	447	81
全国共计		26	109	497	1445	393
占全国的比例		66.2%	54.1%	42.5%	30.9%	20.6%

注：分类系统参照《中国鸟类分类与分布名录》（第三版）（郑光美，2017）。

按生态类型划分，观测到游禽 21 种、涉禽 14 种、猛禽 31 种、陆禽 21 种、攀禽 37 种、鸣禽 323 种（表 10-9）。结果显示，鸣禽的物种丰富度和多度相较其他占有显著优势（分别为 72.26%和 85.70%），这与鸣禽为雀形目鸟类，多喜森林生境有关。

分布最广、在超过 12 个样区都观测到的有 14 种，包括大斑啄木鸟、灰鹡鸰、大嘴乌鸦、绿背山雀、强脚树莺、暗绿柳莺、冠纹柳莺、四川柳莺、橙翅噪鹛、白领凤鹛（*Yuhina diademata*）、北红尾鸲、白顶溪鸲、红尾水鸲、灰林鵖（*Saxicola ferreus*）。观测到数量最多的 10 种是金腰燕、红嘴蓝鹊、绿背山雀、强脚树莺、棕头鸦雀、红嘴相思鸟、橙翅噪鹛、白领凤鹛、红尾水鸲、红头长尾山雀，分别占记录总个体数的 2.19%～4.15%。有 116 种鸟类仅在 1 个样区、一个年度观测到 1 次，其中有 41 种鸟仅观测到 1 只。

表 10-9 川西高原观测的各生态型鸟类种数、个体数及所占的百分比

类别	种数	数量	种的比例	数量比例
游禽	21	2 305	4.70%	3.89%
涉禽	14	2 340	3.13%	3.95%
猛禽	31	154	6.94%	0.26%
陆禽	21	1 197	4.70%	2.02%
攀禽	37	2 485	8.28%	4.19%
鸣禽	323	50 831	72.26%	85.70%

4. 动态变化及多样性分析

（1）各生境鸟类状况

综合各样区来看，常绿、落叶阔叶混交林观测到的物种数最多，达 285 种，其次是针阔叶混交林（263 种）和灌丛（238 种），再次是落叶阔叶林（227 种）（表 10-10）。

表 10-10　川西高原各生境中观测到的物种数

生境类型编码	生境类型名称	物种数	生境类型编码	生境类型名称	物种数
A1	雨林	6	C1	水田	8
A3	常绿阔叶林	114	C2	旱田	84
A4	常绿、落叶阔叶混交林	285	C3	果园	36
A5	落叶阔叶林	227	C4	其他农业用地	63
A6	常绿针叶林	184	D1	草甸草原	14
A7	落叶针叶林	36	D2	典型草原	7
A8	针阔叶混交林	263	F1	城镇	33
A9	成熟人工林（高度＞10 m，盖度大）	125	F2	郊区	34
A10	幼龄人工林（高度＜10 m，盖度小）	30	F3	公园	11
B1	灌丛	238	F4	乡村	113
B2	＜5 m 天然幼林地（再生的自然或半自然林地）	50	G1	池塘（＜200 m^2）	23
B3	＜5 m 人工幼林地	21	G2	小型湖泊（200～450 m^2）	27
B4	采伐迹地（有新树苗种植）	7	G3	大型湖泊（＞450 m^2）	26
B5	采伐迹地（无新树苗种植）	13	G4	小溪（宽度＜3 m）	55
B6	竹林	70	G5	河流（宽度≥3 m）	87
B7	其他	3	G6	人工水渠	1

1）四川荥经县

在荥经县样区，针阔混交林生境的鸟类物种丰富度最高，其次为成熟人工林、灌丛、阔叶林生境，针叶林和水域生境类型中的鸟类物种丰富度最低；香农-维纳多样性指数为针阔混交林最高，水域最低；Pielou 均匀度指数为针叶林最高，竹林最低（图 10-8）。通过对鸟类主要生境类型间的群落结构相似性分析表明：针阔混交林与成熟人工林、针阔混交林与灌丛、灌丛与竹林三者的相似性最高，相似性指数分别为 53.2%、52.4%、51.2%；相比之下，水域与其他生境鸟类分布相似性指数均较低，其中水域与居民区生境不存在相同鸟种；此外，比较相近的生境类型还有针阔混交林与阔叶林（42.9%），居民区与农耕区（44.9%），灌丛与农耕区（44.2%）；成熟人工林与灌丛（40.0%）、居民区（41.6%）、农耕区（48.8%），阔叶林与成熟人工林（50.0%）、灌丛（42.1%），它们的鸟类生境相似性指数均在 40%以上（表 10-11）。

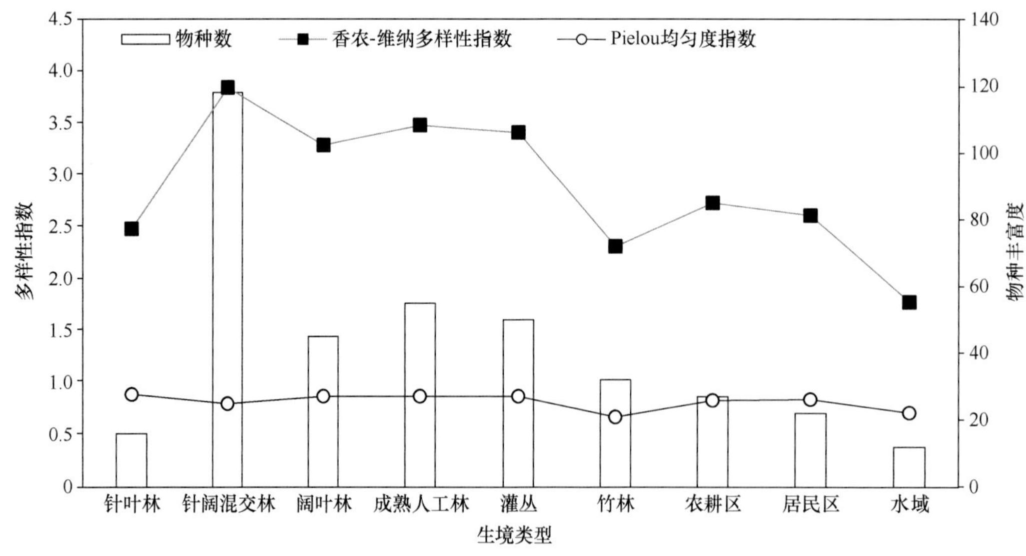

图 10-8　荥经县不同生境鸟类多样性指数

表 10-11　荥经县不同生境鸟类群落相似性比较

生境类型	针叶林	混交林	阔叶林	人工林	灌丛	竹林	居民区	农耕区	水域
针叶林		14	6	8	12	6	2	3	1
混交林	20.9%		35	46	44	27	14	20	7
阔叶林	19.7%	42.9%		25	20	13	5	14	5
人工林	22.5%	53.2%	50.0%		21	12	16	20	7
灌丛	36.4%	52.4%	42.1%	40.0%		21	7	17	3
竹林	25.0%	36.0%	33.8%	27.6%	51.2%		3	9	1
居民区	10.5%	20.0%	14.9%	41.6%	19.4%	11.1%		11	0
农耕区	14.0%	27.6%	38.9%	48.8%	44.2%	30.5%	44.9%		4
水域	7.1%	10.8%	17.5%	20.9%	9.7%	4.5%	0.0%	20.5%	

注：右上表示对应两个生境中均存在的鸟种数；左下表示对应两个生境鸟类群落的索伦森（Sorenson）相似性指数；混交林代表针阔混交林，人工林代表成熟人工林。

2）四川都江堰市

在都江堰市样区，根据实际观测 141 种鸟类的生境分布统计，灌丛及常绿、落叶阔叶混交林生境类型中的鸟类物种丰富度最高，而常绿针叶林和竹林生境类型中的鸟类物种丰富度最低（表 10-12）。

表 10-12　都江堰市各生境鸟类的物种数及占所有鸟类的比例

生境类型	物种数（种）	占比（%）
灌丛	61	43.26
常绿、落叶阔叶混交林	59	41.84
成熟人工林	54	38.30
针阔叶混交林	54	38.30
落叶阔叶林	47	33.33
农田	40	28.37
居民点	31	21.99
常绿阔叶林	32	22.70
水域	29	20.57
常绿针叶林	13	9.22
竹林	13	9.22

（2）鸟类多样性垂直分布格局

在各样区，鸟类均呈现中峰分布模式，但由于覆盖的海拔范围不同、各海拔段设置的样线数存在比较大的差异，以致观测的力度差异较大，峰值出现的海拔范围存在差异，如在贡嘎山，数据显示寒温带针叶林（海拔 2500～3000 m）和针阔叶混交林（海拔 3000～3500 m）鸟类多样性最高，而在荥经县和都江堰市样区，数据显示海拔 1600～2000 m 的鸟类多样性最高，而在峨眉山，2000～2500 m 海拔段的鸟类多样性最高。

在贡嘎山，我们以 500 m 为单位将观测区域分为 6 个海拔段，依次为 1500～2000 m、2000～2500 m、2500～3000 m、3000～3500 m、3500～4000 m、4000～4500 m。贡嘎山区域鸟类多样性整体上呈现单峰分布，即寒温带暗针叶林和针阔混交林鸟类多样性最高，常绿阔叶林次之；亚寒带灌木草甸及高山流石滩鸟类多样性最低（表 10-13）。

表 10-13 贡嘎山鸟类多样性的垂直变化

海拔梯度（m）	主要植被类型	鸟种数	个体数	多样性指数	均匀度指数	优势度指数	优势种数	常见种数	少见种数
1500～2000	常绿阔叶林、干热灌丛和草地	142	2125	4.049	0.817	0.028	4	43	95
2000～2500	常绿落叶阔叶林	71	515	3.625	0.850	0.041	5	36	31
2500～3000	针阔混交林	180	2435	4.290	0.826	0.026	2	46	133
3000～3500	针叶林	182	5030	3.945	0.759	0.037	4	34	144
3500～4000	亚高山灌丛	117	2815	3.560	0.745	0.052	4	33	80
4000～4500	高山草甸、草原	17	97	2.419	0.854	0.126	4	12	1

在荥经县样区，鸟类在海拔 1580～1920 m 的物种丰富度最高，在海拔 2260～2600 m 的物种丰富度最低（图 10-9），鸟类的垂直分布整体上呈中峰模式。中高海拔段（1580～1920 m 及 1920～2260 m）的物种丰富度比中低海拔段（900～1240 m 及 1240～1580 m）的物种丰富度略高。

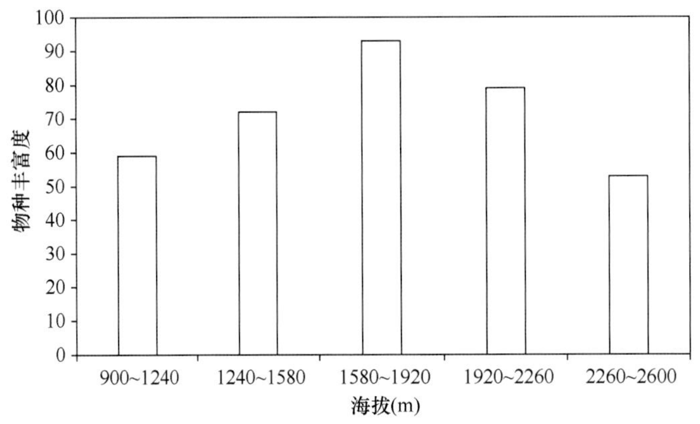

图 10-9 荥经县鸟类物种丰富度垂直分布格局

在都江堰市样区，观测数据表明，都江堰地区鸟类丰富度的峰值出现在 1580～1890 m 海拔段，在 1890～2200 m 海拔段物种丰富度最低（图 10-10）。

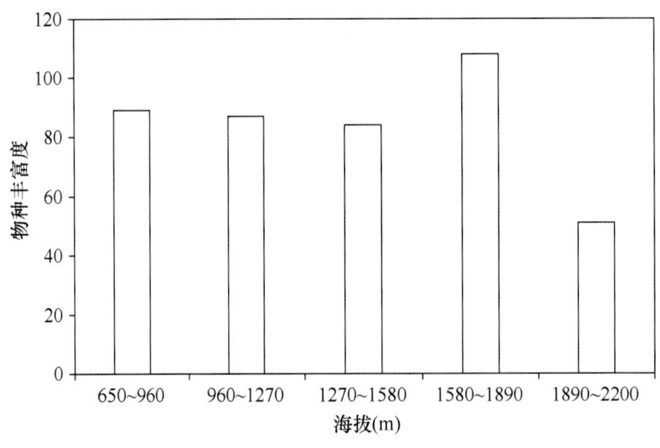

图 10-10 都江堰市鸟类物种丰富度垂直分布格局

在峨眉山市样区，10 条样线所设置的海拔为：500～1000 m（3 条），1000～1500 m（3 条），2000～2500 m（2 条），2500～3100 m（2 条）。根据实际观测结果分析，峨眉山市样区鸟类丰富度最高的区域在 2000～2500 m 海拔段（图 10-11）。

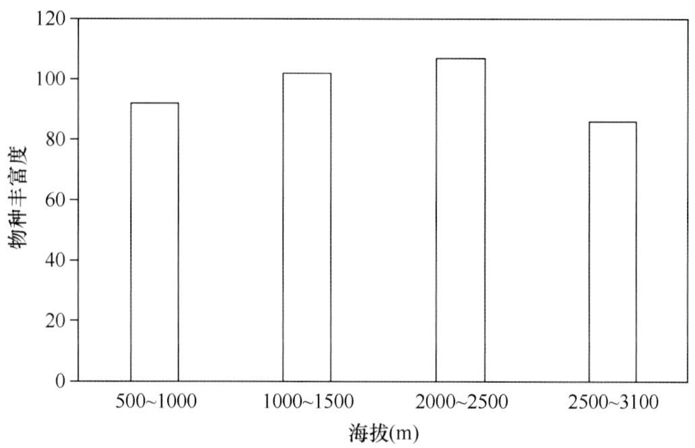

图 10-11　峨眉山市样区鸟类物种丰富度的垂直分布格局

（3）年度季节动态变化及原因分析

荥经县样区 4 年观测到的鸟类物种数、个体数变化如图 10-12 所示。4 年间观测到的物种数量较为平均，2018 年个体数量最多。个体多度最高的鸟类以雀形目为主，其中乌嘴柳莺、强脚树莺、红嘴相思鸟种群数量较为稳定，变化幅度较小。考虑到乌嘴柳莺为本地区夏候鸟，强脚树莺、红嘴相思鸟为本地区留鸟，故分布较为普遍，种群数量较多。

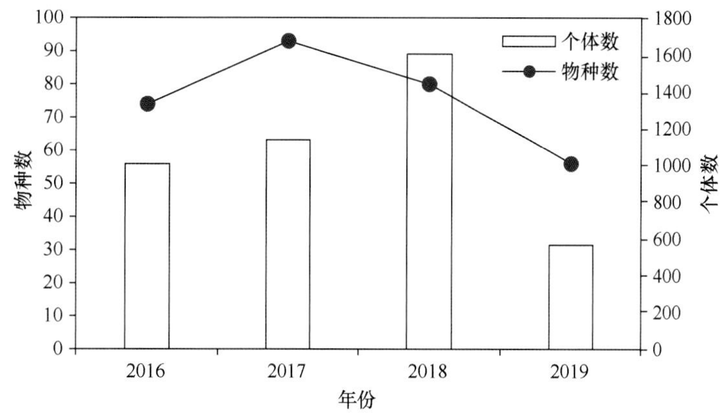

图 10-12　2016～2019 年荥经县样区鸟类种类和数量变化

都江堰市样区 4 年观测到的鸟类物种数、个体数变化如图 10-13 所示。4 年间物种数较为平均，个体数变化幅度也较小。个体多度最高的鸟类以雀形目为主，啄木鸟目次之，其中强脚树莺、白颊噪鹛、绿背山雀、棕头鸦雀及领雀嘴鹎 5 种鸟类种群数量较为稳定，观测数量较多，考虑到该 5 种鸟类均为本地区留鸟，故分布较为普遍，种群数量较多易于观测。2019 年观测到的鸟类物种数相较前几年偏低，个体数也有所下降，考虑可能是由于受山洪冲毁山路影响，保护区禁止所有外来人员进入，2019 年第二次观测都江堰市样区的保护区范围内有 5 条样线被迫停止观测，缺乏 5 条样线的数据所致。

峨眉山市样区鸟类物种丰富度在 2014～2020 年无明显变化趋势（图 10-14），但是 2015 年总的记录个体数明显高于其他年度（图 10-14），我们认为部分集群物种的数量估算受到观测人员的主观影响，实际并未影响到对物种的观测；在观测期间，除部分偶见种外，峨眉山市鸟类优势物种和常见物种基本保持种群稳定，并未出现明显的增长和下降趋势；偶见种如红腹锦鸡等物种，出现年度变化，只在观测期间的某一年记录到。

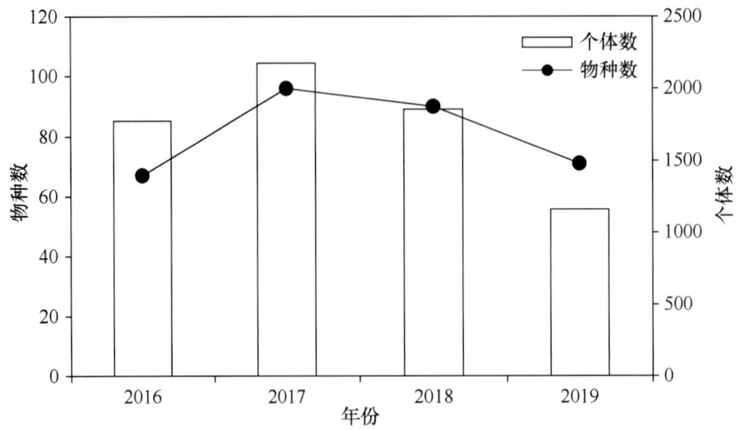

图 10-13 2016～2019 年都江堰市样区鸟类种类和数量变化

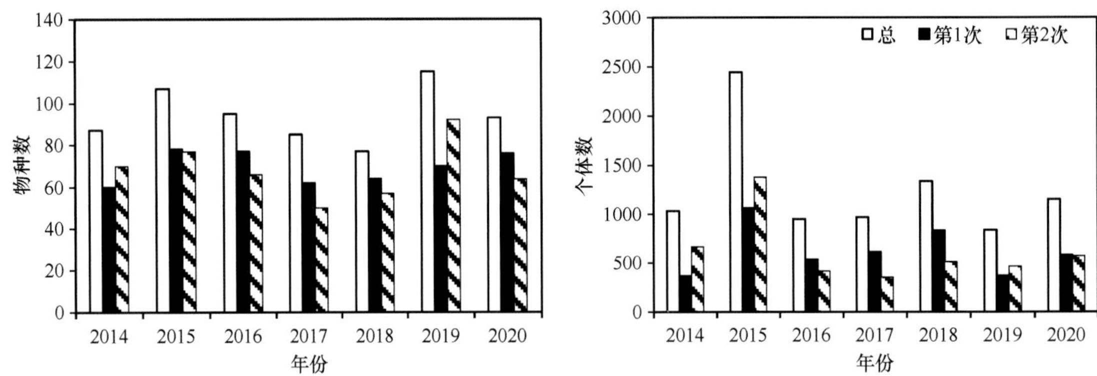

图 10-14 峨眉山市样区鸟类物种丰富度与个体数的年度变化

甘肃陇南市武都区样区自 2016 年以来各年间鸟类多样性指数差异不显著（图 10-15）。

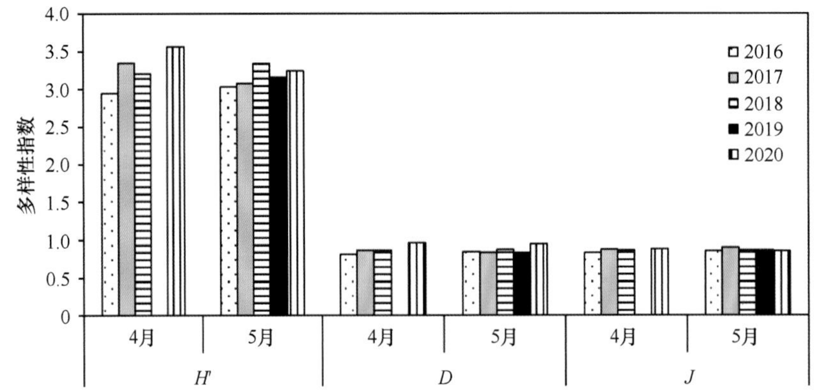

图 10-15 甘肃陇南市武都区样区 2016～2020 年繁殖鸟类多样性比较

字母所代表的的多样性指数为：*H'*. 香农-维纳多样性指数；*D*. Simpson 优势度指数；*J*. Pielou 均匀度指数

5. 代表性物种

荥经县样区大相岭地区经过 4 年 8 次的野外观测，共观测到鸟类 7 目 38 科 145 种，其中国家二级重点保护野生鸟类 21 种，占记录种数的 14.5%，CITES 附录Ⅱ鸟类共 10 种 124 只，占记录种数的 6.9%。从 4 年的观测数据来看重点关注物种数较为平均，但个体数有所下降。经观测，荥经县部分地区因竹笋等非木质林产品资源较为丰富，故人为干扰较为严重，在一定程度上干扰、甚至破坏了野生鸟类栖息地，对本地区重点关注物种的生物多样性造成了一定的影响。

都江堰市样区经过 4 年 8 次的野外观测，共观测到鸟类 11 目 48 科 141 种，其中国家二级重点保护野生鸟类 13 种，占记录种数的 9.2%；CITES 附录Ⅱ鸟类 6 种，占记录种数的 4.26%；中国特有种 7 种，占记录种数的 4.96%。从 4 年的观测数据来看重点关注物种数及个体数均有所下降。经调查，都江堰地区因旅游业发达，故人为干扰较为严重，对生态环境造成了一定程度的破坏，影响了野生鸟类生境的质量，对本地区重点关注物种的生物多样性造成了一定的影响。

在峨眉山市样区，灰胸薮鹛仅在 2019 年观测到 2 只；暗色鸦雀（*Sinosuthora zappeyi*）于 2015 年、2019 年、2020 年共观测到 31 只，均在万佛顶样线；2019 年在万佛顶观测到四川旋木雀 3 只，这 4 个易危物种暂无其他观测记录。而关于峨眉山市样区的部分国家二级重点保护野生动物，白腹鹞仅观测到 1 次，苍鹰 2 次，2014 年、2016 年和 2019 年共观测到赤腹鹰 7 只，2014 年和 2019 年各观测到雀鹰 1 次，2015 年、2016 年和 2019 年共观测到黑冠鹃隼（*Aviceda leuphotes*）13 只，2018 年观测到斑头鸺鹠 2 只、2015 年观测到领鸺鹠 2 只，2016 年观测到褐翅鸦鹃 2 只、2019 年观测到红腹角雉 2 只、2017 年观测到红腹锦鸡 1 只。由此可见，这些濒危珍稀物种均属于偶见种，在峨眉山市的数量极少。峨眉山市属于四川西南部著名风景旅游区，游客和当地居民的环保意识不足，经常能在路边见到随意丢弃的塑料水瓶、废弃的雨衣、零食的包装袋等。景区建设也增加了对环境的影响，修建度假山庄（或酒店）、公路等，破坏了原始生境，抢占了部分物种的生态位，但是在部分区域，景区管理部门正逐步取缔一些旅游度假山庄及配套设施、恢复生态环境，这一措施可能对局部区域鸟类多样性的增加会有所帮助。此外，峨眉山市样区内仍然存在射杀以鸟类为主的小型野生动物的现象。

10.4.5 云南高原山地

1. 生境特点

云南高原以云南中部红河、哀牢山一线为界，该线以东区域为云贵高原。行政区域包括云南的楚雄市、玉溪市、昆明市、曲靖市，以及贵州的盘州市、兴义市等地。

该区域为亚热带季风气候，地貌以丘状高原为主，平均海拔在 1800～2000 m，高山海拔可达 2500～3000 m。年降水量 900～1200 mm。全年雨量的分布极不均衡，5～10 月降雨约占全年雨量的 85%，其中 7～8 月降雨最多。一般 11 月至翌年 4 月，仅降雨 180～220 mm，约占全年雨量的 15%。雨季平均开始期为 5 月，平均终止期为 11 月。气候特点是四季不分明，但干湿季节明显。

依据《云南植被》（云南植被编写组，1987）云贵高原林灌区域的原生植被为亚热带常绿阔叶林的西部（半湿润）常绿阔叶林亚区。细分为滇中、滇东高原常绿阔叶林、云南松林、滇青岗（*Cyclobalanopsis glaucoides*）林、元江栲（*Castanopsis orthacantha*）林等类型。

中山湿性常绿阔叶林和半湿润常绿阔叶林类型有窄叶石栎（*Lithocarpus confinis*）林、滇石栎（*L. dealbatus*）林、木果石栎（*L. xylocarpus*）林、腾冲栲（*Castanopsis wattii*）林、高山栲（*C. delavayi*）林、元江栲林、银木荷（*Schima argentea*）林、黄毛青冈（*Cyclobalanopsis delavayi*）林、滇青冈林，主要由壳斗科树种组成。

落叶阔叶林主要有旱冬瓜林和麻栎林。暖性针叶林有云南松林和滇油杉林。灌丛生境有杜鹃灌丛、萌生栎灌丛、南烛灌丛、马桑灌丛、华西小石积灌丛。

云贵高原的顶极植被群落为中山亚热带常绿阔叶林的半湿润常绿阔叶林，是我国亚热带常绿阔叶林西部类型的代表之一。由于长期的人为干扰，仅在人为活动较少的偏远山区保留部分原始植被，大部分地区的森林已经演变为次生林、中幼林及灌丛。

通常山体中上部为壳斗科树木构成的天然阔叶林，如元江栲林、滇青冈林、滇石栎林、高山栲林等。林下植被主要为箭竹、蕨类等。

山体中下部为云南松和栎类混杂生长的混交林或云南松纯林及灌丛。优势种为云南松，混生有华山松、高山栲、麻栎等，多为人工林。

云南高原的山脚、山间盆地和沟谷地带，为主要的农业耕作区，主要栽种小麦、蚕豆（*Vicia faba*）、油菜、水稻、玉米、烟草（*Nicotiana tabacum*）等作物。

2. 样区布设

在云南高原山地区域设置了贵州盘州市、兴义市、威宁县，云南昆明市、沾益区、楚雄市、新平县、禄劝县、宾川县、昭通市、会泽县、石屏县、寻甸县、宣威市、通海县和江川区，共 16 个样区，有繁殖观测样线 84 条、越冬观测样点 161 个。观测年限最长的有 10 年，即贵州威宁县、昆明市、楚雄市、宾川县；最短的仅 1 年（表 10-14）。

表 10-14　云南高原山地样区设置情况

样区名称	起始年份	观测年限/年	样线（样点）数量［条（个）］	样区名称	起始年份/年	观测年限/年	样线（样点）数量［条（个）］
贵州兴义市	2018	1	10	云南宾川县	2016～2018	3	10
贵州威宁县	2011～2020	10	（13）	云南昭通市	2017～2020	4	（28）
贵州盘州市	2018	1	10	云南会泽县	2017～2020	4	（31）
云南昆明市	2011～2020	10	11（41）	云南石屏县	2018	1	（15）
云南新平县	2014～2020	5	10	云南寻甸县	2018	1	（3）
云南禄劝县	2016～2019	4	10	云南宣威市	2018	1	（8）
云南楚雄市	2011～2020	10	11	云南通海县	2018	1	（12）
云南沾益区	2012～2020	8	12	云南江川区	2018	1	（10）

3. 物种组成

云南高原山地共记录到鸟类 540 种（附表Ⅱ），隶属 19 目 73 科，其中国家重点保护野生动物 92 种，包括国家一级重点保护野生鸟类黑颈长尾雉、黑颈鹤、黑鹳、东方白鹳、彩鹮、草原雕、白肩雕、金雕、白尾海雕和黄胸鹀 10 种，国家二级重点保护野生鸟类环颈山鹧鸪、红喉山鹧鸪（*Arborophila rufogularis*）、血雉等 82 种；中国生物多样性红色名录受威胁物种 21 种，包括濒危的东方白鹳、白肩雕、鹊鹂、巨䴓、丽䴓和黄胸鹀 6 种，易危的黑颈长尾雉、紫水鸡等 14 种；IUCN 红色名录受威胁物种 10 种，即极危的黄胸鹀，濒危的东方白鹳、草原雕、鹊鹂、巨䴓，易危 5 种。

以下选择开展时间较长的 4 个样区进行分析，即云南新平县、禄劝县、楚雄市和沾益区，共观测到鸟类 17 目 64 科 193 属 359 种、76 514 只，目、科、属、种占全国鸟类的比例依次为 65.38%、58.72%、38.83%、24.84%。云南新平县观测到鸟类 16 目 55 科 214 种，22 087 只；云南禄劝县观测到鸟类 15 目 55 科 199 种，8062 只；云南楚雄市观测到鸟类 16 目 57 科 220 种，22 555 只；云南沾益区观测到鸟类 17 目 50 科 160 种，23 810 只。观测到的国家一、二级重点保护野生鸟类总数为 61 种，占全国的 15.48%。观测到国家重点保护鸟类数最多的是楚雄市（33 种），其次是新平县（32 种）、沾益区（23 种）和禄劝县（20 种）。

4. 动态变化及多样性分析

（1）各生境鸟类状况

综合各样区来看，针阔叶混交林观测到的物种数最多，达 207 种，其次是常绿针叶林（186 种）和人工水渠（179 种），再次是常绿阔叶林（164 种）和常绿、落叶阔叶混交林（134 种）（表 10-15）。

表 10-15　云南高原山地各生境中观测到的物种数

生境编码	生境类型名称	物种数	生境编码	生境类型名称	物种数
A2	季雨林	48	C3	果园	24
A3	常绿阔叶林	164	C4	其他农业用地	25
A4	常绿、落叶阔叶混交林	134	D4	高寒草原	16
A5	落叶阔叶林	51	F1	城镇	16
A6	常绿针叶林	186	F2	郊区	28
A7	落叶针叶林	23	F3	公园	21
A8	针阔叶混交林	207	F4	乡村	55
A9	成熟人工林（高度＞10 m，盖度大）	97	G1	池塘（＜200 m^2）	2
A10	幼龄人工林（高度 5～10 m，盖度小）	2	G2	小型湖泊（200～450 m^2）	11
B1	灌丛	122	G3	大型湖泊（＞450 m^2）	19
B2	＜5 m 天然幼林地（再生的自然或半自然林地）	30	G4	小溪（宽度＜3 m）	41
B6	竹林	39	G5	河流（宽度≥3 m）	50
C1	水田	44	G6	人工水渠	179
C2	旱田	102			

1）云南沾益区

在沾益区样区，常绿针叶林生境的鸟类物种丰富度最高，其次为旱田、灌丛、成熟人工林生境，常绿阔叶林和河流生境类型中的鸟类物种丰富度最低；香农-维纳多样性指数为常绿针叶林最高，常绿阔叶林最低；Pielou 均匀度指数为河流最高，乡村最低；Simpson 优势度指数为常绿针叶林最高，常绿阔叶林最低（表 10-16）。

表 10-16　云南沾益区各生境中鸟类多样性指数

生境编码	N0	H	Hb2	N1	N1b2	N2	E10	E20	*J*
A3	1	0	0	1	1	1	1	1	NA
A6	122	3.36	4.84	28.73	28.73	14.60	0.24	0.12	0.70
A9	43	2.53	3.65	12.59	12.59	6.77	0.29	0.16	0.67
B1	56	2.29	3.31	9.91	9.91	5.52	0.18	0.10	0.57
C1	15	1.81	2.62	6.13	6.13	4.28	0.41	0.29	0.67
C2	72	2.79	4.03	16.31	16.31	8.03	0.23	0.11	0.65
C3	9	1.86	2.68	6.39	6.39	5.17	0.71	0.57	0.84
C4	5	1.09	1.57	2.97	2.97	2.50	0.59	0.50	0.68
F4	21	1.41	2.04	4.10	4.10	2.22	0.20	0.11	0.46
G2	11	1.35	1.95	3.86	3.86	2.54	0.35	0.23	0.56
G3	7	1.50	2.16	4.47	4.47	3.30	0.64	0.47	0.77
G5	4	1.22	1.75	3.37	3.37	3.02	0.84	0.76	0.88

注：（1）生境编码：参见表 10-15 中的生境类型名称。（2）多样性指数：N0. 物种丰富度；H. Shannon 熵指数（e 为底）；Hb2. Shannon 熵指数（2 为底）；N1. 香农-维纳多样性指数（e 为底）；N1b2. Shannon 多样性指数（2 为底）；N2. Simpson 优势度指数；*J*. Pielou 均匀度指数；E10. Shannon 均匀度指数（Hill 比例）；E20. Simpson 均匀度指数。

2）云南新平县

在新平县样区，针阔叶混交林的鸟类物种丰富度最高，其次为常绿阔叶林、常绿落叶阔叶林混交林、季雨林生境，幼龄人工林和落叶阔叶林生境类型中的鸟类物种丰富度最低；香农-维纳多样性指数为针阔叶混交林最高，乡村最低；Pielou 均匀度指数为郊区最高，乡村最低；Simpson 多样性指数为针阔叶混交林最高，乡村最低（表 10-17）。

表 10-17　云南新平县各生境中鸟类多样性指数

生境编码	N0	H	Hb2	N1	N1b2	N2	E10	E20	*J*
A10	2	0.64	0.92	1.89	1.89	1.80	0.94	0.90	0.92
A2	48	3.04	4.39	20.98	20.98	12.53	0.44	0.26	0.79
A3	107	3.81	5.50	45.34	45.34	30.48	0.42	0.28	0.82
A4	67	3.20	4.62	24.65	24.65	15.13	0.37	0.23	0.76
A8	146	4.24	6.12	69.59	69.59	48.58	0.48	0.33	0.85
A9	36	3.11	4.49	22.51	22.51	16.84	0.63	0.47	0.87
B1	23	2.60	3.75	13.46	13.46	8.57	0.59	0.37	0.83
B2	23	2.40	3.47	11.07	11.07	7.14	0.48	0.31	0.77
B6	38	2.75	3.97	15.63	15.63	8.44	0.41	0.22	0.76
C1	21	1.85	2.67	6.36	6.36	3.67	0.30	0.17	0.61
C2	37	2.29	3.31	9.90	9.90	4.88	0.27	0.13	0.63
C3	18	2.29	3.31	9.89	9.89	6.43	0.55	0.36	0.79
F1	14	1.67	2.41	5.30	5.30	3.15	0.38	0.22	0.63
F2	5	1.56	2.25	4.75	4.75	4.55	0.95	0.91	0.97
F3	21	1.93	2.78	6.86	6.86	4.47	0.33	0.21	0.63
F4	9	0.45	0.65	1.57	1.57	1.20	0.17	0.13	0.21
G3	5	1.30	1.87	3.66	3.66	3.10	0.73	0.62	0.81
G5	16	1.55	2.24	4.71	4.71	3.50	0.29	0.22	0.56

注：（1）生境编码：参见表 10-15 中的生境类型名称。（2）多样性指数：N0. 物种丰富度；H. Shannon 熵指数（e 为底）；Hb2. Shannon 熵指数（2 为底）；N1. Shannon 多样性指数（e 为底）；N1b2. Shannon 多样性指数（2 为底）；N2. Simpson 多样性指数；*J*. Pielou 均匀度指数；E10. Shannon 均匀度指数（Hill 比例）；E20. Simpson 均匀度指数。

3）云南楚雄市

在楚雄市样区，常绿针叶林生境的鸟类物种丰富度最高，其次为针阔叶混交林、常绿阔叶林、旱田生境，池塘和大型湖泊生境类型中的鸟类物种丰富度最低；香农-维纳多样性指数为常绿针叶林最高，池塘最低；Pielou 均匀度指数为大型湖泊最高，旱田最低；Simpson 多样性指数为常绿针叶林最高，池塘最低（表 10-18）。

表 10-18　云南楚雄市各生境中鸟类多样性指数

生境编码	N0	H	Hb2	N1	N1b2	N2	E10	E20	*J*
A3	95	3.55	5.12	34.82	34.82	17.97	0.37	0.19	0.78
A6	137	3.89	5.61	48.73	48.73	31.35	0.36	0.23	0.79
A8	108	3.75	5.41	42.46	42.46	22.49	0.39	0.21	0.80
A9	50	2.93	4.23	18.70	18.70	9.08	0.37	0.18	0.75
B1	30	2.31	3.33	10.07	10.07	4.01	0.34	0.13	0.68
C1	14	2.02	2.91	7.54	7.54	4.89	0.54	0.35	0.77
C2	55	2.20	3.18	9.06	9.06	3.77	0.16	0.07	0.55
F4	19	2.20	3.18	9.03	9.03	6.20	0.48	0.33	0.75
G1	1	0.00	0.00	1.00	1.00	1.00	1.00	1.00	NA
G3	2	0.64	0.92	1.89	1.89	1.80	0.94	0.90	0.92
G4	10	1.66	2.40	5.26	5.26	3.36	0.53	0.34	0.72
G6	10	1.93	2.79	6.90	6.90	5.63	0.69	0.56	0.84

注：（1）生境编码：参见表 10-15 中的生境类型名称。（2）多样性指数：N0. 物种丰富度；H. Shannon 熵指数（e 为底）；Hb2. Shannon 熵指数（2 为底）；N1. Shannon 多样性指数（e 为底）；N1b2. Shannon 多样性指数（2 为底）；N2. Simpson 多样性指数；*J*. Pielou 均匀度指数；E10. Shannon 均匀度指数（Hill 比例）；E20. Simpson 均匀度指数。

4）云南禄劝县

在禄劝县样区，针阔叶混交林生境的鸟类物种丰富度最高，其次为常绿、落叶阔叶混交林和灌丛、落叶阔叶林，人工水渠和池塘生境中的鸟类物种丰富度最低；香农-维纳多样性指数为常绿、落叶阔叶混交林最高，池塘和人工水渠最低；Pielou 均匀度指数为竹林最高，郊区最低；Simpson 多样性指数为常绿、落叶阔叶混交林最高，池塘和人工水渠最低（表 10-19）。

表 10-19　云南禄劝县各生境中鸟类多样性指数

生境编码	N0	H	Hb2	N1	N1b2	N2	E10	E20	*J*
A3	20	2.61	3.77	13.66	13.66	10.04	0.68	0.50	0.87
A4	87	3.86	5.57	47.36	47.36	33.88	0.54	0.39	0.86
A5	51	2.75	3.97	15.72	15.72	8.50	0.31	0.17	0.70
A6	25	2.53	3.66	12.61	12.61	7.50	0.50	0.30	0.79
A7	23	2.78	4.01	16.10	16.10	11.96	0.70	0.52	0.89
A8	96	3.59	5.18	36.25	36.25	20.92	0.38	0.22	0.79
B1	74	3.31	4.78	27.40	27.40	12.06	0.37	0.16	0.77
B2	12	2.30	3.32	9.97	9.97	8.68	0.83	0.72	0.93
B6	2	0.67	0.97	1.96	1.96	1.92	0.98	0.96	0.97
C1	21	2.04	2.94	7.68	7.68	4.15	0.37	0.20	0.67
C2	23	2.50	3.60	12.12	12.12	9.36	0.53	0.41	0.80
C4	22	2.59	3.73	13.30	13.30	9.53	0.60	0.43	0.84
D4	16	2.34	3.37	10.34	10.34	7.40	0.65	0.46	0.84
F1	6	1.44	2.08	4.23	4.23	3.38	0.70	0.56	0.80
F2	25	2.10	3.03	8.18	8.18	4.70	0.33	0.19	0.65
F4	41	2.74	3.96	15.52	15.52	8.40	0.38	0.20	0.74
G1	1	0.00	0.00	1.00	1.00	1.00	1.00	1.00	NA
G3	11	1.89	2.73	6.63	6.63	5.02	0.60	0.46	0.79
G4	35	2.90	4.18	18.15	18.15	10.10	0.52	0.29	0.82
G5	41	2.95	4.26	19.13	19.13	13.32	0.47	0.32	0.79
G6	1	0.00	0.00	1.00	1.00	1.00	1.00	1.00	NA

注：（1）生境编码：参见表 10-15 中的生境类型名称。（2）多样性指数：N0. 物种丰富度；H. Shannon 熵指数（e 为底）；Hb2. Shannon 熵指数（2 为底）；N1. Shannon 多样性指数（e 为底）；N1b2. Shannon 多样性指数（2 为底）；N2. Simpson 多样性指数；*J*. Pielou 均匀度指数；E10. Shannon 均匀度指数（Hill 比例）；E20. Simpson 均匀度指数。

（2）年度季节动态变化及原因分析

楚雄市样区 10 年观测到的鸟类物种数、个体数变化如图 10-16 所示。10 年间观测到的物种数量呈逐年上升趋势，2020 年个体数量最多。个体多度最高的鸟类以雀形目为主，其中麻雀最多，其次为灰眶雀鹛与红头长尾山雀。

沾益区样区 8 年观测到的鸟类物种数、个体数变化如图 10-17 所示。8 年间物种数总体呈上升趋势，个体数变化幅度也呈增长趋势。个体多度最高的鸟类以雀形目为主，鹈形目次之，其中白颊噪鹛最多，其次为黑头金翅雀（*Chloris ambigua*）、斑胸钩嘴鹛（*Erythrogenys gravivox*）、麻雀与黄臀鹎（*Pycnonotus xanthorrhous*）。

新平县样区 5 年观测到的鸟类物种数、个体数变化如图 10-18 所示。5 年间物种数变化较小，个体数变化幅度较小。个体多度最高的鸟类以雀形目为主，夜鹰目次之，其中麻雀最多，其次为灰眶雀鹛、冠纹柳莺、红耳鹎与白喉红臀鹎（*Pycnonotus aurigaster*）。

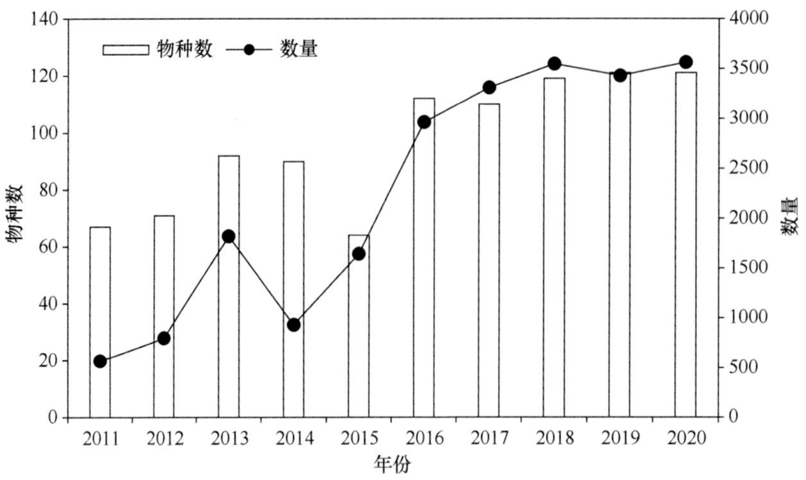

图 10-16　2011～2020 年楚雄市样区鸟类种类和数量变化

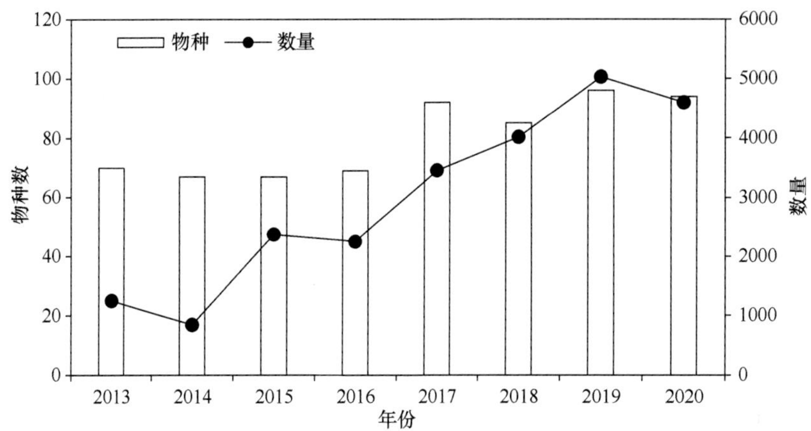

图 10-17　2013～2020 年沾益区样区鸟类种类和数量变化

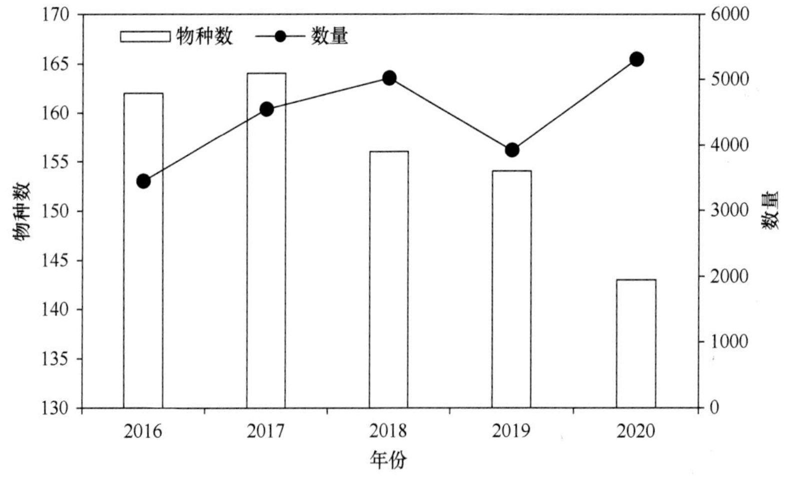

图 10-18　2016～2020 年新平县样区鸟类种类和数量变化

禄劝县样区 4 年观测到的鸟类物种数、个体数变化如图 10-19 所示。4 年间物种数变化较小，个体数变化幅度较小。个体多度最高的鸟类以雀形目为主，夜鹰目次之，其中黄臀鹎最多，其次为白颊噪鹛、家燕、麻雀与灰眶雀鹛。

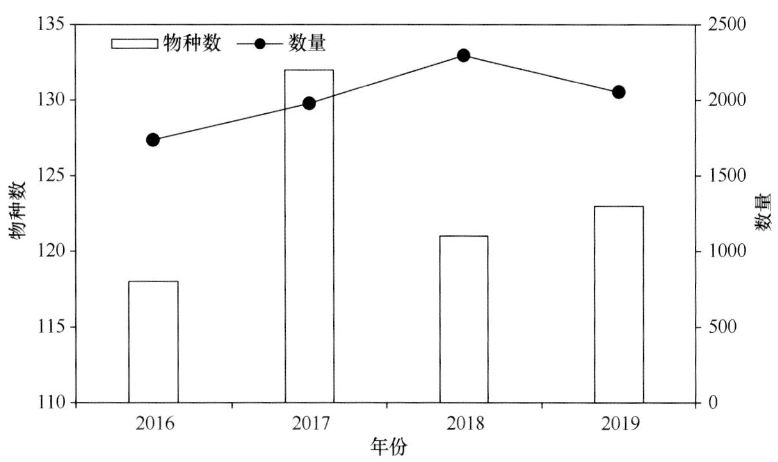

图 10-19　2016～2019 年禄劝县样区鸟类种类和数量变化

5. 代表性物种

（1）黑颈长尾雉

分布于中国云南维西、永平、腾冲、潞西、永德、楚雄、景东、镇源、德宏、保山、大理、香格里拉、武定，广西西林、隆林、田林、凌云、乐业、天峨、百色等地，为留鸟；国外分布于泰国北部、缅甸北部和印度阿萨姆邦。主要栖息于海拔 500～3000 m 的阔叶林、针阔叶混交林及疏林灌丛、草地和林缘地带，尤其喜欢在海拔 1000～2000 m 林下蕨类、蒿草和灌丛植物发达而又多岩石的山坡混交疏林与林缘地带活动。观测域内主要记录于楚雄市的紫溪山及子午镇山地。

（2）大紫胸鹦鹉

分布于中国西藏东南部、四川西部及云南东北部；国外分布于印度阿萨姆邦东北部。栖息于中海拔山地，海拔 1250～4000 m 是主要栖息地，主要栖息于喜马拉雅山脉的丘陵地带。观测样区内仅在新平县哀牢山保护区有记录。

10.4.6　云贵高原湿地

1. 生境特点

云贵高原地处亚热带区域，气候温暖，众多的湖泊、水库、河流湿地，为水鸟提供了良好的栖息条件。冬季云贵高原大部分地区仍保持温暖的气候条件，很多地区的湿地不会被冰雪覆盖，因此吸引了大量的迁徙水禽在云贵高原湿地越冬。

云贵高原湿地按地域划分，可分为滇西湿地群、滇东北湿地群、滇中湿地群、滇南湿地群和黔西南湿地群。

2. 样区布设

被列入冬季水鸟观测样区的滇西湿地群，从北到南依次有香格里拉市纳帕海，玉龙县拉市海、文笔海，鹤庆县西草海，剑川县剑湖、玉华水库，洱源县茈碧湖、海西海，大理市洱海。滇东北湿地群有昭通市昭阳区大山包乡的大海子水库、跳墩河水库，鲁甸县殷家碑海子水库，昭阳区永丰水库；会泽县毛家村水库、长海子水库、跃进水库，宣威市钱屯水库，沾益区海峰湿地；滇中湿地群有寻甸县清水海，昆明市滇池，弥勒市湖泉生态园，江川县星云湖，通海县杞麓湖。滇南湿地群有开远市三角海，蒙自市长桥海，个旧市大屯海，石屏县异龙湖。黔西南湿地群有贵州威宁县草海。共布设有样点313个（表10-20）。

表10-20　云贵高原湿地冬季水鸟样区设置与观测年限

编号	名称	保护与否*	样点数量	年限	编号	名称	保护与否*	样点数量	年限
53007	云南香格里拉市纳帕海	PR	19	9	53016	云南会泽县跃进水库	NR	10	4
53026	云南玉龙县拉市海	PR	5	4	53016	云南会泽县长海子水库	NR	5	4
53026	云南玉龙县文笔海	PR	2	1	53029	云南宣威市钱屯水库	CR	8	4
53012	云南鹤庆县西草海	SR	10	10	53009	云南沾益区海峰湿地	PR	5	5
53025	云南剑川县剑湖	PR	5	4	53027	云南寻甸县清水海	WR	3	4
53035	云南剑川县玉华水库	PR	2	1	53001	云南昆明市滇池		38	9
53024	云南洱源县茈碧湖	WR	6	4	53011	云南弥勒市湖泉生态园		8	5
53035	云南洱源县海西海		5	1	53034	云南江川县星云湖	NW	10	1
53010	云南大理州洱海	NR	60	10	53033	云南通海县杞麓湖		12	1
53015	云南昭阳区大海子水库	NR	8	4	53011	云南开远市三角海		6	5
53015	云南昭阳区跳墩河水库	NR	7	4	53011	云南蒙自市长桥海	NW	12	5
53015	云南鲁甸县殷家碑海子水库		1	4	53011	云南个旧市大屯海		6	5
53015	云南昭阳区永丰水库		12	4	53027	云南石屏县异龙湖	NW	15	4
53016	云南会泽县毛家村水库		16	4	52004	贵州威宁县草海	NR	17	10

注：*表示该区域保护程度，CR表示市级自然保护区；SR表示州级自然保护区；PR表示省级自然保护区；NR表示国家级自然保护区；WR表示饮用水源保护区；NW表示国家级湿地。

3. 物种组成

依据历年的冬季水鸟观测，在云贵高原湿地各个观测样区，共记录水鸟6目14科74种，累计观测记录个体1 647 684只（表10-21）。

表10-21　云贵高原湿地观测到的水鸟情况

序号	鸟种	2011	2012	2013	2014	2015	2016	2017	2018	2019	2020	合计
1	小䴙䴘	3 033	3 316	3 672	180	3 432	2 841	3 387	3 445	7 031	5 842	36 179
2	赤颈䴙䴘	0	0	0	0	0	0	0	0	30	1	31
3	凤头䴙䴘	212	1 014	1 087	27	681	1 014	1 379	1 133	3 312	6 726	16 585
4	黑颈䴙䴘	14	54	49	0	9	7	36	61	264	190	684
5	普通鸬鹚	110	83	122	88	458	387	1 264	261	964	824	4 561
6	苍鹭	5	31	129	72	234	284	348	358	1 074	96	2 631
7	草鹭	0	0	0	0	0	1	1	0	1	0	3
8	大白鹭	58	28	68	7	21	36	105	38	117	35	513
9	中白鹭	1	0	0	0	1	0	4	10	42	8	66
10	白鹭	14	48	239	45	205	693	771	430	1 217	319	3 981
11	池鹭	12	40	21	9	22	12	81	16	46	12	271
12	牛背鹭	0	96	359	8	128	379	38	90	300	225	1 623
13	夜鹭	0	0	9	0	44	79	216	9	135	140	632
14	绿鹭	0	0	0	0	0	0	0	1	0	0	1
15	黄斑苇鳽	0	0	1	0	0	0	1	0	1	0	3
16	大麻鳽	0	1	9	1	2	3	1	0	0	0	17

续表

序号	鸟种	2011	2012	2013	2014	2015	2016	2017	2018	2019	2020	合计
17	白琵鹭	0	2	1	0	1	0	0	1	0	0	5
18	彩鹮	0	0	0	0	0	0	0	0	0	12	12
19	东方白鹳	0	0	0	0	0	1	0	0	0	0	1
20	黑鹳	168	120	126	1	0	0	0	0	13	147	575
21	亚洲钳嘴鹳	0	17	24	0	22	8	19	3	242	12	347
22	小天鹅	0	0	0	0	0	0	0	6	0	0	6
23	豆雁	0	0	1	0	0	1	2	0	0	0	4
24	白额雁	0	0	0	0	0	0	0	0	4	0	4
25	斑头雁	820	2 321	3 874	2 283	3 430	2 304	9 963	3 967	4 349	1 324	34 635
26	灰雁	470	1 440	729	3	1 083	1 743	7 964	3334	3 363	3 297	23 426
27	赤麻鸭	1 792	3 915	7 837	3 401	3 508	2 868	6 992	2 450	5 414	2 850	41 027
28	翘鼻麻鸭	3	0	0	0	0	0	6	11	8	4	32
29	赤膀鸭	1 327	980	2 928	4 519	12 700	7 306	15 240	6 827	16 029	6 261	74 117
30	赤颈鸭	3 564	1 963	3 087	2 709	2 423	6 014	13 266	3 195	9 775	2 213	48 209
31	罗纹鸭	15	0	21	9	24	10	14	10	49	32	184
32	绿翅鸭	1 697	2 730	7 231	906	2 753	3 234	10 840	739	9 265	2 598	41 993
33	绿头鸭	2 428	844	6 692	226	728	8 648	4 214	880	2 774	5 756	33 190
34	斑嘴鸭	1 453	756	1 819	1 144	841	591	1 225	1 774	1 111	569	11 283
35	花脸鸭	0	2	0	0	0	0	0	0	0	0	2
36	琵嘴鸭	0	13	36	5	38	179	244	136	356	179	1 186
37	针尾鸭	207	451	1 064	593	992	470	847	386	751	1 130	6 891
38	鹊鸭	0	0	0	0	1	0	2	0	31	8	42
39	白眼潜鸭	232	593	440	89	620	719	1 493	575	2 662	825	8 248
40	红头潜鸭	103	218	447	2 666	643	3 315	4 429	2 913	6 628	2 273	23 635
41	凤头潜鸭	1 398	136	4 967	33	11 000	2 175	1 470	14 228	57 708	52 010	145 125
42	青头潜鸭	0	0	0	0	0	0	0	0	4	0	4
43	赤嘴潜鸭	8	9	0	0	1	12	736	4	2 486	1 039	4 295
44	普通秋沙鸭	1 862	1 433	659	345	299	259	3 817	204	2 645	2 259	13 782
45	斑头秋沙鸭	0	0	0	0	0	6	0	0	1	0	7
46	黑颈鹤	861	717	372	1 277	321	473	1 500	505	734	445	7 205
47	灰鹤	89	26	7	87	37	360	207	370	370	60	1 613
48	白骨顶	10 846	10 982	45 520	18 864	62 576	43 955	129 032	64 746	147 752	129 881	664 154
49	黑水鸡	315	477	813	42	390	249	435	682	801	1 099	5 303
50	紫水鸡	64	98	219	0	166	193	975	69	505	604	2 893
51	白胸苦恶鸟	0	1	3	0	0	0	0	1	3	2	10
52	红胸田鸡	0	0	1	0	0	0	0	0	0	0	1
53	董鸡	0	0	0	0	0	0	0	0	1	0	1
54	水雉	0	0	0	0	0	0	2	0	0	0	2
55	普通燕鸻	0	0	0	0	0	0	0	0	150	0	150
56	反嘴鹬	0	0	0	0	0	0	0	0	16	0	16
57	黑翅长脚鹬	0	0	2	1	1	0	1	2	0	1	8
58	凤头麦鸡	52	428	57	62	89	60	163	52	54	94	1 111
59	灰头麦鸡	0	0	4	2	28	0	0	3	4	6	47
60	灰斑鸻	0	0	0	0	0	0	0	0	21	0	21

续表

序号	鸟种	2011	2012	2013	2014	2015	2016	2017	2018	2019	2020	合计
61	金斑鸻	0	0	16	0	0	0	0	0	0	0	16
62	金眶鸻	0	0	0	0	2	1	4	0	3	0	10
63	蒙古沙鸻	0	0	0	0	74	0	0	0	0	0	74
64	鹤鹬	2	7	16	2	1	0	0	1	17	0	46
65	红脚鹬	3	0	0	0	1	2	0	0	1	0	7
66	青脚鹬	0	0	1	0	54	0	0	0	10	7	72
67	白腰草鹬	2	0	0	2	1	0	3	2	3	4	17
68	林鹬	1	0	4	0	0	0	0	5	12	4	26
69	矶鹬	2	7	16	3	5	2	16	12	20	8	91
70	扇尾沙锥	0	2	12	1	14	14	5	29	5	5	87
71	针尾沙锥	0	0	0	0	0	0	0	1	0	0	1
72	银鸥*	0	0	3	0	0	1	41	4	42	51	142
73	渔鸥	1	9	5	2	6	108	5	3	56	446	641
74	红嘴鸥	4 950	25 849	38 329	51 987	5 972	39 608	3 560	95 074	57 898	60 144	383 371
75	棕头鸥	0	3	0	0	10	3	5	1	114	364	500

注：标*的银鸥因分类系统变化，在统计物种数时不计入。下同。

依据历年的冬季水鸟观测，云贵高原湿地记录的游禽有鸊鷉目 3 科 4 种，鹈形目 1 科 1 种，雁形目鸭科 24 种。涉禽有鹳形目鹭科 11 种，鹳科 3 种，鹮科 2 种。鹤形目鹤科 2 种，秧鸡科 6 种。鸻形目水雉科 1 种，反嘴鹬科 2 种，鸻科 6 种，鹬科 8 种，鸥科 4 种。共计 6 目 14 科 74 种，累计观测记录 1 647 684 只个体（表 10-21）。依据《中国鸟类分类与分布名录》（第三版）（郑光美，2017），中国记录水鸟 288 种，西南地区记录水鸟 161 种，云贵高原湿地冬季鸟类观测记录水鸟 75 种，云贵高原湿地冬季鸟类观测记录的水鸟种类占全国水鸟种类的 26.04%，占西南区水鸟种类的 46.58%。

4. 动态变化及多样性分析

云贵高原湿地冬季水鸟观测数据表明：凤头鸊鷉、黑颈鸊鷉、斑头雁、灰雁、凤头潜鸭、普通秋沙鸭、赤嘴潜鸭、黑鹳的种群数量增长最为明显。

2011 年，在滇西地区仅在洱源县上村水库观察到 60 多只灰雁，2015 年之后陆续在丽江市拉市海、鹤庆县西草海、剑川县剑湖、洱源县茈碧湖均观察记录到数百只或上千只的越冬灰雁群体。在沾益区海峰湿地、蒙自市长桥海也观测到 3～5 只的小群体。

凤头潜鸭过去在洱海仅能观察到数百只，2016～2017 年冬季，在洱海可以观察到数千只的集群。2018～2020 年冬季，洱海的凤头潜鸭数量达到 5 万多只。

普通秋沙鸭过去在云南各地湖泊的集群数量仅十几只或几十只，很少有超过 100 只的大群，2017 年冬季在纳帕海，观察到普通秋沙鸭 3000 多只。

彩鹮仅在剑川县剑湖、大理州洱海冬季观测到，依据最近 5 年的记录，正在逐步扩散。

冬季水鸟的物种多样性和个体数量，不仅与湿地面积大小有关，而且与水质密切相关。沾益区海峰湿地属于喀斯特地区贫营养型湿地，水质相对清澈，湖滨带挺水植物较少，水体中浮叶植物相对也少，记录的水鸟种类和数量均少。

化学污染和人为活动过多的湿地，水鸟的种类和数量明显要少。个旧市大屯海主体湖区因污染严重，水中重金属超标，2020 年以前湖中养鱼网箱密布，因此很少有水鸟栖息活动。与之紧邻位于西南的小围堤水库，没有网箱，则有相对较多的白骨顶、赤膀鸭、红头潜鸭、白眼潜鸭、凤头潜鸭栖息。2020 年大屯海网箱全部清除后，观察到的水鸟个体数量由几十只增加到数百只。

云贵高原湿地冬季水鸟持续观测了 10 年，早期观测样区较少，中期观测样区增加较多，后期因经费原因，又大幅削减了观测样区，若将整个云贵高原湿地的水鸟种群数量动态，按时间进行分析比较，则因每个冬季观测样区数量变化较大，固定观测点数量有多有少，观测数据不具备可比性。而滇池、洱海两个湿地是云贵高原面积最大的湿地，观测持续 9～10 年，观测位点基本没有变化，观测数据具有可比性，能显示云贵高原冬季水鸟的物种多样性和种群数量变动趋势。

（1）洱海冬季水鸟动态变化

2011～2020 年，洱海 10 个冬季观测，共记录水鸟 6 目 10 科 47 种（表 10-22）。

表 10-22　2011～2020 年洱海冬季水鸟种类和数量

序号	鸟种	2011	2012	2013	2014	2015	2016	2017	2018	2019	2020	合计
1	小䴙䴘	2 883	3 446	3 213	2 264	1 644	1 936	2 535	2 898	4 841	3 460	29 120
2	凤头䴙䴘	213	837	1 063	619	706	686	615	2 374	5 320	4 014	16 447
3	黑颈䴙䴘	15	59	48	10	5	9	60	221	173	2 081	2 681
4	普通鸬鹚	0	0	0	0	7	3	11	36	181	166	404
5	大白鹭	0	0	0	1	0	0	0	0	0	1	2
6	中白鹭	1	0	0	1	0	1	1	0	3	2	9
7	白鹭	1	22	4	19	15	14	17	48	55	86	281
8	苍鹭	0	1	7	10	13	3	3	1	8	7	53
9	牛背鹭	0	27	15	62	297	0	0	25	85	0	511
10	池鹭	16	25	5	9	5	6	3	1	4	8	82
11	夜鹭	0	0	0	0	0	28	1	1	92	53	175
12	黄斑苇鳽	0	0	0	0	0	0	0	1	0	0	1
13	彩鹮	0	0	0	0	0	0	0	0	5	0	5
14	灰雁	0	0	0	0	15	0	0	4	0	57	76
15	赤麻鸭	465	631	1 108	805	427	659	866	1 085	1 367	731	8 144
16	翘鼻麻鸭	0	0	0	0	0	0	7	2	0	0	9
17	赤膀鸭	191	252	151	209	166	334	303	1 092	1 212	95	4 005
18	赤颈鸭	264	5	0	5	0	0	202	109	163	74	822
19	斑嘴鸭	0	2	183	0	0	23	20	67	66	59	420
20	绿头鸭	53	18	42	71	370	110	233	263	154	454	1 768
21	绿翅鸭	281	1 621	1 691	464	240	26	320	1 303	1 028	252	7 226
22	针尾鸭	0	6	0	0	0	6	7	4	0	2	25
23	罗纹鸭	0	0	0	0	0	0	2	0	3	0	5
24	琵嘴鸭	0	0	0	0	0	7	5	2	27	10	51
25	鹊鸭	0	0	0	1	0	1	0	16	16	2	36
26	普通秋沙鸭	12	0	18	2	0	4	0	2	8	4	50
27	斑头秋沙鸭	0	0	0	2	0	0	0	0	0	0	2
28	白眼潜鸭	68	391	25	91	67	86	78	175	0	153	1 134
29	红头潜鸭	62	143	3	47	6	0	203	121	201	304	1 090
30	凤头潜鸭	1 393	88	4 863	9 072	828	3 821	13 472	57 018	51 818	30 934	173 307
31	赤嘴潜鸭	14	0	0	0	2	0	4	264	6	340	630
32	黑水鸡	278	314	634	300	218	345	443	366	798	662	4 358
33	白骨顶	6 204	8 737	10 054	9 652	12 181	19 507	40 080	41 612	71 240	78 688	297 955

续表

序号	鸟种	2011	2012	2013	2014	2015	2016	2017	2018	2019	2020	合计
34	紫水鸡	3	19	17	64	74	57	66	37	86	30	453
35	红胸田鸡	0	0	1	0	0	0	0	0	0	0	1
36	白胸苦恶鸟	0	1	1	0	0	0	0	0	2	1	5
37	灰头麦鸡	0	0	3	0	0	0	0	0	6	0	9
38	凤头麦鸡	1	15	0	20	5	257	8	0	0	0	306
39	黑翅长脚鹬	0	0	0	0	0	0	0	0	1	0	1
40	白腰草鹬	0	0	0	0	0	0	0	1	0	0	1
41	林鹬	0	0	0	0	0	0	0	0	2	0	2
42	矶鹬	2	6	7	2	0	0	2	12	0	8	39
43	扇尾沙锥	0	0	2	2	1	1	0	0	0	5	11
44	红嘴鸥	304	179	4 540	5 693	7 142	6 292	3 385	8 318	4 228	6 517	46 598
45	渔鸥	1	9	2	6	105	1	2	50	416	45	637
46	银鸥	0	0	3	0	0	7	4	5	0	0	19
47	棕头鸥	1	0	0	1	4	0	1	99	364	131	601
	合计	24 种 12 726	25 种 16 854	27 种 27 703	29 种 29 504	25 种 24 543	28 种 34 230	32 种 62 959	35 种 117 633	34 种 143 979	34 种 129 436	47 种 599 567

10 个冬季水鸟观测，在洱海共记录水鸟 47 种。少数水鸟如矶鹬、林鹬（*Tringa glareola*）、白腰草鹬等种类个体数量稀少，多在湖滨岸线陆地活动，不容易观察记录，而扇尾沙锥（*Gallinago gallinago*）、白胸苦恶鸟、红胸田鸡活动隐蔽，在清晨觅食之后喜欢在草丛中藏匿，观察记录的偶然性较大。而终日在开阔水面活动的水鸟如鸊鷉、雁鸭、白骨顶，容易观测统计，个体数量相对准确。洱海 10 个冬季的水鸟种类在 24～35 种之间波动，个体数量总体呈增长趋势，2018～2020 年个体数量均超过 10 万只。

洱海水鸟中的雁鸭类数量波动较大，尤其是凤头潜鸭的数量变动最大，目前尚不清楚原因。总体而言，雁鸭类数量在 2017 年之前起落较大，2017 年出现成倍增长。鸊鷉类水鸟基本保持稳定状态，鸥科鸟类开始增长较快，后来有所减少，与洱海管委会劝阻游客不要喂食鸥鸟有关。数量增长最快的是秧鸡科的迁徙水鸟白骨顶。在云贵高原湿地其他观测样区，白骨顶的数量也处于增长状态，为各地湖泊湿地里的优势物种。可能与该鸟以水草为主要食物，这些年的湖泊治理，为其提供了丰富食物相关。

（2）滇池水鸟动态变化

2011～2019 年，滇池 9 年冬季观测，共记录水鸟 6 目 8 科 38 种（表 10-23）。

表 10-23　2011～2019 年滇池冬季水鸟种类和数量

序号	鸟种	2011	2012	2013	2014	2015	2016	2017	2018	2019	合计
1	小鸊鷉	37	44	61	54	25	23	58	118	167	587
2	凤头鸊鷉	25	8	48	7	14	9	353	289	817	1 570
3	黑颈鸊鷉	0	0	1	0	4	4	0	1	0	10
4	普通鸬鹚	0	0	0	0	2	2	0	3	0	7
5	大白鹭	0	0	0	0	0	1	0	0	1	2
6	中白鹭	0	0	0	0	0	0	0	1	2	3
7	白鹭	6	5	15	8	21	5	5	19	25	109
8	苍鹭	3	9	4	63	5	12	44	24	70	234
9	牛背鹭	0	5	0	8	0	0	0	0	0	13
10	池鹭	1	16	10	8	1	3	9	7	7	62

续表

序号	鸟种	2011	2012	2013	2014	2015	2016	2017	2018	2019	合计
11	夜鹭	0	0	0	0	0	0	0	0	2	2
12	钳嘴鹳	0	0	0	0	0	3	0	3	0	6
13	赤麻鸭	0	0	0	0	21	0	0	5	0	26
14	赤膀鸭	60	43	514	50	203	373	1 087	2 606	1 207	6 143
15	赤颈鸭	114	261	22	0	0	203	392	127	162	1 281
16	斑嘴鸭	15	0	0	0	0	9	21	9	22	76
17	绿头鸭	34	0	42	12	0	0	118	287	37	530
18	绿翅鸭	4	189	54	218	21	258	0	55	15	814
19	针尾鸭	0	0	0	0	0	4	0	12	0	16
20	罗纹鸭	0	0	2	0	2	1	1	9	19	34
21	琵嘴鸭	0	0	2	1	0	27	2	0	16	48
22	鹊鸭	0	0	0	0	0	1	0	0	0	1
23	普通秋沙鸭	0	0	0	0	0	1	0	0	0	1
24	白眼潜鸭	20	14	6	0	10	117	20	4	255	446
25	红头潜鸭	6	0	0	0	0	27	4	0	33	70
26	凤头潜鸭	0	24	0	0	4	0	0	28	21	77
27	赤嘴潜鸭	0	0	0	0	0	0	0	0	5	5
28	黑水鸡	3	15	22	8	2	2	10	31	25	118
29	白骨顶	966	1 433	5 003	2 806	3 674	2 243	1 738	2 898	2 626	23 387
30	紫水鸡	0	0	1	0	0	0	0	0	0	1
31	白胸苦恶鸟	0	0	2	0	0	0	0	1	0	3
32	林鹬	0	0	0	0	0	0	0	0	2	2
33	矶鹬	0	1	6	3	1	4	2	2	3	21
34	扇尾沙锥	0	1	0	1	0	0	0	0	0	2
35	红嘴鸥	18 506	16 827	81 230	51 907	33 899	53 895	81 474	30 906	55 708	424 352
36	渔鸥	0	0	0	0	0	0	0	1	2	3
37	银鸥	0	0	0	0	1	0	0	8	38	47
38	棕头鸥	0	0	0	0	0	0	0	1	0	1
	合计	15 种 19 800	16 种 18 895	19 种 87 045	15 种 55 154	18 种 37 910	24 种 57 227	17 种 85 338	27 种 37 455	26 种 61 287	38 种 460 110

滇池 9 个冬季的水鸟观测数据显示红嘴鸥数量最多，白骨顶次之，雁鸭类数量较少。红嘴鸥在滇池形成极为优势的水鸟，与昆明市政府主管部门 30 多年来一直安排专款为红嘴鸥投喂食物，游客也大量投喂食物有关，红嘴鸥较其他雁鸭类水鸟，更能适应富营养化的水体。滇池面积约 300 km^2，洱海面积 249 km^2，滇池冬季观测记录的水鸟物种数和个体数量均明显低于洱海，与滇池水体严重污染，生态功能退化，水生生物不能供养大量水鸟密切相关。

5. 代表性物种

（1）凤头䴙䴘

凤头䴙䴘为云贵高原的冬候鸟，滇西湿地群、滇中湿地群是该鸟的主要越冬地，观测数据显示，凤头䴙䴘的种群趋势为逐步增长，即使 2020 年冬季观测样区大量减少，观测记录的凤头䴙䴘数量依然高达 6726 只。

（2）普通鸬鹚

普通鸬鹚为云贵高原的冬候鸟，滇西湖群是该鸟的主要越冬地，滇东北湖群和滇中湖群有少量个体越冬。观测数据显示，2015 年之前，普通鸬鹚数量较少，2015 年增加明显，以后各个冬季虽然有所波动，但种群数量总体在上升。

（3）黑鹳

滇西北纳帕海是黑鹳的主要越冬地和迁徙中途停歇地，黑鹳的观测数据波动变化较大，无法分析其种群动态，原因是纳帕海为季节性湖泊，每年冬季水体面积变化较大，黑鹳在纳帕海越冬初期数量较多，成群聚集活动，但随着水体干涸，食物减少，黑鹳分散活动，大部分个体离开纳帕海，而冬季水鸟野外观测日期在 12 月或 1 月，大部分黑鹳已经离开纳帕海，因此观测数据并不能体现黑鹳种群数量的变动趋势。

依据冬季在纳帕海的逐月观测，纳帕海的黑鹳种群数量变动趋势为增长。依据文献记录，纳帕海保护区建立之初的 1984 年冬季，仅观察到 5 只黑鹳，2002 年至 2005 年冬季，在纳帕海越冬的黑鹳为 50～62 只（韩联宪等，2012）。2006 年以后，越冬早期黑鹳数量为 230～320 只，2010 年冬季最大记录为 480 只，2011～2019 年的冬季水鸟观测数据，黑鹳的数量在 0～168 只波动。冬季早期因纳帕海水体面积大，黑鹳数量通常高于水鸟观测的隆冬季节的 12 月和 1 月，越冬早期黑鹳数量在 280～400 只波动。云贵高原湿地其他样区如剑川县剑湖、沾益区海峰湿地、蒙自市长桥海也陆续观测到黑鹳越冬或中途停留。海峰湿地 2020 年 1 月观测到 8 只黑鹳。蒙自市长桥海 2017 年、2018 年、2019 年冬季观测记录单只或 2～3 只的黑鹳，2020 年冬季记录黑鹳 13 只。这些观测数据表明，黑鹳在云贵高原湿地的越冬种群数量一直在稳步增长。

（4）斑头雁

斑头雁在滇西北的纳帕海、拉市海，滇东北的大山包乡的跳墩河、大海子水库，会泽县的大桥水库等地越冬。2011～2019 年的各年观测数据显示，斑头雁的种群数量有升有降，2017 年达到最大值（9963 只），2018 年回落到 3967 只，2019 年为 4349 只，种群数量相对稳定。

（5）灰雁

滇西北的拉市海、鹤庆县西草海、剑川县剑湖是灰雁在云贵高原湿地的重要越冬地。2011～2019 年的各年观测数据显示，灰雁的种群数量有升有降，2017 年达到最大值（7964 只），2018 年回落到 3334 只，2019 年为 3363 只，种群数量相对稳定。分布地点则有所增加，剑川县剑湖、大理州洱海、蒙自市长桥海均在 2017 年以后观测到灰雁越冬。

（6）赤麻鸭

赤麻鸭在云贵高原为各个湿地常见的冬候鸟，2011～2019 年的观测数据显示，各个冬季赤麻鸭的种群数量变动较大，最高为 2013 年冬季，为 7837 只。由于云贵高原湿地的各年观测样区数量变动较大，因此汇总数并不能反映种群变动的趋势。然后依据洱海水鸟 10 年观测，赤麻鸭在洱海的数量稳步增长。

（7）凤头潜鸭

凤头潜鸭为云贵高原各湿地常见的冬候鸟，2011～2019 年的观测数据显示，2018 年种群数量急剧增加至 14 228 只，2019 年增长至 57 708 只，2020 年在观测样区大量减少的情况下，依然有 52 010 只。凤头潜鸭在洱海的观测数据表明，2019 年在洱海的种群数量增长了 4 倍之多。2020 年依然维持在 5 万只以上。

（8）赤嘴潜鸭

赤嘴潜鸭曾经是滇西湿地常见的冬候鸟，但一度数量十分稀少，仅在少数几个湖泊观察到零星个体。2011～2019 年的观测数据显示，2017 年数量为 736 只，2019 年增长至 2486 只，2020 年在观测样区大量减少的情况下，依然记录到 1039 只，说明种群数量增长较快。

（9）黑颈鹤

云贵高原东部的贵州威宁县草海、云南昭阳区大山包的大海子和跳墩河、会泽县跃进水库等湿地是黑颈鹤东部种群的越冬地。滇西北纳帕海是黑颈鹤中部种群的越冬地。由于黑颈鹤白天活动觅食分散在大面积的农地，冬季水鸟固定观测点统计数据的方法不能准确收集黑颈鹤的数量，调查时间的提前和延迟均会导致记录的黑颈鹤个体数量出现较大差异，因此冬季水鸟历年的观测数据波动变化较大，没有规律可循。2017 年观测记录黑颈鹤 1500 只，2015 年记录 321 只，为历年最低。依据黑颈鹤保护网络和各保护区的黑颈鹤观测，黑颈鹤在云贵高原湿地种群数量一直在增长。

（10）灰鹤

贵州威宁县草海、云南会泽县跃进水库和云南丽江市拉市海 3 个湿地是灰鹤在云贵高原的主要越冬地，其他湿地仅有几只或十余只个体越冬。灰鹤白天活动觅食分散在大面积的农地，冬季水鸟固定观测点统计数据的方法不能准确收集灰鹤的数量，调查时间的提前和延迟均会导致记录的灰鹤个体数量出现较大差异，因此冬季水鸟历年的观测数据波动变化较大，没有规律可循。观测数据表明，种群数量为增长。2018 年和 2019 年观测记录灰鹤均为 370 只。2020 年记录只有 60 只，不是种群数量减少，而是拉市海样区未列入观测，在拉市海越冬的 150～280 只灰鹤未进入统计数据。与 30 年前比较，灰鹤的种群数量则为下降，威宁县草海建立保护区之初，曾观测记录到 3000 多只灰鹤，会泽县大桥水库 20 世纪 90 年代建立保护区之初，观测记录到的灰鹤有 600 多只。

（11）白骨顶

白骨顶是云贵高原湿地分布最广，种群数量最大的越冬水鸟。观测数据表明，白骨顶的种群数量总体趋势为持续增长。2017 年观测记录 129 032 只，2018 年回落到 64 746 只，2019 年上升至 147 752 只，2020 年在观测样区大幅减少的情况下，依然记录 129 881 只。白骨顶 10 年观测记录累计 664 154 只，占云贵高原记录的水鸟总个体数 1 647 684 只的 40.31%。在部分观测样区，白骨顶的个体数量占到记录水鸟比例的 75%～85%。少数白骨顶的迁徙行为也发生改变，留在越冬地繁殖，鹤庆县西草海、剑川县剑湖、香格里拉市纳帕海均观察到数对白骨顶夏天在当地繁殖。

（12）红嘴鸥

红嘴鸥主要在滇中湿地群、滇南湿地群越冬，1985 年滇池红嘴鸥进入昆明市区之后，昆明市政府和主管部门对红嘴鸥进行了保护，禁止捕捉、恐吓、驱赶，并组织人工投食。几十年的保护，导致红嘴鸥在云贵高原湿地数量增长，分布湿地增加。观测数据表明，红嘴鸥的种群数量总体趋势为持续增长。2018 年观测记录 95 074 只，2019 年回落到 57 898 只，2020 年在观测样区大幅减少的情况下，记录 60 144 只。自开展云贵高原湿地冬季水鸟观测以来，红嘴鸥增加的分布湿地有宣威市钱屯水库、沾益区海峰湿地、蒙自市长桥海、个旧市大屯海，过去仅有几十只越冬个体的湿地，2017 年以后观测数量达到数百只，过去有上百只的湿地，数量达到千只或数千只。红嘴鸥是人工投喂食物，导致种群数量持续增长的典型案例。

10.5 威胁与保护对策

10.5.1 威胁

1. 陆地受威胁类型

依据西南山地鸟类观测结果，陆地森林和农地的鸟类群落和栖息地面临的威胁主要来自人类活动干扰，分别是矿产资源开发、道路交通建设、传统农业耕作模式改变、非木材林产品采集、放牧和旅游开发6种。

（1）矿产资源开发

西南区矿产资源丰富，矿产资源开发一直是各地政府招商引资的重要项目。一些州市级的自然保护区，出现为矿产开发调整自然保护区功能分区的行为。因矿产开发，导致生境改变的情况比较常见。

（2）道路交通建设

随着西南区不同等级公路路网的建设和完善，道路修建和扩建对鸟类栖息生境的威胁比较普遍。山区公路建设，经常高边坡开挖，弃土向山坡下方丢弃，对植被和土层破坏较大，道路竣工后需要数年到10余年才能基本恢复原状。公路竣工使用之后，因车辆多，车速快，经常撞死或压死在公路上活动觅食的鸟类。

（3）传统农业耕作模式改变

随着先进技术在农业种植的普遍使用，地膜和塑料大棚普遍运用，减少了可供鸟类觅食的裸露土地。由于谷贱伤农，种植玉米、小麦、荞麦（*Fagopyrum esculentum*）等粮食作物的农户和土地面积不断减少，导致鸟类可以觅食的农作物相应减少，进而威胁鸟类的物种多样性和个体数量。

（4）非木材林产品采集

山野森林中的各种野菜和蘑菇，过去很少有人采集，现在全部都变成生态食品、绿色食品，被各地村民大量采集出售，出现了人类和鸟类争夺食物的局面。而村民采集各种野菜和蘑菇的季节，正是鸟类产卵繁殖的季节，非木材林产品采集对鸟类造成的威胁有两个方面：一是减少了鸟类的天然食物，二是干扰了鸟类的正常繁殖行为。

（5）放牧

西南地区 95%的区域为山地，在山林里放牧牛羊和跑山猪，一直都是当地农牧业传统。近年来，村民养殖的家畜数量增多，为数众多的牛羊和猪进入森林后，对森林环境的干扰破坏比较明显。

（6）旅游开发

西南地区因其独特的地形地貌，吸引了大量游客前往，旅游开发强度不断增加。例如，作为旅游胜地和佛教名山之一的峨眉山，不断递增的旅游活动、度假山庄等配套措施的兴建等已成为峨眉山生态系统的关键致危因素，导致鸟类的栖息地、日常活动等受到严重影响。尽管相关部门已经开展了一些管理措施，如拆除违规建筑，但是旅游开发的影响仍然不可忽视。

2. 湿地受威胁类型

云贵高原的湖泊湿地均位于海拔较低、相对平坦开阔的坝区盆地，多为传统的农耕区，居民沿湖居住耕作，因此各个湖泊普遍存在不同类型的人为活动干扰和水体污染。最近 10 多年来，保护管理部门对湿地保护力度不断加大，很多湿地建立了不同级别的自然保护区，或者被确定为集中式饮用水水源保护区，建立专门机构进行保护管理，湿地保护成效明显，但依然存在如下威胁。

（1）水体污染生态功能退化

云贵高原的湖泊湿地大多数都得到法律的有效保护，越冬水鸟受到保护的力度较大，受到的威胁因地而异。云南很多湖泊的最大威胁依然是水体污染，如云南滇池、洱海、大屯海、异龙湖，贵州威宁县草海的水体污染严重，因水体污染导致湿地生态系统生态服务功能下降，鱼、虾、蛙、蟹等水生生物数量减少，越冬水鸟缺少食物。部分湖泊周围农民以种植蔬菜为主要产业，大量利用湖水浇灌农作物，导致湿地水位下降，进一步降低了湿地的生态功能。

（2）非法捕捉毒杀鸟类

在 2011～2019 年观测期间，少数人非法毒杀水鸟的情况一直存在。在进行洱海冬季水鸟观测时，曾看到有人在洱海北部湖湾的西闸尾水域毒杀白骨顶，有人携带气枪在湖滨带打鸟。大理—丽江公路沿线几个较大的饭店，均有野鸭、白骨顶、黑水鸡、珠颈斑鸠等野生鸟类出售给游客食用，洱源县邓川镇的农贸市场有人出售紫水鸡。这种情况直到 2020 年 2 月 24 日全国人大常委会颁布全面禁止食用野生动物的公告之后，森林公安和林草系统工作人员加大了野生动物保护执法力度，才基本杜绝。

（3）非法捕鱼电鱼

红河州的长桥海、大屯海，非法电鱼的行为比较常见。此外，这几个湿地没有禁渔期的管理和鱼类的相关保护措施。

（4）传统农业转型

云贵高原湿地水鸟也面临农业种植转型的威胁，丽江市拉市海当地村民现在以种植果树为主，小麦、玉米、荞麦等农作物的种植逐步减少，在拉市海越冬的灰鹤就面临农地生境食物减少的威胁。会泽黑颈鹤保护区跃进水库周围农地粮食作物的种植面积不断减少，而蔬菜、药材种植面积不断增加，加上部分湿地周围农田大量采用塑料大棚种植，减少了部分涉禽的觅食生境和食物。

10.5.2　保护对策

1. 加强自然保护地立法保护

西南区建立有大量的不同级别的自然保护地，国家级自然保护区和省级自然保护区受到的保护和监管相对严格，发生因矿产开发、公路修建而对鸟类造成严重不利影响的情况较少，而州、市级的自然保护区在应对矿产开发、公路建设的影响，则明显处于弱势。建议加强自然保护地的立法保护，若能做到一区一法，则能较好地减缓自然保护区和野生鸟类面临的威胁。

2. 奖励和补偿传统农业种植

在某些珍稀鸟类的重要栖息地和保护区，可以奖励和补偿当地农民的传统农业种植，为野生鸟类提供更多的食物。

3. 制定非木材林产品的采集规定

由各地村民在林草主管部门和保护区的组织引导下，制定非木材林产品采集的乡规民约，规定村民进山采集日期，采集日期避开鸟类繁殖高峰期，制定轮换采集地块的相关规则。

4. 加强湿地的保护治理

云贵高原气候主要为季风气候，云南受西南季风和东南季风的影响，全年分为旱季和雨季，每年 11 月至次年 5 月为旱季。贵州西部的旱季雨季现象不明显。春季需要大量的水灌溉农地，因此对湖泊水库的蓄水能力非常重视，很多湿地已经建立了不同级别的自然保护区，建立了自然保护区的湿地，均有管理机构和人员对湿地进行野生动物和生态环境的保护管理，开展巡护和社区宣传教育工作，并对湖滨带生境进行优化恢复。各地政府主管部门为保护和修复湿地，取缔沿湖酒店，恢复湖滨沼泽草地，对湿地采取雨污分流，绿化湖滨带，退耕还湖，开展国家湿地公园建设等多种措施，改善湿地的水质和生境，同时对公众开展保护湿地的宣传教育，依法查处非法捕捉鸟类的违法人员。这些措施对保护湿地鸟类多样性成效显著。建议加大湿地的保护执法，特别是对某些存在非法电鱼捕鱼的湿地，加大查处力度。

第 11 章　华中区鸟类多样性观测

11.1　环 境 概 况

11.1.1　行政区范围

华中区地貌多丘陵、平原和盆地，主要由中山、低山丘陵、平原和山间盆地交织而成。主要山脉有位于福建与江西交界处的武夷山脉，浙江和安徽交界的天目山脉，江苏与浙江、安徽交界的宁镇山脉、茅山山脉。地跨长江、淮河流域，气候温和湿润，植被丰富。

华中区鸟类多样性观测区域包括浙江、江苏南部、安徽南部、河南南部、湖北、福建北部、江西大部、湖南、贵州东部、四川东部、陕西南部、广西北部及上海与重庆两个直辖市。

11.1.2　气候

华中区气候以中亚热带季风性气候，北亚热带季风性气候为主，华中区北部和南部有少部分南亚热带季风性气候，暖温带季风性气候（图 11-1）。1 月平均气温由华中区南部广西（10～15℃）向华中区北部河南（－16～－12℃）逐渐降低。7 月平均气温除华中区北部河南（24～28℃）之外，其他地区多维持在 28～30℃。

东部丘陵平原亚区包括安徽、浙江、江苏、湖北、江西、福建、上海。

浙江宁波、新安江一线南北、江西除东北端和西北部分属中、北亚热带湿润季风气候。温暖多雨、四季分明。湖北西南长江三峡以南属中亚热带湿润区，其余广大地区属于北亚热带湿润区，具有季节变化明显和南北过渡性气候特征。年降水量 800～1500 mm 及以上，夏雨占 35%～50%，鄂西的秋雨和鄂东南冬春降水亦较多。上海属于北亚热带湿润季风气候，日照充足，雨量充沛，春秋较短，冬夏较长，四季分明。年降水量在 1100 mm 以上，60%左右的雨量集中在 5～9 月的汛期，分为春雨、梅雨、秋雨 3 个雨期。7～9 月多台风和暴雨，进入秋季时有连阴雨，冬春秋偶有寒潮侵袭。江苏淮河、苏北灌溉总渠以北属暖温带半湿润季风气候，中、南部地区属北亚热带湿润季风气候（柯新利等，2012）。观测区主要包括苏南地区，气候温暖湿润，四季分明。安徽气候具有明显的南北过渡性特征，淮河南北分属北亚热带湿润和暖温带半湿润季风气候。观测区内主要包括安徽淮河南岸，寒来暑往，四季分明。皖南属我国夏季酷热区和暴雨多发区。福建闽江口、龙岩一线南北分属南、中亚热带湿润季风气候（郑景云等，2010）。

西部山地高原区包含湖南、贵州、四川、广西、河南、重庆。

湖南北部和中南部分别属于北亚热带和中亚热带湿润季风气候区，具有南北气候过渡性，冬寒期短、四季分明等气候特征。年降水量 1200～1700 mm。3～6 月降水占全年的 70%～80%，7～9 月常有伏、秋旱。湘西北属我国暴风雨多发区之一。湖南除西南部外其余地区夏日炎热。贵州全省属中亚热带湿润季风气候，冬无严寒，夏无酷暑。年降水量 1100～1400 mm。贵阳市以西为夏半年多雨区，以东为冬春阴雨

本章主编：李春林；编委（按姓氏笔画排序）：王军馥、王征、伊剑锋、刘威、李宁、李必成、李辰亮、李春林、李海峰、杨刚、吴少斌、赵彬彬、高学斌、谢汉宾等。

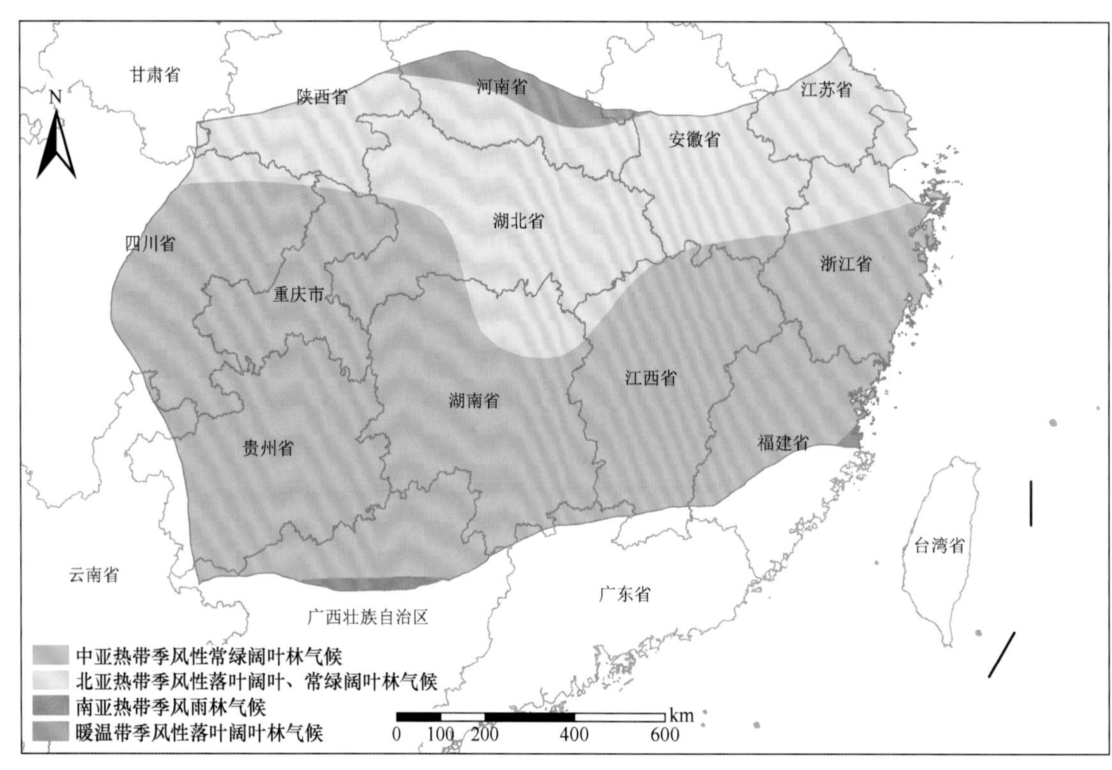

图 11-1　华中区气候分布图

区。重庆气候属亚热带湿润季风气候，冬暖夏热，春早秋短，雨量充沛，空气湿润，终年少霜雪，多云雾。年降水量 1000～1400 mm，自东南向西北递减，春夏之交夜雨尤其多，素有“巴山夜雨”的说法。河南伏牛山南北分别属于北亚热带湿润与暖温带半湿润季风气候。具大陆性和南北过渡性特征。观测区主要包括伏牛山南部，夏热多雨，秋日晴和。年降水量 700～100 mm，1000 mm 的等值线与淮河干流相合。夏雨约占全年的 55%。灾害性天气有常出现于四五月间的干热风，7～8 月的暴雨和 9～10 月的连阴雨。

11.1.3　地形地貌

东部丘陵平原亚区内海岸多岩岸，有象山港、三门湾、台州湾、乐清湾等优良港湾。赣东南、西南山区，包括南岭、武夷山、罗霄山等，赣闽间黄岗山，海拔 2160.8 m，为该省第一高峰。赣西南井冈山、梅岭也很有名。赣西北山地，包括九岭山、幕阜山及著名的庐山等，海拔 500～1500 m。鄂西山地，包括秦岭东延部分武当山（天柱峰海拔 1612.1 m），大巴山东段神农架、荆山、巫山等，海拔 1000 m 左右，神农顶海拔 3105 m，是湖北也是华中区最高峰。这里是我国地形第二级阶梯东缘部分。江汉平原，与湖南洞庭平原相连，合称两湖平原，平原上众多的湖泊是古代云梦泽的残存部分。鄂东北低山丘陵，位于鄂豫皖边境，有秦岭余脉桐柏山、大别山等，是长江淮河水系分水岭，一般海拔 500 m 以下。湘中丘陵，一般海拔 500 m 以下，衡阳、株洲间有宽阔的河谷盆地，“南岳”衡山海拔 1300.2 m，为中国“五岳”名山之一。湘西山地，海拔 1000 m 以上，这里的雪峰山是我国地形第二、三级阶梯分界线。

贵州地处云贵高原，喀斯特地貌广布。有大娄山、武陵山等，其间娄山关为川黔间孔道，武陵山主峰梵净山已列为世界人与生物圈自然保护区网成员。四川地形多样，包括平原、丘陵、高原山地。大致东部为盆地，西部为高原、山地。四川盆地是我国四大盆地之一，面积 16.5 万 km^2，海拔 300～600 m，因多紫红色砂页岩，故有“红色盆地”之称。陕西南部位于观测区内，陕南秦巴山区，包括秦岭、大巴山及其间的汉江河谷和汉中、安康盆地。秦岭为长江、黄河分水岭，是我国南、北方地理分界线，主峰太白山，海拔 3767 m，是陕西最高峰，秦岭北侧断层带上的华山以险峻著称，为中国“五岳”名山之“西岳”。广西北部的桂北山地，含南岭越城岭等，主峰猫儿山海拔 2141 m，是广西最高峰。

11.1.4　水文

观测区东濒海洋，东部地势低平坦荡，河网如织，湖泊众多，其水系包括长江河口水系、太湖水系、运河水系、钱塘江水系，构成特有的水乡泽国的三角洲水系。东部地区的主要湖泊是太湖，它是我国第三大淡水湖泊，环湖出入的河道 220 余条，其中入湖 70 余条，出湖 150 多条，湖水蓄量达 46.7 亿 m^3。河渠交叉，河道相连，水系发达。由于平原地区水位落差小，流速不大，受水利工程的高度控制和闸门启闭及引排水的影响，水流流向不定。大水年份，由于面临海洋，易遭台风暴雨及风暴潮袭击，常出现外洪、内涝或外洪与内涝同时并发的水灾；枯水年份，上游来水少，往往造成严重干旱并加剧河湖水质恶化。另外，部分河流含沙量大，河道淤塞，河床坡降变缓，水库泥沙淤积使泥沙吸附污染物，加重了水环境的污染，增加了开发利用水资源的难度。观测区西部山脉众多，降水较东部地区少，部分河流属黄河水系，长江水系占绝大部分。长江在观测区西部接纳了雅砻江（干流全长 1637 km）、岷江（干流全长 735 km）、沱江（干流全长 702 km）、嘉陵江（干流全长 1120 km）等各大支流后，水量大增，浩荡东流。较大的人工湖有龙泉山前的黑龙滩水库（图 11-2）。

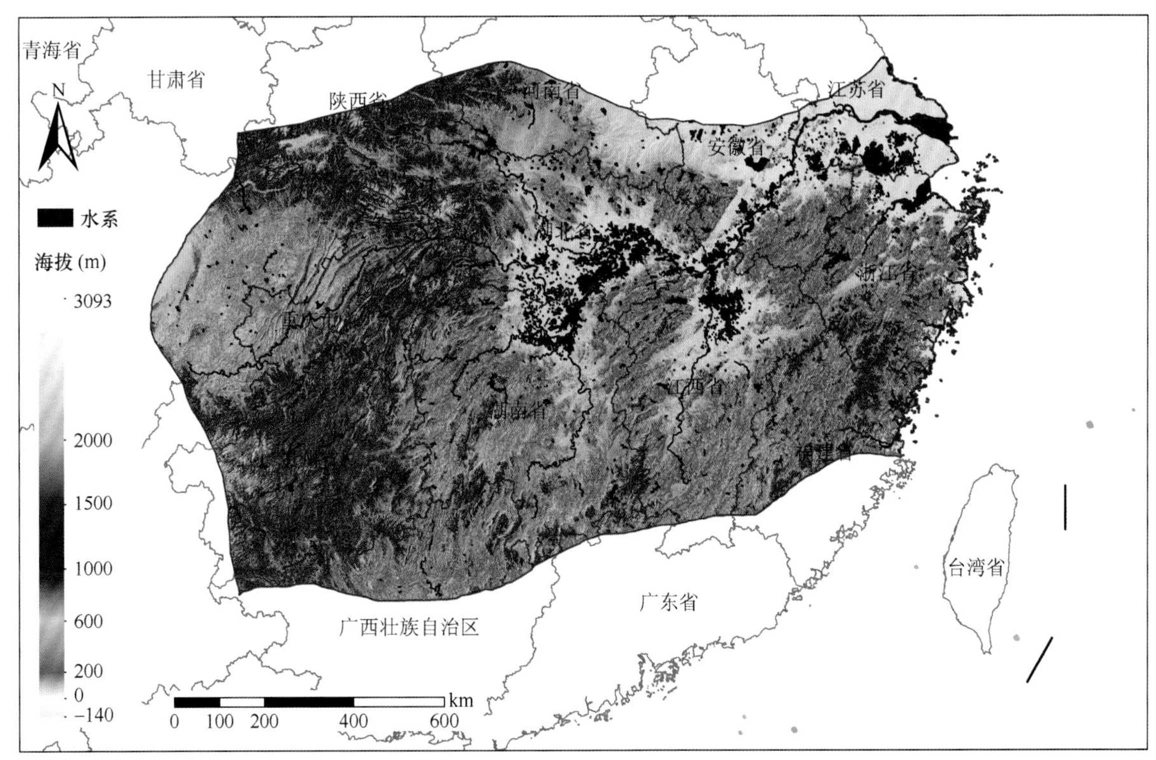

图 11-2　华中区水系分布图

东部丘陵平原亚区内钱塘江流向曲折。新安江口以下称桐江、富春江，杭州以下称钱塘江，全长 605 km，流域面积 4.88 万 km^2（省内 3.6 万 km^2）。江口杭州湾钱塘潮汹涌澎湃，气势壮观。长江干流从三峡东流，长江最长支流是汉江，起源于陕南。闽江三源建溪、富屯溪、沙溪在南平汇合，在福建福州市以东入海，长 541 km，流域面积约占全省面积之半，是福建第一大河。著名湖泊有千岛湖（新安江水库）、杭州西湖、嘉兴南湖、洪湖、洞庭湖等。其中洞庭湖昔日号称“八百里洞庭”，因泥沙淤积和人工围垦而缩小，分割成东、西、南洞庭湖和大通湖及许多小湖泊，现面积 2740 km²，为我国第二大淡水湖。赣江是纵贯南北的江西最大江河，全长 744 m，上源章、贡两水在赣州汇合后称赣江。省内湖泊不多。著名湖泊有鄱阳湖，湖水从湖口入长江。

西部山地高原亚区内的主要河流有黔北赤水河、黔东南清水江、黔南都柳江，黔西南红水河上源南、北盘江等。西南部和西北部多暗河伏流。

11.1.5 土地利用现状

观测区土地利用类型主要有耕地、森林、草地、灌木地、湿地、水体、裸地、人造地表。观测区北部湖北、安徽、江苏以耕地为主，这与地形、气候息息相关，观测区北部地势平坦，利于耕作，水源丰富，观测区南部地处云贵高原东部，具有高原山地、丘陵河谷盆地，地势崎岖，国民经济相对于华中区东北部较为落后，人为开发少，森林资源得到保护（图 11-3）。如湖南、广西、贵州以森林、灌木地为主，自然资源丰富。

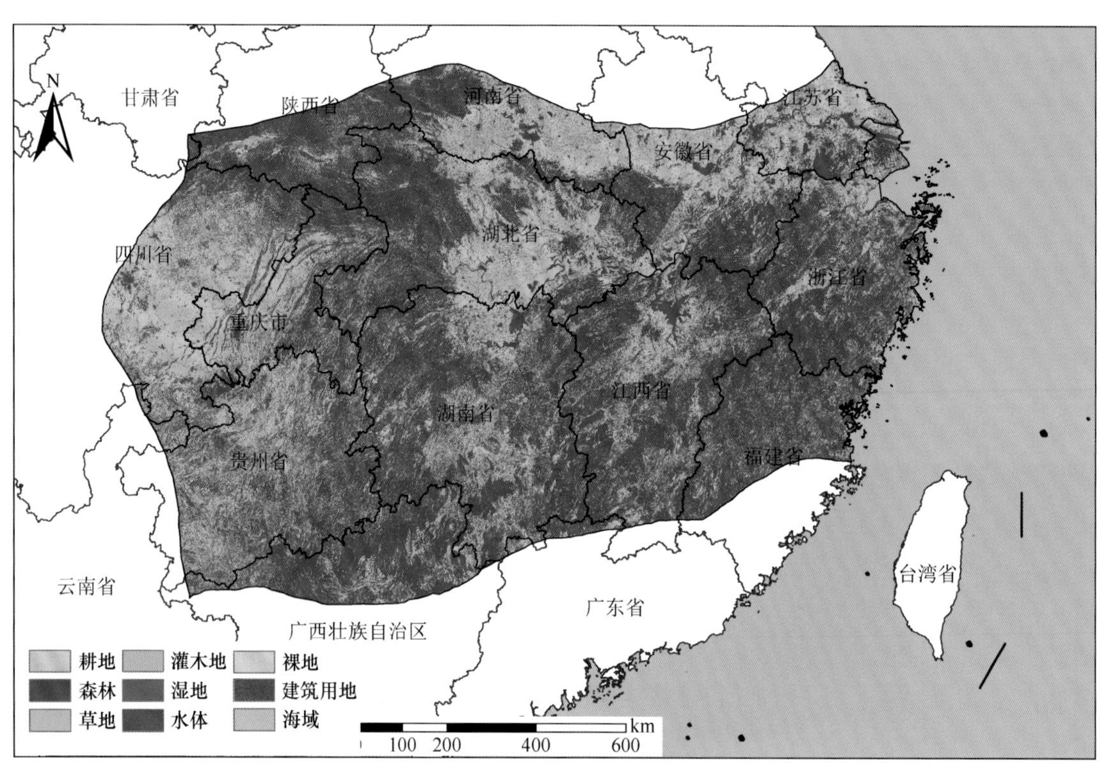

图 11-3　华中区土地利用现状

华中区森林面积达 733 043.1 km²，主要集中在广西、贵州，是所有土地类型中占比最大的土地利用类型（表 11-1）。土地变化趋势主要为耕地和林地的面积逐年减少，这些土地大部分被用于建设用地。2005～2015 年的 10 年间，建设用地面积由 46 333.61 km² 增长至 57 182.28 km²。长江中下游区域各土地

表 11-1　华中区土地利用类型所占面积

土地利用类型	面积（km²）	土地利用类型	面积（km²）
耕地	556 631.4	湿地	2 530.4
森林	733 043.1	水体	49 523.27
草地	97 497.61	建筑用地	71 800.22
灌木地	3 292.73	裸地	508.22

利用类型在 2005～2015 年 10 年间变化较小，但后 5 年土地利用类型变化较大，主要表现为草地、耕地、水域和未利用土地的土地利用重心向东北方向移动，林地的土地利用中心往东南方向移动，建设用地则先往东北方向移动，后向西北方向移动（徐文强等，2020）。长江中下游湿地的生态环境也在急剧变化，湿地面积正急剧减少，目前还没有得到足够的重视。在 2000～2010 年，长江流域湿地整体面临着面积减少、生态功能退化、生物多样性减少等严峻问题，湿地保护工作面临众多困难，全流域的整体保护刻不容缓。长江中下游湿地的保护率仅 34.77%，低于全国平均水平，这与长江中下游经济发展有很大关系。近十年来，长江湿地面积正不断减少，对现有长江中下游湿地的保护已经刻不容缓（薛蕾和徐承红，2015）。

11.1.6 动植物现状

对于观测区来说，华中区动物区系是华南区的贫乏化。所有分布于华中区的各类热带亚热带成分，包括东洋型、南中国型、旧大陆或环球热带亚热带型的种类，绝大多数种类在华南区都存在。与华南区相比，华中区热带成分有明显减少，以科为单位计算，减少了约三分之一，从华中区南部中亚热带至北部北亚热带，又进一步减少，仅为华南区的一半。但与华北区比较，本区陆栖脊椎动物区系显见丰富，特别是食虫类。这一现象主要受气候条件的影响。对于许多东洋型或南中国型的成分，秦岭-淮河一线是它们分布上的北限（郑作新和张荣祖，1956）。

1. 东部丘陵平原亚区

东部丘陵平原亚区天然植被是常绿阔叶林，以钩锥（*Castanopsis tibetana*）、鸡爪槭（*Acer palmatum*）、柯（*Lithocarpus glaber*）为主。破坏后，马尾松（*Pimus massoniana*）、苦槠（*Castanopsis sclerophylla*）、枫香树（*Liquidambar formosana*）、落叶栎（*Quercus* spp.）和竹等即迅速发展，以马尾松最占优势。次生林再破坏后沦为次生常绿灌丛。再经破坏，则为野古草（*Arundinella hirta* var. *hirta*）、黄背草（*Themeda triandra*）、芒（*Miscanthus sinensis*）、白茅（*Imperata cylindrica*）、芒萁（*Dicranopteris pedata*）等高草地。境内农业开发的历史亦甚为悠久，绝大部分山地丘陵的原始森林，早经砍伐并经人工经营。次生林地和灌丛、草坡所占面积很大。平原及谷地，几乎全为农耕地区，大部分是水田。亚热带森林动物群的原来面貌有极大的改变，绝大部分地区沦为次生林灌、草地和农田动物群。

古北型种类的南渗力量较强，尤其是黑线姬鼠。它是一个十分活跃的成分。前述在东北区和华北区黑线姬鼠主要生活于森林及森林草原地带，并侵入伐后森林形成优势。在亚热带低地获得了很大的发展，成为普遍的优势种。甚至可沿河岸一直分布至山顶（王岐山等，1966；刘春生等，1986）。此物种在暖冬年中可以全年繁殖，一年有 2～3 次繁殖高峰。

东部丘陵平原亚区的有蹄类相当丰富，特别是鹿科动物成为重要的动物资源。小麂（*Muntiacus reevesi*）在许多地区是主要的优势种，除大雪年份一般生活于山地次生林灌，食果实、种子和芽等，偶有至耕地觅食、食料全年不缺，獐在长江流城沿河芦苇沼泽地为优势种之一，春天盛行收割芦苇时，它们便迁往附近低山。

2. 西部山地高原亚区

西部山地高原亚区包括秦岭、淮阳山地西部、四川盆地、云贵高原的东部和西江上游的南岭山地。西部和西南部与横断山区相连。自然条件与东部丘陵平原亚区的主要区别是海拔较高、地形较崎岖，气候除四川盆地外，亦比较温凉。动物区系比东部丘陵平原亚区复杂。尚有一些为本亚区所特有和主要分布于本亚区的种，如川金丝猴、红腹锦鸡等。喜马拉雅横断山区型成分的渗入主要在秦岭部分，如棘皮湍蛙（*Amolops granulosus*）、绒鼠（*Eothenomys* sp.）等。

大熊猫的历史分布区，主要在我国季风区的南半部，包括整个华中区与华南区。更新世以后，逐渐退缩到横断山区东部和秦岭南麓。金丝猴的分布历史也有大体类似的情况。因此，本亚区与西南区的西南亚区之间，不但历史上关系密切，至今仍有些跨区分布的种类。

典型的林栖动物，只保存于少数面积不大的森林中。如秦岭、大巴山区、金佛山、神农架、梵净山、雷山等山区。金丝猴、黑叶猴（*Trachypithecus francoisi*）几乎是残留状态，受到国家的保护。赤腹松鼠（*Callosciurus erythraeus*）、长吻松鼠（*Dremomys pernyi*）、松花鼠（*Tamiops* spp.）等在许多地区为林中优势种，由于树木稀疏，亦营地栖生活。岩栖的岩松鼠，是林区的常见种类，多栖于高处。林麝为针阔混交林的典型动物。毛冠鹿（*Elaphodus cephalophus*）多生活于较偏僻的山区。小麂、赤麂（*Muntiacus vaginalis*）等则较能适应次生林灌环境。分布在秦岭的大熊猫，其分布北限与天然竹林分布的现状是一致的。森林在人类影响下的缩小与破碎，对林栖动物的分布与数量有决定性影响。

11.1.7 社会经济

观测区东北部浙江、江苏、湖北一带经济发展较快，人口相对于观测区西南部贵州四川一带较密集。党的十八大以来，在以习近平总书记为核心的党中央坚强领导下，抢抓“一带一路”建设、长江经济带发展，发挥“一带一部”区位优势，大力实施中部崛起战略和创新引领开放崛起战略，经济实力迈上新台阶、社会事业突飞猛进、综合实力显著增强、人民生活水平稳步提高。

长江中下游地区，是我国最主要经济带之一，对于整个国家的经济社会发展具有极其重要的影响。长江中下游，横穿我国的中东部地区，拥有着丰富的自然资源，优越的人力资源及先进的科学技术水平，在我国具有重要的战略地位。随着长江经济带发展战略的提出，长江中下游地区的经济不断向前发展，金融水平也不断提升（孙雨麒，2020）。

长江中下游地区受东亚季风的影响，是洪水灾害多发区，洪水灾害造成该地区社会经济的巨大损失，对人类的生产生活造成极大的威胁（张慧等，2019）。

自改革开放以来，长江中下游地区渔业经济取得了充分发展，渔业生产总值在农业总产值中的比例逐步上升。随着区域经济社会的快速发展，长江中下游地区的渔业资源保护现状及渔业生产发展水平均受到人类活动的影响，水体数量与面积严重下降，水环境不断恶化，鱼类资源及渔业生产能力也受到严重影响（羊向东等，2020）。因此，认识长江中下游地区的渔业发展特点及其在全国渔业中的地位，将有助于探索渔业产业结构布局和资源保护措施，推动区域渔业生产的可持续发展。根据 2018 年渔业统计年鉴所公布数据，长江中下游地区的 6 省 1 市（湖北、江苏、安徽、湖南、浙江、江西、上海）内陆捕捞水产品产量巨大，除上海外，其他 6 省分列全国第 1～4 位，及第 6 和第 9 位，产量占到全国总量的 60%以上。近 10 年来内陆捕捞产量在全国总产量的比例有所下降，从 2000 年 65.4%下降至 2017 年的 63.1%。内陆水产养殖产量也很大，除上海外，其他 6 省分列全国第 1 位，第 3～6 为和第 10 位，且近 10 年来在全国内陆水产品总产量中的比例从 52%上升至 55%（柯坚和琪若娜，2020）。

11.2 鸟类组成

11.2.1 鸟类研究历史

1. 华中区内各省级行政单位鸟类研究概况

四川位于华中区的范围即四川盆地及其以东区域。据统计，新中国成立前国内外学者共报道四川鸟类 488 种另 105 亚种（593 种与亚种）。新中国成立后，我国学者先后在四川发现了 7 个新亚种，一些国外学者根据新中国成立前在四川采集的标本也描述了 7 个亚种（李桂垣，1984）。《四川鸟类原色图鉴》（李桂垣等，1993）和《四川鸟类鉴定手册》（张俊范，1997）是有关四川鸟类分类与分布最重要的两部著作，分别收录 625 种和 628 种鸟类。此后更是陆续有 5 个鸟类新种被描述和发表，即峨眉柳莺（*Phylloscopus emeiensis*）、峨眉鹟莺（*Seicercus omeiensis*）、淡尾柳莺（*Seicercus soror*）、华西柳莺（*Phylloscopus occisinensis*）及四川短翅蝗莺（*Locustella chengi*）（阙品甲等，2020）。四川大学的冉江洪教授课题组于 2005 年、2008 年分别对四川鸟类种数进行了统计，分别记录鸟类 647 种、683 种（冉江洪等，2005；徐雨等，2008）。2020 年，阙品甲等在整理分析四川鸟类文献资料的基础上，对四川鸟类名录进行了修订与更新，共记录鸟类 24 目 87 科 757 种（阙品甲等，2020）。

贵州的鸟类早期多为国外学者采集并研究，除此之外，任国荣也对贵州鸟类展开了研究（吴至康等，1986）。新中国成立后，1952 年，戴格南（Deignan）对白颊噪鹛的地理变异进行了研究，认为贵州的白颊噪鹛应属于四川亚种 *Garrulax sannio oblecfans*。1954 年，有国外研究人员指出贵州的棕颈钩嘴鹛标本（黔南和黔北）在形态上介于东南亚种 *Pomatorhinus ruficollis stridulus* 及长江亚种 *P. r. styani* 之间。1963 年 6～11 月，彭燕章、王婉瑜在贵州的兴义、安龙、榕江、雷山、江口、松桃金沙、罗甸、习水、大方及威宁等 11 县采获鸟类标本共 1156 号，经鉴定计有 232 种，但其中小嘴乌鸦的两个亚种 *Corvus corone orientalis* 及 *C. c. yunnanensis* 实际上是同一个普通亚种，所以只有 231 种和亚种，隶属 15 目 39 科 19 属。1963 年 8～9 月，周宇垣等在黔南兴仁县三道沟一带采得鸟类标本 344 号，经鉴定有 64 种和亚种，隶属 6 目 22 科 48 属。1965 年，郑作新、谭耀匡等在《我国西南鸟类新纪录》一文中，发表采自罗甸、遵义、绥阳、惠水、习水、印江等地的鸟类新记录 6 种（郑作新等，1965）。1967 年，特雷洛（Traylor M. A.）发表 1931 年采自习水县温水及兴隆坝的鸟类共 39 种。1978 年，胡鸿兴、唐瑞昌等发表 1964 年在罗甸、印江、遵义及贵阳所采的 1180 号鸟类标本，共计 188 种（胡鸿兴等，1978）。1979 年，吴至康、陈云等根据 1974～1978 年在贵州采到的 5647 号鸟类标本，报道了省新记录 81 种（吴至康等，1979）。1986 年，在贵州省科学技术委员会支持下，贵州省博物馆负责，历时 10 年有余，范围包括 30 多个县、市，采集各类标本数万号，编写了《贵州鸟类志》（吴至康等，1986）。2016 年，匡中帆和牛克锋编写发表了《梵净山鸟类》。2020 年，匡中帆和姚正明编写发表了《中国茂兰鸟类》。

陕西秦巴山地的鸟类资源在新中国成立前只有零星的记载。新中国成立后，自 1956 年起，西北大学、中国科学院动物研究所、四川农学院（现四川农业大学）、北京师范大学和陕西省生物资源考察队（现陕西省动物研究所）等单位的专家学者对秦岭的鸟类进行了长期研究，其研究结果主要体现在《秦岭鸟类志》中，共记录鸟类 17 目 52 科 338 种（郑作新等，1973）。

之后秦岭南坡地区的鸟类研究常常集中在某些地区，如郑光美（1962）对秦岭南麓鸟类组成的研究；王廷正等（1981）曾数次在大巴山地区进行鸟类调查，采集鸟类标本 164 种（亚种）；袁伟等（1990）对秦岭南坡宁陕林区的鸟类的调查等。1996 年许涛清等发表了《陕西省脊椎动物名录》，书中记述秦巴山地分布鸟类 349 种。1997～2000 年，在原国家林业部的组织下，开展了全国陆生野生动物资源调查，期间陕西在完成了境内相关调查的同时，又在陕西省林业厅（现陕西省林业局）的资助下，继续开展了陕西鸟类资源调查项目。颜重威等（2003）在 2000 年在宁陕县的花石村、庙沟村和秦岭梁及佛坪县的岳坝进行了鸟类物种调查。2007 年，孙承骞等以 2006 年之前的研究成果为基础，编写了《中国陕西鸟类图志》，其中记述秦巴山地有鸟类 447 种。

2006～2008 年，在陕西省科学院科技计划项目——太白山地区鸟类的群落多样性研究及禽流感病毒宿主调查、陕西秦岭中段鸟类物种多样性及禽流感病毒宿主调查和环境变化背景下秦岭野生动物多样性及栖息地调查研究等项目的资助下，高学斌等对陕西秦岭鸟类的物种多样性进行了研究，根据调查和文献统计，秦岭共记录鸟类 388 种（亚种），其中，秦岭南坡有 360 种，秦岭北坡有 301 种（高学斌等，2007，2009；巩会生等，2007a，2007b）。

之后，高学斌等在陕西省科学院秦岭山地鸟类对气候变化的响应，秦岭水源涵养区鸟类物种多样性观测、评估及其示踪效应，以及生态环境部南京环境科学研究所生物多样性示范观测等项目的资助下，在秦岭南坡的商洛市、佛坪县和洋县等地对鸟类开展了长期调查与观测。截至 2019 年 11 月，通过结合文献对秦巴山区鸟类的统计，陕西地区共分布鸟类 515 种[经认真甄别后，有 10 余种如小盘尾、古铜色卷尾（*Dicrurus aeneus*）等物种暂时未列入]，其中秦岭北坡有 468 种，秦岭南坡和巴山有 476 种（赵洪峰等，2012；罗磊等，2012）。

另外，自 1981 年朱鹮在陕西洋县重新发现以来，多名学者先后对朱鹮的繁殖生态和保护措施进行了初步探讨（刘荫增，1981；李福来和黄世强，1986；路宝忠，1989；史东仇等，1989）。1990 年以后，关于朱鹮的研究报道和研究内容不断增多，涉及生态生物学、保护管理等方面，成果体现在《中国朱鹮》一书中（史东仇等，2001）。丁长青（2004）结合自己及以往的研究发表了《朱鹮研究》一书。2020 年，有“东方宝石”之誉的濒危物种朱鹮的数量由 1981 年的 7 只增加到近 5000 只。

重庆成立直辖市之前，隶属四川，早在 19 世纪 60 年代 Swinhoe 从上海沿长江上溯至重庆进行鸟类考察，并于 1870 年首次描记了黄腹山雀（重庆奉节至湖北宜昌）和雉鸡（重庆）。新中国成立后，我国开展了鸟类区系调查工作，早期对重庆鸟类进行研究的主要有施白南、余志伟、邓其祥、唐安华、张耀光、张家驹等老一辈科学工作者。三峡工程正式动工兴建之前，张家驹等（1987，1994）、朱靖等（1987）对三峡库区及其邻近地区的鸟类资源进行了系统的调查研究；李桂垣（1995）、张俊范等（1997）编著的鸟类专著记载重庆三峡库区鸟类有 260 种。三峡工程建成之后，国家和重庆市积极评估三峡工程对库区动物资源的影响，开展了大量的本底调查和物种观测研究工作（冉江洪等，2001；苏化龙等，2001；刘少英等，2002），三峡库区共记录到鸟类 354 种，并以红腹锦鸡作为研究对象评估 2008 年罕见雪灾对三峡库区野生动物的影响程度（苏化龙等，2008）；2002 年以来，对三峡库区长江主河道重庆段、一级支流和主要湖泊进行了较为系统的水鸟观测调查（苏化龙等，2012；苏化龙和肖文发，2017；刁元彬等，2017），包括生态环境部南京环境科学研究所委托的长寿湖和大洪湖越冬水鸟调查（2017～2019 年）。三峡库区以外重庆地区，主要包括武陵山区鸟类资源调查研究（吴少斌等，2010）、金佛山自然保护区鸟类资源调查（赵贵军等，2020）、重庆市綦江区鸟类资源调查（李健等，2007）、重庆万盛区鸟类资源调查（沈静怡等，2020）。鸟类与环境关系方面，包括重庆机场鸟类研究（杨效东等，1998；吴雪等，2015）、校园鸟类研究（杨帆，2005；邓亚平等，2018）、环境指示动物研究（刘德绍等，2004）。

河南鸟类的调查工作始于 20 世纪 30 年代的傅桐生和葛守信。其中傅桐生（1937）的论文《河南鸟类学》为系统研究河南鸟类的先驱，葛守信 1936～1937 就开封市鸟类连续在河南省博物馆馆刊上发文（张亚芳等，2016）。新中国成立后，尤其 20 世纪 60 年代后，研究工作更为广泛，所调查的范围包括商城、新县、桐柏山、信阳南湾水库牌坊鸟岛、豫北黄河故道湿地鸟类自然保护区、黄河湿地国家级自然保护区孟津段（水鸟）、黄河湿地国家级自然保护区、郑洲黄河湿地、鸡公山、安阳平原农耕区、豫北平原。也有相当数量的着眼于河南境内国家级自然保护区的科学考察涉及鸟类资源。还有一些研究着眼全省某一类群鸟类或全省鸟类进行的报道，前者包括对全省鸟类、鹤形目鸟类猛禽等的报道和分析（张亚芳等，2016）。后者较早的见于周家兴（1962）记录河南鸟类 117 种，较晚的是刘继平等（2008）记录河南鸟类 17 目 54 科 188 属 385 种。此外，也有一些关于某些鸟种在河南新分布记录的报道（张亚芳等，2016）。

对湖北鸟类的研究最开始多由国外人士开展，始于 19 世纪中后期，国内则始于武汉大学的黄震教授于 1931 年发表的《武昌鸟类名录》（雷进宇等，2012）。新中国成立后，关贯勋和郑作新、胡鸿兴、薛慕光、黎德武等对湖北各地区的鸟类资源展开了调查（雷进宇等，2012），整理的湖北鸟类种数达 454 种（胡鸿兴等，1995）。最近几年，仍不断有新的记录被发现（杨晓菁等，2017，2019）。湖北地处长江中游、洞庭湖以北，境内河流纵横、湖泊众多，素有“千湖之省”的美誉，在全国湿地保护管理工作大局中具有十分重要的地位（魏显虎等，2007）。因此，对湖北湖泊湿地的生物多样性进行评价和保护显得非常重要。杨杰峰等（2017）综合考虑湖北主要湖泊的分布、重要性、保护地类型等因素，选取了具有典型代表性的 10 个湖泊（洪湖、梁子湖、长湖、斧头湖、龙感湖、保安湖、网湖、东湖、沉湖、涨渡湖）为评价对象，根据笔者构建的湿地生物多样性评价体系计算并比较各湖泊湿地生物多样性指数和评价等级（杨杰峰等，2015，2017）。

湖南省鸟类资源数据在新中国成立前十分贫乏。最早的鸟类数据来源于国外学者 Ogilvie-Grant，其在 1900 年从湖南洞庭湖至云南西部进行鸟类资源调查时，在湖南境内调查到鸟类 32 种（Ogilvie-Grant，1900）。1933 年我国学者任国荣对湖南省西部 114 种鸟类进行了记述（Yen，1933）。新中国成立后，国外学者 Davis 和 Glass（1951）及国内学者梁启业等（1957）针对湘西和湘北地区的鸟类进行了调查。1960 年，郑作新、钱燕文等在全省范围内开展了鸟类资源调查。历时 3 年走遍湖南各区 22 个县的不同类型的林区，东到醴陵，西至永顺、会同，北达澧县，南抵宜章、江华。先后调查所得，计有 180 种，另附 6 个亚种，隶属 14 目 38 科（郑作新等，1960a）。此后，湖南鸟类新记录也不断被发现，鸟类数据也不断更新。湖南省主要的自然生态系统类型为森林和湿地生态系统，且在全球范围内具有很高的代表性和典型性。针对这两种生态系统中的鸟类，我国学者也开展了大量的本底和观测研究工作。洞庭湖湿地（李丽平等，2008）、湖南壶瓶山国家级自然保护区（邓学建和廖先盛，1996）及夹山国家森林公园（贺春容等，2020；康祖杰等，2021）、书院洲国家湿地公园（周记超等，2019；罗祖成等，2020）等均为研究热点区域。

安徽位于我国东南部，土地面积 1.39×10^5 km^2。王岐山（1986）根据地理环境和陆生脊椎动物的物种组成将安徽划分为 5 个动物地理区，即淮北平原区、江淮丘陵区、大别山区、沿江平原区和皖南山地丘陵区。近 30 年来，由于全球气候变暖，很多鸟类的分布发生了明显的区域扩增，安徽各动物地理区鸟类物种组成也发生了相应的改变，淮河以南的鸟类物种组成与江淮丘陵区基本相似，而与淮河以北的平原区鸟类差别明显，因此本文在分析安徽鸟类地理区系时，在《安徽动物地理区划》（王岐山，1986）的基础上，将淮北平原区与江淮丘陵区的分界线北移至淮河沿线，即淮河以北为淮北平原区，淮河以南各地均纳入江淮丘陵区。

安徽鸟类 19 目 70 科 396 种。其中，非雀形目鸟类 216 种，雀形目鸟类 180 种；包括国家一级重点保护野生鸟类 11 种，国家二级重点保护野生鸟类 58 种。IUCN（2016）红色名录受胁物种 23 种，中国鸟类红色名录受胁物种 34 种；CITES 附录Ⅰ物种 10 种，附录Ⅱ物种 49 种（吴海龙等，2017）。江淮丘陵区、沿江平原区及淮北平原区的旅鸟种类均超过或接近该区鸟类物种数的三分之一（表 11-2）。在所记录的 396 种鸟类中，列入《中华人民共和国和日本国政府保护候鸟及其栖息环境的协定》鸟类名录的有 159 种；列入《中华人民共和国政府和澳大利亚政府保护候鸟及其栖息环境协定》鸟类名录的有 51 种。这组数据充分体现安徽地处“东亚—澳大利西亚”候鸟迁徙通道上的重要特点（吴海龙等，2017）。各区广布种的比例均接近或超过该区总物种数的三分之一（表 11-3）。各区东洋界成分均超过古北界，且东洋界物种比例自北向南逐渐增多，皖南山地丘陵区繁殖鸟东洋界成分比例达 53.18%，而古北界成分仅占 14.45%。这组数据反映了安徽鸟类另一个重要特征，即安徽鸟类东洋界和古北界两界成分相互渗透，自北向南东洋界鸟类比例逐渐增高，全省仅淮北平原区属古北界华北区，其余区域均属东洋界华中区（吴海龙等，2017）。

表 11-2　安徽 5 个动物地理区鸟类居留型

动物地理分布区	留鸟	夏候鸟	冬候鸟	旅鸟	迷鸟	合计
淮北平原区	38	39	34	117	2	230
江淮丘陵区	72	54	76	120	3	325
沿江平原区	65	50	87	91	4	297
大别山区	81	58	51	55	0	245
皖南山地丘陵区	113	60	56	40	0	269

表 11-3 安徽 5 个动物地理区繁殖鸟地理型

动物地理区	东洋界	古北界	广布种	合计
淮北平原区	18（23.38%）	17（22.08%）	42（54.55%）	77
江淮丘陵区	53（42.06%）	23（18.25%）	50（39.68%）	126
沿江平原区	48（41.74%）	20（17.39%）	47（40.87）	115
大别山区	62（44.60%）	26（18.71%）	51（36.69%）	139
皖南山地丘陵区	92（53.18%）	25（14.45%）	56（32.37%）	173

江西省特殊和良好的地理环境，造就了鄱阳湖、遂川鸟道和婺源等的重要鸟类栖息地，使得江西省具有丰富的鸟类多样性。新中国成立前，主要是一些外国人对江西南昌和赣北部分地区的鸟类略有记载。新中国成立后，我国学者也开始陆续对江西一些地区的鸟类进行了调查，例如，周亚开等（1981）报道庐山夏季鸟类有 84 种；李小惠和梁启华（1985）报道了江西南部鸟类有 106 种；傅道言（1988）报道了江西靖安县的夏季鸟类有 69 种。关于江西全省的鸟类多样性也一直在更新。最早刘世平报道江西有鸟类 358 种（刘世平，1994）。之后郑光美在《中国鸟类分类与分布名录》中记录江西鸟类有 361 种（郑光美，2005）。黄族豪等在 2010 年对江西的鸟类进行了重新统计和分析，其结果表明江西省有鸟类 480 种，隶属 19 目 72 科（黄族豪等，2010）。黄慧琴等（2016）结合对部分区域的实地调查结果，同时对与过去分布存在较大差异的物种通过与保护区工作人员、数据发表人员等验证核实，剔除存疑物种，以《中国鸟类分类与分布名录》（第二版）为分类依据，对江西鸟类又进行了一次更新，其结果显示江西鸟类共有 497 种，隶属于 19 目 75 科。2018 年，曾南京等以《中国鸟类分类与分布名录》（第三版）为分类系统，形成了最新的江西省鸟类名录。其结果表明江西省鸟类有 22 目 84 科 280 属 570 种，其中 259 种为古北种，187 种为东洋种，124 种为广布种；有国家一级重点保护野生鸟类 12 种，国家二级重点保护野生鸟类 81 种，江西省重点保护鸟类 97 种；中国特有种 15 种。

江苏鸟类资源在我国鸟类学研究的初期就得到了较高的关注。新中国成立前，江苏的鸟类研究主要是对江苏鸟类区系的基础调查，对鸟类形态的描述等。新中国成立后，我国鸟类学家在国外学者研究的基础上，核对标本，纠正错误，增补新记录，对江苏全省鸟类的物种组成、季节分布、生境分布、迁徙动态等方向展开了不同程度和范围的调查（费宜玲，2011）。郑作新在 1955 年及 1958 年出版的《中国鸟类分布目录》中首次较全面地收集和分析了全国鸟类的分布，其中就有涉及江苏鸟类物种的分布信息（郑作新，1955，1958a）。据 1987 年统计，江苏分布有鸟类 406 种（郑作新，1987）。1988 年，由南京林业大学周世锷先生整理的《江苏省鸟类名录》（内部资料）中包含 448 种。2005 年，郑光美在《中国鸟类分类与分布名录》中记录江苏鸟类为 425 种；《江苏省志·生物志·动物篇》记载江苏有鸟类 432 种（江苏省地方志编纂委员会，2005）。2011 年，费宜玲较全面地总结了江苏鸟类物种多样性及地理分布格局研究工作，经实地野外调查记录到江苏鸟类 326 种，并参阅文献确定有分布的鸟类 108 种，指出尚待确定的物种有 33 种（费宜玲，2011）。但由于近年来鸟类分类系统发生变化，种和亚种修正较多；且时隔多年，环境气候变化等，江苏省内鸟类物种消失和新的分布记录均有出现。2015 年，鲁长虎对江苏省历年来野外专项调查的鸟类分布情况进行了统计分析，对江苏鸟类进行了一个阶段性总结；在其编著的《江苏鸟类》一书中，共记录鸟类 447 种，隶属 18 目 73 科，并对每种鸟类在江苏的分布和种群情况进行了分析，附录了《江苏省鸟类名录》（鲁长虎，2015）。2015 年之后，亦不断有新的鸟类分布记录被报道，使江苏鸟类名录不断得到补充。

上海地区近代鸟类学研究历史可追溯至开埠之初的 1843 年。19 世纪中叶至 20 世纪初，上海自然博物馆的前身——徐家汇博物院（后更名为震旦博物院）和亚洲文会等一批研究机构相继建立。以外国传教士为主的研究人员开始对包括鸟类学在内的自然科学进行系统研究，发表了一系列著作，其中以 1906 年拉图什（La Touche）发表在亚洲文会会刊上的《上海博物苑鸟类标本名录》最为著名，是上海地区最早的科学鸟类记录。新中国成立后，复旦大学李致勋等（1959）在《动物学报》发表《上海鸟类调查报告》，记录了上海地区鸟类 20 目 52 科 141 属共 280 种。1993 年复旦大学黄正一等发表了《上海鸟类资源及其生境》一书，记录上海鸟类 19 目 58 科 178 属共 379 种（黄正一等，1993）。2011 年，复旦大学蔡音亭等系统整理历史资料，修订上海鸟类记录名录，共记录鸟类 20 目 70 科 438 种（蔡音亭等，2011）。近年来，上海的鸟类记录统计工作逐渐由鸟类爱好者社会团体承担，截至 2021 年，上海地区共记录到鸟类 22 目 79 科 245 属 506 种（上海野鸟会，2021）。进入 21 世纪，上海鸟类学及鸟类生态学研究逐渐从关注鸟类种类转向鸟类适应机制研究，如城市化对鸟类群落的影响机制（葛振鸣等，2005；李必成等，2020）、鸟类迁徙机制（田波等，2008）、鸟类疫源疫病防控（朱竞翔等，2019）等。

浙江鸟类的研究早期也是由 Robert Swinhoe 等国外学者开展的，其中多数标本被偷运至国外。新中国成立前，国内的寿振黄教授曾对浙江的鸟类进行过研究，共记录鸟类 179 种。新中国成立后，有钱国桢、周本湘、诸葛阳等对浙江的鸟类开展了研究，但大多集中于某一区域（朱曦和杨春江，1988）。虞快等对浙江鸟类作了长期广泛的采集，发表了《浙江鸟类之研究》，记录了 330 种（包括亚种）（虞快等，1983）。朱曦和杨春江（1988）更是对浙江全省范围的鸟类资源进行了调查，记录了鸟类 410 种（包括亚种）。2012 年陈水华等在整理已发表文献的基础上，对浙江鸟类名录进行了更新，共记录鸟类 483 种 24 亚种（陈水华等，2012）。2019 年，章旭日等在核定近年新增鸟类物种的基础上，按照最新的鸟类分类体系对浙江鸟类名录进行了更新，记录鸟类 22 目 87 科 266 属 519 种及亚种（章旭日等，2019）。

福建的鸟类，早期曾有国外学者 David、Gee、La Touche、Caldwell 等涉足采集和研究。此后，国内的不少学者也开展了研究，唐兆和等（1996）在总结前人研究工作的基础上，报道了福建的 546 种和亚种，并分析了其区系而对省内的武夷山、红树林等重点区域更是开展了多年的研究（郑作新等，1981；宋晓军和林鹏，2002；周放等，2010）。随着民间观鸟活动的兴起，有更多鸟类被观测记录到，2018 年，福建省观鸟协会在综合多年观鸟记录的基础上发表了《福建鸟类图鉴》，收录鸟类 22 目 83 科 500 种（杨金，2018）。2020 年，福建湿地保护中心在综合多年观鸟记录的基础上重新对鸟类进行了统计，共记录到鸟类 23 目 92 科 591 种（周冬良，2020）。

2. 华中区鸟类特点

本区气候温暖而湿润，是中国热量条件优越，雨水丰沛的地区；冬季气温虽较低，但并无严寒，没有明显的冬季干旱现象；春季相对多雨；夏季则高温高湿，降水充沛；秋季天气凉爽，常有干旱现象；冬夏季交替显著，具明显的亚热带季风气候特点。

在本区的北部，即秦岭地区，处亚热带与温暖带气候与植被的过渡地带，受其影响，鸟类的水平分带亦具过渡的特点，从北向南，北方种类逐渐减少，南方种类逐渐增多，如在商洛地区的南部，东洋界种类即占主要地位，表明该地已进入东洋界范围（闵芝兰和陈服官，1983）。

秦岭以南秦巴—米仓山地，在低山带以东洋界鸟类为主，山地不高时，东洋界种类虽减少，但始终占主要地位（余志伟等，1986），山地较高时，则具过渡性质；高山针叶林带以上，即以古北界种类为主（郑光美，1962）。在位于更南的金佛山，山地不高，则从山脚至山顶矮林草甸，均以东洋界种类为主（邓其祥等，1980）。

处于南部的贵州高原部分，西南部与华南区西部毗连，西部与西南区相连，故鸟类区系在黔西南倾向于华南区，黔东地区倾向于本区的东部亚区，黔西地区则倾向于西南区（吴至康等，1986）。本亚区内，天然森林破坏严重，主要景观为农耕及次生林灌所取代，典型森林鸟类贫乏，而于村落农田环境相联系的种类，成为优势，随人类活动的强度增大，鸟类的种类及数量亦有相应的改变（吴先智，1988）。与东部亚区相比，本亚区天然湖沼极少，仅有的贵州草海成为十分重要的水禽、涉禽和其他鸟类的栖息地，据调查有 110 种，为贵州鸟类总数的 21.4%。青藏高原上特有的黑颈鹤，冬季迁此越冬（吴至康和李若贤，1985）。

11.2.2 鸟类物种组成

2011～2020 年，观测共记录繁殖期鸟类 619 种鸟类，共 784 747 只，隶属于 20 目 78 科，其中雀形目鸟类最多，有 43 种，占总鸟种的 55.1%，其中国家一级重点保护野生动物 8 种：白颈长尾雉、白头鹤、东方白鹳、黄腹角雉、灰腹角雉、金雕、中华秋沙鸭、朱鹮。由于条件受限，未识别鸻鹬类 118 只，未识别鸥类 90 只，未识别雁鸭类 15 只（图 11-4，图 11-5，表 11-4）。

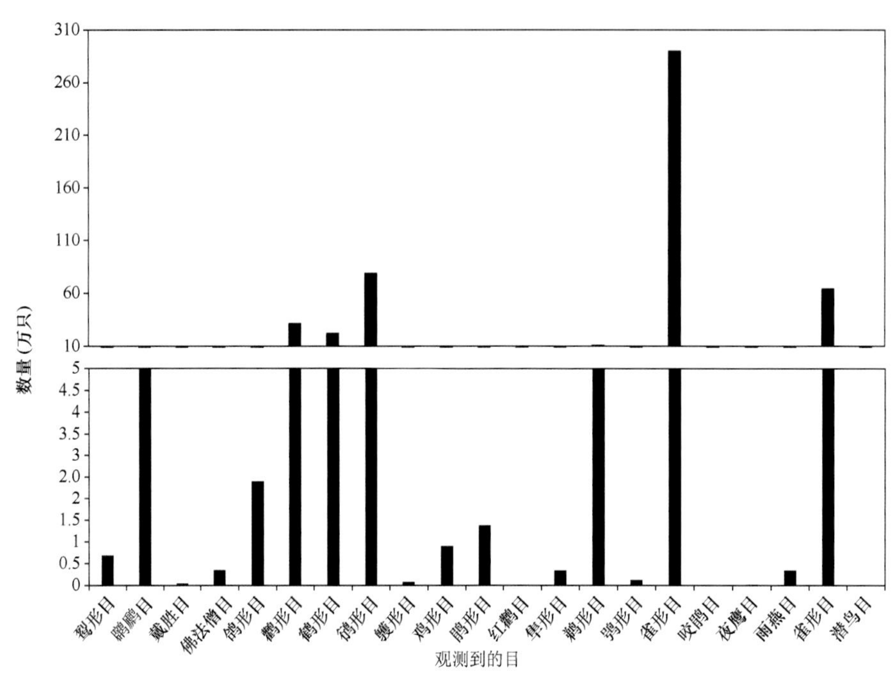

图 11-4　华中区 2011～2020 年观测到的鸟类物种组成

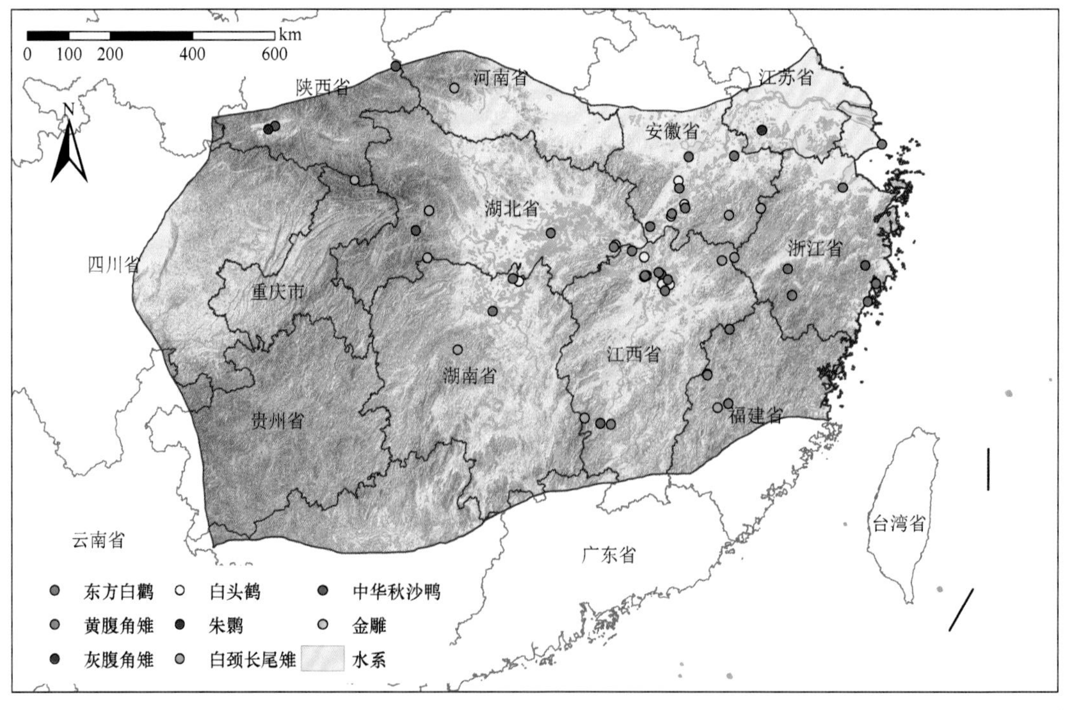

图 11-5　华中区 2011～2020 年繁殖期国家一级重点保护野生鸟类分布图

表 11-4 华中区 2011～2020 年繁殖期鸟类物种组成

目名	科名	数量	目名	科名	数量
䴕形目 Piciformes	拟䴕科 Capitonidae	1 232	雀形目 Passeriformes	鹎科 Pycnonotidae	103 838
	拟啄木鸟科 Megalaimidae	1 216		伯劳科 Laniidae	5 921
	啄木鸟科 Picidae	4 386		戴菊科 Regulidae	221
䴙䴘目 Podicipediformes	䴙䴘科 Podicipedidae	3 518		鸫科 Turdidae	34 213
戴胜目 Upupiformes	戴胜科 Upupidae	389		河乌科 Cinclidae	1 127
佛法僧目 Coraciiformes	翠鸟科 Alcedinidae	2 224		花蜜鸟科 Nectariniidae	2 691
	蜂虎科 Meropidae	509		画眉科 Timaliidae	86 672
	佛法僧科 Coraciidae	337		黄鹂科 Oriolidae	1 529
鸽形目 Columbiformes	鸠鸽科 Columbidae	23 903		鹡鸰科 Motacillidae	13 657
鹳形目 Ciconiiformes	鹳科 Ciconiidae	39		鹪鹩科 Troglodytidae	38
	鹮科 Threskiornithidae	145		卷尾科 Dicruridae	9 637
	鹭科 Ardeidae	57 122		盔鵙科 Prionopidae	28
鹤形目 Gruiformes	鹤科 Gruidae	11		阔嘴鸟科 Eurylaimidae	4
	三趾鹑科 Turnicidae	3		椋鸟科 Sturnidae	35 616
	秧鸡科 Rallidae	5 954		柳莺科 Phylloscopidae	689
鸻形目 Charadriiformes	彩鹬科 Rostratulidae	83		梅花雀科 Estrildidae	6 345
	反嘴鹬科 Recurvirostridae	875		攀雀科 Remizidae	51
	鸻科 Charadriidae	2 332		雀科 Passeridae	59 970
	鸥科 Laridae	505		山椒鸟科 Campephagidae	6 307
	水雉科 Jacanidae	27		山雀科 Paridae	36 403
	燕鸻科 Glareolidae	54		扇尾鹟科 Rhipiduridae	3
	燕鸥科 Sternidae	3 125		扇尾莺科 Cisticolidae	5 171
	鹬科 Scolopacidae	2 095		䴓科 Sittidae	240
	贼鸥科 Stercorariidae	4		王鹟科 Monarchinae	288
鹱形目 Procellariiformes	海燕科 Hydrobaditae	15		鹟科 Muscicapidae	5 374
鸡形目 Galliformes	松鸡科 Tetraonidae	2		鹀科 Emberizidae	4 336
	雉科 Phasianidae	8 952		绣眼鸟科 Zosteropidae	7 294
鹃形目 Cuculiformes	杜鹃科 Cuculidae	13 694		鸦科 Corvidae	47 636
隼形目 Falconiformes	鹗科 Pandionidae	4		鸦雀科 Paradoxornithidae	31 062
	隼科 Falconidae	278		岩鹨科 Prunellidae	3
	鹰科 Accipitridae	3 023		燕鵙科 Artamidae	56
鹈形目 Pelecaniformes	鸬鹚科 Phalacrocoracidae	22		燕科 Hirundinidae	43 770
鸮形目 Strigiformes	鸱鸮科 Strigidae	1 241		燕雀科 Fringillidae	15 531
雁形目 Anseriformes	鸭科 Anatidae	2 836		叶鹎科 Chloropseidae	101
咬鹃目 Trogoniformes	咬鹃科 Trogonidae	18		莺科 Sylviidae	43 318
夜鹰目 Caprimulgiformes	夜鹰科 Caprimulgidae	136		噪鹛科 Leiothrichidae	952
雨燕目 Apodiformes	雨燕科 Apodidae	3 363		长尾山雀科 Aegithalidae	30 046
雀形目 Passeriformes	八色鸫科 Pittidae	160		啄花鸟科 Dicaeidae	131
	百灵科 Alaudidae	423			

观测共记录越冬期鸟类 218 种鸟类，共 4 316 923 只，隶属 16 目 52 科，其中雁形目鸟类数量最多（2 896 069 只），占总鸟种的 67.09%。国家一级重点保护野生动物 8 种：白鹤、白头鹤、丹顶鹤、东方白鹳、黑鹳、遗鸥、中华秋沙鸭、朱鹮。由于条件受限，未识别鸻鹬类 31 794 只，未识别鸥类 926 只，未识别雁鸭类 250 186 只（图 11-6，表 11-5）。

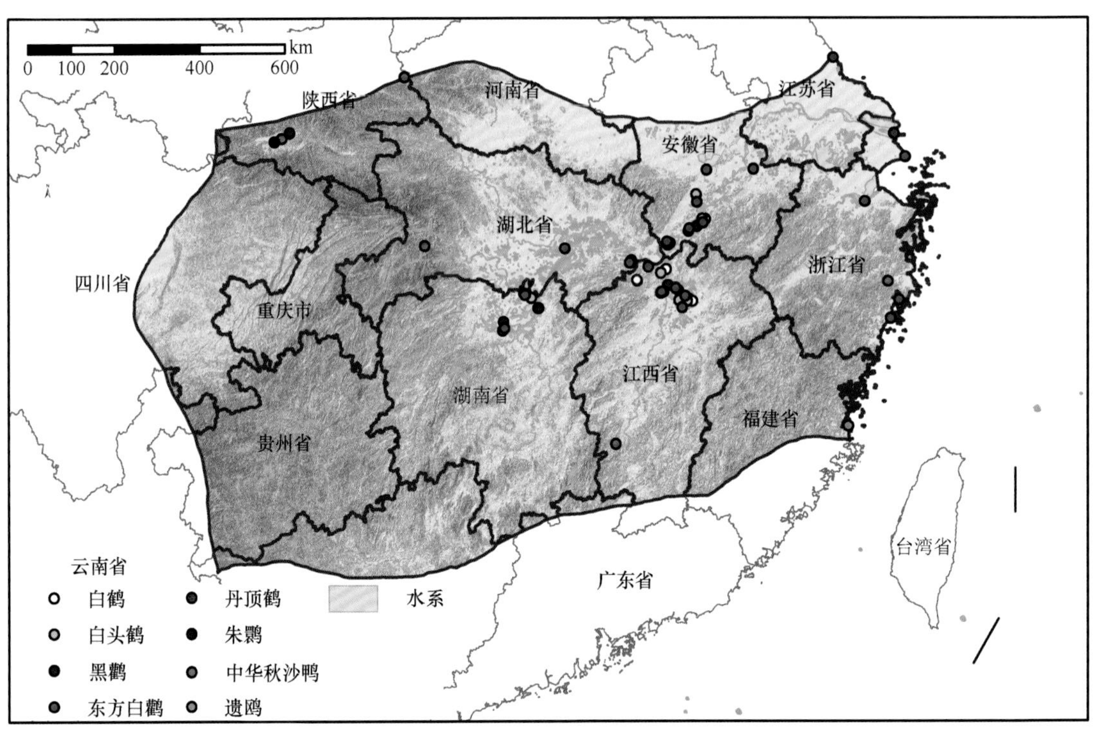

图 11-6　华中区 2011～2020 年越冬期国家一级重点保护野生鸟类分布图

表 11-5　华中区 2011～2020 年越冬期鸟类物种组成

目名	科名	数量	目名	科名	数量
䴕形目 Piciformes	啄木鸟科 Picidae	2	雀形目 Passeriformes	绣眼鸟科 Zosteropidae	65
䴙䴘目 Podicipediformes	䴙䴘科 Podicipedidae	60 551		椋鸟科 Sturnidae	279
佛法僧目 Coraciiformes	翠鸟科 Alcedinidae	409		鸫科 Turdidae	86
鸽形目 Columbiformes	鸠鸽科 Columbidae	42		鹡鸰科 Motacillidae	340
鹳形目 Ciconiiformes	鹳科 Ciconiidae	25 700		鸦科 Corvidae	384
	鹭科 Ardeidae	119 089		鹎科 Pycnonotidae	55
	鹮科 Threskiornithidae	108 920		梅花雀科 Estrildidae	31
鹤形目 Gruiformes	秧鸡科 Rallidae	160 089		花蜜鸟科 Nectariniidae	2
	鹤科 Gruidae	55 246		扇尾莺科 Cisticolidae	58
鸻形目 Charadriiformes	燕鸥科 Sternidae	4 572		山雀科 Paridae	5
	鹬科 Scolopacidae	281 965		河乌科 Cinclidae	1
	海雀科 Alcidae	88		画眉科 Timaliidae	13
	反嘴鹬科 Recurvirostridae	158 129		长尾山雀科 Aegithalidae	14
	鸻科 Charadriidae	76 921		鹀科 Emberizidae	20
	鸥科 Laridae	243 650		莺科 Sylviidae	5
	鹮嘴鹬科 Ibidorhynchidae	33		燕科 Hirundinidae	23

续表

目名	科名	数量	目名	科名	数量
	蛎鹬科 Haematopodidae	12 348		雀科 Passeridae	226
	燕鸻科 Glareolidae	2		百灵科 Alaudidae	38
	水雉科 Jacanidae	7		攀雀科 Remizidae	72
红鹳目 Phoenicopteriformes	红鹳科 Phoenicopteridae	18		伯劳科 Laniidae	50
鹱形目 Procellariiformes	鹱科 Procellariidae	765		鸦雀科 Paradoxornithidae	112
鸡形目 Galliformes	雉科 Phasianidae	9	隼形目 Falconiformes	鹰科 Accipitridae	64
潜鸟目 Gaviiformes	潜鸟科 Gaviidae	5		鹗科 Pandionidae	24
鹈形目 Pelecaniformes	鹈鹕科 Pelecanidae	326		隼科 Falconidae	29
	鸬鹚科 Phalacrocoracidae	109 956	雁形目 Anseriformes	鸭科 Anatidae	2 896 069
	燕雀科 Fringillidae	16			

区系组成上，繁殖期调查的鸟类以东洋界为主（279 种，40.09%），古北界 204 种，广布种 213 种，分别占 29.31%和 30.60%。本次越冬期调查的鸟类以古北界为主（148 种，55.43%），其次东洋界 38 种，广布种 81 种，分别占 14.23%和 30.34%（表 11-6，表 11-7）。

表 11-6 华中区繁殖鸟类居留型与区系组成

区系	留鸟	夏候鸟	冬候鸟	旅鸟	迷鸟	总计	百分比（%）
东洋种	176	53	2	47	1	279	40.09
古北种	43	18	54	86	3	204	29.31
广布种	91	59	36	25	2	213	30.60
总计	310	130	92	158	6	696	100.00
百分比（%）	44.54	18.68	13.22	22.70	0.86	100.00	

表 11-7 华中区越冬鸟类居留型与区系组成

	留鸟	夏候鸟	冬候鸟	旅鸟	迷鸟	总计	百分比（%）
东洋种	21	7	0	10	0	38	14.23
古北种	9	3	64	70	2	148	55.43
广布种	29	15	20	17	0	81	30.34
总计	59	25	84	97	2	267	100.00
百分比（%）	22.10	9.36	31.46	36.33	0.75	100.00	

居留型组成上，繁殖期调查的鸟类以留鸟为主（310 种，占 44.54%），冬候鸟 92 种，夏候鸟 130 种，旅鸟 158 种，分别占 13.22%、18.68%和 22.70%。越冬期调查的鸟类以旅鸟为主（97 种，占 36.33%），留鸟 59 种，冬候鸟 84 种，夏候鸟 25 种，分别占 22.10%、31.46%和 9.36%（表 11-6，表 11-7）。

结合历年观测数据和有关历史资料（鲁长虎，2015；郑光美，2017；阙品甲等，2020；刘阳和陈水华，2021），整理得到华中区共有鸟类 807 种，隶属 23 目 98 科（附表 I ）。这其中有国家重点保护野生动物 194 种，包括国家一级重点保护野生动物有黄腹角雉、白冠长尾雉、白颈长尾雉等 42 种，国家二级重点保护野生动物有白眉山鹧鸪、勺鸡等 151 种；有中国生物多样性红色名录受威胁物种 72 种，包括极危的青头潜鸭、白头硬尾鸭、白鹤、勺嘴鹬、中华凤头燕鸥、黑头白鹮和蓝冠噪鹛 7 种，濒危的黄腹角雉、白冠长尾雉、棉凫等 29 种，易危的白眉山鹧鸪、鸿雁、金雕等 36 种；IUCN 红色名录受威胁物种 52 种。

11.2.3 鸟类新记录

2011 年以来，在华中区共记录到新分布鸟类 139 种，其中江苏位于华中区的范围内共记录 12 种，上海共记录 14 种，浙江共记录 15 种，福建记录 2 种，江西记录 13 种，安徽位于华中区的范围内记录 17 种，河南位于华中区的范围内记录 16 种，湖北记录 21 种，湖南记录 24 种，陕西位于华中区的范围内记录 16 种，重庆记录 3 种，贵州位于华中区的范围内记录 9 种，广西位于华中区的范围内记录白冠长尾雉 1 种（表 11-8）。

表 11-8　2011 年以来华中区鸟类省级及以上新记录

新记录鸟种*	时间	位置或地理坐标	生境类型	参考文献
剑鸻 *Charadrius hiaticula*	2016.4；2019.4	江苏张家港市长江沿岸；浙江宁波市	沿江滩涂、内塘	杨再玺等，2018；钱程等，2019
铜蓝鹟 *Eumyias thalassinus*	2016.12	江苏张家港市双山岛	乔木林间	黄旖琪等，2019
长尾贼鸥 *Stercorarius longicaudus*	2016.9	江苏东台方塘河口	河口上空	章麟等，2019
白颈长尾雉 *Syrmaticus ellioti*	2016.3	江苏宜兴林场和溧阳龙潭林场	林地	丁晶晶等，2017a
黑枕王鹟 *Hypothymis azurea*	2019.5	江苏大丰麋鹿国家级自然保护区	乔木林	陈泰宇等，2020
栗腹歌鸲 *Larvivora brunnea*	2019.5	江苏大丰麋鹿国家级自然保护区	乔木林	陈泰宇等，2020
白鹇 *Lophura nycthemera*	2016.3；2016.10～11	江苏宜兴林场和溧阳龙潭林场	乔木林	丁晶晶等，2017b
棕脸鹟莺 *Abroscopus albogularis*	2013.4；2017.4	江苏南京市老山；上海南汇东滩	乔木林	施宏亮等，2018；周延等，2019
赤红山椒鸟 *Pericrocotus flammeus fohkiensis*	2019.12	江苏无锡市梅园	乔木	金柏慧等，2020
白顶玄燕鸥 *Anous stolidus*	2019.8	江苏张家港市六干河	河流	邓郁，2020
雪鹀 *Plectrophenax nivalis*	2012.11	江苏如东县小洋口	地面	程嘉伟等，2014
白眶鹟莺 *Seicercus affinis intermedius*	2013.4	上海南汇东滩		施宏亮等，2018
冠纹柳莺 *Phylloscopus claudiae*	2013.4	上海南汇东滩		施宏亮等，2018
绿背姬鹟 *Ficedula elisae*	2013.4；2010～2011；2019.10；2013.9	上海崇明东平森林公园；江西井冈山；湖南长沙市烈士公园；湖北武汉市珞珈山	阔叶林	赵健等，2012；施宏亮等，2018；雷进宇和张虹旋，2020；胡珂等，2021
褐胸鹟 *Muscicapa muttui*	2013.5；2013.7	上海南汇东滩；湖南石门县壶瓶山	常绿阔叶林	康祖杰等，2015；施宏亮等，2018
宝兴歌鸫 *Turdus mupinensis*	2013.9；2012.10	上海南汇东滩；安徽合肥市中国科技大学；江西官山保护区		侯银续等，2014；魏振华等，2015；施宏亮等，2018
漠䳭 *Oenanthe deserti*	2014.10	上海长兴岛		施宏亮等，2018
灰翅鸥 *Larus glaucescens*	2015.1	上海陆家嘴		施宏亮等，2018
蛇雕 *Spilornis cheela*	2015.4	上海南汇东滩		施宏亮等，2018
赤嘴潜鸭 *Netta rufina*	2012.10	上海南汇		施宏亮等，2018
灰树鹊 *Dendrocitta formosae sinica*	2012.5	上海南汇东滩		施宏亮等，2018
黄臀鹎 *Pycnonotus xanthorrhous andersoni*	2008.6	上海南汇东滩		施宏亮等，2018
大红鹳 *Phoenicopterus roseus*	2019.1	上海崇明区东滩	浅水湿地	徐曦等，2019
日本绣眼鸟 *Zosterops japonicus*	2019.10	上海南汇东滩	槐树林	张笑磊等，2021
钩嘴林鵙 *Tephrodornis virgatus*	2019.2	浙江文成铜铃山	常绿阔叶林	温超然等，2020
大鹃鵙 *Coracina macei*	2016.10	浙江乌岩岭垟溪保护站	针阔混交林	郑方东等，2017
赭红尾鸲 *Phoenicurus ochruros*	2019.4	浙江象山韭山列岛保护区		丁鹏等，2020
日本领角鸮 *Otus semitorques*	2014.6；2011.5	浙江清凉峰保护区；河南董寨保护区	落叶阔叶林	章叔岩等，2015
小鸥 *Larus minutus*	2017.5	浙江丽水莲都区	溪流	田延浩等，2017
楔尾鹱 *Ardenna pacifica*	2018.7	浙江龙泉		吴丞昊等，2019a

续表

新记录鸟种*	时间	位置或地理坐标	生境类型	参考文献
加拿大雁 *Branta canadensis*	2016.10	浙江绍兴上虞区	沿海滩涂	吴丞昊等，2019b
绿翅金鸠 *Chalcophaps indica*	2018.1～8；2017.6	浙江苍南莒溪；湖南永州都庞岭保护区道县	乔木林	温超然等，2019
黑眉拟啄木鸟 *Psilopogon faber*	2016.6；2014.4	浙江遂昌神龙谷；福建南平芒砀山	针阔混交林	刘宝权等，2018；黄清山等，2015
棕腹大仙鹟 *Niltava davidi*	2017.6	浙江龙泉凤阳山	林下灌木丛	田延浩等，2018
冕雀 *Melanochlora sultanea*	2017.6	浙江龙泉凤阳山	针阔混交林	田延浩等，2018
斑背燕尾 *Enicurus maculatus*	2018.1	浙江乌岩岭保护区	溪流岸边	刘西等，2018
红脚鲣鸟 *Sula sula*	2016.6	浙江宁波市镇海	鱼塘	刘宝权等，2017
斑尾鹃鸠 *Macropygia unchall*	2014.7	浙江龙泉凤阳山-百山祖保护区	地面	李佳等，2016
灰翅鸫 *Turdus boulboul*	2019.5；2017.5；2015；2011.5	福建武夷山黄冈山；江西遂川南风面；河南内乡宝天曼保护区；湖南石门县壶瓶山	落叶阔叶林下、常绿阔叶林	钟平华等，2018；梁晖等，2020
彩鹮 *Plegadis falcinellus*	2017.2；2014.5；2017.9	江西鄱阳湖五星农场；河南罗山灵山镇；湖北武汉东西湖府河柏泉段	湖泊；水田	溪波等，2015a；卢萍等，2017；谢红钢等，2018
白斑军舰鸟 *Fregata ariel*	2011.11；2017.3	江西抚州廖坊水库；陕西洋县汉江大桥		余军林等，2012
云南柳莺 *Phylloscopus yunnanensis*	2010～2011	江西井冈山		赵健等，2012
橙头地鸫 *Zoothera citrina*	2017.6	江西武夷山篁碧保护站		郭洪兴等，2018
海南鳽 *Gorsachius magnificus*	2010.6	江西井冈山	河边	宋玉赞等，2011
蓝鹀 *Latoucheornis siemsseni*	2011.4	江西南昌青山湖	草地	张微微等，2013
蓝额红尾鸲 *Phoenicuropsis frontalis*	2019.1	江西永修滩溪镇	常绿阔叶林	刘涛等，2019
白尾蓝地鸲 *Myiomela leucurum*	2016.10	江西遂川营盘圩	针叶林	朱高栋等，2018
长尾鸭 *Clangula hyemalis*	2013.1	江西鹰潭龙虎山泸溪河	河流	孙志勇等，2018
北蝗莺 *Locustella ochotensis*	2009	安徽合肥中科大校园		侯银续等，2013b
白鹈鹕 *Pelecanus onocrotalus*	2010.10；2016.9	安徽安庆、池州；江苏盐城珍禽保护区	湖泊	侯银续等，2013a；许鹏等，2017
白额鹱 *Calonectris leucomelas*	2011.11	安徽合肥蜀山湖水库	库塘	侯银续等，2012a
灰脸鵟鹰 *Butastur indicus*	2011.5	安徽岳西鹞落坪		侯银续等，2013c
叉尾太阳鸟 *Aethopyga christinae*	2017.8	安徽黄山牯牛降	常绿阔叶林	赵彬彬等，2018
松雀鹰 *Accipiter virgatus*	2011.7	安徽舒城高港镇		侯银续等，2012b
栗头鹟莺 *Seicercus castaniceps*	2015.4	安徽清凉峰保护区	落叶阔叶林	杨森等，2017
戴菊 *Phylloscopus proregulus*	2011.12	安徽合肥植物园		夏灿玮，2011
黑脸琵鹭 *Platalea minor*	2016.11	安徽安庆七里湖湿地	湖泊	赵凯等，2017
沙丘鹤 *Grus canadensis*	2015.12	安徽枞阳	水稻田	赵凯等，2017
黑雁 *Branta bernicla*	2017.1	安徽安庆菜子湖	湖泊	赵凯等，2017
黄眉姬鹟 *Ficedula narcissina narcissina*	2015.5	安徽合肥大蜀山森林公园	乔木林	赵凯等，2017
鳞头树莺 *Urosphena squameiceps*	2013.4	安徽马鞍山雨山湖公园	灌丛	赵凯等，2017
黑眉柳莺 *Phylloscopus ricketti*	2016.7	安徽石台仙寓山		赵凯等，2017
灰瓣蹼鹬 *Phalaropus fulicarius*	2013.9	河南南阳白河湿地公园	湿地	梁子安等，2014
灰眶雀鹛 *Alcippe morrisonia*	2015.1	河南内乡赤眉镇	灌丛	王庆合等，2016
流苏鹬 *Philomachus pugnax*	2018.4；2019.9	河南镇平；贵州贵阳机场		阮晓晖等，2019；刘强等，2021
白颊噪鹛 *Garrulax sannio*	2014.5～7	河南商城鲇鱼山保护区		胡焕富等，2017
黑翅鸢 *Elanus caeruleus*	2013.11	河南舞阳	农田	卜艳珍等，2014

续表

新记录鸟种*	时间	位置或地理坐标	生境类型	参考文献
淡脚柳莺 *Phylloscopus tenellipes*	2011.5	河南董寨保护区	灌丛	夏灿玮和林宣龙，2011
矛纹草鹛 *Babax lanceolatus*	2016.2	河南栾川抱犊寨		马朝红等，2017
蓝喉太阳鸟 *Aethopyga gouldiae*	2016.4	河南栾川抱犊寨		马朝红等，2017
棕胸岩鹨 *Prunella strophiata*	2016.4	河南栾川抱犊寨		马朝红等，2017
白喉林莺 *Sylvia curruca*	2013.11	河南董寨保护区	灌丛	溪波等，2015b
灰头鸫 *Turdus rubrocanus*	2018.9；2017.2	河南董寨保护区；江西靖安九岭山	灌丛	魏振华等，2018；石江艳等，2020
红胸啄花鸟 *Dicaeum ignipectus*	2013.7	河南栾川老君山		孙丹萍等，2016
北鹨 *Anthus gustavi*	2014.5	湖北潜江江汉油田附近	水稻田	陈德智和李少斌，2015
红胸姬鹟 *Ficedula parva*	2016.11	湖北武汉东湖苗圃	乔木	陈韬，2017
黄额鸦雀 *Paradoxornis fulvifrons*	2017.5	湖北兴山	高山竹林灌丛	罗磊等，2017
细嘴鸥 *Chroicocephalus genei*	2020.1	湖北鄂州梁子湖	湖泊	杨志锋等，2020
远东苇莺 *Acrocephalus tangorum*	2020.5	湖北武汉东湖开发区	芦苇丛	舒实等，2020
红嘴巨燕鸥 *Hydroprogne caspia*	2020.5	湖北武汉黄陂天兴洲	长江江滩	杨睿等，2021
鸥嘴噪鸥 *Gelochelidon nilotica*	2018.5	湖北武汉天兴洲		舒实等，2021
长尾地鸫 *Zoothera dixoni*	2019.1；2015.11	湖北宣恩七姊妹山保护区；湖南桑植八大公山保护区	针阔混交林	赵思远等，2020
白眉蓝姬鹟 *Ficedula superciliaris*	2019.6	湖北神农架	乔木	喻珺頔等，2020a
火冠雀 *Cephalopyrus flammiceps*	2017.3；2019.3	湖北兴山、神农架	乔木	喻珺頔等，2019
丽星鹩鹛 *Elachura formosa*	2017.4	湖北通城	林下灌丛	杨晓菁等，2019
褐冠山雀 *Parus dichrous*	2016.1-5	湖北神农架大龙潭	乔木林	刘三峡等，2016
小黑领噪鹛 *Garrulax monileger*	2015.8；2020.3	湖北兴山、神农架；陕西安康流水镇	乔木林	王冰鑫等，2016
小美洲黑雁 *Branta hutchinsii*	2015.11	湖北武汉东西湖府河	河流	雷进宇等，2016
红颈苇鹀 *Emberiza yessoensis*	2014.3；2014.3；2016.3	湖北荆州观音档长湖；湖南长沙大泽湖；安徽定远吴圩镇	油菜丛、稻田	陈德智李少斌，2014；石胜超等，2016
灰背伯劳 *Lanius tephronotus*	2011.7	湖北神农架坪阡村	落叶阔叶林	章波等，2013
紫翅椋鸟 *Sturnus vulgaris*	2011.12	湖南长沙橘子洲公园	乔木	唐梓钧等，2013
黑领椋鸟 *Sturnus nigricollis*	2011.12	湖南长沙橘子洲公园	草地	唐梓钧等，2013
峨眉柳莺 *Phylloscopus emeiensis*	2018.5	湖南石门县壶瓶山	乔木林	康祖杰等，2019
白眉棕啄木鸟 *Sasia ochracea*	2017.4	湖南道县双江镇	乔木	杨利勋等，2018
褐冠鹃隼 *Aviceda jerdoni*	2017.5	湖南石门县壶瓶山	空中飞行	白林壮等，2018
黑喉山鹪莺 *Prinia atrogularis*	2015.6	湖南桂东八面山	灌木丛	黄秦等，2016
白喉针尾雨燕 *Hirundapus caudacutus*	2013.9	湖南石门县壶瓶山主峰	空中飞行	康祖杰等，2014a
乌嘴柳莺 *Phylloscopus magnirostris*	2012.5	湖南石门县壶瓶山小溪	乔木林、灌丛	康祖杰等，2014a
长尾山椒鸟 *Pericrocotus ethologus*	2011.5	湖南石门县壶瓶山	落叶阔叶林	康祖杰等，2014b
灰蓝姬鹟 *Ficedula tricolor*	2012.4；2019.6	湖南石门县壶瓶山；湖北神农架	落叶阔叶林	康祖杰等，2014b；喻珺頔等，2020b
光背地鸫 *Zoothera mollissima*	2012.10	湖南石门县壶瓶山	常绿阔叶林	康祖杰等，2014b；喻珺頔等，2020b
点胸鸦雀 *Paradoxornis guttaticollis*	2010.11	湖南石门县壶瓶山	灌丛	康祖杰等，2014b；喻珺頔等，2020b
高山短翅莺 *Bradypterus mandelli*	2011.5	湖南石门县壶瓶山	灌草丛	康祖杰等，2014b；喻珺頔等，2020b
蓝喉仙鹟 *Cyornis rubeculoides*	2011.5	湖南石门县壶瓶山	常绿阔叶林	康祖杰等，2012
灰眉岩鹀 *Emberiza godlewskii*	2012.3	湖南石门县壶瓶山	乔木林	康祖杰等，2012

续表

新记录鸟种*	时间	位置或地理坐标	生境类型	参考文献
银脸长尾山雀 *Aegithalos fuliginosus*	2011.5	湖南石门县壶瓶山	落叶阔叶林	康祖杰等，2012
灰头鸦雀 *Paradoxornis gularis*	2011.3	陕西镇坪竹溪河	阔叶林	荣海和王卫东，2011
黑头奇鹛 *Heterophasia melanoleuca*	2011.12；2011.2	陕西镇坪化龙山保护区；湖北秭归	阔叶林	王卫东等，2012；马志广等，2012
小太平鸟 *Bombycilla japonica*	2013.3	陕西镇坪化龙山保护区	常绿阔叶林	吕建荣等，2013
小鸦鹃 *Centropus bengalensis*	2015.6	陕西汉中汉江桥闸	乔木	赵纳勋等，2016a
乌鹃 *Surniculus dicruroides*	2015.9	陕西汉中天爷庙巷	地面	赵纳勋等，2016a
红胸秋沙鸭 *Mergus serrator*	2016.10～12	陕西安康汉江	河流	陈建鹏等，2017
白腹隼雕 *Aquila fasciata*	2020.5	陕西白河麻虎镇		李夏等，2020
钳嘴鹳 *Anastomus oscitans*	2020.11	陕西洋县城关镇	河流	吴思等，2021
白眉林鸲 *Tarsiger indicus*	2017.6	陕西佛坪县	竹林	曾治高和巩会生，2018
角䴙䴘 *Podiceps auritus*	2016.11	陕西安康汉滨汉江段	河流	董荣等，2017
斑脸海番鸭 *Melanitta fusca*	2016.12	陕西安康汉滨汉江段	河流	董荣等，2017
棕腹杜鹃 *Cuculus nisicolor*	2014.7	陕西洋县长青保护区	落叶阔叶林	赵纳勋等，2016b
八声杜鹃 *Cacomantis merulinus*	2015.6	陕西洋县长青保护区	落叶阔叶林	赵纳勋等，2016b
黑腹滨鹬 *Calidris alpine*	2009.11；2016.11	重庆；陕西安康汉江	江边漫滩	匡高翔等，2011；董荣等，2017
林雕鸮 *Bubo nipalensis*	2018.8	重庆南川金佛山保护区	常绿阔叶林	赵贵军等，2019
肉垂麦鸡 *Vanellus indicus*	2017.10	重庆渝北江北机场	草坪	吴雪等，2019
灰冠鹟莺 *Seicercus tephrocephalus*	2011.7；2015.6	贵州宽阔水保护区；湖南桂东八面山	矮林	黄希等，2012
灰燕鵙 *Artamus fuscus*	2014.6	贵州茂兰保护区	农田	匡中帆等，2015
鸲姬鹟 *Ficedula mugimak*	2018	贵州贵阳	针阔混交林	张海波等，2019
长尾夜鹰 *Caprimulgus macrurus*	2018.10	贵州贵阳机场	机场	雷宇等，2019
黑眉苇莺 *Acrocephalus bistrigiceps*	2016	贵州锦屏县三江镇	灌丛	袁继林和袁继鹏，2017
淡绿鵙鹛 *Pteruthius xanthochlorus*	2017.5；2011.5；2015.5	贵州习水箐山森林公园；湖南石门县壶瓶山；安徽绩溪长安镇	阔叶林	张海波等，2018
鹰雕 *Nisaetus nipalensis*	2017.4	贵州习水	常绿阔叶林	穆君等，2018
白冠长尾雉 *Syrmaticus reevesii*	2020.5	广西乐业雅长保护区	常绿阔叶林	农易晓等，2021
红胸黑雁 *Branta ruficollis*	2011.1	四川广汉鸭子河保护区	河岸	顾海军等，2011
红颈瓣蹼鹬 *Phalaropus lobatus*	2011.9；2014.8	四川成都市；河南南阳市白河	河道	廖颖等，2012；韩雪梅等，2015
褐头鸫 *Turdus feae*	2012.4；2015.9	四川成都市四川大学西校区药用植物园；贵州宽阔水	乔木	巫嘉伟和杨宇，2012
大滨鹬 *Calidris tenuirostris*	2020.9	四川宜宾菜坝镇	河流	蒋先梅等，2021
中华攀雀 *Remiz consobrinus*	2020.3	四川泸县海潮镇	水稻田	沈雨默等，2021
栗尾姬鹟 *Ficedula ruficauda*	2016.4	四川成都市四川大学望江校区		朱磊等，2017
布氏苇莺 *Acrocephalus dumetorum*	2017.2	四川成都市五丁桥绿地	城市绿地	朱磊等，2017
长嘴半蹼鹬 *Limnodromus scolopaceus*	2012.1；2014.4	四川广汉湔江黄家埝河段；湖北武汉江夏汤逊湖千亩塘	河流、湖泊	雷进宇和张叔勇，2014；张俊等，2017
短尾贼鸥 *Stercorarius parasiticus*	2013.9	四川广汉湔江白马村河段	河流	雷进宇和张叔勇，2014；张俊等，2017

注：为保持原记录信息，标*号处的新记录鸟种中文名和拉丁名保持原文献中的名称。

11.3 观测样区设置

从 2011 年开始，共在华中区设置鸟类观测样区 128 个，包括 740 个样点，714 条样线。按照生境类型分为滨海湿地、城市、森林、长江中下游湿地。

繁殖期样区 85 个：其中湖北最多，有 11 个样区，安徽 9 个，福建 5 个，广西 4 个，贵州 9 个，河南 5 个，湖南 9 个，江苏 4 个，江西 10 个，陕西 4 个，上海 4 个，浙江 6 个，重庆 3 个，四川省最少，只有 2 个样区（图 11-7）。

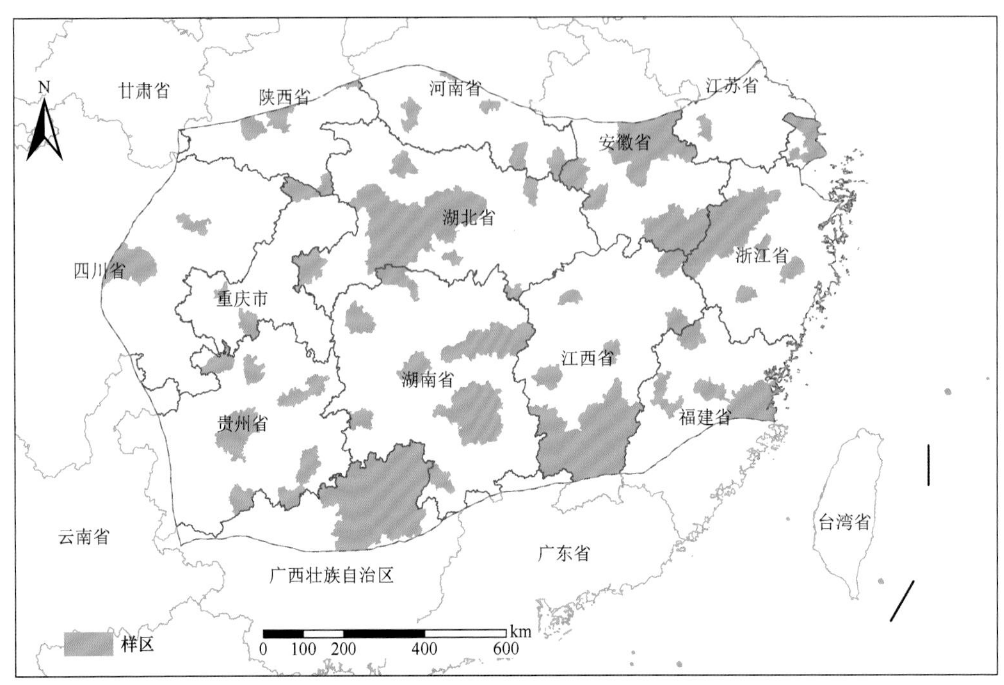

图 11-7　华中区 2011～2020 年繁殖期鸟类观测样区分布图

越冬期样区 53 个：安徽最多，10 个样区，贵州 1 个，湖北 8 个，江苏 7 个，江西 7 个，陕西 2 个，上海 4 个，四川 3 个，浙江 7 个，河南、福建、广西和重庆均只有 1 个样区（图 11-8）。

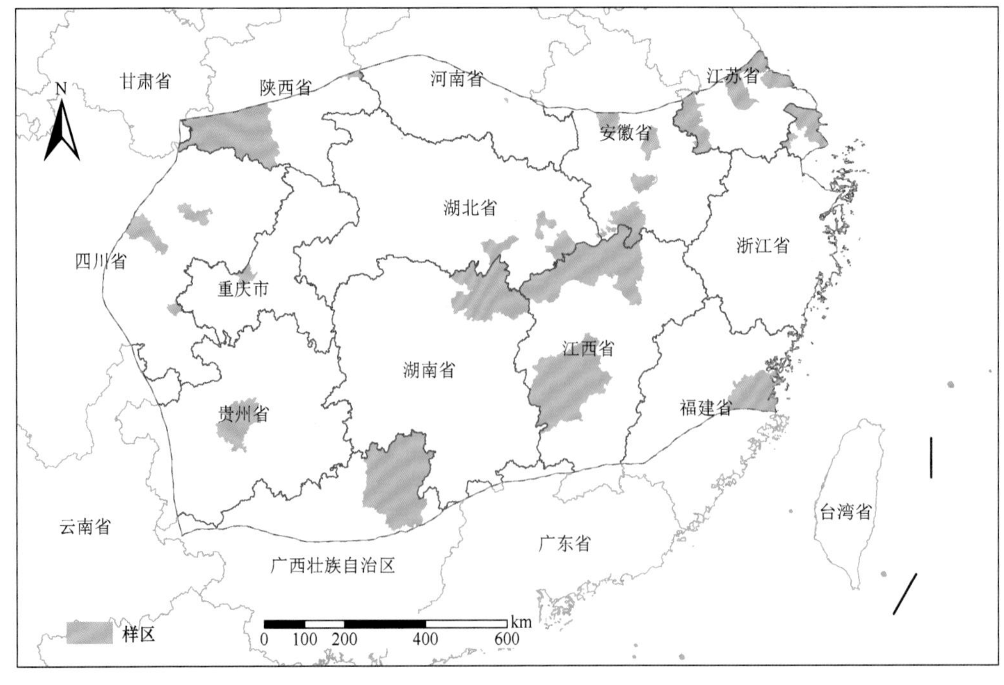

图 11-8　华中区 2011～2020 年越冬期鸟类观测样区分布图

11.4　典型生境中的鸟类多样性

11.4.1　长江中下游湿地

1. 生境特点

湖泊湿地是鸟类重要的栖息地，其特有的沿岸带、湖沼带生长着滩涂植物、挺水植物、浮水植物及沉水植物，不仅为鸟类提供适宜的营巢和庇护场所，而且还提供丰富的食物资源。湿地鸟类的丰富度和多样性能够反映湖泊生态系统中其他生物，如水生植物覆盖度、鱼类丰富度、底栖动物丰富度的变化。因此，湖泊湿地鸟类常作为湖泊生态系统重要的指示生物来评价湿地生境的质量。

鸟类多样性受多种因素影响。面积和干扰是影响某一区域鸟类多样性的重要因素，面积大的湿地能为鸟类提供更多栖息和觅食的微生境。同时，人为干扰如农业活动、土地利用改变了原有的生境结构，降低鸟类多样性。识别影响湿地鸟类多样性的因素对于湿地管理具有重要意义。

长江中下游流域泛指湖北宜昌以东的长江流域，北起秦岭、南至南岭、西通巴蜀、东抵黄海（地处 105°30′E～122°30′E，23°45′N～34°15′N），涉及江苏、浙江、安徽、江西、湖北、湖南、河南、陕西、上海等省市，区域总面积 776 321.83 km^2。

长江中下游流域河网纵横、湖泊分布广泛，湿地资源极其丰富，是亚洲重要的候鸟越冬地，被列为世界湿地和生物多样性保护热点区域。

2. 样区布设

长江中下游共设置 121 个样区，遍及安徽、福建、广西、贵州、河南、湖北、湖南、江苏、江西、陕西、上海、四川、浙江、重庆 14 个省及直辖市。共计 682 个样点，362 条样线。

3. 物种组成

长江中下游湿地繁殖期鸟类调查共记录 292 种鸟类，共 53 283 只，隶属 17 目 59 科，其中雀形目鸟类最多，有 29 种 26 215 只，占鸟类总个体数的 49.20%。由于条件受限，未识别鸻鹬类 14 只，未识别雁鸭类 6 只。

长江中下游湿地越冬期鸟类调查共记录 205 种鸟类，共 4 108 306 只，隶属 16 目 50 科，其中雁形目鸟类数量最多（2 683 727 只），占总鸟类总数量的 65.30%。本次调查由于条件受限，未识别鸻鹬类 30 734 只，未识别鸥类 600 只，未识别雁鸭类 235 627 只。

区系组成上，繁殖期调查的鸟类以东洋种为主（119 种，34.39%），古北种 123 种，广布种 104 种，分别占 35.55%和 30.06%。越冬期调查的鸟类以古北种为主（153 种，53.50%），东洋种 46 种，广布种 87 种，分别占 16.08%和 30.42%（表 11-9，表 11-10）。

表 11-9　长江中下游繁殖鸟类居留型与区系组成

分析项	留鸟	夏候鸟	冬候鸟	旅鸟	总计	百分比（%）
东洋种	66	32	0	21	119	34.39
古北种	15	12	38	58	123	35.55
广布种	38	37	10	19	104	30.06
总计	119	81	48	98	346	100.00
百分比（%）	34.39	23.41	13.87	28.33	100.00	

居留型组成上，繁殖期调查的鸟类以留鸟为主（119种，占34.39%），冬候鸟48种，夏候鸟81种，旅鸟98种，分别占13.87%、23.41%和28.33%。越冬期调查的鸟类以旅鸟为主（99种，占34.6%），留鸟57种，冬候鸟80种，夏候鸟48种，分别占19.93%、27.97%和16.78%，迷鸟2种，仅占0.70%（表11-9，表11-10）。

表11-10　长江中下游越冬鸟类居留型与区系组成

	留鸟	夏候鸟	冬候鸟	旅鸟	迷鸟	总计	百分比（%）
东洋种	21	15	0	10	0	46	16.08
古北种	9	11	61	70	2	153	53.50
广布种	27	22	19	19	0	87	30.42
总计	57	48	80	99	2	286	100.00
百分比（%）	19.93	16.78	27.97	34.62	0.70	100.00	

在长江中下游湿地中共记录到鸟类381种（附表Ⅱ），隶属21目75科。其中有国家重点保护野生动物67种，包括国家一级重点保护野生动物有青头潜鸭、中华秋沙鸭、白鹤等17种，国家二级重点保护野生动物有白鹇、鸿雁、小天鹅等50种；中国生物多样性红色名录受威胁物种26种，包括极危的青头潜鸭、白头硬尾鸭、白鹤和勺嘴鹬4种，濒危的棉凫、长尾鸭、中华秋沙鸭等12种，易危的鸿雁、小白额雁、大杓鹬等10种；IUCN红色名录受威胁物种25种。

（1）鄱阳湖越冬水鸟物种组成

2011年至2020年越冬期，鄱阳湖南矶湿地国家级自然保护区共记录鸟类50种，共192 050只，隶属8目13科，每年鸟类总数量为4998～33 053只。鸻形目种类最多（16种），雁形目次之（15种）；雁形目总数量最多（111 360只），鸻形目次之（46 913只）。

区系组成上，以古北界为主（33种），其次为广布种（15种），东洋种最少（2种），分别占66.0%、30.0%和4.0%。居留型组成上，以冬候鸟为主（36种，占72.0%），其次为留鸟（7种，占14.0%），旅鸟和夏候鸟均较少，分别为4种（8.0%）和3种（6.0%）（表11-11）。

表11-11　鄱阳湖南矶湿地国家级保护区鸟类居留型与区系组成

分析项	留鸟	夏候鸟	冬候鸟	旅鸟	总计	百分比（%）
东洋种	1	1	0	0	2	4.00
古北种	0	0	31	2	33	66.00
广布种	6	2	5	2	15	30.00
总计	7	3	36	4	50	100.00
百分比（%）	14.00	6.00	72.00	8.00	100.00	

4. 动态变化及多样性分析

（1）主要湖泊的鸟类多样性

对长江中下游开展观测的9省24个主要湖泊湿地鸟类多样性的分析表明，在香农-维纳多样性指数上，江西鄱阳湖（2.69）高于其他湖泊；Simpson指数上，安徽巢湖（0.58）明显高于其他湖泊；Pielou指数上，贵州贵阳市百花湖（0.83）高于其他湖泊。单位面积中，香农-维纳多样性指数最高的是安徽枫沙湖，Simpson优势度指数最高的是湖北泥湖，Pielou指数最高的是贵州贵阳百花湖（表11-12）。

表 11-12　长江中下游 2011～2020 年主要湖泊鸟类多样性

省份	样点	香农-维纳多样性指数（H'）	Simpson 优势度指数（D）	Pielou 均匀度指数（J）	面积（km^2）
安徽	枫沙湖	2.20	0.18	0.65	18.3
	白荡湖	2.31	0.15	0.63	57.8
	巢湖	1.14	**0.58**	0.30	2046
	大官湖	2.15	0.20	0.60	189
	黄湖	2.12	0.20	0.56	118
	泊湖	2.67	0.11	0.67	233.3
	升金湖	2.19	0.22	0.54	132.8
	瓦埠湖	2.38	0.15	0.66	32
	石臼湖	2.48	0.12	0.65	220
	武昌湖	2.30	0.21	0.60	102.5
贵州	阿哈水库	1.60	0.24	0.82	190
	百花湖	1.61	0.24	**0.83**	83
河南	宿鸭湖水库	1.14	0.53	0.36	4640
湖北	泥湖	1.32	0.31	0.39	15
	大汊湖	2.49	0.13	0.61	86.7
	龙感湖	1.92	0.22	0.47	420
湖南	洞庭湖	2.32	0.17	0.59	2625
江苏	石臼湖	2.48	0.12	0.65	220
	云湖	1.36	0.45	0.53	154
	洪泽湖	2.29	0.12	0.54	2069
江西	赤湖	2.47	0.13	0.68	68.9
	鄱阳湖	**2.69**	0.10	0.61	4125
上海	淀山湖	1.31	0.47	0.38	62
浙江	西湖	2.26	0.15	0.72	49

1）鄱阳湖的鸟类多样性

对鄱阳湖南矶湿地国家级自然保护区开展观测的 13 个样点鸟类多样性的分析表明，2011～2020 年从多样性指数上看，鄱阳湖南矶湿地国家级自然保护区香农-维纳多样性指数整体呈平稳上升趋势，个别年份略有波动；鄱阳湖南矶湿地国家级自然保护区 Pielou 均匀度指数整体呈平稳上升趋势，个别年份略有波动；鄱阳湖南矶湿地国家级自然保护区 Simpson 优势度指数在年间具有一定的波动，总体呈下降趋势，2012 年 Simpson 优势度指数最高（表 11-13）。

表 11-13　鄱阳湖 2011～2020 年鸟类多样性

年份	物种数	数量	香农-维纳多样性指数	Pielou 均匀度指数	Simpson 优势度指数
2011	27	4 998	2.74	0.58	0.22
2012	18	9 320	2.05	0.49	0.34
2013	25	20 623	3.35	0.72	0.12
2014	29	11 608	3.48	0.72	0.12
2015	30	22 617	3.15	0.64	0.20
2016	31	18 880	2.97	0.60	0.19
2017	33	22 856	3.61	0.72	0.12
2018	34	33 053	4.00	0.79	0.08
2019	33	25 574	4.00	0.79	0.08
2020	39	22 521	3.79	0.72	0.11

（2）动态变化

长江中下游鸟类群落物种数及总数量近 10 年整体上呈现一个递增的趋势，鸟类总数量 2011～2013 年略微下降，2013～2016 年平稳回升，2016～2018 年趋于平缓，2019 年激增，2020 年明显下降；鸟类物种数 2011～2018 年基本上呈递增趋势，2018～2020 年有所降低（图 11-9）。

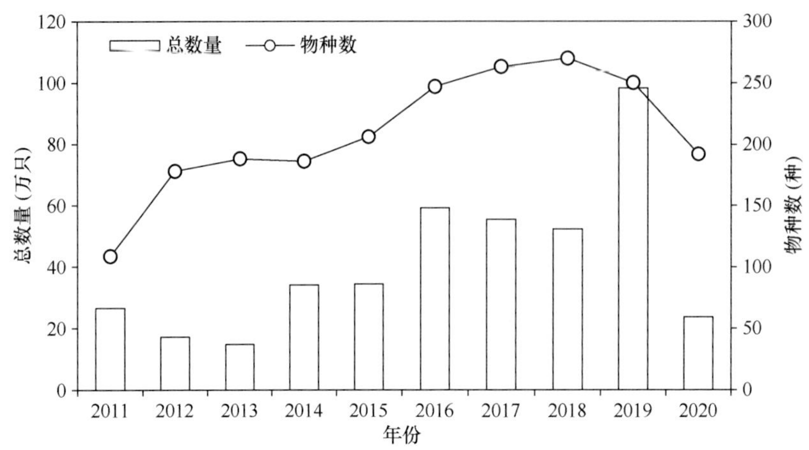

图 11-9　长江中下游湿地 2011～2020 年鸟类多样性变化

其中安徽样区（230 种，1 092 434 只）和江西样区（169 种，1 955 677 只）鸟类物种数和数量较多，分别占长江中下游鸟类总数量的 26.3%和 47.0%，可能是由于样区内湖泊较多，如升金湖、鄱阳湖等。

1）鄱阳湖鸟类动态变化

鄱阳湖南矶湿地国家级自然保护区鸟类群落物种数及总数量，在 2020 年种数最多，为 39 种；2012 年最少，为 18 种；总体年间鸟类种数呈上升趋势。从鸟类年际数量来看，鄱阳湖南矶湿地国家级自然保护区 2018 年数量最多，2011 年数量最少，2011～2020 年鸟类数量整体呈平稳上升趋势，个别年份略有波动（图 11-10）。

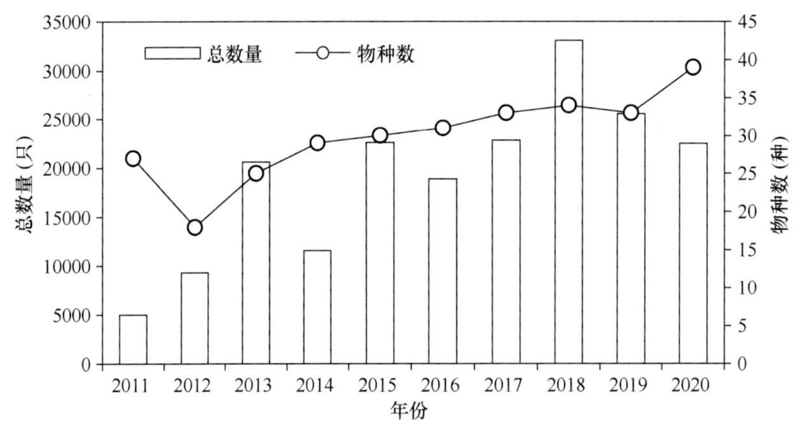

图 11-10　鄱阳湖 2011～2020 年鸟类多样性变化

5. 代表性物种

本次长江中下游生物多样性观测共记录到珍稀濒危种鸟类 9 种，分别为白头硬尾鸭、大杓鹬、丹顶鹤、东方白鹳、海南鳽、黑脸琵鹭、小青脚鹬、中华秋沙鸭、朱鹮。

优势种为豆雁（725 956 只，17.4%）、鸿雁（372 844 只，9.0%）、小天鹅（304 414 只，7.3%）、白额雁（299 987 只，7.2%）。

11.4.2 东海滨海湿地

1. 生境特点

滨海湿地作为特殊的一种湿地类型，陆健健等将其定义为：陆缘为含 60%以上湿生植物的植被区，水缘为海平面以下 6 m 的近海区域，包括江河流域中自然的或人工的，咸水的或淡水的所有富水区域（枯水期水深 2 m 以上的水域除外），不论区域类内的水是流动的还是静止的、间歇的还是永久的（陆健健，1996）。不同的地形、水热条件等在漫长的海岸线上造就了丰富的滨海湿地类型。我国滨海湿地总面积约 59 400 km^2，主要分布于沿海 11 省区（含直辖市）和港澳台地区。大陆海岸线长超 1.8 万 km，面积 500 m^2 以上的岛屿 6900 多个，面积超 8 万 km^2，发育岸线 1.4 万 km；面积 10 km^2 以上的海湾 160 个。滨海湿地以杭州湾为界，杭州湾以北除山东半岛、辽东半岛的部分地区为岩石性海滩外，多为沙质和淤泥质海滩，由环渤海滨海和江苏滨海湿地组成；杭州湾以南以岩石性海滩为主，主要河口及海湾有钱塘江－杭州湾、晋江口－泉州湾、珠江口河口湾和北部湾等。我国滨海湿地可分为盐沼湿地、潮间砂石海滩、潮间带有林湿地、基岩质海岸湿地、珊瑚礁、海草床、人工湿地、海岛（伍光和等，2008）。

华中区滨海湿地包括江苏南部、浙江、福建北部，并涵盖了上海所在的沿海湿地区域。

江苏东临黄海，海岸线从省境北端苏鲁交接到南段长江口北支长达 9539 km，由于 1128～1855 年黄河夺淮入海，在江河和海洋交互作用下，江苏滨海湿地资源丰富而独特。江苏有滨海湿地 10 623 km^2，主要包括近海与海岸湿地、人工湿地两大类。其中近海海岸湿地中的浅海水域密集，约 4449 km^2，遍布整个江苏沿海近海，南部沿海主要为淤泥质滩涂湿地；而滨海湿地区域内在长期利用和改造的过程中，除围垦为农业种植、港口或工业用地外，部分滨海湿地被开发为盐田、水产养殖场等人工湿地，虽然自然生态属性显著改变，但也为鸟类在迁徙季节提供了重要的觅食场（姚志刚等，2014）。

上海地理位置特殊，全市除西南部松江、金山等有 10 余座海拔都在百米以下的孤立小山外，其余均为长江泥沙堆积而成的典型低平冲积平原和河口沙洲，海拔仅 3～5 m。三面临水，滩涂湿地面积较大，主要包括沿江沿海滩涂及附近岛屿湿地和内陆河流湖泊湿地，总面积 2202 km^2。境内植物多为藻类植物、沼生植物、水生植物和高等海滨植物，此生境是迁徙鸟类和越冬鸟类的重要栖息地（高峻，1997）。

浙江濒临东海，海域辽阔，岛屿罗列，港湾众多，海岸线蜿蜒曲折长达 6514 km，滨海滩涂湿地资源非常丰富。由于北部濒临长江口，加上省内人口河流众多，海域丰富的泥沙来源为滨海滩涂湿地淤涨成陆创造了有利条件。浙江滨海滩涂湿地面积约 6294 km^2。浙江省内滨海湿地主要分布在河口地区、开敞式海岸和半封闭的海湾地区。浙江滩涂湿地开发利用历史悠久，是全国滩涂湿地开发利用的大省之一（潘桂娥，2009）。

据统计，福建滨海湿地总面积约 2598 km^2，其中天然湿地 2118 km^2，占滨海湿地总面积的 81.5%，人工滨海湿地面积约 480 km^2（李荣冠等，2014）。

华中区重点滨海湿地有：如东台条子泥、崇明东滩、崇明北湖、南汇东滩、杭州湾、温州湾、乐清湾、漩门湾等。这里是数以千万计的湿地鸟类南北迁徙的关键驿站，和其他滨海湿地一样，在全球鸟类生物多样性保护方面具有重要区位意义（Xia *et al.*，2017）。

2. 样区布设

华中区滨海湿地共设置 11 个样区（表 11-14），包括江苏南部、浙江、福建北部和上海等沿海区域，共计 6 条样线，58 个样点。样线中上海浦东新区开设时间最早，持续 10 年观测；而上海崇明区和江苏大

表 11-14　华中区滨海湿地样地布设情况

省份	样区位置	样线（样点）数量［条（个）］	观测年份	省份	样区位置	样线（样点）数量［条（个）］	观测年份
样线布设				江苏	大丰区	4	2011～2020
上海	浦东新区	1	2011～2020		东台市	6	2017～2020
	崇明区	4	2016～2020		如东县	12	2017～2020
江苏	大丰区	1	2016～2020	福建	福州市	8	2011～2020
样点布设				浙江	杭州湾	3	2011～2020
上海	宝山区	1	2011～2020		乐清湾	3	2011～2020
	崇明区	4	2011～2020		温州湾	6	2011～2020
	浦东新区	2	2011～2020		台州滨海	9	2011～2020

丰区两地 5 条样线均为 2016 年开始观测，持续 5 年。样点中除江苏部分样区外，其他省份（直辖市）均自 2011 年开始越冬鸟类观测。总体上样点和样线的布设覆盖了华中滨海地区主要湿地海岸，主要以淤泥质滩涂为主要生境类型。

3. 物种组成

东海滨海湿地共记录到鸟类 144 种（附表Ⅱ），隶属 13 目 37 科。其中有国家重点保护野生动物 41 种，包括中华秋沙鸭、丹顶鹤、白头鹤等国家一级重点保护野生动物 11 种，鸿雁、白额雁、鸳鸯等国家二级重点保护野生动物 30 种；生物多样性红色名录受威胁物种 17 种，包括极危的勺嘴鹬，濒危的中华秋沙鸭、丹顶鹤、白头鹤等 8 种，易危的鸿雁、小白额雁、大杓鹬等 8 种；IUCN 红色名录受威胁物种 13 种。

整个华中区滨海湿地区内以鸻形目种类最多，有 48 种，其次为雁形目（28 种）、雀形目（27 种）和鹈形目（14 种）。单科物种最丰富的是鸭科，有 28 种，其次是鹬科、鹭科和鸥科，分别有 27 种、11 种和 11 种。以上物种组成中，鸻形目鸟类多在淤泥质海滩觅食和活动，高潮时会到部分人工养殖塘中栖息；雁形目鸟类主要在浅海水域和部分大堤内水塘中栖息；鹳形目中的鹭科鸟类，常集群在杉木林中栖息和营巢，也会到河口、泥滩等觅食。本地区的优势物种与本区主要湿地类型相对应，淤泥质海滩、大堤内滩涂、湖泊等是最主要的鸟类栖息生境。

该区域的记录中水鸟有 117 种，占绝对优势，其中样线中的水鸟/陆鸟为 52/48，样点的水鸟/陆鸟为 107/38。

居留型方面，按主要居留型分，调查时间集中在越冬季（样点）和繁殖季（样线），因此越冬季以冬候鸟为主，繁殖季以留鸟占优。总体上冬候鸟种类最多，有 96 种，其次为留鸟，有 54 种，旅鸟和夏候鸟分别有 16 种和 14 种，另有迷鸟 2 种。

4. 动态变化及多样性分析

（1）观测结果

繁殖季的样线观测工作从 2011～2020 年共开展了 10 年，其中上海崇明区样区和江苏大丰区样区开展了 5 年调查。总样线数保持在 6 条以上，累计 10 年观测了 6 条样线。相应地，观测记录条数在 2018 年最多，有 300 条，2014 年最少，仅 1 条，共计记录了 1379 条记录。物种数也是随着记录增加而增长，在 2016 年记录到 61 种鸟类，为历年最高，其次为 2017 年，共计记录物种 58 种。记录数量方面则以 2018 年最多，共计 1999 只，平均每条样线记录个体数为 333 只，也为历年最高，其次较高的还有 2017 年和 2020 年，10 年共记录鸟类 7590 只次。

越冬季的样点调查工作起始于 2011 年，截至 2020 年，共调查了 10 个越冬季，其中持续时间最长的有上海 3 个样区（宝山区、崇明区和浦东新区）、江苏大丰区、福建福州市及浙江 4 个样区（杭州湾、乐清湾、温州湾和台州滨海）。样点数最早为 2011 年的 39 个，到 2017 年冬季增加到 69 个。记录条数也相应增长，从最初的 182 条增加至 2017 冬季的 716 条。物种数最高出现在 2017 年冬季，为 94 种，总体上也随着样点的增加而增多。2020 年冬季，鸟类记录数量最多为 72 652 只，是最初开展调查时（22 997 只）的近 3 倍，10 个越冬季共计记录鸟类 449 665 只次。

（2）多样性分析

对华中区滨海湿地开展冬季观测的4省11个样区鸟类多样性的分析表明，在香农-维纳多样性指数上，上海崇明区（2.21）高于其他地区；Simpson 优势度指数上，浙江乐清湾（0.69）明显高于其他地区；Pielou 均匀度指数上，上海崇明区（0.66）高于其他地区（表 11-15）。

表 11-15　华中区滨海湿地 2011～2020 年越冬鸟类多样性

省份	样点	香农-维纳多样性指数（H'）	Simpson 优势度指数（D）	Pielou 均匀度指数（J）
	宝山区	1.03	0.11	0.25
上海	崇明区	2.21	0.62	0.66
	浦东新区	1.99	0.48	0.46
江苏	大丰区	1.78	0.55	0.36
	东台市	1.85	0.63	0.58
浙江	如东县	1.95	0.64	0.55
	杭州湾	1.65	0.58	0.58
	乐清湾	2.15	0.69	0.48
	温州湾	2.01	0.61	0.52
福建	台州滨海	1.78	0.54	0.49
	福州市	1.88	0.60	0.46

（3）动态变化

从越冬鸟类水平看，华中区滨海湿地鸟类群落物种数及总数量近 10 年整体上呈现递增的趋势，鸟类总数量 2011～2013 年稍有波动，2013～2015 年有所下降，2015～2017 年平稳上升，2017～2020 年趋于平缓；鸟类物种数 2011～2018 年基本上呈递增趋势，2018～2020 年有所降低（图 11-11）。

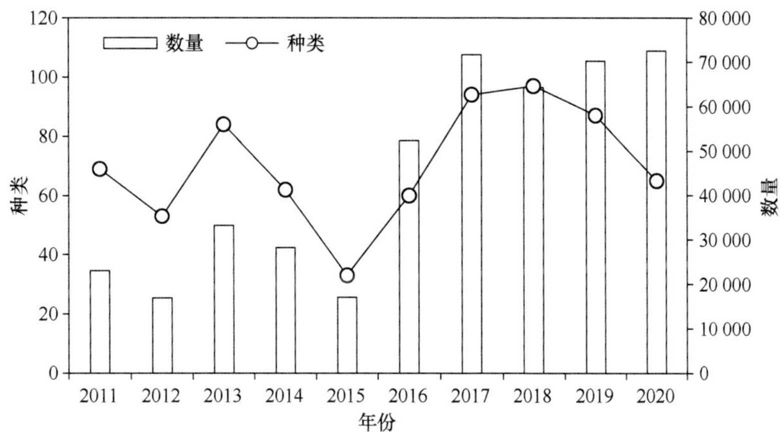

图 11-11　华中区滨海湿地 2011～2020 年越冬鸟类多样性变化

5. 代表性物种

优势种方面，在越冬季分布最广泛的包括白鹭、苍鹭、小䴙䴘、斑嘴鸭、白腰杓鹬和白骨顶等 6 种，在华中区 11 个样区均有记录，每年度均有记录的有大白鹭、绿头鸭、罗纹鸭等 78 种。数量最丰富的为黑腹滨鹬，年均记录数量达到 6158.2 只次，其次较多的还有斑嘴鸭、白骨顶、反嘴鹬、罗纹鸭和豆雁等 5 种，年均记录数量均超过 2400 只。

11.4.3 华中区森林

1. 生境特点

森林是鸟类重要的栖息地，其环境结构与生物多样性给鸟类提供了大量的栖息地及丰富的食物来源。森林主要分为热带雨林、常绿阔叶林、落叶阔叶林及北方针叶林 4 种类型，华中区的森林类型主要是常绿阔叶林，鸟类多样性较高。

常绿阔叶林是亚热带大陆东岸湿润季风气候下的产物，夏季炎热多雨，冬季少雨而寒冷，春秋温和，四季分明。由于我国经济文化的发展，许多平原及低丘地区的森林被开垦为农田，原生森林仅存于山地中。近年来，随着环境保护工作逐渐开展，各大保护区及山区的森林得以留存及恢复。

华中区的环境在国内来说特点不算鲜明，没有极具代表性的地理特征，对于许多鸟类来说是一个可以生活但不是必须要在此生活的地带，这就造成了华中区鸟类多样性较为丰富，但又缺乏其他地区没有的代表性物种。

2. 样区布设

2012～2020 年，陆续在华中区森林生境类型中布设 85 个观测样区，638 条样线及 5 个样点。样区包括安徽 9 个、福建 5 个、广西 4 个、贵州 9 个、河南 5 个、湖北 10 个、湖南 9 个、江苏 5 个、江西 10 个、陕西 4 个、上海 4 个、四川 2 个、浙江 6 个、重庆 3 个。

3. 物种组成

华中区森林共观测记录鸟类 505 种（附表Ⅱ），隶属 18 目 77 科。其中，留鸟 368 种、夏候鸟 250 种、旅鸟 198 种、冬候鸟 183 种，有些鸟种有多种居留型，如既为夏候鸟又为旅鸟或留鸟，既为冬候鸟又为旅鸟，既为夏候鸟又为冬候鸟及旅鸟，等等。有国家重点保护野生动物 100 种，包括国家一级重点保护野生鸟类 14 种，为黄腹角雉、白颈长尾雉、白冠长尾雉、白头鹤、东方白鹳、朱鹮、海南鳽、黄嘴白鹭、乌雕、金雕、猎隼、金额雀鹛、蓝冠噪鹛、黄胸鹀；国家二级重点保护野生鸟类 86 种；中国生物多样性红色名录受威胁物种 24 种，包括极危种 1 种，为蓝冠噪鹛，濒危的黄腹角雉、白冠长尾雉、白头鹤等 11 种，易危种 12 种；IUCN 红色名录受威胁物种 19 种。

4. 动态变化及多样性分析

2012～2020 年，华中区森林的鸟种数量波动较小，鸟类数量则波动较大，但都大体呈现先增后减的趋势。2012～2013 年由于样区布设数量较少，导致观测到的鸟种及鸟类数量较少。2018 年不论是在鸟种还是鸟类数量上都是最多的，观测到 391 种鸟类，83 992 只鸟（图 11-12）。2014 年的鸟种数量已经升高，而鸟类数量的增幅却较慢，可能是样区逐渐增加的情况下调查的种类已经比较全面了，而数量相较而言更加依赖于观测样区、样线等的数量。鸟类多样性指数除 2012～2013 年外都比较稳定（图 11-13）。

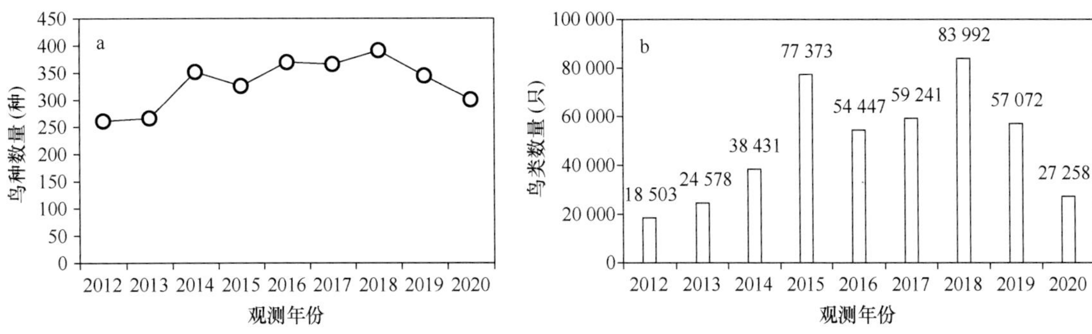

图 11-12　2012～2020 年华中区森林记录的鸟种数量（a）和个体数量（b）

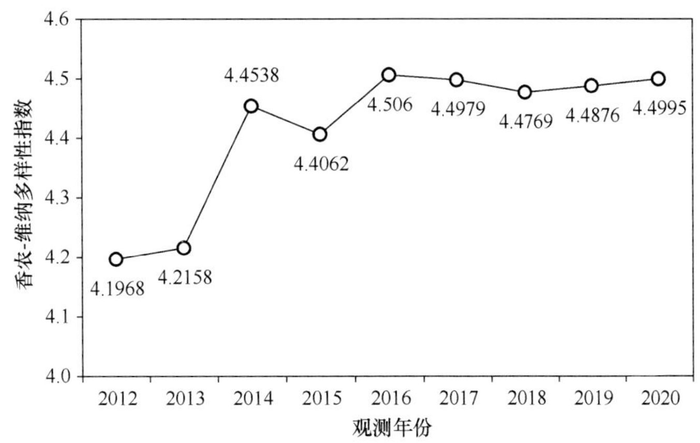

图 11-13　2012～2020 年华中区森林鸟类香农-维纳多样性指数

5. 代表性物种

（1）白颈长尾雉

白颈长尾雉为鸡形目雉科的大型鸡类，属于国家一级重点保护野生动物、CITES 附录 I 物种。本项目自 2011～2020 年共在华中区森林环境记录 41 只次。其中，在江西记录最多，有 32 只次，出现于福建泰宁县与明溪县、江西井冈山市与婺源县、湖南新化县、安徽黄山市、浙江临安市共计 7 个样区，10 条样线（表 11-16）。

表 11-16　白颈长尾雉 2011～2020 年的观测数据

观测年份	样区名称	数量	观测年份	样区名称	数量
2012	江西井冈山市	3	2017	安徽黄山市	1
2012	江西井冈山市	8	2017	福建泰宁县	1
2013	江西井冈山市	8	2018	江西婺源县	1
2014	福建泰宁县	2	2018	湖南新化县	1
2014	江西婺源县	2	2018	福建泰宁县	2
2014	江西婺源县	3	2019	江西婺源县	1
2016	江西婺源县	1	2019	江西婺源县	1
2016	福建明溪县	1	2019	江西婺源县	1
2017	江西婺源县	3	2020	浙江临安市	1

11.4.4 华中区城市

1. 生境特点

华中区鸟类观测包括安徽、福建、广西、贵州、河南、湖北、湖南、江苏、上海、四川、浙江、重庆等地，总体来看自然资源丰富，气候温暖，降水丰沛，大多属于亚热带季风气候，地形地貌种类多样，包括丘陵、盆地、平原、山地等。华中区位于我国中部黄河中下游和长江中游地区，具有全国东西、南北四境过渡的要冲和水陆交通枢纽的优势，起着承东启西、连南望北的重要作用，其历史文化厚重，资源丰富，经济发展迅速，人口众多、城镇化密度较大，水陆交通便利，是全国工业农业的核心和交通中心之一。

城市生境具有比较鲜明的特点。第一，人类干扰导致城市生境以人工化的生境为主（居民点、商业区、工业区、学校、道路等），这直接导致城市生境中鸟类的群落多以伴人居鸟类为主；第二，城市及周边绿地和湿地是维系鸟类多样性热点区域的主要生境，一些代表性的鸟类就生活在此；第三，城市绿地多呈现斑块状或者破碎化的分布，鸟类种群之间的交流相对较少。

2. 样区布设

2011～2020 年以来，华中区的 13 个省份，共设置了 31 个样区，累计布设样线 89 条（表 11-17）。

表 11-17 华中区城市样区布设情况

省份	城市	样线数量	观测时间	省份	城市	样线数量	观测时间
上海	崇明区	1	2016～2020	江西	婺源县	7	2014～2020
江苏	连云港市	1	2011～2020		于都县	3	2018
	南京市	5	2011～2020	河南	商城县	6	2016～2019
浙江	开化市	3	2011～2020		宝丰县	1	2018
	临安市	1	2011～2020	湖北	武汉市	2	2011～2020
	松阳县	2	2014～2020		江陵县	1	2018
	仙居县	2	2016～2019		通城县	1	2016～2019
	义乌市	1	2018		荆门市	4	2018
安徽	合肥市	2	2011～2020	湖南	衡阳市	2	2011～2020
	马鞍山市	4	2016～2019		长沙市	4	2011～2020
	石台县	1	2013～2020	广西	桂林市	2	2011～2019
福建	福州市	3	2011～2020	重庆	北碚区	2	2014～2019
	南平市延平区	3	2018		城口县	1	2014～2020
江西	崇仁县	5	2018	四川	成都市	6	2011～2020
	赣州市章贡区	5	2016～2018	贵州	贵阳市	2	2011～2020
	靖安县	6	2016～2019	合计	31	89	

注：在本节内容统计城市鸟类时，仅统计所记录鸟类生境编码为 F 的种类。

3. 物种组成

2012～2020 年华中区 13 个省份的观测中，共记录鸟类 182 种 28 634 只，隶属 16 目 54 科（附表Ⅱ）。从物种组成上来看，雀形目鸟类 122 种，占总种数的 67.03%；非雀形目鸟类 60 种，占总种数的 32.97%。从居留型上看，留鸟 98 种（53.85%）、夏候鸟 47 种（25.82%）、冬候鸟 16 种（8.79%）、旅鸟 22 种（12.09%）、迷鸟 2 种（1.10%）。从区系上看，东洋种 42 种（23.08%）、古北种 45 种（24.73%）、广布种 95 种（52.20%）。据 IUCN 红色名录，共记录极危鸟类 1 种，为黄胸鹀；易危鸟类 1 种，为白颈鸦（*Corvus torquatus*）；近危鸟类 1 种，为白眉山鹧鸪。共记录到国家一级重点保护野生鸟类 2 种，即蓝冠噪鹛和黄胸鹀；国家二级重点保护野生鸟类 16 种，为黑鸢、蛇雕、赤腹鹰、日本松雀鹰、白头鹞、白眉山鹧鸪、褐翅鸦鹃、小鸦鹃、领鸺鹠、斑头鸺鹠、白胸翡翠、蓝喉蜂虎（*Merops viridis*）、云雀、画眉、红嘴相思鸟和红胁绣眼鸟。优势种有白头鹎、麻雀等，常见种有乌鸫、八哥、家燕、珠颈斑鸠、红头长尾山雀、白颊噪鹛、丝光椋鸟等。

（1）上海市

2016～2020 年，上海崇明区样区共记录鸟类 22 种 1887 只，隶属 7 目 17 科。从物种组成上来看，雀形目鸟类 13 种，占总种数的 59.09%；非雀形目鸟类 9 种，占总种数的 40.91%。从居留型上看，留鸟 14 种（63.64%）、夏候鸟 7 种（31.82%）、旅鸟 1 种（4.55%），留鸟是上海鸟类的主要组成部分。从区系上看，东洋种 8 种（36.36%）、古北种 4 种（18.18%）、广布种 10 种（45.45%）。优势种有白头鹎、麻雀，常见种有暗绿绣眼鸟、黑尾蜡嘴雀、八哥等，偶见种有环颈雉、矶鹬、金腰燕等。

（2）江苏省

2017～2020 年，江苏南京市、连云港市两个样区共记录鸟类 77 种 3299 只，隶属 12 目 31 科。从物种组成上来看，雀形目鸟类 48 种，占总种数的 62.34%；非雀形目鸟类 29 种，占总种数的 37.66%。从居留型上看，留鸟 43 种（55.84%）、夏候鸟 24 种（31.17%）、冬候鸟 3 种（3.90%）、旅鸟 7 种（9.09%），留鸟是江苏夏季繁殖鸟的主要组成部分。从区系上看，东洋种 31 种（40.26%）、古北种 15 种（19.48%）、广布种 31 种（40.26%）。共记录到国家二级重点保护野生鸟类 6 种，分别是赤腹鹰、黑鸢、日本松雀鹰、斑头鸺鹠、画眉、红嘴相思鸟。优势种有八哥、白头鹎、麻雀、灰喜鹊，常见种有暗绿绣眼鸟、白鹡鸰、大山雀等。

各样区分述情况如下：

1）南京市样区

2019～2020 年，南京市样区共设置繁殖鸟类样线 5 条。调查共记录夏季繁殖鸟 70 种 2809 只，隶属 12 目 28 科。从物种组成上来看，雀形目鸟类 41 种，占总种数的 58.57%；非雀形目鸟类 29 种，占总种数的 41.43%。从居留型上看，留鸟 43 种（61.43%）、夏候鸟 22 种（31.43%）、冬候鸟 2 种（2.86%）、旅鸟 3 种（4.29%），留鸟是南京市样区夏季繁殖鸟的主要组成部分。共记录到国家二级重点保护野生鸟类 6 种，赤腹鹰、黑鸢、日本松雀鹰、斑头鸺鹠、画眉、红嘴相思鸟。优势种有八哥、白头鹎、麻雀、灰喜鹊，常见种有暗绿绣眼鸟、白鹡鸰、大山雀等。

2）连云港市样区

2017～2020 年，连云港市样区共设置繁殖鸟类样线 1 条。调查共记录夏季繁殖鸟 34 种 490 只，隶属 5 目 20 科。从物种组成上来看，雀形目鸟类 27 种，占总种数的 79.41%；非雀形目鸟类 7 种，占总种数的 20.59%。从居留型上看，留鸟 20 种（58.82%）、夏候鸟 9 种（26.47%）、冬候鸟 1 种（2.94%）、旅鸟 4 种（11.76%），留鸟是连云港市样区夏季繁殖鸟的主要组成部分。共记录到国家二级重点保护野生鸟类 1 种，即画眉。优势种有白头鹎、麻雀等。

（3）浙江省

2014～2020 年，浙江共设置仙居县、临安市、松阳县、义乌市和开化市 5 个样区，共记录鸟类 38 种 784 只，隶属 8 目 22 科。从物种组成上来看，雀形目鸟类 30 种，占总种数的 78.95%；非雀形目鸟类 8 种，占总种数的 21.05%。从居留型上看，留鸟 27 种(71.05%)、夏候鸟 8 种(21.05%)、冬候鸟 1 种(2.63%)、旅鸟 2 种（5.26%），留鸟是浙江夏季繁殖鸟的主要组成部分。从区系上看，东洋种 20 种（52.63%）、古北种 4 种（10.53%）、广布种 14 种（36.84%）。共记录到国家二级重点保护野生鸟类 2 种，即领鸺鹠和画眉。优势种有家燕、金腰燕、山麻雀、麻雀，常见种有领雀嘴鹎、红尾水鸲、大山雀等。

各样区分述情况如下：

1）仙居县样区

2016～2019 年，仙居县样区共设置繁殖鸟类样线 2 条。调查共记录夏季繁殖鸟 17 种 123 只，隶属 4 目 14 科。从物种组成上来看，雀形目鸟类 14 种，占总种数的 82.35%；非雀形目鸟类 3 种，占总种数的 17.65%。从居留型上看，留鸟 14 种（82.35%）、夏候鸟 3 种（17.65%），留鸟是仙居具样区夏季繁殖鸟的主要组成部分。优势种有麻雀、山麻雀、白头鹎，常见种有棕头鸦雀、白鹡鸰等。

2）临安市样区

2013～2015 年，临安市样区共设置繁殖鸟类样线 1 条。调查共记录夏季繁殖鸟 6 种 27 只，隶属 1 目 6 科。从物种组成上来看，均为雀形目鸟类。从居留型上看，留鸟 4 种（66.67%）、夏候鸟 1 种（16.67%）、冬候鸟 1 种（16.67%），留鸟是临安市样区夏季繁殖鸟的主要组成部分。优势种有金腰燕，常见种有乌鸫、山麻雀等。

3）松阳县样区

2014～2020 年，松阳县样区共设置繁殖鸟类样线 2 条。调查共记录夏季繁殖鸟 26 种 393 只，隶属 5 目 16 科。从物种组成上来看，雀形目鸟类 21 种，占总种数的 80.77%；非雀形目鸟类 5 种，占总种数的 19.23%。从居留型上看，留鸟 17 种（65.38%）、夏候鸟 7 种（26.92%）、旅鸟 2 种（7.69%），留鸟是松阳县样区夏季繁殖鸟的主要组成部分。共记录到国家二级重点保护野生鸟类 1 种，即画眉。优势种有家燕，常见种有红尾水鸲、麻雀、山麻雀等。

4）义乌市样区

2018 年，义乌市样区共设置繁殖鸟类样线 1 条。调查共记录夏季繁殖鸟 7 种 47 只，隶属 2 目 6 科。从物种组成上来看，雀形目鸟类 6 种，占总种数的 85.71%；非雀形目鸟类 1 种，占总种数的 14.29%。从居留型上看，留鸟 6 种（85.71%）、夏候鸟 1 种（14.29%），留鸟是义乌市样区夏季繁殖鸟的主要组成部分。优势种有金腰燕，常见种有丝光椋鸟、八哥等。

5）开化市样区

2014～2020 年，开化市样区共设置繁殖鸟类样线 3 条。调查共记录夏季繁殖鸟 18 种 194 只，隶属 2 目 13 科。从物种组成上来看，雀形目鸟类 17 种，占总种数的 94.44%；非雀形目鸟类 1 种，占总种数的 5.56%。从居留型上看，留鸟 15 种（83.33%）、夏候鸟 3 种（16.67%），留鸟是开化市样区夏季繁殖鸟的主要组成部分。共记录到国家二级重点保护野生鸟类 1 种，即领鸺鹠。优势种有家燕、金腰燕，常见种有白腰文鸟、白鹡鸰等。

（4）安徽省

2012～2020 年，安徽合肥市、马鞍山市及石台县 3 个样区共记录鸟类 90 种 5958 只，隶属 11 目 34 科。从物种组成上来看，雀形目鸟类 72 种，占总种数的 80.00%；非雀形目鸟类 18 种，占总种数的 20.00%。从居留型上看，留鸟 48 种（53.33%）、夏候鸟 25 种（27.78%）、冬候鸟 11 种（12.22%）、旅鸟 6 种（6.67%），留鸟是安徽夏季繁殖鸟的主要组成部分。从区系上看，东洋种 40 种（44.44%）、古北种 25 种（27.78%）、广布种 25 种（27.78%）。共记录到国家二级重点保护野生鸟类 4 种，包括赤腹鹰、云雀、画眉、红嘴相思鸟。优势种有八哥、白头鹎、麻雀，常见种有暗绿绣眼鸟、白鹡鸰、大山雀、黑尾蜡嘴雀等。

各样区分述情况如下：

1）合肥市样区

2012～2020 年，合肥市样区共设置繁殖鸟类样线 2 条。调查共记录夏季繁殖鸟 45 种 2130 只，隶属

9 目 27 科。从物种组成上来看，雀形目鸟类 33 种，占总种数的 73.33%；非雀形目鸟类 12 种，占总种数的 26.67%。从居留型上看，留鸟 12 种（26.67%）、夏候鸟 26 种（57.78%）、冬候鸟 6 种（13.33%）、旅鸟 1 种（2.22%），夏候鸟是合肥市样区夏季繁殖鸟的主要组成部分。共记录到国家二级重点保护野生鸟类 2 种，包括赤腹鹰、云雀。优势种有八哥、麻雀，常见种有白头鹎、灰椋鸟、灰喜鹊、乌鸫等。

2）马鞍山市样区

2012～2020 年，马鞍山市样区共设置繁殖鸟类样线 4 条。调查共记录夏季繁殖鸟 48 种 2856 只，隶属 7 目 25 科。从物种组成上来看，雀形目鸟类 39 种，占总种数的 81.25%；非雀形目鸟类 9 种，占总种数的 18.75%。从居留型上看，留鸟 28 种（58.33%）、夏候鸟 15 种（31.25%）、冬候鸟 4 种（8.33%）、旅鸟 1 种（2.08%），留鸟是马鞍山市样区夏季繁殖鸟的主要组成部分。共记录到国家二级重点保护野生鸟类 1 种，即画眉。优势种有白头鹎、麻雀、乌鸫，常见种有八哥、白鹡鸰、大山雀、黑脸噪鹛（*Pterorhinus perspicillatus*）、红头长尾山雀、棕头鸦雀等。

3）石台县样区

2012～2020 年，石台县样区共设置繁殖鸟类样线 1 条。调查共记录夏季繁殖鸟 55 种 972 只，隶属 5 目 23 科。从物种组成上来看，雀形目鸟类 50 种，占总种数的 90.91%；非雀形目鸟类 5 种，占总种数的 9.09%。从居留型上看，留鸟 34 种（61.82%）、夏候鸟 16 种（29.09%）、冬候鸟 1 种（1.82%）、旅鸟 4 种（7.27%），留鸟是石台县样区夏季繁殖鸟的主要组成部分。共记录到国家二级重点保护野生鸟类 2 种，包括画眉、红嘴相思鸟。优势种有白头鹎、红头长尾山雀，常见种有珠颈斑鸠、乌鸫、丝光椋鸟、鹊鸲（*Copsychus saularis*）、棕头鸦雀等。

（5）福建省

2014～2019 年福建福州市和南平市两个样区共记录鸟类 32 种 438 只，隶属 9 目 21 科。从物种组成上来看，雀形目鸟类 22 种，占总种数的 68.75%；非雀形目鸟类 10 种，占总种数的 31.25%。从居留型上看，留鸟 24 种（75.00%）、夏候鸟 8 种（25.00%），留鸟是福建夏季繁殖鸟的主要组成部分。从区系上看，东洋种 20 种（62.50%）、古北种 1 种（3.13%）、广布种 11 种（34.38%）。据 IUCN 红色名录，共记录近危鸟类 1 种，白眉山鹧鸪；共记录到国家二级重点保护野生鸟类 4 种，蛇雕、白眉山鹧鸪、画眉和蓝喉蜂虎。优势种有白头鹎、麻雀、家燕、金腰燕等，常见种有白鹡鸰、大山雀、白鹭、红嘴蓝鹊、鹊鸲等。

各样区分述情况如下。

1）福州市样区

2014～2019 年，福州市样区共设置繁殖鸟类样线 3 条。调查共记录夏季繁殖鸟 29 种 289 只，隶属 9 目 20 科。从物种组成上来看，雀形目鸟类 20 种，占总种数的 68.97%；非雀形目鸟类 9 种，占总种数的 31.03%。从居留型上看，留鸟 23 种（79.31%）、夏候鸟 6 种（20.69%），留鸟是福建夏季繁殖鸟的主要组成部分。从区系上看，东洋种 18 种（62.07%）、古北种 1 种（3.45%）、广布种 10 种（34.48%）。据 IUCN 红色名录，共记录近危（NT）鸟类 1 种，即白眉山鹧鸪；共记录到国家二级重点保护野生鸟类 3 种，包括蛇雕、白眉山鹧鸪、画眉。优势种有白头鹎、麻雀等，常见种有白鹡鸰、大山雀、白鹭、红嘴蓝鹊等。

2）南平市样区

2014～2019 年，南平市样区共设置繁殖鸟类样线 3 条。调查共记录夏季繁殖鸟 9 种 149 只，隶属 3 目 7 科。从物种组成上来看，雀形目鸟类 7 种，占总种数的 77.78%；非雀形目鸟类 2 种，占总种数的 22.22%。从居留型上看，留鸟 6 种（66.67%）、夏候鸟 3 种（33.33%），留鸟是夏季繁殖鸟的主要组成部分。从区系上看，东洋种 2 种（22.22%）、广布种 7 种（77.78%）。记录到国家二级重点保护野生鸟类 1 种，即蓝喉蜂虎。优势种有麻雀、家燕、金腰燕等，常见种有白鹡鸰、鹊鸲等。

（6）江西省

2014～2020 年，江西崇仁县、赣州市、靖安县、婺源县和于都县 5 个样区共记录鸟类 81 种 3597 只，隶属 11 目 35 科。从物种组成上来看，雀形目鸟类 57 种，占总种数的 70.37%；非雀形目鸟类 24 种，占总种数的 29.63%。从居留型上看，留鸟 53 种（65.43%）、夏候鸟 19 种（23.46%）、旅鸟 7 种（8.64%）、冬候鸟 2 种（2.47%），留鸟是江西夏季繁殖鸟的主要组成部分。从区系上看，东洋种 49 种（60.49%）、古北种 11 种（13.58%）、广布种 21 种（25.93%）。据 IUCN 红色名录，共记录极危鸟类 1 种，黄胸鹀。共记录到国家一级重点保护野生鸟类 2 种，即蓝冠噪鹛和黄胸鹀，国家二级重点保护野生鸟类 7 种，包括蛇雕、赤腹鹰、褐翅鸦鹃、白胸翡翠、蓝喉蜂虎、画眉和红嘴相思鸟。优势种有麻雀，常见种有家燕、八哥、白头鹎、乌鸫等。

各样区分述情况如下。

1）崇仁县样区

2018 年，崇仁县样区共设置鸟类样线 1 条。调查共记录鸟类 9 种 136 只，隶属 1 目 8 科。从物种组成上来看，9 种全为雀形目鸟类。从居留型上看，留鸟 7 种（77.78%）、夏候鸟 2 种（22.22%）。优势种有丝光椋鸟、麻雀、八哥，常见种有白鹡鸰、家燕、鹊鸲等。

2）赣州市样区

2016～2018 年，赣州市样区共设置鸟类样线 5 条。调查共记录鸟类 36 种 493 只，隶属 7 目 23 科。从物种组成上来看，雀形目鸟类 28 种，占总种数的 77.78%；非雀形目鸟类 8 种，占总种数的 22.22%。从居留型上看，留鸟 28 种（77.78%）、夏候鸟 5 种（13.89%）、冬候鸟 1 种（2.78%）、旅鸟 2 种（5.56%），留鸟是赣州市样区鸟类的主要组成部分。共记录到国家二级重点保护野生鸟类 1 种，即画眉。优势种有白头鹎、麻雀；常见种有家燕、鹊鸲、乌鸫等。

3）靖安县样区

2016～2019 年，靖安县样区共设置鸟类样线 6 条。调查共记录鸟类 23 种 414 只，隶属 3 目 14 科。从物种组成上来看，雀形目鸟类 21 种，占总种数的 91.30%；非雀形目鸟类 2 种，占总种数的 8.70%。从居留型上看，留鸟 18 种（78.26%）、夏候鸟 4 种（17.39%）、冬候鸟 1 种（4.35%），留鸟是靖安县样区鸟类的主要组成部分。优势种有麻雀、丝光椋鸟、八哥，常见种有金腰燕、家燕、白头鹎等。

4）婺源县样区

2014～2020 年，婺源县样区共设置鸟类样线 7 条。调查共记录鸟类 65 种 2426 只，隶属 9 目 31 科。从物种组成上来看，雀形目鸟类 48 种，占总种数的 73.85%；非雀形目鸟类 17 种，占总种数的 26.15%。从居留型上看，留鸟 42 种（64.62%）、夏候鸟 18 种（27.69%）、冬候鸟 1 种（1.54%）、旅鸟 4 种（6.15%），留鸟是婺源县样区鸟类的主要组成部分。据 IUCN 红色名录，共记录极危（CR）鸟类 1 种，即黄胸鹀；共记录到国家一级重点保护野生鸟类 2 种，即蓝冠噪鹛和黄胸鹀，国家二级重点保护野生鸟类 6 种，即蛇雕、赤腹鹰、白胸翡翠、蓝喉蜂虎、画眉和红嘴相思鸟。优势种有麻雀、蓝冠噪鹛，常见种有家燕、丝光椋鸟、八哥等。

5）于都县样区

2018 年，于都县样区共设置鸟类样线 1 条。调查共记录鸟类 26 种 128 只，隶属 7 目 19 科。从物种组成上来看，雀形目鸟类 18 种，占总种数的 69.23%；非雀形目鸟类 8 种，占总种数的 30.77%。从居留型上看，留鸟 21 种（80.77%）、夏候鸟 4 种（15.38%）、旅鸟 1 种（3.85%），留鸟是于都县样区鸟类的主要组成部分。共记录到国家二级重点保护野生鸟类 2 种，即画眉和褐翅鸦鹃。优势种有麻雀、家燕、八哥，常见种有白头鹎、红头长尾山雀等。

（7）河南省

2016～2019 年，河南商城县样区和宝丰县样区共记录鸟类 95 种 2530 只，隶属 14 目 39 科。从物种组成上来看，雀形目鸟类 2315 只，占总种数的 91.50%；非雀形目鸟类 215 只，占总种数的 8.50%。从居留型上看，留鸟 52 种（54.74%）、夏候鸟 32 种（33.68%）、旅鸟 9 种（9.47%）、冬候鸟 2 种（2.11%），留鸟是河南鸟类的主要组成部分。从区系上看，东洋种 43 种（45.26%）、广布种 30 种（31.58%）、古北种 22 种（23.16%）。共记录到国家二级重点保护野生鸟类 6 种，包括黑鸢、小鸦鹃、斑头鸺鹠、白胸翡翠、蓝喉蜂虎、画眉。优势种有麻雀，常见种有棕头鸦雀、喜鹊、丝光椋鸟等，偶见种有暗灰鹃鵙、白胸翡翠、斑头鸺鹠等。

各样区分述情况如下：

1）商城县样区

2016～2019 年，商城县样区共设置鸟类调查样线 6 条。调查共记录鸟类 95 种 2364 只，隶属 14 目 38 科。从物种组成上来看，雀形目鸟类 68 种，占总种数的 71.58%；非雀形目鸟类 27 种，占总种数的 28.42%。从居留型上看，留鸟 52 种（54.74%）、夏候鸟 32 种（33.68%）、旅鸟 9 种（9.47%）、冬候鸟 2 种（2.11%），留鸟是商城县样区鸟类的主要组成部分。从区系上看，东洋种 43 种（45.26%）、广布种 30 种（31.58%）、古北种 22 种（23.16%）。共发现黑鸢、小鸦鹃、斑头鸺鹠、白胸翡翠、蓝喉蜂虎、画眉等 6 种国家二级重点保护野生鸟类。麻雀为该样区的优势种，常见种有棕头鸦雀、喜鹊、丝光椋鸟等，偶见种有暗灰鹃鵙、斑胸钩嘴鹛、红头穗鹛（*Stachyris ruficeps*）等。

2）宝丰县样区

2018 年，宝丰县样区共设置鸟类调查样线 1 条。调查共记录鸟类 7 种 166 只，隶属 2 目 7 科。从物种组成上来看，雀形目鸟类 6 种，占总种数的 85.71%；非雀形目鸟类 1 种，占总种数的 14.29%。从居留型上看，留鸟 5 种（71.43%）、夏候鸟 1 种（14.29%）、冬候鸟 1 种（14.29%）。从区系上看，古北种 4 种（57.14%）、广布种 2 种（28.57%）、东洋种 1 种（14.29%）。在宝丰县样区内未记录到国家级重点保护鸟类。优势种为麻雀和家燕，常见种有金翅雀、灰椋鸟等。

（8）湖北省

2015～2020 年，湖北江陵县、通城县、荆门市和武汉市 4 个样区，共记录鸟类 93 种 3845 只，隶属 12 目 36 科。从物种组成上来看，雀形目鸟类 63 种，占总种数的 67.74%；非雀形目鸟类 30 种，占总种数的 32.26%。从居留型上看，留鸟 45 种（48.91%）、夏候鸟 28 种（30.43%）、冬候鸟 7 种（7.61%）、旅鸟 11 种（11.96%）、迷鸟 1 种（1.09%），留鸟是湖北鸟类的主要组成部分。从区系上看，东洋种 36 种（39.13%）、古北种 26 种（28.26%）、广布种 30 种（32.61%）。据 IUCN 红色名录，共记录易危（VU）鸟类 1 种，即白颈鸦；国家二级重点保护野生鸟类 2 种，即画眉和白胸翡翠。优势种有乌鸫、黑脸噪鹛，常见种有珠颈斑鸠、白头鹎、灰喜鹊等，偶见种有黑苇鳽（*Ixobrychus flavicollis*）、绿翅短脚鹎（*Hypsipetes mcclellandii*）、褐山鹪莺（*Prinia polychroa*）等。

各样区分述情况如下：

1）江陵县样区

2018 年，湖北江陵县样区调查共设置调查样线 1 条。调查记录到鸟类 29 种 121 只，隶属 8 目 18 科。从物种组成上来看，雀形目鸟类 15 种，占总种数的 51.72%；非雀形目鸟类 14 种，占总种数的 48.28%。从居留型上看，留鸟 18 种（62.07%）、夏候鸟 9 种（31.03%）、冬候鸟 2 种（6.90%），留鸟是湖北江陵县鸟类的主要组成部分。据 IUCN 红色名录，共记录易危（VU）鸟类 1 种，即白颈鸦；国家二级重点保护野生鸟类 1 种，即白胸翡翠。优势种有八哥，常见种有珠颈斑鸠、白头鹎等，偶见种有白胸翡翠、黄腰柳莺（*Phylloscopus proregulus*）等。

2）通城县样区

2018～2019 年，通城县样区调查共设置调查样线 1 条。调查共记录鸟类 22 种 138 只，隶属 3 目 12 科。从物种组成上来看，雀形目鸟类 17 种，占总种数的 77.27%；非雀形目鸟类 5 种，占总种数的 22.73%。从居留型上看，留鸟 15 种（68.18%）、夏候鸟 7 种（31.82%），留鸟是通城县样区鸟类的主要组成部分。共记录到国家二级重点保护野生鸟类 1 种，即画眉。优势种有白头鹎、红头长尾山雀、大山雀等，常见种有黑短脚鹎（*Hypsipetes leucocephalus*）、暗绿绣眼鸟等，偶见种有棕头鸦雀、大鹰鹃（*Cuculus sparverioides*）等。

3）荆门市样区

2018 年，荆门市样区调查共设置调查样线 4 条。共记录鸟类 50 种 499 只，隶属 11 目 29 科。从物种组成上来看，雀形目鸟类 34 种，占总种数的 68.00%；非雀形目鸟类 16 种，占总种数的 32.00%。从居留型上看，留鸟 31 种（62.00%）、夏候鸟 13 种（26.00%）、冬候鸟 3 种（6.00%）、旅鸟 3 种（6.00%），留鸟是荆门市样区鸟类的主要组成部分。优势种有白头鹎等，常见种有珠颈斑鸠、家燕等，偶见种有方尾鹟（*Culicicapa ceylonensis*）、黄腰柳莺、小鹀等。

4）武汉市样区

2015～2020 年，武汉市样区调查共设置调查样线 2 条。共记录鸟类 67 种 3087 只，隶属 12 目 32 科。从物种组成上来看，雀形目鸟类 45 种，占总种数的 67.16%；非雀形目鸟类 22 种，占总种数的 32.84%。从居留型上看，留鸟 34 种（50.75%）、夏候鸟 20 种（29.85%）、冬候鸟 5 种（7.46%）、旅鸟 9 种（13.43%）、迷鸟 1 种（1.32%），留鸟是武汉市样区鸟类的主要组成部分。优势种有灰喜鹊、乌鸫等，常见种有红头长尾山雀、大山雀等，偶见种有褐山鹪莺、灰头鹀等。

（9）湖南省

2012～2020 年，湖南衡阳市、长沙市两个样区共记录鸟类 34 种 883 只，隶属 6 目 20 科。从物种组成上来看，雀形目鸟 31 种，占总种数的 91.18%；非雀形目鸟类 3 种，占总种数的 8.82%。从居留型上看，留鸟 25 种（73.53%）、夏候鸟 6 种（17.65%）、冬候鸟 1 种（2.94%）、旅鸟 2 种（5.88%），留鸟是湖南鸟类的主要组成部分。从区系上看，东洋种 17 种（50.00%）、古北种 6 种（17.65%）、广布种 11 种（32.35%）。优势种有麻雀、白头鹎，常见种有山斑鸠、珠颈斑鸠等，偶见种有白腰文鸟、小白腰雨燕等。

各样区分述情况如下：

1）衡阳市样区

2012～2018 年，衡阳市样区调查共设置样线 2 条。调查共记录鸟类 12 种 159 只，隶属 1 目 8 科。从物种组成上来看，均为雀形目鸟类。从居留型上看，留鸟 8 种（66.67%）、夏候鸟 4 种（33.33%），留鸟是衡阳市样区鸟类的主要组成部分。优势种有白头鹎、麻雀，常见种有珠颈斑鸠、大山雀、棕颈钩嘴鹛等，偶见种有灰鹡鸰、红尾伯劳等。

2）长沙市样区

2012～2020 年，长沙市调查共设置样线 4 条。调查共记录鸟类 25 种 724 只，隶属 6 目 16 科。从物种组成上来看，雀形目鸟类 21 种，占总种数的 84.00%，非雀形目鸟类 4 种，占总种数的 16.00%。从居留型上看，留鸟 20 种（80.00%）、夏候鸟 3 种（12.00%）、冬候鸟 1 种（4.00%）、旅鸟 2 种（8.00%），留鸟是长沙市样区鸟类的主要组成部分。优势种有白头鹎、麻雀等，常见种有红头长尾山雀、八哥、珠颈斑鸠等，偶见种有灰胸竹鸡、小白腰雨燕、灰鹡鸰等。

（10）广西壮族自治区

2012～2019 年广西壮族自治区观测了桂林市一个样区。共记录鸟类 14 种 870 只，隶属 2 目 12 科。从物种组成上来看，雀形目鸟类 13 种，占总种数的 92.86%；非雀形目鸟类 1 种，占总种数的 7.14%。从居留型上看，留鸟 10 种（71.43%）、夏候鸟 4 种（28.57%），留鸟是广西夏季繁殖鸟的主要组成部分。从区系上看，东洋种 6 种（42.86%）、古北种 2 种（14.29%）、广布种 6 种（42.86%）。共记录到国家二级重点保护野生鸟类 1 种，即斑头鸺鹠。优势种有家燕、麻雀，常见种有八哥、白鹡鸰、白头鹎等。

（11）重庆市

2014～2019 年，重庆市共设置北碚区和城口县两个样区。调查共记录鸟类 27 种 519 只，隶属 3 目 15 科。从物种组成上来看，雀形目鸟类 25 种，占总种数的 92.59%；非雀形目鸟类 2 种，占总种数的 7.41%。从居留型上看，留鸟 20 种（74.07%）、夏候鸟 5 种（18.52%）、冬候鸟 1 种（3.70%）、旅鸟 1 种（3.70%）。从区系上看，东洋种 12 种（44.44%）、广布种 8 种（29.63%）、古北种 7 种（25.93%）。未记录到国家级重点保护野生鸟类。优势种有麻雀、白头鹎、乌鸫，常见种有鹊鸲、家燕、白鹡鸰等，偶见种有大斑啄木鸟、紫啸鸫（*Myophonus caeruleus*）等。

各样区分述情况如下：

1）北碚区样区

2014～2019 年，北碚区样区共设置鸟类调查样线 2 条。调查共记录鸟类 17 种 395 只，隶属 3 目 13 科。从物种组成上来看，雀形目鸟类 15 种，占总种数的 88.24%；非雀形目鸟类 2 种，占总种数的 11.76%。从居留型上看，留鸟 15 种（88.24%）、夏候鸟 2 种（11.76%）。从区系上看，东洋种 7 种（41.18%），古北种 4 种（23.53%），广布种 6 种（35.29%）。未记录到国家级重点保护鸟类。该样区的优势种为白头鹎、麻雀和乌鸫，常见种有白鹡鸰、小云雀和金翅雀等，偶见种有喜鹊和大斑啄木鸟。

2）城口县样区

2014～2017 年，城口县样区共设置鸟类调查样线 1 条。调查共记录鸟类 19 种 124 只，隶属 2 目 11 科。从物种组成上来看，雀形目鸟类 18 种，占总种数的 94.74%；非雀形目鸟类 1 种，占总种数的 5.26%。从居留型上看，留鸟 12 种（63.16%）、夏候鸟 5 种（26.32%），冬候鸟 1 种（5.26%）、旅鸟 1 种（5.26%）。从区系上看，东洋种 7 种（36.84%）、广布种 7 种（36.84%）、古北种 5 种（26.32%）。在城口县样区内未记录到国家重点保护鸟类。优势种有家燕和金翅雀，常见种有山麻雀、鹊鸲和麻雀等，偶见种有珠颈斑鸠、紫啸鸫和棕背伯劳（*Lanius schach*）等。

（12）四川省

2012～2020 年，在四川设置成都市观测样区，共记录鸟类 64 种 3575 只，隶属 10 目 29 科。从物种组成上来看，雀形目鸟类 44 种，占总种数的 68.75%；非雀形目鸟类 20 种，占总种数的 31.25%。从居留型上看，留鸟 37 种（57.81%）、夏候鸟 21 种（32.81%）、冬旅鸟 3 种（4.69%）、候鸟 2 种（3.13%）、迷鸟 1 种（1.56%）。从区系上看，东洋种 30 种（46.88%）、广布种 21 种（32.81%）、古北种 13 种（20.31%）。共记录到国家二级重点保护野生鸟类 4 种，分别为白头鹞、斑头鸺鹠、红嘴相思鸟和红胁绣眼鸟。优势种有白颊噪鹛、白头鹎、夜鹭、红头长尾山雀等，常见种有白鹭、乌鸫、棕头鸦雀等，偶见种有小杜鹃（*Cuculus poliocephalus*）、小燕尾（*Enicurus scouleri*）、小鳞胸鹪鹛（*Pnoepyga pusilla*）等。

（13）贵州省

2012～2019 年，在贵州设置贵阳市观测样区，调查共记录居民区鸟类 22 种 449 只，隶属 5 目 14 科。从物种组成上来看，雀形目鸟类 18 种，占总种数的 81.82%，非雀形目鸟类 4 种，占总种数的 18.18%。从居留型上看，留鸟 16 种（72.73%）、夏候鸟 5 种（22.73%）、冬候鸟 1 种（4.55%）。从区系上看，东洋种 9 种（40.91%）、广布种 9 种（40.91%）、古北种 4 种（18.18%）。未记录到国家重点保护鸟类。该地区优势种为麻雀，常见种有白鹡鸰、鹊鸲、黄臀鹎等，偶见种有黑喉石䳭、褐胁雀鹛（*Alcippe dubia*）等。

4. 动态变化及多样性分析

华中区在江苏、浙江等13个省份开展观测，记录到鸟类186种28 634只次。其中河南种数最高，为95种；安徽数量最多，为5958只；广西调查记录繁殖鸟种类最少，为14种；福建数量最少，为438只。从多样性指数来看，香农-维纳多样性指数河南最高，贵州最低；Pielou均匀度指数江苏最高，贵州最低；Simpson优势度指数贵州最高，江苏最低（表11-18）。

表11-18　华中区城市观测样区各省份鸟类多样性

省份	物种数	数量	香农-维纳多样性指数（H'）	Pielou均匀度指数(J)	Simpson优势度指数(D)
上海	22	1 887	2.11	0.68	0.18
江苏	77	3 299	3.55	0.82	0.04
浙江	38	784	2.84	0.78	0.08
安徽	91	5 958	3.02	0.67	0.08
福建	32	438	2.72	0.79	0.10
江西	81	3 597	2.72	0.62	0.16
河南	95	2 530	3.58	0.79	0.05
湖北	92	3 845	3.41	0.75	0.06
湖南	34	883	2.31	0.66	0.16
广西	14	870	1.57	0.60	0.30
重庆	27	519	2.68	0.81	0.09
四川	64	3 575	2.61	0.63	0.12
贵州	22	449	1.13	0.37	0.61
总计	186	28 634	3.54	0.68	0.06

注：此处仅统计各城市样区中记录鸟类所在生境编码为F的种类。

2012～2020年，从年间繁殖鸟种类来看，华中区2018年繁殖鸟种类最多，为119种；2012年最少，为41种；总体年间鸟类种数呈上升趋势。从年间繁殖鸟数量来看，华中区2019年数量最多，2013年最少，2014～2019年繁殖鸟类数量呈上升趋势。从年间多样性指数上看，华中区香农-维纳多样性指数整体呈平稳上升趋势，个别年份略有波动（图11-14）。华中区Pielou均匀度指数在年间呈现上下波动，2020年Pielou均匀度指数最高；华中区Simpson优势度指数在年间具有一定的波动，总体呈下降趋势（表11-18）。

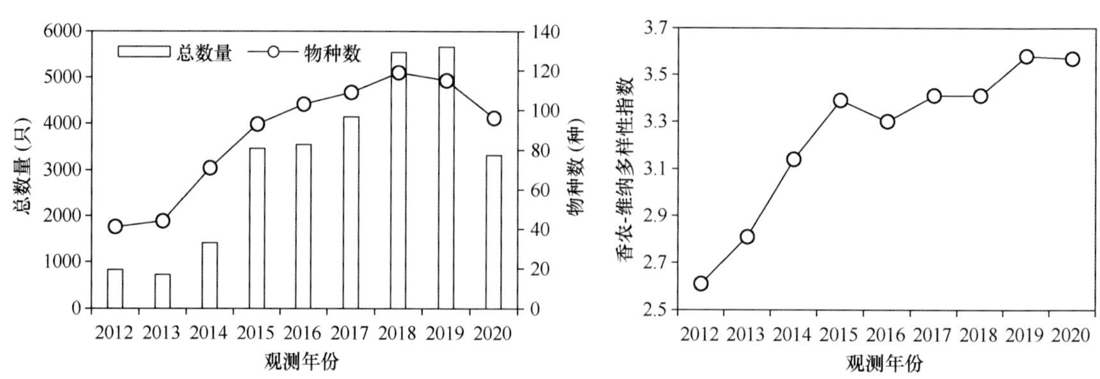

图11-14　华中区城市不同年份鸟类动态变化

华中区各省份鸟类动态变化及多样性分述如下：

（1）上海市

在上海设有崇明区样区崇明8号1条样线。共记录鸟类22种1787只次，香农-维纳多样性指数为2.11，

Pielou 均匀度指数为 0.68，Simpson 优势度指数为 0.18。

2016～2020 年，鸟类种数呈稳定状态，数量有所波动。其中 2018 年鸟类种类与数量最多，2019 年鸟类香农-维纳多样性指数最高；2020 年鸟类种类与数量最少，但具有较高的 Pielou 均匀度指数（表 11-19）。

表 11-19　上海崇明区不同年份鸟类动态变化

样区	年份	物种数	数量	香农-维纳多样性指数（H'）	Pielou 均匀度指数（J）	Simpson 优势度指数（D）
崇明区样区	2016	13	335	1.65	0.64	0.31
	2017	14	196	2.041	0.77	0.16
	2018	15	603	2.03	0.75	0.18
	2019	14	499	2.17	0.77	0.15
	2020	10	154	1.82	0.79	0.19

注：此处仅统计记录鸟类所在生境编码为 F 的种类。

（2）江苏省

在江苏省共设置南京市、连云港市两个样区，记录到鸟类 77 种 6598 只次。其中南京市样区物种数较高，为 70 种，数量为 2809 只；连云港市样区仅一条样线，调查记录繁殖鸟种类较少，为 34 种。从多样性指数来看，南京市样区香农-维纳多样性指数和 Pielou 均匀度指数均较高，Simpson 优势度指数最低；连云港市样区香农-维纳多样性指数和 Pielou 均匀度指数均较低，Simpson 优势度指数最高（表 11-20）。

表 11-20　江苏各样区鸟类多样性

样区、样线	物种数	数量	香农-维纳多样性指数（H'）	Pielou 均匀度指数（J）	Simpson 优势度指数（D）
南京市样区	70	2809	3.53	0.83	0.04
植物园	47	675	3.11	0.81	0.06
灵谷寺	42	532	3.09	0.83	0.07
白马公园	33	431	3.06	0.88	0.06
金牛湖南线	39	433	3.13	0.85	0.06
金牛湖北线	41	738	3.24	0.87	0.05
连云港市样区	34	490	2.58	0.73	0.12
海滨公园	34	490	2.58	0.73	0.12

注：此处仅统计记录鸟类所在生境编码为 F 的种类。

2019～2020 年，南京市样区繁殖鸟种类和数量均较为稳定。2017～2020 年，连云港市样区 2017 年繁殖鸟种类最少，2019 年繁殖鸟种类最多；4 年间繁殖鸟数量均较少，这跟样线受到较大的人为干扰因素有关。从年间多样性指数上看，南京市样区 2019 年香农-维纳多样性指数和 Pielou 均匀度指数均高于 2020 年。连云港市样区 2019 年香农-维纳多样性指数最高、Simpson 优势度指数最低；Pielou 均匀度指数 4 年间总体呈现平稳趋势，2017 年最高，2018 年最低（表 11-21）。

表 11-21　江苏各样区不同年份鸟类动态变化

样区	年份	物种	数量	香农-维纳多样性指数（H'）	Pielou 均匀度指数（J）	Simpson 优势度指数（D）
南京市	2019	64	1407	3.51	0.84	0.04
	2020	62	1402	3.43	0.83	0.04
连云港市	2017	10	108	2.04	0.88	0.14
	2018	20	204	2.22	0.74	0.17
	2019	23	101	2.66	0.85	0.09
	2020	16	77	2.18	0.79	0.14

注：此处仅统计记录鸟类所在生境编码为 F 的种类。

（3）浙江省

在浙江省共设置仙居县、临安市、松阳县、义乌市和开化市 5 个样区，记录到鸟类 38 种 784 只次。其中松阳县样区物种数和数量均最多，为 26 种 393 只次；临安市样区调查记录繁殖鸟种类最少，为 6 种。从多样性指数来看，松阳县样区香农-维纳多样性指数最高，Simpson 优势度指数最低；开化市样区 Pielou 均匀度指数最高；义乌市样区香农-维纳多样性指数和 Pielou 均匀度指数均最低，Simpson 优势度指数最高（表 11-22）。

表 11-22 浙江各样区鸟类多样性

样区、样线	物种数	数量	香农-维纳多样性指数（H'）	Pielou 均匀度指数（J）	Simpson 优势度指数（D）
仙居县样区	17	123	2.31	0.82	0.13
神仙居南门外道路	11	75	1.94	0.81	0.18
青尖山西垟村	11	48	2.04	0.85	0.16
临安市样区	6	27	1.44	0.81	0.26
鸠甫村	6	27	1.44	0.81	0.26
松阳县样区	26	393	2.71	0.83	0.08
箬寮山庄-李坑村口	24	339	2.67	0.84	0.09
岔路口至梨树下	12	54	2.06	0.83	0.17
义乌市样区	7	47	1.28	0.66	0.42
湖南-缸窑龙窑	7	47	1.28	0.66	0.42
开化市样区	18	194	2.49	0.86	0.09
保护区大门外	5	7	1.55	0.96	0.09
平坑	15	149	2.42	0.89	0.09
洪源	8	38	1.63	0.78	0.26

注：此处仅统计记录鸟类所在生境编码为 F 的种类。

2016～2019 年，从年间繁殖鸟种类来看，仙居县样区 2019 年繁殖鸟种类最多，为 13 种；2016 年最少，为 4 种。临安市样区 2013 年和 2015 年繁殖鸟类种类和数量变化不大。2014～2020 年，松阳县样区 2017 年繁殖鸟种类最多，为 14 种，2020 年最少，为 7 种，年间呈现一定波动。义乌市样区仅有 2018 年数据。2014～2020 年，开化市样区 2020 年繁殖鸟种类最多，为 13 种，2014 年、2015 年、2019 年均为 5 种。从年间繁殖鸟数量来看，仙居县样区 2016～2019 年繁殖鸟数量总体呈上升趋势，其中 2017 年数量减少，随后继续增长，2019 年繁殖鸟数量最多。松阳县样区 2014～2020 年繁殖鸟数量呈现波动的趋势，其中 2015 年繁殖鸟数量最多，2016 年繁殖鸟数量最少。开化市样区 2014～2020 年繁殖鸟数量总体呈平稳趋势，其中 2017～2018 年有一定下降。

从年间多样性指数上看，仙居县样区 2017 年香农-维纳多样性指数最高、Simpson 优势度指数最低，2016 年 Pielou 均匀度指数最低，2017 年 Pielou 均匀度指数最高，2017～2019 年 Pielou 均匀度指数总体呈下降趋势。临安市样区 2015 年香农-维纳多样性指数和 Pielou 均匀度指数大于 2013 年。松阳县样区 2018 年香农-维纳多样性指数最高，2015 和 2016 年 Simpson 优势度指数最低，Pielou 均匀度指数 7 年间总体呈现平稳波动的趋势。开化市样区香农-维纳多样性指数 2020 年最高，2014 年最低；Pielou 均匀度指数 2014 年最低，2015 年最高；Simpson 优势度指数 2014 年和 2019 年均最高，2020 年最低（表 11-23）。

（4）安徽省

在安徽共设置合肥市、马鞍山市、石台县 3 个样区，记录到鸟类 91 种 5958 只次。其中石台县样区物种数最高，为 56 种，但鸟类数量最少；合肥市样区调查记录繁殖鸟种类最少，为 45 种；马鞍山市样

表 11-23　浙江省各样区不同年份鸟类动态变化

样区	年份	物种数	数量	香农-维纳多样性指数（H'）	Pielou 均匀度指数（J）	Simpson 优势度指数（D）
仙居县	2016	4	23	0.84	0.60	0.55
	2017	6	7	1.75	0.98	0.05
	2018	7	23	1.74	0.89	0.17
	2019	13	70	2.12	0.83	0.14
临安市	2013	5	13	1.18	0.73	0.37
	2015	4	14	1.35	0.98	0.21
松阳县	2014	13	77	2.19	0.86	0.13
	2015	13	94	2.41	0.94	0.09
	2016	9	14	2.04	0.93	0.09
	2017	14	64	2.20	0.83	0.14
	2018	11	51	2.96	0.82	0.17
	2019	13	69	2.14	0.83	0.16
	2020	7	24	1.78	0.92	0.16
义乌市	2018	7	47	1.28	0.66	0.42
开化市	2014	5	15	1.08	0.67	0.44
	2015	5	20	1.56	0.97	0.18
	2016	9	39	1.79	0.81	0.19
	2017	10	29	2.11	0.92	0.12
	2018	10	25	2.03	0.88	0.13
	2019	5	31	1.11	0.69	0.44
	2020	13	35	2.31	0.90	0.11

注：此处仅统计记录鸟类所在生境编码为 F 的种类。

区调查记录繁殖鸟数量最多。从多样性指数来看，石台县样区香农-维纳多样性指数和 Pielou 均匀度指数均最高，Simpson 优势度指数最低；合肥市样区香农-维纳多样性指数和 Pielou 均匀度指数均最低，Simpson 优势度指数最高（表 11-24）。

表 11-24　安徽各样区鸟类多样性

样区、样线	物种数	数量	香农-维纳多样性指数（H'）	Pielou 均匀度指数（J）	Simpson 优势度指数（D）
合肥市样区	45	2130	2.41	0.63	0.15
巢湖义城湿地公园	35	1301	2.05	0.58	0.22
清溪苗圃公园	31	829	2.53	0.74	0.12
马鞍山市样区	48	2856	2.68	0.69	0.12
马鞍山市安工大	28	665	2.29	0.69	0.15
马鞍山市佳山公园	29	477	2.36	0.70	0.19
马鞍山市雨花湖公园	39	958	2.65	0.72	0.13
马鞍山市朱然公园	27	756	2.52	0.77	0.11
石台县样区	56	972	3.21	0.80	0.06
石台县马鞍山公园	56	972	3.21	0.80	0.06

注：此处仅统计记录鸟类所在生境编码为 F 的种类。

2012～2020 年，从年间繁殖鸟种类来看，合肥市样区 2019 年繁殖鸟种类最多，为 25 种；2020 年最少，为 15 种。马鞍山样区 2017 年繁殖鸟种类最多，为 40 种；2019 年繁殖鸟种类最少，为 28 种。石台样区 2015 年繁殖鸟种类最多，为 33 种，2013 年最少，为 11 种。从年间繁殖鸟数量来看，合肥样区 2012～

2015 年繁殖鸟数量呈上升趋势，2016 年数量减少，随后保持平稳波动，2020 年繁殖鸟数量最少。马鞍山样区 2016～2019 年繁殖鸟数量总体呈现平稳趋势，2017 年繁殖鸟数量最多，2018 年数量最少。石台样区 2013～2015 年繁殖鸟数量呈上升趋势，但 2016 年减少，2016～2019 年呈现平稳趋势，在 2020 年繁殖鸟数量再次减少。

从年间多样性指数上看，合肥市样区 2019 年香农-维纳多样性指数最高、Simpson 优势度指数最低；2014 年 Pielou 均匀度指数最低，2020 年 Pielou 均匀度指数最高，Pielou 均匀度指数 9 年间总体呈上升趋势。马鞍山市样区 2017 年香农-维纳多样性指数最高，Simpson 优势度指数最低，Pielou 均匀度指数 4 年间总体呈现平稳趋势。石台县样区 2014 年和 2015 年香农-维纳多样性指数均最高，2013 年香农-维纳多样性指数最低，8 年间总体呈现先上升后下降再上升趋势；Pielou 均匀度指数 8 年间呈现先下降再上升趋势，2016 年达最低，2013 年最高；Simpson 优势度指数 8 年间总体呈现先下降后上升再下降趋势，2014 年和 2015 年 Simpson 优势度指数均最低，2016 年最高（表 11-25）。

表 11-25　安徽省各样区不同年份鸟类动态变化

样区	年份	物种数	数量	香农-维纳多样性指数（H'）	Pielou 均匀度指数（J）	Simpson 优势度指数（D）
合肥市	2012	18	260	1.99	0.69	0.21
	2013	16	293	1.90	0.69	0.21
	2014	17	350	1.83	0.65	0.25
	2015	22	550	2.16	0.70	0.18
	2016	20	160	2.47	0.83	0.12
	2017	18	122	2.43	0.84	0.12
	2018	18	164	2.29	0.79	0.14
	2019	25	150	2.65	0.82	0.10
	2020	15	81	2.39	0.88	0.12
马鞍山市	2016	29	780	2.53	0.75	0.12
	2017	40	896	2.73	0.74	0.11
	2018	29	564	2.54	0.75	0.13
	2019	28	616	2.42	0.73	0.14
石台县	2013	11	26	2.31	0.96	0.11
	2014	27	124	2.94	0.89	0.07
	2015	33	366	2.94	0.84	0.07
	2016	20	97	2.42	0.81	0.12
	2017	26	122	2.76	0.85	0.10
	2018	21	108	2.69	0.88	0.09
	2019	22	99	2.76	0.89	0.08
	2020	17	30	2.62	0.93	0.09

注：此处仅统计记录鸟类所在生境编码为 F 的种类。

（5）福建省

在福建共设置福州市和南平市两个样区，记录到鸟类 32 种 438 只次。其中福州市样区物种数和数量均大于南平市样区。从多样性指数看，福州市样区香农-维纳多样性指数和 Pielou 均匀度指数均高于南平市样区，但 Simpson 优势度指数低于南平市样区（表 11-26）。

从年间繁殖鸟种类和数量看来看，福州市样区均为 2015 年最多，2016 年最少。从年间多样性指数来看，福州市样区香农-维纳多样性指数、Pielou 均匀度指数和 Simpson 优势度指数 6 年间呈现一定波动（表 11-27）。南平市样区仅有 2018 年的观测数据。

表 11-26 福建各样区鸟类多样性

样区、样线	物种数	数量	香农-维纳多样性指数（H'）	Pielou 均匀度指数（J）	Simpson 优势度指数（D）
福州市样区	29	289	2.79	0.83	0.09
天马登山道	15	51	2.54	0.94	0.09
福州森林公园	19	227	2.47	0.84	0.12
荔园登山道	3	11	0.76	0.69	0.57
南平市样区	9	149	1.56	0.71	0.25
九峰山公园	1	9	0.00	0.00	1.00
瓦口村	5	55	0.99	0.61	0.46
水井窠	8	85	1.61	0.77	0.25

注：此处仅统计记录鸟类所在生境编码为 F 的种类。

表 11-27 福建各样区不同年份鸟类动态变化

样区	年份	物种数	数量	香农-维纳多样性指数（H'）	Pielou 均匀度指数（J）	Simpson 优势度指数（D）
福州市样区	2014	4	9	1.27	0.92	0.31
	2015	24	148	2.82	0.89	0.08
	2016	1	1	0.00	0.00	1.00
	2017	7	101	1.63	0.84	0.24
	2018	4	6	1.24	0.90	0.33
	2019	5	24	1.53	0.95	0.23
南平市样区	2018	9	149	1.56	0.71	0.25

注：此处仅统计记录鸟类所在生境编码为 F 的种类。

（6）江西省

在江西省共设置崇仁县、赣州市、靖安县、婺源县和于都县 5 个样区，记录到鸟类 81 种 3597 只次。其中婺源县样区物种数最高，为 65 种，鸟类数量也最多 2426 只；崇仁县样区调查记录鸟类种类最少，为 9 种；于都县样区调查记录鸟类数量最少，为 128 只。从多样性指数来看香农-维纳多样性指数，婺源县样区最高，为 2.72，崇仁县样区最低，为 1.60；Pielou 均匀度指数于都县样区最高，为 0.76，赣州市样区最低，为 0.55；Simpson 优势度指数赣州市样区最高，为 0.34，于都县样区最低，为 0.13（表 11-28）。

表 11-28 江西省各样区鸟类多样性

样区、样线	物种数	数量	香农-维纳多样性指数（H'）	Pielou 均匀度指数（J）	Simpson 优势度指数（D）
崇仁县样区	9	136	1.60	0.73	0.26
凤岗村	3	23	0.84	0.77	0.48
马口村	5	48	1.34	0.83	0.29
上岭	5	13	1.41	0.88	0.22
下张	5	31	1.23	0.76	0.33
游坊村	5	21	1.49	0.92	0.21
赣州市样区	36	593	1.98	0.55	0.34
横石样线	11	169	1.71	0.71	0.28
流屋场样线	31	123	2.83	0.82	0.10
双桥样线	6	37	0.93	0.52	0.58
沙坪样线	3	24	0.57	0.52	0.70
樟树坪样线	22	240	1.36	0.44	0.47
靖安县样区	23	414	2.25	0.72	0.16
下宝田-刘家	9	48	1.95	0.89	0.17
老屋-井里坑	11	66	2.09	0.87	0.13
屋场里-冷水坑	14	202	2.00	0.76	0.18

续表

样区、样线	物种数	数量	香农-维纳多样性指数（*H'*）	Pielou 均匀度指数（*J*）	Simpson 优势度指数（*D*）
大梅山-滩下	7	63	1.19	0.61	0.41
仙女浴-画家洲	7	27	1.46	0.75	0.30
游源-坳背村	4	8	1.32	0.95	0.18
婺源县样区	65	3883	2.72	0.65	0.14
文公山-甘田村	6	51	1.38	0.77	0.29
文公山-罗田村	1	22	0	0	1
朱村	42	1641	2.23	0.60	0.21
高砂渔场	25	199	2.28	0.71	0.17
大鄣山村	30	299	2.69	0.79	0.10
东岭坞	4	30	1.19	0.86	0.30
中云镇	14	1641	2.23	0.60	0.21
于都县样区	26	128	2.49	0.76	0.13
枧背	6	62	1.49	0.83	0.27
金沙岭下	14	28	2.46	0.93	0.07
蕉岭坑	12	38	2.12	0.85	0.15

注：此处仅统计记录鸟类所在生境编码为 F 的种类。

2016～2018 年，赣州市样区鸟类种类和数量呈上升趋势，均为 2018 年最多。2016～2019 年，靖安县样区鸟类种类和数量有一定波动，2017 年繁殖鸟种类和数量均最多，2019 年鸟类种类最少，2016 年鸟类数量最少。2014～2020 年，婺源县样区鸟类种类呈现一定波动，2017 年种类最多，2015 年鸟类种类最少；鸟类数量呈先下降再上升趋势，2020 年鸟类数量最多，2018 年数量最少。崇仁县和于都县都只有 1 年数据。

从年间多样性指数上看，赣州市样区 2018 年香农-维纳多样性指数和 Pielou 均匀度指数均最高，而 Simpson 优势度指数最低，2016 年 Simpson 优势度指数最高，香农-维纳多样性指数和 Pielou 均匀度指数 3 年间总体呈上升趋势。靖安县样区 2017 年香农-维纳多样性指数最高，Simpson 优势度指数最低，2016 年和 2017 年 Pielou 均匀度指数最高。婺源县样区香农-维纳多样性指数在 7 年间总体呈现下降—上升—下降的波动，2014 年香农-维纳多样性指数最高，2016 年最低；Pielou 均匀度指数 8 年间总体呈现波动变化，2018 年 Pielou 均匀度指数最高，2016 年最低；2014 年 Simpson 优势度指数最低，2016 年最高（表 11-29）。

表 11-29　江西各样区不同年份鸟类动态变化

样区	年份	物种数	数量	香农-维纳多样性指数（*H'*）	Pielou 均匀度指数（*J*）	Simpson 优势度指数（*D*）
崇仁县	2018	9	136	1.60	0.73	0.26
赣州市	2016	7	101	0.74	0.38	0.68
	2017	13	155	1.02	0.40	0.59
	2018	35	237	2.71	0.76	0.14
靖安县	2016	13	61	2.10	0.82	0.15
	2017	18	158	2.36	0.82	0.12
	2018	11	127	1.71	0.71	0.26
	2019	9	68	1.64	0.75	0.26
婺源县	2014	33	438	2.88	0.82	0.08
	2015	16	374	2.13	0.77	0.16
	2016	28	344	1.67	0.50	0.40
	2017	34	235	2.60	0.74	0.15
	2018	18	77	2.49	0.86	0.10
	2019	31	459	2.37	0.69	0.19
	2020	23	499	2.31	0.74	0.17
于都县	2018	26	128	2.49	0.76	0.13

注：此处仅统计记录鸟类所在生境编码为 F 的种类。

（7）河南省

河南共观测商城县和宝丰县两个样区，记录到鸟类 95 种 2530 只次。其中商城县样区物种数和数量较为丰富，尤以金刚台刘小坳样线调查到的鸟类数量和种类最多，共记录鸟类 68 种 650 只次。宝丰县样区仅有 1 年数据，物种数和数量均较少。从多样性指数看，商城县样区的香农-维纳多样性指数和 Pielou 均匀度指数均较高，但 Simpson 优势度指数较低（表 11-30）。

表 11-30 河南各样区鸟类多样性

样区、样线	物种数	数量	香农-维纳多样性指数（*H'*）	Pielou 均匀度指数（*J*）	Simpson 优势度指数（*D*）
商城县样区	95	2344	3.65	0.80	0.04
鲶鱼山环库路	49	533	3.26	0.84	0.05
鲶鱼山开觉寺	31	335	2.61	0.76	0.11
金刚台华佗寺	41	226	3.35	0.90	0.04
金刚台回龙寺	33	141	3.03	0.87	0.06
金刚台刘小坳	68	650	3.51	0.83	0.05
金刚台柯楼	45	459	3.24	0.85	0.05
宝丰县样区	7	166	1.13	0.58	0.46
龙兴北路与人民路交叉口	7	166	1.13	0.58	0.46

注：此处仅统计记录鸟类所在生境编码为 F 的种类。

从年间鸟类种类来看，商城县样区 2019 年鸟种类最多，为 65 种；2016 年最少，为 59 种。从年间鸟类数量来看，商城县样区 2016～2019 年鸟类数量呈波动上升趋势，2019 年数量最多，但 2017 年数量有所下降。从年间多样性指数上看，商城县样区 2016 年和 2017 年鸟类 Pielou 均匀度指数均最高，2019 年最低；而 2019 年 Simpson 优势度指数最高；2017～2019 年香农-维纳多样性指数和 Pielou 均匀度指数呈下降趋势（表 11-31）。

表 11-31 河南各样区不同年份鸟类动态变化

样区	年份	物种数	数量	香农-维纳多样性指数（*H'*）	Pielou 均匀度指数（*J*）	Simpson 优势度指数（*D*）
商城县	2016	59	523	3.51	0.86	0.04
	2017	62	495	3.56	0.86	0.04
	2018	60	645	3.35	0.82	0.05
	2019	65	701	3.36	0.80	0.06
宝丰县	2018	7	166	1.13	0.58	0.46

注：此处仅统计记录鸟类所在生境编码为 F 的种类。

（8）湖北省

在湖北共设置江陵县、通城县、荆门市和武汉市 4 个样区，记录到鸟类 92 种 3845 只次。其中武汉市鸟类物种数和数量最多，为 67 种 3087 只次；荆门市次之，为 50 种 499 只次；通城县和江陵县鸟类均较少。从多样性指数来看，荆门市和武汉市样区的香农-维纳多样性指数均较高，但 Simpson 优势度指数较低；通城县样区的香农-维纳多样性指数最低，但 Simpson 优势度指数最高；江陵县样区的 Pielou 均匀度指数最高（表 11-32）。

从年间鸟类种数来看，通城县样区 2018～2019 年两年间物种数变化不大；武汉市样区 2015～2020 年物种数呈一定波动变化，其中 2020 年种类最多，2015 年种类最少。从年间鸟类数量来看，通城县样区 2018 年鸟类数量大于 2019 年；武汉市样区 2015～2020 年鸟类数量呈现较大的波动，其中 2015 年数量最

表 11-32　湖北各样区鸟类多样性

样区、样线	物种数	数量	香农-维纳多样性指数（H'）	Pielou 均匀度指数（J）	Simpson 优势度指数（D）
江陵县样区	29	121	2.91	0.86	0.07
江陵湿地公园样线	29	121	2.91	0.86	0.07
通城县样区	22	138	2.30	0.74	0.15
锡山森林公园样线	22	138	2.30	0.74	0.15
荆门市样区	50	499	3.22	0.82	0.06
大药房样线	6	13	1.67	0.93	0.14
东宝山森林公园样线	31	28	2.68	0.78	0.10
凤凰公园样线	27	249	2.71	0.82	0.10
漳河中学样线	9	19	1.91	0.87	0.15
武汉市样区	67	3087	3.17	0.76	0.07
植物园一号样线	58	1632	3.14	0.77	0.07
植物园二号样线	55	1455	3.08	0.77	0.08

注：此处仅统计记录鸟类所在生境编码为 F 的种类。

多，2016 年数量最少。从年间多样性指数上看，通城县样区 2019 年香农-维纳多样性指数高于 2018 年，Simpson 优势度指数低于 2018 年；武汉市样区 2018 年香农-维纳多样性指数最高，但 Simpson 优势度指数最低；香农-维纳多样性指数年间变化波动不大（表 11-33）。

表 11-33　湖北各样区不同年份鸟类动态变化

样区	年份	物种数	数量	香农-维纳多样性指数（H'）	Pielou 均匀度指数（J）	Simpson 优势度指数（D）
江陵县	2018	29	121	2.91	0.86	0.07
通城县	2018	15	88	1.82	0.67	0.25
	2019	14	50	2.30	0.87	0.11
荆门市	2018	50	499	3.22	0.82	0.06
武汉市	2015	40	826	2.96	0.80	0.09
	2016	42	372	3.06	0.82	0.07
	2017	45	484	2.99	0.79	0.09
	2018	44	411	3.12	0.82	0.07
	2019	41	440	3.02	0.81	0.07
	2020	49	560	3.05	0.78	0.08

注：此处仅统计记录鸟类所在生境编码为 F 的种类。

（9）湖南省

在湖南共设置衡阳市和长沙市两个样区，记录到鸟类 34 种 883 只次。长沙市样区鸟类种类和数量均多于衡阳市样区。从多样性指数来看，长沙市样区香农-维纳多样性指数及 Simpson 优势度指数均高于衡阳市样区，但是衡阳市样区 Pielou 均匀度指数高于长沙市样区（表 11-34）。

从年间鸟种类来看，衡阳市样区 2012 年鸟种类最多，2017 年和 2018 年最少；长沙市样区 2019 年鸟种类最多，2014 年、2018 年及 2020 年鸟种类最少。从年间鸟数量来看，衡阳市样区 2012～2018 年鸟类数量呈下降趋势，2018 年鸟类数量最少；长沙市样区 2012～2020 年鸟类数量总体呈现平稳趋势，2012 年鸟类数量最多，2020 年鸟类数量最少。从年间多样性指数上看，衡阳市样区 2012 年香农-维纳多样性指数最高，Simpson 优势度指数最低，2015 年 Pielou 均匀度指数最高，2013～2018 年 Simpson 优势度指数总体呈上升趋势；长沙市样区 2019 年香农-维纳多样性指数最高，Simpson 优势度指数最低，Pielou 均匀度指数 4 年间总体呈现平稳趋势（表 11-35）。

表 11-34 湖南各样区鸟类多样性

样区、样线	物种数	数量	香农-维纳多样性指数（H'）	Pielou 均匀度指数（J）	Simpson 优势度指数（D）
衡阳市样区	12	160	1.92	0.77	0.18
延寿村-树木园	12	159	1.92	0.77	0.18
藏经殿	1	1	0	0	1
长沙市样区	26	623	2.06	0.63	0.20
南郊公园	14	185	1.96	0.74	0.19
植物园	10	37	2.01	0.88	0.14
岳麓山	9	89	1.97	0.90	0.15
橘子洲	16	312	1.80	0.65	0.25

注：此处仅统计记录鸟类所在生境编码为 F 的种类。

表 11-35 湖南各样区不同年份鸟类动态变化

样区	年份	物种数	数量	香农-维纳多样性指数（H'）	Pielou 均匀度指数（J）	Simpson 优势度指数（D）
衡阳市样区	2012	10	91	1.66	0.72	0.25
	2013	4	27	0.82	0.59	0.56
	2014	5	22	1.24	0.77	0.36
	2015	3	14	0.96	0.87	0.38
	2017	1	1	0.00	0.00	1.00
	2018	1	4	0.00	0.00	1.00
长沙市样区	2012	9	196	1.44	0.66	0.37
	2013	8	40	1.73	0.83	0.20
	2014	6	33	1.13	0.63	0.46
	2015	11	180	1.89	0.79	0.19
	2016	11	82	1.76	0.74	0.23
	2017	7	41	1.48	0.76	0.28
	2018	6	35	1.53	0.85	0.24
	2019	14	99	2.18	0.82	0.14
	2020	6	18	1.35	0.75	0.32

注：此处仅统计记录鸟类所在生境编码为 F 的种类。

（10）广西壮族自治区

在广西只设置了桂林市一个样区，记录到鸟类 14 种 870 只次。香农-维纳多样性指数为 1.57，Pielou 均匀度指数为 0.60，Simpson 优势度指数为 0.31。2012～2019 年，从繁殖鸟种类来看，广西 8 年间繁殖鸟种类总体呈现先下降后上升再下降的波动趋势，2013 年繁殖鸟种类最高，2018 年繁殖鸟种类最少。从年间繁殖鸟数量来看，广西 8 年间繁殖鸟数量总体呈现平稳波动，但在 2015 年数量有较大增加，为 8 年间最高。从年间多样性指数来看，广西香农-维纳多样性指数 2013 年最高，2018 年最低；Pielou 均匀度指数 8 年间呈现先下降再上升的趋势；Simpson 优势度指数 2018 年最高，2013 年最低（表 11-36）。

（11）重庆市

在重庆市共设置北碚区和城口县两个样区，记录到鸟类 27 种 519 只次。北碚区样区的鸟类物种数小于城口县样区，但是数量高于城口县样区。从多样性指数看，城口县样区具有相对较高的香农-维纳多样性指数，而北碚区样区的 Simpson 优势度指数较高（表 11-37）。

表 11-36　广西桂林市样区不同年份鸟类动态变化

样区	年份	物种数	数量	香农-维纳多样性指数（H'）	Pielou 均匀度指数（J）	Simpson 优势度指数（D）
桂林市	2012	9	73	1.66	0.76	0.29
	2013	10	115	1.68	0.73	0.27
	2014	6	97	1.26	0.70	0.36
	2015	5	368	0.93	0.58	0.47
	2016	9	67	1.48	0.67	0.36
	2017	6	37	1.47	0.82	0.29
	2018	3	37	0.77	0.70	0.57
	2019	5	76	1.25	0.78	0.37

注：此处仅统计记录鸟类所在生境编码为 F 的种类。

表 11-37　重庆各样区鸟类多样性

样区、样线	物种数	数量	香农-维纳多样性指数（H'）	Pielou 均匀度指数（J）	Simpson 优势度指数（D）
北碚区样区	17	395	2.38	0.84	0.12
西南大学 1	14	189	2.38	0.90	0.11
西南大学 2	14	206	2.20	0.83	0.14
城口县样区	19	124	2.46	0.84	0.11
小河口（县城边）	19	124	2.46	0.84	0.11

注：此处仅统计记录鸟类所在生境编码为 F 的种类。

2014～2019 年，北碚区鸟类种类较为稳定，仅 2018 年种数较低；从鸟类数量来看，北碚区 2015 年鸟类数量最多，2018 年鸟类数量最少，2014～2019 年鸟类数量有一定波动。2014～2017 年，城口县鸟类种类有上升趋势，但数量呈现波动，2015 年鸟类数量最多，2014 年鸟类数量最少。从年间多样性指数上看，北碚区 2014 年鸟类香农-维纳多样性指数和 Pielou 均匀度指数均最高，2018 年最低；2014～2018 年香农-维纳多样性指数总体呈下降趋势；2018 年 Simpson 优势度指数最高。城口县 2017 年鸟类香农-维纳多样性指数和 Pielou 均匀度指数均最高；2014 年香农-维纳多样性指数最低，而 Simpson 优势度指数最高；2014～2017 年香农-维纳多样性指数呈先下降后上升趋势（表 11-38）。

表 11-38　重庆各样区不同年份鸟类动态变化

样区	年份	物种数	数量	香农-维纳多样性指数（H'）	Pielou 均匀度指数（J）	Simpson 优势度指数（D）
北碚区	2014	10	66	2.19	0.95	0.11
	2015	11	94	2.18	0.91	0.12
	2016	9	50	2.05	0.93	0.12
	2017	10	85	1.93	0.84	0.18
	2018	3	38	0.41	0.37	0.80
	2019	9	62	1.73	0.79	0.22
城口县	2014	4	8	1.21	0.88	0.25
	2015	9	76	1.81	0.83	0.20
	2016	8	17	1.87	0.90	0.14
	2017	10	23	2.21	0.96	0.08

注：此处仅统计记录鸟类所在生境编码为 F 的种类。

（12）四川省

在四川只设置了成都市一个样区，记录到鸟类 64 种 3575 只次。香农-维纳多样性指数为 2.61，Pielou 均匀度指数为 0.63，Simpson 优势度指数为 0.12（表 11-39）。

表 11-39 四川成都市样区鸟类多样性

样区、样线	物种数	数量	香农-维纳多样性指数（H'）	Pielou 均匀度指数（J）	Simpson 优势度指数（D）
成都市样区	64	3575	2.61	0.63	0.12
门口—竹林小道口	36	580	2.49	0.69	0.14
新诗小道口—牌坊桥	30	1194	2.18	0.64	0.19
牌坊桥—广场	34	491	2.51	0.71	0.12
汇尚园三环绿化带	16	235	1.89	0.68	0.22
锦城公园外	22	601	1.76	0.57	0.27
锦城公园内	20	474	2.03	0.68	0.19

注：此处仅统计记录鸟类所在生境编码为 F 的种类。

2012～2020 年，成都市样区鸟类种类和数量呈现一定波动，均表现为 2018 年种类最多，2014 年最少。从年间多样性指数上看，2013 年鸟类香农-维纳多样性指数和 Pielou 均匀度指数均最高，2012 年最低；而 2012 年 Simpson 优势度指数最高；9 年间香农-维纳多样性指数和 Pielou 均匀度指数上下波动（表 11-40）。

表 11-40 四川成都市样区不同年份鸟类多样性

年份	物种数	数量	香农-维纳多样性指数（H'）	Pielou 均匀度指数（J）	Simpson 优势度指数（D）
2012	19	156	1.96	0.66	0.24
2013	22	180	2.70	0.87	0.08
2014	17	133	2.21	0.78	0.14
2015	18	254	2.33	0.81	0.13
2016	22	437	2.38	0.77	0.13
2017	25	561	2.34	0.73	0.14
2018	29	841	2.52	0.75	0.11
2019	29	577	2.10	0.62	0.21
2020	22	436	2.37	0.77	0.13

注：此处仅统计记录鸟类所在生境编码为 F 的种类。

（13）贵州省

在贵州只设置了贵阳市一个样区，共记录鸟类 22 种 449 只次。香农-维纳多样性指数为 1.13，Pielou 均匀度指数为 0.37，Simpson 优势度指数为 0.61。2012～2019 年，从年间鸟类物种数来看，贵阳市样区 2017 年和 2019 年鸟类物种数最多，2015 年和 2018 年最少。从年间鸟类数量来看，贵阳市样区 2017 年鸟类数量最多，2018 年最少，呈现年间波动。从年间多样性指数上看，贵阳市样区 2019 年鸟类香农-维纳多样性指数最高，2018 年 Pielou 均匀度指数最高，2012 年 Simpson 优势度指数最高，2017～2019 年香农-维纳多样性指数呈上升趋势（表 11-41）。

表 11-41 贵州贵阳市样区不同年份鸟类动态变化

年份	物种数	数量	香农-维纳多样性指数	Pielou 均匀度指数	Simpson 优势度指数
2012	5	52	0.57	0.35	0.75
2013	5	29	0.88	0.55	0.58
2014	7	39	0.78	0.40	0.67
2015	4	84	0.53	0.39	0.74
2016	6	40	1.04	0.58	0.48
2017	12	119	0.96	0.39	0.64
2018	4	13	1.03	0.74	0.40
2019	12	73	1.31	0.53	0.48

注：此处仅统计记录鸟类所在生境编码为 F 的种类。

5. 代表性物种

华中区城市生境中的代表性物种多为伴人物种，包括小䴙䴘、黑水鸡、白头鹎、麻雀、八哥、丝光椋鸟、灰椋鸟、灰喜鹊、喜鹊、红嘴蓝鹊、大山雀、白鹡鸰、珠颈斑鸠、乌鸫、鹊鸲、强脚树莺、黑脸噪鹛、白颊噪鹛、红头长尾山雀、棕头鸦雀、家燕、金腰燕、白鹭等。

11.5 威胁与保护对策

鸟类主要分为水生鸟类和陆生鸟类。湿地是水鸟重要的栖息环境，是地球上具有多功能的、独特的生态系统，全球三大生态系统之一，被誉为“地球之肾”“生命的摇篮”和“物种基因库”，因此保护好湿地，对鸟类生物多样性的保护尤为重要（杨永兴，2002）。

长江中下游湿地生态区位极其重要，湿地资源类型丰富，湿地景观独具一格，多种珍稀物种在此繁殖和栖息，拥有丰富的生物多样性。同时，长江流域也是我国重要的粮食生产基地之一，但是，工农业的发展对区域湿地环境影响巨大。由于国家发展战略需要，启动了一些水利工程，长江中下游河流水文过程由此受到改变，江湖关系和河道地形演变也因此受到了影响，湿地萎缩、湿地功能退化、生物多样性降低（王学雷等，2020）。

陆地鸟类主要栖息在林区及农田周围，长江中下游流域主要属北亚热带气候，主要的气候特点是冬温夏热、四季分明、降水充沛。区域地貌以平原为主要类型，包括两湖平原、皖中平原、鄱阳湖平原和长江三角洲平原等。地区气候良好，土壤肥沃，热量充裕，农业发达，农作物一年两到三熟，农田盛产稻米、芝麻、小麦、油菜、玉米、大豆、柑橘等，素有“鱼米之乡”的美誉。自然植被兼有南北物种，过渡性明显，主要植物种包括樟树、麻楝（*Chukrasia tabularis*）、栓皮栎（*Quercus variabilis*）、盐肤木、栾树（*Koelreuteria paniculata*）、枫香、石楠（*Photinia serratifolia*）、马尾松、水杉等（韩宗祎，2012）。

11.5.1 威胁

由于人口膨胀，栖息地的破坏、丧失与片段化，环境污染，资源的过度利用，外来种入侵和气候变化等胁迫因素的影响，致使大量鸟类处境危险，许多鸟类正面临着灭绝的威胁（丁平，2007）。

1. 水利工程与湿地围垦

随着长江流域农业文明的发展，大量人口聚集在沿江地区。人对湖泊的干扰不断加大。长江中下游地区修建和加固了江堤和圩堤，如枞阳江堤、广成圩，此外，同时还修建了华阳闸、杨湾闸、皖河闸、枞阳闸、白荡闸、梳妆台闸等。水利设施的建设导致水文状况发生了改变。江湖隔绝，阻塞了鱼蟹等水生动物的洄游通道，这不仅对正常的水文过程产生影响，而且还阻断了江湖水生生物的交流，导致湖泊难以维持生物多样性，特别是鸟类鱼类受到很大影响，围垦是湖泊湿地面积急剧减少的主要原因。长江中下游浅水型湖泊居多，特点是湖岸平坦，滩涂沼泽多，这利于鸟类栖息觅食，但也易于围垦。根据有关记载，在长江中下游湖区围湖垦殖的历史由来已久，1980～1990 年规模逐渐减小，同时部分围垦地退田还湖，湖泊面积暂时有所恢复，但湿地系统却发生了巨大变化，极易沼泽化致使水域消失，导致对湖泊的生物多样性维持造成巨大影响（朱文中等，2010）。

2. 滥捕乱猎

资源保护意识不强的湖区周边的居民还不在少数，滥捕、投毒并大肆捕杀水鸟的现象还时有发生。

各私营渔场为了提高自身的经济效益，在正式投放苗种之前都要以电捕方式“清野”。“清野”活动正是在涨水前夕的枯水季节，正值多数土著鱼类即将繁殖之际，以电击方式清除繁殖期的亲鱼，这对生物多样性影响较大，同时对水鸟的种群数量造成一定的影响。

3. 矿产资源开发

近年来，由于采矿资源的开发力度越来越大，长江中下游平原基本农田面积大幅减少，大面积的农田变成了沉陷区，陆生鸟类的食物资源与栖息地遭到严重破坏，严重地影响了陆生鸟类多样性，不过此举也同时为水鸟提供了更为丰富的栖息环境和食物资源。

4. 公路修建和旅游设施

随着交通快速发展，道路修建对农田生物多样性构成威胁。公路沿线农田生物多样性特别是鸟类受到了极大的影响。此外，修建旅游接待设施和游乐设施这些人为扰动使农田和湿地生态系统的功能受到影响。

11.5.2　保护对策

1. 改善栖息繁殖环境

在鸟类的栖息和繁衍方面，我们可以改善植被和水源及营造出更加丰富的空间形态，同时，在一些营巢条件比较简陋的生境，可以积极加装巢箱、搭建巢架。

2. 改变经营方式，发展可持续渔业

规范湖泊水面开发利用模式，及时遏制湿地退化的势头，尽快阻止掠夺式的养殖方式，控制草鱼、蟹等草食性养殖种类和放养密度，合理搭配养殖种类，减轻对水生植被的放牧压力，同时研究湖泊资源演变规律。通过开展理论放养量的科学实验，制定科学的养殖模式；减少围网和拦网面积，对围网区肥水养鱼模式要严格控制，严厉打击采取电捕鱼“清野”的相关活动。

3. 开展资源恢复，维持森林湖泊生态系统健康

采取人工促进和自然恢复相结合的途径恢复水生植被，如轮放、休养促进水生植被恢复；对水生植被进行补种，人工促进植被恢复。解决通江河道拦网问题，保证鱼道畅通，涵闸要合理调度，适时补充湖区鱼类资源。划定鱼类产卵场保护区，禁止冬春季节渔猎。去除湖内拦水坝，以恢复正常的水文过程，继续扩大退田还湖面积，维护湖泊结构和功能的完整性。这不仅使湖泊渔业资源，特别是苦草（*Vallisneria natans*）、聚藻（穗状狐尾藻 *Myriophyllum spicatum*）、菹草（*Potamogeton crispus*）、罗氏轮叶黑藻（*Hydrilla verticillata* var. *roxburghii*）和马来眼子菜（*Potamogeton wrightii*）等优良水生植物得以维持和增长，同时保护了重要经济鱼类资源、重要生物物种和水生植物群落及关键生态过程，湖泊丰富的生物多样性和健康稳定的湿地生态系统得到了有效维持（朱文中等，2010）。

4. 发展替代产业，全方位减轻湖泊压力

对于减轻湖泊压力我们可以寻求替代产业。积极拓宽劳务输出的渠道，开展堤坝水产开发、湿地旅游开发等，以此减轻当地居民对湖泊的压力，此举可以积极保护湿地生物多样性。

5. 健全保护管理制度

鉴于人类活动对野生动物产生的影响呈现出日益严重的趋势，应健全保护管理制度，同时加大对当地百姓的宣传教育力度。不仅如此，车辆制造的噪声也会干扰野生动物，因此保护区内对道路实施必要的管控显得尤为重要。相关部门应加强对重点地区野生鸟类的保护，同时开展鸟类学研究并加大执法力度，为保护管理工作提供科学有力的依据，继续加大对鸟类研究和保护资金的投入力度，依法保护鸟类（杨怀，2018）。对湖泊和农田管理要科学合理，正确认识生态系统的结构功能特点，处理好当前利益和长远利益、局部利益和整体利益的关系。对于一些跨行政区域的湖泊可以吸取国内外湿地流域管理的成功经验，建立跨区域管理体制，促进湿地生态系统的保护和可持续利用。

第 12 章　华南区鸟类多样性观测

12.1　环境概况

12.1.1　行政区范围

华南区包括云南与两广的大部分，福建东南沿海一带，以及台湾、海南岛和南海各群岛。本区大陆部分北部属南亚热带，南部属热带，其北界大体与南亚热带北缘相当，从西至东大致界限是从云南西南保山地区，经无量山地，沿云南高原南缘、广西中北部（百色-河池-瑶山）、南岭山地而至福建武夷鹫峰山的南缘（张荣祖，1999）。可分为 5 个亚区：闽广沿海亚区、滇南山地亚区、海南岛亚区、台湾亚区、南海诸岛亚区。属于华南区的行政区大致包括云南的怒江州、保山市、德宏州、临沧市、普洱市、西双版纳州、红河州、文山州，广西的百色市、崇左市、南宁市、防城港市、钦州市、北海市、贵港市、来宾市、玉林市、梧州市，广东除北部靠近湖南的几个县域外的其他地区，江西赣州市南部靠近广东的几个县，福建的龙岩市、漳州市、厦门市、泉州市、莆田市等。

12.1.2　气候

华南区南部为热带雨林和热带季雨林，北部属于中亚热带常绿阔叶林，自然条件变化大。气候类型有热带季风气候、亚热带季风气候、亚热带海洋性季风气候。

云南西南保山地区至文山州以南属热带和南亚热带季风气候，局部为低热河谷区，干湿季明显，四季不分明；兼具低纬高原气候特点，太阳辐射强烈，雨量充沛，年温差小，日温差大。

广西西南部跨北热带与南亚热带，属湿润热带、亚热带季风气候，局部为低热河谷区，年均气温 18～22℃，年均降水量 1100～1500 mm。桂南属南亚热带季风气候，是广西太阳总辐射和日照最多的地方，年均气温 21.4～22.8℃，年均降水量约 2000 mm，台风多在 6～9 月发生。桂中和桂东属中亚热带季风气候，年均气温大部 19.6～20.8℃，年均降水量 1300～2000 mm。

广东属于东亚季风区，从北向南分别为中亚热带、南亚热带和热带气候，雨热同季，年均气温 21.8℃，年均降水量 1774 mm，降水主要集中在 4～9 月。

海南岛地处热带北缘，属热带季风气候，四季不分明，夏无酷热，冬无严寒，气温年较差小；干季、雨季明显，冬春干旱，夏秋多雨，多热带气旋；光、热、水资源丰富，风、旱、寒等气候灾害频繁。年均气温 22.5～25.6℃，年日照时数 1780～2600 h，太阳总辐射量 4500～5800 MJ/m^2，年均降水量 1500～2500 mm。

台湾岛处于热带和亚热带的交接地带，以北回归线为界，北部为亚热带气候，南部为热带季风气候。夏季高温多雨、冬季则温暖湿润，年均气温 22℃。岛屿的海洋性气候较明显，雨量充沛；降水量东北部特高，基隆市历年平均值超过 3000 mm，最高可达 5000 mm；西南部平原区全年日照时数虽可超过 2000 h，却因秋冬少雨，常有较严重旱情。

本章主编：余丽江；编委（按姓氏笔画排序）：伊剑锋、余丽江、张敏、张强、罗旭、钟平华、段玉宝、梁斌、韩联宪、颜重威等。

福建武夷鹫峰山以南及东南部沿海属华南区，属亚热带海洋性季风气候，气候温和，冬短夏长，热量资源丰富，年均气温 16～21℃。降水丰沛，年降水量 1000～2300 mm，季节分布不均，5～9 月雨量多、强度大。

12.1.3 地形地貌

华南区多山，地形地貌大体为西北向东南递降。

云南西南山地，地势呈西北高东南低，地形地势险峻，海拔高差悬殊。山体以横断山云岭余脉点苍山南出支脉的西支无量山及东支山脉哀牢山较为显著。山脉峰峦叠起，形成了数座海拔 3000 m 以上的山峰。主峰猫头山为最高峰，海拔 3306 m，与澜沧江河谷相对高差达 2400 m。在南部、西南部边境，地势渐趋和缓，山势较矮、宽谷盆地较多，海拔在 800～1000 m，个别地区下降至 500 m 以下。

广西地处云贵高原东南边缘，地貌以山地丘陵为主。地势由西北向东南倾斜，四周山地环绕。广西中北部（百色-河池-瑶山）以南的桂中、桂南多为丘陵谷地，呈周高中低的盆地状。其中，桂西南喀斯特地貌发育完善。山地海拔多在 1400 m 以下，自南向北植被依次为季节性雨林、含热带成分的常绿、落叶阔叶混交林。桂南北部湾沿海地区，有近 1600 km 的海岸线和约 1005 km^2 的沿海滩涂，现存红树林总面积 8374.9 hm^2。

广东北依南岭，南临南海。地势大体北高南低，但境内山川纵横交错，中等山地、丘陵广布，地形变化复杂。北部、东北部和西部都有较高山脉，中部和南部沿海地区多为低丘、台地或平原，因此整个地势向南向中倾斜，山地、丘陵约占 62%，台地、平原约占 38%。

海南岛地势四周低平，中间高耸，地形以五指山、鹦哥岭为隆起核心，向外围逐级下降。山地、丘陵、台地、平原构成环形层状地貌，梯级结构明显，山地、丘陵和台地占全岛面积的 70%。

台湾岛受造山运动的影响，东部山高陡峻，西部地势平缓，海岸山脉、中央山脉、雪山山脉、玉山山脉、阿里山山脉等五大山脉，北南纵贯，统称为台湾山脉。海拔 3000 m 以上的高山超过 200 座，玉山海拔 3592 m，为最高峰。山地和丘陵面积约占全岛总面积的 2/3。

福建武夷鹫峰山以南以低山丘陵地貌为主，海拔多在 700～900 m；沿海多为丘陵、台地、平原地带，海拔在 500 m 以下。

12.1.4 水文

华南区河流的特点是密布、短小、独流、流径丰富，汛期长、水系多、河流密度大，河间分水岭交互错杂，是华南丘陵山地的反映。另一特点是含沙量少；流急、水力资源丰富；河水清洁，冬无结冰，利于航行（李俊敬，1991）。区内比较大的水系有：怒江、澜沧江、元江、红水河、西江等。怒江、澜沧江的特点是自北向南流，都是中国西南地区的大河之一，但流经云南南部华南区内的怒江仅有一小段。元江发源于中国云南西部哀牢山东麓，北邻金沙江流域，西与澜沧江以无量山为分水岭，东接南盘江流域，南面与越南接壤。红水河，是中国珠江水系干流西江的上游，在贵州和广西间，至桂西北天峨县开始折而向南进入广西在桂平市与郁江汇合称为浔江，浔江过梧州市改称西江，西江段为下游，以下至磨刀门为河口段。西江是华南地区最长的河流，为中国第四大河流，珠江水系中最长的河流。西江航运量居中国第二位，仅次于长江；水利、水力资源丰富，为沿岸地区的农业灌溉、河运、发电等做出了巨大贡献。

12.1.5 土地利用现状

云南是西南边疆地区最为典型的山区省份之一，山地多、平地少。在土地总面积中，山地约占 84%，高原约占 10%，盆地仅占 6%（云南农业地理编写组，1981）。省域现有耕地中的宜耕地以滇西南区和滇中区最为丰富，滇西南区 2006 年宜耕地面积为 159.93 万 hm^2，占全省宜耕地总面积的 31.35%（贺一梅等，2008）。

广西土地资源的主要特点是山多地少。全省山地、丘陵和石山面积占总面积的 69.7%，平原和台地占 27%，水域面积占 3.3%。区域内种植的农作物主要有甘蔗（*Saccharum officinarum*）、香蕉（*Musa nana*）、荔枝（*Litchi chinensis*）、龙眼（*Dimocarpus longan*）、菠萝蜜（*Artocarpus macrocarpon*）、杧果（*Mangifera indica*）等。林地大多种植桉树，成为很多农民主要的经济收入。

广东是中国人多地少的省份之一。宜农地 434 万 hm^2，宜林地 1100 万 hm^2。2008 年全省土地利用的实际情况：全省未利用地 130.05 万 hm^2，其中未利用土地 69.79 万 hm^2，其他土地 60.26 万 hm^2。

海南土地利用率和垦殖率由沿海平原、台地丘陵到中部山地逐渐减小，且北部、东部大于西部、南部。是全国最大的“热带宝地”，土地总面积 351.87 万 hm^2，占全国热带土地面积的 42.5%，人均土地约 0.44 hm^2。由于光、热、水等条件优越，农田终年可以种植，不少作物年收获 2～3 次。按适宜性划分，土地资源可分为 7 种类型：宜农地、宜胶地、宜热作地、宜林地、宜牧地、水面地和其他地。已开发利用的土地约 331.36 万 hm^2，未被开发利用的土地 20.51 万 hm^2。

台湾岛丘陵、台地和山麓地带多分布红壤。耕地面积约占全岛面积的 1/4。粮食生产以稻米为主；经济作物以甘蔗为主；其他有茶叶、热带水果、柠檬草（*Cymbopogon citratus*）等，为传统出口产品。森林资源较丰，覆盖率达 52%。

12.1.6 动植物现状

华南区植被类型主要有热带雨林、季雨林、南亚热带常绿阔叶林。

1. 热带雨林

热带雨林主要分布在台湾南部、海南、云南南部河口和西双版纳地区，以云南西双版纳和海南岛最为典型。

云南热带雨林分布在相对湿润的低山和沟谷，群落高度较高，达30 m 以上，结构相对复杂，具有3～4个可分的乔木层。热带雨林群落中重要值大的种类在不同群落中各有不同，例如，东京龙脑香（*Dipterocarpus retusus*）、多毛坡垒（*Hopea mollissima*）、仪花（*Lysidice rhodostegia*）、中国无忧花（*Saraca dives*）、细子龙（*Amesiodendron chinense*）及梭子果（*Eberhardtia tonkinensis*）等，为云南东南部热带雨林的代表种；而云南娑罗双（*Shore assamica*）、羯布罗香（*Dipterocarpus turbinatus*）等是云南西南部热带雨林的代表种。千果榄仁（*Terminalia myriocarpa*）、望天树（*Parashorea chinensis*）、龙果（*Pouteria grandifolia*）、橄榄（*Canarium album*）等，是云南南部热带雨林群落中重要值大的种类（朱华，2011）。典型代表性鸟类有灰孔雀雉、绿孔雀、绿脚树鹧鸪（*Tropicoperdix chloropus*）、小鹃鸠（*Macropygia ruficeps*）、橙胸咬鹃（*Harpactes oreskios*）、白喉犀鸟（*Anorrhinus austeni*）、双角犀鸟（*Buceros bicornis*）、棕颈犀鸟、大紫胸鹦鹉、绯胸鹦鹉、双辫八色鸫（*Pitta phayrei*）、紫颊太阳鸟（*Chalcoparia singalensis*）、褐喉食蜜鸟、蓝枕花蜜鸟（*Hypogramma hypogrammicum*）、蓝须蜂虎（*Nyctyornis athertoni*）等。

海南岛大部分为热带雨林分布区，垂直地带性植被类型以五指山地区为代表，划分为低地雨林、山地雨林、高山云雾林及山顶灌丛垂直植被分布带（杨小波等，2019，2021）。在海拔 400 m 以下的丘陵低地或山地下部，生长着高大茂密、有多层结构的热带雨林，树种以樟科、大戟科、桑科、桃金娘科、夹竹桃科、梧桐科、山榄科、棕榈科、茜草科、紫金牛科为主。在海拔 400～800 m 的山地上，分布着山地雨林，树种以樟科、壳斗科、桃金娘科和山茶科占优势（王伯荪和张炜银，2002）。海南粗榧（*Cephalotaxus mannii*）是海南特有树种。典型代表性鸟类有海南孔雀雉、海南山鹧鸪、红原鸡、绿皇鸠（*Ducula aenea*）、橙胸绿鸠（*Treron bicinctus*）、银胸丝冠鸟（*Serilophus lunatus*）、蓝背八色鸫（*Pitta soror*）、绯胸鹦鹉、大盘尾（*Dicrurus paradiseus*）、塔尾树鹊、鹩哥（*Gracula religiosa*）等（广东省昆虫研究所动物室等，1983；晏学飞和李玉春，2009）。

2. 季雨林

季雨林是一个介于热带雨林和亚热带常绿阔叶林之间的植被类型。云南季雨林主要分布在海拔1000 m 以下的几大河流开阔河段两岸和河谷盆地受季风影响最强烈的地段，多呈不连续的片状分布。在云南南部湿润地区，它与热带雨林交错分布在一些干坡、河岸及盆地。季雨林群落高度较矮，一般在 25 m 以下，结构相对简单，乔木一般仅有 1～2 层，上层树种在干季落叶或上层及下层树种在干季都落叶，即有一个明显的无叶时期。云南的季雨林代表树种有木棉（*Bombax ceiba*）、麻楝、劲直刺桐（*Erythrina stricta*）、厚皮树（*Lannea coromandelica*）、家麻树（*Sterculia pexa*）、香合欢（*Albizia odoratissima*）、东京枫杨（*Pterocarya tonkinesis*）、楹树（*Albizia chinensis*）、桂火绳（*Eriolaena kwangsiensis*）、钝叶黄檀（*Dalbergia obtusifolia*）等（朱华，2011）。

海南季雨林主要分布于海南的东方县和乐东县两盆地边缘的山麓上中，主要种为海南榄仁（*Terminalia nigrovenulosa*）、香合欢、黄豆树（*Albizia procera*）、厚皮树（*Lannea coromandelica*）、大沙叶（*Pavetta arenosa*）、龙眼和毛柿（*Diospyros strigosa*）等（王伯荪和张炜银，2002）。

还有一类是生长在喀斯特石灰岩地区的季雨林。中越边境喀斯特地区地处北热带，是滇黔桂喀斯特地区北热带最具代表性的区域，分布有我国最具典型性和代表性的北热带喀斯特季雨林植被。西双版纳地区的石灰岩山地面积约 3650 km^2，乔木层以大戟科、番荔枝科、樟科、楝科的物种占优势（戚剑飞和唐建维，2008）。桂西南中越边境地区的喀斯特地貌广泛发育，种子植物有 187 科 1050 属 3118 种，其中广西特有植物 294 种，隶属 75 科 123 属，集中于秋海棠属、蜘蛛抱蛋属、螺序草属、报春苣苔属、楼梯草属等属中，而这些特有植物中大多都是石灰岩特有植物（戚剑飞和唐建维，2008）。以广西弄岗为例，优势科有大戟科、马鞭草科、梧桐科、桑科、椴树科（王斌等，2014），优势种有肥牛树（*Cephalomappa sinensis*）、节花蚬木（*Excentrodendron tonkinense*）、东京桐（*Deutzianthus tonkinensis*）、广西顶果豆（*Acrocarpus fraxinifolius* var. *guangxiensis*）、假肥牛树（*Cleistanthus petelotii*）、越南牡荆（*Vitex tripinnata*）等（吴春林，1991）。

季雨林的典型代表鸟类有：红原鸡、厚嘴绿鸠（*Treron curvirostra*）、绿翅金鸠（*Chalcophaps indica*）、栗啄木鸟（*Micropternus brachyurus*）、蓝背八色鸫、长尾阔嘴鸟（*Psarisomus dalhousiae*）、鸦嘴卷尾（*Dicrurus annectans*）、小盘尾、白翅蓝鹊（*Urocissa whiteheadi xanthomelana*）、蓝绿鹊（*Cissa chinensis*）、黑冠黄鹎（*Pycnonotus melanicterus*）、白喉冠鹎（*Criniger pallidus*）、白腰鹊鸲（*Kittacincla malabarica*）、海南蓝仙鹟（*Cyornis hainanus*）、黑枕王鹟（*Hypothymis azurea*）、长嘴钩嘴鹛（*Pomatorhinus hypoleucos*）、弄岗穗鹛、棕胸幽鹛（*Pellorneum tickelli*）、短尾鹪鹛（*Napothera brevicaudata*）等多种鹛类，以及黑胸太阳鸟（*Aethopyga saturata*）、黄腹花蜜鸟（*Cinnyris jugularis*）、鹩哥等。

3. 南亚热带常绿阔叶林

分布于台湾玉山山脉北半部，福建戴云山以南、南岭山地南侧等海拔 800 m 以下的丘陵山地，以及云南中部。上层乔木以壳斗科和樟科的一些喜暖种类为主，还有桃金娘科、楝科、桑科的一些种类。中下层含有较多的热带成分，如茜草科、紫金牛科、棕榈科等的一些种类。比较典型的、植被保存较好的广西大明山、广东鼎湖山和台湾山脉，均位于北回归线上，被喻为“北回归线上的绿色明珠”。

典型代表鸟类有：白眉山鹧鸪、黄腹角雉、白鹇、海南鳽、褐翅鸦鹃、小鸦鹃、仙八色鸫、黑眉拟啄木鸟、橙腹叶鹎（*Chloropsis hardwickii*）、白喉林鹟、鹊鹂、栗背短脚鹎（*Hemixos castanonotus*）、绿翅短脚鹎、画眉、红嘴相思鸟、灰眶雀鹛、栗耳凤鹛（*Yuhina castaniceps*）、斑胸钩嘴鹛、红翅鵙鹛（*Pteruthius aeralatus*）、灰树鹊（*Dendrocitta formosae*）、灰喉山椒鸟（*Pericrocotus solaris*）、八哥、棕背伯劳、叉尾太阳鸟、黄颊山雀等。

岛屿物种特化程度高，在台湾岛上有不少特有种，如台湾山鹧鸪、黑长尾雉、台湾拟啄木鸟（*Psilopogon nuchalis*）、台湾蓝鹊（*Urocissa caerulea*）、台湾鹎（*Pycnonotus taivanus*）、台湾画眉（*Garrulax taewanus*）、台湾戴菊、黄痣薮鹛（*Liocichla steerii*）等。

12.1.7　社会经济

在华南区范围内，以广东经济发展水平最高，而且广东省域经济综合竞争力居全国第一。2017 年 3 月，国务院政府工作报告中提出，研究制定粤港澳大湾区城市群发展规划。广东的广州、深圳、珠海、佛山、惠州、东莞、中山、江门、肇庆 9 市，以及香港、澳门两个特别行政区联手打造粤港澳大湾区，建设世界级城市群，使之成为与美国纽约湾区、美国旧金山湾区、日本东京湾区并肩的世界四大湾区之一。今后，广东还将打造由珠三角九市和环珠三角六市组成的大珠三角经济区，打出政策“组合拳”，提速粤东西北振兴发展。2020 年，广东全年实现地区生产总值 11.08 万亿元，比上年增长 2.3%。

云南地方经济在总量和人均方面都得到了一定程度的提高。2020 年，云南地区生产总值 24 521.90 亿元，同比增长 4.0%。其中，第一产业增加值 3598.91 亿元，同比增长 5.7%；第二产业增加值 8287.54 亿元，同比增长 3.6%；第三产业增加值 12 635.45 亿元，同比增长 3.8%。

广西是中国脱贫攻坚的主战场之一。据统计，2019 年广西贫困地区农村居民人均可支配收入达到 13 676 元，比 2015 年增加 4209 元，年均增长 9.63%。但是，广西经济发展近几年呈现明显的下滑趋势，GDP 年增长率从 2014 的 8.5%逐年下降到的 2019 年 6.0%，下降幅度达到 2.5%，到 2020 年降到 3.7%（周晴和陈毅昌，2020）。

福建沿海大小港湾众多，并具有特大深水港湾，得天独厚的港口条件是不可多得的资源，是我国东南沿海对外贸易的重要口岸，也是中国沿海开放地区之一。厦漳泉三市工业产业集群聚集，集约发展优势凸显。服装、计算机、电子器件、建材、石化是龙头产业，已形成一批专业特色鲜明、品牌形象突出、服务平台完备的现代产业集群。

海南经济总量占全国比例较小。2017 年海南 GDP 总量在全国 31 个省（自治区、直辖市）排第 28 名，人均 GDP 排第 19 名，海南经济发展处于下游；从占比角度来看，海南 GDP 仅占全国 GDP 的 0.54%，经济总量几乎可以忽略不计，非农产值占 GDP 比例约为 76.71%，低于全国水平（李曾逵，2021）。2020 年，第一、第二、第三产业分别比上年同期增减 2.0%、－1.2%、5.7%。

台湾的经济在近些年一直处于低迷、欲振乏力状态。“闷经济”格局并未改变，出口疲弱、消费投资低迷、薪资不涨物价涨。

12.2　鸟 类 组 成

12.2.1　鸟类研究历史

1954 年以来，云南大学、武汉大学的生物学系和中国科学院动物研究所鸟类组，曾经先后在云南南部的西双版纳地区及其附近进行鸟类采集调查。所采标本经鉴定后，计得国内首次记载的鸟类 25 种和 1 亚种，隶属 10 目 19 科 21 属（郑作新，1958b）。1956 年，中苏动植物综合考察队在云南南部金平、屏边、河口等进行了标本采集，共计采得46科246种5亚种（依万诺夫和刘砚华，1959；郑作新和郑宝赉，1960）。同一时期，云南大学和武汉大学联合考察队，对西双版纳的野生动物资源进行了首次考察。20世纪下半叶，中国科学院和西南林业大学相关人员对云南南部的西双版纳、哀牢山、大围山等自然保护区进行了鸟类调查，其中西双版纳自然保护区记录鸟类427种，哀牢山自然保护区记录鸟类323种，大围山自然保护区记录鸟类285种（杨元昌等，1985；魏天昊等，1988；刘宁和胡杰，1998）。近年来，滇南地区的各个自然保护区结合历史数据和实地调查，正式出版了综合科学考察报告，是对云南南部地区鸟类多样性的系统总结，其中铜壁关自然保护区记录鸟类390种、文山自然保护区记录鸟类233种、西双版纳保护区记录鸟类469种（胡箭和韩联宪，2007；杨宇明等，2008；罗爱东等，2015）。云南南部是众多珍稀濒危鸟类的栖息地，如绿孔雀（杨晓君等，1997）、黑颈长尾雉（韩联宪，1997）、犀鸟（韩联宪等，2020）等。此外，从20世纪50年代以来，随着研究的不断深入，在云南南部发现了多种中国新记录鸟种（冼耀华等，1973；彭燕章等，1974）。进入21世纪，又有一些中国新记录鸟种被发现，如棕臀噪鹛（*Garrulax gularis*）（何芬奇等，2007）、褐喉食蜜鸟（吴飞等，2010）、白眉黄臀鹎（董江天等，2020）等。

广西地处中国南疆，跨中亚热带、南亚热带和北热带3个亚气候带，位于属于全球25个生物多样性关键地区之一的中国华南山地地区。多样的气候和复杂地形地貌，使这里栖息繁衍着众多的动物。由于地处我国偏远山区，对广西鸟类的研究相对开展得较晚。

在新中国成立前，有较充实内容的鸟类区志研究主要是任国荣、常麟定等做过的调查和文献。1926年12月，在南方生物调查会会长黎国昌教授和任国荣等的带领下，中山大学生物学系标本采集队前往广西全省采集动植物标本。1927年11月，采集队再次出发，经梧州、桂平、贵县、横县、南乡、灵山县等地入十万大山调查（冯双，2007；王朋，2018）。1928～1937年，任国荣和中山大学生物学系标本采集队多次深入广西瑶山，发表了《广西鸟类之研究（瑶山之部）》（1928）和《广西瑶山鸟类之研究（续集）》（1929）等论文，并根据标本描述发表了鸟类新种——金额雀鹛（Yen，1932）。任国荣不仅是广西大瑶山鸟类调查第一人，也是第一位给中国鸟类命名的中国人。

同期，1928年4月至1929年1月，中央研究院曾组织一支由李四光、秦仁昌、耿以礼、常麟定等组成的广西科学调查团，先后到广西南宁、龙州、上思、十万大山、宜山、罗城、思恩、东兰、凤山、凌云、百色等地进行农林、地质和动植物考察（广西地方志，2012）。之后至1934年期间，以鸟类研究尤为专长的常麟定多次赴广西采集鸟类研究资料，后将研究资料整理并在国内外发表的有《广西鸟类之研究》《广西鸟类补充记载》以及已脱稿但未发布的"广西鸟类记载"（动物学会北京总会，1958）。

在新中国成立初期，广西鸟类研究一直处于停滞状态。仅有林吕何（1982）在1959～1962年、1964年对桂林及猫儿山鸟类进行的调查，记录了108种鸟类。至20世纪80年代，以李汉华、吴名川和周放等为代表的鸟类学家，深入调查了广西重要鸟类资源的分布状况和种群数量等资料（蒋爱伍，2017）。2008年，在广西大学周放教授率领下开展的桂西南喀斯特地区鸟类专项调查中，发现并命名了鸟类新种弄岗穗鹛（Zhou and Jiang，2008）。这是继金额雀鹛之后，第二个在广西发现、第三种由中国人命名的鸟类新种，在广西乃至我国鸟类研究史上均具有里程碑意义。

20世纪80年代至今，随着对广西区内鸟类调查广度的发展，有关广西境内分布的陆栖脊椎动物物种的全面统计报道也陆续发表。1984年，由广西动物学会组织编写、并于1988年正式出版了《广西陆栖脊椎动物分布名录》，记录广西鸟类有422种，另20亚种。另据广西林业勘测设计院1985年编制的内部资料《广西野生动物分布名录（鸟兽）》，记录了鸟类496种。之后的20多年，随着调查研究的不断深入，对广西陆生脊椎动物的种类和分布的了解有了长足进展，在国内外学术刊物上也有大量的产于广西的新物种和新记录物种发表。2011年出版的《广西陆生脊椎动物分布名录》中，收录了广西鸟类687种，另55亚种（周放等，2011）。最新出版的《广西鸟类图鉴》收录在广西有分布的鸟类23目92科744种（蒋爱伍，2021）。

江西属于华南区的部分主要位于赣州市，靠近广东的区域，而这一部分的研究主要以九连山国家自然保护区为主。九连山保护区位于龙南市，鸟类的系统研究始于 1987 年。1987～2001 年，先后有美国国际鹤类基金会宣教室主任詹姆斯·哈里斯（James Harris）、南昌大学吴小平、江西科学院戴年华、江西省野生动植物保护管理局刘智勇等专家在九连山自然保护区进行过鸟类调查。保护区的科技人员廖承开、陈志高、吴松保等也对区内鸟类开展了常年的调查统计。2001 年，刘智勇高级工程师等对九连山鸟类进行了系统的整理，并撰写了《九连山自然保护区鸟类资源》，汇编在由中国林业出版社出版的《江西九连山自然保护区科学考察与森林生态系统研究》（刘信中等，2002）。2003～2010 年，先后有广西大学动物学院周放教授，香港嘉道理农场暨植物园理查德·卢思韦特（Richard Lewthwaite）、迈克尔·克赖内姆（Michael Kilburm），北京师范大学生命科学院郑光美、张雁云、刘阳，中山大学生命科学院王英永等先后到九连山开展了鸟类调查。

根据 Lewthwaite 和邹发生（2015）对广东鸟类名录的整理及鸟类调查历史的考察，有文字记载最早记录广东鸟类的是 Cassin 于 1956 年报道的金斑鸻（*Pluvialis fulva*）和针尾沙锥（*Gallinago stenura*）。从 19 世纪 60 年代到 20 世纪初期，广东鸟类的发现和记录以外国人为主，记录到超过 400 种鸟类。而从 20 世纪 50 年代中期至今本地观鸟和研究力量逐渐崛起，中山大学、广东省科学院华南濒危动物研究所、汕头大学、香港嘉道理农场、中国鸟类学会、香港观鸟会及深圳观鸟会等多个科研单位和观鸟组织成员陆续对广东开展了调查，仍发现到超过 100 种新记录（Lewthwaite 和邹发生，2015）。到 2015 年底，在广东有文献记录的鸟类共 553 种，隶属 21 目 80 科（邹发生等，2016）。其后虽然有观鸟记录更新，但未有文献见刊，未来应进一步联合公民观鸟组织和科研调查团体及时发表更新鸟类分布信息。

福建属于华南区的部分主要位于其南部，包括龙岩市、漳州市、厦门市、泉州市、莆田市等。有关漳州市沿海岛屿鸟类情况，2001 年对其北回归线附近的沿海及岛屿的初夏鸟类进行了研究（孙泽伟等，2008）；2007～2009 年，发现了环志的粉红燕鸥（*Sterna dougallii*）（林植和何芬奇，2012）；2011～2013 年，厦门大学的林清贤教授对漳浦县境内的菜屿列岛上的燕鸥分布情况及其繁殖生态进行了研究，发现褐翅燕鸥、粉红燕鸥、黑枕燕鸥繁殖期的分布情况（林清贤，2013）。对于泉州市的鸟类多样性及其空间格局，杨文晖（2007）进行了深入研究，报道了分布于泉州市的 307 种鸟类。早期，厦门大学的常家传教授对该区域鸟类做了大量工作，1989 年在此发现了一中国新记录鸟种——长尾贼鸥（*Stercorarius longicaudus*）（常家传，1989）。

1868 年，英国人 Robert Swinhoe 任琼州领事，在海南各地进行动物标本采集，开启了海南岛鸟类区系的研究。从 19 世纪 30 年代开始，陆续有中国的学者和研究机构开始海南岛的鸟类研究，这主要包括 1934 年静生生物调查所唐善康；1957 年及 1963 年中国科学院动物研究所郑作新、寿振黄、谭耀匡等；1961 年北京自然博物馆许维枢等在海南岛进行鸟类标本采集和研究工作，共统计记录到鸟类 317 种，发现红翅鵙鹛、绒额䴓（*Sitta frontalis*）等新的亚种（寿振黄和许维枢，1966；郑作新等，1973）。1983 年，广东省昆虫研究所动物室及中山大学生物系联合编著了《海南岛的鸟兽》一书，总结了 1960～1974 年，两家研究机构在海南岛调查和采集到的鸟类、兽类的基本情况，共收录鸟类 344 种（广东省昆虫研究所动物室等，1983）。20 世纪 90 年代以来，越来越多的研究机构在海南岛开展鸟类的调查和研究工作：1997～1998 年，广东省科学院华南濒危动物研究所邹发生、宋晓军、胡慧建、江海声及海南师范大学院史海涛承担了海南省第一次陆生野生动物资源调查，共记录到鸟类 224 种（邹发生等，2000）；同期 2001 年，史海涛发表了《海南陆栖脊椎动物检索》一书，共收录了海南岛鸟类 355 种（史海涛，2001）；2012～2013 年，华南师范大学江海声组织实施了海南省第二次陆生野生动物资源调查，记录到鸟类 214 种（Xu *et al.*，2017d）；从 2003 年开始海南省林业局、香港嘉道理农场暨植物园资助进行每年冬季海南岛滨海湿地鸟类的调查（Lee *et al.*，2007）。近年来针对海南岛特有鸟类的深入研究和保护工作还包括：国外学者关于海南柳莺（*Phylloscopus hainanus*）的发现和描述（Olsson *et al.*，1993）；同时随着分子标记被广泛的应用于鸟类的系统发育和分类研究中，很多海南鸟类亚种特有的遗传信息在种群遗传学研究中被揭示，这包括广东省科学院华南濒危动物研究所邹发生团队及中国科学院动物研究所雷富民团队关于白头鹎（McKay *et al.*，2013；Song *et al.*，2013）、灰眶雀鹛（Zou *et al.*，2007）、红头穗鹛（Liu *et al.*，2012）及苍背山雀（Zhao *et al.*，2012）等鸟类的研究工作。结合分子系统发育及形态比较，海南岛的鸟类分类被不断地细化和深入，一些原来认为的海南特有亚种鸟类被提升为特有种，一些鸟类亚种虽然和大陆亚种长期的隔离，但是存在少量的基因流，分子标记和形态比较证实其与大陆亚种存在足够大的差异，已经形成了独立的物种，如海南画眉（*Garrulax owstoni*）（Wang *et al.*，2016）。还有一些海南亚种与大陆亚种隔离的更为彻底，可能不再发生基因流，如黑喉噪鹛（*Garrulax chinensis*）的海南亚种已经被认为形成一个独立的物种（Wu *et al.*，2012）。同时针对一些濒危的海南特有鸟类的遗传保护研究也取得了很多成果，这包括：海南师范大学梁伟团队长期开展针对海南山鹧鸪的繁殖生态学相关研究（Rao *et al.*，2017），北京师范大学张正旺团队关于海南孔雀雉、海南山鹧鸪的保护遗传学研究（Chang *et al.*，2008，2013；Chen *et al.*，2015）。近年来的分子遗传学和系统地理学研究不断地支持这样的论断：海南岛的物种与邻近大陆特别是越南北部、中国广西-越南交接地区，以及中国云南南部存在地理历史上的连续性，大陆性岛屿的隔离作用及特殊的气候、生境为物种的分离演化提供了一个理想的场所，海南岛可以视为邻近大陆物种的殖民地，同时长时间的隔离演化使得海南岛孕育出了一些独立的物种，如海南山鹧鸪、海南柳莺等，极少的情况还会发生岛屿的物种外迁到邻近大陆形成新的物种（Liang *et al.*，2018）。因此随着研究工作的不断深入，我们对海南岛特有鸟类的精彩演化过程会有进一步的认识。

有关台湾鸟类的早期研究始于 1859 年英国人 Robert Swinhoe，1972 年台湾有关部门委托东海大学开展“台湾森林鸟类生态调查”，是由中国人自行开展岛内鸟类调查研究的开始。自此，岛内野鸟学会、科研机构和大专院校陆续开展岛内鸟类研究，内容涉及生态学、行为学和生物学方面（颜重威，1992a）。2010 年由刘小如等编著的《台湾鸟类志》对台湾鸟类研究与保育历史、鸟类组成等进行了详细的描述，共记述了 546 种鸟类，其中明确属于台湾鸟类的有 533 种（刘小如等，2010）。

12.2.2 鸟类物种组成

广东共有鸟类 553 种，包括 304 种繁殖鸟类，其中有 38 种鸟类的区系难以归类。其他 266 种鸟的区系状况是：属东洋界的 209 种，占 78.6%；属古北界的 20 种，仅占 7.5%；广布种 37 种，占 13.9%。可见，广东地区的鸟类区系以东洋界鸟类为主。按居留型划分，在 553 种野生鸟类中，留鸟有 160 种，占 28.9%；复合型 38 种，占 6.9%；迁徙鸟类 355 种，占 64.2%，这其中，迁徙过境鸟 69 种，占 12.5%，冬候鸟 93 种，占 16.8%，夏候鸟 26 种，占 4.7%，混合迁徙型鸟类 167 种，占 30.2%。在 553 种鸟类中，有 439 种鸟类被列入各种保护名录中。其中，属于国家重点保护陆生动物的鸟类有 129 种，包括 23 种国家一级重点保护野生动物和 106 种国家二级重点保护野生动物；列入《国家保护的有重要生态、科学、社会价值的陆生野生动物名录》的有 303 种；列入广东省重点保护陆生野生动物的有 58 种；列入《中国脊椎动物红色名录》的有 49 种，其中极危有 3 种、濒危有 17 种、易危有 29 种；列入 IUCN 红皮书的有 27 种，其中极危有 3 种、濒危有 7 种、易危有 17 种；列入 CITES 附录的物种有 61 种，其中附录 I 有 9 种，附录 II 有 52 种；列入《中华人民共和国和日本国政府保护候鸟和栖息环境的协定》的有 179 种；列入《中华人民共和国和澳大利亚政府保护候鸟及其栖息环境的协定》的有 65 种。

据不完全统计，海南岛的鸟类到 2020 年 12 月底，历史记录约有 21 目 77 科 235 属 430 种，其中绝大多数的繁殖鸟类以东洋界华南区为主。其中的受保护的濒危珍稀鸟类包括：国家一级重点保护野生鸟类海南山鹧鸪、海南孔雀雉、白腹军舰鸟（*Fregata andrewsi*）、黑嘴鸥、勺嘴鹬、小青脚鹬、黑脸琵鹭、海南鳽、黄嘴白鹭、斑嘴鹈鹕（*Pelecanus philippensis*）、黄胸鹀等，国家二级重点保护野生鸟类多达 98 种，包括鸡形目的红原鸡、白鹇，雁形目的栗树鸭、花脸鸭、鸳鸯、棉凫，鸽形目的紫林鸽（*Columba punicea*）、斑尾鹃鸠、橙胸绿鸠、绿皇鸠、山皇鸠，鹳形目的岩鹭（*Egretta sacra*）、白琵鹭等，鹤形目的紫水鸡，雨燕目的灰喉针尾雨燕（*Hirundapus cochinchinensis*）、爪哇金丝燕（*Aerodramus fuciphagus*），鸻形目的小杓鹬、半蹼鹬、白腰杓鹬、大杓鹬、翻石鹬、大滨鹬、阔嘴鹬、水雉（*Hydrophasianus chirurgus*）、灰燕鸻（*Glareola lactea*）、大凤头燕鸥（*Thalasseus bergii*）等，鲣鸟目的红脚鲣鸟（*Sula sula*）、褐鲣鸟（*S. leucogaster*）、白斑军舰鸟（*Fregata ariel*）、黑腹军舰鸟（*F. minor*），佛法僧目的蓝须蜂虎、蓝喉蜂虎、栗喉蜂虎（*Merops philippinus*）、斑头大翠鸟、白胸翡翠，啄木鸟目的大黄冠啄木鸟（*Chrysophlegma flavinucha*）、黄冠啄木鸟等，咬鹃目的红头咬鹃（*Harpactes erythrocephalus*）等，鹃形目的褐翅鸦鹃、小鸦鹃，鹦鹉目的绯胸鹦鹉，雀形目的蓝背八色鸫、仙八色鸫、蓝翅八色鸫、银胸丝冠鸟、黄胸绿鹊（*Cissa hypoleuca*）、海南画眉、黑喉噪鹛、鹩哥、红喉歌鸲、蓝喉歌鸲、棕腹大仙鹟（*Niltava davidi*）、大盘尾等，和 40 多种鹰科、隼科、猫头鹰。还有一些物种未列入中国的保护名录，但是列入了 IUCN 红色名录，其中濒危物种有白翅蓝鹊 *whiteheadi* 亚种；易危物种还包括淡紫䴓（*Sitta solangiae*）、海南柳莺等；近危物种还包括蓝胸鹑（*Synoicus chinensis*）、塔尾树鹊、白翅蓝鹊 *xanthomelana* 亚种等。总结 10 年在海南岛的观测记录，一共记录到鸟类 17 目 52 科 119 属 190 种，占海南岛鸟类种数的 44.2%。其中在以热带雨林为主的生境中，2012～2020 年共观测到鸟类 124 种、共 11 609 只次，其中以雀形目鸟类为主，共记录到 68 种，占所有鸟种的 54.8%。海南岛雨林生境中的鸟类绝大多数都是东洋界的留鸟，区系基本都是华南区的鸟类。记录到的珍稀保护鸟类包括：国家一级重点保护野生鸟类海南山鹧鸪；国家二级重点保护野生鸟类 27 种，分别为白鹇、红原鸡、雀鹰、日本松雀鹰、松雀鹰、蛇雕、褐耳鹰、黑翅鸢、黑鸢、凤头鹰、凤头蜂鹰、灰脸鵟鹰、红隼、黄嘴角鸮（*Otus spilocephalus*）、领角鸮、领鸺鹠、斑头鸺鹠、小鸦鹃、褐翅鸦鹃，山皇鸠、大黄冠啄木鸟、黄冠啄木鸟、蓝须蜂虎、厚嘴绿鸠、大盘尾、黑喉噪鹛、海南画眉。低海拔农田村镇样线：包括乐东县尖峰镇附近，五指山市市郊、昌江县霸王岭保护区山脚下、文昌市共 15 条样线，2016～2019 年，累计共观测到鸟类 75 种 4206 只次，其中优势种为白腰文鸟、斑文鸟（*Lonchura punctulata*）、白头鹎、暗绿绣眼鸟、家燕、小白腰雨燕、八哥、麻雀、鹊鸲、褐翅鸦鹃等。越冬水鸟 2011～2020 年共观测到 62 种 12 136 只次，其中观测点常见的优势物种为：栗树鸭、白鹭、苍鹭、大白鹭、黑腹滨鹬、红脚鹬、红嘴巨燕鸥、泽鹬，珍稀濒危鸟类包括：国家一级重点保护野生动物黑脸琵鹭（400 只次）、黑嘴鸥（1 只次）、勺嘴鹬（2 只次）、小青脚鹬（1 只次）；国家二级重点保护野生动物白腰杓鹬（247 只次）、小杓鹬（62 只次）、大杓鹬（17 只次）、白琵鹭（2 只次）、白胸翡翠（17 只次）、鹗（2 只次）、栗树鸭（3056 只次）。

综合观测记录及历史文献，整理得到华南区目前共记录有鸟类 1066 种，隶属 23 目 102 科（附表 I）。其中有国家重点保护野生动物 260 种，包括国家一级重点保护野生动物包括海南山鹧鸪、黄腹角雉、蓝腹鹇等 50 种，国家二级重点保护野生动物包括环颈山鹧鸪、血雉、红原鸡等 210 种。中国生物多样性红色名录受威胁物种 89 种，包括极危的海南孔雀雉、绿孔雀、青头潜鸭、爪哇金丝燕、勺嘴鹬、中华凤头燕鸥、黑头白鹮、冠斑犀鸟、双角犀鸟、棕颈犀鸟 10 种，濒危的海南山鹧鸪、黄腹角雉、灰孔雀雉、棉凫等 31 种，易危的白眉山鹧鸪、花田鸡、黑鹳等 48 种。列入 IUCN 红色名录受威胁的有 63 种。

12.2.3　鸟类新记录

2011 年以来，在华南区共有省级及以上鸟类新记录 29 种（表 12-1）。其中，海南岛发现的鸟类新记录包括：仓鸮（*Tyto alba*）、蓝翅八色鸫、铜蓝鹟、白眶鹟莺（*Phylloscopus intermedius*）、斑胸滨鹬、灰山椒鸟、白喉矶鸫、灰燕鸻等 8 种。这些鸟除仓鸮有观察到繁殖记录外，其他鸟类都是少见的冬候鸟或者迷鸟。广东新记录到白眉棕啄木鸟（*Sasia ochracea*）1 种。广西属华南区范围内新记录到 7 种。云南属华南区范围内新记录到 13 种。

表 12-1　2011 年以来华南区省级及以上鸟类新记录

新记录鸟种*	时间	位置或地理坐标	生境类型	参考文献
仓鸮 *Tyto alba*	2016.10	海南三亚市	城市	梁斌等，2019a
蓝翅八色鸫 *Pitta moluccensis*	2017.4	海南海口市龙华区	城市	梁斌等，2017
铜蓝鹟 *Eumyias thalassinus*	2018.12	海南五指山市	城市、森林	吴健华等，2019
白眶鹟莺 *Phylloscopus intermedius*	2018.12	海南海口市白沙门公园	城市	陈政佳等，2019
斑胸滨鹬 *Calidris melanotos*	2013.11	海南海口市东寨港	沿海湿地	卢刚等，2014
灰山椒鸟 *Pericrocotus divaricatus*	2017.4	海南海口市白沙门及乐东尖峰岭	城市、森林	梁斌等，2020
白喉矶鸫 *Monticola gularis*	2018.11	海南海口市龙华区	城市、森林	梁斌等，2019b
灰燕鸻 *Glareola lactea*	2013.11	海南海口市西海岸	农耕区草地	程成等，2019
白眉棕啄木鸟 *Sasia ochracea*	2013.6	广东封开市黑石顶保护区	常绿阔叶林	金孟洁等，2014
大天鹅 *Cygnus cygnus*	2016.11	广西东兴市江平镇	红树林水域	陆舟等，2017
短趾雕 *Circaetus gallicus*	2015.10	广西北海市冠头岭	空中飞行	孙仁杰等，2021
黑头鹀 *Emberiza melanocephala*	2018.10	广西北海市冠岭路	稻田	曾晨等，2019
中华攀雀 *Remiz consobrinus*	2012～2015	广西南宁市、崇左市		余丽江等，2015
林雕鸮 *Bubo nipalensis*	2013.10	广西龙州县弄岗国家级自然保护区	常绿阔叶林	宋亦希等，2014
灰颊仙鹟 *Cyornis poliogenys*	2014.5	广西大新县下雷保护区	乔木	李飞和王波，2014
黄胸柳莺 *Phylloscopus cantator*	2014.5	广西那坡县老虎跳保护区	阔叶林	李飞和王波，2014
长脚秧鸡 *Crex crex*	2011.11	云南南涧县凤凰山		袁玉川，2012
白腹鹭 *Ardea insignis*	2014.8	云南泸水市六库镇	农田	韩联宪等，2015
黄纹拟啄木鸟 *Megalaima faiostricta*	2015.11	云南河口县小围山	阔叶林	罗伟雄等，2016b
白翅栖鸭 *Asarcornis scutulata*	2019.12	云南盈江县那邦镇那邦村	水塘	张利祥等，2019
白眉黄臀鹎 *Pycnonotus goiavier*	2020.4	云南勐腊县中国科学院热带植物园	植物园	董江天等，2020
细嘴兀鹫 *Gyps tenuirostris*	2021.1	云南景谷县响水水库	水库	伍和启等，2021
斑翅凤头鹃 *Clamator jacobinus*	2018.9	云南盈江县太平镇	森林	张琦等，2021
家麻雀 *Passer domesticus*	2014.10	云南普洱市	森林	李智宏等，2015
长嘴钩嘴鹛 *Erythrogenys hypoleucos hypoleucos*	2017.1	云南盈江县洪崩河	鸟塘	张琦等，2019
短尾贼鸥 *Stercorarius parasiticus*	2016.9	云南南涧县		赵雪冰等，2017
苍头燕雀 *Fringilla coelebs*	2016.11	云南腾冲县	灌丛	郑玺等，2017
秃鹳 *Leptopilos javanicus*	2013.9	云南蒙自市长桥海	稻田	王剑等，2014
翻石鹬 *Arenaria interpres*	2013.9	云南蒙自市长桥海	湖泊	王剑等，2014

注：为保持原记录信息，标*号处的新记录鸟种中文名和拉丁名保持原文献中的名称。

12.3　观测样区设置

从 2011 年开始，累计共在华南区设置鸟类观测样区 54 个（图 12-1），包括 389 条繁殖观测样线，109 个越冬观测样点，涵盖了华南区的滨海湿地、内陆湿地、森林、农田、城市等多类生境。按照观测年限划分，其中观测时间达 10 年的样区有 16 个，即湖南宜章市，广东广州市、珠海市，广西南宁市、上林县、田林县、百色市、北海市、防城港市、钦州市，海南陵水县、东方市、临高县，云南景洪市、普洱市和盈江县。观测时间达 8 年的有 3 个样区，即福建南靖县、云霄县和泉州湾。观测时间达 7 年的有 5 个样区，即广东深圳市、乳源县，广西龙州县、金秀县，以及海南昌江县。观测时间达 6 年的样区有 3 个，即广东肇庆市，云南勐腊县和景东县。观测时间达 4 年的样区有广东雷州市、汕头市，海南乐东县、五指山市，云南双柏县 5 个。剩余样区观测年限都在 3 年以内。

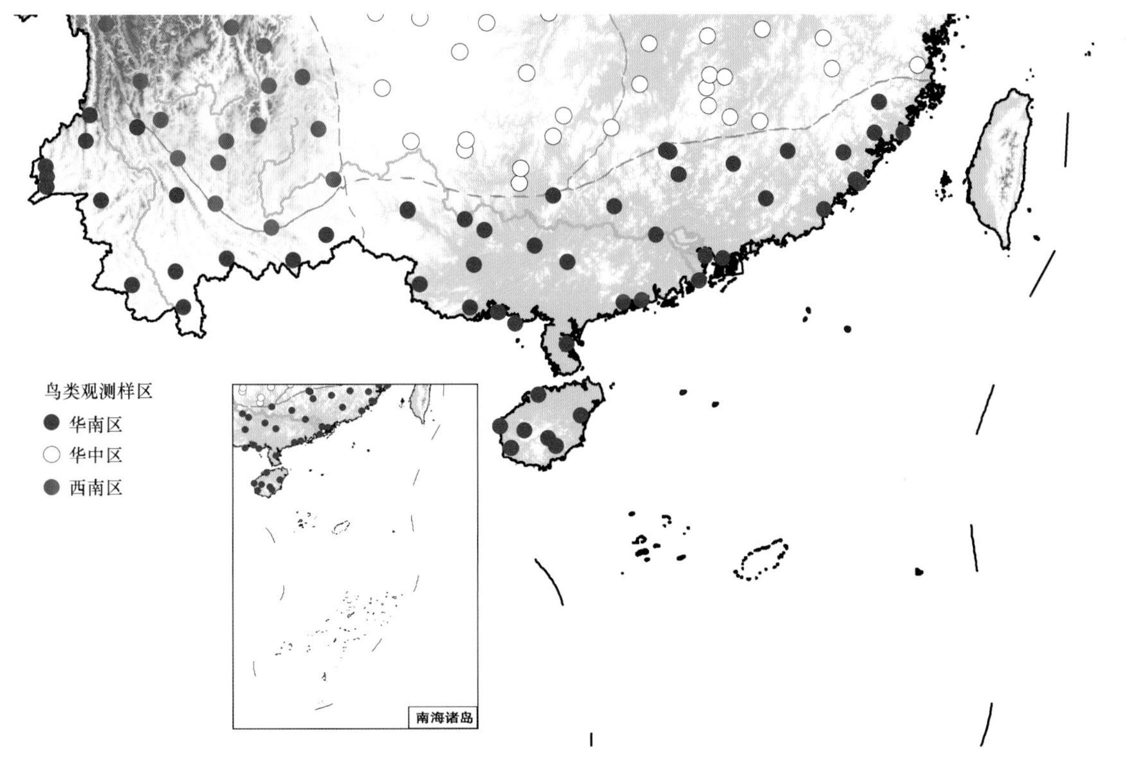

图 12-1　华南区鸟类观测样区设置

按照行政区域划分，在云南共设置观测样区 14 个，有繁殖期观测样线 161 条。在广西设置样区 13 个，包括繁殖期观测样线 85 条，越冬观测样点 22 个。在广东设置观测样区 12 个，有繁殖期观测样线 56 条，越冬观测样点 50 个。在湖南设置宜章市 1 个观测样区，有繁殖期观测样线 2 条。在江西设置龙南县 1 个观测样区，有繁殖期观测样线 10 条。在福建设置观测样区 6 个，包括繁殖期观测样线 30 条，越冬观测样点 33 个。在海南设置观测样区 7 个，有繁殖期观测样线 45 条、越冬观测样点 4 个。

12.4　典型生境中的鸟类多样性

12.4.1　亚热带常绿阔叶林

1. 生境特点

（1）自然环境条件

中国亚热带面积宽广，自然条件复杂。受季风气候的影响，中国是常绿阔叶林的主要分布区。夏半年受来自太平洋的暖湿气团的影响，春夏高温多雨，而冬季降温显著，气候较干燥（表 12-2）。

表 12-2　亚热带常绿阔叶林自然环境条件概况

	地理位置	年均气温（℃）	最热月均气温(℃)	最冷月均气温(℃)	降水（mm）	地带性土壤
北亚带	34°N～32°N	15～18	26	1～2	750～1000	黄棕壤和黄褐土
中亚带	32°N～24°N	18～19	27～29	2～8	1000～1600	红壤和黄壤
南亚带	24°N～22°N	19～21	29	9～12	1500～2000	砖红壤性红壤

（2）植被概况

1）北亚带常绿阔叶、落叶阔叶混交林：是常绿阔叶林和落叶阔叶林之间的一个过渡类型。在其分布区的北缘，乔木层以落叶阔叶树为主，常绿阔叶树较少，越往南，常绿树种数量增多并且进入乔木层上层。常绿层片主要是青冈、苦槠等，落叶层片则为一些落叶栎类。

2）中亚带典型常绿阔叶林：广泛分布于中亚热带的丘陵、山地，具有常绿阔叶林的基本特征，包括栲类林、青冈林、石栎林、润楠林和木荷林 5 个群系组。

3）南亚带季风常绿阔叶林：是常绿阔叶林向热带雨林过渡的一个类型，分布于台湾玉山山脉北半部、福建戴云山以南、南岭山地南侧等海拔 800 m 以下的丘陵山地，以及云南中部、贵州南部、喜马拉雅山东南部海拔 1000～1500 m 的盆地和河谷地区。上层乔木以壳斗科和樟科的一些喜暖种类为主，还有桃金娘科、楝科、桑科的一些种类。中下层含有较多的热带成分，如茜草科、紫金牛科、棕榈科等的一些种类。在局部沟谷中与某些热带季雨林向北延伸的片段混合，因而具有某些热带雨林的性质，如乔木具有板根，具有大型的木质藤本等。

2. 样区布设

典型的亚热带常绿阔叶林样区布设在广西、广东、湖南、江西、福建五省（自治区），共 13 个样区，其中广西 4 个，广东 5 个，湖南和江西各 1 个，福建 2 个（表 12-3）。

表 12-3　亚热带常绿阔叶林样区分布及观测年限概况

省份	样区位置	样线数量	观测年份	省份	样区位置	样线数量	观测年份
福建	南靖县	10	2011～2018	广东	平远县	10	2018
福建	德化县	10	2016～2018	广东	英德市	12	2018
江西	龙南县	10	2016～2018	广西	金秀县	10	2014～2020
湖南	宜章市	2	2011～2020	广西	大化县	10	2018
广东	肇庆市	10	2014～2019	广西	北流市	10	2018
广东	乳源县	10	2014～2020	广西	苍梧县	10	2018
广东	紫金县	11	2018	合计	13	125	

3. 物种组成

亚热带常绿阔叶林 13 个样区共记录到物种数为 304 种，隶属 16 目 65 科（附表Ⅱ）。总体上，在不考虑调查年限的情况下，13 个样区的物种数量分布差异较大，最高的广东乳源县样区记录了 179 种物种，最低的广西大化县样区记录的物种数是 79 种（图 12-2）；总个体数量的差异程度高，范围在 2205～16 365 只次（图 12-3）。

考虑观测年限的情况下，计算年平均观测的物种数量和个体数量也发现，不同样区之间的鸟类分布差异明显（图 12-2）。年平均观测的物种数范围在 38.50～105.86 种，物种数最低和最高的样区分别是湖南宜章市和广东乳源县；年平均观测到的个体数介于 357.50～2713 只次（图 12-3），最低和最高个体数分别出现在湖南宜章市和广西大化县。广东乳源县样区同时具有较高的物种数和个体数。

亚热带常绿阔叶林 13 个样区观测到的国家级重点保护野生动物有 51 种，其中国家一级重点保护野生动物有黄胸鹀、黄腹角雉 2 种，国家二级重点保护野生动物 49 种。各样区观测到的国家二级重点保护野生动物差异较大，介于 3～20 种（图 12-4），其中广东平远县样区记录到的物种数最少，广西金秀县样区记录的数量最多。国家二级重点保护野生动物主要集中在鹰科（17 种）、鸱鸮科（5 种）、隼科（3 种）等。13 个样区记录到的 IUCN 红色名录物种有 7 种，其中极危 1 种、濒危 1 种、易危有 4 种、近危 1 种。13 个样区均未记录到中国红色名录中的极危物种。濒危物种则记录到 3 种，其中湖南宜章市、广东肇庆

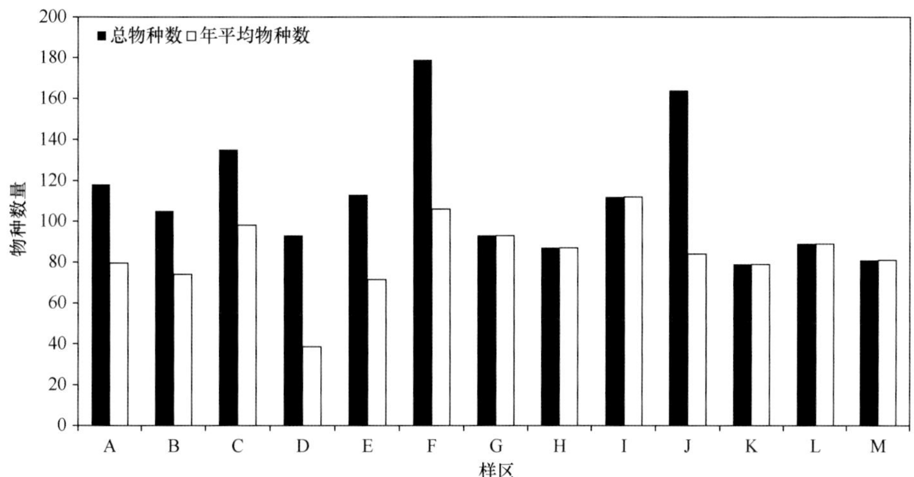

图 12-2　南亚热带常绿阔叶林 13 个样区观测的总物种数及年平均物种数

各字母所代表的样区名称如下：A. 福建南靖县；B. 福建德化县；C. 江西龙南县；D. 湖南宜章市；E. 广东肇庆市；F. 广东乳源县；G. 广东紫金县；H. 广东平远县；I. 广东英德市；J. 广西金秀县；K. 广西大化县；L. 广西北流市；M. 广西苍梧县

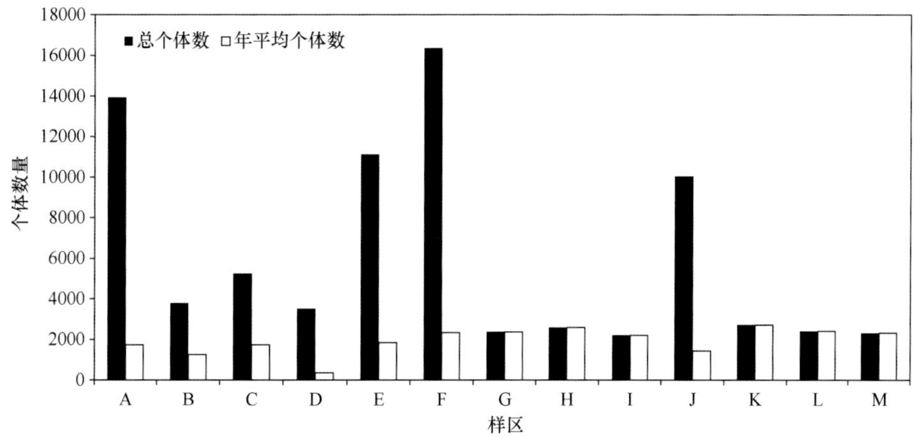

图 12-3　南亚热带常绿阔叶林 13 个样区观测的总个体数及年平均个体数

各字母所代表的样区名称如下：A. 福建南靖县；B. 福建德化县；C. 江西龙南县；D. 湖南宜章市；E. 广东肇庆市；F. 广东乳源县；G. 广东紫金县；H. 广东平远县；I. 广东英德市；J. 广西金秀县；K. 广西大化县；L. 广西北流市；M. 广西苍梧县

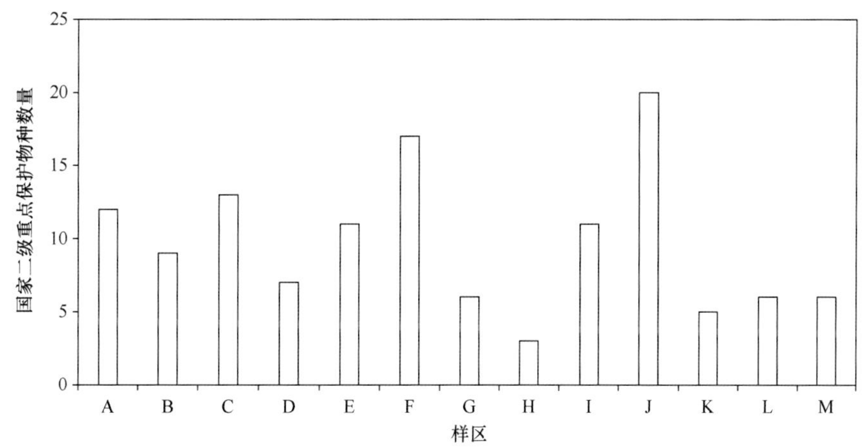

图 12-4　南亚热带常绿阔叶林 13 个样区观测到的国家二级重点保护野生动物物种数量

各字母所代表的样区名称如下：A. 福建南靖县；B. 福建德化县；C. 江西龙南县；D. 湖南宜章市；E. 广东肇庆市；F. 广东乳源县；G. 广东紫金县；H. 广东平远县；I. 广东英德市；J. 广西金秀县；K. 广西大化县；L. 广西北流市；M. 广西苍梧县

市、广东乳源县各记录到 1 种。易危物种记录到 7 种，有 9 个样区观测到易危物种，其中福建南靖县 2 种、福建德化县 2 种、江西龙南县 2 种、广东肇庆市 1 种、广东乳源县 3 种、广东紫金县 1 种、广东平远县 1 种、广东英德市 3 种、广西金秀县 4 种。

4. 动态变化及多样性分析

（1）动态变化

南亚热带常绿阔叶林观测年限超过 1 年的有 7 个样区（表 12-3），年际动态变化分析仅针对该 7 个样区。总体上看，7 个样区每年观测到的物种数量均有上下浮动（图 12-5），但浮动范围较小，湖南宜章市样区各年份观测到的物种数均低于其他样区，广东乳源县样区则在大部分年份中都记录了最高的物种数量，同时，江西龙南县样区从 2016～2018 年也观测到了较多的物种。

相比之下，各样区每年观测到的个体数量则差异较大（图 12-6）。湖南宜章市样区每年观测到的个体数量均较低，且波动幅度较小；广东肇庆市每年观测到的个体数量浮动最大，数量最低出现在 2016 年，

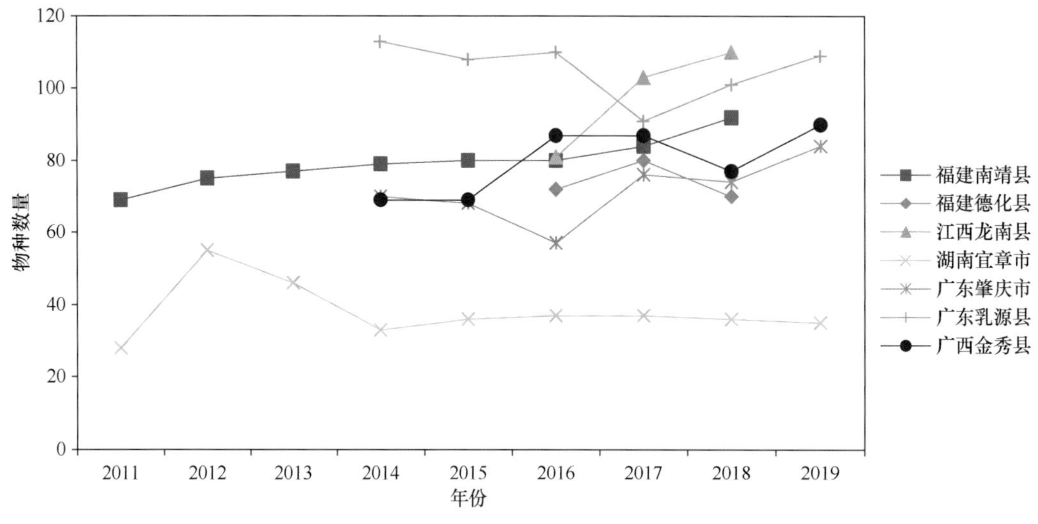

图 12-5　南亚热带常绿阔叶林 7 个样区观测的物种数年际变化

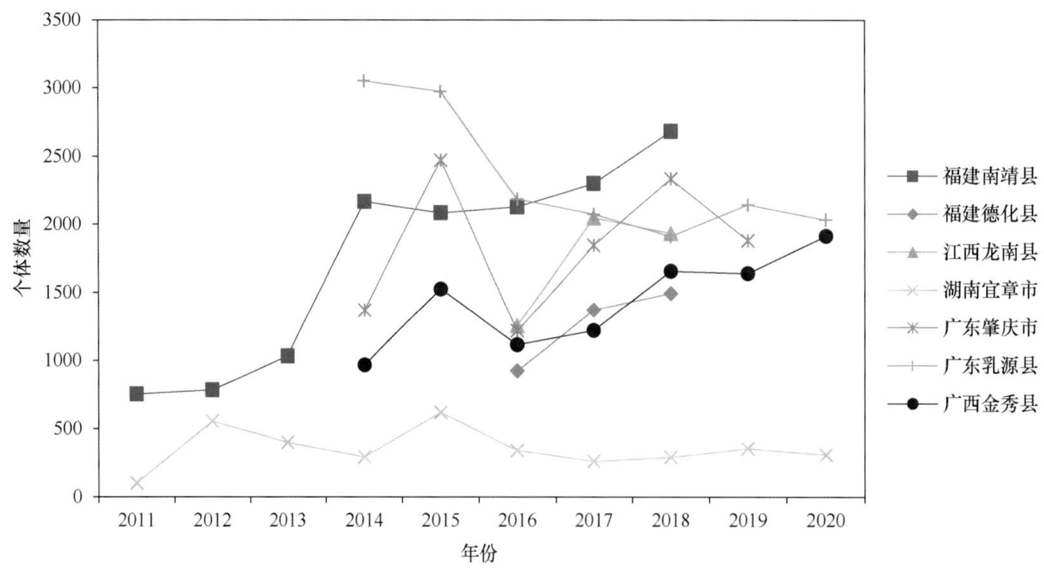

图 12-6　南亚热带常绿阔叶林 7 个样区观测的个体数量年际变化

为 1218 只，数量最高则出现在 2015 年的 2472 只；除广东乳源县样区观测的个体数量逐年下降外，其他的 4 个样区，福建南靖县、福建德化县、江西龙南县、广西金秀县，均呈现逐年上升的趋势。

（2）多样性分析

通过计算 3 种物种多样性指数来反映各样区的多样性现状。尽管各样区之间的物种数量差异较大（图 12-2），从多样性指数来看，各样区之间的差异明显减小。Simpson 多样性指数均在 0.95 上下小幅浮动；香农-维纳多样性指数介于 3.3～4.1；Pielou 均匀度指数则介于 0.26～0.44（图 12-7），多样性指数的分布则反映了物种多样性在各个样区之间较为均衡。

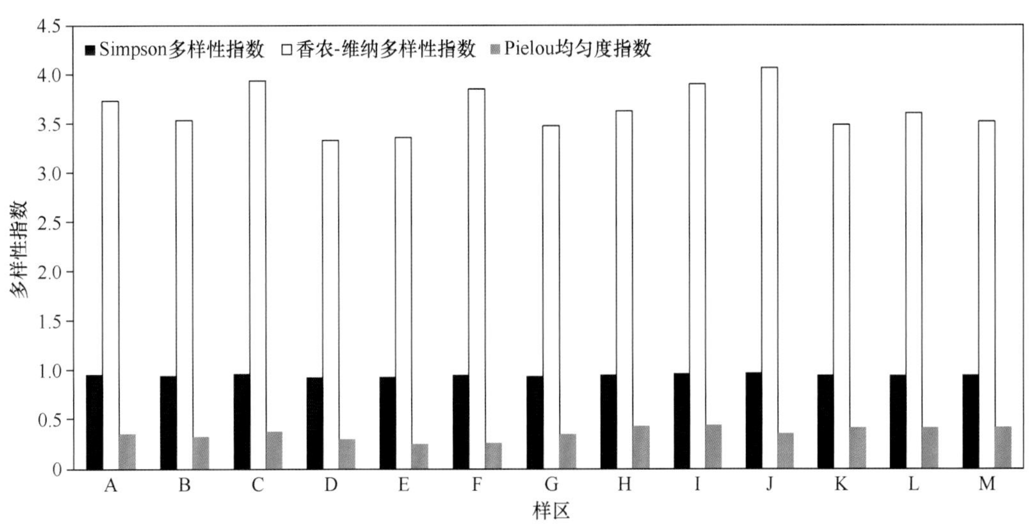

图 12-7　南亚热带常绿阔叶林 13 个样区多样性指数比较

各字母所代表的样区名称如下：A. 福建南靖县；B. 福建德化县；C. 江西龙南县；D. 湖南宜章市；E. 广东肇庆市；F. 广东乳源县；G. 广东紫金县；H. 广东平远县；I. 广东英德市；J. 广西金秀县；K. 广西大化县；L. 广西北流市；M. 广西苍梧县

5. 代表性物种

（1）优势物种

亚热带常绿阔叶林 13 个样区观测到的优势物种（个体数量多）的组成较为一致（图 12-8），主要集中在画眉科，如灰眶雀鹛、红头穗鹛、栗耳凤鹛；雀科，如麻雀；鹎科，包括红耳鹎、白头鹎、栗背短脚鹎、黑短脚鹎等；燕科，如家燕、金腰燕、小白腰雨燕；椋鸟科，如八哥、黑领椋鸟；扇尾莺科，如黄腹山鹪莺（*Prinia flaviventris*）；以及莺科，如长尾缝叶莺（*Orthotomus sutorius*）、强脚树莺；梅花雀科，如斑文鸟、白腰文鸟；绣眼鸟科，如暗绿绣眼鸟等。

（2）珍稀濒危物种

珍稀濒危物种的数量及其种群数量是反映一个地区生境质量的重要指标，也间接表征了该地区生态环境保护的成效。

亚热带常绿阔叶林 13 个样区中仅在广东乳源县样区观测到国家一级重点保护野生动物黄腹角雉，从 2014～2017 年均有观测记录，记录到 7 只次。虽然记录到的国家二级重点保护野生动物物种数量较多，但种群数量及分布极不均衡，例如，褐翅鸦鹃在 12 个样区（湖南宜章市除外）均有记录，且总个体数量达到了 763 只，而部分物种，如雀鹰、苍鹰仅记录到 1 只，分别位于福建南靖县和湖南宜章市。

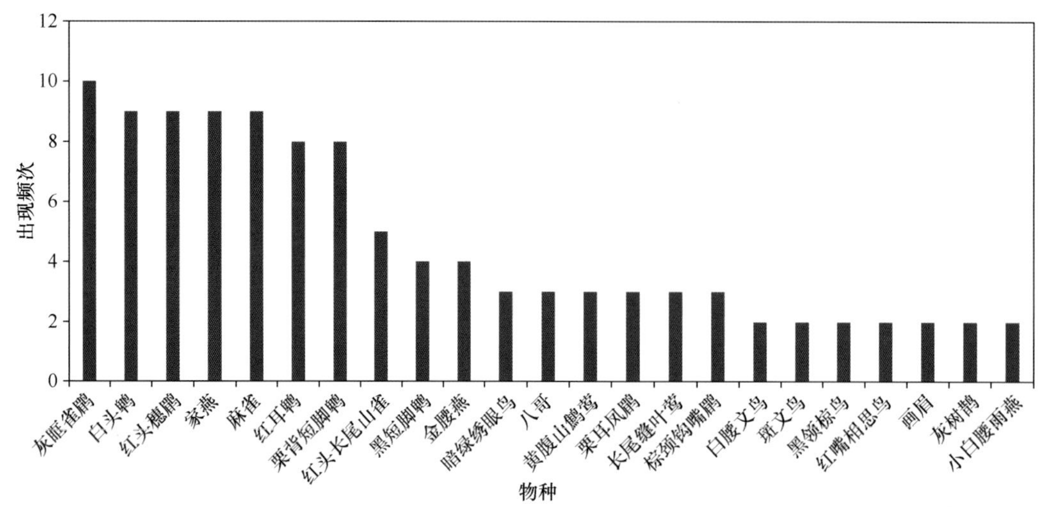

图 12-8　物种出现在每个样区多度前 10 列表中的频次

IUCN 红色名录中的极危物种黄胸鹀仅在广东乳源县样区观测到，个体总数量为 9 只；濒危物种鹊鹂仅在湖南宜章市样区观察到 1 只；易危黄腹角雉也仅在广东乳源县样区记录到，中亚鸽在福建德化县样区有记录，白喉林鹟在湖南宜章市和广东肇庆市样区观测到，仙八色鸫则在江西龙南县、广东乳源县、广东英德市、广西金秀县样区均有记录；近危物种白眉山鹧鸪则在大多数样区都有记录。此外，还观测到中国红色名录中收录的其他珍稀濒危物种，包括白喉斑秧鸡（*Rallina eurizonoides*）、林雕、栗鸢（*Haliastur indus*）、白腹隼雕等。

总体来看，亚热带常绿阔叶林样区记录的珍稀濒危物种和个体数量均较低，如国家一级重点保护野生动物仅发现 1 种，说明这些物种仍处于稀少或濒危状态，大部分物种种群数量没有明显增加，且早期记录的多种珍稀濒危物种也未在观测中重新记录到。因此在保护过程中，应针对珍稀濒危物种加强其观测的力度，并基于观测数据制定相应的保护措施，例如，加强鸟类集群中核心物种的保护有利于数量稀少的其他种的种群维持。

12.4.2　华南农田

1. 生境特点

在动物地理分区中，华南区主要包括云南与两广的大部分，福建东南沿海一带，以及台湾、海南岛和南海各群岛，北至南亚热带北缘，西起横断山的最南端（张荣祖，2011）。华南区农田在不同区域均有其特点，广西农田主要以水田为主，分布在丘陵间谷地中，没有大面积的平原；山区面积较大，因此在耕地中，梯田、梯地占比例较大，且多分布在全区各县的丘陵山地之间；低洼处常有沼泽土和烂湴田的形成和分布，河流两岸为泥肉田和潮沙泥田，沿海还有滨海浅滩生境（广西农业地理编写组，1980）。广东地处热带和亚热带海洋季风气候交互作用的自然环境，热量丰富，降水充沛，光照充足且雨热同季，绝大部分地区一年三熟，四季常青，土地类型众多，包括中山地、低山地、丘陵地、台岗地、冲积盆地、冲积平原、冲积海积平原、水域和滩涂等（张满红，2010）。海南岛四周低平，中间高耸，呈穹隆山地形，以五指山、鹦哥岭为隆起核心，向外围逐级下降，由山地、丘陵、台地、平原构成环形层状地貌，梯级结构明显。海南岛面积虽然只有三四万平方千米，但全岛海拔 500 m 以下的丘陵、台地及平原占全岛总面积的 74%，地势低平，山地较少（张耀辉，2010）。云南耕地和基本农田区的分布特点为东部多，西部少；坝区集中，山区分散（邢世和等，2012）。

2. 样区布设

2012～2020 年，本区域共设置 38 个涉及农田的样区，涵盖福建、广东、广西、江西、海南及云南 6 省（自治区），涉及各省的 37 个县市，共设置样线 579 条，合计 1509.72 km，包含了华南区的主要区域。

各年度样区及样线布设略有不同，2012 年共设置样区 9 个，包括福建南靖县、广东广州市、广西田林县、广西百色市、广西北海市、广西防城港市、云南景洪市、云南盈江县和云南隆阳区，设置观测样线 17 条，合计 54.26 km。

2013 年设置样区 7 个，包括福建南靖县、广东广州市、广西田林县、广西防城港市、云南景洪市、云南盈江县和云南隆阳区，设置样线 14 条，合计 44.86 km。

2014 年样区有所增加，新增了广东乳源县、广西龙州县、广西金秀县和云南勐腊县 4 个样区，共计 12 个样区，设置样线 39 条，合计 115.54 km。

2015 年观测样区进一步扩大，新增广东肇庆市、云南河口县及云南景东县 3 个样区，共设置样区 15 个，设置样线 44 条，合计 129.95 km。

2016 年除在原样区省份增加部分样区外，江西和海南也增加了调查样区，新增样区包括福建德化县样区、福建厦门市样区、江西龙南县样区、海南乐东县样区、海南五指山市样区、云南泸水县样区、云南绿春县样区和云南双柏县样区，共设置 23 个样区，设置样线 89 条，合计 235.37 km。

2017 年样区无太大变化，样区共 22 个，包括样线 93 条，合计 247.83 km。

2018 年新增广东紫金县、广东平远县、广东英德市、广西北流市、海南文昌市、云南永德县等样区，年度样区数量达 32 个，包括样线 152 条，合计 368.49 km。

2019 年样区数量有所减少，共计观测样区 19 个，样线 84 条，合计 205.54 km。

2020 年农田观测样区 8 个，包括样线 47 条，合计 107.88 km。

3. 物种组成

2012～2020 年，华南农田共观测记录到鸟类 360 种 59 293 只次，隶属 19 目 71 科，在观察记录到的鸟类中雀形目鸟类最多，共 233 种（64.72%），其次为鸻形目鸟类，共 25 种（6.94%）（附表 II）。观测数量超过 1000 只的鸟类共 17 种，以典型的农田鸟类为主。从保护级别上看，共记录国家重点保护野生动物 45 种，其中国家一级重点保护野生鸟类 2 种，即黑脸琵鹭、黄胸鹀；国家二级重点保护野生鸟类 43 种，包括白眉山鹧鸪、白鹇、红原鸡等。在中国生物多样性红色名录中被列为受威胁等级的有 4 种，包括濒危的黑脸琵鹭和黄胸鹀，易危的白眉山鹧鸪和仙八色鸫。列入 IUCN 红色名录受威胁的物种有 4 种，包括极危的黄胸鹀 1 种，濒危的黑脸琵鹭 1 种，易危的仙八色鸫和白颈鸦 2 种。

从居留类型来看，华南农田记录到的 360 种鸟类中共有留鸟 238 种，占总数的 66.11%，夏候鸟有 35 种，占总数的 9.72%，两类型共 273 种，占调查鸟类种数 75.83%，共同构成华南农田繁殖鸟类；冬候鸟有 62 种，占总数的 17.22%；旅鸟有 23 种，占总数的 6.39%；迷鸟 2 种，占 0.56%。繁殖鸟类中，东洋种 191 种，占繁殖鸟的 69.96%；广布种 81 种，占 29.67%，东洋种和广布种占绝对优势；古北种 1 中，为家麻雀（*Passer domesticus*），占 0.37%。

华南区农田鸟类分布型由不易归类型、古北型、全北型、东洋型、东北型、东北-华北型、高地型、季风区型、喜马拉雅-横断山型和南中国型 10 种组成。其中，东洋型鸟类物种最多，有 195 种，占鸟类物种总数的 54.17%，是华南农田鸟类的主要分布型；其次是古北型鸟类，有 39 种，占鸟类物种总数的 10.83%；不易归类型鸟类和南中国型鸟类物种数均有 29 种，各占观测鸟类物种总数的 8.06%；喜马拉雅-横断山型鸟类有 24 种，占 6.67%；东北型有 23 种，占 6.39%；全北型 13 种，占 3.61%；东北-华北型 4 种，占 1.11%；季风区型 2 种，为山斑鸠和大嘴乌鸦，占 0.56%；高地型 1 种，为红胸朱雀（*Carpodacus puniceus*），占

0.28%；钳嘴鹳在中国为新分布鸟种，暂无分布型及区系。

4. 动态变化及多样性分析

（1）优势种及年间变化

2012～2020 年，华南农田共观测到鸟类 360 种 59 293 只次，采用贝格尔-派克（Berger-Parker）优势度指数（I）度量华南农田鸟类物种的优势度，结果显示：优势种为麻雀、斑文鸟和灰胸山鹪莺（*Prinia hodgsonii*），分别占观测鸟类总个体数量的 10.55%、7.57%和 5.00%。2012～2020 年共记录优势种 13 种，其中麻雀、斑文鸟和灰胸山鹪莺在多年（4～7 年）均成为优势种，是比较稳定的优势种。2012 年、2016 年、2017 年、2019 年和 2020 年优势种较多，2013 年和 2015 年优势种每年只有 2 种。红耳鹎、鹊鸲和黑喉红臀鹎在 2012 年为优势种，家麻雀在 2014 年为优势种，画眉在 2013 年为优势种（表 12-4）。

表 12-4 华南农田鸟类优势种百分比及其年际变化（%）

物种	年份								
	2012	2013	2014	2015	2016	2017	2018	2019	2020
1 麻雀 *Passer montanus*				5.11	9.16	17.02	11.3	11.07	15.34
2 斑文鸟 *Lonchura punctulata*			8.92	7.84	7.53	7.14	5.33	10.30	9.90
3 灰胸山鹪莺 *Prinia hodgsonii*					5.81	6.33		5.98	5.70
4 白腰文鸟 *Lonchura striata*			6.11			5.79			
5 白头鹎 *Pycnonotus sinensis*	7.63	7.88							
6 红耳鹎 *Pycnonotus jocosus*	5.93								
7 鹊鸲 *Copsychus saularis*	5.42								
8 白喉红臀鹎 *Pycnonotus aurigaster*								5.14	
9 黑喉红臀鹎 *Pycnonotus cafer*	7.97								
10 家麻雀 *Passer domesticus*			13.30						
11 黄胸织雀 *Ploceus philippinus*									5.84
12 画眉 *Garrulax canorus*		5.26							
13 牛背鹭 *Bubulcus ibis*					8.57			5.45	

注：百分比大于 5%的称为优势种。

各年间物种多样性略有差异，其中，2012 年观测到鸟类 78 种 590 只次，隶属 7 目 32 科，分别占本次观测鸟类总数和总个体数量的 21.61%和 1.00%，优势种为黑喉红臀鹎（7.97%）、白头鹎（7.63%）、红耳鹎（5.93%）和鹊鸲（5.42%）。

2013 年观测到鸟类 90 种 685 只次，属 8 目 34 科，占调查观测鸟类总数和总个体数量的 24.93%和 1.16%，优势种为白头鹎（7.88%）和画眉（5.26%）。

2014 年观测到鸟类 164 种 4023 只次，隶属 16 目 51 科，占调查观测鸟类总数和总个体数量的 45.58%和 6.78%，优势种为家麻雀（13.30%）、斑文鸟（8.92%）和白腰文鸟（6.11%）。

2015 年调查观测到鸟类 156 种 7373 只次，隶属 15 目 53 科，占观测鸟类总数和总个体数量的 43.21%和 12.43%，优势种为斑文鸟（7.84%）和麻雀（5.11%）。

2016 年观测到鸟类 206 种 7653 只次，隶属 15 目 54 科，占观测鸟类总数和总个体数量的 57.06%和 12.91%，优势种为麻雀（9.16%）、牛背鹭（8.57%）、斑文鸟（7.53%）和灰胸山鹪莺（5.81%）。

2017 年观测到鸟类 186 种 8614 只次，隶属 17 目 54 科，占观测鸟类总数和总个体数的 51.52%和

14.53%，优势种为麻雀（17.02%）、斑文鸟（7.14%）、灰胸山鹪莺（6.33%）和白腰文鸟（5.79%）。

2018 年观测到鸟类 249 种 14 058 只次，隶属 19 目 63 科，占观测鸟类总数和总个体数量的 68.98% 和 23.71%，优势种为麻雀（11.30%）和斑文鸟（5.33%）。

2019 年观测到鸟类 197 种 9793 只次，隶属 18 目 63 科，占观测鸟类总数和总个体数量的 54.69%和 16.52%，优势种为麻雀（11.07%）、斑文鸟（10.30%）、灰胸山鹪莺（5.98%）、牛背鹭（5.45%）和白喉红臀鹎（5.14%）。

2020 年观测到鸟类 165 种 6504 只次，隶属 16 目 52 科，占观测鸟类总数和总个体数量的 45.71%和 10.97%，优势种为麻雀（15.34%）、斑文鸟（9.90%）、黄胸织雀（*Ploceus philippinus*）（5.84%）和灰胸山鹪莺（5.70%）（表 12-4）。

（2）多样性及年度变化

2012～2020 年，华南农田鸟类观测中，香农-维纳多样性指数（*H'*）和 Pielou 均匀度指数（*J*）的研究结果显示：鸟类香农-维纳多样性指数和 Pielou 均匀度指数分别为 4.151 和 0.704，平均遇见率 39 只/km。其中 2018 年华南农田鸟类物种数（249 种）、观测鸟类个体数（14 058 只）和香农-维纳多样性指数（*H'*=4.098）均最高，2020 年香农-维纳多样性指数（*H'*=3.609）最低（表 12-5）。2012 年的观测物种数最低（78 种）和物种个体数最低（590 只）（图 12-9）。

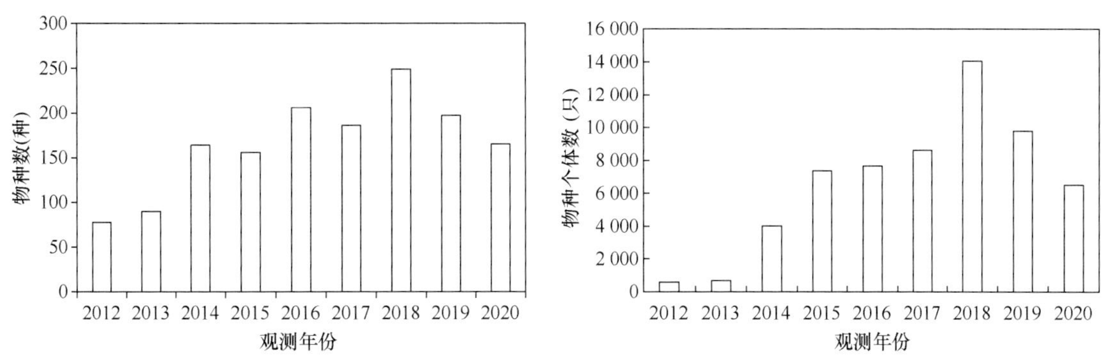

图 12-9　华南农田鸟类观测到的历年物种数和个体数变化

年间鸟类遇见率的统计显示，2012～2015 年呈逐年上升趋势，2016 年略有下降后，2016～2020 年又呈现出逐年上升的趋势，到 2020 年达到最高（60 只/km）（图 12-10）；华南农田鸟类 Pielou 均匀度指数（*J*）变化较小，最大 2012 年（*J*=0.8575）和最小 2020 年（*J*=0.7060）间仅有 0.1515 的差距（表 12-5）。

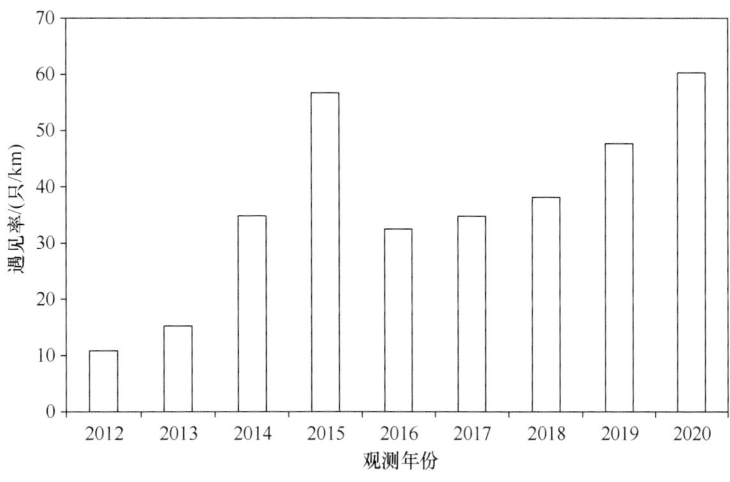

图 12-10　华南农田鸟类观测历年遇见率变化

表 12-5　华南农田鸟类群落鸟类多样性年度变化

年度	样区数	样线条数（条）	样线长度（km）	香农-维纳多样性指数（H'）	均匀度指数（J）
2012	9	17	54.26	3.7985	0.8719
2013	7	14	44.86	3.8587	0.8575
2014	12	39	115.54	3.9462	0.7729
2015	15	44	129.95	4.0178	0.7956
2016	23	89	235.37	3.9575	0.7421
2017	22	93	247.83	3.7923	0.7250
2018	32	152	368.49	4.0983	0.7530
2019	19	84	205.54	3.7698	0.7129
2020	8	47	107.88	3.6091	0.7060

5. 代表性物种

常见种 43 种，包括灰胸山鹪莺（4.94%）、牛背鹭（3.73%）、白喉红臀鹎（3.56%）、白腰文鸟（3.21%）、家燕（3.02%）、红耳鹎（2.49%）、鹊鸲（2.42%）、长尾缝叶莺（2.30%）、白颊噪鹛（2.17%）、褐翅鸦鹃（2.07%）、黑喉红臀鹎（2.07%）、纯色山鹪莺（*Prinia inornata*）（2.07%）、棕背伯劳（1.92%）、白鹡鸰（1.74%）、黄腹山鹪莺（1.74%）、凤头鹀（*Melophus lathami*）（0.5%）等。

少见种和偶见鸟种为 316 种，包括黑短脚鹎（0.46%）、画眉（0.45%）、白胸苦恶鸟（0.43%）、金眼鹛雀（*Chrysomma sinense*）（0.42%）、毛脚燕（*Delichon urbicum*）（0.39%）、红顶鹛（*Timalia pileata*）（0.1%）等。

12.4.3　喀斯特季雨林

1. 生境特点

桂西南喀斯特地区西靠云贵高原的延伸地段，北为广西中部弧形山脉，地势由西北向东南逐渐降低，是以峰林-洼地为代表的热带裸露型石灰岩喀斯特地貌。又因位于热带北缘，还保存有一定面积的原生性常绿季节性雨林（吴征镒等，1980）。

桂西南喀斯特季雨林低处热带季风气候区，春夏受印度洋西南季风影响，湿热多雨，夏秋受赤道季风影响，炎热多雨，冬季受大陆季风影响，气温偏低，干燥少雨。年均气温 22℃，最热月均温 28～29℃，最冷月均温 13℃，极端最低温度 0℃以上，年均有霜日数 3 d。年均降雨量 1150～1550 mm，最多可达 2043 mm，季节分配不均匀，5～9 月占全年降雨量的 76%，12 月至次年 2 月降雨仅占全年降雨量的 6.5%，干湿季交替十分明显。土壤为石灰土，母岩为碳酸盐类岩石。

该生境以广西弄岗自然保护区所保存的最为典型。植被可大致分为两大类 6 个群落：洼地季节雨林的火焰花（*Saraca chinensis*）+苹婆（*Sterculia nobilis*）群落、海南风吹楠（*Horsfieldia hainanensis*）+人面子（*Dracontomelon duperreanum*）群落；石山季节雨林的东京桐+广西顶果豆群落、假肥牛树+安南牡荆群落、肥牛树群落及肥牛树+蚬木群落（吴春林，1991）。

2. 样区布设

典型的喀斯特季雨林样区布设在广西龙州县，自 2014 年开始至 2020 年，于每年 4 月、6 月的繁殖前期和繁殖后期对 6 条样线的鸟类进行调查，样线长度 1.5～2 km，海拔 171～614 m。

3. 物种组成

桂西南典型喀斯特季雨林生境中共记录到 11 目 34 科 83 种（附表Ⅱ）4165 只鸟类。在这些鸟类中，共有国家二级重点保护野生鸟类 19 种，包括黑冠鳽、褐冠鹃隼（*Aviceda jerdoni*）、蛇雕、白腹鹞、凤头鹰、领角鸮、红角鸮、领鸺鹠、斑头鸺鹠、褐胸山鹧鸪（*Arborophila brunneopectus*）、红原鸡、白鹇、红头咬鹃、长尾阔嘴鸟、蓝背八色鸫、白胸翡翠、蓝须蜂虎、黄胸绿鹊、弄岗穗鹛。被 IUCN 红色名录收录的物种有 2 种，即易危种弄岗穗鹛和近危种白翅蓝鹊 *xanthomelana* 亚种。被列入《中国物种红色名录》的物种有 18 种，包括 2 种濒危种弄岗穗鹛和蓝背八色鸫，1 种易危种蓝须蜂虎，15 种近危种。收录到 CITES 附录Ⅱ的有 8 种，均为隼形目和鸮形目的猛禽。中国特有种 1 种，即弄岗穗鹛。

对居留型进行分析，共记录到留鸟 61 种，占鸟类种数的 73.49%；夏候鸟 13 种，占 15.66%；冬候鸟 2 种，占 2.41%；旅鸟 7 种，占 8.43%。繁殖鸟（留鸟和夏候鸟）所占的比例最大，占鸟类总数的 89.16%，基本与观测繁殖鸟类的项目设计初衷相符。旅鸟和冬候鸟主要在 4 月记录到，但 6 月中旬的调查也记录到 2 种，分别是冬候鸟黄眉柳莺和旅鸟双斑绿柳莺（*Phylloscopus plumbeitarsus*）。

对 74 种繁殖鸟类的区系成分分析结果表明，主要分布于华中-华南-西南三区与主要分布于华南区的种类最多，共同构成该生境繁殖鸟类的主体。其中分布于华中-华南-西南三区的鸟类有 34 种，占总数的 46.0%；主要分布于华南区的种类有 17 种，占总数的 23.0%；分布于华南-西南区的有 9 种，占 12.2%；分布于华中-华南区的有 8 种，占 10.8%；广布种有 6 种，占 8.1%。总体上看，该生境的繁殖鸟类在华南区有分布的共有 68 种，华中区有分布的共有 42 种，西南区有分布的共有 43 种，说明以分布在华南区的鸟类成分最多，但华中区和西南区成分也有较大比例（图 12-11）。

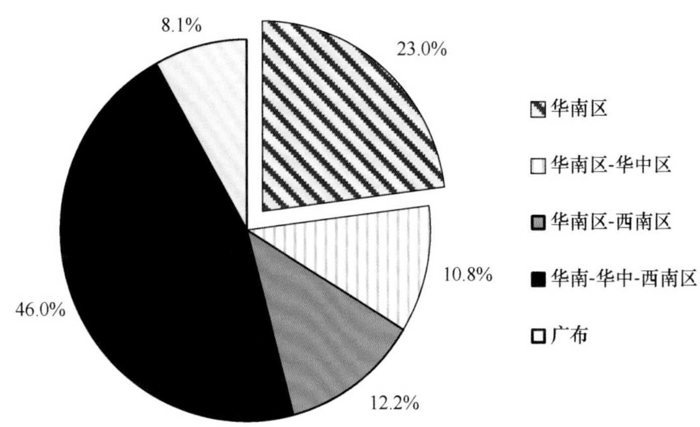

图 12-11　桂西南喀斯特季雨林鸟类区系成分

4. 动态变化及多样性分析

对观测期间的鸟类种类及数量进行年变化分析（表 12-6）。结果显示，从 2014 年开始观测以来，鸟类种类和个体数量大致呈现出先上升、后稳定的趋势（图 12-12）。2017 年，即观测的第 4 年，是进入数据稳定的转折期，物种种类、数量增多与当年记录到较多之前未发现的鸟种有关。之后，每一年的种类在历年有记录而当年未被观察到的与新观察到的鸟种之间浮动，但变幅不大。总体而言，种类和数量趋于稳定，表明其基本能够反映出桂西南喀斯特季雨林的常见鸟类组成情况。

表 12-6　桂西南喀斯特季雨林的鸟类种数及多样性指数

年份	目	科	种	个体数	Simpson 指数（D）	Shannon-Weiner 指数（H'）	均匀度指数（J）
2014	5	17	32	241	0.9285	2.987	0.6195
2015	9	20	43	349	0.9451	3.225	0.5848
2016	7	19	39	390	0.9442	3.165	0.6075
2017	9	23	53	697	0.9500	3.325	0.5247
2018	9	24	55	882	0.9538	3.413	0.5517
2019	9	23	48	774	0.9500	3.315	0.5735
2020	10	27	58	829	0.9598	3.510	0.5767
2014～2020	11	29	83	4162	0.9558	3.503	0.4002

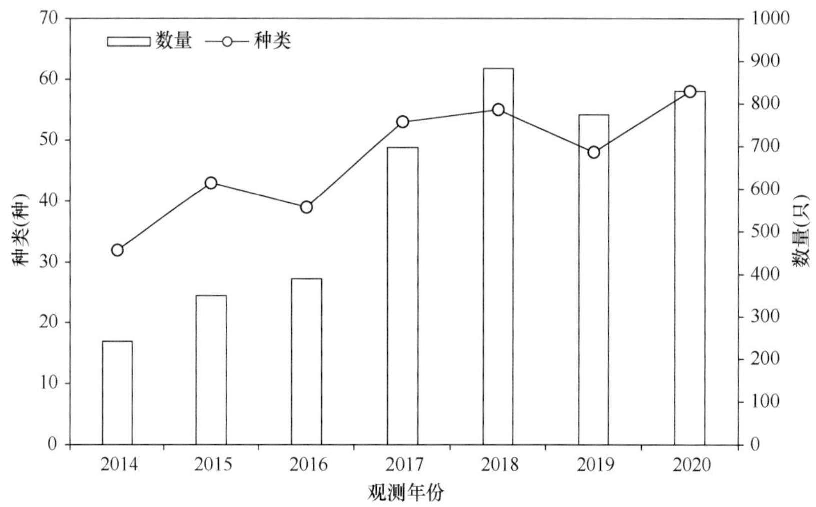

图 12-12　2014～2020 年桂西南喀斯特季雨林的鸟类种类及个体数量变动

对不同年度的多样性指数进行分析（表 12-6）。统计结果表明，多样性指数和均匀度指数的年变化幅度较小。鸟类多样性最低的是 2014 年，其香农-维纳多样性指数和 Simpson 指数分别为 2.987 和 0.9285，而最高的 2020 年分别是 3.510 和 0.9598，最高和最低之间相差不多。总体上看，多样性指数都很高，说明喀斯特雨林的生境异质性很高，可以为鸟类提供丰富的食物资源、多样的隐蔽场所和巢址，鸟类群落稳定。2014 年的鸟类均匀度指数略高于其他年份，说明虽然该年度记录的物种数最少，但个体数量分配比较均匀（图 12-13）。

5. 代表性物种

在桂西南喀斯特季雨林的鸟类中，代表性的热带目、科有咬鹃目咬鹃科，䴕形目须䴕科，雀形目的阔嘴鸟科、八色鸫科、啄花鸟科和太阳鸟科。

就鸟种而言，只分布在华南区的鸟类有 17 种，其分布北限大多止于热带和南亚热带。这些代表物种分别是：黑冠鹃隼、褐冠鹃隼、褐胸山鹧鸪、红原鸡、蓝须蜂虎、蓝喉拟啄木鸟（*Megalaima asiatica*）、蓝背八色鸫、黑冠黄鹎鸦、鸦嘴卷尾、黑喉噪鹛、棕胸幽鹛、长嘴钩嘴鹛、短尾鷦鹛、弄岗穗鹛、灰岩柳莺（*Phylloscopus calciatilis*）、黄腹花蜜鸟、黄腰太阳鸟（*Aethopyga siparaja*）。从科、种情况看，画眉科种类最多，有 14 种；其次是莺科，10 种。而弄岗穗鹛、灰岩柳莺只局限在石灰岩季雨林活动，为该生境最具代表性的物种。

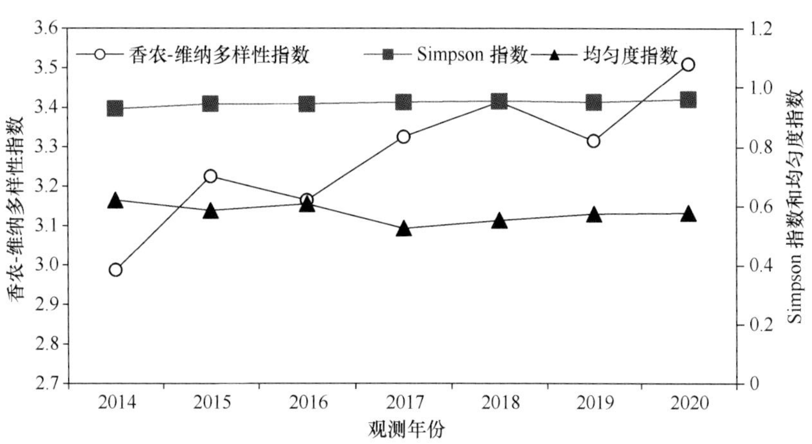

图 12-13　2014～2020 年桂西南喀斯特季雨林的鸟类多样性指数变化情况

弄岗穗鹛隶属雀形目画眉科穗鹛属，是我国鸟类学家于 2008 年发表命名的新种，其模式标本采自广西龙州县弄岗国家级自然保护区境内，是典型的石灰岩地区物种（Zhou and Jiang，2008）。全球总数量估计值为 1500 只左右，主要分布区即在弄岗（Li *et al.*，2013）。该物种在这一区域种群数量稳定，繁殖期鸟类调查时基本都有记录到。但由于繁殖期间该鸟分散活动，且较为隐蔽，因此记录数量不多。繁殖结束后的秋冬季更易观察和发现。

灰岩柳莺隶属雀形目柳莺科柳莺属。分布于越南和老挝的北部、中部，并有可能在中国最南边繁殖。灰岩柳莺和黑眉柳莺（*Phylloscopus ricketti*）极为相似，直到 2010 年，研究人员才将其确定为新种，其种本名 *calciatilis*，意为“生活在石灰岩中”，模式产地在越南中部（Alström *et al.*，2010）。在广西弄岗保护区一带的季雨林中进行繁殖期调查时，经常观察到该物种或者听到鸣唱，相对常见。

12.4.4　滇南山地森林

1. 生境特点

滇南山地森林包括热带雨林、季雨林、季风常绿阔叶林、半湿润常绿阔叶林、云南松林、温带针叶林、寒温性针叶林等多种森林类型（胡庭兴，2011）。北回归线横穿滇南山地，南部是热带，长夏无冬，主要气候类型从南往北依次为热带雨林气候、南亚热带山地季风气候及低纬度高原亚热带季风气候。年均气温 18℃左右，年降雨量 1047～2387 mm，平均雨量在 1400 mm 左右，相对湿度 76%～85%，年温差小，日温差大。土壤类型有暗棕壤、棕壤、黄棕壤、黄壤和石灰土等。

滇南山地森林以云南哀牢山国家级自然保护区内所保存的森林生态系统较为典型。该保护区内保存了目前我国面积最大、结构最为完整的中山湿性常绿阔叶林，野生动植物资源极其丰富。有 6 个植被型（湿性针叶林、暖性针叶林、常绿阔叶林、落叶阔叶林、灌丛、稀树灌丛草丛）、8 个植被亚型（湿凉性针叶林、暖湿性针叶林、半湿润常绿阔叶林、中山湿性常绿阔叶林、山顶苔藓矮林、落叶阔叶林、寒温性灌丛、暖湿性稀树灌丛草丛），19 个植物群落。该区域代表树种有木果石栎、景东石栎（*Lithocarpus jingdongensis*）、疏齿锥（*Castanopsis remotidenticulata*）、云南松、思茅松、黄檀、水锦树（*Wendlandia uvariifolia*）等（和雪莲等，2018；刘旭等，2021）。

2. 样区布设

滇南山地森林共设置了 14 个样区，203 条样线（表 12-7），单条样线长度为 1.5～3 km。14 个样区分别为景洪市、勐腊县、景东县、普洱市、盈江县、河口县、绿春县、双柏县、泸水县、隆阳区、西畴县、永德县、瑞丽市、陇川县。调查样区范围 97.42°E～126.46°E、21.48°N～26.04°N，海拔跨度为 125～2851 m。调查时间为 2012～2020 年。

表 12-7　2012～2020 年滇南山地森林鸟类调查信息

年份	样区数/个	样线数/条
2012	4	12
2013	4	12
2014	5	25
2015	7	40
2016	10	90
2017	10	88
2018	12	119
2019	9	109
2020	5	67
合计	14	203

3. 物种组成

2012～2020 年，共调查到鸟类 485 种，隶属 18 目 75 科（附表Ⅱ）。其中有 6 种国家一级重点保护野生鸟类：灰孔雀雉、花冠皱盔犀鸟、黑颈长尾雉、双角犀鸟、冠斑犀鸟、黄胸鹀；国家二级重点保护野生鸟类有血雉、红原鸡、凤头蜂鹰、红脚隼、赤腹鹰、黑顶蛙口夜鹰、燕隼、红腿小隼（*Microhierax caerulescens*）、松雀鹰、雀鹰、鹰雕、长尾阔嘴鸟、黄冠啄木鸟等 82 种。中国生物多样性红色名录中收录极危有冠斑犀鸟和双角犀鸟 2 种，濒危物种 7 种，易危物种 8 种。

对居留型进行分析，共记录到留鸟 353 种，占鸟类种数的 72.78%；夏候鸟 76 种，占 15.67%；冬候鸟 35 种，占 7.22%；旅鸟 16 种，占 3.30%；迷鸟 5 种，占 1.03%。繁殖鸟（留鸟和夏候鸟）所占的比例最大，占鸟类总数的 88.45%。

对繁殖鸟类的区系成分分析结果表明，主要分布于华中-华南-西南三区与主要分布于华南区的种类最多，共同构成该生境繁殖鸟类的主体。其中分布于华中-华南-西南三区的鸟类有 112 种，占总数的 26.17%；分布于华南区的种类有 94 种，占总数的 21.96%；分布于华中-华南区的种类有 21 种，占总数的 4.91%；分布于华中-西南区的种类有 7 种，占总数的 1.64%；主要分布于华南-西南区的种类有 81 种，占总数的 18.93%；主要分布于西南区的种类有 25 种，占总数的 5.84%；广布种有 88 种，占总数的 20.56%（图 12-14）。

4. 动态变化及多样性分析

对观测期间的鸟类种类及数量进行年变化分析（表 12-8）。结果显示，2012 年物种数和个体数均最少，分别为 186 种和 4135 只；2018 年观测到的物种数最多，为 338 种；2019 年观测到的个体数最多，为 22 231 只。观测记录的物种数和个体数逐年上升的趋势明显（图 12-15）。

对不同年度的多样性指数进行分析。统计结果表明，多样性指数和均匀度的年变化幅度较小。鸟类多样性最低的是 2012 年，其香农-维纳多样性指数和 Simpson 指数分别为 4.300 和 0.9592；而香农-维纳多样性指数最高的为 2018 年，为 4.809；2017 年 Simpson 指数最高，为 0.9701（表 12-8）。最高和最低之间相差不多。总体上看，多样性指数都很高，说明喀山地森林的生境异质性很高，可以为鸟类提供丰富的食物资源、多样的隐蔽场所和巢址，鸟类群落稳定。2012 年的鸟类均匀度略高于其他年份，说明虽然该年度记录的物种数最少，但个体数量分配比较均匀（图 12-16）。

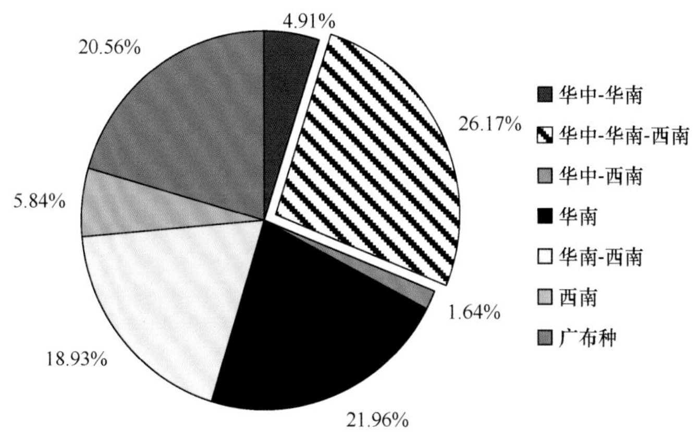

图 12-14　滇南山地森林中繁殖鸟类区系成分

表 12-8　滇南山地森林的鸟类种数及多样性指数

年份	目	科	种	个体数	香农-维纳多样性指数	Simpson 指数	均匀度指数
2012	11	45	186	4 135	4.300	0.9592	0.5703
2013	10	48	209	5 586	4.341	0.9553	0.5632
2014	13	55	235	8 407	4.552	0.9660	0.5779
2015	12	56	267	17 535	4.720	0.9664	0.5856
2016	14	31	303	13 877	4.573	0.9590	0.5547
2017	13	59	311	15 651	4.747	0.9701	0.5733
2018	15	62	338	20 130	4.809	0.9657	0.5724
2019	16	63	321	22 231	4.615	0.9689	0.5543
2020	15	57	250	13 375	4.423	0.9683	0.5552

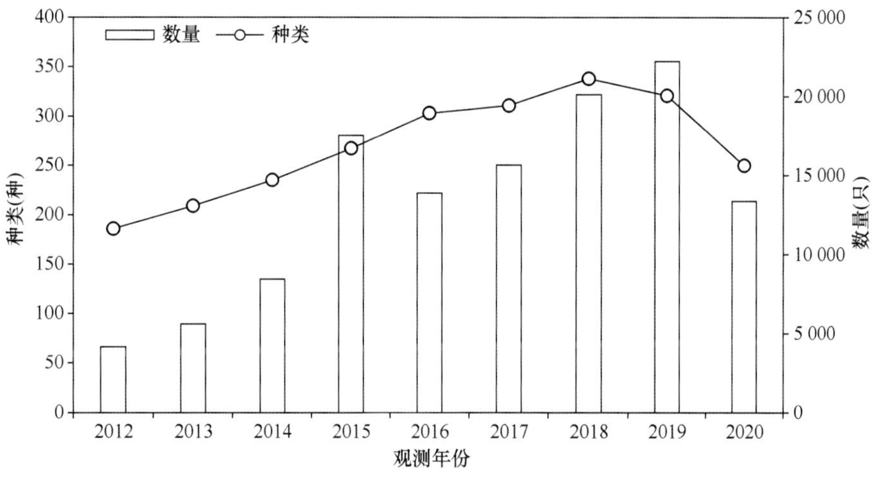

图 12-15　2012～2020 年滇南山地森林的鸟类种类及个体数量变动

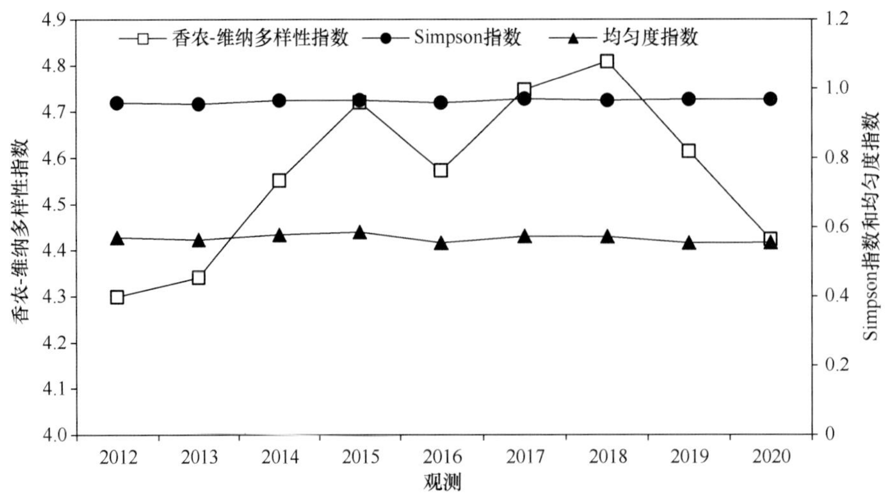

图 12-16　2012～2020 年滇南山地森林的鸟类多样性指数变化情况

2012～2020 年，滇南山地森林共观测到鸟类 485 种、120 927 只，采用 Berger-Parker 优势度指数（*I*）度量滇南山地森林鸟类物种的优势度。结果显示：优势种为灰眶雀鹛、蓝喉拟啄木鸟、赤红山椒鸟（*Pericrocotus flammeus*）、黑短脚鹎和西南冠纹柳莺等 5 种，其中灰眶雀鹛是比较稳定的优势鸟种。2012 年、2013 年、2016 年和 2018 年均有 2 种优势种，2017 年没有优势种，其余年份只有 1 种优势种（表 12-9）。

表 12-9　滇南山地森林鸟类优势种百分比及其年际变化（%）

物种	年份								
	2012	2013	2014	2015	2016	2017	2018	2019	2020
1 灰眶雀鹛 *Alcippe morrisonia*	9.21	9.48		5.99	6.56		5.31	7.14	6.61
2 蓝喉拟啄木鸟 *Psilopogon asiatica*	5.44				5.64				
3 赤红山椒鸟 *Pericrocotus flammeus*		5.24							
4 黑短脚鹎 *Hypsipetes leucocephalus*			6.95						
5 西南冠纹柳莺 *Phylloscopus reguloides*							5.27		

注：百分比大于 5%的称为优势种。

各年间物种多样性略有差异，其中，2012 年观测到鸟类 186 种 4135 只，隶属 11 目 45 科，分别占观测鸟类总数和总个体数的 38.35%和 3.42%，优势种为灰眶雀鹛（9.21%）、蓝喉拟啄木鸟（5.44%）。

2013 年观测到鸟类 209 种 5586 只，隶属 10 目 48 科，占观测鸟类总数和总个体数的 43.09%和 4.62%，优势种为灰眶雀鹛（9.48%）和赤红山椒鸟（5.24%）。

2014 年观测到鸟类 235 种 8407 只，隶属 13 目 55 科，占观测鸟类总数和总个体数的 48.45%和 6.95%，优势种为黑短脚鹎（6.95%）。

2015 年观测到鸟类 267 种 17 535 只，隶属 12 目 56 科，占观测鸟类总数和总个体数的 55.05%和 14.50%，优势种为灰眶雀鹛（5.99%）。

2016 年观测到鸟类 303 种 13 877 只，隶属 14 目 31 科，占观测鸟类总数和总个体数的 62.47%和 11.48%，优势种为灰眶雀鹛（6.56%）和蓝喉拟啄木鸟（5.64%）。

2017 年观测到鸟类 311 种 15 651 只，隶属 13 目 59 科，占观测鸟类总数和总个体数的 64.12%和 12.94%，无明显优势种。

2018 年观测到鸟类 338 种 20 130 只，隶属 19 目 63 科，占观测鸟类总数和总个体数的 69.69%和 16.65%，优势种为灰眶雀鹛（5.31%）和西南冠纹柳莺（5.27%）。

2019 年观测到鸟类 321 种 22 231 只，隶属 16 目 63 科，占观测鸟类总数和总个体数的 66.19%和 18.38%，优势种为灰眶雀鹛（7.14%）。

2020 年观测到鸟类 250 种 13 375 只，隶属 15 目 57 科，占观测鸟类总数和总个体数的 51.55%和 11.06%，优势种为灰眶雀鹛（6.61%）。

5. 代表性物种

在滇南山地森林的鸟类中，代表性的目有犀鸟目、鹦鹉目、啄木鸟目；雀形目代表科有阔嘴鸟科、八色鸫科。

就鸟种而言，只分布在华南的鸟类有 94 种，分别为红喉山鹧鸪、白颊山鹧鸪、红原鸡、厚嘴绿鸠、冠斑犀鸟、双角犀鸟、蓝须蜂虎、大拟啄木鸟、金喉拟啄木鸟（*Psilopogon franklinii*）、蓝喉拟啄木鸟、白眉棕啄木鸟、黑头黄鹂（*Oriolus xanthornus*）、栗喉鵙鹛、小盘尾、大盘尾、红头穗鹛、白头鵙鹛（*Gampsorhynchus rufulus*）、棕头幽鹛（*Pellorneum ruficeps*）、红嘴椋鸟（*Acridotheres burmannicus*）、斑椋鸟（*Gracupica contra*）、蓝枕花蜜鸟、紫花蜜鸟（*Cinnyris asiaticus*）、黄腰太阳鸟、长嘴捕蛛鸟（*Arachnothera longirostra*）、纹背捕蛛鸟（*A. magna*）等。从科和种来看，鹟科种类最多，有 52 种；其次是噪鹛科，有 32 种。

12.4.5　华南滨海湿地

1. 生境特点

按照我国动物地理区系区划（张荣祖，1999）分区，华南滨海湿地主要位于$Ⅶ_A$闽广沿海亚区和$Ⅶ_C$海南岛亚区，包括广东、广西和海南全部沿海地区，以及福建莆田市以南沿海区域。根据 2016 年全国滨海湿地基本情况调查统计结果（张健等，2019），广东、广西和海南三省共计有滨海湿地面积 142.2 万 hm^2（其中天然湿地 129.3 万 hm^2，占总面积的 90.9%），加上福建部分面积，则华南区滨海湿地面积占全国滨海湿地面积比例约 30%。

华南沿海多为低丘平地，以侵蚀性丘陵、冲积平原、海积平原和熔岩台地为主要地貌（何杰坤等，2018）。主要属热带-南亚热带季风气候，以温暖多雨、光热充足、夏季长、霜期短为特征。地带性土壤为赤红壤和砖红壤，还有燥红土、水稻土和滨海砂土等（何海军等，2018）。海岸湿地类型多样，生物多样性丰富，其中浅海水域（包括珊瑚礁和海草床）是最主要的湿地类型，其次为河口水域、淤泥质海滩和红树林（董迪等，2020），当中又以红树林湿地和珊瑚礁湿地最具华南特色（王树功和陈新庚，1998）。红树林是热带及亚热带海岸的主要植被群落，主要生长在沿海河口和港湾的泥质滩涂上，由若干常绿乔木和灌木组成（韩秋影等，2006）。珊瑚礁分为岸礁和环礁，其中岸礁在广东、广西及海南均有零星分布，种类超过 100 种，环礁主要分布在南海诸岛（涂志刚等，2014）。

主要自然湿地分布：

福建：海岸重要滨海湿地主要包括有泉州湾、深沪湾、九龙江河口、厦门湾、漳江口和东山湾（陈渠，2007）。

广东：河口水域主要分布在广州南沙区珠江入海口一带，淤泥质海滩主要分布在南渡河下游湛江市雷高镇和东里镇一带（董迪等，2020）。

广西：滨海湿地面积最多的是北海，其次为防城港市和钦州市（董迪等，2020）。

海南：滨海湿地面积最多的地区是儋州市，其次为文昌市（涂志刚等，2014）。

主要受胁情况：

由于华南沿海经济发展迅速，人类对湿地的干扰和破坏明显，滨海湿地保护和开发之间矛盾突出，整体上华南滨海湿地质量呈退化趋势（韩秋影等，2006）。主要问题包括滩涂围垦、城市和港口开发导致的自然湿地生境丧失，或转换为养殖塘或农田等人工湿地；还有生物资源过度利用导致的红树林和珊瑚礁丧失和退化；城市生活污水、工农业废水、海水养殖和海漂垃圾都为滨海湿地带来了严重污染，部分污染物还通过食物链在滨海生物中积累和富集（韩秋影等，2006；陈加兵等，2006；张健等，2019）。以上问题导致华南滨海湿地生物多样性下降，浮游动植物和底栖生物的种类和生物量，红树和珊瑚礁种类减少，外来物种入侵问题加剧，压缩和破坏了滨海湿地水鸟的栖息生境与食物资源。

2. 样区布设

在福建、广西和海南三省区布设了 9 条样线，其中福建 1 条、广西 5 条、海南 3 条，总长 22.4 km，海拔均在 25 m 以下。样线中以广西北海市和防城港市的开始时间最早，观测时间最长，从 2012～2019 年共计开展了 8 年度的观测。

在福建、广东、广西和海南 4 省区 15 个县市布设样区，共计 113 个样点，分属 15 个样区。其中福建 3 个样区 34 个样点、广东 7 个样区 53 个样点、广西 3 个样区 20 个样点、海南 2 个样区 6 个样点。海拔均在 25 m 以下。样点中有持续 9 年观测记录的包括广东广州市和珠海市，海南东方市和临高市，其次为持续了 8 年观测的福建泉州湾和云霄县，广西北海市、防城港市和钦州市。总体上样点和样线的布设覆盖了华南滨海地区主要湿地海岸，主要以淤泥质滩涂和红树林湿地为主要生境类型（表 12-10）。

表 12-10　华南区滨海湿地样地布设情况

省份	样区位置	样线（样点）数量［条（个）］	观测年份	省份	样区位置	样线（样点）数量［条（个）］	观测年份
样线布设				**样线布设**			
福建	厦门市	1	2016	广西	防城港市	3	2012～2020
广西	北海市	2	2012～2020	海南	文昌市	3	2018
样点布设				**样点布设**			
福建	东山湾	20	2016 年底至 2019 年初	广东	珠海市	9	2011 年底至 2020 年初
	泉州湾	8	2011 年底至 2019 年初		阳西县	5	2018 年底至 2019 年初
	云霄县	6	2011 年底至 2019 年初	广西	北海市	5	2011 年底至 2019 年初
广东	广州市	6	2011 年底至 2020 年初		防城港市	10	2011 年底至 2019 年初
	江城区	5	2018 年底至 2019 年初		钦州市	5	2012 年底至 2019 年初
	雷州市	13	2016 年底至 2020 年初	海南	东方市	3	2011 年底至 2020 年初
	汕头市	10	2016 年底至 2020 年初		临高市	3	2011 年底至 2020 年初
	深圳市	5	2014 年底至 2020 年初				

3. 物种组成

样线观测共记录鸟类物种 10 目 30 科 61 种，样点观测共记录鸟类物种 11 目 30 科 118 种。在华南区滨海湿地合计记录到鸟类 13 目 38 科 137 种（附表Ⅱ）。其中有国家重点保护野生动物 26 种，包括国家一级重点保护野生鸟类小青脚鹬、勺嘴鹬、黑嘴鸥、黑脸琵鹭和卷羽鹈鹕 5 种，国家二级重点保护野生鸟类栗树鸭、鸳鸯、黑颈鸊鷉等 21 种。中国生物多样性红色名录受威胁物种 9 种，包括极危的勺嘴鹬，濒危的小青脚鹬、黑脸琵鹭和卷羽鹈鹕，易危的栗树鸭、大杓鹬、大滨鹬、黑腹滨鹬和黑嘴鸥。IUCN 红色名录受威胁物种 7 种。

整个华南区滨海湿地以鸻形目种类最多，有 58 种，随后为雀形目（26 种）、雁形目（20 种）和鹳形目（14 种）。单科物种最丰富的是鹬科，有 29 种，其次是鸭科（19 种）、鹭科（12 种）和鸻科（10 种）。以上物种组成中，鸻形目鸟类多在淤泥质海滩觅食和活动，高潮时会到部分人工养殖塘中栖息；雁形目鸟类主要在浅海水域和部分养殖塘中栖息；鹳形目中的鹭科鸟类是和红树林关系密切的一类水鸟，常集群在红树林中栖息和营巢，也会到河口、泥滩甚至农田和养殖塘中觅食，本地区的优势物种与本区主要湿地类型相对应，浅海和河口水域、淤泥质海滩和红树林是主要的鸟类栖息生境。

该区域的记录中水鸟有 106 种，占绝对优势，其中样线中的水鸟/陆鸟为 31/30，样点的水鸟/陆鸟为 103/18。样点主要记录湿地水鸟物种，而样线法则补充记录了多种在湿地周边活动的陆生鸟类。

居留型方面，按主要居留型分，由于观测时间集中在越冬季（样点）和繁殖季（样线），因此越冬季以冬候鸟为主，繁殖季以留鸟占优。总体上冬候鸟种类最多，有 65 种；其次为留鸟，有 49 种；旅鸟和夏候鸟分别有 13 种和 10 种，另有迷鸟 2 种（图 12-17）。以上种类中有 38 种含有多种居留型的种群，其中部分居留型在海南（华南区海南岛亚区）和华南沿海（华南区闽广沿海亚区）有分异。

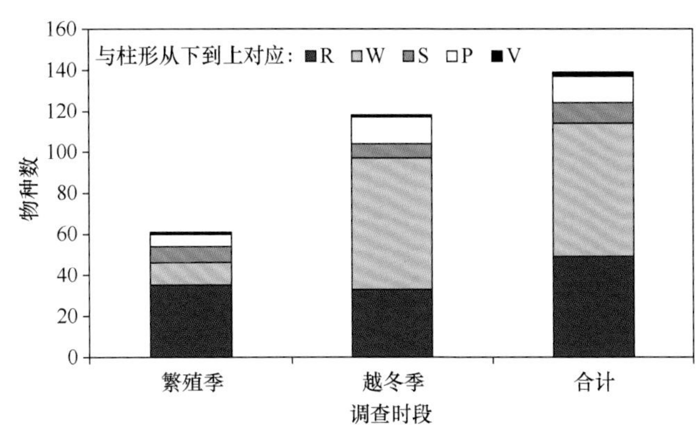

图 12-17　华南滨海湿地鸟类居留型组成

字母所代表的居留型为：R. 留鸟；W. 冬候鸟；S. 夏候鸟；P. 旅鸟；V. 迷鸟

4. 动态变化及多样性分析

繁殖季的样线观测工作从 2012 年到 2019 年共开展了 8 年，其中广西的样区持续开展了 8 年观测，福建和海南各在 2016 年和 2018 年开展了 1 年的观测。总样线数保持在 4 条以上，其中 2018 年最多，达到 7 条，共计 8 年观测了 9 条样线。相应地，观测记录条数在 2018 年最多，有 124 条，2019 年最少，为 32 条，共计记录了 530 条记录。物种数也是随着记录增加而增长，在 2018 年记录到 32 种鸟类，为历年最高，其次为 2016 年，共计记录物种 61 种。记录数量方面则以 2016 年最多，共计 724 只，平均每条样线记录个体数为 145 只，也为历年最高，其次较高的还有 2015 年和 2013 年，8 年共记录鸟类 3514 只次（图 12-18）。

越冬季的样点观测工作从 2011 年底开始到 2020 年初结束，共观测了 9 个越冬季，其中持续时间较长的有福建泉州湾和云霄县，广东广州市和珠海市，广西北海市、防城港市和钦州市，海南东方市和临高市。样点数最早为 2011～2012 年的 17 个，到 2012～2013 年冬季翻倍到 37 个，到 2016～2017 年冬季再次翻两倍增加到 100 个。相应地，记录条数也有类似增长幅度，从最初的 191 条到 2016～2017 年记录到最多为 1183 条。物种数最高出现在 2018～2019 年冬季，为 83 种，总体上也随着样点的增加而增多。总记录数量和样点平均数变化趋势大致和上述一致，但 2019～2020 年冬季的样点平均数在样点显著减少的情况下有较大提升，达到 1302 只，是最初开展观测时（672 只）的近两倍，9 个越冬季共计记录鸟类 443 901 只次（图 12-19）。

多样性方面，在繁殖季样线观测中，仅广西有多年观测记录（图 12-20），可以看出物种数和多样性指数变化较一致，其中以项目开展首年和 2016～2017 年的值最高，到 2018 年以后有所回落。在越冬季

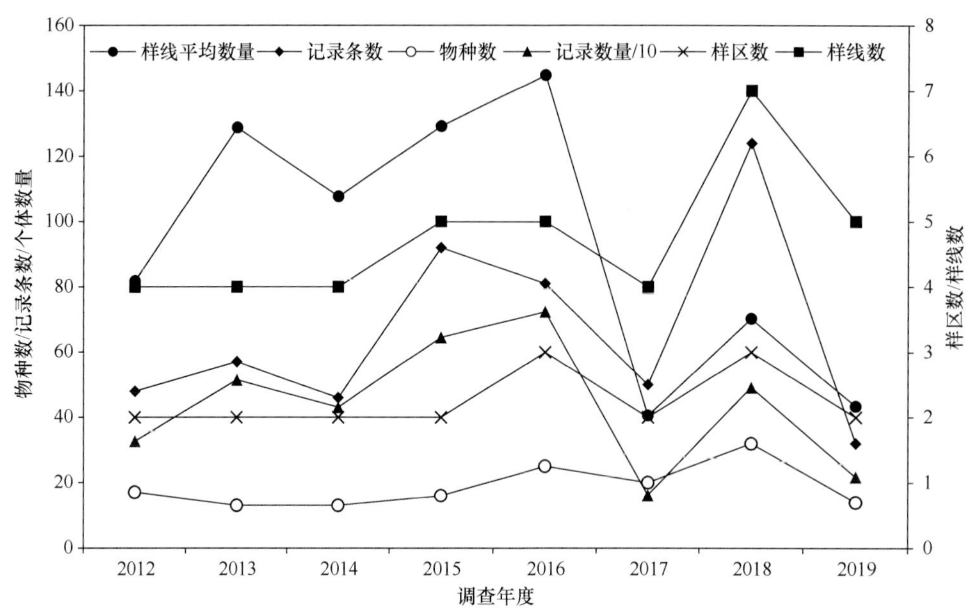

图 12-18 繁殖季鸟类特征及样地布设年际变化情况

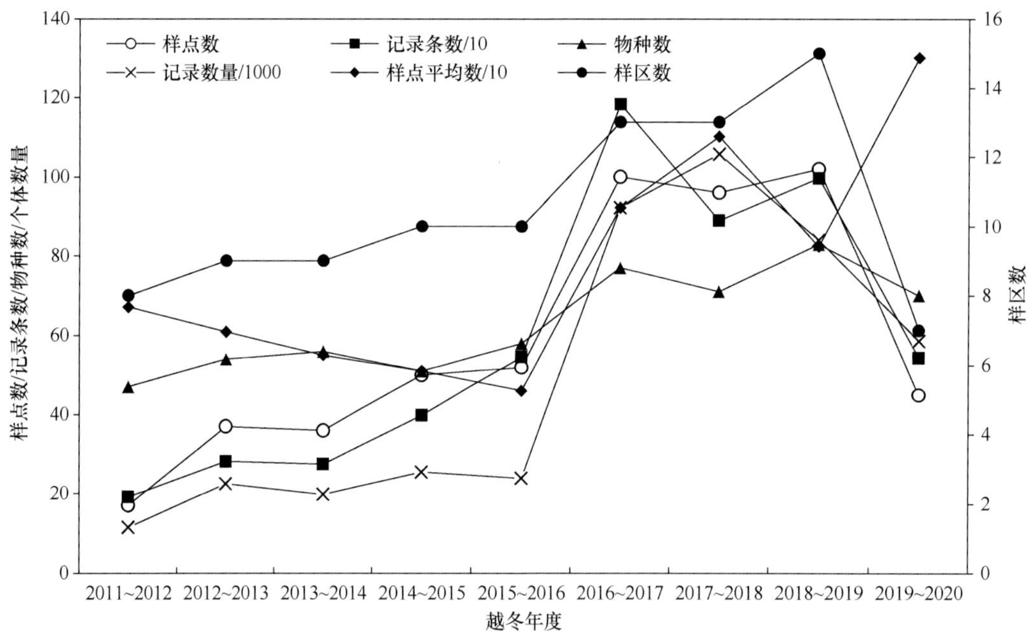

图 12-19 越冬季鸟类特征及样地布设年际变化情况

样点观测中，物种数和香农-维纳多样性指数的年际变化较一致，可以看出总体物种种类在增加（图 12-21），其中福建、广东和总体趋势一致，但广西和海南则呈现平稳甚至略有下降的趋势。而总体物种多样性则较为波动，各省份中仅广东有升高趋势，广西与海南波动中略有下降，福建下降趋势较为明显（图 12-22）。

5. 代表性物种

依据 2021 年最新公布的《国家重点保护野生动物名录》（国家林业和草原局 农业农村部公告 2021 年第 3 号），本区域记录到的国家重点保护野生鸟类有 27 种，其中国家一级重点保护野生鸟类 5 种，国家二级重点保护野生鸟类 22 种。以上国家重点保护野生鸟类中，水鸟占其中的 19 种，包括 5 种国家一

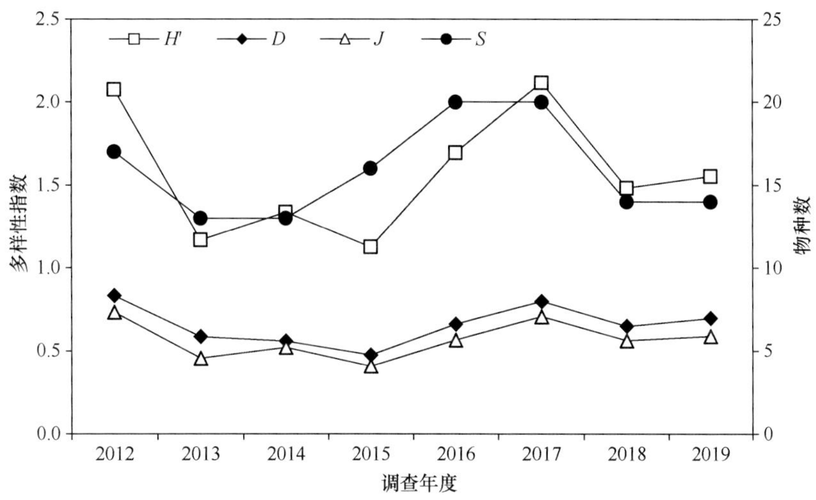

图 12-20　广西繁殖季鸟类多样性年际变化情况

字母含义为：H'. 香农-维纳多样性指数；D. Simpson 指数；J. Pielou 均匀度指数；S. 物种数

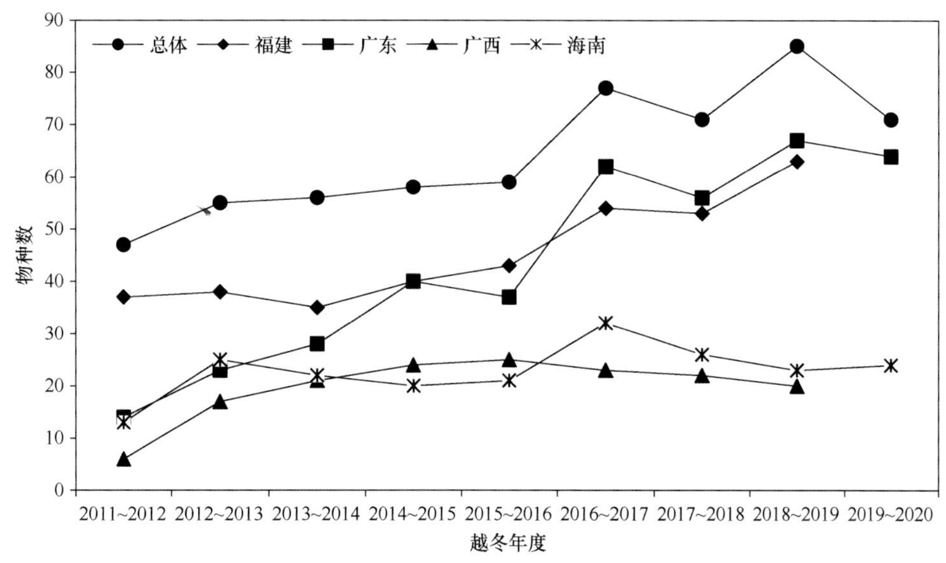

图 12-21　越冬季鸟类物种数年际变化情况

级重点保护野生鸟类：卷羽鹈鹕、黑脸琵鹭、勺嘴鹬、小青脚鹬和黑嘴鸥，以及 14 种国家二级重点保护野生鸟类，包含了岩鹭、鸳鸯、大滨鹬、大凤头燕鸥、白胸翡翠等多个科目的珍稀保护代表物种；属于国家重点保护的陆鸟有 8 种，包括隼形目的鹗、普通鵟、黑翅鸢、红隼等 4 种猛禽，鹃形目的褐翅鸦鹃和小鸦鹃，以及雀形目的栗喉蜂虎和黑喉噪鹛，均为南方平原和湿地较常见的种类。记录到 IUCN 红色名录收录的珍稀濒危物种主要有 8 种，其中属于极危级别的有勺嘴鹬 1 种，濒危级别的有黑脸琵鹭、大滨鹬、大杓鹬、小青脚鹬等 4 种，属于易危级别的有红头潜鸭、棕颈鸭和黑嘴鸥 3 种。此外，还有卷羽鹈鹕、罗纹鸭、弯嘴滨鹬、黑尾塍鹬等 10 种近危种类。列入 CITES 附录的鸟类共有 7 种，其中卷羽鹈鹕、小杓鹬和小青脚鹬为附录 I 收录，白琵鹭、普通鵟、黑翅鸢和红隼为附录 II 收录。综合以上名录可知该区域的保护物种以水鸟为主，被列入的保护名录最多、保护级别最高的种类为勺嘴鹬、小青脚鹬、卷羽鹈鹕、黑脸琵鹭等。

优势种方面，在越冬季分布最广泛的包括有白鹭、苍鹭、池鹭、环颈鸻、泽鹬和青脚鹬等 6 种，在华南区 15 个样区均有记录，每年度均有记录的有琵嘴鸭、白鹭、反嘴鹬、黑腹滨鹬、红嘴鸥等 34 种。

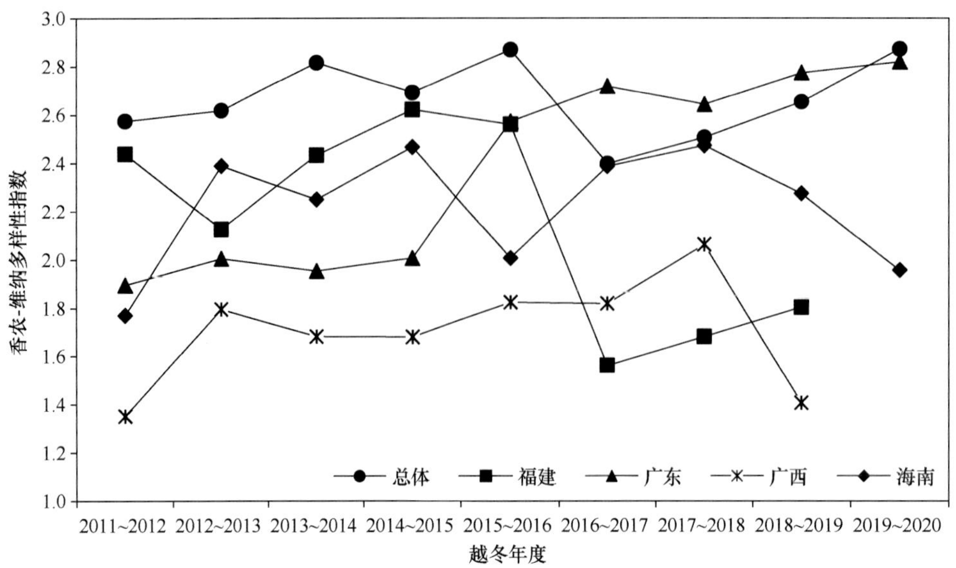

图 12-22 越冬季鸟类多样性指数年际变化情况

数量最丰富的为黑腹滨鹬，年均记录数量达到 9121.5 只次，其次较多的还有凤头潜鸭、红嘴鸥、赤颈鸭、环颈鸻、反嘴鹬等 5 种，年均记录数量均超过 2000 只。

对照全球水鸟 1%种群的标准（Wetlands International，2012），在本区域开展越冬季观测的水鸟中有 15 种在至少一个观测点有最少一次超过了其迁飞区 1%的数量（表 12-11），其中包括黑脸琵鹭、大滨鹬、勺嘴鹬等珍稀濒危物种，部分如环颈鸻、长嘴剑鸻、普通鸬鹚等超 1%标准的比例较高，说明华南区滨海湿地是以上水鸟种类的重要越冬地。

表 12-11 华南区滨海湿地越冬水鸟观测超 1%标准记录

物种名	拉丁名	单次记录最大值	1%标准	超 1%比例（%）	记录年份
普通鸬鹚	*Phalacrocorax carbo*	3 000	1 000	3.00	2017～2018
黑脸琵鹭	*Platalea minor*	60	20	3.00	2018～2019
凤头潜鸭	*Aythya fuligula*	3 500	2 400	1.46	2019～2020
环颈鸻	*Charadrius alexandrinus*	7 000	1 000	7.00	2017～2018
铁嘴沙鸻	*Charadrius leschenaultii*	1 100	790	1.39	2018～2019
长嘴剑鸻	*Charadrius placidus*	1 000	250	4.00	2013～2014
黑腹滨鹬	*Calidris alpina*	20 200	10 000	2.02	2016～2017
大滨鹬	*Calidris tenuirostris*	3 000	2 900	1.03	2017～2018
三趾滨鹬	*Calidris alba*	231	220	1.05	2014～2015
勺嘴鹬	*Eurynorhynchus pygmeus*	9	3	3.00	2019～2020
白腰杓鹬	*Numenius arquata*	1 500	1 000	1.50	2013～2014
鹤鹬	*Tringa erythropus*	278	250	1.11	2013～2014
反嘴鹬	*Recurvirostra avosetta*	2 300	1 000	2.30	2014～2015
黑嘴鸥	*Larus saundersi*	325	71	4.58	2011～2012
红嘴巨燕鸥	*Hydroprogne caspia*	460	250	1.84	2019～2020

12.4.6 海南热带雨林

1. 生境特点

海南岛位于中国最南端，北隔琼州海峡与广东相望，南临广阔的南海，地处热带，海南岛形似一个呈东北至西南向的椭圆形大雪梨，总面积（不包括卫星岛）3.39 万 km^2，是我国仅次于台湾岛的第二大岛。海南岛地势四周低平，中间高耸，地形以五指山、鹦哥岭为隆起核心，向外围逐级下降。山地、丘陵、台地、平原构成环形层状地貌，梯级结构明显，山地、丘陵和台地占全岛面积的 70%。海南岛属热带季风海洋性气候，高温多雨，干、湿季分明。基本特征为：四季不分明，夏无酷热，冬无严寒，气温年较差小，年平均气温高；干季、雨季明显，冬春干旱，夏秋多雨，多热带气旋；光、热、水资源丰富，风、旱、寒等气候灾害频繁。年均气温 22.5～25.6℃，年日照时数 1780～2600 h，太阳总辐射量 4500～5800 MJ/m^2，年降水量 1500～2500 mm（西部沿海约 1000 mm）（海南省委党史研究室，2020）。由于地形的作用，水热条件差异悬殊。植被类型多样，孕育了种类丰富的野生动物。这里最主要植被类型为热带季雨林型的常绿季雨林，其他为落叶季雨林、沟谷雨林、山地雨林和山地常绿阔叶林及灌丛、草原等，其中最典型的热带山地雨林主要分布在中南部的山区（邢福武等，2014），该生境的春季繁殖鸟类多样性观测包括乐东县、五指山市、陵水县及昌江县 4 个县市，主要围绕尖峰岭（地跨乐东县和东方市两县市）、五指山（位于海南岛中部，以五指山顶峰为中心的广大山区，顶峰海拔 1867 m，为海南最高峰，横跨海南五指山市和琼中县，与保亭县接壤，总面积 13 435.9 hm^2）、吊罗山（位于海南岛东南部，地跨海南五指山市、保亭县、琼中县、万宁市、陵水县等 5 个市县，保护区属中山地貌，海拔范围 100～1499 m，主峰三角山，地形破碎复杂，地势北高南低，该地区全年雨量充沛，山区的河流、瀑布丰富）、霸王岭（位于海南岛西南部山区，地跨昌江、白沙两县，保护区内有雅加大岭、斧头岭、黄牛岭三大山脉。地势南高北低，地形破碎复杂，多为山地、山谷，全境海拔 350～1560 m，最高岭为黑岭，海拔 1560 m，主要保护对象是海南长臂猿及其栖息地）4 个国家级自然保护区及其附近区域展开。这些区域是我国热带植被垂直带谱最完整、雨林群落最为典型的区域，也是生物多样性最为丰富的地区，生态地位十分重要，在我国和全球生物多样性保护中具有重大价值（海南热带雨林国家公园管理局，2021）。

2. 样区布设

海南岛原始的热带雨林主要保存和分布于岛屿中南部的山地，以尖峰岭、五指山、吊罗山、霸王岭 4 个国家级保护区为核心，设置 4 个样区，根据海拔垂直变化情况设置样线，基本涵盖海南岛典型的垂直雨林山地系统，对于深刻了解海南雨林中的特有鸟类的存在现状有重要的意义。样线大体分为 4 个海拔梯度：①低海拔地区（海拔＜300 m），生境以人工林、次生林及村庄周围破碎化的林块为主，共设 9 条样线，样线总长为 10.9 km，其中包括 5 条乡村样线主要是农田生境同时镶嵌有破碎化的低海拔人工林及次生林块，分布于乐东县尖峰镇附近，五指山市市郊及昌江县霸王岭保护区山脚下，样线总长为 4.9 km，低海拔农耕区的优势种为：白腰文鸟、斑文鸟、白头鹎、暗绿绣眼鸟、家燕、小白腰雨燕、八哥、麻雀、鹊鸲；4 条低海拔人工林、次生季雨林样线分布在乐东县尖峰镇附近及昌江县霸王岭保护区山脚下，样线总长为 6 km，低海拔人工林及次生林的优势种为：白头鹎、暗绿绣眼鸟、赤红山椒鸟、大山雀、黑喉噪鹛、黄腹花蜜鸟、灰眶雀鹛、珠颈斑鸠、棕雨燕（*Cypsiurus balasiensis*）等。②低中海拔山区（海拔 300～700 m），主要为长时间禁伐后恢复良好的次生林，共设 7 条样线，样线总长为 9.1 km，3 条分布于乐东县尖峰岭保护区的中海拔地带，4 条分布于五指山市的阿陀岭、水满乡，优势种为：白头鹎、暗绿绣眼鸟、白腹凤鹛、黑喉噪鹛、黑眉拟啄木鸟、灰喉山椒鸟、灰眶雀鹛、棕雨燕等。③中高海拔山区（海拔 800～1100 m），植被以原始雨林为主，共设 15 条样线，样线总长为 18.9 km，其中 3 条分布于乐东县尖峰岭保护区的中高海拔区域，2 条分布于五指山国家级保护区的中高海拔区域，6 条分布于昌江县霸王岭保护区中高海拔区域，4 条分布于陵水县吊罗山保护区中高海拔区域，优势种为：黑眉拟啄木鸟、黄腹山鹪莺、白喉冠鹎、栗背短脚鹎、绿翅短脚鹎、赤红山椒鸟、灰喉山椒鸟、白腹凤鹛、灰眶雀鹛、栗颊噪鹛（*Garrulax castanoti*）、棕雨燕等。④高海拔山区（海拔 1100～1800 m），生境为典型的原始季雨林，这些区域在海南面积较为有限只存在于中部山区少数的高峰区域，植物类型偏向于部分落叶耐旱耐寒的树种，共设 4 条样线，2 条位于尖峰岭主峰，2 条位于五指山主峰，样线总长为 3.3 km，常见种为海南柳莺、黑喉噪鹛、黑眉拟啄木鸟、绿翅短脚鹎、灰眶雀鹛、白腰雨燕、白喉针尾雨燕（*Hirundapus caudacutus*）等。

在 4 个样区内的 4 个海拔梯度共设 35 条观测样线，每条样线长度为 1～3 km，共 42.2 km，涵盖了高中低海拔的主要热带山地雨林区，同时兼顾溪流、内陆湖泊、人工林和农田等生境。其中，吊罗山样区（中高海拔山区 4 条样线）的观测时间为 2012～2020 年；霸王岭样区（低海拔山区 4 条、中高海拔山区 6 条，共 10 条样线）的观测时间为 2014～2020 年，乐东县尖峰岭样区（11 条样线）及五指山市样区（10 条样线）涵盖全部 4 个海拔梯度，观测时间为 2016～2019 年。观测于每年 4～6 月进行，每条样线每年观测 2 次。

3. 物种组成

据统计，海南岛现有鸟类近 430 种，约占全国鸟类种数的 30%，鸟类的区系以东洋界为主。作为我国的第二大岛，也是唯一的全热带大陆性岛屿，海南岛丰富多样的生境及长时间与大陆隔离，孕育了很多特有鸟类及特有亚种，这些特有鸟类主要分布在热带山地雨林中，为典型的留鸟，历史上海南岛中部的琼中县、五指山市是海南山鹧鸪、叉尾太阳鸟、海南鳽等鸟类模式标本的采集地。

2012～2020 年，在海南岛中南部 4 个片区的热带雨林中共观测到 14 目 44 科 124 种鸟类，其中以雀形目为主，共记录到 27 科 72 种鸟类，占所有鸟种的 58.06%（附表Ⅱ）。海南岛特有鸟类共记录到 6 种，包括海南山鹧鸪、海南柳莺、黑喉噪鹛、黑眉拟啄木鸟、海南画眉、栗颊噪鹛；49 种鸟类特有亚种，包括黑鸢 *formosanus* 亚种、蛇雕 *rutherfordi* 亚种、白鹇 *whiteheadi* 亚种、厚嘴绿鸠 *hainana* 亚种、山皇鸠 *griseicapilla* 亚种、珠颈斑鸠 *hainana* 亚种、噪鹃 *harterti* 亚种、绿嘴地鹃 *hainanus* 亚种、斑头鸺鹠 *persimilie* 亚种、领角鸮 *umbratilis* 亚种、红头咬鹃 *hainanus* 亚种、蓝须蜂虎 *brevicaudata* 亚种、星头啄木鸟 *swinhoei* 亚种、栗啄木鸟 *holroydi* 亚种、大黄冠啄木鸟 *styani* 亚种、黄冠啄木鸟 *longipennis* 亚种、小云雀 *sala* 亚种、灰树鹊 *insulae* 亚种、赤红山椒鸟 *fraterculus* 亚种、暗灰鹃䴗*saturata* 亚种、栗背短脚鹎 *castanonotus* 亚种、黑短脚鹎 *perniger* 亚种、白头鹎 *hainanus* 亚种、白喉冠鹎 *pallidus* 亚种、橙腹叶鹎 *lazulina* 亚种、棕背伯劳 *hainanus* 亚种、白腰鹊鸲 *minor* 亚种、长嘴钩嘴鹛 *hainanu* 亚种、棕颈钩嘴鹛 *nigrostellatus* 亚种、小黑领噪鹛 *schmacheri* 亚种、黑领噪鹛 *semitorquatus* 亚种、斑颈穗鹛 *swinhoei* 亚种、红头穗鹛 *goodsoni* 亚种、红翅䴗鹛 *lingshuiensis* 亚种、褐顶雀鹛 *arguta* 亚种、灰眶雀鹛 *rufescentior* 亚种、白腹凤鹛 *tyrannula* 亚种、暗绿绣眼鸟 *hainanus* 亚种、灰头鸦雀 *hainanus* 亚种、纯蓝仙鹟 *diaoluoensis* 亚种、冕雀 *flavocristata* 亚种、苍背山雀 *hainanus* 亚种、淡紫䴓*chienfengensis* 亚种、朱背啄花鸟 *hainanum* 亚种、纯色啄花鸟 *minullum* 亚种、叉尾太阳鸟 *christinae* 亚种、麻雀 *malaccensis* 亚种、大盘尾 *johni* 亚种、灰卷尾 *innexus* 亚种。

该地区珍稀保护鸟类资源也非常丰富，共观测到国家一级重点保护野生鸟类 1 种，即海南山鹧鸪；国家二级重点保护野生鸟类 27 种，分别为白鹇、红原鸡、雀鹰、日本松雀鹰、松雀鹰、蛇雕、褐耳鹰、黑翅鸢、黑鸢、凤头鹰、凤头蜂鹰、灰脸鵟鹰、红隼、黄嘴角鸮、领角鸮、领鸺鹠、斑头鸺鹠、小鸦鹃、褐翅鸦鹃、山皇鸠、大黄冠啄木鸟、黄冠啄木鸟、蓝须蜂虎、厚嘴绿鸠、大盘尾、黑喉噪鹛、海南画眉。

4. 动态变化及多样性分析

在海南岛的 4 个样区，4 个海拔梯度共设置了 35 条观测样线，其中以不同海拔的山地雨林样线为主，设置了 29 条样线，共 37.3 km，大体分为 4 个海拔梯度，低海拔林地主要是人工林及次生林，海拔小于 300 m；低中海拔林区，主要为长时间禁伐后恢复良好的次生林，海拔 300～700 m；中高海拔林区，植被以原始雨林为主，海拔 800～1100 m；高海拔山区，生境为典型的原始季雨林，只存在于中部山区少数的高峰区域，海拔 1100～1800 m。另外我们在低海拔设置了 5 条农田区样线，共 4.9 km，作为雨林样线的对照组。不同年份之间，观测区内的繁殖鸟的物种数和观测数目略有波动，但变化不大。生境是鸟类分布格局的主要决定因素，同时海南山地雨林鸟类的垂直分布格局也非常明显。一些鸟类只分布在中高海拔的林区，如海南柳莺、白喉针尾雨燕、红翅鵙鹛、绿翅短脚鹎、冕雀等，另外同域分布的近源种鸟类通常繁殖季选取不同海拔的生态位，如黄腹花蜜鸟、纯色山鹪莺、白头鹎喜欢低海拔的生境，而它们对应的近源种鸟类：叉尾太阳鸟、黄腹山鹪莺、绿翅短脚鹎会选择栖息于高海拔地区。定期系统性的鸟类观测可以揭示山地垂直生态系统中的鸟类分布格局，深入了解鸟类的分布信息有利于鸟类及相关生态系统的保护。

海南岛热带山地雨林鸟类的多样性随着海拔梯度的变化较为明显，中海拔的区域鸟类多样性最高，海拔 300～700 m，Simpson 多样性指数分别为 0.93（图 12-23A），香农-维纳多样性指数为 3.19（图 12-23B）；海拔 800～1100 m 样线区，Simpson 多样性指数为 0.96（图 12-23A），香农-维纳多样性指数为 3.64（图 12-23B）；其中中高海拔（800～1100 m）的林区主要是原始雨林区，分布在 4 个国家级自然保护区的核心地带，鸟类的多样性在所有生境及不同海拔区都最高，历年统计的鸟类种类达到 106 种，远高于其他样线区（图 12-23D）。中低海拔的林区以长时间禁伐后恢复良好的次生林为主，并且镶嵌有众多的乡间道路，受到的人为干扰较高海拔区域明显较多，因此鸟类多样性略低于中高海拔的原始雨林区，一些对原始生境依赖度比较高的鸟类物种，在中低海拔很少观测到，如大黄冠啄木鸟、黄冠啄木鸟、大盘尾、淡紫鳾、古铜色卷尾、海南柳莺、海南山鹧鸪、红翅鵙鹛、红头咬鹃、红胸啄花鸟（*Dicaeum ignipectus*）、黄腹山鹪莺、冕雀等。高海拔的区域，海拔超过 1100 m，仅分布于海南岛中南部的一些山区的顶峰，生境为典型的原始季雨林，植物类型开始偏向于部分落叶耐旱耐寒的树种，树木的高度明显较中低海拔变矮，到达尖峰岭及五指山的顶峰区域以杜鹃类的灌丛为主，鸟类的多样性在所有记录区中最低，Simpson 多样性指数为 0.88，香农-维纳多样性指数为 2.65，记录鸟种数只有 32 种，明显低于其他海拔区域，典型的鸟种包括：白喉针尾雨燕、白腰雨燕、海南柳莺、绿翅短脚鹎、蓝翅希鹛等。历史上低海拔林区（海拔小于 300 m）经历了多次的砍伐，植被以人工林及年轻的次生林为主，且与人类的活动区相连，在这一区域村庄和道路分布较多，受到的人类干扰较多，但是鸟类的种类也较为丰富，达到 74 种，低海拔林区活动的代表性鸟类包括：暗绿绣眼鸟、黄腹花蜜鸟、白头鹎、白腰鹊鸲、赤红山椒鸟、大山雀、绿嘴地鹃（*Phaenicophaeus tristis*）、棕雨燕等。作为雨林区的对照组，低海拔的农耕区也呈现了较为丰富的鸟类多样性，Simpson 多样性指数为 0.92（图 12-23A），香农-维纳多样性指数为 2.98（图 12-23B），鸟类的种数为 64 种，喜欢开阔农田区的典型鸟类为：八哥、白胸翡翠、白腰文鸟、斑文鸟、纯色山鹪莺、褐翅鸦鹃、黑翅鸢、黑卷尾、家燕、麻雀、珠颈斑鸠、棕背伯劳等，明显区别于活动于热带雨林中的鸟类类群。

5. 代表性物种

海南山鹧鸪，属于鸡形目雉科，国家一级重点保护野生动物，是海南岛山地特有物种，主要分布于山地原始林区，被 IUCN 列为易危物种。因为非法捕猎及潜在栖息地的破坏和消失，其种群数量在持续下降，以往估计的有效种群数量是 3900～5200 只。近期的研究发现其在海南岛中部大面积的人工林区也有活动分布（谭海庆等，2019）。

海南孔雀雉，中国特有种，属国家一级重点保护野生动物，仅分布于海南岛的山地雨林中，数量稀少，被 IUCN 列为濒危物种。其与我国云南南部及东南亚分布的灰孔雀雉是姐妹物种，但是由于岛屿的长期隔离产生了足够大的遗传分化形成了独立的物种。

山皇鸠，是中国体型最大的鸠鸽科鸟类，数量稀少，国家二级重点保护野生动物。在中国仅分布在云南南部及西南部、海南岛及西藏东南部。多活动在林中高大乔木的树冠层，主要以植物果实（如橄榄、乌榄、琼楠等）为食，因此是非常重要的雨林植物的果实传播者。

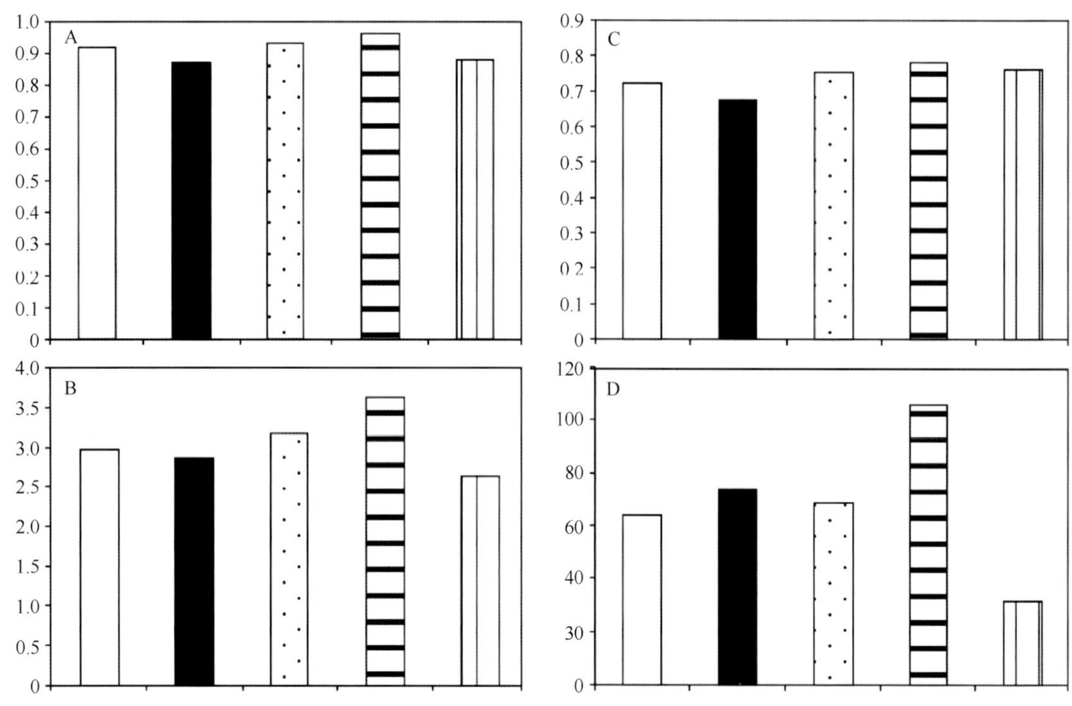

□ 低海拔农田 (<300 m, 4.92 km, 5条) ■ 低海拔人工林或次生林 (<300 m, 5.97 km, 4条) 低-中海拔次生林 (300~700 m, 9.1 km, 7条)
中高海拔原始林 (800~1100 m, 18.87 km, 15条) 高海拔原始林 (1100~1800 m, 3.3 km, 4条)

图 12-23 海南岛热带雨林鸟类垂直分布格局的比较分析

A. Simpson 多样性指数；B. 香农-维纳多样性指数；C. 均匀度指数；D. 丰富度（即鸟类种类，单位：种）。图例标注了不同样线区域的海拔信息、样线总长及条数

绿嘴地鹃 *hainanus* 亚种，羽色大致绿灰色，嘴绿色，眼外周裸露皮肤红色。常活动于低山丘陵和山脚林缘地带的灌木丛、竹丛和丛林中，喜栖于枝叶稠密及藤条缠结的枝头。在中国主要分布于西藏东南部、云南西部和南部、广西西南部和海南岛，海南岛的绿嘴地鹃为特有亚种。

红头咬鹃 *hainanus* 亚种，体色艳丽，是典型的热带雨林物种，活动于中海拔地区森林。在中国分布于从喜马拉雅山脉至华南区，海南岛的红头咬鹃为特有亚种。

三趾翠鸟（*Ceyx erithaca*），颜色非常艳丽的小型森林翠鸟，分布于东南亚及印度次大陆，在中国仅见于西南、海南岛少量的原始热带雨林区。

大黄冠啄木鸟 *styani* 亚种，是体型较大的绿色啄木鸟，栖息于海南岛中海拔的热带雨林区，较为少见，国内分布于喜马拉雅山脉至中国南部。

白喉冠鹎 *pallidus* 亚种，海南岛雨林中最常见的鹎科鸟类，主要分布于中低海拔的林区，常成小群活动在雨林中较低的林层，与其他森林鸟类混合形成鸟浪。分布于中南半岛及中国西南部至海南岛，模式标本采于海南岛。

大盘尾 *johni* 亚种，体型较大的卷尾科鸟类，通体黑色，额部羽簇长而卷曲，形成直立向上的羽冠。尾叉状，外侧一对尾羽羽轴极度延长，末端扭曲呈匙状。在海南岛主要栖息于中高海拔的热带原始雨林，在中国仅分布于云南西南部及海南岛，在海南岛是留鸟，为特有亚种。

塔尾树鹊，通体黑色的树鹊，具独特的塔形棘尾，典型的热带雨林鸟类，国内仅分布于海南岛的中高海拔热带雨林，较为少见。

黑喉噪鹛 *monachus* 亚种，灰褐色噪鹛，叫声响亮动听，俗称“山呼鸟”，内陆型亚种的脸颊有大块白斑，海南亚种没有。其常结小群活动于所有海拔梯度的疏林和灌丛，从沿海一直分布到五指山顶峰。近期的分子及形态数据支持黑喉噪鹛海南亚种为独立物种。

栗颊噪鹛，脸颊栗色的噪鹛，国内仅分布于海南岛的低中海拔密林，国外分布于老挝、越南。

海南柳莺，通体黄色的柳莺，是海南特有鸟类，仅分布于海南岛中南部的高海拔及顶峰区域。

淡紫䴓*chienfengensis* 亚种，色彩艳丽，嘴黄色的䴓，国内仅分布于海南岛中高海拔的原始热带雨林区，国外仅分布于越南，被 IUCN 列为近危物种。

12.4.7　台湾鸟类

1. 生境特点

台湾是大陆性岛屿，在过去的地质年代，台湾海峡曾多次海退、海进，陆地与大陆连结又分离。最后一次海进是在第四纪冰期，大量海水进入海峡，海平面上升 100～130 m，台湾再次与大陆分离成为岛屿。

台湾岛因欧亚大陆板块和菲律宾板块的挤压，导致南北狭长的地形。地势受造山运动的影响，东部山高陡峻，西部地势平缓，海岸山脉、中央山脉、雪山山脉、玉山山脉、阿里山山脉等五大山脉，北南纵贯，海拔 3000 m 以上的高山超过 200 座，玉山海拔 3592 m，为最高峰，也是东亚地区的最高峰。山地和丘陵面积约占全岛面积的 2/3。河流为荒溪型，东西向分流，夏季多雨，洪水滚滚，冬季干涸，河床砾石粒粒呈现，除北部淡水河外，其他河流均不能行舟。天然湖泊以日月潭（面积约 8 km^2）为最大，其余均为人工修筑的水库和埤塘。

台湾位于亚热带地区，冬季有来自西伯利亚的大陆冷高压，以东北季风为主，夏季则有来自太平洋的海洋性高气压，以西南季风为主。台湾的雨季有五六月份的梅雨季及 7～9 月的台风季，是台湾的重要水资源来源。年平均降雨量约 2500 mm。台湾的气温，低海拔地区夏季约在 34℃，冬季 10℃。

台湾的植被，依山地的垂直带可分为热带季风林（海拔 500 m 以下）、常绿阔叶林（海拔 500～1800 m）、针阔叶混交林（海拔 1800～2500 m）、针叶林（海拔 2500～3000 m）、高山草原（海拔 3000～3400 m）、寒原（海拔 3400 m 以上）（陈玉峰，1995）。至于森林覆盖率，1972～1977 年是 50.85%，2008～2014 年是 60.71%（林务局，2020），经过多年的天然林木禁伐令，台湾森林覆盖率增加约 10%。

2. 物种组成

台湾鸟类有 73 科 234 属 533 种，其中留鸟 163 种，占 30.6%；候鸟 253 种（包括冬候鸟 134 种、旅鸟 105 种、夏候鸟 14 种），占 47.5%；迷鸟 106 种，占 19.9%；此外还有海鸟 11 种，占 2.1%（刘小如等，2012）。观鸟组织 2020 年发表的台湾鸟类名录显示（杨玉祥等，2020），台湾鸟类有 87 科 637 种（不含金门和马祖的记录），其中留鸟 160 种，比先前的记录少 3 种；候鸟 257 种（包括冬候鸟 173 种、旅鸟 68 种、夏候鸟 16 种），比先前的记录多 4 种；迷鸟 175 种，比先前记录多 69 种；海鸟 29 种，比先前记录多 18 种；此外还有从外地引进的 16 种（表 12-12）。《中国鸟类与分布名录》（第三版）记载台湾有鸟类 560 种（郑光美，2017）（附表Ⅱ）。鸟类记录的增多，大多数是因为迷鸟和海鸟记录增多，表明近年来民众观鸟的热情蓬勃发展，使得平常看不到的鸟类大量被发现。

表 12-12　台湾鸟类多样性和居留状态

年份	科	留鸟	夏候鸟	冬候鸟	旅鸟	迷鸟	海鸟	外来种	总计
2012	73	163	14	134	105	106	11		533
2020	87	160	16	173	68	175	29	16	637

3. 动态变化

台湾地区的人口，在1949年约600万，2019年增至2300万，在70年间增加很大，对自然资源的需求加剧。台湾为改善人民的生活，推进都市化、工业化和交通等各种建设，使台湾由农业社会转型为工商社会。这之间的变化，不仅造成环境的剧烈变动，人民的思维也产生巨大的变化。一些指标性的鸟类，其种群数量的变化，可以显示台湾环境变动对鸟类的影响。

白鹭和牛背鹭是台湾低海拔平原农村常见的鸟类，在农田里可驱除虫害，农民视为是吉祥鸟，不会猎杀，而是保护，但由于人口增多，城镇都市化、工业化和河川污染，迫使白鹭和牛背鹭的生活地区向偏远的海边移动（颜重威，1992b）。短尾信天翁曾在澎湖的渔翁岛繁殖（Hachisuka and Udagawa，1950），后来因居民的迁入而离开。台湾西部沿岸有广大的滩地，是鸻鹬类迁徙的重要栖息地，但由北到南修建了一道很长的防坡堤，以及台中港、台中火力发电厂、彰滨工业区和麦寮六轻炼油厂等重大项目的兴建，使滩地的面积减半，过境鸻鹬类的数量也减少。

每年秋天有众多的灰脸𫛭鹰和红尾伯劳从台湾南部恒春半岛经过，这两种鸟类过去是当地居民捕杀进食和贩卖的对象（Severinghaus，1968；马以工和韩韩，1983；林世松和林孟雄，1986）。这种行为早已经成为当地的文化，后来因为禁猎令的颁发，严格取缔猎捕行为和多年的教育倡导，如今恒春半岛已经成为每年举办观鸟活动和倡导鸟类保育的胜地。澎湖县有一些无人居住的小岛，是多种燕鸥繁殖的基地，渔民会在繁殖期到岛上捡鸟蛋带回家吃，此外空军也将这些无人岛当靶场，作为训练射击的场所（颜重威，1976），后来经环保人士的呼吁和地方法规的保障，这些捡鸟蛋和射击的行为，就不再发生了。

外来种的引进，使本土鸟类遭遇严重的威胁。环颈雉是台湾平原农地常见的鸟类，但因都市化、工业化和农业机械化等，使种群数量锐减。猎人为狩猎引进外来种，野放于农田，然后再去狩猎，使得外来种与本土种杂交，形成基因的污染（陈美惠，2004）。善于鸣唱的画眉为养鸟者所喜爱，引进大陆画眉后，善鸣唱的雄鸟豢养聆赏，不会鸣唱的雌鸟野放，于是野放的雌鸟与本土的台湾画眉产生杂交，也产生基因的污染。现在已经禁止引入保育类鸟类。

八哥是台湾常见的鸟类，佛教界有放生习俗，引进爪哇八哥（*Acridotheres javanicus*）、家八哥来野放，使得本土八哥因受到竞争威胁（林宏荣，2006），种群数量锐减，目前在野外已经很少见到本地八哥，反而八哥则普遍易见。埃及圣鹮（*Threskiornis aethiopicus*）最初从动物园逸出数只（刘小如等，2012），因在野外没有竞争对手和天敌，种群数量很快地在野外增加，现在已经普遍散布于西部沿岸，成为台湾的“新居民”。

水雉是台湾留鸟，栖息于南部的埤塘，种群数量仅有几十只，属濒危种（翁荣炫和林建平，1999；翁义聪和翁荣炫，2003）。在台湾高速铁路、台南市政府等的支持下，设立水雉生态教育园，交由台南市野鸟学会管理经营，经过20年的努力，台南地区水雉的种群数量已有显著的增加。水雉生态教育园区自2015年开始与特有生物研究保育中心合作，将较为单纯的冬季观测发展为人们科学的观测模式，让喜爱鸟类或对生态科学观测有兴趣的社会大众也能参与其中（表12-13）。

表12-13　水雉历年观测成果

观测年份	种群数量（只）	参与观测人数
2015	771	44
2016	1272	70
2017	1478	109
2018	1292	73
2019	1741	79
2020	1723	/

注：数据来源于水雉生态教育园区，2020。

黑脸琵鹭是台湾冬候鸟，早在 100 多年前就有记录（Swinhoe，1864），但数量不多。黑脸琵鹭在全球的数量并不多，国际鸟盟将其列为濒危种。台湾为黑脸琵鹭设立保护区，并于 1995 年发起保护行动纲领（Severinghaus *et al.*，1995），其在台湾越冬的种群数量，自 20 世纪 90 年代所发现的 150 只，此后每年观测，逐年递增，2020 年的观测，台湾的越冬数量达 2785 只（Yu *et al.*，2020）。水雉和黑脸琵鹭种群数量的增加，是志愿者的参与，多年媒体保育的倡导，使得群众爱护动物意识提高的成果。

许多野生鸟类影片的制作，或在媒体播放，或制成光盘推广，大大提高民众爱护鸟类、关怀环境的意识，促使政府在推动重大建设时，也要做环境影响评估，尊重野生动物的生存权。

最近台湾兴起一种“友善耕作”的风尚，也就是友善自然环境的一种农耕方式。一些爱鸟人士与农民沟通，希望农民在耕作时，少喷洒农药、施放化学肥料和除草剂，并建议在田埂上插竹竿栖架供猛禽栖息，便于猎捕农田里的鼠类（人间福报，2020）。同时这些爱鸟人士也协助农民推销农作物，如“黑翅鸢米”的推销甚为成功。每年春秋两季是鸻鹬类过境的时候，宜兰地区的爱鸟人士，劝农民调整池塘的水位，让鸻鹬类有栖宿和觅食的场所，美其名“为候鸟开餐厅”，因这些措施不会影响农民的生计，多数农民也乐意提供场所给民众观鸟。

依据 2020 年台湾鸟类报告（杨玉祥等，2020），有 52 种鸟类的生存受到威胁，9 种繁殖鸟类数量减少，15 种越冬鸟类数量下降，这些都是台湾环境恶化的警示。

4. 多样性

台湾鸟类多样性甚是丰富（颜重威和刘小如，2008），有下列几项特色。

作为一个岛屿，岛内留鸟长期与大陆鸟类隔离，没有基因的交流。这些留鸟为适应台湾的环境和气候条件，于是产生许多特有的种和亚种。

地理位置处于鸟类东亚—澳大利西亚迁移路线的中途，许多候鸟在迁徙过程中，都路过台湾。因此过境鸟种数多，迁徙中迷失方向，偶尔来到台湾陆地的迷鸟种类也多。

位于低纬度亚热带地区，每年来越冬的冬候鸟不在少数，如雁鸭类、鹭鸶类、鸻类、鹬类、鹰鹫类、隼类、鸫类等，夏候鸟的种数，则相对地少。

许多海鸟虽然不在台湾繁殖，但每年台风来临前，都会有意料之外的海鸟出现。

约 50 年前，贩卖野生动物标本充斥台湾各观光景点商店，主要是卖给日本来的观光客。台湾于 1989 年推广地方野生动物保护规定，并严格取缔野生动物捕猎和贩卖，已使民众不敢任意狩猎，观光景点的商店也不再卖野生动物标本。1984 年以后，多种保护形式的保护地，包括 20 处野生动物保护区、37 处野生动物重要栖息环境和 6 处自然保护区等相继成立，以及 1992 年全面禁止砍伐天然林，林业经营由生产木材转为土地保安和森林游乐区（李久先和许秉翔，2010），使台湾的野生动物得到有效的保护。同时，在这期间人民生活改善，环境保护和野生动物的保育意识提高，一些濒危物种的数量，也有显著的增加。但台湾为建立无核家园，停止核四电厂的运作，为求替代能源，于滨海地区建造许多风力发电，向农民借地铺设太阳能光电板，这样的措施，使许多原为鸟类栖息地的环境，遭到改变，让多种鸟类的生存，面临新的严峻考验。

5. 代表性物种

岛内特有的鸟类物种和亚种是其代表性物种。台湾鸟类特有种原本记载 16 种，特有亚种 62 种（Hachisuka and Udagawa，1950），近年来因分子生物学的研究与发展，已发现台湾特有种鸟类增至 30 种，占留鸟 18.75%（表 12-14）。

上述特有种鸟类以画眉科（13 种）最多，其次为雉科（4 种）、鸫科（3 种）、山雀科（2 种）、雀科（2 种），其余为 1 种。这些特有种都是林栖鸟类，多数栖息于高山，只有台湾竹鸡、五色鸟（台湾拟啄木鸟 *Psilopogon nuchalis*）、台湾蓝鹊、台湾鹎、棕颈钩嘴鹛（台湾棕颈钩嘴鹛 *Pomatorhinus musicus*）、台湾画眉和台湾紫啸鸫（*Myophonus insularis*）等见于低海拔地区的林地。此外台湾特有亚种减少至 48 种（表 12-15），占留鸟 30%。特有种+特有亚种的总数 78 种，占台湾留鸟的 47.75%，几乎是留鸟的半数。这是台湾鸟类的特色。随着科学技术的进步，如再进一步研究，有些特有亚种可能会再提升为特有种。这些特有种和特有亚种的产生，显然是因地理隔离，长期没有与大陆物种交流，为适应台湾的环境和气候条件所演化而成。

表 12-14　台湾鸟类特有种

科名	中文名	拉丁名	科名	中文名	拉丁名
雉科	台湾山鹧鸪	*Arborophila crudigularis*	画眉科	黄痣薮鹛*	*Liocichla steerii*
	台湾竹鸡	*Bambusicola sonorivox*		台湾斑翅鹛 [8]	*Actinodura morrisoniana*
	蓝腹鹇	*Lophura swinhoii*		白耳奇鹛*	*Heterophasia auricularis*
须鴷科	黑长尾雉	*Syrmaticus mikado*		纹喉雀鹛 [9]	*Fulvetta formosana*
鸦科	五色鸟 [1]	*Psilopogon nuchalis*		绣眼雀鹛 [10]	*Alcippe morrisonia*
鹎科	台湾蓝鹊	*Urocissa caerulea*		台湾凤鹛 [11]	*Yuhina brunneiceps*
	台湾鹎	*Pycnonotus taivanus*	山雀科	黄山雀 [12]	*Parus holsti*
莺科	台湾短翅莺 [2]	*Locustella alishanensis*		赤腹山雀 [13]	*Sittiparus castaneoventris*
画眉科	斑鳞钩嘴鹛 [3]	*Megapomatorhinus erythrocnemis*	戴菊科	台湾戴菊	*Regulus goodfellowi*
	棕颈钩嘴鹛 [4]	*Pomatorhinus musicus*	鸫科	台湾紫啸鸫 [14]	*Myophonus insularis*
	台湾鹪鹛 [5]	*Pnoepyga formosana*		白头鸫	*Turdus niveiceps*
	白喉噪鹛 [6]	*Ianthocincla ruficeps*		蓝短翅鸫 [15]	*Brachypteryx montana*
	棕噪鹛 [7]	*Ianthocincla poecilorhyncha*	鹟科	栗背林鸲 [16]	*Tarsiger johnstoniae*
	台湾画眉*	*Garrulax taewanus*	雀科	台湾朱雀 [17]	*Carpodacus formosanus*
	台湾噪鹛*	*Trochalopteron morrisonianum*		灰头灰雀 [18]	*Pyrrhula erythaca*

注：1. 在郑光美（2017）《中国鸟类分类与分布名录》（第三版）中为拟啄木鸟科的台湾拟啄木鸟[后面皆与此相同，表示在郑光美《中国鸟类分类与分布名录》（第三版）中对应的物种]；2. 为蝗莺科的台湾短翅蝗莺；3. 为林鹛科的台湾斑胸钩嘴鹛 *Erythrogenys erythrocnemis*；4. 为林鹛科的台湾棕颈钩嘴鹛；5. 为鳞胸鹪鹛科；6. 为噪鹛科的台湾白喉噪鹛 *Garrulax ruficeps*；7. 为噪鹛科台湾棕噪鹛 *Garrulax poecilorhynchus*；8. 为噪鹛科台湾斑翅鹛 *Sibia morrisoniana*；9. 为莺鹛科褐头雀鹛 *Fulvetta cinereiceps* 的 *formosana* 亚种；10. 为幽鹛科灰眶雀鹛 *Alcippe morrisonia* 的 *morrisonia* 亚种；11. 为绣眼鸟科的褐头凤鹛；12. 为台湾黄山雀 *Machlolophus holsti*；13. 为台湾杂色山雀；14. 属鹟科；15. 蓝短翅鸫 *Brachypteryx montana* 的 *goodfellowi* 亚种分布于台湾，*cruralis* 亚种和 *sinensis* 亚种分布于大陆；16. 为台湾林鸲；17. 为燕雀科台湾酒红朱雀；18. 燕雀科灰头灰雀 *Pyrrhula erythaca* 的 *owstoni* 亚种分布于台湾，*erythaca* 亚种广泛分布于大陆；标*的在《中国鸟类分类与分布名录》（第三版）中属噪鹛科。

表 12-15　台湾特有亚种名录

科名	中文名	拉丁名	科名	中文名	拉丁名
雉科	环颈雉	*Phasianus colchicus formosanus*	扇尾莺科	黄头扇尾莺 [12]	*Cisticola exilis volitans*
鹰科	蛇雕	*Spilornis cheela hoya*		斑纹鹪莺 [13]	*Prinia crinigera striata*
	凤头苍鹰 [1]	*Accipiter trivirgatus formosae*		褐头鹪莺 [14]	*P. inornate flavirostris*
	松雀鹰	*A. virgatus fuscupectus*	鹎科	白环鹦嘴鹎 [15]	*Spizixos semitorques cinereicapillus*
秧鸡科	灰脚斑秧鸡 [2]	*Rallina eurizonoides formosana*		白头翁 [16]	*Pycnonotus sinensis formosae*
	灰胸纹秧鸡 [3]	*Gallirallus striatus taiwanus*		棕耳鹎 [17]	*Microscelis amaurotis harterti*
三趾鹑科	棕三趾鹑	*Turnix suscitator rostratus*		红嘴黑鹎 [18]	*Hypsipetes leucocephalus nigerrimus*
鸠鸽科	金背鸠 [4]	*Streptopelia orientalis orii*	莺科	黄腹树莺 [19]	*Cettia acanthizoides concolor*
	绿鸠 [5]	*Treron sieboldii sororius*	画眉科	红头穗鹛 [20]	*Stachyris ruficeps praecognita*
	红头绿鸠 [6]	*T. formosae formosae*		乌线雀鹛 [21]	*Alcippe brunnea brunnea*
草鸮科	草鸮	*Tyto capensis pithecops*[7]		棕头鸦雀 [22]	*Paradoxornis webbianus bulomachus*
鸱鸮科	黄嘴角鸮	*Otus spilocephalus hambroecki*		黄羽鸦雀 [23]	*P. verreauxi morrisonianus*
	优雅角鸮	*O. elegans botelensis*	鹪鹩科	鹪鹩	*Troglodytes troglodytes taivanus*
啄木鸟科	大赤啄木 [8]	*Dendrocopos leucotos insularis*	䴓科	茶腹䴓[24]	*Sitta europaea sinensis*
伯劳科	棕背伯劳	*Lanius schach formosae*	椋鸟科	八哥	*Acridotheres cristatellus formosanus*
黄鹂科	朱鹂	*Oriolus traillii ardens*	鹟科	白眉林鸲	*Luscinia indica formosana*[25]

续表

科名	中文名	拉丁名	科名	中文名	拉丁名
卷尾科	大卷尾[9]	*Dicrurus macrocercus harterti*	山雀科	铅色水鸫[26]	*Rhyacornis fuliginosa affinis*
	小卷尾[10]	*D. aeneus braunianus*		白尾鸲[27]	*Myiomela leucura montium*
王鹟科	黑枕王鹟	*Hypothymis azurea oberholseri*		黄胸姬鹟[28]	*Ficedula hyperythra innexa*
鸦科	松鸦	*Garrulus glandarius taivanus*		黄腹仙鹟[29]	*Niltava vivida vivida*
	灰树鹊	*Dendrocitta formosae formosae*	啄花科	绿啄花[30]	*Dicaeum concolor uchidai*
	星鸦	*Nucifraga caryocatactes owstoni*		红胸啄花[31]	*D. ignipectum formosum*
山雀科	绿背山雀	*Parus monticolus insperatus*	岩鹨科	岩鹨[32]	*Prunella collaris fennelli*
	煤山雀	*Parus ater ptilosus*[11]	雀科	褐灰雀[33]	*Pyrrhula nipalensis uchidai*

注：1. 在郑光美（2017）《中国鸟类分类与分布名录》（第三版）中为凤头鹰[后面皆与此相同，表示在郑光美《中国鸟类分类与分布名录》（第三版）中对应的物种]；2. 为白喉斑秧鸡；3. 为灰胸秧鸡 *Lewinia striata taiwana*；4. 为山斑鸠，但《中国鸟类分类与分布名录》（第三版）未收录分布于台湾的 *orii* 亚种，《中国鸟类分类与分布名录》（第二版）有收录；5. 为红翅绿鸠，*sororius* 亚种除台湾外，在江西、江苏、上海、福建也有记录；6. 为红顶绿鸠；7. 草鸮拉丁名为 *Tyto longimembris pithecops*；8. 为白背啄木鸟；9. 为黑卷尾；10. 为古铜色卷尾；11. 煤山雀拉丁名为 *Periparus ater ptilosus*；12. 为金头扇尾莺；13. 为山鹪莺；14. 为纯色山鹪莺；15. 为领雀嘴鹎；16. 为白头鹎；17. 为栗耳短脚鹎，其拉丁名为 *Hypsipetes amaurotis nagamichii*，另外 *amaurotis* 亚种分布于大陆，但《中国鸟类分类与分布名录》（第二版）中收录有 *amaurotis* 和 *harterti* 两个亚种，其中 *harterti* 亚种分布于台湾；18. 为黑短脚鹎；19. 为树莺科黄腹树莺 *Horornis acanthizoides concolor*；20. 为林鹛科红头穗鹛 *Cyanoderma ruficeps praecognitum*；21. 为幽鹛科褐顶雀鹛 *Schoeniparus brunneus brunneus*；22. 为莺鹛科棕头鸦雀 *Sinosuthora webbiana bulomacha*；23. 为莺鹛科金色鸦雀 *Suthora verreauxi morrisoniana*；24. 为普通䴓*Sitta europaea formosana*，《中国鸟类分类与分布名录》（第三版）收录 *seorsa*、*asiatica*、*amurensis*、*sinensis*、*formosana* 这 5 个亚种，而《中国鸟类分类与分布名录》（第二版）仅收录前 4 个亚种，分布于台湾的放于 *sinensis* 亚种下；25. 白眉林鸲拉丁名为 *Tarsiger indicus formosanus*；26. 为红尾水鸲；27. 为白尾蓝地鸲 *Myiomela leucurum montium*；28. 为棕胸蓝姬鹟；29. 为棕腹蓝仙鹟；30. 为啄花鸟科纯色啄花鸟；31. 为红胸啄花鸟 *Dicaeum ignipectus formosum*；32. 为领岩鹨；33. 为燕雀科褐灰雀。

特有亚种还是以林栖鸟类为主，仅灰脚斑秧鸡（白喉斑秧鸡 *Rallina eurizonoides formosana*）和灰胸纹秧鸡（灰胸秧鸡 *Lewinia striata taiwana*）栖息于低海拔的湿地。

12.5　威胁与保护对策

威胁华南区鸟类的因素较多，包括自然环境的变化，如气候变化、极端天气的频率、植被自然演替等；相比之下，森林的采伐、破碎化、土地开发利用、道路建设、非法捕猎等人为干扰所带来的威胁更为严重，人为干扰导致的是鸟类生境的快速丧失，严重的干扰直接可以导致鸟类群落的消失。

12.5.1　威胁

1. 栖息地丧失

森林采伐、生境破碎化造成的生境丧失和生境退化是生物多样性丧失的最主要原因之一，生境破碎化减少了物种扩散和建立种群的机会，限制了种群分布，降低了种群数量，甚至还可能改变种群结构。

海南岛保护区核心区主要设立于高海拔带，现有保护区体系尚不能完全保护这些区域的生物多样性，中低海拔非原始林的保护力度欠缺。中低海拔带的原始林由于历史原因（开垦）被破坏，造成严重的生境片段化。

道路建设和旅游开发等人为因素也对栖息地造成破坏。广西金秀县一直致力于打造旅游品牌，从 2014 年开始至 2020 年，房地产建设不断向林地拓展，并持续往外扩张；近两年，道路建设力度也增大，道路修建导致的植被丧失、土地性质改变等影响了近一半的观测样线（图 12-24）。

图 12-24　广西金秀县房地产开发与道路建设

农田耕作方式上，田地改造导致的小生境变化也对原本生活在其中的鸟类产生影响。广西多山，绝大多数耕地里都有高矮不一的石笋，不少农田-灌丛鸟类，如鹪莺、凤头鹀、淡脚树莺、金眼鹛雀等喜欢在田间石笋上生长着的灌丛中栖停或筑巢。在广西龙州县的农田样线中，近几年为了实现机械化耕种，将农田里的大小石块全部挖走，压缩鸟类的栖息、繁殖生境。

华南沿海越冬水鸟的主要栖息地是滩涂生境，目前面临的主要威胁是被围填海项目改造为养殖塘、建筑用地等人工湿地甚至非湿地类型，压缩鸟类栖息地并造成环境污染，生态环境质量下降，甚至导致部分栖息地消失，或被鸟类放弃。此外，大面积的红树林种植推广也在压缩着光滩面积，对鸟类觅食地存在争议性的影响。

2. 旅游开发活动

在海南岛，观测样区的主体处于 4 个国家级自然保护区内，人口密度低，生境保存较好，但是历史原因还是导致了不同程度的开发，特别是以前为旅游业发展建立的道路、宾馆、观赏栈道、少量的居民点等。虽然存在已久，而且不在核心区，从 2012 年到 2020 年项目观测期间基本也没有大的工程，但是人类的活动痕迹、叫声、话语、车辆等的增多都会在不同程度上影响野生动物的活动，少数生性胆小的濒危物种，如国家一级重点保护野生鸟类海南孔雀雉在历年的观测中都没有记录到。对于大陆地区大型的保护区而言，因为保护区的面积广阔，少量的旅游设施可能影响有限，但是对于海南岛的保护区而言，因为保护区的纵深面积有限，同时旅游业发展的时间较长较为深入，加之历史上村庄的建立及村民经常在山中活动，因此这些人类设施和人类活动对于保护区的切割作用可能体现得更为明显，不利于物种整体大面积的保护。

广西金秀县的莲花山和圣堂山风景区属于大瑶山保护区的实验区。大瑶山丹霞地貌分布广、类型多，丹峰碧水，朱崖绿树，互相衬托，风景秀丽，是以“山”为特色的民俗旅游热点。这些风景区不断地提高配套设施，加大宣传，以此吸引大量游客。特别是周末，外地的大巴接送一批批的游客前来参观，还有些游客边走边喊，在一定程度上对鸟类造成干扰。

3. 非法捕猎

非法捕猎野生鸟类用于出售、观赏等现象尚未杜绝。

华南区各地都有不同程度的非法捕猎现象，其中以广东地区的情况最为严重，对各类群鸟类均有危害，多年观测发现“鸟网”依然不绝。2020 年起随着疫情肆虐，政府加大对野生动物的保护和管理力度，情况有所改善。此外，一些少数民族，如瑶族，具有传统的捕鸟习俗，对当地的鸟类造成一定影响。

鸟类由于具有斑斓的色彩、多样的羽形和婉转动听的鸣声，能够在视觉和听觉上带给人们快乐和享受，因而深受人们的喜爱。当地养鸟和斗鸟的不良风俗习惯是导致多样性丧失的历史原因。在云南永德县，当地一直保持着养鸟和斗鸟的风俗习惯，而且还有特定的鸟市和斗鸟场所。画眉科的鸟类叫声比较好听且大多数雄性好斗，导致大量的野生画眉被捕捉和笼养。白颊噪鹛和黑头奇鹛也是捕捉对象，相对需求数量较少。

4. 赶海和过度养殖

沿海湿地的人为干扰程度较高，主要包括赶海活动、过度养殖和观光旅游等。如雷州湾、北部湾的渔民每天都在退潮时下海，挖沙虫、泥丁、牡蛎等，有些甚至会使用摩托车等交通工具下海，人数众多；汕头海岸的蚝桩密集，渔网密布；深圳湾红树林沿岸游人聚集，到周末密度更高。以上活动对近岸觅食的多种水鸟带来不同程度和种类的干扰与刺激，降低了其觅食效率，也缩减了觅食范围。

12.5.2　保护对策

1. 加强现有栖息地的保护

国家级自然保护区和省级自然保护区受到相对严格的保护和监管，但在保护区周边的林地缺乏有效保护。不少林地为旅游开发、道路建设让路。沿海地区不少滩涂湿地被非法占用和污染，因此，地方政府应制定相关的规定，严格控制破坏林地和偷猎的行为，限制或合理规划生态旅游开发；严禁非法占用和污染环境，改造部分人工湿地或通过生态补偿等方式，营造适合水鸟活动的光滩生境。

开展和加强鸟类及其生境的长期观测，掌握鸟类群落的动态变化及影响因素，特别关注珍稀濒危物种及其数量变化。在华南区的观测区内，对珍稀濒危物种及其数量的记录都较低，如国家一级重点保护野生鸟类仅发现 1 种，说明这些物种仍处于稀少或濒危状态，种群数量没有明显增加，且早期记录的多种珍稀濒危物种也未在观测中重新记录到。此外，加强鸟类集群中核心物种的保护也有利于数量稀少的其他种的种群维持。因此，建议应针对珍稀濒危物种加强其观测的力度，并基于观测数据制定相应的保护措施，进一步为地方政府制定适用于不同生境的保护策略。

2. 限制人类活动，划定保护小区

在保护区外，有些区域保存有较好的植被或者是珍稀濒危物种的栖息地，对此建议限制人类过多的活动干扰，并争取划定保护小区。可参考海南岛的试点方案，2019 年 1 月 23 日，中央全面深化改革委员会，审议通过了《海南热带雨林国家公园体制试点方案》，以热带雨林生态系统原真性和完整性保护为基础，以热带雨林资源整体保护、系统修复和综合治理为重点，推进热带雨林科学保护。海南热带雨林国家公园，东起吊罗山，西至尖峰岭，南自保亭县毛感乡，北至黎母山，总面积 4400 余平方千米，约占海南岛陆域面积的 1/7。国家公园已经开始实施组织公园范围内村庄搬迁及移民安置工作，同时设立生态廊道，从而将原有破碎、片段化的保护区连接成片，进而扩大野生动物生活活动的范围，提高生物多样性。这些措施已经取得了初步成效，近期发现原来只生活于霸王岭国家级自然保护区斧头岭上的海南长臂猿，有一个小的种群通过跨越深谷的人工绳索（生态廊道的一种）成功地扩散到距离斧头岭 10 km 外的东崩岭，并繁衍出了个体，新的种群逐渐适应了新的栖息地。因此我们可以预期，扩大的连接成片的国家公园可以有效地解决人类活动干扰野生动物的问题，同样也会极大地促进鸟类多样性的保护。

3. 继续打击非法捕猎行为，严禁野生鸟类非法交易

要想改变不良的传统习俗，需要大力开展科普宣传教育，要让当地百姓认识到鸟类是人类的朋友，是可以为他们创造利益的物种。可以参考类似保山百花岭和盈江犀鸟谷等做的比较好的地区，开展宣教

活动，最好邀请具有保护生物学相关背景的团队来开展活动，从而使百姓在心中建立爱鸟、护鸟的意识，进而彻底地摒弃不良的风俗习惯。

在有旅游开发的区域，应加强公众教育，通过各种媒介准确、生动地宣传野生鸟类资源保护的重要性，普及野生动物保护相关的法律法规，从根源上杜绝人为干扰带来的严重影响。

另外，国家已经出台并修订了《野生动物保护法》，应加强野生动物保护执法，守住野生动物保护的底线，切实保障野生动物的权利，促进人与自然和谐共生。

第13章　鸟类多样性观测的经验及政策建议

13.1　观测工作的主要经验及意义

基于工作基础、专业背景和地理位置，生态环境部南京环境科学研究所邀请相关科研院所、高等院校、自然保护区管理机构和民间团体参与观测工作，与合格的承担单位签订长期合作协议，并根据其工作表现每年签订观测合同。各观测单位参与观测工作推进会和培训班，组建观测队伍，按照标准规范开展日常观测，每年11月底之前将原始观测数据和观测报告提交南京环境科学研究所。南京环境科学研究所组织专家对观测工作进行抽查，会同专家组对各观测单位报送的报告和数据进行审核，符合验收条件的数据导入观测数据库，并对观测数据进行汇总分析，起草年度观测报告。

成立鸟类多样性观测专家组，由长期从事该类群生物学和生态学研究的知名专家组成专家组。专家组为观测工作提供咨询，开展技术培训，指导观测样区建设，解决观测中出现的技术问题，指导观测数据的汇总分析。

创新机制体制，整合各种资源，使各利益相关方积极参与和支持观测工作，建成一个开放、联合、统一、共享的全国性网络。目前，全国从事鸟类生物学及生态学研究的专业技术人员大部分承担了观测工作，同时也吸引了一批志愿者参与，扩大了观测队伍。

13.1.1　观测的主要经验

1. 制定观测标准体系

在前期试点工作的基础上，完成了中国鸟类多样性观测网络的顶层设计，建立了样地设置、野外观测方法、数据采集、数据分析、质量控制等方面的技术体系，2014年发布了《生物多样性观测技术导则　鸟类》（HJ 710.4—2014），制定了《生物多样性保护重大工程观测工作方案》，指导野外观测工作。

2. 搭建观测数据平台

开发了鸟类生物多样性观测数据录入软件、数据库和信息管理平台，初步实现了观测数据的数字化传输、存储，为后续数据的深入分析奠定基础。外业观测结束后，各观测单位对各项原始数据和信息，按照统一要求进行分类整理、统计后，按照数据库管理要求，通过网页端在线上传的方式，将文本记录和影像数据上传至生物多样性观测数据库，经后台审核通过后正式提交。观测单位可利用数据库开展数据分析并编制报告，提交观测工作组统一管理。经审核合格后，由数据库管理人员录入观测数据库系统长期保存。截至目前，已累计收集100余万条鸟类观测数据。

3. 吸纳专业人员与志愿者

生物多样性观测工作技术性强、工作强度大，需要熟练掌握生物物种的识别知识和技能，掌握野外

本章主编：徐海根；编委（按姓氏笔画排序）：于丹丹、马方舟、伊剑锋、刘威、李佳琦、徐海根等。

观测方法和规程。全国从事生物学、生态学研究的科研院所、高等院校及保护区管理机构和一些民间组织，拥有大量高素质的专业技术人员。把他们组织起来，开展生物多样性观测工作，既能满足观测工作需要大量高素质人员的要求，同时也能解决生物分类人才流失和断档的问题。本观测网络吸引了大量专业技术人员和志愿者投入到鸟类多样性观测工作中，为生物多样性保护培养了一大批人才。

4. 充分发挥专家组作用

在前期试点工作中，成立了鸟类多样性观测专家组。专家组制定了野外观测标准规范，开展观测知识和技能培训，指导观测样区建设，审核观测报告和数据，解决观测中出现的技术问题，对观测工作的顺利开展起到了十分重要的作用，使我国鸟类多样性观测工作一开始就站在高起点上，观测数据质量有了保障。

5. 提高资金使用效率

大量观测人员是兼职的，不需要人员工资和办公条件等巨额投入；在遴选观测承担单位时，尽量从观测样区周边寻找合适单位，既降低了差旅等成本，又保证了观测工作的可持续性。通过上述两个途径，大大降低整个观测网络运行所需要的费用。与各级政府对环境观测站的投入相比，生物多样性观测工作的投入低，但其产出大，采集的鸟类多样性和生境质量数据十分珍贵。

13.1.2 对提升生态环境监管水平的意义

1. 为生物多样性保护监管提供数据支持

生物多样性特别是物种多样性，与自然环境是密不可分的，生物的生存离不开栖息地。随着经济的发展，许多物种自然栖息地遭到破坏。开展生物多样性观测，可以掌握全国各地物种变化情况，有针对性地评估开发建设活动对生物多样性造成的影响；及时发现栖息地破坏、环境污染、过度捕猎等各类破坏行为，为进一步加强生物多样性保护和管理提供信息来源；也可以有效监督农业、林业、海洋、工业、交通、住建等部门和各地的生态保护工作。例如，现有鸟类多样性观测网络涵盖 100 多个国家级自然保护区，在保护区内外均设置了样线，能够较好反映保护区内外生物多样性差异，为保护成效评估提供直接数据。

2. 为重点生态功能区生态环境质量考核提供地面数据源

国家重点生态功能区县域生态环境质量考核中，生物丰度指数是用森林、水体、草原等面积计算的，数据主要来源于遥感，缺乏物种丰富度和种群数量的内容。中国鸟类多样性观测网络中，大量样区位于全国重点生态功能区。这些观测样区采集的物种组成与分布、种群动态和生境质量等地面数据，能更直接、准确地表征国家重点生态功能区县域生态环境质量。生物多样性变化指数亦可以纳入全国重点生态功能区转移支付评估。

3. 为生态保护红线监管提供生物多样性数据

《关于划定并严守生态保护红线的若干意见》要求建设和完善生态保护红线综合观测网络体系，布设相对固定的生态保护红线监控点位，及时获取生态保护红线观测数据。380 个观测样区中 4346 条（个）样线和样点，将是生态保护红线综合观测网络体系的重要组成部分，将为红线划定提供部分地面核查数据，使红线划定更加准确，也将为生态保护红线的监管提供直接、精细的第一手科学数据。

4. 为重大工程影响评估及长江经济带保护提供科技支撑

鸟类多样性观测样区涵盖了陆地生物多样性保护优先区（以下简称优先区），大部分位于重大工程区或其影响范围内，约有 33%的观测样区位于长江经济带。通过鸟类多样性观测能够掌握重点区域物种分布、迁移和动态变化情况，能够发现新的重要物种分布地，将为优先区的监管、重大工程生态评估和长江经济带生态保护提供重要的科技支撑。

13.2 政策建议

13.2.1 形成各方参与的生物多样性保护和观测体系

在中国生物多样性保护国家委员会框架下，加强顶层设计，将生物多样性相关指标纳入各级政府规划约束性目标和考评体系，切实将压力传导到地方党委、政府及其有关部门，建议全面落实国家有关部委和各级政府生物多样性保护与观测的主体责任。加强制度建设和管理创新，增强中央和地方政府对生物多样性保护与观测工作的组织领导能力。加强全民参与，引导和支持民间开展生物多样性观测工作，提高民众对于生物多样性的认识水平。加强执法监督，确保生物多样性保护相关法律的落地实施，及时发现并严肃查处破坏生物多样性的违法行为和事件。最终形成各方共同参与的生物多样性保护与观测体系。

13.2.2 建立鸟类多样性长期观测制度和资金保障机制

鸟类多样性观测网络建设的目标是形成天地一体化的多样性观测技术体系，建立布局合理、层次清晰、功能完善的中国鸟类多样性观测网络。受经费限制，一些生物多样性丰富、环境变化明显的区域尚未设置观测样区，同时，已有样区也多暂停了观测。应进一步加大对鸟类多样性观测样区建设的支持力度，提高在生物类群和空间上的覆盖范围，建立长期观测制度和资金保障机制，开展生物多样性长期观测，定期发布全国生物多样性观测报告。

13.2.3 构建业务化运行的鸟类多样性观测网络

明确国家有关部门在生物多样性观测工作中的指导与管理角色，以及对“国控”生物多样性观测点位的建设和运行责任，而地方政府则负责本地区生物多样性观测网络的建立和运行。明确生态环境部作为生物多样性监管的主管部门，在中国生物多样性保护国家委员会框架下，统筹协调各部门生物多样性观测和保护工作，将生物多样性“国控”观测点位纳入现有国家生态环境观测体系。各地方政府在生态环境部指导下，按照生物多样性观测技术标准建立本地区生物多样性观测网络，其观测数据经国家权威机构审核后统一纳入国家生态环境观测体系。这样就构建起“国控点位+地方点位”、覆盖全国所有县域、业务化运行的生物多样性观测网络。

13.2.4 加强湿地保护

一些国家重点保护鸟类繁殖期、越冬期的分布区域及水鸟集中分布区域未被纳入保护范围，存在较大保护空缺。应全面评估围填海对滩涂湿地、海洋生物、水动力学和泥沙冲淤环境的影响，严格执行围填海总量控制制度，对围填海面积实行约束性指标管理；在围垦工程实施过程中，采取严格的生态保护措施，确保生态系统的稳定，使自然岸线保有率不低于 35%。禁止擅自征用占用国际重要湿地、国家重要湿地和湿地自然保护区的土地。实施生态修复工程，加强沿海及内陆湿地生态修复和综合治理，建立湿地生态补偿机制，扩大湿地面积，特别是在候鸟迁飞路线优先开展湿地生态修复工程。规范入海排污口设置，全方位削减入海污染物排放量，有效减轻对海洋生物多样性的不利影响。针对水鸟栖息地保护空缺，将所有湿地纳入保护范围，建设以湿地自然保护区、海洋自然保护区为主体，湿地公园、海洋特别保护区和自然保护小区并存的保护体系，提高系统化保护水平。

参 考 文 献

安中轩, 徐春华, 常艳. 2008. 西部大开发前后西南地区产业结构与经济增长比较研究——基于偏离-份额分析方法[J]. 成都理工大学学报(社会科学版), (2): 39-44.

白皓天, 陈可欣, 曹丹阳, 吴兆录. 2017. 云南鹤庆发现白眉田鸡[J]. 动物学杂志, 52(3): 457.

白皓天, 罗康, 王紫江, 张征恺, 丁洪波, 吴兆录. 2013. 云南发现小滨鹬[J]. 动物学杂志, 48(6): 833-994.

白林壮, 康祖杰, 刘美斯. 2018. 湖南壶瓶山发现褐冠鹃隼[J]. 动物学杂志, 53(2): 318.

白玛乔, 扎西索郎, 索朗, 陈萍. 2019. 研究分析降水对墨脱地质灾害的影响[J]. 农业与技术, 39(17): 136-137.

白清泉. 2014. 辽宁鸟类新记录 3 种——暗灰鹃鵙、丝光椋鸟和渔鸥[J]. 辽宁林业科技, (2): 43-44.

白清泉, 蔡志扬, 张守栋. 2019. 辽宁鸟类分布新记录 4 种: 小滨鹬、长嘴半蹼鹬、斑胸滨鹬、流苏鹬[J]. 动物学杂志, 54(4): 599-602.

白永兴, 胡明虎, 马存世, 刘建军, 李辉, 高云峰, 张立勋. 2015. 甘肃省鸟类新纪录——丝光椋鸟[J]. 四川动物, 34(5): 700.

白永兴, 胡明虎, 马小强, 李辉, 赵喜军, 李爱玲. 2017. 甘肃省鸟类新纪录——黑颏凤鹛、大拟啄木鸟[J]. 四川动物, 36(6): 679.

包新康, 廖继承, 包卫东. 2019. 甘肃东南部发现黑冠鹃隼[J]. 动物学杂志, 54(4): 492.

鲍大珩, 张德怀, 马志红, 鲍伟东. 2015. 北京奥林匹克森林公园北园区冬春季鸟类多样性[J]. 野生动物学报, 36(2): 186-190.

卜艳珍, 张晓峰, 牛红星. 2014. 河南省鸟类新纪录——黑翅鸢[J]. 四川动物, 33(1): 133.

蔡音亭, 唐仕敏, 袁晓, 王吉衣, 马志军. 2011. 上海市鸟类记录及变化[J]. 复旦学报(自然科学版), 50(3): 334-343.

仓决卓玛, 杨乐, 李建川, 索朗次仁. 2005. 西藏林周县澎波河谷冬春季鸟类调查[J]. 西藏科技, (12): 24-30.

仓曲卓玛, 顾滨源, Marv Anne Bishop. 1994. 西藏黑颈鹤越冬数量统计[J]. 西藏科技, 65(3): 12-13.

曹宏芬, 吴建普, 丁志锋, 胡慧建. 2016. 西藏吉隆发现靴隼雕[J]. 动物学杂志, 51(1): 65-72.

曹跃群, 赵世宽, 杨玉玲, 郭鹏飞. 2020. 重庆市生态系统服务价值与区域经济增长的时空动态关系研究[J]. 长江流域资源与环境, 29(11): 2354-2365.

常家传. 1989. 中国鸟类新纪录种——长尾贼鸥[J]. 野生动物, (4): 43.

常家传, 桂千惠子, 刘伯文, 张鹏. 1995. 东北鸟类图鉴[M]. 哈尔滨: 黑龙江科学技术出版社.

常麟定, 王香亭. 1965. 兰州、临洮、武山及其附近的鸟类研究[J]. 兰州大学学报, 2(1): 85-115.

常雅婧, 王鹏程, 田志伟, 阙品甲. 2014. 河北乐亭发现短尾鹱[J]. 动物学杂志, 49(2): 243.

陈彬. 1985. 毛腿沙鸡冬季食性的初步分析[J]. 自然资源研究, (4): 44-47.

陈传友, 关志华. 1989. 羌塘高原水资源及其开发利用[J]. 自然资源学报, (4): 298-307.

陈德智, 李少斌. 2014. 湖北荆州发现红颈苇鹀[J]. 动物学杂志, 49(5): 753.

陈德智, 李少斌. 2015. 湖北省鸟类新纪录——北鹨[J]. 四川动物, 34(2): 250.

陈加兵, 郑达贤, 黄发明. 2006. 福建省滨海湿地持续利用研究[J]. 台湾海峡, (1): 83-88.

陈建鹏, 董荣, 臧晓博, 林俊礼, 于晓平. 2017. 陕西省鸟类新纪录——红胸秋沙鸭[J]. 四川动物, 36(3): 333.

陈丽霞, 关翔宇, 付建平, 隋金玲. 2012. 内蒙古查干诺尔湖发现彩鹮[J]. 四川动物, 31(4): 588.

陈林, 杨国栋, 林国俊, 伊贤贵, 李龙娜. 2016. 西藏错那县种子植物区系及资源特征分析[J]. 四川农业大学学报, 34(4): 431-439.

陈美惠. 2004. 台湾环颈雉型态变异和遗传多样性之研究[D]. 台北: 台湾大学博士学位论文.

陈鹏. 1978. 吉林省鸟类地理区划[J]. 东北师大学报(自然科学版), (1): 169-187.

陈颀, 张树苗, 朱冰润, 郭耕. 2016. 北京市鸟类新纪录——大红鹳[J]. 四川动物, 35(4): 573.

陈渠. 2007. 基于 3S 的福建湿地类型及其分布研究[D]. 福州: 福建师范大学硕士学位论文.

陈水华, 黄秦, 范忠勇, 陈苍松, 陆祎玮. 2012. 浙江鸟类名录更新(英文)[J]. Chinese Birds, 3(2): 118-136.

陈泰宇, 陈潘, 许鹏, 张曼玉, 鲁长虎. 2020. 江苏盐城发现黑枕王鹟和栗腹歌鸲[J]. 动物学杂志, 55(5): 683.
陈韬. 2017. 湖北武汉发现红胸姬鹟[J]. 四川动物, 36(3): 324.
陈曦. 2010. 中国干旱区自然地理[M]. 北京: 科学出版社.
陈玉峰. 1995. 台湾植被志(第一卷) 总论及植被带概论[M]. 台北: 玉山社.
陈越, 舒服, 李大江, 刘锋, 次平. 2017. 西藏察隅县发现灰头麦鸡[J]. 四川动物, 36(1): 53.
陈越, 舒服, 吴建普, 王渊, 刘锋, 李大江. 2019b. 西藏鸟类新发现——绿鹭[J]. 野生动物学报, 40(2): 519-520.
陈越, 王渊, 刘锋. 2019a. 西藏林周发现黑腹滨鹬[J]. 动物学杂志, 54(5): 772.
陈振宁, 鲍敏, 王舰艇, 曾阳, 张营, 段培. 2015b. 青海三江源玛可河保护分区发现棕腹啄木鸟[J]. 动物学杂志, 50(1): 160.
陈振宁, 鲍敏, 王舰艇, 王岳邦, 曾阳, 张营, 段培. 2015a. 青海鸟类二新纪录——白胸苦恶鸟、发冠卷尾[J]. 四川动物, 34(2): 263.
陈振宁, 改洛, 马存新, Paul Holt. 2021. 青海果洛发现稀树草鹀[J]. 动物学杂志, 56(5): 1-2.
陈振宁, 李若凡. 2019. 三江源鸟类[M]. 西宁: 青海人民出版社.
陈振宁, 王舰艇, 马存新, 鲍敏, 王小炯. 2020. 青海鸟类图鉴[M]. 西宁: 青海人民出版社.
陈振宁, 王岳邦, 王舰艇, 鲍敏, 张营, 段培. 2014. 青海省鸟类新纪录——小太平鸟[J]. 四川动物, 33(3): 341.
陈政佳, 李飞, 卢刚, 黄海燕, 张琦. 2019. 海南鸟类新记录——白眶鹟莺[J]. 四川动物, 38(2): 164.
谌利民, 王杰, 郑维超, 雍凡, 杨陈. 2017. 唐家河国家级自然保护区鸟类群落结构与多样性[J]. 应用与环境生物学报, 23(1): 1-14.
程成, 袁媛, 卢刚. 2019. 海南海口发现灰燕鵙[J]. 动物学杂志, 54(5): 774.
程嘉伟, 阮德孟, 章麟, 鲁长虎. 2014. 江苏省发现雪鹀[J]. 动物学杂志, 49(3): 327.
程琳琳, 刘华, 刘焱序. 2018. 青藏高原保护区植被与生态系统服务功能变化的一致性分析[J]. 水土保持通报, 38(6): 277-282.
程维明, 柴慧霞, 周成虎, 陈曦. 2009. 新疆地貌空间分布格局分析[J]. 地理研究, 28(5): 1157-1169.
程雅畅, 唐林芳, 苏立英, 周海翔, 丁长青. 2014. 沙丘鹤在中国的分布状况[J]. 动物学杂志, 49(6): 921-924.
次仁, 刘项宇, 谷永鹏, 仁青旦增. 2019. 拉鲁湿地国家级自然保护区冬季鸟类物种多样性初报[J]. 高原科学研究, 3(4): 1-11.
次仁多吉, 普布, 拉多, 巴桑, Torstein Solhoy. 2009. 西藏自治区首次发现灰雁 *Anser anser*[J]. 西藏科技, (7): 69-71.
崔瀚文. 2010. 30 年来东北地区湿地变化及其影响因素分析[D]. 吉林: 吉林大学硕士学位论文.
邓其祥, 胡锦矗, 余志伟, 陈鸿熙. 1980. 南充地区鸟类调查报告[J]. 南充师院学报(自然科学版), (2): 46-88.
邓秋香, 唐景文, 高玮. 2011. 吉林省鸟类新分布——鬼鸮[J]. 东北林业大学学报, 39(5): 125.
邓涛, 吴飞翔, 苏涛, 周浙昆. 2020. 青藏高原——现代生物多样性形成的演化枢纽[J]. 中国科学: 地球科学, 50(2): 177-193.
邓文洪. 2009. 栖息地破碎化与鸟类生存[J]. 生态学报, 29(6): 3181-3187.
邓学建, 廖先盛. 1996. 湖南壶瓶山自然保护区鸟类多样性分析[J]. 生态科学, 15(2): 43-46.
邓亚平, 彭建军, 高红梅, 黄飘逸, 彭杰. 2018. 重庆师范大学大学城校区的鸟类多样性初步调查[J]. 林业科技通讯, (7): 44-48.
邓郁. 2020. 江苏张家港发现白顶玄燕鸥[J]. 动物学杂志, 55(6): 836.
刁元彬, 熊森, 黄亚洲, 张乔勇. 2017. 三峡库区汉丰湖夏季低水位期鸟类群落结构及多样性[J]. 三峡生态环境监测, 2(2): 53-60.
丁进清, 马鸣. 2012. 中国鸟类鸻科新纪录种——白尾麦鸡[J]. 动物学研究, 33(5): 545-546.
丁晶晶, 刘定震, 李春旺, 蒋志刚. 2012. 中国大陆鸟类和兽类物种多样性的空间变异[J]. 生态学报, 32(2): 343-350.
丁晶晶, 徐惠强, 翟飞飞, 常青, 王磊. 2017a. 白颈长尾雉在江苏省宜溧山区的新发现[J]. 野生动物学报, 38(4): 665-667.
丁晶晶, 徐惠强, 熊天石, 王雪峰, 王金海, 李茂金, 曹骁翔, 常青. 2017b. 江苏省鸟类新纪录白鹇[J]. 野生动物学报, 38(2): 322-323.
丁明军, 张镱锂, 刘林山, 王兆锋. 2011. 青藏高原植物返青期变化及其对气候变化的响应[J]. 气候变化研究进展, 7(5): 317-323.
丁鹏, 陈冠, 范忠勇. 2020. 浙江省鸟类新纪录——赭红尾鸲[J]. 野生动物学报, 41(2): 542-543.
丁平. 2002. 中国鸟类生态学的发展与现状[J]. 动物学杂志, 37(3): 71-78.
丁平. 2007. 中国鸟类的分布与受胁现状[J]. 风景名胜, (5): 60-63.
丁平, 陈水华. 2008. 中国湿地水鸟[M]. 北京: 中国林业出版社.
丁长青. 2004. 朱鹮研究[M]. 上海: 上海科技教育出版社.

丁长青. 2010. 朱鹮(英文)[J]. Chinese Birds, 1(2): 156-162.
丁长青, 刘冬平. 2007. 野生朱鹮保护研究进展[J]. 生物学通报, 42(3): 1-5, 63.
东北保护野生动物联合委员会. 1988. 东北鸟类[M]. 沈阳: 辽宁科学技术出版社.
董迪, 魏征, 王刚, 刘胜文. 2020. 广东、广西和海南滨海湿地遥感制图与分析[J]. 海洋开发与管理, 37(6): 95-99.
董厚德. 2011. 辽宁植被与植被区划[M]. 沈阳: 辽宁大学出版社.
董江天, 韩联宪, 赵江波, 李严. 2020. 中国新记录鸟种——白眉黄臀鹎[J]. 动物学杂志, 55(2): 272-273.
董荣, 曹强, 林俊礼, 于晓平. 2017. 陕西省安康汉江发现黑腹滨鹬、角䴙䴘和斑脸海番鸭[J]. 动物学杂志, 52(3): 529-536.
动物学会北京总会. 1958. 动物学界动态[J]. 动物学杂志, (3): 192.
杜寅, 周放, 舒晓莲, 李一琳. 2009. 全球气候变暖对中国鸟类区系的影响[J]. 动物分类学报, 34(3): 664-674.
段培, 鲍敏, 张营, 马继雄, 马永贵, 陈振宁. 2014. 索加-曲麻河保护分区野生陆栖脊椎动物分布型研究[J]. 绿色科技, (12): 5-9.
樊杰. 2000. 青藏地区特色经济系统构筑及与社会、资源、环境的协调发展[J]. 资源科学, (4): 12-21.
范俊功, 王鹏华, 陈向阳, 张侃, 林庆乾, 侯建华. 2020a. 河北太行山南段冬季鸟类群落的多样性与分布[J]. 河北大学学报(自然科学版), 40(3): 307-314.
范俊功, 王鹏华, 侯建华. 2020b. 河北邢台市发现领雀嘴鹎[J]. 动物学杂志, 55(4): 476.
范丽卿, 杨乐, 韩善杰, 于晶晶. 2019. 西藏墨脱发现棕腹隼雕[J]. 动物学杂志, 54(6): 874.
范丽卿, 赵璐璐, 伊剑锋, 刘威. 2021. 西藏林芝市发现北椋鸟[J]. 动物学杂志, 2021: 1.
范喜顺, 胡德夫, 陈合志, 王峰, 苏鑫. 2008. 华北平原耕作区鸟类群落的集团结构及生态位[J]. 干旱区研究, (4): 544-549.
范忠民, 徐进生. 1963. 辽宁草河口林区鸟类调查初报[J]. 沈阳农学院学报, (4): 72-82.
方海涛, 冯桂林. 2017. 内蒙古鸟类新纪录——大红鹳[J]. 四川动物, 36(4): 478.
方海涛, 冯桂林, 郭金海, 布尔布德. 2017. 内蒙古鸟类新纪录——鸥鸽[J]. 四川动物, 36(5): 575.
方荣盛, 王廷正, 禹瀚. 1979. 陕北及宁夏东部鸟类区系的初步调查报告[J]. 陕西师大学报(自然科学版), (1): 139-150.
方思远, 李显达, 方克艰, 吴军, 刘志鹏. 2016. 黑龙江省嫩江发现灰眉岩鹀[J]. 动物学杂志, 51(4): 641.
方扬, 关翔宇, 柴文菡. 2011. 北京市鸟类新纪录——灰瓣蹼鹬[J]. 四川动物, 30(3): 381.
费宜玲. 2011. 江苏省鸟类物种多样性及地理分布格局研究[D]. 南京: 南京林业大学硕士学位论文.
冯桂林, 方海涛, 郭金海. 2017. 内蒙古自治区鸟类新纪录——山麻雀[J]. 四川动物, 36(6): 717.
冯海英. 2015.系统论视角下青藏经济系统和谐共生策略解析[J]. 青海师范大学学报(哲学社会科学版), 37(2): 12-16.
冯璐, 陈志. 2014. 青藏高原沼泽湿地研究现状[J]. 青海草业, 23(1): 11-16.
冯双. 2007. 中山大学生命科学学院(生物学系)编年史: 1924-2007[M]. 广州: 中山大学出版社: 26.
冯雨雪, 李广东. 2020. 青藏高原城镇化与生态环境交互影响关系分析[J]. 地理学报, 75(7): 1386-1405.
凤凌飞. 1984. 内蒙古的鸟类资源[J]. 内蒙古林业, (5): 6-7.
傅必谦, 陈卫, 高武. 1996. 北京地区鸟类区系初探[J]. 河北大学学报(自然科学版), (S1): 36-40.
傅道言. 1988. 江西靖安县的夏季鸟类[J]. 江西林业科技, 2: 16-19.
傅桐生, 陈鹏, 金岚. 1981. 吉林省动物地理区划[J]. 东北师大学报(自然科学版), (3): 91-101.
傅桐生, 高玮, 宋榆钧. 1984. 长白山鸟类. 长春: 东北师范大学出版社.
傅桐生, 高玮, 宋榆钧. 1987. 鸟类分类及生态学. 北京: 高等教育出版社.
傅桐生, 高玮, 宋榆钧. 1998. 中国动物志 鸟纲 第十四卷 雀形目 文鸟科、雀科. 北京: 科学出版社.
高红梅, 蔡振媛, 覃雯, 黄岩淦, 吴彤, 迟翔文, 张婧捷, 苗紫燕, 宋鹏飞, 连新明, 张同作. 2019. 三江源国家公园鸟类物种多样性研究[J]. 生态学报, 39(22): 8254-8270.
高吉喜, 邹长新, 徐延达, 侯鹏. 2018. 守护青藏高原绿水青山 筑牢国家生态安全屏障[EB/OL]. http://society.people.com.cn/n1/2018/0722/c1008-30162069.html (2018-07-22)[2020.12.30].
高峻. 1997. 上海自然植被的特征、分区与保护[J]. 地理研究, (3): 82-88.
高玮. 1992. 鸟类分类学[M]. 沈阳: 东北师范大学出版社.
高玮. 1993. 鸟类生态学[M]. 沈阳: 东北师范大学出版社.
高玮. 2002. 中国隼形目鸟类生态学[M]. 北京: 科学出版社.
高玮. 2002. 栗斑腹鹀生态学[M]. 长春: 吉林科学技术出版社.
高玮. 2004. 中国东北地区洞巢鸟类生态学[M]. 长春: 吉林科学技术出版社.
高玮. 2006. 中国东北地区鸟类及其生态学研究[M]. 北京: 科学出版社.

高玮, 王海涛, 方林, 张卓, 杨志杰. 2005. 吉林省鸟类多样性研究[J]. 东北师大学报(自然科学版), (1): 80-94.
高晓冬, 孙桂玲, 刘兆瑞, 韦铭, 张洪海. 2020. 山东省鸟类新纪录——白喉红尾鸲、高原岩鹨[J]. 野生动物学报, 41(1): 252-254.
高学斌, 赵洪峰, 刘明时, 侯玉宝, 马勇, 李先敏. 2007. 太白山北坡夏秋季鸟类物种多样性[J]. 生态学报, (11): 4516-4526.
高学斌, 赵洪峰, 罗磊, 侯玉宝, 李军安. 2009. 太白山南坡夏秋季鸟类多样性[J]. 生物多样性, 17(1): 19-29.
葛振鸣, 王天厚, 施文彧, 周立晨, 薛文杰. 2005. 环境因子对上海城市园林春季鸟类群落结构特征的影响(英文)[J]. 动物学研究, (1): 17-24.
巩会生, 马亦生, 曾治高, 蔡晓丽, 陈水华, 高学斌. 2007b. 陕西秦岭及大巴山地区的鸟类资源调查[J]. 四川动物, 26(4): 746-759.
巩会生, 阮英琴, 马亦生, 高学斌, 曾治高. 2007a. 陕西分布的中国特有鸟类的调查[J]. 四川动物, 26(3): 566-568.
谷景和, 高行宜. 1991. 新疆东昆仑—阿尔金山的动物区系与动物地理区划[M]. 北京: 科学出版社.
顾海军, 张俊, 戴波, 张铭, 巫嘉伟. 2011. 四川省鸟类新纪录——红胸黑雁[J]. 四川动物, 30(2): 235.
关道明. 2012. 中国滨海湿地[M]. 北京: 海洋出版社.
观察者网. 2015. 大学生掏鸟被判 10 年背后: 盗猎猛禽的残忍利益链[EB/OL]. https://www.guancha.cn/society/2015_12_05_343683.shtml (2015-12-30)[2020-11-26].
广东省昆虫研究所动物室, 等. 1983. 海南岛的鸟兽[M]. 北京: 科学出版社.
广西大事记(中华民国之四十七)[J]. 广西地方志, 2012(6): 59-62, 48.
广西动物学会.1988. 广西陆栖脊椎动物分布名录[M]. 桂林: 广西师范大学出版社.
广西农业地理编写组. 1980. 广西农业地理[M]. 南宁: 广西人民出版社.
郭宏, 马鸣. 2013. 中国莺科鸟类新纪录种——黑顶林莺(*Sylvia atricapilla*)[J]. 动物学研究, 34(5): 507-508.
郭洪兴, 程林, 程松林. 2018. 江西省鸟类新纪录——橙头地鸫[J]. 野生动物学报, 39(1): 209-210.
郭冷, 阎宏. 1986. 河北小五台山夏季鸟类初步调查[J]. 动物学杂志, (3): 15-20.
郭准, 赵腾飞, 刘洋洋, 马朝红. 2020. 河南孟津发现黑雁[J]. 动物学杂志, 55(1): 52.
国际鸟盟. 2004. 拯救亚洲的受胁鸟类: 政府和民间团体工作指南(中文版)[M]. 剑桥: 国际鸟盟.
国际鸟盟. 2009. 中国大陆的重要自然栖地: 重点鸟区[M]. 剑桥: 国际鸟盟.
国家林业和草原局政府网. 1989. 国家重点保护野生动物名录[Z].
国家林业和草原局政府网. 2021. 国家林业和草原局 农业农村部公告 2021 年第 3 号(国家重点保护野生动物名录)[EB/OL]. www.forestry.gov.cn/main/5461/20210205/122418860831352.html (2021-02-05)[2021.2.5].
国务院人口普查办公室, 等. 2012. 中国 2010 年人口普查资料[M]. 北京: 中国统计出版社.
国务院新闻办公室. 2019. 青藏高原生态文明建设状况[EB/OL]. http://www.tibet.cn/cn/zt2019/wdzg/bps/201908/t20190816_6664089.html (2019-08-16)[2020.12.30].
海南热带雨林国家公园管理局. 2021. 自然保护区[Z].
海南省委党史研究室. 2020. 海南年鉴(2019)[M]. 海口: 海南年鉴社出版.
韩海辉. 2009. 基于 Srtm-Dem 的青藏高原地貌特征分析[D]. 兰州: 兰州大学硕士学位论文.
韩九皋, 武大勇, 马惠钦, 董雍敏, 张振昌. 2011. 河北衡水湖发现彩鹮[J]. 动物学杂志, 46(1): 135.
韩联宪. 1997. 云南黑颈长尾雉(*Syrmaticus humiae*)分布及栖息地类型调查[J]. 生物多样性, (5): 185-189.
韩联宪. 2002. 中国鸟类地理分布及多样性[J]. 人与自然, (8): 8-19.
韩联宪, 韩奔, 邓章文, 余红忠, 赵建林. 2011. 中国鸟类新纪录种——白颈鹳[J]. 动物学研究, 32(5): 575-576.
韩联宪, 韩奔, 孙晓宏, 曾祥乐, 刘璐. 2020. 中国的五种犀鸟[J]. 森林与人类, (1): 28-41.
韩联宪, 韩奔, 王高祥, 邓章文, 程闯, 岩道. 2013. 云南发现高原山鹑和白鹤[J]. 动物学杂志, 48(3): 406.
韩联宪, 何臣相, 王斌, 危骞, 罗旭, 吴新然, 韦铭. 2015. 云南发现白腹鹭[J]. 四川动物, 34(2): 281.
韩联宪, 等. 2012. 纳帕海的鸟[M]. 北京: 中国大百科全书出版社.
韩秋影, 黄小平, 施平, 张乔民. 2006. 华南滨海湿地的退化趋势、原因及保护对策[J]. 科学通报, (S3): 102-107.
韩雪梅, 梁子安, 王庆合, 闫光兰. 2015. 河南南阳发现红颈瓣蹼鹬[J]. 动物学杂志, 50(4): 634-661.
韩宗祎. 2012. 基于 Modis 数据的长江中下游流域景观格局变化研究[D]. 武汉: 华中农业大学硕士学位论文.
郝珏, Amarkhuu Gungaa, 刘鹏飞, Oyunchimeg Terbish, Gankhuyag Purev-Ochir, Baasansuren Erdenechimeg, 周哲峰. 2019. 山西省鸟类新纪录——白枕鹤[J]. 野生动物学报, 40(2): 513-515.
郝立生, 等. 2018. 华北夏季降水变化及预测技术研究[M]. 北京: 气象出版社.

何芬奇, 董文晓, 白清泉, 林剑声, 江航东. 2014. 中国大陆的栗夜鳽记录[J]. 动物学杂志, 49(4): 630-632.
何芬奇, 杨晓君, 林剑声, 林植. 2007. 棕臀噪鹛——中国鸟类物种新记录[J]. 动物学研究, (4): 446-447.
何海军, 甘华阳, 夏真, 万荣胜, 陈太浩. 2018. 华南西部滨海湿地调查及主要成果[J]. 中国地质调查, 5(6): 75-82.
何杰坤, 郜二虎, 等. 2018. 中国陆生野生动物生态地理区划研究[M]. 北京: 科学出版社.
何锐, 王铜, 陈华鑫, 薛成, 白永厚. 2020. 青藏高原气候环境对混凝土强度和抗渗性的影响[J]. 中国公路学报, 33(7): 29-41.
何晓安, 王树锋, 唐卓. 2019. 四川卧龙发现黑胸麻雀[J]. 动物学杂志, 54(1): 65.
何晓萍, 张晓丽, 孙涛, 毕俊怀. 2018. 内蒙古鸟类新纪录——灰翅鸥 *Larus glaucescens*[J]. 内蒙古师范大学学报(自然科学汉文版), 47(6): 505-506.
何鑫, 程翊欣, 马晓辉, 鹿中梁, 鹿天岳, 王吉衣, 刘雨邑. 2021. 中国鸟类分布新记录种——丝绒海番鸭[J]. 动物学杂志, 56(1): 119-122.
和雪莲, 罗康, 鲁志云, 肖治术, 林露湘. 2018. 云南哀牢山国家级自然保护区野生鸟兽的红外相机初步监测[J]. 兽类学报, 38(3): 318-322.
贺春容, 康艺馨, 文哲, 夏澧, 康祖杰. 2020. 湖南夹山国家森林公园鸟类区系和群落季节性特征[J]. 湖南林业科技, 47(6): 24-36.
贺一梅, 杨子生, 赵乔贵, 陶文星, 许婧婧. 2008. 中国西南边疆山区耕地资源质量评价——以云南省为例[J]. 中国农学通报, (3): 384-389.
黑龙江省野生动物研究所. 1992. 黑龙江省鸟类志[M]. 北京: 中国林业出版社.
侯建华, 祃来坤, 王姣姣. 2018. 河北衡水发现红脚鲣鸟[J]. 动物学杂志, 53(3): 494.
侯建华, 武明录, 李经天, 胡永富, 张向忠. 1997. 河北塞罕坝地区鸟类区系调查[J]. 动物学杂志, (5): 21-26.
侯银续. 2019. 安徽省鸟类分布名录与图鉴[M]. 合肥: 黄山书社.
侯银续, 高厚忠, 马号号, 虞磊, 张保卫. 2012b. 安徽省鸟类分布新记录——松雀鹰[J]. 安徽农业科学, 40(32): 15713-15714.
侯银续, 金磊, 虞磊, 张保卫. 2012a. 安徽省鸟类分布新纪录——白额鹱[J]. 安徽农业科学, 40(33): 16054-16076.
侯银续, 秦维泽, 虞磊, 杨龙婴. 2013b. 安徽省鸟类分布新纪录——北蝗莺[J]. 安徽农业科学, 41(2): 499-544.
侯银续, 史杰, 褚玉鹏, 桂涛, 虞磊, 江浩, 杨捷频, 方剑波, 王灿, 胖马, 张政欢, 张保卫. 2014. 安徽省鸟类分布新纪录——宝兴歌鸫[J]. 野生动物学报, 35(3): 357-360.
侯银续, 虞磊, 高厚忠, 史杰, 李春林, 张虹旋. 2013c. 安徽省鸟类分布新记录——灰脸鵟鹰[J]. 安徽农业科学, 41(10): 4406-4408.
侯银续, 张黎黎, 胡边走, 周波, 宫蕾, 罗子君, 高厚忠, 虞磊, 周立志, 江浩, 顾长明. 2013a. 安徽省鸟类分布新纪录——白鹈鹕[J]. 野生动物, 34(1): 61-62.
侯元生, 何玉邦, 星智, 崔鹏, 尹祚华, 雷富民. 2009. 青海湖国家级自然保护区水鸟的多样性及分布[J]. 动物分类学报, 34(1): 184-187.
胡鸿兴, 等. 湖北鸟兽多样性及保护研究[M]. 武汉: 武汉大学出版社.
胡鸿兴, 唐瑞昌, 唐瑞玉, 陈云. 1978. 贵州的鸟类(ⅰ)[J]. 武汉大学学报(自然科学版), (02): 67-77.
胡焕富, 吴军彰, 于同雷. 2017. 河南省鸟类分布新纪录——白颊噪鹛[J]. 信阳师范学院学报(自然科学版), 30(1): 102-104.
胡箭, 韩联宪. 2007. 铜壁关自然保护区鸟类区系研究[J]. 林业调查规划, (2): 54-57.
胡杰, 李艳红, 黎大勇, 谌利民. 2013. 四川省鸟类新纪录——白喉矶鸫[J]. 四川动物, 32(1): 34.
胡珂, 伊剑锋, 杨道德. 2021. 湖南长沙记录到绿背姬鹟[J]. 野生动物学报, 42(2): 598-600.
胡骞, 臧少平, 徐克阳, 薛琳, 王希明, 丁长青, 李建强. 2019. 山东发现褐翅燕鸥和白腰燕鸥[J]. 动物学杂志, 54(4): 612-613.
胡汝骥. 2004. 中国天山自然地理[M]. 北京: 中国环境科学出版社.
胡若成, 邢超, 陈炜, 闻丞. 2014. 北京发现乌灰鸫[J]. 动物学杂志, 49(5): 759.
胡庭兴. 2011. 西南山地森林生态系统研究[M]. 北京: 科学出版社.
胡伟, 陆健健. 2001. 陕西渭河平原地区鸟类物种多样性研究[J]. 生物多样性, (4): 345-351.
环境保护部. 2014. HJ 710.4—2014 生物多样性观测技术导则 鸟类[S]. 北京: 环境保护部.
环境保护部, 中国科学院. 2015. 中国生物多样性红色名录——脊椎动物卷[R].
黄光旭, 白皓天, 张文, 李德品. 2019. 云南省寻甸县和开远市发现楔尾伯劳[J]. 动物学杂志, 54(4): 606-607.
黄慧琴, 石金泽, 孙志勇, 张微微, 叶清. 2016. 江西省鸟类多样性及其地理分布特征[J]. 四川动物, 35(5): 781-788.
黄建, 付建国, 郭玉民. 2011. 黑龙江省鸟类新纪录——蛇雕[J]. 四川动物, 30(6): 881.

黄沐朋, 等. 1989. 辽宁动物志: 鸟类[M]. 沈阳: 辽宁科学技术出版社.
黄秦, 林鑫, 梁丹. 2016. 湖南八面山发现灰冠鹟莺和黑喉山鹪莺[J]. 动物学杂志, 51(5): 906-913.
黄清山, 郑玉官, 周冬良, 张楚江. 2015. 福建省发现黑眉拟啄木鸟. 动物学杂志, 50(4): 660.
黄希, 李继祥, 夏灿玮. 2012. 贵州省鸟类新纪录——灰冠鹟莺[J]. 四川动物, 31(6): 941.
黄旖琪, 彭澍雪, 周延, 苏涛, 鲁长虎. 2019. 江苏省鸟类新记录——铜蓝鹟[J]. 四川动物, 38(4): 379.
黄正一, 等. 1993. 上海鸟类资源及其生境[M]. 上海: 复旦大学出版社.
黄族豪, 柯坫华, 陈秀红, 刘维维. 2010. 江西省鸟类多样性研究[J]. 井冈山大学学报(自然科学版), 31(2): 100-107.
黄族豪, 刘荣国, 刘迺发, 吴洪斌, 郝耀明. 2003. 宁夏沙坡头自然保护区四种生境夏季鸟类群落变化[J]. 动物学研究, (4): 269-273.
姬海娟, 刘金涛, 李瑶, 江玉吉, 汪银奎. 2018. 雅鲁藏布江流域水文分区研究[J]. 水文, 38(2): 35-40.
吉林省野生动物保护协会. 1987. 吉林省野生动物图鉴(鸟类)[M]. 长春: 吉林科学技术出版社.
纪加义, 于新建. 1990. 鹳类、鹤类在山东省的分布与数量[J]. 动物学研究, (1): 46.
江苏省地方志编纂委员会. 2005. 江苏省志·生物志·动物篇[M]. 南京: 凤凰出版社.
蒋爱伍. 2017. 广西鸟类概述[J]. 广西林业, (2): 25-27.
蒋爱伍. 2021. 广西鸟类图鉴[M]. 南宁: 广西科学技术出版社.
蒋宏, 等. 2008. 自然保护区生物多样性监测技术规范[M]. 昆明: 云南科技出版社.
蒋先梅, 吴晓东, 沈雨默. 2021. 四川省鸟类新记录——大滨鹬[J]. 四川动物, 40(2): 208.
蒋震, 鲁明耀, 汪杰, 高军. 2016. 甘肃省鸟类新纪录——灰冠鹟莺[J]. 四川动物, 35(5): 665.
金柏慧, 任旭清, 刘好好, 王征, 鲁长虎. 2020. 江苏省无锡发现赤红山椒鸟[J]. 四川动物, 39(2): 196.
金连成, 等. 2004. 辽宁野生动植物和湿地资源[M]. 哈尔滨: 东北林业大学出版社.
金孟洁, 赵健, 王雪婧, 李玉龙, 陈凯, 刘阳. 2014. 广东封开县发现白眉棕啄木鸟(*Sasia ochracea*)[J]. 动物学杂志, 49(1): 30-146.
靳铁治, 边坤, 王开锋, 齐晓光, 刘楚光, 王艳. 2015. 甘肃省肃北发现白喉石䳭[J]. 四川动物, 34(2): 180.
康祖杰, 贺春容, 康艺馨, 张志强. 2021. 湖南夹山国家森林公园鸟类群落结构与物种多样性研究[J]. 林业调查规划, 46(3): 184-190.
康祖杰, 贺春容, 杨存存, 陈怡铭, 刘超, 杨道德, 张志强. 2019. 湖南壶瓶山发现峨眉柳莺[J]. 动物学杂志, 54(6): 906-907.
康祖杰, 刘美斯, 伍登云, 易丽昆. 2018. 常德河洑国家森林公园秋末冬初鸟类多样性初步研究[J]. 野生动物学报, 39(2): 317-322.
康祖杰, 刘美斯, 杨道德, 邓学建, 尹文飞. 2014b. 湖南省雀形目鸟类新纪录 6 种[J]. 动物学杂志, 49(1): 116-120.
康祖杰, 杨道德, 邓学建. 2012. 湖南省雀形目鸟类新纪录 4 种[J]. 动物学杂志, 47(6): 121-124.
康祖杰, 杨道德, 刘美斯, 邓学建. 2014a. 湖南壶瓶山发现白喉针尾雨燕和乌嘴柳莺[J]. 动物学杂志, 49(4): 586.
康祖杰, 杨道德, 刘美斯, 邓学建. 2015. 湖南石门发现褐胸鹟[J]. 动物学杂志, 50(4): 659.
柯坚, 琪若娜. 2020. "长江保护"的客体识别——从环境要素保护到生态系统保护的立法功能递进[J]. 南京工业大学学报(社会科学版), 19(5): 1-9, 115.
柯新利, 刘曼, 邓祥征. 2012. 中国中东部平原亚热带湿润区湖泊营养物生态分区[J]. 生态学报, 32(1): 38-47.
匡高翔, 黄强, 陈媛. 2011. 重庆市鸟类新纪录——黑腹滨鹬[J]. 四川动物, 30(1): 65.
匡中帆, 吴忠荣, 白皓天, 江亚猛, 牛克锋. 2015. 贵州省鸟类科的新纪录——燕鵙科(灰燕鵙)[J]. 四川动物, 34(1): 28.
匡中帆, 牛克锋. 2016. 梵净山鸟类[M]. 贵阳: 贵州科技出版社.
匡中帆, 姚正明. 2020. 中国茂兰鸟类[M]. 北京: 科学出版社.
雷富民, 卢建利, 刘耀, 屈延华, 尹祚华. 2002a. 中国鸟类特有种及其分布格局[J]. 动物学报, 48(5): 599-610.
雷富民, 卢汰春. 2006. 中国鸟类特有种[M]. 北京: 科学出版社.
雷富民, 屈延华, 卢建利, 尹祚华, 卢汰春. 2002b. 关于中国鸟类特有种名录的核定[J]. 动物分类学报, 27(4): 857-864.
雷富民, 郑作新. 1995. 纵纹腹小鸮(*Athene noctua* Plumipes)的生态及捕食行为机理[J]. 广西科学, (4): 38-40.
雷进宇, 谢红钢, 颜军, 王雪峰. 2016. 湖北武汉发现小美洲黑雁[J]. 动物学杂志, 51(3): 486.
雷进宇, 张虹旋. 2020. 湖北省发现绿背姬鹟[J]. 湖北林业科技, 49(6): 79-80.
雷进宇, 张立影, 张叔勇, 朱小明. 2012. 湖北鸟类种数的新统计[J]. 四川动物, 31(6): 987-991.
雷进宇, 张叔勇. 2014. 湖北武汉发现长嘴半蹼鹬[J]. 动物学杂志, 49(4): 527.
雷威, 高东旭, 刘玉安, 廖国祥, 卢伟志, 周志浩, 吴建全, 刘长安. 2019c. 滨州贝壳堤岛与湿地国家级自然保护区越冬期水鸟现状评价[J]. 海洋环境科学, 38(3): 407-412.
雷威, 高东旭, 周志浩, 刘长安, 廖国祥, 戴宇飞. 2019. 山东滨州滨海湿地水鸟资源[M]. 杨凌: 西北农林科技大学出版社.
雷威, 邢庆会, 廖国祥, 许道艳, 于彩芬, 刘玉安, 刘长安. 2019b. 我国 19 处滨海湿地繁殖季的水鸟调查和评价[J]. 海洋开发与管理, 36(8): 3-8.
雷威, 周志浩, 吴建全, 廖国祥, 刘长安. 2018. 山东省滨州市发现极危鸟类——勺嘴鹬[J]. 四川动物, 37(5): 489.
雷宇, 刘慧, 刘强. 2019. 贵州贵阳发现长尾夜鹰[J]. 动物学杂志, 54(3): 413.
李必成, 王军馥, 刘威, 谢汉宾, 张伟, 马硕, 杨刚, 伊剑锋. 2020. 上海绿地和农田生态系统陆生繁殖鸟类群落稳定性研究[J]. 生态与农村环境学报, 36(5): 567-572.
李炳元, 潘保田, 程维明, 韩嘉福, 齐德利, 朱澈. 2013. 中国地貌区划新论[J]. 地理学报, 68(3): 291-306.
李炳章, 刘锋, 舒服, 吕永磊, 吴建普, 次平. 2016. 西藏乃东县发现豆雁[J]. 动物学杂志, 51(4): 622.
李曾逵. 2021. 海南建省 30 周年产业结构变动对经济增长的实证分析[J]. 全国流通经济, (1): 100-103.
李朝. 2013. 滨海湿地资源开发影响下的鸟类觅食生境选择及保护策略[D]. 北京: 北京大学硕士学位论文.
李春秋, 吴跃峰, 武明录. 1996. 雾灵山、小五台山自然保护区陆生脊椎动物研究[M]. 北京: 中国科学技术出版社.
李德浩, 郑生武, 郑作新. 1965. 青海玉树地区鸟类区系调查[J]. 动物学报, (2): 217-229.
李迪强, 等. 2002. 三江源生物多样性[M]. 北京: 中国科学技术出版社.
李东明, 吴跃峰, 孙立汉, 张彦威, 高庆华, 武丽娜, 董建新. 2003. 河北省区域鸟兽物种多样性分析[J]. 地理与地理信息科学, (6): 80-82.
李冬梅, 王荣兴, 张利秋, 杨丽珠, 胡艳红, 张淑霞. 2018. 云南省鸟类新纪录——长尾鸭[J]. 四川动物, 37(3): 274.
李帆, 李阳林, 张宇, 况燕军, 郭志锋, 饶斌斌, 胡京, 邹建章, 周龙武. 2018. 江西电网涉鸟故障分析及防范[J]. 水电能源科学, 36(9): 172-175.
李飞, 王波. 2014. 广西发现灰颊仙鹟和黄胸柳莺[J]. 动物学杂志, 49(5): 706.
李凤山, 刘广惠. 2018. 黑颈鹤——高原上的神秘精灵[J]. 科学大观园, (1): 20-21.
李福来, 黄世强. 1986. 关于朱鹮繁殖习性的调查[J]. 生物学通报, (12): 6-8.
李桂垣. 1984. 四川鸟类资源概况[J]. 四川动物, (2): 42-45.
李桂垣. 1995. 四川旋木雀一新亚种——天全亚种[J]. 动物分类学报, 20: 373-377.
李桂垣, 等. 1993. 四川鸟类原色图鉴[M]. 北京: 中国林业出版社.
李惠莲. 2016. 气候变化背景下西藏“一江两河”地区农牧民的生计策略选择[D]. 重庆: 西南大学硕士学位论文.
李继明, 王荣兴. 2013. 云南鸟类一新纪录——斑尾塍鹬[J]. 四川动物, 32(6): 937.
李佳, 叶立新, 李迪强, 刘芳, 刘胜龙, 彭辉. 2016. 浙江龙泉发现斑尾鹃鸠[J]. 动物学杂志, 51(6): 948.
李佳琦, 徐海根, 万雅琼, 孙佳欣, 李晟, 蔡蕾. 2018. 全国哺乳动物多样性观测网络(China Bon-Mammals)建设进展[J]. 生态与农村环境学报, 34(1): 12-19.
李佳琦, 徐海根, 伊剑锋, 马方舟. 2020. 全国生物多样性观测网络的建设与主要成效[J]. 生态与农村环境学报, 36(5): 549-552.
李剑平, 孙砚峰, 任智鹏, 寇冠群, 吴跃峰, 李东明. 2016. 河北平山发现锈胸蓝姬鹟[J]. 动物学杂志, 51(4): 714-715.
李健, 蒋国福, 刘文萍. 2007. 重庆市綦江地区鸟类资源调查[J]. 野生动物, (6): 15-18.
李晶晶, 曹宏芬, 金崑, 韩联宪, 胡慧建. 2012. 中国啄木鸟科新纪录——棕额啄木鸟(英文)[J]. Chinese Birds, 3(3): 240-241.
李久先, 许秉翔. 2010. 战后台湾森林经营与游憩之发展史[J]. 林业研究季刊, 32(1): 87-96.
李巨勇, 李东明, 孙砚峰, 武明录, 刘丹, 吴跃峰. 2013. 河北唐海湿地不同生境鸟类群落结构的变化[J]. 四川动物, 32(3): 449-457.
李俊敬. 1991. 华南区自然地理特色[J]. 中学地理教学参考, (Z1): 21-22.
李莉, 崔鹏, 徐海根, 万雅琼, 雍凡, 侯银续, 马号号, 虞磊. 2017. 安徽鹞落坪繁殖季节鸟类物种组成比较研究[J]. 野生动物学报, 38(1): 52-62.
李丽平, 钟福生, 王德良. 2008. 湖南东洞庭湖湿地夏季鸟类及多样性分析[J]. 四川动物, 2: 259-262.
李连山, 林宝庆, 刘蕾, 利世锋, 姜海波, 何春光. 2018. 吉林向海国家级自然保护区鸟类分布新纪录[J]. 东北师大学报(自然科学版), 50(1): 155-157.
李清源. 2006. 青藏高原生态系统服务功能及其保护策略[J]. 生态经济, (7): 92-95.
李庆伟, 马飞. 2007. 鸟类分子进化与分子系统学[M]. 北京: 科学出版社.
李庆伟, 张风江. 2009. 东北鸟类大图鉴[M]. 大连: 辽宁师范大学出版社.

李荣冠, 等. 2014. 福建典型滨海湿地[M]. 北京: 科学出版社.

李维东, 张燕伶. 2014. 中国鸟类一新纪录——蓝颊蜂虎[C]. 乌鲁木齐: 新疆动物学会 2014 年年会暨学术研讨会论文和摘要集: 13-14.

李夏, 肖培军, 廖小青, 于晓平. 2020. 陕西省鸟类新记录——白腹隼雕[J]. 四川动物, 39(6): 684.

李显达, 董义. 2014. 东北地区鸟类新纪录——长嘴半蹼鹬[J]. 四川动物, 33(06): 835.

李显达, 方克艰, 孙跃国, 胡增春, 郭玉民. 2011. 黑龙江省鸟类新纪录——黄腹柳莺[J]. 四川动物, 30(4): 589.

李显达, 于晓东, 郭玉民. 2020. 黑龙江省鸟类分布新纪录——赤腹鹰(*Accipiter soloensis*)[J]. 野生动物学报, 41(4): 1146-1147.

李小惠, 梁启华. 1985. 江西南部的鸟类调查[J]. 动物学杂志, 2: 37-41.

李晓京. 2008. 北京山区森林鸟类多样性及其保护研究[D]. 北京: 北京林业大学博士学位论文.

李晓军, 殷大文, 龚大洁, 马涛. 2019. 甘肃酒泉及榆中县发现槲鸫[J]. 动物学杂志, 54(4): 611-612.

李雪艳, 梁璐, 宫鹏, 刘阳, 梁菲菲. 2012. 中国观鸟数据揭示鸟类分布变化[J]. 科学通报, 57(31): 2956-2963.

李延梅, 牛栋, 张志强, 曲建升. 2009. 国际生物多样性研究科学计划与热点述评[J]. 生态学报, 29(4): 2115-2123.

李言阔, 钱法文, 单继红, 李佳, 袁芳凯, 缪泸君, 谢光勇. 2014. 气候变化对鄱阳湖白鹤越冬种群数量变化的影响[J]. 生态学报, 34(10): 2645-2653.

李飚. 2013. 云南省鸟类新纪录——蒙古沙鸻[J]. 四川动物, 32(1): 115.

李飚. 2017. 云南开远发现红胸秋沙鸭[J]. 动物学杂志, 52(1): 176.

李飚. 2021. 云南开远发现剑鸻[J]. 动物学杂志, 2021: 1.

李飚, 于晓平. 2012. 河南省鸟类新纪录——靴隼雕[J]. 四川动物, 31(3): 363.

李元刚, 李志刚. 2011. 宁夏鸣翠湖国家湿地公园鸟类群落组成及多样性分析[J]. 宁夏大学学报(自然科学版), 32(3): 279-285.

李元刚, 李志刚, 胡天华. 2012. 宁夏贺兰山国家级自然保护区鸟类区系组成及其特征研究[J]. 西北林学院学报, 27(1): 109-115.

李兆楠, 李强, 马宝祥. 2019. 河北省发现灰背伯劳[J]. 四川动物, 38(1): 27.

李致勋, 唐子英, 荆建华. 1959. 上海鸟类调查报告[J]. 动物学报, (3): 390-408.

李智宏, 徐崇华, 王宁. 2015. 云南普洱发现家麻雀[J]. 动物学杂志, 50(5): 789.

李筑眉, 等. 2005. 黑颈鹤研究[M]. 上海: 上海科技教育出版社.

李壮威. 1983. 辽宁省鸟类资源的生态概况[J]. 辽宁林业科技, (4): 41-43.

梁斌, 林贵生, 黎玉琳, 杨凡, 韩远军, 陈宗波, 李波, 周润邦, 王宁. 2019a. 海南岛鸟类新记录———仓鸮[J]. 四川动物, 38(1): 108-109.

梁斌, 邢增锐, 伊剑锋, 曾冬琴. 2020. 海南岛鸟类新记录——灰山椒鸟[J]. 四川动物, 39(2): 139.

梁斌, 周润邦, 曾冬琴, 黄圣卓. 2019b. 白喉矶鸫——海南岛罕见冬候鸟[J]. 热带林业, 47(1): 51-52.

梁斌, 周润邦, 李波, 王宁. 2017. 海南岛发现蓝翅八色鸫[J]. 动物学杂志, 52(4): 726.

梁晨霞, 赵利军, 张雨薇, 李波, 杨贵生. 2014. 内蒙古大青山发现长尾山椒鸟[J]. 动物学杂志, 49(3): 356.

梁丹, 李炳章, 刘务林, 张庆. 2014. 西藏墨脱发现猛隼和白胸翡翠[J]. 动物学杂志, 49(3): 463.

梁晖, 罗萧, 马良, 陈光. 2020. 福建省鸟类新纪录——灰翅鸫[J]. 四川动物, 39(2): 213.

梁健超, 丁志锋, 张春兰, 胡慧建, 朵海瑞, 唐虹. 2017. 青海三江源国家级自然保护区麦秀分区鸟类多样性空间格局及热点区域研究[J]. 生物多样性, 25(3): 294-303.

梁启业, 刘素, 许受庆. 1957. 长沙附近的鸟类及其食性的调查研究(初步报告)[J]. 湖南师范大学自然科学学报, 2: 93-116.

梁子安, 王庆合, 邓天鹏, 王春平, 赵海鹏. 2014. 河南省鸟类新纪录——灰瓣蹼鹬[J]. 四川动物, 33(2): 260.

廖小凤, 廖小青, 于晓平. 2016. 陕西省鸟类新纪录——黑翅鸢[J]. 四川动物, 35(6): 859.

廖颖, 陈顺德, 黎霞, 王琼, 李涛, 李明, 沈尤. 2012. 四川鸟类新纪录——红颈瓣蹼鹬[J]. 四川动物, 31(1): 112.

林宏荣. 2006. 白尾八哥(*Acridotheres javanicus*)、家八哥(*Acridotheres tristis*)与冠八哥(*Acridotheres cristatellus*)群栖行为与巢洞栖地类型之研究[D]. 嘉义: 嘉义大学.

林吕何. 1982. 桂林鸟类初步研究[J]. 东北师大学报(自然科学版), (2): 79-90.

林清贤. 2013. 福建菜屿列岛燕鸥的分布及其繁殖生态[Z]//中国动物学会. 杭州: 第十二届全国鸟类学术研讨会暨第十届海峡两岸鸟类学术研讨会.

林世松, 林孟雄. 1986. 满洲地区猎捕灰面鹫之调查[R]. 台南: 垦丁公园管理处.

林务部门. 2020. 岛屿上的森林现况[R]. 台北: 台湾林务部门.
林植, 何芬奇. 2012. 福建东南沿海菜屿列岛发现被环志的粉红燕鸥(英文)[J]. Chinese Birds, 3(0): 67-70.
林植, 何芬奇. 2015. 中国鸟种新纪录——红眉金翅雀 *Callacanthis burtoni*[J]. 动物学杂志, 50(3): 414.
林植, 何芬奇. 2016. 西藏墨脱发现灰头钩嘴鹛[J]. 动物学杂志, 51(2): 336.
刘宝权, 许济南, 诸葛刚, 周佳俊, 王聿凡, 温超然. 2017. 浙江宁波发现红脚鲣鸟[J]. 动物学杂志, 52(3): 467.
刘宝权, 诸葛刚, 汤腾, 宋世和, 李煊. 2018. 浙江丽水发现黑眉拟啄木鸟[J]. 动物学杂志, 53(6): 977.
刘冰. 2016. 墨脱: 海拔 600 米到 4000 米的美丽植物[J]. 森林与人类, (1): 44-49.
刘博野, 杨亚桥, 夏川广, 臧晓博, 罗磊, 高学斌. 2021. 陕西发现阔嘴鹬和蒙古沙鸻[J]. 动物学杂志, 56(1): 157-158.
刘澈, 郑成洋, 张腾, 曾发旭, 王逸然. 2014. 中国鸟类物种丰富度的地理格局及其与环境因子的关系[J]. 北京大学学报(自然科学版), 50(3): 429-438.
刘春生, 吴万能, 俞正楚, 孟冀辉, 张大荣. 1986. 安徽省黄山啮齿类区系研究[J]. 动物学杂志, 21(6): 18-21.
刘德绍, 吕俊强, 邓合黎. 2004. 重庆地区环境变化与鸟类种群动态关系研究[J]. 西南农业大学学报(自然科学版), (1): 84-87.
刘锋, 李炳章, 徐磊, 王渊, 陈越. 2021. 西藏墨脱发现栗苇鳽[J]. 动物学杂志, 2021: 1.
刘锋, 李大江, 王广龙, 王渊, 陈越. 2020. 西藏墨脱县发现家八哥[J]. 四川动物, 39(2): 129.
刘广全, 白应飞, 张亭, 王中强, 胡彩娥. 2018. 黄土高原农牧交错带湿地重构对鸟类多样性的影响[J]. 水利学报, 49(9): 1097-1108.
刘继平, 李志刚, 冷冰, 张光宇. 2008. 河南省鸟类资源区系特点分析[J]. 中南林业调查规划, 27(4): 34-36.
刘纪远, 刘明亮, 庄大方, 邓祥征, 张增祥. 2002. 中国近期土地利用变化的空间格局分析[J]. 中国科学(D 辑: 地球科学), (12): 1031-1040.
刘佳, 李生强, 汪国海, 林建忠, 肖治术, 周岐海. 2019. 喀斯特生境中白鹇的活动节律、时间分配及集群行为[J]. 广西师范大学学报(自然科学版), 37(3): 156-165.
刘建军, 白永兴, 马小强, 李高付, 李兴兴, 张立勋. 2016. 甘肃省鸟类新纪录——绿翅短脚鹎[J]. 四川动物, 35(6): 896.
刘伶. 2018. 苏北土地利用变化对丹顶鹤越冬栖息地分布影响研究[D]. 南京: 南京师范大学硕士学位论文.
刘迺发. 1984. 大石鸡分类地位的研究[J]. 动物分类学报, (2): 212-218.
刘迺发, 黄族豪, 文陇英. 2004. 大石鸡亚种分化及一新亚种描述(鸡形目, 雉科)[J]. 动物分类学报, (3): 600-605.
刘迺发, 杨曾武. 2006. 甘肃安西极旱荒漠国家级自然保护区二期综合科学考察[M]. 兰州: 兰州大学出版社.
刘迺发, 等. 1997. 尕海－则岔自然保护区[M]. 北京: 中国林业出版社.
刘迺发, 等. 2005. 宁夏沙坡头国家级自然保护区综合科学考察[M]. 兰州: 兰州大学出版社.
刘迺发, 等. 2007. 中国石鸡生物学[M]. 北京: 中国科学技术出版社.
刘迺发, 等. 2010. 甘肃盐池湾国家级自然保护区综合科学考察[M]. 兰州: 兰州大学出版社.
刘迺发, 等. 2011. 宁夏沙坡头国家级自然保护区二期综合科学考察[M]. 兰州: 兰州大学出版社.
刘迺发, 等. 2013. 青藏高原鸟类分类与分布[M]. 北京: 科学出版社.
刘宁, 胡杰. 1998. 云南大围山鸟类分布研究[J]. 中南林学院学报, (4): 48-52.
刘琪琪, 范俊功, 谷德海, 侯建华. 2020. 河北沽源夏季鸟类群落多样性[J]. 生态与农村环境学报, 36(5): 612-617.
刘强, 雷宇, 刘慧. 2021. 贵州贵阳发现流苏鹬[J]. 动物学杂志, 56(1): 72.
刘三峡, 喻杰, 周友兵. 2016. 湖北神农架发现褐冠山雀[J]. 动物学杂志, 51(5): 922.
刘善思, 杨乐, 周生灵, 益西多吉, 高畅. 2019. 西藏北部典型湖盆区繁殖鸟类调查初报[J]. 湿地科学与管理, 15(1): 55-57.
刘少英, 冉江洪, 林强, 王跃招, 刘世昌. 2002. 重庆库区陆生脊椎动物多样性[J]. 四川林业科技, (4): 1-8.
刘世平. 1994. 江西鸟类区系研究[M]. 北京: 中国科学技术出版社.
刘涛, 徐永涛, 苏英钰, 莫柏, 张微微, 王丹. 2019. 江西永修发现蓝额红尾鸲[J]. 动物学杂志, 54(5): 677.
刘务林, 等. 2013. 中国西藏高原湿地[M]. 北京: 中国林业出版社: 1-132.
刘西, 郑方东, 包其敏, 林莉斯. 2018. 浙江省鸟类新纪录——斑背燕尾[J]. 四川动物, 37(3): 297.
刘小如, 丁宗苏, 方伟宏, 林文宏, 蔡牧起, 颜重威. 2010. 台湾鸟类志(上)[M]. 台北: 台湾林务部门.
刘小如, 丁宗苏, 方伟宏, 林文宏, 蔡牧起, 颜重威. 2012. 台湾鸟类志(第二版)[M]. 台北: 台湾林务部门.
刘信中, 等. 2002. 江西九连山自然保护区科学考察与森林生态系统研究[M]. 北京: 中国林业出版社.
刘旭, 王训, 王定勇. 2021. 亚热带高山森林土壤典型重金属的空间分布格局及其影响因素: 以云南哀牢山为例[J]. 环境科学, 2021: 1-15.

刘阳, 陈水华. 2021. 中国鸟类观测手册[M]. 长沙: 湖南科学技术出版社.
刘阳, 危骞, 董路, 雷进宇. 2013. 近年来中国鸟类野外新纪录的解析[J]. 动物学杂志, 48(5): 750-758.
刘荫增. 1981. 朱鹮在秦岭的重新发现[J]. 动物学报, (3): 273.
刘增铁, 丁俊, 秦建华, 范文玉. 2010. 中国西南地区铜矿资源现状及对地质勘查工作的几点建议[J]. 地质通报, 29(9): 1371-1382.
刘祯祥, 殷后盛. 2012. 四川省鸟类新纪录——灰瓣蹼鹬[J]. 四川动物, 31(2): 263.
刘志远, 王天成, 刘曙光. 2012. 黑龙江省鸟类新纪录——田鹀[J]. 四川动物, 31(04): 667.
刘子川, 冯险峰, 武爽, 孔玲玲, 姚玄楚. 2019. 青藏高原城乡建设用地和生态用地转移时空格局[J]. 地球信息科学学报, 21(8): 1207-1217.
刘子祥, 李志国, 舒服, 赵冬冬, 吴倩倩, 石胜超, 邓学建. 2014. 西藏昌都发现白领凤鹛、小鹀和黑颈䴙䴘[J]. 动物学杂志, 49(4): 515.
刘子祥, 唐梓钧, 舒服, 赵冬冬, 邓学建. 2013. 安徽阜阳发现白头鹀[J]. 动物学杂志, 48(3): 398.
柳林, 江利明, 相龙伟, 汪汉胜, 孙亚飞, 许厚泽. 2019. 青藏高原色林错流域区冰川消融对湖泊水量变化的影响[J]. 地球物理学报, 62(5): 1603-1612.
柳鹏飞, 许姝娟, 韩亚鹏, 史红全. 2021. 宁夏六盘山发现乌鸫[J]. 动物学杂志, 56(2): 213.
柳郁滨, 赵文阁. 2013. 家八哥已成功扩散至哈尔滨[J]. 四川动物, 32(1): 89.
娄方洲, 莫训强. 2019. 天津发现白额鹱[J]. 动物学杂志, 54(3): 374.
卢刚, 林江, 李飞, 李灏, 吴昭榆, 陈辈乐, 宋亦希. 2014. 海南东寨港发现斑胸滨鹬[J]. 动物学杂志, 49(2): 232.
卢萍. 2019. 安徽湿地公园建设和发展研究[J]. 安徽林业科技, 45(4): 39-43.
卢萍, 王榄华, 植毅进, 邵明勤, 戴年华. 2017. 江西省鸟类新纪录——彩鹮[J]. 江西科学, 35(2): 256-257.
卢欣. 2018. 中国青藏高原鸟类[M]. 长沙: 湖南科学技术出版社: 38-39.
芦琦, 陈国玲, 李欣彤, 王晓宇, 巫嘉伟, 阙品甲, 张正旺. 2017. 四川省再次记录林夜鹰[J]. 四川动物, 36(6): 720.
鲁长虎. 2015. 江苏鸟类[M]. 北京: 中国林业出版社.
陆健健. 1996. 中国滨海湿地的分类[J]. 环境导报, (1): 1-2.
陆帅, 李建强, 宋刚, 张明祥, 贾陈喜, 徐基良. 2018. 山西芦芽山和历山发现灰头鸫[J]. 动物学杂志, 53(3): 455.
陆祎玮. 2007. 城市化对鸟类群落的影响及其鸟类适应性的研究[D]. 上海: 华东师范大学硕士学位论文.
陆舟, 林源, 唐上波. 2017. 广西鸟类新纪录——大天鹅[J]. 四川动物, 36(2): 173.
路宝忠. 1989. 朱鹮的人工投食[J]. 野生动物, (5): 23-24.
罗爱东, 等. 2015. 西双版纳鸟类多样性[M]. 昆明: 云南美术出版社, 云南科技出版社.
罗磊, 韩宁, 侯玉宝, 高学斌. 2013. 陕西省鸟类新纪录——紫翅椋鸟[J]. 四川动物, 32(2): 282.
罗磊, 韩宁, 张宏, 侯玉宝, 高学斌. 2014. 陕西省鸟类新纪录——黄颈拟蜡嘴雀[J]. 四川动物, 33(5): 784.
罗磊, 侯玉宝, 赵开生, 高学斌, 巩会生. 2017. 湖北省鸟类新纪录——黄额鸦雀[J]. 四川动物, 36(5): 551.
罗磊, 梁波, 韩宁, 侯玉宝, 高学斌, David S. Melville. 2016. 陕西省鸟类新纪录——红颈瓣蹼鹬和尖尾滨鹬[J]. 四川动物, 35(4): 549.
罗磊, 梁波, 索丽娟, 高学斌. 2015. 陕西省鸟类新纪录——中华攀雀[J]. 四川动物, 34(4): 547.
罗磊, 赵洪峰, 张宏, 李先敏, 侯玉宝, 高学斌, 李双喜. 2012. 太白山北坡冬、春季鸟类群落多样性[J]. 生态学杂志, 31(12): 3150-3159.
罗伟雄, 曾继谋, 钟毅峰, 莫明忠. 2016b. 云南省鸟类新纪录——黄纹拟啄木鸟[J]. 四川动物, 35(2): 306.
罗伟雄, 孙国政, 刘务林, 李炳章. 2016a. 西藏墨脱发现林八哥[J]. 四川动物, 35(1): 153.
罗旭, 曲聪. 2018. 云南剑湖发现猎隼分布[J]. 动物学杂志, 53(6): 986-987.
罗祖成, 徐军, 罗学卫, 胡建华, 黄忠舜, 吴小丽. 2020. 湖南安乡书院洲国家湿地公园鸟类特点及其空间分布[J]. 湖南林业科技, 47(2): 85-89.
罗祖奎, 任峻, 刘文, 李振吉, 李性苑. 2013. 贵州草海发现钳嘴鹳[J]. 动物学杂志, 48(2): 240-322.
吕建荣, 凌小惠, 于晓平. 2013. 陕西鸟类新纪录——小太平鸟[J]. 四川动物, 32(4): 626.
吕士成. 2008. 盐城沿海滩涂丹顶鹤的分布现状及其趋势分析[J]. 生态科学, (3): 154-158.
马朝红, 王文博, 王大勇, 赵海鹏. 2016. 河南省鸟类新纪录——黑眉柳莺[J]. 四川动物, 35(6): 832.
马朝红, 赵海鹏, 王建平, 王大勇, 李振奇, 杜卿. 2017. 河南省雀形目鸟类新纪录——矛纹草鹛、蓝喉太阳鸟、棕胸岩鹨[J]. 四川动物, 36(3): 334-335.

马存新. 2018. 青海三江源国家级自然保护区东仲—巴塘保护分区鸟类多样性及群落动态变化[D]. 西宁: 青海师范大学硕士学位论文.

马存新, 鲍敏, 旦智措, 王舰艇, 王岳邦, 柴青平, 陈振宁. 2019. 青海省六种分布新记录鸟类[J]. 动物学杂志, 54(1): 113-116.

马方舟, 徐海根, 陈萌萌, 童文君, 王晨彬, 蔡蕾. 2018. 全国蝴蝶多样性观测网络(China Bon-Butterflies)建设进展[J]. 生态与农村环境学报, 34(1): 27-36.

马克平. 2011. 监测是评估生物多样性保护进展的有效途径[J]. 生物多样性, 19(2): 125-126.

马鸣. 2011. 新疆鸟类分布名录[M]. 北京: 科学出版社.

马鸣. 2018. 侏鸬鹚——又一个鸟类东扩证据[EB/OL]. http://blog.sciencenet.cn/blog-2048045-1148038.html. (2018-11-24) [2020.11.16].

马鸣, 李维东. 2008. 新疆鸟类一新记录——棕眉山岩鹨[J]. 干旱区地理, (3): 485.

马鸣, 梅宇, Potapov Eugene, 吴逸群, Dixon Andrew, Ragyov Dimitar, 徐峰, Fox Nicholas C. 2007. 中国西部地区猎隼 (Falco Cherrug) 繁殖生物学与保护[J]. 干旱区地理, 30(5): 654-659.

马鸣, 梅宇, 胡宝文. 2008a. 中国鸟类新记录——斑[姬]鹟[J]. 动物学研究, 29(6): 584-602.

马鸣, 张新民, 梅宇, 胡宝文. 2008b. 新疆欧夜鹰繁殖生态初报[J]. 动物学研究, (5): 476-502.

马鸣, 等. 1993. 野生天鹅[M]. 北京: 气象出版社.

马鸣, 等. 2017. 新疆兀鹫[M]. 北京: 科学出版社.

马强, 苏化龙, 李迪强. 2003. 青海三江源自然保护区鸟类分布状况初步研究[J]. 北京林业大学学报, 25(5): 51-54.

马涛, 李科, 宋森. 2019. 甘肃永登及高台发现罗纹鸭[J]. 动物学杂志, 54(4): 528.

马小春, 郭俊峰, 于晓平. 2011. 棕尾虹雉(*Lophophorus impejanus*)在中国西藏的分布、栖息地与种群现状(英文)[J]. Chinese Birds, 2(3): 157-162.

马以工, 韩韩. 1983. 我们只有一个地球[M]. 台北: 九歌出版社.

马逸清. 1981. 东北野生动物资源概况及其发展趋势[J]. 自然资源研究, (4): 69-78.

马逸清. 1989. 大兴安岭地区野生动物[M]. 哈尔滨: 东北林业大学出版社.

马逸清, 李晓民. 2002. 丹顶鹤研究[M]. 上海: 上海科技教育出版社.

马逸清, 李晓民, 马国良, 李淑玲. 2019. 中国丹顶鹤[M]. 哈尔滨: 东北林业大学出版社.

马志广, 段成, 刘家武. 2012. 湖北省鸟类新纪录——黑头奇鹛[J]. 四川动物, 31(3): 410.

马志军, 钱法文, 王会, 江洪欣. 2000. 盐城自然保护区丹顶鹤及其栖息地的现状[Z]. 中国云南昆明.

毛兰文, 耿宇卓, 黄桂林, 孙可思. 2014. 黑龙江大兴安岭发现斑头雁(*Anser indicus*)[J]. 野生动物学报, 35(1): 118.

梅玫, 李玉祥, 金洪阳, 杨玉成, 邹红菲. 2010. 辽宁双台河口自然保护区旅游区鸟类群落结构分析[J]. 四川动物, 29(6): 918-924.

孟德荣, 王保志. 2008. 天津北大港湿地鸭科鸟类调查[J]. 经济动物学报, (3): 173-176.

米红旭, 刘培奇, 李枫. 2012. 吉林省鸟类新纪录——黄嘴潜鸟[J]. 四川动物, 31(2): 316.

米小其, 郭克疾, 唐梓钧, 熊嘉武, 丹丁, 吴建普, 邓学建. 2016c. 西藏札达及米林发现噪鹃[J]. 动物学杂志, 51(1): 112-125.

米小其, 郭克疾, 熊嘉武, 丹丁, 吴建普, 邓学建. 2016b. 西藏札达发现印度寿带[J]. 四川动物, 35(1): 117.

米小其, 郭克疾, 朱雪林, 邓学建. 2016a. 中国鸟类新纪录——东歌林莺[J]. 四川动物, 35(1): 104.

米小其, 余波, 王华. 2015. 贵州草海发现苇鳽[J]. 动物学杂志, 50(3): 469.

苗秀莲, 赛道建. 2017. 领雀嘴鹎在山东省的新分布[J]. 动物学杂志, 52(6): 1079-1080.

苗秀莲, 赛道建, 刘传栋. 2017b. 橙头地鸫在山东省的新分布[J]. 四川动物, 36(6): 685.

苗秀莲, 赛道建, 刘传栋. 2017c. 山东省发现噪鹃 *Eudynamys scolopaceus*[J]. 生物学通报, 52(9): 1.

苗秀莲, 赛道建, 刘兆瑞, 张培栋. 2017a. 山东省鸟类新纪录——斑姬啄木鸟[J]. 四川动物, 36(4): 480.

闵芝兰, 陈服官. 1983. 陕西省商洛地区鸟类调查报告[C]. 西安: 陕西省动物学会.

莫训强, 王崇义. 2018. 天津发现铜蓝鹟[J]. 动物学杂志, 53(6): 962.

莫训强, 王建华, 王玉良. 2015. 天津鸟类新纪录——水雉[J]. 四川动物, 34(3): 388.

莫训强, 于增会, 于伯军. 2020. 天津发现北长尾山雀[J]. 动物学杂志, 55(2): 255.

牟雪洁, 饶胜. 2015. 青藏高原生态屏障区近十年生态环境变化及生态保护对策研究[J]. 环境科学与管理, 40(8): 160-164.

穆君, 王娇娇, 胡灿实, 张明明, 李筑眉, 张雷, 李云波, 粟海军. 2018. 贵州习水发现鹰雕[J]. 动物学杂志, 53(4): 527-553.

内蒙古自治区统计局. 2020. 内蒙古自治区 2019 年国民经济和社会发展统计公报[EB/OL]. http://tj.nmg.gov.cn/tjgb/14035.

html. [2021-01-23].
宁夏回族自治区统计局. 2020. 宁夏回族自治区 2019 年国民经济和社会发展统计公报[EB/OL]. http://tj.nx.gov.cn/tjsj_htr/tjgb_htr/202004/t20200430_2054423.html. [2020-11-17].
牛栋, 杨萍, 何洪林. 2008. 美国长期生态学研究网络(LTER)信息化基础设施现状、挑战与未来发展趋势——Lter 信息化基础设施战略规划介绍(i)[J]. 地球科学进展, (2): 201-205.
牛俊英, 王文博, 马朝红, 白建伟, 郭浩, 王大庆, 邓明选. 2014. 2007 年至 2013 年河南省鸟类新纪录[J]. 四川动物, 33(1): 132-133.
钮式如, 陈昌杰. 1982. 全球环境监测系统及我国开展的工作[J]. 环境保护, (6): 19-20.
农易晓, 莫国巍, 王波, 蒋爱伍. 2021. 广西雅长发现白冠长尾雉[J]. 动物学杂志, 56(1): 123-125.
潘丹, 李克源, 张冰, 任静, 蒋祥进, 刘相, 杨道德. 2018. 湖南都庞岭国家级自然保护区发现绿翅金鸠[J]. 动物学杂志, 53(5): 796.
潘桂娥. 2009. 浙江省滨海滩涂湿地开发中的保护对策[J]. 水利规划与设计, (4): 12-14.
庞政伟. 2005. 墨脱——中国最后一个不通公路的县[J]. 中学地理教学参考, (12): 17.
彭燕章, 杨岚, 魏天昊, 李永鑫, 刘大森, 刘光佐. 1974. 云南鸟类的国内新纪录[J]. 动物学报, 20(1): 105-106.
彭银星, 林宣龙, 丁进清, 苟军, 蔡新斌. 2014. 中国鸟类新纪录——印度池鹭[C]. 乌鲁木齐: 新疆动物学会.
澎湃新闻. 2018. 非法猎捕鸟类案件频发 国家林草局约谈天津[EB/OL]. http://news.sina.com.cn/o/2018-09-30/doc-ifxeuwwr9957149.shtml (2018-12-30)[2020-11-26].
戚剑飞, 唐建维. 2008. 西双版纳石灰山季雨林的生物量及其分配规律[J]. 生态学杂志, (2): 167-177.
齐殿伟, 尹豪. 2005. 东北地区人口、资源、环境与可持续发展[J]. 工业技术经济, (5): 14-15.
齐齐哈尔新闻网. 2019. "9.3 非法收售贩运野生鸟类"特大案件公开宣判 18 人分别被判刑 [EB/OL]. https://www.sohu.com/a/330823803_239185 (2019-08-30)[2020-11-26].
祁明祥, 陈季贵. 2007. 门源县草地退化的原因与治理措施[J]. 草业与畜牧, (4): 27-29.
钱程, 宋建跃, 祁骅, 程国龙, 屠彦博, 范忠勇. 2019. 浙江宁波杭州湾发现剑鸻[J]. 动物学杂志, 54(6): 903-904.
钱燕文, 等. 1965. 新疆南部的鸟兽[M]. 北京: 科学出版社.
秦大河. 2003. 干旱[M]. 北京: 气象出版社.
青海省统计局, 等. 2019. 青海统计年鉴-2019[M]. 北京: 中国统计出版社有限公司.
屈畅. 2017. 黄胸鹀 13 年间从无危变"极危"系因过度捕猎食用[EB/OL]. http://www.xinhuanet.com/local/2017-12/07/c_1122069886.htm (2017-12-07)[2020-11-26].
阙品甲, 柴子文, 伍洋, 张正旺. 2019. 西藏墨脱 8 种鸟类的新分布记录[J]. 动物学杂志, 54(5): 646-651.
阙品甲, 雷维蟠, 张敬刚, 史杰, 董路, 张正旺. 2017. 西藏南部 8 种鸟类的新分布记录[J]. 动物学杂志, 52(4): 657-663.
阙品甲, 朱磊, 张俊, 王进, 李昭成, 沈尤, 冉江洪. 2020. 四川省鸟类名录的修订与更新[J]. 四川动物, 39(3): 332-360.
冉江洪, 李丽纯, 符建荣. 2005. 四川省鸟类种类记叙[J]. 四川动物, (1): 60-62.
冉江洪, 刘少英, 林强, 刘世昌, 王跃招. 2001. 重庆三峡库区鸟类生物多样性研究[J]. 应用与环境生物学报, (1): 45-50.
任国荣. 1929. 广西瑶山鸟类之研究(续集)[M]. 广州: 中山大学.
任国荣. 1928. 广西鸟类之研究(瑶山之部)[M]. 中国鸟类丛书.
人间福报. 2020. 友善农耕奏效 全台黑鸢数量达新高 840 只[EB/OL]. https://www.merit-times.com/NewsPage.aspx?unid=608011 (2020-12-28)[2020.12.28].
荣海, 王卫东. 2011. 陕西省鸟类新纪录——灰头鸦雀[J]. 四川动物, 30(5): 727.
荣艳淑. 2013. 华北干旱[M]. 北京: 中国水利水电出版社.
茹文东, 高如意, 张国钢. 2019. 河南三门峡湿地发现斑头雁[J]. 动物学杂志, 54(6): 892.
阮晓晖, 闫满玉, 杨康强, 肖凯丽, 梁子安. 2019. 河南省鸟类新纪录——流苏鹬[J]. 野生动物学报, 40(1): 252-254.
赛道建. 2017. 山东鸟类志[M]. 北京: 科学出版社.
单凯, 于君宝. 2013. 黄河三角洲发现的山东省鸟类新纪录[J]. 四川动物, 32(4): 609-612.
上海野鸟会. 2021. 上海市鸟类名录 2020[EB/OL]. http: //www.shwbs.org/swb/read.php?tid=33826 (2021-02-03)[2021-04-22].
上海自然博物馆, 等. 1983. 青海经济鸟兽[M]. 西宁: 青海人民出版社.
申苗苗, 董荣, 于晓平. 2016. 陕西省鸟类新纪录——疣鼻天鹅[J]. 四川动物, 35(4): 608.
沈静怡, 彭建军, 王宁, 付瑞东, 张承伦, 罗春节. 2020. 重庆万盛区的鸟类生物多样性的初步分析及研究[J]. 林业科技通讯, (7): 18-24.
沈雨默, 李一凡, 胡明镜, 李昭成. 2021. 四川省鸟类新记录——中华攀雀[J]. 四川动物, 40(2): 209.

施宏亮, 施剑勇, 袁晓, 薄顺奇. 2018. 白眶鹟莺等 12 种上海市鸟类新记录[J]. 华东师范大学学报(自然科学版), (3): 184-189.
石江艳, 华俊钦, 胡骞, 蒋淼, 赵玉泽, 徐基良. 2020. 河南董寨国家级自然保护区发现灰头鸫[J]. 动物学杂志, 55(3): 305.
石胜超, 陆鹏飞, 任锐君, 刘务林, 邓学建. 2015a. 西藏贡觉发现红脚隼[J]. 四川动物, 34(4): 493.
石胜超, 汤伟, 刘宜敏, 吴倩倩, 任锐君, 邓学建. 2016. 湖南省发现红颈苇鹀[J]. 动物学杂志, 51(2): 227.
石胜超, 张超, 吴倩倩, 任锐君, 刘务林, 邓学建. 2015b. 西藏波密发现鸦嘴卷尾[J]. 动物学杂志, 50(4): 658.
时良, 董荣, 于晓平. 2009. 陕西省黄河湿地冬季鸟类群落初步研究[J]. 动物学杂志, 44(3): 83-93.
史东仇, 于晓平, 常秀云, 路宝忠. 1989. 朱鹮(*Nipponia nippon*)的繁殖习性[J]. 动物学研究, (4): 327-332.
史东仇, 等. 2001. 中国朱鹮[M]. 北京: 中国林业出版社.
史海涛. 2001. 海南陆栖脊椎动物检索[M]. 海口: 海南出版社.
世界自然基金会. 2009. 东喜马拉雅——世界碰撞的地方[R]. 世界自然基金会.
世界自然基金会. 2015. 隐秘的喜马拉雅: 亚洲的奇境[R]. 世界自然基金会.
寿振黄. 1936. 河北鸟类志[J]. Zoologia Sinica, 2: 609-614.
寿振黄, 许维枢. 1966. 海南岛的鸟类 i.非雀形目[J]. 动物学报, (1): 93-112.
舒实, 陈韬, 陆峥, 张虹旋, 颜军. 2021. 湖北省鸟类新记录——鸥嘴噪鸥[J]. 四川动物, 40(1): 120.
舒实, 王雪峰, 邱鸿, 颜军, 郭阳阳. 2020. 湖北省鸟类新记录——远东苇莺[J]. 四川动物, 39(6): 686.
水雉生态教育园区. 2020. 菱角鸟历年调查成果[R]. 台北: 台湾林务部门.
斯文·赫定. 1984. 亚洲腹地旅行记[Z]. 上海: 上海书店.
斯文·赫定. 1992. 亚洲腹地探险八年[Z]. 乌鲁木齐: 新疆人民出版社.
斯幸峰, 丁平. 2011. 欧美陆地鸟类监测的历史、现状与我国的对策[J]. 生物多样性, 19(3): 303-310.
索柯洛夫 N. N. 1959. 苏联动物志·兽类(第 1 卷第 3 册)[M]. 莫斯科: 苏联科学出版社.
宋刚, 贾陈喜, 张德志, 尹祚华, 雷富民. 2016. 山西省夏县和沁水县发现银脸长尾山雀[J]. 动物学杂志, 51(5): 776.
宋景良, 鲍清泉, 何超, 乌力吉, 孟和达来, 巴特尔, 张书理, 鲍伟东. 2014. 内蒙古鸟类新纪录——丑鸭[J]. 四川动物, 33(6): 900.
宋景舒, 罗娟娟, 李佳琦, 江波, 兰广成, 徐永恒, 郭志宏, 禹万贵, 司韶山, 马明利, 宋森. 2018. 宁夏鸟类新纪录——斑背噪鹛[J]. 四川动物, 37(6): 682-683.
宋晓军, 林鹏. 2002. 福建红树林湿地鸟类区系研究[J]. 生态学杂志, (6): 5-10.
宋亦希, 陈天波, 李飞, 温柏豪, 蒙渊君, 杨剑焕. 2014. 广西弄岗发现林雕鸮[J]. 动物学杂志, 49(6): 903.
宋玉赞, 张井鹤, 承勇, 黄晓凤, 文崇福. 2011. 江西井冈山发现海南鳽[J]. 四川动物, 30(4): 658-659.
苏化龙, 林英华, 张旭, 于长青, 冉江洪. 2001. 三峡库区鸟类区系及类群多样性[J]. 动物学研究, (3): 191-199.
苏化龙, 肖文发. 2017. 三峡库区不同阶段蓄水前后江面江岸冬季鸟类动态[J]. 动物学杂志, 52(06): 911-936.
苏化龙, 肖文发, 马强, 吴钱峰, 聂必红, 王建修, 侯昆仑, 杨泉. 2008. 2008 年雪灾之后三峡库区红腹锦鸡种群动态[J]. 林业科学, 44(11): 75-81.
苏化龙, 肖文发, 王建修, 胥执清, 李望洪, 刘富国, 刘小云, 张小蓉, 王英. 2012. 三峡库区蓄水前后冬季小江水面及河岸鸟类种群波动调查[J]. 西南师范大学学报(自然科学版), 37(11): 41-48.
苏晓庆. 2018. 高黎贡山自然保护区鸟类生态环境现状研究[J]. 环境与发展, 30(5): 202, 212.
苏造文. 1959. 沈阳地区的鹀属鸟类(*Emberiza*)[J]. 动物学杂志, (11): 490-494.
孙承骞. 2007. 中国陕西鸟类图志[M]. 西安: 陕西科学技术出版社.
孙丹萍, 刘玉卿, 梁艺馨, 杨建敏, 姚孝宗. 2016. 河南栾川老君山发现红胸啄花鸟[J]. 动物学杂志, 51(3): 383.
孙风菲, 杨月伟, 聂圣鸿, 马士胜, 高晓冬. 2017. 山东曲阜发现蓝额红尾鸲[J]. 动物学杂志, 52(3): 416.
孙鸿烈, 郑度, 姚檀栋, 张镱锂. 2012. 青藏高原国家生态安全屏障保护与建设[J]. 地理学报, 67(1): 3-12.
孙虎山, 王宜艳, 等. 烟台市区习见鸟类原色图谱[M]. 济南: 山东大学出版社.
孙敬文, 莫训强. 2019. 天津发现灰林(即鸟)[J]. 动物学杂志, 54(6): 824.
孙立汉, 庄永年. 1992. 河北省鸟类分布与地理区划[J]. 地理学与国土研究, (2): 46-50.
孙鹏, 邹畅林, 于国海. 2012. 吉林省鸟类新纪录——白眼潜鸭[J]. 野生动物, 33(6): 359.
孙全辉, 张正旺. 2000. 气候变暖对我国鸟类分布的影响[J]. 动物学杂志, 35(6): 45-48.
孙仁杰, 王广军, 卜标. 2021. 广西北海发现短趾雕[J]. 动物学杂志, 56(2): 320.
孙晓东. 2006. 东北区人口分布与区域经济、生态环境协调发展研究[D]. 长春: 东北师范大学硕士学位论文.

孙孝平, 张银龙, 曹铭昌, 朱书玉, 单凯. 2015.黄河三角洲自然保护区秋冬季水鸟群落组成与生境关系分析[J]. 生态与农村环境学报, 31(4): 514-521.
孙砚峰, 李东明, 李剑平, 李巨勇, 吴跃峰. 2014. 河北省滹沱河中游湿地鸟类多样性研究[J]. 四川动物, 33(2): 294-300.
孙砚峰, 李剑平, 李巨勇, 李东明, 吴跃峰. 2012. 滹沱河湿地石家庄段水鸟群落结构及多样性[J]. 四川动物, 31(2): 297-302.
孙砚峰, 李剑平, 任智鹏, 寇冠群, 吴跃峰, 李东明. 2017. 河北省驼梁自然保护区发现远东树莺[J]. 河北师范大学学报(自然科学版), 41(4): 339-340.
孙雨麒. 2020. 长江中下游地区金融排斥的影响因素分析[J]. 广西质量监督导报, (8): 194-195.
孙泽伟, Richard W. Lewthwaite, 余日东, 李国诚, Michael R. Leven, Martin D. Williams, Kerry Sherred, James Lazell, 卢文华. 2008. 中国北回归线附近岛屿及沿海初夏鸟类报告[J]. 动物分类学报, (1): 217-222.
孙志勇, 雷小勇, 黄晓凤, 肖冬祥, 刘鹏. 2018. 江西鹰潭发现长尾鸭[J]. 动物学杂志, 53(1): 113.
索端智. 2013. 加强青藏高原研究服务国家战略和区域经济社会发展[J]. 青藏高原论坛, 1(1): 1-2.
谭海庆, 罗樊强, 梁斌. 2019. 人工橡胶林区斑块化的竹林内发现海南山鹧鸪[J]. 热带林业, 47(3): 55-56.
谭耀匡. 1985. 中国的特产鸟类[J]. 野生动物, (1): 18-21.
汤秋鸿, 兰措, 苏凤阁, 刘星才, 孙赫, 丁劲, 王磊, 冷国勇, 张永强, 桑燕芳, 方海燕, 张士锋, 韩冬梅, 刘小莽, 贺莉, 徐锡蒙, 唐寅, Deliang Chen. 2019. 青藏高原河川径流变化及其影响研究进展[J]. 科学通报, 64(27): 2807-2821.
唐蟾珠, 马勇, 王家骏, 王子玉, 周乃武. 1965. 山西省中条山地区的鸟兽区系[J]. 动物学报, (1): 86-102.
唐柳, 俞乔, 李志铭. 2014. 藏南河谷流域的生态经济开发模式研究[J]. 西藏研究, (2): 50-57.
唐启升. 1993. 正在发展的全球海洋生态系统动态研究计划(GLOBEC)[J]. 地球科学进展, (4): 62-65.
唐玉霞, 王忠斌, 杨小林. 2018. 生态旅游环境承载力评价指标体系研究——以雅鲁藏布大峡谷自然保护区墨脱区域为例[J]. 高原农业, 2(5): 558-562.
唐玉霞, 杨小林, 沈霞, 侯潇棐, 王忠斌. 2020. 自然保护区生态文明建设水平评价研究——以雅鲁藏布大峡谷自然保护区墨脱区域为例[J]. 高原农业, 4(1): 95-101.
唐兆和, 陈友铃, 唐瑞干. 1996. 福建省鸟类区系研究[J]. 福建师范大学学报(自然科学版), (2): 77-87.
唐梓钧, 刘子祥, 舒服, 刘汀, 邓学建. 2013. 湖南省两种椋鸟再发现——黑领椋鸟和紫翅椋鸟[J]. 四川动物, 32(2): 211.
陶旭东, 等. 2017. 长江中下游越冬水鸟调查报告(2015)[M]. 北京: 中国林业出版社.
陶宇, 金龙荣, 李晓民. 1991. 河北沿海雁鸭类的秋季迁徙[J]. 野生动物, (5): 14-17.
滕继荣, 李晓鸿, 冯晓斌, 陈继祥, 张涛. 2011. 甘肃省鸟类新纪录——白腰文鸟[J]. 四川动物, 30(4): 628.
田波, 周云轩, 张利权, 马志军, 杨波, 汤臣栋. 2008. 遥感与Gis支持下的崇明东滩迁徙鸟类生境适宜性分析[J]. 生态学报, (7): 3049-3059.
田少宣, 丁进清, 马鸣, 郭宏, 李新宝. 2013. 白顶鹀(*Emberiza stewarti*)——中国鸟类新纪录[J]. 动物学杂志, 48(5): 774-775.
田延浩, 吴晓丽, 李烜, 范忠勇. 2017. 浙江省鸟类新纪录——小鸥[J]. 四川动物, 36(6): 656.
田延浩, 吴晓丽, 李烜, 范忠勇. 2018. 浙江龙泉市凤阳山发现棕腹大仙鹟和冕雀[J]. 动物学杂志, 53(3): 500.
童玉平, 徐峰, 崔鹏, 文翠华, 杨维康. 2017. 巴音布鲁克国家级自然保护区繁殖鸟类调查[J]. 四川动物, 36(6): 702-707.
涂业苟, 俞长好, 黄晓凤, 单继红, 孙志勇, 汪志如. 2009. 鄱阳湖区域越冬雁鸭类分布与数量[J]. 江西农业大学学报, 31(4): 760-764, 771.
涂志刚, 陈晓慧, 张剑利, 吴家信, 陈明和, 王道儒. 2014. 海南岛海岸带滨海湿地资源现状与保护对策[J]. 湿地科学与管理, 10(3): 49-52.
万冬梅, 张雷, 冯超凡, 刘亚男, 樊荣, 付化瑞. 2017. 辽宁西部鸟类分布新记录-白头鹎[J]. 辽宁大学学报(自然科学版), 44(2): 192.
汪青雄, 肖红. 2017. 内蒙古呼和浩特市发现青头潜鸭[J]. 四川动物, 36(6): 673.
汪青雄, 肖红. 2020. 陕西省鸟类新记录——文须雀[J]. 四川动物, 39(1): 90.
汪松, 解焱. 2009. 中国物种红色名录　第二卷　脊椎动物卷[M]. 北京: 高等教育出版社.
王斌, 黄俞淞, 李先琨, 向悟生, 丁涛, 黄甫昭, 陆树华, 韩文衡, 文淑均, 何兰军. 2014. 弄岗北热带喀斯特季节性雨林15Ha监测样地的树种组成与空间分布[J]. 生物多样性, 22(2): 141-156.
王冰鑫, 崔继法, 陈文文, 赵常明, 徐文婷, 熊高明, 谢宗强, 周友兵. 2016. 湖北省发现小黑领噪鹛[J]. 动物学杂志, 51(3): 508.
王伯荪, 张炜银. 2002. 海南岛热带森林植被的类群及其特征[J]. 广西植物, 22(2): 107-115.
王代平, 黄希, 夏灿玮. 2013. 北京小龙门发现淡尾鹟莺[J]. 动物学杂志, 48(2): 219.

王凤琴. 2008. 天津地区湿地水鸟组成及多样性分析[J]. 安徽农业科学, (20): 8623-8625.
王凤琴, 覃雪波. 2007. 天津地区鸟类组成及多样性分析[J]. 河北大学学报(自然科学版), (4): 417-422.
王凤琴, 赵欣如, 周俊启, 李春燕, 吴学东, 何建水, 何瑞艳, 杨晔. 2006. 天津大黄堡湿地自然保护区鸟类调查[J]. 动物学杂志, (5): 72-81.
王海涛, 姜云垒, 高玮. 2012. 吉林省鸟类[M]. 长春: 吉林出版集团.
王荷生. 1997. 华北植物区系地理[M]. 北京: 科学出版社.
王剑, 董磊, 彭建生, 郭亮, 徐健. 2011. 云南省鸟类新纪录——凤头雀莺[J]. 四川动物, 30(2): 282.
王剑, 赵超, 丁楠雅, 梁丹, 王天冶, 韦铭. 2014. 云南蒙自长桥海发现秃鹳和翻石鹬[J]. 动物学杂志, 49(1): 136.
王疆评, 王平, 刘洋, 孙治宇, 钟光辉. 2016. 四川鸟类新纪录——黑翅鸢[J]. 四川动物, 35(1): 30.
王靖, 罗磊. 2018. 陕西省鸟类新纪录——黑喉潜鸟[J]. 四川动物, 37(2): 138.
王开锋, 雷颖虎, 王艳, 张广平. 2007. 黄土丘陵区纸坊沟流域鸟类多样性的初步研究[J]. 陕西师范大学学报(自然科学版), (S1): 89-92.
王开锋, 张继荣, 雷富民. 2010. 中国动物地理亚区繁殖鸟类地理分布格局与时空变化[J]. 动物分类学报, 35(1): 145-157.
王立冬, 张洪山, 赵亚杰, 王安东. 2015. 山东省鸟类新记录——蒙古百灵[J]. 野生动物学报, 36(1): 121-123.
王宁, 邓涛. 2014. 西藏自治区鸟类分布新纪录——蒙古沙雀[J]. 四川动物, 33(1): 50.
王宁, 罗平钊, 西洛次仁, 拉巴次仁. 2020b. 西藏亚东发现红腹咬鹃[J]. 动物学杂志, 55(3): 411.
王宁, 罗平钊, 赵凯, 刘羿辰. 2020a. 西藏自治区 3 种鸟类分布的新记录[J]. 四川动物, 39(3): 323-324.
王宁练, 姚檀栋, 徐柏青, 陈安安, 王伟财. 2019. 全球变暖背景下青藏高原及周边地区冰川变化的时空格局与趋势及影响[J]. 中国科学院院刊, 34(11): 1220-1232.
王朋. 2018. 任国荣与广西大瑶山的鸟类研究[J]. 时代报告, (10): 121-122.
王岐山. 1986. 安徽动物地理区划[J]. 安徽大学学报(自然科学版), (1): 45-58.
王岐山, 陈璧辉, 梁仁济. 1966. 安徽兽类地理分布的初步研究[J]. 动物学杂志, (3): 101-106.
王沁, 王瑞卿. 2013. 白冠带鹀[J]. 中国鸟类观察, (1): 42.
王庆合, 赵海鹏, 张政, 孙向伟, 李彬, 邓天鹏. 2016. 河南省鸟类新纪录——灰眶雀鹛[J]. 四川动物, 35(6): 917.
王荣兴, 吴飞, 杨晓君. 2016. 云南昆明发现印度池鹭[J]. 动物学杂志, 51(4): 716.
王荣兴, 杨晓君. 2015. 云南鸟类新纪录——大滨鹬[J]. 四川动物, 34(4): 598.
王汝斌. 2014. 贵州首次发现彩鹮[J]. 四川动物, 33(6): 937.
王瑞, 蔡新斌, 靳开颜, 买尔燕古丽·阿不都热合曼, 荀军, 林宣龙. 2019. 中国鸟类亚种新记录——草鹭指名亚种[J]. 动物学杂志, 54(2): 244.
王邵军, 王红, 李霁航. 2017. 不同土地利用方式对蚯蚓数量及生物量分布的影响[J]. 生态学杂志, 36(1): 118-123.
王树功, 陈新庚. 1998. 广东省滨海湿地的现状与保护[J]. 三峡环境与生态, 20(1): 4-7, 11.
王双贵, 郭志宏, 宋景舒, 宋森. 2019. 宁夏泾源发现灰翅鸫和黄臀鹎[J]. 动物学杂志, 54(06): 904-905.
王廷正, 方荣盛, 王德兴. 1981. 陕西大巴山的鸟兽调查研究(一)——鸟类区系的研究[J]. 陕西师大学报(自然科学版), (Z1): 204-230.
王挺, 扎西索郎. 2020. 墨脱县主要农业气象灾害及气象服务措施[J]. 农家参谋, (9): 98.
王卫东, 刘平, 于晓平. 2012. 陕西省鸟类新纪录——黑头奇鹛[J]. 四川动物, 31(2): 322.
王香亭. 1989. 六盘山自然保护区科学考察[M]. 银川: 宁夏人民出版社.
王香亭. 1990. 宁夏脊椎动物志[M]. 银川: 宁夏人民出版社.
王香亭. 1991. 甘肃脊椎动物志[M]. 兰州: 甘肃科学技术出版社.
王香亭, 秦长育, 贾万章, 宋志明, 贺汝良, 钟宁祥. 1977. 宁夏地区脊椎动物调查报告[J]. 兰州大学学报, (1): 110-128.
王香亭, 宋志明, 杨友桃, 刘迺发, 陈鉴潮. 1981. 甘肃鸟类区系研究[J]. 兰州大学学报, (3): 114-125.
王小炯, 鲍敏, 张营, 段培, 陈振宁. 2014. 甘肃省鸟类新纪录——靴隼雕[J]. 四川动物, 33(4): 544.
王小平, 刘涛, 关翔宇, 吴亚勇. 2021. 辽宁省 3 种鹰科鸟类新记录[J]. 四川动物, 40(1): 117-118.
王玄, 刘威, 常青, 丁晶晶. 2019. 江苏阜宁县发现灰背椋鸟[J]. 动物学杂志, 54(1): 146.
王学雷, 吕晓蓉, 杨超. 2020. 长江流域湿地保护、修复与生态管理策略[J]. 长江流域资源与环境, 29(12): 2647-2654.
王彦平, 斯幸峰, Peter M. Bennett, 陈传武, 曾頔, 赵郁豪, 吴奕如, 丁平. 2017. 中国鸟类的灭绝危险和易灭绝特征[Z]. 中国浙江温州: 浙江省第四届动物学博士与教授论坛、动物学与经济强省-浙江省动物学研究及发展战略研讨会(未正式发表资料).

王义弘, 吴婷婷, 范俊功, 王鹏华, 陈向阳, 侯建华. 2018. 白洋淀夏季鸟类群落及类群多样性[J]. 河北大学学报(自然科学版), 38(4): 443-448.

王永洁. 2010. 东北地区典型湿地的水环境及其可持续性度量研究[M]. 北京: 中国环境科学出版社.

王宇琪, 阚品甲, 张正旺. 2018. 河北沿海发现小凤头燕鸥[J]. 动物学杂志, 53(2): 317.

王渊, 次平, 李大江, 刘锋, 朱雪林, 李炳章. 2016b. 西藏墨脱县发现灰喉山椒鸟[J]. 四川动物, 35(4): 616.

王渊, 刘锋, 次平, 吴建普, 李炳章, 朱雪林, 刘务林. 2016a. 西藏墨脱县发现长尾阔嘴鸟[J]. 动物学杂志, 51(3): 372.

王智斌, 白皓天, 赵雪冰. 2017. 云南省鸟类新纪录——斑胸滨鹬、三趾滨鹬[J]. 四川动物, 36(3): 284.

王祖祥, 叶晓堤. 1990. 青海玉树、果洛地区鸟类考察报告——中美青海高原联合动物学考察成果之二[J]. 高原生物学集刊, 9: 117-139.

魏乐德. 2020. 基于Landsat数据的近三十年来青藏高原湖泊动态变化分析——以青海省为例[J]. 青海师范大学学报(自然科学版), 36(3): 51-56.

魏天昊, 王直军, 崔庆余. 1988. 哀牢山中北段的鸟类[A]//哀牢山自然保护区考察团. 哀牢山自然保护区综合考察报告集[C]. 昆明: 云南民族出版社.

魏显虎, 杜耘, 蔡述明, 张婷婷, 刘韬. 2007. 湖北省湖泊演变及治理对策[J]. 湖泊科学, 19(05): 530-536.

魏振华, 李言阔, 李佳琦, 楼智明, 舒特生, 周鸭仙, 邵瑞清. 2018. 江西九岭山发现灰头鸫[J]. 动物学杂志, 53(1): 91.

魏振华, 应钦, 张微微, 黄慧琴, 于泽平. 2015. 江西发现宝兴歌鸫[J]. 动物学杂志, 50(6): 829.

温超然, 陈槟, 张芬耀, 周佳俊, 金伟, 刘宝权. 2019. 浙江省鸟类新纪录——绿翅金鸠[J]. 野生动物学报, 40(1): 250-251.

温超然, 陈光辉, 金伟, 周佳俊, 刘宝权. 2020. 浙江省鸟类新记录: 钩嘴林鵙[J]. 生态与农村环境学报, 36(11): 1416-1417.

闻丞, 宋晔, 韩冬, 孙霄, 叶航. 2013. 北京发现凤头鹰和黑翅鸢[J]. 动物学杂志, 48(6): 851.

翁荣炫, 林建平. 1999. 水雉的生殖生物学研究[C]. 台北: 野鸟学会.

翁义聪, 翁荣炫. 2003. 菱田惊艳, 水雉复育和埤塘的生物多样性[R]. 台南: 湿地保护联盟.

巫嘉伟, 杨永琼, 古晓东, 杨志松, 李晓红, 黄科, 朱磊, 余志祥. 2017. 四川攀枝花发现栗背伯劳[J]. 动物学杂志, 52(6): 1080-1081.

巫嘉伟, 杨宇. 2012. 四川省鸟类新纪录——褐头鸫[J]. 四川动物, 31(4): 563.

吴丞昊, 季景勇, 张芬耀, 刘宝权. 2019a. 浙江省鸟类新记录——楔尾鹱[J]. 四川动物, 38(2): 162-163.

吴丞昊, 赵锷, 金伟, 刘宝权. 2019b. 浙江省鸟类新记录——加拿大雁[J]. 浙江林业科技, 39(2): 64-66.

吴春林. 1991. 广西热带石灰岩季节雨林分类与排序[J]. 植物生态学与地植物学学报, (1): 17-26.

吴冬秀, 张彤. 2005. 中国生态系统研究网络(CERN)及其生物监测[J]. 生物学通报, (5): 18-19.

吴飞, 廖晓东, 刘鲁明, 杨晓君. 2010. 中国太阳鸟科鸟类新纪录——褐喉直嘴太阳鸟[J]. 动物学研究, 31(1): 108-109.

吴海峰, 关翔宇, 张劲硕, 侯金生. 2017. 北京发现丑鸭[J]. 动物学杂志, 52(3): 544.

吴海龙, 等. 2017. 安徽鸟类图志[M]. 芜湖: 安徽师范大学出版社.

吴佳媛, 杨贵生. 2017. 近年来内蒙古鸟类新纪录的解析[J]. 内蒙古大学学报(自然科学版), 48(6): 678-686.

吴建普, 吕永磊, 舒服, 梁丹, 李炳章, 罗红. 2015. 西藏墨竹工卡县发现北极鸥[J]. 动物学杂志, 50(5): 820.

吴健华, 梁斌. 2019. 海南岛鸟类新记录——铜蓝鹟[J]. 四川动物, 38(3): 339.

吴明永. 2012. 建国以来西南少数民族地区社会发展研究综述[J]. 云南民族大学学报(哲学社会科学版), 29(6): 61-66.

吴少斌, 方平, 韩宗先, 罗祖奎, 李宏群, 张燕, 伍莎. 2010. 涪陵区春季鸟类群落及其对于区域生态保护的意义[J]. 华东师范大学学报(自然科学版), (2): 26-33.

吴思, 姜楠, 廖小青, 李小利, 于晓平. 2021. 陕西省鸟类新记录——钳嘴鹳[J]. 四川动物, 40(2): 159.

吴伟伟, 徐海根, 吴军, 曹铭昌. 2012. 气候变化对鸟类影响的研究进展[J]. 生物多样性, 20(1): 108-115.

吴先智. 1988. 四川金堂县鸟类区系调查报告[J]. 四川动物, (4): 39-40.

吴雪, 杜杰, 李晓娟, 廖文波. 2015. 草高控制对重庆江北机场鸟类的影响[J]. 西华师范大学学报(自然科学版), 36(2): 126-134.

吴雪, 杜杰, 李晓娟, 明信斌, 郑江萍, 冉顺荣, 陈国玲. 2019. 重庆市发现肉垂麦鸡[J]. 动物学杂志, 54(3): 381-394.

吴逸群, 刘迺发. 2011. 蓝马鸡: 中国特有的森林鸟类(英文)[J]. Chinese Birds, 2(4): 200-205.

吴逸群, 马鸣, 徐峰, Andrew Dixon, Dimitar Ragyov. 2006. 准噶尔盆地东部棕尾鸟鵟繁殖生态学研究[J]. 干旱区地理, (2): 225-229.

吴永杰, 何兴成, Shane G. Dubay, Andrew Hart Reeve, Per Alstr M., 周华明, 和梅香, 雍凡, 张文文, 雷富民, 冉江洪. 2017. 贡嘎山东坡的鸟类多样性和区系[J]. 四川动物, 36(06): 601-615.

吴征镒, 等. 中国植被[M]. 北京: 科学出版社.
吴正. 2009. 中国沙漠及其治理[M]. 北京: 科学出版社.
吴正. 1982. 我国的沙漠[M]. 北京: 商务印书馆.
吴至康, 陈云, 吴守恩, 林齐维, 胡鸿兴, 唐瑞昌. 1979. 贵州的鸟类(iv)——贵州省新记录[J]. 武汉大学学报(自然科学版), (4): 97-112.
吴至康, 李若贤. 1985. 黑颈鹤越冬生态初步研究[J]. 生态学报, (1): 71-76.
吴至康, 等. 1986. 贵州鸟类志[M]. 贵阳: 贵州人民出版社.
伍光和, 等. 2008. 自然地理学[M]. 北京: 高等教育出版社.
伍和启, 张琦, 李宗颖, 刘鲁明. 2021. 云南景谷发现细嘴兀鹫[J]. 动物学杂志, 56(6): 959-960.
武美香. 2011. 我国特有及珍稀濒危鸟类地理分布与气候要素的关系[D]. 重庆: 西南大学硕士学位论文.
武秀云. 2002. 藏雪鸡的研究概述[J]. 青海科技, (1): 25-26.
武宇红, 吴跃峰. 2005. 河北邢台市森林公园鸟类区系调查初报[J]. 四川动物, (4): 124-129.
西藏林业信息网. 2021. 生态西藏[EB/OL]. http: //www.xzly.gov.cn/[2021-01-04].
西藏自治区统计局, 等. 2019. 西藏统计年鉴-2019[M]. 北京: 中国统计出版社.
西藏自治区主体功能区规划编制领导小组办公室. 2010. 西藏自治区主体功能区规划(2010～2020 年)[R]. 拉萨.
溪波, 潘茂盛, 余进, 张鹏, 黄涛. 2015a. 河南罗山发现彩鹮[J]. 动物学杂志, 50(1): 111.
溪波, 潘茂盛, 朱家贵, 杨春柏, 杜志勇, 袁德军. 2015b. 河南董寨发现白喉林莺(*Sylvia curruca*)[J]. 野生动物学报, 36(2): 244.
席文静, 鲍敏, 赵海瑜, 王岳邦, 张营, 陈振宁. 2015. 青海发现极北朱顶雀和白腰朱顶雀[J]. 动物学杂志, 50(3): 463-493.
席文静, 王小炯, 王舰艇, 王旭光, 马存新, 旦智措, 陈振宁. 2017. 青海省七种鸟类新纪录[J]. 动物学杂志, 52(6): 1062-1065.
夏灿玮. 2011. 安徽省鸟类科的新纪录——戴菊科(戴菊)[J]. 四川动物, 30(2): 246.
夏灿玮, 林宣龙. 2011. 河南省鸟类新纪录——淡脚柳莺[J]. 四川动物, 30(5): 799.
夏川广, 罗磊. 2019. 陕西省鸟类新记录——乌灰鸫[J]. 四川动物, 38(5): 552.
夏川广, 罗磊. 2021. 陕西省鸟类新记录——靴隼雕[J]. 四川动物, 40(1): 69.
夏万才, 邵发亮, 贾国清, 崔鹏, 周华明, 杨陈, 王杰. 2020. 贡嘎山鸟类的多样性、分布及区系[J]. 应用与环境生物学报, 26(4): 1028-1039.
夏武平. 1986. 海北高寒草甸生态系统定位站的基本特点及研究工作简介[C]. 北京: 科学出版社.
冼耀华, 关贯勋, 郑作新. 1964. 青海省的鸟类区系[J]. 动物学报, (4): 690-709.
冼耀华, 彭燕章, 王子玉, 杨岚, 郑作新. 1973. 西藏及云南鸟类的国内新纪录[J]. 动物学报, 19(4): 420.
谢红钢, 雷进宇, 胡山林, 陈韬, 叶明. 2018. 湖北武汉发现彩鹮[J]. 动物学杂志, 53(1): 31.
谢宗平, 刘钊. 2021. 甘肃省鸟类新记录——角鹡鸰[J]. 四川动物, 40(2): 141.
新疆维吾尔自治区统计局. 2020. 新疆维吾尔自治区 2019 年国民经济和社会发展统计公报[EB/OL]. (http: //www.xinjiang.gov.cn/xinjiang/xjyw/202004/a53b44a4bc84461a8e4c87a3ceaa10b0.shtml. [2021-01-23].
邢福武, 陈红锋, 秦新生, 张宋京, 周劲松. 2014. 中国热带雨林地区植物图鉴: 海南植物[M]. 武汉: 华中科技大学出版社.
邢莲莲. 1996. 内蒙古乌梁素海鸟类志[M]. 呼和浩特: 内蒙古大学出版社.
邢莲莲, 杨贵生, 马鸣. 2020. 中国荒漠草原鸟类[M]. 长沙: 湖南科学技术出版社.
邢世和, 等. 2012. 福建省农用地评价与利用区划图集[M]. 北京: 中国农业科学技术出版社.
邢晓莹, 李翔, 李枫, 马建章. 2017. 近 27 年黑龙江省鸟种变化的初步修订[J]. 生态学杂志, 36(10): 2787-2794.
邢宇, 姜琦刚, 王坤, 王耿明, 杨佳佳. 2011. 20 世纪 70 年代以来东北三省湿地动态变化[J]. 吉林大学学报(地球科学版), 41(2): 600-608.
熊天石, 韩永祥, 赵锷, 鲁长虎. 2016. 江苏连云港发现长嘴海雀[J]. 动物学杂志, 51(4): 667.
徐国华, 马鸣, 吴道宁, 刘旭. 2016. 中国 8 种鹫类分类、分布、种群现状及其保护[J]. 生物学通报, 51(7): 1-4.
徐海根, 崔鹏, 朱筱佳, 雍凡, 伊剑锋, 张文文, 李佳琦, 童文君, 江波, 蔡蕾. 2018. 全国鸟类多样性观测网络(China BON-Birds)建设进展[J]. 生态与农村环境学报, 34(1): 1-11.
徐海根, 丁晖, 吴军, 曹铭昌, 崔鹏, 陈炼, 雷军成, 乐志芳, 吴翼. 2013c. 生物物种资源监测原则与指标及抽样设计方法[J]. 生态学报, 33(7): 2013-2022.
徐海根, 等. 2013a. 中国生物多样性本底评估报告[M]. 北京: 科学出版社.

徐海根, 等. 2013b. 生物物种资源监测概论[M]. 北京: 科学出版社.
徐文铎, 何兴元, 陈玮, 刘常富, 赵桂玲, 周园. 2008. 中国东北植被生态区划[J]. 生态学杂志, (11): 1853-1860.
徐文强, 赵珍珍, 韩保民. 2020. 长江中下游区域 2005—2015 年土地利用类型变化分析[J]. 科技风, (14): 169-170.
徐曦, 罗祖奎, 冉景丞. 2019. 崇明东滩鸟类新纪录——大红鹳[J]. 野生动物学报, 40(4): 1117-1119.
徐雨, 冉江洪, 岳碧松. 2008. 四川省鸟类种数的最新统计[J]. 四川动物, (3): 429-431.
徐源新, 王海涛. 2020. 吉林省鸟类分布新纪录——仙八色鸫[J]. 野生动物学报, 41(2): 535-536.
许翠萍, 李欣洋, 王宜艳, 王丽婷, 刘贺, 申雪娇, 孙虎山. 2018. 烟台大沽夹河入海口水鸟群落组成、物种丰富度和种间关系分析[J]. 湿地科学, 16(5): 635-641.
许鹏, 吕士成, 陈国远, 鲁长虎. 2017. 江苏盐城发现白鹈鹕[J]. 动物学杂志, 52(5): 864.
许涛清, 等. 1996. 陕西省脊椎动物名录[M]. 西安: 陕西科学技术出版社.
旭日干. 2013. 内蒙古动物志(第三卷): 鸟纲非雀形目[M]. 呼和浩特: 内蒙古大学出版社.
旭日干. 2015. 内蒙古动物志(第四卷): 鸟纲雀形目[M]. 呼和浩特: 内蒙古大学出版社.
薛佳, 赵吉福, 王翊肖, 杨金. 2020. 甘肃敦煌发现白兀鹫[J]. 动物学杂志, 55(5): 646.
薛蕾, 徐承红. 2015. 长江流域湿地现状及其保护[J]. 生态经济, 31(12): 10-13.
闫理钦, 王金秀, 赛道建, 梁国恩, 张金勇. 1998. 威海湿地鸟类分布调查[J]. 动物学杂志, (6): 8-11.
阎季惠, 李景光. 1999. 全球海洋观测系统及我们的对策初探[J]. 海洋技术, (3): 14-21.
颜重威. 1976. 猫屿保护区[J]. 环境科学通讯, 8: 19-22.
颜重威. 1992a. 台湾鸟类研究和保护近况[J]. 海峡科技交流研究, (2): 23-26.
颜重威. 1992b. 台湾自然环境改变与鹭鸶族群现况[J]. 台湾省立博物馆年刊, 38: 125-132.
颜重威, 刘小如. 2008. 台湾鸟类多样性现况与研究[M]. 台湾物种多样性 I. 研究现况, 邵广昭, 彭镜毅, 吴文哲. 台北: 台湾林务部门: 265-271.
颜重威, 史东仇, 王开锋, 巩会生. 2003. 秦岭南坡和台湾中部山地鸟类的相似性[C]. 北京: 中国林业出版社.
晏学飞, 李玉春. 2009. 海南岛兽类名录整理[J]. 海南师范大学学报(自然科学版), 22(2): 191-195.
羊向东, 董旭辉, 陈旭, 王荣, 王倩, 林琪, 徐敏. 2020. 长江经济带湖泊环境演变与保护、治理建议[J]. 中国科学院院刊, 35(8): 977-987.
阳艳岚, 董传龙, 黄建. 2013. 东北鸟类新纪录——红翅凤头鹃[J]. 北京林业大学学报, 35(2): 134.
杨春艳, 沈渭寿, 林乃峰. 2014. 西藏高原气候变化及其差异性[J]. 干旱区地理, 37(2): 290-298.
杨帆. 2005. 重庆文理学院星湖校区鸟类调查初报[J]. 渝西学院学报(自然科学版), (4): 42-44.
杨贵生, 邢莲莲. 1998. 内蒙古脊椎动物名录及分布[M]. 呼和浩特: 内蒙古大学出版社.
杨怀. 2018. 鸡公山自然保护区鸟类资源现状及保护策略[J]. 中国林副特产, (4): 55-59.
杨杰, 刘运通, 朱荣杰, 赵贯飞. 2019. 西藏墨脱县香蕉生产现状、问题与对策[J]. 西藏农业科技, 41(2): 65-67.
杨杰峰, 杜丹, 田思思, 董文龙, 杨旭, 闵水发. 2017. 湖北省典型湖泊湿地生物多样性评价研究[J]. 水生态学杂志, 38(3): 15-22.
杨杰峰, 闵水发, 王海民, 李立, 冷艳芝, 董文龙, 姚敏敏. 2015. 湿地生物多样性评价体系研究[J]. 广东农业科学, 42(5): 115-118.
杨金. 2018. 福建鸟类图鉴[M]. 福州: 海峡书局.
杨岚, 等. 2004. 云南鸟类志·下卷·雀形目[M]. 昆明: 云南科技出版社.
杨乐, 仓决卓玛, 纪托, 杨敏, 周曙光, 李建川, 李来兴. 2011. 西藏“一江两河”流域鸟类资源调查初报[J]. 四川动物, 30(3): 475-480.
杨乐, 曹鹏熙, 李忠秋, 党卫东. 2019b. 西藏流浪狗的危害和防控[J]. 生物学杂志, 36(2): 94-97.
杨乐, 李继荣, 仓决卓玛. 2016. 西藏“一江两河”流域越冬黑颈鹤种群数量及分布[J]. 东北林业大学学报, 44(5): 70-72.
杨乐, 刘善思, 高畅, 益西多吉, 周生灵, 阙品甲. 2019a. 西藏申扎县木纠错发现彩鹮[J]. 动物学杂志, 54(4): 616.
杨乐, 阙品甲, 范丽卿, 刘宇, 潘翰, 张正旺. 2018b. 西藏发现蓝翡翠和小黑背银鸥[J]. 动物学杂志, 53(5): 829-830.
杨乐, 周生灵, 李继荣, 魏聪, 土艳丽. 2018a. 西藏达孜县发现灰椋鸟[J]. 动物学杂志, 53(3): 359.
杨乐, 周生灵, 土艳丽. 2017. 西藏拉萨市多地发现外来物种八哥[J]. 西藏科技, (10): 66.
杨利勋, 杨玉玮, 陆明鑫, 陆奇峰, 张志强. 2018. 湖南通道县发现白眉棕啄木鸟[J]. 动物学杂志, 53(3): 501.
杨睿, 程维金, 肖之炎, 郭阳阳. 2021. 湖北省鸟类新记录——红嘴巨燕鸥[J]. 四川动物, 40(1): 119.
杨森, 李春林, 杨阳, 周盛, 鲍明霞, 周立志. 2017. 安徽省鸟类新纪录——栗头鹟莺和赤嘴潜鸭[J]. 四川动物, 36(2): 187.

杨生明, 曼曼. 1996. 大鵟又回来了——利用鹰架招鹰灭鼠取得了显著成效[J]. 中国生物圈保护区, (4): 42.
杨庭松, 蔡新斌, 苟军, 林宣龙. 2015. 新疆再次记录到鹃头蜂鹰[J]. 四川动物, 34(3): 410.
杨文晖. 2007. 泉州市鸟类物种多样性及其空间格局研究[D]. 福州: 福建农林大学硕士学位论文.
杨向明, 赵占合. 2020. 山西省鸟类分布新记录 3 种[J]. 动物学杂志, 55(4): 516-517.
杨小波, 陈宗铸, 李东海. 2021. 海南植被分类体系与植被分布图[J]. 中国科学: 生命科学, 51(3): 321-333.
杨小波, 等. 2019. 海南植被志(第一卷)[M]. 北京: 科学出版社.
杨晓菁, 张菁, 汪海兵, 张运晨, 马龙峰. 2017. 湖北武汉涨渡湖发现全球极度濒危物种青头潜鸭群[J]. 动物学杂志, 52(3): 430.
杨晓菁, 张菁, 张天, 楚禄建, 汪文韬. 2019. 湖北通城记录到丽星鹩鹛鸣声[J]. 动物学杂志, 54(1): 145.
杨晓君, 文贤继, 杨岚. 1997. 云南东南部和西北部绿孔雀分布的调查[J]. 动物学研究, 18(1): 12, 18.
杨效东, 魏天昊, 盛才余, 陶滔, 甘正平. 1998. 重庆机场草地土壤动物群落特征及其与鸟类关系的初步研究[J]. 动物学研究, (3): 34-42.
杨亚桥, 罗磊, 刘博野, 高学斌. 2019. 陕西省鸟类新记录——白头硬尾鸭[J]. 四川动物, 38(2): 129.
杨永兴. 2002. 国际湿地科学研究的主要特点、进展与展望[J]. 地理科学进展, (2): 111-120.
杨宇明, 等. 2008. 中国文山国家级自然保护区科学考察研究[M]. 北京: 科学出版社.
杨玉祥, 丁宗苏, 吴森雄, 吴建龙, 阮锦松, 林瑞兴, 蔡乙荣. 2020. 2020 年台湾鸟类名录[R]. 台北: 野鸟学会.
杨元昌, 段羽, 徐伟章, 等. 1985. 西双版纳的鸟类[A]//西双版纳自然保护区综合考察团. 西双版纳自然保护区综合考察报告集[C]. 昆明: 云南科技出版社: 326-349.
杨再玺, 苏涛, 鲁长虎, 周延. 2018. 江苏省鸟类新纪录——剑鸻[J]. 四川动物, 37(5): 562.
杨正礼, 杨改河. 2000. 中国高寒草地生产潜力与载畜量研究[J]. 资源科学, (4): 72-77.
杨志锋, 谢红钢, 张耀琪, 郎伟钢, 郭阳阳. 2020. 湖北鄂州发现细嘴鸥[J]. 四川动物, 39(2): 167.
姚建初, 郑永烈. 1986. 太白山鸟类垂直分布的研究[J]. 动物学研究, (2): 115-138.
姚志刚, 陈玉清, 袁芳, 翟可. 2014. 江苏省滨海湿地现状、问题及保护对策[J]. 林业科技开发, 28(4): 10-14.
叶笃正, 符淙斌, 季劲钧, 董文杰, 吕建华, 温刚, 延晓冬. 2001. 有序人类活动与生存环境[J]. 地球科学进展, (4): 453-460.
叶航, 周冰, 王鹏程, 雷维蟠, 邓文洪. 2015. 北京发现强脚树莺[J]. 四川动物, 34(3): 463.
伊剑锋, 刘威, 韩连生, 耿超, 韩其喜. 2019. 山东青州发现黑冠鳽[J]. 动物学杂志, 54(4): 609-610.
依万诺夫 а и, 刘砚华. 1959. 云南南部鸟类调查报告 I[J]. 动物学报, 11(2): 171-210.
殷大文, 李晓军, 高伟. 2020. 甘肃酒泉发现红背红尾鸲和小苇鳽[J]. 动物学杂志, 55(6): 832-833.
殷后盛, 刘祯祥, 韩斌, 柯尊军. 2014. 四川省鸟类新纪录——灰尾漂鹬[J]. 四川动物, 33(5): 761.
殷后盛, 刘祯祥, 柯尊军, 周锋. 2015. 四川省鸟类新纪录——蒙古沙雀[J]. 四川动物, 34(2): 269.
殷后盛, 刘祯祥, 周锋. 2012. 四川省鸟类新纪录——漠䳭[J]. 四川动物, 31(5): 745.
雍凡. 2015. 中国鸟类的繁殖季和越冬季分布格局及其影响因子[D]. 南京: 南京师范大学硕士学位论文.
雍凡, 徐海根, 崔鹏, 曹铭昌, 雷军成, 吴翼, 丁晖, 吴军, 卢晓强, 乐志芳. 2015. 中国森林鸟类繁殖季和越冬季分布格局及其影响因子[J]. 生态与农村环境学报, 31(5): 658-663.
于国海, 王海涛, 孙鹏, 杨萍. 2011c. 吉林省鸟类新纪录——沙丘鹤[J]. 东北师大学报(自然科学版), 43(1): 159-160.
于国海, 王永, 张晓晶. 2011b. 吉林省鸟类新纪录——阔嘴鹬[J]. 吉林林业科技, 40(2): 28-31.
于国海, 张晓晶, 徐宝财, 杨平. 2011a. 吉林省鸟类新纪录——大滨鹬[J]. 野生动物, 32(03): 178-179.
于国海, 邹畅林. 2012. 东北鸟类新纪录——小滨鹬[J]. 野生动物, 33(4): 249.
余军林, 饶军, 邵明勤. 2012. 江西省鸟类新纪录——白斑军舰鸟[J]. 四川动物, 31(6): 891.
余丽江, 黄成亮, 杨岗, 周放. 2015. 广西发现中华攀雀[J]. 动物学杂志, 50(3): 492.
余志伟, 邓其祥, 胡锦矗, 陈鸿熙, 陈恩渝. 1986. 四川省大巴山、米仓山鸟类调查报告[J]. 四川动物, (4): 11-18.
虞快, 唐子明, 唐子英. 1983. 浙江鸟类之研究[J]. 上海师范学院学报(自然科学版), (1): 49-70.
喻珺頔, 陈光海, 吴楠, 喻杰, 周友兵. 2020a. 湖北神农架发现白眉蓝姬鹟[J]. 动物学杂志, 55(3): 400.
喻珺頔, 吴楠, 喻杰, 周友兵. 2020b. 湖北神农架发现灰蓝姬鹟[J]. 湖北林业科技, 49(5): 77-78.
喻珺頔, 张久国, 雷博宇, 吴楠, 高学斌, 喻杰, 舒化伟, 周友兵. 2019. 湖北兴山、神农架发现火冠雀[J]. 动物学杂志, 54(4): 615.
袁国映. 1991. 新疆脊椎动物简志[M]. 乌鲁木齐: 新疆人民出版社.
袁继林, 袁继鹏. 2017. 贵州省鸟类新纪录——黑眉苇莺[J]. 贵州林业科技, 45(2): 49-50.

袁力. 2005. 宁夏贺兰山自然保护区夏季鸟类群落结构[J]. 东北林业大学学报, (5): 80-82, 109.

袁伟, 高华影, 原洪, 张福恩. 1990. 秦岭宁陕林区鸟类资源调查[J]. 西北林学院学报, 5(1): 66-74.

袁玉川. 2012. 云南鸟类新纪录——长脚秧鸡[J]. 四川动物, 31(5): 794.

约翰·马敬能, 卡伦·菲利普斯, 何芬奇. 2000. 中国鸟类野外手册[M]. 长沙: 湖南教育出版社.

岳建兵, 胡德夫, 王志臣. 2006. 北京云蒙山森林公园雀形目鸟类的组成和分布[J]. 山西林业科技, (1): 19-22.

云南农业地理编写组. 1981. 云南农业地理[M]. 昆明: 云南人民出版社.

云南植被编写组. 1987. 云南植被[M]. 北京: 科学出版社.

曾晨, 白皓天, 林清贤. 2019. 广西发现黑头鹀[J]. 动物学杂志, 54(4): 608-609.

曾南京, 俞长好, 刘观华, 钱法文. 2018. 江西省鸟类种类统计与多样性分析[J]. 湿地科学与管理, 14(2): 50-60.

曾娅杰, 刘杰, 徐基良, 董新岩, 徐云鹏. 2018. 辽宁省越冬鸟类新纪录——雪雁[J]. 辽宁林业科技, (3): 29-56.

曾治高, 巩会生. 2018. 陕西秦岭南坡发现白眉林鸲[J]. 动物学杂志, 53(1): 39.

臧晓博, 杨亚桥. 2020. 陕西省鸟类新记录——半蹼鹬[J]. 四川动物, 39(1): 74.

臧晓博, 姚东武, 高国哲, 杨亚桥. 2019. 陕西省鸟类新记录——长嘴半蹼鹬[J]. 四川动物, 38(3): 327.

臧晓博, 朱勇, 石海红. 2018. 陕西省鸟类新纪录——小滨鹬[J]. 四川动物, 37(4): 464.

扎桑, 王先明. 1992. “一江两河”流域开发区的农业自然条件与资源利用[J]. 西藏科技, (4): 5-9.

张斌. 2012. 长江口滩涂围垦后土地类型变化对水鸟的影响——以南汇东滩为例[D]. 上海: 华东师范大学硕士学位论文.

张成安, 丁长青. 2008. 中国鸡形目鸟类的分布格局[J]. 动物分类学报, 33(2): 317-323.

张大治, 王杰, 杨贵军, 程小龙, 宽容. 2016. 宁夏鸟类新纪录——大红鹳[J]. 四川动物, 35(4): 584.

张冬娜, 孙鹏, 王波, 孙海超, 于国海. 2012. 吉林省鸟类新纪录——黄腹山雀[J]. 吉林林业科技, 41(6): 33-48.

张帆, 杨永昕, 赵国君, 张慧艳, 王志玲, 张书理. 2015. 内蒙古鸟类新纪录——冠鱼狗[J]. 四川动物, 34(2): 313.

张国钢, 钱法文, 马天, 李凤山, 丹丁, 陆军. 2014. 西藏鸟类新纪录——夜鹭[J]. 四川动物, 33(6): 953.

张国郎, 陈亮, 雷进宇. 2010. 中国鸟类物种新记录——眼纹黄山雀和尼泊尔鵙鹛(英文)[J]. Chinese Birds, 1(3): 211-214.

张海波, 匡中帆, 吴忠荣, 李毅. 2019. 贵州省鸟类新记录——鸲姬鹟(*Ficedula mugimaki*)[J]. 贵州科学, 37(4): 21-22.

张海波, 吴忠荣, 匡中帆. 2018. 贵州习水发现淡绿鵙鹛[J]. 动物学杂志, 53(2): 301.

张汉军, 张立勋. 2020. 钳嘴鹳在甘肃的新分布记录[J]. 四川动物, 39(1): 91.

张慧, 高吉喜, 乔亚军. 2019. 长江经济带生态环境形势和问题及建议[J]. 环境与可持续发展, 44(5): 28-32.

张家驹, 熊铁一, 罗佳, 罗明澍, 张俊范, 吴大钧. 1987. 三峡工程对库区经济鸟类影响预测[A]//中国科学院三峡工程生态与环境科研项目领导小组. 长江三峡工程对生态与环境影响及其对策研究论文集[C]. 北京: 科学出版社: 123-132.

张家驹, 熊铁一, 罗明澍. 1994. 三峡库区鸟类区系及其演替预测[A]//中国动物学会. 中国动物学会成立 60 周年: 纪念陈桢教授诞辰 100 周年论文集[C]. 北京: 科学出版社: 90-112.

张健, 李佳芮, 杨璐, 李潇. 2019. 中国滨海湿地现状和问题及管理对策建议[J]. 环境与可持续发展, 44(5): 127-129.

张江, 袁旻舒, 张婧, 李函微, 王洁仪, 张贤, 鞠佩君, 蒋海波, 陈槐, 朱求安. 2020. 近 30 年来青藏高原高寒草地 NDVI 动态变化对自然及人为因子的响应[J]. 生态学报, 40(18): 6269-6281.

张金燕. 2006. 西藏自治区“一江四河”流域大气污染防治对策研究[D]. 成都: 四川大学硕士学位论文.

张俊, 张铭, 牛蜀军, 阙品甲. 2017. 四川广汉发现长嘴半蹼鹬和短尾贼鸥[J]. 动物学杂志, 52(1): 74-114.

张俊范. 1997. 四川鸟类鉴定手册[M]. 北京: 中国林业出版社.

张克信, 王国灿, 洪汉烈, 徐亚东, 王岸, 曹凯, 骆满生, 季军良, 肖国桥, 林晓. 2013. 青藏高原新生代隆升研究现状[J]. 地质通报, 32(1): 1-18.

张雷, 董飞, 付化瑞, 张文文, 万冬梅. 2018. 辽宁朝阳和大连发现噪鹃[J]. 动物学杂志, 53(1): 98.

张雷, 蒋一婷, 韩宏宇, 万冬梅. 2020. 2012-2019 年辽宁省夏季鸟类多样性及年际变化[J]. 生态与农村环境学报, 36(5): 587-591.

张利祥, 曾祥乐, 杜银磊, 王洁, 张琦. 2019. 云南盈江发现白翅栖鸭[J]. 动物学杂志, 54(6): 902.

张满红. 2010. 广东省耕地资源保护利用现状和对策[J]. 广东农业科学, 37(2): 210-212.

张琦, 杜银磊, 徐永春. 2019. 云南盈江发现长嘴钩嘴鹛指名亚种[J]. 动物学杂志, 54(1): 147-148.

张琦, 李杉. 2020. 云南大理发现小鸥[J]. 四川动物, 39(1): 88.

张琦, 赵泽恒, 曾祥乐, 李杉, 李福松. 2021. 云南盈江和大理发现斑翅凤头鹃[J]. 动物学杂志, 56(1): 159-160.

张荣祖. 1999. 中国动物地理[M]. 北京: 科学出版社.

张荣祖. 2011. 中国动物地理[M]. 北京: 科学出版社.

张淑萍. 2008. 城市化对鸟类分布的影响[J]. 生态学杂志, 27(11): 2018-2023.
张淑霞, 李卓卿, 王紫江, 王珺, 陈兆斌, 吴金勇. 2011. 云南省鸟类新纪录——小天鹅[J]. 四川动物, 30(3): 480.
张树文, 张养贞, 李颖, 常丽萍. 东北地区土地利用/覆被时空特征分析[M]. 北京: 科学出版社.
张帅, 韩永祥, 王征. 2020. 江苏省连云港发现黑冠鳽[J]. 动物学杂志, 55(1): 112.
张微微, 应钦, 纪伟东, 孔凡前, 黄慧琴, 石金泽. 2013. 江西发现蓝鹀及深色型白鹭[J]. 动物学杂志, 48(4): 561.
张宪洲, 杨永平, 朴世龙, 包维楷, 汪诗平, 王根绪, 孙航, 罗天祥, 张扬建, 石培礼, 梁尔源, 沈妙根, 王景升, 高清竹, 张镱锂, 欧阳华. 2015. 青藏高原生态变化[J]. 科学通报, 60(32): 3048-3056.
张笑磊, 邓郁, Kai Pflug, 张东升. 2021. 华东地区发现日本绣眼鸟[J]. 四川动物, 40(1): 115-116.
张啸然, 王淼, 王卉, 鲁长虎. 2018. 南京紫金山国家森林公园繁殖鸟类多样性及年间变化[J]. 野生动物学报, 39(2): 310-316.
张雪芹, 葛全胜. 2002. 青藏高原土地利用结构、特征及合理开发战略[J]. 中国农业资源与区划, (1): 17-22.
张亚芳, 孔红韦, 刘红云, 刘冰许, 刘雪晴, 赵文珍, 赵海鹏. 2016. 河南省鸟类资源研究[J]. 河南林业科技, 36(4): 38-40.
张雁云. 2004. 中国特有鸟类[J]. 生物学通报, (03): 22-25.
张雁云, 张正旺, 董路, 丁平, 丁长青, 马志军, 郑光美. 2016. 中国鸟类红色名录评估[J]. 生物多样性, 24(5): 568-579.
张耀辉. 2010. 海南省资源环境基础研究[M]. 北京: 中国环境科学出版社.
张镱锂, 刘林山, 王兆锋, 摆万奇, 丁明军, 王秀红, 阎建忠, 许尔琪, 吴雪, 张炳华, 刘琼欢, 赵志龙, 刘峰贵, 郑度. 2019. 青藏高原土地利用与覆被变化的时空特征[J]. 科学通报, 64(27): 2865-2875.
张荫荪, 赵太安, 王世军. 1985. 唐山地区猛禽迁徙生态观察[J]. 动物学杂志, (1): 17-21.
张迎梅, 王香亭. 1990. 宁夏沙坡头自然保护区鸟类区系与沙漠治理[J]. 兰州大学学报, (3): 88-98.
张营. 2015. 青海三江源 6 个保护分区春夏季鸟类多样性研究[D]. 西宁: 青海师范大学硕士学位论文.
张营, 鲍敏, 李若凡, 张德海, 靳代缨, 段培, 陈振宁. 2014c 青海三江源国家级自然保护区通天河保护分区野生动物种类及区系分析[J]. 中国科技论文在线, 7(17): 1757-1763.
张营, 鲍敏, 马永贵, 曾阳, 马继雄, 马应龙, 段培, 陈振宁. 2014d. 青海三江源玛可河保护区鸟类多样性研究[J]. 四川动物, 33(6): 926-930.
张营, 王舰艇, 曾阳, 鲍敏, 段培, 陈振宁. 2014b. 青海省鸟类新纪录——高山旋木雀[J]. 四川动物, 33(4): 521.
张营, 王舰艇, 冯璐, 段培, 陈振宁. 2014a. 青海省鸟类新纪录——黄腹山雀[J]. 四川动物, 33(2): 238.
张玉波, 杜金鸿, 李俊生, 李俊清, 王伟. 2017. 青藏高原生态系统发育与生物多样性[J]. 科技导报, 35(12): 14-18.
张玉峰, 徐全洪, 高士平, 李东明, 吴跃峰. 2010. 河北滦河口湿地鸟类多样性调查[J]. 四川动物, 29(2): 244-248.
张毓, 郑泽, 宋晓英, 仪律北, 郑桂云, 李金花, 蔡振媛. 2014. 青海可鲁克湖-托素湖发现大红鹳[J]. 动物学杂志, 49(3): 383.
张月侠, 赛道建, 孙承凯. 2014. 山东济南发现长尾鸭[J]. 动物学杂志, 49(4): 578.
张月侠, 宋泽远, 赛道建. 2016. 山东鸟类新纪录——大红鹳[J]. 山东师范大学学报(自然科学版), 31(4): 148-150.
张征恺, 熊鹏, 余寿毅. 2011. 陕西省鸟类新纪录——流苏鹬[J]. 四川动物, 30(4): 623.
张正旺, 刘阳, 孙迪. 2004. 中国鸟类种数的最新统计[J]. 动物分类学报, 29(2): 386-388.
张志斌, 杨莹, 张小平, 陈志杰. 2014. 我国西南地区风速变化及其影响因素[J]. 生态学报, 34(2): 471-481.
张志法, 鲍敏, 马存新, 王舰艇, 马强, 陈振宁. 2019. 青海鸟类二新记录[J]. 四川动物, 38(3): 338.
章波, 周权, 杨开华, 王敏, 周青春. 2013. 湖北神农架发现灰背伯劳[J]. 动物学杂志, 48(3): 356.
章麟, Remco Steggerda, Tapio Aalto. 2019. 江苏鸟类一个科的新记录———贼鸥科[J]. 四川动物, 38(1): 110.
章叔岩, 郭瑞, 程樟峰, 翁东明. 2015. 浙江省鸟类新纪录——日本领角鸮[J]. 四川动物, 34(6): 851.
章旭日, 李贺鹏, 岳春雷, 王珺. 2019. 浙江省鸟类多样性与区系分析[J]. 野生动物学报, 40(3): 685-699.
赵彬彬, 桂正文, 邹宏硕, 姚棋, 李春林. 2018. 安徽省鸟类新纪录——叉尾太阳鸟[J]. 四川动物, 37(1): 91.
赵超, 范朋飞, 肖文. 2015. 西藏墨脱发现黑胸楔嘴鹩鹛(*Sphenocichla humei*)[J]. 动物学杂志, 50(1): 141-144.
赵冬冬, 郭克疾, 熊嘉武, 刘务林, 邓学建. 2015. 西藏昌都发现白鹭[J]. 动物学杂志, 50(1): 140.
赵格日乐图, 尚育国. 2015. 内蒙古发现白冠燕尾和黑胸麻雀[J]. 动物学杂志, 50(5): 772.
赵格日乐图, 乌云毕力格, 王明元. 2019. 内蒙古鸟类新纪录——短尾贼鸥 *Stercorarius parasiticus*[J]. 内蒙古师范大学学报(自然科学汉文版), 48(5): 377-378.
赵贵军, 封孝兰, 曾德军, 竭航, 张承露, 戚文华. 2019. 重庆南川金佛山发现林雕鸮[J]. 动物学杂志, 54(4): 614.
赵贵军, 刘嘉, 苗小猛, 曾德军, 竭航, 封孝兰, 张承露, 陈强. 2020. 重庆金佛山鸟类区系调查[J]. 四川农业大学学报, 38(2): 205-212.

赵海鹏, 赵志鹏, 郑玉培, 袁明生, 李艳霞. 2013. 河南省鸟类新纪录: 红耳鹎[J]. 四川动物, 32(2): 301.
赵洪峰, 高学斌, 雷富民, 刘昕扬, 郑宁, 尹祚华. 2005. 中国受胁鸟类的分布与现状分析[J]. 生物多样性, 13(1): 12-19.
赵洪峰, 罗磊, 侯玉宝, 许长生, 高学斌, 王树才. 2012. 陕西秦岭东段南坡繁殖鸟类群落组成的 30 年变化[J]. 动物学杂志, 47(6): 14-24.
赵健, 汪志如, 杜卿, 林剑声, 王英永. 2012. 江西省鸟类新纪录——云南柳莺、绿背姬鹟[J]. 四川动物, 31(3): 447.
赵凯, 张宏, 顾长明, 吴海龙. 2017. 安徽省七种鸟类新纪录[J]. 动物学杂志, 52(5): 877-881.
赵力强, 张德忠, 姜红梅. 2019. 甘肃兰州发现小太平鸟[J]. 动物学杂志, 54(5): 773.
赵纳勋, 粟通萍, 冯科, 梁伟. 2016a. 陕西汉中发现小鸦鹃和乌鹃[J]. 四川动物, 35(3): 443.
赵纳勋, 粟通萍, 梁伟. 2016b. 陕西长青发现棕腹杜鹃和八声杜鹃[J]. 动物学杂志, 51(4): 713-714.
赵士洞. 1997. 全球陆地观测系统开始实施[J]. 地球科学进展, (3): 298-300.
赵思远, 冯林, 王德良. 2020. 湖北七姊妹山发现长尾地鸫[J]. 动物学杂志, 55(5): 684.
赵松乔. 1983. 中国综合自然区划的一个新方案[J]. 地理学报, 38(1): 1-10.
赵松乔, 等. 1990. 中国的干旱区[M]. 北京: 科学出版社.
赵晓丽, 张增祥, 邹亚荣, 周全斌. 2002. 中国华北地区土地利用动态变化特点分析[J]. 国土资源遥感, (2): 23-28.
赵新全. 2009. 高寒草甸生态系统与全球变化[M]. 北京: 科学出版社.
赵雪冰, 陈明艳, 和之雪, 王紫江, 吴兆录. 2013a. 云南省鸟类新纪录——黑腹滨鹬、彩鹮[J]. 四川动物, 32(1): 59.
赵雪冰, 和之雪, 王英, 王紫江. 2013b. 云南省鸟类新纪录——中杓鹬[J]. 四川动物, 32(1): 155.
赵雪冰, 罗增阳, 袁玉川, 邹发生. 2017. 云南省南涧发现短尾贼鸥[J]. 动物学杂志, 52(5): 753.
赵振斌, 赵洪峰, 孙媛媛, 延军平. 2007. 西安市灞河湿地鸟类多样性调查与保护价值研究[J]. 陕西师范大学学报(自然科学版), (1): 112-115.
赵正阶. 2001. 中国鸟类志[M]. 长春: 吉林科学技术出版社: 645-646.
赵正阶. 1985. 长白山鸟类志[M]. 长春: 吉林科学技术出版社.
赵正阶, 等. 1999. 中国东北地区珍稀濒危动物志[M]. 北京: 中国林业出版社.
赵志刚, 史小明. 2020. 青藏高原高寒湿地生态系统演变、修复与保护[J]. 科技导报, 38(17): 33-41.
郑度. 2019. 中国自然地理总论[M]. 北京: 科学出版社: 133.
郑度, 赵东升. 2017. 青藏高原的自然环境特征[J]. 科技导报, 35(6): 13-22.
郑方东, 刘西, 林莉斯, 刘博野, 夏灿玮. 2017. 浙江省鸟类新纪录——大鹃鵙[J]. 四川动物, 36(2): 226.
郑光美. 1962. 秦岭南麓鸟类的生态分布[J]. 动物学报, (4): 465-473.
郑光美. 1981. 我国鸟类生态学的回顾与展望[J]. 动物学杂志, (1): 63-68.
郑光美. 2002. 世界鸟类分类与分布名录[M]. 北京: 科学出版社.
郑光美. 2005. 中国鸟类分类与分布名录[M]. 北京: 科学出版社.
郑光美. 2011. 中国鸟类分类与分布名录[M]. 2 版. 北京: 科学出版社.
郑光美. 2012. 鸟类学[M]. 北京: 北京师范大学出版社.
郑光美. 2017. 中国鸟类分类与分布名录[M]. 3 版. 北京: 科学出版社.
郑光美, 王岐山. 1998. 中国濒危动物红皮书: 鸟类[M]. 北京: 科学出版社.
郑景云, 尹云鹤, 李炳元. 2010. 中国气候区划新方案[J]. 地理学报, 65(1): 3-12.
郑玺, 李绍明, 黄湘元, 李飞. 2017. 云南腾冲发现苍头燕雀[J]. 动物学杂志, 52(3): 496.
郑作新. 1955. 中国鸟类分布目录[M]. 北京: 科学出版社: 183.
郑作新. 1958a. 中国鸟类分布目录 II 雀形目[M]. 北京: 科学出版社.
郑作新. 1958b. 云南南部新近采得的中国鸟类新纪录[J]. 科学通报, (4): 111-112.
郑作新. 1964. 中国鸟类系统检索[M]. 北京: 科学出版社.
郑作新. 1976. 中国鸟类分布名录[M]. 2 版. 北京: 科学出版社: 293-294.
郑作新. 1987. 中国鸟类区系纲要[M]. 北京: 科学出版社.
郑作新. 1994a. 中国鸟类种数普查沿革和展望——(为纪念动物分类学报创刊三十周年而作)[J]. 动物分类学报, (1): 4-9.
郑作新. 1994b. 中国鸟类种和亚种分类名录大全[M]. 北京: 科学出版社.
郑作新. 1997. 中国动物志　第一卷　鸟纲[M]. 北京: 科学出版社.
郑作新. 2000. 中国鸟类种和亚种分类名录大全[M]. 2 版. 北京: 科学出版社.
郑作新. 2002. 中国鸟类系统检索[M]. 3 版. 北京: 科学出版社.

郑作新, 江智华, 唐瑞于. 1981. 福建武夷山地区鸟类区系初探[J]. 武夷科学, 1: 153-167.
郑作新, 钱燕文, 郑宝赉, 冼耀华, 周福璋. 1960a. 湖南鸟类初步调查 i .非雀形目[J]. 动物学报, (2): 293-319.
郑作新, 谭耀匡. 1973. 海南岛的鸟类 II[J]. 动物学报, (4): 405-416.
郑作新, 谭耀匡, 王子玉, 贝天祥, 唐瑞昌, 张孚允. 1965. 我国西南鸟类新纪录[J]. 动物学杂志, (1): 11-13.
郑作新, 张荣祖. 1956. 中国动物地理区域[J]. 地理学报, (1): 93-109.
郑作新, 郑宝赉. 1960. 云南南部鸟类调查 II [J]. 动物学报, (2): 250-277.
郑作新, 等. 1973. 秦岭鸟类志[M]. 北京: 科学出版社.
中国观鸟年报编辑部. 2020. 中国观鸟年报: 中国鸟类名录 8.0(2020)[R](未正式发表资料).
中国科学院青藏高原综合科学考察队. 1982. 西藏自然地理[M]. 北京: 科学出版社: 150-160.
中国科学院青藏高原综合科学考察队. 1983a. 西藏地貌[M]. 北京: 科学出版社.
中国科学院青藏高原综合科学考察队. 1983b. 西藏鸟类志[M]. 北京: 科学出版社.
中国科学院青藏高原综合科学考察队. 1996. 横断山区鸟类[M]. 北京: 科学出版社.
中国科学院西北高原生物研究所. 1989. 青海经济动物志[M]. 西宁: 青海人民出版社.
中国科学院植物研究所, 等. 1988. 西藏植被[M]. 北京: 科学出版社: 50-180.
中华地理志编辑部. 1957. 华北区自然地理资料[M]. 北京: 科学出版社.
中华人民共和国生态环境部. 2019. 中国履行《生物多样性公约》第六次国家报告[M]. 北京: 中国环境出版集团.
钟德才. 1998. 中国沙海动态演化[M]. 兰州: 甘肃文化出版社.
钟平华, 赖九江, 陈元生. 2018. 江西吉安发现灰翅鸫[J]. 动物学杂志, 53(2): 206.
周道玮, 张正祥, 靳英华, 王平, 王学志. 2010. 东北植被区划及其分布格局[J]. 植物生态学报, 34(12): 1359-1368.
周冬良. 2020. 福建省鸟类种数的最新统计[J]. 福建林业科技, 47(4): 6.
周放. 2011. 广西陆生脊椎动物分布名录[M]. 北京: 中国林业出版社.
周放, 等. 2010. 中国红树林区鸟类[M]. 北京: 科学出版社.
周华明. 2014. 贡嘎山保护区鸟类[M]. 成都: 电子科技大学出版社.
周记超, 黄忠舜, 曹珂. 2019. 湖南书院洲国家湿地公园不同生境鸟类多样性研究[J]. 湖南林业科技, 46(4): 82-88.
周家兴. 1962. 河南省动物区划界线问题——动物地理区划中古北区和东洋区在河南省境内过渡界线的探讨[J]. 新乡师范学院学报, (3): 62-77.
周开亚, 李悦明, 刘月珍. 1981. 江西庐山的夏季鸟类[J]. 南京师范大学(自然科学版), 3: 43-48.
周晴, 陈毅昌. 2020. 广西与江西经济社会发展比较分析[J]. 市场论坛, (12): 32-37.
周生灵, 刘善思, 李继荣, 杨乐. 2020a. 西藏“一江三河”流域越冬水鸟多样性[J]. 生态与农村环境学报, 36(11): 1410-1415.
周生灵, 杨乐, 刘善思, 杨征, 翁仕洋. 2020b. 西藏拉鲁湿地自然保护区鸟类群落季节动态[J]. 生物学杂志, 37(4): 66-71.
周兴民, 等. 1986. 青海植被[M]. 西宁: 青海人民出版社.
周延, 韦铭, 鲁长虎. 2019. 江苏省南部发现棕脸鹟莺[J]. 动物学杂志, 54(1): 14.
朱成立, 孙迪明, 马鸣, 文志敏, 邢睿. 2011. 北灰鹟——新疆鸟类新纪录[J]. 四川动物, 30(1): 44.
朱高栋, 魏振华, 廖许清, 李言阔. 2018. 江西遂川发现白尾蓝地鸲[J]. 动物学杂志, 53(3): 346.
朱华. 2011. 云南热带季雨林及其与热带雨林植被的比较[J]. 植物生态学报, 35(4): 463-470.
朱井丽, 孙雪莹, 张旭民, 张琦, 王春丽, 吴庆明, 邹红菲. 2018. 吉林首次发现白颊黑雁[J]. 野生动物学报, 39(4): 1001-1002.
朱竞翔, 吴程辉, 夏珩. 2019. 上海南汇东滩疫源疫病监测禁猎区工作站[J]. 世界建筑导报, 34(1): 20-21.
朱靖, 孟智斌, 龙志, 刘荫增. 1987. 三峡工程对库区陆生脊椎动物群落的影响评价[A]//中国科学院三峡工程生态与环境科研项目领导小组. 长江三峡工程对生态与环境影响及其对策研究论文集[C]. 北京: 科学出版社: 133-166.
朱雷, 崔月, 洪宛萍, 陈炜, 丁长青. 2011. 北京 4 种鸟类分布新纪录[J]. 动物学杂志, 46(2): 146-147.
朱磊, 帅军, 李涛, 林杰, 陈宇星, 张博. 2017. 四川成都发现布氏苇莺和中国鸟类新纪录栗尾姬鹟[J]. 动物学杂志, 52(4): 652-656.
朱文中, 等. 2010. 安庆沿江湖泊湿地生物多样性及其保护与管理[M]. 合肥: 合肥工业大学出版社.
朱曦, 杨春江. 1988. 浙江鸟类研究[J]. 浙江林学院学报, (3): 4-19.
朱震达, 陈广庭. 1994. 中国土地砂质荒漠化[M]. 北京: 科学出版社.
朱震达, 等. 1980. 中国沙漠概论[M]. 北京: 科学出版社.

竺可桢. 1979. 改造沙漠是我们的历史任务[M]//竺可桢. 竺可桢文集. 北京: 科学出版社: 372-376.

邹发生, 宋晓军, 胡慧建, 江海声, 史海涛. 2000. 海南岛鸟类资源调查的初步结果[M]//中国鸟类学研究——第四届海峡两岸鸟类学术研讨会文集, 中国鸟类学会. 北京: 中国林业出版社: 313-321.

邹发生, 等. 2016. 广东陆生脊椎动物分布名录[M]. 广州: 广东科技出版社.

邹利林, 王占岐, 王建英. 2011. 西藏农田土地平整工程规划[J]. 农业工程学报, 27(10): 287-292.

Alström P, Davidson P, Duckworth J, Eames J, Trong L T, Nguyen C, Olsson U, Robson C, Timmins R. 2010. Description of a new species of *Phylloscopus* Warbler from Vietnam and Laos[J]. Ibis, 152(1): 145-168.

Alström P, Xia C W, Rasmussen P C, Olsson U, Dai B, Zhao J, Leader P J, Carey G J, Dong L, Cai T L, Holt P I, Le Manh H, Song G, Liu Y, Zhang Y Y, Lei F M. 2015. Integrative taxonomy of the Russet Bush Warbler *Locustella mandelli* complex reveals a new species from central China[J]. Avian Research, 6(2): 60-69.

Bai Q Q, Chen J Z, Chen Z H, Dong G T, Dong J T, Dong W X, Fu V W K, Han Y X, Lu G, Li J, Liu Y, Lin Z, Meng D R, Martinez J, Ni G H, Shan K, Sun R J, Tian S X, Wang F Q, Xu Z W, Yu Y T, Yang J, Yang Z D, Zhang L, Zhang M, Zeng X W. 2015. Identification of coastal wetlands of international importance for waterbirds: A review of China coastal waterbird surveys 2005-2013[J]. Avian Research, 6(3): 153-168.

Bai Y F, Guo C C, Degen A A, Ahmad A A, Wang W Y, Zhang T, Li W Y, Ma L, Huang M, Zeng H J, Qi L Y, Long R J, Shang Z H. 2020. Climate warming benefits alpine vegetation growth in three-river headwater region, China[J]. Science of the Total Environment, 742: 140574.

Bangs Q, Peters J L. 1928. Birds Collected by Dr. Joseph F. Rock in western Kansu and eastern Tibet[J]. Bull. Mus. Comp. Zool., 68: 313-381.

Bani L, Massimino D, Orioli V, Bottoni L, Massa R. 2009. Assessment of population trends of common breeding birds in Lombardy, Northern Italy, 1992-2007[J]. Ethology Ecology & Evolution, 21(1): 27-44.

BirdLife International. 2017. Species factsheet: *Gyps himalayensis*[EB/OL]. http: //www.birdlife.org on (2017-11-03) [2021-01-04].

Brown S, Hickey C, Harrington B, Gill R. 2001. United States Shorebird Conservation Plan[M]. 2nd ed. Manomet, MA: Manomet Center for Conservation Sciences.

Chang J, Chen D, Liang W, Li M, Zhang Z W. 2013. Molecular demographic history of the Hainan Peacock Pheasant (*Polyplectron katsumatae*) and its conservation implications[J]. Chinese Science Bulletin, 58(18): 2185-2190.

Chang J, Wang B, Zhang Y Y, Liu Y, Liang W, Wang J C, Shi H T, Su W B, Zhang Z W. 2008. Molecular evidence for species status of the endangered Hainan peacock pheasant[J]. Zoological Science, 25(1): 30-35.

Chen D, Chang J, Li S H, Liu Y, Liang W, Zhou F, Yao C T, Zhang Z W. 2015. Was the exposed continental shelf a long-distance colonization route in the ice age? The Southeast Asia origin of Hainan and Taiwan Partridges[J]. Molecular Phylogenetics and Evolution, 83: 167-173.

Chylarecki P, Jawińska D, Kuczyński L. 2006. Common breeding birds monitoring in Poland: Annual report 2003-2004[R]. Warsaw, Poland: Polish Society for the Protection of Birds.

Clarke M F, Loyn R H, Griffioen P. 1999. Where Do All the Bush Birds Go?[M]. Hawthorn East: Birds Australia.

Coombes R H, Crowe O, Lauder A, Lysaght L, O Brien C, O Halloran J, O Sullivan O, Tierney T D, Walsh A J, Wilson H J. 2009. Countryside bird survey report 1998-2007[R]. Wicklow: BirdWatch Ireland.

Davis W B, Glass B P. 1951. Notes on Eastern Chinese birds[J]. The Auk, 68(1): 68-91.

DeSante D F, Kaschube D R. 2009. The monitoring avian productivity and survivorship (maps) program 2004, 2005, and 2006 report[J]. Bird Populations, 9: 86-169.

Dubos R. 1964. Environmental Biology[J]. Bioscience, 14(1): 11-14.

Erica H D, Charles M F, Peter J B, Susan R D, Marshall A H, Denis L, Chandler S R, Kenneth V R, John R S, Kimberly G S. 2005. Enhancing the scientific value of the christmas bird count[J]. The Auk, 122(1): 338-346.

Escandell V. 1996. Breeding Bird Survey in Spain[R]. SEO/BirdLife.

Fornasari L, de Carli E. 2002. A new project on breeding bird monitoring in Italy[J]. Bird Census News, 15: 42-54.

Gee N G, Moffett L I, Wilder G D. 1948. Chinese Birds[M]. Beijing: The Peking Society of Natural History.

Gill F, Donsker D, Rasmussen P. 2020. Ioc world bird list (V10.2) [EB/OL]. ([2020.11.16]. https://www.worldbirdnames. org/new/.

Gregory R D, Baillie S R. 1994. Evaluation of sampling strategies for 1-km squares for inclusion in the breeding bird survey[M]. Norfolk: British Trust for Ornithology.

Gregory R D, Gibbons D W, Donald P F. 2004. Bird census and survey techniques[J]. Bird Ecology and Conservation: 17-56.

Gregory R D, Noble D G, Field R H, Marchant J H, Gibbons D W. 2003. Using birds as indicators of biodiversity[J]. Ornis Hungarica, 12(13): 11-24.

Gregory R D, van Strien A, Vorisek P, Gmelig M A W, Noble D G, Foppen R P B, Gibbons D W. 2005. Developing indicators for

European birds[J]. Philosophical Transactions of The Royal Society B, 360(1454): 269-288.

Gumilang R S, Mardiastuti A, Kusrini M D, Noor Y R. 2020. Citizen science networks for waterbird monitoring: Case study of the asian waterbird census in Indonesia[J]. IOP Conference Series: Earth and Environmental Science, 528: 12061.

Hachisuka M, Udagawa T. 1950. Contributions to the ornithology of Taiwan, Part I[J]. Quarterly Journal of Taiwan Museum, 4: 1-2.

Heal O W, Menaut J C, Steffen W L. 1992. Towards a global terrestrial observing system (Gtos): Detecting and monitoring change in terrestrial ecosystems[R]. Paris: Fontainebleau.

Heldbjerg H, Eskildsen A. 2010. Monitoring Population Changes of Common Birds in Denmark 1975-2009[R]. Copenhagen: Birdlife Denmark.

Herrera-Montes M I, Aide T M. 2011. Impacts of traffic noise on anuran and bird communities[J]. Urban Ecosystems, 14(3): 415-427.

Hilton G, Meirinho A, Elias G. 2006. Common bird monitoring is up and running in Portugal[J]. Bird Census News, 19: 9-15.

Hitchcock C, Gratto-Trevor C. 1997. Diagnosing a shorebird local population decline with a stage-structured population model[J]. Ecology, 78(2): 522-534.

Howe R W, Niemi G J, Lewis S J, Welsh D A. 1997. A standard method for monitoring songbird populations in the Great Lakes Region[J]. Passenger Pigeon, 59(3): 183-194.

Husby M. 2003. Point count census using volunteers of terrestrial breeding birds in Norway, and its status after six years[J]. Ornis Hungarica, 12(13): 63-72.

Ji W T, Zeng N J, Wang Y B, Gong P, Xu B, Bao S M. 2007. Analysis on the waterbirds community survey of Poyang lake in winter[J]. Geographic Information Sciences, 13(1-2): 51-64.

Jiguet F. 2009. Method learning caused a first-time observer effect in a newly started breeding bird survey[J]. Bird Study, 56(2): 253-258.

John R S, William A L. 2011. Analysis of the North American breeding bird survey using hierarchical models[J]. The Auk, 128(1): 87-98.

Jonathan B. 2005. Monitoring the abundance of bird populations[J]. The Auk, 122(1): 1.

Keller V, Herrando S, Voříšek P, Franch M, Kipson M, Milanesi P, Martí D, Anton M, Klvaňová A, Kalyakin M V, Bauer H, Foppen R P B. 2020. European Breeding Bird Atlas 2: Distribution, Abundance and Change[M]. Barcelona: Lynx Edicions.

Kéry M, Schmid H. 2004. Monitoring programs need to take into account imperfect species detectability[J]. Basic and Applied Ecology, 5(1): 65-73.

Klvaňová A, Voříšek P. 2007. Review on large-scale generic population monitoring schemes in Europe 2007[J]. Bird Census News, 20(2): 50-56.

Kristin V, Evelyn G. 2017. The international long term ecological research network: A platform for collaboration[J]. Ecosphere, 8(2): e1697.

Kurlavicius P. 2004. Monitoring of breeding birds in Lithuania[J]. Bird Census News, 13: 77-80.

Lee K S, Chan B P L, Lu G, Su W B. 2007. Wetland birds of Hainan Island, China: Results from winter waterbird surveys 2003-2007[J]. Forktail, 23: 92-101.

Leito A, Kuresoo A. 2004. Preliminary results of a national bird monitoring programme in estonia. In: Anselin A. Bird Numbers 1995, Proceedings of the International Conference and 13th Meeting of the European Bird Census Council, Pärnu, Estonia[J]. Bird Census New, 13(2000): 81-86.

Leukering T, Carter M F, Panjabi A, Faulkner D, Levad R. 2000. Monitoring Colorado's Birds: The Plan for Count-Based Monitoring[M]. Brighton, Colorado: Rocky Mountain Bird Observatory.

Li D M, Li J P, Li J Y, Gao Y J, Wu Y F. 2020. New information on the range of chestnut-crowned warbler seicercus castaniceps in Northern China[J]. Birding ASIA, 18: 111-112.

Li M, Ye X P, Dong R, Zhang X, Yu X P. 2020. Survival rates and reproductive ecology of a reintroduced population of the asian crested ibis nipponia nippon in Shaanxi Qianhu National Wetland Park, China[J]. Bird Conservation International. doi: 10.1017/S0959270920000593

Li Y H, Yang L, Luo Y C, Wu Y Q, Li Z Q. 2018. Sequential vigilance is unpredictable in reproductive Black-necked Cranes[J]. Avian Research, 9(1): 82-88.

Li Z T, Zhou F, Lu Z, Jiang A W, Yang G, Yu C X. 2013. Distribution, habitat and status of the new species Nonggang Babbler *Stachyris nonggangensis*[J]. Bird Conservation International, 23(4): 437-444.

Liang B, Zhou R B, Liu Y L, Chen B, Lee G L, Wang N. 2018. Renewed classification within *Goniurosaurus* (Squamata: Eublepharidae) uncovers the dual roles of a continental island (Hainan) in species evolution[J]. Molecular Phylogenetics and Evolution, 127: 646-654.

Liu C C, Chen Y H, Wen H L. 2015. Supporting the annual international black-faced spoonbill census with a low-cost unmanned aerial vehicle[J]. Ecological Informatics: An International Journal on Ecoinformatics and Computational Ecology, 30: 170-178.

Liu H T, Wang W J, Song G, Qu Y H, Li S H, Fjeldså J, Lei F M. 2012. Interpreting the process behind endemism in china by integrating the phylogeography and ecological niche models of the stachyridopsis ruficeps[J]. PLoS One, 7(10): e46761.

Loyn R H. 1985. The 20-Minute Search: A Simple Method for Counting Forest Birds[M]. Biological Survey Branch, State Forests and Lands Service.

Lu X, Ke D H, Zeng X H, Gong G H, Ci R. 2009. Status, ecology, and conservation of the himalayan griffon *Gyps himalayensis* (Aves, Accipitridae) in the Tibetan Plateau[J]. AMBIO: A Journal of the Human Environment, 38(3): 166-173.

Ma Z J, Melville D S, Liu J G, Chen Y, Yang H Y, Ren W W, Zhang Z W, Piersma T, Li B. 2014. Rethinking China's new great wall[J]. Science, 346(6212): 912-914.

Malone T C. 2003. The coastal module of the Global Ocean Observing System (GOOS): An assessment of current capabilities to detect change[J]. Marine Policy, 27(4): 295-302.

Marchant J H, Hudson R, Carter S P, Potter S P, Whittington P A. 1990. Population Trends in British Breeding Birds[M]. Tring: British Trust for Ornithology.

McKay B, Mays J H, Wu Y, Li H, Yao C, Nishiumi I, Zou F. 2013. An empirical comparison of character - based and coalescent - based approaches to species delimitation in a young avian complex[J]. Molecular Ecology, 22(19): 4943-4957.

Meehan T D, Michel N L, Rue H. 2019. Spatial modeling of audubon christmas bird counts reveals fine - scale patterns and drivers of relative abundance trends[J]. Ecosphere, 10(4): e2707.

Michael K, David S S, William W H, Forrest M H. 2008. A continental strategy for the national ecological observatory network[J]. Frontiers in Ecology and the Environment, 6(5): 282-284.

Mitschke A, Sudfeldt C, Heidrich-Riske H, Dröschmeister R. 2005. The new monitoring of common breeding birds in the wider countryside of germany-monitoring sites, field method and preliminary results[J]. Vogelwelt, 126(2): 127-140.

Myers N, Mittermeier R A, Mittermeier C G, Fonseca G A B, Kent J. 2000. Biodiversity hotspots for conservation priorities[J]. Nature, 403: 853-858.

Nalwanga D, Byaruhanga A, Eaton M, Gregory R D, Sheehan D K. 2012. Bird Population Monitoring Scheme in Uganda: A Useful Scheme in Monitoring Trends for Common Bird Species[R]. Nature Uganda.

Noble D. 2008. Breeding Bird Survey in the Uk[R]. A Best Practice Guide for Wild Bird Monitoring Schemes.

Ogilvie-Grant S. 1900. On the birds collected by Capt, A. W. S. Wingate in South China[J]. Ibis, 6(7): 573-606.

Olsson U, Alström P, Colston P. 1993. A new species of *Phylloscopus* Warbler from Hainan Island, China[J]. Ibis, 135(1): 3-7.

Ottvall R, Green M, Lindström Å, Svensson S, Esseen P A, Marklund L. 2008. Distribution and habitat choice of the ortolan bunting emberiza hortulana in Sweden[J]. Ornis Svecica, 18(1): 3-16.

Pan X Y, Liang D, Zeng W, Hu Y M, Liang J C, Wang X W, Robinson S K, Luo X, Liu Y. 2019. Climate, human disturbance and geometric constraints drive the elevational richness pattern of birds in a biodiversity hotspot in south-west China[J]. Global Ecology and Conservation, 18: e00630.

Paquet J Y, Jacon J P, Kinet T, Vansteenwegen C. 2010. Common bird population trends in Wallonia, 1990-2009[J]. Aves, 47: 1-19.

Parmesan C, Yohe G. 2003. A globally coherent fingerprint of climate change impacts across natural systems[J]. Nature, 421(6918): 37-42.

Pereira H M, Ferrier S, Walters M, Geller G N, Jongman R H G, Scholes R J, Bruford M W, Brummitt N, Butchart S H M, Cardoso A C, Coops N C, Dulloo E, Faith D P, Freyhof J, Gregory R D, Heip C, Hoft R, Hurtt G, Jetz W, Karp D S, McGeoch M A, Obura D, Onoda Y, Pettorelli N, Reyers B, Sayre R, Scharlemann J P W, Stuart S N, Turak E, Walpole M, Wegmann M. 2013. Essential biodiversity variables[J]. Science, 339: 377-378.

Pereira H M, Leadley P W, Proença V, Alkemade R, Scharlemann J P W, Fernandez-Manjarrés J F, Araújo M B, Balvanera P, Biggs R, Cheung W W L, Chini L, Cooper H D, Gilman E L, Guénette S, Hurtt G C, Huntington H P, Mace G M, Oberdorff T, Revenga C, Rodrigues P, Scholes R J, Sumaila U R, Walpole M. 2010. Scenarios for global biodiversity in the 21st Century[J]. Science, 330(6010): 1496-1501.

Ralph C J, Elizondo P. 2010. Integrating Lamna (Landbird Monitoring Network of the Americas) and the Western Hemisphere Bird-Banding Network[C]. Brazil: Proceedings of the Fourth WHBBN Workshop.

Rao X D, Yang C C, Liang W. 2017. Breeding biology and novel reproductive behaviour in the Hainan Partridge (*Arborophila ardens*)[J]. Avian Research, 8(4): 232-237.

Reif J, Voříšek P, Šťastný K, Bejček V. 2006. Population trends of birds in the czech republic during 1982-2005[J]. Sylvia, 42: 22-37.

Richard W. Lewthwaite, 邹发生. 2015. 广东省的鸟类及考察历程[J]. 动物学杂志, 50(4): 499-517.

Riley J H. 1930. Birds collected in inner monglia, kansu, and chihli by the national geographi society's central China expedition under the direction of F. R. Wulsin[J]. Proc. U. S. Nat. Mus., 77: 1-30.

Risely K, Baillie S R, Eaton M A, Joys A C, Musgrove A J, Noble D G, Renwick A R, Wright L J. 2010. Breeding Bird Survey 2009[R]. Norfolk: British Trust For Ornitho.

Sauer J R, Hines J E, Fallon J, Pardieck K, Ziolkowski Jr D, Link W. 2008. The North American breeding bird survey, results and analysis 1966-2007[J]. Version, 5(15): 2008.

Severinghaus L, Brouwer K, Chan S, Chong J, Coulter M, Poorter E, Wang Y. 1995. Action Plan for the Black-Faced Spoonbill Platalea Minor[R]. Taipei: The Wild Society.

Severinghaus S. 1968. The Brown Shrike (*Lanius cristatus luscionensis*) in Taiwan 1964-1967[C]. Thailand: Mimeographed.

Song G, Yu L J, Gao B, Zhang R Y, Qu Y H, Lambert D M, Li S H, Zhou T L, Lei F M. 2013. Gene flow maintains genetic diversity and colonization potential in recently range-expanded populations of an Oriental bird, the Light-vented Bulbul (*Pycnonotus sinensis*, Aves: Pycnonotidae)[J]. Diversity and Distributions, 19(10): 1248-1262.

Spasov S. 2008. The State of Bulgaria's Common Birds[M]. Sofia, Bulgaria: Bulgarian Society.

Sun Y F, Cui P, Li J Y, Li M, Wu Y F, Li D M. 2018. The common Koel *Eudynamys scolopaceus* in northern China, new distributional information, and a brief review of range extensions of cuckoos in China[J]. Ornithological Science, 17: 217-221.

Sun Y F, Du L Q, Yin Y, Wu Y F, Cai A J, Li D M. 2020. Aquaculture jeopardizes migrating oriental storks[J]. Science, 370(6517): 669.

Swinhoe R. 1864. Descriptions of four new species of Taiwan birds, with further notes on the ornithology of the Island[J]. Ibis, 6(3): 361-370.

Szép T, Gibbons D. 2000. Monitoring of common breeding birds in hungary using a randomised sampling design[J]. The Ring, 22(2): 45-55.

Teufelbauer N. 2010. The farmland bird index for Austria: First results of the changes in populations of common birds of farmed land[J]. Egretta, 51: 35-50.

Turnhout C V, Willems F, Plate C, Strien A V, Teunissen W, Dijk A V, Foppen R P B. 2008. Monitoring common and scarce breeding birds in the netherlands: Applying a post-hoc stratification and weighting procedure to obtain less biased population trends[J]. Revista Catalana D'Ornitologia, 24: 15-29.

Väisänen R A. 2006. Monitoring population changes of 86 land bird species breeding in Finland in 1983-2005[J]. Linnut-vuosikirja, 2005: 83-98.

Walker L A, Chaplow J S, Moeckel C, Pereira M G, Potter E D, Sainsbury A W, Shore R F. 2016. Anticoagulant rodenticides in Red Kites (*Milvus milvus*) in Britain 2010 to 2015: A predatory bird monitoring scheme (Pbms) report[R]. Lancaster, UK: Centre for Ecology & Hydrology.

Wang N, Liang B, Wang J C, Yeh C F, Liu Y, Liu Y L, Liang W, Yao C T, Li S H. 2016. Incipient speciation with gene flow on a continental island: Species delimitation of the Hainan Hwamei (*Leucodioptron canorum owstoni*, Passeriformes, Aves)[J]. Molecular Phylogenetics and Evolution, 102: 62-73.

Wetlands International. 2012. Waterbird population estimates fifth edition[S]. Wageningen: The Netherlands.

WHO. 1995. Global environment monitoring system: Food contamination monitoring and assessment programme (GEMS/Food)[R]. Geneva.

Williams B, Nichols J, Conroy M. 2002. Analysis and Management of Animal Populations[M]. San Diego, CA: Academic Press.

Wu Y J, Dubay S G, Colwell R K, Ran J H, Lei F M. 2017. Mobile hotspots and refugia of avian diversity in the mountains of south-west China under past and contemporary global climate change[J]. Journal of Biogeography, 44(3): 615-626.

Wu Y C, Huang J H, Zhang M, Luo S T, Zhang Y H, Lei F M, Sheldon F H, Zou F S. 2012. Genetic divergence and population demography of the Hainan endemic black-throated laughingthrush (Aves: Timaliidae, *Garrulax* Chinensis Monachus) and adjacent mainland subspecies[J]. Molecular Phylogenetics and Evolution, 65(2): 482-489.

Xia S X, Yu X B, Millington S, Liu Y, Jia Y F, Wang L Z, Hou X Y, Jiang L G. 2017. Identifying priority sites and gaps for the conservation of migratory waterbirds in China's coastal wetlands[J]. Biological Conservation, 210: 72-82.

Xu H G, Cao M C, Wu J, Cai L, Ding H, Lei J C, Wu Y, Cui P, Chen L, Le Z F, Cao Y. 2015. Determinants of mammal and bird species richness in China based on habitat groups[J]. PLoS One, 10(12): e0143996. doi: 10.1371/journal.pone.0143996.

Xu H G, Cao M C, Wu Y, Cai L, Cao Y, Ding H, Cui P, Wu J, Wang Z, Le Z F, Lu X Q, Liu L, Li J Q. 2017b. Optimized monitoring sites for detection of biodiversity trends in China[J]. Biodiversity and Conservation, 26(8): 1959-1971.

Xu H G, Cao Y, Cao M C, Wu J, Wu Y, Le Z F, Cui P, Li J Q, Ma F Z, Liu L, Hu F L, Chen M M, Tong W J. 2017a. Varying congruence among spatial patterns of vascular plants and vertebrates based on habitat groups[J]. Ecology and Evolution, 7(21): 8829-8840.

Xu K P, Ni X, Ma M, Cai X B, Gou J, Sun D H, Lin X L, Ding P. 2017c. A new bird record in China: Moustached Warbler (*Acrocephalus melanopogon*) and its song characteristics[J]. Journal of Arid Land, 9(2): 313-317.

Xu Y, Lin S L, He J K, Xin Y, Zhang L X, Jiang H S, Li Y M. 2017d. Tropical birds are declining in the Hainan Island of China[J].

Biological Conservation, 210: 9-18.
Yen K Y (任国荣). 1932. Étude d'une collection d'oiseaux du nord du Kwangtung (Chine)[J]. Bull. Mus. Hist. Nat., 4: 243-261.
Yen K Y. 1933. Étude d'une collection d'oiseaux du Sud du Hunan (Chine)[J]. Bull. Mus. Hist. Nat., 5(2): 104-110, 181-186.
Yu Y T, Li C H, Tse I W L, Fong H H N. 2020. International Black Faced Spoonbill census 2020[R]. Hong Kong: Black faced Spoonbill Research Group, The Hong Kong Bird Watching Society.
Yu Y. 2005. The International Black-Faced Spoonbill census 2005[R]. Hong Kong: Hong Kong Bird Watching Society.
Zaret T M, Paine R T. 1973. Species introduction in a Tropical Lake: A newly introduced piscivore can produce population changes in a wide range of trophic levels[J]. Science, 182(4111): 449-455.
Zhang G G, Liu D P, Li F S, Qian F W, Ma T, Dan D, Lu J. Species and populations of waterbirds wintering in the Yarlung Zangbo and its tributaries in Tibet, China[J]. Zoological Research, 2014, 35(S1): 92-100.
Zhao N, Dai C Y, Wang W J, Zhang R Y, Qu Y H, Song G, Chen K, Yang X J, Zou F S, Lei F M. 2012. Pleistocene climate changes shaped the divergence and demography of Asian populations of the great tit *Parus major*: evidence from phylogeographic analysis and ecological niche models[J]. Journal of Avian Biology, 43(4): 297-310.
Zhou F, Jiang A. 2008. A new species of babbler (Timaliidae: *Stachyris*) from the Sino-Vietnamese border region of China[J]. The Auk, 125(2): 420-424.
Zou F, Lim H C, Marks B D, Moyle R G, Sheldon F H. 2007. Molecular phylogenetic analysis of the grey-cheeked fulvetta (*Alcippe morrisonia*) of China and Indochina: A case of remarkable genetic divergence in a "Species"[J]. Molecular Phylogenetics and Evolution, 44(1): 165-174.

附表 I　各动物地理区鸟类名录

序号	目	科	中文名	拉丁名	保护等级[1]	红色名录[2]	IUCN[3]	东北区	华北区	蒙新区	青藏区	西南区	华中区	华南区
1	I. 鸡形目	1. 雉科	环颈山鹧鸪	*Arborophila torqueola*	II	LC	LC				√	√		√
2			四川山鹧鸪	*Arborophila rufipectus*	I	EN	EN				√	√		
3			红喉山鹧鸪	*Arborophila rufogularis*	II	LC	LC				√	√		√
4			白眉山鹧鸪	*Arborophila gingica*	II	VU	NT						√	√
5			白颊山鹧鸪	*Arborophila atrogularis*	II	NT	NT							√
6			褐胸山鹧鸪	*Arborophila brunneopectus*	II	NT	LC					√		√
7			红胸山鹧鸪	*Arborophila mandellii*	II	VU	VU				√	√		√
8			台湾山鹧鸪	*Arborophila crudigularis*	II	NT	LC							√
9			海南山鹧鸪	*Arborophila ardens*	I	EN	VU							√
10			绿脚树鹧鸪	*Tropicoperdix chloropus*	II									√
11			花尾榛鸡	*Tetrastes bonasia*	II	LC	LC	√	√	√				
12			斑尾榛鸡	*Tetrastes sewerzowi*	I	NT	NT		√	√	√	√		
13			镰翅鸡	*Falcipennis falcipennis*	II	RE	NT	√						
14			松鸡	*Tetrao urogallus*	II	EN	LC			√				
15			黑嘴松鸡	*Tetrao urogalloides*	I	EN	LC	√	√					
16			黑琴鸡	*Lyrurus tetrix*	I	NT	LC	√		√				
17			岩雷鸟	*Lagopus muta*	II	NT	LC			√				
18			柳雷鸟	*Lagopus lagopus*	II	VU	LC	√		√				
19			雪鹑	*Lerwa lerwa*		NT	LC				√	√		
20			红喉雉鹑	*Tetraophasis obscurus*	I	VU	LC		√		√			
21			黄喉雉鹑	*Tetraophasis szechenyii*	I	VU	LC				√	√		
22			暗腹雪鸡	*Tetraogallus himalayensis*	II	NT	LC			√	√			
23			藏雪鸡	*Tetraogallus tibetanus*	II	NT	LC		√	√	√	√		
24			阿尔泰雪鸡	*Tetraogallus altaicus*	II	VU	LC			√				
25			石鸡	*Alectoris chukar*		LC	LC		√	√	√		√	
26			大石鸡	*Alectoris magna*	II	NT	LC		√	√	√			
27			中华鹧鸪	*Francolinus pintadeanus*		NT	LC					√	√	√
28			灰山鹑	*Perdix perdix*		LC	LC			√				
29			斑翅山鹑	*Perdix dauurica*		LC	LC	√	√	√	√			
30			高原山鹑	*Perdix hodgsoniae*		LC	LC			√	√	√		
31			西鹌鹑	*Coturnix coturnix*			LC			√				
32			鹌鹑	*Coturnix japonica*		LC	NT	√	√	√	√	√	√	√
33			蓝胸鹑	*Synoicus chinensis*		NT	LC					√		√
34			棕胸竹鸡	*Bambusicola fytchii*		LC	LC					√		√
35			灰胸竹鸡	*Bambusicola thoracicus*		LC	LC		√		√	√	√	√
36			台湾竹鸡	*Bambusicola sonorivox*			LC							√

续表

序号	目	科	中文名	拉丁名	保护等级[1]	红色名录[2]	IUCN[3]	东北区	华北区	蒙新区	青藏区	西南区	华中区	华南区
37			血雉	*Ithaginis cruentus*	II	NT	LC		√	√	√	√	√	√
38			黑头角雉	*Tragopan melanocephalus*	I	DD					√			
39			红胸角雉	*Tragopan satyra*	I	VU	NT				√	√		
40			灰腹角雉	*Tragopan blythii*	I	DD	VU				√	√		
41			红腹角雉	*Tragopan temminckii*	II	NT	LC		√		√	√	√	
42			黄腹角雉	*Tragopan caboti*	I	EN	VU						√	√
43			勺鸡	*Pucrasia macrolopha*	II	LC	LC		√	√	√	√	√	√
44			棕尾虹雉	*Lophophorus impejanus*	I	NT	LC				√	√		
45			白尾梢虹雉	*Lophophorus sclateri*	I	EN	VU				√	√		
46			绿尾虹雉	*Lophophorus lhuysii*	I	EN	VU		√		√	√		
47			红原鸡	*Gallus gallus*	II		LC					√		√
48			黑鹇	*Lophura leucomelanos*	II	NT	LC				√	√		√
49			白鹇	*Lophura nycthemera*	II	LC	LC				√	√	√	√
50			蓝腹鹇	*Lophura swinhoii*	I	NT	NT							√
51			白马鸡	*Crossoptilon crossoptilon*	II	NT	NT				√	√		
52			藏马鸡	*Crossoptilon harmani*	II	NT	NT				√			
53			褐马鸡	*Crossoptilon mantchuricum*	I	VU	VU		√					
54			蓝马鸡	*Crossoptilon auritum*	II	NT	LC		√	√	√			
55			白颈长尾雉	*Syrmaticus ellioti*	I	VU	NT						√	√
56			黑颈长尾雉	*Syrmaticus humiae*	I	VU	NT					√		√
57			黑长尾雉	*Syrmaticus mikado*	I	NT	NT							√
58			白冠长尾雉	*Syrmaticus reevesii*	I	EN	VU			√		√	√	
59			环颈雉	*Phasianus colchicus*		LC	LC	√	√	√	√	√	√	√
60			红腹锦鸡	*Chrysolophus pictus*	II	NT	LC		√		√	√	√	
61			白腹锦鸡	*Chrysolophus amherstiae*	II	NT	LC				√	√	√	√
62			灰孔雀雉	*Polyplectron bicalcaratum*	I	EN	LC				√			√
63			海南孔雀雉	*Polyplectron katsumatae*	I	CR	EN							√
64			绿孔雀	*Pavo muticus*	I	CR	EN					√		√
65	II. 雁形目	1. 鸭科	栗树鸭	*Dendrocygna javanica*	II	VU	LC					√	√	√
66			鸿雁	*Anser cygnoid*	II	VU	VU	√	√	√	√	√	√	√
67			豆雁	*Anser fabalis*		LC	LC	√	√	√	√	√	√	√
68			短嘴豆雁	*Anser serrirostris*					√	√			√	√
69			灰雁	*Anser anser*		LC	LC	√	√	√	√	√	√	√
70			白额雁	*Anser albifrons*	II	LC	LC	√	√	√	√	√	√	√
71			小白额雁	*Anser erythropus*	II	VU	VU	√	√	√		√	√	√
72			斑头雁	*Anser indicus*		LC	LC	√	√	√	√	√	√	
73			帝雁	*Anser canagicus*									√	
74			雪雁	*Anser caerulescens*		DD	LC	√	√				√	
75			加拿大雁	*Branta canadensis*		DD			√				√	
76			小美洲黑雁	*Branta hutchinsii*			LC						√	
77			黑雁	*Branta bernicla*		DD	LC	√	√	√			√	√
78			白颊黑雁	*Branta leucopsis*		DD		√	√				√	

续表

序号	目	科	中文名	拉丁名	保护等级[1]	红色名录[2]	IUCN[3]	东北区	华北区	蒙新区	青藏区	西南区	华中区	华南区
79			红胸黑雁	*Branta ruficollis*	II	DD	VU		√				√	
80			疣鼻天鹅	*Cygnus olor*	II	NT	LC	√	√	√	√		√	√
81			小天鹅	*Cygnus columbianus*	II	NT	LC	√	√	√	√	√	√	√
82			大天鹅	*Cygnus cygnus*	II	NT	LC	√	√	√	√	√	√	√
83			瘤鸭	*Sarkidiornis melanotos*		DD	LC					√		√
84			白翅栖鸭	*Asarcornis scutulata*	II									√
85			翘鼻麻鸭	*Tadorna tadorna*		LC	LC	√	√	√	√	√	√	√
86			赤麻鸭	*Tadorna ferruginea*		LC	LC	√	√	√	√	√	√	√
87			鸳鸯	*Aix galericulata*	II	NT	LC	√	√	√	√	√	√	√
88			棉凫	*Nettapus coromandelianus*	II	EN	LC		√	√		√	√	√
89			赤膀鸭	*Mareca strepera*		LC	LC	√	√	√	√	√	√	√
90			罗纹鸭	*Mareca falcata*		NT	NT	√	√	√	√	√	√	√
91			赤颈鸭	*Mareca penelope*		LC	LC	√	√	√	√	√	√	√
92			绿眉鸭	*Mareca americana*		DD	LC							√
93			绿头鸭	*Anas platyrhynchos*		LC	LC	√	√	√	√	√	√	√
94			棕颈鸭	*Anas luzonica*		DD	VU							√
95			印度斑嘴鸭	*Anas poecilorhyncha*			LC							√
96			斑嘴鸭	*Anas zonorhyncha*		LC	LC	√	√	√	√	√	√	√
97			针尾鸭	*Anas acuta*		LC	LC	√	√	√	√	√	√	√
98			绿翅鸭	*Anas crecca*		LC	LC	√	√	√	√	√	√	√
99			美洲绿翅鸭	*Anas carolinensis*					√				√	√
100			琵嘴鸭	*Spatula clypeata*		LC	LC	√	√	√	√	√	√	√
101			白眉鸭	*Spatula querquedula*		LC	LC	√	√	√	√	√	√	√
102			花脸鸭	*Sibirionetta formosa*	II	NT	LC	√	√	√	√	√	√	√
103			云石斑鸭	*Marmaronetta angustirostris*	II	DD	VU			√				
104			赤嘴潜鸭	*Netta rufina*		LC	LC	√	√	√	√	√	√	√
105			帆背潜鸭	*Aythya valisineria*		DD								√
106			红头潜鸭	*Aythya ferina*		LC	VU	√	√	√	√	√	√	√
107			青头潜鸭	*Aythya baeri*	I	CR	CR	√	√	√		√	√	√
108			白眼潜鸭	*Aythya nyroca*		NT	NT	√	√	√	√	√	√	√
109			凤头潜鸭	*Aythya fuligula*		LC	LC	√	√	√	√	√	√	√
110			斑背潜鸭	*Aythya marila*		LC	LC	√	√	√	√	√	√	√
111			小潜鸭	*Aythya affinis*										√
112			环颈潜鸭	*Aythya collaris*										√
113			小绒鸭	*Polysticta stelleri*		DD	VU	√	√					
114			丑鸭	*Histrionicus histrionicus*		DD	LC	√	√	√			√	
115			斑脸海番鸭	*Melanitta stejnegeri*		NT	LC	√	√	√			√	√
116			丝绒海番鸭	*Melanitta fusca*					√				√	
117			黑海番鸭	*Melanitta americana*		DD	NT	√	√				√	√
118			长尾鸭	*Clangula hyemalis*		EN	VU	√	√	√	√	√	√	√
119			鹊鸭	*Bucephala clangula*		LC	LC	√	√	√	√	√	√	√
120			斑头秋沙鸭	*Mergellus albellus*	II	LC	LC	√	√	√	√	√	√	√

续表

序号	目	科	中文名	拉丁名	保护等级[1]	红色名录[2]	IUCN[3]	东北区	华北区	蒙新区	青藏区	西南区	华中区	华南区
121			普通秋沙鸭	*Mergus merganser*		LC	LC	√	√	√	√	√	√	√
122			红胸秋沙鸭	*Mergus serrator*		LC	LC	√	√	√	√	√	√	√
123			中华秋沙鸭	*Mergus squamatus*	I	EN	EN	√	√	√	√	√	√	√
124			白头硬尾鸭	*Oxyura leucocephala*	I	CR	EN		√	√			√	
125	III. 䴙䴘目	1. 䴙䴘科	小䴙䴘	*Tachybaptus ruficollis*		LC	LC	√	√	√	√	√	√	√
126			赤颈䴙䴘	*Podiceps grisegena*	II	NT	LC	√	√	√		√	√	√
127			凤头䴙䴘	*Podiceps cristatus*		LC	LC	√	√	√	√	√	√	√
128			角䴙䴘	*Podiceps auritus*	II	NT	VU	√	√	√	√		√	√
129			黑颈䴙䴘	*Podiceps nigricollis*	II	LC	LC	√	√	√	√	√	√	√
130	IV. 红鹳目	1. 红鹳科	大红鹳	*Phoenicopterus roseus*		DD	LC		√	√	√	√	√	
131	V. 鸽形目	1. 鸠鸽科	原鸽	*Columba livia*		LC	LC		√	√	√			√
132			岩鸽	*Columba rupestris*		LC	LC	√	√	√	√	√	√	
133			雪鸽	*Columba leuconota*		LC	LC			√	√	√		
134			欧鸽	*Columba oenas*		LC	LC			√	√			
135			中亚鸽	*Columba eversmanni*	II	DD	VU			√				
136			斑尾林鸽	*Columba palumbus*	II	LC	LC			√	√			
137			斑林鸽	*Columba hodgsonii*		LC	LC		√		√	√		√
138			灰林鸽	*Columba pulchricollis*		LC	LC				√			√
139			紫林鸽	*Columba punicea*	II	EN	VU				√			√
140			黑林鸽	*Columba janthina*		DD	NT		√					√
141			白喉林鸽	*Columba vitiensis*										√
142			欧斑鸠	*Streptopelia turtur*		LC	VU			√	√			
143			山斑鸠	*Streptopelia orientalis*		LC	LC	√	√	√	√	√	√	√
144			灰斑鸠	*Streptopelia decaocto*		LC	LC	√	√	√	√	√	√	√
145			火斑鸠	*Streptopelia tranquebarica*		LC	LC	√	√	√	√	√	√	√
146			珠颈斑鸠	*Streptopelia chinensis*		LC	LC	√	√	√	√	√	√	√
147			棕斑鸠	*Streptopelia senegalensis*		LC				√	√			
148			斑尾鹃鸠	*Macropygia unchall*	II	NT	LC				√	√	√	√
149			菲律宾鹃鸠	*Macropygia tenuirostris*	II	LC	LC							√
150			小鹃鸠	*Macropygia ruficeps*	I	LC	LC							√
151			绿翅金鸠	*Chalcophaps indica*		LC	LC				√	√	√	√
152			橙胸绿鸠	*Treron bicinctus*	II	NT								√
153			灰头绿鸠	*Treron pompadora*	II	NT								√
154			厚嘴绿鸠	*Treron curvirostra*	II	NT	LC				√			√
155			黄脚绿鸠	*Treron phoenicopterus*	II	NT	LC							√
156			针尾绿鸠	*Treron apicauda*	II	NT	LC				√	√		√
157			白腹针尾绿鸠	*Treron seimundi*								√		
158			楔尾绿鸠	*Treron sphenurus*	II	NT	LC				√	√	√	√
159			红翅绿鸠	*Treron sieboldii*	II	LC	LC		√			√	√	√
160			红顶绿鸠	*Treron formosae*	II	VU	NT							√
161			黑颏果鸠	*Ptilinopus leclancheri*	II	LC	LC							√
162			绿皇鸠	*Ducula aenea*	II	EN	LC							√
163			山皇鸠	*Ducula badia*	II	NT	LC							√

续表

序号	目	科	中文名	拉丁名	保护等级[1]	红色名录[2]	IUCN[3]	东北区	华北区	蒙新区	青藏区	西南区	华中区	华南区
164	VI. 沙鸡目	1. 沙鸡科	西藏毛腿沙鸡	*Syrrhaptes tibetanus*		LC	LC			√	√			
165			毛腿沙鸡	*Syrrhaptes paradoxus*		LC	LC	√	√	√	√			
166			黑腹沙鸡	*Pterocles orientalis*	II	NT	LC			√				
167	VII. 夜鹰目	1. 蛙口夜鹰科	黑顶蛙口夜鹰	*Batrachostomus hodgsoni*	II	DD	LC							√
168		2. 夜鹰科	毛腿夜鹰	*Lyncornis macrotis*		DD	LC				√			
169			普通夜鹰	*Caprimulgus indicus*		LC	LC	√	√	√	√	√	√	√
170			欧夜鹰	*Caprimulgus europaeus*		LC	LC			√	√			
171			埃及夜鹰	*Caprimulgus aegyptius*		DD	LC			√				
172			中亚夜鹰	*Caprimulgus centralasicus*		DD	DD			√				
173			长尾夜鹰	*Caprimulgus macrurus*		DD	LC				√	√	√	√
174			林夜鹰	*Caprimulgus affinis*		DD	LC					√		√
175		3. 凤头雨燕科	凤头雨燕	*Hemiprocne coronata*	II	LC	LC							√
176		4. 雨燕科	短嘴金丝燕	*Aerodramus brevirostris*		NT	LC				√	√	√	√
177			爪哇金丝燕	*Aerodramus fuciphagus*	II	CR	LC							√
178			大金丝燕	*Aerodramus maximus*		DD					√			
179			白喉针尾雨燕	*Hirundapus caudacutus*		LC	LC	√	√	√	√	√	√	√
180			灰喉针尾雨燕	*Hirundapus cochinchinensis*	II	NT	LC						√	√
181			褐背针尾雨燕	*Hirundapus giganteus*										√
182			紫针尾雨燕	*Hirundapus celebensis*										√
183			棕雨燕	*Cypsiurus balasiensis*		LC	LC				√	√		√
184			高山雨燕	*Tachymarptis melba*						√				
185			普通雨燕	*Apus apus*		LC	LC	√	√	√	√	√	√	
186			白腰雨燕	*Apus pacificus*		LC	LC	√	√	√	√	√	√	√
187			暗背雨燕	*Apus acuticauda*		DD						√		
188			小白腰雨燕	*Apus nipalensis*		LC	LC		√		√	√	√	√
189	VIII. 鹃形目	1. 杜鹃科	褐翅鸦鹃	*Centropus sinensis*	II	LC	LC				√	√	√	√
190			小鸦鹃	*Centropus bengalensis*	II	LC	LC		√		√	√	√	√
191			绿嘴地鹃	*Phaenicophaeus tristis*		LC	LC				√	√		√
192			红翅凤头鹃	*Clamator coromandus*		LC	LC	√	√		√	√	√	√
193			斑翅凤头鹃	*Clamator jacobinus*		LC	LC				√	√		√
194			噪鹃	*Eudynamys scolopaceus*		LC	LC	√	√	√	√	√	√	√
195			翠金鹃	*Chrysococcyx maculatus*		NT	LC				√	√	√	√
196			紫金鹃	*Chrysococcyx xanthorhynchus*		NT	LC				√	√		√
197			栗斑杜鹃	*Cacomantis sonneratii*		LC	LC				√	√		√
198			八声杜鹃	*Cacomantis merulinus*		LC	LC				√	√	√	√
199			乌鹃	*Surniculus lugubris*		LC			√		√	√	√	√
200			大鹰鹃	*Hierococcyx sparverioides*		LC	LC		√	√	√	√	√	√
201			普通鹰鹃	*Hierococcyx varius*		LC					√	√		
202			北棕腹鹰鹃	*Hierococcyx hyperythrus*			LC	√	√				√	√
203			棕腹鹰鹃	*Hierococcyx nisicolor*			LC		√	√	√	√	√	√

续表

序号	目	科	中文名	拉丁名	保护等级[1]	红色名录[2]	IUCN[3]	东北区	华北区	蒙新区	青藏区	西南区	华中区	华南区
204			小杜鹃	*Cuculus poliocephalus*		LC	LC	√	√	√	√	√	√	√
205			四声杜鹃	*Cuculus micropterus*		LC	LC	√	√	√	√	√	√	√
206			中杜鹃	*Cuculus saturatus*		LC	LC		√		√	√	√	√
207			东方中杜鹃	*Cuculus optatus*		LC	LC	√	√	√			√	√
208			大杜鹃	*Cuculus canorus*		LC	LC	√	√	√	√	√	√	√
209	IX. 鸨形目	1. 鸨科	大鸨	*Otis tarda*	I	EN	VU	√	√	√	√		√	
210			波斑鸨	*Chlamydotis macqueenii*	I	EN	VU			√				
211			小鸨	*Tetrax tetrax*	I	DD	NT			√				
212	X. 鹤形目	1. 秧鸡科	花田鸡	*Coturnicops exquisitus*	II	VU	VU	√	√	√		√	√	√
213			红脚斑秧鸡	*Rallina fasciata*		DD								√
214			白喉斑秧鸡	*Rallina eurizonoides*		VU	LC					√	√	√
215			灰胸秧鸡	*Lewinia striata*		LC	LC					√	√	√
216			西秧鸡	*Rallus aquaticus*			LC			√				
217			普通秧鸡	*Rallus indicus*		LC	LC	√	√	√	√	√	√	√
218			长脚秧鸡	*Crex crex*	II	VU	LC			√	√	√		√
219			斑胸田鸡	*Porzana porzana*		LC	LC			√				√
220			红脚田鸡	*Zapornia akool*			LC		√			√	√	√
221			棕背田鸡	*Zapornia bicolor*	II	LC	LC				√	√		√
222			姬田鸡	*Zapornia parva*	II	LC	LC			√	√			
223			小田鸡	*Zapornia pusilla*		LC	LC	√	√	√		√	√	√
224			红胸田鸡	*Zapornia fusca*		NT	LC	√	√	√		√	√	√
225			斑胁田鸡	*Zapornia paykullii*	II	VU	NT	√	√	√			√	√
226			白眉苦恶鸟	*Amaurornis cinerea*			LC					√		√
227			白胸苦恶鸟	*Amaurornis phoenicurus*		LC	LC	√	√	√	√	√	√	√
228			董鸡	*Gallicrex cinerea*		LC	LC	√	√	√		√	√	√
229			紫水鸡	*Porphyrio porphyrio*	II	VU	LC				√	√	√	√
230			黑水鸡	*Gallinula chloropus*		LC	LC	√	√	√	√	√	√	√
231			白骨顶	*Fulica atra*		LC	LC	√	√	√	√	√	√	√
232		2. 鹤科	白鹤	*Grus leucogeranus*	I	CR		√	√	√		√	√	
233			沙丘鹤	*Grus canadensis*	II	DD	LC	√	√				√	
234			白枕鹤	*Grus vipio*	I	EN	VU	√	√	√		√	√	√
235			赤颈鹤	*Grus antigone*	I	RE	VU					√		
236			蓑羽鹤	*Grus virgo*	II	LC		√	√	√	√	√	√	√
237			丹顶鹤	*Grus japonensis*	I	EN	EN	√	√	√			√	√
238			灰鹤	*Grus grus*	II	NT	LC	√	√	√	√	√	√	√
239			白头鹤	*Grus monacha*	I	EN	VU	√	√	√		√	√	√
240			黑颈鹤	*Grus nigricollis*	I	VU	NT			√	√	√		
241	XI. 鸻形目	1. 石鸻科	石鸻	*Burhinus oedicnemus*		LC	LC			√	√			√
242			大石鸻	*Esacus recurvirostris*	II	LC	NT							√
243		2. 蛎鹬科	蛎鹬	*Haematopus ostralegus*		LC	NT	√	√	√	√		√	√
244		3. 鹮嘴鹬科	鹮嘴鹬	*Ibidorhyncha struthersii*	II	NT	LC	√	√	√	√	√	√	
245		4. 反嘴鹬科	黑翅长脚鹬	*Himantopus himantopus*		LC	LC	√	√	√	√	√	√	√
246			反嘴鹬	*Recurvirostra avosetta*		LC	LC	√	√	√	√	√	√	√

续表

序号	目	科	中文名	拉丁名	保护等级[1]	红色名录[2]	IUCN[3]	东北区	华北区	蒙新区	青藏区	西南区	华中区	华南区
247		5. 鸻科	凤头麦鸡	*Vanellus vanellus*		LC	NT	√	√	√	√	√	√	√
248			距翅麦鸡	*Vanellus duvaucelii*		NT	NT					√		√
249			灰头麦鸡	*Vanellus cinereus*		LC	LC	√	√	√	√	√	√	√
250			肉垂麦鸡	*Vanellus indicus*		DD	LC			√			√	√
251			黄颊麦鸡	*Vanellus gregarius*	II	DD	CR			√				
252			白尾麦鸡	*Vanellus leucurus*		DD				√				
253			欧金鸻	*Pluvialis apricaria*		DD			√				√	√
254			金鸻	*Pluvialis fulva*		LC	LC	√	√	√	√	√	√	√
255			美洲金鸻	*Pluvialis dominica*					√					√
256			灰鸻	*Pluvialis squatarola*		LC	LC	√	√	√	√	√	√	√
257			剑鸻	*Charadrius hiaticula*		LC	LC	√	√	√		√	√	√
258			长嘴剑鸻	*Charadrius placidus*		NT	LC	√	√	√	√	√	√	√
259			金眶鸻	*Charadrius dubius*		LC	LC	√	√	√	√	√	√	√
260			环颈鸻	*Charadrius alexandrinus*		LC	LC	√	√	√	√	√	√	√
261			蒙古沙鸻	*Charadrius mongolus*		LC	LC	√	√	√	√	√	√	√
262			铁嘴沙鸻	*Charadrius leschenaultii*		LC	LC	√	√	√	√	√	√	√
263			红胸鸻	*Charadrius asiaticus*		DD	LC	√		√				
264			东方鸻	*Charadrius veredus*		LC	LC	√	√	√		√	√	√
265			小嘴鸻	*Eudromias morinellus*		DD	LC	√		√				
266		6. 彩鹬科	彩鹬	*Rostratula benghalensis*		LC	LC	√	√	√	√	√	√	√
267		7. 水雉科	水雉	*Hydrophasianus chirurgus*	II	NT	LC		√			√	√	√
268			铜翅水雉	*Metopidius indicus*	II	DD	LC							√
269		8. 鹬科	丘鹬	*Scolopax rusticola*		LC	LC	√	√	√	√	√	√	√
270			姬鹬	*Lymnocryptes minimus*		LC	LC		√	√			√	√
271			孤沙锥	*Gallinago solitaria*		LC	LC	√	√	√	√	√	√	√
272			拉氏沙锥	*Gallinago hardwickii*		DD	LC	√						√
273			林沙锥	*Gallinago nemoricola*	II	VU	VU					√		
274			针尾沙锥	*Gallinago stenura*		LC	LC	√	√	√	√	√	√	√
275			大沙锥	*Gallinago megala*		LC	LC	√	√	√	√		√	√
276			扇尾沙锥	*Gallinago gallinago*		LC	LC	√	√	√	√	√	√	√
277			长嘴半蹼鹬	*Limnodromus scolopaceus*		DD	LC	√	√	√		√	√	√
278			半蹼鹬	*Limnodromus semipalmatus*	II	NT	NT	√	√	√	√		√	√
279			黑尾塍鹬	*Limosa limosa*		LC	NT	√	√	√	√	√	√	√
280			斑尾塍鹬	*Limosa lapponica*		NT	NT	√	√	√		√	√	√
281			小杓鹬	*Numenius minutus*	II	NT	LC	√	√	√	√	√	√	√
282			中杓鹬	*Numenius phaeopus*		LC	LC	√	√	√	√	√	√	√
283			白腰杓鹬	*Numenius arquata*	II	NT	NT	√	√	√	√	√	√	√
284			大杓鹬	*Numenius madagascariensis*	II	VU	EN	√	√	√	√		√	√
285			鹤鹬	*Tringa erythropus*		LC	LC	√	√	√	√	√	√	√
286			红脚鹬	*Tringa totanus*		LC	LC	√	√	√	√	√	√	√
287			泽鹬	*Tringa stagnatilis*		LC	LC	√	√	√	√		√	√
288			青脚鹬	*Tringa nebularia*		LC	LC	√	√	√	√	√	√	√

续表

序号	目	科	中文名	拉丁名	保护等级[1]	红色名录[2]	IUCN[3]	东北区	华北区	蒙新区	青藏区	西南区	华中区	华南区
289			小青脚鹬	*Tringa guttifer*	I	EN	EN	√	√	√	√		√	√
290			小黄脚鹬	*Tringa flavipes*		DD	LC							√
291			白腰草鹬	*Tringa ochropus*		LC	LC	√	√	√	√	√	√	√
292			林鹬	*Tringa glareola*		LC	LC	√	√	√	√	√	√	√
293			灰尾漂鹬	*Tringa brevipes*		LC	NT	√	√	√		√	√	√
294			漂鹬	*Tringa incana*		DD	LC							√
295			翘嘴鹬	*Xenus cinereus*		LC	LC	√	√	√	√	√	√	√
296			矶鹬	*Actitis hypoleucos*		LC	LC	√	√	√	√	√	√	√
297			翻石鹬	*Arenaria interpres*	II	LC	LC	√	√	√	√	√	√	√
298			大滨鹬	*Calidris tenuirostris*	II	VU	EN	√	√			√	√	√
299			红腹滨鹬	*Calidris canutus*		VU	NT	√	√	√	√		√	√
300			三趾滨鹬	*Calidris alba*		LC	LC	√	√	√		√	√	√
301			西滨鹬	*Calidris mauri*		DD	LC				√			√
302			红颈滨鹬	*Calidris ruficollis*		LC	NT	√	√	√	√	√	√	√
303			勺嘴鹬	*Calidris pygmeus*	I	CR		√	√				√	√
304			小滨鹬	*Calidris minuta*		DD	LC	√	√	√	√	√	√	√
305			青脚滨鹬	*Calidris temminckii*		LC	LC	√	√	√	√	√	√	√
306			长趾滨鹬	*Calidris subminuta*		LC	LC	√	√	√	√	√	√	√
307			白腰滨鹬	*Calidris fuscicollis*					√		√			
308			斑胸滨鹬	*Calidris melanotos*		DD	LC	√	√	√		√	√	√
309			黄胸滨鹬	*Calidris subruficollis*			NT							√
310			尖尾滨鹬	*Calidris acuminata*		LC	LC	√	√	√	√	√	√	√
311			阔嘴鹬	*Calidris falcinellus*	II	LC	LC	√	√	√			√	√
312			流苏鹬	*Calidris pugnax*		LC	LC	√	√	√	√	√	√	√
313			弯嘴滨鹬	*Calidris ferruginea*		LC	NT	√	√	√	√	√	√	√
314			高跷鹬	*Calidris himantopus*		DD	LC							√
315			岩滨鹬	*Calidris ptilocnemis*		DD	LC		√					
316			黑腹滨鹬	*Calidris alpina*		LC	LC	√	√	√	√	√	√	√
317			红颈瓣蹼鹬	*Phalaropus lobatus*		LC	LC	√	√	√	√	√	√	√
318			灰瓣蹼鹬	*Phalaropus fulicarius*		LC	LC	√	√	√		√	√	√
319		9. 三趾鹑科	林三趾鹑	*Turnix sylvaticus*		LC	LC							√
320			黄脚三趾鹑	*Turnix tanki*		LC	LC	√	√	√		√	√	√
321			棕三趾鹑	*Turnix suscitator*		LC	LC					√	√	√
322		10. 燕鸻科	领燕鸻	*Glareola pratincola*		LC	LC			√				√
323			普通燕鸻	*Glareola maldivarum*		LC	LC	√	√	√	√	√	√	√
324			黑翅燕鸻	*Glareola nordmanni*		DD				√				
325			灰燕鸻	*Glareola lactea*	II	LC	LC				√			√
326		11. 鸥科	白顶玄燕鸥	*Anous stolidus*		LC	LC						√	√
327			玄燕鸥	*Anous minutus*										√
328			白燕鸥	*Gygis alba*		DD	LC							√
329			三趾鸥	*Rissa tridactyla*		LC	VU	√	√	√	√	√	√	√
330			叉尾鸥	*Xema sabini*		LC								√
331			细嘴鸥	*Chroicocephalus genei*		DD			√	√		√	√	√

续表

序号	目	科	中文名	拉丁名	保护等级[1]	红色名录[2]	IUCN[3]	东北区	华北区	蒙新区	青藏区	西南区	华中区	华南区
332			棕头鸥	*Chroicocephalus brunnicephalus*		LC	LC		√	√	√	√	√	√
333			红嘴鸥	*Chroicocephalus ridibundus*		LC		√	√	√	√	√	√	√
334			澳洲红嘴鸥	*Chroicocephalus novaehollandiae*										√
335			黑嘴鸥	*Saundersilarus saundersi*	I	VU	VU	√	√	√		√	√	√
336			小鸥	*Hydrocoloeus minutus*	II	NT	LC	√	√	√		√	√	√
337			楔尾鸥	*Rhodostethia rosea*		DD	LC	√			√			
338			笑鸥	*Leucophaeus atricilla*			LC							√
339			弗氏鸥	*Leucophaeus pipixcan*		DD			√					√
340			遗鸥	*Ichthyaetus relictus*	I	EN		√	√	√		√	√	√
341			渔鸥	*Ichthyaetus ichthyaetus*		LC		√	√	√	√	√	√	√
342			黑尾鸥	*Larus crassirostris*		LC	LC	√	√	√	√	√	√	√
343			普通海鸥	*Larus canus*		LC	LC	√	√	√	√	√	√	√
344			灰翅鸥	*Larus glaucescens*		LC	LC			√			√	√
345			北极鸥	*Larus hyperboreus*		LC	LC	√	√	√	√		√	√
346			小黑背银鸥	*Larus fuscus*		LC		√	√	√	√	√	√	√
347			西伯利亚银鸥	*Larus smithsonianus*		LC	LC	√	√	√	√	√	√	√
348			黄腿银鸥	*Larus cachinnans*		LC	LC		√	√	√		√	√
349			灰背鸥	*Larus schistisagus*		LC	LC	√	√	√		√	√	√
350			鸥嘴噪鸥	*Gelochelidon nilotica*		LC	LC	√	√	√		√	√	√
351			红嘴巨燕鸥	*Hydroprogne caspia*		LC	LC	√	√	√		√	√	√
352			大凤头燕鸥	*Thalasseus bergii*	II	NT	LC						√	√
353			小凤头燕鸥	*Thalasseus bengalensis*		LC	LC		√				√	√
354			中华凤头燕鸥	*Thalasseus bernsteini*	I	CR	CR	√	√				√	√
355			白嘴端凤头燕鸥	*Thalasseus sandvicensis*									√	√
356			白额燕鸥	*Sternula albifrons*		LC	LC	√	√	√		√	√	√
357			白腰燕鸥	*Onychoprion aleuticus*		LC	VU		√					√
358			褐翅燕鸥	*Onychoprion anaethetus*		LC	LC		√				√	√
359			乌燕鸥	*Onychoprion fuscatus*		LC	LC						√	√
360			河燕鸥	*Sterna aurantia*	I	NT	VU					√		
361			粉红燕鸥	*Sterna dougallii*		LC	LC						√	√
362			黑枕燕鸥	*Sterna sumatrana*		LC	LC	√	√				√	√
363			普通燕鸥	*Sterna hirundo*		LC	LC	√	√	√	√	√	√	√
364			黑腹燕鸥	*Sterna acuticauda*	II	EN	EN				√	√		
365			灰翅浮鸥	*Chlidonias hybrida*		LC	LC	√	√	√	√	√	√	√
366			白翅浮鸥	*Chlidonias leucopterus*		LC	LC	√	√	√	√	√	√	√
367			黑浮鸥	*Chlidonias niger*	II	LC	LC	√	√	√				√
368			剪嘴鸥	*Rynchops albicollis*		DD	EN							√
369		12. 贼鸥科	南极贼鸥	*Stercorarius maccormicki*		DD								√
370			中贼鸥	*Stercorarius pomarinus*		LC	LC		√	√			√	√
371			短尾贼鸥	*Stercorarius parasiticus*		LC	LC	√	√	√			√	√
372			长尾贼鸥	*Stercorarius longicaudus*		LC	LC						√	√

续表

序号	目	科	中文名	拉丁名	保护等级[1]	红色名录[2]	IUCN[3]	东北区	华北区	蒙新区	青藏区	西南区	华中区	华南区
373		13. 海雀科	崖海鸦	*Uria aalge*		DD								√
374			长嘴斑海雀	*Brachyramphus perdix*			NT	√	√					
375			扁嘴海雀	*Synthliboramphus antiquus*		NT	LC	√	√				√	√
376			冠海雀	*Synthliboramphus wumizusume*	II	DD	VU							√
377			角嘴海雀	*Cerorhinca monocerata*		DD	LC	√						
378	XII. 鹲形目	1. 鹲科	红嘴鹲	*Phaethon aethereus*		DD	LC							√
379			红尾鹲	*Phaethon rubricauda*		DD	LC							√
380			白尾鹲	*Phaethon lepturus*		DD	LC	√						√
381	XIII. 潜鸟目	1. 潜鸟科	红喉潜鸟	*Gavia stellata*		LC	LC	√	√	√			√	√
382			黑喉潜鸟	*Gavia arctica*		LC	LC	√	√	√		√	√	√
383			太平洋潜鸟	*Gavia pacifica*		DD	LC	√	√	√				√
384			黄嘴潜鸟	*Gavia adamsii*		DD	NT	√	√					
385	XIV. 鹱形目	1. 信天翁科	黑背信天翁	*Phoebastria immutabilis*		DD	NT	√						√
386			黑脚信天翁	*Phoebastria nigripes*	I	DD	NT		√				√	√
387			短尾信天翁	*Phoebastria albatrus*	I	VU	VU		√					√
388		2. 海燕科	黑叉尾海燕	*Hydrobates monorhis*		DD	NT		√				√	√
389			白腰叉尾海燕	*Hydrobates leucorhous*		DD	VU	√					√	√
390			褐翅叉尾海燕	*Hydrobates tristrami*		DD								√
391			日本叉尾海燕	*Hydrobates matsudairae*										√
392			黄蹼洋海燕	*Oceanites oceanicus*					√				√	
393		3. 鹱科	暴风鹱	*Fulmarus glacialis*		DD	LC	√						√
394			白额圆尾鹱	*Pterodroma hypoleuca*		DD	LC						√	√
395			钩嘴圆尾鹱	*Pseudobulweria rostrata*		DD								√
396			白额鹱	*Calonectris leucomelas*		DD	NT		√				√	√
397			楔尾鹱	*Ardenna pacifica*		DD	LC						√	√
398			灰鹱	*Ardenna grisea*		DD	NT							√
399			短尾鹱	*Ardenna tenuirostris*		DD			√				√	√
400			淡足鹱	*Ardenna carneipes*		DD								√
401			褐燕鹱	*Bulweria bulwerii*		DD	LC					√	√	√
402	XV. 鹳形目	1. 鹳科	彩鹳	*Mycteria leucocephala*	I	DD	NT				√	√	√	√
403			钳嘴鹳	*Anastomus oscitans*		LC				√		√	√	√
404			黑鹳	*Ciconia nigra*	I	VU	LC	√	√	√	√	√	√	√
405			白颈鹳	*Ciconia episcopus*			NT					√		
406			白鹳	*Ciconia ciconia*	I	RE	LC			√				
407			东方白鹳	*Ciconia boyciana*	I	EN	EN	√	√	√	√	√	√	√
408			秃鹳	*Leptoptilos javanicus*	II	DD	VU						√	√
409	XVI. 鲣鸟目	1. 军舰鸟科	白腹军舰鸟	*Fregata andrewsi*	I	DD	CR							√
410			黑腹军舰鸟	*Fregata minor*	II	LC	LC		√				√	√
411			白斑军舰鸟	*Fregata ariel*	II	DD	LC		√				√	√
412		2. 鲣鸟科	蓝脸鲣鸟	*Sula dactylatra*	II	LC								√
413			红脚鲣鸟	*Sula sula*	II	NT	LC		√				√	√
414			褐鲣鸟	*Sula leucogaster*	II	LC	LC		√				√	√

续表

序号	目	科	中文名	拉丁名	保护等级[1]	红色名录[2]	IUCN[3]	东北区	华北区	蒙新区	青藏区	西南区	华中区	华南区
415		3. 鸬鹚科	侏鸬鹚	*Microcarbo pygmeus*						√				
416			黑颈鸬鹚	*Microcarbo niger*	II	LC	LC							√
417			海鸬鹚	*Phalacrocorax pelagicus*	II	NT		√	√			√	√	√
418			红脸鸬鹚	*Phalacrocorax urile*		LC	LC	√						√
419			普通鸬鹚	*Phalacrocorax carbo*		LC	LC	√	√	√	√	√	√	√
420			绿背鸬鹚	*Phalacrocorax capillatus*		DD	LC		√			√	√	√
421	XVII. 鹈形目	1. 鹮科	黑头白鹮	*Threskiornis melanocephalus*	I	CR	NT	√	√	√		√	√	√
422			白肩黑鹮	*Pseudibis davisoni*	I	DD	CR						√	√
423			朱鹮	*Nipponia nippon*	I	EN	EN		√				√	
424			彩鹮	*Plegadis falcinellus*	I	DD	LC		√	√	√	√	√	√
425			白琵鹭	*Platalea leucorodia*	II	NT	LC	√	√	√	√	√	√	√
426			黑脸琵鹭	*Platalea minor*	I	EN	EN	√	√				√	√
427		2. 鹭科	大麻鳽	*Botaurus stellaris*		LC	LC	√	√	√	√	√	√	√
428			小苇鳽	*Ixobrychus minutus*	II	NT	LC			√	√	√		
429			黄斑苇鳽	*Ixobrychus sinensis*		LC	LC	√	√	√	√	√	√	√
430			紫背苇鳽	*Ixobrychus eurhythmus*		LC	LC	√	√	√	√	√	√	√
431			栗苇鳽	*Ixobrychus cinnamomeus*		LC	LC		√	√	√	√	√	√
432			黑苇鳽	*Ixobrychus flavicollis*		LC	LC		√			√	√	√
433			海南鳽	*Gorsachius magnificus*	I	EN	EN					√	√	√
434			栗头鳽	*Gorsachius goisagi*	II	DD	VU	√	√				√	√
435			黑冠鳽	*Gorsachius melanolophus*	II	NT	LC		√			√		√
436			夜鹭	*Nycticorax nycticorax*		LC	LC	√	√	√	√	√	√	√
437			棕夜鹭	*Nycticorax caledonicus*		LC							√	√
438			绿鹭	*Butorides striata*		LC	LC	√	√	√	√	√	√	√
439			印度池鹭	*Ardeola grayii*						√	√	√		
440			池鹭	*Ardeola bacchus*		LC	LC	√	√	√	√	√	√	√
441			爪哇池鹭	*Ardeola speciosa*										√
442			牛背鹭	*Bubulcus ibis*		LC	LC	√	√	√	√	√	√	√
443			苍鹭	*Ardea cinerea*		LC	LC	√	√	√	√	√	√	√
444			白腹鹭	*Ardea insignis*	I	DD						√		√
445			草鹭	*Ardea purpurea*		LC	LC	√	√	√	√	√	√	√
446			大白鹭	*Ardea alba*		LC	LC	√	√	√	√	√	√	√
447			中白鹭	*Ardea intermedia*		LC	LC		√	√	√	√	√	√
448			斑鹭	*Egretta picata*		DD								√
449			白脸鹭	*Egretta novaehollandiae*		DD	LC							√
450			白鹭	*Egretta garzetta*		LC	LC	√	√	√	√	√	√	√
451			岩鹭	*Egretta sacra*	II	LC	LC						√	√
452			黄嘴白鹭	*Egretta eulophotes*	I	VU	VU	√	√	√			√	√
453		3. 鹈鹕科	白鹈鹕	*Pelecanus onocrotalus*	I	EN	LC		√	√	√		√	
454			斑嘴鹈鹕	*Pelecanus philippensis*	I	EN	NT		√			√	√	√
455			卷羽鹈鹕	*Pelecanus crispus*	I	EN	NT		√	√			√	√
456	XVIII. 鹰形目	1. 鹗科	鹗	*Pandion haliaetus*	II	NT	LC	√	√	√	√	√	√	√

续表

序号	目	科	中文名	拉丁名	保护等级[1]	红色名录[2]	IUCN[3]	东北区	华北区	蒙新区	青藏区	西南区	华中区	华南区
457		2. 鹰科	黑翅鸢	*Elanus caeruleus*	II	NT	LC	√	√		√	√	√	√
458			胡兀鹫	*Gypaetus barbatus*	I	NT	NT		√	√	√	√	√	
459			白兀鹫	*Neophron percnopterus*	II		EN			√				
460			鹃头蜂鹰	*Pernis apivorus*	II					√				
461			凤头蜂鹰	*Pernis ptilorhynchus*	II	NT	LC	√	√	√	√	√	√	√
462			褐冠鹃隼	*Aviceda jerdoni*	II	NT	LC					√	√	√
463			黑冠鹃隼	*Aviceda leuphotes*	II	LC	LC		√			√	√	√
464			兀鹫	*Gyps fulvus*	II	NT	LC			√	√			
465			细嘴兀鹫	*Gyps tenuirostris*								√		√
466			长嘴兀鹫	*Gyps indicus*	II	DD					√			
467			白背兀鹫	*Gyps bengalensis*	I	DD	CR					√		
468			高山兀鹫	*Gyps himalayensis*	II	NT	NT		√	√	√	√		
469			黑兀鹫	*Sarcogyps calvus*	I	CR	CR				√			
470			秃鹫	*Aegypius monachus*	I	NT	NT	√	√	√	√	√	√	√
471			蛇雕	*Spilornis cheela*	II	NT	LC	√	√	√	√	√	√	√
472			短趾雕	*Circaetus gallicus*	II	NT	LC		√	√			√	√
473			凤头鹰雕	*Nisaetus cirrhatus*	II	NT			√		√	√		
474			鹰雕	*Nisaetus nipalensis*	II	NT	LC		√		√	√	√	√
475			棕腹隼雕	*Lophotriorchis kienerii*	II	NT	NT					√		√
476			林雕	*Ictinaetus malaiensis*	II	VU	LC				√	√	√	√
477			乌雕	*Clanga clanga*	I	EN	VU	√	√	√	√	√	√	√
478			靴隼雕	*Hieraaetus pennatus*	II	VU	LC	√	√	√	√			
479			草原雕	*Aquila nipalensis*	I	VU	EN	√	√	√	√	√	√	√
480			白肩雕	*Aquila heliaca*	I	EN	VU	√	√	√	√	√	√	√
481			金雕	*Aquila chrysaetos*	I	VU	LC	√	√	√	√	√	√	√
482			白腹隼雕	*Aquila fasciata*	II	VU	LC	√	√			√	√	√
483			凤头鹰	*Accipiter trivirgatus*	II	NT	LC	√	√		√	√	√	√
484			褐耳鹰	*Accipiter badius*	II	NT	LC			√		√	√	√
485			赤腹鹰	*Accipiter soloensis*	II	LC	LC	√	√	√		√	√	√
486			日本松雀鹰	*Accipiter gularis*	II	LC	LC	√	√	√			√	√
487			松雀鹰	*Accipiter virgatus*	II	LC	LC	√	√	√	√	√	√	√
488			雀鹰	*Accipiter nisus*	II	LC	LC	√	√	√	√	√	√	√
489			苍鹰	*Accipiter gentilis*	II	NT	LC	√	√	√	√	√	√	√
490			白头鹞	*Circus aeruginosus*	II	NT	LC	√	√	√	√	√	√	√
491			白腹鹞	*Circus spilonotus*	II	NT	LC	√	√	√	√	√	√	√
492			白尾鹞	*Circus cyaneus*	II	NT	LC	√	√	√	√	√	√	√
493			草原鹞	*Circus macrourus*	II	NT	NT		√	√	√		√	√
494			鹊鹞	*Circus melanoleucos*	II	NT	LC	√	√	√	√	√	√	√
495			乌灰鹞	*Circus pygargus*	II	NT	LC		√	√				√
496			黑鸢	*Milvus migrans*	II	LC	LC	√	√	√	√	√	√	√
497			栗鸢	*Haliastur indus*	II	VU	LC		√		√	√	√	√
498			白腹海雕	*Haliaeetus leucogaster*	I	VU	LC			√				√
499			玉带海雕	*Haliaeetus leucoryphus*	I	EN	EN	√	√	√	√	√	√	

续表

序号	目	科	中文名	拉丁名	保护等级[1]	红色名录[2]	IUCN[3]	东北区	华北区	蒙新区	青藏区	西南区	华中区	华南区
500			白尾海雕	*Haliaeetus albicilla*	I	VU	LC	√	√	√	√	√	√	√
501			虎头海雕	*Haliaeetus pelagicus*	I	EN	VU	√	√					√
502			渔雕	*Icthyophaga humilis*	II	NT	NT							√
503			白眼鵟鹰	*Butastur teesa*	II	DD	LC				√			
504			棕翅鵟鹰	*Butastur liventer*	II	DD	LC							√
505			灰脸鵟鹰	*Butastur indicus*	II	NT	LC	√	√	√	√	√	√	√
506			毛脚鵟	*Buteo lagopus*	II	NT	LC	√	√	√	√	√	√	√
507			大鵟	*Buteo hemilasius*	II	VU	LC	√	√	√	√	√	√	√
508			普通鵟	*Buteo japonicus*	II	LC	LC	√	√	√	√	√	√	√
509			喜山鵟	*Buteo refectus*	II		LC				√	√		√
510			欧亚鵟	*Buteo buteo*	II		LC			√				
511			棕尾鵟	*Buteo rufinus*	II	NT	LC		√	√	√	√		
512	XIX. 鸮形目	1. 鸱鸮科	黄嘴角鸮	*Otus spilocephalus*	II	NT	LC						√	√
513			领角鸮	*Otus lettia*	II	LC	LC	√	√		√	√	√	√
514			北领角鸮	*Otus semitorques*	II		LC	√	√	√			√	
515			纵纹角鸮	*Otus brucei*	II	DD				√				
516			西红角鸮	*Otus scops*	II	LC	LC			√				
517			红角鸮	*Otus sunia*	II	LC	LC	√	√	√	√	√	√	√
518			优雅角鸮	*Otus elegans*	II		NT							√
519			雪鸮	*Bubo scandiacus*	II	NT	VU	√		√				
520			雕鸮	*Bubo bubo*	II	NT	LC	√	√	√	√	√	√	√
521			林雕鸮	*Bubo nipalensis*	II	NT	LC				√	√	√	√
522			毛腿雕鸮	*Bubo blakistoni*	I		EN	√		√				
523			褐渔鸮	*Ketupa zeylonensis*	II	EN	LC					√	√	√
524			黄腿渔鸮	*Ketupa flavipes*	II	EN	LC		√		√	√	√	√
525			褐林鸮	*Strix leptogrammica*	II	NT	LC				√	√	√	√
526			灰林鸮	*Strix aluco*	II	NT	LC	√	√		√	√	√	√
527			长尾林鸮	*Strix uralensis*	II	NT	LC	√	√	√				
528			四川林鸮	*Strix davidi*	I	VU					√			
529			乌林鸮	*Strix nebulosa*	II	NT	LC	√		√				
530			猛鸮	*Surnia ulula*	II	NT	LC	√		√				
531			花头鸺鹠	*Glaucidium passerinum*	II	NT	LC	√		√				
532			领鸺鹠	*Glaucidium brodiei*	II	LC	LC		√	√	√	√	√	√
533			斑头鸺鹠	*Glaucidium cuculoides*	II	LC	LC		√	√	√	√	√	√
534			纵纹腹小鸮	*Athene noctua*	II	LC	LC	√	√	√	√	√	√	√
535			横斑腹小鸮	*Athene brama*	II	NT						√		√
536			鬼鸮	*Aegolius funereus*	II	VU	LC	√		√	√			
537			鹰鸮	*Ninox scutulata*	II	NT	LC		√	√	√	√	√	√
538			日本鹰鸮	*Ninox japonica*	II	DD	LC	√	√	√			√	√
539			长耳鸮	*Asio otus*	II	LC	LC	√	√	√	√	√	√	√
540			短耳鸮	*Asio flammeus*	II	NT	LC	√	√	√	√	√	√	√
541		2. 草鸮科	仓鸮	*Tyto alba*	II	NT	LC					√		√
542			草鸮	*Tyto longimembris*	II		LC		√			√	√	√

续表

序号	目	科	中文名	拉丁名	保护等级[1]	红色名录[2]	IUCN[3]	东北区	华北区	蒙新区	青藏区	西南区	华中区	华南区
543			栗鸮	*Phodilus badius*	II	NT	LC							√
544	XX. 咬鹃目	1. 咬鹃科	橙胸咬鹃	*Harpactes oreskios*	II	NT	LC					√		√
545			红头咬鹃	*Harpactes erythrocephalus*	II	NT	LC				√	√	√	√
546			红腹咬鹃	*Harpactes wardi*	II	NT	NT				√	√		√
547	XXI. 犀鸟目	1. 犀鸟科	白喉犀鸟	*Anorrhinus austeni*	I	VU	NT							√
548			冠斑犀鸟	*Anthracoceros albirostris*	I	CR	LC					√		√
549			双角犀鸟	*Buceros bicornis*	I	CR	VU							√
550			棕颈犀鸟	*Aceros nipalensis*	I	CR	VU					√		√
551			花冠皱盔犀鸟	*Rhyticeros undulatus*	I	EN								√
552		2. 戴胜科	戴胜	*Upupa epops*		LC	LC	√	√	√	√	√	√	√
553	XXII. 佛法僧目	1. 蜂虎科	赤须蜂虎	*Nyctyornis amictus*	II									√
554			蓝须蜂虎	*Nyctyornis athertoni*	II		LC				√	√	√	√
555			绿喉蜂虎	*Merops orientalis*	II	LC	LC				√	√		√
556			蓝颊蜂虎	*Merops persicus*	II					√				
557			栗喉蜂虎	*Merops philippinus*	II	LC	LC				√	√		√
558			彩虹蜂虎	*Merops ornatus*	II	DD	LC							√
559			蓝喉蜂虎	*Merops viridis*	II	LC	LC					√	√	√
560			栗头蜂虎	*Merops leschenaulti*	II	LC	LC				√	√		√
561			黄喉蜂虎	*Merops apiaster*		NT	LC			√				√
562		2. 佛法僧科	棕胸佛法僧	*Coracias benghalensis*		NT					√	√		√
563			蓝胸佛法僧	*Coracias garrulus*		NT	LC			√	√			
564			三宝鸟	*Eurystomus orientalis*		LC	LC	√	√	√	√	√	√	√
565		3. 翠鸟科	鹳嘴翡翠	*Pelargopsis capensis*	II	DD	LC							√
566			赤翡翠	*Halcyon coromanda*		DD	LC	√	√				√	√
567			白胸翡翠	*Halcyon smyrnensis*	II	LC	LC				√	√	√	√
568			蓝翡翠	*Halcyon pileata*		LC	LC	√	√	√	√	√	√	√
569			白领翡翠	*Todiramphus chloris*		LC	LC						√	√
570			蓝耳翠鸟	*Alcedo meninting*	II	LC	LC							√
571			普通翠鸟	*Alcedo atthis*		LC	LC	√	√	√	√	√	√	√
572			斑头大翠鸟	*Alcedo hercules*	II	VU	NT				√		√	√
573			三趾翠鸟	*Ceyx erithaca*		DD	LC				√			√
574			冠鱼狗	*Megaceryle lugubris*		LC	LC	√	√	√	√	√	√	√
575			斑鱼狗	*Ceryle rudis*		LC	LC		√		√	√	√	√
576	XXIII. 啄木鸟目	1. 拟啄木鸟科	大拟啄木鸟	*Psilopogon virens*		LC	LC				√	√	√	√
577			绿拟啄木鸟	*Psilopogon lineatus*		DD	LC		√		√			
578			黄纹拟啄木鸟	*Psilopogon faiostrictus*		NT	LC							√
579			金喉拟啄木鸟	*Psilopogon franklinii*		DD	LC				√	√		√
580			黑眉拟啄木鸟	*Psilopogon faber*		LC	LC						√	√
581			台湾拟啄木鸟	*Psilopogon nuchalis*		LC	LC							√
582			蓝喉拟啄木鸟	*Psilopogon asiaticus*		DD	LC				√	√	√	√
583			蓝耳拟啄木鸟	*Psilopogon australis*		DD	LC							√

续表

序号	目	科	中文名	拉丁名	保护等级[1]	红色名录[2]	IUCN[3]	东北区	华北区	蒙新区	青藏区	西南区	华中区	华南区
584			赤胸拟啄木鸟	*Psilopogon haemacephalus*		DD	LC				√	√		√
585		2. 响蜜䴕科	黄腰响蜜䴕	*Indicator xanthonotus*			NT				√			
586		3. 啄木鸟科	蚁䴕	*Jynx torquilla*			LC	√	√	√	√	√	√	√
587			斑姬啄木鸟	*Picumnus innominatus*		LC	LC		√		√	√	√	√
588			白眉棕啄木鸟	*Sasia ochracea*		LC	LC				√	√	√	√
589			棕腹啄木鸟	*Dendrocopos hyperythrus*		LC	LC	√	√	√	√	√	√	√
590			小星头啄木鸟	*Dendrocopos kizuki*		LC		√	√	√				
591			星头啄木鸟	*Dendrocopos canicapillus*		LC		√	√	√	√	√	√	√
592			小斑啄木鸟	*Dendrocopos minor*		LC	LC	√	√	√			√	√
593			纹腹啄木鸟	*Dendrocopos macei*		DD					√			
594			纹胸啄木鸟	*Dendrocopos atratus*		DD	LC				√	√		√
595			褐额啄木鸟	*Dendrocopos auriceps*							√			
596			赤胸啄木鸟	*Dendrocopos cathpharius*		LC	LC		√		√	√	√	√
597			黄颈啄木鸟	*Dendrocopos darjellensis*		LC	LC		√		√	√		√
598			白背啄木鸟	*Dendrocopos leucotos*		LC	LC	√	√	√	√	√	√	√
599			白翅啄木鸟	*Dendrocopos leucopterus*	II	NT	LC			√				
600			大斑啄木鸟	*Dendrocopos major*		LC	LC	√	√	√	√	√	√	√
601			三趾啄木鸟	*Picoides tridactylus*	II	LC	LC	√		√	√	√		
602			白腹黑啄木鸟	*Dryocopus javensis*	II	NT	LC				√	√		
603			黑啄木鸟	*Dryocopus martius*	II	LC	LC	√	√	√	√	√		
604			大黄冠啄木鸟	*Chrysophlegma flavinucha*	II	EN	LC				√	√	√	√
605			黄冠啄木鸟	*Picus chlorolophus*	II	NT	LC				√	√	√	√
606			花腹绿啄木鸟	*Picus vittatus*		DD	LC							√
607			纹喉绿啄木鸟	*Picus xanthopygaeus*			LC				√	√		
608			鳞腹绿啄木鸟	*Picus squamatus*		DD					√			
609			红颈绿啄木鸟	*Picus rabieri*	II	DD	NT							√
610			灰头绿啄木鸟	*Picus canus*		LC	LC	√	√	√	√	√	√	√
611			金背啄木鸟	*Dinopium javanense*		DD	LC					√		√
612			喜山金背啄木鸟	*Dinopium shorii*		DD						√		
613			小金背啄木鸟	*Dinopium benghalense*		DD						√		
614			大金背啄木鸟	*Chrysocolaptes lucidus*		DD					√			√
615			竹啄木鸟	*Gecinulus grantia*		LC	LC						√	√
616			黄嘴栗啄木鸟	*Blythipicus pyrrhotis*		LC	LC				√	√	√	√
617			栗啄木鸟	*Micropternus brachyurus*		LC	LC				√	√	√	√
618			大灰啄木鸟	*Mulleripicus pulverulentus*	II	DD	VU				√		√	√
619	XXIV. 隼形目	1. 隼科	红腿小隼	*Microhierax caerulescens*	II	NT	LC							√
620			白腿小隼	*Microhierax melanoleucos*	II	VU	LC					√	√	√
621			黄爪隼	*Falco naumanni*	II	VU	LC	√	√	√		√	√	
622			红隼	*Falco tinnunculus*	II	LC	LC	√	√	√	√	√	√	√
623			西红脚隼	*Falco vespertinus*	II	NT	NT			√				
624			红脚隼	*Falco amurensis*	II	NT	LC	√	√	√	√	√	√	√

续表

序号	目	科	中文名	拉丁名	保护等级[1]	红色名录[2]	IUCN[3]	东北区	华北区	蒙新区	青藏区	西南区	华中区	华南区
625			灰背隼	*Falco columbarius*	II	NT	LC	√	√	√	√	√	√	√
626			燕隼	*Falco subbuteo*	II	LC	LC	√	√	√	√	√	√	√
627			猛隼	*Falco severus*	II	DD	LC					√		√
628			猎隼	*Falco cherrug*	I	EN	EN	√	√	√	√	√	√	
629			矛隼	*Falco rusticolus*	I	NT	LC	√		√	√			
630			游隼	*Falco peregrinus*	II	NT	LC	√	√	√	√	√	√	√
631	XXV. 鹦鹉目	1. 鹦鹉科	短尾鹦鹉	*Loriculus vernalis*	II	DD	LC					√		√
632			蓝腰鹦鹉	*Psittinus cyanurus*	II	VU								√
633			亚历山大鹦鹉	*Psittacula eupatria*	II	DD						√		√
634			红领绿鹦鹉	*Psittacula krameri*	II	DD								√
635			青头鹦鹉	*Psittacula himalayana*	II						√			
636			灰头鹦鹉	*Psittacula finschii*	II	DD	NT				√	√		√
637			花头鹦鹉	*Psittacula roseata*	II	DD	NT				√			√
638			大紫胸鹦鹉	*Psittacula derbiana*	II	VU	NT				√	√		
639			绯胸鹦鹉	*Psittacula alexandri*	II	VU	NT				√			√
640	XXVI. 雀形目	1. 八色鸫科	双辫八色鸫	*Pitta phayrei*	II	VU	LC							√
641			蓝枕八色鸫	*Pitta nipalensis*	II	VU	LC				√			
642			蓝背八色鸫	*Pitta soror*	II	EN	LC							√
643			栗头八色鸫	*Pitta oatesi*	II	VU	LC					√		
644			蓝八色鸫	*Pitta cyanea*	II	DD	LC				√			
645			绿胸八色鸫	*Pitta sordida*	II	VU	LC				√	√		
646			仙八色鸫	*Pitta nympha*	II	VU	VU	√	√			√	√	√
647			蓝翅八色鸫	*Pitta moluccensis*	II	DD	LC						√	√
648		2. 阔嘴鸟科	长尾阔嘴鸟	*Psarisomus dalhousiae*	II	NT	LC				√	√	√	√
649			银胸丝冠鸟	*Serilophus lunatus*	II	NT	LC							√
650		3. 黄鹂科	金黄鹂	*Oriolus oriolus*		LC	LC		√	√	√			
651			印度金黄鹂	*Oriolus kundoo*						√	√			
652			细嘴黄鹂	*Oriolus tenuirostris*		DD	LC				√	√		√
653			黑枕黄鹂	*Oriolus chinensis*		LC	LC	√	√	√	√	√	√	√
654			黑头黄鹂	*Oriolus xanthornus*		DD	LC				√			√
655			朱鹂	*Oriolus traillii*		NT	LC				√	√		√
656			鹊鹂	*Oriolus mellianus*	II	EN	EN				√	√	√	√
657		4. 莺雀科	白腹凤鹛	*Erpornis zantholeuca*		LC	LC				√	√	√	√
658			棕腹鵙鹛	*Pteruthius rufiventer*		DD	LC				√	√		
659			红翅鵙鹛	*Pteruthius aeralatus*		LC	LC				√	√	√	√
660			淡绿鵙鹛	*Pteruthius xanthochlorus*		NT	LC				√	√	√	√
661			栗喉鵙鹛	*Pteruthius melanotis*		DD	LC				√	√		√
662			栗额鵙鹛	*Pteruthius intermedius*		DD						√		√
663		5. 山椒鸟科	大鹃鵙	*Coracina macei*		LC					√	√	√	√
664			暗灰鹃鵙	*Lalage melaschistos*		LC	LC	√	√		√	√	√	√
665			斑鹃鵙	*Lalage nigra*										√
666			粉红山椒鸟	*Pericrocotus roseus*		LC	LC		√		√	√	√	√

续表

序号	目	科	中文名	拉丁名	保护等级[1]	红色名录[2]	IUCN[3]	东北区	华北区	蒙新区	青藏区	西南区	华中区	华南区
667			小灰山椒鸟	*Pericrocotus cantonensis*		LC	LC		√		√	√	√	√
668			灰山椒鸟	*Pericrocotus divaricatus*		LC	LC	√	√	√		√	√	√
669			琉球山椒鸟	*Pericrocotus tegimae*									√	√
670			灰喉山椒鸟	*Pericrocotus solaris*		LC	LC				√	√	√	√
671			长尾山椒鸟	*Pericrocotus ethologus*		LC	LC		√	√	√	√	√	√
672			短嘴山椒鸟	*Pericrocotus brevirostris*		LC	LC				√	√	√	√
673			赤红山椒鸟	*Pericrocotus flammeus*		LC	LC				√	√	√	√
674		6. 燕鵙科	灰燕鵙	*Artamus fuscus*		LC	LC					√	√	√
675		7. 钩嘴鵙科	褐背鹟鵙	*Hemipus picatus*		DD	LC				√	√	√	√
676			钩嘴林鵙	*Tephrodornis virgatus*		LC	LC				√	√	√	√
677		8. 雀鹎科	黑翅雀鹎	*Aegithina tiphia*		LC	LC				√	√		√
678			大绿雀鹎	*Aegithina lafresnayei*		LC	LC							√
679		9. 扇尾鹟科	白喉扇尾鹟	*Rhipidura albicollis*		LC	LC				√	√	√	√
680			白眉扇尾鹟	*Rhipidura aureola*		LC	LC					√		√
681		10. 卷尾科	黑卷尾	*Dicrurus macrocercus*		LC	LC	√	√	√	√	√	√	√
682			灰卷尾	*Dicrurus leucophaeus*		LC	LC		√		√	√	√	√
683			鸦嘴卷尾	*Dicrurus annectans*		LC	LC				√	√	√	√
684			古铜色卷尾	*Dicrurus aeneus*		LC	LC				√			√
685			发冠卷尾	*Dicrurus hottentottus*		LC	LC	√	√		√	√	√	√
686			小盘尾	*Dicrurus remifer*	II	NT	LC				√	√		√
687			大盘尾	*Dicrurus paradiseus*	II	VU	LC				√			√
688		11. 王鹟科	黑枕王鹟	*Hypothymis azurea*		LC	LC			√	√	√	√	√
689			印度寿带	*Terpsiphone paradisi*			LC				√	√		√
690			东方寿带	*Terpsiphone affinis*			LC							√
691			寿带	*Terpsiphone incei*		NT	LC	√	√			√	√	√
692			紫寿带	*Terpsiphone atrocaudata*		NT	NT		√			√	√	√
693		12. 伯劳科	虎纹伯劳	*Lanius tigrinus*		LC	LC	√	√	√	√	√	√	√
694			牛头伯劳	*Lanius bucephalus*		LC	LC	√	√	√	√	√	√	√
695			红尾伯劳	*Lanius cristatus*		LC	LC	√	√	√	√	√	√	√
696			红背伯劳	*Lanius collurio*		LC	LC	√	√	√				√
697			荒漠伯劳	*Lanius isabellinus*		LC	LC	√	√	√	√			
698			棕尾伯劳	*Lanius phoenicuroides*			LC			√				
699			褐背伯劳	*Lanius vittatus*								√		
700			栗背伯劳	*Lanius collurioides*		NT	LC					√		√
701			棕背伯劳	*Lanius schach*		LC	LC	√	√	√	√	√	√	√
702			灰背伯劳	*Lanius tephronotus*		LC	LC		√	√	√	√	√	√
703			黑额伯劳	*Lanius minor*		LC	LC			√				
704			灰伯劳	*Lanius excubitor*		LC	LC	√	√	√	√			
705			楔尾伯劳	*Lanius sphenocercus*		LC	LC	√	√	√	√	√	√	√
706		13. 鸦科	北噪鸦	*Perisoreus infaustus*		NT	LC	√		√				
707			黑头噪鸦	*Perisoreus internigrans*	I	VU	VU				√			
708			松鸦	*Garrulus glandarius*		LC	LC	√	√	√	√	√	√	√
709			灰喜鹊	*Cyanopica cyanus*		LC	LC	√	√	√	√	√	√	√

续表

序号	目	科	中文名	拉丁名	保护等级[1]	红色名录[2]	IUCN[3]	东北区	华北区	蒙新区	青藏区	西南区	华中区	华南区
710			台湾蓝鹊	*Urocissa caerulea*		LC	LC							√
711			黄嘴蓝鹊	*Urocissa flavirostris*		LC	LC		√		√	√		√
712			红嘴蓝鹊	*Urocissa erythroryncha*		LC	LC	√	√	√	√	√	√	√
713			白翅蓝鹊[4]	*Urocissa whiteheadi*		NT	EN							√
714			蓝绿鹊	*Cissa chinensis*	II	NT	LC				√			√
715			黄胸绿鹊	*Cissa hypoleuca*	II	NT	LC							√
716			棕腹树鹊	*Dendrocitta vagabunda*		LC					√			√
717			灰树鹊	*Dendrocitta formosae*		LC	LC				√	√	√	√
718			黑额树鹊	*Dendrocitta frontalis*		LC	LC				√			√
719			塔尾树鹊	*Temnurus temnurus*		NT	LC							√
720			喜鹊	*Pica pica*		LC	LC	√	√	√	√	√	√	√
721			黑尾地鸦	*Podoces hendersoni*	II	VU	LC			√	√			
722			白尾地鸦	*Podoces biddulphi*	II	VU	NT			√	√		√	
723			星鸦	*Nucifraga caryocatactes*		LC	LC	√	√	√	√	√	√	√
724			红嘴山鸦	*Pyrrhocorax pyrrhocorax*		LC	LC	√	√	√	√	√	√	
725			黄嘴山鸦	*Pyrrhocorax graculus*		LC	LC		√	√	√	√	√	
726			寒鸦	*Corvus monedula*		LC	LC		√	√	√		√	
727			达乌里寒鸦	*Corvus dauuricus*		LC	LC	√	√	√	√	√	√	√
728			家鸦	*Corvus splendens*		LC	LC				√	√		√
729			秃鼻乌鸦	*Corvus frugilegus*		LC	LC	√	√	√	√	√	√	√
730			小嘴乌鸦	*Corvus corone*		LC	LC	√	√	√	√	√	√	√
731			冠小嘴乌鸦	*Corvus cornix*		LC				√				
732			白颈鸦	*Corvus pectoralis*		NT	VU		√	√	√	√	√	√
733			大嘴乌鸦	*Corvus macrorhynchos*		LC	LC	√	√	√	√	√	√	√
734			渡鸦	*Corvus corax*		LC	LC	√		√	√	√		
735		14. 玉鹟科	黄腹扇尾鹟	*Chelidorhynx hypoxanthus*		LC	LC				√	√		√
736			方尾鹟	*Culicicapa ceylonensis*		LC	LC		√		√	√	√	√
737		15. 山雀科	火冠雀	*Cephalopyrus flammiceps*		LC	LC		√		√	√	√	√
738			黄眉林雀	*Sylviparus modestus*		LC	LC				√	√	√	√
739			冕雀	*Melanochlora sultanea*		DD	LC				√	√	√	√
740			棕枕山雀	*Periparus rufonuchalis*		LC	LC			√	√			
741			黑冠山雀	*Periparus rubidiventris*		LC	LC		√	√	√	√	√	√
742			煤山雀	*Periparus ater*		LC	LC	√	√	√	√	√	√	√
743			黄腹山雀	*Pardaliparus venustulus*		LC	LC	√	√	√	√	√	√	√
744			褐冠山雀	*Lophophanes dichrous*		LC	LC		√	√	√	√	√	
745			杂色山雀	*Sittiparus varius*		NT	LC	√	√				√	√
746			台湾杂色山雀	*Sittiparus castaneoventris*			LC							√
747			白眉山雀	*Poecile superciliosus*	II	NT	LC		√	√	√			
748			红腹山雀	*Poecile davidi*	II	LC	LC				√		√	
749			沼泽山雀	*Poecile palustris*		LC	LC	√	√	√	√	√	√	
750			褐头山雀	*Poecile montanus*		LC	LC	√	√	√		√		
751			四川褐头山雀	*Poecile weigoldicus*			LC				√	√	√	
752			灰蓝山雀	*Cyanistes cyanus*		LC	LC	√		√	√		√	

续表

序号	目	科	中文名	拉丁名	保护等级[1]	红色名录[2]	IUCN[3]	东北区	华北区	蒙新区	青藏区	西南区	华中区	华南区
753			地山雀	*Pseudopodoces humilis*		LC	LC			√	√			
754			欧亚大山雀	*Parus major*			LC	√		√				
755			大山雀	*Parus cinereus*		LC		√	√	√	√	√	√	√
756			绿背山雀	*Parus monticolus*		LC	LC		√	√	√	√	√	√
757			台湾黄山雀	*Machlolophus holsti*		LC	NT							√
758			眼纹黄山雀	*Machlolophus xanthogenys*		LC					√			
759			黄颊山雀	*Machlolophus spilonotus*		LC	LC				√	√	√	√
760		16. 攀雀科	黑头攀雀	*Remiz macronyx*						√				
761			白冠攀雀	*Remiz coronatus*		LC	LC			√				
762			中华攀雀	*Remiz consobrinus*		LC	LC	√	√	√			√	√
763		17. 百灵科	歌百灵	*Mirafra javanica*	II	VU	LC							√
764			草原百灵	*Melanocorypha calandra*		NT				√				
765			双斑百灵	*Melanocorypha bimaculata*			LC			√	√			
766			蒙古百灵	*Melanocorypha mongolica*	II	VU	LC	√	√	√	√			
767			长嘴百灵	*Melanocorypha maxima*		LC	LC			√	√			
768			黑百灵	*Melanocorypha yeltoniensis*		LC				√				
769			大短趾百灵	*Calandrella brachydactyla*		LC	LC	√	√	√	√		√	√
770			细嘴短趾百灵	*Calandrella acutirostris*		LC	LC			√	√			
771			短趾百灵	*Alaudala cheleensis*		LC		√	√	√	√	√	√	√
772			凤头百灵	*Galerida cristata*		LC	LC	√	√	√	√	√	√	
773			白翅百灵	*Alauda leucoptera*		LC	LC			√				
774			云雀	*Alauda arvensis*	II	LC	LC	√	√	√	√		√	√
775			小云雀	*Alauda gulgula*		LC	LC		√	√	√	√	√	√
776			角百灵	*Eremophila alpestris*		LC	LC	√	√	√	√	√		
777		18. 文须雀科	文须雀	*Panurus biarmicus*		LC	LC	√	√	√	√		√	
778		19. 扇尾莺科	棕扇尾莺	*Cisticola juncidis*		LC	LC	√	√			√	√	√
779			金头扇尾莺	*Cisticola exilis*		LC	LC				√	√	√	√
780			山鹪莺	*Prinia crinigera*		LC	LC		√		√	√	√	√
781			褐山鹪莺	*Prinia polychroa*		LC	LC					√	√	√
782			黑喉山鹪莺	*Prinia atrogularis*		LC	LC				√	√	√	√
783			暗冕山鹪莺	*Prinia rufescens*		LC	LC				√	√	√	√
784			灰胸山鹪莺	*Prinia hodgsonii*		LC	LC				√	√	√	√
785			黄腹山鹪莺	*Prinia flaviventris*		LC	LC				√	√	√	√
786			纯色山鹪莺	*Prinia inornata*		LC	LC		√		√	√	√	√
787			长尾缝叶莺	*Orthotomus sutorius*		LC	LC				√	√	√	√
788			黑喉缝叶莺	*Orthotomus atrogularis*		LC	LC							√
789		20. 苇莺科	大苇莺	*Acrocephalus arundinaceus*		LC	LC		√	√		√	√	
790			东方大苇莺	*Acrocephalus orientalis*		LC	LC	√	√	√	√	√	√	√
791			噪苇莺	*Acrocephalus stentoreus*		LC	LC				√	√		

续表

序号	目	科	中文名	拉丁名	保护等级[1]	红色名录[2]	IUCN[3]	东北区	华北区	蒙新区	青藏区	西南区	华中区	华南区
792			须苇莺	*Acrocephalus melanopogon*						√				
793			黑眉苇莺	*Acrocephalus bistrigiceps*		LC	LC	√	√	√			√	√
794			蒲苇莺	*Acrocephalus schoenobaenus*		LC	LC			√				
795			细纹苇莺	*Acrocephalus sorghophilus*	II	EN	EN		√				√	√
796			钝翅苇莺	*Acrocephalus concinens*		LC	LC		√				√	√
797			远东苇莺	*Acrocephalus tangorum*		VU	VU	√	√	√			√	√
798			稻田苇莺	*Acrocephalus agricola*		LC	LC			√	√			
799			布氏苇莺	*Acrocephalus dumetorum*		LC	LC			√	√		√	√
800			芦莺	*Acrocephalus scirpaceus*		LC	LC	√		√				
801			厚嘴苇莺	*Arundinax aedon*		LC	LC	√	√	√		√	√	√
802			靴篱莺	*Iduna caligata*		LC	LC			√				
803			赛氏篱莺	*Iduna rama*		LC	LC			√				
804			草绿篱莺	*Iduna pallida*		LC				√				
805		21. 鳞胸鹪鹛科	鳞胸鹪鹛	*Pnoepyga albiventer*		LC					√	√	√	√
806			台湾鹪鹛	*Pnoepyga formosana*			LC							√
807			尼泊尔鹪鹛	*Pnoepyga immaculata*		DD					√			
808			小鳞胸鹪鹛	*Pnoepyga pusilla*		LC	LC		√		√	√	√	√
809		22. 蝗莺科	高山短翅蝗莺	*Locustella mandelli*			LC		√		√	√	√	√
810			台湾短翅蝗莺	*Locustella alishanensis*			LC							√
811			四川短翅蝗莺	*Locustella chengi*			LC						√	
812			斑胸短翅蝗莺	*Locustella thoracica*			LC		√		√	√	√	
813			北短翅蝗莺	*Locustella davidi*			LC	√	√	√				√
814			巨嘴短翅蝗莺	*Locustella major*			NT			√	√			
815			中华短翅蝗莺	*Locustella tacsanowskia*			LC	√	√	√	√	√	√	√
816			棕褐短翅蝗莺	*Locustella luteoventris*			LC		√		√	√	√	√
817			黑斑蝗莺	*Locustella naevia*		LC	LC			√				
818			矛斑蝗莺	*Locustella lanceolata*		NT	LC	√	√	√			√	√
819			鸲蝗莺	*Locustella luscinioides*		LC	LC			√				
820			北蝗莺	*Locustella ochotensis*		LC	LC	√	√	√			√	√
821			东亚蝗莺	*Locustella pleskei*		VU	VU		√				√	√
822			小蝗莺	*Locustella certhiola*		LC	LC	√	√	√	√	√	√	√
823			苍眉蝗莺	*Locustella fasciolata*		LC	LC	√	√	√			√	√
824			库页岛蝗莺	*Locustella amnicola*					√					√
825			斑背大尾莺	*Locustella pryeri*		NT	NT	√	√				√	√
826			沼泽大尾莺	*Megalurus palustris*		LC	LC	√				√	√	√
827		23. 燕科	褐喉沙燕	*Riparia paludicola*		LC						√		√
828			崖沙燕	*Riparia riparia*		LC	LC	√	√	√	√	√	√	√
829			淡色崖沙燕	*Riparia diluta*		LC	LC	√	√	√	√	√	√	√
830			家燕	*Hirundo rustica*		LC	LC	√	√	√	√	√	√	√
831			洋燕	*Hirundo tahitica*		LC								√
832			线尾燕	*Hirundo smithii*		DD								√

续表

序号	目	科	中文名	拉丁名	保护等级[1]	红色名录[2]	IUCN[3]	东北区	华北区	蒙新区	青藏区	西南区	华中区	华南区
833			岩燕	*Ptyonoprogne rupestris*		LC	LC	√	√	√	√	√		
834			纯色岩燕	*Ptyonoprogne concolor*		NT	LC		√					
835			毛脚燕	*Delichon urbicum*		LC	LC	√	√	√	√	√	√	√
836			烟腹毛脚燕	*Delichon dasypus*		LC	LC	√	√		√	√	√	√
837			黑喉毛脚燕	*Delichon nipalense*		LC	LC				√	√	√	√
838			金腰燕	*Cecropis daurica*		LC	LC	√	√	√	√	√	√	√
839			斑腰燕	*Cecropis striolata*		LC						√		√
840			黄额燕	*Petrochelidon fluvicola*					√					
841		24. 鹎科	凤头雀嘴鹎	*Spizixos canifrons*		LC	LC				√	√		√
842			领雀嘴鹎	*Spizixos semitorques*		LC	LC	√	√			√	√	√
843			黑头鹎	*Brachypodius atriceps*		LC	LC		√			√	√	√
844			纵纹绿鹎	*Pycnonotus striatus*		LC	LC				√	√		√
845			黑冠黄鹎	*Pycnonotus melanicterus*		LC	LC					√		√
846			红耳鹎	*Pycnonotus jocosus*		LC	LC		√		√	√	√	√
847			黄臀鹎	*Pycnonotus xanthorrhous*		LC	LC		√		√	√	√	√
848			白眉黄臀鹎	*Pycnonotus goiavier*										√
849			白头鹎	*Pycnonotus sinensis*		LC	LC	√	√	√	√	√	√	√
850			台湾鹎	*Pycnonotus taivanus*	II	VU	VU							√
851			白颊鹎	*Pycnonotus leucogenis*		LC					√	√		
852			黑喉红臀鹎	*Pycnonotus cafer*		LC	LC				√	√		√
853			白喉红臀鹎	*Pycnonotus aurigaster*		LC	LC				√	√	√	√
854			纹喉鹎	*Pycnonotus finlaysoni*		LC	LC							√
855			黄绿鹎	*Pycnonotus flavescens*		NT	LC				√	√		√
856			黄腹冠鹎	*Alophoixus flaveolus*		LC	LC				√			√
857			白喉冠鹎	*Alophoixus pallidus*		LC	LC					√	√	√
858			灰眼短脚鹎	*Iole propinqua*		LC	LC					√		√
859			绿翅短脚鹎	*Ixos mcclellandii*		LC	LC		√		√	√	√	√
860			灰短脚鹎	*Hemixos flavala*		LC	LC				√			√
861			栗背短脚鹎	*Hemixos castanonotus*		LC	LC					√	√	√
862			黑短脚鹎	*Hypsipetes leucocephalus*		LC	LC		√		√	√	√	√
863			栗耳短脚鹎	*Hypsipetes amaurotis*		LC	LC	√	√				√	√
864		25. 柳莺科	欧柳莺	*Phylloscopus trochilus*		DD				√				
865			叽喳柳莺	*Phylloscopus collybita*		LC		√		√			√	√
866			中亚叽喳柳莺	*Phylloscopus sindianus*			LC		√	√	√			
867			林柳莺	*Phylloscopus sibilatrix*		LC	LC			√				
868			褐柳莺	*Phylloscopus fuscatus*		LC	LC	√	√	√	√	√	√	√
869			烟柳莺	*Phylloscopus fuligiventer*		LC	LC				√	√		
870			黄腹柳莺	*Phylloscopus affinis*		LC	LC	√	√	√	√	√	√	√
871			华西柳莺	*Phylloscopus occisinensis*						√			√	
872			棕腹柳莺	*Phylloscopus subaffinis*		LC	LC		√	√	√	√	√	√
873			灰柳莺	*Phylloscopus griseolus*		LC	LC			√	√			
874			棕眉柳莺	*Phylloscopus armandii*		LC	LC	√	√	√	√	√	√	√
875			巨嘴柳莺	*Phylloscopus schwarzi*		LC	LC	√	√	√	√	√	√	√

续表

序号	目	科	中文名	拉丁名	保护等级[1]	红色名录[2]	IUCN[3]	东北区	华北区	蒙新区	青藏区	西南区	华中区	华南区
876			橙斑翅柳莺	*Phylloscopus pulcher*		LC	LC		√	√	√	√	√	√
877			灰喉柳莺	*Phylloscopus maculipennis*		LC	LC				√	√	√	√
878			甘肃柳莺	*Phylloscopus kansuensis*		LC	LC		√	√	√			
879			云南柳莺	*Phylloscopus yunnanensis*		LC	LC		√	√	√	√	√	√
880			黄腰柳莺	*Phylloscopus proregulus*		LC	LC	√	√	√	√	√	√	√
881			淡黄腰柳莺	*Phylloscopus chloronotus*		LC	LC		√		√	√		√
882			四川柳莺	*Phylloscopus forresti*		LC	LC		√		√	√	√	√
883			黄眉柳莺	*Phylloscopus inornatus*		LC	LC	√	√	√	√	√	√	√
884			淡眉柳莺	*Phylloscopus humei*		LC	LC		√	√	√	√	√	√
885			极北柳莺	*Phylloscopus borealis*		LC	LC	√	√	√	√	√	√	√
886			日本柳莺	*Phylloscopus xanthodryas*			LC		√				√	√
887			暗绿柳莺	*Phylloscopus trochiloides*		LC	LC		√	√	√	√	√	√
888			双斑绿柳莺	*Phylloscopus plumbeitarsus*		LC	LC	√	√	√		√	√	√
889			淡脚柳莺	*Phylloscopus tenellipes*		LC	LC	√	√	√		√	√	√
890			萨岛柳莺	*Phylloscopus borealoides*		LC	LC						√	√
891			乌嘴柳莺	*Phylloscopus magnirostris*		LC	LC		√	√	√	√	√	√
892			冕柳莺	*Phylloscopus coronatus*		LC	LC	√	√	√	√	√	√	√
893			日本冕柳莺	*Phylloscopus ijimae*		NT	VU							√
894			西南冠纹柳莺	*Phylloscopus reguloides*			LC				√			
895			冠纹柳莺	*Phylloscopus claudiae*		LC	LC	√	√			√	√	√
896			华南冠纹柳莺	*Phylloscopus goodsoni*			LC						√	√
897			峨眉柳莺	*Phylloscopus emeiensis*		LC	LC		√		√	√	√	
898			云南白斑尾柳莺	*Phylloscopus davisoni*							√			
899			白斑尾柳莺	*Phylloscopus ogilviegranti*		LC	LC		√			√	√	√
900			海南柳莺	*Phylloscopus hainanus*		VU	VU							√
901			黄胸柳莺	*Phylloscopus cantator*		LC	LC		√		√	√	√	√
902			灰岩柳莺	*Phylloscopus calciatilis*		NT	LC				√			√
903			黑眉柳莺	*Phylloscopus ricketti*		LC	LC	√	√			√	√	√
904			灰头柳莺	*Phylloscopus xanthoschistos*			LC				√	√	√	√
905			白眶鹟莺	*Seicercus affinis*		LC	LC				√	√	√	√
906			金眶鹟莺	*Seicercus burkii*		LC	LC		√		√	√	√	√
907			灰冠鹟莺	*Seicercus tephrocephalus*		LC	LC		√			√	√	√
908			韦氏鹟莺	*Seicercus whistleri*		LC	LC				√			
909			比氏鹟莺	*Seicercus valentini*		LC	LC		√		√	√	√	√
910			峨眉鹟莺	*Seicercus omeiensis*		LC			√			√	√	
911			淡尾鹟莺	*Seicercus soror*		LC			√				√	√
912			灰脸鹟莺	*Seicercus poliogenys*		LC	LC				√	√	√	√
913			栗头鹟莺	*Seicercus castaniceps*		LC	LC		√		√	√	√	√
914		26. 树莺科	黄腹鹟莺	*Abroscopus superciliaris*		LC	LC				√	√	√	√
915			棕脸鹟莺	*Abroscopus albogularis*		LC	LC		√		√	√	√	√
916			黑脸鹟莺	*Abroscopus schisticeps*		LC	LC				√	√		√

续表

序号	目	科	中文名	拉丁名	保护等级[1]	红色名录[2]	IUCN[3]	东北区	华北区	蒙新区	青藏区	西南区	华中区	华南区
917			栗头织叶莺	*Phyllergates cucullatus*			LC					√	√	√
918			宽嘴鹟莺	*Tickellia hodgsoni*		LC	LC				√	√		√
919			短翅树莺	*Horornis diphone*		LC	LC	√	√	√	√		√	√
920			远东树莺	*Horornis canturians*		LC	LC	√	√			√	√	√
921			强脚树莺	*Horornis fortipes*		LC	LC		√		√	√	√	√
922			喜山黄腹树莺	*Horornis brunnescens*			LC				√	√		
923			黄腹树莺	*Horornis acanthizoides*		LC	LC		√		√	√	√	√
924			异色树莺	*Horornis flavolivaceus*		LC	LC		√		√	√	√	√
925			灰腹地莺	*Tesia cyaniventer*		LC	LC				√	√	√	√
926			金冠地莺	*Tesia olivea*		LC	LC				√	√	√	√
927			宽尾树莺	*Cettia cetti*		LC	LC			√				
928			大树莺	*Cettia major*		LC	LC				√	√		
929			棕顶树莺	*Cettia brunnifrons*		LC	LC		√		√	√		√
930			栗头树莺	*Cettia castaneocoronata*			LC				√	√		√
931			鳞头树莺	*Urosphena squameiceps*		LC	LC	√	√	√	√	√	√	√
932			淡脚树莺	*Hemitesia pallidipes*		LC	LC		√		√		√	√
933		27. 长尾山雀科	北长尾山雀	*Aegithalos caudatus*			LC	√	√	√				
934			银喉长尾山雀	*Aegithalos glaucogularis*		LC	LC		√	√	√	√	√	√
935			红头长尾山雀	*Aegithalos concinnus*		LC	LC		√	√	√	√	√	√
936			棕额长尾山雀	*Aegithalos iouschistos*		LC	LC				√	√		
937			黑眉长尾山雀	*Aegithalos bonvaloti*		LC	LC				√	√	√	√
938			银脸长尾山雀	*Aegithalos fuliginosus*		LC	LC		√	√	√	√	√	
939			花彩雀莺	*Leptopoecile sophiae*		LC	LC		√	√	√	√		
940			凤头雀莺	*Leptopoecile elegans*		NT	LC		√	√	√	√		
941		28. 莺鹛科	火尾绿鹛	*Myzornis pyrrhoura*		NT	LC				√	√		√
942			黑顶林莺	*Sylvia atricapilla*						√				
943			横斑林莺	*Sylvia nisoria*		LC	LC			√	√			
944			白喉林莺	*Sylvia curruca*		LC	LC		√	√	√		√	
945			漠白喉林莺	*Sylvia minula*		LC				√	√			
946			休氏白喉林莺	*Sylvia althaea*		LC				√				
947			东歌林莺	*Sylvia crassirostris*							√			
948			荒漠林莺	*Sylvia nana*		LC	LC			√				
949			灰白喉林莺	*Sylvia communis*		LC	LC			√	√			
950			金胸雀鹛	*Lioparus chrysotis*	II	LC	LC		√		√	√	√	√
951			宝兴鹛雀	*Moupinia poecilotis*	II	LC	LC				√	√		
952			白眉雀鹛	*Fulvetta vinipectus*		LC	LC				√	√	√	√
953			中华雀鹛	*Fulvetta striaticollis*	II	LC	LC				√	√		
954			棕头雀鹛	*Fulvetta ruficapilla*		LC	LC		√		√	√	√	√
955			路氏雀鹛	*Fulvetta ludlowi*		LC	LC				√	√		
956			褐头雀鹛	*Fulvetta cinereiceps*		LC	LC		√		√	√	√	√
957			金眼鹛雀	*Chrysomma sinense*		LC	LC				√	√		√
958			山鹛	*Rhopophilus pekinensis*		LC	LC	√	√	√	√		√	

续表

序号	目	科	中文名	拉丁名	保护等级[1]	红色名录[2]	IUCN[3]	东北区	华北区	蒙新区	青藏区	西南区	华中区	华南区
959			红嘴鸦雀	*Conostoma aemodium*		LC	LC		√		√	√	√	
960			三趾鸦雀	*Cholornis paradoxus*	II	NT	LC		√		√	√	√	
961			褐鸦雀	*Cholornis unicolor*		LC	LC				√	√	√	√
962			白眶鸦雀	*Sinosuthora conspicillata*	II	NT	LC		√		√	√	√	
963			棕头鸦雀	*Sinosuthora webbiana*		LC	LC	√	√	√	√	√	√	√
964			灰喉鸦雀	*Sinosuthora alphonsiana*		LC	LC				√	√	√	√
965			褐翅鸦雀	*Sinosuthora brunnea*		LC	LC				√	√	√	√
966			暗色鸦雀	*Sinosuthora zappeyi*	II	VU	VU				√	√		
967			灰冠鸦雀	*Sinosuthora przewalskii*	I	EN	VU				√	√		
968			黄额鸦雀	*Suthora fulvifrons*		LC	LC		√		√	√	√	√
969			黑喉鸦雀	*Suthora nipalensis*		DD	LC				√	√	√	√
970			金色鸦雀	*Suthora verreauxi*		NT	LC					√	√	√
971			短尾鸦雀	*Neosuthora davidiana*	II	NT	LC						√	√
972			黑眉鸦雀	*Chleuasicus atrosuperciliaris*		LC	LC				√			√
973			红头鸦雀	*Psittiparus ruficeps*		LC	LC				√	√		√
974			灰头鸦雀	*Psittiparus gularis*		LC	LC				√	√	√	√
975			点胸鸦雀	*Paradoxornis guttaticollis*		LC	LC		√		√	√	√	√
976			斑胸鸦雀	*Paradoxornis flavirostris*		DD					√	√		
977			震旦鸦雀	*Paradoxornis heudei*	II	NT	NT	√	√	√			√	
978		29. 绣眼鸟科	栗耳凤鹛	*Yuhina castaniceps*		LC	LC		√			√	√	√
979			白颈凤鹛	*Yuhina bakeri*		LC	LC				√	√	√	
980			黄颈凤鹛	*Yuhina flavicollis*		LC	LC				√	√	√	√
981			纹喉凤鹛	*Yuhina gularis*		LC	LC				√	√		√
982			白领凤鹛	*Yuhina diademata*		LC	LC		√		√	√	√	√
983			棕臀凤鹛	*Yuhina occipitalis*		LC	LC				√	√		√
984			褐头凤鹛	*Yuhina brunneiceps*		LC	LC						√	√
985			黑颏凤鹛	*Yuhina nigrimenta*		LC	LC				√	√	√	√
986			红胁绣眼鸟	*Zosterops erythropleurus*	II	LC	LC	√	√	√	√	√	√	√
987			暗绿绣眼鸟	*Zosterops simplex*		LC	LC	√	√		√	√	√	√
988			日本绣眼鸟	*Zosterops japonicus*			LC						√	
989			低地绣眼鸟	*Zosterops meyeni*		DD								√
990			灰腹绣眼鸟	*Zosterops palpebrosus*		LC	LC				√	√	√	√
991		30. 林鹛科	长嘴钩嘴鹛	*Erythrogenys hypoleucos*		LC	LC				√		√	√
992			斑胸钩嘴鹛	*Erythrogenys gravivox*		LC	LC		√	√	√	√	√	√
993			华南斑胸钩嘴鹛	*Erythrogenys swinhoei*			LC						√	√
994			台湾斑胸钩嘴鹛	*Erythrogenys erythrocnemis*			LC							√
995			灰头钩嘴鹛	*Pomatorhinus schisticeps*		DD					√	√		
996			棕颈钩嘴鹛	*Pomatorhinus ruficollis*		LC	LC		√		√	√	√	√
997			台湾棕颈钩嘴鹛	*Pomatorhinus musicus*			LC							√
998			棕头钩嘴鹛	*Pomatorhinus*		LC	LC				√			√

续表

序号	目	科	中文名	拉丁名	保护等级[1]	红色名录[2]	IUCN[3]	东北区	华北区	蒙新区	青藏区	西南区	华中区	华南区
				ochraceiceps										
999			红嘴钩嘴鹛	*Pomatorhinus ferruginosus*		DD	LC				√	√		√
1000			细嘴钩嘴鹛	*Pomatorhinus superciliaris*			LC				√	√		√
1001			短尾钩嘴鹛	*Jabouilleia danjoui*										√
1002			斑翅鹩鹛	*Spelaeornis troglodytoides*		LC	LC				√	√	√	√
1003			长尾鹩鹛	*Spelaeornis reptatus*		NT	LC				√	√		√
1004			淡喉鹩鹛	*Spelaeornis kinneari*	II		VU							√
1005			棕喉鹩鹛	*Spelaeornis caudatus*							√			
1006			锈喉鹩鹛	*Spelaeornis badeigularis*								√		
1007			黑胸楔嘴穗鹛	*Stachyris humei*								√		
1008			楔嘴穗鹛	*Stachyris roberti*			NT					√		
1009			弄岗穗鹛	*Stachyris nonggangensis*	II	EN	VU							√
1010			黑头穗鹛	*Stachyris nigriceps*		LC	LC				√	√		√
1011			斑颈穗鹛	*Stachyris strialata*		LC	LC							√
1012			黄喉穗鹛	*Cyanoderma ambiguum*		LC						√		
1013			红头穗鹛	*Cyanoderma ruficeps*		LC	LC		√		√	√	√	√
1014			黑颏穗鹛	*Cyanoderma pyrrhops*		LC					√			
1015			金头穗鹛	*Cyanoderma chrysaeum*		LC	LC				√	√		√
1016			纹胸鹛	*Mixornis gularis*		LC	LC				√	√		√
1017			红顶鹛	*Timalia pileata*		LC	LC				√	√	√	√
1018		31. 幽鹛科	金额雀鹛	*Schoeniparus variegaticeps*	I	VU	VU					√	√	√
1019			黄喉雀鹛	*Schoeniparus cinereus*		LC	LC				√	√		√
1020			栗头雀鹛	*Schoeniparus castaneceps*		LC	LC				√	√		√
1021			棕喉雀鹛	*Schoeniparus rufogularis*		LC	LC					√		√
1022			褐胁雀鹛	*Schoeniparus dubius*		LC	LC				√	√	√	√
1023			褐顶雀鹛	*Schoeniparus brunneus*		LC	LC		√	√		√	√	√
1024			褐脸雀鹛	*Alcippe poioicephala*		LC	LC							√
1025			灰眶雀鹛	*Alcippe morrisonia*		LC	LC		√		√	√	√	√
1026			白眶雀鹛	*Alcippe nipalensis*		LC	LC				√	√	√	√
1027			灰岩鹪鹛	*Turdinus crispifrons*		LC	LC							√
1028			短尾鹪鹛	*Turdinus brevicaudatus*		LC	LC				√		√	√
1029			纹胸鹪鹛	*Napothera epilepidota*		LC	LC				√			√
1030			白头鵙鹛	*Gampsorhynchus rufulus*		LC	LC				√			√
1031			长嘴鹩鹛	*Rimator malacoptilus*		LC	LC				√	√		√
1032			白腹幽鹛	*Pellorneum albiventre*		LC	LC				√			√
1033			棕头幽鹛	*Pellorneum ruficeps*		LC	LC				√	√		√
1034			棕胸雅鹛	*Trichastoma tickelli*			LC							√
1035			中华草鹛	*Graminicola striatus*			VU							√
1036		32. 噪鹛科	矛纹草鹛	*Babax lanceolatus*		LC	LC		√		√	√	√	√
1037			大草鹛	*Babax waddelli*	II	NT	NT				√	√		
1038			棕草鹛	*Babax koslowi*	II	NT	NT				√	√		

续表

序号	目	科	中文名	拉丁名	保护等级[1]	红色名录[2]	IUCN[3]	东北区	华北区	蒙新区	青藏区	西南区	华中区	华南区
1039			画眉	*Garrulax canorus*	II	NT	LC		√		√	√	√	√
1040			海南画眉	*Garrulax owstoni*	II									√
1041			台湾画眉	*Garrulax taewanus*	II	NT	NT							√
1042			白冠噪鹛	*Garrulax leucolophus*		LC	LC				√			√
1043			白颈噪鹛	*Garrulax strepitans*		LC	LC							√
1044			褐胸噪鹛	*Garrulax maesi*	II	LC	LC				√	√	√	√
1045			栗颊噪鹛	*Garrulax castanotis*			LC							√
1046			黑额山噪鹛	*Garrulax sukatschewi*	I	VU	VU		√		√			
1047			灰翅噪鹛	*Garrulax cineraceus*		LC	LC		√		√	√	√	√
1048			棕颏噪鹛	*Garrulax rufogularis*		LC	LC				√			
1049			斑背噪鹛	*Garrulax lunulatus*	II	LC	LC		√		√	√	√	
1050			白点噪鹛	*Garrulax bieti*	I	VU	VU				√	√		
1051			大噪鹛	*Garrulax maximus*	II	LC	LC		√		√	√	√	√
1052			眼纹噪鹛	*Garrulax ocellatus*	II	NT	LC				√	√	√	
1053			黑脸噪鹛	*Garrulax perspicillatus*		LC	LC		√				√	√
1054			白喉噪鹛	*Garrulax albogularis*		LC	LC		√		√	√	√	√
1055			台湾白喉噪鹛	*Garrulax ruficeps*			LC							√
1056			小黑领噪鹛	*Garrulax monileger*		LC	LC		√		√	√	√	√
1057			黑领噪鹛	*Garrulax pectoralis*		LC	LC		√		√	√	√	√
1058			黑喉噪鹛	*Garrulax chinensis*	II	LC	LC					√	√	√
1059			栗颈噪鹛	*Garrulax ruficollis*		LC	LC				√		√	√
1060			蓝冠噪鹛	*Garrulax courtoisi*	I	CR	CR						√	
1061			栗臀噪鹛	*Garrulax gularis*		NT					√			
1062			山噪鹛	*Garrulax davidi*		LC	LC	√	√	√	√		√	
1063			灰胁噪鹛	*Garrulax caerulatus*		LC	LC				√	√		
1064			棕噪鹛	*Garrulax berthemyi*	II	LC	LC				√	√	√	√
1065			台湾棕噪鹛	*Garrulax poecilorhynchus*			LC							√
1066			白颊噪鹛	*Garrulax sannio*		LC	LC		√		√	√	√	√
1067			斑胸噪鹛	*Garrulax merulinus*		LC	LC				√	√		
1068			条纹噪鹛	*Grammatoptila striata*		LC	LC				√	√		√
1069			细纹噪鹛	*Trochalopteron lineatum*		LC	LC				√			
1070			蓝翅噪鹛	*Trochalopteron squamatum*		LC	LC				√	√		√
1071			纯色噪鹛	*Trochalopteron subunicolor*		LC	LC				√	√		√
1072			橙翅噪鹛	*Trochalopteron elliotii*	II	LC	LC		√	√	√	√	√	
1073			灰腹噪鹛	*Trochalopteron henrici*		LC	LC				√			
1074			黑顶噪鹛	*Trochalopteron affine*		LC	LC				√	√	√	√
1075			台湾噪鹛	*Trochalopteron morrisonianum*		LC	LC							√
1076			杂色噪鹛	*Trochalopteron variegatum*		LC	LC				√			
1077			红头噪鹛	*Trochalopteron erythrocephalum*		LC	LC				√	√		√
1078			红翅噪鹛	*Trochalopteron formosum*	II	LC	LC				√	√		

续表

序号	目	科	中文名	拉丁名	保护等级[1]	红色名录[2]	IUCN[3]	东北区	华北区	蒙新区	青藏区	西南区	华中区	华南区
1079			红尾噪鹛	*Trochalopteron milnei*	II	LC	LC				√	√	√	√
1080			斑胁姬鹛	*Cutia nipalensis*		LC	LC				√	√	√	√
1081			蓝翅希鹛	*Siva cyanouroptera*		LC	LC				√	√	√	√
1082			斑喉希鹛	*Chrysominla strigula*		LC	LC				√	√		√
1083			红尾希鹛	*Minla ignotincta*		LC	LC				√	√	√	√
1084			灰头薮鹛	*Liocichla phoenicea*			LC					√		
1085			红翅薮鹛	*Liocichla ripponi*		NT	LC				√	√		√
1086			黑冠薮鹛	*Liocichla bugunorum*	I	VU					√			
1087			灰胸薮鹛	*Liocichla omeiensis*	I	VU	VU				√	√		
1088			黄痣薮鹛	*Liocichla steerii*		LC	LC							√
1089			栗额斑翅鹛	*Actinodura egertoni*		LC	LC				√	√		√
1090			白眶斑翅鹛	*Actinodura ramsayi*		LC						√		√
1091			纹头斑翅鹛	*Sibia nipalensis*		LC	LC				√	√		
1092			纹胸斑翅鹛	*Sibia waldeni*		LC	LC				√	√		
1093			灰头斑翅鹛	*Sibia souliei*		LC	LC				√	√		√
1094			台湾斑翅鹛	*Sibia morrisoniana*		LC	LC							√
1095			银耳相思鸟	*Leiothrix argentauris*	II	NT	LC				√	√		√
1096			红嘴相思鸟	*Leiothrix lutea*	II	LC	LC		√		√	√	√	√
1097			栗背奇鹛	*Leioptila annectens*		LC	LC				√			√
1098			黑顶奇鹛	*Heterophasia capistrata*		LC	LC				√			
1099			灰奇鹛	*Heterophasia gracilis*		LC	LC				√			√
1100			黑头奇鹛	*Heterophasia desgodinsi*		LC	LC				√	√	√	√
1101			白耳奇鹛	*Heterophasia auricularis*		LC	LC							√
1102			丽色奇鹛	*Heterophasia pulchella*		LC	LC				√	√		√
1103			长尾奇鹛	*Heterophasia picaoides*		LC	LC				√			√
1104		33. 旋木雀科	欧亚旋木雀	*Certhia familiaris*		LC		√	√	√	√	√	√	√
1105			霍氏旋木雀	*Certhia hodgsoni*			LC		√		√	√	√	√
1106			高山旋木雀	*Certhia himalayana*		LC	LC		√	√	√	√		√
1107			红腹旋木雀	*Certhia nipalensis*		LC	LC				√	√		
1108			褐喉旋木雀	*Certhia discolor*		LC	LC				√	√		
1109			休氏旋木雀	*Certhia manipurensis*								√		√
1110			四川旋木雀	*Certhia tianquanensis*	II	VU	LC				√	√		
1111		34. 鳾科	普通鳾	*Sitta europaea*		LC	LC	√	√	√	√	√	√	√
1112			栗臀鳾	*Sitta nagaensis*		LC	LC		√		√	√	√	√
1113			栗腹鳾	*Sitta castanea*		LC	LC		√			√		√
1114			白尾鳾	*Sitta himalayensis*		NT	LC				√	√		√
1115			滇鳾	*Sitta yunnanensis*	II	VU	NT				√	√		√
1116			黑头鳾	*Sitta villosa*		NT	LC	√	√	√	√			
1117			白脸鳾	*Sitta leucopsis*		NT			√		√	√		
1118			绒额鳾	*Sitta frontalis*		DD	LC				√	√	√	√
1119			淡紫鳾	*Sitta solangiae*		VU	NT							√
1120			巨鳾	*Sitta magna*	II	EN	EN				√	√		√

续表

序号	目	科	中文名	拉丁名	保护等级[1]	红色名录[2]	IUCN[3]	东北区	华北区	蒙新区	青藏区	西南区	华中区	华南区
1121			丽䴓	*Sitta formosa*	II	EN	VU				√	√		
1122			红翅旋壁雀	*Tichodroma muraria*		LC	LC		√	√	√	√	√	√
1123		35. 鹪鹩科	鹪鹩	*Troglodytes troglodytes*		LC	LC	√	√	√	√	√	√	√
1124		36. 河乌科	河乌	*Cinclus cinclus*		LC	LC		√	√	√	√	√	
1125			褐河乌	*Cinclus pallasii*		LC	LC	√	√	√	√	√	√	√
1126		37. 椋鸟科	亚洲辉椋鸟	*Aplonis panayensis*		LC								√
1127			斑翅椋鸟	*Saroglossa spilopterus*		LC						√		√
1128			金冠树八哥	*Ampeliceps coronatus*		DD	LC							√
1129			鹩哥	*Gracula religiosa*	II	VU	LC				√			√
1130			林八哥	*Acridotheres grandis*		LC	LC					√		√
1131			八哥	*Acridotheres cristatellus*		LC	LC		√	√	√	√	√	√
1132			爪哇八哥	*Acridotheres javanicus*		DD							√	√
1133			白领八哥	*Acridotheres albocinctus*		LC	LC						√	√
1134			家八哥	*Acridotheres tristis*		LC	LC	√		√	√	√	√	√
1135			红嘴椋鸟	*Acridotheres burmannicus*		LC	LC							√
1136			丝光椋鸟	*Spodiopsar sericeus*		LC	LC	√	√	√	√	√	√	√
1137			灰椋鸟	*Spodiopsar cineraceus*		LC	LC	√	√	√	√	√	√	√
1138			黑领椋鸟	*Gracupica nigricollis*		LC	LC					√	√	√
1139			斑椋鸟	*Gracupica contra*		LC	LC							√
1140			北椋鸟	*Agropsar sturninus*		LC	LC	√	√	√	√		√	√
1141			紫背椋鸟	*Agropsar philippensis*		LC	LC						√	√
1142			灰背椋鸟	*Sturnia sinensis*		LC	LC	√	√			√	√	√
1143			灰头椋鸟	*Sturnia malabarica*		LC	LC				√	√		√
1144			黑冠椋鸟	*Sturnia pagodarum*		LC	LC				√			
1145			紫翅椋鸟	*Sturnus vulgaris*		LC	LC	√	√	√	√	√	√	√
1146			粉红椋鸟	*Pastor roseus*		LC	LC			√	√			√
1147		38. 鸫科	橙头地鸫	*Geokichla citrina*		LC	LC		√		√		√	√
1148			白眉地鸫	*Geokichla sibirica*		LC	LC	√	√	√		√	√	√
1149			淡背地鸫	*Zoothera mollissima*			LC				√	√	√	√
1150			四川淡背地鸫	*Zoothera griseiceps*			LC					√		√
1151			喜山淡背地鸫	*Zoothera salimalii*			LC				√	√		
1152			长尾地鸫	*Zoothera dixoni*		LC	LC				√	√	√	√
1153			虎斑地鸫	*Zoothera aurea*		LC	LC	√	√	√	√	√	√	√
1154			小虎斑地鸫	*Zoothera dauma*			LC				√			√
1155			大长嘴地鸫	*Zoothera monticola*		DD					√	√		
1156			长嘴地鸫	*Zoothera marginata*		LC	LC				√			
1157			灰背鸫	*Turdus hortulorum*		LC	LC	√	√	√		√	√	√
1158			蒂氏鸫	*Turdus unicolor*		DD					√			
1159			黑胸鸫	*Turdus dissimilis*		NT	LC					√	√	√
1160			乌灰鸫	*Turdus cardis*		LC	LC		√				√	√
1161			白颈鸫	*Turdus albocinctus*		LC	LC				√	√	√	
1162			灰翅鸫	*Turdus boulboul*		LC	LC		√		√	√	√	√
1163			欧亚乌鸫	*Turdus merula*			LC			√				

续表

序号	目	科	中文名	拉丁名	保护等级[1]	红色名录[2]	IUCN[3]	东北区	华北区	蒙新区	青藏区	西南区	华中区	华南区
1164			乌鸫	*Turdus mandarinus*		LC	LC	√	√	√		√	√	√
1165			藏乌鸫	*Turdus maximus*			LC				√	√		
1166			白头鸫	*Turdus niveiceps*		LC	LC						√	√
1167			灰头鸫	*Turdus rubrocanus*		LC	LC		√	√	√	√	√	√
1168			棕背黑头鸫	*Turdus kessleri*		LC	LC		√	√	√	√		
1169			褐头鸫	*Turdus feae*	II	VU	VU	√	√	√			√	
1170			白眉鸫	*Turdus obscurus*		LC	LC	√	√	√	√	√	√	√
1171			白腹鸫	*Turdus pallidus*		LC	LC	√	√	√		√	√	√
1172			赤胸鸫	*Turdus chrysolaus*		LC	LC		√				√	√
1173			黑喉鸫	*Turdus atrogularis*		LC	LC	√		√	√	√	√	
1174			赤颈鸫	*Turdus ruficollis*		LC	LC	√	√	√	√	√	√	√
1175			红尾斑鸫	*Turdus naumanni*			LC	√	√	√		√	√	√
1176			斑鸫	*Turdus eunomus*		LC	LC	√	√	√	√	√	√	√
1177			田鸫	*Turdus pilaris*		LC	LC	√		√	√			
1178			白眉歌鸫	*Turdus iliacus*		LC				√				
1179			欧歌鸫	*Turdus philomelos*		LC				√				
1180			宝兴歌鸫	*Turdus mupinensis*		LC	LC		√		√	√	√	√
1181			槲鸫	*Turdus viscivorus*		LC	LC		√	√	√			
1182			紫宽嘴鸫	*Cochoa purpurea*	II	LC	LC				√			
1183			绿宽嘴鸫	*Cochoa viridis*	II	LC	LC				√		√	√
1184		39. 鹟科	欧亚鸲	*Erithacus rubecula*		LC	LC		√	√	√			
1185			日本歌鸲	*Larvivora akahige*		LC	LC		√	√			√	√
1186			琉球歌鸲	*Larvivora komadori*		DD								√
1187			红尾歌鸲	*Larvivora sibilans*		LC	LC	√	√	√	√		√	√
1188			棕头歌鸲	*Larvivora ruficeps*	I	EN	EN					√		
1189			栗腹歌鸲	*Larvivora brunnea*		LC	LC		√		√	√	√	
1190			蓝歌鸲	*Larvivora cyane*		LC	LC	√	√	√		√	√	√
1191			红喉歌鸲	*Calliope calliope*	II	LC	LC	√	√	√	√	√	√	√
1192			黑胸歌鸲	*Calliope pectoralis*		NT	LC			√	√	√		√
1193			白须黑胸歌鸲	*Calliope tschebaiewi*			LC			√			√	
1194			黑喉歌鸲	*Calliope obscura*	II	EN	VU		√			√		
1195			金胸歌鸲	*Calliope pectardens*	II	VU	NT				√	√	√	
1196			白腹短翅鸲	*Luscinia phaenicuroides*		LC	LC		√	√	√	√	√	√
1197			蓝喉歌鸲	*Luscinia svecica*	II	LC		√	√	√	√	√	√	√
1198			新疆歌鸲	*Luscinia megarhynchos*	II	LC	LC			√				
1199			红胁蓝尾鸲	*Tarsiger cyanurus*		LC	LC	√	√	√	√	√	√	√
1200			蓝眉林鸲	*Tarsiger rufilatus*			LC			√				
1201			白眉林鸲	*Tarsiger indicus*		LC	LC				√	√	√	√
1202			棕腹林鸲	*Tarsiger hyperythrus*	II	DD	LC				√	√		
1203			台湾林鸲	*Tarsiger johnstoniae*		LC	LC							√
1204			金色林鸲	*Tarsiger chrysaeus*		LC	LC		√		√	√	√	√
1205			栗背短翅鸫	*Heteroxenicus stellatus*		LC	LC				√	√	√	√
1206			锈腹短翅鸫	*Brachypteryx hyperythra*		NT	NT				√	√		

续表

序号	目	科	中文名	拉丁名	保护等级[1]	红色名录[2]	IUCN[3]	东北区	华北区	蒙新区	青藏区	西南区	华中区	华南区
1207			白喉短翅鸫	*Brachypteryx leucophris*		LC	LC				√	√	√	√
1208			蓝短翅鸫	*Brachypteryx montana*		LC			√		√	√	√	√
1209			棕薮鸲	*Cercotrichas galactotes*		DD	LC			√				
1210			鹊鸲	*Copsychus saularis*		LC	LC		√	√	√	√	√	√
1211			白腰鹊鸲	*Kittacincla malabarica*		LC	LC				√	√		√
1212			红背红尾鸲	*Phoenicuropsis erythronotus*		LC				√	√	√		
1213			蓝头红尾鸲	*Phoenicuropsis coeruleocephala*		LC	LC			√	√	√		
1214			白喉红尾鸲	*Phoenicuropsis schisticeps*		LC	LC		√	√	√	√	√	
1215			蓝额红尾鸲	*Phoenicuropsis frontalis*		LC	LC		√	√	√	√	√	√
1216			贺兰山红尾鸲	*Phoenicurus alaschanicus*	II	EN	NT		√	√	√			
1217			赭红尾鸲	*Phoenicurus ochruros*		LC	LC		√	√	√	√	√	√
1218			欧亚红尾鸲	*Phoenicurus phoenicurus*		LC				√				
1219			黑喉红尾鸲	*Phoenicurus hodgsoni*		LC	LC		√	√	√	√	√	
1220			北红尾鸲	*Phoenicurus auroreus*		LC	LC	√	√	√	√	√	√	√
1221			红腹红尾鸲	*Phoenicurus erythrogastrus*		LC	LC	√	√	√	√	√		
1222			红尾水鸲	*Rhyacornis fuliginosa*		LC	LC		√	√	√	√	√	√
1223			白顶溪鸲	*Chaimarrornis leucocephalus*		LC			√	√	√	√	√	√
1224			白尾蓝地鸲	*Myiomela leucura*			LC			√	√	√	√	√
1225			蓝额地鸲	*Cinclidium frontale*		LC	LC				√			
1226			台湾紫啸鸫	*Myophonus insularis*		LC	LC							√
1227			紫啸鸫	*Myophonus caeruleus*		LC	LC		√	√	√	√	√	√
1228			蓝大翅鸲	*Grandala coelicolor*		LC	LC				√	√	√	
1229			小燕尾	*Enicurus scouleri*		LC	LC		√		√	√	√	√
1230			黑背燕尾	*Enicurus immaculatus*		LC			√		√	√	√	√
1231			灰背燕尾	*Enicurus schistaceus*		LC	LC				√	√	√	√
1232			白额燕尾	*Enicurus leschenaulti*			LC		√	√	√	√	√	√
1233			斑背燕尾	*Enicurus maculatus*		LC	LC				√	√	√	√
1234			白喉石䳭	*Saxicola insignis*	II	EN	VU	√		√	√		√	
1235			黑喉石䳭	*Saxicola maurus*		LC		√	√	√	√	√	√	√
1236			白斑黑石䳭	*Saxicola caprata*		LC	LC				√	√		√
1237			黑白林䳭	*Saxicola jerdoni*		LC	LC						√	√
1238			灰林䳭	*Saxicola ferreus*		LC	LC		√		√	√	√	√
1239			沙䳭	*Oenanthe isabellina*		LC	LC	√	√	√	√		√	√
1240			穗䳭	*Oenanthe oenanthe*		LC	LC	√	√	√			√	√
1241			白顶䳭	*Oenanthe pleschanka*		LC	LC	√	√	√	√			
1242			漠䳭	*Oenanthe deserti*		LC	LC			√	√	√	√	√
1243			东方斑䳭	*Oenanthe picata*		LC				√				
1244			白背矶鸫	*Monticola saxatilis*		LC	LC		√	√	√			
1245			蓝头矶鸫	*Monticola cinclorhyncha*		LC					√			
1246			蓝矶鸫	*Monticola solitarius*		LC	LC	√	√	√	√	√	√	√
1247			栗腹矶鸫	*Monticola rufiventris*		LC	LC		√		√	√	√	√

续表

序号	目	科	中文名	拉丁名	保护等级[1]	红色名录[2]	IUCN[3]	东北区	华北区	蒙新区	青藏区	西南区	华中区	华南区
1248			白喉矶鸫	*Monticola gularis*		LC	LC	√	√	√		√	√	√
1249			斑鹟	*Muscicapa striata*		LC	LC	√		√	√			√
1250			灰纹鹟	*Muscicapa griseisticta*		LC	LC	√	√	√			√	√
1251			乌鹟	*Muscicapa sibirica*		LC	LC	√	√	√	√	√	√	√
1252			北灰鹟	*Muscicapa dauurica*		LC	LC	√	√	√	√	√	√	√
1253			褐胸鹟	*Muscicapa muttui*		LC	LC		√		√	√	√	√
1254			棕尾褐鹟	*Muscicapa ferruginea*		LC	LC		√		√	√	√	√
1255			栗尾姬鹟	*Ficedula ruficauda*									√	
1256			斑姬鹟	*Ficedula hypoleuca*		DD				√			√	
1257			白眉姬鹟	*Ficedula zanthopygia*		LC	LC	√	√	√	√	√	√	√
1258			黄眉姬鹟	*Ficedula narcissina*		LC	LC	√	√				√	√
1259			琉球姬鹟	*Ficedula owstoni*									√	√
1260			绿背姬鹟	*Ficedula elisae*		NT	LC		√				√	√
1261			侏蓝姬鹟	*Ficedula hodgsoni*			LC					√		√
1262			鸲姬鹟	*Ficedula mugimaki*		LC	LC	√	√	√			√	√
1263			锈胸蓝姬鹟	*Ficedula sordida*		LC	LC		√	√	√	√	√	√
1264			橙胸姬鹟	*Ficedula strophiata*		LC	LC		√		√	√	√	√
1265			红胸姬鹟	*Ficedula parva*		DD			√		√		√	√
1266			红喉姬鹟	*Ficedula albicilla*		LC	LC	√	√	√	√	√	√	√
1267			棕胸蓝姬鹟	*Ficedula hyperythra*		LC	LC		√		√	√	√	√
1268			小斑姬鹟	*Ficedula westermanni*		LC	LC				√	√		√
1269			白眉蓝姬鹟	*Ficedula superciliaris*		LC	LC				√	√	√	√
1270			灰蓝姬鹟	*Ficedula tricolor*		LC	LC		√		√	√	√	√
1271			玉头姬鹟	*Ficedula sapphira*		LC	LC				√	√		√
1272			白腹蓝鹟	*Cyanoptila cyanomelana*			LC	√	√			√	√	√
1273			白腹暗蓝鹟	*Cyanoptila cumatilis*			NT		√				√	
1274			铜蓝鹟	*Eumyias thalassinus*		LC	LC		√		√	√	√	√
1275			白喉林鹟	*Cyornis brunneatus*	II	VU	VU					√	√	√
1276			海南蓝仙鹟	*Cyornis hainanus*		LC	LC				√	√	√	√
1277			纯蓝仙鹟	*Cyornis unicolor*		LC	LC				√	√		√
1278			灰颊仙鹟	*Cyornis poliogenys*		LC	LC				√	√		√
1279			山蓝仙鹟	*Cyornis banyumas*		LC	LC				√	√	√	√
1280			蓝喉仙鹟	*Cyornis rubeculoides*		LC	LC				√	√	√	√
1281			中华仙鹟	*Cyornis glaucicomans*			LC		√			√	√	√
1282			白尾蓝仙鹟	*Cyornis concretus*		LC	LC					√	√	√
1283			白喉姬鹟	*Anthipes monileger*		LC	LC				√			√
1284			棕腹大仙鹟	*Niltava davidi*	II	LC	LC				√	√	√	√
1285			棕腹仙鹟	*Niltava sundara*		LC	LC		√		√	√	√	√
1286			棕腹蓝仙鹟	*Niltava vivida*		LC	LC				√	√	√	√
1287			大仙鹟	*Niltava grandis*	II	LC	LC				√	√		√
1288			小仙鹟	*Niltava macgrigoriae*		LC	LC				√	√	√	√
1289		40. 戴菊科	台湾戴菊	*Regulus goodfellowi*		LC	LC							√
1290			戴菊	*Regulus regulus*		LC	LC	√	√	√	√	√	√	√

续表

序号	目	科	中文名	拉丁名	保护等级[1]	红色名录[2]	IUCN[3]	东北区	华北区	蒙新区	青藏区	西南区	华中区	华南区
1291		41. 太平鸟科	太平鸟	*Bombycilla garrulus*		LC	LC	√	√	√	√		√	√
1292			小太平鸟	*Bombycilla japonica*		LC	NT	√	√	√	√	√	√	√
1293		42. 丽星鹩鹛科	丽星鹩鹛	*Elachura formosa*		NT	LC				√	√	√	√
1294		43. 和平鸟科	和平鸟	*Irena puella*		NT	LC				√			√
1295		44. 叶鹎科	蓝翅叶鹎	*Chloropsis cochinchinensis*		LC	LC							√
1296			金额叶鹎	*Chloropsis aurifrons*		NT	LC					√		√
1297			橙腹叶鹎	*Chloropsis hardwickii*		LC	LC				√	√	√	√
1298		45. 啄花鸟科	厚嘴啄花鸟	*Dicaeum agile*		LC								√
1299			黄臀啄花鸟	*Dicaeum chrysorrheum*		LC	LC				√			√
1300			黄腹啄花鸟	*Dicaeum melanozanthum*		LC	LC				√	√		√
1301			纯色啄花鸟	*Dicaeum concolor*		LC	LC				√	√	√	√
1302			红胸啄花鸟	*Dicaeum ignipectus*		LC	LC				√	√	√	√
1303			朱背啄花鸟	*Dicaeum cruentatum*		LC	LC				√	√	√	√
1304		46. 花蜜鸟科	紫颊太阳鸟	*Chalcoparia singalensis*		LC	LC				√			√
1305			褐喉食蜜鸟	*Anthreptes malacensis*		LC	LC							√
1306			蓝枕花蜜鸟	*Hypogramma hypogrammicum*		LC					√			√
1307			紫花蜜鸟	*Cinnyris asiaticus*		LC	LC				√			√
1308			黄腹花蜜鸟	*Cinnyris jugularis*		LC	LC						√	√
1309			蓝喉太阳鸟	*Aethopyga gouldiae*		LC	LC		√		√	√	√	√
1310			绿喉太阳鸟	*Aethopyga nipalensis*		LC	LC				√	√		√
1311			叉尾太阳鸟	*Aethopyga christinae*		LC	LC					√	√	√
1312			黑胸太阳鸟	*Aethopyga saturata*		LC	LC				√	√		√
1313			黄腰太阳鸟	*Aethopyga siparaja*		LC	LC				√	√		√
1314			火尾太阳鸟	*Aethopyga ignicauda*		LC	LC				√	√		√
1315			长嘴捕蛛鸟	*Arachnothera longirostra*		LC	LC				√			√
1316			纹背捕蛛鸟	*Arachnothera magna*		LC	LC				√			√
1317		47. 岩鹨科	领岩鹨	*Prunella collaris*		LC	LC	√	√	√	√	√	√	√
1318			高原岩鹨	*Prunella himalayana*		LC	LC		√	√	√			
1319			鸲岩鹨	*Prunella rubeculoides*		LC	LC			√	√	√		
1320			棕胸岩鹨	*Prunella strophiata*		LC	LC		√	√	√	√	√	√
1321			棕眉山岩鹨	*Prunella montanella*		LC	LC	√	√	√	√	√	√	√
1322			褐岩鹨	*Prunella fulvescens*		LC	LC	√	√	√	√			√
1323			黑喉岩鹨	*Prunella atrogularis*		LC	LC			√	√			
1324			贺兰山岩鹨	*Prunella koslowi*	II	VU	LC			√				
1325			栗背岩鹨	*Prunella immaculata*		LC	LC		√		√	√	√	
1326		48. 朱鹀科	朱鹀	*Urocynchramus pylzowi*	II	NT	LC				√		√	
1327		49. 织雀科	纹胸织雀	*Ploceus manyar*		LC	LC				√			√
1328			黄胸织雀	*Ploceus philippinus*		LC	LC							√

续表

序号	目	科	中文名	拉丁名	保护等级[1]	红色名录[2]	IUCN[3]	东北区	华北区	蒙新区	青藏区	西南区	华中区	华南区
1329		50. 梅花雀科	红梅花雀	*Amandava amandava*		DD	LC							√
1330			长尾鹦雀	*Erythrura prasina*										√
1331			橙颊梅花雀	*Estrilda melpoda*		DD								√
1332			白喉文鸟	*Euodice malabarica*		LC								√
1333			白腰文鸟	*Lonchura striata*		LC	LC		√		√	√	√	√
1334			斑文鸟	*Lonchura punctulata*		LC	LC		√		√	√	√	√
1335			栗腹文鸟	*Lonchura atricapilla*		LC	LC				√	√		√
1336			禾雀	*Lonchura oryzivora*		VU							√	√
1337		51. 雀科	黑顶麻雀	*Passer ammodendri*		LC	LC			√	√			
1338			家麻雀	*Passer domesticus*		LC	LC	√	√	√	√	√	√	√
1339			黑胸麻雀	*Passer hispaniolensis*		LC	LC			√	√	√		
1340			山麻雀	*Passer cinnamomeus*		LC	LC	√	√	√	√	√	√	√
1341			麻雀	*Passer montanus*		LC	LC	√	√	√	√	√	√	√
1342			石雀	*Petronia petronia*		LC	LC		√	√	√			
1343			白斑翅雪雀	*Montifringilla nivalis*		LC	LC			√	√			
1344			藏雪雀	*Montifringilla henrici*		NT	LC				√			
1345			褐翅雪雀	*Montifringilla adamsi*		LC	LC			√	√			
1346			白腰雪雀	*Onychostruthus taczanowskii*		LC	LC			√	√			
1347			黑喉雪雀	*Pyrgilauda davidiana*		LC	LC			√	√			
1348			棕颈雪雀	*Pyrgilauda ruficollis*		LC	LC			√	√			
1349			棕背雪雀	*Pyrgilauda blanfordi*		LC	LC			√	√			
1350		52. 鹡鸰科	山鹡鸰	*Dendronanthus indicus*		LC	LC	√	√	√	√	√	√	√
1351			西黄鹡鸰	*Motacilla flava*			LC		√	√			√	√
1352			黄鹡鸰	*Motacilla tschutschensis*		LC	LC	√	√	√	√	√	√	√
1353			黄头鹡鸰	*Motacilla citreola*		LC	LC	√	√	√	√	√	√	√
1354			灰鹡鸰	*Motacilla cinerea*		LC	LC	√	√	√	√	√	√	√
1355			白鹡鸰	*Motacilla alba*		LC	LC	√	√	√	√	√	√	√
1356			日本鹡鸰	*Motacilla grandis*		LC	LC		√					√
1357			田鹨	*Anthus richardi*		LC	LC	√	√	√	√	√	√	√
1358			东方田鹨	*Anthus rufulus*		LC	LC				√	√		√
1359			布氏鹨	*Anthus godlewskii*		LC	LC	√	√	√	√			√
1360			平原鹨	*Anthus campestris*		LC	LC			√				
1361			草地鹨	*Anthus pratensis*		LC	NT		√	√				
1362			林鹨	*Anthus trivialis*		LC	LC			√	√			
1363			树鹨	*Anthus hodgsoni*		LC	LC	√	√	√	√	√	√	√
1364			北鹨	*Anthus gustavi*		LC	LC	√	√	√			√	√
1365			粉红胸鹨	*Anthus roseatus*		LC	LC		√	√	√	√	√	√
1366			红喉鹨	*Anthus cervinus*		LC	LC	√	√	√	√	√	√	√
1367			黄腹鹨	*Anthus rubescens*		LC	LC	√	√	√	√	√	√	√
1368			水鹨	*Anthus spinoletta*		LC	LC	√	√	√	√	√	√	√
1369			山鹨	*Anthus sylvanus*		LC	LC		√	√	√	√	√	√
1370		53. 燕雀科	苍头燕雀	*Fringilla coelebs*		LC	LC	√	√	√	√			√

续表

序号	目	科	中文名	拉丁名	保护等级[1]	红色名录[2]	IUCN[3]	东北区	华北区	蒙新区	青藏区	西南区	华中区	华南区
1371			燕雀	*Fringilla montifringilla*		LC	LC	√	√	√	√	√	√	√
1372			黄颈拟蜡嘴雀	*Mycerobas affinis*		LC	LC		√		√	√		√
1373			白点翅拟蜡嘴雀	*Mycerobas melanozanthos*		LC	LC				√	√		
1374			白斑翅拟蜡嘴雀	*Mycerobas carnipes*		LC	LC		√	√	√	√	√	
1375			锡嘴雀	*Coccothraustes coccothraustes*		LC	LC	√	√	√	√		√	√
1376			黑尾蜡嘴雀	*Eophona migratoria*		LC	LC	√	√	√	√	√	√	√
1377			黑头蜡嘴雀	*Eophona personata*		NT	LC	√	√	√	√	√	√	√
1378			松雀	*Pinicola enucleator*		LC	LC	√		√				
1379			褐灰雀	*Pyrrhula nipalensis*		LC	LC		√		√	√	√	√
1380			红头灰雀	*Pyrrhula erythrocephala*		LC	LC				√	√		
1381			灰头灰雀	*Pyrrhula erythaca*		LC	LC		√	√	√	√	√	√
1382			红腹灰雀	*Pyrrhula pyrrhula*		LC	LC	√	√	√				
1383			红翅沙雀	*Rhodopechys sanguineus*		LC	LC			√				
1384			蒙古沙雀	*Bucanetes mongolicus*		LC	LC	√		√	√	√		
1385			巨嘴沙雀	*Rhodospiza obsoleta*		DD	LC			√	√			
1386			赤朱雀	*Agraphospiza rubescens*		LC	LC				√	√	√	
1387			金枕黑雀	*Pyrrhoplectes epauletta*		LC	LC				√	√		√
1388			暗胸朱雀	*Procarduelis nipalensis*		LC	LC				√	√	√	√
1389			林岭雀	*Leucosticte nemoricola*		LC	LC			√	√	√	√	
1390			高山岭雀	*Leucosticte brandti*		LC	LC			√	√	√		
1391			粉红腹岭雀	*Leucosticte arctoa*		LC	LC	√	√	√				
1392			普通朱雀	*Carpodacus erythrinus*		LC	LC	√	√	√	√	√	√	√
1393			褐头朱雀	*Carpodacus sillemi*	II		DD			√	√			
1394			血雀	*Carpodacus sipahi*		LC	LC				√	√		
1395			拟大朱雀	*Carpodacus rubicilloides*		NT	LC			√	√	√		
1396			大朱雀	*Carpodacus rubicilla*		LC	LC			√	√	√		
1397			红腰朱雀	*Carpodacus rhodochlamys*		LC	LC			√	√			
1398			红眉朱雀	*Carpodacus pulcherrimus*		LC	LC		√	√	√	√		
1399			中华朱雀	*Carpodacus davidianus*					√	√				
1400			曙红朱雀	*Carpodacus waltoni*		LC	LC		√	√	√	√		
1401			粉眉朱雀	*Carpodacus rodochroa*		LC	LC				√	√		
1402			棕朱雀	*Carpodacus edwardsii*		LC	LC				√	√	√	
1403			点翅朱雀	*Carpodacus rodopeplus*		LC	LC				√	√		
1404			淡腹点翅朱雀	*Carpodacus verreauxii*			LC					√		√
1405			酒红朱雀	*Carpodacus vinaceus*		LC	LC		√		√	√	√	√
1406			台湾酒红朱雀	*Carpodacus formosanus*			LC							√
1407			沙色朱雀	*Carpodacus stoliczkae*		LC	LC			√	√			
1408			藏雀	*Carpodacus roborowskii*	II	VU	LC			√	√			
1409			长尾雀	*Carpodacus sibiricus*		LC	LC	√	√	√	√	√	√	
1410			北朱雀	*Carpodacus roseus*	II	LC	LC	√	√	√		√	√	
1411			斑翅朱雀	*Carpodacus trifasciatus*		LC	LC		√		√	√		√

续表

序号	目	科	中文名	拉丁名	保护等级[1]	红色名录[2]	IUCN[3]	东北区	华北区	蒙新区	青藏区	西南区	华中区	华南区
1412			喜山白眉朱雀	*Carpodacus thura*			LC				√	√		
1413			白眉朱雀	*Carpodacus dubius*		LC	LC		√	√	√	√		
1414			红胸朱雀	*Carpodacus puniceus*		LC	LC			√	√	√		√
1415			红眉松雀	*Carpodacus subhimachalus*		LC	LC				√	√	√	
1416			红眉金翅雀	*Callacanthis burtoni*							√	√		
1417			欧金翅雀	*Chloris chloris*		LC				√				
1418			金翅雀	*Chloris sinica*		LC	LC	√	√	√	√	√	√	√
1419			高山金翅雀	*Chloris spinoides*		LC	LC				√			
1420			黑头金翅雀	*Chloris ambigua*		LC	LC				√	√		√
1421			黄嘴朱顶雀	*Linaria flavirostris*		LC	LC		√	√	√	√		
1422			赤胸朱顶雀	*Linaria cannabina*		LC	LC			√				
1423			白腰朱顶雀	*Acanthis flammea*		LC	LC	√	√	√	√		√	√
1424			极北朱顶雀	*Acanthis hornemanni*		LC		√		√	√			
1425			红交嘴雀	*Loxia curvirostra*	II	LC	LC	√	√	√	√	√	√	
1426			白翅交嘴雀	*Loxia leucoptera*		LC	LC	√	√	√				
1427			红额金翅雀	*Carduelis carduelis*		LC				√	√			
1428			金额丝雀	*Serinus pusillus*		LC	LC			√	√			
1429			藏黄雀	*Spinus thibetanus*		NT	LC			√	√	√		√
1430			黄雀	*Spinus spinus*		LC	LC	√	√	√	√		√	√
1431		54. 铁爪鹀科	铁爪鹀	*Calcarius lapponicus*		NT	LC	√	√	√	√		√	√
1432			雪鹀	*Plectrophenax nivalis*		LC	LC	√		√			√	√
1433		55. 鹀科	凤头鹀	*Melophus lathami*		LC	LC				√	√	√	√
1434			蓝鹀	*Emberiza siemsseni*	II	LC	LC		√		√	√	√	√
1435			黍鹀	*Emberiza calandra*		LC	LC			√				
1436			黄鹀	*Emberiza citrinella*		LC	LC	√	√	√	√		√	
1437			白头鹀	*Emberiza leucocephalos*		LC	LC	√	√	√	√		√	√
1438			淡灰眉岩鹀	*Emberiza cia*		LC	LC		√	√	√	√	√	√
1439			灰眉岩鹀	*Emberiza godlewskii*		LC	LC	√	√	√	√	√	√	√
1440			三道眉草鹀	*Emberiza cioides*		LC	LC	√	√	√	√	√	√	√
1441			白顶鹀	*Emberiza stewarti*						√				√
1442			栗斑腹鹀	*Emberiza jankowskii*	I	EN	EN	√	√	√				
1443			灰颈鹀	*Emberiza buchanani*		LC	LC			√	√			
1444			圃鹀	*Emberiza hortulana*		LC	LC			√				
1445			白眉鹀	*Emberiza tristrami*		NT	LC	√	√	√		√	√	√
1446			栗耳鹀	*Emberiza fucata*		LC	LC	√	√	√	√	√	√	√
1447			小鹀	*Emberiza pusilla*		LC	LC	√	√	√	√	√	√	√
1448			黄眉鹀	*Emberiza chrysophrys*		LC	LC	√	√	√	√	√	√	√
1449			田鹀	*Emberiza rustica*		LC	VU	√	√	√	√	√	√	√
1450			黄喉鹀	*Emberiza elegans*		LC	LC	√	√	√	√	√	√	√
1451			黄胸鹀	*Emberiza aureola*	I	EN	CR	√	√	√		√	√	√
1452			栗鹀	*Emberiza rutila*		LC	LC	√	√	√		√	√	√
1453			藏鹀	*Emberiza koslowi*	II	VU	NT				√			

续表

序号	目	科	中文名	拉丁名	保护等级[1]	红色名录[2]	IUCN[3]	东北区	华北区	蒙新区	青藏区	西南区	华中区	华南区
1454			黑头鹀	*Emberiza melanocephala*		LC	LC			√	√		√	√
1455			褐头鹀	*Emberiza bruniceps*		LC	LC			√	√			
1456			硫黄鹀	*Emberiza sulphurata*		VU	VU		√				√	√
1457			灰头鹀	*Emberiza spodocephala*		LC	LC	√	√	√	√	√	√	√
1458			灰鹀	*Emberiza variabilis*		LC	LC			√			√	√
1459			苇鹀	*Emberiza pallasi*		LC	LC	√	√	√	√	√	√	√
1460			红颈苇鹀	*Emberiza yessoensis*		NT	NT	√	√	√			√	√
1461			芦鹀	*Emberiza schoeniclus*		LC	LC	√	√	√	√		√	√
1462			稀树草鹀	*Passerculus sandwichensis*							√			√
1463			白冠带鹀	*Zonotrichia leucophrys*				√						
合计								468	688	657	910	866	807	1066

注：分类系统参照《中国鸟类分类与分布名录》（第三版）（郑光美，2017）。近年来新发现的中国新记录参照刘阳和陈水华，2021。1. 保护等级依照国家林业和草原局 2021 年公布的《国家重点保护野生动物名录》，Ⅰ、Ⅱ分别表示国家一、二级重点保护野生动物。2. 红色名录依照环境保护部和中国科学院 2015 年联合发布的《中国生物多样性红色名录——脊椎动物卷》，其中 RE 表示区域灭绝、CR 表示极危、EN 表示濒危、VU 表示易危、NT 表示近危、LC 表示无危、DD 表示数据缺乏。3. IUCN 表示 IUCN redlist 最新版，IUCN 2021. *The IUCN Red List of Threatened Species. Version 2021-1*. https://www.iucnredlist.org。其中字母表示含义同红色名录。4. 白翅蓝鹊的两个亚种对应的 IUCN 濒危等级不同，其中 *whiteheadi* 亚种为濒危，*xanthomelana* 亚种为近危。银鸥 *Larus argentatus* 因分类系统变化，暂未收录。部分野外记录因存疑也暂未列入。

附表Ⅱ　各典型生境鸟类

序号	中文名	1	2	3	4	5	6	7	8	9	10	11	12	13	14	15	16	17	18	19	20	21	22	23	24	25	26	27	28	29	30	31
1	环颈山鹧鸪															√				√									√			
2	红喉山鹧鸪																			√									√			
3	白眉山鹧鸪																							√	√	√	√		√			
4	白颊山鹧鸪																												√			
5	褐胸山鹧鸪																											√	√			
6	台湾山鹧鸪																															√
7	海南山鹧鸪																														√	
8	绿脚树鹧鸪																												√			
9	花尾榛鸡	√	√	√				√																								
10	斑尾榛鸡							√						√					√													
11	黑嘴松鸡	√																														
12	黑琴鸡	√	√	√																												
13	红喉雉鹑							√						√			√		√													
14	黄喉雉鹑													√			√															
15	暗腹雪鸡										√	√				√																
16	藏雪鸡											√		√		√	√															
17	石鸡							√	√	√	√	√												√								
18	大石鸡							√			√	√		√																		
19	中华鹧鸪																			√				√		√	√	√	√		√	
20	斑翅山鹑		√					√	√	√	√			√																		
21	高原山鹑											√		√		√	√			√												
22	鹌鹑	√	√	√		√		√	√	√										√		√		√					√			√
23	蓝胸鹑																															√
24	棕胸竹鸡																			√							√		√			
25	灰胸竹鸡							√	√										√	√		√		√	√	√	√					
26	台湾竹鸡																															√
27	血雉							√						√		√	√	√	√	√				√					√			
28	红胸角雉															√		√														
29	红腹角雉							√								√			√	√				√								
30	黄腹角雉																							√		√						
31	勺鸡							√											√					√								
32	棕尾虹雉															√		√														
33	红原鸡																			√						√	√	√	√		√	
34	黑鹇															√			√										√			
35	白鹇																			√		√		√		√	√	√	√		√	
36	蓝腹鹇																															√
37	白马鸡													√			√		√	√												

续表

序号	中文名	1	2	3	4	5	6	7	8	9	10	11	12	13	14	15	16	17	18	19	20	21	22	23	24	25	26	27	28	29	30	31
38	褐马鸡							√																								
39	蓝马鸡							√			√			√					√													
40	白颈长尾雉																							√								
41	黑颈长尾雉																			√									√			
42	黑长尾雉																															√
43	白冠长尾雉																							√								
44	环颈雉	√	√	√		√	√	√	√	√	√	√		√			√		√	√		√		√	√	√	√		√			√
45	红腹锦鸡						√	√	√										√					√								
46	白腹锦鸡																√		√	√				√			√		√			
47	灰孔雀雉																												√			
48	栗树鸭																													√		√
49	鸿雁			√		√	√	√		√												√	√									√
50	豆雁			√		√	√			√	√			√						√	√	√	√							√		
51	短嘴豆雁																															√
52	灰雁			√		√	√	√		√	√		√	√	√					√	√	√	√									√
53	白额雁			√			√													√	√	√	√									√
54	小白额雁			√			√															√	√									√
55	斑头雁									√	√	√	√	√	√	√		√		√	√	√										
56	黑雁						√																									√
57	白颊黑雁			√						√												√										
58	红胸黑雁																					√										
59	疣鼻天鹅			√		√	√			√	√											√	√									√
60	小天鹅			√		√	√			√										√	√	√	√									√
61	大天鹅			√		√	√			√	√		√	√								√	√									√
62	翘鼻麻鸭			√	√	√	√		√	√	√		√	√	√			√		√	√	√	√							√		√
63	赤麻鸭			√	√	√	√	√	√	√	√	√	√	√	√	√		√		√	√	√	√							√		√
64	鸳鸯		√	√		√	√	√		√	√											√	√	√						√		√
65	棉凫						√															√										√
66	赤膀鸭	√		√		√	√		√	√	√		√	√	√				√	√	√	√	√							√		√
67	罗纹鸭			√		√	√			√	√			√					√	√	√	√	√							√		√
68	赤颈鸭			√		√	√		√	√	√		√	√	√				√	√	√	√	√							√		√
69	绿头鸭	√	√	√	√	√	√	√	√	√	√		√	√	√				√	√	√	√	√	√	√					√		√
70	棕颈鸭																													√		√
71	斑嘴鸭		√	√	√	√	√	√	√	√	√		√	√	√				√	√	√	√	√	√	√		√			√		√
72	针尾鸭			√		√	√			√	√		√	√	√				√	√	√	√	√							√		√
73	绿翅鸭			√		√	√	√		√	√		√	√	√				√	√	√	√	√	√			√			√		√
74	琵嘴鸭	√	√	√		√	√	√		√	√		√	√	√					√	√	√	√							√		√
75	白眉鸭			√		√	√			√	√		√	√								√								√		√
76	花脸鸭			√		√	√													√	√	√	√									√
77	赤嘴潜鸭					√	√			√	√		√	√	√					√	√	√										√
78	帆背潜鸭																															√
79	红头潜鸭			√		√	√		√	√	√		√	√	√				√	√	√	√	√						√	√		√
80	青头潜鸭			√		√	√			√											√	√										√
81	白眼潜鸭			√		√	√		√	√	√		√	√	√			√	√	√	√	√										√

续表

序号	中文名	1	2	3	4	5	6	7	8	9	10	11	12	13	14	15	16	17	18	19	20	21	22	23	24	25	26	27	28	29	30	31
82	凤头潜鸭			√		√	√			√	√		√	√	√				√	√	√	√	√							√		√
83	斑背潜鸭			√		√	√			√												√	√									√
84	斑脸海番鸭						√			√												√	√									
85	长尾鸭			√		√				√												√										
86	鹊鸭			√		√	√	√		√	√		√	√	√				√	√	√	√					√		√			√
87	斑头秋沙鸭			√		√	√			√	√									√	√	√	√									√
88	普通秋沙鸭			√	√	√	√			√	√	√	√	√	√		√		√	√	√	√	√	√								√
89	红胸秋沙鸭				√	√	√			√	√		√									√	√							√		√
90	中华秋沙鸭						√							√								√	√									√
91	白头硬尾鸭																					√										
92	小䴙䴘		√	√	√		√	√		√	√		√	√	√				√	√	√	√	√	√	√	√	√		√	√	√	√
93	赤颈䴙䴘			√						√										√	√		√									
94	凤头䴙䴘			√	√	√	√	√	√	√	√		√	√	√			√	√	√	√	√	√	√	√		√			√		√
95	角䴙䴘							√		√			√									√										√
96	黑颈䴙䴘			√			√			√	√		√	√	√				√	√	√	√	√				√			√		√
97	大红鹳					√	√															√	√									
98	原鸽						√	√	√	√	√	√		√		√		√											√			
99	岩鸽	√	√			√	√	√	√	√	√	√	√	√		√	√	√	√													
100	雪鸽											√		√		√	√	√	√													
101	斑林鸽							√								√	√	√	√	√									√			
102	灰林鸽																															√
103	黑林鸽																															√
104	欧斑鸠		√								√																					
105	山斑鸠	√	√	√		√	√	√	√	√	√			√		√	√	√	√	√		√	√	√	√	√	√		√		√	√
106	灰斑鸠	√	√			√	√	√	√	√	√	√	√	√					√	√		√	√	√								
107	火斑鸠					√	√	√	√					√					√	√		√		√	√		√			√	√	√
108	珠颈斑鸠					√	√	√	√	√	√	√		√					√	√		√	√	√	√	√	√		√	√	√	√
109	斑尾鹃鸠																							√		√	√		√			
110	菲律宾鹃鸠																															√
111	绿翅金鸠																			√						√	√	√	√		√	√
112	橙胸绿鸠																															√
113	厚嘴绿鸠																												√		√	
114	针尾绿鸠																												√			
115	楔尾绿鸠															√	√	√	√	√				√					√			
116	红翅绿鸠							√											√					√								√
117	红顶绿鸠																															√
118	黑颏果鸠																															√
119	山皇鸠																												√		√	
120	西藏毛腿沙鸡													√																		
121	毛腿沙鸡			√						√	√			√																		
122	黑顶蛙口夜鹰																												√			
123	普通夜鹰		√					√			√								√	√		√		√		√			√		√	√
124	欧夜鹰										√																					
125	林夜鹰																									√					√	√

续表

序号	中文名	1	2	3	4	5	6	7	8	9	10	11	12	13	14	15	16	17	18	19	20	21	22	23	24	25	26	27	28	29	30	31
126	凤头雨燕																												√			
127	短嘴金丝燕																	√	√	√				√					√			
128	白喉针尾雨燕		√	√		√											√		√	√				√	√	√		√	√		√	√
129	灰喉针尾雨燕																															√
130	紫针尾雨燕																															√
131	棕雨燕																			√							√		√		√	
132	普通雨燕			√		√	√	√	√	√		√		√					√					√								
133	白腰雨燕	√	√	√		√	√	√		√	√		√	√		√	√	√	√	√		√		√	√	√	√		√		√	√
134	小白腰雨燕						√					√				√	√	√	√	√				√	√	√	√		√		√	√
135	褐翅鸦鹃																		√	√		√		√	√	√	√		√	√	√	
136	小鸦鹃					√	√		√											√		√		√	√	√	√		√	√		√
137	绿嘴地鹃																			√						√	√	√	√		√	
138	红翅凤头鹃							√											√	√		√		√		√	√		√			√
139	噪鹃					√	√	√	√										√	√		√		√	√	√	√		√			√
140	翠金鹃																			√				√			√		√			
141	紫金鹃																												√			
142	栗斑杜鹃																										√		√			
143	八声杜鹃																	√	√	√				√		√	√	√	√		√	√
144	乌鹃							√										√		√		√		√		√	√	√	√		√	
145	大鹰鹃					√	√	√	√							√	√	√	√	√		√		√	√	√	√	√	√		√	√
146	普通鹰鹃																		√	√												
147	北棕腹鹰鹃		√					√																								√
148	棕腹鹰鹃									√								√		√				√		√	√		√			
149	小杜鹃		√	√		√		√	√	√		√				√	√	√	√	√		√		√	√	√	√		√			√
150	四声杜鹃	√	√	√		√	√	√	√	√	√						√	√	√	√		√		√	√	√	√	√	√	√	√	√
151	中杜鹃	√		√			√	√	√							√	√	√	√	√		√		√	√	√	√		√			
152	东方中杜鹃	√	√			√		√	√	√														√								√
153	大杜鹃	√	√	√	√	√	√	√	√	√	√	√		√		√	√	√	√	√		√		√	√	√	√		√			√
154	大鸨					√	√			√																						
155	红脚斑秧鸡																															√
156	白喉斑秧鸡																									√						√
157	灰胸秧鸡																					√					√			√		√
158	普通秧鸡		√			√	√		√	√	√		√						√	√		√		√		√	√					√
159	斑胸田鸡																															√
160	红脚田鸡							√														√		√	√	√	√					
161	小田鸡						√																									√
162	红胸田鸡		√				√													√	√			√		√	√					√
163	斑胁田鸡	√					√																									√
164	白眉苦恶鸟																															√
165	白胸苦恶鸟					√	√	√	√					√						√	√	√	√	√	√	√	√		√	√	√	√
166	董鸡						√		√											√	√	√					√					√
167	紫水鸡																		√	√	√											
168	黑水鸡			√		√	√	√	√	√	√		√						√	√	√	√	√	√	√	√	√			√		√
169	白骨顶	√		√		√	√	√	√	√	√	√	√	√	√			√	√	√	√	√	√	√	√					√		√

续表

序号	中文名	1	2	3	4	5	6	7	8	9	10	11	12	13	14	15	16	17	18	19	20	21	22	23	24	25	26	27	28	29	30	31
170	白鹤			√		√				√												√										
171	沙丘鹤					√																√										
172	白枕鹤			√		√				√												√										√
173	蓑羽鹤			√						√	√		√	√	√																	√
174	丹顶鹤			√		√				√												√	√									√
175	灰鹤			√		√	√			√	√		√	√	√					√	√	√	√									√
176	白头鹤			√		√	√			√												√	√	√								√
177	黑颈鹤											√	√	√	√	√		√		√	√											
178	石鸻										√																					
179	蛎鹬			√	√	√				√	√											√	√							√		√
180	鹮嘴鹬						√	√	√	√		√		√	√	√						√										
181	黑翅长脚鹬			√	√	√	√	√	√	√	√		√	√						√	√	√	√	√			√			√		√
182	反嘴鹬			√	√	√	√		√	√	√		√	√						√	√	√	√	√			√			√		√
183	凤头麦鸡			√		√	√	√	√	√	√		√	√	√					√	√	√	√	√			√			√		√
184	距翅麦鸡																			√							√					
185	灰头麦鸡			√	√	√	√	√	√	√	√			√						√	√	√		√	√		√			√		√
186	肉垂麦鸡																										√		√			
187	金鸻			√		√	√	√	√	√	√		√	√						√	√	√	√			√	√			√		√
188	灰鸻			√	√	√	√		√	√			√							√	√	√	√				√			√		√
189	剑鸻			√						√												√								√		√
190	长嘴剑鸻						√			√												√		√						√		√
191	金眶鸻	√		√		√	√	√	√	√	√	√	√	√						√	√	√		√		√	√			√		√
192	环颈鸻			√	√	√	√	√	√	√	√	√	√	√								√	√	√		√	√			√		√
193	蒙古沙鸻					√			√	√	√		√	√				√		√	√	√	√							√		√
194	铁嘴沙鸻					√	√			√	√									√		√	√							√		√
195	红胸鸻									√																						
196	东方鸻						√			√	√																					√
197	彩鹬						√															√		√			√			√		√
198	水雉						√		√												√	√	√			√						√
199	丘鹬					√	√	√				√		√						√		√		√								√
200	姬鹬						√				√																					√
201	孤沙锥											√		√	√																	
202	拉氏沙锥																															√
203	针尾沙锥			√		√	√		√	√										√	√	√		√								√
204	大沙锥					√	√		√													√	√									√
205	扇尾沙锥			√		√	√		√	√	√			√						√	√	√	√	√		√	√			√		√
206	长嘴半蹼鹬																															√
207	半蹼鹬			√		√	√			√	√																					√
208	黑尾塍鹬			√		√	√	√	√	√	√		√	√								√	√				√			√		√
209	斑尾塍鹬			√		√	√		√	√												√	√							√		√
210	小杓鹬			√		√				√	√												√							√		√
211	中杓鹬			√	√	√	√	√	√	√										√		√	√							√		√
212	白腰杓鹬		√	√	√	√	√	√	√	√	√		√	√								√	√				√			√		√
213	大杓鹬	√		√	√	√	√		√	√	√											√	√							√		√

续表

序号	中文名	1	2	3	4	5	6	7	8	9	10	11	12	13	14	15	16	17	18	19	20	21	22	23	24	25	26	27	28	29	30	31
214	鹤鹬			√		√	√		√	√	√		√							√	√	√	√							√		√
215	红脚鹬			√	√	√	√		√	√	√	√	√	√	√			√		√	√	√	√	√						√		√
216	泽鹬			√		√	√		√	√												√	√				√			√		√
217	青脚鹬			√		√	√		√	√	√		√	√	√				√	√	√	√	√				√			√		√
218	小青脚鹬			√						√												√	√							√		√
219	小黄脚鹬																															√
220	白腰草鹬		√	√		√	√	√	√	√	√	√		√	√					√	√	√	√	√		√	√		√	√		√
221	林鹬	√	√	√		√	√	√	√	√	√		√	√						√	√	√	√	√		√	√			√		√
222	灰尾漂鹬					√					√											√										√
223	漂鹬																															√
224	翘嘴鹬			√		√			√	√	√											√	√							√		√
225	矶鹬	√	√	√		√	√	√	√	√	√			√	√		√		√	√	√	√	√	√	√	√	√			√		√
226	翻石鹬			√		√				√				√						√		√	√							√		√
227	大滨鹬					√																	√							√		√
228	红腹滨鹬			√		√				√												√	√							√		√
229	三趾滨鹬					√																√	√							√		√
230	西滨鹬																															√
231	红颈滨鹬			√		√	√		√	√												√	√							√		√
232	勺嘴鹬																					√	√							√		√
233	小滨鹬			√						√												√	√							√		
234	青脚滨鹬			√		√	√		√	√	√	√		√						√		√	√				√			√		√
235	长趾滨鹬					√	√		√		√			√								√								√		√
236	斑胸滨鹬																															√
237	黄胸滨鹬																															√
238	尖尾滨鹬			√	√	√			√	√												√	√									√
239	阔嘴鹬									√																				√		√
240	流苏鹬					√	√				√																			√		√
241	弯嘴滨鹬			√		√	√		√	√				√																√		√
242	高跷鹬																															√
243	黑腹滨鹬					√	√		√	√			√	√								√	√				√			√		√
244	红颈瓣蹼鹬			√						√																						√
245	灰瓣蹼鹬																															√
246	林三趾鹑																															√
247	黄脚三趾鹑																							√								√
248	棕三趾鹑																			√				√	√		√					√
249	领燕鸻										√																					
250	普通燕鸻			√		√	√		√	√	√	√	√	√						√	√	√					√					√
251	灰燕鸻																												√			
252	白顶玄燕鸥																															√
253	三趾鸥			√			√															√										√
254	叉尾鸥																															√
255	细嘴鸥																		√			√										
256	棕头鸥									√	√	√	√	√	√	√		√		√	√	√										
257	红嘴鸥			√	√	√	√	√	√	√	√			√					√	√	√	√	√				√			√		√

续表

序号	中文名	1	2	3	4	5	6	7	8	9	10	11	12	13	14	15	16	17	18	19	20	21	22	23	24	25	26	27	28	29	30	31
258	澳洲红嘴鸥																															√
259	黑嘴鸥			√	√	√																√	√							√		√
260	小鸥			√						√																						√
261	弗氏鸥																															√
262	遗鸥				√	√	√			√	√												√									
263	渔鸥						√			√	√		√	√	√			√	√	√	√	√	√									√
264	黑尾鸥			√	√	√	√	√	√													√	√							√		√
265	普通海鸥			√	√	√	√	√	√	√												√	√									√
266	灰翅鸥																															√
267	北极鸥																															√
268	小黑背银鸥				√	√	√	√	√													√	√							√		
269	西伯利亚银鸥			√	√	√	√			√	√											√	√							√		√
270	黄腿银鸥					√	√			√	√		√									√	√							√		
271	灰背鸥			√		√				√												√	√									√
272	鸥嘴噪鸥			√	√		√			√																				√		√
273	红嘴巨燕鸥					√	√			√	√											√	√				√			√		√
274	大凤头燕鸥																													√		√
275	中华凤头燕鸥			√																												√
276	白嘴端凤头燕鸥																															√
277	白额燕鸥			√	√	√	√	√	√	√	√											√		√						√		√
278	白腰燕鸥																															√
279	褐翅燕鸥																					√										√
280	乌燕鸥																															√
281	粉红燕鸥																															√
282	黑枕燕鸥			√																												√
283	普通燕鸥			√	√	√	√	√	√	√	√	√	√	√	√			√	√			√		√	√					√		√
284	灰翅浮鸥			√	√	√	√	√	√	√	√		√	√					√			√				√				√		√
285	白翅浮鸥			√	√	√	√	√	√	√	√		√	√								√			√							√
286	黑浮鸥			√						√																			√			√
287	南极贼鸥																															√
288	中贼鸥																															√
289	短尾贼鸥																					√										√
290	长尾贼鸥																															√
291	崖海鸦																															√
292	扁嘴海雀																					√										√
293	冠海雀																															√
294	红尾鹲																															√
295	白尾鹲			√																												√
296	红喉潜鸟																					√										√
297	黑喉潜鸟						√																									√
298	黑背信天翁			√																												√
299	黑脚信天翁																															√
300	短尾信天翁																															√

续表

序号	中文名	1	2	3	4	5	6	7	8	9	10	11	12	13	14	15	16	17	18	19	20	21	22	23	24	25	26	27	28	29	30	31
301	黑叉尾海燕																															√
302	白腰叉尾海燕																															√
303	褐翅叉尾海燕																															√
304	白额圆尾鹱																					√										√
305	钩嘴圆尾鹱																															√
306	白额鹱																															√
307	楔尾鹱																															√
308	灰鹱																															√
309	短尾鹱																															√
310	淡足鹱																															√
311	褐燕鹱																															√
312	钳嘴鹳																		√	√	√						√					
313	黑鹳					√	√	√			√		√	√						√	√	√										√
314	东方白鹳			√		√	√	√	√	√										√	√	√	√	√								√
315	黑腹军舰鸟																															√
316	白斑军舰鸟																															√
317	蓝脸鲣鸟																															√
318	红脚鲣鸟																															√
319	褐鲣鸟																															√
320	海鸬鹚				√															√												√
321	普通鸬鹚			√	√	√	√	√	√	√	√		√	√	√				√	√	√	√	√		√		√			√		√
322	绿背鸬鹚																					√										√
323	黑头白鹮																															√
324	朱鹮								√													√		√								
325	彩鹮																			√	√											√
326	白琵鹭			√		√	√			√	√		√							√	√	√	√							√		√
327	黑脸琵鹭				√																	√	√				√			√		√
328	大麻鳽			√		√	√		√	√	√									√	√	√	√	√			√					√
329	小苇鳽										√																					
330	黄斑苇鳽			√	√	√	√	√	√	√	√									√	√	√		√	√	√	√			√		√
331	紫背苇鳽		√	√		√	√	√		√												√										√
332	栗苇鳽					√	√													√		√		√		√	√			√		√
333	黑苇鳽																					√		√	√	√						√
334	海南鳽																					√		√								
335	栗头鳽																															√
336	黑冠鳽																											√				√
337	夜鹭		√	√	√	√	√	√	√	√	√		√	√	√				√	√	√	√	√	√	√	√	√			√		√
338	棕夜鹭																															√
339	绿鹭		√	√		√	√	√	√	√										√	√	√	√	√	√	√	√		√	√		√
340	池鹭			√		√	√	√	√	√	√			√		√		√	√	√	√	√	√	√	√	√	√		√	√	√	√
341	爪哇池鹭																															√
342	牛背鹭			√		√	√	√	√	√	√		√	√				√	√	√	√	√	√	√	√	√	√		√	√	√	√
343	苍鹭		√	√	√	√	√			√	√		√	√	√			√	√	√	√	√	√	√	√		√			√		√
344	草鹭			√		√	√		√	√	√		√					√		√	√	√	√							√		√

续表

序号	中文名	1	2	3	4	5	6	7	8	9	10	11	12	13	14	15	16	17	18	19	20	21	22	23	24	25	26	27	28	29	30	31
345	大白鹭			√		√	√	√	√	√	√		√	√					√	√	√	√	√	√	√	√	√			√		√
346	中白鹭					√	√	√	√		√			√					√	√	√	√	√	√	√	√	√			√		√
347	斑鹭																															√
348	白脸鹭																															√
349	白鹭			√	√	√	√	√		√	√	√	√	√			√		√	√	√	√	√	√	√	√	√		√	√		√
350	岩鹭																													√		√
351	黄嘴白鹭			√	√	√	√	√	√													√	√	√								√
352	卷羽鹈鹕						√			√												√	√							√		√
353	鹗			√		√	√	√			√			√								√	√							√		√
354	黑翅鸢					√	√	√	√											√		√	√	√		√	√		√	√		√
355	胡兀鹫										√	√		√		√	√		√													
356	凤头蜂鹰	√					√	√	√			√						√	√	√				√		√			√		√	√
357	褐冠鹃隼																			√				√		√		√				
358	黑冠鹃隼							√											√	√		√		√		√	√					√
359	高山兀鹫										√	√		√		√	√	√	√													
360	秃鹫							√						√																		√
361	蛇雕					√		√										√		√				√	√	√	√	√	√		√	√
362	短趾雕							√																								
363	凤头鹰雕						√																									
364	鹰雕							√											√	√				√		√			√			√
365	林雕															√				√				√		√			√			√
366	乌雕							√	√	√														√								√
367	靴隼雕							√			√					√																
368	草原雕									√	√			√						√												
369	白肩雕													√						√												√
370	金雕			√				√				√		√		√	√		√	√				√								
371	白腹隼雕																					√	√	√		√						
372	凤头鹰							√									√		√	√		√		√		√	√	√	√		√	√
373	褐耳鹰																										√		√		√	√
374	赤腹鹰		√			√	√	√	√										√			√		√	√	√	√		√			√
375	日本松雀鹰		√			√		√											√			√		√	√	√					√	√
376	松雀鹰		√	√		√		√		√							√		√	√				√		√			√		√	√
377	雀鹰		√	√		√	√	√		√	√	√		√		√	√	√	√	√				√		√	√		√		√	√
378	苍鹰		√	√		√	√	√											√	√				√		√						√
379	白头鹞									√				√											√							
380	白腹鹞			√		√	√	√		√									√	√		√	√	√								√
381	白尾鹞		√	√		√	√	√	√	√	√			√				√	√	√		√	√	√			√	√				√
382	鹊鹞			√		√	√	√	√	√										√				√					√			√
383	黑鸢	√		√		√		√		√	√	√	√	√		√	√	√		√		√		√	√	√	√		√		√	√
384	栗鸢																									√						√
385	白腹海雕																															√
386	玉带海雕										√			√																		
387	白尾海雕			√			√				√			√						√												√
388	虎头海雕			√																												√

续表

序号	中文名	1	2	3	4	5	6	7	8	9	10	11	12	13	14	15	16	17	18	19	20	21	22	23	24	25	26	27	28	29	30	31
389	灰脸鵟鹰		√			√		√						√										√		√					√	√
390	毛脚鵟									√	√																					√
391	大鵟		√	√		√	√	√		√	√	√	√	√		√	√	√	√	√				√								√
392	普通鵟	√	√	√						√	√	√	√	√		√	√		√	√		√	√	√			√		√	√		√
393	棕尾鵟							√			√			√						√												
394	黄嘴角鸮																							√		√			√		√	√
395	领角鸮		√			√		√	√										√					√		√	√	√	√		√	√
396	红角鸮		√				√	√	√					√										√		√		√				√
397	优雅角鸮																															√
398	雕鸮		√					√		√		√		√		√								√								
399	褐渔鸮																												√			
400	黄腿渔鸮																		√													√
401	褐林鸮																			√				√					√			√
402	灰林鸮																		√					√								√
403	长尾林鸮	√	√	√				√		√																						
404	四川林鸮																		√													
405	乌林鸮		√	√														√														
406	领鸺鹠							√								√			√	√				√	√	√	√	√	√		√	√
407	斑头鸺鹠						√	√	√					√				√	√	√		√		√	√	√	√	√	√		√	
408	纵纹腹小鸮					√	√		√	√	√	√	√	√				√	√					√								√
409	鬼鸮																		√													
410	鹰鸮							√											√					√					√			
411	日本鹰鸮																							√								√
412	长耳鸮		√	√		√		√		√	√								√					√								√
413	短耳鸮		√	√		√		√		√										√				√								√
414	草鸮																							√								√
415	栗鸮																												√			
416	红头咬鹃																	√						√		√	√	√	√		√	
417	红腹咬鹃																												√			
418	冠斑犀鸟																												√			
419	双角犀鸟																												√			
420	花冠皱盔犀鸟																												√			
421	戴胜	√	√	√		√	√	√	√	√	√	√	√	√		√	√	√	√	√		√		√	√	√	√		√	√		√
422	蓝须蜂虎																			√							√	√	√		√	
423	绿喉蜂虎																			√							√		√			
424	栗喉蜂虎																			√							√		√	√		√
425	彩虹蜂虎																															√
426	蓝喉蜂虎																			√		√		√	√	√	√		√			
427	栗头蜂虎																			√							√		√			
428	黄喉蜂虎										√																		√			
429	棕胸佛法僧																										√					
430	蓝胸佛法僧										√																					
431	三宝鸟		√	√		√		√														√		√	√	√	√	√	√		√	√
432	赤翡翠		√						√																		√		√			√

续表

序号	中文名	1	2	3	4	5	6	7	8	9	10	11	12	13	14	15	16	17	18	19	20	21	22	23	24	25	26	27	28	29	30	31
433	白胸翡翠																		√	√		√	√	√	√	√	√	√	√	√	√	√
434	蓝翡翠					√	√	√	√					√					√	√		√		√	√	√	√		√	√		√
435	白领翡翠																							√					√			√
436	普通翠鸟		√	√			√	√	√	√	√			√					√	√		√	√	√	√	√	√		√	√	√	√
437	斑头大翠鸟																							√								
438	三趾翠鸟																														√	√
439	冠鱼狗						√	√	√										√			√		√		√						
440	斑鱼狗						√	√											√			√	√	√		√	√			√		
441	大拟啄木鸟											√				√		√	√	√		√		√	√	√	√	√	√			
442	绿拟啄木鸟							√																								
443	黄纹拟啄木鸟																		√													
444	金喉拟啄木鸟																	√		√							√		√			
445	黑眉拟啄木鸟																							√	√	√	√				√	
446	台湾拟啄木鸟																															√
447	蓝喉拟啄木鸟																			√				√			√	√	√			
448	蓝耳拟啄木鸟																												√			
449	赤胸拟啄木鸟																			√							√		√			
450	黄腰响蜜䴕															√																
451	蚁䴕	√	√	√			√	√		√				√					√	√				√			√		√			√
452	斑姬啄木鸟							√								√			√	√		√		√	√	√	√		√			
453	白眉棕啄木鸟																							√		√	√	√	√			
454	棕腹啄木鸟		√			√		√						√		√		√	√	√				√					√			
455	小星头啄木鸟		√					√																								
456	星头啄木鸟		√			√	√	√									√		√	√		√		√	√	√	√		√		√	√
457	小斑啄木鸟	√	√	√						√												√		√					√			
458	纹胸啄木鸟																			√							√		√			
459	赤胸啄木鸟							√								√	√	√	√	√				√					√			
460	黄颈啄木鸟							√								√		√	√	√									√			
461	白背啄木鸟	√	√					√											√					√								√
462	大斑啄木鸟	√	√	√		√	√	√	√	√	√	√		√					√	√		√		√	√	√			√			
463	三趾啄木鸟	√	√											√					√													
464	黑啄木鸟	√	√	√				√						√					√	√												
465	大黄冠啄木鸟																												√		√	
466	黄冠啄木鸟																		√					√					√		√	
467	鳞腹绿啄木鸟															√																
468	灰头绿啄木鸟	√	√	√		√	√	√	√	√	√			√			√		√	√		√		√	√	√	√		√			√
469	金背啄木鸟																												√			
470	大金背啄木鸟																												√			
471	竹啄木鸟																												√			
472	黄嘴栗啄木鸟																	√	√	√				√		√	√	√	√		√	
473	栗啄木鸟																	√						√		√	√	√			√	
474	大灰啄木鸟																							√					√			
475	红腿小隼																										√		√			
476	黄爪隼										√																					

续表

序号	中文名	1	2	3	4	5	6	7	8	9	10	11	12	13	14	15	16	17	18	19	20	21	22	23	24	25	26	27	28	29	30	31
477	红隼	√	√	√		√	√	√	√	√	√	√		√		√	√	√	√	√		√	√	√		√	√			√	√	√
478	西红脚隼									√																						
479	红脚隼		√	√		√	√	√	√	√	√			√					√	√		√		√		√	√		√			√
480	灰背隼					√		√		√	√			√					√	√				√								√
481	燕隼		√	√		√	√	√	√	√	√			√				√	√	√				√		√			√			√
482	猎隼					√		√		√		√		√		√	√							√								
483	游隼	√				√		√	√		√	√		√		√			√	√		√	√	√			√					√
484	亚历山大鹦鹉																			√												
485	灰头鹦鹉																			√									√			
486	大紫胸鹦鹉																√			√												
487	绯胸鹦鹉																												√			
488	蓝背八色鸫																											√				
489	仙八色鸫																							√		√	√					√
490	蓝翅八色鸫																												√			√
491	长尾阔嘴鸟																							√				√	√			
492	银胸丝冠鸟																												√			
493	金黄鹂							√						√																		
494	细嘴黄鹂																			√							√		√			
495	黑枕黄鹂		√	√		√	√	√	√	√	√								√	√		√		√	√	√	√		√			√
496	黑头黄鹂																												√			
497	朱鹂															√		√		√							√		√			√
498	鹊鹂															√				√						√			√			
499	白腹凤鹛																√			√				√		√	√	√	√		√	√
500	棕腹鵙鹛																	√														
501	红翅鵙鹛															√		√		√				√		√	√		√		√	
502	淡绿鵙鹛															√		√	√	√				√					√			
503	栗喉鵙鹛															√		√		√						√			√			
504	栗额鵙鹛																	√								√			√			
505	大鹃鵙																			√				√					√			√
506	暗灰鹃鵙						√	√	√									√		√		√		√	√	√	√		√		√	√
507	斑鹃鵙																															√
508	粉红山椒鸟																		√	√				√			√		√			
509	小灰山椒鸟					√	√	√											√	√		√		√	√	√		√	√			
510	灰山椒鸟	√	√	√		√	√	√	√										√	√		√		√	√	√	√	√	√		√	√
511	琉球山椒鸟																															√
512	灰喉山椒鸟		√																√	√		√		√	√	√	√		√		√	√
513	长尾山椒鸟							√						√		√	√	√	√	√				√		√	√		√			√
514	短嘴山椒鸟													√		√		√	√	√				√		√	√		√		√	
515	赤红山椒鸟																√	√	√	√				√		√	√		√		√	
516	灰燕鵙																			√		√		√		√	√		√			
517	褐背鹟鵙																	√		√				√			√	√	√			
518	钩嘴林鵙																			√				√		√	√	√	√			
519	黑翅雀鹎																			√							√		√			
520	大绿雀鹎																												√			

续表

序号	中文名	1	2	3	4	5	6	7	8	9	10	11	12	13	14	15	16	17	18	19	20	21	22	23	24	25	26	27	28	29	30	31
521	白喉扇尾鹟															√		√		√				√		√	√	√	√		√	
522	白眉扇尾鹟																										√		√			
523	黑卷尾					√	√	√	√	√	√			√		√	√	√	√	√		√		√	√	√	√	√	√	√	√	√
524	灰卷尾						√	√	√					√		√	√	√	√	√		√		√	√	√	√		√		√	√
525	鸦嘴卷尾																			√						√	√	√	√		√	√
526	古铜色卷尾															√		√								√	√		√		√	√
527	发冠卷尾							√	√									√	√	√		√		√	√	√	√	√	√			√
528	小盘尾																										√		√			
529	大盘尾																												√		√	
530	黑枕王鹟																			√				√		√	√	√	√		√	√
531	寿带		√				√	√												√		√		√	√	√		√	√			√
532	紫寿带																							√								√
533	虎纹伯劳		√			√		√	√					√					√	√		√		√	√	√	√					√
534	牛头伯劳		√			√		√	√															√								√
535	红尾伯劳	√	√	√		√	√	√	√	√	√			√					√	√		√		√	√	√	√		√	√		√
536	红背伯劳		√			√		√	√	√																						√
537	荒漠伯劳							√		√	√																					
538	栗背伯劳																			√						√	√		√			
539	棕背伯劳		√			√	√	√	√		√		√	√		√			√	√		√	√	√	√	√	√		√	√	√	√
540	灰背伯劳						√	√	√		√	√	√	√		√	√	√	√	√		√		√	√		√		√			
541	灰伯劳			√				√	√	√	√																					
542	楔尾伯劳			√		√	√	√	√	√	√	√	√	√		√	√															√
543	北噪鸦	√																	√													
544	黑头噪鸦													√					√													
545	松鸦	√	√	√		√	√	√	√					√		√	√	√	√	√		√		√	√	√			√			√
546	灰喜鹊	√	√	√		√	√	√	√	√	√	√		√						√		√		√	√	√	√					
547	台湾蓝鹊																															√
548	黄嘴蓝鹊							√								√		√											√			
549	红嘴蓝鹊					√	√	√	√	√							√		√	√		√		√	√	√	√		√			
550	白翅蓝鹊																											√				
551	蓝绿鹊																	√											√			
552	黄胸绿鹊																											√				
553	棕腹树鹊																												√			
554	灰树鹊																	√		√		√		√	√	√	√		√		√	√
555	黑额树鹊																												√			
556	塔尾树鹊																														√	
557	喜鹊		√	√		√	√	√	√	√	√	√		√			√		√	√		√	√	√	√	√	√		√	√		√
558	黑尾地鸦										√		√																			
559	白尾地鸦												√											√								
560	星鸦	√	√	√		√	√	√	√							√	√	√	√	√				√					√			√
561	红嘴山鸦		√	√			√	√	√		√	√	√	√		√	√	√	√	√				√								
562	黄嘴山鸦											√		√		√		√	√					√								
563	寒鸦						√				√													√								
564	达乌里寒鸦	√	√				√	√	√	√	√			√			√			√												√

续表

序号	中文名	1	2	3	4	5	6	7	8	9	10	11	12	13	14	15	16	17	18	19	20	21	22	23	24	25	26	27	28	29	30	31
565	家鸦																															√
566	秃鼻乌鸦			√		√	√	√	√	√														√								√
567	小嘴乌鸦	√	√	√		√	√	√	√		√			√		√	√	√	√	√		√		√	√	√	√		√			√
568	白颈鸦						√	√	√										√	√		√		√	√		√					√
569	大嘴乌鸦	√	√	√		√	√	√	√	√	√			√		√	√	√	√	√		√		√		√	√	√	√			√
570	渡鸦	√										√		√		√	√		√													
571	黄腹扇尾鹟															√		√	√	√							√		√			
572	方尾鹟							√								√	√	√	√	√		√		√	√	√	√		√			√
573	火冠雀							√											√										√			
574	黄眉林雀																	√	√	√				√					√			
575	冕雀																							√				√	√		√	
576	黑冠山雀							√						√		√	√	√	√	√				√					√			
577	煤山雀	√	√	√		√	√	√	√	√						√	√	√	√	√				√		√			√			√
578	黄腹山雀		√			√	√	√	√	√		√		√					√			√		√	√							
579	褐冠山雀							√						√		√	√	√	√	√				√								
580	杂色山雀		√																							√						
581	台湾杂色山雀																															√
582	白眉山雀							√	√		√	√		√					√													
583	红腹山雀																		√													
584	沼泽山雀	√	√	√		√	√	√	√	√				√			√		√	√		√		√								
585	褐头山雀	√	√			√	√	√	√		√	√					√		√	√												
586	四川褐头山雀													√										√								
587	灰蓝山雀									√																						
588	地山雀										√	√	√	√		√	√	√														
589	大山雀	√	√	√		√	√	√	√	√	√	√	√	√		√	√	√	√	√		√	√	√	√	√	√		√	√	√	√
590	绿背山雀						√	√	√							√	√	√	√	√		√		√	√	√	√		√			√
591	台湾黄山雀																															√
592	黄颊山雀															√		√	√	√		√		√		√	√		√			
593	中华攀雀		√	√		√	√	√	√	√												√	√	√								√
594	蒙古百灵					√		√		√	√		√	√																		
595	长嘴百灵											√	√	√				√														
596	大短趾百灵									√	√							√														√
597	细嘴短趾百灵										√			√				√														
598	短趾百灵			√		√	√	√	√	√	√		√	√				√														√
599	凤头百灵						√			√	√	√	√	√																		
600	云雀	√		√		√	√	√	√	√	√	√	√	√								√	√	√	√							√
601	小云雀					√		√			√	√	√	√		√	√	√	√	√		√	√	√	√	√	√		√	√		√
602	角百灵						√			√	√	√	√	√		√	√	√	√													
603	文须雀			√						√	√																					
604	棕扇尾莺					√	√	√	√										√	√		√	√	√	√	√	√					√
605	金头扇尾莺																							√		√	√					√
606	山鹪莺							√											√	√		√		√		√	√		√	√		√
607	褐山鹪莺																		√	√		√		√	√		√					
608	黑喉山鹪莺																√			√		√		√	√	√	√		√			

续表

序号	中文名	1	2	3	4	5	6	7	8	9	10	11	12	13	14	15	16	17	18	19	20	21	22	23	24	25	26	27	28	29	30	31
609	暗冕山鹪莺																			√				√		√	√		√			
610	灰胸山鹪莺																			√		√		√		√	√		√			
611	黄腹山鹪莺																			√		√	√	√	√	√	√		√	√	√	√
612	纯色山鹪莺						√		√										√	√		√	√	√	√	√	√		√	√	√	√
613	长尾缝叶莺																	√		√		√		√	√	√	√	√	√	√	√	
614	黑喉缝叶莺																										√		√			
615	大苇莺					√	√	√	√	√	√									√		√		√								
616	东方大苇莺	√	√	√	√	√	√	√	√	√	√								√	√		√		√			√					√
617	噪苇莺																			√												
618	黑眉苇莺	√	√	√		√	√	√	√	√												√		√		√						√
619	细纹苇莺						√																	√								√
620	钝翅苇莺					√		√														√		√								
621	远东苇莺			√		√	√	√														√										
622	稻田苇莺										√																					
623	芦莺		√																													
624	厚嘴苇莺	√	√	√		√	√	√	√	√									√	√				√			√					
625	靴篱莺										√																					
626	鳞胸鹪鹛															√		√	√	√		√		√					√			
627	台湾鹪鹛																															√
628	小鳞胸鹪鹛							√	√							√		√	√	√		√		√	√	√	√		√		√	
629	高山短翅蝗莺							√									√		√	√				√		√	√		√			√
630	台湾短翅蝗莺																															√
631	斑胸短翅蝗莺							√	√										√	√				√								
632	中华短翅蝗莺																		√	√				√								
633	棕褐短翅蝗莺							√											√			√		√		√			√			
634	矛斑蝗莺	√	√			√		√		√									√					√								√
635	鸲蝗莺										√																					
636	北蝗莺																															√
637	东亚蝗莺																															√
638	小蝗莺	√						√		√												√										√
639	苍眉蝗莺	√	√	√							√																					√
640	库页岛蝗莺																															√
641	斑背大尾莺					√																										
642	沼泽大尾莺		√																	√				√			√		√			
643	褐喉沙燕																			√							√					√
644	崖沙燕			√			√	√		√	√	√	√	√								√		√		√	√					√
645	淡色崖沙燕						√				√	√		√		√																
646	家燕	√	√	√		√	√	√	√	√	√		√	√				√	√	√		√	√	√	√	√	√		√	√	√	√
647	洋燕																															√
648	线尾燕																										√					
649	岩燕						√	√	√	√	√	√	√	√		√	√	√	√													
650	纯色岩燕							√																								
651	毛脚燕		√	√				√		√	√						√			√							√					
652	烟腹毛脚燕						√	√				√		√		√	√	√	√	√		√		√		√			√			√

续表

序号	中文名	1	2	3	4	5	6	7	8	9	10	11	12	13	14	15	16	17	18	19	20	21	22	23	24	25	26	27	28	29	30	31
653	黑喉毛脚燕															√		√		√				√								
654	金腰燕		√	√		√	√	√	√	√				√					√	√		√		√	√	√	√		√			√
655	斑腰燕																			√							√		√			√
656	凤头雀嘴鹎																		√	√							√		√			
657	领雀嘴鹎						√	√	√										√	√		√		√	√	√	√		√			√
658	黑头鹎							√	√										√	√				√					√			
659	纵纹绿鹎																			√							√		√			
660	黑冠黄鹎																			√							√	√	√			
661	红耳鹎																	√		√		√		√	√	√	√		√		√	√
662	黄臀鹎						√	√	√					√			√	√	√	√		√		√	√	√	√		√			
663	白头鹎		√	√		√	√	√	√	√	√								√	√		√	√	√	√	√	√		√	√	√	√
664	台湾鹎																															√
665	白颊鹎															√				√												
666	黑喉红臀鹎																	√		√							√		√			
667	白喉红臀鹎																	√		√		√		√	√	√	√	√	√	√		
668	黄绿鹎																			√							√		√			
669	黄腹冠鹎																	√											√			
670	白喉冠鹎																			√				√			√	√	√		√	
671	灰眼短脚鹎																												√			
672	绿翅短脚鹎							√										√	√	√		√		√	√	√	√		√		√	
673	灰短脚鹎																		√										√			
674	栗背短脚鹎																			√		√		√	√	√	√		√		√	
675	黑短脚鹎							√	√							√		√	√	√		√		√	√	√	√	√	√		√	√
676	栗耳短脚鹎		√																					√		√						√
677	叽喳柳莺		√																√					√					√			
678	中亚叽喳柳莺							√																								
679	林柳莺																		√													
680	褐柳莺	√	√	√		√	√	√	√	√				√		√	√	√	√	√		√		√	√	√	√		√		√	√
681	烟柳莺											√		√																		
682	黄腹柳莺							√	√	√	√	√	√	√		√	√	√	√	√		√		√					√			
683	华西柳莺													√																		
684	棕腹柳莺							√		√							√		√	√		√		√			√		√			
685	棕眉柳莺					√	√	√	√	√	√	√		√		√	√	√	√	√		√		√					√			
686	巨嘴柳莺	√	√	√		√		√		√				√						√		√		√								√
687	橙斑翅柳莺							√						√		√	√	√	√	√				√			√		√			
688	灰喉柳莺															√	√	√	√	√				√					√			
689	甘肃柳莺						√	√	√		√	√		√					√													
690	云南柳莺						√	√	√	√				√					√	√				√	√				√			
691	黄腰柳莺	√	√			√	√	√	√	√		√		√		√	√		√	√		√		√	√	√	√		√		√	√
692	淡黄腰柳莺							√	√							√		√	√	√						√			√			
693	四川柳莺							√						√			√	√	√	√				√					√			
694	黄眉柳莺	√	√	√		√	√	√	√	√	√			√		√			√	√		√		√	√	√	√	√	√		√	√
695	淡眉柳莺							√	√	√		√		√		√	√		√	√				√					√			
696	极北柳莺	√	√	√		√	√	√		√	√					√			√	√		√		√	√	√		√	√		√	√

续表

序号	中文名	1	2	3	4	5	6	7	8	9	10	11	12	13	14	15	16	17	18	19	20	21	22	23	24	25	26	27	28	29	30	31
697	日本柳莺																															√
698	暗绿柳莺						√	√	√	√	√			√		√	√	√	√	√		√		√					√			
699	双斑绿柳莺	√	√					√			√							√	√					√		√	√	√	√			
700	淡脚柳莺		√					√		√												√		√		√	√					√
701	萨岛柳莺																		√													√
702	乌嘴柳莺							√	√					√		√	√	√	√	√		√		√					√			
703	冕柳莺	√	√			√	√	√		√				√		√			√			√		√	√	√		√				√
704	日本冕柳莺																															√
705	西南冠纹柳莺															√																
706	冠纹柳莺					√	√	√	√								√	√	√	√		√		√	√	√	√	√	√			√
707	华南冠纹柳莺																															√
708	峨眉柳莺							√											√					√								
709	白斑尾柳莺							√									√		√	√				√		√			√			
710	海南柳莺																														√	
711	黄胸柳莺					√		√									√	√	√	√				√					√			
712	灰岩柳莺																											√				
713	黑眉柳莺			√		√		√										√	√	√		√		√		√	√	√				
714	灰头柳莺															√		√						√								
715	白眶鹟莺															√		√	√	√		√		√		√		√	√			
716	金眶鹟莺							√								√	√	√	√	√		√		√		√	√		√			
717	灰冠鹟莺						√	√											√	√		√		√					√			
718	韦氏鹟莺															√		√														
719	比氏鹟莺							√								√			√	√				√		√	√		√			
720	峨眉鹟莺							√											√					√								
721	淡尾鹟莺							√											√					√								
722	灰脸鹟莺																	√	√	√				√					√			
723	栗头鹟莺							√						√		√		√	√	√		√		√	√	√			√			
724	黄腹鹟莺																	√	√	√				√		√	√	√	√			
725	棕脸鹟莺							√										√	√			√		√	√	√	√		√		√	√
726	黑脸鹟莺																	√		√									√			
727	栗头织叶莺																			√				√		√	√		√			
728	宽嘴鹟莺																			√									√			
729	短翅树莺		√				√	√	√										√					√								√
730	远东树莺		√			√	√	√	√										√			√		√	√							√
731	强脚树莺						√	√	√							√		√	√	√		√	√	√	√	√	√		√			√
732	黄腹树莺							√	√										√			√		√	√		√		√			√
733	异色树莺							√											√	√				√					√			
734	灰腹地莺															√		√		√				√		√			√			
735	金冠地莺															√		√		√				√					√			
736	大树莺																		√	√												
737	棕顶树莺															√	√	√	√	√									√			
738	栗头树莺															√		√	√	√									√			
739	鳞头树莺		√					√		√														√								√
740	淡脚树莺							√											√					√		√	√					

续表

序号	中文名	1	2	3	4	5	6	7	8	9	10	11	12	13	14	15	16	17	18	19	20	21	22	23	24	25	26	27	28	29	30	31
741	北长尾山雀			√																												
742	银喉长尾山雀	√	√			√	√	√	√	√	√	√		√					√	√		√		√	√				√			
743	红头长尾山雀						√	√	√							√		√	√	√		√		√	√	√	√		√			√
744	棕额长尾山雀															√		√		√												
745	黑眉长尾山雀													√		√	√	√	√	√				√					√			
746	银脸长尾山雀							√	√										√					√								
747	花彩雀莺							√			√	√		√			√			√												
748	凤头雀莺							√						√					√													
749	火尾绿鹛															√													√			
750	横斑林莺										√																					
751	白喉林莺							√	√	√	√																					
752	漠白喉林莺										√																					
753	荒漠林莺										√																					
754	灰白喉林莺										√																					
755	金胸雀鹛							√											√	√				√		√			√			
756	宝兴鹛雀																√		√	√												
757	白眉雀鹛															√	√	√	√	√				√					√			
758	中华雀鹛													√			√		√	√												
759	棕头雀鹛							√											√	√				√					√			
760	路氏雀鹛																	√														
761	褐头雀鹛						√	√											√	√				√		√	√		√			√
762	金眼鹛雀																		√	√							√		√			
763	山鹛					√	√	√	√	√	√													√								
764	红嘴鸦雀							√								√			√					√								
765	三趾鸦雀							√											√													
766	褐鸦雀															√		√	√	√									√			
767	白眶鸦雀							√											√					√								
768	棕头鸦雀		√			√	√	√	√	√									√	√		√	√	√	√	√	√		√			√
769	灰喉鸦雀																		√	√		√		√		√						
770	褐翅鸦雀																			√				√		√	√		√			
771	暗色鸦雀																		√	√												
772	灰冠鸦雀																		√													
773	黄额鸦雀							√											√	√				√					√			
774	黑喉鸦雀																			√				√					√			
775	金色鸦雀																		√					√		√			√			√
776	短尾鸦雀																							√		√	√					
777	黑眉鸦雀																												√			
778	红头鸦雀																												√			
779	灰头鸦雀																		√			√		√	√	√			√		√	
780	点胸鸦雀							√											√	√				√		√	√		√			
781	斑胸鸦雀																			√												
782	震旦鸦雀			√		√	√	√	√	√												√		√								
783	栗耳凤鹛							√										√	√	√		√		√		√	√	√	√			
784	白颈凤鹛																	√	√					√								

续表

序号	中文名	1	2	3	4	5	6	7	8	9	10	11	12	13	14	15	16	17	18	19	20	21	22	23	24	25	26	27	28	29	30	31
785	黄颈凤鹛															√	√	√	√	√				√			√		√			
786	纹喉凤鹛															√		√	√	√									√			
787	白领凤鹛							√									√		√	√		√		√			√		√			
788	棕臀凤鹛															√	√	√	√	√									√			
789	褐头凤鹛																							√								√
790	黑颏凤鹛																	√	√			√		√		√			√			
791	红胁绣眼鸟		√			√		√											√	√				√	√				√			
792	暗绿绣眼鸟		√			√	√	√	√									√	√	√		√		√	√	√	√		√	√	√	√
793	低地绣眼鸟																															√
794	灰腹绣眼鸟															√	√	√	√	√				√		√	√		√			
795	长嘴钩嘴鹛																							√				√	√		√	
796	斑胸钩嘴鹛						√	√	√	√				√			√		√	√		√		√	√	√	√		√			
797	台湾斑胸钩嘴鹛																							√								√
798	棕颈钩嘴鹛						√	√	√							√	√	√	√	√		√		√	√	√	√	√	√		√	
799	台湾棕颈钩嘴鹛																															√
800	棕头钩嘴鹛																												√			
801	红嘴钩嘴鹛											√						√											√			
802	细嘴钩嘴鹛																			√									√			
803	斑翅鹩鹛																		√										√			
804	长尾鹩鹛																		√										√			
805	楔嘴穗鹛																	√														
806	弄岗穗鹛																											√				
807	黑头穗鹛																	√	√									√	√			
808	斑颈穗鹛																											√	√		√	
809	红头穗鹛							√								√		√	√	√		√		√	√	√	√	√	√		√	√
810	金头穗鹛																	√		√									√			
811	纹胸鹛																			√							√	√	√			
812	红顶鹛																			√				√		√	√		√			
813	金额雀鹛																							√								
814	黄喉雀鹛																	√											√			
815	栗头雀鹛															√		√		√									√			
816	褐胁雀鹛																		√	√				√	√		√		√			
817	褐顶雀鹛							√											√			√		√	√	√	√				√	√
818	褐脸雀鹛																		√										√			
819	灰眶雀鹛							√										√	√	√		√		√	√	√	√	√	√		√	√
820	白眶雀鹛															√		√						√		√						
821	灰岩鹪鹛																												√			
822	短尾鹪鹛																							√			√	√	√			
823	纹胸鹪鹛																												√			
824	白头鵙鹛																		√										√			
825	长嘴鹩鹛																												√			
826	白腹幽鹛																		√									√	√			
827	棕头幽鹛																			√							√		√			

续表

序号	中文名	1	2	3	4	5	6	7	8	9	10	11	12	13	14	15	16	17	18	19	20	21	22	23	24	25	26	27	28	29	30	31
828	棕胸雅鹛																											√	√			
829	矛纹草鹛							√	√								√		√	√		√		√		√	√		√			
830	棕草鹛													√																		
831	画眉					√	√	√	√										√	√		√		√	√	√	√		√		√	
832	台湾画眉																															√
833	白冠噪鹛																	√											√			
834	白颈噪鹛																		√													
835	褐胸噪鹛																							√		√	√					
836	栗颊噪鹛																														√	
837	黑额山噪鹛							√	√										√													
838	灰翅噪鹛							√								√			√	√				√		√			√			
839	斑背噪鹛							√	√										√					√								
840	大噪鹛							√	√					√		√	√	√	√	√				√		√			√			
841	眼纹噪鹛															√		√	√					√								
842	黑脸噪鹛						√	√	√									√	√			√		√	√	√	√		√			
843	白喉噪鹛							√								√		√	√	√		√		√					√			
844	台湾白喉噪鹛																															√
845	小黑领噪鹛					√														√				√	√	√	√		√		√	
846	黑领噪鹛						√	√											√	√		√		√	√	√	√		√		√	
847	黑喉噪鹛																			√				√		√	√	√	√	√	√	
848	栗颈噪鹛																							√								
849	蓝冠噪鹛																							√	√							
850	山噪鹛		√				√	√	√	√	√	√		√					√					√	√							
851	灰胁噪鹛																	√														
852	棕噪鹛																		√					√		√						
853	台湾棕噪鹛																															√
854	白颊噪鹛						√	√	√										√	√		√		√	√	√	√		√			
855	条纹噪鹛															√		√											√			
856	细纹噪鹛															√		√														
857	蓝翅噪鹛																												√			
858	纯色噪鹛															√		√		√									√			
859	橙翅噪鹛						√	√	√					√			√	√	√	√		√		√								
860	灰腹噪鹛															√		√														
861	黑顶噪鹛															√		√	√	√									√			
862	台湾噪鹛																															√
863	杂色噪鹛															√		√														
864	红头噪鹛															√		√	√	√									√			
865	红翅噪鹛																		√													
866	红尾噪鹛																			√		√		√		√			√			
867	斑胁姬鹛																												√			
868	蓝翅希鹛															√			√	√				√			√		√		√	
869	斑喉希鹛															√		√	√	√									√			
870	红尾希鹛																	√	√	√				√					√			
871	红翅薮鹛																										√		√			

续表

序号	中文名	1	2	3	4	5	6	7	8	9	10	11	12	13	14	15	16	17	18	19	20	21	22	23	24	25	26	27	28	29	30	31
872	灰胸薮鹛																		√													
873	黄痣薮鹛																															√
874	栗额斑翅鹛																			√									√			
875	白眶斑翅鹛																			√									√			
876	纹头斑翅鹛															√																
877	灰头斑翅鹛																		√	√									√			
878	台湾斑翅鹛																															√
879	银耳相思鸟																	√		√						√	√		√			
880	红嘴相思鸟					√	√	√	√							√			√	√		√		√	√	√	√		√			
881	栗背奇鹛																												√			
882	黑顶奇鹛															√		√														
883	灰奇鹛																												√			
884	黑头奇鹛																		√	√		√		√			√		√			
885	白耳奇鹛																															√
886	丽色奇鹛																	√											√			
887	长尾奇鹛																												√			
888	欧亚旋木雀		√					√						√		√	√	√	√	√						√			√			
889	高山旋木雀							√						√		√	√		√	√									√			
890	红腹旋木雀															√		√														
891	四川旋木雀																		√	√												
892	普通䴓	√	√	√		√	√												√	√		√		√	√				√			√
893	栗臀䴓							√									√	√	√	√				√			√		√			
894	栗腹䴓							√										√											√			
895	白尾䴓															√				√									√			
896	滇䴓																√			√									√			
897	黑头䴓		√			√	√	√	√			√		√																		
898	白脸䴓							√						√		√			√	√												
899	绒额䴓																			√				√					√			
900	淡紫䴓																														√	
901	巨䴓																			√									√			
902	丽䴓																			√												
903	红翅旋壁雀							√			√		√	√					√													
904	鹪鹩		√	√			√	√	√		√		√	√			√	√	√	√				√		√						√
905	河乌								√		√	√	√	√		√	√	√	√	√		√		√								
906	褐河乌		√				√	√								√	√		√	√		√		√	√	√						√
907	亚洲辉椋鸟																															√
908	鹩哥																												√			
909	林八哥																									√	√		√			
910	八哥					√	√	√	√			√							√	√		√	√	√	√	√	√		√	√	√	√
911	爪哇八哥																					√										√
912	白领八哥																							√			√		√			
913	家八哥										√									√				√	√		√					√
914	红嘴椋鸟																										√		√			
915	丝光椋鸟					√	√	√	√					√					√	√		√		√	√	√	√		√	√		√

续表

序号	中文名	1	2	3	4	5	6	7	8	9	10	11	12	13	14	15	16	17	18	19	20	21	22	23	24	25	26	27	28	29	30	31
916	灰椋鸟	√	√	√		√	√	√	√	√	√			√					√	√		√	√	√	√	√	√					√
917	黑领椋鸟																			√		√		√	√	√	√		√	√		√
918	斑椋鸟																										√		√			
919	北椋鸟	√		√	√	√	√	√	√	√	√			√					√					√		√	√					√
920	紫背椋鸟																															√
921	灰背椋鸟																							√		√	√		√	√		√
922	灰头椋鸟																			√							√		√			√
923	紫翅椋鸟									√	√			√																		√
924	粉红椋鸟										√																					√
925	橙头地鸫																	√						√	√	√			√			
926	白眉地鸫	√	√	√				√											√					√		√						√
927	淡背地鸫																√		√	√									√			
928	长尾地鸫																		√										√			
929	虎斑地鸫		√				√	√		√				√				√	√	√				√								√
930	小虎斑地鸫																															√
931	灰背鸫		√	√				√											√	√		√		√	√		√					√
932	黑胸鸫																			√				√			√		√			
933	乌灰鸫							√														√		√	√							√
934	白颈鸫											√				√		√						√								
935	灰翅鸫							√										√	√	√		√		√					√			
936	乌鸫					√	√	√	√	√	√							√	√	√		√		√	√	√	√		√			√
937	藏乌鸫															√																
938	白头鸫																		√					√		√						√
939	灰头鸫						√	√	√	√		√		√			√		√	√		√		√	√		√		√			
940	棕背黑头鸫							√			√	√	√	√			√		√	√												
941	褐头鸫							√																								
942	白眉鸫	√	√			√	√	√														√		√		√			√			√
943	白腹鸫	√	√			√		√														√		√								√
944	赤胸鸫																															√
945	赤颈鸫	√						√	√		√			√		√																√
946	红尾斑鸫		√			√	√	√		√	√								√					√								√
947	斑鸫	√	√			√	√	√	√					√					√	√		√		√	√							√
948	宝兴歌鸫							√	√					√			√		√	√				√								
949	绿宽嘴鸫																							√					√			
950	日本歌鸲																															√
951	琉球歌鸲																															√
952	红尾歌鸲		√					√	√													√		√	√	√						√
953	棕头歌鸲																		√													
954	栗腹歌鸲							√								√			√					√								
955	蓝歌鸲	√	√			√		√		√									√	√									√			√
956	红喉歌鸲	√	√	√		√	√	√		√	√			√					√	√		√		√			√		√			√
957	黑胸歌鸲													√			√		√	√							√					
958	黑喉歌鸲							√											√													
959	金胸歌鸲																		√	√												

续表

序号	中文名	1	2	3	4	5	6	7	8	9	10	11	12	13	14	15	16	17	18	19	20	21	22	23	24	25	26	27	28	29	30	31
960	白腹短翅鸲						√	√	√					√			√		√	√				√					√			
961	蓝喉歌鸲	√				√	√		√		√								√	√			√									√
962	新疆歌鸲										√																					
963	红胁蓝尾鸲	√	√	√		√	√	√	√	√				√		√	√	√	√	√		√		√	√	√	√		√			√
964	蓝眉林鸲													√																		
965	白眉林鸲															√	√		√	√				√					√			√
966	棕腹林鸲																		√													
967	台湾林鸲																															√
968	金色林鸲							√								√	√		√	√				√					√			
969	栗背短翅鸫																			√				√		√						
970	锈腹短翅鸫																	√	√													
971	白喉短翅鸫																	√	√	√				√		√	√		√			
972	蓝短翅鸫							√										√	√	√				√		√			√			√
973	棕薮鸲										√																					
974	鹊鸲							√			√			√				√	√	√		√	√	√	√	√	√		√	√	√	
975	白腰鹊鸲																			√							√	√	√		√	
976	红背红尾鸲																		√	√												
977	蓝头红尾鸲															√				√												
978	白喉红尾鸲							√	√		√			√		√	√		√	√												
979	蓝额红尾鸲							√	√	√	√		√	√		√	√	√	√	√				√			√		√			
980	贺兰山红尾鸲											√		√																		
981	赭红尾鸲							√	√		√	√	√	√		√	√	√	√	√				√								√
982	黑喉红尾鸲						√	√	√		√			√		√	√	√	√	√												
983	北红尾鸲	√	√	√		√	√	√	√	√	√	√		√		√	√	√	√	√		√	√	√	√	√	√		√			√
984	红腹红尾鸲					√		√				√	√	√		√		√	√													
985	红尾水鸲					√	√	√	√					√		√	√	√	√	√		√		√	√	√	√		√		√	√
986	白顶溪鸲						√	√	√		√		√	√		√	√	√	√	√		√		√		√	√		√			
987	白尾蓝地鸲																	√	√	√				√		√			√			√
988	蓝额地鸲																		√													
989	台湾紫啸鸫																															√
990	紫啸鸫						√	√	√							√	√	√	√	√		√		√	√	√	√		√			
991	蓝大翅鸲													√						√												
992	小燕尾							√								√		√	√	√		√		√	√	√	√		√			√
993	黑背燕尾						√	√								√			√	√		√		√		√	√		√			
994	灰背燕尾																		√	√		√		√	√	√	√		√			
995	白额燕尾						√	√	√									√	√	√		√		√	√	√	√		√		√	
996	斑背燕尾																		√	√		√		√		√			√			
997	白喉石䳭	√												√										√								
998	黑喉石䳭	√	√	√			√	√	√	√	√	√		√		√	√	√	√	√		√	√	√	√	√	√		√			√
999	白斑黑石䳭																			√							√		√			
1000	黑白林䳭																					√										
1001	灰林䳭						√	√	√							√	√	√	√	√		√		√	√	√	√		√			√
1002	沙䳭	√								√	√	√	√	√																		√
1003	穗䳭	√								√	√																					√

续表

序号	中文名	1	2	3	4	5	6	7	8	9	10	11	12	13	14	15	16	17	18	19	20	21	22	23	24	25	26	27	28	29	30	31
1004	白顶鵖						√	√	√	√	√	√		√																		
1005	漠鵖									√	√	√	√	√		√																√
1006	白背矶鸫										√			√																		
1007	蓝矶鸫		√			√	√	√	√	√				√		√	√		√	√		√	√	√		√	√		√		√	√
1008	栗腹矶鸫							√								√	√	√		√				√		√	√		√			
1009	白喉矶鸫	√	√			√		√	√																							√
1010	斑鹟		√																													√
1011	灰纹鹟	√	√			√	√	√	√													√		√	√	√	√					√
1012	乌鹟	√	√			√	√	√	√	√				√		√		√	√	√		√		√		√			√			√
1013	北灰鹟	√	√	√		√	√	√	√	√						√	√	√	√	√		√		√	√	√			√		√	√
1014	褐胸鹟							√											√	√		√		√		√			√			√
1015	棕尾褐鹟							√										√	√	√				√					√			√
1016	白眉姬鹟	√	√			√	√	√	√		√			√					√			√		√	√	√						√
1017	黄眉姬鹟		√					√														√		√		√		√				√
1018	琉球姬鹟																															√
1019	绿背姬鹟							√																√								
1020	侏蓝姬鹟																√			√									√			
1021	鸲姬鹟	√	√			√		√		√												√		√	√	√						√
1022	锈胸蓝姬鹟						√	√			√			√			√	√	√	√									√			
1023	橙胸姬鹟															√		√	√	√				√		√	√		√			
1024	红胸姬鹟																															√
1025	红喉姬鹟	√	√	√		√	√	√	√	√	√			√					√	√		√		√		√	√		√			√
1026	棕胸蓝姬鹟							√								√	√	√	√	√				√					√			√
1027	小斑姬鹟															√		√		√							√		√			
1028	白眉蓝姬鹟															√	√		√	√				√					√			
1029	灰蓝姬鹟							√								√		√	√	√				√			√		√			
1030	玉头姬鹟																			√									√			
1031	白腹蓝鹟	√	√			√		√						√					√	√		√		√		√	√	√	√			√
1032	铜蓝鹟							√								√		√	√	√		√		√		√	√		√			√
1033	白喉林鹟																					√		√		√			√			√
1034	海南蓝仙鹟																			√				√		√	√	√	√		√	√
1035	纯蓝仙鹟															√				√						√	√		√		√	
1036	山蓝仙鹟																		√	√				√		√	√		√			
1037	蓝喉仙鹟																		√	√				√		√			√			
1038	白尾蓝仙鹟																			√				√					√			
1039	白喉姬鹟																		√										√			
1040	棕腹大仙鹟																		√	√				√		√			√			√
1041	棕腹仙鹟							√								√	√	√	√	√				√			√		√			√
1042	棕腹蓝仙鹟															√		√		√				√								√
1043	大仙鹟																	√		√							√		√			
1044	小仙鹟																	√		√				√		√	√	√	√			
1045	台湾戴菊																															√
1046	戴菊		√					√			√			√			√	√	√	√				√	√							√
1047	太平鸟	√	√			√		√			√																					√

续表

序号	中文名	1	2	3	4	5	6	7	8	9	10	11	12	13	14	15	16	17	18	19	20	21	22	23	24	25	26	27	28	29	30	31
1048	小太平鸟		√					√																								√
1049	丽星鹩鹛																					√		√		√			√			
1050	和平鸟																												√			
1051	蓝翅叶鹎																												√			
1052	金额叶鹎																			√							√		√			
1053	橙腹叶鹎																	√		√				√	√	√	√		√		√	
1054	黄臀啄花鸟																										√		√			
1055	黄腹啄花鸟																√		√	√									√			
1056	纯色啄花鸟																			√				√		√	√	√	√		√	√
1057	红胸啄花鸟															√	√	√	√	√				√		√	√		√		√	√
1058	朱背啄花鸟																	√								√	√		√	√	√	
1059	紫颊太阳鸟																												√			
1060	蓝枕花蜜鸟																												√			
1061	紫花蜜鸟																										√		√			
1062	黄腹花蜜鸟																									√	√	√		√	√	
1063	蓝喉太阳鸟							√						√		√	√	√	√	√		√		√			√		√			
1064	绿喉太阳鸟															√		√		√							√		√			
1065	叉尾太阳鸟																		√	√		√		√		√	√	√	√		√	
1066	黑胸太阳鸟															√		√		√							√	√	√			
1067	黄腰太阳鸟																√		√	√						√	√	√	√			
1068	火尾太阳鸟															√		√		√									√			
1069	长嘴捕蛛鸟																	√									√		√			
1070	纹背捕蛛鸟																	√									√		√			
1071	领岩鹨										√	√	√	√		√	√		√	√									√			√
1072	鸲岩鹨											√	√	√		√	√	√	√													
1073	棕胸岩鹨							√			√	√	√	√		√	√	√	√	√												
1074	棕眉山岩鹨							√		√														√								√
1075	褐岩鹨										√	√		√		√	√	√														
1076	栗背岩鹨							√						√			√		√	√												
1077	朱鹀											√		√										√								
1078	纹胸织雀																										√					
1079	黄胸织雀																										√		√			
1080	橙颊梅花雀																															√
1081	白喉文鸟																															√
1082	白腰文鸟							√	√									√	√	√		√		√	√	√	√		√		√	√
1083	斑文鸟						√											√	√	√		√		√	√	√	√		√		√	√
1084	栗腹文鸟																			√							√					√
1085	禾雀																															√
1086	黑顶麻雀										√																					
1087	家麻雀						√	√	√		√		√	√				√	√	√					√		√					
1088	黑胸麻雀										√									√												
1089	山麻雀					√	√	√	√					√			√	√	√	√		√		√	√	√	√		√			√
1090	麻雀	√	√	√		√	√	√	√	√	√	√	√	√		√	√	√	√	√		√	√	√	√	√	√		√	√		√
1091	石雀									√	√	√	√	√																		

续表

序号	中文名	1	2	3	4	5	6	7	8	9	10	11	12	13	14	15	16	17	18	19	20	21	22	23	24	25	26	27	28	29	30	31
1092	白斑翅雪雀											√	√																			
1093	藏雪雀													√																		
1094	褐翅雪雀											√		√		√		√														
1095	白腰雪雀										√	√	√	√		√		√														
1096	黑喉雪雀												√																			
1097	棕颈雪雀										√		√	√		√		√														
1098	棕背雪雀										√	√		√		√		√														
1099	山鹡鸰	√	√	√		√	√	√	√	√	√			√					√			√		√	√	√	√		√			√
1100	西黄鹡鸰																															√
1101	黄鹡鸰	√	√	√		√	√	√	√	√	√	√		√		√			√	√		√		√		√	√		√		√	√
1102	黄头鹡鸰			√		√	√	√	√	√	√	√	√	√		√			√	√		√		√			√					√
1103	灰鹡鸰	√	√	√		√	√	√	√	√	√	√	√	√		√	√		√	√		√		√	√	√	√		√		√	√
1104	白鹡鸰	√	√	√		√	√	√	√	√	√	√	√	√		√	√	√	√	√		√	√	√	√	√	√		√	√	√	√
1105	日本鹡鸰																															√
1106	田鹨			√		√	√	√	√	√	√		√	√						√		√		√		√	√			√		
1107	东方田鹨																			√							√					
1108	布氏鹨	√				√		√	√	√	√		√	√																		√
1109	平原鹨										√																					
1110	草地鹨									√	√																					
1111	树鹨	√	√			√	√	√	√	√	√	√		√		√	√		√	√		√	√	√	√	√	√		√		√	√
1112	北鹨																															√
1113	粉红胸鹨						√	√	√		√	√	√	√		√	√	√	√	√				√	√		√					
1114	红喉鹨						√		√															√								√
1115	黄腹鹨						√													√		√					√					√
1116	水鹨					√	√	√	√	√	√			√					√	√		√	√		√		√					√
1117	山鹨								√	√									√	√				√		√	√		√			
1118	燕雀	√	√	√		√	√	√	√					√						√		√		√		√	√					√
1119	黄颈拟蜡嘴雀							√								√	√	√	√	√									√			
1120	白点翅拟蜡嘴雀																√		√	√												
1121	白斑翅拟蜡嘴雀							√			√			√		√	√		√	√												
1122	锡嘴雀	√	√	√				√	√					√										√								√
1123	黑尾蜡嘴雀		√			√	√	√	√		√								√	√		√		√	√	√	√		√			√
1124	黑头蜡嘴雀	√	√	√				√												√				√								√
1125	松雀	√																														
1126	褐灰雀																		√	√				√					√			√
1127	红头灰雀																	√		√												
1128	灰头灰雀							√	√					√			√		√	√				√					√			√
1129	红腹灰雀	√	√																													
1130	蒙古沙雀										√																					
1131	巨嘴沙雀										√																					
1132	赤朱雀															√			√													
1133	金枕黑雀																												√			
1134	暗胸朱雀															√	√		√	√												

续表

序号	中文名	1	2	3	4	5	6	7	8	9	10	11	12	13	14	15	16	17	18	19	20	21	22	23	24	25	26	27	28	29	30	31
1135	林岭雀											√	√	√		√	√	√	√	√												
1136	高山岭雀											√	√	√		√		√														
1137	粉红腹岭雀		√																													
1138	普通朱雀	√	√			√	√	√	√	√	√			√		√	√	√	√	√				√		√	√		√			√
1139	血雀															√		√														
1140	拟大朱雀											√		√		√		√														
1141	大朱雀											√		√		√				√												
1142	红眉朱雀							√			√			√		√	√	√	√	√												
1143	中华朱雀									√																						
1144	曙红朱雀							√			√					√	√	√	√	√												
1145	粉眉朱雀															√		√														
1146	棕朱雀															√			√	√												
1147	点翅朱雀															√		√		√												
1148	酒红朱雀							√	√								√		√	√				√					√			
1149	台湾酒红朱雀																															√
1150	沙色朱雀													√																		
1151	藏雀													√																		
1152	长尾雀	√	√	√				√	√	√				√					√													
1153	北朱雀	√	√					√																								
1154	斑翅朱雀							√						√					√	√									√			
1155	喜山白眉朱雀															√																
1156	白眉朱雀							√	√	√	√			√			√		√	√												
1157	红胸朱雀													√						√							√					
1158	红眉松雀													√			√		√													
1159	欧金翅雀										√																					
1160	金翅雀	√	√	√		√	√	√	√	√	√	√		√					√	√		√	√	√	√	√	√			√		√
1161	高山金翅雀															√		√														
1162	黑头金翅雀																√		√	√							√		√			
1163	黄嘴朱顶雀							√			√	√	√	√		√	√	√														
1164	赤胸朱顶雀										√																					
1165	白腰朱顶雀																															√
1166	红交嘴雀		√					√				√		√			√		√	√												
1167	白翅交嘴雀	√	√	√				√																								
1168	红额金翅雀										√					√																
1169	金额丝雀										√																					
1170	藏黄雀																√			√									√			
1171	黄雀	√	√			√		√	√					√					√			√		√								√
1172	铁爪鹀																															√
1173	雪鹀																															√
1174	凤头鹀																			√		√		√		√	√		√			√
1175	蓝鹀							√											√			√		√								
1176	黄鹀																							√								
1177	白头鹀	√					√				√	√		√					√					√								√
1178	淡灰眉岩鹀							√		√	√									√				√			√		√			

续表

序号	中文名	1	2	3	4	5	6	7	8	9	10	11	12	13	14	15	16	17	18	19	20	21	22	23	24	25	26	27	28	29	30	31
1179	灰眉岩鹀		√			√	√	√	√		√	√		√			√	√	√	√				√			√		√			
1180	三道眉草鹀	√	√	√		√	√	√	√	√	√	√		√					√	√		√		√	√							√
1181	栗斑腹鹀							√		√																						
1182	灰颈鹀										√								√													
1183	白眉鹀		√	√		√		√	√	√												√		√								√
1184	栗耳鹀	√	√	√		√	√	√	√	√										√		√				√	√		√			√
1185	小鹀	√	√	√		√		√	√	√	√			√					√	√		√		√	√	√	√		√			√
1186	黄眉鹀	√	√	√		√		√	√	√									√			√		√								√
1187	田鹀	√	√			√	√	√	√	√												√		√								√
1188	黄喉鹀	√	√	√		√	√	√	√	√									√	√		√	√	√			√		√			√
1189	黄胸鹀		√	√		√	√		√	√	√									√				√	√	√	√		√			√
1190	栗鹀	√	√			√		√	√		√									√				√		√	√		√			√
1191	藏鹀													√																		
1192	黑头鹀																															√
1193	褐头鹀										√																					
1194	硫黄鹀																															√
1195	灰头鹀	√	√	√		√	√	√	√	√	√			√					√	√		√	√	√	√	√	√					√
1196	灰鹀																							√								√
1197	苇鹀	√	√	√		√	√	√	√	√	√											√		√								√
1198	红颈苇鹀	√	√	√		√																										
1199	芦鹀			√		√	√			√	√											√										√
合计		121	183	227	42	284	314	423	271	282	276	120	117	298	37	227	170	264	447	540	74	381	144	505	182	304	360	83	485	137	124	560

注：分类系统参照《中国鸟类分类与分布名录》（第三版）（郑光美，2017）。不同数字对应的生境如下：1. 寒温带森林；2. 东北温带森林；3. 东北内陆湿地；4. 辽宁滨海湿地；5. 黄渤海滨海湿地；6. 华北内陆湿地；7. 华北山地森林；8. 华北农田；9. 草原；10. 荒漠；11. 高寒草甸；12. 青海湖；13. 青藏高原东部湿地；14. 藏南河谷湿地；15. 喜马拉雅山中段南麓；16. 横断山地；17. 藏南森林；18. 川西山地；19. 云南高原山地；20. 云贵高原湿地；21. 长江中下游湿地；22. 东海滨海湿地；23. 华中区森林；24. 华中区城市；25. 亚热带常绿阔叶林；26. 华南农田；27. 喀斯特季雨林；28. 滇南山地森林；29. 华南滨海湿地；30. 海南热带雨林；31. 台湾鸟类。银鸥 *Larus argentatus* 因其分类系统变化，暂未收录，部分记录也未认可。部分野外记录因缺乏图像或实物资料，且离其原有分布区较远，未予认可。

附图 I　典型生境照片

寒温带森林：内蒙古额尔古纳（许青 摄）

东北温带森林：吉林安图长白山（刘宇 摄）

东北内陆湿地：黑龙江宝清（高智晟 摄）

东北内陆湿地：三江平原沼泽（李林 摄）

辽宁滨海湿地：庄河口（雷威 摄）

华北内陆湿地：河南洛阳孟津区（郭丹丹 摄）

黄渤海滨海湿地：黄河三角洲（丁洪安 摄）

华北山地森林：天津八仙山（王凤琴 摄）

华北农田：河南中牟（牛俊英 摄）

草原：内蒙古正蓝旗（赵格日乐图 摄）

草原：内蒙古正蓝旗（赵格日乐图 摄）

荒漠：内蒙古阿拉善右旗（赵伟 摄）

荒漠：新疆阿勒泰（丁鹏 摄）

高寒草甸：西藏申扎县（刘善思 摄）

青海湖：鸟岛（侯元生 摄）

台湾：中横公路（韦晔 摄）

青藏高原东部湿地：四川若尔盖（胡军华 摄）

藏南河谷湿地（刘善思 摄）

横断山地：云南德钦（韩联宪 摄）

喜马拉雅山中段南麓：西藏亚东沟（曹宏芬 摄）

藏南森林：西藏墨脱（刘善思 摄）

川西高原山地：四川泸定县（吴永杰 摄）

云南高原林灌：高黎贡山（罗旭 摄）

云贵高原湿地：云南会泽（会泽保护区 提供）

长江中下游湿地：江西鄱阳湖（余定坤 摄）

东海滨海湿地：浙江台州（吴晓丽 摄）

华中森林：湖南壶瓶山（康祖杰 摄）

华中森林：湖北神农架（李明璞 摄）

华中城市：浙江杭州西溪湿地（吴晓丽 摄）

亚热带常绿阔叶林：广西金秀圣堂山（余丽江 摄）

华南农田：云南永德县（段玉宝 摄）

喀斯特季雨林（余丽江 摄）

滇南山地森林（段玉宝 摄）

华南滨海湿地：汕头红树林（张敏 摄）

海南热带雨林：五指山（梁斌 摄）

台湾：合欢山（颜重威 摄）

附图 II　野外工作照片

辽宁庄河口滨海湿地（雷威 摄）

湖南壶瓶山森林（康祖杰 摄）

湖南鹰嘴界森林（龙康寿 摄）

山东黄河三角洲（付建智 摄）

四川荥经县（吴永杰 摄）

内蒙古湿地（魏秀宏 摄）

河南郑州市（郭丹丹 摄）

海南乐东尖峰岭（罗樊强 摄）

内蒙古正蓝旗（赵格日乐图 摄）

黑龙江安达市（高智晟 摄）

天津高沙岭（王霞 摄）

福建闽江口（沈世奇 摄）

云南永德县（张健嵩 摄）

云南高黎贡山（罗旭 摄）

吉林永吉县（邓文洪 摄）

河北沽源县（侯建华 摄）

河北平山驼梁（刘旭 摄）

河北北戴河（孙砚峰 摄）

山西蒲县（贾陈喜 摄）

内蒙古乌梁素海（杨贵生 摄）

辽宁老秃顶（张雷 摄）

吉林桦甸市（王海涛 摄）

黑龙江岭峰（许青 摄）

黑龙江抚远市（李林 摄）

上海滨江森林公园（李必成 摄）

江苏南京市老山（鲁长虎 摄）

江苏句容市茅山兔子窝（王征 摄）

江苏大丰区（李忠秋 摄）

浙江松阳县箬寮（吴晓丽 摄）

安徽采煤沉陷湿地（李春林 摄）

福建南靖县（林清贤 摄）

福建戴云山（李文周 摄）

江西遂川县（邵明勤 摄）

江西婺源县（王文娟 摄）

江西齐云山（卢健 摄）

江西赣州市（钟平华 摄）

山东济南鹊山水库（夏胜勇 摄）

山东烟台（王宜艳 摄）

山东聊城市（苗秀莲 摄）

山东泰山（李秀芬 摄）

山东潍坊市（高秀华 摄）

山东青岛市（曾晓起 摄）

河南杞县（赵海鹏 摄）

湖北红安县（李明璞 摄）

湖北通城县白水寺（杨晓菁 摄）

湖南莽山（杨道德 摄）

湖南浏阳市（张志强 摄）

广东广州市（袁倩敏 摄）

广东鼎湖山（张春兰 摄）

广东乳源县（张强 摄）

广西防城港市（庾太林 摄）

北京（董路 摄）

广西金秀县莲花山（伊剑锋 摄）

海南吊罗山（杨灿朝 摄）

重庆北碚区（吴少斌 摄）

四川泸定县海螺沟（王杰 摄）

贵州梵净山（匡中帆 摄）

云南香格里拉市纳帕海（韩奔 摄）

云南大理州（李德品 摄）

云南河口县（吴飞 摄）

云南双柏县（孔德军 摄）

江西婺源（王文娟 摄）

西藏勒布沟（曹宏芬 摄）

西藏纳木错（杨乐 摄）

陕西商州二龙山水库（罗磊 摄）

甘肃天祝县（江波 摄）

内蒙古阿拉善右旗（王晓宁 摄）

甘肃正宁（史红全 摄）

甘肃康乐县（方昀 摄）

青海西宁市（王爱真 摄）

青海都兰县（徐爱春 摄）

新疆博湖县（马鸣 摄）

新疆阿勒泰北荒漠（丁鹏 摄）

新疆巴音布鲁克（徐峰 摄）

安徽枞阳白荡湖（刘祝宁 摄）

江西鄱阳湖（舒国雷 摄）

山东济宁市（张月侠 摄）

云南昭通市（卢光义 摄）

安徽岳西鹞落坪（侯银续 摄）

云南新平哀牢山（高建云 摄）

附图 III　珍稀濒危鸟类照片

东方白鹳（黄高潮 摄）

黑脸琵鹭（陈坦 摄）

藏马鸡（刘善思 摄）

大紫胸鹦鹉（刘善思 摄）

黑颈鹤（刘善思 摄）

高山兀鹫（刘善思 摄）

大红鹳（王水清 摄）

朱鹮（高学斌 摄）

遗鸥（杨贵生 摄）

遗鸥（于涛 摄）

白鹤（王小龙 摄）

赤腹鹰（杨卫光 摄）

海南画眉（郝广义 摄）

蓑羽鹤（赵格日乐图 摄）

黑喉噪鹛（刘谦 摄）

海南山鹧鸪（谭海庆 摄）

黑鸢（屈俊辉 摄）

红头咬鹃（林格 摄）

银胸丝冠鸟（郝广义 摄）

黄胸绿鹊（郝广义 摄）

红角鸮（牛俊英 摄）

白冠长尾雉（屈俊辉 摄）

猎隼（赵格日乐图 摄）

栗斑腹鹀（赵格日乐图 摄）

勺嘴鹬（郑鼎 摄）

雕鸮幼鸟（赵格日乐图 摄）

白鹇（杨卫光 摄）

短耳鸮（匡中帆 摄）

仙八色鸫（匡中帆 摄）

中华秋沙鸭（匡中帆 摄）

普通鵟 （高学斌 摄）

蓝鹀（匡中帆 摄）

长尾阔嘴鸟（余丽江 摄）

红腹锦鸡（匡中帆 摄）

蓝喉蜂虎（杨晓菁 摄）

黄腰太阳鸟（段玉宝 摄）

栗喉蜂虎（罗旭 摄）

台湾林鸲（颜重威 摄）

本书贡献者

照片作者：

丁洪安、丁鹏、于涛、马鸣、王小龙、王水清、王凤琴、王文娟、王杰、王征、王宜艳、王剑、王爱真、王海涛、王霞、韦晔、牛俊英、方昀、孔德军、邓文洪、龙康寿、卢光义、卢健、史红全、付建智、匡中帆、吕艳、刘宇、刘善思、刘谦、江波、许青、孙砚峰、苏国雷、李文周、李东明、李必成、李秀芬、李林、李明璞、李忠秋、李春林、李德品、杨卫光、杨乐、杨灿朝、杨贵生、杨晓菁、杨道德、吴飞、吴少斌、吴永杰、吴晓丽、余丽江、沈世奇、张月侠、张志强、张春兰、张健嵩、张敏、张强、张雷、陆舟、陈坦、邵明勤、苗秀莲、林格、林清贤、罗旭、郑鼎、屈俊辉、赵伟、赵格日乐图、赵海鹏、郝广义、胡军华、钟平华、段玉宝、侯元生、侯建华、袁倩敏、贾陈喜、徐峰、徐爱春、高秀华、高学斌、高智晟、郭丹丹、黄高潮、曹宏芬、曹垒、庾太林、康祖杰、梁斌、董路、韩奔、韩联宪、鲁长虎、曾晓起、雷威、谭海庆、颜重威、魏秀宏

参与观测人员：

Iderbat Damba、丁丰平、丁叶多、丁向运、丁志锋、丁励、丁俊、丁雅妮、丁晶晶、丁鹏、卜海涛、刁微、于力群、于夕伟、于文涛、于东、于有忠、于同雷、于江萍、于红江、于忠波、于忠斌、于宝政、于洋、于桂清、于晓平、于峰、于涛、于姬、于晶晶、万月、万冬梅、万玛道吉、万丽霞、万波、万淑芳、万琼碧、万超、上官魁星、弓冶、弓慧琼、马文虎、马龙、马号号、马志华、马志明、马志勇、马杨、马连杰、马明、马鸣、马映荣、马昱君、马晓宇、马涛、马硕、马彩红、马清芝、马朝红、马锐强、马瑞瑶、马新丽、马磊、丰大林、王大庆、王大勇、王小龙、王小立、王小祎、王小瑞、王义弘、王卫国、王子豪、王天冶、王云、王云锁、王友、王长燕、王月、王凤琴、王文、王文娟、王文博、王玉、王玉珏、王卉、王世杰、王平、王东、王帅、王代平、王立彦、王玄、王宁、王加坤、王扬毅、王亚芳、王亚萌、王光复、王刚、王朱珺、王伟荣、王伟霞、王传波、王行行、王全喜、王旭、王汝红、王兴、王兴兴、王兴和、王兴淘、王军、王军馥、王羽丰、王寿山、王志刚、王志斐、王志鹏、王芳、王苏鹏、王丽、王丽婷、王来、王钊华、王利明、王秀璞、王彤、王灿、王宏元、王青良、王拓、王枫、王杰、王述潮、王卓聪、王贤芳、王国雨、王明元、王忠武、王岩慧、王岳邦、王征、王泽、王学广、王宜艳、王官胜、王建远、王绍良、王珂、王玲、王茜、王思宇、王秋萍、王科林、王剑、王恒、王眉、王娅婵、王姣姣、王勇、王珮瑾、王振华、王莉、王莹、王桂芳、王晓凤、王晓宁、王晓艳、王晓辉、王健翩、王爱迪、王爱真、王海芳、王海京、王海波、王海涛、王海婴、王海燕、王宾、王萍、王彬、王梦迪、王雪、王雪莲、王雪峰、王晨、王跃潼、王敏、王章漫、王翊肖、王维、王维珍、王琳、王博、王联星、王淼、王锃、王锐章、王斌、王强、王婷婷、王槐、王筠乔、王鹏、王鹏华、王鹏杰、王鹏程、王新财、王新翔、王煜琳、王稳、王翠、王毅、王毅鸿、王燕、王霞、王攀、王鑫、王鑫鑫、开大政、元青苗、韦仁杰、韦贵德、韦铭、车先丽、车烨、戈庆广、牛一醒、牛天夫、牛克锋、牛郢生、牛俊英、牛楠、毛文平、毛宁、毛远明、毛定怀、仓决卓玛、丹尼尔、乌云毕力格、乌日罕、卞正全、文钊、文翠华、方扬、方昀、方建忠、方剑波、方洋、方院新、方蕾、计云、计燕、尹文飞、尹光华、尹佳鑫、尹彦入、

尹祚华、尹莺、孔凡前、孔赤平、孔祥龙、孔捷、孔维熙、孔德军、孔德亮、巴音格希格、巴特尔、邓文洪、邓文静、邓竹青、邓宇雄、邓希、邓明选、邓建龙、邓娇、邓勇兵、邓烨、邓雪琴、邓章文、邓婕、邓福财、邓耀辉、艾仁达、艾斌、古远、左传莘、左怡琳、左凌仁、左常盛、左斌、石飞翔、石存海、石国祥、石剑、石美、石海红、石强、石磊、布日格德、布和、布超、龙云军、龙见彬、龙汉武、龙永才、龙康寿、占骁勇、占毅、卢卫裕、卢训令、卢成芳、卢光义、卢刚、卢华、卢迎春、卢国成、卢和军、卢学礼、卢学强、卢建、卢柳研、卢烨媚、卢锋、卢智灵、旦达建新、叶东龙、叶立真、叶成光、叶茂、叶明、叶建平、叶钦良、叶振伟、叶航、叶高兴、叶海龙、叶萍、叶跃星、叶朝放、叶锦玉、叶腾、叶攀、申一、申卫星、申亮、申雪娇、田王鑫、田天琪、田未东、田禾、田永祥、田延浩、田丽慧、田园、田劲、田涛、田淑新、田瑞春、史华杰、史红全、史杰、史艳霜、史倩倩、冉景丞、付义强、付天玺、付少敏、付东风、付立强、付永华、付佳欣、付建智、付浩、付萌、付湘瑜、代之芳、代屹、代宗华、白义胜、白立刚、白永兴、白冰、白林壮、白律伟、白笑雪、白雪芹、白皓天、白禄明、仝向荣、丛培昊、包有灵、包雅娜、包新康、冯子洋、冯红波、冯昌章、冯学运、冯亮、冯莹莹、冯致力、冯盛林、冯超凡、兰文军、兰思思、兰琦、司强、司蓟可、台德运、匡中帆、邢杰、邢晋祎、戎志强、吉姆詹姆斯、巩中立、巩勿然、巩会生、巩旭燕、朴正吉、权擎、达布希力特、毕宏康、毕雨佳、吕兴国、吕利、吕希涵、吕忠海、吕建山、吕玲玲、吕艳、吕萌、吕绪聪、吕敬才、吕磊、朱小红、朱小明、朱文烨、朱心红、朱双彤、朱正年、朱光、朱华、朱冰润、朱克嘎、朱英、朱觅辉、朱周俊、朱宝光、朱俊涛、朱晓静、朱笑然、朱倩、朱凌泽、朱高栋、朱清松、朱敬恩、朱婷婷、朱新胜、朱磊、乔工、乔江、乔纳森马丁、伍国仪、伍和启、伍德彦、任月恒、任芳正、任君、任青苗、任洪新、任娇丽、任智鹏、任静、华玉榜、华英、伊剑锋、向阳、向明、向建林、色拥军、庄晓丹、刘三峡、刘小莉、刘子成、刘子波、子超、刘天福、刘元祝、刘云、刘少贞、刘化金、刘丹、刘丹阳、刘凤山、刘文宇、刘方舟、刘方庆、刘玉丹、刘平原、刘立伟、刘礼跃、刘永志、刘永英、刘永跃、刘永强、刘圣鹏、刘亚男、刘亚洲、刘传栋、刘华东、刘向葵、刘兆瑞、刘旭、刘冰、刘冰许、刘亦婷、刘宇、刘宇宇、刘好学、刘观华、刘观花、刘欢、刘红云、刘红军、刘志发、刘志恒、刘志涛、刘志超、刘芳、刘丽娟、刘兵、刘何春、刘希强、刘启威、刘劲涛、刘松涛、刘枫、刘雨邑、刘国强、刘明晗、刘典、刘忠祥、刘佳庆、刘佳余、刘佳瑀、刘依乔、刘周、刘建、刘建平、刘建宇、刘妮、刘春红、刘茜、刘南越、刘柯汝、刘威、刘顺朝、刘美君、刘美琦、刘美斯、刘洁、刘洁芸、刘娅娟、刘贺、刘艳芬、刘艳丽、刘艳萍、刘艳超、刘哲铭、刘桃睦、刘晓华、刘晓辉、刘峰、刘爱国、刘涛、刘浩、刘悦、刘展辰、刘彬、刘彬帅、刘梅、刘雪晴、刘逸依、刘婉丽、刘维华、刘琪琪、刘博野、刘雯、刘紫祥、刘锋、刘智文、刘鲁明、刘鲁明、刘善思、刘尊显、刘强、刘鹏、刘鹏云、刘腾腾、刘源、刘静、刘嘉、刘嘉智、刘慧平、刘鹤、刘霞、刘曦庆、齐飞娈、闫四海、闫华超、闫峰、闫登辉、关于、关希源、关翔宇、关键、米超、江小蓉、江明毅、江波、江彬、江鹏飞、汲康、池鸿健、汤新松、宇海荣、安玉鑫、安图、安桉、安晓玉、安蓓、安静、祁天法、祁玥、祁骅、许志伟、许青、许苹、许明科、许春晖、许政、许树彬、许姝娟、许夏娟、许雅雅、许焜銘、许鹏、许翠萍、农伟宏、寻院、那拉苏、阮江平、阮得孟、孙乃亮、孙仁杰、孙生魁、孙冬旭、孙成贺、孙传宝、孙劲松、孙虎山、孙国明、孙国辉、孙国富、孙金标、孙宝年、孙建青、孙承凯、孙孟宪、孙砚峰、孙贵红、孙思文、孙俊、孙勇、孙桂玲、孙晓文、孙涛、孙继旭、孙爽、孙唯义、孙婧、孙超、孙喜珍、孙雯、孙傅平、孙熙让、孙慧敏、孙霄、牟键、买尔旦、红枫、纪羽、纪春波、贡吉、苇铭、严少华、严志文、严宏兵、严勇、严浩东、严蓉飞、芦琦、苏飞虹、苏日娜、苏伟民、苏昌祥、苏依拉、苏晓琪、苏晓霞、苏晶晶、苏磊、杜少俊、杜庆栋、杜军、杜利民、杜卓芬、杜金莹、杜波、杜俊、杜卿、杜超、杜傲雷、巫红萍、李士伟、李万德、李小利、李小港、李小燕、李千荣、李广泽、李飞、李开鸣、李天一、李天硕、李云飞、李云帆、李云波、李扎西姐、李巨勇、李少义、李少云、李丹洁、李文山、李文佳、李文周、李玉峰、李玉祥、李可可、李东来、李东良、李东明、李东海、李仕宁、李宁、李必成、李永娇、李亚威、李在军、李成安、李光运、李先敏、李伟、李江梅、李兴权、李兴强、李宇婷、李军平、李军伟、李弛、李阳、李红立、李红波、李红蕊、李红霞、李远球、李运强、李辰亮、李连山、李坚益、李秀芬、李秀清、李言阔、李忻怡、李际萱、李若男、李茂军、李英、李英华、李英学、李林、李雨、李雨霖、李奇生、李昊峻、李国松、李国政、李国富、李畅、李昕磊、李明山、李明勇、李明璞、李忠秋、李佳、李欣、李欣欣、李欣洋、李欣磊、李金祥、李波、李波艳、李建川、李建伟、李建国、李建亮、李建强、李建德、李春环、李春林、李珅、李珊珊、李政、李思达、李思涵、李思琪、李泉、李俊兰、李剑平、李剑志、李亭亭、李音、李洪岩、李洪波、李祖胜、李娜、李贺、李振、李振中、李振吉、李振宇、李振奇、李莉、李晓民、李晓兵、李晓清、李晓斌、李铁军、李健、李健威、李益得、李浩、李海峰、李家祥、李祥兰、李娟、李继荣、李理想、李梅、李梓源、李雪竹、李晗、李银会、李敏、李婧、李婉云、李维东、李斯辰、李晶晶、李筑眉、李舒婷、李斌强、李裕红、李强、李媛、李媛媛、李雷光、李鹏宇、李福源、李静彩、李瑶、李韬、李嘉慧、李熙慧、李黎、李德品、李毅、杨大鹏、杨小农、杨小敏、杨川、杨卫光、杨飞飞、杨云、杨友华、杨丹、杨文华、杨文军、杨计高、杨正伦、杨正聪、杨世凤、杨生龙、杨乐、杨立志、杨兰、杨永炳、杨永鹏、杨永彰、杨邦富、杨亚非、杨亚桥、杨再玺、杨存存、杨光、杨帆、杨刚、杨华林、杨向明、杨旭霞、杨守德、杨阳、杨欢、杨志杰、杨志锋、杨芳、杨岗、杨灿朝、杨陈、杨林、杨松、杨昌腾、杨畅、杨典成、杨忠、杨凯琪、杨征、杨金、杨金雨、杨炎霖、杨泽玉、杨建强、杨荣祥、杨贵平、杨贵生、杨科、杨修翔、杨泉、杨俊、杨俊峰、杨胜男、杨洁超、杨艳艳、杨晓菁、杨晓雯、杨倩、杨涛、杨梅艳、杨淑玉、杨涵、杨超、杨森、杨锋、杨道德、杨富强、杨遍、杨锡涛、杨福生、杨福成、杨慧、杨慧娴、肖巧玲、肖华杰、肖红、肖丽钧、肖宏强、肖剑平、肖炳祥、吴丁华、吴卫江、吴飞、吴云韩、吴云豪、吴少斌、吴文明、吴文哲、吴东岳、吴冉昕、吴汉雨、吴永林、吴永杰、吴永恒、吴向群、吴庆明、吴志华、吴应豪、吴述春、吴国生、吴明平、吴忠荣、吴佳媛、吴建平、吴建东、吴炳贤、吴洪勇、吴晓丽、吴涛、吴梅、吴跃峰、吴道宁、吴媛媛、吴婷婷、吴嘉欣、吴熊、吴毅锋、吴翰忠、利世锋、邱伟恒、邱国敏、邱明红、邱洁、邱浩、何木盈、何文韵、何玉邦、何亚奇、何在鹏、何华民、何兴艺、何兴成、何守庆、何明会、何岭松、何娅、何倩芸、何涛、何流洋、何嘉乐、何德涛、何鑫、佟丽梅、佘秋生、佘晶明、佘斌、余红忠、余志刚、余丽江、余君莺、余定坤、余桂东、余翔、余登利、余醇、谷德海、邸青、邹东军、邹发生、邹宏硕、邹畅林、邹佳雯、邹晓萍、邹维明、应钦、应艳阳、辛永博、辛莹、冶海蕊、闵霄、汪开宝、汪文韬、汪书哲、汪玉奇、汪卉、汪志如、汪辰、汪沐阳、汪青雄、汪国海、汪承龙、汪绍珍、汪珍、汪洋、汪莉、汪晓阳、汪晓琼、汪晓意、汪浩、汪海兵、汪辉胜、汪强军、沈世奇、沈永萍、沈成、沈若川、沈政、沈啸远、沈超、沈惠明、宋小广、宋玉成、宋玉赞、宋世和、宋世超、宋立东、宋刚、宋江平、宋肖萌、宋伯为、宋泽远、宋建跃、宋树军、宋剑南、宋奕辰、宋勇、宋晓伟、宋晓玲、宋倩倩、宋航、宋超、宋森、宋惠东、宋晶、宋景舒、祃来琨、灵燕、张小勇、张广平、张卫民、张卫国、张天、张云青、张云德、张木、张贝西、张仁宇、张月、张月侠、张丹丹、张文、张文穗、张书安、张玉、张正旺、张本钰、张占、张帅、张申、张乐媛、张立世、张立勋、张立新、张永、张永宽、张吉、张亚、张亚兰、张亚芳、张成涛、张光元、张光宇、张同、张刚、张伟雄、张延芹、张后蕊、张兆勇、张旭玲、张冰、张讴凯、张军、张红波、张运晨、张志伟、张志坚、张志强、张芳、张丽、张丽君、张丽烟、张秀娟、张汾、张宏、张良建、张识道、张雨薇、张叔勇、张虎、张尚文、张尚明玉、张明宇、张明忠、张明霞、张忠、张忠东、张凯、张侃、张征田、张育慧、张泽西、张学丽、张宗华、张宗昕、张宜贵、张建伟、张建志、张建嵩、张绍强、张春兰、张春辉、张政、张荣琮、张星烁、张思泽、张俊建、张俊德、张剑、张亮、张艳然、张振华、张振清、张振群、张桂菊、张晓峰、张笑磊、张健嵩、张海旺、张海波、张悦、张宸、张培栋、张菁、张爽、张雪莲、张雪静、张曼玉、张啸然、张敏、张逸雷、张鸿、张淑玲、张维、张维雅、张琳、张琼悦、张琛、张堪、张敬刚、张朝虎、张雁玲、张强、张婷婷、张楠楠、张雷、张新民、张新军、张滨、张静、张稳、张嫣、张翠、张翠翠、张慧、张慧敏、张聪莹、张聪敏、张磊、张德华、张德志、张德祥、张燕、张赟、张璐茜、张翼翔、张耀琪、张曦予、陆文朱、陆西灵、陆舟、陆宇哲、陆祎玮、陆亮、陆倩莹、陆彩虹、陆耀年、阿布力米提、阿娜尔、陈小宇、陈天、陈贝、陈丹维、陈乌云嘎、陈文伟、陈文婧、陈巧尔、陈功、陈功健、陈生智、陈仕阳、陈乐勇、陈永昌、陈弘、陈圣、陈亚婷、陈向阳、陈庆、陈兴稳、陈军、陈阳、陈欢、陈远忠、陈志高、陈志鸿、陈志磊、陈豆豆、陈园园、陈希儆、陈陈、陈国丰、陈国梁、陈凯舟、陈金良、陈金浪、陈泽茹、陈学达、陈学波、陈建中、陈春明、陈春香、陈柳青、陈思琪、陈俪心、陈俊、陈剑、陈奕煌、陈祖灵、陈艳、陈泰宇、陈莹、陈晓丹、陈留阳、陈浩、陈骊驹、陈雪、陈晨、陈跃生、陈彩虹、陈逸林、陈康、陈鸿帆、陈淑甜、陈梁、陈琼发、陈斯侃、陈敬琛、陈辉、陈辉敏、陈晰、陈锋、陈斌、陈道剑、陈强、陈登娇、陈瑀、陈瑜、陈鹏、陈福、陈瑶、陈韬、陈嘉妮、陈熙、陈翠丽、陈德军、陈德米、陈德胜、陈滕逸、陈豫、陈燕青、陈鑫委、陈鑫茹、邵名果、邵明果、邵明勤、邵玲、邵施苗、邵晓龙、邵晓安、邵瑞清、武亦乾、武宇红、武航旗、苗秀莲、苗露、苟军、苟涛、苟雪、范元英、范月峥、范仕祥、范闯、范丽卿、范英利、范忠勇、范俊功、范娇娇、范桂立、林广瑞、林开淼、林凤娇、林玉英、林平莉、林永源、林发荣、林庆乾、林远峰、林秀岭、林劲松、林昇、林炜炜、林宝庆、林宜舟、林玲、林柳、林思明、林剑声、林美花、林海、林雪峰、林逸凡、林清、林清贤、林植、林靖、林源、林德倍、欧小芳、欧东平、欧阳、欧阳世平、欧阳奇、欧拉体子、欧海英、尚凡梅、尚伟平、尚强强、尚瑞金、昌晶、易坤、易国栋、呼雪琦、呼景阔、岩崽李、岩道、罗云超、罗永贞、罗旭、罗芳、罗宏德、罗春平、罗政其、罗俊、罗莉莎、罗铁家、罗浩、罗娟娟、罗理想、罗萧、罗康、罗斯特、罗斐、罗辉、罗锡春、罗樊强、罗磊、罗毅欣、图给、和苗苗、和学进、和高峰、和梅香、季芳、岳成宏、岳伟、岳衢、金旭光、金梦娇、金磊、金黎、周天林、周太阳、周巧、周生灵、周权、周华明、周冰、周兴杰、周宇、周丽萍、周彤、周宏宾、周松海、周虎、周佳颖、周胜伦、周洪庆、周晓亮、周健、周健林、周润邦、周捷、周盛、周章鹏、周博、周景英、周智鑫、周强、周婷、周滨、庞亮、庞博、郑小兵、郑元庆、郑冬杰、郑向国、郑旭振、郑旭莹、郑那君、郑运祥、郑志学、郑志荣、郑芳、郑兵、郑怀舟、郑和松、郑依仙、郑诚治、郑钟伟、郑俊辉、郑剑瑜、郑敏、郑猛、郑博洋、郑雯、郑鼎、郑智武、郑鹤鸣、郑璐、单启玲、单凯、宝柱、宗小香、宗城、官天培、官却才让、官敏华、官翔、宛康、郎伟钢、房以好、房丽欣、房健、屈永强、屈俊辉、承勇、孟令曾、孟庆兴、孟宪伟、孟宪鹏、孟涛、孟繁兵、赵月、赵文珍、赵文阁、赵文强、赵世东、赵平、赵帅、赵仕林、赵永有、赵圣军、赵邦明、赵亚林、赵亚波、赵伟、赵仲熏、赵志刚、赵志锋、赵连生、赵坚胜、赵序茅、赵良、赵雨杰、赵国辉、赵岩岩、赵欣、赵金富、赵治财、赵宝林、赵宗英、赵建林、赵彦翠、赵美娟、赵洪峰、赵济川、赵洋洋、赵恒、赵艳丽、赵格日乐图、赵铁建、赵海鹏、赵彬彬、赵晨浩、赵焕乐、赵越、赵喜文、赵朝玉、赵婷婷、赵瑞元、赵雷刚、赵锟鹏、赵鹏程、赵静、赵韬、赵锷、赵耀、郝木征、郝帅丞、郝光、郝红艳、郝绍平、郝珏、郝映红、郝思佳、郝美玉、郝能祖、郝继伟、郝银超、胡山林、胡友文、胡仙华、胡伟宁、胡伟胜、胡江坚、胡军华、胡远芳、胡运彪、胡君梅、胡学敏、胡建业、胡珂、胡秋银、胡洁、胡胥汉、胡莹嘉、胡栩源、胡晓坤、胡家宁、胡家营、胡娟、胡菀钊、胡焕富、胡焕福、胡超超、胡媛媛、胡鹏、胡睿祯、胡慧建、胡震宇、胡德静、柯良泽、柯培峰、柯常柏、柯豫斌、查道德、相桂权、柏军鹏、柳发旺、柳鹏飞、哈丽亚、钟云东、钟平华、钟金明、钟倩、钟悦陶、钟超敏、钟期峰、钟智明、钟蓓、钟稚昉、钟毅峰、钟鑫、段文光、段文臻、段玉宝、段亚甜、段卓、段超、段锡焕、段新宝、保善悦、侯元生、侯玉宝、侯玉卿、侯冬寒、侯宇东、侯护林、侯雨辰、侯建华、侯银续、侯婉君、侯鹏、侯谨谨、侯德佳、俞长好、俞丹莉、俞亮、俞智鹏、胜建勇、饶庆辉、闻文、姜王营璐、姜云垒、姜冰、姜雨鹏、姜俊霞、姜娇、姜晓红、姜乾锦、姜尊礼、娄尚灵、洪元华、洪丽彬、洪咏怡、洪磊、宫少华、祝于红、祝芳振、费冬波、胥婷婷、姚纪元、姚志军、姚希世、姚星星、姚桥芳、姚棋、姚婷婷、娜荷芽、贺春容、贺健、骆爽、秦文耀、秦向民、秦桂香、秦家慧、秦维泽、秦博、秦攀、敖向健、敖佩如、袁玉龙、袁帅、袁乐洋、袁旭、袁庆娟、袁兴海、袁玛丽、袁志伟、袁志胜、袁果、袁荣斌、袁剑飞、袁洪祥、袁倩敏、袁浩、袁继林、袁喜才、袁智文、耿传宁、耿涛、耿超、聂光松、聂军、聂志坚、聂闻文、聂强、莫小阳、莫训强、莫国巍、莫恩奇、莫婷婷、桂艳霞、格日乐朝克图、索本昂毛、索丽娟、索朗、索朗次仁、索朗卓玛、贾少波、贾文军、贾乐乐、贾纪华、贾进孝、贾克坚、贾陈喜、贾春燕、贾海燕、贾强、贾碧云、贾嘉、夏万才、夏天睿、夏灿玮、夏昕、夏咏、夏建华、夏家振、夏瑜遥、顾成波、顾磊、柴子文、党宁馨、党静、晏化祥、晏玉莹、晏爱红、钱天宇、钱英、钱宜元、钱朝霞、钱程、钱斌、候自强、候真真、倪光辉、倪楠、徐一博、徐力、徐卫南、徐丹、徐文轩、徐文婷、徐汉娃、徐宁、徐永新、徐向龙、徐兆鹏、徐芳、徐克阳、徐杨、徐丽敏、徐秀雯、徐宏伟、徐纯柱、徐国华、徐明义、徐明庆、徐岩、徐炜、徐建宁、徐建国、徐荣地、徐威杰、徐奎、徐俊强、徐峰、徐爱春、徐涛、徐捷、徐梦宇、徐雪怡、徐新杰、徐源新、徐静、殷云峰、殷根深、殷源、翁仕洋、翁连洪、翁桢娥、翁晓东、翁翔雨、凌继承、凌辉、栾凤梅、高川、高子靖、高云云、高云峰、高书文、高龙彬、高帅、高志伟、高克敏、高丽芳、高秀华、高畅、高明、高明磊、高凯、高泽中、高学斌、高建云、高厚忠、高晓冬、高峰、高海强、高爽、高敏、高智晟、高翔、高翔胜、高新、高歌、郭大军、郭小莹、郭丹丹、郭文俊、郭心如、郭东龙、郭冬生、郭华、郭华兵、郭轩、郭应、郭宏、郭松凯、郭杰、郭欣、郭净润、郭建三、郭建荣、郭钰伦、郭健衡、郭凌、郭浩、郭楠、郭静、郭旗、席天宇、唐为民、唐书培、唐永军、唐兆睦、唐创斌、唐连芳、唐佳、唐科、唐浔、唐超群、唐景文、益西多吉、益西卓嘎、浩斯巴雅尔、涂正彬、涂玮、陶玉龙、陶珊慧、陶艳成、陶夏秋、陶端基、姬亚闯、桑玉莹、黄一山、黄才斌、黄小冰、黄文杰、黄发叶、黄圣卓、黄光旭、黄光继、黄伟、黄庆香、黄庆梅、黄声亮、黄甫丞、黄丽华、黄呈峤、黄应迪、黄林生、黄凯、黄治昊、黄学鼎、黄星桥、黄秋生、黄科、黄奕铭、黄秦、黄莲琴、黄莎、黄晓敏、黄萍、黄梦佳、黄清荣、黄淦、黄琼、黄琰彬、黄雅琼、黄辉杰、黄锋、黄智君、黄智萍、黄斌、黄湘湘、黄锦波、黄鹏、黄源欣、黄嘉昱、黄嘉勋、黄豪、黄黎晗、黄燕、梅宇、梅勇、曹长雷、曹光宏、曹阳、曹宏芬、曹建刚、曹奎、曹垒、曹越、龚大洁、龚巧、龚玲娟、龚浩林、龚涤非、龚逸伟、龚磊强、盛明平、常严方、常勇斌、常骥、鄂明菊、崔守斌、崔志兴、崔建军、崔珊、崔鸿君、崔雅力、崔新平、崔煜菲、崔嘉强、崔璨、崇凌志、笪欣慰、符生波、庾太林、康杰锋、康明江、康泽沼、康祖杰、章圳、梁子安、梁丹、梁文启、梁应忠、梁苗苗、梁宜文、梁勇、梁健超、梁爽、梁晨霞、梁敏仪、梁淑敏、梁斌、寇红红、寇冠群、屠彦博、续文宇、喜吉热、彭一良、彭丽芳、彭旺良、彭国胜、彭国疆、彭明淼、彭忠良、彭波涌、彭泽睿、彭洋洋、彭宸、彭逸生、彭琪、彭新华、彭慧、斯琴通拉嘎、葛仕勇、葛增明、董飞、董以、董玉琴、董好岩、董芮、董辰星、董秀邦、董国泰、董建新、董路、蒋一婷、蒋兰兰、蒋迎昕、蒋宏程、蒋张元、蒋果丁、蒋佳峻、蒋佩月、蒋虹、蒋剑虹、蒋勇、蒋爱伍、蒋晗岑、蒋鸿、蒋德梦、韩一晓、韩小涛、韩子威、韩文明、韩文辉、韩宁、韩永祥、韩伟明、韩宇、韩红波、韩志坚、韩连升、韩其喜、韩杰、韩奔、韩征、韩京、韩宗先、韩莫日根、韩梅、韩婉诗、韩联宪、韩辉、韩雷、韩增超、韩德民、植毅进、覃秀丽、覃海华、粟通萍、景东东、景春雷、喻守巍、喻杰、喻晶、程本胜、程成、程伟、程松林、程国龙、程荣亨、程恳、程萧仁、程嘉伟、傅伟、傅金生、傅祺、焦阳、焦猛、舒兆恩、舒国雷、舒美琳、舒雪桐、鲁长虎、鲁有强、鲁红林、鲁国元、童玉平、童亚康、普布、普付强、曾卫、曾甘霖、曾伟坤、曾庆伟、曾阳金、曾利剑、曾国辉、曾振宇、曾晓起、曾健辉、曾宾宾、曾晨、曾超慧、曾朝晖、曾锦源、曾頔、温峰、游宇兵、谢天、谢玉菲、谢师炜、谢红钢、谢玖连、谢雨燕、谢忠良、谢莉、谢海龙、谢朝晖、谢鹏、谢靖、强巴卓嘎、鄢然、蓝道英、蒯月亭、蒲发荣、蒲春举、蒲思豪、楚海家、楚禄建、楼君、楼瑛强、赖丽鹃、赖维东、赖雅芬、雷中广、雷平、雷有为、雷孝平、雷波、雷威、虞皓琦、虞磊、路璐、詹双侯、詹骁勇、鲍明霞、雍凡、阙品甲、慈维顺、塞文米亚达格纳萨格多吉（Tseveenmyadag Natsagdorj）、窦华山、褚梦迪、褚衡、慕志强、蔡可伟、蔡可营、蔡华锐、蔡红旭、蔡孝星、蔡爱军、蔡涛、蔡燕、蔺如甫、臧晓博、裴中旭、裴枭鑫、嘎日迪、管月盈、管春亮、鲜莉莉、廖庆义、廖昕、廖承开、廖顺华、廖艳茹、廖晓东、廖晓雯、廖继承、廖婷、廖静、廖灏泓、阚英鸿、赛时、赛道建、谭飞、谭林涛、谭亮、谭庭华、谭海庆、谭硕、翟书鹤、翟明亮、熊天石、熊志斌、熊晓晖、熊海兵、熊悦、熊章斌、熊焰、熊鹰、樊卓源、樊淑娟、墨颜、黎小平、黎尚林、黎思涵、黎鹏、黎燕群、滕世广、颜凤、颜军、潘白云、潘扬、潘志航、潘相才、潘浩、潘斌、潘新元、潘翰、操文慧、燕鲁、薛云红、薛欢、薛钢、薛艳、薛琳、薛婷、薛嘉祈、薛嘉琪、薛巍、霍娟、霍强、穆君、衡杨、戴克元、戴英、戴思、戴美洁、鞠弘、鞠洪汉、鞠棕淇、魏秀宏、魏希明、魏宏达、魏启超、魏炜、魏建林、魏俊、魏俊俊、魏艳慧、魏晨韬、魏聪、魏巍

参与单位名单：

大理大学、大理白族自治州林业和草原局、上海科技馆、山东师范大学、山东农业大学、山东临沂大学、山东省威海市米山中学、山东省海阳市亚沙城初级中学、山东博物馆、山西大学、山西农业大学、山西芦芽山国家级自然保护区管理局、山西庞泉沟国家级自然保护区管理局、广东石门台国家级自然保护区管理局、广东平远龙文-黄田省级自然保护区管理处、广东省生物资源应用研究所（广东省科学院动物研究所）、广东紫金白溪省级自然保护区管理处、广西大学、广西北海红树林研究中心、广西师范大学、广西壮族自治区林业勘测设计院、天津八仙山保护区管理局、天津市环境保护科学研究院、天津市滨海新区农业农村委员会、天津自然博物馆、云南大围山国家级自然保护区河口管护分局、云南大学、云南西双版纳纳版河流域国家级自然保护区管理局、云南百花岭科考中心、云南昆明动物中心、云南沾益海峰省级自然保护区管理处、云南省动物学会、云南香格里拉野生动植物保护管理办公室、云南哀牢山国家级自然保护区新平管理局、云南黄连山国家级自然保护区管护局、云南菜阳河国家级森林公园（普洱国家公园办公室）、云南野鸟会、云南楚雄紫溪山省级自然保护区管理处、中国计量大学、中国地质大学（武汉）、中国科学院生态环境研究中心、中国科学院动物研究所、中国科学院西双版纳热带植物园、中国科学院成都生物研究所、中国科学院昆明动物研究所、中国科学院新疆生态与地理研究所、中南林业科技大学、内蒙古大学、内蒙古达赉湖国家级自然保护区管理局、内蒙古师范大学、内蒙古图牧吉国家级自然保护区管理局、内蒙古科尔沁国家级自然保护区管理局、长江师范学院、甘肃玉门市林业和草原局、甘肃尕海则岔国家自然保护区管理局、甘肃达尔文协会观鸟组、甘肃盐池湾国家级自然保护区管理局、甘肃裕河省级自然保护区管理处、东北师范大学、东北农业大学、东北林业大学、东营市观鸟协会、北京市朝阳区自然之友环境研究所野鸟会潍坊分会、北京师范大学、北京师范大学贵阳附属中学、四川大学、四川农业大学、四川栗子坪国家级自然保护区管理局、乐山师范学院、兰州大学、辽宁大学、辽宁双台河口国家级自然保护区管理局、辽宁仙人洞国家级自然保护区管理局、辽宁努鲁儿虎山国家级自然保护区管理局、辽宁青龙河国家级自然保护区管理局、吉林师范大学、吉林向海国家级自然保护区管理局、吉林农业大学、吉林松花江三湖国家级自然保护区管理局、吉林省长白山科学研究院、吉林莫莫格国家级自然保护区管理局、西北师范大学、西南林业大学、西藏自治区高原生物研究所、西藏农牧学院、成都观鸟会、合阳县黄河湿地保护管理办公室、江西九江市野生动植物保护协会、江西九连山国家级自然保护区管理局、江西井冈山国家级自然保护区管理局、江西吉安市野生动植物保护协会、江西师范大学、江西齐云山国家级自然保护区管理局、江西环境工程职业学院、江西武夷山国家级自然保护区管理局、江西峰山国家森林公园管理处、江西遂川县林业和草原局、江西婺源县林业和草原局、江西鄱阳湖国家级自然保护区管理局、江西赣州市野生动植物保护协会、江苏大丰麋鹿国家级自然保护区管理局、江苏省林业科学研究院、安徽大学、安徽省珍稀鸟类保护工作者联合会、红河学院、陇东学院、武汉观

鸟会、青岛市观鸟协会、青海大学、青海西宁野生动物园、青海青海湖国家级自然保护区管理局、昆明学院、国家海洋环境监测中心、岳阳市天下洞庭湖生态研究院、京山观鸟会、郑州市人民公园、河北大学、河北平山驼梁国家级自然保护区管理局、河北民族师范学院、河北邢台学院、河北师范大学、河北农业大学、河北坝上闪电河国家湿地公园管理处、河北海兴县农林局、河南大学、河南观鸟会、河南信阳师范学院、陕西太白山国家级自然保护区管理局、陕西师范大学、陕西合阳县黄河湿地保护管理办公室、陕西佛坪国家级自然保护区管理局、陕西省动物研究所、陕西洋县朱鹮观鸟协会、南阳师范学院、南昌大学、南昌师范学院、南京大学、南京师范大学、南京林业大学、临沂大学、贵州习水国家级自然保护区管理局、贵州佛顶山国家级自然保护区管理局、贵州茂兰国家级自然保护区管理局、贵州草海国家级自然保护区管理局、贵州省生物研究所、贵州贵阳市野生动植物管理站、贵州贵阳阿哈湖国家湿地公园管理处、贵州梵净山国家级自然保护区管理局、贵阳市黔灵山公园管理处、贵阳清镇市红枫湖林业站、哈尔滨师范大学、泉州师范大学、泰安市泰山景区科研所、浙江自然博物馆、浙江杭州市鸟类与生态研究会、海南师范大学、海南省动物学会、海南省吊罗山林业局（海南吊罗山国家级自然保护区管理局）、海南省林业科学研究所、聊城大学、厦门大学、厦门观鸟会、厦门滨海湿地与鸟类研究中心、黑龙江七星国家级自然保护区管理局、黑龙江三江国家级自然保护区管理局、黑龙江大沾河国家级自然保护区管理局、黑龙江兴凯湖国家级自然保护区管理局、黑龙江呼中国家级自然保护区管理局、黑龙江省野生动物研究所、黑龙江胜山国家级自然保护区管理局、黑龙江洪河国家级自然保护区管理局、黑龙江凉水国家级自然保护区管理局、黑龙江新青国家级自然保护区管理局、焦作师范高等专科学校、鲁东大学、湖北十堰市野生动植物保护管理站、湖北五峰后河自然保护区管理局、湖北网湖湿地保护区管理局、湖北宜昌三峡大老岭自然保护区管理局、湖北药姑山省级自然保护区管理局、湖北省野生动植物保护协会观鸟分会、湖北洪湖湿地保护区管理局、湖北神农架自然保护区管理局、湖南西洞庭湖国家级自然保护区管理局、湖南师范大学、湖南岳阳市天下洞庭生态研究院、湖南娄底职业技术学院、湖南浏阳大围山省级自然保护区管理处、湖南壶瓶山国家级自然保护区管理局、湖南鹰嘴界国家级自然保护区管理局、新疆观鸟会、新疆阿勒泰观鸟会、新疆维吾尔自治区环境保护科学研究院、福建虎伯寮自然保护区管理局、福建省观鸟协会、福建戴云山国家级自然保护区管理局

生态环境部南京环境科学研究所项目管理人员名单：

2011～2017 年

徐海根　崔　鹏　雍　凡　张文文

2017～2018 年

徐海根　朱筱佳　伊剑锋　江　波

2018～2021 年

徐海根　伊剑锋　刘　威